U1069561

中央高校基本科研业务费项目研究成果

论 文 集

2016

（上册）

中国矿业大学（北京） 编著

煤 炭 工 业 出 版 社

·北 京·

内 容 提 要

本书收录了中国矿业大学(北京) 2015—2016 年中央高校基本科研业务费项目研究成果论文共 161 篇，内容涉及采矿、安全、地质、测量、机械、电气与信息、矿物加工、环保、矿建、力学、管理、理学、人文社会科学等多个学科领域，题材新颖、论述面宽、实用性强，是一本内容丰富、具有较高学术水平的论文集。

本书可供科研人员以及高等院校相关专业的师生使用。

图书在版编目（CIP）数据

中央高校基本科研业务费项目研究成果论文集. 2016/中国矿业大学（北京）编著. --北京：煤炭工业出版社，2017

ISBN 978-7-5020-5614-8

Ⅰ. ①中… Ⅱ. ①中… Ⅲ. ①高等学校—科研项目—科技成果—中国—文集—2016 Ⅳ. ①G311-53

中国版本图书馆 CIP 数据核字（2016）第 310786 号

中央高校基本科研业务费项目研究成果论文集 2016（全三册）

编　　著　中国矿业大学（北京）
责任编辑　向云霞　武鸿儒
编　　辑　杜　秋
责任校对　邢蕾严　李新荣　孔青青
封面设计　于春颖

出版发行　煤炭工业出版社（北京市朝阳区芍药居 35 号　100029）
电　　话　010-84657898（总编室）
　　　　　　010-64018321（发行部）　010-84657880（读者服务部）
电子信箱　cciph612@126.com
网　　址　www.cciph.com.cn
印　　刷　北京玥实印刷有限公司
经　　销　全国新华书店

开　　本　787mm×1092mm 1/16　**印张**　76　**字数**　1777 千字
版　　次　2017 年 1 月第 1 版　2017 年 1 月第 1 次印刷
社内编号　8477　**定价**　266.00 元（全三册）

编审委员会

前　　言

一、2015 年科研工作回顾

2015 年是全面完成学校“十二五”规划的收官之年，为了更好地促进科研工作，科研院在校党委、校长和主管校长的正确领导下，在兄弟处室和各学院的大力支持下，按照国家有关文件要求，进一步规范科研管理，服务全校师生，服务科学研究，尊重科学研究发展规律，积极促进学校的科学研究、科技创新。主要开展的工作如下：

（一）制定管理文件、规范科研管理

（1）起草并出台《中国矿业大学（北京）科研经费外拨管理办法》（中矿大京科字〔2015〕3 号）。

（2）撰写《中国矿业大学（北京）“十三五”科技发展规划》积极准备，及时跟进各二级单位“十三五”科研规划制定情况。2015 年 10 月 20 日，在一号楼 200 会议室召开“科研工作交流会”，各学院、重点实验室的主管科研院长及秘书、科研院全体成员参加。会议主要讨论了科研管理的工作思路与科技发展“十三五”规划等问题。根据《中国矿业大学（北京）综合改革方案》（中矿京党字〔2015〕31 号），以各学院与国家重点实验室科技发展规划为基础，撰写《中国矿业大学（北京）“十三五”科技发展规划》。

（二）编辑出版科技白皮书《中国矿业大学（北京）2014 年科技成果汇编》

（1）为充分反映我校的学术水平和科研实力，组织统计了 2014 年度我校获国家和省部级科技奖励、获得授权的专利及软件著作权、发布的国家及行业标准、出版的科技著作、发表的科技论文、被三大检索收录的论文以及到校的科研经费等科研成果，及时编辑出版了科技白皮书《中国矿业大学（北京）2014 年科技成果汇编》。

（2）在学校宣传橱窗、校报及时发布学校 2014 年科技成果，激励和激发全校师生的科研热情和创造力，鼓励和引导教师和学生积极从事科技创新工作。

（3）为表彰在科研工作中做出显著成绩的我校师生，进一步激发全校师生科技创新热情，营造良好的科技创新环境，根据《中国矿业大学（北京）科技奖励办法》和《中国矿业大学（北京）2014 年科技成果汇编》，经计算、核定，分三批向我校获奖人员发放2014 年度科技成果奖金。

（三）启动申报、评审和下达2015 年中央高校基本科研业务费项目，编辑出版论文集

（1）出台《关于申报2015 年中央高校基本科研业务费项目的通知》，启动项目申报工作。我校资源、地测、化环、机电、力建、理学、管理、文法、思政等9 个学院和2 个国家重点实验室共有380 人申报基本科研业务费项目，是2014 年申报数的1.17 倍。其中，申请滚动资助共有325 人，包括申请青年教师科研专项155 人，研究生科研专项170 人；今年首次申请此项目有55 人，其中，申请青年教师科研专项39 人，研究生科研专项1 人。首次启动40 周岁具有博士和硕士学位的实验员科研专项，每人每年1 万元。同时，为支持我校校园建设规划等研究，经由力建学院和财务处申请，分管校领导范校长、王校长和杨校长批准，由力建学院负责“校园规划研究”项目10 万元，由财务处负责“经费绩效管理”项目3 万元。此次全校基本科研业务费项目实际分配经费约850 万元，其中，青年教师科研专项资助经费占总经费的71.5%；研究生科研专项资助占28.5%，充分体现了学校支持青年教师在科研领域的自由探索、自主创新活动，并不断创造出优异成果的政策意图。

组织召开校学术委员会会议，审议并一致通过我校2015 年中央高校基本科研业务费项目总经费分配情况；2015 年中央高校基本科研业务费项目申报滚动资助和新申请分配情况；项目经费使用截止时间等内容。会后对项目资助分配情况进行了公示，公示期内无异意，随即下拨了项目经费。

（2）按照教育部要求，在汇总科研、教务、研究生院、人事等部门总结的基础上，完成了《中国矿业大学（北京）中央高校基本科研业务费实施情况总结报告》，并上报教育部科技司。

（3）向教育部上报我校2014 年中央高校基本科研业务费专项立项的每个项目的收支明细数据、项目基本信息、项目负责人和参加人信息、经费预算信息、经费执行信息、项目成效等共5 万多条数据，并上传数据。

（4）组织编辑出版《中国矿业大学（北京）中央高校基本科研业务费项目研究成果论文集2015》，收录了全校195 篇论文，给新教师和研究生提供发表论文的平台。

（四）组织召开国家自然科学基金项目申报动员会、辅导会和审查会，校学术委员会会议，科研工作交流会，煤炭形势学术报告会等会议

（1）为营造良好的学术氛围，组织举办国家自然科学基金项目申报动员会、辅导会和申请书审查会，以鼓励青年教师申报项目，提高项目申报质量和数量。

1月19日下午，在民族楼407会议室组织召开了“2015年度国家自然科学基金项目申报动员会”，邀请了国家自然科学基金委员会北京地区联络网网长单位。清华大学科研院基金项目管理负责人宿芬专家应邀作报告，各学院、国家重点实验室主管科研院长、主任、科研秘书、教师和研究生约300人参加了动员会。

3月9日全天，在1号办公楼200会议室举办了“2015年度国家自然科学基金项目申报辅导会”，会议由副校长孙继平主持。孙继平等8位教授和科研处主要负责人对部分申报项目进行了答疑和指导。经项目申报人申请，共有35个项目提交会议答疑和指导，是2014年的2.4倍，其中申报青年科学基金项目19项，申报面上项目16项，分别来自资源、地测、化环、机电、力建、管理、理学院和2个国家重点实验室。

3月11日上午，在1号办公楼200会议室举办国家自然科学基金项目申请书校内审查会。副校长孙继平出席会议并讲话。形式审查小组组长由科研院长担任，科研秘书为成员，审查了全校所提交的134份申请书。查出相关问题43份，占总数的32%，及时通知申报人修改。

三个会议都取得了良好效果，2015年国家自然科学基金项目获得资助55项，比2014年增加12项。项目的形式审查合格率为98.14%，项目资助率达33.54%，均创历史新高。

（2）1月15日，在1号办公楼第一会议室召开2015年度校科技工作会议。孙继平副校长解读了《国务院关于改进加强中央财政科研项目和资金管理的若干意见》（国发〔2014〕11号）和《国务院印发关于深化中央财政科技计划（专项、基金等）管理改革方案的通知》（国发〔2014〕64号）两个文件，要求进一步规范科研经费使用和管理。会议布置了2015年度国家自然科学基金项目申报工作，并介绍了2014年度科研成果统计工作进展情况。

（3）召开4次校学术委员会，答辩、评审推荐我校科研项目和科技奖项申报。

(4) 11月26日上午，在民族楼407室召开“申报国家自然科学基金项目相关问题研究宣讲会”。国家自然科学基金委员会专家评审组成员、辽宁工程技术大学基金管理办公室主任王来贵教授应邀作报告。

(5) 12月7日下午，在民族楼407报告厅，国家能源局煤炭司规划处处长夏兴应邀为我校作“煤炭工业发展形势”学术报告。

(6) 12月24日下午，在民族楼407报告厅召开“国家自然科学基金项目指导会”。国家自然科学基金委员会委员朱旺喜处长应邀为我校作报告。

（五）动员部署开展科研项目结题结账工作

5月22日，组织召开了“进一步加强科研项目结题结账工作布置动员会”。杨仁树校长、孙继平副校长出席会议，并强调了此项工作量大、范围广、任务重，必须高度重视，全力以赴。学院和国家重点实验室主管科研院长/主任和科研秘书，以及科研处全体成员参加了会议。

科研院对各单位或者个人提交的结题结账材料及时进行登记、审核，并且建立科研项目结题结账工作档案。完成了全校1500余项横向项目、200余项纵向项目的结题结转工作。

（六）开展科研平台调查统计工作

为了进一步深化科研管理模式改革，整合学校资源，构建科研大平台，科学技术研究院首次对我校现有的科研平台（包括实验室、研究所）进行摸底统计。目前，我校共有科研平台44个，主要分布在资源、地测、化环、机电、力建、文法等6个学院。

（七）学校科技数据上报工作

(1) 按时完成教育部《2014年全国普通高等学校科技统计年报表》理工类和人文社科类的统计汇总工作，及时上报教育部和北京市。

(2) 按时完成北京市科委《2014年北京科技统计年报》。

(3) 按时完成中国煤炭工业协会《煤炭行业科技信息统计调查》。

(4) 按时完成北京科技协作中心《中央在京科研机构年度概览(2014)》。

(5) 按时完成2015年度国家科技基础条件资源调查表的网上填报工作。

(6) 完成北京市科委“国家科技计划项目跟踪调查工作”。

（八）积极拓展合作渠道

（1）杨仁树校长带队走访了内蒙古科技厅、中国煤炭地质总局、四川省煤炭产业集团、神华集团、陕煤化工集团、四川大学等单位，洽谈学校与大型煤炭骨干企业、学校与地方开展合作事宜。

（2）孙继平副校长主持召开我校与江西萍乡市人民政府、陕西延长石油（集团）公司举行的科技合作座谈会。

（3）在校领导的牵线和推动下，我校与地方及煤炭企业开展合作事宜，包括参加“神华能源股份有限公司科技创新项目”、与陕煤化工集团合作建立“煤炭绿色安全高效开采国家地方联合工程研究中心”、参与教育部工程中心与衡水市政府合作的“蓝火计划”、与西南化工研究设计院总公司联合共建“煤炭转化与洁净利用研究中心”等。

（九）积极开展科研管理工作

（1）全年在科研处网站发布各类奖项、项目申报通知等共计117项，并及时通知相关学院和国家重点实验室。

（2）科研项目管理。

①全年共审批立项各类合同336项。其中，审批横向项目合同210项；审批纵向项目合同126项。

②申报审核提交“973”计划、“863”计划、科技支撑计划、各类基金、省市等综合项目报告、计划任务书等近300项。其中，申报国家自然科学基金项目170项（其中集中接收期申报161项）；申报北京市各类项目78项（包括自然科学基金项目69项，市教委项目5项，市科委重大项目4项）；申报山西省、河北省等各省市科技项目10项。此外，我校作为合作单位申报各类纵向项目50多项。

（3）成果、专利和软件著作权申报管理。

①2014年，共完成发明专利申请79项，实用新型专利申请124项。主动提交及答复补正220余项，接收并转发通知书1637份。

②积极组织开展国家科技奖、教育部高校科研优秀成果奖、中国青年科技奖及中国煤炭工业协会科技奖等申报工作。

③针对性调研相关高校科研转化条例，为制定我校的科研成果转化条例奠定基础。

（十）积极支持兄弟处室工作

（1）配合人事处完成相关教师职称评审的科技项目和成果的审核工作。

（2）配合研究生院开展2015年选拔优秀副教授独立指导博士研究生和优秀讲师独立指导硕士研究生工作，审核我校部分副教授和讲师科研项目材料62份。

2015年，在学校党委和行政的领导下，在全校师生的共同努力下，学校科技工作取得了显著成绩，我校授权专利、授权发明专利、SCI收录论文、到校纵向科研经费等主要科研指标再创历史最好水平：

①获国家科技进步奖2项，第一完成单位1项。

②获省部级科技进步奖60项。

③授权专利及软件著作权共351项，比2014年增加132项，其中授权发明专利135项，比2014年的69项增加了66项；授权实用新型专利164项，比2014年增加77项。

④第一作者发表论文1762篇。SCI收录论文179篇，比2014年增加16篇。

⑤在煤炭行业大面积亏损、科研经费回款困难的情况下，实到科研经费2.25亿元，与2014年持平；其中，纵向科研经费12512.05万元，横向科研经费10010.40万元，纵向科研经费创历史新高，并首次超过横向科研经费。

二、2016年科研工作开展情况

2016年，国家科技体制改革破冰提速。科研院在校长、书记和主管校长的正确领导下，在兄弟处室和各学院的大力支持下，本着全心全意为师生服务的宗旨，不断提高服务质量，积极促进学校的科学研究和科技创新，获批国家级纵向科研项目取得历史最好成绩。主要工作如下：

（一）起草并出台相关文件

起草并出台《中国矿业大学（北京）国家自然科学基金资助项目经费预算调整及结余经费执行管理办法（试行）》（中矿大京科字〔2016〕6号）。

（二）首次牵头承担国家重点研发计划项目3项，获国拨经费7800万元，创历史最好成绩

国家重点研发计划是由原“863”计划、“973”计划和国家科技支撑计划等各类项目整合归并而成，并要求从基础前沿、重大共性关键技术到应用示范进行全链条创新设计，一体化组织实施，依托专业机构管理项目。2016 年首次启动申报。

通过完成预申报、预评审、正式申报、视频答辩、预算审核等一系列程序，2016 年，我校牵头承担国家重点研发计划项目 3 项，国拨经费 7800 万元，在全国高校按项目数我校并列第 17 位。在公共安全重点专项立项中，我校和清华、北航、中国安科院并列各承担了 2 个项目，创历史最好成绩。以上说明了我校的科技创新能力和研究水平不断提升，承担国家重大科研项目、解决行业关键性问题的能力不断增强。

（三）组织召开国家自然科学基金项目申报动员会、辅导会和审查会

为营造良好的学术氛围，组织举办国家自然科学基金项目申报动员会、辅导会和申请书审查会，以鼓励青年教师申报项目，提高项目申报质量和数量。

1 月 12 日下午，我校在交流中心报告厅召开“国家自然科学基金最新政策及 2016 年项目申报咨询会”。各学院、国家重点实验室主管科研院长、主任，科研秘书，教师和研究生近 200 人参加了会议。科学技术研究院副院长钱晓红处长主持会议并作报告，基金管理科科长李慧茹介绍了 2015 年国家自然科学基金资助项目资金管理办法和 2016 年项目申请注意事项。

3 月 4 日，科学技术研究院在交流中心 201 会议室举办了 2016 年度国家自然科学基金项目申报辅导会，会议由副校长孙继平主持。经项目申报人申请，全校共有 20 个项目参加了咨询和辅导。其中申报青年科学基金项目 12 项，申报面上项目 8 项，分别来自资源、化环、机电、力建、管理 5 个学院和 1 个国家重点实验室。共有 9 位专家出席了辅导会，专家以渊博的学识、高度负责任的学术态度和无私奉献的敬业精神，仔细听取申请人的项目内容介绍，认真审阅了申请书，给出了中肯意见，并以诚恳的态度详细对其所提问题加以解答。会议吸引了许多青年教师旁听，参与教师表示深受启发和鼓舞。

3 月 11 日，在 3 号办公楼 324 会议室召开申请书形式审查二级单位分组互审会。副校长孙继平到会并讲话。财务处黄连香处长、科研院钱晓红副院长以及地测学院程久龙副院长、力建学院左建平副院长、资源学院刘洪涛副院长、煤炭国家重点实验室的周强副主任到会担任互审会组长，各学院/国家重点实验室的科研秘书为成员。会上对全校提交的 145 份项目申请书进行申请书的形式审查，对不合格申请材料进行退回修改处理。

三个会议都取得了良好效果，审核166份国家自然科学基金申报材料，按时报送基金委项目申报材料165份，报送教育部1份。2016年学校申报项目的形式审查合格率为100%，创历史最好成绩。2016年国家自然科学基金项目获得资助48项，项目资助率为29%。

（四）我校2016年度北京市自然科学基金立项数和资助金额再创历史新高

自2014年以来，通过召开申报动员会议，开展各种形式的答疑和指导，认真审核每一份申请书以确保顺利通过初审，均取得良好效果，项目初审合格率和资助率逐年提高。2016年，我校共有8个北京市自然科学基金资助项目获得资助（申报59项目），资助率达13.5%，资助金额104万元，资助率和资助金额再创历史新高。其中青年项目4项，资助金额32万元；面上项目4项，资助金额72万元。

（五）启动申报、评审和下达2016年中央高校基本科研业务费项目，并上报教育部实施工作总结，编辑出版项目成果论文集

（1）出台《关于申报2016年中央高校基本科研业务费项目的通知》，启动项目申报工作。我校资源、地测、化环、机电、力建、理学、管理、文法、思政等9个学院和2个国家重点实验室共有366人申报基本科研业务费项目。其中，申请滚动资助共有309人，包括申请青年教师科研专项168人，研究生科研专项141人；今年首次申请此项目的有44人，其中，申请青年教师科研专项42人，研究生科研专项1人。实验员科研专项首次申请1人，第二年再次申请13人。组织召开校学术委员会会议，审议并一致通过我校2016年中央高校基本科研业务费项目总经费分配情况；2016年中央高校基本科研业务费项目申报滚动资助和新申请分配情况；项目经费使用截止时间等内容。会后对项目资助分配情况进行了公示，公示期内无异意，随即下拨了项目经费。

（2）按照教育部要求，在汇总科研、教务、研究生院、人事、学工等部门总结基础上，完成了《中国矿业大学（北京）中央高校基本科研业务费实施情况总结报告》，并上报教育部科技司。

（3）向教育部上报我校2016年中央高校基本科研业务费专项立项的每个项目的收支明细数据、项目基本信息、项目负责人和参加人信息、经费预算信息、经费执行信息、项目成效等共5万多数据，并上传数据。

（4）组织编辑出版《中国矿业大学（北京）中央高校基本科研业务费项目研究成果论文集2016》，完成论文集的前言起草。论文集收录了全校161篇论文，促进了学术交流，并给新教师和研究生提供了发表论文的平台。

（六）我校获 2016 年度国家社科基金资助 3 项，实现飞跃

在高度重视社科项目申报与管理工作的基础上，通过广泛动员，积极组织申报，2016 年我校共有 3 项国家社科基金获得立项资助（我校共申报 6 项），创历史新高，资助率高达 50%，高于在京高校平均资助率（21.7%）。管理学院汪文生老师申报的一般项目、文法学院杨璐璐老师申报的青年项目和思政学院卢刚老师申报的青年项目共 3 项获得资助。社科工作取得显著成绩。

（七）组织召开校学术委员会会议共 4 次，做到公平、公正、公开

（1）3 月 28 日，组织召开校学术委员会会议，推进我校《矿业科学学报》创刊的相关工作。

（2）4 月 6 日，组织召开校学术委员会会议，审议通过我校 2016 年中央高校基本科研业务费专项经费分配情况和项目立项情况。

（3）5 月 4 日，组织召开校学术委员会会议，通过答辩，评审推荐我校教师申报北京市社科基金项目。

（4）6 月 27 日，组织校学术委员会会议，讨论通过我校处理学术不端行为的实施细则。

（八）继续加强专利和各类奖项的申请和管理工作

（1）3 月 17 日上午，国家知识产权局专利局北京代办处主任姚军甫、受理部负责人张艳等一行四人来我校调研专利电子申请管理和专利资助金申报等方面的情况。副校长孙继平、科研院院长孟国营、副院长钱晓红和相关工作人员参与了调研座谈。

（2）7 月 8 日，由钱晓红副院长带队，组织学校专利管理人员去清华大学成果与知识产权管理办公室进行调研，学习专利的管理信息系统，以及国际和国内专利申请和管理的相关经验等，调研取得良好效果。

（3）出台通知及时告知我校师生有关专利申请流程简化手续。按国家知识产权局要求，科研院及时完成了我校 2016 年及 2017 年度专利费减备案。并及时通知我校师生在提出以我校为专利权人的专利申请时，不再需要针对每个专利逐一提交费减申请。

（4）为表彰在科研工作中做出显著成绩的我校师生，进一步激发全校师生的科技创新热情，营造良好的科技创新环境，根据《中国矿业大学（北京）

科技奖励办法》（中矿大京科字〔2012〕18号）和《中国矿业大学（北京）2015年科技成果汇编》，组织人员进行审核、计算，分三批向获奖人员发放2015年度我校科技成果奖金。

为进一步推动实施“中央高校基本科研业务费”项目，鼓励青年教师和在校研究生在科研领域自由探索，交流项目的最新研究成果，激发师生从事科研工作的积极性，学校决定编辑出版《中国矿业大学（北京）中央高校基本科研业务费项目研究成果论文集2016》（以下简称《论文集》）。

《论文集》收录了我校中央高校基本科研业务费项目研究成果论文共161篇，内容涉及采矿、安全、地质、测量、机械、电气、信息、矿物加工、环保、矿建、力学、管理、理学、人文社会科学等多个学科领域。希望本论文集的出版，能进一步活跃学校的学术氛围，提升学校科技创新能力，为把我校建设成为具有能源与安全特色、在国内外有重要影响的多科性、研究性、开放式高水平大学作出应有的贡献。

编委会

2016年11月28日

目　　录

上　　册

资源与安全工程学院

力建与建筑工程学院

管理学院

中　册

地球科学与测绘工程学院

文法学院及思想政治教育学院

理学院

下　　册

机电与信息工程学院

化学与环境工程学院

国家重点实验室

食品安全现状分析与对策研究

蔡永博　邬云龙

中国矿业大学（北京）资源与安全工程学院，北京　100083

摘　要　我国食品安全现状不容乐观，食品安全问题原因复杂多样。本文采用问卷调查和案例分析相结合的方法，研究食品安全问题，从食品产业、监管部门、社会公众三个角度出发，深入分析食品安全问题产生的原因并提出对策。结果显示，食品产业链长，各环节安全隐患众多，食品安全监管机制不完善，消费者食品安全知识缺乏、维权意识不强等是导致食品安全问题突出的重要原因。因此，建议完善以预警机制为基础的食品安全监管体系；明确监管人员职责，加大执法力度，建立食品安全追溯体系，健全食品安全管理体制；设定群众反映问题渠道，发展和引导社会监督力量，以促进食品安全问题的解决。

关键词　食品安全　现状分析　对策

Study of Current Situation and Strategy of Food Safety

Cai Yongbo　Wu Yunlong

Faculty of Resources and Safety Engineering,
China University of Mining and Technology, Beijing　100083

Abstract　The current food safety situation of our country is not optimistic, food safety issue can be attributed to a combination of reasons. This paper combines the questionnaire and cases to study current situation of food safety, analysis is conducted from the aspects of food industry, supervision department and the public, and suggestions are put forward to solve the problem. The results show that the long industry chain lead to a lot of hidden danger, the imperfect current regulatory system, and the lack of consumer's food safety knowledge and safeguard legal rights, which bring about the food safety problem. Therefore, it is necessary to consummate the food safety legal system based on the

资助项目：中央高校基本科研业务费专项资金（2009KZ01、2010QZ03）

作者简介：蔡永博（1991—　），男，河北唐山人，硕士研究生，主要从事矿井火灾防治、矿井通风、安全管理等方面的研究。Tel：18810669796l；E－mail：caiyongbo0328@126.com early – warning mechanism, clarify regulators' responsibility, intensify law enforcement, establish food safety traceability system, consummate food safety management system, set up public reaction channel, develop and guide the social supervision power.

Key words food safety situation analysis solution

近年来，我国食品安全状况不容乐观，从三鹿奶粉事件，到地沟油、瘦肉精的曝光，食品安全领域的一系列严峻问题，引起社会各界的广泛关注。2012 年 11 月，胡锦涛同志在党的十八大报告中指出，要以保障和改善民生为重点，不断改革和完善食品药品安全监管体制机制。然而，在政策指引、法律要求和舆论关注下，食品安全状况并未出现明显好转，食品安全监管屡屡沦为“事后监管”和“应急监管”，舆论披露真假难辨，加剧了人们对食品安全的恐慌。食品安全问题已影响到社会生活的稳定和经济发展。本文针对我国食品安全事件屡禁不止的现状，从食品产业、监管部门、社会公众三个角度分析食品安全问题的原因，寻找食品安全监督体制中的不足，并提出相应的解决方案。

1 食品产业角度问题分析及对策

1.1 问题分析

为了解食品安全现状问题，在北京市海淀区东升乡周边进行走访及问卷调查，并结合网络问卷调查，调查结果显示，819 个样本中有 563 个（所占比例为 68.74%）认为不法企业和个人利欲熏心是引起我国食品安全问题的重要原因。而这一现象的出现，在很大程度上与我国现行的食品产业模式有关。

1.1.1 产业链源头污染

产业链源头污染易于传递到整个食品产业链。在食品原料生产过程中，农民为了增加产量，经常大量使用化肥、农药，致使原料中残留化学药品，各类污染物也不可避免地流入到成品中[1]。

1.1.2 食品产业门槛低

我国食品产业的准入门槛过低，据调查在我国 448000 家食品加工企业中，中小企业占 80% 左右，大型食品企业仅占食品企业总数的 0.8%[2]，这导致我国食品产业的集中度低，完整度也随之降低，食品行业未能形成一定的行业规则，缺乏全产业链的交流，这种状况不利于食品安全问题的解决[1]。小企业生产投资少、规模小，生产条件和加工环境较差，管理制度不规范，生产出不安全食品的可能性更大，在过低的产业门槛下，众多小企业的产品进入食品流通市场，加大了出现食品安全问题的可能性。

1.1.3 食品产业流程多，产业链长

我国的食品产业整合不佳，产业效能低下而延伸出众多环节，致使产业流程多，产业链过长。食品从原料到消费者手中，要经过多个环节，每个环节中的参与者都要确保获得利润，食品的违法生产就可能发生在生产的各个环节。产业链长导致自然损耗过多，为了保证产量和质量，减少流通过程的损耗，使用各种添加剂就成了必然选择[3]。同时，冗长的产业链，也给政府机构的监管工作带来困难。

1.2 对策

针对食品产业角度问题，提出以下对策：

（1）在冗长的产业链中，各个环节都有可能出现食品安全问题，这就给食品安全监管带来了困难。从图1中可以看出，83.88%的人认为在食品生产、加工等过程中存在安全隐患。因此，建议加强食品生产、加工、销售等各个环节的监管，多部门明确职责，加强沟通，从而使各环节形成有效连接，实现全程监管。这一点可以借鉴欧盟的“全程式监管”。欧盟已制定较为全面的相关法规，其中包括《通用食品法》《食品卫生法》等20余部[4]。

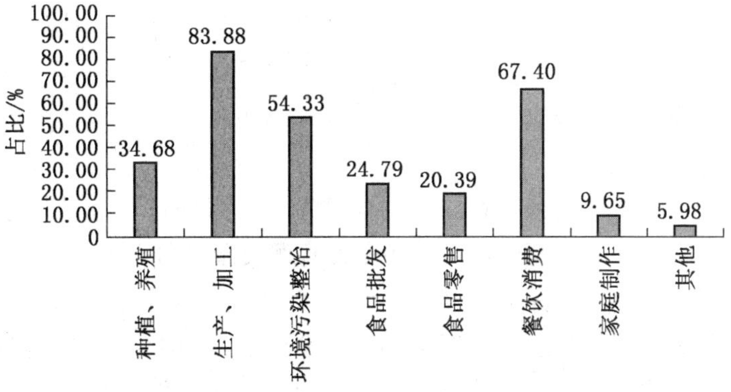

图1　食品存在安全隐患的环节

（2）建议国家提高企业生产许可的标准，建立严谨有效的市场准入体制，严格把关，对于不符合相关标准的企业，不予颁发许可证。

（3）建议完善食品安全追溯体系。食品安全追溯体系，即在食品种植养殖、生产、流通、销售等环节中，所有的食品相关信息能够被顺向追踪（生产源头—消费终端）或者逆向回溯（消费终端—生产源头）。国内食品安全追溯体系建设始于2002年，尚处于起步阶段[5]。相关部门应积极推进食品跟踪与追溯工作，建立食品安全追溯体系，以增强食品生产监控能力，提高食品安全水平。

2　食品安全监管角度问题分析及对策

2.1　存在问题

2.1.1　监管部门监管不力，执法不严

（1）食品安全监管工作浮于表面。在日常监管过程中，执法部门往往将重点放在对生产和销售者的各种证件的检查上，未能对生产、运输、储存、销售等环节实施深入有效的监控。

（2）处罚过轻，打击不彻底。监管中如果发现问题但处罚较轻，则会使不法企业和个人对法律的权威性愈加轻视[6]。

2.1.2　监管部门沟通不畅，职责不清

监管主体的职责不清。在管理上，各环节监督职责不明，有时多个环节一个部门监督，有时一个环节多个部门参与，造成整个监管体制错综复杂。以猪肉为例，从生猪喂养到猪肉上市，整个过程涉及商委、农委、卫生、质检、工商等多个部门以及市场管理处，

猪肉进入肉食厂加工还要经过轻工部门，有些过程本该一个部门管理，却有几个部门同时参与，有些过程难度较大，本该有人监管却没有实施。

2.1.3 食品安全监管预警机制滞后

出了问题才受到重视，这是我国食品安全领域普遍存在的现象。例如，“三聚氰胺”事件对社会造成了严重危害，监管部门才开始查处奶制品业。“瘦肉精”事件曝光，监管部门才来关注肉制品业。食品安全监管应该注重防患于未然，而目前的食品安全监管绝大部分都是事后处理，危害产生后才来发现和解决问题。

我国食品安全风险监测评估和标准体系建设仍处于起步阶段，国家层面未设立单独的食品安全标准管理机构[7]，食品安全标准管理工作人力经费匮乏，再加上我国食品安全监管部门多，且机构分散，造成预警体系无法统一协调。

2.1.4 监管检测技术落后

目前，我国处于发展中国家行列，在科学技术水平方面还远远落后于西方发达国家，这一国情决定了国家食品安全监管部门缺乏全面检测食品添加剂及其他有毒物质的高端技术；另外，我国现行食品安全标准还存在一些突出问题，尽管标准总体数量多，有国家、行业、地方、企业等不同的食品行业标准超过1000项[8]，但标准间存在矛盾、交叉、重复，个别重要标准或重要指标缺失等现象，部分标准科学性和合理性还有待提高。这些问题使得监管部门的监管工作缺乏统一性，监测水平参差不齐[9]，在监管部门的整个监管过程中势必存在漏洞，这显然会降低食品的安全性。

2.2 建立模型

为更好地分析造成问题食品的不法分子的获利情况、执法部门处罚力度与犯罪率之间的关系，建立如下模型：

企业生产、销售问题食品都要有一定的经济投入，与此同时还要承担受法律制裁的风险，以上两者投入在一定条件下的期望我们总称为“冒险成本”。一旦侥幸逃脱法律的制裁，企业便可获得巨额的不法收入，称其为“侥幸收入”。防治食品安全问题，要从加大其冒险成本下手，现定义：

（1）企业从生产到销售某问题食品的总经济投入为 a（元）；

（2）按现有的处罚制度，企业被处罚的金额为 b（元），一旦销售成功获得的利润为 c（元）；

（3）企业被制裁的几率为 $d\%$；即脱逃法律制裁的几率为（$1-d\%$）。

其中，d 的大小受诸多因素影响，比如执法部门的排查力度，民众的投诉举报情况等。而群众遇到问题去投诉举报的概率是受监管部门影响的。令 $P=a+bd\%$，$Q=c(1-d\%)$，P 即为前面所提到的企业进行某违法犯罪行为的冒险成本，Q 即为上述的侥幸收入。假设在一定的政策之下 $P>Q$，就相当于在政策上为不法企业创造了一条“发财之路”，从而导致食品安全问题泛滥。所以要防止食品安全问题的发生，就应加大企业的冒险成本。

2.3 对策及建议

综合影响冒险成本的几个因素，对监管政策制定环节及监管部门执法环节提出以下建议：

2.3.1　政策制定环节

（1）国家建立食品安全管理机制时要分地区、分环节。每一个部门管理一个地区，每个部门下设多个监管小组，食品的原料来源，原料生长，原料加工，产品生产、加工、运输、储存、出售等每一个环节都有相应的监管小组来管理，确保步步衔接，消除管理漏洞。部门和部门之间、小组和小组之间、部门和小组之间都要明确分工、保持畅通，从而提高监管的效率和水平。

（2）国家完善食品安全法律体系应该以预警机制为基础，为全面建立统一协调的食品安全预警机制做好保障。同时，监管部门应建立完善的食品安全预警信息收集、管理、发布制度和检测抽查预警系统，向消费者和有关部门迅速反馈食品安全预警信息，全面提高我国食品安全防控水平。

2.3.2　监管部门执法环节

（1）建立简单易行的群众反映问题的渠道。经调查发现，在当前的法律机制下，消费者遇到食品安全问题时，只有3.79%的人去相关部门投诉举报，而61.17%的人会自认倒霉，因此制定一套简单易行的群众反映问题的渠道是十分必要的。如监管部门设立消费者反映食品安全问题的开放日。针对这一建议，作者进行了大量社会人群走访和问卷调查，结果显示如果监管部门出台这样的政策，在遇到食品安全问题的情况下，会有87.3%（图2）的人到监管部门反映问题，从而加大 d 值，进而加大不法商家的冒险成本。也可以建立匿名举报有奖制度，匿名举报有奖制度的建立，既不会牵连举报者，又会给不法分子严厉打击。

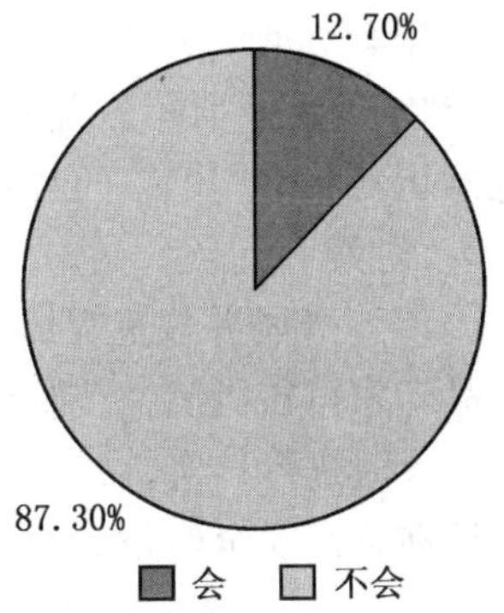

图2　是否会到监管部门反映

（2）加大对食品生产企业的检查频率和力度。加大对食品生产企业的检查频率，制定详细计划，定期或不定期地进行重点评估，杜绝不法企业钻法律空子的行为。在增加检查频率的同时，监管部门应严格执法，多环节深入监管，监管部门不能只是停留在查证上面，而应深入查处产品生产经营的各个环节，这样才能发现不法商家，及时采取措施。

（3）明确监管人员职责。明确监管人员职责，责任到人，发生食品安全事故时直接找到负责人，便于对执法人员进行监督，确保其严格执法。建立群众监督机制，让群众监督食品监管人员，并且在工作人员内部应该设有专门人员监督执法人员，强化执法检查，严厉追究执法机关不作为和徇私舞弊的行为。

（4）加大对不法企业的惩罚力度。加大对不法企业的惩罚力度，一经查出，严厉打击，起到“杀一儆百”的作用，最直接的措施即提高处罚金额 b。如果在现有的监管机制下，不法企业被曝光的概率很大，惩罚力度又很大，那么企业做出的经济性选择必然为合法经营。

3　社会监督角度问题分析及对策

公众对食品卫生安全的监督，是政府部门监管作用的重要补充，如果能够改善相关体制，积极引导和发展这种监督力量，必然会对食品安全问题的发现和解决发挥有效的促进作用。

3.1 问题分析

3.1.1 媒体监督

媒体报道具有受众面广、传播信息快、影响力大的特点，如果媒体能够如实报道食品安全问题，利用舆论监督力量，势必能对不法企业和监管不力的政府部门形成有效监督，同时有效增强公众的食品安全意识。但部分媒体的不实和夸大报道，对食品安全产生负面影响，加剧了公众的恐慌和社会的质疑，使相关行业形象受损。究其原因主要有两点，一是食品安全涉及许多专业知识，媒体工作人员容易用不准确的言论来误导民众；二是媒体为了自身利益而恶意炒作，如某电视台播出的“纸馅包子事件”的虚假新闻，纯属为了赢取公众关注，在社会上造成不良影响[10]。

3.1.2 消费者监督

作者对近千名消费者进行了问卷调查，结果显示，在成为食品安全问题的受害者时，89.38%的人不清楚去哪个部门举报，这一数据不但反映了民众的食品安全知识不足、安全意识薄弱的问题，而且映射出消费者维护权益困难。

3.2 对策

（1）鼓励并规范媒体对食品安全的正面监督、准确报道。建议媒体或管理部门设立食品专家审核机制，涉及食品安全的报道应通过专家的审核，针对媒体曝出的食品安全事件，及时进行核实，并发布准确、全面的权威信息，及时回应公众的疑问，从而充分保障媒体在食品安全监督方面的正面作用。

（2）大力倡导消费者参与食品安全监督。民众可自发建立维权机构，为消费者提供维权信息，并设立专线电话、邮箱、网站，收集食品安全问题并集中向监督部门反映。

4 结论

综上所述，得到以下结论：

（1）防治食品安全问题，国家要完善以预警机制为基础的食品安全法律体系，通过立法抬高企业生产许可的标准，建立严谨有效的企业生产资格的管理体制，严格把关，对于没有达到相关标准的企业，不能颁发许可证。

（2）制定法律时要注意加大不法商家的冒险成本，即利用模型 $P = a + b \times d\%$ 进行分析，通过加大惩罚力度以及不法商家被制裁风险使其“冒险成本”大于“侥幸收入”，从而打消不法商家的不良动机。

（3）执法部门严格执法，制定简单易行的群众反映问题渠道，例如设立消费者反映问题的开放日，并且加大执法检查频率和力度，以加大不法商家被制裁的几率 $d\%$ 。

（4）制定食品安全管理机制时要分地区、分环节，明确职责，严格要求。

（5）社会公众要积极配合监管部门工作，有问题及时反映；媒体方面要建立食品专家监审机构，审核涉及食品安全的报道；政府监管部门应建立由各方面食品安全专家参与的食品安全信息发布专门机构，以保证媒体能够对食品安全问题发挥正确的监督作用。

参 考 文 献

[1] 刘震，廖新. 基于食品安全问题的食品产业发展模式探析［J］. 农村经济，2012，

(11)：82－84.
[2] 闫天舒．食品安全要从全产业链抓起［N］．人民日报，2013－3－27（3）．
[3] 胡洪彬．食品安全问题：根源与监管策略［J］．南京医科大学学报（社会科学版），2009，(36)：191－194.
[4] 孙娟娟．欧盟食品安全监管的理论和实践［J］．太平洋学报，2008，(7)：16－22.
[5] 王风云，赵一民，张晓艳，等．我国食品质量安全追溯体系建设概况［J］．农业网络信息，2008，(10)：134－137.
[6] 王克．完善食品安全法律制度的对策研究［J］．湖北函授大学学报，2012，(9)：108－109.
[7] 陈啸宏．完善食品安全监管体制机制的思考［J］．食品安全监管，2011，(7)：9－14.
[8] 卫生部．食品安全国家标准“十二五”规划［EB/OL］．(2012－08－13)［2016－09－01］www. gov. cn.
[9] 宗庆后．建议完善食品监管体制统一标准规范抽检程序［EB/OL］．(2010－03－26)［2016－09－01］．中国新闻网．
[10] 崔生祥．“纸馅包子”与媒体的社会责任［J］．中国企业社会责任，2007，(8)：66－67.

校园事故量化及原因分析

项原驰　张丹枫　吕家溪　杨志宇　傅　贵

中国矿业大学（北京）资源与安全工程学院，北京　100083

摘　要　针对校园事故进行数据统计分析的研究较少，为了更好地研究校园事故发生的原因和趋势，本文运用文献分析和数据统计方法对已发生的校园事故进行量化分析。分析得出校园事故发生呈整体上升趋势，统计得出10种校园事故类型，其中4种为应重点管控对象。同时运用案例分析法结合行为安全“2－4”模型对典型校园事故从直接、间接、根本、根源4个阶段进行分析。二者结合找出校园事故发生诱因为学生或他人的不安全动作，潜在条件为学校设施不完善所造成的不安全物态、安全知识和习惯的缺欠、学校安全管理制度和执行的不到位、校园安全文化未建立等。分析所得结果可用于弥补校园安全工作中制度和执行的管理漏洞。

关键词　校园事故　量化分析　原因分析　管理漏洞

Number Analysis and Reason Analysis of Campus Safety Accidents

Xiang Yuanchi　Zhang Danfeng　Lv Jiaxi　Yang Zhiyu　Fu Gui

Faculty of Resources and Safety Engineering, China University of Mining and Technology, Beijing　100083

Abstract　For reducing the frequency of campus accidents occurrence, document analysis and statistics are used to quantitative analyze campus safety accidents. Occurrence trend and important types of campus accidents have been found. Studying several typical accidents to sum up reasons for campus accidents from direct, indirect, basic, root periods. Combing these two parts to find out incentives and hidden conditions of accidental happening, so that to make up management loopholes in campus.

Key words　campus accident　number analysis　causes analysis　management loopholes

---

资助项目：中央高校基本科研业务费专项资金（2010YZ04）

作者简介：项原驰（1993—　）女，中国矿业大学（北京）资源与安全工程学院，硕士，从事校园安全，安全管理等方面的研究。Tel:18612461869; E－mail: xiangyuanchi@126.com

0　引言

校园安全是一类典型的社会公共安全事件，其社会影响较大[1]。仅 2015 年 4 月至 12 月就发生了 8 起校园事故，造成 34 名学生死亡、74 名受伤，校园安全问题日益突出。目前针对校园事故的量化研究及原因的统计分析较少，仅限于单一因素或某一起事故的原因分析[2,3]，而根据个别事故所制定的校园安全管理对策缺乏全面性与普适性。故系统、量化的分析对于预防各类校园事故具有指导意义。

在此，运用文献分析法和数据统计分析法，对已发生的校园事故数据进行总结和分析，得出发展趋势。同时结合案例分析方法，应用行为安全“2－4”模型就校园事故的共性原因进行分析，进而找出校园安全管理工作中存在的问题，用于今后完善校园安全管理体系。

1　校园事故统计与分类

1.1　校园事故统计

学校是一个相对封闭且相对安全的环境，但学生在校园中仍可能会受到伤害、发生事故。为了得到近几年校园事故总体概况，首先对 2010—2015 年发生的校园事故进行统计，其中校园事故的选取有两点原则：

（1）数据来源：教育部、公安部[4,5]政府公告；《中国教育报》[6]；其他公开信息。政府公告信息权威，但一般化的统计容易掩盖校园事故的特征，因此，选取《中国教育报》所登载的校园事故以保证所有样本的全面性[7]；然后再整合其他公开信息，以完善校园事故统计。

（2）择取数据范围：择取时间范围为 2010—2015 年，共 6 年；择取校园类型范围为国家认证的小学至大学校园；择取事故伤害类型范围不包括自杀类行为。

根据以上两点原则，6 年共统计出 43 起校园事故，详见表 1，共造成 110 人死亡、约 476 人受伤。

表 1　2010—2015 年校园事故数量和死伤人数统计

年份	事故起数	死亡人数	受伤人数
2010	6	23	约 295
2011	8	15	13
2012	3	0	0
2013	11	13	52
2014	8	25	42
2015	7	34	74
总计	43	110	约 476

1.2　校园事故分类

要完成数据分析，首先需将校园事故分类，国家现有法律法规、行业标准等还没有针对于校园事故的分类方法。2002年6月，教育部第12号令《学生伤害事故处理办法》[8]，从事故与责任、事故处理程序、事故损害赔偿、事故责任者处理四个方面为校园事故分类提供了参考。综合分析统计出的43起校园事故，结合《企业职工伤亡事故分类标准》(GB 6441—1986)[9]等现有事故分类标准，将校园事故类型分为包括火灾事故、爆炸事故、坍塌事故、交通事故、意外伤害事故、恶性伤害事故、食物中毒、淹溺事故、踩踏事故、泄漏事故共10类。其中恶性伤害事故主要包括校外不法分子对校园内学生的暴力违法行为和校内学生暴力或投毒事件，而不包括财物侵害等事件。

2 校园事故数据分析

2.1 校园安全总体现状

统计校园事故数量和死伤学生数量制成如图1所示的校园事故发展趋势图，从图中可以看出除2012年外校园事故数量呈整体上涨趋势。造成校园事故发生频率和后果上升的主要原因有学校服务范围和教学管理等的变化。如2011年我国校车数量约为28.5万辆，而2015年我国潜存校车数量约为53万辆[10]，这就导致了校园交通事故发生概率的提升。并且学校会组织特色活动以拓展学生的视野和能力，将学生带出校园进入管理秩序更加复杂的社会当中，间接增加了学生发生事故的风险。

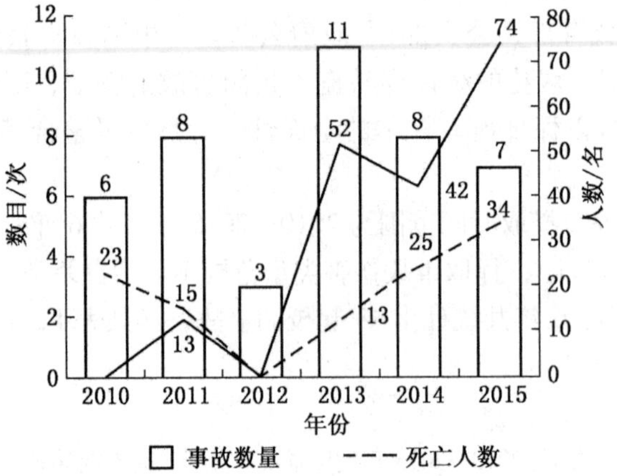

图1 校园事故发展趋势

2.2 校园事故分类研究

2.2.1 不同类型事故发生次数分析

结合以上对校园事故类型的分类，将43起事故分类统计，共有恶性伤害事故13起、踩踏事故7起、爆炸事故6起、火灾事故5起、交通事故5起、坍塌事故2起、食物中毒2起、意外伤害事故1起、淹溺事故1起、泄漏事故1起，各类型占比如图2所示。

从图2可以看出，在众多校园事故中恶性伤害事故、踩踏事故、爆炸事故、火灾事故、交通事故这5类事故发生频率极高，合计占比高达83.72%，应当着重加强管理。

2.2.2 不同类型事故死亡人数分析

对不同事故类型的校园事故造成的学生死亡人数进行统计可以发现，以交通事故造成

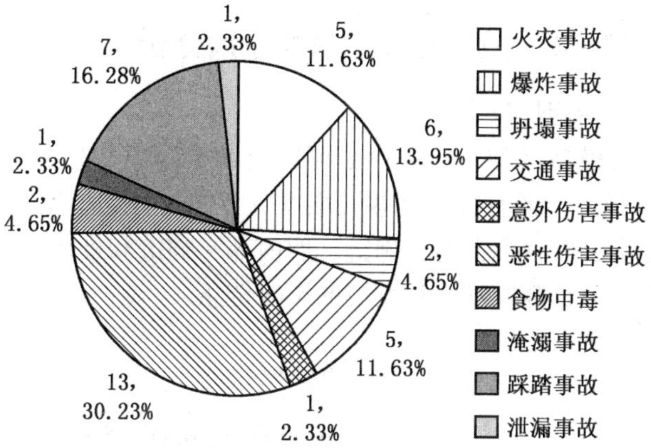

图2 不同类型校园事故发生次数占比

51 人死亡、踩踏事故 22 人、恶性伤害事故 19 人占据校园事故全部死亡人数的 83.64%，具体死亡人数占比如图 3 所示。

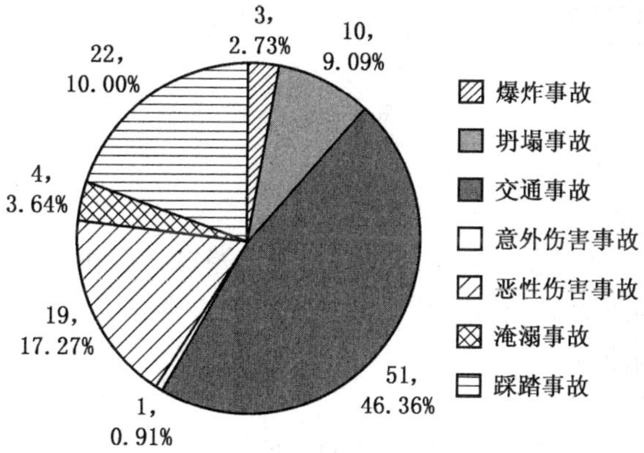

图3 不同类型校园事故造成死亡人数占比

综合图 2、图 3 可以看出，发生频率较高的恶性伤害事故、踩踏事故、爆炸事故、火灾事故、交通事故这 5 类校园事故造成学生死亡数量较多。其中排名第一的恶性伤害事故造成学生死亡的比例占 17.27%；占校园事故约 16% 的踩踏事故导致学生死亡的比例占 20%，爆炸事故虽然占校园事故约 14%，但造成学生死亡的比例仅占 2.73%；约占 12% 的火灾事故未导致学生死亡，而同样约占 12% 的交通事故则导致高达 46.36% 的死亡比例。

通过上述数据的分析可以看出，火灾事故发生较多，但由于事故类型特性，如火灾蔓延需要时间且社会普遍对火灾的危险认识较高、逃生能力较强，加之相关研究较多[11,12]，因此一般不会造成大规模的学生死伤。然而交通事故等类型的校园事故，发生频率低于前者，但由于其具有发生速度快、涉及学生多等特点，一旦发生事故就会造成大量的学生伤亡。

3 基于行为安全“2-4”模型对校园事故原因分析

3.1 行为安全“2-4”模型

行为安全“2-4”模型（图4）是一个可以全面揭示事故发生原因的现代事故致因链[13]，其中由导致事故发生的直接、间接、根本、根源4种类型原因组成事故致因链条，表明导致事故发生、造成事故损害的影响链，而内部影响链和外部影响链则分别说明组织内部和外部的人员及结构对事故发生和发展的影响链条。

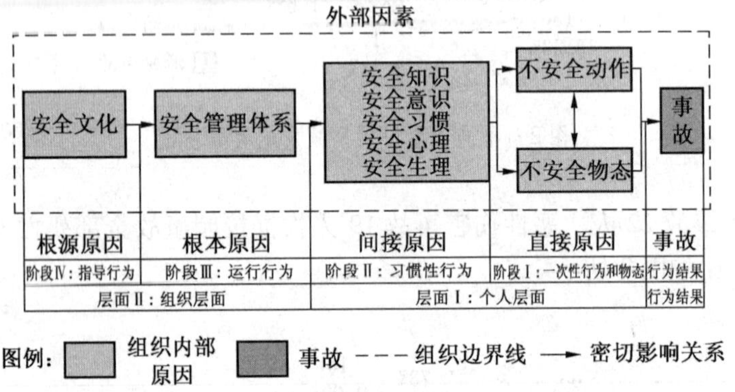

图4 行为安全“2-4”模型

3.2 校园事故原因分析

行为安全“2-4”模型给出事故分析的方法和路线，应用该模型对事故案例进行分析，可以得出导致校园事故的直接原因、间接原因、根本原因、根源原因，选取具体案例进行实际原因分析结果见表2。

表2 校园事故“2-4”模型原因分析举例

事故名称	事故描述	直接原因	间接原因	根本原因	根源原因
某小学踩踏事故[14]	2010年11月29日11点50分，新疆阿克苏第五小学课间操期间学生下楼时，由于前面学生摔倒，楼梯扶手被挤歪，后面学生相继摔倒发生踩踏事故，造成学生挤伤或摔伤，123名学生入院检查，最终造成41名学生受伤，其中重伤7人，轻伤34人	个别学生沿楼梯扶手往下滑，致扶手被挤歪而摔倒；后面同学相继摔倒，造成踩踏事故	（1）不具有“下楼时不能滑楼梯扶手”的安全知识； （2）“上下楼梯存在可能造成人身危险”的安全意识欠缺； （3）不具有“上下楼梯时发现前面学生跌倒，旁边同学和本人大声呼喊，让后面同学停下，等跌倒同学站起”的安全习惯	学校安全管理制度的不完善： （1）事故发生前就有建议将初中部和小学部上下学时间分开，但学校限于现实条件并未改善； （2）学校没有安排专门老师在上下楼梯过程中发生特殊情况时维持秩序，不能迅速有效将学生分散下楼	校园安全文化未建立： （1）学生没有上下楼梯安全相关意识； （2）校务管理人员缺乏基本安全理论； （3）学校没有将楼梯安全作为安全管理工作重点，也没有形成安全氛围

基于行为安全“2－4”模型对43起校园事故进行原因分析后可以发现，大部分校园事故的发生存在着相对共性的原因。其中直接原因针对不同事故差别较大，但都可以归到不安全动作和不安全物态；而分析间接、根本和根源原因可发现，即使事故类型不同，其导致事故发生的原因也相似，详细总结见表3。

表3　校园事故共性原因总结表

<table>
<tr><th>原因阶段</th><th>共性原因</th><th>事故起数</th><th>举　　例</th></tr>
<tr><td rowspan="3">直接原因</td><td>违章操作</td><td>21</td><td>（1）违反实验操作规程，引起危险气体泄漏并引发明火，导致实验室爆炸；
（2）不及时刹车导致校车相撞事故；
（3）饭菜错放亚硝酸盐引起食物中毒；
（4）使用违规电器引起宿舍火灾</td></tr>
<tr><td>违章行动</td><td>7</td><td>不按学校规章制度靠右上下楼梯、避免拥挤推攘等导致踩踏事故</td></tr>
<tr><td>不违章</td><td>14</td><td>（1）恶意持刀砍杀等故意伤人行为无校园安全规章制度可循；
（2）河边玩耍掉入水中不存在校园安全规章制度</td></tr>
<tr><td rowspan="7">间接原因</td><td>安全知识不足</td><td>3</td><td rowspan="7">（1）宿舍使用大功率违禁电器等行为，即为学生知晓在学校不应使用，却不具有相应安全习惯和意识；
（2）爆炸事故为安全意识和知识欠缺；
（3）大部分事故通常三者都有缺欠</td></tr>
<tr><td>安全意识不高</td><td>1</td></tr>
<tr><td>安全习惯不佳</td><td>1</td></tr>
<tr><td>知识、意识</td><td>6</td></tr>
<tr><td>知识、习惯</td><td>8</td></tr>
<tr><td>意识、习惯</td><td>7</td></tr>
<tr><td>知识、意识、习惯</td><td>17</td></tr>
<tr><td>根本原因</td><td>学校组织安全管理欠缺</td><td>43</td><td>（1）“安全第一，预防为主”方针缺欠；
（2）“策划、实施、检查、改进”动态循环未形成；
（3）安全管理机构及人员欠缺；
（4）安全生产投入不足；
（5）安全规章制度不健全；
（6）安全教育培训不到位；
（7）安全设备设施不完善；
（8）安全警示标志缺失；
（9）隐患排查不到位；
（10）应急机构和队伍不足；
（11）应急预案不完善[15]</td></tr>
<tr><td>根源原因</td><td>校园安全文化欠缺</td><td>43</td><td>（1）安全的重要度；
（2）一切事故均可预防；
（3）安全融入管理；
（4）安全决定于安全意识；
（5）安全的主体责任；
（6）安全投入的认识；
（7）安全法规的作用；
（8）安全价值观的形成；
（9）安全培训需求；
（10）管理体系的作用；
（11）安全制度执行方式；
（12）安全检查的类型；
（13）总体安全期望值；
（14）应急能力[16]</td></tr>
</table>

导致校园事故发生的直接原因通常为学生有意识或无意识地做出的不安全动作，加之学校相关设施等形成的不安全物态，二者直接导致校园事故的发生。分析43起校园事故可得出其共性直接原因分为3类：违章操作、违章行动、不违章[17]。其中违章操作指在工作过程中操作具体的设备设施时违章作业，占校园事故发生原因的48.83%，说明近半事故是由于违反已有操作规程造成，应当加强制度和程序的执行和监管力度；违章行动指不进行操作设备设施的违章动作，占校园事故发生原因的16.27%，同属于有章可循的不安全动作，应当加强控制；不违章指无章可循的不安全动作，占校园事故发生原因的32.56%，应完善学校安全制度以避免无章可循情况出现。

4 结论

通过对2010—2015年的校园事故进行统计量化分析可知，校园事故具有恶化发展趋势，迫切需要科研人员和相关管理人员的关注和解决。

（1）校园事故的发生数目和死伤学生人数呈现整体上升趋势，其中恶性伤害事故、交通事故、踩踏事故、爆炸事故这4种事故类型比重较大。

（2）基于行为安全“2－4”模型对事故原因进行分析发现，校园事故呈现有共性、可避免的特点，校园安全文化的欠缺、学校安全管理制度的不完善、安全知识和意识的缺失、学生所做不安全动作等共性原因导致了校园事故的发生。

（3）现阶段的研究对校园事故的统计和分析集中于2010—2015年，需再扩大时间范围以观察分析当前事故发生的原因和趋势与过去的不同，预测未来校园事故发生的趋势变化。

（4）今后研究可针对校园事故发生的4个阶段的共性原因提出控制措施，以加强学生安全意识，提高校园安全工作水平。

参 考 文 献

[1] 苗娣．校园风险管理研究［D］．武汉：武汉大学，2012.

[2] 王志勇，陈娣．校园安全存在的问题及解决思路浅析［J］．安全，2011，（1）：45－47

[3] 郑长虹．高校校园安全事故风险控制研究［J］．法制博览，2015，（10）：273－275.

[4] 中华人民共和国教育部．http：//www.moe.gov.cn/［EO/OL］．［2016.1.15］.

[5] 中华人民共和国公安部．http：//www.mps.gov.cn/n16/index.html？_v＝1458698123943/［EO/OL］．［2016.2.3］.

[6] 中国教育报［N］．2010—2015.

[7] 侯佳燕．中小学生校园伤害事故的量化分析［D］．大连：辽宁师范大学，2005.

[8] 学生伤害事故处理办法［S］．中华人民共和国教育部令第12号．

[9] 企业职工伤亡事故分类标准［S］．GB6441－86.

[10] 王磊．全国校车需求量的估算及影响因素分析［J］．教育与经济，2014，（3）：33－36.

[11] 李飞，肖洋．从高校火灾事故看校园消防安全管理［J］．科技创业月刊，2009，

(10)：87－89.
[12] 钟诗颖．高校学生宿舍火灾风险评价及控制研究［D］．湘潭：湖南科技大学，2012.
[13] 傅贵，杨春，殷文涛，等．行为安全“2－4”模型的扩充版［J］．煤炭学报，2014，39（6）：995－999.
[14] 11·29新疆阿克苏第五小学踩踏事故［OL］．http：//baike. baidu. com/link？url = 9R8QIwhPaqQ5v－EoE6iIDLg4QumrjyF5ngQRKfbYe4UK7lR2Jflgx6MKHZRRuga4iyyjjaD5URAsTNs2Dwf5uK.［2013. 11. 30］.
[15] 企业安全生产标准化基本规范［S］．AQ－T9006－2010.
[16] 傅贵，李长修，邢国军，等．企业安全文化的作用及其定量测量探讨［J］．中国安全科学学报，2009，19（1）：86－92.
[17] 张苏．煤矿运输事故不安全动作原因研究［D］．北京：中国矿业大学（北京），2015.

纺织企业环境因素识别和管理研究

姜 伟 蔡祎婧

中国矿业大学（北京）资源与安全工程学院，北京 100083

摘 要 纺织企业环境因素识别和管理对控制纺织企业环境污染问题十分重要。本文从纺织企业生产工艺流程出发，根据纺织企业生产工艺流程和环境因素评价标准，得到纺织企业环境因素表。设计得到纺织企业环境因素管理流程图，从办法制定、专业组检查、奖罚兑现、改进提高、完善办法，形成一个“闭合圈”。针对环境因素管理流程设计得到环境因素管理三级纵向结构，以期为控制纺织企业环境污染问题提供一个新视角。

关键词 纺织企业 环境因素 识别 管理 机构 评价

Study on Textile Enterprise Environmental Factors Identification and Management

Jiang Wei Cai Yijing

Faculty of Resources and Safety Engineering, China University of Mining and Technology, Beijing 100083

Abstract Textile enterprise environmental factors identification and management is important for textile enterprises to control the environmental pollution problem. This article gets textile enterprise environmental factors table, starting from the textile production process, according to the textile production process and evaluation criteria of environmental factors. Designed to give textile enterprise environmental factors management flow chart, developed from the way a professional set of checks, cash reward and punishment, to improve to improve and perfect way to form a "closed loop." Design management process for environmental factors Environmental factors and get three vertical management structure. The purpose of this paper is to provide a new perspective for controlling environmental pollution problems in textile enterprises.

资助项目：中央高校基本科研业务费专项资金（2013QZ02）

作者简介：姜伟（1982— ），女，中国矿业大学（北京）资源与安全工程学院，讲师，博士，从事安全文化、行为安全、培训、安全标志等方面的研究。Tel：13426323576；E－mail：jiangwei678@126.com

Key words textile enterprises environmental factors identification management organization evaluation

0 引言

企业既是生产的主体，又是环境保护的主体[1]。纺织工业引发的环境污染问题，制约了其可持续发展[2]。纺织产品因为出口量大，在与其他国家尤其是发达国家的贸易中，相关方对企业环境保护、职业安全与健康的要求越来越高，其环境因素识别一直是比较复杂的课题[3,4]。本文拟从纺织企业的生产工艺流程出发，利用设计出的评价标准识别出其环境因素，并设计针对环境因素的管理流程、管理机构。

1 纺织企业的生产工艺流程

通过查找国内外相关文献及现场调研，得到一般纺织企业的生产工艺流程，如图 1 所示。

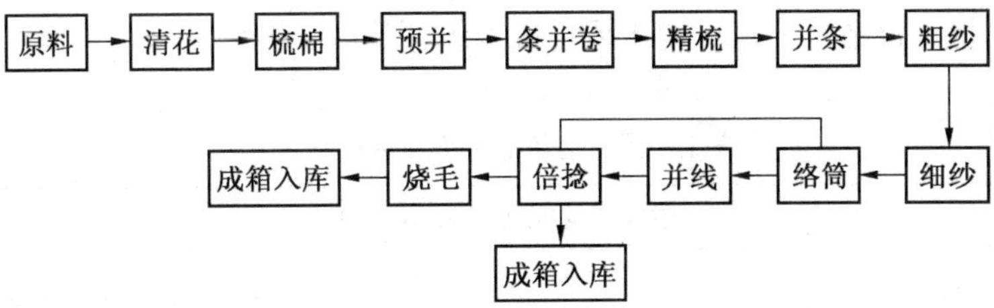

图 1 一般纺织企业的生产工艺流程

只有了解纺织企业的生产工艺流程，才能识别纺织企业中影响环境的因素。下面对纺织企业中部分工艺进行简介[5,6]：

梳棉：除去剩余的尘屑杂物，使纤维充分混合，增进其匀齐度，使纤维梳平，并剥下做成薄膜状态，相互抱合成棉条。

精梳：将抱合成为棉条的个别纤维，加以平直排列而有规则的重合，增加棉纱强力。

并条：将棉条适当伸长，改变纤维排列状态，使其伸直而互相平行，除去残留的尘屑及杂物。

粗纱：将棉条抽长拉细，使其具有适当的直径，且纤维更为平直，有适当的强力。

细纱：将粗纱抽长拉细至所需细度，加捻使纤维紧合，使细纱具有强力。

络筒：清除超出设定的不良纱，确保筒纱质量达到品检的功能。

2 环境因素识别

在了解上述纺织企业的生产工艺流程的基础上，利用以下步骤对环境因素进行识别：

（1）各部门根据生产工艺流程选择和确定在其活动、产品和服务中能够或可能造成环境影响的因素，其中活动的选择可涉及采购、加工、调试、包装、储存、运输、销售、维修、绿化、动力供应等方面。

（2）在识别环境因素和环境影响时，要考虑以下几个方面[7,8]：

①由于公司的活动、产品、服务所排出的水、气、声、固体废弃物等以及资源能源的消耗给公众、周围居民、社区等造成的影响。

②公司所需的原材料、外加工制作的供方，工程承包方，废弃物的处理者等相关方的活动所产生的环境影响。

③正常运行或异常运行条件（如启动、关闭与检修等情况）以及可以合理预见的情况或紧急状态（如火灾、爆炸等事故）所伴随的潜在重大环境影响。

④以往遗留的环境问题、现有的污染及环境问题，产品出厂或计划活动可能带来的环境问题以及将来潜在的法律、法规和其他要求。

（3）考虑各部门生产工艺流程的输入、输出及其环境因素和环境问题[9,10]。

①输入主要有原材料、辅助材料、能源、消耗品、工具、包装材料及其他。

②环境影响因子主要有大气污染、水污染、土壤污染、噪声、固体废弃物、资源消耗、有毒有害化学品使用、电磁辐射、光热辐射、恶臭及其他等。

③输出栏对应环境影响因子填写相应的产品、排放物、废弃物、能源消耗等。

各部门按照以下标准（表1～表3）对所在部门的环境影响进行初步评价，经部门负责人审核后，将评价结果上传。初步评价按两组评价因子分别评分。

表1　第一组评价因子及评分标准表

发生的概率 m_1	分值	发现/预防的可能性 m_2	分值	影响程度 m_3	分值
已经发生（经常发生，每日不低于1次）	5	不可发现（不可预防）	5	影响严重（甚至涉及公司外）	5
发生的可能性大（曾经发生或偶尔发生）	4	难以发现（突发偶发较多，难以预防）	4	影响大（公司内可处理或污染物排放量大）	4
有发生的可能（尚未发生但可能性大）	3	可发现/可预防	3	影响一般（内部可处理或污染物排放量小）	3
发生的可能性小	2	易发现、易预防	2	影响小（作业者可处理）	2
根本不会发生	1	有经常性预防措施	1	根本没有影响	1

表2　第二组评价因子及评分标准表

法规的符合性 n_1	分值	监控措施 n_2	分值	事故/投诉 n_3	分值
超标/违规	12	无	3	发生过环境事故未采取措施	6
偶尔超标/违规	6	有	0	发生过环境事故采取了措施	3
在标准内/符合规定	3			公司外投诉	2
没有规定	0			公司内投诉	1
				未发生事故/有投诉已解决	0

表3　综合评分等级对照表

等　级		第二组分值			
		21 ~ 12	11 ~ 8	7 ~ 4	3 ~ 0
第一组分值	125 ~ 37	A	A	A	B
	36 ~ 17	A	A	B	C
	16 ~ 9	A	B	B	C
	8 ~ 1	B	B	C	C

第一组分值为3个因子分值的乘积 $m_1m_2m_3$，第二组分值为3个因子分值的和 $n_1+n_2+n_3$（当“事故/投诉”栏中两种情况同时发生时，以高分为准）。

体系组织内审员按以上要求确认各部门的评分结果，进行综合评价，列出环境因素清单。

在列出环境因素清单的基础上，还可以确定重要环境因素清单，对重要的环境因素进行重点管理。管理者代表召集有关人员讨论确定重要环境因素（其中综合评分为A级的可直接列入，B级讨论后决定是否列入，C级不列入），并列入重要环境因素清单，标明如何控制，将清单附手册发放给各部门。对环境因素中未列入重要环境因素的，各部门按《废弃物管理程序》和相应的作业文件进行管理。

经过上述步骤后，得到纺织企业环境因素清单表（表4）。

表4　纺织企业环境因素清单表

序号	环境因素	活动/产品/服务	存在部门
1	原材料使用	生产投入原材料资源消耗	生产车间
2	电能消耗	生产、生活用电能源消耗	各部门
3	火灾发生	火灾发生损失资源，形成固废，造成土壤、大气、水体污染	各部门
4	水的消耗	生产、生活用水资源消耗	各部门
5	煤的消耗	锅炉用煤资源消耗	动力车间
6	废弃（烟尘）排放	锅炉燃煤废弃造成大气污染	动力车间、各部门
7	废水事故	空调废水、生活用水造成水污染	动力车间
8	锅炉事故	锅炉事故污染大气、土壤、水体	动力车间
9	废弃处理设备故障	废气处理设备故障造成大气污染	动力车间
10	废油类排出	机台润滑油加油、设备检修产生废弃物污染大气、土壤	各部门
11	废油布废弃	清洁设备机台产生废弃物	各部门
12	废灯管废弃	生产过程中更新换代产生固废，污染大气和土壤	各部门
13	旧电池废弃	使用中更换产生固体废弃物，污染土壤和大气	各部门
14	员工意识	员工有意或无意地对环境的影响	各部门
15	化学品（试剂）泄漏	使用和存放过程中泄露造成人身损害及土壤、大气、水体污染	使用部门、仓库
16	油料、化学物品使用	生产中使用造成资源消耗、大气污染	各部门
17	化学试剂残液排放	检验试验造成水体、土壤污染	使用部门

表4（续）

序号	环境因素	活动/产品/服务	存在部门
18	清洁用品使用	活动过程污染大气、土壤	各部门
19	能源跑、冒、滴、漏	能源使用过程中的浪费	各部门
20	机配件报废	使用过程中机配件损坏形成固体废弃物，污染土壤	生产车间
21	工具容器类报废	生产中使用造成资源消耗	各部门
22	旧皮辊、皮圈废弃	使用过程中皮辊、皮圈损坏形成固废，造成土壤污染	生产技术部
23	包装材料废弃	原料、产品包装废弃造成资源消耗和固体废弃物	各部门
24	办公用品废弃	办公用品废弃造成资源污染	各部门
25	下脚类废弃	纺纱过程产生尘杂造成土壤污染	生产车间
26	设备噪声	生产过程中设备运转产生污染	生产车间
27	粉尘排放	原料使用过程中废弃物造成大气污染	相关车间
28	飞花排出	生产过程中产生的固体废弃物污染大气、土壤	生产车间
29	建筑垃圾、建筑粉尘	基建活动对土壤和大气造成污染	各部门
30	生活垃圾	员工及相关人员生活废弃物	各部门
31	炉渣	燃煤产生固体废弃物造成大气和土壤污染	动力车间
32	汛情发生	雨水造成污染	各部门

3 环境因素管理

3.1 环境因素管理流程

识别出纺织企业的环境因素后，就需要对其进行管理，管理流程如图2所示。一是成

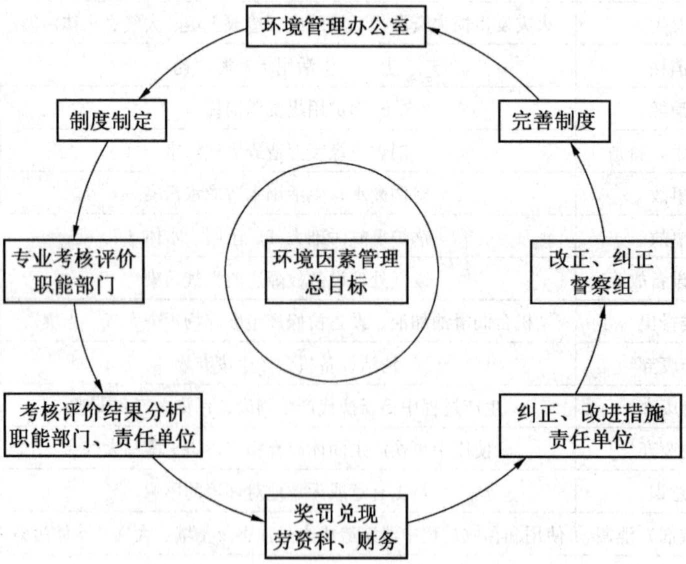

图2 环境因素管理流程示意图

立组织，企业成立环境因素全员考核评价领导小组，建立考核评价组织体系、文件体系、考核体系、督察机制；二是分解目标，把环境考核评价年度总目标分解到部门、个人，实现压力层层传递；三是制定岗位标准，对全部岗位标准进行细化量化，做到可操作、能考核；四是制定考核细则，对单位及科室工作情况进行考核；五是综合评价，月底出具考核方案，对单位及科室正职责任目标完成情况分生产、销售、技术、安全4个考评区进行综合排名，兑现奖罚；六是督导，企业成立督导考核评价部对企业各部门的工作进行督察，发现问题及时督促解决；七是改进提高，考核评价办公室听取各方面意见，不断改进和完善企业环境考核评价目标和组织。

“闭合圈”考核：环境因素的每项考核，既是起点，也是终点。从办法制定、专业组检查、奖罚兑现、改进提高、完善办法，形成一个“闭合圈”，考核每闭合一次，环境管理就提升一次。

3.2 环境因素管理机构

环境因素管理纵向结构设计如图3所示，纵向结构就是组织机构从上到下，一级考核一级。通过对企业环境管理各项工作目标量化分解，形成领导小组、专业考核组、部门、职工的层层责任传递链条，形成一级保一级、一级对一级负责的纵向考核评价传递链条。

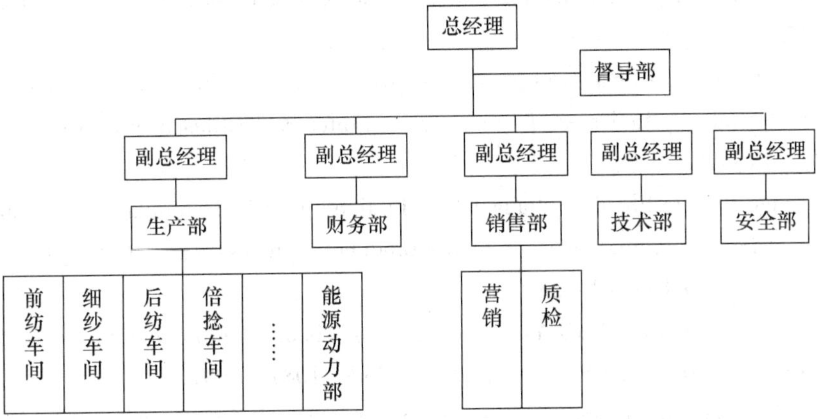

图3 环境因素管理纵向结构设计示意图

按照图3所示的组织结构图，对环境因素管理层层下派：

（1）企业成立以总经理为组长的标准化领导机构，各部门必须成立以副总经理为组长的标准化管理小组，形成领导机构架构图，并且制定详细的标准化责任制。

（2）企业、部门两级分年、季、月制定详细的标准化规划目标，并且制成表格的形式，同时制定相应的保证措施。

（3）标准化目标层层分解。标准化工作责任到人，针对管理层级设计责任管理层次图，明确所包的专业或地区。各层级有责任层次图，明确所管的责任范围、工作内容、工作量、工作标准。

4 结论

综上所述，得到以下结论：

（1）设计得到了纺织企业生产工艺流程。

（2）根据纺织企业生产工艺流程和环境因素评价标准，得到纺织企业环境因素表。

（3）设计得到纺织企业环境因素管理流程图，从办法制定、专业组检查、奖罚兑现、改进提高、完善办法，形成一个“闭合圈”。

（4）针对环境因素管理流程设计得到环境因素管理三级纵向结构。

参 考 文 献

[1] 王京芳，王露，曾又其．企业环境管理整合性架构研究［J］．软科学，2008，22（1）：1－4.

[2] 杨晓燕，顾庆良．纺织企业的环境管理和社会责任战略及绩效研究［J］．北京服装学院学报，2007，（1）：52－56.

[3] 谢亚平．纺织印染生产企业环境因素及危险源的识别及控制［J］．中国质量认证，2006，7：59－64.

[4] Metaxiotis，K.．RECOT：an cxpert system for the reduction of environmental cost in the textile industry［J］．Information Management & Computer Security，2001，12（3）：218－27.

[5] Urosevic，S.．Role of Small and Medium－Sized Enterprises in the Enhancement of the Serbian Textile Industry in Times of Crisis［J］．Fibres & Textiles in Eastern Europe，2011，19（4）：14－19.

[6] Wang Yonghua，He Shenke，Jiang Hao，Li Jianjun，Chen Shiquan. Development of data integration and processing system in textile production process［J］．Cotton Textile Technology，2010，38（11）：22－24.

[7] Dong Cao，Kunyu Niu，Fang Yu. Economic analysis on pollution control for textile industry［J］．Advanced Materials Research，2011，332：1087－1092.

[8] Sultan，R.．The determinants of energy intensity for the design of environmental strategies in the Mauritian textile sector［J］．International Journal of Sustainable Economy，2013，5（2）：140－156.

[9] Lai，Robert S. Q. Hsu，Li－Ling，Chen. Jason C. H.．Green Supply Chain Management systems：A case study in the textile industry［J］．Human Systems Management，2012，31（2）：111－121.

[10] Schaltegger，S.．Viere，T.．Zvezdov，D.．Paying attention to environmental pay－offs：the case of an Indonesian textile manufacturer［J］International Journal of Global Environmental Issues，2012，12（1）：56－75.

边坡锚固技术研究现状与展望

孔维风　陈文轩

中国矿业大学（北京）资源与安全工程学院，北京　100083

摘　要　边坡岩体锚固是一项广泛应用于高速交通、路堤边坡、露天开采等各类岩土工程中的技术，是岩土工程领域中非常重要的分支。采用锚固技术进行边坡岩体的加固和防护是最普遍、经济和有效的手段之一。本文介绍了边坡锚固技术的历史和发展历程，并通过锚固力学机理研究、试验及工程实例、数值模拟研究三个方面综述了边坡锚固技术的发展与所取得的成就，同时指出了现阶段存在于边坡锚固技术中的一些问题与不足之处，并对未来的发展做出了展望。

关键词　边坡　锚固技术　锚杆　稳定性

Slope Anchor Technology Research Status and Prospect

Kong Weifeng　Chen Wenxuan

Faculty of Resources and Safety Engineering, China University of Mining and Technology, Beijing　100083

Abstract　Rock slope anchorage is a widely used technology in highway, embankment slope, open - pit mining and other geotechnical engineering, and it also is a very important branch in the field of geotechnical engineering. It is one of the most common, economical and effective measures to strengthen and protect the slope rock mass by using the anchoring technique. This paper introduces the history and history of the development of slope anchor technology, and through anchoring mechanics research, test and engineering example and numerical simulation of three aspects are reviewed of slope anchor technology development and achievements, and points out that the present stage exists in the slope anchor technology in some problems and shortcomings. And make a prospect for the future development.

资助项目：中央高校基本科研业务经费（2011QZ05）

作者简介：孔维风（1992—　），男，安徽淮北人，中国矿业大学（北京）采矿工程硕士研究生。Tel：13699198809；E - mail：1345593133@ qq. com

Key words　slope　anchoring bolt stability

0　引言

边坡稳定性问题是一个历史悠久而又充满活力的土木工程研究分支，它与人们的生命财产安全息息相关，边坡的失稳灾害严重危及人身安全及国家财产损失。而随着西部大开发战略的继续推进，高速交通、市政工程等基础设施建设迅速发展，必然会遇到许多边坡地质问题，为保证建筑、高速交通等使用安全，边坡加固与治理已成为我国的一项基础建议。

1　锚固技术的发展

岩体锚固技术是指采用锚杆（索）等锚固件，联合框架梁等辅助措施，共同加固工程岩体，以达到提高岩体自身强度及稳定能力的作用。岩体锚固技术具有对原岩扰动小、施工速度快、工程效果好等优点，是一种有效而又经济的加固技术，因而倍受工程师们的青睐及各行业的高度重视，在世界范围的岩土工程界被广泛应用。

据记载，1872 年英国北威尔士露天页岩矿首次应用锚杆加固边坡，1918 年西利西安矿山开采使用锚索支护。1934 年阿尔及利亚使用预应力锚杆进行舍尔法坝的加高工程是世界上大规模应用预应力锚索并获得成功的典型实例。我国岩石锚杆起始于 20 世纪 50 年代后期，主要用于支护矿山巷道。20 世纪 60 年代，开始在铁路隧道和边坡整治工程中大量使用普通砂浆锚杆和喷射混凝土支护。1964 年，安徽梅山水库采用设计承载力为 2400 ~ 3200 kN 的预应力锚索加固坝基，开创了我国使用预应力锚固的先河[1,2]。改革开放后随着工程建设项目的不断增加，岩土锚固技术也得到了突飞猛进的发展，尤其在边坡锚固技术方面得到了长足进展，取得了卓越的成果。

几十年来，世界锚固支护大致经历了以下 5 个阶段，①20 世纪 40 年代机械式锚杆的研究与应用；②从 20 世纪 50 年代开始采矿业广泛采用机械式锚杆，并开始对锚杆支护系统进行研究；③20 世纪 60 年代，树脂锚杆推出并在矿山得到应用；④20 世纪 70 年代发明了缝管式锚杆、胀管式锚杆，并得到应用，研究新的方法，长锚索产生；⑤20 世纪 80 年代之后混合锚头锚杆、组合锚杆、特种锚杆等得到应用，树脂锚固材料得到改进。

2　锚固力学机理研究

边坡岩体锚固属于隐蔽工程，锚杆和预应力锚索等锚固类结构所接触的岩体所处的地质环境十分复杂，因而其性能决定边坡岩体的锚固效果。对锚固力学机理的研究一直是岩体锚固问题的核心之一。综合起来，锚杆（索）在边坡工程的支护作用主要表现为对节理裂隙岩体等不连续面的加强效应，主要有以下 4 种机理[3,4]：

（1）销钉作用：边坡中的卸荷裂隙随着侧向压应力逐渐解除，并局部进入微拉时，经历张型起裂，并在断续卸荷的自身平面内由稳定扩展到失稳，岩桥击穿而相互贯通破坏。设置锚杆的主要作用可看成是对卸荷裂隙提供桥联作用，以阻止或延缓其张裂扩展过程，进而改善边坡岩体的变形与强度性质。

（2）增韧止裂机理：锚杆在加固软弱结构面时，凭借杆体自身的抗剪能力阻止结构面的相对滑动，从而提高了结构面的抗剪强度和黏结力。

（3）剪胀效应机理：当岩体中的粗糙不连续面发生剪切位移时，不连续面的两壁因剪胀而产生扩容，使得贯穿不连续面的锚杆受拉产生附加的法向应力，并通过不连续面的摩擦效应提供附加的抗剪强度。

（4）预应力作用：预应力作用能有效地降低或消除岩体中的拉应力和剪应力，使应力集中现象得到缓解，从而改善岩体的应力状态。同时，预应力使加固区的节理裂隙闭合，使节理裂隙的连通率降低，从根本上提高了岩体的抗剪强度。

葛修润等[5]借鉴了国外的某些算法并加以改进，同时考虑到锚杆的“销钉”作用，提出了估算加锚节理面抗剪强度的公式，并推导出锚杆的最佳安装角。试验结果表明：加锚节理面的抗剪强度随剪切位移的增加而增大，即使不大的剪切位移就已使锚杆体的抗剪作用得到充分发挥，另外，锚杆倾角对加锚节理面抗剪强度有重大影响。杨延毅[6]重点研究了岩质边坡卸荷裂隙加固锚杆的加固机制与效果，以加锚裂纹面的变形协调条件推求锚杆的等效桥联应力与止裂韧度增值；运用损伤加筋体的自一致理论建立加锚卸荷裂隙带的本构关系，并建立演化方程，提出了桥联锚杆的杆体屈服与拉断，杆体与孔壁围岩胶结面的粘滑与脱胶拔出等失效与破坏的强度准则。伍佑伦等[7]采用线弹性断裂力学的方法，分析了在拉剪综合作用下锚杆对裂纹尖端应力强度因子的贡献，并揭示了各种应力作用情况以及锚杆与节理面之间不同的夹角下锚杆的作用规律，表明锚杆的作用使节理端部的应力强度因子发生转变，从而降低了对岩体破坏产生主要作用的应力强度因子。王邓岨[8]分别对预应力锚杆支护结构、框架预应力锚杆支护结构、土钉复合预应力锚杆支护结构的加固机理进行了研究分析，并分别得出了3种支护条件下边坡的稳定性分析与计算方法，并根据工程实例进行了验证。

3 试验及工程实例

在实验室进行岩体锚杆（索）的性能试验以及在工程实践中的进行边坡岩体的锚固，能够得到真实有效的试验数据和边坡岩体的实际锚固状态，是工程实践对理论技术的指导与反馈，是研究岩体锚固技术的重要方法。

Benmokrane 等[9]对玻璃纤维锚杆的锚固特性进行了实验室试验和现场测试，结果表明：压痕或表面的变形对玻璃纤维锚杆的黏结强度有非常大的影响，同时由于其弹模较低，玻璃纤维锚杆比钢锚杆更易产生滑移。荣冠等[10]进行了螺纹钢锚杆与圆钢锚杆对比试验研究，通过试验分析了螺纹钢由于存在螺纹起伏使其与胶结材料之间存在明显挤压、剪胀、剪断等作用，从而较大地提高了锚固强度。尤春安[11]通过实验室研究，验证了锚固体与岩土体界面上的破坏是锚固系统失效的主要形式。同时发现锚固力的大小不但与锚杆长度、锚杆直径等有关，而且与锚固灌浆材料的结构有密切的关系，提出了新的提高锚固力的途径。张电吉、张发明等[12,13]在详细分析影响预应力锚索长期荷载变化因素的基础上，进一步根据大量现场长期监测资料的统计分析，将锚索预应力变化分为3个阶段（急剧下降阶段、波动变化阶段和平缓变化阶段），总结了锚索在长期受力情况下的预应力损失变化规律。

4 数值模拟

近些年来，随着计算机技术的飞速发展，数值模拟技术在工程实际力学中的运用越来越广泛。数值计算方法具备快捷、省时、省力等经济的特点，可以弥补理论分析、现场试验和模型试验等的不足之处，因此，数值模拟方法是解决岩体锚固问题的有效手段，已被工程界和学术界广泛认可。

吕庆等[14]采用 ANSYS 软件对破碎岩质边坡的预应力锚固机制进行研究，重点分析锚索预应力的扩散方式，锚索张拉吨位以外锚固结构对加固坡体应力和变形分布的影响规律，揭示了预应力锚索体系的应力传递规律和坡体变形的响应规律。龚医军[15]利用 ANSYS 软件对锚杆加固边坡进行了分析研究，得出注浆体内部压应力值分布不均匀，压应力沿着注浆体方向逐渐减小；锚固长度越大，剪应力峰值越小，剪应力分布曲线越平缓；在相同荷载作用下，锚固体直径较大的锚杆剪应力的分布更均匀，受力性能更好。丁秀美等[16]对预应力锚索框架结构进行力学作用机理定性分析，并通过 $FLAC^{3D}$ 数值模拟认为附加应力的叠加效应使得框架及地梁附近出现应力集中现象，且地梁附近的附加应力集中程度较高。吴礼舟等[17]通过 $FLAC^{3D}$ 软件模拟锚杆框架梁加固膨胀土路堑边坡，研究了锚杆框架梁参数中锚杆布设角度和间距对膨胀土边坡变形的影响，对锚杆框架梁的主要参数提出相关的建议，可为工程和设计优化提供参考。雷远见等[18]将离散元 UDEC 与强度折减法结合分析岩质边坡的稳定性，利用此法可以很好地计算出边坡的安全系数，并可以确定边坡滑动面和破坏形式，为复杂节理岩质边坡的滑动面确定与安全系数计算开辟了新途径。

5 研究中的不足之处与展望

通过上述文献综述可以看出国内外学者在边坡锚固问题上做了大量的研究与实践，但同时还存在着一些不足，主要反映在以下几个方面：

（1）研究局限：由于实际问题的复杂性，研究锚固体系下岩质边坡稳定性时，一般不考虑岩石流变、锚固体系劣化、岩体参数随机性的影响。同时，对于地震作用下，锚固体系岩质边坡稳定性的研究也不够深入。

（2）材料选择：不同类型的锚具，其传力机制、工作性能、加固效果和耐久性是有差异的，因此应根据地层性态、锚杆工作条件和服务年限选择相应的锚杆类型。然而，目前对这方面深入细致的研究资料较少，对锚杆注浆材料、锚具的选择多依据工程类比法或者参考其他的工程经验。

（3）锚杆设计理论；锚杆设计中有许多不确定因素，如地层性态、地下水或周边环境的变化；灌浆与杆体材料质量的不稳定性；杆体钢绞线受力的不均匀性等。虽然在工程中应用的实例不少，但锚杆设计理论尚不够完善，需进一步发展。

（4）锚具防腐：岩土锚固的使用寿命取决于锚具的耐久性，对锚具寿命的最大威胁则来自腐蚀，而目前对于锚具的腐蚀研究方面的工作做得很少。

综上所述，岩土工程锚固技术的理论研究工作取得了不少成果，但是，目前边坡工程中锚固参数如锚杆的安设部位、设置倾角、设置长度、锚固长度等的确定多以经验和规范为主，缺乏科学量化的标准，如何将锚固设计参数组合达到最优效果，是亟待解决的问题。此外，现有的多数有关锚杆支护作用的实验都是在限定条件下和理想化的基础上进行的，对于锚杆加固机理及合理的设计计算方法仍没有统一认识，理论分析和数值计算与实际情况的出入也较大，这些问题都需科研工作者进行更深入的研究和探索。

参考文献

[1] 张发明．岩质边坡预应力锚固效应及应用研究［D］．南京：河海大学，2000.

[2] 朱晗迂．破碎岩质边坡锚固技术研究杭州［D］．杭州：浙江大学，2005.

[3] 黄求顺，张四平，胡岱文．边坡工程［M］．重庆：重庆大学出版社，2003.

[4] 崔政权，李宁．边坡工程—理论与实践最新发展［J］．中国水利水电出版社，1999，8:7－9.

[5] 葛修润，刘建武．加锚节理面抗剪性能研究［J］．岩土工程学报，1988，1：8－19.

[6] 杨延毅．岩质边坡卸荷裂隙加固锚杆的增韧止裂机制与效果分析［J］．水利学报，1994，6：1－19.

[7] 伍佑伦，王元汉，许梦国．拉剪条件下节理岩体中锚杆的力学作用分析［J］．岩石力学与工程学报，2003，5：769－772.

[8] 王邓峮．考虑锚杆预应力作用的锚固边坡稳定性研究［D］．兰州：兰州理工大学，2013.

[9] Benmokrane B，XUHai xue，BELLAVANCE E. Bond strength of cement grouted glass fibre reinforce plastic（GFRP）anchor bolts［J］. Int J Rock Mech. Min Sci &Geomech Abstr，1996，33（5）：455－465.

[10] 荣冠，朱焕春，周创兵．螺纹钢与圆钢锚杆工作机理对比试验研究［J］．岩石力学与工程学报，2004，3：469－475.

[11] 尤春安．锚固系统应力传递机理理论及应用研究［D］．济南：山东科技大学，2004.

[12] 张电吉，汤平，白世伟．节理裂隙岩质边坡预应力锚索锚固监测与机理研究［J］．岩石力学与工程学报，2003，8：1276－1280.

[13] 张发明，赵维炳，刘宁，陈祖煜．预应力锚索锚固荷载的变化规律及预测模型[J].岩石力学与工程学报，2004，1：39－43.

[14] 吕庆，孙红月，尚岳全，朱晗迓．破碎岩质边坡预应力锚固机制数值模拟研究[J].岩石力学与工程学报，2006，9：1848－1856.

[15] 龚医军．新型可回收式锚杆抗拔试验及数值模拟研究［D］．南京：河海大学，2007.

[16] 丁秀美，黄润秋，臧亚君．预应力锚索框架作用下附加应力的 FLAC～（3D）模拟［J］．成都理工大学学报（自然科学版），2003，4：339－345.

[17] 吴礼舟，黄润秋．锚杆框架梁加固膨胀土边坡的数值模拟及优化［J］．岩土力学，2006，4：605－614.

[18] 雷远见，王水林．基于离散元的强度折减法分析岩质边坡稳定性［J］．岩土力学，2006，10：1693－1698.

层理发育煤体超声波特征实验研究

李成武　吕平洋　赵越超　李　根

中国矿业大学（北京）资源与安全工程学院，北京　100083

摘　要　层理发育对于煤体力学性质和瓦斯赋存稳定性都有着重要影响。利用超声波无损检测技术对同煤塔山矿的同一片采区煤块制成的两类煤试样（10 cm × 10 cm × 10 cm 立方体和 10 cm × 10 cm × 40 cm 长方体试样）进行纵波穿透传播实验。结果表明：超声波在煤体中传播速度存在明显的各向异性，平行煤体层理方向的速度比垂直煤体层理方向的速度平均要快 520 m/s；层理的发育是导致超声波传播速度衰减的重要原因；超声波在煤体内传播波速衰减量可以作为判别煤体裂隙发育的重要指标。

关键词　层理　裂隙　原煤　超声波

Experimental Study on Ultrasonic Characteristics of Coal with Beddings

Li Chengwu　Lv Pingyang　Zhao Yuechao　Li gen

Faculty of Resource and Safety Engineering, China University of Mining and Technology, Beijing　100083

Abstract　Bedding shave a huge influence on coal mechanical characters and stability of gas occurrence. There are two series of coal samples (cubs with 10 cm × 10 cm × 10 cm, cuboids with 10 cm × 10 cm × 40 cm), which were made by coal from the same mining area of a certain mine. Based on the theory of Ultrasonic Non – destructive Evaluation, experiments that longitudinal wave propagate through the coal were completed. The result show that; the velocity of ultrasonic wave in coal has obvious anisotropy that the average velocity of parallel coal bedding direction is 520 m/s faster than the average velocity of vertical coal bedding direction; the existence of bedding is an important cause of ultrasonic velocity attenuation; the attenuation of ultrasonic wave velocity in coal can be

---

资助项目：中央高校基本科研业务费专项资金（2010YZ05）

作者简介：李成武（1969—　），男，黑龙江延寿人，教授，博导，主要从事煤矿安全和煤岩动力灾害方面的教学与研究工作。Tel:13910871922; E – mail: fslcw2000@163.com an important indicator for the development of fracture of coal.

Key words bedding fracture raw coal ultrasonic

0 前言

成煤物质的成分、结构构造、胶结物、颗粒大小等不同，使得煤层具有层理特性[1]。层理的存在是煤岩的基本特征,在一定程度上破坏了煤的整体性和连续性,是煤体渗透特性的重要影响因素。煤体中的层理对声波的传播具有很大的影响,体现为超声波传播速度的各向异性[2,3]。超声波穿透煤体的速度能够作为评价煤体赋存状态的一个重要参考指标。

钟玲文[4]对煤体内生裂隙的成因做了归纳与分析，发现内生裂隙在区域上的方向性和过剩的水是煤层压力异常高的重要影响因素。黄学满[5]测定了煤样在不同瓦斯压力下平行层理和垂直层理的渗透率，并从理论上分析了煤样中的层理对瓦斯渗透各向异性的影响。于永江[6]研究了层理对块煤冲击效果的影响。陈乔，刘向君等[7]分析了在页岩岩样中，波速与层理、波速与孔隙率、波速与频率之间的相关性。严蓬蓬，陈宇等[8]测量了不同偏振角度下横波在干燥、含水饱和与含油饱和的各向异性岩石样品中的传播速度，研究了不同条件下各向异性的情况。邓继新、史謌等[9]研究了在干燥和油饱和条件下，纵、横波在层理发育的页岩和泥岩的各向异性参数变化规律。利用声波在固体介质中的传播，可以间接地了解岩样或岩体的物理力学特征与结构特征[10]。岩石的纵波速度 V_p 通常被用来作为评价岩体质量的指标[11,12]。层理裂隙作为煤体结构特征的重要因素，目前已经有很多的学者研究层理裂隙对煤体瓦斯渗透效果的影响，而针对判断层理裂隙发育程度的研究不多。近年来，超声波测试技术逐渐应用于测定超声波穿透岩样或岩体后声波信号的声学参数。煤作为化石能源，是一种特殊的岩石，然而超声波应用于煤体层理裂隙的研究还较少。

为此，本文以表面无明显裂纹的完整煤样作为研究对象，通过超声波探测技术探究煤样层理不同方向上的超声波传播特性，进而深入分析煤体的层理裂隙发育程度。

1 实验方法与原理

1.1 实验原理

超声波在煤样中的传播速度是超声波单位时间在煤样中的传播距离，计算公式如下[13]：

$$V = \frac{L}{\Delta t}$$

式中 V——波速；

L——煤样长度；

Δt——声波在煤样中的传播时间。

本实验测量波速的方法为脉冲透射法，采用 ZBL－U510 非金属超声检测仪。该套超声波检测设备包括发射超声波信号的发射换能器、接收超声波信号的接收换能器和显示与处理波形的示波器，能够直接读取声波穿透煤样的时间和速度，判断煤样层理发育程度。实验系统示意图如图 1 所示。

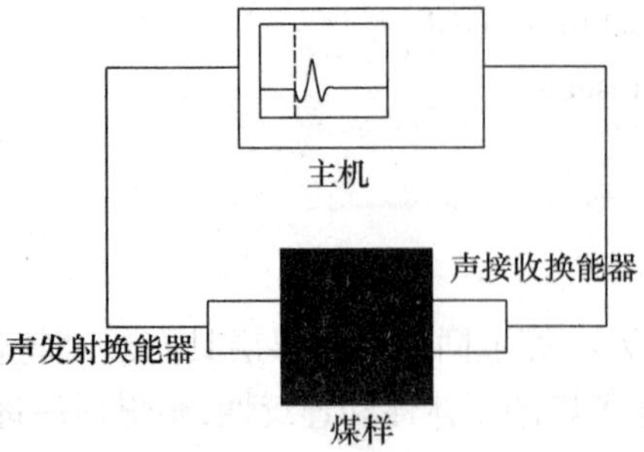

(a) 超声波测速系统示意图

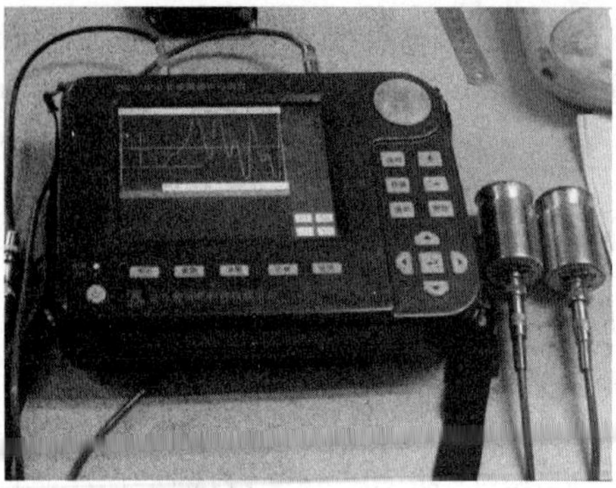

(b) 超声波测速系统实物图

图1　超声波测速系统

1.2　声波数据采集

测试波速前，煤样表面均匀涂抹凡士林耦合，使其能够与收、发换能器良好接触，降低声波能量的损失。采集数据前，首先将系统调零，即将收、发换能器表面对在一起，并使用凡士林耦合，测试未加煤样时系统的声延时，降低系统误差。系统调试完成后，开始实验操作，调整屏幕波形，直接读取声波通过煤样的首波的时间和波速。

2　实验内容及控制条件

实验室测定的煤样取自大同煤矿集团某矿的同一片采区的煤块，制作成为两类煤样，如图2所示。

(a) 10 cm×10 cm×10 cm立方体煤样

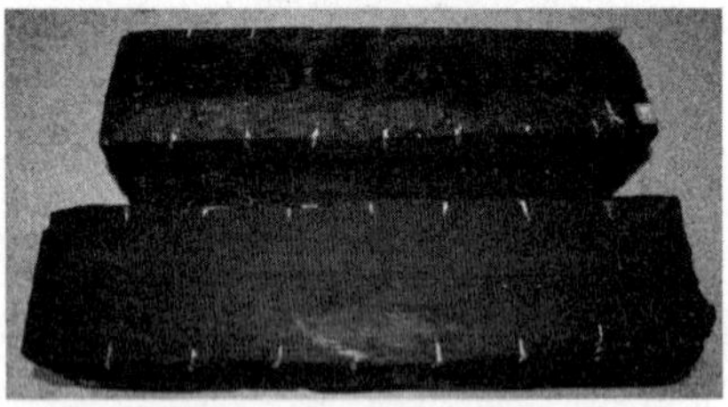

(b) 10 cm×10 cm×40 cm长方体煤样

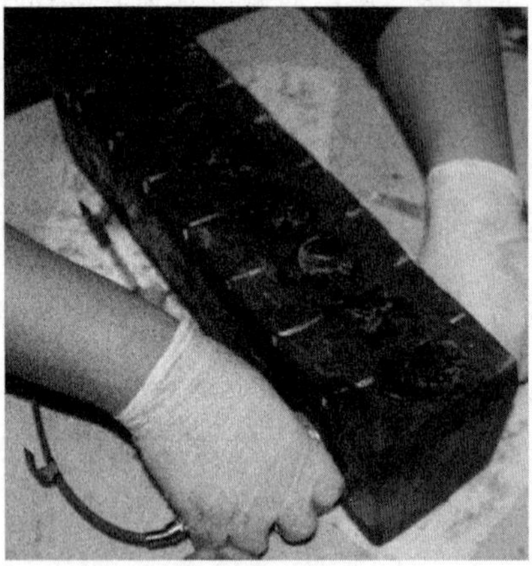

(c) 实物测试图

图2　实验煤样

图2a所示煤样为10 cm×10 cm×10 cm立方体煤样（编号ML），共6个，图2b所示煤样为10 cm×10 cm×40 cm长方体煤样（编号MC），共3个。实验所取的煤样均取自同一片采区，表面无明显裂纹，并在常温常压下实施完成实验。

3　实验结果及分析

实验条件控制在常温常压下，每次更换煤样时均测试系统的零声时，以降低实验误差。10 cm×10 cm×10 cm 立方体 ML 系列煤样的沿 X 轴方向超声波传播速度实验的测点布置如图 3 所示。

ML 系列煤样沿 Y 轴和 Z 轴方向超声波传播速度测点布置方式与沿 X 轴方向测点布置方式相同，每一个方向上对称安排 5 对测点，3 个方向一共布置 15 对测点。ML 系列 6 个煤样的各个点测得的数据对比图如图 4 所示。

图 4 数据对比显示，平行于煤样走向和倾向方向的超声波传播速度在各个测试点的值近似

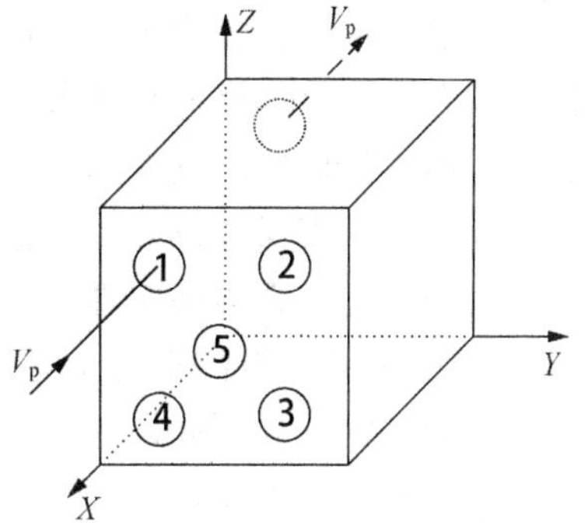

图 3　10 cm×10 cm×10 cm 煤样沿 X 轴方向超声波传播速度实验的测点布置示意图

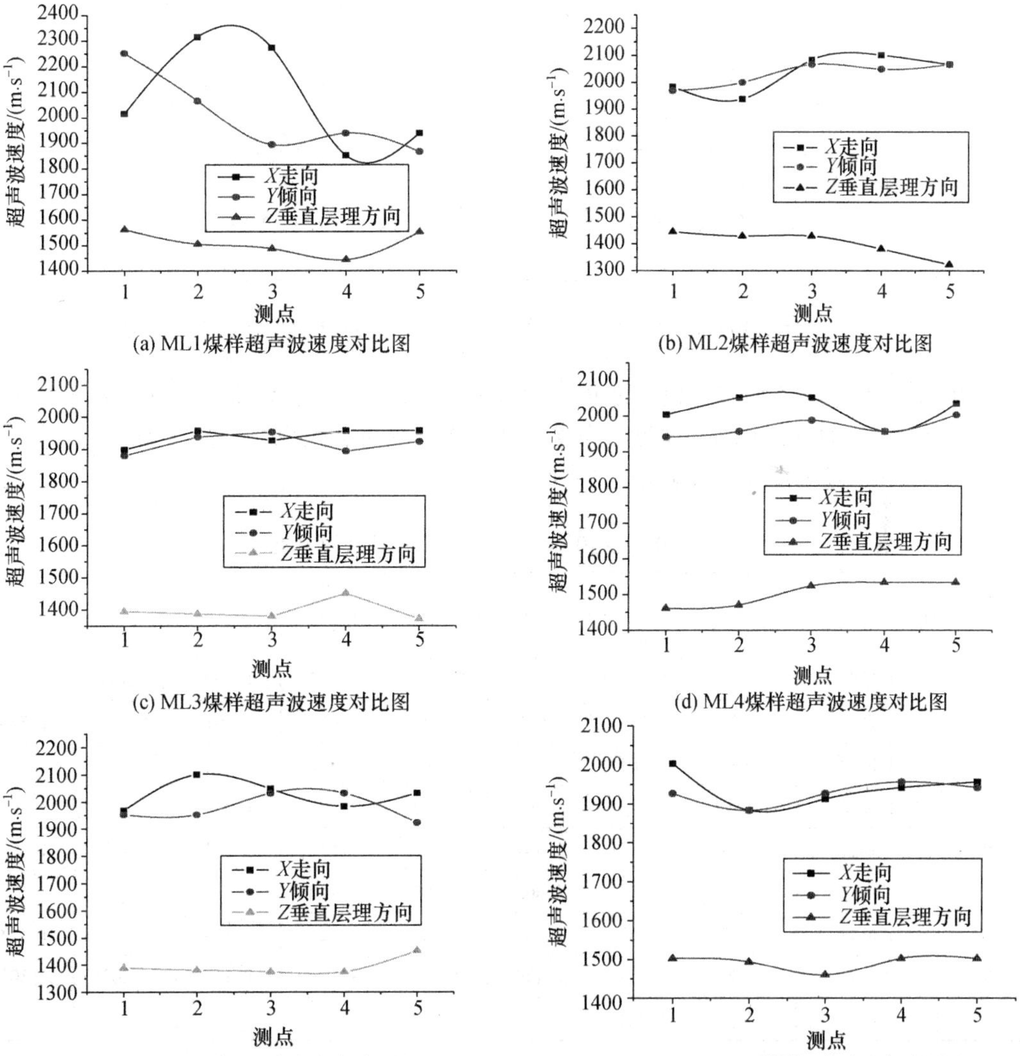

(a) ML1煤样超声波速度对比图

(b) ML2煤样超声波速度对比图

(c) ML3煤样超声波速度对比图

(d) ML4煤样超声波速度对比图

(e) ML5煤样超声波速度对比图

(f) ML6煤样超声波速度对比图

图 4　10 cm×10 cm×10 cm 煤样超声波速度各向对比图

相等，约为2000 m/s，垂直于煤样层理方向的超声波传播速度约为1450 m/s。以上数据体现了超声波在煤体中传播速度的各向异性，这与前人的实验结果是一致的，说明层理的发育是导致超声波传播速度衰减的重要原因。同时沿走向传播的平均速度略大于沿倾向传播的平均速度；在垂直煤体方向的传播速度明显小于另外两个方向。超声波在平行煤体层理方向的传播速度比垂直煤层层理方向的传播速度平均要快520 m/s。

图4a显示的超声波沿平行于煤样层理方向的速度变化幅度较大，可能存在煤样局部结构特征差异的情况，因此另外设计了10 cm×10 cm×40 cm长方体MC系列煤样的超声波传播速度实验，沿着煤样长轴方向对称布置测点，测量同一煤样不同位置的超声波传播速度，以探究平行于煤样层理方向与垂直于煤样层理方向的超声波传播速度之间的关系。沿 Y 轴方向超声波传播速度测点布置如图5所示，测得的数据见表1所示，3个煤样的各点测的数据对比图如图6所示。

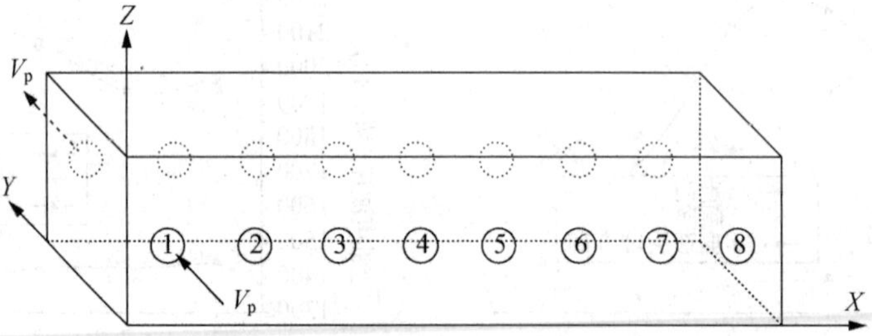

图5　10 cm×10 cm×40 cm煤样沿 Y 轴方向超声波传播速度测点布置示意图

MC系列煤样沿 Z 轴方向超声波传播速度测点布置方式与 X 轴方向测点布置方式相同，分别为8对测点；X 轴方向测点布置方式与ML系列煤样测点布置方式相同，有5对测点。单个MC系列煤样布置测点共21对。

表1　10 cm×10 cm×40 cm煤样超声波速度表

编　号		波速/(km·s^{-1})							
		1	2	3	4	5	6	7	8
MC1	Y倾向	1.705	1.744	1.607	1.667	1.692	1.667	1.520	1.619
	Z垂直	1.590	1.630	1.488	1.458	1.609	1.561	1.447	1.533
	X走向	1.860	1.781	1.763	1.800	1.826			
MC2	Y倾向	1.880	1.923	1.894	1.953	1.953	1.838	1.880	1.894
	Z垂直	0.828	1.413	1.361	1.436	1.512	1.444	1.477	1.361
	X走向	2.102	2.072	2.065	2.102	2.148			
MC3	Y走向	1.927	1.957	1.804	1.942	1.927	1.830	1.778	1.753
	Z垂直	1.500	1.557	1.439	1.439	1.439	1.431	1.303	1.303
	X倾向	1.764	1.824	1.818	1.812	1.812			

由图6可以看出3件煤样的垂直于层理方向的超声波速度均在1500 m/s附近波动；MC1煤样沿倾向方向的超声波速度约为1653 m/s，略高于其垂直于层理方向的超声波速

度，显著低于 MC1 煤样沿走向方向波速与 MC2、MC3 号煤样平行于层理的两个方向的超声波速度。另外，根据图 6 可以看出，在实验中垂直于煤样层理方向的超声波速度与平行于煤样层理的超声波速度具有相同的波动趋势，说明 MC 系列煤样沿长轴各测点位置两个方向对于超声波速度有着一致的影响。仔细观察 MC1 煤样发现在垂直于 *Y* 轴的 *XOZ* 面上存在节理结构，这是造成 MC1 煤样沿倾向方向超声波传播速度偏低的原因。

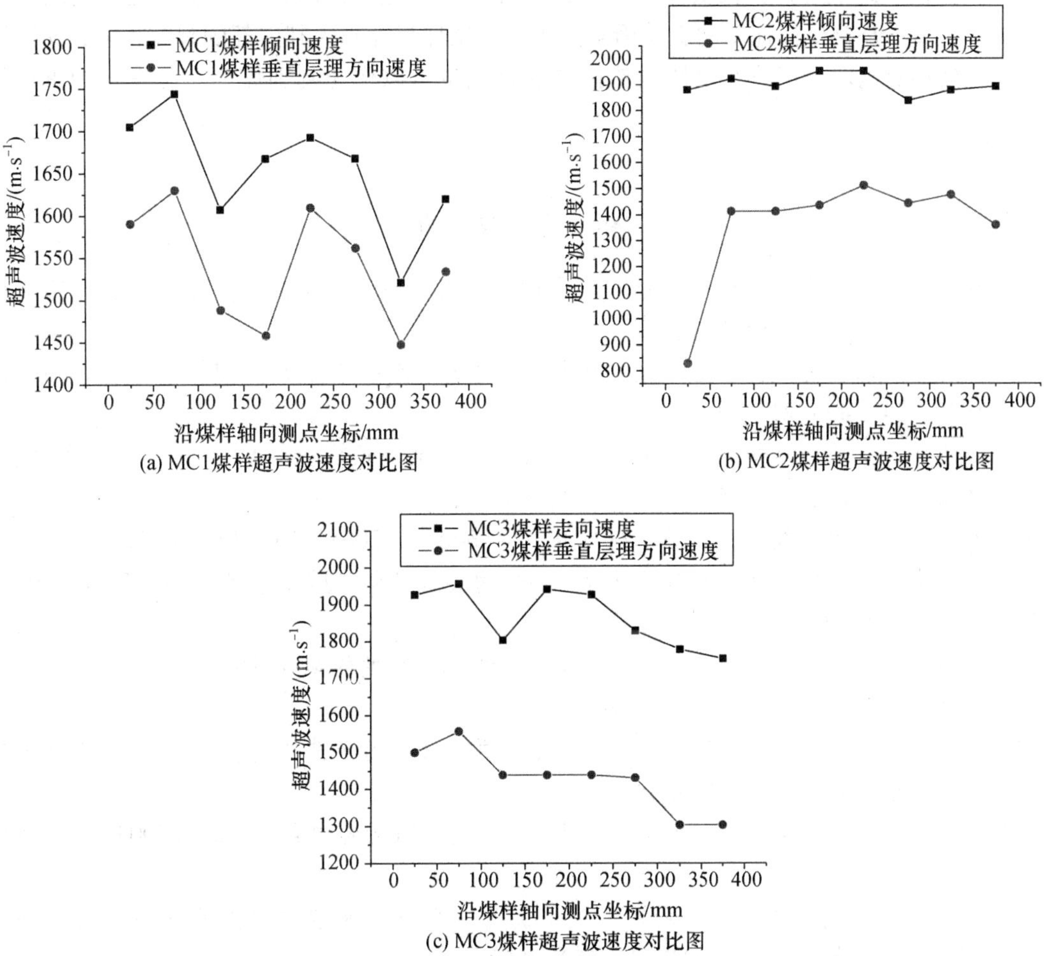

(a) MC1煤样超声波速度对比图

(b) MC2煤样超声波速度对比图

(c) MC3煤样超声波速度对比图

图 6　10 cm × 10 cm × 40 cm 煤样超声波速度各向对比图

MC 系列煤样的超声波垂直于层理方向平均速度为 1440 m/s，与 ML 系列煤样垂直于层理方向的超声波速度（1500 m/s）相差不大。但 ML 系列煤样沿倾向方向超声波平均波速为 1971 m/s，MC3 煤样沿倾向方向（MC3 煤样长轴方向）超声波平均波速为 1806 m/s。因此，同一地点煤样，当煤试样尺寸越大其内部的裂隙越多，超声波波速衰减越明显。超声波在煤体内传播波速衰减量可以作为判别煤体裂隙发育的重要指标。

4　总结

通过对层理发育煤样进行超声波测试实验，可得到如下结论：

（1）煤体中存在的层理结构对超声波在煤体中的传播速度产生衰减作用。当煤样无明显节理存在时，平行于层理方向的超声波传播速度明显大于垂直于层理方向的超声波传播速度，沿走向传播的平均速度略大于沿倾向传播的平均速度。

（2）层理裂隙的存在是导致煤体中超声波传播速度各向异性的重要原因，实验中ML系列煤样平行煤体层理方向的速度比垂直煤层层理方向的速度平均要快520 m/s。

（3）同一地点煤样，当煤样力学结构特征稳定并且一致时，平行于层理方向的超声波传播距离不是其传播速度的影响因素。当煤样试样尺寸越大其内部的裂隙越多，超声波波速衰减越明显。超声波在煤体内传播波速衰减量可以作为判别煤体裂隙发育的重要指标。

参 考 文 献

[1] 潘荣锟，程远平，董骏，陈海栋．不同加卸载下层理裂隙煤体的渗透特性研究[J]．煤炭学报，2014，39（3）：473－477.

[2] 郭德勇，韩德馨，冯志亮．围压下构造煤的波速特征实验研究［J］．煤炭科学技术，1998，24（4）：21－23.

[3] 赵群，郝守玲．煤样的超声速度和衰减各向异性测试实例［J］．地球物理学进展，2006，21（2）：531－534.

[4] 钟玲文．煤内生裂隙的成因［J］．中国煤田地质，2004，16（3）：6－9.

[5] 黄学满．煤结构异性对瓦斯渗透特性影响的实验研究［J］．矿业安全与环保，2012，39（2）：1－3.

[6] 于永江，王来贵，赵娜．冲量及层理对煤块冲击韧度的影响［J］．辽宁工程技术大学学报，2006，25（6）：842－844.

[7] 陈乔，刘向君，刘洪，王森，等．层理性页岩地层超声波透射实验［J］．天然气工业，2013，33（8）：140－144.

[8] 严蓬蓬，陈宇，朱世和，等．用横波波速测定岩石的各向异性［J］.2003，27（5）：356－359.

[9] 邓继新，史謌，刘瑞珣，俞军，等．泥岩、页岩声速各向异性及其影响因素分析［J］．地球物理学报，2004，47（5）：862－868.

[10] 成林，王赟，张玉贵，赵海珍．煤岩声波特征研究现状及展望［J］．地球物理学进展，2013，28（1）：452－461.

[11] 孟召平，张吉昌，Joachim Tiedemann. 煤系岩石物理力学参数与声波速度之间的关系［J］．地球物理学报，2006，49（5）：1505－1510.

[12] 孟召平，刘常青，贺小黑，张宁．煤系岩石声波速度及其影响因素试验分析［J］．采矿与安全工程学报，2008，25（4）：381－393.

[13] 王赟，许小凯，张玉贵．六种不同变质程度煤的纵横波速度特征及其与密度的关系［J］．地球物理学报，2012，55（11）：3754－3761.

矿用紧急避险空间环控生保系统控制模型建立

栗 婧[1] 汪 声[2] 赵越超[1]

1. 中国矿业大学（北京）资源与安全工程学院，北京 100083
2. 北京布莱迪工程技术有限公司，北京 100164

摘 要 矿用紧急避险空间必须依靠环控生保系统为避险人员创造适宜的生存环境，从而赢得救援时间。本文通过对救援空间内氧气消耗、二氧化碳代谢、热量来源等影响关系进行分析计算，得到了矿用紧急避险空间在救援状态下避险人员散热、空气净化装置反应热以及舱壁传热的函数表达式，同时确立了不同体积、不同人数的密闭救援空间内环控生保各分系统的最短开启时间和流量控制的函数模型，为潜艇、载人航天、避险空间等密闭救援空间内环控生保系统的设计提供了参考。

关键词 煤矿 紧急避险空间 环控生保系统

The Establishment of Control Model for the Space Environment Protection System of Mine Emergency Safe Haven

Li Jing[1] Wang Sheng[2] Zhao Yuechao[1]

1. Faculty of Resource and Safety Engineering, China University of Mining and Technology, Beijing 100083
2. BLD Engineering Tech. Co. , Ltd, Beijing 100164

Abstract Mine emergency refuge space must rely on the central control system for risk aversion to create a suitable environment for survival, so as to win the rescue time. In this paper, through the analysis and calculation of the effect of oxygen consumption, carbon dioxide metabolism, energy sources and so on. The function expression of heat trans-

基金项目： 中央高校基本科研业务费专项资金资助（2015QZ04）

作者简介： 栗婧（1980— ），女，山西长治人，博士，讲师，主要研究方向：矿山安全应急救援。Tel: 13811351654; E - mail: rainbow_lijing@163. com fer, heat transfer and heat transfer in the heat sink, air purification device of the safe refuge personnel in the mine emergency refuge space is obtained. At the same time, it also establishes the minimum opening time, and the function model of the flow control in the closed rescue space with different volume and different number of people. It provides reference for the design of the inner control and protection system of the confined space, such as submarine, manned spaceflight and safe haven.

Key words coal mine emergency refuge space environmental control and protection system

0 前言

矿用紧急避险系统是井下发生灾害事故时，为无法及时撤离的遇险人员提供生命保障的密闭空间[1-3]。矿用避险空间与载人航天器、潜艇类似，都是密闭生存空间，必须通过环境控制与生命保障系统 ECLSS（以下简称环控生保系统）为航天员、艇员、避险人员创造适宜的生存环境[4]。其环境控制主要用于维持密闭舱室内的大气总压和氧分压；控制舱室内二氧化碳分压在要求范围内；维持舱室内适宜的温度、湿度，保证舱内气体的流通。因此矿用紧急避险空间内的环控生保系统的设计主要包括 3 个部分，分别是氧分压自调节系统、二氧化碳分压调节系统和温度控制系统。

在潜艇、载人航天、飞机座舱等有人员生存、工作的各类密闭空间中，对氧气、二氧化碳体积分数范围的规定较多。氧气一般规定在 19% ~21% 范围内，尽可能与人类日常所处大气环境中氧气体积分数 20.8% 相一致[5-8]。各国潜艇舱室中对二氧化碳允许浓度一般规定在 0.5% ~1% 范围内，如低于 60 天时，二氧化碳的舱室允许体积分数均在 1% 以下[9-10]。

为保证矿用紧急避险系统能在载人救援情况下自行调节舱内环境，本文对救援空间内氧气消耗、二氧化碳净化、热量来源等进行了分析计算，并根据各能耗关系建立了环控生保各分系统的最短开启时间及流量控制函数模型，为潜艇、载人航天、避险空间等密闭救援空间内环控生保系统的设计提供参考。

1 氧气控制模型的建立

舱内氧气是维持避险空间内人员生存的最重要参数，合理控制舱内氧气浓度需要实时监测舱内氧气浓度和控制舱内氧气流量。矿用紧急避险系统工作时为完全密闭空间，其内部氧气的供应单元为压缩氧气瓶，氧气的消耗单元为舱内避难人员，舱内 t 时刻的氧气浓度与氧气初始浓度、供氧流量、人均耗氧量相关，具体应符合式（1）：

$$C'_{O_2} = C_{O_2} + \frac{Q_{SN}\Delta t - M_{O_2(t-1)}\Delta tn}{1000V} \tag{1}$$

式中 C'_{O_2}——t 时舱内氧气浓度，通过舱内监测仪表读取，%；

C_{O_2}——舱内氧气初始浓度，通过舱内监测仪表读取，%；

Δt——舱内氧气浓度达到 C'_{O_2} 所用的时间，min；

Q_{SN}——开启的供氧量，L/min；

$M_{O_{2(t-1)}}$——舱内人员消耗氧气量（由 $t-1$ 时刻供氧量计算获得），L/min；

n——舱内避难人数，个；

V——舱内部净容积，m^3；

在式（1）中，t 时刻的供氧量主要由 $t-1$ 时刻中计算得到的舱内人员氧气消耗量决定，即

$$M_{O_{(2t-1)}}=\frac{60Q_{SN(t-1)}+v(C'_{O_{2t}}-C'_{O_{2(t-1)}})}{\Delta t} \tag{2}$$

因此，刚进入避险空间内时，开启的供氧量先设置为人体中度活动状态数值 0.5 L/min，在下一时刻，即可根据监测得到的舱内氧气浓度数值计算出舱内人员的实际消耗氧气量，实现持续的氧气流量调控。

1.1 供氧设备最短开启时间

舱内需要开启供氧的最短时间与舱体体积和舱内人员的数量有关，具体可按式（3）计算。在刚刚进入矿用紧急避险系统时，舱内氧气浓度与空气中环境相近，约为 20.9%，此时取人体可承受氧气浓度下限为 18.5%，人员耗氧量取中度活动状态数值 0.5 L/min，人数为 8 人，V 取 8 m^3，若不开启供氧系统则舱内人员可生存的时间为 Δt，则 Δt 表述为

$$\Delta t=\frac{1000V(C_{O_2}-20.9\%)}{Q_{SN}-M_{O_{2(t-1)}}n}=\frac{1000\times8(18.5\%-20.9\%)}{0-0.5\times8}=48(\text{min}) \tag{3}$$

由上式可知，在完全没有氧气供应的情况下，舱体空间内氧气可供 8 人生存的时间约为 48 min，即供氧系统最短开启时间为 48 min。

1.2 供氧流量控制函数

根据式（1）得出的氧气浓度函数式，代入 Δt 可得出氧气流量控制的函数方程，通过该方程可有效地调节舱内氧气流量，使舱内氧气浓度控制在人体需求范围之内。假设在需要的 Δt 时间内使氧气浓度达到大气中氧气标准浓度值 20.9%（一般供氧流量计算默认此值），在 t 时刻舱内监测数据为氧气浓度为 C_{O_2}，则应向舱内供应的氧气量为 Q_{SN}（标准状况下），则 Q_{SN} 可表述为

$$Q_{SN}=\frac{1000V(20.9\%-C_{O_2})}{\Delta t}+M_{O_{2(t-1)}}n \tag{4}$$

Q_{SN} 为舱内所需要供应的氧气在标准状况下的流量（L/min）。Q_{SN} 与舱内氧气供应控制系统测定的流量 Q_S 存在如下关系：

$$Q_S=\frac{P_{SN}T_S}{P_ST_{SN}}Q_{SN} \tag{5}$$

式中，$T_{SN}=T_S$，$P_S:P_{SN}=2:1$。

由于人体的耗氧量与活动状态及不同个体相关，其值不是固定的，所以供氧流量的控制方式为每隔一定时间监控一次舱内氧气浓度，根据计算，动态得出舱内人体耗氧量，同时调节舱内氧气流量，使舱内氧气浓度在人体需求范围之内。

2 二氧化碳控制模型的建立

舱内二氧化碳浓度超标会导致避难人员头疼、恶心、畏寒，甚至窒息死亡，合理控制舱内二氧化碳含量需要实时监测舱内二氧化碳浓度和控制舱内二氧化碳净化效率。矿用紧

急避险系统工作时为完全密闭空间，其内部二氧化碳的供应单元为舱内避难人员，二氧化碳的吸收单元为空气净化器，舱内 t 时刻的二氧化碳浓度与二氧化碳初始浓度、净化效率、人均呼出二氧化碳量相关，具体应符合以下方程式：

$$C'_{CO_2} = C_{CO_2} + \frac{nM_{CO_2(t-1)}\Delta t - L\Delta tn}{1000V} \tag{6}$$

式中 C'_{CO_2}——t 时刻舱内二氧化碳浓度，通过舱内监测仪表读取，%；

C_{CO_2}——舱内二氧化碳初始浓度，通过舱内监测仪表读取，%；

Δt——舱内二氧化碳浓度到达 C'_{CO_2} 所用时间，min；

L——空气净化器去除二氧化碳效率，L/min；

$M_{CO_2(t-1)}$——舱内人员产生二氧化碳量，L/min，

n——舱内避难人数，个；

V——舱内部净容积，m^3。

在式（6）中，t 时刻所需的二氧化碳去除效率主要由 $t-1$ 时刻中计算得到的舱内人员二氧化碳呼出量决定。基于能耗考虑，舱内二氧化碳净化系统采用间歇式开启方式，在 t 时刻开启净化器时，计算得到 $t-1$ 时刻舱内人员二氧化碳呼出量为

$$M_{CO_2(t-1)} = \frac{v(C'_{CO_{2t}} - C'_{CO_2(t-1)})}{\Delta t} \tag{7}$$

2.1 空气净化设备最短开启时间

舱内需要开启空气净化器的最短时间与舱体体积和舱内人员的数量有关，具体可按式（8）计算。在刚刚进入矿用紧急避险系统时，舱内二氧化碳浓度与空气中环境相近，约为0.03%，此时取人体可承受二氧化碳浓度上限为1%，人员产二氧化碳量取中度活动下数值0.4 L/min，人数为8人，若不开启空气净化系统，则舱内人员可生存的时间为 Δt，则 Δt 表述为：

$$\Delta t = \frac{1000V(C_{CO_2} - 1\%)}{L - M_{CO_2(t-1)}n} = \frac{1000 \times 8 \times (0.03\% - 1\%)}{0 - 0.4 \times 8} = 25(\mathrm{min}) \tag{8}$$

由上式可知，救援空间内开启空气净化系统的最短时间为25 min，考虑到一定安全系数，开启净化器的最短时间取不大于20 min。

2.2 空气净化设备速率控制函数

根据式（6）得出的二氧化碳浓度函数式，代入 Δt 可得出空气净化设备控制速率函数方程（式9），通过该方程可有效地调节舱内空气净化装置功率，使救援空间内二氧化碳浓度控制在人体需求范围之内。

$$L = \frac{1000V(C_{CO_2} - C'_{CO_2})}{\Delta t} + nM_{CO_2(t-1)} \tag{9}$$

由于人体的二氧化碳呼出量与活动状态及不同个体相关，其值不是固定的，所以空气净化控制速率应当与人体二氧化碳呼出率相关。由于空气净化装置的工作方式为间歇式工作状态，在其停止工作期间，通过监测到的二氧化碳浓度值，可以计算出此段时间的人体二氧化碳呼出量，代入即可得到要求的空气净化控制效率，同时可以通过设定预期的时间，及预测达到的舱内二氧化碳浓度量，计算得出应当调节的空气净化控制速率。

3 温度控制函数确定

3.1 舱内热源分析

矿用紧急避险系统工作时为完全密闭空间，其内部热量的热源主要包括避险人员的散热 Q_1，有毒有害气体净化装置的反应热 Q_2，以及透过舱壁的传热 Q_3，下面分别计算。

1. 避险人员的散热 Q_1

根据能量转换和守恒定律，人与环境热交换的热平衡方程如下：

$$S = M - W - R - C - E \tag{10}$$

式中 S——人体蓄热率；

M——人体新陈代谢率；

W——人体所完成的机械功，对于舱内避难人员取 $W = 0$；

R——人与环境的辐射热交换；

C——人与环境的对流热交换；

E——人由于呼吸、皮肤表面水分蒸发以及出汗所造成的与环境的热交换。

上式中各项所采用的单位均为“W/m^2”。

由式（10）可得避险人员在救生舱内的人均散热 q_{10}：

$$q_{10} = M - S \tag{11}$$

其中，避险人员的新陈代谢率 M 可用式（12）计算：

$$M = 5870(0.23RQ + 0.77)M_{O_2}/A_D \tag{12}$$

$$RQ = \frac{M_{CO_2}}{M_{O_2}} = \frac{k_1 M_{CO_2}^{(1)} + k_2 M_{CO_2}^{(2)}}{k_1 M_{O_2}^{(1)} + k_2 M_{O_2}^{(2)}} \tag{13}$$

$$A_D = 0.202 m_b^{0.425} H^{0.725} \tag{14}$$

式中 RQ——呼吸商；

M_{O_2}——避险人员人均耗氧速率，L/min；

$M_{O_2}^{(1)}$、$M_{O_2}^{(2)}$——避险人员分别处在轻度活动状态和中度活动状态下的人均耗氧速率，L/min；

M_{CO_2}——避险人员人均产二氧化碳的速率，L/min；

$M_{CO_2}^{(1)}$、$M_{CO_2}^{(2)}$——避险人员分别处在轻度活动状态和中度活动状态下的二氧化碳呼出速率，L/min；

k_1、k_2——避险人员分别处于轻度和中度活动状态占整体活动状态的百分比；

A_D——人体皮肤表面积，m^2；

m_b——人体质量，kg；

H——人的身高，m。

避险人员的蓄热率 S 按（15）式计算：

$$S = \frac{c_b m_b (T_b^{(2)} - T_b^{(1)})}{A_D \Delta t} \tag{15}$$

式中 c_b——人体组织平均比热［通常取 3.49 kJ/(kg·℃)］；

Δt——生存时间，s；

$T_b^{(1)}$、$T_b^{(2)}$——人体初始平均温度和终态平均温度,℃。

式（15）中的人体平均温度 T_b 通常可用人体核心温度 T_{CO} 和皮肤平均温度 T_{ms} 的加权得出。在热环境中，有：

$$T_b = 0.9T_{CO} + 0.1T_{ms} \tag{16}$$

为方便起见，常用直肠温度代替人体核心温度 T_{CO}，皮肤平均温度 T_{ms} 可根据 Ramanathan（1964）提出的四点模型计算，即通过测试人体胸部、上臂、大腿以及小腿的皮肤温度，按照权系数 0.3、0.3、0.2 和 0.2 进行加权平均。

结合式(12)～式(16)，可得救生舱内避险人员的总散热量 Q_1 为

$$Q_1 = nq_{10}A_D\Delta t = 5870n(0.23RQ + 0.77)M_{O_2}\Delta t - nc_bm_b(T_b^{(2)} - T_b^{(1)}) \tag{17}$$

2. 有毒有害气体净化装置的反应热 Q_2

净化装置采用 JS－1 剂吸收舱内人体代谢产生的二氧化碳，JS－1 剂的吸收效率约为 19%，反应热为 1216 KJ/kg。净化过程反应放出的热量为

$$Q_2 = \frac{nM_{CO_2}\Delta t}{1000V} \times 100\% \times q_r \tag{18}$$

式中 n——避险人数；

Δt——生存时间，min；

V——舱内有效体积，m^3；

q_r——JS－1 剂吸收 1% CO_2 的反应热，取 1016 kJ/%。

3. 舱壁传热 Q_3

透过舱壁传递的热量为：

$$Q_3 = KS(T_{in} - T_{out}) \tag{19}$$

式中 K——舱体总传热系数，1.425W/(m^2·℃)；

S——舱体总表面积，m^2；

T_{in}——救生舱内部温度,℃；

T_{out}——外部环境温度,℃。

3.2 温度控制系统函数确定

上述热载荷能迅速使避险系统内部温度达到人体承受上限，必须依靠自身的制冷系统来平衡。为保证避难人员正常生存，避难空间内温度应控制 T' 左右，其控制函数关系应符合以下方程：

$$T' = T + \frac{Q_1\Delta t + Q_2\Delta t + \Delta TKS\Delta t - Q\Delta t}{\overline{C}} \tag{20}$$

式中 T——某时刻监测到的舱内温度值,℃；

Q_1——舱内所有人员散热，W；

Q_2——气体净化装置反应热，W；

K——舱体总传热系数，W/(m^2·℃)；

S——舱体总表面积，m^2；

ΔT——舱体内外温度差,℃；

Q——舱内制冷系统制冷效率，W；

Δt——舱内温度调整需要的时间，S；

$\bar{C}$——舱体总体比热容，J/℃。

3.3 温度控制系统最短开启时间

设定避险空间内救援状态工况：空间外极限温度 $T_1\max = 55$ ℃，空间内初始温度 T_0 为 20 ℃；救生舱内最高允许温度 $T_{2\max} = 35$ ℃，湿度为 $\varphi_a = 80\%$ RH，舱内避险人员 8 人，平均身高为 1.7 m，体重为 65 kg，身穿普通矿工工作服，空间内空气流速近似为 0。

经试验测定，矿用紧急避险系统生存人数为 8 人时总体热负荷为

$$Q_1 = nq_{10}A_D\Delta t = 917(\text{W})$$

空气净化装置的反应热为

$$Q_2 = \frac{nM_{CO_2}\Delta t}{1000V} \times 100\% \times q_r = 166(\text{W})$$

避险空间总传热系数 K 为 1.425W/(m^2·℃)，名义总表面积为 40 m^2，内部比热容为 C 为 391 kJ/℃。因此，当避险空间外温度在 55 ℃时，舱内部不开启制冷设备可维持的最长时间为

$$\Delta t = \frac{(T' - T)\bar{C}}{nQ_1 + Q_2 + \Delta TKS - Q} = 32(\text{min})$$

因此，矿井避险空间在外部 55 ℃高温环境下，最多可维持 32 min，即达到人体承受极限，必须通过温度控制系统来调节空间内适宜的温度范围。

4 结论

（1）通过计算得出在不同体积、不同人数的密闭救援空间内，氧气控制系统开启的最短时间和供氧流量控制函数式。

（2）通过计算得出在不同体积、不同人数的密闭救援空间内，空气净化系统开启的最短时间和吸收效率控制函数式。

（3）通过分析计算得出密闭救援空间在工况下救援空间内避险人员散热、空气净化装置反应热以及舱壁传热的函数表达式及具体数值，确定了温度控制系统的制冷效率控制函数，得到在避险空间外部极限温度 55 ℃情况下，空间内允许最高温度为 35 ℃情况下，舱内部不开启制冷设备可维持的最长时间为 32 min。

参 考 文 献

[1] 栗婧，金龙哲，汪声，朱军．矿井密闭空间中人体呼吸熵计算［J］．北京：北京科技大学学报，2010，32（8）：963－967.

[2] 栗婧，金龙哲，汪声等．矿用矿用紧急避险系统中人体自身代谢一氧化碳规律分析［J］．煤炭学报，2010，35（8）：1303－1307.

[3] 汪声，金龙哲，栗婧．国外矿用应急矿用紧急避险系统技术现状［J］．中国安全生产科学技术，2010，6（4）：119－123.

[4] 林桂平．载人航天生命保障技术［M］．北京：北京航空航天大学出版社，2006.

[5] 姜世楠，马丽娥，王雅娟，等．潜艇密闭舱室供氧技术［J］．舰船防化．2009（5）：1－5.
[6] 彭光明．潜艇密闭舱室供氧措施分析［J］．船海工程，2005（5）：64－67.
[7] 陈信，袁修干．人－机－环境系统工程总论［M］．北京：北京航空航天大学出版社，1996.
[8] 栗婧，金龙哲，汪声．救生舱内氧含量舒适度研究［J］．煤炭学报，2013，38（12）：2163－2166.
[9] 国防科学技术工业委员会．GJB－11.3－91 常规动力潜艇舱室空气组分容许浓度［S］．北京：国家军用标准出版社，1992.
[10] 国防科学技术工业委员会．GJB11A－1998 核潜艇舱室空气组分容许浓度［S］．北京：国家军用标准出版社，1998.

2010—2015年我国特种设备事故统计分析

孟筠青　张龙飞　张　权

中国矿业大学（北京）资源与安全工程学院，北京　100083

摘　要　统计了2010—2015年我国共发生的1566起特种设备事故，从特种设备事故的类型、所涉及行业、发生的环节及原因等方面，结合我国特种设备整体状况，对数据进行了统计分析。结果表明，电梯与起重机械为特种设备事故多发类别；制造业和社会及公共服务业是特种设备重点监督行业；使用环节是特种设备事故最多发的环节；违反操作规程是发生事故的最主要原因。并从法律法规和安全监察两方面提出了一些相关措施建议，实现安全目标，保障人身和财产安全。

关键词　特种设备　事故统计　原因分析　措施建议

Statistical Analysis of Special Equipment Accidents Occurring in China During 2015—2010

Meng Junqing　Zhang Longfei　Zhang Quan

Faculty of Resource and Safety Engineering, China University of Mining and Technology, Beijing　100083

Abstract　Based on 1566 accidents of special equipment accidents happened in China during 2010—2015, the type of special equipment accidents were statistically analyzed on aspects involving industry, inks and reasons, etc. The results showed that the elevator and lifting equipment for the special multiple categories; manufacturing and social and public services are the focus of supervision and special equipment industry; use of special equipment accidents link is part of the most hair; violation of rules is the most important reason for the accident. And we made a number of recommendations from the laws and regulations related measures, security management in two areas to achieve security objectives to protect the personal and property safety, to promote economic, social harmony and development.

资助项目：中央高校基本科研业务费专项资金（2011QZ02）

作者简介：孟筠青（1981—　），男，河北新河人，讲师，博士，主要研究方向为煤矿瓦斯和煤岩动力灾害防治等。E - mail：mengjunqing@ sohu. com

Key words special equipment accident statistics cause analysis proposed measures

随着国民经济的不断发展，特种设备与人们日常的工作生活越来越密切，涉及社会生产的方方面面。特别是改革开放以来，我国的特种设备数量急剧增加，截至2015年年底，我国共有特种设备总量达1100.13万台，特种设备生产（含设计、制造、安装、改造、修理、气瓶充装）单位62706家。近年来，特种设备安全状况持续好转，但是其安全形势依然十分严峻，安全事故时有发生。2015年12月，河北承德一酒厂锅炉爆炸，造成2死3伤。2015年5月，温州市某游乐场游乐设施故障，造成2死3伤。2015年7月，荆州城区某商场自动电梯发生一起带人事故，造成1人当场死亡。对于特种设备事故，历年都有许多学者进行统计分析，针对不同的情况，提出了许多建议与方法。本文以国家质量监督检验检疫总局2010—2015年的特种设备安全年报为依据，对我国特种设备的数量以及安全状况进行统计分析，得出特种设备及事故分布情况以及变化规律，研究事故发生特点，并提出事故防范对策[1]。

1 特种设备事故统计范围与分级

根据国务院令493号《生产安全事故报告和调查处理条例》，按照生产安全事故造成的人员伤亡或者直接经济损失，将事故分为四个等级：特别重大事故、重大事故、较大事故和一般事故。而根据《特种设备安全监察条例》594号令中规定，特种设备事故是指因特种设备的不安全状态或者相关人员的不安全行为，在特种设备制造、安装、改造、维修、使用（含移动式压力容器、气瓶充装）、检验检测活动中造成的人员伤亡、财产损失、特种设备严重损坏或者中断运行、人员滞留、人员转移等突发事件。两者有共性的地方，也有特种设备一些特殊的规定，具体分类情况见表1，该标准是特种设备事故统计的重要依据[2]。

表1 特种设备事故严重程度等级划分标准

严重程度	事故严重等级（共性）	特种设备事故严重等级（特性）
特别重大事故	特种设备事故造成30人以上死亡，或者100人以上重伤（包括急性工业中毒，下同），或者1亿元以上直接经济损失	600 MW以上锅炉爆炸； 压力容器压力管道有毒介质泄露，造成15万人以上转移的； 客运索道、大型游乐设施高空滞留100人以上，并且时间在48 h以上的
重大事故	特种设备事故造成10人以上30人以下死亡，或者50人以上100人以下重伤，或者5000万元以上1亿元以下直接经济损失	600 MW以上锅炉因安全故障中断运行240 h以上的； 压力容器、压力管道有毒介质泄露，造成5万人以上15万人以下转移的； 客运索道、大型游乐设施高空滞留100人以上并且时间在24 h以上48 h以下的

表1（续）

严重程度	事故严重等级（共性）	特种设备事故严重等级（特性）
较大事故	特种设备事故造成3人以上10人以下死亡，或者10人以上50人以下重伤，或者1000万元以上5000万元以下直接经济损失	锅炉、压力容器、压力管道爆炸的； 压力容器、压力管道有毒介质泄露，造成1万人以上5万人以下转移的； 起重机整体倾覆的； 客运索道、大型游乐设施高空滞留人员12 h以上的
一般事故	特种设备事故造成3人以下死亡，或者10人以下重伤，或者1万元以上1000万元以下直接经济损失	压力容器、压力管道有毒介质泄露，造成500人以上1万人以下转移的； 电梯轿厢滞留人员2 h以上的； 起重机械主要受力结构件折断或者起升机构坠落的； 客运索道高空滞留人员3.5 h以上12 h以下的； 大型游乐设施高空滞留人员1 h以上12 h以下的

2 特种设备基本状况

根据《中华人民共和国特种设备安全法》规定[3]，特种设备指对人身和财产安全有较大危险性的锅炉、压力容器（含气瓶）、压力管道、电梯、起重机械、客运索道、大型游乐设施、场（厂）内专用机动车辆。我国特种设备数量每年以大约11.4%的速度增长，如图2所示，截至2015年年底，全国特种设备总量达1100.13万台（图1）。其中：压力容器340.66万台、电梯425.96万台、起重机械210.44万台，占据着我国特种设备总量的89%。另有锅炉57.92万台、客运索道985条、大型游乐设施2.04万台、场（厂）内机动车辆63.02万台、气瓶13698万只、压力管道43.63万公里。

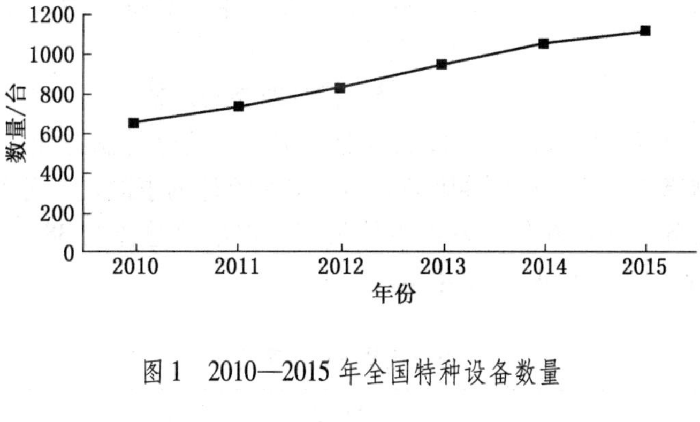

图1 2010—2015年全国特种设备数量

3 特种设备安全状况

3.1 事故总体状况

2010—2015年，特种设备共发生事故1566起，未发生重特大事故，死亡1751人，受伤1884人。从图2中可以看出，自2010年，事故数量呈现阶段性降低趋势，在2014年特种设备事故数量增长 24.67%。这是因为在 2014 年修订的特种设备目录中，大幅提高了监管内容和范围，提升了监管的科学性和有效性[4]。

总体自 2010 年特种设备的万台设备死亡人数呈现逐年降低趋势，见表 2，并在 2015 年实现了国务院安委会下达的万台设备死亡人数不超过 0.38 的控制目标。

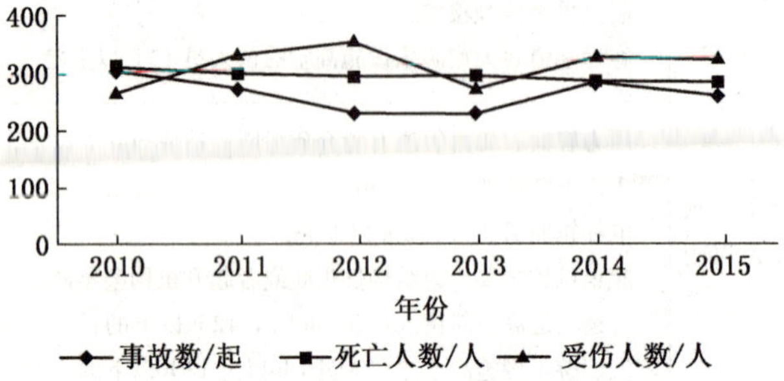

图 2　2010—2015 年特种设备事故统计

表 2　2010—2015 年特种设备万台死亡人数统计

年份	万台设备事故死亡人数
2010	0.67
2011	0.59
2012	0.51
2013	0.46
2014	0.39
2015	0.36

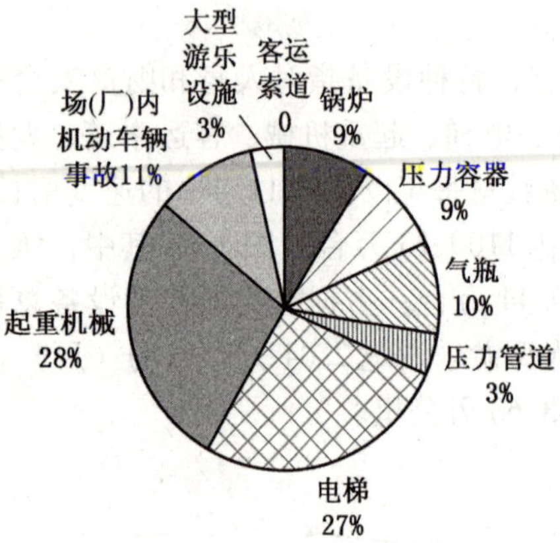

图 3　特种设备分类别事故所占比例

3.2　按设备类型分析

根据《特种设备安全监察条例》中特种设备的分类，对总计 1566 起事故进行分类统计，可以在图 3 中看出，起重机械发生事故的比例最高，达到 28%。起重机械、电梯是特种设备事故的高发类别，二者合计占比 55%。究其原因是因为这两种设备数量庞大，占据特种设备总量的 58%，且与人们日常生活关系较为密切，是人们接触和使用最频繁的特种设备。特别是我国的电梯生产量、保有量、年增长量均为世界第一，应格外重视其安全问题。

3.3　按行业类别分析

特种设备所涉及行业较为广泛，按照行业类别，将其分为制造业、建筑工地和建筑业、交通运输与物流业、社会及公共服务业等。将所统计的事故进行分类，得到表 3。其中，社会及公共服务业在近 6 年来发生事故最多，占事故总体的 38.71%；其次是制造业，占比 38.18%；二者总计占比高达 76.89%。

表 3　分行业特种设备事故状况

行　业	事故数/起	比例/%
制造业	598	38.18
建筑工地和建筑业	260	16.60
交通运输与物流业	90	5.74
社会及公共服务业	606	38.71
其他	12	0.77

3.4 按事故发生环节分析

按照事故发生的环节，共分为使用环节、检修环节、安装装卸环节、充装运输环节和其他环节[5]。其中，使用环节发生的事故最多，使用环节安全主体责任不落实是造成事故的重要原因之一，其余比例如图4所示。使用环节共发生事故1076起，占总体的83%；安装、装卸环节事故94起，占总体7%；检修环节事故73起，占总体的6%。

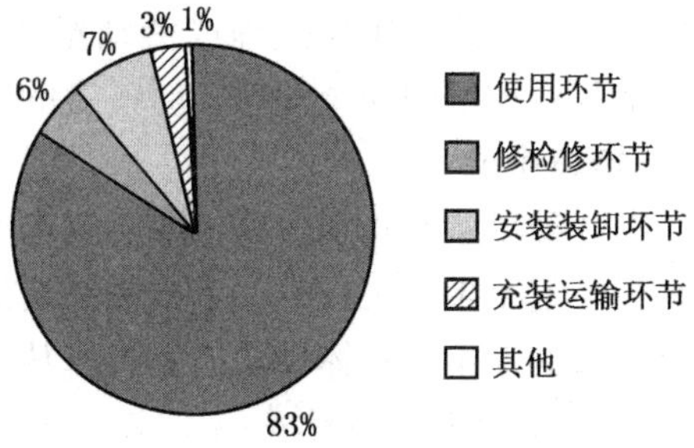

图4　特种设备分环节事故统计分析

3.5 按事故发生原因分析

参考国家质量监督检验检疫总局发布的特种设备年报，将特种设备发生事故的诱发因素分为4类：①违章作业；②设备缺陷；③非法行为；④原因不明的事故，并将其归为其他类。经统计，2010—2015年这6年内，被收录的带有事故原因的共有658起，其中由违章作业引起的事故达355起，所占比例为53.95%，为所有因素中占百分比最高的，具体表现为违章操作、操作不当甚至无证操作、维护缺失、管理不善等。设备缺陷导致事故共251起，占总比例的38.15%，多因设备制造、安装以及运行过程中产生的质量安全缺陷，多发生在安全附件上。非法行为导致的事故占3.32%，具体表现为非法制造、修理、改造、充装气体、使用等。统计样本数据列表见表4，样本数据百分比分为总体和有效百分比两类，有效百分比指的是该数据占明确事故原因事故的百分比[6]。

表4　特种设备事故原因统计

分项名称		频率	百分比/%	有效百分比/%
有效	违章作业	355	22.67	53.95
	设备缺陷	251	16.03	38.15
	非法行为	52	3.32	7.90
	总计	658	42.02	100
缺失	其他	908	57.98	—
	合计	1566	100	—

4 事故统计规律与建议

4.1 事故统计规律

（1）自2010年至2015年，我国特种设备总数量逐年增高；事故总起数虽于2013年有所回升，但总体呈下降趋势；死亡人数与万台设备死亡率呈现逐年降低趋势，伤亡人数没有明显规律，呈现波动分布。

（2）电梯与起重机械为特种设备事故多发类别；制造业和社会及公共服务业是特种设备重点监督行业。

（3）使用环节是特种设备事故最多发的环节，占据总体事故的八成以上；按照事故发生的原因，违反操作规程或劳动纪律是发生事故的最主要原因，然后是设备缺陷。因此，加强对人员的安全管理，对设备的完善改进，是有效预防特种设备事故的重点。

4.2 措施建议

对特种设备6年来事故按照不同分类，并进行总结分析，深入剖析其深层原因可知：特种设备安全生产工作是一个比较系统的工程，只有实现其综合治理，才能有效地预防和控制事故的发生。具体预防措施可以从以下两个方面出发：法律法规、安全监察。

4.2.1 完善法律法规体系

中国的特种设备安全监察机构是为了防止事故的发生而设立；特种设备安全监察法规也是为了防止事故的发生而制定。自1960年制定了第一个特种设备安全监察规范，即第一版的《蒸汽锅炉安全监察规程》以后，相继颁布了《压力容器安全技术监察规程》等一系列法律法规文件，逐渐建立起了特种设备的安全法规体系。我国的特种设备法规标准体系分为：法律、行政法规、部门规章、安全技术规范和引用标准5个层次。其中标准分为国家标准、行业标准、地方标准、企业标准。国家标准、行业标准又分为强制性标准（GB、JB）和推荐性标准（GB/T、JB/T）。具体有《中华人民共和国特种设备安全法》《特种设备安全监察条例》《起重机械安全监察规定》《特种设备作业人员考核规则》（TSGZ 6001—2013）等[7,8]。

虽然我国的法律法规日益完善，但是特种设备安全现状还有许多待改进的地方。参考世界上一些发达国家特种设备的安全管理办法，有助于汲取经验。我国的法律法规是强制性的，标准则有强制性和推荐性之分。而美国采用的是自愿性标准体系，标准本身不具有强制性[9]。自愿参加制定，自愿采用，有助于让相关职能部门、行业内部和社会各界参与进来，能更有效地进行安全管理与监督工作。

4.2.2 完善动态监察体系

我国特种设备监察是按照事前监管、事中监管、事后监管相结合的原则，推行行政许可和监督监察的基本制度。坚持"多元共治"工作格局，坚持"预防为主"安全方针，将防止重特大事故、防止重特大影响事件作为工作重心。特种设备安全状况和监督水平与广大人民群众日益增长的安全需求不匹配。以电梯为例，我国的电梯的安全状况与国际发达国家相当，每当发生电梯事故后，就会成为各大媒体的热门新闻，人民群众高度关注，所以，监管部门和监管手段需要巨大的提升。这就需要有关部门能够加强基层安全监察组织网络建设，争取政府支持建立协管员队伍，发挥质检稽查队伍的作用；加快信息化网络建设，有序整合或有效利用各地现在的电子监管系统[10]。

特种设备安全工作是一个系统工作，只有系统中各个环节都高效、科学地运作起来，才能实现到2020年建立起完善的适应社会主义市场经济体制要求的，具有中国特色的特种设备科学安全监察与节能监督法制、体制和机制的战略目标。

参 考 文 献

[1] 国家质量监督检验检疫总局.2010—2015年全国特种设备安全状况通报.

[2] 何倩.基于风险的特种设备事故隐患分类分级研究［D］.北京：中国地质大学（北京），2012：37－39.

[3] 蒋志军，王志荣．工业特种设备安全［M］．北京：机械工业出版社，2009.
[4] 国家质检总局关于2014年全国特种设备安全状况情况的通报［J］．中国特种设备安全，2015，5：1－5.
[5] 吴宗之，张圣柱，等.2006—2010年我国危险化学品事故统计分析研究［J］．中国安全生产科学技术，2011，7（7）：5－9.
[6] 罗明罡，谭波，等.2001—2014年煤矿火灾事故统计与分析［C］．北京：煤炭工业出版社.2015，4：439－444.
[7] 戚月娣．特种设备安全法规标准体系现状与发展［J］．中国特种设备安全，2014，30（5）：6－9.
[8] 杨振林．特种设备事故致因理论探析［J］．工程机械.2008，39：58－61.
[9] 戚月娣，谢铁军，钱剑雄．国外特种设备法规标准体系简介［J］．中国特种设备安全，2007，23（11）：50－56.
[10] 宋继红．特种设备安全形势与对策［J］．压力容器，2013，12：1－7.

淮北青东矿近距离厚煤层开采的矿压显现规律研究

潘卫东　左宝东　程铁峰　宋文博

中国矿业大学（北京）资源与安全工程学院，北京　100083

摘　要　本文以淮北矿业集团青东煤矿828综放工作面的开采为工程背景，采用了力学分析和现场检测相结合的方法，对坚硬顶板条件下综放开采的矿山压力显现规律进行了研究。主要研究内容包括坚硬顶板的极限跨距、工作面支承压力分布规律，根据液压支架的大量实测数据，分析得到了保护层开采后坚硬顶板的初次来压步距和周期来压步距。

关键词　坚硬顶板　近距离煤层　综放工作面　矿压显现规律

The Strata Pressure Behavior of Short Distance Coal Seams in Huaibei Qingdong Coal Mine

Pan Weidong　Zuo Baodong　Chen Tiefeng　Song Wenbo

Faculty of Resources and Safety Engineering, China
University of Mining and Technology, Beijing　100083

Abstract　The paper takes 828 fully mechanized top－coal caving working face in Huaibei qingdong coal mine as engineering background, using mechanical analysis combine with on－site testing method, study with the strata pressure behavior in full－mechanized caving mining under the hard roof, the main study content is the limit span of hard roof and the distribution of support pressure in working face. according to the hydraulic support of mass testing date, analysis the first weighting interval and periodic weighting interval of hard roof when the protective seam was mined.

Key words　hard roof　short distance coal seams　fully mechanized top－coal caving working face　strata pressure behavior

---

资助项目：国家自然科学基金煤炭联合基金项目（U1361209）；中央高校基本科研业务费专项资金（2010QZ02）

作者简介：潘卫东（1982—　），男，辽宁丹东人，博士，副教授，主要研究方向为厚煤层开采和矿山压力及其控制技术。Tel：010－62339153；E－mail：pwd@cumtb.edu.cn

0 引言

我国是一个煤炭资源储量非常丰富的国家，其中厚煤层（煤层厚度大于等于3.5 m）的储量约占全部煤炭储量的一半，生产的煤炭总量也占全国产量的一半，远高于世界平均水平的15%[1]。综放开采技术在科研工作者的长期研究下，取得了很多丰硕的成果，使得综放开采技术得到了大面积的推广和应用[2,4]。但综放开采仍存在各种各样的问题，如“坚硬顶板条件下放顶煤”“硬煤条件下放顶煤”“煤层含夹矸”等条件下综放开采的安全保障技术，都有待进一步研究，其中坚硬顶板条件下的综放开采也是重要研究课题。为解决此类技术难题，必须研究坚硬顶板条件下的矿山压力显现规律，许多专家学者都对此进行了研究和探讨，许家林等人将对采场上覆岩层小范围或者直到地表大范围岩层运动起主要控制作用的岩层称为关键层[5,6]，并在关键层理论提出后，给出了判定是否为关键层的方法，阐述了关键层在上覆岩层中的作用机制[7,8]；钱鸣高、廖协兴等利用薄板模型与塑性力学理论分析顶板状态，认为老顶初次来压前后的破断形式分别为O－X型和半X型破坏[9]；王家臣等研究了顶板边界在不同条件支撑下的位移应力解析解[10]；王平等在分析计算两对边简支、两对边固支弹性矩形薄板的解时引入了水平应力[11]。基于弹性基础梁理论，蒋金泉等揭示了高位硬厚岩层弹性基础边界下破断规律的演化特征[12]；潘岳、顾士坦基于Winkler弹性地基基础，又引入软化地基，得出在埋深200～300范围内，软化地基给予煤壁处顶板的地基反力为全弹性地基的4倍，并求得在煤壁前面的最大弯矩[13]。

本文结合上述几种坚硬顶板条件下的矿压研究理论，分析了综放工作面上覆坚硬顶板的破断情况，研究了坚硬顶板条件下工作面的初次来压、周期来压情况和来压强度等矿压显现规律。

1 综放面坚硬顶板的力学属性分析

1.1 上层工作面底板破坏深度力学分析

1.1.1 力学模型的建立

青东矿828工作面处于已开采结束的726工作面下方，由于726工作面的采动影响，对828工作面的上覆岩层造成了破坏，因此若研究828工作面上覆岩层的移动和破坏规律，首先要分析726工作面开采对其底板的破坏深度。已知7煤层与8煤层之间平均距离为24.4 m，坚硬顶板与7煤层之间还赋存有一层5 m厚的泥岩，根据726工作面、828工作面之间的层位关系，建立如图1所示的726工作面煤层底板破坏力学模型。

其中Ⅰ区为主动应力区，Ⅱ区为过渡区，Ⅲ区为被动应力区；L为煤壁到支撑压力峰值的长度；M为煤层间距；H为7煤底板破坏深度，CD曲线为对数螺线，A为原点。

1.1.2 力学计算及分析

7煤开采后引起的底板破坏深度，在理论计算时通常运用土力学中地基的计算方法，根据塑性理论及采场矿压理论，可以将其分为3个区域，分析如下：

$$\angle CBA = \angle CAB = 45° + \frac{\varphi}{2} \tag{1}$$

螺线方程为：

$$r = r_0 e^{\alpha \tan\varphi} \tag{2}$$

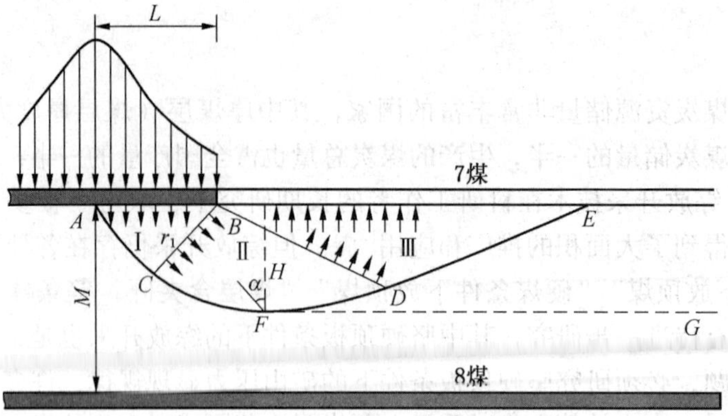

图1　煤层底板破坏力学模型

式中　r——以 A、B 为原点与 r_0 呈 α 角处的螺线半径；

r_0——即 AC 或 BC 的长度；

α——r 与 r_0 的夹角。

$$\angle BED = 45° - \frac{\varphi}{2} \tag{3}$$

由于支承压力影响而形成的底板破坏深度，由图 1 可知：

$$H = r\cos\theta = r_0 e^{\alpha\tan\varphi}\cos\theta \tag{4}$$

式中，H 为 7 煤底板破坏深度；$\theta = \alpha - \frac{\pi}{4} + \frac{\varphi}{2}$；$r_0 = \frac{L}{2\cos\left(\frac{\pi}{4} + \frac{\varphi}{2}\right)}$，则

$$H = r\cos\theta = r_0 e^{\alpha\tan\varphi}\cos\left(\alpha - \frac{\pi}{4} + \frac{\varphi}{2}\right) \tag{5}$$

若取 $\frac{dH}{d\alpha} = 0$，即可求得 7 煤底板最大深度

$$H_{max} = \frac{L\cos\theta}{2\cos\left(\frac{\pi}{4} + \frac{\varphi}{2}\right)} e^{\left(\frac{\pi}{4} + \frac{\varphi}{2}\right)\tan\varphi} \tag{6}$$

根据青东矿 726 工作面现场测量数据，工作面超前支承压力峰值在其前方 7 m 左右。因此，可以取 $L = 7$ m。7 煤底板内摩擦角取 36°，代入公式得：

$$H_{max} = 13.8\ \text{m} < 24.4\ \text{m}$$

则底板破坏深度为 13.8 m，由此可求得坚硬顶板未破坏深度为 $h = 24.4 - 13.8 - 5 = 5.6$ m

1.2　坚硬顶板极限垮距的力学分析和计算

1. 保护层未采基本顶初次来压步距的分析和计算

坚硬顶板在初次来压破断前，可将基本顶岩梁假设为两端由弹性基础支撑的连续介质岩梁，若基本顶之上没有大承载能力的岩层，则上覆岩层的重量会由基本顶承载并最终将荷载传给基本顶两侧的支撑点上，即煤壁和煤柱上。由于模型具有对称性，取图 2 所示的结构进行力学分析。

基本顶对弹性地基的压力集度 p 为

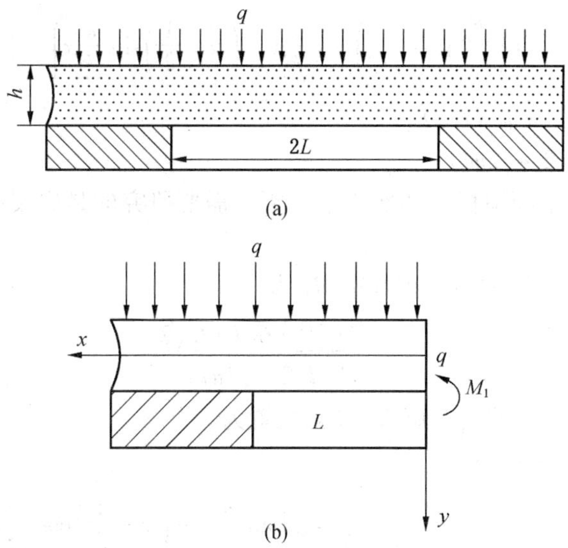

图 2　基本顶弹性地基梁力学模型

$$p = -ky \tag{7}$$

式中　k——弹性地基的刚度，MPa/m，可表示为 $k=\sqrt{\dfrac{E_0}{h_0}}$；

y——基本顶的竖向位移，即梁的挠度；

E_0——地基的弹性模量；

h_0——弹性地基的厚度。

由以上模型建立如下微分方程：

$$\begin{cases} EIy_1'''' = q & (-l \leqslant x \leqslant 0) \\ EIy_2'''' = q - ky & (0 \leqslant x \leqslant \infty) \end{cases} \tag{8}$$

式中，q 为坚硬顶板上方岩层对其施加的载荷。

式（8）第一个式的通解为

$$EIy_1 = \frac{1}{24}qx^4 + C_1x^3 + C_2x^2 + C_3x + C_4 \tag{9}$$

式（8）第二个式的通解为

$$y_2 = \mathrm{e}^{-\frac{w}{\sqrt{2}}x}\left[C_5\cos\frac{w}{\sqrt{2}}x + C_6\sin\frac{w}{\sqrt{2}}x\right] + \mathrm{e}^{\frac{w}{\sqrt{2}}x}\left[C_7\cos\frac{w}{\sqrt{2}}x + C_8\sin\frac{w}{\sqrt{2}}x\right] \tag{10}$$

式中，$w=\sqrt[4]{\dfrac{k}{EI}}$。

由 $x\to\infty$ 和 $x\to -l$ 时的边界条件及 $x=0$ 处连续条件可得 $C_1 \sim C_8$，然后代入得到方程的解为：

$$y_1 = \frac{q}{EI}\left[\frac{1}{24}x^4 + \frac{1}{6}lx^3 + \frac{1}{4}l^2(1-2\alpha)x^2 + \frac{1}{6}l^3(1-6\alpha)x + \left(\frac{\sqrt{2}}{wl} + \frac{1}{2} - \alpha\right)\frac{l^2}{w^2}\right]$$

$$(-l \leqslant x \leqslant 0) \tag{11}$$

$$y_2 = \frac{ql^2}{EIw^2}e^{-\frac{w}{\sqrt{2}}x}\left[\left(\frac{\sqrt{2}}{wl}+\frac{1}{2}-\alpha\right)\cos\frac{w}{\sqrt{2}}x+\left(\alpha-\frac{1}{2}\right)\sin\frac{w}{\sqrt{2}}x\right] \quad (0\leqslant x\leqslant\infty) \tag{12}$$

式中，$\alpha = \frac{\sqrt{2}w^2l^2+6wl+6\sqrt{2}}{6wl(2+\sqrt{2}wl)}$。

计算828工作面坚硬顶板的初次垮落步距，需要研究的是岩梁中部的最大正弯矩 M_1 和煤壁前方的最大负弯矩 M_2。

可知 $x=-l$ 时，岩梁的最大正弯矩 M_1 为

$$M_1 = \frac{\sqrt{2}w^2l^2+6wl+6\sqrt{2}}{6wl(2+\sqrt{2}wl)}ql^2 \tag{13}$$

处于弹性基础梁上面的负弯矩 M_2 及其位置为

$$\begin{aligned} M_2 &= -EIy_2''\big|_{x=x_2} \\ &= -e^{-\frac{w}{\sqrt{2}}x}\left[\left(\frac{\sqrt{2}}{wl}+\frac{1}{2}-\alpha\right)\sin\frac{w}{\sqrt{2}}x-\left(\alpha-\frac{1}{2}\right)\cos\frac{w}{\sqrt{2}}x\right]ql^2 \end{aligned} \tag{14}$$

$$x_2 = \frac{\sqrt{2}}{w}\arctan\frac{\sqrt{2}}{\sqrt{2}+wl-2\alpha wl} \tag{15}$$

采取先用 M_1 求得坚硬顶板的垮落距离 $2l$，然后带入式（14），求得 M_2 值，与坚硬顶板的极限抗拉强度相比较，然后确定坚硬顶板的破断位置和破断距离。

根据梁的拉伸强度理论，该处的最大拉应力 $\sigma_{\max}$ 为

$$\sigma_{\max} = \frac{My}{J_z} = \frac{6M}{h^2} \tag{16}$$

当 $\sigma_{\max}=R_T$ 时，即岩梁在该处的正应力达到该处的抗拉强度极限，岩层将在该处断裂。为此，这种梁在煤壁深处断裂时的极限垮距为

$$L_{lT} = 2l + x_2 \tag{17}$$

先假设坚硬顶板在中部破断，则可由此及所测得的岩石抗拉强度，运用MATLAB求解式（13），得到当坚硬顶板在中部破断时的距离为

$$l = 26m$$

这里，先根据已知的坚硬顶板极限抗拉强度求得坚硬顶板破断的极限弯矩 $M=147$ MN·m，然后根据 l 求得 x_2 和 α，代入式（14）求得 $|M_2|=83$ MN·m <147 MN·m，即坚硬顶板还未在煤壁深处的最大弯矩处破断，则可据此判定坚硬顶板最先在中部破断，坚硬顶板的初次破断距离为

$$L_{lT} = 2\times26 = 52\ \text{m}$$

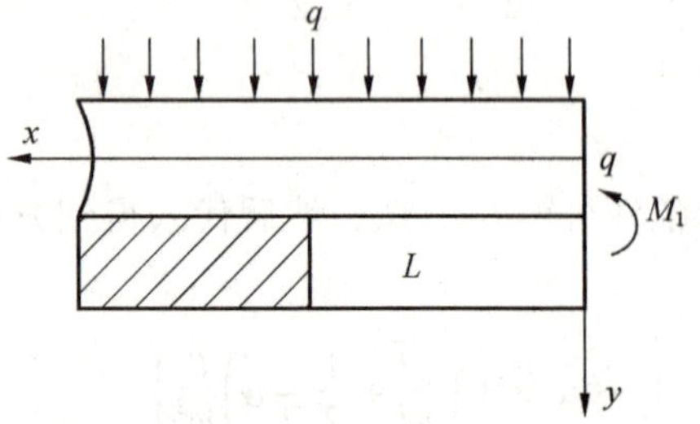

图3　基本顶周期破断时力学模型

由此可知，保护层未开采前坚硬顶板初次垮落时，破断位置发生在坚硬顶板中部，初次垮落步距为52 m。

2. 基本顶周期来压步距的分析和计算

坚硬顶板初次断裂后，随着工作面的向前推进，岩梁一端由弹性基础支撑，另一端悬在采空区之上。随着工作面的不断向前推进，坚硬顶板会周期性地断裂破坏。据此建立力学模型如图3所示。

当坚硬顶板初次来压后，悬在采空区的岩梁 $M_1=0$，根据初次来压的力学分析，可得坚硬顶板周期来压模型挠曲线微分方程解为

$$y_1=\frac{q}{EI}\left(\frac{1}{24}x^4+\frac{1}{6}lx^3+\frac{1}{4}l^2x^2+\frac{\sqrt{2}ql}{w^3}+\frac{ql^2}{2w^2}\right)\quad(-l\leqslant x<0)\tag{18}$$

$$y_2=\frac{ql}{EIw^2}\mathrm{e}^{-\frac{w}{\sqrt{2}}x}\left[\left(\frac{\sqrt{2}}{w}+\frac{1}{2}l\right)\cos\frac{w}{\sqrt{2}}x-\frac{1}{2}l\sin\frac{w}{\sqrt{2}}x\right]\quad(0\leqslant x\leqslant\infty)\tag{19}$$

如果令 y'''，则可求得岩梁的最大弯矩和最大弯矩位置，即最危险位置，设煤壁处最大弯矩为 M_1，煤壁深处最大弯矩为 M_2，可求得：

$$x_3=\frac{\sqrt{2}}{w}\arctan\frac{\sqrt{2}}{\sqrt{2}+wl}\tag{20}$$

根据梁的拉伸强度理论，该处的最大拉应力 $\sigma_{\max}$ 为

$$\sigma_{\max}=\frac{My}{J_z}=\frac{6M}{h^2}\tag{21}$$

当 $\sigma_{\max}=R_T$ 时，即岩梁在该处的正应力达到该处的抗拉强度极限：

$$l=20.3(\mathrm{m})$$

代入式（20），可求得：

$$x_3=4.6(\mathrm{m})$$

则坚硬顶板周期来压时的极限垮距：

$$L_{lT}=20.3+4.6=24.9\ (\mathrm{m})$$

3. 保护层开采后基本顶的极限垮落步距

坚硬顶板未受到破坏的厚度为 5.6 m，根据所建立的力学模型及验证方式，可求得保护层开采后坚硬顶板的初次来压步距为：

$$L_{lT}=2\times9.4=18.8\ (\mathrm{m})$$

即保护层开采后，坚硬顶板在中部破断，坚硬顶板的初次垮落距离为 18.8 m。

坚硬顶板的周期来压步距为：

$$L_{lT}=7.7+2.9=10.6\ (\mathrm{m})$$

开采保护层后，828 工作面坚硬顶板的初次垮落步距由开采保护层前的 52 m 变为 18.8 m；周期来压步距由之前的 24.9 m 变为 10.6 m，坚硬顶板受到了弱化，有利于工作面的支护管理，保障了工作面安全。

2 现场矿压实测

本次支架压力的分析数据来源于淮北矿业集团青东矿 828 坚硬顶板综放工作面，监测时间从工作面初采 8 月 21 日到 10 月 31 日，共 70 天，工作面推进距离 73 m。根据观测期间工作面支架工作阻力的变化情况，确定 828 工作面综放阶段坚硬顶板初次来压步距、周期来压步距以及来压强度。

分析坚硬顶板初次来压步距和周期来压步距时，沿运输平巷到回风平巷方向将工作面分为上、中、下 3 个测区，每个测区以各支架的阻力变化为基本依据，同时结合煤壁片帮、安全阀开启等情况。

如图 4 所示，a、b、c3 个图分别为工作面上部、中部、下部支架工作阻力，横坐标

为工作面推进距离，纵坐标为早中晚三班左右柱支架工作阻力平均值。

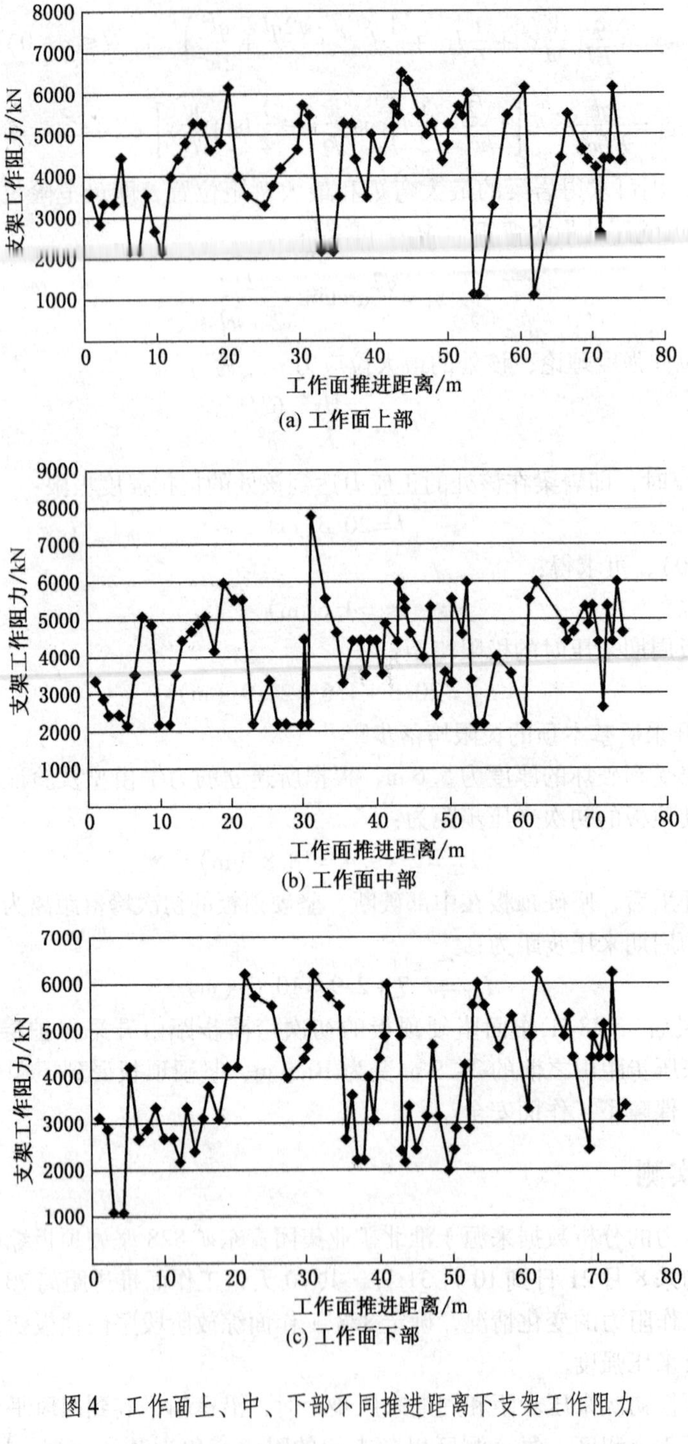

图4　工作面上、中、下部不同推进距离下支架工作阻力

根据观测到的数据并对工作面上中下部不同推进距离下支架工作阻力图形的分析，可以得到表1。

表1 828工作面来压情况

分布位置		下部	中部	上部	平均
直接顶初次垮落步距/m		5.4	7.6	5.4	6.1
基本顶初次来压步距/m		21.6	19.1	20.4	20.4
基本顶周期来压步距/m	周期1	9.6	12.1	10.3	10.7
	周期2	10.0	12.0	13.3	11.8
	周期3	11.6	9.2	9.0	9.9
	周期4	8.2	9.6	8.0	8.6
	周期5	10.4	11.0	12	11.1
5个周期来压平均值/m		10.0	10.8	10.5	10.4

由图3和表1分析支架的工作阻力可知，直接顶初次垮落步距为6 m左右，工作面下部坚硬顶板初次来压步距为21.6 m，中部坚硬顶板初次来压步距为19.1 m，上部坚硬顶板初次来压步距为20.4 m，整个828工作面平均初次来压步距为20.4 m，前文理论计算所得的坚硬顶板初次来压步距为18.8 m，有一定误差，但在误差允许范围内；在整个观测期内，共观测到5次周期来压，其中工作面下部坚硬顶板平均周期来压步距为10.0 m，工作面中部坚硬顶板平均周期来压步距为10.8 m，工作面上部坚硬顶板平均周期来压步距为10.5 m，整个828工作面上覆坚硬顶板平均周期来压步距为10.4 m，前文理论计算所得的坚硬顶板周期来压步距为10.6 m,与理论分析所得的周期来压步距非常吻合。综上所述,根据液压支架观测数据确定,828综放工作面基本顶初次来压步距平均值为20.4 m，周期来压步距平均值为10.4 m。

3 结论

（1）本文采用力学分析和现场监测相结合的方法对坚硬顶板条件下综放开采的矿山压力显现规律进行了研究，利用土力学中地基的计算方法，通过力学分析计算得出开采7煤对底板的破坏深度，其破坏深度为13.8 m，坚硬顶板未破坏深度为5.6 m。

（2）根据弹性基础支撑的岩梁模型理论，计算开采保护层后坚硬顶板的初次垮落步距为18.8 m，破断位置在岩梁中部，周期垮落步距为10.6 m，破断位置在煤壁深2.9 m处。

（3）根据液压支架的大量实测数据，分析得到了保护层开采后坚硬顶板的初次来压步距大约为20.4 m，周期来压步距大约为10.4 m，为支架选型设计及其支护、开采工艺的选择优化等问题提供了理论依据。研究成果对于后续工作面的开采也具有重要的指导意义，同时对于坚硬顶板厚煤层开采技术难题具有一定的参考价值。

参考文献

[1] 孟宪锐，温星星，高洋．厚煤层开采方法的选择原则与发展现状［J］．煤炭开采新理论与新技术，2012：28－36.

[2] 闫少宏，尹希文．大采高综放开采的几个理论问题研究［J］．煤炭学报，2008，33（5）：481－484.
[3] 闫少宏．特厚煤层大采高综放开采支架外载的理论研究［J］．煤炭学报，2009，34（5）：590－593.
[4] 闫少宏，尹希文，许红杰．大采高综采顶板短悬臂－铰接岩梁结构与支架工作阻力的确定［J］．煤炭学报，2011，36（11）：1816－1820.
[5] 许家林，钱鸣高．关键层运动对覆岩及地表移动影响的研究［J］．煤炭学报，2000，25（2）：122－126.
[6] 许家林，钱鸣高．覆岩关键层位置的判断方法［J］．中国矿业大学学报，2000，30（5）：463－467.
[7] 浦海，廖协兴．采场覆岩中关键层运动对围岩支撑压力分布的影响［J］．岩石力学与工程学报，2004，21（增2）：2366－2369.
[8] 李竹，许家林，谢建林，等．关键层位置与采高对支撑压力影响规律的研究及应用［J］．煤炭技术，2015，34（3）：34－36.
[9] 钱鸣高，廖协兴，许家林，等．岩层控制的关键层理论［M］．徐州：中国矿业大学出版社，2000.
[10] 王家臣，张剑，姬刘婷．两硬条件下大采高综采老顶初次垮落力学模型研究［J］．岩石力学与工程学报，2005，24（1）：5037－5042.
[11] 王平，姜福兴，冯增强，等．高位坚硬顶板断裂与矿震预测的关系探讨［J］．岩土工程学报，2011，33（4）：618－623.
[12] 蒋金泉，普林，武泉林，等．高位硬厚岩层弹性基础边界下破断规律的演化特征［J］．中国矿业大学学报，2016，45（3）：491－499.
[13] 潘岳，顾士坦．基于软化地基和弹性地基假定的坚硬顶板力学特性分析［J］．岩石力学与工程学报，2015，34（X）：1－13.

风险建模与评估研究进展综述

佟瑞鹏　尹董洋

中国矿业大学（北京）资源与安全工程学院，北京　100083

摘　要　为研究风险建模与评估的发展概况，采用文献调研法，统筹归纳风险建模与评估的发展历程，通过对比分析风险建模与评估在3个发展阶段中的标志性成果，梳理并论述各阶段的理论研究概况与实践应用效果，对现阶段复杂系统分析方面的风险建模与评估概况进行预测性展望。结果表明，复杂系统风险建模与评估的研究成果已推广至食品安全、电力市场、自然灾害等多个复杂系统领域，同时，基于多智能体建模技术理论结合模拟仿真技术将推动复杂系统风险研究的进步，具有良好的应用前景。

关键词　风险建模与评估　复杂系统　智能体　模拟仿真

Development and Analysis of Risk Modeling and Assessment

Tong Ruipeng　Yin Dongyang

Faculty of Resource and Safety Engineering, China University of Mining and Technology, Beijing　100083

Abstract　For the study of the development of risk modeling and assessment, using the method of literature research, summarized the developing course of risk modeling and assessment as a whole, through the analysis of risk modeling and assessment in the three stages of development in the process of landmark achievement, combing the stages and discusses the general situation of the theoretical research and practical application effect, and the current progress of risk modeling and assessment of complex system analysis predictive prospect. Research of complex systems modeling and assessment has been extended to food safety, the electric power market, natural disasters, and other complex systems. At the same time, based on multi – agent modeling theory combined with simu-

---

资助项目：中央高校基本科研业务费专项资金（2011QZ04）

作者简介：佟瑞鹏（1977—　），男，黑龙江穆棱人，博士，副教授，主要从事行为安全与风险管理相关领域的研究。Tel：13718431777；E – mail：tongruipeng@126.com lation technology will further promote the complex system risk research progress, which has a good application prospect.

Key words risk modeling and assessment complex system agent simulation

0 引言

“正确决策是各项工作的前提”，在经济全球化快速发展的今天更加凸显科学决策的重要性。现代企业生产经营管理过程中常遇到复杂的非结构化的决策问题，为了更好地解决这类问题，需要对复杂决策问题进行有效风险建模和风险评估。近年来，风险建模与评估涉及决策学、系统学、管理学和计算机科学等领域研究的重要问题，广泛应用到建筑、航空、食品加工、自然灾害、恐怖袭击等各个领域，并取得显著的成效。分析风险建模与评估相关的研究成果对于风险管理和事故预防有着重要的意义。鉴于此，作者运用文献调研法对相关文献进行检索，总结风险建模和评估的研究进展，以期能为风险建模与评估的研究提供借鉴意义。

1 文献调研结果与分析

学术论文是反映某一科学领域发展情况的重要依据之一，为了使读者更加直观地了解风险建模和评估的总体发展情况，本文主要调研了国内外的重要数据库，其中包括中国知网平台、Engineering Village。中国知网检索的方式：全文：风险建模与评估；时间：2006—2015 年；范围：核心。Engineering Village 检索方式：All fields：risk modeling and assessment；time：2006—2015；limit to：all document types/all treatment types/all language。文献数量检索结果如图 1 所示，风险建模与评估代表性研究人物见表 1。

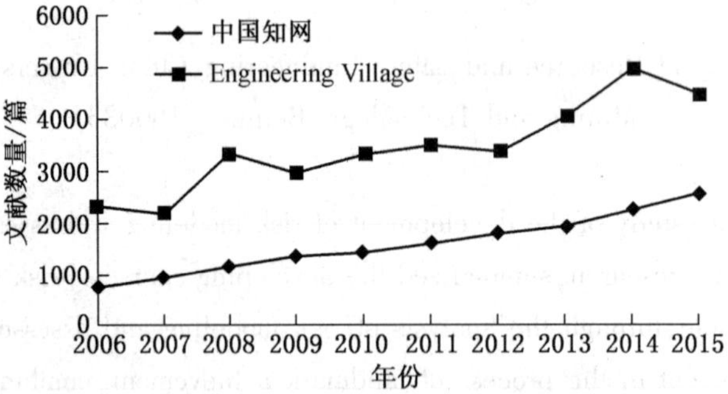

图 1 中国知网和 Engineering Village 文献数量对比

表 1 风险建模与评估代表性研究人物

序号	姓 名	主要研究方向	代 表 著 作
1	［美］雅科夫. Y. 海姆斯 (Yacov Y. Haimes)	风险分析、风险建模、风险决策	Multi – objective Decision Making; Theory and Methodology (1983)、Risk Filtering, Ranking, and Management FrameworkUsing Hierarchical Holographic Modeling (2002)、Risk Modeling, Assessment, And Management (2007)

表1（续）

序号	姓　名	主要研究方向	代表著作
2	［挪威］马文．拉桑德（Marvin Rausand）	系统可靠性原理、RAMS分析、风险分析	Bayesian Reliability Analysis（1982）、System Reliability Theory（2004）、Risk Assessment: Theory, Methods, and Application（2013）
3	［美］道格拉斯·W. 哈伯德（Douglas W·Hubbard）	风险决策、风险管理	The Failure of Risk Management; Why It' s Broken and How to Fix（2009）、The Failure of Risk Management（2011）、New Measurement Instruments for Management（2014）
4	［挪威］泰耶．埃文（TerjeAven）	风险分析、风险管理	Misconceptions of Risk（2010）、Risk Management and Governance（2010）、Anew perspective on how to understand, assess and manage risk and the unforeseen（2014）
5	［美］保罗·斯洛维奇（Paul Slovic）	人类判断、决策制定、风险分析	Perception of Risk（1987）、Behavioral decision theory（2003）、The affect heuristic（2007）

根据图1的统计结果，得出如下结论：

（1）国内外风险建模与评估类核心论文的数量总体呈现增长的趋势。

（2）国内较国外研究起步晚，但是每年呈现增长趋势，说明国内研究者越来越重视对风险建模与评估的研究。

2　风险建模与评估的发展历程

美国原子能委员会（United States Atomic Energy Commission）在20世纪60年代首次提出了安全风险建模与评估，最先应用于核领域，并取得显著效果，开创了风险建模与评估的先河。后来风险建模与评估逐渐被广泛地应用于核工业、航空航天、自然灾害、恐怖袭击、食品安全和建筑施工等诸多领域。

风险建模与评估在过去几十年有了长足的进步，主要经历了3个阶段：传统安全风险建模与评估阶段、现代系统安全风险建模与评估阶段、复杂系统安全风险建模与评估阶段。

2.1　传统安全风险建模与评估方法

传统安全风险建模与评估方法主要以故障树（Fault Tree, FT）/事件树（Event Tree, ET）为核心进行分析。FT/ET在进行分析过程中存在以下假设：系统是静态的；各事件之间相互独立；事件的状态为二态（正常或故障）；系统为不可修系统；各事件间为确定性逻辑关系。

2.1.1　FT在风险分析中的研究现状

对于故障树的研究，从量化求解方法的改进和结合计算机使用等方面进行深入研究。量化求解方法的改进包括Dugant[1]最初在静态故障树中引入动态逻辑门，之后Long等[2]人在此基础之上结合指数分布系统建立概率模型来分析失败的逻辑顺序（Sequential Failure Logic，SFL)；Minato[3]提出 ZBDD（Zero - suppressed Binary Decision Diagram）算法求解单调关联故障树，之后陈珊琦[4]针对基于 ZBDD 的故障树分析方法提出子树重复使用的方法；另外还有将模块化思想引入动态故障树中等研究。计算机应用方面包括董祯等[5]将故障树和蒙特卡洛相结合对技改检修施工的各工序中的各个风险因素造成的影响等进行模拟分析等。

2.1.2　ET 在风险分析中的研究现状

对于事件树的研究，相关学者在理论改进和计算机应用等方面也展开了大量的深入研究。例如为了解决存在反馈问题的系统建树难题，田宏等[6]人基于集合理论和多值逻辑提出了广义多态事件树的概念，并且建立了相应的数学模型；Acosta[7]在动态逻辑分析方法的基础上，提出了动态事件树框架；陈珊琦[4]对事件树的非逻辑处理等进行研究，提出了一种基于德摩根展开改进算法与多种分析边界条件的事件树序列/后果到大链接故障树的转换建模方法；Groth 等[8]基于概率风险评估（Probabilistic Risk Assessment，PRA）、贝叶斯网络（Bayesian Network，BN）等技术开发了综合化软件平台"Trilith"。

2.2　现代系统安全风险建模与评估方法

近些年发展起来的贝叶斯网络（BN）成为现代系统安全风险建模与评估的主要方法。BN 灵活的结构变化能够很好地将 FT/ET 分析方法融入自身的结构当中，进行多态和非确定性逻辑关系的风险建模和评估。作者主要介绍贝叶斯网络在国内外安全风险分析中的研究现状。

2.2.1　国外研究现状

国外学者 Hudson LD.[9]、Gulvanessian H.[10]、Holicky，M.、Fenton NE.[11]、Littlewood，B.、Straub D.[12]等利用贝叶斯网络技术在恐怖袭击、火灾防护、洪涝灾害、核安全等领域进行了广泛的分析，建立了基于贝叶斯网络的核电站软件系统风险模型、银行业操作风险统计模型、自然灾害风险评估框架、自然灾害定量多风险建模和管理框架等，同时也对静态故障树向贝叶斯网络的转化规则进行了研究。

2.2.2　国内研究现状

国内学者最早研究 BN 风险评估技术主要从 FT/ET 向 BN 转化建模开始。例如，霍利民[13]、朱永利、周唯杰[14]、王华伟、周忠宝[15]等分别从电力、民航、化工等不同行业基于 FT/ET 向 BN 转化建模进行了分析，并且构建了基于故障树和最小路径集的 BN 模型、基于故障树的多态 BN 安全分析模型、基于 ET/DFT 的动态 BN 和离散 BN 模型等，同时也对相应的转化和计算方法进行了深入的研究。除此之外，孙法亮[16]对贝叶斯网络安全风险建模与评估的具体工程中一些实际情况，如相关性问题、维修因素等特性进行了系统性研究。

2.3　复杂系统安全风险建模与评估方法

21 世纪兴起的复杂性科学尚处于萌芽阶段却得到了很多学者的认可，主要研究复杂系统和复杂性的科学。复杂性科学的产生基于人类对客观世界认识的提高，促进了跨学科领域知识的融合。对于复杂性问题的研究最好的方法是模拟与仿真。在模拟与仿真过程中求解复杂系统问题有效的方法是模型构建。

2.3.1　复杂性系统的国内外研究现状

目前，国际上关于复杂系统的研究包括三大系统理论，即复杂适应系统理论（Complex Adaptive System Theory)、耗散结构理论（Dissipative Structure Theory)、复杂巨系统理论（Complex Giant Systems Theory)。

复杂适应系统理论是美国 Santa Fe 研究所基于遗传算法提出的，结合人工智能和计算机模拟，具有较强的操作性，是目前计算机研究复杂系统时进行仿真建模最为常用的理论。

耗散结构理论又称远离平衡态理论，最初由比利时布鲁塞尔学派经过 20 多年的研究提出，得到欧洲学者普遍认可，主要研究开放的复杂系统。

复杂巨系统理论是我国学者钱学森等基于系统的复杂程度提出，主要强调组成系统的元素数量大、种类多、关系复杂、存在多种层次结构的系统。

2.3.2 复杂风险建模与评估国内外研究现状

多智能体建模技术（Multi - Agent Simulation，MAS）的不断发展，开始发挥越来越重要的作用，该建模方法采用微观建模的方式对系统各组成部分或要素进行建模，以“自下向上”的方式构建模型，来表现出系统的宏观属性。该方法在自然灾害复杂系统、电力市场复杂系统等方面得到广泛的应用。

（1）“自然 - 社会”属性的自然灾害复杂系统。目前王飞[17]、汤富平[18]、郭啸天、Dawson RJ[19]、Peppe，R. 等国内外研究人员对此进行了重要的研究探索，将 MAS 应用到洪涝灾害风险动态评估中去并取得了一定的研究成果。例如在理解 MAS 建模技术一般基本原理之上构建了基于 MAS 的自然灾害风险评估框架，之后利用 MAS 对小流域内降雨径流过程、洪涝灾害人口动态变化、溃坝型洪涝的人口风险等进行模拟。

（2）典型电力市场复杂系统。主要采用复杂系统建模与仿真方法，实现对电力市场运营活动的客观模拟。国内外学者刘梅招[20]、周海明[21]、王海宁[22]、Bunn D W[23]、Oliveira，F. S.、Praca，I.[24]、Bower J.[25]、Bunn，D. 等对 Agent 理论在市场仿真中的基本模型、算法、仿真系统等进行了研究，并基于多智能体结构的电力市场仿真系统对电力市场交易、市场稳定性、发电厂商报价策略、市场成员竞价等进行了仿真模拟，提出电力市场智能体系统（Multi - Agent System，MAS）总体框图。

3 风险建模与评估的方法及应用

3.1 风险建模模拟软件

领域的多样性决定了风险建模与评估方法的多样性。目前主要用到的风险建模模拟软件包括 Risk Simulator、潘多拉魔盒、Agena Risk、Bow - tie、Statistical Product and Service Solutions、Decision Tools Suite、Real Option Super Lattice Solver 等。

3.2 风险建模分析方法

风险建模主要分析方法包括等级全息建模辨识风险方法、决策分析方法、多目标权衡分析方法、定义不确定性和灵敏度分析方法、风险过滤评级和管理分析方法、多目标决策树分析方法、多目标风险影响分析方法、故障树分析方法、多目标统计分析方法等。

3.3 风险建模与评估应用

风险建模与评估在食品安全、电力市场、洪涝灾害等不同领域的应用情况如下：

（1）食品安全。国内外主要采用模拟建模和模块化建模方法来进行风险建模与定量风险评估[26]。模拟建模采用蒙特卡罗模拟方法，模块化建模采用统计理论、过程风险概念模型、贝叶斯网络技术、追溯理论等。

（2）电力市场。电力市场复杂系统方面风险建模与评估主要以经济学、电力系统及电力市场等基础理论为依据进行仿真技术，建模方法采用多智能体理论建模技术。国外仿真系统包括美国康奈尔大学开发的 Power Web 试验平台系统和 Argonne 国家实验室开发的电力市场复杂适应系统（Electricity Market Complex Adaptive System，EMCAS）等[22]，国内仿真系统包括华南理工大学等单位开发的电力市场仿真系统[27]和中国电力科学研究院基于复杂系统多智能体建模开发的电力市场仿真系统[28]。

（3）洪涝灾害。洪涝灾害方面风险建模与评估方法主要包括洪水演进法、模拟仿真方法、遥感和地理信息系统综合分析方法、复杂系统建模方法等[29]。洪水演进法以统计理论、耦合理论、水文学理论、水力学理论等为基础进行分析。模拟仿真方法包括利用洪水演进和数字高程与雷达数据相结合对洪涝受灾面积进行模拟仿真[30]；利用雨水管理模型和基于 DEM 的水力学模型的结合来模拟洪水泛滥的路径[31]；利用 Net Logo 仿真平台构建暴雨洪涝人口风险动态评估模型[29]等。复杂系统建模主要是基于多智能体建模技术进行建模。

4 结论

（1）统计 2006—2015 年风险建模与评估研究的相关文献，结果表明：风险建模与评估国内外研究呈现整体上升趋势，尽管国内风险建模与评估领域起步比较晚，但是每年的研究增长迅速，说明了近年来国内对风险建模与评估的研究重视程度不断增加。

（2）通过对国内外风险建模与评估主要研究内容与趋势进行分析发现：风险建模与评估大体上经历了 3 个阶段，即传统安全风险建模与评估阶段、现代系统安全风险建模与评估阶段、复杂系统安全风险建模与评估阶段。

（3）传统安全风险建模与评估方法主要以 FT/ET 为核心进行分析，现代系统安全风险建模与评估方法主要以贝叶斯网络为核心进行分析，复杂系统安全风险建模与评估方法主要基于多智能体建模技术与软件或模拟仿真系统相结合进行分析。

（4）随着社会科学技术的进步，复杂系统风险建模与评估将是今后风险分析的研究重点，计算机模拟仿真技术将是复杂系统风险建模与评估的重要工具，多智能体建模技术是复杂系统风险建模与评估的重要理论依据之一。

参考文献

[1] Dugan J B，Bavuso S J，Boyd M A. Dynamic fault – tree models for fault – tolerant computer systems [J]. IEEE Transactions on Reliability，1992，41 (3)：363 – 377.

[2] Long W，Sato Y，Horigome M. Quantification of sequential failure logic for fault tree analysis [J]. Reliability Engineering and System Safety，2000，67 (3)：269 – 274.

[3] Minato S. Zero – Suppressed BDDs for Set Manipulation in Combinatorial Problems [C] // Design Automation，1993. Conference on. IEEE，1993：272 – 277.

[4] 陈珊琦. 故障树和事件树建模与分析的关键算法研究 [D]. 合肥：中国科学技术大学，2015.

[5] 董祯，韩露，吕琦．故障树和蒙特卡洛模拟下的技改检修施工风险管控分析［J］．中国科技信息，2016（1）：32－38.
[6] 田宏，陈宝智，吴穹，等．广义多态事件树模型［J］．中国安全科学学报，2000，10（6）：35－39.
[7] Acosta C，Siu N. Dynamic event trees in accident sequence analysis；application to steam generator tube rupture ［J］．Reliability Engineering and System Safety，1993，41（2）：135－154.
[8] Groth K，Wang C D，Mosleh A. Hybrid causal methodology and software platform for probabilistic risk assessment and safety monitoring of socio－technical systems ［J］．Reliability Engineering and System Safety，2010，95（6）：1276－1285.
[9] Hudson L D，Ware B S，Mahoney S M，et al. An Application of Bayesian Networks to Antiterrorism Risk Management for Military Planners ［J］．Georgy Mason University，2001.
[10] Gulvanessian H，Holicky M. Determination of actions due to fire；recent developments in Bayesian risk assessment of structures under fire ［J］．Progress in Structural Engineering &Materials，2001，3（4）：346－352.
[11] Fenton N E，Littlewood B，Neil M，et al. Bayesian Belief Network Model for the Safety Assessment of NuclearComputer－based Systems ［J］．1997.
[12] Straub D. Natural hazards risk assessment using Bayesian networks ［C］．Proceedings of the Ninth International Conference on Structural Safety and Reliability Engineering and System Safety，2005，5：19－23.
[13] 霍利民，朱永利，范高锋，等．一种基于贝叶斯网络的电力系统可靠性评估新方法［J］．电力系统自动化，2003，27（5）：36－49.
[14] 周唯杰，王华伟，赵飞．基于贝叶斯网络的民航安全分析研究［J］．航空计算技术，2011，41（1）：44－47.
[15] 周忠宝，马超群，周经伦，等．基于动态贝叶斯网络的动态故障树分析［J］．系统工程理论与实践，2008，28（2）：35－42.
[16] 孙法亮．基于贝叶斯网络的安全风险建模与评估方法研究［D］．长沙：国防科学技术大学，2013.
[17] 王飞，尹占娥，温家洪．基于多智能体的自然灾害动态风险评估模型［J］．地理与地理信息科学，2009，25（2）：85－88.
[18] 汤富平，李满春，秦奋．基于 CA 的小流域分布式降雨径流模拟［J］．水科学进展，2010，21（2）：173－178.
[19] Dawson R J，Peppe R，Wang M. An agent－based model for risk－based flood incident management ［J］．Natural Hazards，2011，59（1）：167－189.
[20] 刘梅招，杨莉，甘德强．基于 Agent 的电力市场仿真研究综述［J］．电网技术，2005，29（4）：76－80.
[21] 周海明，王海宁，史述红，等．电力市场仿真系统的开发及应用［J］．电网技术，2010（1）：117－121.
[22] 王海宁．基于复杂系统多 Agent 建模的电力市场仿真技术研究［D］．北京：中国电

力科学研究院，2013.

[23] Bunn D W，Oliveira F S. Agent－based simulation －An application to the new electricity trading arrangements of England and Wales [J]. IEEE Transactions on Evolutionary Computation，2001，5 (5)：493－503.

[24] Praca I，Ramos C，Vale Z，et al. Mascem；A Multiagent System That Simulates Competitive Electricity Markets [J]. Intelligent Systems IEEE，2003，18 (6)：54－60.

[25] Bower J，Bunn D. Experimental analysis of the efficiency of uniform－price versus discriminatory auctions in the England and Wales electricity market [J]. Journal of Economic Dynamics & Control，2001，25 (3－4)：561－592.

[26] 刘丽梅．食品安全追溯与过程风险评估建模及优化 [D]．济南：山东大学，2014.

[27] 王野平，荆朝霞，陈皓勇，等．基于代理的电力市场仿真的实验设计方法探讨[J]. 电力系统自动化，2009，33 (17)：56－60.

[28] 陈乃仕，王海宁，周海明，等．协同粒子群算法在电力市场ACE仿真中的应用[J]. 电网技术，2010 (2)：138－142.

[29] 李文波，郭啸天，毛雪岷，等．基于多智能体的暴雨洪涝人口风险动态评估 [J]．灾害学，2015 (3)：80－87.

[30] Bates P D，Roo A P J D. A simple raster－based model for flood inundation simulation [J]. Journal of Hydrology，2000，236 (1－2)：54－77.

[31] Ding Y，Zhu Q，Lin H. An integrated virtual geographic environmental simulation framework；a case study of flood disaster simulation [J]. Geo－spatial Information Science，2014，17 (4)：190－200.

寸草矿巷道合理支护参数确定

高守阳　彭　帅　马亚仲　张　煜

中国矿业大学（北京）资源与安全工程学院，北京　100083

摘　要　本文采用 $FLAC^{3D}$ 数值模拟方法对寸草矿 22301 回风巷的支护参数进行研究，采用不同长度、不同间距两种支护方案进行了分析研究，通过观测巷道围岩的破坏状况，分析围岩变形量、塑性区模拟结果，确定巷道支护锚杆的最佳长度为 2 m，锚杆合理间距 1 m×0.9 m。将优化的支护方案应用于实践表明：该支护方案更加合理、安全、经济，同时也可以为地质条件相似的大断面煤巷支护参数选择提供实践借鉴。

关键词　支护　$FLAC^{3D}$　数值模拟　支护参数　锚杆

Determination of Reasonable Support Parameters in CunCao Mine Roadway

Gao Shouyang　Peng Shuai　Ma Yazhong　Zhang Yu

Faculty of Resources and Safety Engineering, China University of Mining and Technology, Beijing　100083

Abstract　This paper was studied on the support parameter of The CunCao mine 22301 return air roadway by the method of numerical simulation method $FLAC^{3D}$, studied separately different bolting length and different bolting support Row & Line Space, analyzed the numerical simulation deformation of surrounding rock, plastic zone, then determined the optimum length of the roadway support bolt was 2m and the reasonable spacing of anchor bolts was 1 m × 0. 9 m. Application of optimized support scheme in practice, showed the scheme of support more reasonable, safe and economical, meanwhile, provided the practical reference of the support parameter for the similar geological conditions of large section coal roadway support.

Key words　support　$FLAC^{3D}$　numerical simulation　support parameter　bolt

---

资助项目： 中央高校基本科研业务费专项资金（2011YZ05）

作者简介： 高守阳（1991—　），男，山东枣庄人，硕士研究生，主要从事矿山压力与控制方面的研究。Tel: 13051866377; E - mail: gaussyang@ 126. com

0　引言

煤巷掘进涉及工序较多，技术复杂，而且受地质条件和水文条件的影响较大，因此在防止发生掘进安全事故的前提下，提高煤炭企业巷道掘进速度，对保证我国经济增长对煤炭资源的需求具有重要的意义[1]。对于大断面锚杆支护参数的研究，张斌川通过数值模拟分析了不同支护和支护参数条件下的锚杆支护效果[2]，朱现磊分析了工程条件地质因子、掘进设备因子、支护技术因子及施工组织管理因子，并用 FLAC^{3D}软件对 4 种不同方案进行分析[3]，吕兆恒从 4 种锚杆排距下的巷道收敛、围岩塑性区的结果进行锚杆参数的数值优化[4]。本文依据寸草矿的具体生产地质条件，通过分析围岩变形量、围岩塑性区数值模拟结果和采用经验类比方法确定合理的支护参数。

1　巷道锚杆支护的数值模拟

1.1　工程背景

矿井地质构造简单，主要开采 2－2 煤，煤层厚 2.0～4.41 m，平均 3.23 m，2－2 煤直接顶板主要以细粒砂岩、粉砂岩、砂质泥岩为主，局部有层 0～0.3 m 的泥岩伪顶，基本顶为细砂岩、粉砂岩互层，底板为细粒砂岩和砂质泥岩。顶板类型属不稳定—较稳定。22301 回风巷为矩形，煤层倾角为 1°～3°，巷道宽度为 5.4 m，高度为 3 m。

1.2　模型构建

根据寸草塔煤矿实际工程背景建立数值模型，模型为水平模型，模型尺寸：长×宽×高＝50 m×30 m×50 m，巷道设在模型中部，掘进方向 20 m，岩层厚度为 40 m，巷道为矩形巷道，巷道尺寸：宽×高＝5.4 m×3.0 m。为了更好地观察巷道周边应力状态的变化，建立巷道周边网格较密、远离巷道部分网格较疏的模型。

1.3　边界条件

选用应力边界条件，在模型的上边界施加均匀的垂直压应力，同时限制模型的左右边界在水平方向的移动，下部边界固定，上覆岩层容重 24 kN/m^3，煤岩物理力学参数见表 1。

表1　煤岩物理力学参数

煤岩名称	岩性描述	厚度/m	密度/(kg·m^{-3})	体积模量/MPa	剪切模量/MPa	抗拉强度/MPa	内摩擦角/(°)	黏结力/MPa
上覆岩层	细粒砂岩	8.67	2400	8000	4000	2.5	35	8
老顶	中粒砂岩	17.8	2500	8400	5000	2.87	33	12
直接顶	细粒砂岩	1.7	2400	7500	2400	2	34.5	7.8
煤	煤	3.23	1300	2000	1000	0.7	30	1.1
直接底	砂质泥岩	6.2	2300	5000	2400	1.5	34	4
老底	中粒砂岩	2.4	2500	8600	5700	4	36	10
基本底下	砂质泥岩	10	2300	5200	2500	1.5	34	4

生成的 FLAC^{3D}模型如图 1a 所示，赋予摩尔－库伦模型参数，施加边界条件与初始应力，模型达到平衡后，再进行巷道开挖和支护，应力平衡云图如图 1b 所示。

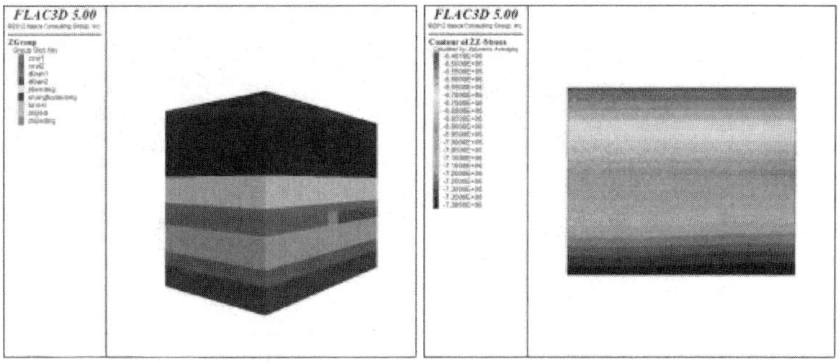

(a) 巷道数值模型图　　　　(b) 模型垂直应力云图

图1　生成的 $FLAC^{3D}$ 模型图

1.4　数值模拟方案设计

22301 回风巷顶板主要以细粒砂岩、粉砂岩、砂质泥岩为主，顶板类型属不稳定—较稳定，结合地质条件以及其他巷道的生产经验，巷道顶板和两帮均选择 ϕ18 mm 快速锚杆。

为选择合理的锚杆的某一个参数，将其他参数和模拟条件保持不变，观测巷道围岩的破坏状况，分析锚杆长度对巷道稳定性的作用，选择巷道支护锚杆的最佳长度。数值模拟方案见表2。

表2　数值模拟方案

支护方案	方案差异
Ⅰ	长度 1.8 m、2 m、2.2 m，间排距 0.9 m×1.0 m
Ⅱ	长度 2 m，间排距 0.7 m、0.9 m、1.1 m

2　数值模拟结果

2.1　锚杆长度分析

2.1.1　围岩变形量分析结果

图 2a～图 2d，代表方案Ⅰ，不同锚杆长度下巷道围岩变形量。巷道没有使用锚杆支护时，巷道顶底板变形量大，顶板岩层出现弯曲下沉，最大下沉点在巷道中部，最大下沉量达 32 mm。当锚杆长度从 1.8 m 增加到 2 m 时，巷道顶底板变形量明显降低，但是当锚杆长度由 2 m 增加到 2.2 m 时，顶板变形量减小趋势变缓，当继续增加锚杆长度时，对巷道围岩的作用效果不明显。

2.1.2　围岩塑性区分析结果

图 3a～图 3d，代表方案Ⅰ不同锚杆长度下巷道塑性区分布图。由图 3 可以看出，巷道未进行支护时，巷道塑性分布范围广，说明巷道破坏严重，进行锚杆支护后，巷道塑性区分布范围减小，说明锚杆支护锚固了围岩，底板的塑性区范围大于顶板，说明顶板锚杆支护减小了塑性区范围。当锚杆长度由 1.8 m 增加到 2 m 时，巷道塑性区减小，但是当锚杆长度增加到 2.2 m 时，塑性区范围变化不大，说明锚杆存在最佳长度。

2.1.3　合理长度

生产实践表明锚杆的长度并不是越大越好，巷道支护时存在一个合理的锚杆长度，当锚杆长度过小，不能将软弱岩层悬吊在稳定岩层中，或者造成巷道围岩形成组合拱厚度过小，不能形成足以抵抗巷道围岩变形的承载结构。当锚杆长度过长时，锚杆本身的拉长量

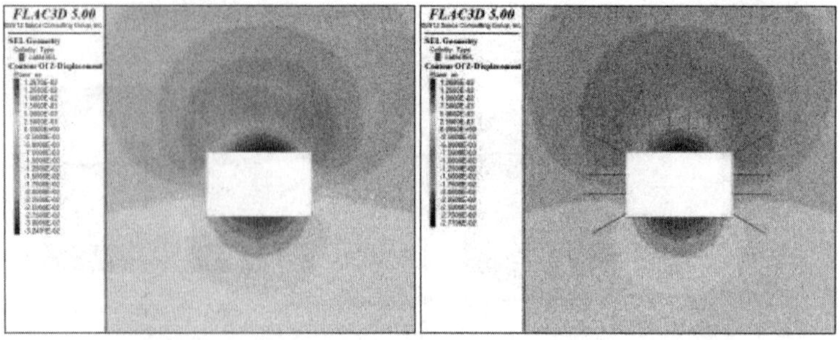

(a) 未支护　　(b) 1.8 m 锚杆

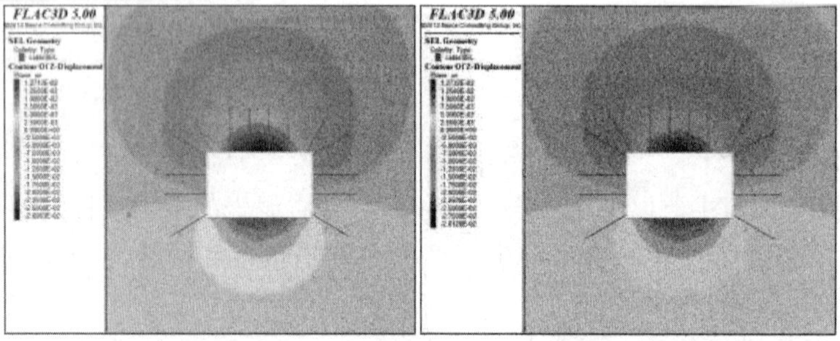

(c) 2 m 锚杆　　(d) 2.2 m 锚杆

图 2　不同锚杆长度围岩变形量

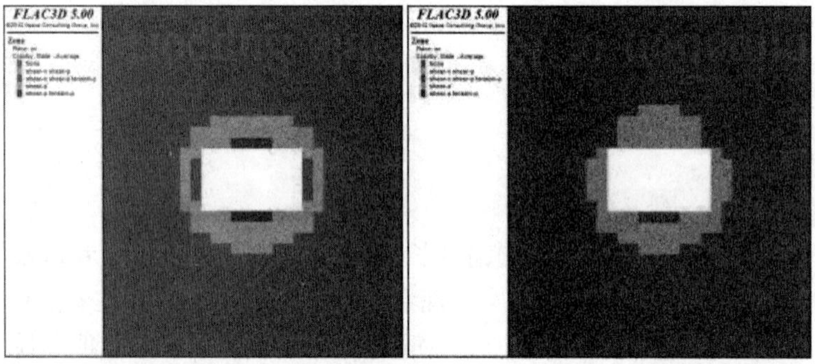

(a) 未支护　　(b) 1.8 m 锚杆

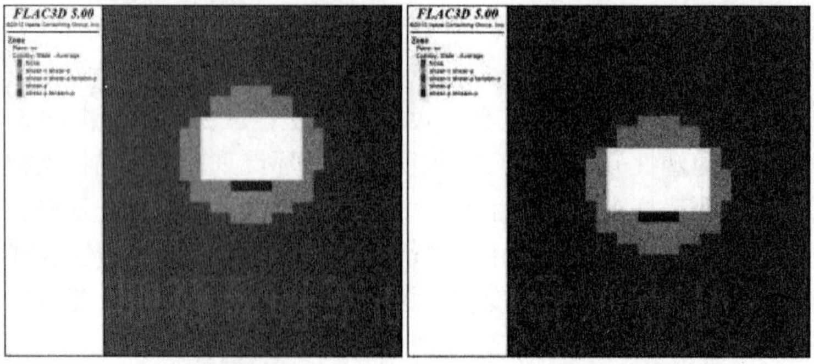

(c) 2 m 锚杆　　(d) 2.2 m 锚杆

图 3　不同锚杆长度巷道塑性区分布图

很大，容易造成锚固岩层发生变形，导致顶板发生离层，而且随着锚杆长度的增加，锚杆材料的费用以及钻孔施工的费用也相应增加。因此从安全生产和经济的角度出发，选择锚杆长度为 2 m，不仅能达到支护效果，还能节约生产成本。

2.2 锚杆合理间排距

2.2.1 巷道位移量

图 4a ~ 图 4c，代表方案Ⅱ，锚杆长度 2 m 时，不同锚杆间距巷道位移量。由图 4 可知，锚杆能够明显降低巷道变形量，控制围岩变形，同时随着锚杆间距的降低，巷道围岩变形不断降低，当锚杆间距从 1.1 m 减到 0.9 m 时，巷道顶板位移明显降低，但到锚杆间距从 0.9 m 减到 0.7 m，巷道顶底板位移变化不大。

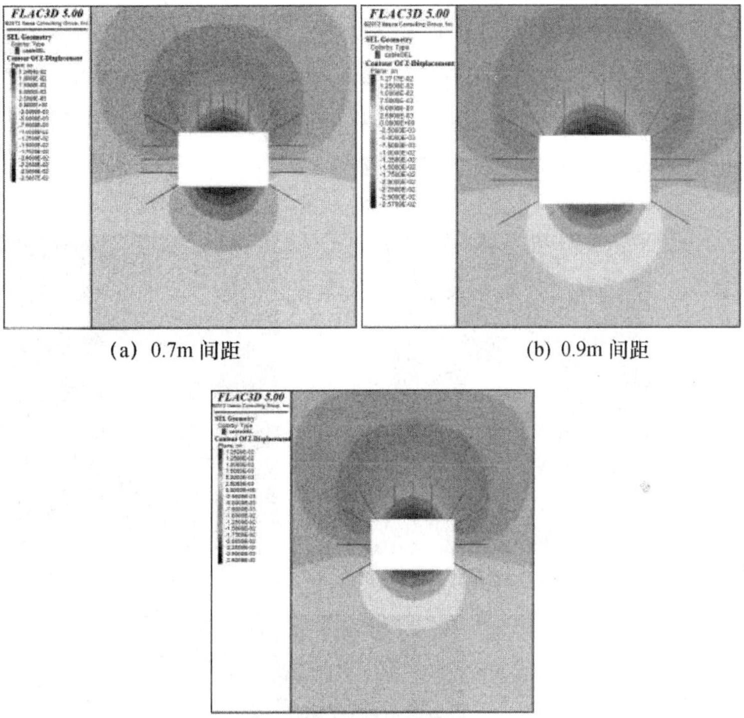

(a) 0.7m 间距　　(b) 0.9m 间距

(c) 1.1m 间距

图 4　不同锚杆间距巷道位移量

2.2.2 巷道水平应力图

图 5a ~ 图 5c，代表方案Ⅱ，锚杆长度 2 m 时，不同锚杆间距巷道水平应力分布图。由图 5 可知，水平应力降低区主要分布在巷道两帮，图 5a 最大水平应力为 9.81 MPa，图 5b 为 9.6 MPa，图 5c 为 9.84 MPa，图 5b 最大水平应力小于图 5a 和图 5c，但是相差不大，说明增加锚杆支护密度可以改善巷道两帮破坏情况，但是随着间距继续缩小，作用效果不明显。应力增高区主要分布在底板方向，底板破坏严重，而顶板由于得到锚杆支护作用，水平应力得到降低。

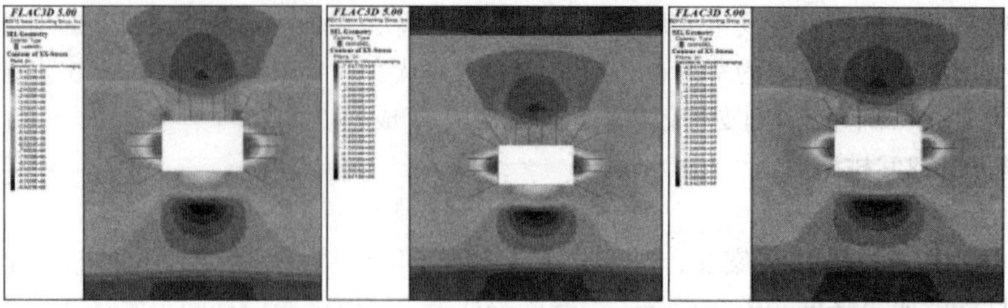

(a) 间距间距0.7 m　　(b) 锚杆间距0.9 m　　(c) 锚杆间距1.1 m

图5　不同锚杆间距巷道水平应力分布图

2.2.3　巷道塑性区分布图

图6a～图6c，代表方案Ⅱ，锚杆长度2 m时，不同锚杆间距塑性区分布图。由图6可知，巷道底板塑性区分布范围明显大于顶板，说明锚杆支护有效阻止了顶板塑性区的发展，起到了锚固围岩的作用。通过对比不同锚杆间距支护时巷道的塑性区分布范围，不难发现随着锚杆间距增大，巷道塑性区分布范围增大。

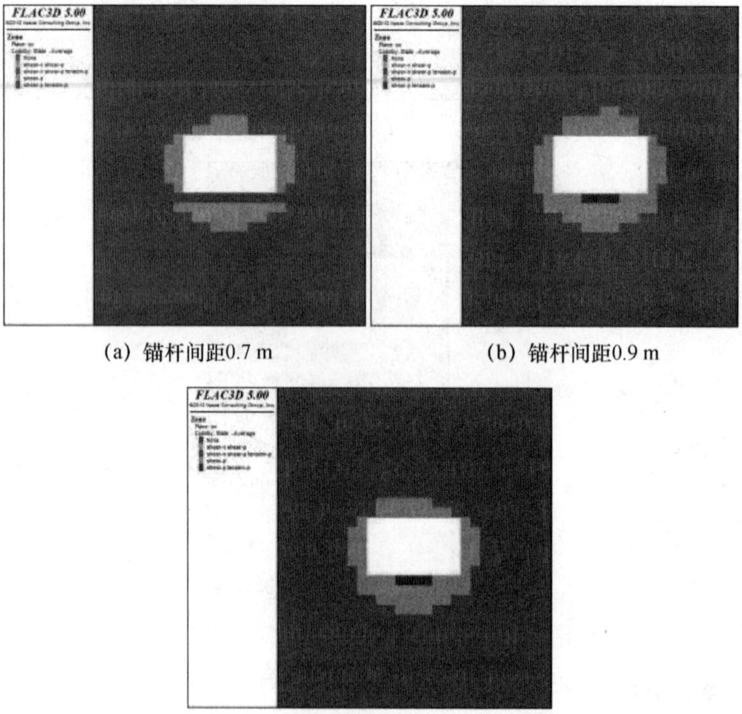

(a) 锚杆间距0.7 m　　(b) 锚杆间距0.9 m

(c) 锚杆间距1.1 m

图6　不同锚杆间距塑性区分布图

2.2.4　锚杆合理间距

结合矿井实际生产地质条件和经济安全等因素，借鉴矿井以往生产经验，最终确定锚杆间距为1 m×0.9 m。

3 工程实践

通过对寸草矿 22301 回风巷道锚杆支护的数值模拟分析，确定了寸草矿 22301 回风巷道的支护方案。锚杆采用 $\phi18\times2000$ mm 快速锚杆，锚杆间排距 0.9 m，扭矩不小于 120 N · m。锚索选择 $\phi15.24$ mm ×6500 mm，锚索间排距为 2 m ×5 m。顶网采用 5200 mm ×1100 mm，网格 150 mm ×150 mm 的钢筋焊接网，网片之间压茬 100 mm，网片之间每隔 200 mm 进行三花链接，链网丝采用 14 号铁丝。

表 3 为顶板离层仪数值。按照设计，对 22301 回风巷进行顶板下沉量监测，观测范围为正在掘进尚未移交的巷道。

表3 顶板离层仪数值

观测日期	22301HS－01		22301HS－2		22301HS－3		22301HS－4		22301HS－5	
	深孔读数	浅孔读数	深孔读数	浅孔读数	深孔读数	浅孔读数	深孔读数	浅孔读数	深孔读数	浅孔读数
2015－12－02	3	0	20	0	2	8	1	8	2	0
2015－12－09	3	0	25	0	2	8	1	8	2	0
2015－12－16	3	0	25	0	2	8	1	8	2	0
2015－12－23	3	0	25	0	2	8	1	8	2	0
2015－12－30	3	0	25	0	2	8	1	8	2	0
变化值	0	0	5	0	0	0	0	0	0	0

通过分析表 2 中顶板离层仪监测的数值可知，顶板离层数值不大，随着时间变化，顶板离层仪数值逐渐趋于稳定，说明顶板没有出现明显的离层现象，锚杆锚索支护效果好，有效地控制了巷道顶板的变形，维护了巷道围岩的稳定性，锚杆支护参数合理，能够满足巷道的支护要求。

4 结论

（1）通过数值模拟，当锚杆长度从 1.8 m 增加到 2 m 时，巷道顶底板变形量明显降低，但是当锚杆长度由 2 m 增加到 2.2 m 时，顶板变形量减小趋势变缓，当继续增加锚杆长度时，对巷道围岩的作用效果不明显；当锚杆长度由 1.8 m 增加到 2 m 时，巷道塑性区减小，但是当锚杆长度增加到 2.2 m 时，塑性区范围变化不大，说明锚杆存在最佳长度。

（2）随着锚杆间距的降低，巷道围岩变形不断降低，当锚杆间距从 1.1 m 减小到 0.9 m 时，巷道顶板位移明显降低；对比不同锚杆间距支护时巷道的塑性区分布范围，不难发现随着锚杆间距增大，巷道塑性区分布范围增大。

（3）结合矿井其他巷道支护方案，为将围岩锚固在稳定的岩层中，锚杆长度选为 2 m，锚杆间距选为 1 m ×0.9 m。锚索长度不小于 6.5 m，选用 $\phi15.24$ mm ×6500 mm 的锚索支护，锚索间距选为 2 m，排距选为 5 m。

（4）将支护方案在寸草矿 22301 回风巷道进行现场工业实验，监测顶板离层数值。

结果表明设计的锚杆锚索支护效果好，有效地控制了巷道顶板的变形，能够满足巷道的支护要求。

参考文献

[1] 杨仁树，王旭．大断面半煤岩巷快速掘进施工技术研究［J］．中国矿业，2012，21（4）：87.

[2] 张斌川，卢辉，刘路，等．深井高应力巷道锚杆支护参数优化研究［J］．煤矿开采，2014，19（6）：116－119.

[3] 朱现磊，杨仁树，宫全红．大断面煤巷快速掘进影响因素及技术优化［J］．煤炭工程，2015，47（7）：43－45，49.

[4] 吕兆恒，杨东辉，王东．巷道快速掘进锚杆支护参数的数值优化［J］．山西大同学校学报（自然科学版），2016，32（2）：61－65.

动压影响下回采巷道围岩松动圈测试研究

陈　辉[1]　姜耀东[2,3]

1. 中国矿业大学（北京）资源与建筑工程学院，北京　100083
2. 中国矿业大学（北京）力学与建筑工程学院，北京　100083
3. 中国矿业大学煤炭资源与安全开采国家重点实验室，北京　100083

摘　要　本文运用围岩松动圈支护理论，对城郊矿动压影响下的二水平西翼轨道大巷、二水平南翼轨道大巷以及21305综采工作面巷道进行了围岩松动圈测试，确定松动圈厚度在1.00 m至1.40 m，属于松动圈中等稳定围岩。结果表明，三条巷道所采用的支护方案有效地控制了动压巷道围岩变形，确保巷道的长期稳定和安全使用，取得了较好的测试效果，具有一定的推广意义和应用价值。

关键词　松动圈　支护　围岩变形　塑性区

0　引言

目前，随着开采深度的不断增加，矿山井巷将位于更高地应力和强开采的环境之中，特别是在构造活动强烈地区，残余构造应力大且岩体工程特性较差，增大了开采作业难度和技术要求。

巷道围岩松动圈支护理论是20世纪70年代末产生的一种软岩巷道支护理论，此后不断发展完善，形成了以围岩分类、支护理论、测试技术、支护设计与施工相结合的一整套支护理论体系，实践支护效果显著，应用广泛。

围岩破碎范围是巷道支护的主要依据，为深入了解巷道围岩内部松动破裂特征及裂隙演化过程，利用YS（B）钻孔电子内窥摄像仪，通过煤层钻孔摄像的方法对巷道围岩在开采扰动条件下或掘进过程中的松动范围与程度进行探测与分析。钻孔电子内窥摄像仪不仅可以对不良地质构造、断层、地下水、围岩等进行探测，还可用于任意方向煤、岩体松动及裂隙窥视、水文探孔、瓦斯抽放孔孔内情况探查、锚杆孔质量检查和裂隙观察等，能实现“一孔多测与复测”，并利用超微型彩色窥视镜截图技术导出照片数据。这种窥视仪只要钻孔深度允许，可以无限制地窥视下去。

1　工程概况

正龙煤业城郊矿采用立井多水平开拓，随着矿井生产能力的提高和服务年限的增加，

资助项目：中央高校基本科研业务费专项资金（2010YL10）；国家自然科学基金资助项目（41502184）；北京市自然科学基金资助项目（2164067）

作者简介：陈辉（1968—　），男，河南杞县人，博士研究生，高级工程师，矿长，从事煤矿生产技术及管理工作。E－mail：whw@ cumtb. edu. cn

矿井开采水平逐渐由一水平向二水平过渡，主采煤层埋深超过 800 m。为了对城郊矿区井下巷道松动圈的发育情况有个直观的了解，通过钻孔窥视仪针对城郊矿二水平西翼轨道大巷、二水平南翼轨道大巷以及 21305 综采工作面的 3 个典型巷道进行了松动圈范围的测试，具体见表 1。

表1 钻孔位置汇总

测站号	测点位置	巷道类型	巷道性质	使用设备
01	二水平西翼轨道大巷	开拓巷道	动压岩巷	钻孔窥视
02	二水平南翼轨道大巷	开拓巷道	动压岩巷	钻孔窥视
03	21305 综采工作面	回采巷道	动压岩巷	钻孔窥视

二水平西翼轨道大巷位于城郊煤矿二水平西翼，为二水平西翼各采区的运输、行人、回风大巷。该工作面对应地面标高为 + 32. 36 ~ + 32. 88 m，工作面标高为 − 761. 1 ~ − 802. 3 m。二水平西翼轨道大巷属于动压煤巷，二水平西翼轨道大巷大部分为岩巷，局部地段穿煤层施工，设计全长 1152. 7 m，北侧为二十采区轨道、胶带巷，其他周边均为未采动区。

二水平南翼轨道（胶带）大巷位于城郊煤矿二水平南翼采区，是连接二水平南翼各采区的主要水平大巷。该工作面对应地面标高为 + 32. 39 ~ + 33. 49 m，工作面标高为 − 770. 4 ~ − 830. 2 m。二水平南翼轨道大巷主要为岩巷，设计全长 1303 m，二水平南翼胶带大巷主要为煤巷，部分块段为岩巷，设计全长 1231 m。二水平南翼轨道大巷东北侧紧连二水平南翼轨道、胶带大巷，其他方向均为实体煤。

21305 综采工作面位于城郊煤矿二水平十三采区，该工作面对应地面标高为 + 30. 30 ~ + 32. 10 m，工作面标高为 − 804 ~ − 888. 9 m。21305 综采工作面位于王楼以北，赵庄、七里庙以西，小莫庄以南，地表为大量农田。该工作面东为 21304 工作面（已掘），西为实体煤，南为 F20 断层保护煤柱，北为二水平南翼轨道大巷、二水平南翼胶带大巷。

为深入了解巷道围岩内部松动破裂特征及裂隙演化过程，利用 YS（B）钻孔电子内窥摄像仪，通过煤层钻孔摄像的方法，对巷道围岩在开采扰动条件下或掘进过程中的松动范围与程度进行探测与分析。

2 松动圈测试结果分析

二水平西翼轨道大巷顶板钻孔图像分析如图 1 ~ 图 6 所示。

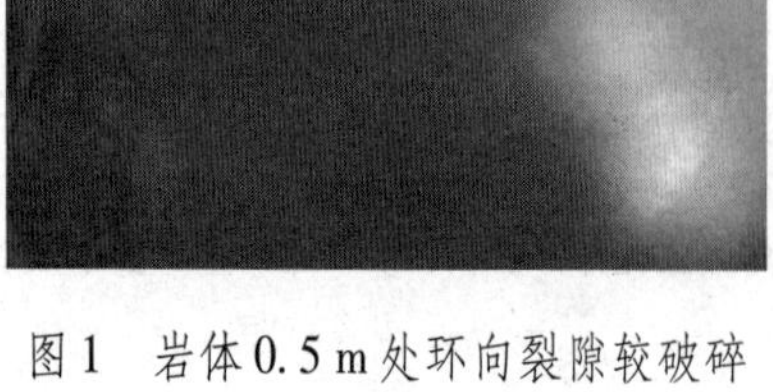

图1 岩体 0.5 m 处环向裂隙较破碎

图2 岩体 1.1 m 处环向裂隙且轻微破碎

图3　岩体2.4 m处环向裂隙

图4　岩体3.6 m处轻微破碎

图5　岩体4.2 m处环向裂隙

图6　岩体4.8 m处结构清晰完整

从钻孔不同深度的图片数据进行综合分析可以直观地看出孔出0.15～1.1 m范围内呈现出多处环向裂隙，裂隙发育程度较高，密度较大，长度与张开度较大，可能受支护约束力与剪应力的作用，致使岩体的完整性较差，破碎程度较高。2.4 m处出现较少的环向裂隙，3.6 m处孔内有轻微破碎区域，可能此范围受切向拉应力与剪应力的作用所致，裂隙数量较少、长度较短以及宽度较小。在4.2 m处孔内岩体结构以环向裂隙为主，且较为破碎，随着深度增加，破碎程度逐渐递减。在4.8～6.8 m处孔内结构比较清晰完整，没有明显裂隙，但孔壁表面较粗糙，经过仔细观察，可能是由于地质成因及岩性差异性造成的，因此根据经验可以初步推断应力峰值在4.0 m左右，塑性区范围大约在4.5 m以内，松动圈范围在1.2 m以内。

二水平南翼轨道大巷顶板钻孔图像分析如图7～图12所示。

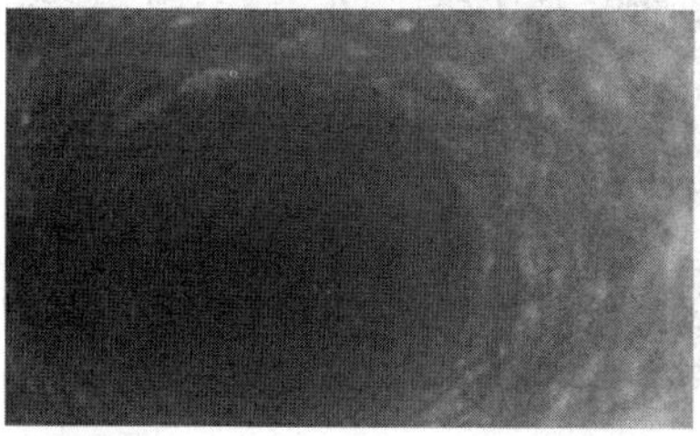

图7　岩体0.5 m处微小裂隙

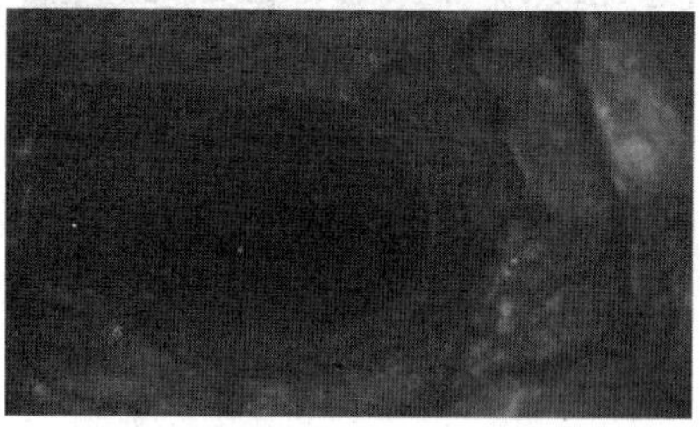

图8　岩体1.3 m处严重破碎区域

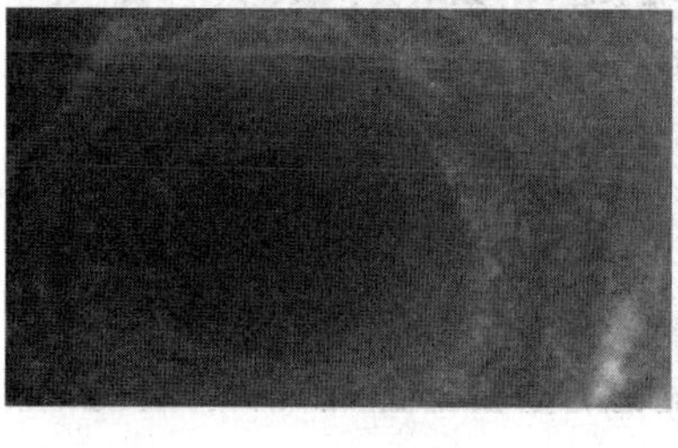

图9　岩体2.5 m处槽形崩解性裂隙

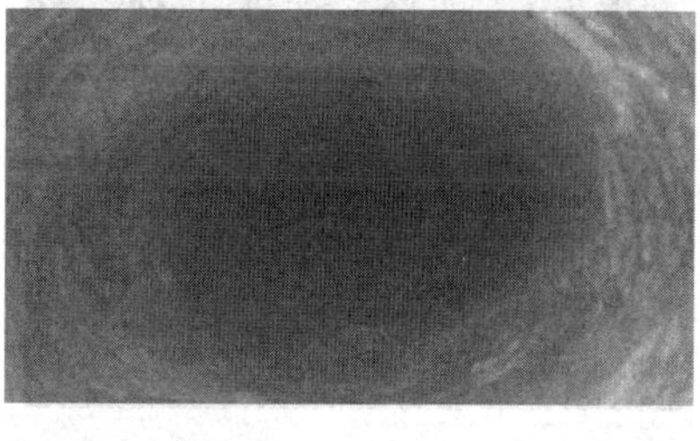

图10　岩体3.6 m处微小环向裂隙

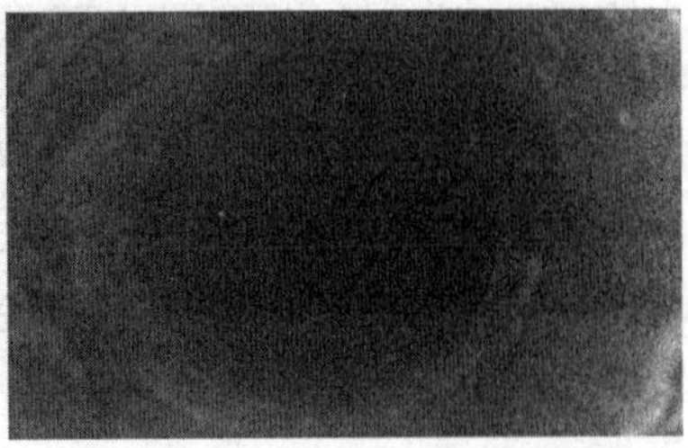

图 11　岩体 4.3 m 处微小裂隙

图 12　岩体 5.2 m 处结构清晰完整

从该钻孔不同深度的图片数据进行综合分析可以直观地看出孔内岩体在 0.5 m 处呈现微小裂隙。在 1.3 ~ 2.5 m 处出现槽形崩解性裂隙以及较为严重的破碎区域，可能受侧向支护约束力和切向应力共同挤压作用后形成碎裂或崩解性裂隙。在 3.6 ~ 4.3 m 范围内出现了环向裂隙，发育程度较浅部轻微，裂隙数量较少，长度较短以及宽度较小，可能此范围受切向拉应力与剪应力的作用所致，随着深度的增加，裂隙发育程度明显降低。在 5.2 m 处，孔内岩体的其他部位没有明显裂隙，结构较为完整，因此，可以初步推断塑性区大约在 4.3 m 内，松动圈范围在 2.0 m 以内。

21305 综采工作面顶板钻孔的窥视图像如图 13 ~ 图 18 所示。

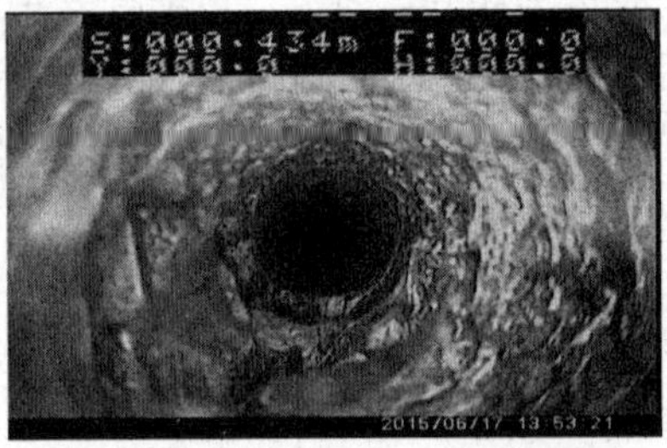

图 13　岩体 0.5 m 处严重破碎区域

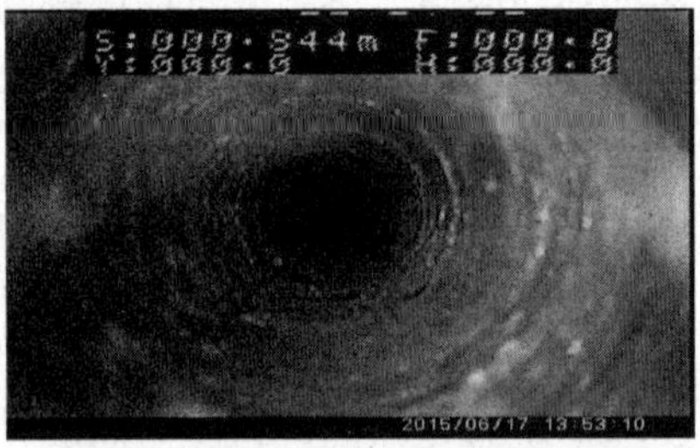

图 14　岩体 1.0 m 处纵向裂隙

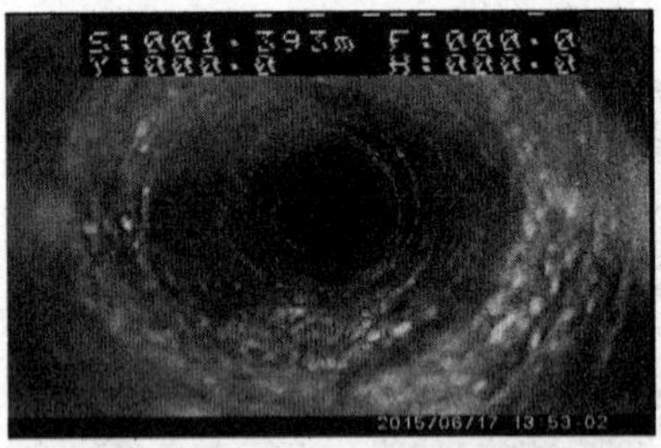

图 15　岩体 2.3 m 处微小裂隙

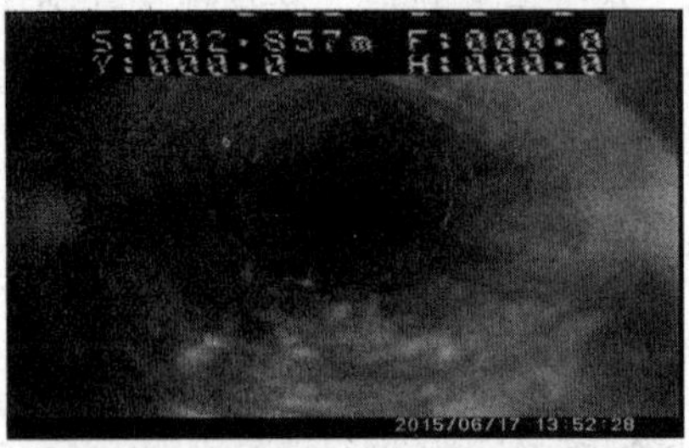

图 16　岩体 3.7 m 处纵向裂隙

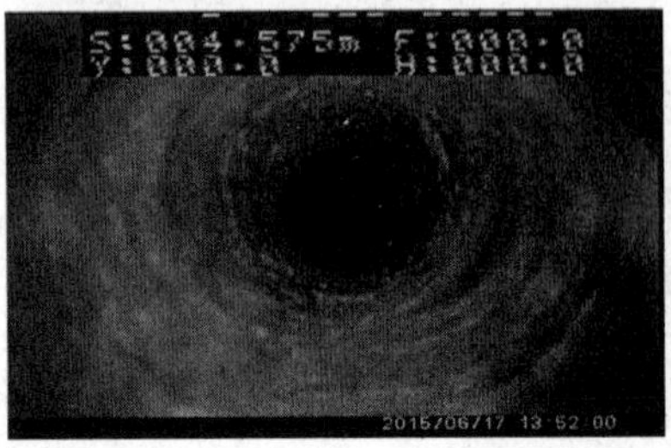

图 17　岩体 4.3 m 处微小裂隙

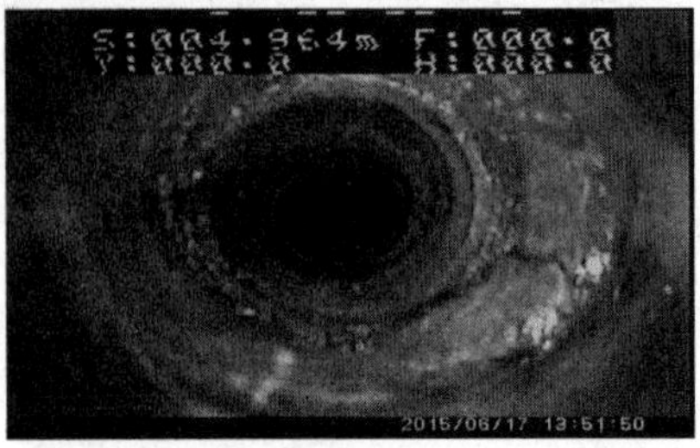

图 18　岩体 5.1 m 处纵向裂隙

从钻孔不同深度的图片数据分析可知孔内岩体在0.5 m处出现了严重破坏区域，崩裂程度较高，张开度和长度较大，向深处延伸，说明此处应力集中程度较高且主要受拉应力和剪应力的共同作用。在1.0~3.7 m范围，出现了微小环向裂隙，可能此范围受切向拉应力与剪应力的作用所致，裂隙数量较少，长度较短以及宽度较小。在4.3 m与5.1 m处出现了微小的环向裂隙和纵向裂隙，说明随着深度的增加，围岩的稳定性会增强，在孔内5.7 m处也还有微小裂隙，随着时间增加，塑性区逐步扩大，其他部位无明显裂隙。因此，可以推测松动圈在1.0 m以内，塑性区范围在4.0 m以内。

3　结论

通过钻孔窥视仪针对城郊矿二水平西翼轨道大巷、二水平南翼轨道大巷以及21305综采工作面的巷道进行了松动圈范围的测试，初步对城郊矿区井下巷道松动圈的发育情况有个直观的了解，得到以下结论：

（1）二水平西翼轨道大巷，塑性区范围大约在4.5 m以内，松动圈范围在1.2 m以内，围岩处于中等稳定；

（2）二水平南翼轨道大巷，塑性区范围大约在4.3 m以内，松动圈范围在2.0 m以内，围岩处于中等稳定；

（3）21305综采工作面，塑性区范围大约在4.0 m以内，松动圈范围在1.0 m以内，围岩处于较稳定。

结果表明，3条巷道所采用的支护方案有效地控制了巷道围岩变形，确保巷道的长期稳定和安全使用，取得了较好的测试效果，具有一定的推广意义和应用价值。

参考文献

[1] 姜耀东，赵毅鑫，刘文岗，等．煤岩冲击失稳的机制和试验研究［M］．北京：科学出版社，2009.

[2] 康红普，王金华，林健．煤矿巷道锚杆支护应用实例分析［J］．岩石力学与工程学报，2010，29（4）：649-664.

[3] 孟庆彬，门燕青，杨以明，等．巷道围岩松动圈支护理论及测试技术［J］．中国矿山工程，2010，39（3）：47-51.

[4] 董方庭，宋宏伟，郭志宏，等．巷道围岩松动圈支护理论［J］．煤炭学报，1994（1）：21-32.

[5] 徐海东，张晓宇，陈刚．软岩巷道围岩松动圈厚度测试及演化规律研究［J］．煤，2014，23（4）：1-2.

[6] 靖洪文，宋宏伟，郭志宏．软岩巷道围岩松动圈变形机理及控制技术研究［J］．中国矿业大学学报，1999，28（6）：560-564.

[7] 刘刚，宋宏伟．煤巷围岩松动圈规律研究［J］．煤炭学报，2002，27（1）：31-35.

小型可控火旋风多参量测试实验系统研制

解北京 杨 潘

中国矿业大学（北京）资源与安全工程学院，北京 100083

摘 要 试制一套小型可控火旋风多参量测试实验系统，该系统主要由风流管道、燃烧称重装置、温度测试系统、火焰图像采集设备、数据采集系统等组成。风流管道采用透明环形管道模型，实现火旋风的形成条件和观测风流旋转；燃烧称重装置包括称重传感器、信号放大器和燃烧池；温度测试系统包括K型微细热电偶和电压/温度模块；利用HIOKI 8842T高速存储记录仪同步测试风压、温度、燃烧速率等多种信号数据；采用高清摄像机实现火焰图像动态采集。该系统有效模拟了浓度为75%和100%乙醇燃料火旋风形成过程与正常燃烧时火焰温度变化，为火旋风精细化研究提供新的试验平台。

关键词 火旋风 热电偶 温度测试 燃烧火焰

Study on a Small Controllable Fire Whirlwind Multi－parametric Test Experiment System

Xie Beijing Yang Pan

Faculty of Resource and Safety Engineering, China University of Mining and Technology, Beijing 100083

Abstract A small controllable fire whirlwind multi－parametric test experiment system was developed. The system is mainly composed of wind pipes, burning weighing device, temperature test system, the flame image acquisition equipment, data acquisition system, etc. In order to achieve the forming conditions of the fire whirlwind and observed rotation, transparent ring material model was used in wind pipe; Weighing sensor, signal amplifier and burning pool were formed burning weighing device; And the fine temperature testing system was included K type thermocouple and voltage/temperature module; Because of the need to be synchronized test of wind pressure, temperature, burning rate and

---

资助项目： 中央高校基本科研业务费专项资金（2014QZ05）；中国矿业大学（北京）大学生创新性实验计划（2014QZ05）

作者简介： 解北京（1984— ），男，安徽滁州人，博士，讲师，主要从事安全科学与工程专业的教学与研究工作。Tel：15201290493；E－mail：bjxie1984@163.com other signal data, HIOKI 8842T high speed storage instrument was used; And High - definition cameras was adopted to realize dynamic flame image acquisition. The system is effective to simulate the concentration of 75% and 100% ethanol fuel fire tornado formation and normal combustion flame temperature changes, and provide a new test platform for the fire whirlwind of fine study in the future.

Key words fire whirlwind thermocouple temperature test combustion flame

0 引言

火旋风是一种像龙卷风一样的强对流火灾现象，尤其是在森林火灾和草原火灾中经常出现。在火灾扑救过程中，很难抑制和扑灭火旋风，火灾中一旦发生火旋风将会造成人员伤亡和重大的财产损失。

火焰龙卷风的形成需要具备一定条件：强烈热量和涌动风流结合在一起将形成旋转的空气涡流。这些空气涡流可收紧形成类似龙卷风结构，旋转着吸入燃烧残骸和易燃气体。国外最早由 Emmons 和 Ying[1] 将油池放入可以旋转的圆筒中心，从而获得火旋风实验现象。Satoh 和 Yang[2] 采用四墙壁式装置获得实验现象，只能通过平面视窗观察，立体感不强。国内学者武红梅[3] 等也采用四墙壁式实验装置，通过单侧开缝的方式形成火旋风，但装置体积较大，尺寸为 2 m×2 m×15 m，开展实验比较危险。张孝华等[4] 采用六棱柱发生装置，每个隔热板尺寸为 200 mm×800 mm×5 mm，每个面与面之间有狭缝，在一侧有风洞来流，研究了 3 种不同风速来流情况下火旋风的温度特征，认为来流能改变火旋风燃烧结构。秦俊等[5-7] 采用直径为 150 mm 的旋风罩，并用红外线对火旋风的温度场进行测试，分析火旋风的基本规律和细水雾对火旋风的影响。杨春英等[8] 采用 33 mm×33 mm×200 mm 的四壁式装置，测试不同开口长度情况下火旋风的形成情况。霍岩等[9] 测试 0.32 m×0.32 m×2.0 m 的竖直通道火旋风中轴线羽流温度变化特征。苏石川等[10] 用 6 块 2×6 m^2 的壁面组成一个六棱柱，两壁面间有 20 cm 的空隙作为进气口，测试 8 种不同风速对火旋风温度特性的影响。

对火旋风燃烧特性的研究，试验装置是关键基础。本文设计了一种小型可控的火旋风实验装置，整体高度为 160 mm，直径仅约为 900 mm，通过调节装置可以控制火旋风形成火焰高度，实现立体可视化观测，并可以同步采集火旋风形成发展过程中多种参量动态变化数据。

1 实验系统设计

1.1 设计依据

旋转流、流体汇和摩擦力是火旋风产生需要的 3 个基本条件，其中最为重要的就是旋转流[5]。为了产生旋转流，目前学者普遍采用两种类型的装置，一种是带有狭缝可以旋转的圆筒（如文献［1、5-7］），另一种则是固定壁式结构（如文献［2-4、8-10］）。前者利用筒的旋转，从狭缝中进风形成旋转流，装置可视性较差，也给火焰温度、图像等参数实验测试带来了诸多不便；后者的每个墙壁之间有缝隙，在一侧鼓风、利用卷吸效果，产生旋转流，但往往只能通过玻璃窗口平面观察火焰特征。此外，由于传感器的尺寸和性能影响，现有的试验装置普遍都能形成几米高到十几米高的大型火旋风装置，形成更加逼近真实火旋风现象。这样一方面会导致对实验场地和试验费用要求较高，另一方面大尺度火旋风实验操作复杂，给实验人员安全带来诸多隐患。

针对上述实验装置问题，本文创新设计了环形管道模型。该模型由通风管、楔形导风口、底盘组成。系统设计的原理是利用在通风管道内壁开 5 个出气缝，外壁开 1 个进气口，从而达到用 1 个风机产生 5 个方向风流的效果，产生旋转流。测试系统和传感器设备如图 1a ~ 图 1g 所示。

1.2 风流管道模型

（1）环形管道：风流管道模型主要包括楔形导风口、通风管道、底盘等，如图 1b 所示。楔形导风口用于引导风流贴壁流动，产生旋转流。通风管道采用厚度 5 mm 的有机玻璃环形壁面，可以大大减少风流阻力，有利于外加环量的形成，管道外径 400 mm，内径 250 mm，高度 150 mm。底盘外径 460 mm，内径 250 mm，底盘的 4 个方向上打有 4 个直径 8 mm 的通孔，用于将装置支撑起来。

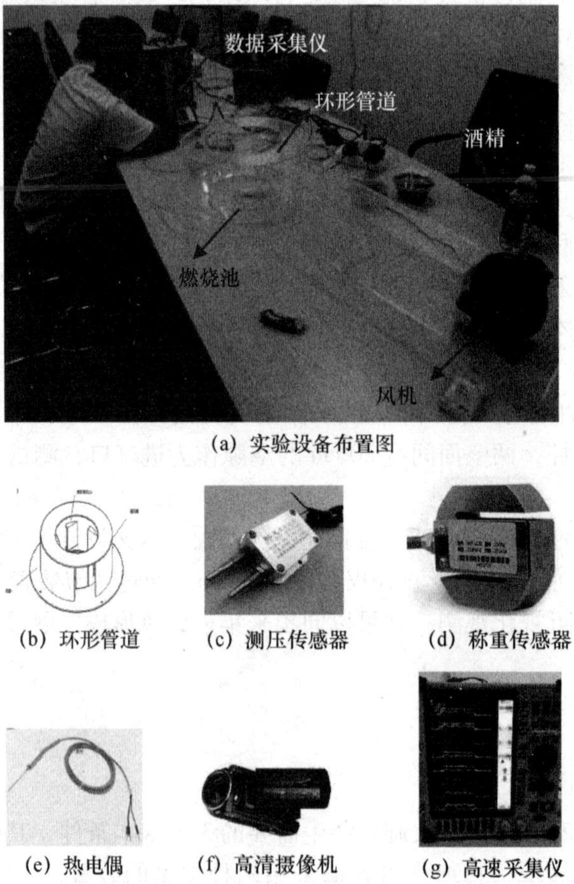

(a) 实验设备布置图

(b) 环形管道　(c) 测压传感器　(d) 称重传感器

(e) 热电偶　(f) 高清摄像机　(g) 高速采集仪

图 1　实验系统图

（2）风机：为了能够产生恒定风流，采用小型无极可调 CZR－40 鼓风机，转速 2800 r/min，风量 $0.5\ m^3/min$。

（3）测压传感器：采用 RG 系列风压变送器，如图 1c 所示。该风压变送器量程为 0～500 PA，响应频率≤500 Hz，工作电压 24 V，响应速度 200 ms。为了考察风机风压调节范围和测压传感器性能，利用风压变送器对风机的压力数据进行动态测试。整个过程共分 4 个阶段：第一阶段启动风机均匀升压调节至最大功率平稳运转 1～2 min；第二阶段降压调节至旋钮调节范围中部稳定运转 1～2 min；第三阶段降压调节至最低功率运行 1～2 min 后关机；第四阶段重新启动快速调节至最大功率稳定运转 1～2 min 后匀速减压关机。风机风压测试数据如图 2 所示。

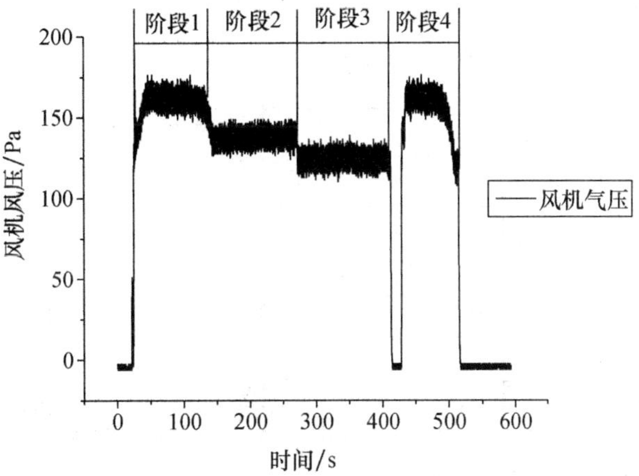

图 2　风机风压变化范围图

从图 2 可见，阶段一：从 25～137 s，风压从 124 Pa 均匀的上升至 163 Pa，然后维持在 163 Pa 左右保持不变；阶段二：从 137～272 s，风压从 163 Pa 均匀的降至 138 Pa，然后维持在 138 Pa 左右保持不变；阶段三：从 272～413 s，风压从 138 Pa 降至 123 Pa，然后维持在 123 Pa 左右保持不变；阶段四：从 413～514 s，风压从 123 Pa 降至 0 Pa，然后上升至 168 Pa 左右保持一段时间，降至 0 Pa。说明风机的风压在 124～163 Pa 是可以连续调节的。

1.3　燃烧池称重装置

（1）燃烧池：采用陶瓷容器，高度 2.5 cm，直径 11.5 cm，满载酒精容量约 100 mL。

（2）称重传感器：采用 MIK－LCS1－1 kg 小量程、S 型、拉压一体传感器，如图 1d 所示。

1.4　温度测试装置

（1）K 型微细热电偶：为了尽可能消除传热误差采用直径 1 mm 铠装 K 型热电偶[11]，如图 1e 所示，测温范围 0～1200 ℃，响应时间<200 ms。用支架热电偶不等间隔地固定在火旋风火焰中轴线上，具体热电偶的布置位置如图 3 所示。

（2）8937 电压/温度单元：温度测量 4 kS/s（2 通道同时采样），具有 K、E、J、T、C、N、R、S、B 型热电偶输入转化功能，测量精度达到 ±1 ℃。

1.5　HD 高清摄像仪

采用 HD 高清索尼 HDR－PJ820E 摄像仪，HD 模式 1920×1080/50 p，动态像素约 614 万，标准快门速度 1/50～1/10000。

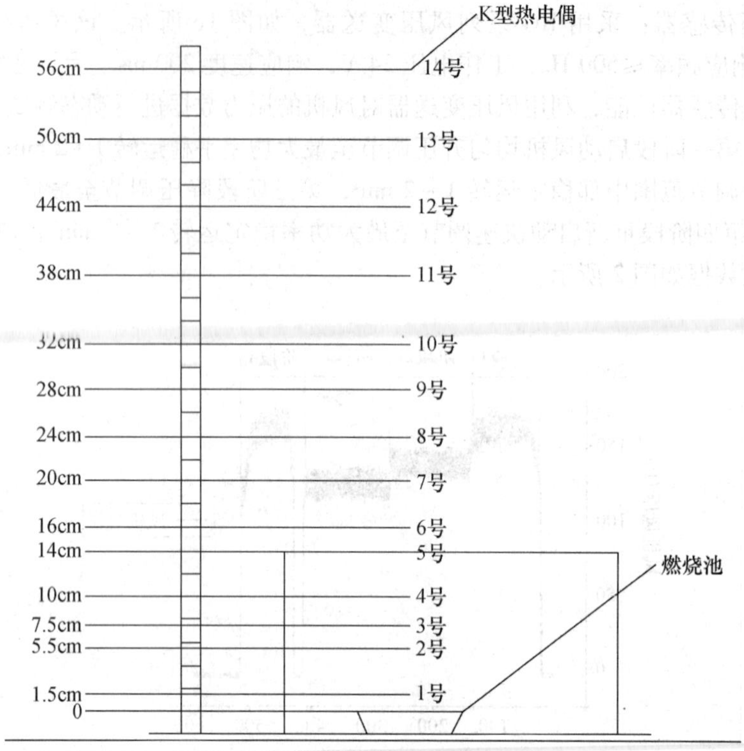

图3 热电偶排布示意图

1.6 数据采集系统

采用 HIOKI 8842T 存储记录仪同步记录燃烧速率、旋转流风压、火旋风温度等多种参量变化。试验中设置采样速率为50S/s，共使用16 通道采集数据，前 14 路通道收集温度信号，15 路通道采集风压信号，16 路通道采集燃烧速率信号。

2 实验系统的特色及参数

（1）系统的特色：①风流环量可控，风流旋转可视化；②燃料燃烧速率可测；③温度多点可测；④火焰形态可视化；⑤多参量参数变化可以同步测量。

（2）系统的参数：①可以测试酒精、正庚烷、汽油等 0 ~ 1 kg 范围内可燃液体燃烧火旋风现象；②可以测试火旋风火焰高度 0 ~ 60 cm 内的温度变化，温度变化范围 0 ~ 1200 ℃；③风流压力在 124 ~ 163 Pa 连续可控。

3 应用实例

利用该试验系统开展了浓度为 75% 和 100% 乙醇燃料火旋风形成过程与正常燃烧时火焰温度变化的研究。进行了 3 组火焰燃烧模拟实验：①75% 酒精正常燃烧；②75% 酒精火旋风燃烧；③100% 酒精火旋风燃烧。3 组酒精燃烧过程火焰形态和火焰温度变化如图 4 ~ 图 5 所示。

由图 4a 可见，75% 酒精正常燃烧从开始到最后火焰形态都极不稳定，火焰高度较低，约 16 cm。由图 4b 可见 75% 酒精火旋风燃烧时火焰高度较高，约 38 cm，火焰形态的旋转

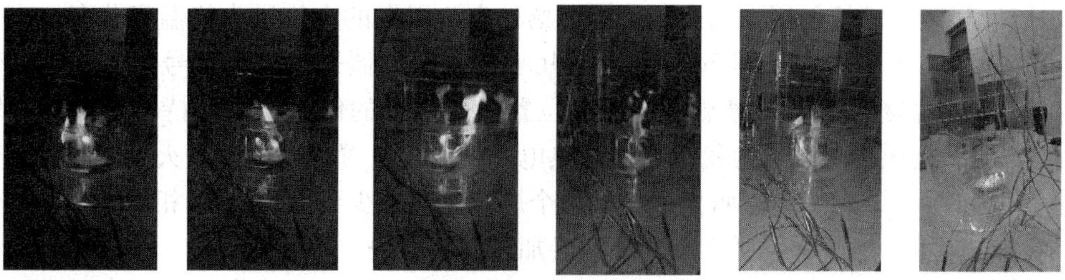

(a) 75%酒精—正常燃烧

(b) 75%酒精—火旋风

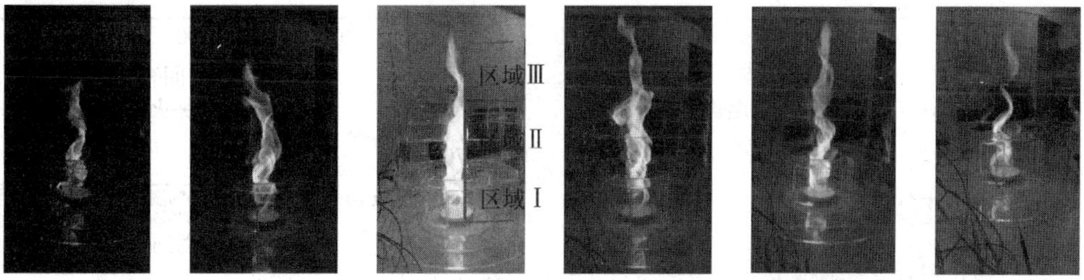

(c) 100%酒精—火旋风

图4 3组酒精燃烧过程的火焰形态

已经可以观察到，但由于燃烧不够剧烈，难以区分火旋风的3个区域[11]。由图4c可见100%酒精火旋风燃烧时火焰高度最高达到56 cm，在火旋风形成稳定后，可以清晰观测到火焰螺旋式上升形态，明显可以观测到火旋风的Ⅰ、Ⅱ和Ⅲ区，各占火焰高度的1/3。其中0 ~ 24 cm为区域Ⅰ：在旋转火焰根部，火焰旋转剧烈且轮廓紧凑，有明显的螺旋上升式旋转流线；24 ~ 38 cm为区域Ⅱ：属于过渡段，旋转流线轮廓已渐趋上升；38 ~ 56 cm为区域Ⅲ：接近火焰顶端，火焰跳跃且有发散趋势。从图4a ~ 图4c对比可见，开始火旋风火焰燃烧就比正常燃烧的情况下剧烈[12]，到稳定形成火旋风时高度明显增加，即使燃料快要燃尽，依然维持着火旋风细长形态，直至熄灭。

3组试验进行时均将油池加满燃料，3组燃烧火焰过程中轴线上温度变化分布如图5a ~ 图5c所示，图5d为3组燃烧火焰中轴线上的平均温度。

图5a为75%酒精正常燃烧时的温度分布，实验发现正常燃烧火焰的最高温度约为600 ℃，燃烧火焰持续时间约380 s。同时从图5d中可见，燃烧过程中火焰温度变化剧烈的只有1 ~ 6号热电偶，火焰高度最高约为16 cm。7 ~ 14号热电偶温度基本一致（略有微小的变化），这是因为火焰高度没有达到热电偶所在高度，温度变化是由于燃烧产生的热气流所致。

图 5b 为 75% 酒精采用强制产生旋转流场的方法引发的火旋风火焰温度分布，火焰最高温度可达 934 ℃。同时从图 5d 中可见，几乎所有热电偶采集到的信号都要比正常燃烧时相同位置的温度高，1 ~7 号热电偶所在位置所采集到的信号基本保持在一定的范围内波动，说明火旋风的形态较为稳定，根据热电偶排布的位置可以判断出火旋风螺旋上升区域高度约为 24 cm。燃烧速度明显加快，整个燃烧过程减少到 310 s，在相同量燃料的情况下，燃烧时间大大缩减，说明火旋风现象会加速酒精燃烧。

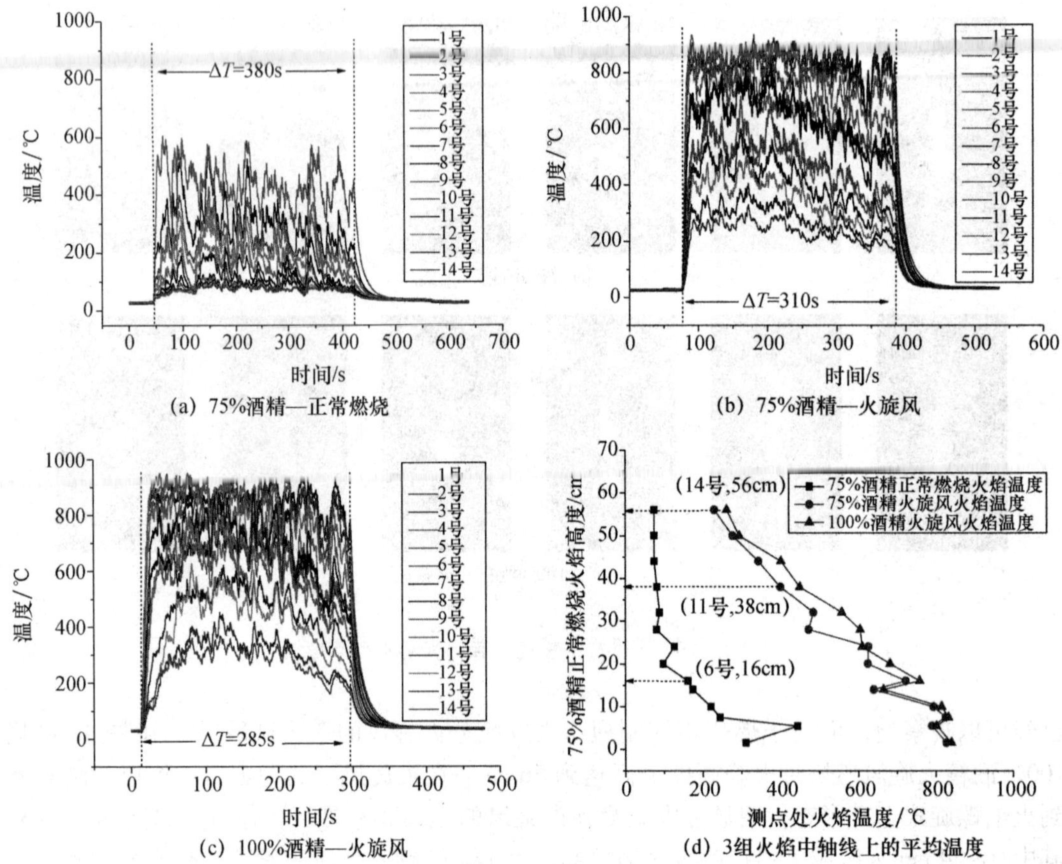

图 5　三组燃烧过程的火焰温度变化曲线

图 5c 为 100% 酒精燃烧火旋风火焰温度分布，考虑到外界环境的影响，在装置的上方增加了高度 26 cm 的挡风板，以达到更好的实验效果。从图中可以看到火焰温度最高达 945 ℃，温度波动范围明显减少，燃烧火焰持续时间进一步减少，约 285 s，实验效果较好。从图中看出 1 ~6 号测温点的温度相近，从实验开始到结束变化很小，这也说明了火旋风燃烧过程十分稳定。从 7 号分布点开始温度跳动比较厉害，7 号以上的位置温度明显有所下降。

由图 5d 可见，100% 酒精火旋风和 75% 酒精火旋风燃烧温度在火焰中轴线高度上均明显高于正常火焰燃烧温度，说明火旋风现象加大燃料的燃烧速率；而 100% 酒精火旋风燃烧温度高于75%酒精火旋风火焰，说明挡风板和燃料热值对火旋风稳定性有较大的影响。

4 结论

（1）自主研制的强制火旋风引发小尺寸演示装置，可以很好地形成火旋风，具有风流环量可控、燃料燃烧速率可测、火焰形态可视化和温度等多参量参数变化同步测量等优点。

（2）通过对3组实验进行对比发现，火旋风的燃烧速率和温度高于正常燃烧火焰；实验中挡风板以及燃料对火旋风火焰高度和稳定性有较大的影响。

（3）实验系统仍然存在一些不足，需要进一步改进，例如：风机调试范围比较小、风压稳定性差、热电偶的排布位置精度差等。

参考文献

[1] Emmons H W. and Ying S T. The fire whirl [C]. Proceedings of 11th International Symposium on Combustion. Pittsburgh, USA. 1967: 475 -488.

[2] Satoh K and Yang K T. Experiment Observation of Swirling Fires [J] ASME Heat Trans Division. 1996, 335 (4): 393 -400.

[3] 武红梅，周允基，郜冶．单侧缝竖形槽道内的火旋风中心区域特性［J］．哈尔滨工程大学学报，2010，31（3）：329 -335.

[4] 张孝华，周建军，张林鹤，等．不同来流下火旋风的实验研究［J］．火灾科学，2007，16（3）：143 -147.

[5] 秦俊，廖光煊，王喜世，等．红外热成像方法测量火旋风温度的实验研究［J］．激光与红外，2002，32（1）：33 -36.

[6] 秦俊，廖光煊，王喜世，等．细水雾抑制火旋风的实验研究［J］．自然灾害学报，2002，11（4）：60 -65.

[7] 秦俊，廖光煊，万玉田，等．火旋风的模拟实验研究［J］．火灾科学，2002，11（2）：79 -83.

[8] 杨春英，武红梅，霍岩．小尺寸方形竖直槽道火旋风的实验研究及火焰特征［J］．燃烧科学与技术，2011，17（3）：203 -208.

[9] 霍岩，李玉峰，黄德香，等．竖直通道内火旋风中轴线羽流温度特性［J］．哈尔滨工业大学学报，2015，7（8）：113 -116.

[10] 苏石川，王亮，聂宇宏，等．基于不同风速下火旋风的数值计算及特性分析［J］．中国安全学报，2009，19（9）：78 -82.

[11] 陈璞，刘乃安．火旋风模拟实验中热电偶测温辐射误差修正方法研究［J］．火灾科学，2009，18（2）：51 -58.

[12] 王爽，王振峰，张卫，等．外加环量作用下单油盘火旋风实验研究［J］．消防科学与技术，2016，35（1）：18 -22.

综放散体顶煤放出快速模拟方法研究

王家臣[1,2]　张锦旺[1,2]

1. 中国矿业大学（北京）资源与安全工程学院，北京　100083
2. 放顶煤开采煤炭行业工程研究中心，北京　100083

摘　要　离散元方法是综放开采散体顶煤放出规律数值模拟常用方法之一。本文提出了一种基于BBR体系的散体顶煤放出快速模拟方法，解决了将三维离散元软件PFC3D引入综放开采顶煤三维放出模拟过程后计算量大、模拟效率低的问题。该方法结合二维和三维离散元模拟的优点，将三维模型分解为走向和倾向两种模型，既可达到较好模拟效果，又可大幅减少运算时间。本文介绍了快速计算模型建立的一般思路和详细步骤，并从模拟效率和采出率计算两个方面对快速模拟方法进行了验证。结果表明该方法在保持较好空间递补效果的同时，可显著缩短模拟耗时，采用快速模拟方法所得顶煤采出率与现场实测结果具有良好的一致性。

关键词　综放开采　散体顶煤　放出规律　快速模拟方法

Study on a Fast Method for Loose Top - coal Drawing Simulation

Wang Jiachen[1,2]　Zhang Jinwang[1,2]

1. Faculty of Resource and Safety Engineering, China University of Mining and Technology, Beijing　100083
2. Coal Industry Engineering Research Center of Top - coal Caving Mining, Beijing　100083

Abstract　Discrete Element Method (DEM) is one of the main methods for the loose top - coal drawing process simulation. A fast simulation method based on BBR research system is proposed and the difficult application of PFC3D in 3 - dimensional simulation because of large calculation and low efficiency is solved. By combing the advantages of 2D model and 3D model, the method decomposed the 3D model into strike model and

资助项目：中央高校基本科研业务费专项资金（2011YZ09）
作者简介：王家臣（1963—　），男，黑龙江方正人，教授，博士生导师。E - mail：wangjiachen@vip.sina.com

inclined model, which achieves good simulation results and reduces the computation time greatly at the same time. The general ideas and detailed steps of the model building is introduced in this paper. And the fast method is verified from the aspects of simulation efficiency and recovery rate calculation. The results show that the proposed method provides high efficiency simulation while keeping high precision on modeling effects. The top - coal recovery ratio of fast simulation method and field test results have good consistency.

Key words top - coal caving mining loose top - coal drawing law fast simulation method

0 前言

综放开采顶煤放出规律研究是指以破碎后的散体顶煤为对象，研究其在放煤过程中的流动特性与放出规律，掌握顶煤放出体的形态、煤岩分解面的演化特征，从而探寻提高顶煤采出率的途径。目前对顶煤放出规律的研究主要采用数值模拟和实验室相似模拟的方法来进行，数值模拟以其低成本、直观性强和可进行大量重复实验的优势，在综放开采散体顶煤流动特性分析中占据重要地位。

离散元方法（DEM）是散体顶煤放出规律数值模拟研究中最常用的方法之一，由Itasca公司开发的颗粒流分析程序（Particle Flow Code），是目前研究离散元相关课题的主流软件，有二维（PFC2D）和三维（PFC3D）两个版本。图1显示了在中国知网CNKI进行期刊全文检索，输入“PFC2D/3D”和“综放”、“PFC2D/3D”和“放顶煤”后，按年度发表论文数目进行统计的结果。可以看出近年采用PFC软件进行综放开采相关研究趋热，且PFC2D较PFC3D应用更为广泛，自2012年起，已发表的PFC3D相关文献数量快速增加。

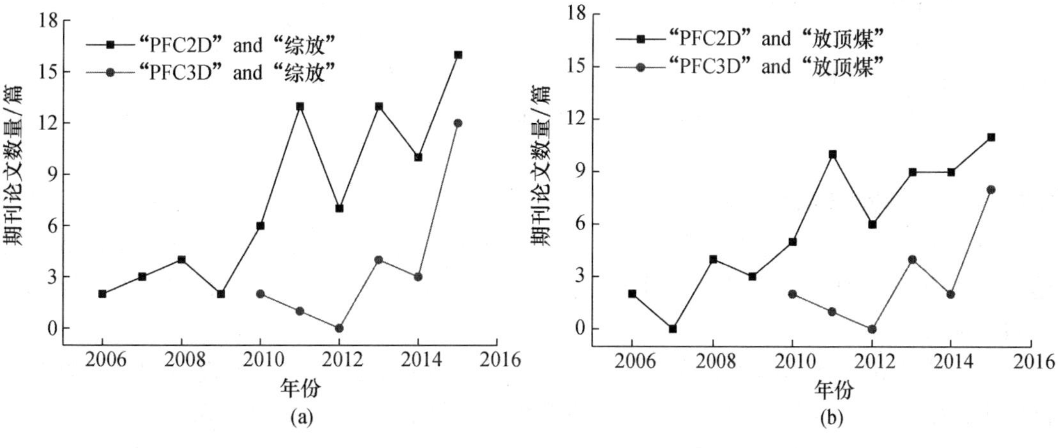

图1 近年发表的综放（放顶煤）和PFC相关论文数量

早期的顶煤放出离散元数值模拟研究以二维方法为主，例如文献［1］进行了综放开采全过程的走向二维动态模拟，并研究了移架步距对顶煤回收率的影响；文献［2］通过对二维圆形刚性颗粒离散元软件经过二次开发，进行了综放开采煤矸放出过程的计算机仿真，从顶煤回收率和含矸率两个方面分析，得到了综放合理放煤步距应稍大于或等于放煤口的水平投影宽度的结论；文献［3］采用 PFC2D 建立了综放开采散体顶煤放出数值模型，研究了割煤高度与顶煤回收率的相互关系；文献［4，5］首次进行了综放开采顶煤放出过程的三维数值模拟，将 PFC3D 软件引入了煤岩散体放出规律的研究中；文献［6］采用 PFC3D 软件建立了有支架和无支架的两种三维模型进行对照试验，研究了支架存在对顶煤放出体空间形态的影响；文献［7，8］通过 PFC3D 数值模拟分别研究了顶煤中多层夹矸和工作面仰采角对顶煤三维放出规律的影响机理。

在散体顶煤放出的离散元模拟过程中，采用二维和三维方法各有优缺点。PFC2D 的优点在于其仅在一个平面内建模，模型生成的颗粒数目较少（通常 3000～20000，视模型大小而定），运算速度快；缺点在于其基本单元为圆盘状，无法很好地模拟现场放煤过程中散体煤岩的空间递补状态，且在放煤口上方极易形成平面拱形强力链，频繁造成放煤口卡矸现象和无效运算，影响模拟的连续性。PFC3D 的优点在于其基本单元为三维球状颗粒，可较好地代表散体煤岩的空间形态，能够对采场中破碎顶煤的侧向运移进行有效模拟，再现综放开采三维采场中破碎顶煤的放出过程；缺点在于建立三维模型所需颗粒数目巨大（通常 30000～500000，视模型大小而定），运算速度慢，常常因为模拟所需时间过长，导致无法高效、完整地完成整个模拟。

BBR 研究是指以综合研究煤岩分界面（Boundary）、顶煤放出体（Body）、顶煤采出率与混矸率（Ratio）及其相互关系为核心内容，基于顶煤放出散体介质流理论思想提出的一种具体研究体系[9,10]。本文以 BBR 研究体系为思路，结合二维和三维离散元数值模拟的优缺点，提出了一种综放开采散体顶煤放出离散元快速模拟方法，介绍了走向和倾向模型建立的一般思路和详细步骤，最后对快速模拟方法的效果进行验证。

1　快速模拟方法简介

1.1　快速计算模型的含义

快速模拟模型采用 PFC3D 的三维原件，建立倾向为单个支架宽度的综放走向数值模型，或走向为支架长度的综放倾向数值模型。该种模型整体呈扁平薄板状，并未真正意义上的三维模型，可等效为二维平面模型在三维空间中的限制性扩展，故称之为离散元快速计算模型。

1.2　离散元快速模拟的优点

（1）在离散元快速计算模型中，由于其基本单元为三维球状颗粒，故其模拟效果要远优于普通 PFC2D 平面模拟，能够较为真实地体现出破碎顶煤放出过程中的侧向流动和空间递补关系；

（2）由于快速计算模型的厚度仅为单个支架宽度或支架长度，故模型的生成颗粒数目少于三维模型（通常 20000～50000，视模型大小而定），其求解时间大大减少，实现了综放开采煤岩散体流动的快速模拟。

2　离散元快速模拟基本步骤

综放开采散体顶煤放出快速模拟主要包括沿走向“移架－放煤－移架”全过程动态

模拟、沿倾向不同放煤方式快速模拟两类模型。

2.1 走向模型

走向模型为单个支架宽度的综放走向离散元模型，以支架宽度 1.5 m、走向长度 40 m 模型为例，详细介绍模型的建立方法和步骤：

图 2 显示了走向模型建立与模拟的基本流程，其中，墙体采用 PFC 中的“wall”单元模拟，包括边界墙体和模拟支架墙体，生成完毕后如图 3a 所示；散体煤炭颗粒和顶板颗粒采用重力沉降法进行生成，即先在墙体边界范围内生成一定数目的颗粒，然后给颗粒体系赋予垂直向下的重力，颗粒在逐步沉降并相互接触产生力的作用，从而形成相对密实的颗粒体系，以作为研究综放开采顶煤放出过程的对象。建模过程中可在顶煤和岩石颗粒中设置彩色标示层，以便更好地观察煤岩散体的流动过程和趋势，如图 3b 所示。

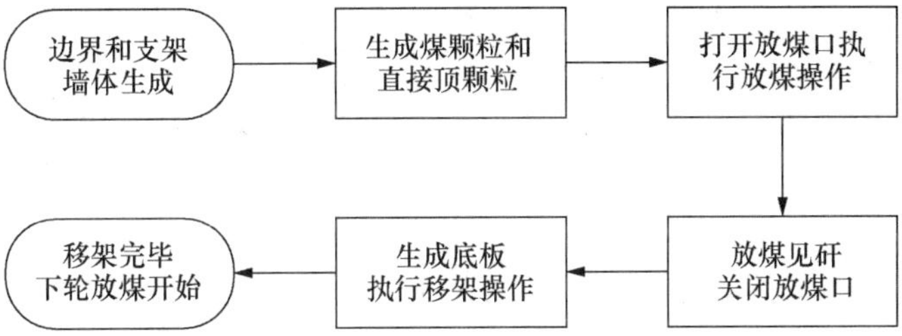

图 2　走向模型建立与模拟流程图

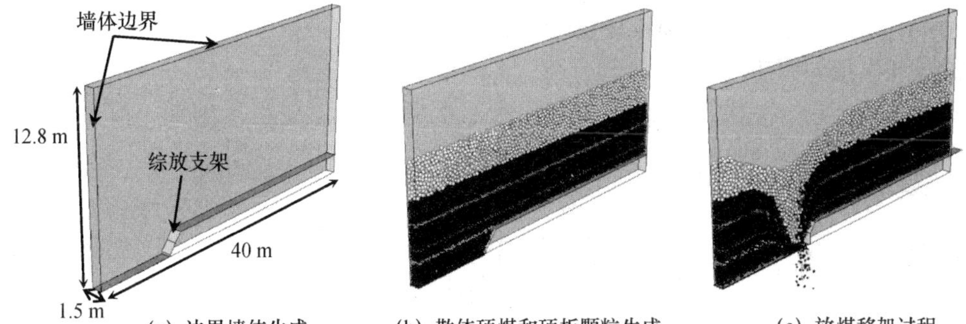

(a) 边界墙体生成　(b) 散体顶煤和顶板颗粒生成　(c) 放煤移架过程

图 3　走向模型建立与模拟过程

放煤和移架过程的模拟是综放开采走向模拟的关键。由于模型中的支架是由 PFC 中的 wall 单元组成的，所以支架放煤口的开闭以及移架动作，可以通过为放煤口赋予一定的绕 y 轴的角速度 ω 和沿 x 方向的水平速度 v 来实现，如图 4 所示。

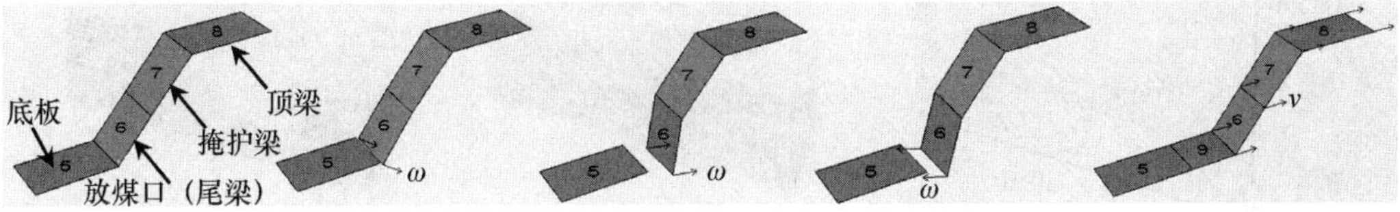

(a) 关闭　(b) 正在打开　(c) 打开　(d) 正在关闭　(e) 移架

图 4　走向模拟中液压支架的不同状态

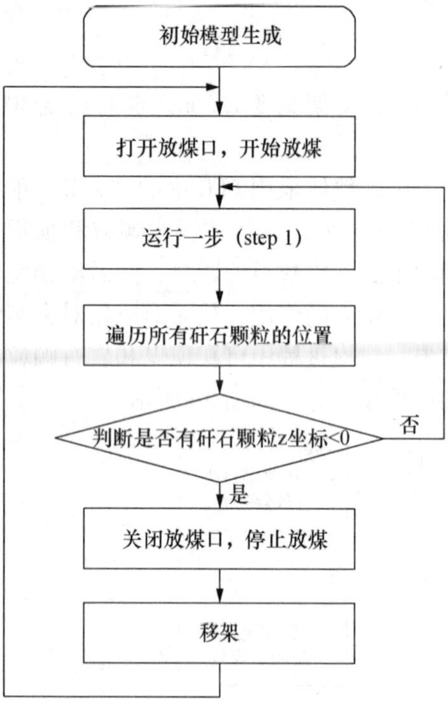

图5　快速模拟中“放煤—见矸关门—移架”的实现

在放煤的过程中，每运行一步，都利用内置的 FISH 语言来精确判断矸石的实时位置，当判断有矸石颗粒放出（矸石中位置最低的颗粒 z 坐标＜0），则执行关门动作，模拟现场“见矸关门”的工序。关门动作完成之后，执行移架动作。完整的“放煤—见矸关门—移架”过程在 PFC 模拟中流程框图如图 5 所示。

2.2　倾向模型

倾向模型主要用来模拟沿工作面布置方向不同放煤方式，例如顺序放煤与间隔放煤、单轮放煤与多轮放煤、单口放煤与多口同时放煤等，对顶煤放出规律和顶煤采出率的影响。倾向模型为单个支架长度的综放倾向离散元模型，以支架长度 3.5 m、倾向长度 30 m 模型为例，模型的建立方法和步骤如下：

图 6 显示了倾向模型建立与模拟的基本流程，模型中采用“wall”单元建立沿倾向的支架 10 个，并在 10 个支架左右两侧各留设 5 个支架宽度的区域作为不放煤段，以减小边界效应，如图 7a 所示；散体煤炭颗粒和顶板颗粒依旧采用重力沉降法进行生成，如图 7b 所示；各个支架的放煤模拟如图 7c 所示。

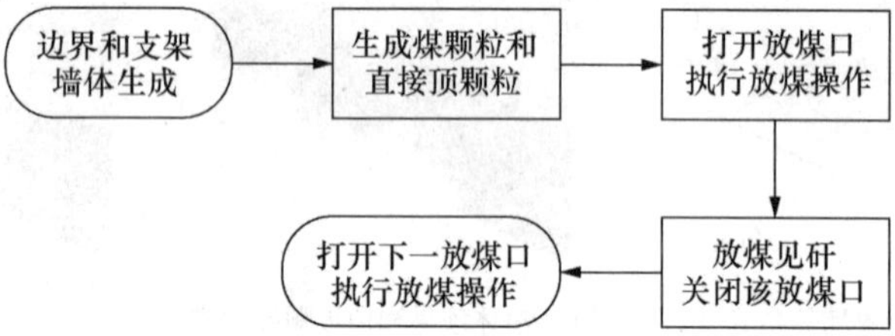

图6　倾向模型建立与模拟流程图

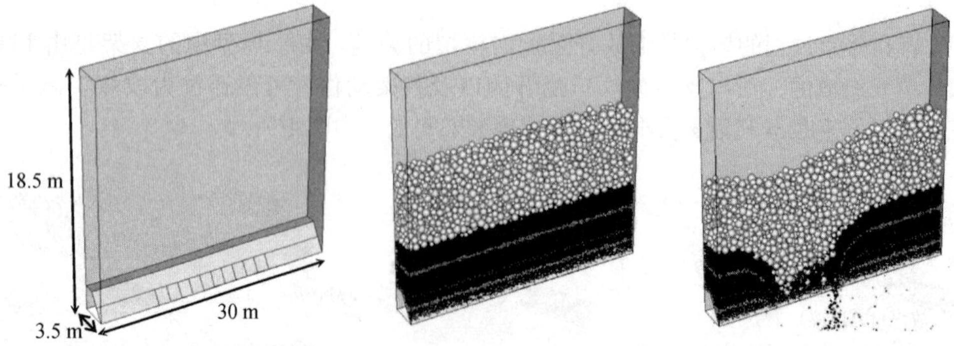

(a) 边界墙体生成　(b) 散体顶煤和顶板颗粒生成　(c) 各架放煤过程

图7　倾向模型建立与模拟过程

3 快速模拟方法验证

模拟效率和顶煤采出率计算是散体顶煤放出离散元的重要考察指标，下面从模拟效率和采出率计算精度两个方面对本文提出的离散元快速模拟方法进行验证。

3.1 模拟效率

为了分析不同方法模拟效率的差别，分别建立二维、三维和快速计算模型进行对比研究。其中，快速计算模型又分为走向模型（快－A）和倾向模型（快－B），分别统计4种方法的模型颗粒数量和模拟运算速度（step/s），运算速度是在16G内存（RAM）的组装式服务器上测算得到，统计结果见表1。

表1 模拟效率和顶煤采出率计算对比

模拟方法	模型尺寸/m	模型颗粒数量	运算速度/($step \cdot s^{-1}$)	模拟耗时/d	顶煤采出率/%
二维	40×12.8	5816	500	0.2	89.84
快－A	40×1.5×12.8	26342	33.33	2.68	80.89
快－B	3.5×30×18.5	42111	20	7.6	77.50
三维	30×30×18.5	430632	1.74	>120	—

模拟效率的对比结果表明，采用快速计算模型后，模型颗粒的数量相比二维模型增加了5～10倍，模拟速度为20～30 step/s，整体模拟耗时基本在一周之内（视模型大小而定）。三维模拟相比快速模拟运算速度明显下降，以30 m×30 m×18.5 m的模型为例（颗粒数量约43万），运算速度基本在1～2 step/s，经过4个月的运算仍然未完成一次完整的放煤移架模拟，求解效率极低。故采用离散元快速模拟方法，将三维模型分解为走向和倾向模型，可显著提高运算速度，从而极大提高散体顶煤放出离散元模拟效率。

3.2 采出率计算

模拟结束后，分别对不同模型的顶煤采出率进行计算（表1），采用PFC2D模拟得到顶煤采出率约为90%，该值远高于顶煤采出率的现场实测值（采用顶煤运移跟踪仪在全国不同矿区6个综放工作面实测得到的顶煤采出率值在53.2%～83.3%）[5]，这是由于二维模型中颗粒基本单元为平面圆盘，无法很好地模拟现场放煤过程中散体煤岩的侧向移动和空间递补状态，计算结果会出现一定程度的失真。三维模型因模拟时间过长而未取得顶煤回收率计算结果。采用快速计算模型得到的顶煤采出率结果为77.5%和80.89%，基本落在了现场实测值区间内，与现场实测结果保持了较好的一致性，故快速模拟既可以提高模拟效率，又可以达到较好的模拟效果。

4 小结

将三维离散元软件PFC3D引入综放开采顶煤三维放出模拟过程后，计算量大、模拟效率低成为阻碍其应用的瓶颈。本文提出了的综放散体顶煤放出离散元快速模拟方法，通过将三维模型分解为走向和倾向两种模型，利用PFC3D的三维原件（球状颗粒）为基本单元，建立厚度仅为支架宽度或长度的离散元模型，既可以达到较好模拟效果，又可以大幅减少运算时间。本文从模拟效率和采出率计算两个方面对快速模拟方法进行验证，结果表明该方法在保持较好空间递补效果的同时可以将模拟耗时缩短到一周以内。采用离散元快速模拟方法所得顶煤采出率与现场实测结果具有较好的一致性。

参 考 文 献

[1] 富强，吴健，陈学华．综放开采松散顶煤落放规律的离散元模拟研究［J］．辽宁工程技术大学（自然科学版），1999，18（6）：570－573.

[2] 蒋金泉，曲华，谭云亮．综放顶煤放出规律与放煤步距的离散元仿真研究［J］．岩石力学与工程学报，2004，18：3070－3075.

[3] 毛德兵．综放开采割煤高度与顶煤回收率相互关系研究［J］．煤矿开采，2009，14（4）：13－15.

[4] 王家臣，魏立科，张锦旺，等．综放开采顶煤放出规律三维数值模拟［J］．煤炭学报，2013，38（11）：1905－1911.

[5] WANG Jiachen，YANG Shengli，LI Yang，et al. Caving mechanisms of loose top－coal in longwall top－coal caving mining method［J］. International Journal of Rock Mechanics and Mining Sciences，2014，71（10）：160－170.

[6] WANG Jiachen，ZHANG Jinwang，SONG Zhengyang，et al. Three－dimensional experimental study of loose top－coal drawing law for longwall top－coal caving mining technology［J］. Journal of Rock Mechanics and Geotechnical Engineering，2015，7（3）：318－326.

[7] 王家臣，张锦旺，杨胜利，宋正阳．多夹矸近水平煤层综放开采顶煤三维放出规律［J］．煤炭学报，2015，5：979－987.

[8] Yang SL，Zhang，JW，Chen Yi，et al. Effect of upward angle on the drawing mechanism in longwall top－coal caving mining. Int. J. Rock Mech. Min. Sci. 2016，85：92－101.

[9] 王家臣，张锦旺．综放开采顶煤放出规律的 BBR 研究［J］．煤炭学报，2015，40（3）：487－493.

[10] WANG Jiachen，ZHANG Jinwang，LI Zhaolong. A new research system for caving mechanism analysis and its application to sublevel top－coal caving mining［J］. International Journal of Rock Mechanics and Mining Sciences，2016，88（10）：273－285.

下保护层开采上覆煤岩体卸压效果及保护范围研究

焦振华[1]　赵毅鑫[1,2]　卢志国[1]　胡　勇[1]

1. 中国矿业大学（北京）资源与安全工程学院，北京　100083
2. 中国矿业大学（北京）煤炭资源与安全开采国家重点实验室，北京　100083

摘　要　以晋城矿区为工程背景，开采 9 号煤层作为 3 号煤层的保护层，开展下保护层开采试验。采用数值模拟，研究下保护层开采上覆煤岩体卸压效果及被保护层煤体膨胀变形规律，并确定有效保护范围。研究结果表明：保护层工作面开采后，上覆煤岩体出现分区卸压效应，距离工作面垂直距离越远，岩层卸压程度越不明显。被保护层倾向卸压角为 63°，走向卸压角为 60°。采空区中部被保护层膨胀变形率保持在 4‰左右，为稳定卸压区域。现场工业试验后，通过钻孔电视发现被保护层煤体受采动影响产生了离层裂隙。煤层瓦斯参数测定表明：被保护层煤体瓦斯含量、瓦斯压力均有所降低，保护层开采起到了效果。

关键词　下保护层　膨胀变形　保护范围　数值模拟　钻孔电视

The Stress Relief and Protection Scope in Overlaying Strata under Lower Protective Layer Mining

Jiao Zhenhua[1]　Zhao Yixin[1,2]　Lu Zhiguo[1]　Hu Yong[1]

1. Faculty of Resources and Safety Engineering, China University of Mining and Technology, Beijing　100083
2. State Key Laboratory of Coal Resources and Safe Mining, China University of Mining and Technology, Beijing　100083

Abstract　In order to protect the No. 3 coal seam, the lower No. 9 coal seam was exploited first in Jincheng mining district. The stress relief effects of overlaying strata and swelling deformation of No. 3 seam were analyzed by numerical simulation, and the protection scope was determined. The results show that the stress relief effect of each stra-

---

资助项目：国家重点研发计划（2016YFC0801401；2016YFC0600708）；中央高校基本科研业务费项目（2009QM01）

作者简介：焦振华（1990—　），男，山西晋城人，博士研究生。E - mail: jiaozhenhua - 888@163. com tum is varying with the vertical distance between them and the exploited seam, and the effect decrease as the vertical distance increase. The stress relief angle is 63° in the profile along the workface and 60° in the profile perpendicular to the workface. The swelling value of the protected seam is about 4‰ in the center zone of mining gob, which means that this area is reasonable for stress relief. The cracks extend, and the gas density and gas stress decrease in the protected seam as the lower protective coal seam is excavating.

Key words lower protective layer swelling deformation protection scope numerical simulation borehole television

瓦斯动力灾害威胁矿井安全，突出危险区域瓦斯治理工作严重制约采掘生产。实践证明：开采保护层是一种经济、有效的区域瓦斯治理方式[1,2]。在我国淮南、阳泉、平顶山等矿区，保护层开采得到了成功应用[3-5]。

晋城矿区属于高瓦斯矿区，瓦斯灾害严重。随着近年来高强度开采，3 号煤层低瓦斯区域资源逐渐枯竭，开采向高瓦斯甚至突出区域转移，瓦斯治理工作十分严峻。目前采用地面钻井抽采，联合井下强化预抽煤层瓦斯技术开展瓦斯治理工作，然而，采区准备时间较长，采掘接替紧张。由于历史原因，晋城地区鲜有采用保护层开采技术治理煤层瓦斯。开展下保护层开采试验，提出采用 9 号煤层作为保护层治理 3 号煤层瓦斯。

下保护层工作面开采后，上覆岩层结构、采动应力及瓦斯运移规律等均发生变化。因此，结合晋城矿区煤层赋存条件，开展下保护层开采上覆煤岩体卸压效果及保护范围研究，为下保护层技术在晋城矿区推广应用提供参考。

1 工程背景

晋城矿区 3 号煤层平均厚度为 6 m，开采强度大，吨煤瓦斯含量为 10 ~ 38 m^3，属于高瓦斯煤层。矿区内含煤地层为二叠系山西组和石炭系太原组，共含煤 7 ~ 11 层，煤层总厚 13.5 m，其中主采煤层为二叠系下统山西组的 3 号煤层和石炭系上统太原组的 9 号煤层、15 号煤层。9 号煤层位于 3 号煤层下方约 50 m，为低瓦斯煤层，具备下保护层开采的自然条件。

选择晋城矿区某矿 9 号煤层 94302 工作面为保护层工作面，开展下保护层试验。94302 工作面为低瓦斯工作面，工作面走向长度 490 m，倾向长度 150 m，平均采煤厚度为 1.5 m，倾角约 3°。9 号煤层直接顶为粉砂岩，平均厚度为 3.9 m，基本顶为细砂岩，平均厚度 5.3 m。3 号煤层与 9 号煤层之间岩层赋存情况如图 1 所示。

2 保护层开采消突效果考察

2.1 诱发煤与瓦斯突出因素分析

煤与瓦斯突出是在地应力和瓦斯压力共同作用下，破坏的煤岩体和瓦斯突然向采掘空间抛出的异常动力现象[6]。煤与瓦斯突出发生的条件，可由式（1）表述：

$$W + \lambda = A \tag{1}$$

式中 W——煤体弹性应变能；

序号	厚度/m	柱状	岩石名称	岩性描述
1	4.5		细砂岩	灰色
2	3.9		泥岩	黑色，致密，细腻质均
3	6.0		3号煤	黑色，沉积稳定
4	10.5		粉砂岩	灰色
5	0.4		煤线	黑色
6	13.5		细砂岩	灰色，以石英为主
7	2.3		泥岩	黑色，致密，细腻质均
8	2.3		石灰岩	黑灰色，块状隐晶结构
9	0.5		6号煤	黑色
10	3.6		泥岩	黑色，致密，薄层状
11	0.8		7号煤	黑色
12	3.4		细砂岩	黑灰色，分选较差
13	3.0		粉砂岩	灰黑色，致密水平层理
14	0.7		8号煤	黑色
15	5.3		细砂岩	黑灰色，以石英为主，显波状层理
16	3.9		粉砂岩	黑灰色，具有水平层理及缓波状层理
17	1.5		9号煤	黑色，有0.04 m夹矸
18	5.1		细砂岩	黑灰色，水平层理

图1　岩层柱状图

λ——瓦斯膨胀能；

A——煤破碎到粉煤时的能量。

$$W=\frac{1}{2E}[\sigma_1^2+\sigma_2^2+\sigma_3^2-2\mu(\sigma_1\sigma_2+\sigma_1\sigma_3+\sigma_2\sigma_3)] \tag{2}$$

式中　σ_1、σ_2、σ_3——主应力，MPa；

μ——泊松比；

E——煤体弹性模量，MPa。

$$\lambda=\frac{10^6 VRT}{22414(\theta-1)}\left[1-\left(\frac{P_2}{P_1}\right)^{-\frac{\theta-1}{\theta}}\right] \tag{3}$$

式中　V——气体瓦斯量，m^3/t；

R——气体常数，$R=8.29$ J/(mol·K)；

T——煤-瓦斯体系的绝对温度；

θ——绝热系数，对于瓦斯 $\theta=1.3$；

P_1、P_2——初始和最终的瓦斯压力，MPa。

综上所述可以得知地应力、瓦斯压力及煤岩体力学性质是诱发煤与瓦斯突出的重要因素。消除或降低煤体突出危险性，应从这些因素入手。

2.2 保护层开采消突效果评价指标

保护层开采消突效果体现在对被保护层煤体卸压作用、裂隙导通和煤层渗透性的改变。保护层开采消突效果评价指标[7]有：

（1）煤体力学性质及瓦斯参数。保护层开采后被保护层煤体结构力学性质改变，可通过测定煤体透气性系数、煤体膨胀变形量考察。对比开采前后瓦斯压力、瓦斯含量等变化情况，可直观反映保护层开采消突效果。目前存在问题是测试受现场条件限制，打孔测压存在一定难度，成功率低，准确性有待进一步提高。

（2）应力水平。采动应力场分布对煤与瓦斯突出具有重要影响。通过地应力测试可反映采掘区域应力水平，钻孔应力计可获得相对应力大小。通过数值模拟、相似模拟[8,9]等手段，可得到保护层开采过程中覆岩应力、位移、破坏等情况，对开采过程中覆岩时空演化规律有比较全面的认识。

（3）煤层开采过程中动力显现特性。通过考察钻屑量、钻屑解吸指标、钻孔瓦斯涌出初速度等反映煤层突出危险性的指标，可直观判断保护层开采消突效果。这些指标只有在被保护层煤体开采过程中，通过现场实测获得，无法在保护层开采之前进行预判。

2.3 保护层保护范围确定

根据规定[10,11]，可确定保护层工作面防突有效保护范围。9 号煤层平均倾角为 3°，进风巷、回风巷侧防突卸压角取 77°，确定被保护工作面两巷道内错 11.5 m 为防突有效区域，如图 2 所示。

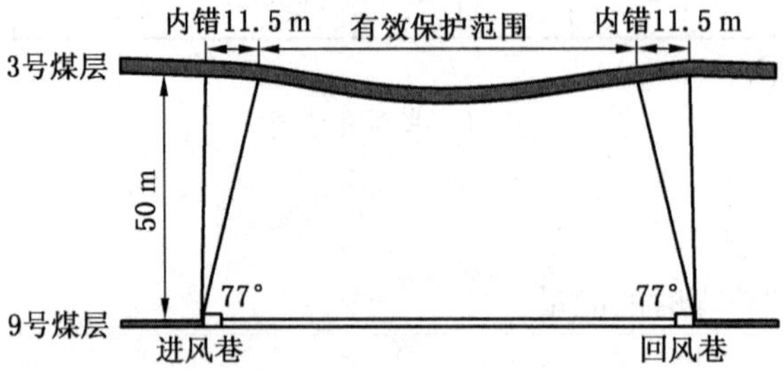

图2 9 号煤层开采后 3 号煤层保护范围

该有效保护范围根据经验判断，不具备普遍适用性，需结合其他手段综合判断。

3 保护层开采卸压效果数值模拟

针对保护层工作面实际地质条件，采用数值模拟，研究下保护层开采上覆煤岩体卸压效果及被保护层煤体膨胀变形，确定有效保护范围。

3.1 数值模型的建立

依据保护层工作面实际地质条件，采用 $FLAC^{3D}$ 建立数值模型，模型尺寸为 450 m × 300 m ×

166.7 m。模型单元数为35，100，节点数为42，474。数值模型网格划分情况如图3所示。

模型边界条件：模型底部边界固定，左右边界在水平方向固定，上部边界为自由边界，施加上覆岩层重力。为消除边界效应，采场四周各留煤柱75 m。煤岩体屈服破坏判据采用M－C强度准则，根据煤岩物理力学测定结果，确定数值计算中煤岩的力学参数，见表1。

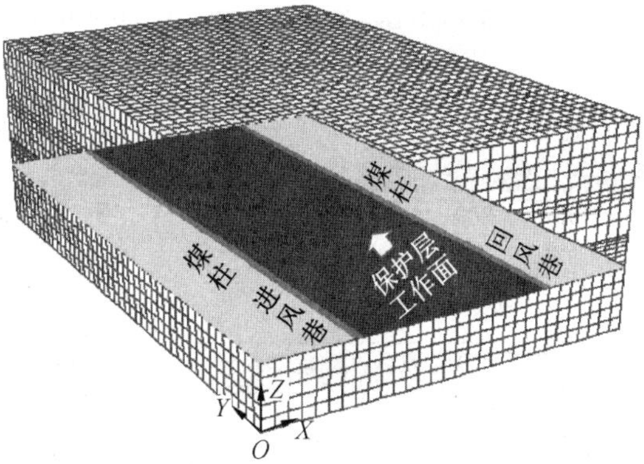

图3　三维数值模型

表1　煤岩的物理力学参数

岩层	弹性模量/GPa	泊松比μ	内聚力/MPa	抗拉强度/MPa	内摩擦角/(°)	密度/($g \cdot cm^{-3}$)
细砂岩	16.3	0.2	3.2	1.5	37	2660
石灰岩	36.9	0.3	16.7	7.0	39	2700
粉砂岩	15.1	2.2	2.6	1.2	35	2640
泥岩	7.1	0.3	1.2	0.8	35	2507
3号煤	2.6	0.3	1.7	0.3	30	1400
9号煤	2.6	0.3	1.3	0.3	30	1400

数值模拟监测方案：每推进10 m，进行一次平衡计算，共开挖300 m，使工作面达到充分采动条件。保护层工作面推进过程中，在模型中布置监测线，追踪上覆岩层及被保护层应力和变形变化规律。具体监测层位为煤层上方粉砂岩（直接顶），细砂岩（层间关键层），3号煤层顶板、底板，共4条测线，监测方案如图4所示。

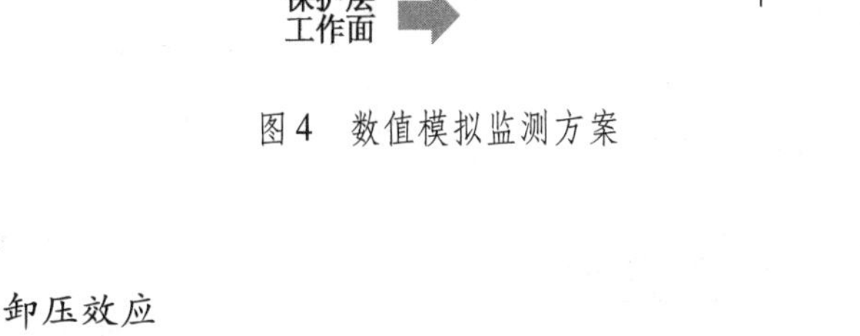

图4　数值模拟监测方案

3.2　模拟结果分析

3.2.1　上覆煤岩体卸压效应

下保护层工作面开采后，原岩应力重新分布，且不断发生动态调整。推进过程中，上覆岩层应力云图如图5所示。

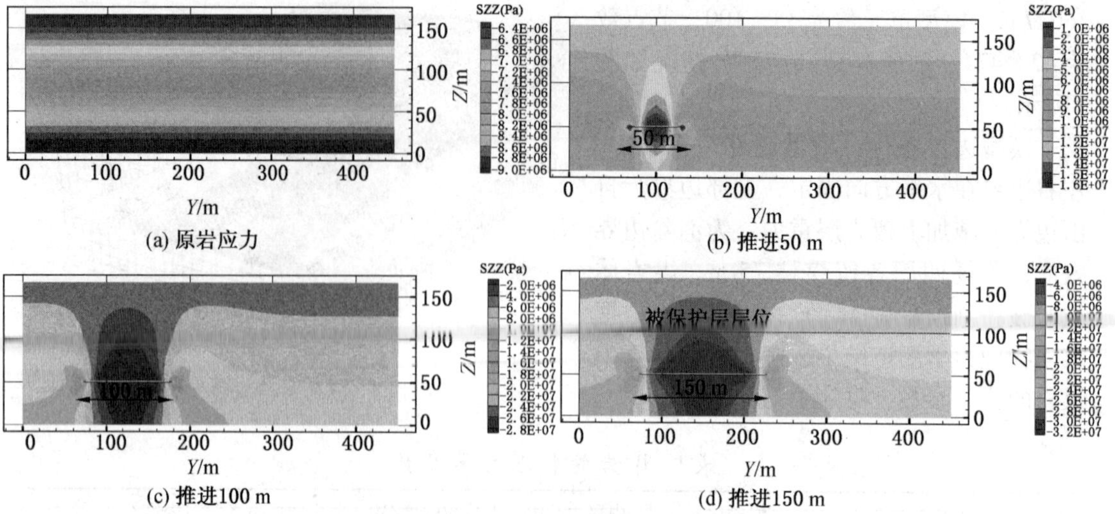

图5　工作面开采过程中覆岩应力云图

由图5a可以看出：随着埋深增加，垂直应力递增，应力范围为6.4～9.0 MPa。从图5b～图5d看出，随着推进距离增加，上覆岩层卸压区范围逐渐扩大。推进到100 m时，影响到被保护层，上覆煤岩体卸压明显。为定量分析上覆煤岩体受保护层采动影响，沿工作面推进方向监测不同层位岩层应力分布。监测岩层应力曲线如图6所示。

由图6可以看出：煤层直接顶原岩应力为8.5 MPa，在工作面前方12 m处，应力峰值达到14 MPa，应力集中系数为1.6，工作面推过后，应力急剧下降至0。分析此层位位于冒落带，在拉应力作用下发生破坏，不起支承作用。煤层上方细砂岩原岩应力为7.1 MPa，工作面前方22 m处应力升高为9.6 MPa，应力集中系数约为1.35，工作面推过后降低为1.2 MPa左右。煤层上方3号煤层原岩应力为6.5 MPa，在距工作面前方35 m处，应力升高为7.9 MPa，应力集中系数为1.1左右，工作面推过后应力降低为1MPa左右。由此可以发现随着上覆岩层距煤层垂直距离增加，受采动影响逐渐减小，但超前影响范围变大。

3.2.2　被保护层应力演化及膨胀变形规律

分别监测3号煤层顶、底板变形，得到推进过程中被保护层膨胀变形量，如图7所示。

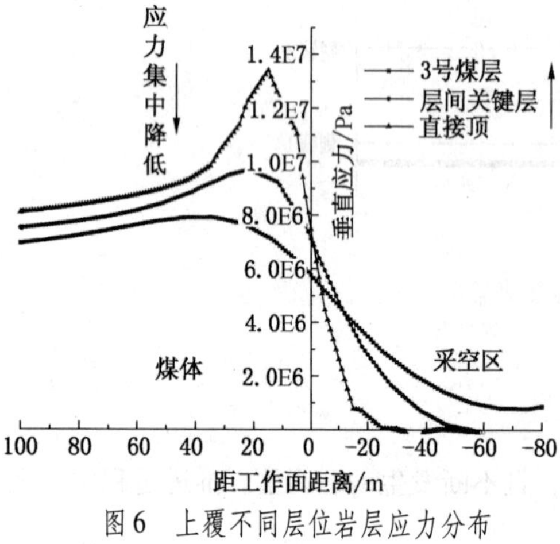

图6　上覆不同层位岩层应力分布

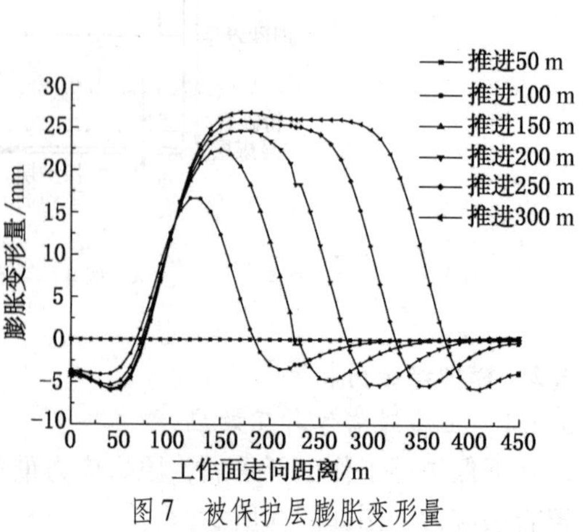

图7　被保护层膨胀变形量

由图 7 看出：工作面推进 50 m 时，被保护层膨胀变形几乎为零，说明此时被保护层没有受开采影响。推进 100 m 时，膨胀变形呈“V”形分布，最大值为 15 mm。随着工作面继续推进，膨胀变形呈“U”形分布，卸压变形范围增大。当工作面推进 300 m 时，膨胀变形呈“W”形分布，采空区中部膨胀变形趋于稳定，在开切眼和停采线区域膨胀变形量最大，区域内离层裂隙发育。

保护层工作面开采后，被保护层煤体应力和变形均发生改变。图 8 所示为被保护层沿工作面倾向和走向方向卸压变形情况。

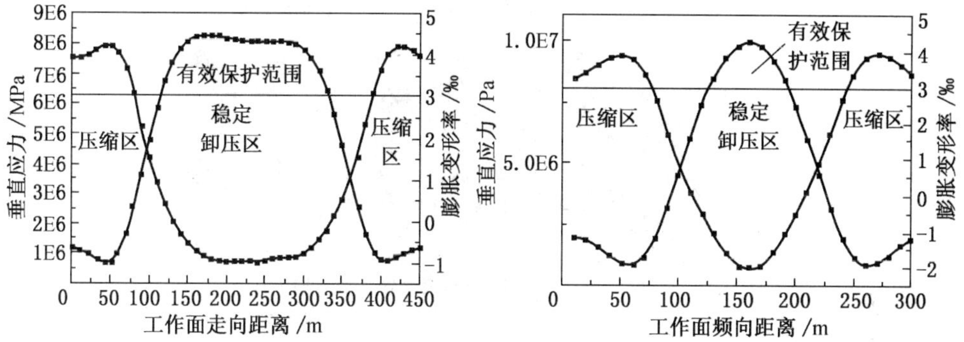

(a) 走向方向卸压变形情况　　(b) 倾向方向卸压变形情况

图 8　被保护层煤体卸压变形规律

由图 8 可以看出：在应力降低区，被保护层煤体膨胀变形量较大；在应力集中区，被保护层煤体发生压缩变形。在采空区中部，被保护层膨胀变形率保持在 4‰，此区域为稳定卸压区域。以膨胀变形率达到 3‰作为临界指标，考察保护层开采后有效保护范围；得到被保护层倾向卸压角为 63°，走向卸压角为 60°。

数值模拟确定卸压角与经验值相比，有所减小。分析原因为 3 号煤层与 9 号煤层层间岩层以粉砂岩和细砂岩等硬岩层为主，抑制了被保层弯曲变形。建议下保护层开采过程中采用无煤柱开采方式，实现被保护层煤体连续卸压[12]。

4　被保护层卸压效果现场考察

在被保层巷道巷帮向顶板施工钻孔，通过采动前后钻孔电视图像对比观测 9 号煤层回采对 3 号煤层顶板结构的影响。钻孔示意图如图 9 所示。

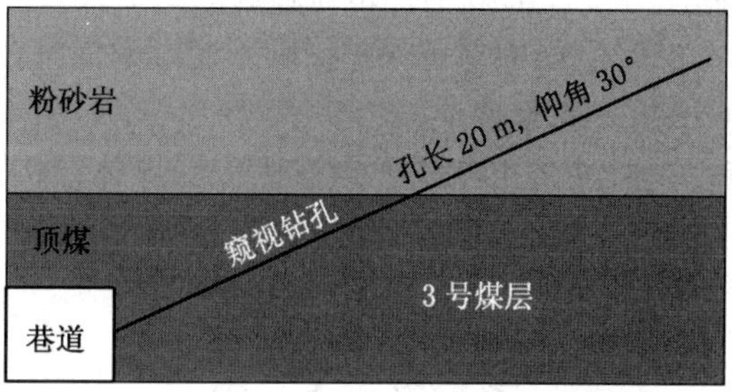

图 9　钻孔示意图

钻孔施工完毕后用清水对钻孔进行冲洗，然后用钻孔电视对钻孔进行窥视。保护层采前与采后3号煤体图像，如图10所示。

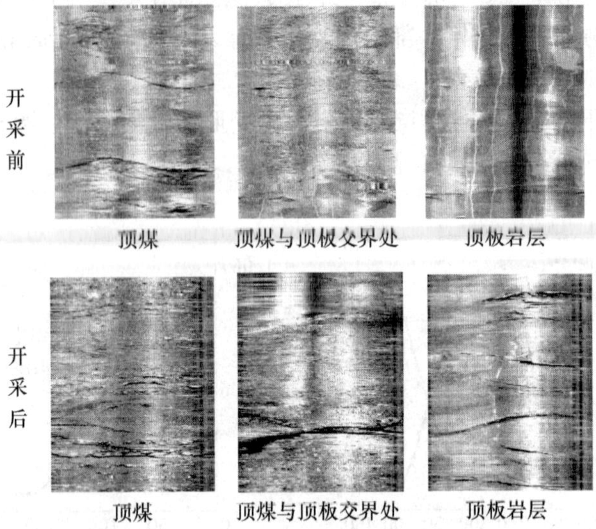

图10 保护层开采前后钻孔图像

由开采前的图像可以看出：保护层开采前，3号煤层顶煤存在宽度较小的裂隙，可能是受观测巷道影响形成的。顶煤与顶板岩层之间没有明显裂隙，顶板岩层相对完整，裂隙不发育。从开采后的图像可以看出：顶煤与顶板岩层中的裂隙数量明显增多，在顶煤与顶板岩层交接处出现明显的裂缝，分析原因为工作面开采后，上覆岩层发生移动变形，由于下部煤层较软，沉降速度大于上部岩层，导致煤岩层之间出现离层。由此判断9号煤层开采后对被保护层煤体造成损伤，产生的离层裂隙有利于瓦斯解吸。

同时，在保护层工作面开采前后对被保护层煤体瓦斯参数进行测定。测定结果表明：煤层瓦斯含量由7.63～9.91 m^3/t，降低为4.02～4.53 m^3/t，瓦斯压力由0.36～0.45 MPa，降低为0.23～0.26 MPa。保护层开采后，被保护层煤体结构发生变化，瓦斯参数降低，说明9号煤层开采对3号煤层起到了保护效果。

5 结论

（1）数值模拟结果表明：煤层开采后，上覆煤岩体采动应力呈现分区特性，随着岩层距煤层距离的增加，卸压程度逐渐减小，超前影响范围变大。

（2）保护层开采后，在采空区中部被保护层膨胀变形率保持在4‰左右，被保护层倾向卸压角为63°，走向卸压角为60°。

（3）保护层开采前后，通过钻孔电视观测被保护层煤体结构，发现被保护层煤体产生了离层裂隙，被保护层煤体瓦斯含量、瓦斯压力均有所降低。

参考文献

[1] 程远平，俞启香．中国煤矿区域性瓦斯治理技术的发展［J］．采矿与安全工程学报，

2007, 24 (4): 383 -388.
[2] 刘洪永, 程远平, 等. 保护层的分类及判定方法研究 [J]. 采矿与安全工程学报, 2010, 27 (4): 468 -474.
[3] 袁亮, 郭华, 沈宝堂, 等. 低透气性煤层群煤与瓦斯共采中的高位环形裂隙体[J]. 煤炭学报, 2011, 36 (3): 357 -365.
[4] 涂敏, 黄乃斌, 刘宝安. 远距离下保护层开采上覆煤岩体卸压效应研究 [J]. 采矿与安全工程学报, 2007, 24 (4): 418 -426.
[5] 熊祖强, 李化敏, 王文. 平顶山矿区远程下保护层开采技术研究 [J]. 煤炭科学技术, 2009, 37 (8): 53 -56.
[6] 袁瑞甫. 深部矿井冲击 - 突出复合动力灾害的特点及防治技术 [J]. 煤炭科学技术, 2013, 41 (8): 6 -10.
[7] 王志亮, 杨仁树, 张跃兵. 保护层开采效果测评指标及应用研究 [J]. 中国安全科学学报, 2011, 21 (10): 58 -61.
[8] 李树清, 龙祖根, 罗卫东, 等. 煤层群下保护层开采保护范围的数值模拟 [J]. 中国安全科学学报, 2012, 22 (6): 34 -36.
[9] 石必明, 俞启香, 周世宁. 保护层开采远距离煤岩破裂变形数值模拟 [J]. 中国矿业大学学报, 2004, 33 (3): 259 -263.
[10] 国家安全生产监督管理总局. 防治煤与瓦斯突出规定 [M]. 北京: 煤炭工业出版社, 2009.
[11] 国家安全生产监督管理总局. 保护层开采技术规范 (AQ 1050—2008) [M]. 北京: 煤炭工业出版社, 2008.
[12] 王志强, 冯锐敏, 高运, 等. 突出煤层实现连续卸压的倾斜近距下保护层开采技术研究 [J]. 岩石力学与工程学报, 2012, 32 (2): 3795 -3803.

麻家梁煤矿大断面开切眼支护技术

潘　浩　杨　波

中国矿业大学（北京）资源与安全工程学院，北京　100083

摘　要　针对大断面切眼出现的顶板破碎、两帮移近量大、围岩变形难以控制等支护技术难题，以麻家梁煤矿综放工作面为例，综合现场调研、理论分析及现场实测，分析大断面切眼围岩变形破坏特征，应用二次成巷掘进技术施工大断面切眼，提出锚杆、锚索、W钢带、金属网和锚索组联合支护方案。现场实践表明，锚杆、锚索、W钢带、金属网和锚索组联合支护技术改变了围岩体的力学特性，有效控制了两帮及顶板的围岩变形，保持了大断面切眼的稳定性，为设备安装及现场施工提供了安全保障。

关键词　大断面切眼　分次成巷　联合支护

Large Section Open – off Cut Supporting Technology in Majialiang Mine

Pan Hao　Yang Bo

Faculty of Resources and Safety Engineering, China University of Mining and Technology, Beijing　100083

Abstract　For the large section open – off cut roof broken, two for move in large quantity and the deformation of the surrounding rock is easy to control the supporting technical problems, Ma Jia Liang coal mine put working face as an example, comprehensive field research, theoretical analysis and field measurement. Analysis of large section open – off cut surrounding rock deformation and failure characteristics, application of secondary tunneling construction technology of large section cut hole, are proposed to anchor bolt, anchor cable, W strips, metal mesh and anchor cable group united supporting scheme. Field practice shows that the anchor bolt, anchor cable, W strips, metal mesh and anchor cable group combined support supporting technology change the mechanical

---

资助项目：国家自然科学基金（5123005，51504259）；中央高校基本科研业务费专项资金（2010QZ06）

作者简介：潘浩（1992—　），男，陕西西安人，硕士研究生，主要从事矿山压力与控制方面的研究。Tel：13772407587；E – mail：1638373231@qq.com properties of rock mass surrounding, can effectively control the deformation of surrounding rock of two sides and roof, to maintain the stability of large section cut hole, providing security for equipment installation and construction site.

Key words large section open - off cut secondary tunneling combined support

0 引言

近年来，随着高产高效综合机械化放顶煤工作面的推广、大型机械化采煤设备的研发与应用，为了达到安装大型综放机械的目的，要求切眼的跨度和高度应与采煤技术相适应，因此大断面切眼应运而生。针对大断面切眼支护问题，许多学者进行了相应的研究。何富连等[1]利用数值模拟分析顶煤厚度和切眼宽度对切眼围岩稳定性的影响，提出了以预应力桁架锚索为主的“交叉迈步式”联合支护方案，并成功进行了现场应用；张茂林等[2]研究了锚杆长度、锚杆间排距对大断面切眼巷道顶板下沉量的影响，提出了钢筋梯、金属网、锚杆及锚索联合支护方案；蒋力帅、马念杰等[3]分析了综放沿空开切眼的支护机理，设计并试验了锚网带与锚索支护、锚网带与桁架锚索支护方案；张东[4]对传统的锚网索支护或棚式支护进行了论证研究，并与“锚网索加挑棚和木垛”联合支护方式作对比，得出“锚网索加挑棚和木垛”联合支护方式能更好地控制大跨度、大高度条件下的切眼顶板及两帮围岩的变形；张全锋等[5]采用了分次成巷施工法，利用“锚网索+锚吊梁+点柱”的方式对大跨度切眼进行支护控制并取得了很好的效果；关海泽[6]分析了切眼施工中存在的难点及问题，提出了“螺纹钢锚杆+钢筋骨架网+锚索”联合支护的控制对策，并制定了具体支护参数和措施。大断面切眼存在围岩变形大、支护失效，需要大量翻修甚至重新开切眼的问题，因此，寻求一种有效的大断面切眼围岩控制技术是解决问题的关键所在。

现以麻家梁煤矿 14505 工作面的大断面切眼为例，结合现场实际情况，介绍锚杆、锚索、W 钢带、金属网和锚索组联合支护及支柱和木垛加强支护措施形成的支护体系。通过矿压观测，该支护体系有效控制了围岩变形，取得了良好的支护效果，达到了安全支护的目的，实现了放顶煤工作面大断面切眼的安全施工和使用。

1 地质概况

麻家梁井田位于山西省宁武煤田朔南矿区东南部，隶属朔州市管辖，面积 104.16 km^2。14505 工作面位于井田的南部，平均埋深在 600 m 左右，煤层厚度变化不大，平均煤厚为 8.5 m。工作面为东西向 90°布置，北部距 14101 切巷 1103 m，工作面东、南部尚未开采。工作面的西部，煤层走向西北，倾向西南，倾角 5°~6°；中部煤层走向近东西，倾向北，倾角 8°~9°；东部煤层走向北东，倾向南东，倾角 9°~11°。

14505 综放工作面切眼沿 4 号煤层底板掘进，伪顶为黑色炭质泥岩，局部发育，厚度为 0~0.5 m，平均厚度为 0.3 m。直接顶为浅灰色—黑色粉砂岩、泥岩，厚度为 0~14.71 m，平均厚度为 6.38 m。老顶为灰白色中细砂岩，厚层状结构，成分以石英长石为主，分选性差，厚度为 0~14.25 m，平均厚度为 3.19 m。直接底为褐色高岭质泥岩，厚度为 0.23~4.10 m，平均厚度为 1.17 m。老底为粗砂岩 K4 及中细砂岩，以石英长石为主，分选性及

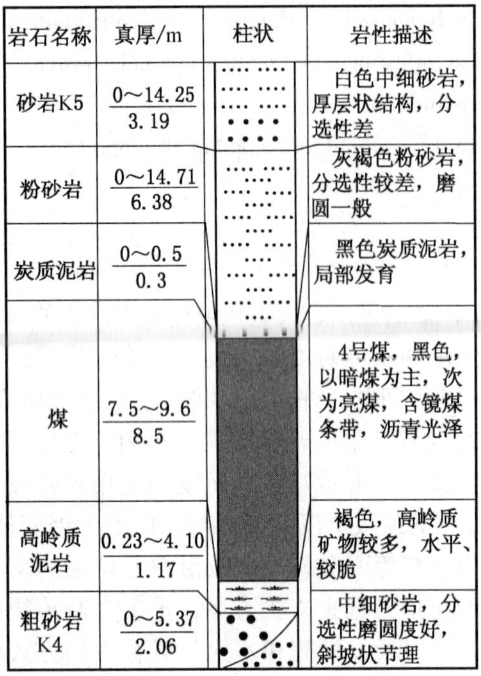

图1　14505综放工作面岩性柱状图

磨圆度好，斜波状层理，层理面分面黑色条带，厚度为0~5.37 m，平均厚度为2.06 m。14505综放工作面岩性柱状图如图1所示。

2　大断面切眼围岩破坏分析

针对大断面切眼出现的顶板破碎、弯曲下沉及裂隙扩展和围岩变形大等问题，对围岩破坏因素进行分析。

2.1　顶煤厚度的影响

14505综采放顶煤工作面切眼沿煤层底板布置，切眼上方为4.9 m的顶煤，且煤层裂隙发育，顶板暴露即出现漏顶，造成巷道超挖严重，临时支护困难。煤岩物理力学性质差，裂隙发育，造成围岩强度低、承载能力差，围岩塑性区破坏范围增加，极易导致顶板离层垮落等现象，甚至产生冒顶事故。

2.2　断面宽度的影响

切眼跨度的增加造成巷道顶板弯曲下沉严重，加速其破坏，成为影响大断面切眼围岩稳定的主控因素。切眼跨度大，顶板浅部煤岩应力降低明显，煤层顶板破碎严重，造成煤层顶板裂隙向深层围岩发展，围岩塑性区范围逐渐增大，使得围岩破坏程度和范围变大。

2.3　支护效果差

对于厚煤层大断面切眼而言，以前的架棚支护虽能及时护帮护顶，但往往因其支护强度不足造成垮架现象。支护强度不足，没有发挥围岩承载能力，容易造成围岩松动圈范围扩大，围岩裂隙向深部扩展、出现离层，弱化了支护体对围岩的控制作用。切眼的宽度为9.0 m，采用一次成巷，开挖扰动范围大，对煤岩体影响较大，顶煤破碎，容易形成网兜，造成支护失效。

2.4　应力集中

切眼巷道的肩窝和底角处存在应力集中现象，经常导致顶板沿肩窝处的剪切破坏及造成底鼓。

3　大断面切眼围岩控制

巷道围岩控制主要在于控制顶板下沉和片帮。14505综采面切眼顶板和两帮均为煤体，控制切眼围岩的关键在于控制顶煤层、弯曲下沉和裂隙扩展以及片帮，以达到保持顶煤自承能力、维护顶煤及两帮稳定性的目的。

3.1　桁架锚索组与锚杆支护

综放面大断面开切眼的顶煤厚度大，裂隙发育，跨度大，受力状态差，必须采用组合锚索对顶煤进行加固处理。预应力锚索将顶煤锚固到顶板稳定岩层中，把煤体围岩的部分荷载传递至顶板稳定岩层上，充分发挥顶板稳定岩层的承载作用；预应力锚索将有裂隙的顶煤组成一个小整体，增加顶煤的刚度，改变围岩力学性质，使得被锚固的顶煤能更有效地承受载荷；预应力锚索提供的轴向力对岩层离层产生约束，并增大了各岩层间的摩擦力，与锚索体提供的抗剪力一起阻止岩层间产生相对滑动，同时也增加了煤岩层间的抗剪刚度，阻止煤岩层间的水平错动，将作用范围内的几个岩层锚固为一个较厚的组合岩梁，从而减小顶煤的移动与弯曲下沉，有效地控制顶煤离层、弯曲下沉及裂隙扩展引起的有害变形，保持顶煤的稳定性。

钢梁与锚索组成的桁架结构可在水平方向上施加高安装应力，使顶煤局部受拉状态变为受压状态，减小顶煤的拉应力，改善顶煤围岩的受力状态，防止顶煤裂隙进一步增大。桁架结构把几根锚索整合在一起，在预应力的作用下各个锚索的锚固区相互重叠作用，在围岩体中形成一个统一的承载结构，承载结构内岩石径向、切向均受力，处于三向应力状态，改变了煤岩体的应力状态，提高了围岩强度，从而减少切眼周围破碎区范围及顶板与两帮的位移量，控制围岩塑性区的发展，从而有利于保持煤岩体围岩的稳定。

切眼煤岩体存在破碎区、塑性区和弹性区，锚杆锚固区的煤岩体则处于破碎区或处于2～3个区域中，相应锚固区的煤岩强度处于峰后强度或残余强度。锚杆支护使切眼围岩特别是处于峰后区围岩强度得到强化，提高峰值强度和残余强度，从而提高煤岩体的承载能力，保持切眼的稳定。

3.2 二次成巷，减弱开采扰动

对大断面巷道采用二次成巷技术，减少了一次性开挖的面积，可以有效地减弱开挖对围岩的扰动。第一次开挖可以有效地释放部分地应力，减弱对围岩的扰动作用，可以较好地利用围岩的自承能力，使地应力重新分布达到新的应力平衡状态。第二次扩帮时，开挖是在第一次开挖处的松动圈外围的应力降低区，避免了对深部围岩的扰动，可以有效地控制围岩的变形。二次成巷还可以减短大断面切眼悬露的时间，减小顶板下沉量，有效地控制大断面切眼顶板在水平方向作用下的剪切扩容现象，防止剪切破坏。

3.3 点支柱支护

在切眼肩窝处支设有单体支柱，对出现应力集中的肩窝处进行点支柱二次支护，防止应力集中造成肩窝破碎，煤壁片帮。切眼中部支设支柱形成新的支撑点，有效减小了切眼的跨度，一定程度上减小了顶板煤层的下沉。木垛支护支撑面积相对较大，对顶板支护再次起到保护作用，防止顶板下沉。

4 支护设计

4.1 切眼施工方法

14505 综采工作面切眼采用二次成巷施工方法。从辅助运输顺槽开始开掘切眼，首先由远离工作面侧（南半断面一侧）掘进切眼宽度为4.5 m，高度为3.6 m，联合支护紧跟其后支护，木垛支护和支柱支护组成的加强支护滞后。第二次沿着工作面一侧（北半断面一侧）掘进切眼宽度为4.5 m，高度为3.6 m，加强支护仅采用支柱支护，其余支护方式基本相同。

4.2 支护方案

14505 工作面长度为250 m，走向长度为1650 m。切眼断面为矩形，宽度为9.0 m，高度3.6 m。根据上文分析，14505 综采工作面采用锚杆、锚索、W 钢带、金属网和锚索组联合支护方案，支护方案如图 2 所示。

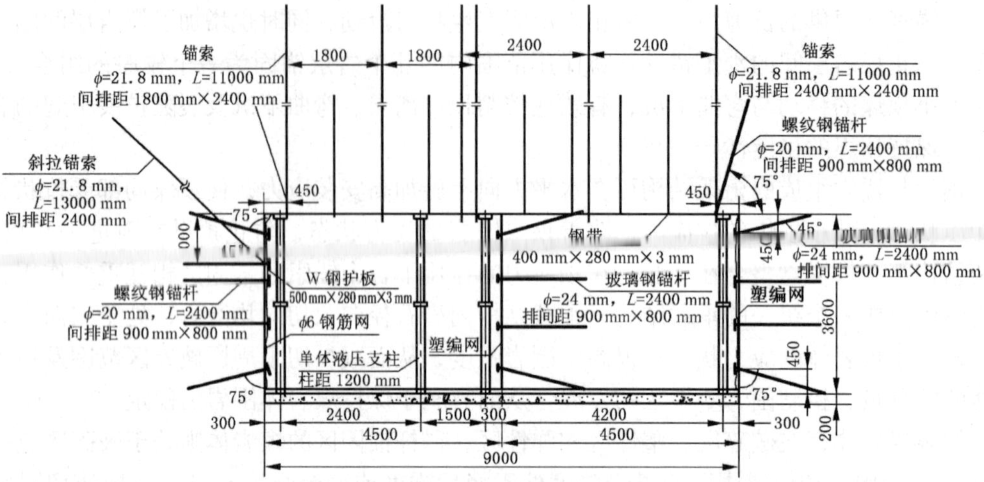

(a) 切眼支护断面图

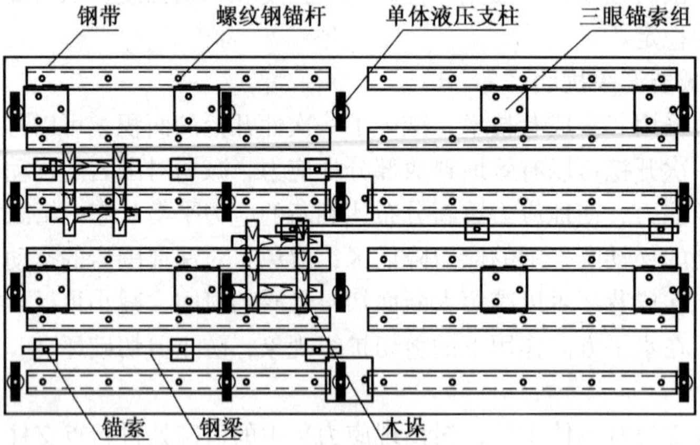

(b) 切眼支护平面图

图 2　切眼支护方案

（1）顶板支护。顶板采用螺纹钢锚杆，规格为 Φ20 mm × 2400 mm，每排布置锚杆 10 根且最两端的锚杆与顶板水平成 75°夹角，间排距为 900 mm × 800 mm，钢带规格为 4000 mm × 280 mm × 3 mm；每排布置 5 组三眼锚索组，锚索规格为 Φ21.8 mm × 9000 mm，间排距为 2400 mm × 2400 mm，锚索组托盘规格为 600 mm × 600 mm × 16 mm；锚索梁锚索规格为 Φ21.8 mm × 9000 mm，钢梁采用 11 号矿用工字钢，南半断面钢梁长度 4200 mm，一梁三眼，孔距 1800 mm，北半断面钢梁长度 5200 mm，一梁三眼，孔距 2400 mm，锚索间距 1800 mm；在切眼南半断面支设一排木垛，为交错式排列，排距 4800 mm，方木采用硬质松木，规格为 2000 mm × 200 mm × 200 mm；在切眼南半断面和北半断面各支设两排单体液压支柱，支柱柱距 1200 mm。

（2）两帮支护。第一次开挖时，沿着南半断面的巷帮采用螺纹钢锚杆，规格为 Φ20 mm × 2400 mm，每排布置锚杆 4 根，靠近顶底板角处的锚杆与巷帮成 75°夹角，间排距为 900 mm×800 mm，网片采用 Φ6 钢筋网，W 钢带规格为 500 mm×280 mm×3 mm，在肩窝处 1000 mm 布置有与巷帮成 45°夹角的斜拉锚索，规格为 Φ21.8 mm×13000 mm，排距为 2400 mm。一次开挖的切眼北帮部采用玻璃钢锚杆，规格为 Φ24 mm×2400 mm，每排布置锚杆 4 根，同样靠近顶底板处的锚杆与巷帮成 75°夹角，间排距为 900 mm×800 mm，网片采用塑编网。

第二次开挖时，沿北半断面巷帮采用玻璃钢锚杆，规格为 Φ24 mm×2400 mm，每排布置锚杆 4 根，靠近顶底板角处的锚杆与巷帮呈 75°夹角，间排距为 900 mm×800 mm，网片采用塑编网。

（3）底板支护。切眼内全断面铺底，铺底厚度 200 mm，强度 C30，内附单层 Φ6 mm 钢筋网。

5 支护效果

为了解 14505 综放工作面大断面切眼的围岩活动状况和支护效果，在开挖过程中设置测站，对顶板下沉量和两帮移近量进行观测，如图 3 所示。

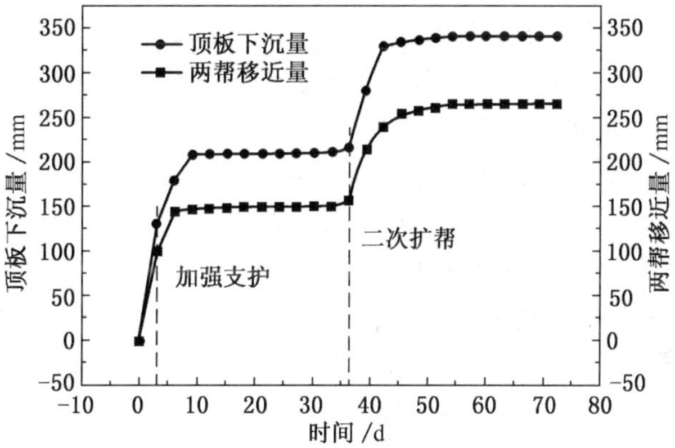

图 3　观测结果图

观测结果表明：在第一次开挖的初期，顶板下沉剧烈，下沉量达到了 130 mm，两帮移近量迅速增加到 100 mm，但之后随着锚杆锚索以及加强支护的作用，使得围岩变形趋缓，顶板下沉速度逐渐降低，并在 10 d 内基本稳定在 210 mm 左右，两帮收缩量也逐渐稳定在 150 mm 左右。进行第二次开挖时，顶板下沉速度和两帮移近量都有所增加，但随着二次成巷支护的跟进，顶板下沉速度随之降低，下沉量也在逐渐趋于稳定，两帮移近量也基本在 255 mm 左右。在切眼开挖成功后的两个月内，顶板下沉量在 340 mm 左右，两帮移近量在 265 mm 左右。

现场施工期间和综采支架的安装过程中没有出现明显的切眼变形和冒顶等事故，矿井生产实现安全回采。

6 结论

（1）通过对 14505 综放工作面大断面切眼使用锚杆、锚索、W 钢带、金属网和锚索组联合支护，有效改善了围岩的应力状态，使得围岩变形得以控制。通过现场观测，该支护方式对大断面顶煤切眼的支护起到了很好的控制效果。

（2）14505 综放工作面大断面切眼开挖使用分次成巷技术，相对于一次成巷使得围岩的变形减弱，减少了顶板下沉量，控制了围岩变形，即使得切眼悬露时间减短，也保证了开挖安全高效的进行。

（3）通过现场监测可知，切眼顶板下沉量和两帮移近量都呈阶梯式增长，经过两次快速增长时期和两次平稳时期，最终顶板下沉量稳定在 340 mm 左右，两帮移近量在 265 mm 左右，有效控制了切眼的变形，保证了工作面的安装。锚杆、锚索、W 钢带、金属网和锚索组联合支护方案，以及使用支柱和木垛加强支护措施形成的支护体系对大断面有顶煤的综采工作面的支护起到了很好的控制效果，有效解决了大断面厚顶煤切眼的支护难题。

参 考 文 献

[1] 何富连，薄云山，徐祝贺，等．厚煤顶开切眼围岩稳定性及其锚索合理构型研究［J］．采矿与安全工程学报，2015，32（2）：233－239.

[2] 张茂林，庞东林，于德成，等．综放大断面切眼锚杆参数的研究与应用［J］．采矿与安全工程学报，2008，25（1）：113－118.

[3] 蒋力帅，马念杰，赵志强，等．综放工作面沿空开切眼布置与支护技术研究［J］．采矿与安全工程学报，2014，31（1）：22－27.

[4] 张东，苏刚，程晋孝．深井大采高综采工作面切眼联合支护技术［J］．煤炭学报，2010，35（11）：1883－1887.

[5] 张全峰，牛学超，马强．内蒙古不连沟煤矿特大断面切眼联合支护技术［J］．能源技术与管理，2013，38（2）：24－26.

[6] 关海泽．综放面大断面切眼支护技术研究［J］．同煤科技，2016，2：17－19.

ANSYS LS－DYNA 模拟动载下煤体研究

李 峰 方书昊 张 良

中国矿业大学（北京）资源与安全工程学院，北京 100083

摘 要 动载荷下煤体损伤研究对预防煤矿事故有重要作用，ANSYS LS－DYNA 程序是广泛应用的有限元分析软件，其模拟动载荷下煤体损伤的研究还没有进展。动载荷下煤体损伤机理的研究和 ANSYS LS－DYN 软件的学习相结合很有益处，LS－DYNA 程序可以很好地模拟煤体受力，LS－DYNA 程序模拟结果表明，瞬态冲击载荷压力作用下最适合模拟煤体损伤。ANSYS LS－DYNA 软件模拟了压力载荷下的煤体损伤，该初步探索对于研究煤矿灾害事故有着很大帮助。

关键词 LS－DYNA 煤体 动载荷 模拟

A Study on simulating coal body under dynamic loading by ANSYS LS－DYNA

Li Feng Fang Shuhao Zhang Liang

Faculty of Resources and Safety Engineering, China University of Mining and Technology, Beijing 100083

Abstract The research of coal damage under dynamic loading plays an important role in preventing coal mine accidents. The ANSYS LS－DYNA program is used widely in the finite element analysis, and the research on the coal body failure under dynamic load is not in progress. Study on coal body damage mechanism under dynamic loading and the learning of ANSYS LS－DYN software are beneficial. LS－DYNA program can well simulate the coal body, the program LS－DYNA simulation results show that the transient impact load pressure is the most suitable to simulate the damage of coal. ANSYS LS－DYNA software simulation of the coal damage under the pressure load, the initial exploration for the study of coal mine accidents have a great help.

Key words LS－DYNA coal mass dynamic loading simulating

资助项目：中央高校基本科研业务费专项资金（800015FY）

作者简介：李峰（1985— ），男，湖北荆门人，讲师。E－mail：lifengcumtb@126.com

0 引言

分析外力作用下煤体内部受力情况是研究煤矿事故的一个重要方面，其研究有着重要的意义。关于动载荷作用下煤体的受力的实验，已有初步研究，而用软件模拟研究则刚起步，ANSYS LS－DYNA 软件模拟动载荷下的煤体则很少有。软件模拟有其积极意义，不但可以省去采取煤样、实验机操作等大量的人力、物力、财力，而且也可以模拟一些不能实际操作的研究过程。尽管模拟有很多优点，实际研究还是以实验和理论为主，模拟为辅。ANSYS 软件在多个领域的成功应用表明，对动载下的煤体模拟也能取得很好的效果。关于 ANSYS 软件中 LS－DYNA 模块模拟动载下煤体的研究很少，相关参考资料也很少，所以，本文主要研究如何应用 ANSYS 软件中 LS－DYNA 模块模拟动载下煤体。

1 ANSYS 软件及 LS－DYNA 模块介绍

ANSYS 软件是美国 ANSYS 公司研制的大型通用有限元分析（FEA）软件。当今通用的版本是 2008 年的 ANSYS 11.0，最新版本是 2015 年的 ANSYS 16.0，这些版本具有基本的功能，越新的版本安装包越大，包含的延伸功能越丰富成熟，软件界面看起来也更美观。

基于 ANSYS 11.0 版本的 LS－DYNA 模块介绍 ANSYS 软件。软件主要包括 3 个部分：前处理模块、分析计算模块和后处理模块。LS－DYNA 是功能齐全的非线性显性分析程序包，具有丰富的单元库。LS－DYNA 拥有上百种材料模型，也可以用户自己定义材料模型。LS－DYNA 全自动接触也很好使用，拥有几十种接触方式。LS－DYNA 应用非常广泛。

进入 LS－DYNA 后出现 ANSYS LS－DYNA 窗口和软件输出窗口（ANSYS 11.0 Output Windows），ANSYS LS－DYNA 窗口的组成如下：最顶部是名称、按钮；应用程序菜单（Utility menu），包含程序会话过程中的一些可用工具操作，最左端是帮助菜单，是学习软件的很好帮手；再下是工具栏（Toolbar）和命令输入栏窗口（Input window），命令输入栏是快捷命令输入窗口，对于专业人员非常方便快捷，使用主菜单也能完成命令；中间则是图形显示窗口（Graphic window），显示用户建模和后处理结果，左上角显示主要程序运行状态，右上角是时间，左下角可以定义标题；左端是主菜单（Main menu），包含分析过程中各个环节用到的主要操作命令菜单，包括前处理、分析计算和后处理；最下端是状态栏；右端则是图形显示窗口的坐标相关的控制按钮，使用鼠标和键盘也能调整图形输出窗口。输出信息窗口（Output windows）显示程序在运行过程中各种中间信息和计算结果输出等参数。

ANSYS LS－DYNA 窗口中基本可以完成前处理、分析计算和后处理。前处理中对于一些实际应用需要修改关键字，关键字的学习也是很广的一部分；对于后处理，ANSYS 安装包中包含专门的后处理程序（Ls－prepost），此后处理程序功能十分强大，而且在程序中应用 SPH 方法对有些模拟会有更好的效果。

2 软件学习方法

动载下煤体的受力分析研究对解决煤矿瓦斯事故有重要意义，大量关于动载下煤体受力的文献表明，煤体受力是有规律的，而且同样大小的力，动载荷比静载荷破坏效应更大，力作用的频率、大小、时间都对煤体有着影响。实际的实验研究也和现场实际符合，理论和实际都有着一致性，软件模拟来研究动载下的煤体也应和理论一致。

对软件的学习，首先查阅相关文献了解动载下煤体受力机制，其次是学习软件相关资料，包括 ANSYS 软件教程、ANSYS LS - DYNA 软件教程、ANSYS 软件帮助文档、仿真模拟论坛、百度搜索、相关人员讨论等。

3 掘进巷受力分析步骤

基于 ANSYS 11.0 版本的 LS - DYNA 模块模拟煤矿掘进巷受力，完整的 ANSYS LS - DYNA 显示动力分析过程包括前处理、求解和后处理 3 个基本操作环节。分析方案的总体规划，综合考虑结构特点、计算精度以及计算成本；前处理阶段：指定单元类型、实常说，定义材料模型，建立几何模型，划分网格形成有限单元模型，定义接触表面，施加载荷与边界条件，信息写入 K 文件；递交 LS - DYNA 求解器，设置求解参数并求解；结果后处理，数据的可视化处理；结果分析与评价，形成分析报告。

整个分析过程中会形成一些文件。在一个分析工作中，程序自动形成并更新的工作区文件是 ASC Ⅱ 文件，如 Jobname. log 工作日志文件、Jobname. err 错误信息文件、Jobname. out 输出信息文件；在执行保存操作时自动形成工作数据库文件 Jobname. db；执行 ANSYS Solve 命令时，形成关键字文件 Jobname. K，是包含结构模型、材料数据、载荷等求解信息的 ASC Ⅱ 文件，可以直接修改关键字，然后导入系统应用；Jobname. RST 数据文件、Jobname. HIS 时间历程数据文件；D3PLOT、D3DHDT，均是计算结果二进制输出文件。

模拟就是对掘进巷模型简化，掘进巷煤体施加压力载荷来分析媒体受力。由于对称性，选取纵剖的一半来模拟,走向与 X 轴平行 300 m,层高与 Y 轴平行 85 m,底板厚 30 m、煤层厚 5 m、顶板厚 50 m，倾向与 Z 轴平行，一半 50 m，掘进巷走向 100 m、高 5 m、倾向一半 3 m。

前处理第一步分析环境设置，在应用程序菜单（Utility menu）定义分析工作名称、标题，主菜单内点 Preprocessor 进入前处理；第二步定义单元类型，本巷道采用实体单元 SOLID164 来划分；第三步是定义材料模型，煤体和岩层选择黏弹性材料模型 Viscoelastic，输入 5 个参数，此外地质盖帽模型 Geological cap 也适应煤体，岩层也可选择土壤模型 Solid and foam；第四步建立几何模型；第五步网格划分，首先指定划分要形成的单元属性及单元划分密度，本模型采用网格划分体积，六角形划分，扫略形式；第六步施加位移边界条件；第七步定义冲击载荷数组曲线，可以定义力的形式；第八步施加冲击载荷，首先定义与加载相关的单元组元，然后把定义的载荷施加到组元上；第九步是求解选项设置，要设置求解时间、输出文件步数、输出文件类型；第十步是递交 LS_ DYNA 程序求解。

求解需要花费一定时间，如若没有错误，则会弹出第三个运算窗口，运算过程会随运算量的大小而运行不同的时间，运算过程中也有一些快捷键来控制观察运算中间结果。

后处理可以在 ANSYS LS - DYNA 图形用户界面的主菜单下操作运行，也可进入 Ls - prepost 程序中进行结果处理。本模型递交 Ls - prepost 程序进行后处理，第一步读入结果文件；第二步设置视图方向；第三步是显示动态显示结构变化情况，点击第一页的 Fcomp

按钮，在 Fringe Component 面板中可以动态观察模型的应力、损伤、应变等变化；最后可形成数据分析报告。

4 掘进巷受力分析结果

煤层密度取 1300 kg/m³，弹性模量 3500 MPa，泊松比 0.3，瞬时弹性剪切模量 20800 MPa，无限弹性剪切模量 0，体积模量 27800 MPa，衰减常数 0.53。顶板密度 2500 kg/m³，其余同煤层，底板密度 2900 kg/m³，其余同煤层。选取加载时间 1.1 s，物理结束时间 1 s。

以下仅以煤体压力分布为例分析，掘进面受 30 MPa 压力。

4.1 瞬态冲击载荷

瞬态冲击载荷下，在时间 1 s 时，压力分布如图 1 所示。从图中的分析结果可以看出，其最大压力为 16 MPa，在 0 到 1 s 过程中，压力值是逐渐增大的。

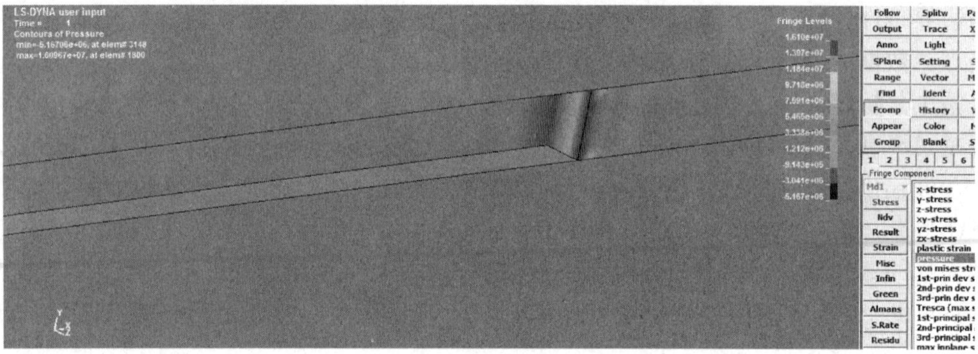

图1 1 s 时煤体压力分布（瞬态冲击载荷）

4.2 动态松弛静载荷

动态松弛静载荷下，压力分布图在时间 0 时如图 2 所示、时间 1 s 时如图 3 所示，由图中结果可以看出在 0 时，最大受力为 1 MPa，很小，而到 1 s 时最大压力变为 0.6 MPa，在这过程中，力的最大值是不断波动变化的，但压力值是比较小的。

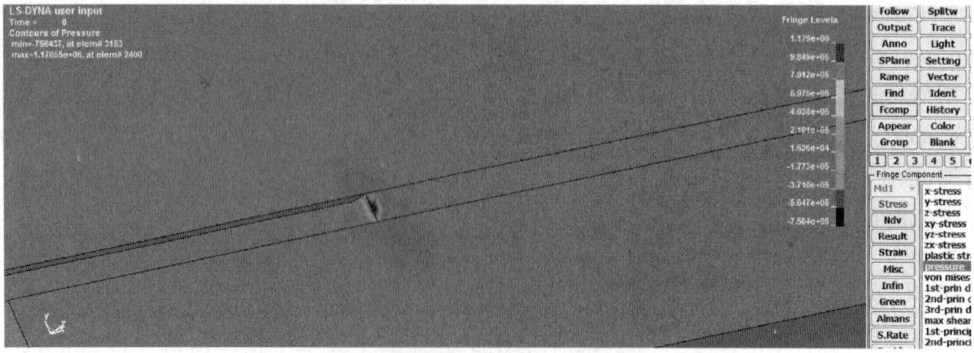

图2 0 时煤体压力分布（动态松弛静载荷）

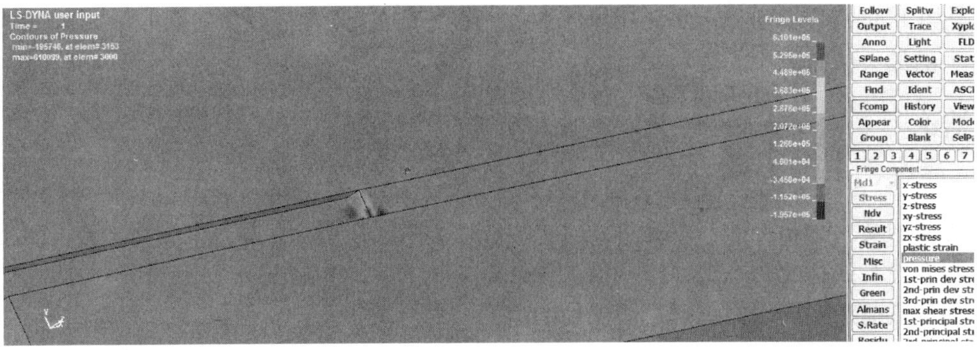

图3　1 s 时煤体压力分布（动态松弛载荷）

4.3　脉冲压力下，瞬态冲击载荷

脉冲压力与时间对照表见表1。脉冲压力，瞬态冲击载荷下，压力图在时间1 s时如图4所示，由图中结果可以看出压力最大值是17 MPa，在实践过程中，最大压力值是波动变大的。

4.4　同3脉冲压力下，动态松弛静载荷

同3脉冲压力，动态松弛静载荷下，压力图在时间0时如图5所示，由图中结果可

表1　压力与时间的关系

时间/s	压力/Pa
0	0
0.2	30000000
0.4	0
0.6	30000000
0.8	0
1	30000000

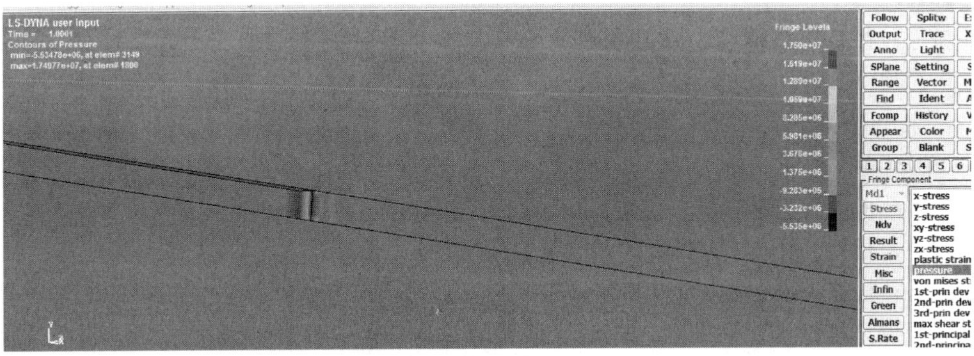

图4　1 s 时煤体压力分布

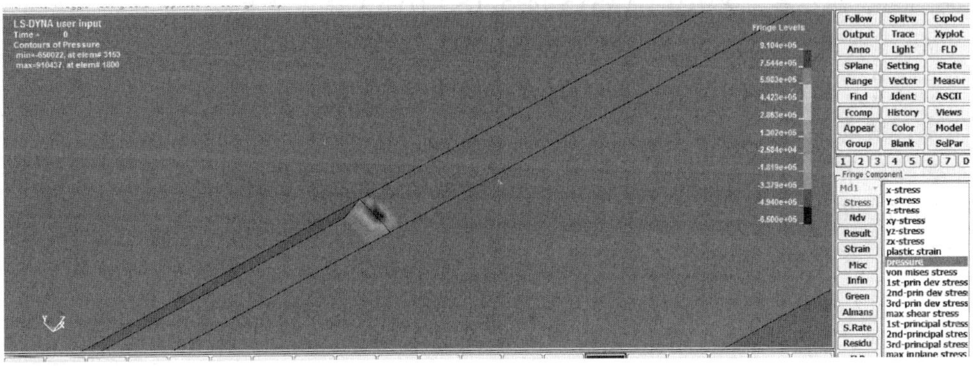

图5　0 时煤体压力分布

以看出在0时，最大受力为0.9 MPa，很小，而到1 s时最大压力变为0.4 MPa，在这过程中，力的最大值是较小的。

5 结论

对ANSYS LS－DYNA的学习有很多方法与内容，本文主要分析了用LS－DYNA程序模拟煤体的受力分析，包括动态损伤、压力、应力等，仅以压力为例分析。在相同压力下，瞬态冲击载荷比动态松弛静载荷产生的最大压力大，但也只达到施加压力的一半，动态松弛静载荷产生的压力远远小于施加的压力，而脉冲压力下产生的压力都远远小于施加压力。

对于LS－DYNA程序模拟煤体的探索还有很多，其中SPH光滑粒子模型方法会有更好的结果，本文则是LS－DYNA程序模拟煤体的初步探索。

参 考 文 献

[1] [美] Saeed Moaveni. 有限元分析：ANSYS理论与应用 [M]. 北京：电子工业出版社，2003.

[2] 周长城，胡仁喜，熊文波. ANSYS11.0基础与典型范例 [M]. 北京；电子工业出版社，2007.

[3] 张洪信，王怀敏，孟祥踪. ANSYS基础与实例教程 [M]. 北京：机械工业出版社，2013.

[4] 郝勇，钟礼东. ANSYS 15.0有限元分析完全自学手册 [M]. 北京：机械工业出版社，2015.

[5] 曹渊. ANSYS 16.0有限元分析从入门到精通 [M]. 北京：电子工业出版社，2015.

[6] CAD/CAM/CAE技术联盟. ANSYS 15.0有限元分析从入门到精通 [M]. 北京：清华大学出版社，2016.

[7] 何涛，杨竞，金鑫. ANSYS10.0/LS－DYNA非线性有限元分析实例指导教程 [M]. 北京；机械工业出版社，2007.

[8] 郝好山，胡仁喜，康士廷. ANSYS 12.0LS－DYNA非线性有限元分析从入门到精通 [M]. 北京；机械工业出版社，2010.

[9] 张红松，胡仁喜，康士廷. ANSYS 14.5/LS－DYNA非线性有限元分析实例指导教程 [M]. 北京；机械工业出版社，2013.

[10] 熊令芳，胡凡金. ANSYS LS－DYNA非线性动力分析方法与工程应用 [M]. 北京；中国铁道出版社，2016.

[11] 李峰，张亚光，等. 动载荷作用下构造煤体动力响应特性研究 [J]. 岩土力学，2015，36（9）：2523－2531.

[12] 黄达，岑夺丰. 单轴静－动相继压缩下单裂隙岩样力学响应及能量耗散机制颗粒流模拟 [J]. 岩土力学与工程学报，2013，32（9）：1926－1936.

[13] 汪能君，梧松. 单桩静载实验的有限元模拟分析 [J]. 黑龙江科技学院学报，2007，17（2）.

[14] 刘少虹，李凤明，等．动静加载下煤的破坏特性及机制的试验研究［J］．岩土力学与工程学报，2013，32（s2）：3749－3759.
[15] 令狐可，王雅，陆丹．动载作用下钢筋混凝土梁非线性有限元分析［J］．解放军理工大学学报（自然科学版），2007，8（6）．
[16] 尹光志，王登科．含瓦斯煤岩耦合弹塑性损伤本构模型研究［J］．岩土力学与工程学报，2009，28（5）：993－999.
[17] 武童．基于 LS－DYNA 不同硬度煤壁下掘进机截齿强度研究［J］．机械工程师，2013，12.
[18] 孙超群，程国强，等．基于 SPH 的煤岩单轴加载声发射数值模拟［J］．煤炭学报，2014，39（11）：2183－2189.
[19] 刘少虹，秦子晗，等．一维动静加载下组合煤岩动态破坏特性的试验分析［J］．岩土力学与工程学报，2014，33（10）：2064－2075.
[20] 殷芳．基桩水平静载试验的三维非线性有限元模拟［D］．江苏：南京工业大学，2006.

深部矿井地应力反演及巷道稳定性分析

卢志国　郝宪杰　胡　勇　朱广沛

中国矿业大学（北京）资源与安全工程学院，北京　100083

摘　要　本文是对某深部矿井的地应力分布及其巷道开挖后的稳定性进行的分析。采用数值模拟研究了深部矿井地应力分布情况，并对该矿井巷道开挖后的开挖损伤区、位移进行了分析。研究结果表明：开挖损伤区主要集中在巷道与巷道之间的岩柱；间距较大的巷道开挖损伤区往往较小，而间距较小的巷道开挖损伤区较大，对应的应力、位移也较大，需要加强支护。

关键词　深部矿井　围岩变形　应力反演　数值模拟

In – situ stress inversion and stability analysis of roadway in deep mine

Lu Zhiguo　Hao Xianjie　Hu Yong　Zhu Guangpei

Faculty of Resources and Safety Engineering, China University of Mining and Technology, Beijing　100083

Abstract　The stress distribution and stability analysis of a tunnel in a deep buried mine is studied. By numerical simulation, the maximum and minimum principal stress of the in – situ stress, the excavation damaged zone and the displacement of the roadway are studied. The research results show that the depth of excavation damage zone is mainly concentrated in the rock pillar between roadway and the surrounding rock of it; The larger of the spacing of the roadway, the smaller the damage zone is, and the smaller spacing between the roadway, the larger excavation damage zone is. And then the stress and displacement is larger, the strengthen support is need.

Key words　deep mine　surrounding rock deformation　stress inversion　numerical simulation

---

资助项目：中央高校基本科研业务费专项资金（2016QZ01）；煤炭资源与安全开采国家重点实验室开放基金（SKLCRSM16KFB07）；国家科技支撑计划（No. 2013BAB02B01）

作者简介：卢志国（1992—　），男，山西人，硕士研究生。Tel：13520505296；E – mail：Mininglzg@126. com

地应力测量对矿山开采设计具有重要意义[1,2]。准确掌握矿山原岩应力状态，结合矿区工程地质调查、岩石力学性质测试和仿真模拟分析，可为矿山工程稳定和安全生产提供科学数据。

随着地下开采往深部发展，高应力环境下的各种灾害现象频繁发生[3]。地应力随开采深度的增加而增加，随着应力水平的不断增加，巷道破坏及岩爆等地质灾害问题也逐渐显现出来，这些变形破坏受地质构造、岩体结构和应力状态等控制[4,5]。

本文以某深埋矿井为工程背景[6,7]，采用数值模拟，首先研究了该深埋矿井的地应力分布特征，而后研究了巷道开挖后的最大和最小主应力、开挖损伤区、位移，进而对该采区深部巷道的地应力分布及其巷道开挖后的稳定性进行分析。

1 工程背景

工程地质调查表明：原生层理较为发育，但完整性较好。铜矿石及主要围岩角闪斜长片麻岩、黑云斜长片麻岩和辉绿岩的单轴抗压强度基本都在 70 MPa 以上，岩石坚硬致密。

该矿井目前是国内最深的矿井之一，矿床上部出露在 +430 m，采矿中段以延伸至 −767 m，并且仍在继续延伸。矿井开采分 6 个中段，自下向上分别为 −767 m、−707 m、−647 m、−467 m、−287 m、−167 m。通过混合主井及小竖井连接，各中段中又有联络巷、平巷、横巷等以形成开采系统。

2 数值模型建立

由于 FLAC3D 是专门为岩土工程而开发的软件，本次数值模拟即采用 FLAC3D 数值模拟软件进行分析。

2.1 三维数值模型及边界条件

深部矿井的三维立体图如图 1 所示，由竖井、联络道、平巷、横巷等构成，依据该三维模型并结合现场实际开挖情况，建立准三维数值计算模型。模型 X 向左右偏离巷道边界各 100 m，模型 Y 向前后偏离巷道边界各 80 m，模型 Z 向下边界距巷道底部 40 m，模型 Z 向上边界偏离巷道顶部 100 m，由于该采区基本无构造，因此模型中未考虑地质构造，模型共 541593 个网格及 92095 个节点。

图 1　深部矿井的三维立体图

2.2 地应力模拟结果验证

矿井处于地面千米以下，为典型的深埋工程，其初始应力场为构造应力场和自重应力场的叠加。如果采用传统的初始地应力生成方法，均是将岩体自重以体力作用在模型上的，这就使得模型的应力重分布成为应力与自重应力相平衡的结果，得到的初始应力场往往只是自重应力场，并不符合这种深埋工程初始地应力场的实际情况。为能合理地生成深埋初始应力场，采用李仲奎、戴荣等提出的快速应力边界法（S－B法），在模型表面施加的应力边界可以认为是模型最外层单元受到的应力，这一应力转化成节点力作用在模型最外层单元的节点上。对于单元的任何一个面，有

$$\sigma A = \sum_{i=1}^{n} F_i \tag{1}$$

式中，A 为单元表面积，i 为节点个数。

根据矿区实际测量的地应力，结合地应力随深度的增加而增大的基本规律，对地应力进行计算，可得矿井最大主应力介于 20.8～35.4 MPa，中间主应力介于 12.0～24.3 MPa，最小主应力介于 12.3～18.8 MPa，X 向分量介于 8.0～22.2 MPa，Y 向分量介于 10.1～27.7 MPa，Z 向分量介于 15～28.6 MPa。数值模拟所得三维初始地应力场如图 2 所示，分布符合现场实测规律，故认为模拟方法是正确可靠，进行进一步数值计算。

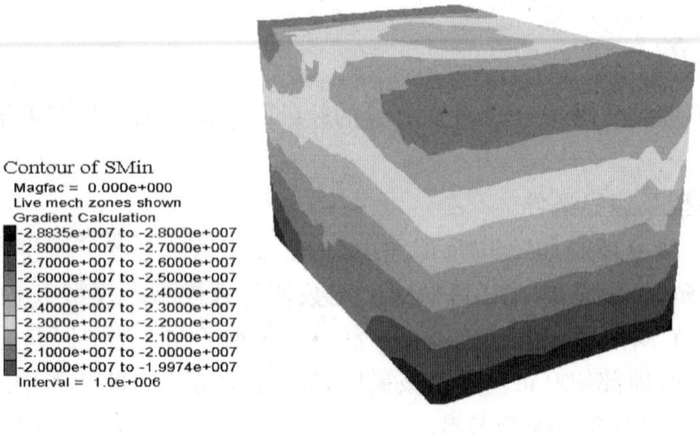

图2 数值反演所得的地应力分布

模型赋存状态如图 1 所示，模型中围岩力学性质见表 1。

表1 围岩力学性质

力学性质	单向抗压强度/MPa	弹性模量/GPa	泊松比	单向抗拉强度/MPa
顶板	41.25	6.17	0.38	1.77
顶板砂岩	117.56	64.26	0.18	4.20
煤层	2.2	7.8	0.3	1.6
底板	43.92	17.22	0.33	6.22

3　数值模拟结果分析

本文仅以第四、第五层巷道为例进行说明。

3.1　开挖第四层巷道

第四层巷道开挖完成后最大主应力、开挖损伤区、位移分布如图3所示。最大主应力达到52.88 MPa，应力集中系数约为2.9；最小主应力也为压应力，约为18.61 MPa，应力集中系数约为2.2；开挖损伤区深度较大，主要集中在巷道拐弯处及岩柱处，平均塑性区深度仍小于1 m，但是部分区域可能大于1 m，需要加强支护；位移在巷道拐弯处最大，最大位移量为9.25 mm。

此外，从最大和最小主应力、开挖损伤区可以看出，第四层巷道包括两条主巷道和四条小巷道，相互切割形成岩柱，一方面岩柱处于拐弯处可能导致应力集中；另一方面岩柱较小，巷道相隔较近，也会导致应力集中，最终导致岩柱处开挖损伤区较深，需要加强支护。

3.2　开挖第五层巷道

第五层巷道开挖完成后围岩应力、开挖损伤区、位移分布如图4所示。最大主应力达

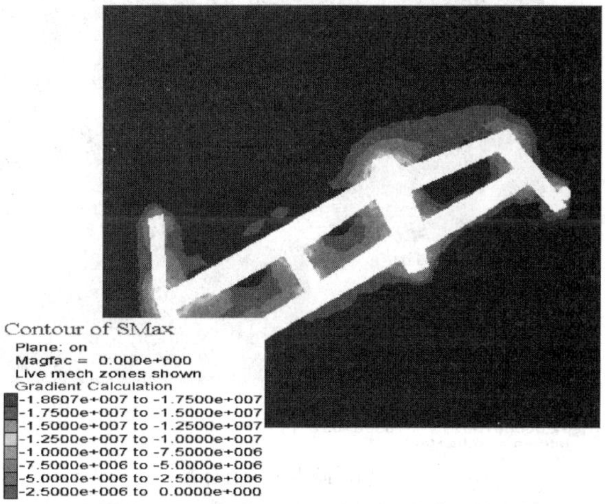

(a) 最大主应力分布

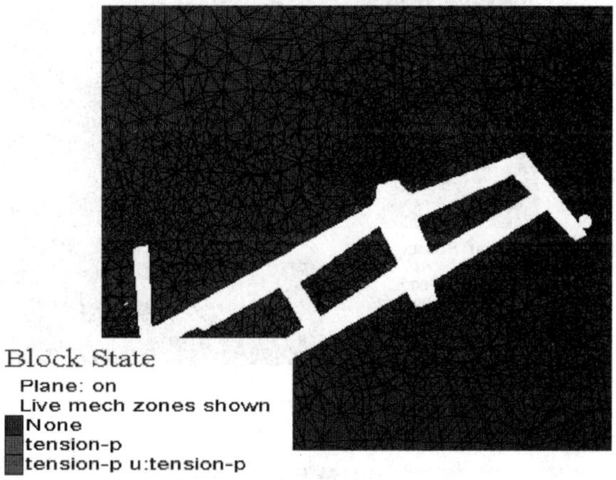

(b) 开挖损伤区分布

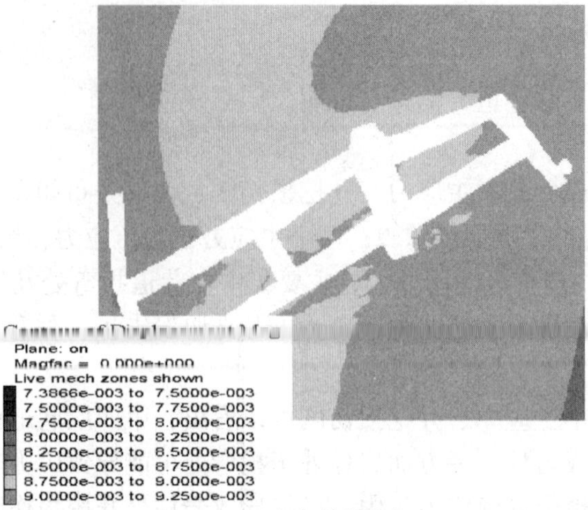

（c）位移分布

图3　第四层巷道开挖后最大主应力、开挖损伤区、位移分布图

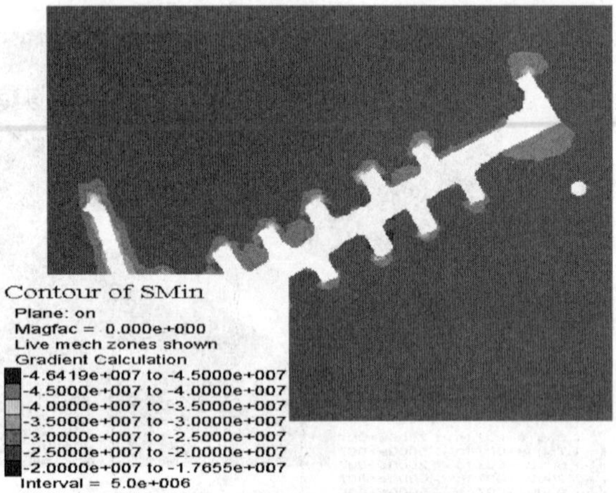

(a) 最小主应力分布

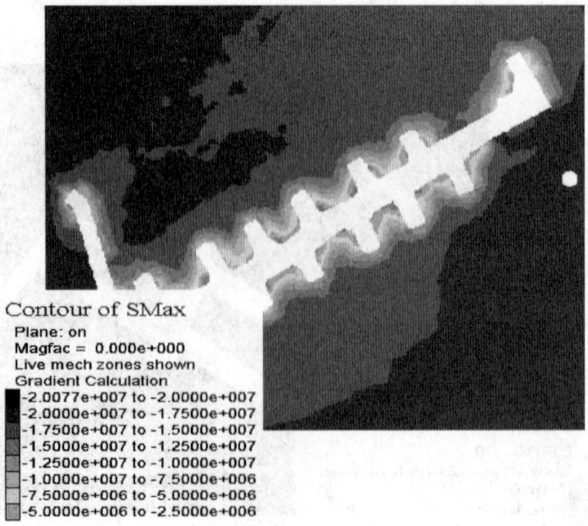

(b) 最大主应力分布

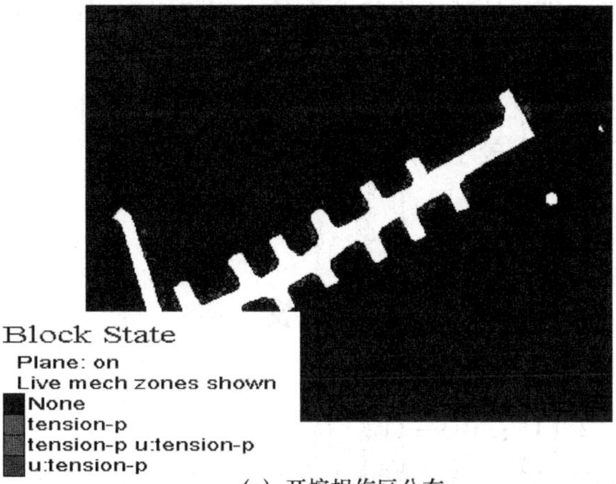

(c) 开挖损伤区分布

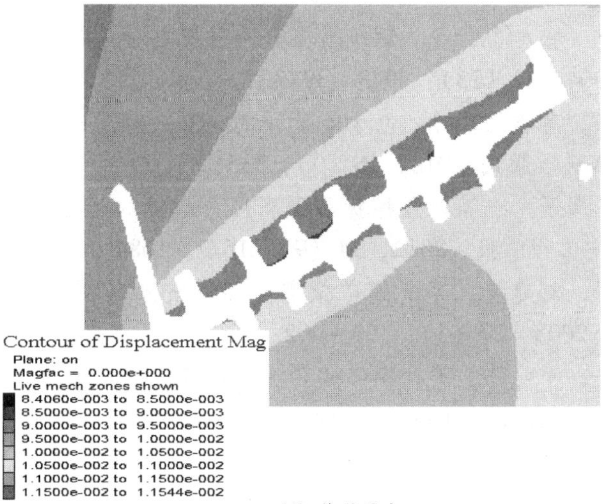

(d) 位移分布

图4 第五层巷道开挖后围岩应力、开挖损伤区、位移分布图

到46.42 MPa，应力集中系数约为2.6；最小主应力也为压应力，约为20.07 MPa，应力集中系数约为2.4。

开挖损伤区深度较大，主要集中在巷道与巷道之间的岩柱，平均塑性区深度仍小于1 m，但是部分区域较大，甚至巷道与巷道之间围岩全部进入了开挖损伤区，部分区域大于2 m，需要加强支护；位移在岩柱处最大，最大位移量为11.54 mm。

此外，从最大和最小主应力、开挖损伤区、位移分布图可以看出，第五层巷道包括一条主巷道和若干条小巷道，小巷道间间距不同，间距较大的巷道开挖损伤区往往较小，而间距较小的巷道间开挖损伤区较大，对应的应力、位移也较大，需要加强支护。

4 结论

深埋工程初始地应力场一般不能采用自重应力相平衡的结果，否则得到的初始应力场往往只是自重应力场，李仲奎、戴荣等提出了快速应力边界法可以生成深埋工程的初始地应力场，数值模拟所得三维初始地应力场分布符合现场实测规律，故认为模拟方法是正确可靠。

巷道开挖结果表明：开挖损伤区主要集中在巷道与巷道之间的岩柱；间距较大的巷道开挖损伤区往往较小，而间距较小的巷道间开挖损伤区较大，对应的应力、位移也较大，需要注意加强支护。

参 考 文 献

[1] 廖椿庭，施兆贤．金川矿区原岩应力实测及在矿山设计中的应用［J］．岩石力学与工程学报，1983，2（1）：103－112

[2] 王连捷，任希飞，丁原辰，等．地应力测量在采矿工程中的应用［M］．北京：地震出版社，1994.

[3] 吴满路，廖椿庭，张春山，等．铜矿地应力测量及其分布规律研究［J］．岩石力学与工程学报，2004，23（23）：3943－3947.

[4] 马德鹏，杨永杰，曹吉胜，等．基于能量释放的深井巷道断面形状优化［J］．中南大学学报（自然科学版），2015，46（9）：3354－3360.

[5] 邹洋，李夕兵，周子龙，等．开挖扰动下高应力岩体的能量演化与应力重分布规律研究［J］．岩土工程学报，2012，34（9）：1677－1684.

[6] 赵兴东，石长岩，刘建坡，等．铜矿微震监测系统及其应用［J］．东北大学学报（自然科学版），2008，29（3）：399－402.

[7] 刘建坡，石长岩，李元辉，等．铜矿微震监测系统的建立及应用研究［J］．采矿与安全工程学报，2012，29（1）：72－77.

煤柱工作面尺寸优化研究

卢少奇　杨　涛　魏群涛　陈广甫　郝宇鑫

中国矿业大学（北京）资源与安全工程学院，北京　100083

摘　要　本文通过对现场资料的收集分析以及计算机软件的模拟，对荆各庄矿边界煤柱开采工作面尺寸进行了优化设计研究。首先根据垂直剖面法确定了受采动影响不规则边界村庄的保护煤柱距离，根据煤柱尺寸的大小确定了边界煤柱的工作面倾向的设计尺寸；然后通过数值模拟对村庄变形进行预计，在确保村庄建筑物安全性的基础上，沿走向方向分段选择不同的的工作面倾向长度进行模拟分析，从而确定最优的工作面布置方案。

关键词　边界煤柱　数值模拟　地表移动变形

Study on The Size Optimization of The Working Face of Coal Pilla

Lu Shaoqi　Yang Tao　Wei Quntao
Chen Guangfu　Hao Yuxin

Faculty of Resources and Safety Engineering, China University of Mining and Technology, Beijing　100083

Abstract　The optimized size study of Jinggezhuang boundary coal pillar mining based on the analysis of field data collection and simulation of computer software. Firstly, the protective coal pillar size of the village which is affected by mining is definite according to the vertical section method. The design tendency dimension of the working face of the coal pillar is determined by the size of the coal pillar. Then village deformation is expected through the numerical simulation. On the basis of the safety of the buildings on the village, the study selects different face tendency length with section along the strike direction for simulation analysis in order to determine the optimal layout scheme Face. Predict the surface movement and deformation of the optimized mining plan by

资助项目： 中央高校基本科研业务费专项资金（2011YZ07）

作者简介： 卢少奇（1989—　），男，河南商丘人，硕士研究生，主要研究方向为充填采煤技术、“三下”开采等。Tel:13161293453;E-mail:13161293453@163.com using the mining subsidence prediction system software, combine the building damage rank standard to analysis the effects on which mining boundary coal pillar in Jinggezhuang Mine village building deformation. And, to the end, verify the plan design, ensure the safety of boundary coal pillar mining.

Key words boundary pillar numerical simulation surface movement and deformation

0 引言

煤炭资源作为一种不可再生的资源，关系到国家发展的经济命脉，因此，合理地开采利用煤炭资源将是我国工业走可持续发展的一项重要措施。对于现阶段的煤炭开采，矿井就要做到提高采出率和利用率，节约煤炭资源，走可持续发展的道路[1]。荆各庄矿目前含计划挖潜的可采储量只剩下270万吨左右，因此对边界煤柱进行开采已经迫在眉睫。一般来说，村庄保护煤柱的尺寸留设越大，对村庄建筑物保护的效果就越明显，但是较大的煤柱尺寸留设势必会造成大量的资源浪费，不利于矿井的持久发展。因此，在确保村庄建筑物安全的基础上尽可能小的留设煤柱，不仅可以增加开采的煤炭资源，避免资源的浪费，而且对于荆各庄矿生存发展和稳定具有重要的现实意义。

1 工程概况

2390柱工作面位于荆各庄矿二水平轴东采区，2390柱工作面周边采空区都是老采空区，地面沉陷已经稳定。2390柱工作面开采煤层为9煤，距地面的直线距离在321~411 m，煤层厚度在0.4~14.09 m，煤层倾角平均为11°，平均厚度为7.01 m，采用综采放顶煤开采方式。2390柱区域内标高 -405 ~ -293 m，对应地面标高 +25.1 ~ +26.3 m。2390柱工作面综放开采引起的地表移动和变形影响范围内的建（构）筑物主要有：位于2390柱工作面对应的地面东南方向的茅草营村庄，茅草营村庄位于荆各庄矿东南部，如图1所示。

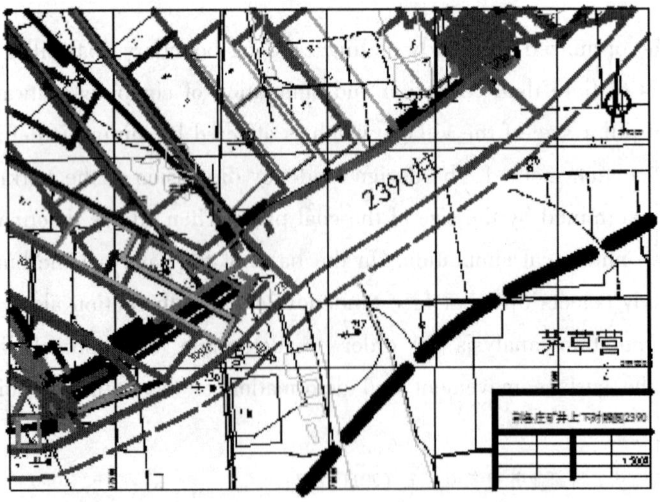

图1 荆各庄矿2390柱区域内井上井下对照图

2　荆各庄矿 2390 柱开采方案

2.1　地表建筑物保护煤柱留设

地下开采要充分考虑地表建筑物的位置，当工作面推进接近村庄边界时，要充分考虑预留煤柱的宽度，合理留设煤柱，从而避免采动带来的影响对地面建筑物的破坏，以保障居住安全。

根据计算得出荆各庄矿保护煤柱的各个参数，通过垂直剖面法设计村庄保护煤柱[2,3]，从而得出开采 2390 煤柱所需要的保护煤柱的尺寸约为 296 m，为了方便计算，此处按 300 m 计算。根据保护煤柱尺寸的大小以及 2390 煤柱的尺寸，合理布置工作面的长度，可以有效地避免开采对村庄造成的影响。根据计算结果和边界煤柱分布情况，将 2390 煤柱工作面倾向长度设定 100 m，如图 2 所示。

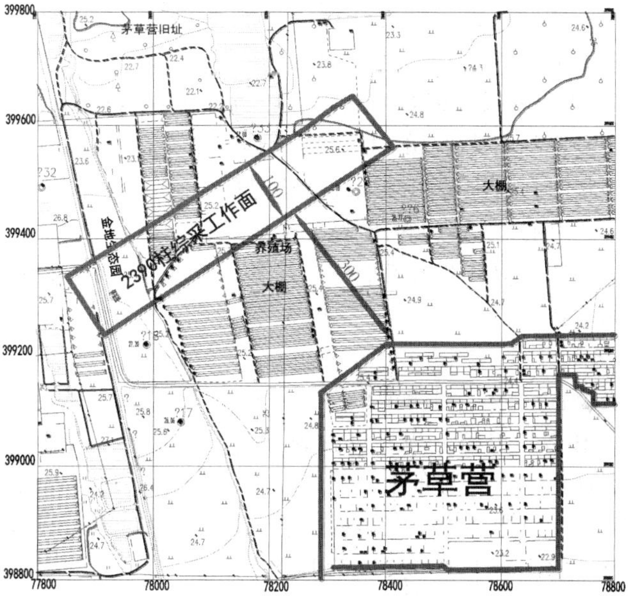

图 2　2390 煤柱工作面初步方案布置图

2.2　2390 煤柱开采数值模拟分析

2.2.1　力学参数的确定

根据现场地质调查和相关研究提供的岩石力学试验结果，考虑到岩石的尺寸效应以及参考周围矿区地质条件下围岩参数的取值，模拟计算采用的岩体力学参数见表 1。

表 1　岩体力学参数表

岩　性	K 体积模量/GPa	G 剪切模量/GPa	C 内聚力/MPa	σt 抗拉强度/MPa	f 内摩擦角/(°)	ρ 干密度/(kg·m^{-3})
松散土层	0.14	0.036	0.01	0.02	20	2570
中砂岩	4.64	3.77	1.28	4.5	30	2790

表1（续）

岩性	K 体积模量/GPa	G 剪切模量/GPa	C 内聚力/MPa	σt 抗拉强度/MPa	f 内摩擦角/(°)	ρ 干密度/(kg·m^{-3})
细砂岩	5.24	2.28	1.37	4.19	33	2250
砂质泥岩	1.65	0.53	1.30	1.65	28	2700
泥岩	1.51	0.43	1.21	1.56	27	2700
粉砂岩	6.32	2.42	1.07	3.21	34	2620
9煤	0.67	0.14	0.43	0.53	25	1440
12-2煤	0.67	0.14	0.43	0.53	25	1440

2.2.2 数值模拟模型的建立

UDEC作为一种研究完整块体和节理裂隙面构成的非联系结构体，其中对块体集合的位移及变形模拟更多地使用以拉格朗日计算方式的典型结构体[4]，因此对于不连续的二维离散元，通常采用UDEC数值模拟软件进行数值分析处理。

荆各庄矿2390柱煤层开采主要对距离村庄较近的茅草营村西北角产生破坏，因此沿距离村庄最近的位置设置剖面建立UDEC二维模型，结合荆各庄矿2390柱区域内地质条件和其周围的煤层柱状图，沿煤层的倾向建立模型的长×宽为660 m×400 m。模型的每一层由Jset产生节理，产生的节理的本构模型为滑动模型，模型的块体的模型为摩尔-库伦模型。为消除模型边界的效应，左边界煤柱留设为200 m，沿倾向剖面的模型一次开挖的长度与工作面等长为100 m。

2.2.3 数值模拟结果及分析

本次模拟在地表设置测线，测线上设置测点，地表下沉的测线设置的测点为66个，监测点间距为10 m。在数值模型上边界设置观测线来监测地下工作面的开挖对地表变形的影响。在距离煤层顶板360 m处布置一条观测线，通过监测得到工作面长100 m时的地表垂直位移曲线图，监测点距离模型左边界的距离设为横轴 L/m，下沉值为纵轴，根据模拟计算的下沉曲线图，绘制出了地表变形的倾斜曲线图、曲率曲线图、水平变形曲线图，如图3所示。

（1）由图3a可知，受工作面开采的影响，地表随着上覆岩层的移动逐渐下沉，最大下沉点位于主工作面的正上方，下沉值为895 mm，随着距离工作面边界距离的增加下沉量逐渐减小，在距离工作面300 m的茅草营村边界位置的下沉值达23 mm。

（2）由图3b倾斜曲线图可知，监测点中最大正倾斜值为6.68 mm/m，最小负倾斜值为-7.52 mm/m。而位于村庄最近边界的西北角监测点倾斜值为-0.450 mm/m，位于村庄内倾斜值均在3 mm/m以下，属一级影响范围，倾斜变形对村庄造成的影响在允许变形范围之内。

（3）由图3c曲率曲线图可知，监测点中最大曲率值为0.115 mm/m^2，最小为-0.184 mm/m^2，而位于村庄最近西北角的曲率值为0.018 mm/m^2，整个村庄范围内的曲率值均小于0.2 mm/m^2，属于一级影响范围，因此曲率引起的村庄范围内变形均在允许的范围之内。

（4）由图3d水平变形曲线图可知，监测点中最大正水平变形值为7.15 mm/m，最小

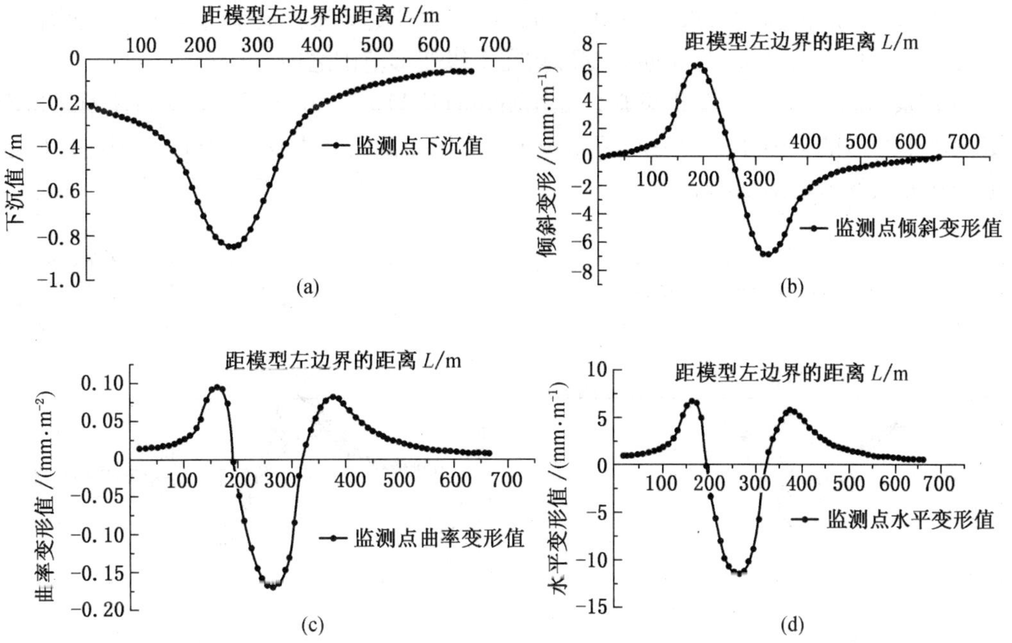

图 3　工作面倾向长 100 m 时地表曲线图

负水平变形值为 -11.96 mm/m，而位于村庄最近边界的西北角倾斜值为 1.18 mm/m，村庄其余区域均在一级或不在影响范围之内，影响区域较小，因此水平变形引起的村庄变形在允许的范围之内。

通过以上分析可知，荆各庄 2390 煤柱开采预留煤柱对村庄产生的倾斜变形、曲率、水平变形均在建筑物破坏等级 I 范围之内[5]，所以采用垂直剖面法设计的煤柱尺寸可以保证煤柱的开采对村庄建筑物不造成破坏。

2.3　2390 煤柱工作面尺寸优化

在保证村庄建筑物安全性的基础上，为了充分提高采出率，在留煤柱的基础上需对工作面倾向长度进一步优化。由于开采主要对村庄的西北角产生影响，因此沿村庄西北角设置截面进行模拟。考虑到井田边界以及预留煤柱的宽度，工作面倾向长度最大为 140 m，因此利用 UDEC 软件模拟当工作面长度分别为 110 m、120 m、130 m、140 m 时，对留设煤柱的安全性进行预计。不同倾向长度开采时地表下沉曲线图、倾斜曲线图、曲率曲线图、水平变形曲线图如图 4 所示；在村庄西北角的倾斜、曲率、最大水平变形值见表 2 ~ 表 4。

（1）根据图 4a 所示，当工作面倾向长度为 110 ~ 140 m 时，地表最大下沉值均位于工作面中心的正上方，最大下沉值随着工作面尺寸的增加而增加，从 1300 mm 增加到 2400 mm，位于 600 m 处村庄西北角下沉量也从 26 mm 增加到 37 mm。

（2）根据图 4b 及表 2 分析可知，工作面倾向长 110 ~ 140 m 开采时对村庄西北角产生的最大倾斜变形的范围在 -0.47 ~ -0.66 mm/m，倾斜变形随着工作面尺寸的增加而增大，其变形值均小于 3 mm/m，村庄变形均在 I 级变形范围之内。

（3）根据图 4c 及表 3 分析可知，工作面倾向长 110 ~ 140 m 开采时对村庄西北角产生的最大曲率变形的范围在0.029 ~0.041 mm/m²，曲率变形随着工作面尺寸的增加而增大，其变形均小于0.2 mm/m，村庄曲率变形均在Ⅰ级变形范围之内。

（4）根据图4d及表4分析可知，工作面倾向长110 ~140 m开采时对村庄西北角产生的最大水平变形的范围在2.01 ~2.67 mm/m，工作面倾向长110 ~140 m范围内村庄水平变形均在Ⅱ级变形范围之内。

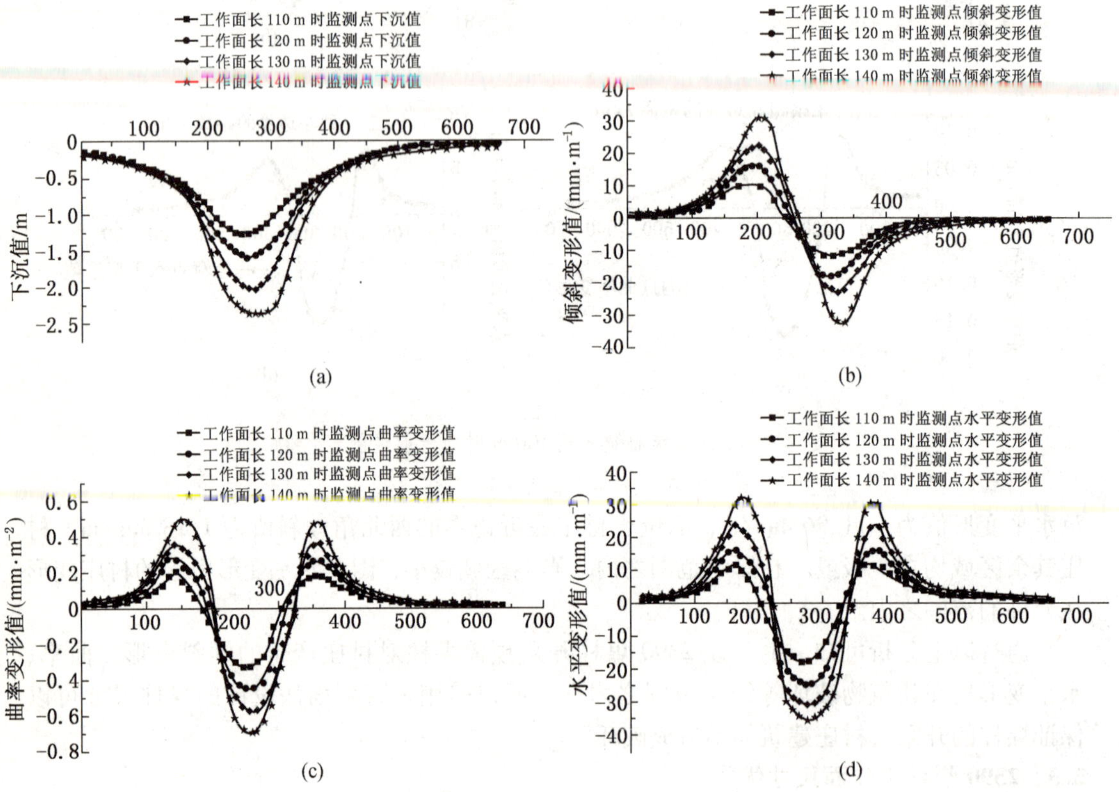

图4　不同倾向长度开采地表曲线图

表2　不同工作面倾斜长度开采时村庄范围内最大倾斜变形值（i_{max}）

变形程度	工作面倾斜长/m			
	110	120	130	140
村庄西北角 $i_{max}/(mm \cdot m^{-1})$	-0.47	-0.53	-0.61	-0.66
变形等级	Ⅰ	Ⅰ	Ⅰ	Ⅰ

表3　不同工作面倾斜长度开采时村庄范围内最大曲率变形值（K_{max}）

变形程度	工作面倾斜长/m			
	110	120	130	140
村庄西北角 K_{max}	0.029	0.034	0.038	0.041
变形等级	Ⅰ	Ⅰ	Ⅰ	Ⅰ

表4　不同工作面倾向长度开采时村庄范围内最大水平变形值（ε_{max}）

变形程度	工作面倾斜长/m			
	110	120	130	140
村庄西北角 ε_{max}	2.01	2.21	2.51	2.67
变形等级	Ⅱ	Ⅱ	Ⅱ	Ⅱ

综合图4以及表2～4可知，工作面倾向长度在110～140 m范围内开采引起的村庄倾斜变形、曲率变形均在Ⅰ级变形范围值之内，但是随着工作面的尺寸的增加，村庄范围内的最大水平变形超出了允许的变形范围。根据UDEC监测数值以及图4d数值分析可知，村庄范围内的水平变形的监测点在600～650 m范围内，变形值见表5。

表5　不同工作面倾向尺寸开采条件下村庄范围内最大水平变形值

变形程度	倾斜长/m	村庄范围监测点距模型左边界的距离 *L*/m					
		600	610	620	630	640	650
ε_{max}/（mm·m^{-1}）	110	2.01	1.62	1.36	1.18	1.01	0.76
	120	2.21	2.07	1.79	1.51	1.24	0.78
	130	2.51	2.28	2.05	2.05	1.60	1.37
	140	2.67	2.54	2.36	2.27	2.06	1.73

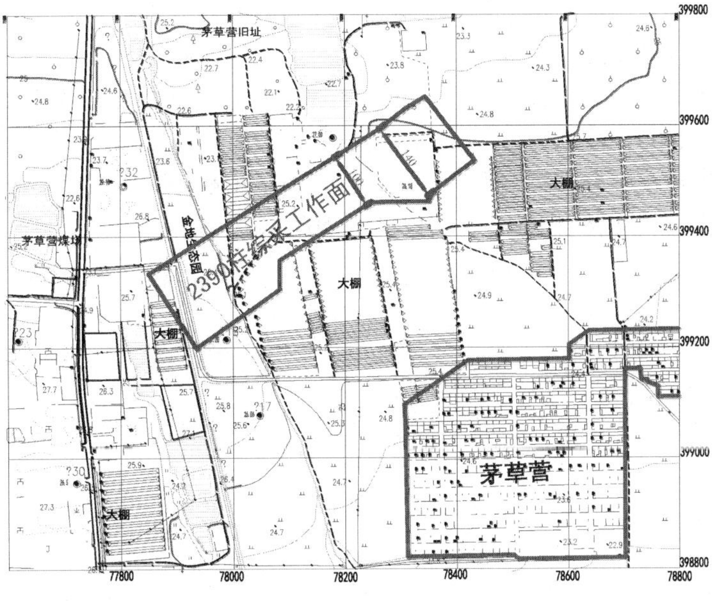

图5　2390柱工作面布置方式

通过对表5的分析可知，当工作面倾向长度为110 m、120 m、130 m时，预留煤柱的长度大于300 m时均可以保证村庄建筑物的倾斜变形、水平变形和曲率变形在允许变形值范围之内。当工作面倾向长度为 140 m，预留煤柱尺寸大于 310 m 时，可以保证其工作面开采时村庄建筑物变形在允许范围之内。考虑到 2390 柱工作面开切眼以及停采线附近距离村庄较远，因此在远离村庄西北角的位置的根据预留煤柱的安全尺寸对 2390 工作面尺寸进行优化设计。结合模拟计算预留煤柱的尺寸，工作面的倾向尺寸根据距离茅草营村西北角的距离确定，2390 柱工作面布置方式如图 5 所示。

3 结论

利用 UDEC 模拟软件对 2390 柱开采引起的地表沉陷进行模拟，得到了村庄距离开采边界最近位置西北角水平变形值 1.18 mm/m，倾斜变形值 -0.45 mm/m，曲率变形值 0.014 mm/m^2，其变形值均在允许范围之内。考虑到开切眼及停采线附近距离村庄边界较远，为了充分采出边界煤柱，提高采出率，将工作面倾向长度分别布置为 110 m、120 m、130 m、140 m，然后利用 UDEC 软件进行模拟分析确定距离村庄西北角最小的安全煤柱的宽度为 300 ~ 310 m，从而可对工作面尺寸进一步优化，最终确定工作面沿走向分段倾斜长度为 100 ~ 140 m。优化工作面尺寸可以充分地采出边界煤柱，提高矿井的经济效益。

参考文献

[1] 霍丙杰，侯世占．关于提高回采率的思考 [J]．矿业工程，2006，4 (5)：4 -6.

[2] 魏峰远，陈俊杰，邹友峰．影响保护煤柱尺寸留设的因素及其变化规律 [J]．煤炭科学技术，2006，10：85 -87.

[3] 邹友峰，柴华彬．近水平煤层开采地表移动角量参数研究 [J]．采矿与安全工程学报，2009，3：269 -272.

[4] 周玉斌，李一帆，邓飞．破碎带下采矿引起地表沉陷的离散元数值模拟 [J]．黄金科学技术，2006，1：18 -22 +31.

[5] 陈俊杰，郭延涛，郭文兵．采动区建筑物下保护煤柱开采优化设计研究 [J]．河南理工大学学报（自然科学版），2012，5：507 -511.

坪湖矿“11·1”火灾事故的事故树分析

张凌凡　陈忠辉　李　博　柴　茂

中国矿业大学（北京）力学与建筑工程学院，北京　100083

摘　要　为了有效地预防和控制煤矿外因火灾事故的发生，减少由于火灾事故带来的人员伤亡和财产损失，找到控制外因火灾的有效途径，根据丰城矿务局坪湖矿“11·1”火灾事故并结合安全系统工程和系统工程技术中的事故树法原理建立了外因火灾的事故树。由事故树进行定性分析，求出最小割集。再由已建立的事故树建立对应的成功树求出最小径集。对其结构重要度进行了分析排序，得到各个影响因素对顶上事件影响程度的定性结果。然后根据事故树数据进行定量计算，取原事故树的右部分支进行延伸和修改，主要求出其概率重要度和关键重要度，再进行重要度排序，即可得到各个影响因素影响程度的定量认识。最终得出皮带摩擦造成高温引燃附近可燃物是外因火灾发生的直接原因，井下通风系统自救系统的隐患是造成火情扩大的重要原因。根据关键重要度结果和事故树结构分析，发现通过对通风系统和安全生产管理进行控制是防止火情扩大的有效途径。

关键词　外因火灾　事故树　定量分析

Fault Tree Pinghu Mine “11 · 1” Fire Accidents

Zhang Lingfan　Chen Zhonghui　Li Bo　Chai Mao

School of Mechanics and Civil Engineering, China University of Mining and Technology, Beijing　100083

Abstract　In order to better control and prevention of external fire accidents of coal mines, reducing fire accidents caused casualties and property losses, to find the effective way to control the external fire control, according to the Fengcheng Mining Bureau Pinghu mine “11 · 1” fire accident and combined with accident tree method principle and relevant information safety system engineering theory and system engineering in the establishment of the accident tree. Qualitative analysis was done by accident tree, find the minimum cut set. Then by the fault tree has been established successfully established

资助项目：中央高校基本科研业务费专项资金（2011YL01）

作者简介：张凌凡（1993—　），男，江苏省启东市人，硕士研究生，主要从事矿山压力与支架－围岩关系方面的研究工作。Tel:18071615582；E－mail:18071615582@163.com tree corresponding to obtain the path set. The structure importance degree is analyzed sorting, get the influence factors on the top event affect the degree of qualitative results. Then according to the fault tree quantitative calculation data, the right part of the original accident tree branch take to extend and modify, mainly calculate the probability importance degree and the critical importance degree, then the importance order, you can get the impact of various factors influence the degree of quantitative. Finally obtains the belt friction caused by high temperature ignition near combustible is the direct reason of external fire occurred, the hidden trouble of underground ventilation system of self-help system is an important cause of the fire expanding. According to the analysis of key importance results and the fault tree structure, found through the ventilation system and safety production management control is a effective way to prevent the fire expanding.

Key words exogenous fire fault tree quantitative analysis

0 引言

事故树分析（FAT）是美国沃森（H. A. Watson）在1961年研究民兵式导弹发射控制系统的安全性评价时首先提出的一种分析方法[1]。现已在各个工业发达国家普遍应用。事故树分析以系统原理为指导思想，根据逻辑学演绎分析的原则，从事故结果到事故发生的原因逆向分析事故。它的特点是利用事故树全面描述事故致因的结构关系，从定性和定量两个方面分析导致事故发生的各因素间的关系，找出对系统影响最大的关键因素，以便决策者抓住主要矛盾，积极采取措施，消灭事故隐患。在煤矿上，事故树法也可以应用于很多方向，如火灾、瓦斯、水灾以及安全管理方面等[2]。

事故树是一种演绎推理的系统安全分析方法，优点是：FTA是图形演绎方法，可通过逻辑推理找出导致事故发生的主要原因和基本原因；具有较高的灵活性，通过深入研究要求分析人员把握系统内的各要素；事故树模型可以定量计算复杂系统发生事故的概率，为改善和评价系统安全性提供了定量依据。但是另一方面，其缺点也很明显：事故树法需要花费大量人力物力和时间；建树过程复杂，难度较大，需要经验丰富的技术人员参与，容易发生遗漏和错误；FTA只考虑（0，1）状态的事件，而大部分系统都存在局部正常、局部故障的状态，建立数学模型时可能会产生误差；FTA虽然可以考虑人的因素，但是人的失误难以量化。所以事故树法可以说是一种缺陷明显但可以发挥很大实际效用的安全分析方法。

1 外因火灾

坪湖矿隶属江西省丰城矿务局，位于丰城矿区东端。该矿1958年建矿，1960年投产，为中小型矿井，采用中央分列式通风，主要工作方式是抽出式。下面以该矿的一起外因火灾为例，采用安全系统工程中的事故树法进行定性定量分析。

火灾是矿井或煤田较为常见的灾害之一，根据目前国内外常用分类方法[3-5]可分为内因火灾和外因火灾。外因火灾是指可燃物在外界火源（明火或高温热源）的作用下，引起燃烧而形成的火灾。表1为火灾发生地点的部分的统计[6]。煤矿井下外因火灾中尤以电气火灾和带式输送机火灾更为严重[7-9]。

表1　火灾发生地点的部分统计

发生事故地点	事故数量/起	占百分比/%
采煤工作面	14	29
掘进工作面	30	61
其他地点	5	10

2　建立事故树

随着现代科学技术的不断发展，大型复杂系统的日益增多，系统的复杂度升高，事故树的规模变大，事故树的计算问题已演化成为NP困难问题，有关事故树定性分析和定量分析的算法研究变得更加重要。早期的事故树都是人工编制，手工进行演算，目前，许多软件可以实现计算机画图辅助人工编制，辅助事故树求解。未来人们将朝着事故树自动生成的方向发展。比如事故树分析专家系统，该系统将借助于专家系统技术，利用计算机对事故树自动进行编制及分析，系统将由推理机、知识库、数据库、解释程序和知识获取等程序组成。在推理机的帮助下，人们将最终实现复杂事故树的计算机自动生成[10,11]。

结合坪湖矿这起外因火灾事故的情况，按照事故树建立的步骤可得到对应事故树如图1所示。

3　定性定量计算

事故树是在实际事故逻辑发展基础上建立起来的，下面进入事故树安全分析法的关键步骤，也就是定性定量计算。该过程包括了对事故树的几项关键参数的计算，最小割集、最小径集、结构重要度、概率重要度和关键重要度。最小割集、最小径集和结构重要度属于定性分析范畴，即不求出基本事件的发生概率而仅从事故树的结构入手，对各个基本事件的顶上事件发生的影响程度有了初步比较。而概率重要度和关键重要度包含了定量的计算，需要通过相关公式求出并进行重要度比较[12,13]。在下面的计算过程中，为了得到预期结果需要取出事故树的部分分支进行定量计算。

3.1　求解最小割集和最小径集

最小割集和最小径集在事故树分析中作用十分重要。最小割集表示系统的危险性，最小割集可以直观地比较出各种故障模式的危险性。最小径集表示系统的安全性，从最小径集可以选择控制事故的最佳方案。利用最小割集和最小径集可以对事故树进行结构重要度分析，也可以对系统进行定量分析和评价。

最小割集的定义是能够引起顶上事件发生的最低限度的基本事件的集合，只要该集合中所有基本事件都发生，系统就会出现故障。集合所包含的基本事件越少，集合所代表的故障出现的可能性越大，对某一系统而言，最小割集越多，割集所包含总的基本事件越少，该系统的可能性越大。事故树中含有一个最小割集，说明该系统就有一种故障模式。

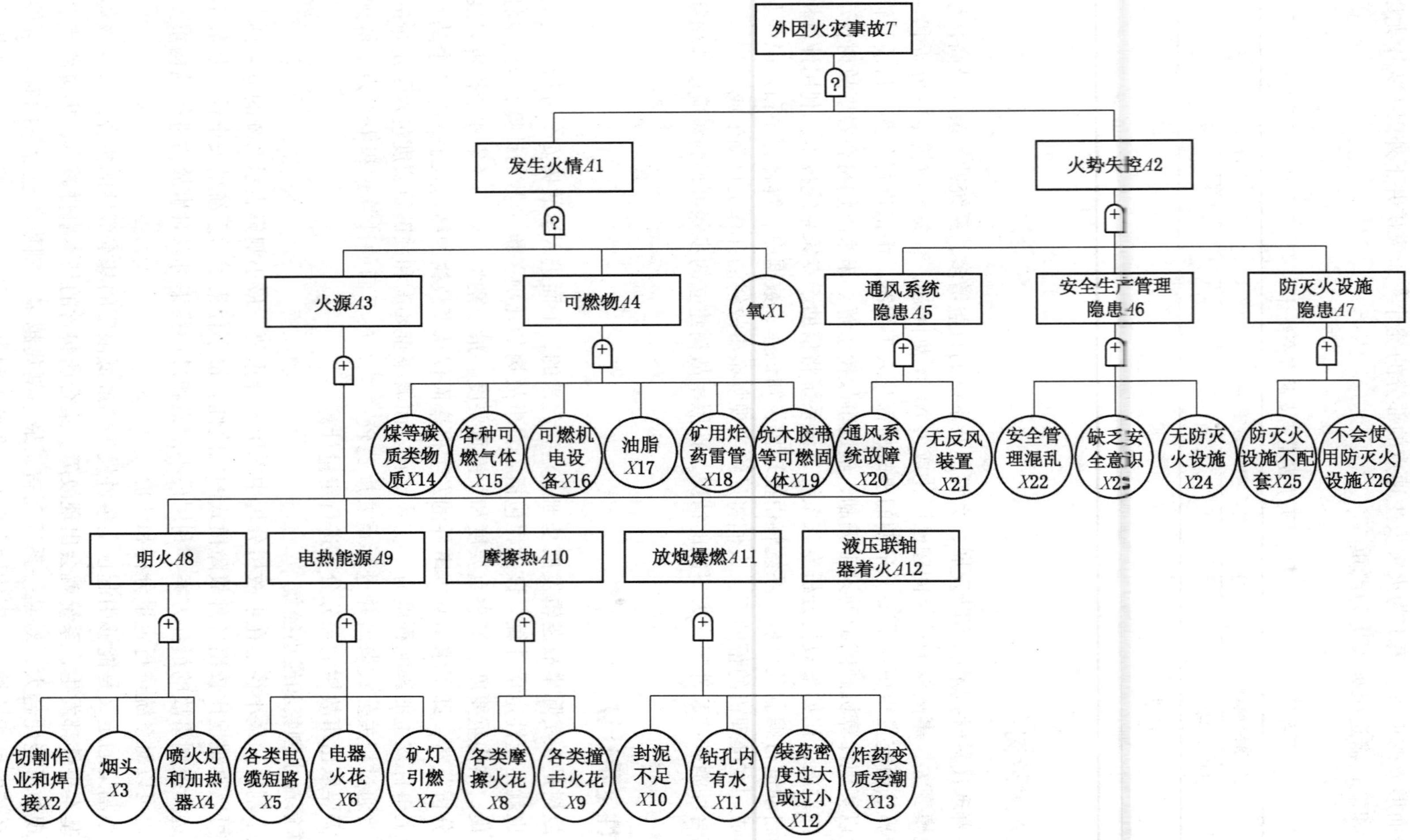

外因火灾事故T
发生火情A1
火势失控A2
火源A3
可燃物A4
氧X1
通风系统隐患A5
安全生产管理隐患A6
防灭火设施隐患A7
煤等碳质类物质X14
各种可燃气体X15
可燃机电设备X16
油脂X17
矿用炸药雷管X18
坑木胶带等可燃固体X19
通风系统故障X20
无反风装置X21
安全管理混乱X22
缺乏安全意识X23
无防灭火设施X24
防灭火设施不配套X25
不会使用防灭火设施X26
明火A8
电热能源A9
摩擦热A10
放炮爆燃A11
液压联轴器着火A12
切割作业和焊接X2
烟头X3
喷火灯和加热器X4
各类电缆短路X5
电器火花X6
矿灯引燃X7
各类摩擦火花X8
各类撞击火花X9
封泥不足X10
钻孔内有水X11
装药密度过大或过小X12
炸药变质受潮X13

图 1　外因火灾事故树

最小割集含有的基本事件越少，这种故障模式就越危险。只含有一个基本事件的割集最危险。最小割集的求法有行列法、布尔代数简化法、结构法、质数代入法和矩阵法，这里用布尔代数法求解。

部分具体运算过程如下：

$$T=A_1\times A_2$$

将上式按照事故树展开，得

$$T=(A_3\times A_4\times X_1)\times(A_5+A_6+A_7)=(A_8+A_9+A_{10}+A_{11}+A_{12})\times(X_{14}+X_{15}+X_{16}+X_{17}+X_{18}+X_{19})\times X_1\times(X_{20}+X_{21}+X_{22}+X_{23}+X_{24}+X_{25}+X_{26})$$

将上式继续化简，为了方便计算，令 $A_{12}=X_{27}$，

$$A_8+A_9+A_{10}+A_{11}+A_{12}=X_2+X_3+X_4+X_5+X_6+X_7+X_8+X_9+X_{10}+X_{11}+X_{12}+X_{13}+X_{27}$$

$$A_5+A_6+A_7=X_{20}+X_{21}+X_{22}+X_{23}+X_{24}+X_{25}+X_{26}$$

依次求得，最小割集是：

$$K_1=\{X_2,\ X_1,\ X_{14},\ X_{20}\}$$
$$K_2=\{X_2,\ X_1,\ X_{14},\ X_{21}\}$$
$$K_3=\{X_2,\ X_1,\ X_{14},\ X_{22}\}$$
$$\vdots$$
$$K_{544}=\{X_{27},\ X_1,\ X_{19},\ X_{24}\}$$
$$K_{545}=\{X_{27},\ X_1,\ X_{19},\ X_{25}\}$$
$$K_{546}=\{X_{27},\ X_1,\ X_{19},\ X_{26}\}$$

以上是最小割集求解的全过程，下面做出该事故树对应的成功树，成功树既是该事故树的对偶树，由与门和或门互换得到，用来求出最小径集。成功树如图 2 所示。

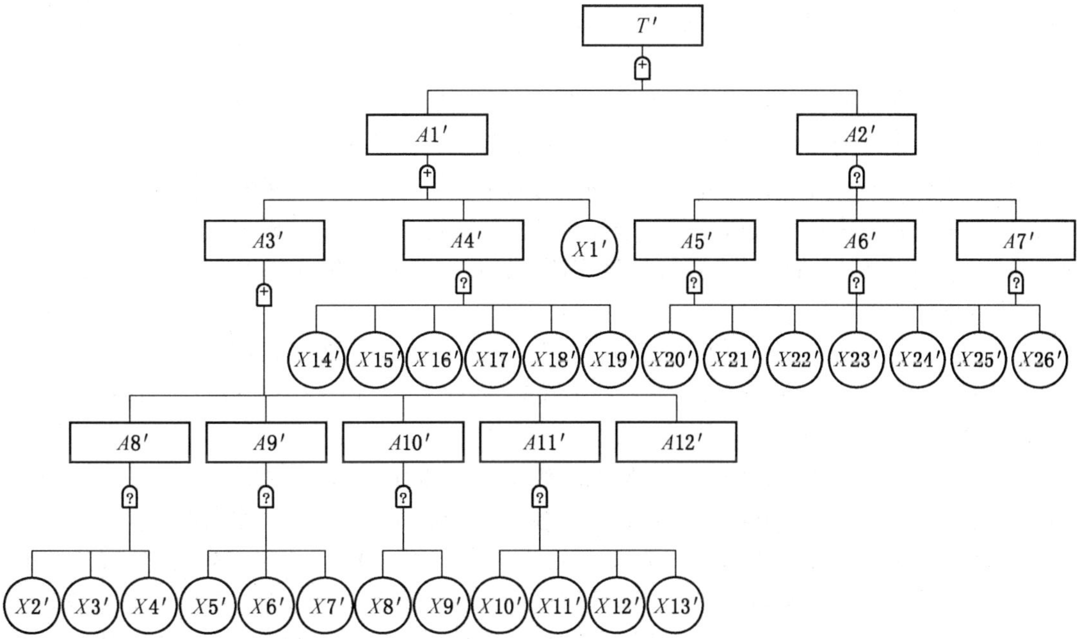

图 2　成功树

最小径集的定义是，如果径集中任意去掉一个基本事件后就不再是径集，那么该径集就是最小径集，最小径集简而言之就是保证顶上事件不发生的充分不必要条件。最小径集表示了系统的安全性，事故树中有一个最小径集，则顶上事件不发生的可能性就有一种；事故树最小径集越多，说明控制顶上事件不发生的方案就越多，系统的安全性就越高。从最小径集可选择控制事故的最佳方案，事故树中有一个最小径集，控制顶上事件不发生的方案就有一种。一个事故树有几个最小径集，使顶上事件不发生的方案就有几种。在这些方案中，一般说来，控制少事件最小径集中的基本事件比控制多个基本事件省工、省时、经济、有效。成功树是事故树的对偶树。根据上图中的成功树就可以求出最小径集：

$$T' = A_1' + A_2'$$

按照成功树展开可得

$$T' = (A_3' + A_4' + X_1') + A_5' \times A_6' \times A_7'$$

最后可以求得最小径集如下：

$$P_1 = \{X_2'X_3'X_4'X_5'X_6'X_7'X_8'X_9'X_{10}'X_{11}'X_{12}'X_{13}'X_{27}'\}$$

$$P_2 = \{X_{14}'X_{15}'X_{16}'X_{17}'X_{18}'X_{19}'\}$$

$$P_3 = \{X_1'\}$$

$$P_4 = \{X_{20}'X_{21}'X_{22}'X_{23}'X_{24}'X_{25}'X_{26}'\}$$

通过求解最小割集和最小径集可以对事故树做一个初步分析，事故树中含有或门83%，含有与门17%，对比两者比例可发现发生火灾事故的可能性很大，总共546个最小割集但只有4个最小径集，可以发现事故发生的可能途径有很多，但是有效的控制途径却很少。

3.2 定量计算

下面开始对事故树进行定量计算，首先计算事故树的重要度。一般情况考虑的有结构重要度、概率重要度和关键重要度等。结构重要度实际上属于定性分析的范畴，但这里为了归纳方便，放在这里计算。

结构重要度简而言之就是不考虑基本事件发生的概率是多少，仅仅从事故树的结构上分析各个基本事件的发生对顶上事件发生的影响程度，其求法中包含近似判断等方法。计算结构重要度有多种方法，此处采取一种相对简单容易理解的方法求解结构重要度，就是用最小割集或者最小径集近似判断各个基本事件的结构重要系数。根据朱红青老师编写的《安全系统工程》[14]中介绍的4条计算排序原则，按照最小割集的基本事件出现次数，结构重要度排序为

$$I(1)>I(14)=I(15)=I(16)=I(17)=I(18)=I(19)>I(20)=I(21)=I(22)=I(23)=I(24)=I(25)=I(26)>I(2)=I(3)=I(4)=I(5)=I(6)=I(7)=I(8)=I(9)=I(10)=I(11)=I(12)=I(13)=I(27)$$

仔细观察结构重要度排序，可以发现事故树中总共有27个基本事件，由4个部分或者说4个范畴一起构成，其中X_1结构重要度最大，但是研究X_1对于控制事故树可能发生的途径意义不大，所以要从稍次于X_1的因素入手，比如说X_{14}至X_{19}，又可以发现这些因素属于可燃物范畴，在实际生产中，虽然可以进行材料改进，但是无法从根本上规避。所以不难发现可以重点从X_{20}至X_{26}入手，寻求控制途径。事故树的概率重要度表示某个基本事件发生概率的变化引起顶上事件发生的概率变化的程度。具体概率重要度计算公式如

下：

$$I_g(i)=\frac{\partial P(T)}{\partial qi}\quad (i=1,\ 2,\ \cdots,\ n)$$

式中　$P(T)$——顶上事件发生概率；

　　qi——第 i 个基本事件发生概率。

概率重要度有一个性质，就是如果所有事件概率重要度系数都等于 0.5，那么基本事件的概率重要度等于基本事件的结构重要度。关键重要度的定义是表示某个事件发生概率的变化率引起顶上事件发生概率的变化率，它比概率重要度更合理也更具有实际意义，其计算公式如下：

$$I_g^c(i)=\lim_{\Delta qi\to 0}\frac{\Delta P(T)/P(T)}{\Delta qi/qi}=\frac{qi}{P(T)}\cdot\lim_{\Delta qi\to 0}\frac{\Delta P(T)}{\Delta qi}=\frac{qi}{P(T)}\cdot I_g(i)$$

下面取出事故树中的右部部分分支，为了方便计算对于对应的事件序号进行了修改并延伸，分析右部部分的特性和对右部部分顶上事件的影响程度。与原有事故树本质相同但是需要重新计算每个基本事件的概率重要度，进行关键重要度计算[15]，事故树如图 3 所示：

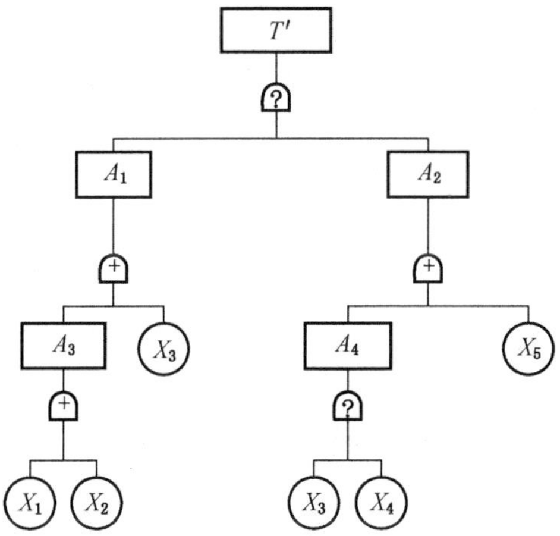

图 3　右部延伸修改事故树

在进行计算前，先设定基本事件 X_1，X_2，X_3，X_4，X_5 的概率分别为：$q_1=0.01$，$q_2=0.02$，$q_3=0.03$，$q_4=0.04$，$q_5-0.05$，接下来分别代入公式进行计算：

$$P(T)=q_3q_5+(1-q_3)q_4q_5+(1-q_5)q_1q_2q_3$$

上式通过不交集运算得出，属于系统工程中的常规运算，这里不详细说明过程。

$$Ig(1)=(1-q_5)q_2q_3$$

$$Ig(2)=(1-q_5)q_1q_3$$

$$Ig(3)=[q_5-q_4q_5+(1-q_5)q_1q_2]$$

$$Ig(4)=(1-q_3)q_5$$

$$Ig(5)=[q_3+(1-q_3)q_4-q_1q_2q_3]$$

下面代入关键重要度计算公式即可：

$$(1)=q_1/P(T)\times Ig(1)=0.00165$$

$$(2)=q_2/P(T)\times Ig(2)=0.00165$$

$$(3)=q_3/P(T)\times Ig(3)=0.41086$$

$$(4)=q_4/P(T)\times Ig(4)=0.55$$

$$(5)=q_5/P(T)\times Ig(5)=0.9983$$

综合上述计算可得，X_5对顶上事件的影响比较大，属于需要重点采取控制手段的基本事件。通过对右部部分事故树的研究可以说明该部分事故树的运作原理，从而对影响顶上事件的程度有了直观认识，也为采取控制措施提供了科学依据。结合图 1、图 2、图 3，通过建立事故树，定性定量分析事故树，对于这次外因火灾事故有了系统的认识。该起火灾事故发生火情的直接原因是皮带摩擦起火，对应于事故树中的 X_8 基本事件，导致火情扩大酿成火灾的重要原因是井下通风自救系统不完善、没有发挥作用，对应于事故树的 A_5，这与实际情况是吻合的。

对于一个系统性的外因火灾事故树而言，实际上通过定性定量运算，最终得出的事故原因的矛头都指向可燃物、氧气和火源三个基本因素，这三者在井下是普遍存在的，似乎没有研究价值，只要一个基本事件发生，就很可能会导致顶上事件发生。但是通过事故树计算不难发现，事故树的右部也在事故发生过程中起到重要影响，它主要决定了火情是否会扩大直至失去控制，酿成伤亡事故。

4 结论

（1）通过事故树分析，坪湖矿外因火灾事故的直接原因是皮带摩擦起火，引燃周围可燃物。导致事故扩大至火情失去控制的主要原因是通风系统隐患，缺少反风装置，安全生产管理混乱。

（2）定量分析结果发现氧气这一基本事件在事故树重要度排序中最为重要，此基本事件可作为条件因素用于衍生的事故树建树，并可采用模糊数求解。

（3）完善通风系统和安全生产管理是控制外因火灾的有效途径。

参 考 文 献

[1] 邢冀．复杂事故树定性与定量分析算法研究与应用［J］．昆明理工大学校报，2007，6（5）：7－13.

[2] 孟昭君，李希建，李国祯．事故树分析法在发耳煤矿安全评价中的应用［J］．煤炭技术，2009，28（10）：66－69.

[3] 邓舜发．浅谈江西小煤矿火灾事故原因及其防治［J］．江西煤炭科技，2010（2）：22－24.

[4] 周心权．煤矿火灾典型事故案例剖析［J］．煤炭科技，2006（1）：2－7.

[5] 张诚．煤矿外因火灾防治研究［M］．北京：华北电力大学出版社，2011.

[6] 张国枢．通风安全学第二版［M］．北京：中国矿业大学出版社，2011.

［7］陈晨，齐庆杰．矿井火灾防治技术的发展现状及趋势［J］．煤炭技术，2009，28（3）：3－5.
［8］孙继平．立胜煤矿 1.5 特别重大电气火灾事故分析及防范措施［J］．工矿自动化，2012（1）：1－4.
［9］徐晓明．煤矿井下胶带输送机火灾事故分析及预防对策［J］．煤矿安全，2010（1）：132－134.
［10］张飞．煤矿火灾的事故树分析［J］．煤炭工程，2009（6）：69－71.
［11］沈雯敏．事故树分析法在煤矿外因火灾事故分析中的应用［J］．煤炭工程，2009（3）：7－10.
［12］张友臣．煤矿矿井火灾事故树评价分析［J］．煤炭科技，2010（1）：83－85.
［13］史润水．事故树定量分析与安全指标的数学模型的建立［J］．中国安全科学学报，1997，7（2）：14－17.
［14］朱红青．安全系统工程［M］．北京：中国矿业大学出版社，2012.
［15］张项学．煤矿安全管理的事故树分析方法［J］．煤炭科技，2000（2）：10－16.

微生物技术防治煤自燃研究

高尔新　王　伟　李远方　程　亚　翟新新　李云垠　智灿灿

中国矿业大学（北京）力学与建筑工程学院，北京　100083

摘　要　本论文探讨了利用微生物菌种产生的 CO_2 防治煤自燃的基本原理及实验。研究结果证明，微生物菌种与玉米粉和面粉相混合后产生 CO_2 防治煤自燃的效果更好。另外，微生物菌种结合具有一定黏稠度的面粉培养液，可以达到既封闭供氧渠道又能大量产生 CO_2，和常用的浇水灭火技术相比，灭火效率更高。

关键词　微生物　煤自燃　温度

The methods of prevention for coal spontaneous combustion by microbial technology

Gao Erxin　Wang Wei　Li Yuanfang　Cheng Ya
Zhai Xinxin　Li Yunyin　Zhi Cancan

School of Mechanics and Civil Engineering, China University of Mining and Technology, Beijing　100083

Abstract　The method for prevention of coal spontaneous combustion by microbial technology has been developed in this article. The CO_2 produced by microbial strains for prevention the spontaneous combustion of coal has been studied. Study results show that CO_2 produced by microorganisms mixed with corn flour and wheat flour can prevent for spontaneous combustion of coal. In addition, Microorganisms combine flour broth has more viscosity and it is not only blocking the oxygen supply channel, but also generate a lot of CO_2. So It is more efficient for fire - fighting, compared to conventional water extinguishing technology.

Key words　microorganism　coal spontaneous combustion　temperature

0　引言

在我国煤炭自燃现象非常普通，在国有煤矿和大型矿山中，约有一半煤矿具有自燃发

资助项目： 中央国家机关基本科研业务费（2012YL01）

作者简介： 高尔新（1954—　），男，中国矿业大学（北京）教授，从事土木工程专业。Tel:13426106972

火危险性[1]，而煤炭自燃引起的火灾事故将对各个方面造成严重危害。

1　微生物技术控制氧浓度的实验研究

1.1　微生物菌种的选取与制备

枯草杆菌（Bacillus Subtilis）是重要的α－淀粉酶生产菌，是芽孢杆菌属的一种。此次实验采用一次扩大培养，方法是摇瓶培养。整个过程都是需要时刻进行调节的，主要的调节项目为温度、PH，因为菌体在生长的各个阶段，温度和PH都有所变化。本研究对枯草芽孢杆菌进行筛选、扩大培养和发酵的控制，确定了枯草芽孢杆菌的最佳发酵条件。

1.2　枯草芽孢杆菌控制氧含量的实验研究

本文建立了利用枯草芽孢杆菌控制氧含量的实验测试系统。

利用该测试系统分别监测枯草芽孢杆菌三种不同环境条件下的耗氧过程。

1. 枯草芽孢杆菌在碎煤环境下耗氧过程的实验研究

测试曲线及分析如图1所示。

该实验环境温度为32℃。由图1可以看出，采用牛肉膏蛋白胨液体培养基培育的枯草芽孢杆菌在碎煤环境中生产的CO_2气体过程较慢，但总体来看，随着时间的增加，O_2浓度不断降低，CO_2浓度不断增高，说明在该环境下枯草芽孢杆菌可以生长发育存活。

2. 枯草芽孢杆菌在玉米粉环境下耗氧过程的实验研究

测试曲线及分析如图2所示。

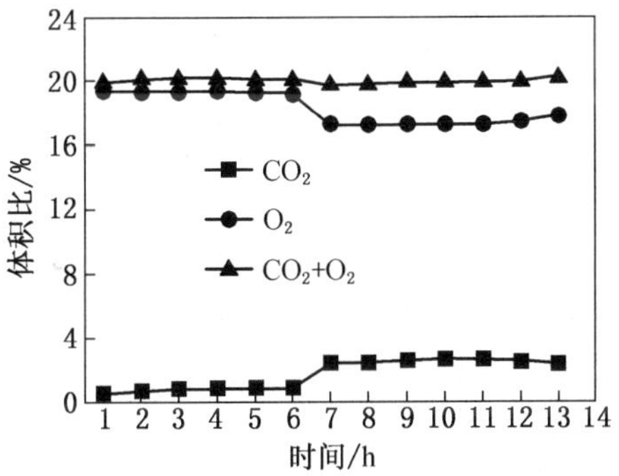

图1　碎煤环境下CO_2/O_2浓度变化曲线

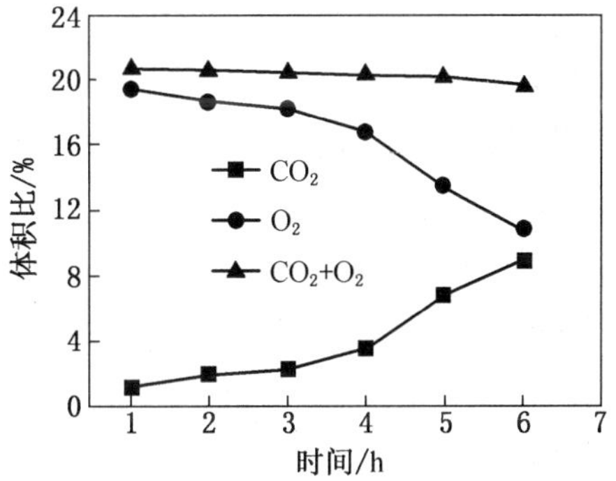

图2　玉米粉环境下CO_2/O_2浓度变化曲线

该实验环境温度同样为32℃。由图2可以看出，采用牛肉膏蛋白胨液体培养基与玉米粉相结合后培育的枯草芽孢杆菌在该环境中生产的CO_2气体过程较快，随着时间的增加，O_2浓度快速降低，CO_2浓度快速增高，说明在该环境下枯草芽孢杆菌有利于生长发育存活。

3. 枯草芽孢杆菌在面粉环境下耗氧过程的实验研究

测试曲线及分析如图3所示。

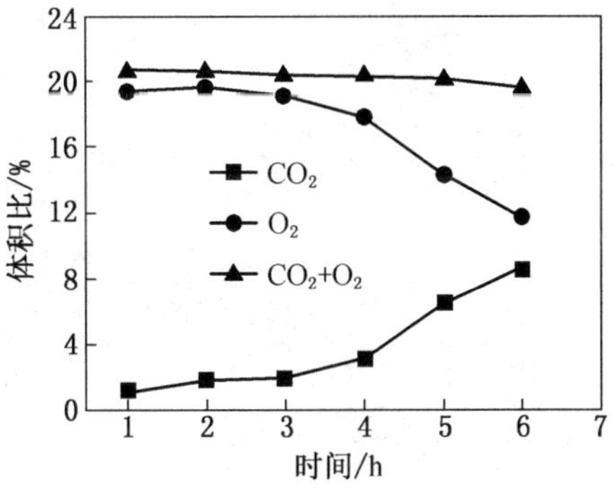

图3　面粉环境下CO_2/O_2浓度变化曲线

该实验环境温度同样为32℃。由图3可以

看出，采用牛肉膏蛋白胨液体培养基与面粉相结合后培育的枯草芽孢杆菌在该环境中生产的 CO_2 气体过程同样较快，说明在该环境下枯草芽孢杆菌也有利于生长发育存活，枯草芽孢杆菌在糊状面粉中会形成大量气泡并放出 CO_2。

该测试曲线说明，枯草芽孢杆菌在面粉环境下的结合，由于面粉与培养液结合形成的黏稠液能够有效地封闭碎煤漏风效果，在封闭的同时还能产生大量的 CO_2，因此达到防治煤自燃的最佳效果。

2 工程实践

2.1 工程概况

1. 工程地质条件

金正泰煤矿位于内蒙古自治区鄂尔多斯市准格尔旗薛家湾镇境内，设计可采量 63.3×10^6 t，矿井设计生产能力 120×10^4 t/a，设计服务年限 48 a，本实验煤样取自 6 上煤层，该煤层属于易自燃煤层，开采过程中经常发生煤炭自燃现象，周围空气质量很差。

2. 环境地质条件

采区内可采煤层变质程度低，挥发分高，含黄铁矿结核或薄膜，为煤层自燃提供了有利条件。根据相邻矿测定结果，煤样原样着火点平均值 317 ~ 320 ℃，氧化样着火点 283 ~ 299 ℃，还原样着火点 343 ~ 349 ℃，ΔT_0 为 29 ~ 74 ℃，属于易自燃煤。

另根据相关煤矿设计院调查表明，该区域煤田的各煤层自燃发火期一般 40 ~ 60 d。根据生产大样所做的煤尘爆炸实验，当煤的火焰长度为星火或 50 ~ 60 mm 时，使煤尘不爆炸的岩粉最低添加量为 55% ~ 60%，故本区煤尘有爆炸危险性。

2.2 煤层自燃情况

该煤矿是在原有的两个井矿开采基础上改建的露天矿井，其老井的采空区必然影响到露天开采。因为 6 号煤层有较多的采空区，而首采区主采 6 号煤层。在开采过程中，6 号煤顶板岩石剥离过程中煤体内部形成大量漏风通道，空气随之进入采空区，致使原采空区处于阴燃的煤体发生复燃。同时，6 号煤为易自燃煤层，变质程度低，挥发分高，含黄铁矿结核或薄膜，为煤层自燃提供了有利条件。煤体发生自燃后火势迅速扩散，延燃至原地下开采采空区范围内。所以，该矿所具有的发火特点有：

（1）火势大，着火程度严重。已暴露的 6 号煤层已发现 4 处明火，如图 4 所示，火点附近温度在 500 ℃以上。在火点附近 CO 浓度达 1500×10^{-6}以上。

图4　6 号煤着火点现场实例

（2）火源位置动态变化不确定。随着顶板的剥离，采空区与巷道的暴露与垮落，地表裂隙增加，上下贯通，漏风严重，着火点正在向深部和上部发展，整个火源点的位置处于不断变化和动态的发展之中。

（3）漏风通道复杂，漏风严重。同时，侧壁与地表裂隙发育好，分布广，导致漏风通道错综复杂，堵漏灭火难以实现。

目前采用的灭火措施主要是浇水降温，

该措施效果不明显，复燃现象十分普遍，在火点形成大量蒸汽。

2.3 利用微生物菌种产生 CO_2 治理煤自燃的措施

（1）首先应分析煤自燃的裂隙区分布及温度场，选择合理的菌种布置部位。

（2）尽量将枯草麦芽杆菌种布置在裂隙区，一方面降低了煤自燃供氧的浓度，另一方面有利于菌种的不断生长。

（3）充分考虑该菌种的生长环境要求，防止阳光直接照射，表面覆盖碎煤，并保持一定的潮湿，增加防灭煤自燃的时效性。

3 工程实践效果

在煤自燃着火点处插入带有温度传感器的钢管，并通过使用智能无纸温度记录仪记录温度变化。如图5所示。

从曲线可以看出，由于枯草麦芽杆菌种与面粉的混合液具有封闭供氧渠道和产生 CO_2 的双重效果，对于煤自燃的降温效果十分明显。

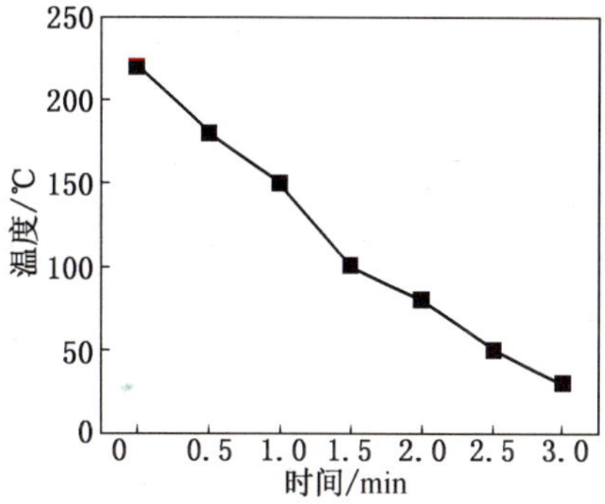

图5 温度变化曲线

4 结论

本文探讨了利用微生物菌种产生的 CO_2 防治煤自燃的基本原理及实验。研究结果证明，微生物菌种与玉米粉和面粉相混合后产生 CO_2 的效果优于直接带有微生物菌种的培养液，且持续时间越长 CO_2 浓度越高，防治煤自燃的效果更好。另外，微生物菌种结合具有一定黏稠度的面粉培养液，可以达到既封闭供氧渠道又能大量产生 CO_2，和常用的浇水灭火技术相比，灭火效率更高，可以有效防止煤的二次燃烧并快速扑灭由煤自燃引发的明火。初步工程实验证明了上述结论。

参 考 文 献

[1] 中国煤炭行业运行报告．中国行业经济运行报告［R］．煤炭财经，2010：140－148. 统计月报（2001）．

CFG 桩复合地基褥垫层最小厚度的研究

汪学清　胡德俊　周坤鹏　许哲东　石瑞明
杨已军　杨　哲　张树辉　徐良超

中国矿业大学（北京）力学与建筑工程学院，北京　100083

摘　要　在 CFG 桩复合地基的设计过程中，由于褥垫层厚度设计缺乏有效的理论指导，以致在确定合理厚度时需要进行载荷试验，这在一定程度上延长了施工工期并且增加了造价。为此本文从褥垫层的破坏机理出发，基于类似太沙基理论破坏时形成的滑动面模型分析，推出了 CFG 桩复合地基褥垫层最小厚度的理论公式。通过数值模拟分析并结合工程实例分析研究，结果表明该理论公式对工程实践具有一定的指导意义。

关键词　CFG 桩复合地基　褥垫层　破坏机理　最小厚度理论公式　数值模拟

Research on the Minimum Thickness of CFG Pile Composite Foundation Cushion

Wang Xueqing　Hu Dejun　Zhou Kunpeng　Xu Zhedong
Shi Ruiming　Yang Yijun　Yang Zhe　Zhang Shuhui　Xu Liangchao

School of Mechanics and Civil Engineering, China University of Mining and Technology, Beijing　100083

Abstract　The reasonable thickness of cushion needs to be tested in the design process of CFG pile composite foundation according to the lack of effective cushion thickness design theory, which not only extends construction time but also increases the cost in some degree. In this paper the minimum thickness theoretical equation of CFG pile composite foundation cushion is derived from the failure mechanism of cushion, as well as on the basis of sliding surface model formed when Terzaghi theory is damaged. Results got from analysis of numerical simulation and engineering examples indicate that the theoretical equation owns a certain guiding significance for the engineering practice.

Key words　CFG pile composite foundation　bedding cushion　failure mechanism

---

资助项目： 中央高校基本科研业务费专项资金（2009QL11）
作者简介： 汪学清，中国矿业大学（北京）力学与建筑工程学院。Tel：13260465081；E－mail：wxqease@163.com

minimum thickness theoretical formula numerical simulation

0 前言

0.1 理论推导现状

CFG 桩是水泥粉煤灰碎石桩的简称，由水泥、粉煤灰、碎石、石屑掺适量水泥组合成类似素混凝土桩性质的高黏结强度桩和桩间土、褥垫层一起组成复合地基。CFG 桩复合地基是由中国建筑科学研究院地基基础研究所在砂石桩中的碎石桩的基础上试验开发的。CFG 桩复合地基立题试验于 1988 年在建设部进行，试验研究成果于 1992 年由建设部组织鉴定，1994 年列入国家重点推广项目，1997 年被列为国家级工法，现已列入国家行业标准《建筑地基处理技术规范》（JGJ 79—2012）。

阎明礼等人[1]对水泥粉煤灰碎石桩复合地基作了较为全面系统的研究，并且对水泥粉煤灰碎石桩在设计施工方法、作用机理这些方面进行全面的阐述。王年云[2,3]从桩刺入时的受力机理分析，基于太沙基（K. Terzaghi）理论破坏时形成的滑动面模型分析，结合桩与桩间土共同分担上部荷载的工程实例，分析导出了垫层最大厚度与最小厚度的理论计算公式。

周龙翔、童华炜、王梦恕等人[4]从理论方面入手，从桩顶上部褥垫层与桩间土上部褥垫层的沉降差出发，推导出了刚性结构层下褥垫层最小厚度的理论计算公式。池跃君，宋二祥等人[5]基于 Mandel 与 Salencon 破坏模式，利用塑性理论并借助于数值积分的方法，提出了褥垫层厚度经验与理论结合的计算方法。

但是目前对褥垫层厚度的研究大多是一个范围值，满足不了 CFG 桩复合地基褥垫层厚度确定的要求。同时已有的研究成果还落后目前的工程实践，褥垫层厚度的理论方面还有待进一步研究。

0.2 数值分析现状

有限差分法是将所有研究区域内的基本控制微分物理方程以边界条件近似差分方程表示，能够有效地在每一步重新生成有限差分方程。FLAC 是快速拉格朗日差分分析（Fast Lagrangian Analysis of Continua）的简写，该算法可以准确地模拟材料的屈服、塑性流动、软化直至大变形，尤其在材料的弹塑性分析、大变形分析有其独到的优点。FLAC 是岩土工程界比较流行、被广泛使用的有限差分软件。

李坛，赵其华[6]等人将有限差分法运用到在 CFG 桩复合地基中去，探讨了桩与土的相互作用，对夯扩 CFG 桩复合地基中桩及土层的荷载传递规律进行研究。李天祺、王宁伟[7]等人利用 $FLAC^{3D}$研究采用不同厚度和模量的褥垫层时，模拟了复合地基沉降、桩端沉降、褥垫层压缩量和桩土应力等参数的变化规律。

但是采用数值模拟还存在一些问题，主要表现为模型建立过于简单、复合地基的群桩效应模拟不到位、桩土分界面参数设置不合理和未考虑褥垫层模拟破坏模型等问题。

1 理论分析

褥垫层技术是 CFG 桩复合地基的一个关键技术，也是 CFG 桩复合地基区别于其他地基的一个重要特征，尤其是地基的许多特性都与褥垫层的厚度有关[8]。褥垫层厚度过小，圣维南现象特别明显，桩顶对基础底面应力集中非常明显，这时需要考虑桩顶对基础的冲切作用，如此势必基础加厚；如果基础承受水平荷载较大，很可能导致 CFG 桩断裂；同时桩间土承载力不能得到充分的发挥，要达到承载力要求必然要增加桩的数量或者增加桩的长度，造成了经济上的浪费。褥垫层厚度过大，这能够较好地发挥桩间土的承载力，但是会导致桩、土应力比趋于相等，失去了在复合地基中设置 CFG 桩的意义。这种复合地基处理方法相当于置换法，其承载能力比天然地基没有较大的提高，建筑物的变形也大。综上分析，CFG 桩复合地基中的褥垫层厚度不能过小也不能过大，必须有一个适宜的合理厚度。

王年云[3]从桩刺入时的受力机理分析，基于太沙基（K. Terzaghi）理论提出褥垫层最小厚度的概念。假定滑动面不受其他条件的影响，滑动面顶点刚好与基础底面接触时，其滑动阻力最小，则此时褥垫层厚度为最小值。最小厚度由两部分组成：圆锥体（弹性区，与弹性核类似）的高度 h_1 及滑动曲面 bf 段竖直方向的顶点到圆锥体顶点的高度 h_2，则 $h_{min}=h_1+h_2$，如图 1 所示。在推论时，由于曲面 bf 段以圆弧曲线代替对数螺线计算，给出了最小厚度 h_{min}的表达式。工程实例分析[3]：当 $\varphi_k=30°$，$D=377$ mm 时，求得 $h_1=108$ mm，$h_2=580$ mm，则褥垫层的最小厚度 $h_{min}=688$ m，但是工程褥垫适宜厚度取值为 100～300 mm，显然按文献［3］所推的公式计算是不合理的。

褥垫层的厚度过大时可以形成太沙基（K. Terzaghi）模型的滑动破坏面，按其求褥垫层的厚度有一定的合理性，而工程实践中不可能达到那么大的厚度，因此也不会形成图 1 的破坏模式。因此实际工程中基础底面必与滑动面相交，如图 2 所示。此时，滑动面 bfg 不再是“圆滑”的曲线，这势必增加滑动的总阻力（等于图 1 中滑动面的总阻力）[2]。随着垫层厚度的减少，滑动面中直线段 BF 所占的比例在增大，总阻力也在增大，桩刺入量在减少，则桩间土承载力发挥作用也在减少。当垫层厚度相当小时，则基础底面越来越接近圆锥体。在其他条件相同时，厚度越小，桩间土发挥作用越来越小，圣维南现象也越明显，对基础的冲切作用也越来越显著。但是，为了保证桩、土共同承担荷载和发挥桩间土的承载力作用，则要求务必能形成滑动破坏面。假定褥垫层厚度最小时所形成的破坏模式也类似太沙基理论中的弹性区，基底完全粗糙，则基础底面与圆锥体顶点刚接触时的垫层厚度为褥垫层的最小厚度，其夹角即为内摩擦角，即 $\varphi_k=\varphi$，则：

$$h_{min}=\frac{D}{2}\tan\varphi \tag{1}$$

式中 h_{min}——褥垫层的最小厚度，mm；

D——CFG 桩的桩顶直径，mm；

φ——褥垫层的内摩擦角，(°)。

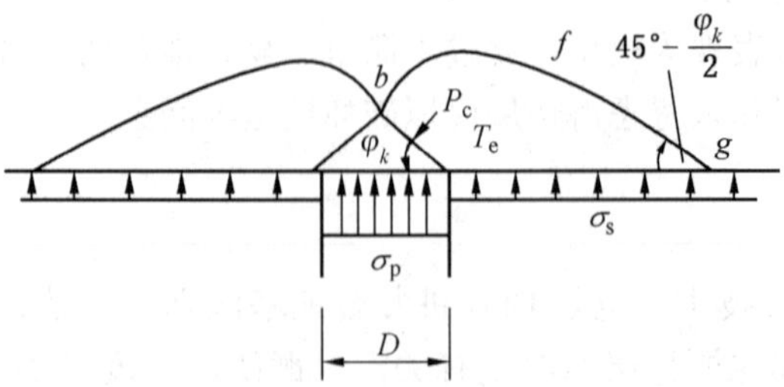

图 1　桩刺入时滑动面性状

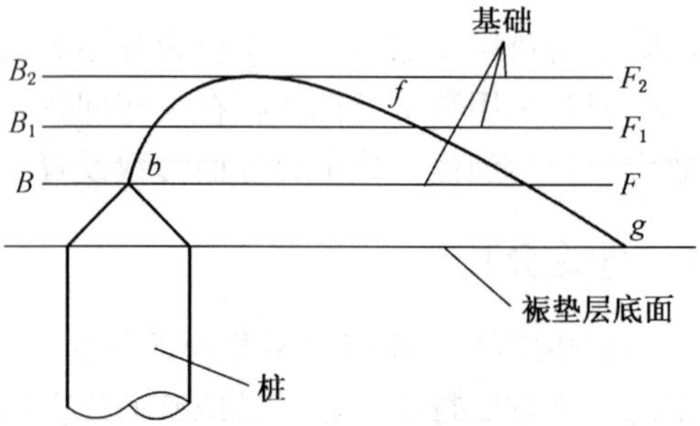

图 2　基础底面与滑动面关系

2 数值模拟

2.1 模型的建立

计算分析采用 $FLAC^{3D}$（Fast Lagrangian Analysis of Continua，连续介质快速拉格朗日分析）软件，该软件是由美国 ITASCA 公司和 Cundall 开发出的有限差分数值计算程序，它可以模拟岩土或其他材料的三维力学问题，尤其在材料的大变形分析、弹塑性分析以及施工过程模拟等领域有较大的优点[9]。

本文的模型为单桩 CFG 复合地基，共剖分 3170 个节点，2454 个单元。土体和垫层采用摩尔—库伦弹塑性模型[7]，CFG 桩及承台采用线弹性模型。在桩端处设横向接触面单元与其相交，在桩与土体、桩与垫层之间设置了接触单元模拟桩土之间的滑动。主要材料参数取自文献［7］，其他材料参数取有代表性的数值，见表 1。为减小边界对数值模拟分析的影响，垫层边平面上向外延 2. 1 m，桩顶竖向剖面内向下延 15 m，如图 3 所示。CFG 桩及 CFG 桩侧范围的土体及垫层的网格进行加密，计算时取 1/4 部分进行分析，如图 4 所示。边条件的设置为：顶边自由，约束竖直面上土体在径向上的位移，约束底边土体在轴向上的位移。

表1 计算模型材料参数

名称	变形模量/MPa	剪切模量/MPa	泊松比	厚度/m	直径/m	内摩擦角/(°)	黏聚力/kPa	重度/(kN · m⁻³)
基础	2.8×10^4	9.7×10^3	0. 2	0. 4	1. 18			25
褥垫层	55	16. 34	0. 25		4. 2	29	0	20
桩	1.0×10^4	3.44×10^3	0. 2	10	0. 4			25
桩间土	10	2. 44	0. 3		4. 2	20	20	18
桩端土	30	7. 31	0. 3	5	4. 2	25	5	20

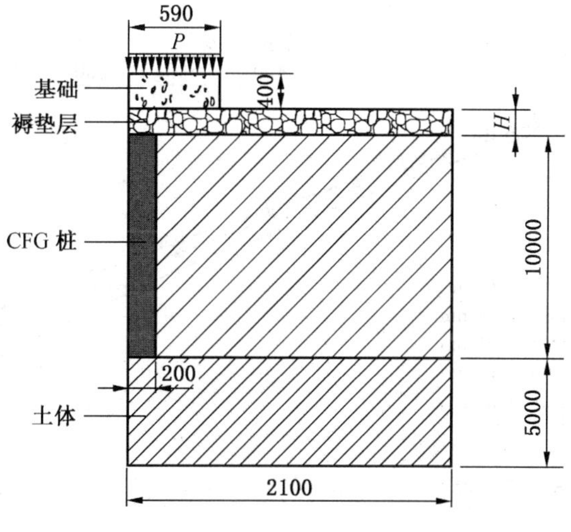

图3 模型几何尺寸示意图

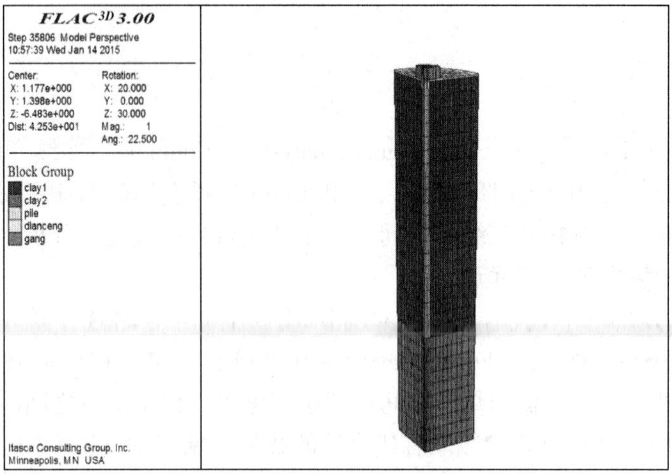

图4　网格划分示意图

根据式（1），算得 $h_{\min}=110.9$ mm，为方便建模取值110 mm，对于CFG桩复合地基，目前工程应用中的垫层厚度一般在100～300 mm，为更接近于工程实际和便于模拟分析，本次褥垫层厚度分别取70 mm、110 mm、150 mm、190 mm、230 mm。由于基础的刚度相比复合地基的刚度要大得多，因此基础作用在复合地基荷载可等效为施加在基础上的均布荷载，因此基础承受均布荷载，分别取：100 kPa、200 kPa、300 kPa、400 kPa、500 kPa、600 kPa、700 kPa、800 kPa。

2.2　数值计算结果分析

由图5可知，随着荷载的增大，地基沉降一直在增大，当荷载增大到800 kPa时，不同厚度的褥垫层 $P-s$ 曲线均未出现拐点，表明该复合地基的承载力不小于800 kPa；在同一荷载条件下，不同褥垫层厚度的沉降差值越来越大，且复合地基沉降随着褥垫层厚度的增大而增大，表明褥垫层厚度对复合地基沉降的影响越来越大。

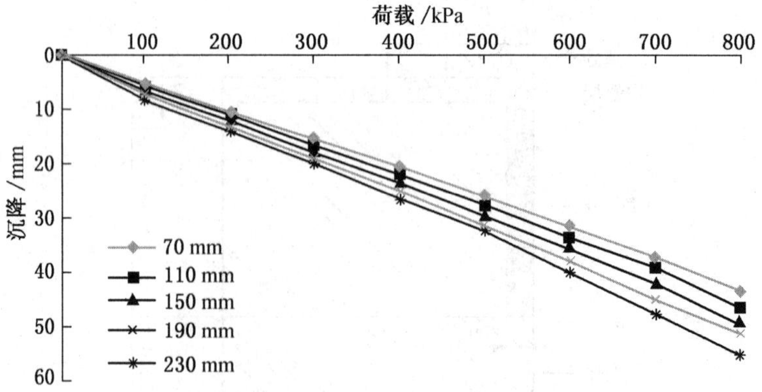

图5　不同褥垫层厚度下荷载与复合地基沉降的关系曲线

由图6可知，随着褥垫层厚度的增大，在同一褥垫层厚度条件下，不同荷载下的桩土应力比差值减小，曲线斜率越来越小。随着褥垫层厚度的减小，不同荷载下的桩土应力比差值增大，曲线斜率越来越大，在褥垫层厚度为 110 mm 时曲线的曲率增大较多。

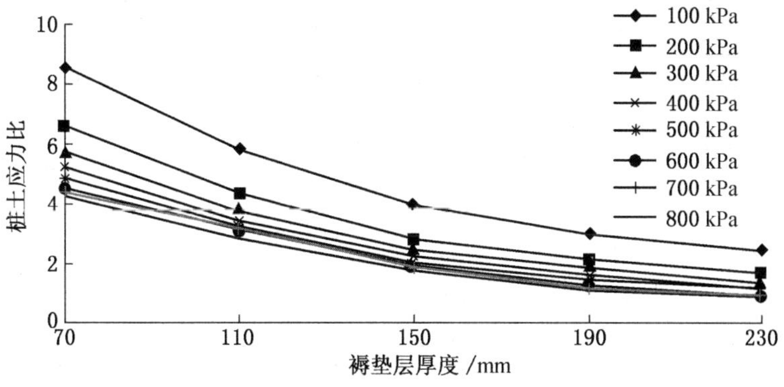

图6　不同荷载下褥垫层厚度与桩土应力比的关系曲线

由图 7 可知，褥垫层厚度从 230 mm 变化至 150 mm 时，桩土应力比变化较小；当从 150 mm 变化至 110 mm、110 mm 变化至 70 mm 时变化很大，说明桩土应力比在褥垫层厚度为 110 mm 左右时发生了很大变化。从表 2 可知，在褥垫层厚度为 190 mm 时，桩土平均应力比变化率 32. 03%；在褥垫层厚度为 150 mm 时，桩土平均应力比变化率 37. 87%；在褥垫层厚度为 110 mm 时，桩土平均应力比变化率突然增大到 59. 66%，而在褥垫层厚度为 70 mm 时下降到 48. 39%，表明褥垫层厚度为 110 mm 是桩土应力比变化率曲线的驻点。同时从表中可以看出桩土平均应力比变化值的变化率在 150 mm 时为 56. 10%，在 110 mm 时突增到 117. 19%，在 70 mm 时减到 29. 50%，表明褥垫层厚度为 110 mm 是桩土应力比变化值的变化率曲线的驻点。

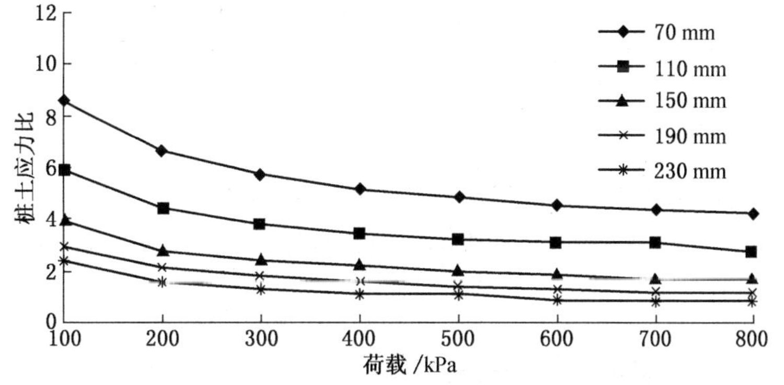

图7　不同褥垫层厚度下荷载与桩土应力比的关系曲线

综上所述，从桩土应力比曲线图来看，褥垫层厚度为 110 mm 是桩土应力比的一个转折点，是褥垫层设置厚度的一个极值点；从褥垫层技术方面来讲，褥垫层厚度越小，桩顶刺入褥垫层发生的刺入变形越小，垫层调节桩、土荷载分担比的效用越来越小，因此桩土

表2　不同褥垫层厚度的桩土应力比分析

荷　载/kPa	厚　度/mm				
	230	190	150	110	70
100	2.38	2.92	3.95	5.89	8.60
200	1.62	2.08	2.79	4.41	6.64
300	1.30	1.81	2.39	3.79	5.74
400	1.11	1.58	2.19	3.46	5.20
500	1.14	1.41	1.98	3.23	4.83
600	0.88	1.28	1.85	3.08	4.54
700	0.91	1.18	1.76	3.13	4.34
800	0.87	1.23	1.74	2.80	4.25
总桩土应力比	10.21	13.49	18.67	29.79	44.13
桩土平均应力比	1.28	1.69	2.33	3.72	5.52
桩土平均应力比变化值		0.41	0.64	1.39	1.80
桩土平均应力比变化率/%		32.03	37.87	59.66	48.39
桩土平均应力比变化值的变化值			0.23	0.75	0.41
桩土平均应力比变化值的变化率/%			56.10	117.19	29.50

注：1. 桩土平均应力比变化值的变化值＝相邻的两个褥垫层厚度桩土平均应力比变化值的差。

2. 桩土平均应力比变化值的变化率＝桩土平均应力比变化值的变化值占前一个桩土平均应力比变化值的百分比。

应力比越大。如果褥垫层的厚度过小，则桩间土承载力发挥作用很小，导致桩土应力比急剧增大，此时的厚度即为最小厚度。虽然本图的桩土应力比 n 总体偏小，这是为方便分析，桩顶的应力取值点为桩顶与褥垫层接触面之间距离桩轴中心 100 mm 处，桩间土应力取值点为桩间土与褥垫层接触面之间距离桩轴中心 395 mm 处，通过归纳总结分析发现：这并不影响结果的对比分析。桩土应力比在褥垫层厚度为 110 mm 左右时发生了很大的变化，表明在该模型条件下，110 mm 即为褥垫层最小厚度。

3　实例分析

某建筑工程地基为[4]：CFG 桩复合地基，其 CFG 桩直径 $d=0.50$ m，褥垫层（砂垫层）内摩擦角 $\varphi=30°$，CFG 桩长 $l=10$ m，梅花型布桩，桩间距 $s=1.2$ m，则置换率 $m=0.157$。

按式（1）算得 $h_{min}=144$ mm。

按文献［4］、［5］最小厚度计算公式计算：

$$h_{min}=\frac{\left[\frac{n}{1+m(n-1)}-1\right]d}{2k_p\tan\varphi} \tag{2}$$

式中　h_{min}——褥垫层的最小厚度，mm；

n——桩顶面处桩土应力比；

d——CFG 桩的桩顶直径，mm；

m——置换率；

k_p——被动土压力系数，$k_p = \tan^2(45 + \varphi/2)$；

φ——褥垫层的内摩擦角，(°)。

$$n = S_q N_q \tag{3}$$

假定桩顶面处桩土应力比 $n=4$，算得 $h_{min}=248$ mm。$H/D=0.5$，$m=0.157$，由文献［5］中的结论并结合图8，可推得 $n=43$，因此可知假设桩顶面处桩土应力比 $n=4$ 不合理。假设桩顶面处桩土应力比 $n=17$，反推得桩土应力比 $n=17$，表明该工程实例结合式（2）和式（3）计算，得桩土应力比 $n=17$，可得 $h_{min}=554$ mm。

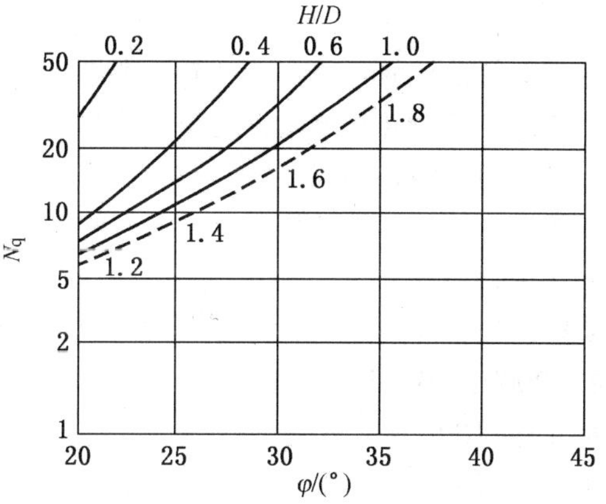

图8　N_q 与 H/D、内摩擦角 φ 的关系

在工程实际应用过程中上，褥垫层厚度过小时，n 等于7左右，本例按文献［4］和［5］推论得 $h_{min}=554$ mm，$n=17$，由此可知文献［4］和［5］的推论有所欠缺。按本文所推论公式算得 $h_{min}=144$ mm，很明显比文献［4］和［5］更切合实际，因此本文所推论公式算得的最小厚度跟工程实践应用的更接近。

在褥垫层的现场施工过程中，由于褥垫层厚度较小且桩间土的存在，很难很好地夯实，密实度一般也就无法保证，因此内摩擦角较小，根据现场取样试验，一般介于20°～30°之间。CFG桩的直径一般取300～600 mm，根据规范[10]褥垫层厚度宜取0.4～0.6倍桩径，即100～300 mm。根据式（1）算得最小厚度范围一般为50～160 mm，其范围大致符合工程应用中褥垫层的最小厚度，表明式（1）具有一定的实用价值。

4　结论

本文针对在CFG桩复合地基褥垫层厚度设计时存在的难点，基于类似太沙基理论的滑动破坏面模型，通过理论推理，结合数值分析和工程实例分析得到了以下结论：

（1）从褥垫层的受力机理分析，基于类似太沙基理论，提出了CFG桩复合地基褥垫层最小厚度理论公式。

（2）通过数值模拟和工程实例分析，表明了最小厚度理论公式的合理性。

（3）数值模拟的参数取值和工程实例均取自参考文献，三种理论公式通过对比分析，表明了本文提出的最小厚度理论公式相对于其他公式具有一定的优势。

（4）本文的褥垫层最小厚度理论公式对工程实践具有一定的指导意义，但是其具体的应用价值还需进一步的理论分析研究和工程实践检验。

参 考 文 献

[1] 阎明礼，吴春林，杨军. 水泥粉煤灰碎石桩复合地基试验研究［J］. 岩土工程学报，1996，18（2）：55－62.

[2] 王年云. 刚性桩复合地基设计的探讨［J］. 武汉城市建设学院学报，1999，16（2）：44－47.

[3] 王年云. 复合地基上褥垫层设计的理论分析［J］. 建筑结构，1999，（12）：24－26.

[4] 周龙翔，童华炜，王梦恕，等. 复合地基褥垫层的作用及其最小厚度的确定［J］. 岩土工程学报，2005，27（7）：841－843.

[5] 池跃君，沈伟，宋二祥. 垫层破坏模式的探讨及其与桩土应力比的关系［J］. 工业建筑，2001，31（11）：9－11.

[6] 李坛，赵其华，梁璋彬，等. 利用 $FLAC^{3D}$ 软件对夯扩 CFG 桩复合地基承载性能的研究［J］. 岩土工程界，2007，10（12）：30－41.

[7] 李天祺，王宁伟，周太全. CFG 桩复合地基褥垫层三维弹塑性分析［J］. 水文地质工程地质，2012，39（2）：47－50.

[8] 闫明礼，张东刚. CFG 桩复合地基技术及工程实践（第二版）［M］，北京：中国水利水电出版社，2006.

[9] 陈育民，徐鼎平. FLAC/$FLAC^{3D}$ 基础与工程实例［M］，北京：中国水利水电出版社，2013.

[10] JGJ 79—2012. 建筑地基处理技术规范［S］. 北京. 中国建筑工业出版社，2013.

北京地铁渡线段暗挖施工对地层变形影响研究

贺 鹏 李 涛 李彬如 罗兴浩 刘 松 王义鑫 李冬晓 王璐瑶

中国矿业大学（北京）力学与建筑工程学院，北京 100083

摘 要 结合北京地铁六号线廖田区间渡线段实际工程，对“埋深浅、跨度大、间距近、断面变化频繁”的渡线段隧道施工进行分析，探讨了渡线隧道的开挖方式；并基于比较完整的监测数据，详细研究了地表沉降规律。研究结果表明：随着断面与马头门距离的增大，断面沉降槽的形状由单峰变为双峰；监测点的累积沉降主要发生在隧道开挖通过该监测点的阶段以及处于同一纵断面的邻侧隧道开挖的阶段；这两个阶段引起的地表沉降量可达总沉降量的60%左右。所得结论可为类似工程提供参考。

关键词 渡线段 双侧壁导坑 地表沉降 现场实测

Study on the influence of sallow transition line construction on deformation of soil layers of Beijing Metro

He Peng Li Tao Li Binru Luo Xinghao Liu Song Wang Yixing Li Dongxiao Wang Luyao

School of Mechanics and Civil Engineering, China University of Mining and Technology, Beijing 100083

Abstract Taken the Beijing Metro Line six Liao – Tian transition segment as the research background, studied the “Shallow depth, long span, close space, frequent changes of cross section” transition line tunnel construction, and discussed the excavation method of transition segment tunnels. Also, ground settlement rules was studied based on whole package monitoring data. Conclusions are drawn in the following. Firstly, the section settlement tank shape changed from single peaks to double peaks as the increase of the horsehead distance and section. Secondly, the cumulative settlement of monitoring

资助项目： 北京高等学校青年英才计划（YETP0944）；中央高校基本科研业务费专项资金（2009QL02）

作者简介： 贺鹏（1992— ），男，陕西榆林人，硕士研究生。E – mail: he_peng0218@163.com points mainly happened when the tunnel excavation go through monitoring points and when the adjacent tunnel which located in the same vertical section is under excavation. Thirdly, the ground settlement value is about 60% of the total settlement value in those two construction stages. All these reached conclusions can provide reference for similar projects.

Key words Transition line two side - wall pilot tunnel ground surface settlement field measurement

0 引言

渡线是为了实现地铁各个独立线路之间的联系而设置的辅助线。渡线的设置导致了隧道大断面、渐变断面的出现，渡线段隧道不同于一般隧道，大跨度、渐变隧道对地表环境的影响明显，如何保证地层变形在安全范围之内，是地铁隧道大断面、渐变断面暗挖施工的一大难题。斯洛文尼亚双洞公路隧道采用 3D 收敛测量方法，对隧道断面变形进行了研究[1]。陈虹[2]对城市浅埋大跨隧道钻爆法施工地层变形规律进行了研究，得到了不同围岩及不同埋深下，隧道开挖对地表的影响程度及影响范围。丁文其等[3-5]对浅埋大跨度隧道的合理施工方法进行了对比优化研究。刘波等[6]对地层变形的预测与控制进行了研究，给出了随机介质理论预测隧道施工诱发地表横向和纵向变形的计算公式。刘招伟等[7-9]研究了连拱隧道施工对地表沉降影响，并建立了地表沉降的预计公式。黄广锴等[10,11]研究了 PBA 工法在区间超大断面隧道施工中的应用。陈敬[12]分析了大跨浅埋隧道采用 CRD 工法施工引起的地表沉降的变形规律。周丁恒[13,14]对特大断面隧道施工中支护体系力学性态进行了研究，得到了隧道主要监测控制点以及改善结构受力和抑制隧道变形的有效途径。目前对浅埋大断面、渐变断面隧道施工引起的地层变形特征研究还比较少，有关文献资料也比较缺乏，但在实际工程中，渐变隧道较为常见，这就造成了理论研究和工程实践的不协调。因此，对大跨度、渐变断面隧道施工中引起的地层沉降特征还有待深入研究。

1 工程概况

1.1 工程简介

廖公庄—田村站区间渡线左起里程 K6 + 701. 053，终点 K6 + 907. 69，全长 206. 637 m；右线左起里程 K6 + 701. 053，终点 K6 + 972. 753，全长 271. 7 m。该段断面为渐变断面，共有 4 个非标准断面，如图 1 所示；断面尺寸较大，最大断面开挖宽度为 15. 6 m，开挖高度为 12. 63 m，渡线隧道结构埋深约 18 m。

1.2 地质情况

暗挖隧道范围内土体自上而下依次是：杂填土、卵石素填土、砂卵石、粉质黏土；区间渡线段穿越主要地层为砂卵石地层。地下水自上而下分层：第一层地下水为上层滞水，上层滞水主要接受大气降水和引水渠排水下渗补给，以侧向径流和向下越流为主要排泄方式，水位标高 40. 5 m；第二层地下水为潜水，主要接受降水及侧向径流补给，以侧向径流和向下越流为主要排泄方式，水位标高 20. 98 ~ 22. 24 m。

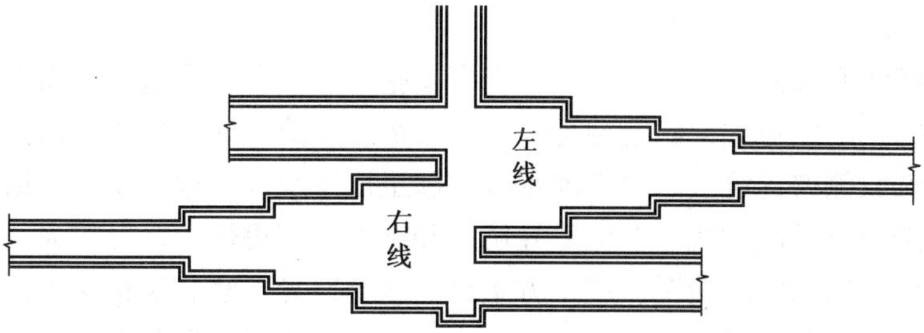

图1　渡线示意图

1.3　工程重难点

结合实际工况，本工程重难点如下：

（1）地质条件复杂。区间隧道上部地层为杂填土层，厚度约 1～2 m，局部最深为 5 m；隧道整个位于砂卵石层，该层土质杂色，稍湿，密实，一般粒径 4～12 cm，部分可达 16～25 cm，最大粒径达 40 cm 以上，亚圆形，暗挖施工时容易发生坍塌。

（2）周边环境复杂、地下管线多。渡线段位于车站东侧，紧邻车站；四周有北京锦绣大地农业观光园区、锦绣大地物流港、京门铁路桥等建筑物；地处交通枢纽地区，地面交通非常繁忙；下穿众多雨、污水等市政管线。

（3）近距施工。区间渡线大断面与邻侧标准断面之间的最近距离仅 2 m，为近距施工，难度较大。

（4）隧道埋深浅，结构断面形式多样，断面尺寸大。渡线隧道结构埋深约 18 m，埋深较浅，施工过程中很容易对周围建筑物造成影响；该段断面形式多样，共有 4 个非标准断面，最大断面宽 15.6 m、高 12.63 m，为大跨度隧道施工。

2　开挖方式选择

2.1　方法选择

我国城市地铁工程的施工方法多采用明挖法、盖挖法和以盾构法、浅埋暗挖法为主的暗挖法。一般而言，交通疏解和管线改移难度不大的情况下应优先选用明挖法和盖挖法，其次是暗挖法。廖田区间渡线段地处交通枢纽地区，地面交通非常繁忙，下穿众多市政管线，不具备明挖法和盖挖法施工的条件，因此采用暗挖法施工。

2.2　可选方案

国内地铁渡线隧道多采用浅埋暗挖法施工，常用的基本暗挖法有台阶法、中隔壁法（CD 法和 CRD 法）、双侧壁导坑法、水平冻结法、洞桩法（PBA）等。由于此工程地质条件复杂，施工断面较大且属于近距施工，因此需要对施工方案进行比较研究，以寻求一个安全、合理、高效、经济的施工方案。

根据工程实况，可供选择的施工方案如下：

（1）交叉中隔壁法（CRD）；

（2）水平冻结法；

（3）双侧壁导坑法；

（4）洞桩法（PBA）工法。

2.3 方案比较

交叉中隔壁法和双侧壁导坑法相比，它们在施工进度和工程造价方面类似，但双侧壁导坑法的洞室开挖跨度更小，稳定性更高，而且地表沉降也相对较小。因此，在这两个施工方案中，优选双侧壁导坑法。水平冻结法的施工成本较高，地下水平冻结管的铺设较为复杂，且容易造成土质的劣化。双侧壁导坑法和洞桩法都可用于跨度较大、埋深较浅的隧道施工，结合该区间的实际情况，施工方案可从双侧壁导坑法和洞桩法中选取。从施工风险、地表沉降控制、技术可行性、工期、施工成本、环境保护等几个方面对这两种施工方案进行比较，见表1。

表1 双侧壁导坑法和洞桩法施工方案对比

施工方案	施工风险	地表沉降控制	技术可行性	施工工期	施工成本	环境保护
双侧壁导坑法	一般	较好	技术成熟	一般	一般	一般
洞桩法	一般	较好	技术一般	稍长	较高	一般

从上表中可以看出双侧壁导坑法优于洞桩法。结合本工程实况，渡线断面为渐变断面，洞桩法施工工序较为烦琐，导致未知风险增加，综合各方面因素，本工程渡线施工采用双侧壁导坑法施工。

3 现场监控量测分析

监控量测是施工的重要组成部分。通过监测，及时反馈和预测，用其成果调整设计参数，指导施工，预防事故的发生。本文只研究了地表点的沉降规律。

3.1 监测点布置

监测点的布设是结合工程性质、地质条件、设计要求、施工特点等因素综合考虑的。区间渡线大断面地表点的布设如图2所示。

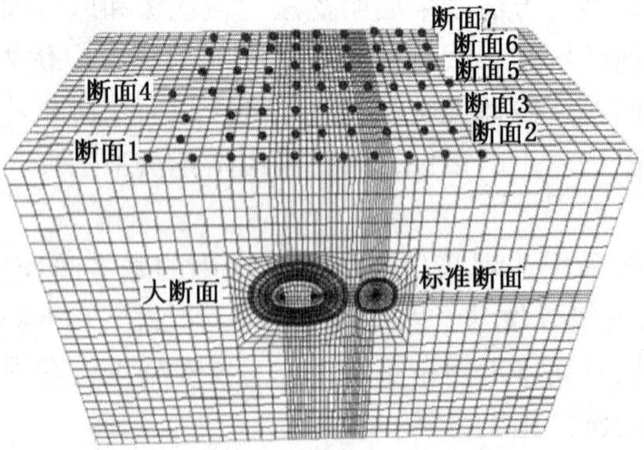

图2 地表监测点布设图

3.2 地表沉降监测数据分析

3.2.1 横向分析

横向分析是研究各个断面上测点的累计沉降量，依据各截面的沉降曲线进行横向分析是行之有效的手段。通过横向分析，可以得出隧道开挖的影响范围以及沉降槽的特点。各个断面横向沉降曲线如图 3 所示。

根据图 3a，分析两曲线的异同可知：

（1）隧道施工导致地表沉降的范围为渡线段中线左右 30 m 范围内，渡线段中线 18 m 以外，地表累积沉降迅速减小；据此，地表变形监测的基准点应设置在隧道中线 30 m 以外，但也不应过远，过远将增加引测的工作量，引测因测量条件差，测边短，测量的质量很难保证，建议基准点设置在隧道中线外 40 ~50 m 左右为宜；

（2）地表沉降主要发生在两隧道的上部以及两隧道之间的区域，尤其是大断面隧道上部的沉降量最大，断面 1 达到 27 mm 左右，断面 4 达到 18 mm 左右，这是由于从断面 1 到断面 4 隧道断面逐渐减小造成的；

（3）从沉降槽的形状分析，断面 1 和断面 4 有所不同，断面 1 为单峰沉降槽，峰值出现在大断面的正上方，而断面 4 为双峰沉降槽，峰值分别出现在大断面和标准断面的正上方。这是由于断面 1 中大断面隧道和标准断面隧道间距较近，仅为 2 m，在两个隧道开挖的影响下，造成两隧道之间沉降较大，而断面 4 中两隧道之间间距较大，且大断面隧道的埋深较深，对隧道之间沉降影响相对较小。

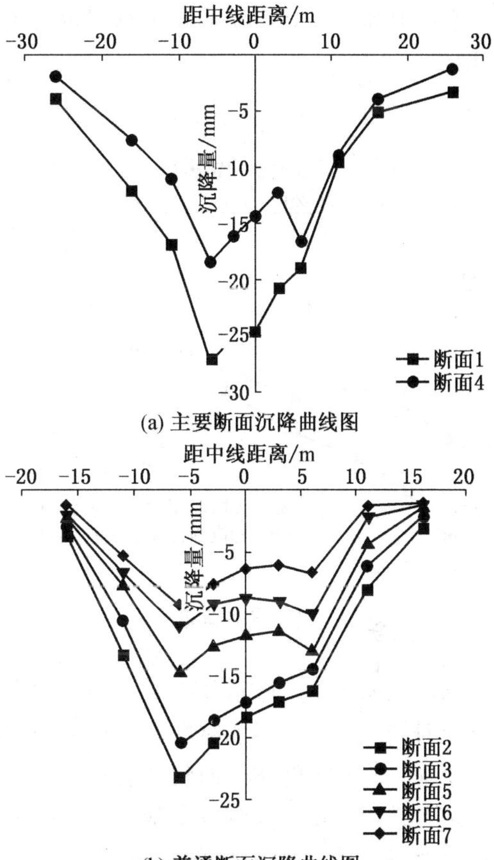

(a) 主要断面沉降曲线图

(b) 普通断面沉降曲线图

图3 各个断面沉降曲线图

根据图 3b，分析各曲线的异同可知：

（1）随着隧道断面的减小，因隧道施工引起地表沉降的范围也逐渐减小；

（2）大断面隧道正上方监测点的地表沉降量普遍比标准断面隧道正上方监测点的地表沉降量大，但随着断面的减小，两者之间的差距也逐渐减小；

（3）同样，由于相邻两隧道之间土体厚度不同，也造成了断面 2 和断面 3 为单峰沉降槽，而断面 5、断面 6 和断面 7 为双峰沉降槽。

3.2.2 纵向分析

纵向分析主要是研究监测点的纵向分布规律；大断面正上方监测点和标准断面正上方监测点累积沉降量纵向分布规律如图 4 所示。

分析图 4 可知：无论大断面还是标准断面，各监测点的沉降量随着与马头门距离的增大逐渐变小，并且大断面上方监测点的沉降量普遍比标准断面上方监测点的沉降量大。这是由于大断面随着与马头门距离的增加而渐小，同时对标准断面的影响也随之减弱。

为研究监测点沉降变化随掌子面移动的变化规律，选取监测点，其随掌子面移动的沉降曲线如图 5 所示。根据监测点沉降变化 L/D 曲线图，监测点沉降在距离掌子面 2 倍洞径左右时开始发生，掌子面在测点附近时沉降变化最快，掌子面过后3倍洞径左右时沉降变化稳定。

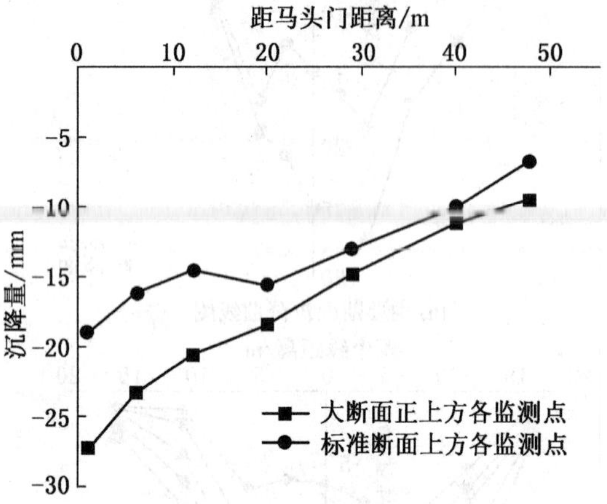

图4　纵向沉降曲线图

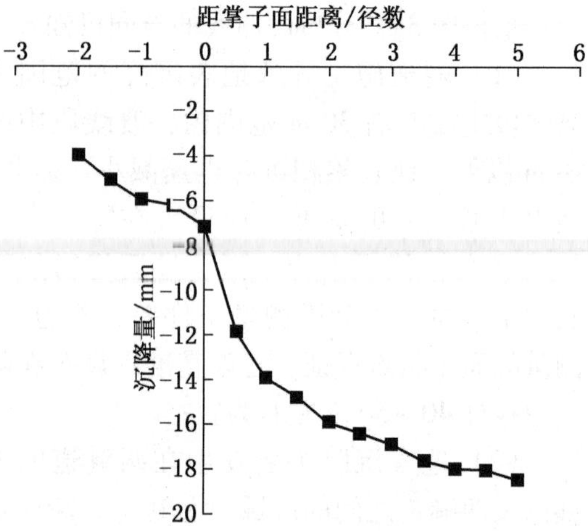

图5　监测点沉降变化L/D曲线图

通过纵向分析，隧道开挖对监测点的实际影响过程如下：首先在开挖尚未到达监测断面这个时间段，在一定的纵向影响距离内，随着开挖的推进，监测点处于沉降速率缓慢增大的过程，直到开挖掌子面到达监测断面，此时沉降速率达到最大值，累积沉降量逐渐增大；随着继续开挖，监测点离掌子面的距离逐渐增大，沉降速率逐渐减小，直至开挖的影响可以忽略不计，累积沉降曲线趋于平缓。

3.2.3　历时曲线分析

历时曲线是表示监测点累积沉降量随时间变化的曲线，监测点历时曲线能够反映地表沉降量随隧道开挖的变化规律。由于实际监测点较多，逐一对其进行研究工作量较大，可以选择具有代表性的点进行研究分析，得出地表沉降量随隧道开挖的变形规律。根据监测点的实际布置情况，选择了处于隧道大断面正上方的监测点进行分析，其规律如图6所示。

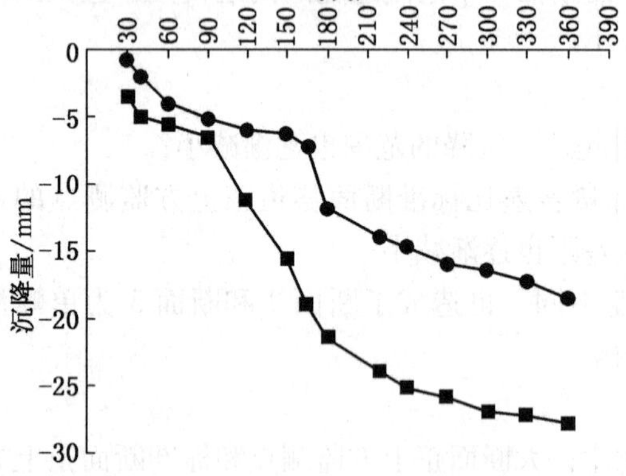

图6　大断面正上方监测点历时曲线

根据地表监测点累积沉降历时曲线图（图6）可知：

（1）大断面隧道正上方测点最大累积沉降值可达27 mm左右；直观地看，各测点的沉降都是在某个时期变化较大，最后趋于平稳；

（2）监测点的累积沉降主要发生在隧道开挖通过该监测点的阶段和处于同一纵断面的邻侧隧道开挖的阶段，这两个阶段引起的地表沉降量可达总沉降量的60%左右。此阶段应注意防范，加强监测频率，确保施工安全；其他阶段对监测点地表沉降影响较小，但持续时间较长，也不容忽视。

4 结语

本文对北京地铁6号线廖田区间渡线段施工研究，基于实测数据，同时从多个方面分析了隧道施工引起的地表沉降规律，得出了一些结论，具有一定的参考价值，但研究尚不完善，其中仍有许多问题值得进一步研究：

（1）初期支护拱顶沉降也是监控量测的重点，可以继续探索拱顶沉降的变化规律以及其与地表沉降之间的相互关系；

（2）在后续的研究中，可以考虑不同进尺下双侧壁导坑施工法对地层变形的影响；

（3）在隧道施工中，尤其是在分部施工破除临时仰拱后，边墙会向内偏移，为防止边墙向内偏移过大，后续的工作中可研究净空收敛的变化规律。

参考文献

[1] KARMEN F B, BORUT P. Displacement analysis of tunnel support insoft rock around a shallow highway tunnel at Golovec[J]. Engineering Geology, 2004, 75(1): 89 - 106.

[2] 陈虹．城市浅埋大跨隧道钻爆法施工地层变形规律研究［D］．成都：西南交通大学，2005.

[3] 丁文其，王晓彤，李志刚，等．龙山浅埋大跨度连拱隧道施工方案优化分析［J］．岩石力学与工程学报，2005，24（22）：4042 - 4047.

[4] 梁巍，黄明利．大跨度隧道CRD法穿越含水软弱层沉降变形控制［J］．岩石力学与工程学报，2007，26（增2）：3738 - 3742.

[5] 丁建隆．浅埋大跨度隧道的合理施工法［J］．中国铁道科学，2005，26（4）：77 - 81.

[6] 刘波，陶龙光，叶圣国，等．地铁隧道施工引起地层变形的反分析预测系统［J］．中国矿业大学学报，2004，3（33）：43 - 48.

[7] 刘招伟，何满潮，肖红渠．浅埋大跨连拱隧道施工中变形的监测与控制措施［J］．岩土工程学报，2003，25（5）：339 - 342.

[8] 汪振伟．城市连拱隧道施工地表沉降研究［D］．重庆：重庆交通大学，2008.

[9] 施成华，彭立敏，刘宝琛．浅埋隧道开挖对地表建筑物的影响［J］．岩石力学与工程学报，2004，23（19）：3310 - 3316.

[10] 黄广锴．“PBA”工法在北京地铁10号线区间超大断面隧道施工中的应用［J］．铁道标准设计，2008，12：142 - 145.

[11] 王余良，许景昭．地铁车站PBA工法施工技术及沉降分析［J］．施工技术，2009，S1（38）：57 - 60.

[12] 陈敬．大跨浅埋隧道的地表变形数据分析［D］．南京：东南大学，2005.

[13] 周丁恒，曹力桥，马永峰，等．四车道特大断面大跨度隧道施工中支护体系力学性态研究［J］．岩石力学与工程学报，2010，1（29）：140 - 148.

[14] 周丁恒，曲海锋，蔡永昌，等．特大断面大跨度隧道围岩变形的现场试验研究[J]．岩石力学与工程学报，2009，28（9）：1773 - 1782.

面向城市建设需求的建筑学本科教学实践探索

赵立志　田　婕　路　涵　刘小倩

中国矿业大学（北京）力学与建筑工程学院，北京　100083

摘　要　我国城市的快速发展出现了历史街区遭到破坏、人居环境恶化等亟待研究的问题。传统建筑学教学中理论课与设计课的关联性弱，难以培养出面向实际、综合能力强的优秀毕业生。时代的发展对传统建筑学本科教学模式提出了新的挑战，本文以历史街区的保护与再利用为例，探讨了以教学实践为纽带，增强建筑学理论课与设计课密切联系的方法，从而提高学生方案设计的综合能力。

关键词　传统教学模式　教学实践　关联性　历史街区　保护与再利用

Exploration of Architecture Undergraduate Teaching Practical Oriented to Urban Construction Demands

Zhao Lizhi　Tian Jie　Lu Han　Liu Xiaoqian

School of Mechanics and Civil Engineering, China University of Mining and Technology, Beijing　100083

Abstract　The rapid development of the city appears the destruction of historic districts, environmental degradation and other urgent issues of needed to be studied. The relationship between theory courses and design courses of traditional architecture teaching model is weak, and it's difficult to cultivate outstanding graduates to have actual, strong, comprehensive abilities. Development of the times of the traditional architecture of undergraduate teaching model meets a new challenge, and this paper take historic districts conservation and reuse for instance, discussing about serving the teaching practice as a link to enhance the relationship between theory courses and courses class closely, so as to improve students' ability of designing.

资助项目：（1）中央高校基本科研业务费专项资金（2009QL13）；（2）建筑学本科国家级大学生创新项目（2013）

作者简介：赵立志（1969— ），女，内蒙古呼和浩特人，硕士，教授，主要从事城市与建筑设计方向研究。Tel:13641357225; E-mail: zhaolizhi09@sina.com

Key words traditional teaching model teaching practice relationship historic district conservation and reuse

0 引言

21世纪以来，随着我国城市化进程加快、人口流动性增强，城市建设数量激增，房地产行业也随之快速发展，历史街区以其区位优势、文化特征及相对低廉的拆迁成本成为房地产商觊觎的对象，历史街区的保护和再利用成为现实中迫切需要研究和解决的热点问题。针对这些城市现实情况，为培养建筑学本科生解决实际问题的综合能力，本文以我校教学实践为例，探讨采用教学实践环节作为纽带，紧密联系理论课程与设计课程，培养学生将理论与实践相结合的思维能力。

1 建筑学课程衔接性现状

1.1 不同类型课程的关联性概况

国内传统建筑学本科授课模式主要是理论课加设计课，两类课程每个学期交叉贯穿，目的是让学生的知识体系形成螺旋上升的模式。事实上传统的“老师讲授理论，学生被动学习”的教学模式不利于学生对知识的理解与吸收，能力也得不到提升。尤其在建筑构造、建筑史等理论课程中体现得比较明显，往往学生在做设计时，没有过多考虑建筑与周边环境的联系，随意铲除自然坡地、伐古树、拆古建；考虑方案设计时仅限现代建筑思维，并没有考虑到建筑与城市的关系等。建筑学的知识储备能够帮助学生将创意合乎实际地落实在方案设计中，教学中没有达成此目标主要是因为封闭的教学模式与实践缺乏联系[1]。

以下以中建史与城市设计课程的联系为例进行具体分析。

中建史的学习要求学生了解不同时期建筑的形态特征及其历史演变过程，但长期以来，国内建筑院校多数在课堂上主要讲授古代建筑史，近现代建筑史多为课下自修，课程理论性较强，加之学生能力各不相同，导致部分学生对中建史的整体内容框架把握不够完整，基础知识储备不够充分。

城市设计课的教学目标是为培养学生分析和解决城市问题的能力。在城市设计课的教学中经常发现有一些学生过分关注图面效果，忽视了城市设计的思考过程，设计学习成了表现手法的比拼。究其原因是学生对城市与建筑的关系、传统建筑文化的传承及城市可持续发展等内容的理解不够深入。

1.2 课程与教学实践环节的衔接情况

各门课程的学习是为了完善整个建筑学知识体系。学生积累的建筑史知识是城市设计课的知识储备，反过来做设计时也能加深其对建筑史知识的理解，从而更新知识储备库。目前建筑史课程一般不会硬性安排学生课后进行实地调研，理论知识不能及时在实践中得到转化提升。而城市设计课设计周期短，前期调研时间少，学科之间的衔接度不够，学生在设计过程中的提升程度往往达不到预期效果。

建筑学本科教学实践环节现存问题是师生对其重视程度不够，没有将教学实践环节与建筑学理论、设计课程进行很好的衔接。

2　现状分析和应对方法

增强教学的系统性，通过教学实践环节加强建筑理论课和设计课的联系，教师根据各自的科研方向确定实践环节的主题，将特定理论内容与设计课程相结合，例如将选题定位于历史街区的保护与再利用、生态城市与绿色建筑、人居环境研究等。如此一来学生能够接触到建筑学科前沿，对培养学生理论和实践相结合的思维能力很有帮助。基于这个理念，我校 2013 届学生的教学实践科研选题定为“历史街区中院落和街巷的保护和再利用”。实践环节包括选题训练和创新项目两部分：第一部分要求学生查阅国内外文献，分析优秀案例；第二部分选择特定历史街区进行实地调研，通过观察对比、分析总结，归纳出历史街区保护与再利用的方法。

3　教学实践案例

我校建筑系赵立志老师带领本科生进行主题为历史街区的保护和再利用的教学实践，包括 1 学期的科研选题训练和 2 学期的大学生创新项目。实践内容为走访调研传统院落保护与再利用项目“京兆尹”素食餐厅和历史街区南锣鼓巷、烟袋斜街。学生可在此过程中结合对历史街区建筑单体、院落和街巷的考量与探究，重新认识建筑材料、建筑理念、建筑演变、建筑价值等。之后的城市设计课程题目可选择以历史街区的保护与再利用为主题进行相关设计，学生可结合建筑史知识对选址周边街区环境进行场景还原，揭示其演变过程，进而分析现存情况与现代城市需求的矛盾冲突，提出解决问题的总体思路、过程控制，最后形成保护与再利用的设计方案。

3.1　传统院落保护与再利用的调研情况介绍——以“京兆尹”素食餐厅为例

3.1.1　建筑背景

“京兆尹素食餐厅”，以下简称“京兆尹”，位于北二环内雍和宫西部，五道营胡同东端，选址周边均为传统四合院。餐厅占地面积 1298.5 m^2，建筑内部在原有四合院基础上进行了局部改造。设计师张永和在更新设计时最大限度地保留院落的完整性，并在此基础上用材料与现代设计手法进行室内外空间的调整，使其更满足当代餐厅需求。

3.1.2　“京兆尹”四合院的保护与再利用

1. 院落空间

“京兆尹”设计以院落为核心元素，分为封闭和敞开的两个独立院落，通过将封闭的院落设计得通透、明亮，使室外、室内中庭形成空间对比（图 1），意在营造两个院落相对独立又相互呼应的感觉。室外的院子作花园餐厅处理。

2. 建筑材料

“京兆尹”建筑材料来自四合院传统元素。从四合院中提取传统的木、砖、瓦等典型材料，用非常规的使用和建造方法重组它们，比如用木头做砖用来砌筑，砌筑砖叠涩的墙体，屋瓦则用来搭设不同图案的屏风。这些都传达出了一种传统和现代有机共生的思想。

3. 景观设计与室内装修

“京兆尹”将传统的庭院元素简化成不同质感的几个颜色区域，如暗红色的木架区、灰色的地砖区，灰白相间的石子区。室内装修采用略带粗糙感的麻质织物墙面（图 2），相互错落、疏密不一的半透明木隔墙。整体秉承现代建筑简约质朴的理念，实现了由繁到简，由具象到抽象的转变。

图1 “京兆尹”内景
（图片来源：作者自摄）

图2 “京兆尹”内部材质
（图片来源：作者自摄）

图3 胡同32号泡泡
（图片来源：http：//www. ideamsg. com/2011/11/hutong - bubble/）

4. 建筑文化与建筑理念

“京兆尹”的改造设计传达出包容的理念。餐厅的理念是“乐和”，乐是快乐的生活状态，和是天地人和的精神追求，与中国文化相通。同时餐厅在利用传统四合院元素的基础上进行室内改造，也传达出“和”的思想。

对于如何传承并发展传统建筑文化，国内很多建筑师进行了探索。其中由设计师马岩松设计的“32号泡泡”（图3）由一个加建的卫生间和通向屋顶平台的楼梯组成，光滑的金属曲面折射着院子里的古建、古树及天空。在概念设计中这种泡泡单体如同水滴一样散落在老北京胡同区里，传达出“变”的思想。但是小组在实地调研时发现其已被拆除，说明这种新概念与现实存在一定差距，但其理念仍对此次研究有所帮助。

3.2 历史街巷调研基本情况介绍——以南锣鼓巷和烟袋斜街为例（图4～图5）

图4 调研地点
（图片来源：作者自绘）

图5 南锣鼓巷
（图片来源：作者自摄）

3.2.1 区域位置

南锣鼓巷位于老北京中轴线北端东侧，北起鼓楼东大街，南至平安大街，是北京城内胡同系统中保存最为完整的片区，与皇城只一街之隔，至今已有700多年的历史。

烟袋斜街位于北京市地安门外大街鼓楼前，出西南口拐弯就可看到著名燕京八小景之一的“银锭观山”，距离南锣鼓巷和鼓楼都很近。

3.2.2　建筑形态及历史演变

南锣鼓巷为南北走向，东西各有8条胡同与之相交，呈“鱼骨状”，延续了传统的“棋盘式”格局。南锣鼓巷为元大都“左祖右社，面朝后市”城市格局中“后市”的组成部分。这种胡同的整体肌理、四合院形态，是元大都棋盘式城市建筑格局的具象体现。

烟袋斜街是北京城最老的斜街，为东北西南走向，明清传统风格夺目，前店后居的形式呈现老北京市井的浓郁特色。烟袋斜街的变迁紧随什刹海河岸的历史发展，基址沿海子东北岸逐渐形成街巷并延续至今。

3.2.3　发展现状

南锣鼓巷历史街区在文化创意产业先导之下，以历史街区同城市现代化发展结合为契机，对街区进行了改造，其中文化创意性类别店铺比例快速增长，成为北京创意性文化的典型街区。

现今烟袋斜街以“斜”和繁荣的商业成为代表老北京特色的一条著名街道，再加上位于什刹海核心区域，与前海、后海和荷花市场相连，很有潜在发展价值。

3.3　现存问题与总结

3.3.1　现存问题

1. 街道宽度限制交通组织方式

南锣鼓巷和烟袋斜街这类历史街区普遍胡同窄，平均宽度3～6 m，停车空间缺乏、商业与居住交通流线相互干扰，限制了交通组织方式，对胡同风貌造成了极大影响。

2. 街区业态趋于单一化，特色不鲜明

街区在保护再利用过程中过度商业化，使得同类商家竞争激烈，整体业态趋于同式发展，例如南锣古巷整条街出现很多个相同品牌店面，如火柴店、陶笛店。相比于同类历史街区，特色程度有待提高。

南锣鼓巷与烟袋斜街的基本情况见表1。

表1　南锣鼓巷与烟袋斜街基本情况

	区域位置	街道尺度	结构布局	演变历史	功能业态	现状保护程度
南锣鼓巷	老北京中轴线鼓楼东侧，与什刹海隔路相望	长约790 m，宽约4 m，一层居多	南北走向，东西8条胡同与之相交，呈鱼骨状	在元大都“左祖右社，前朝后市”的城市格局中，是“后市”的组成部分	文化创意类为主的综合性街巷，店铺数量较多	传统街巷肌理保存相对完整，胡同空间典型。以保护主体结构为主，局部小改造
烟袋斜街	老北京中轴线鼓楼西南部，紧邻后海	长约200 m，宽约4 m，一层居多	东西走向，典型的沿水系生长型街道，不同于棋盘式格局	形成于明初，是当时什刹海一个景区。后因街上密布烟袋铺得名	烟袋铺、古董字画等复古类为主的综合性民俗商业街，商铺数量较少	传统街巷肌理保存相对完整，因人口数量增多，四合院变成大杂院，院落格局遭到一定程度上的破坏

3. 街区保护同经济发展之间的矛盾

南锣鼓巷在发展文化产业的同时，大量人流使交通变得更加不便。另外基于保护历史街区格局的前提，商铺无法扩大经营规模，其经济发展与街区保护间产生了矛盾。

4. 商铺租赁者对商铺门面进行擅自改造导致历史街区立面受损

商贩肆意在历史街区中加入大量现代化元素，如大面积玻璃窗、室内钢框架等。新式元素的使用导致结构改变。

3.3.2 小组通过资料查阅与实践调研分析，对于北京传统四合院的保护与再利用对策进行了总结：

（1）在满足城市规划对历史街区保护与再利用的法律法规规定和相关要求的前提下，对四合院功能进行适度调整，以适应经济发展需求。北京四合院的保护与再利用应从建筑功能方面寻找突破口，在政府的调控引导下，保持四合院院落模式，慎重调整建筑功能，研究在不破坏传统建筑形态的同时，又能在一定程度上添加可提升经济效益并可引进的商业类型,如个性宾馆、餐厅、酒吧、咖啡馆、艺术馆等，并避免个体商户的随意调整行为。

（2）根据城市规划的要求，对需要全面保护的历史街区、文保单位，要严格按要求进行“整旧如故”的保护。对部分可进行一般保护的街区，探索传统元素的表达，实现由具象到抽象的转变。利用现代手法如隐喻等，即用颜色、材质等将传统元素从烦琐中抽象出来，做到有重点有选择性地传承。

（3）建筑与周围环境有机共生，室内装饰与建筑外形有机共生。四合院是北京历史街区的基本组成部分，院落又是四合院的核心所在，应对其进行最大化的保留。使更新的院落与周围建筑相融合；建筑功能符合周围的业态关系；建筑高度与周围建筑互不干扰；建筑形式与周围环境相得益彰。

（4）在保留四合院传统特色的同时，增加基础功能用房，插入厨房、卫生间等小尺度元素，改善旧四合院功能。这些元素应该具有繁殖的可能性，通过改变局部的情况而更新生活条件，激活邻里关系，使四合院成为自给自足的生长建筑。

3.4 教学实践启示思考

我校建筑系教学实践，以科研选题训练和大学生创新为平台，依托相关科研项目，通过老师指导学生查阅国内外相关资料、走访调研、汇报分析、总结提升，搭建结合建筑基础知识、面向实际的建筑思维的培养体系，这种方式突破了传统建筑学学生培养与社会连接度欠缺的劣势，完善整个建筑学培养体系，取得了良好的教学效果。

4 结语

目前，国内各大高校都在积极进行建筑学教学实践的探索，借此培养学生将理论与实践相结合的思维能力，完善建筑学本科教学的整体框架。但是目前我校针对学科前沿专题的建筑学教学实践尚处于探索阶段，实际经验不足，我们应立足于现阶段国内建筑行业实际情况，适当借鉴国内外先进经验，积极组织师生结合科研项目确定有特色的教学实践主题开展探索，从而提高建筑学本科的教学质量。

参 考 文 献

[1] 赵立志，尹茹，杨戈．开放性系统性多样性的教学模式的探索与实践——以建筑学专业居住区规划课程为例［J］．内蒙古师范大学学报（教育科学版），2014（12）．

煤矿巷道金属支架支护结构研究综述

吴丽丽[1,2]　孙广强[1,2]　贾丽娜[1,2]

1. 中国矿业大学（北京）深部岩土力学与地下工程国家重点实验室，北京　100083

2. 中国矿业大学（北京）力学与建筑工程学院，北京　100083

摘　要　随着矿井开采深度的进一步延伸和我国煤炭工业的迅速发展，巷道矿山压力显现得更加强烈，井下巷道常规支护难适应安全生产的要求，巷道金属支架支护经过了近些年的发展，已经成为我国煤矿巷道首选的、安全高效的主要支护方式形式之一。本文分析总结我国煤矿巷道金属支架结构及受力性能的研究现状，并提出现阶段需要继续深入的一些问题。

关键词　煤矿巷道　金属支架　受力性能

Review of Research on Metal Supporting Structures for Mining Roadway

Wu Lili[1,2]　Sun Guangqiang[1,2]　Jia Lina[1,2]

1. State Key Laboratory for Geomechanics and Deep Underground Engineering, China University of Mining and Technology, Beijing　100083

2. School of Mechanics and Civil Engineering, China University of Mining and Technology, Beijing　100083

Abstract　Along with the further extension of the mining depth and the rapid development of coal industry in our country, the mining pressure in roadways appear even more intense, it has been already a tough problem for the regular supporting structures to meet the requirements of safe production. Through recent years of development, metal supporting structures have become one of the prevailing supporting type with high security and efficiency for Chinese coal mines. The state – of – art and mechanic behaviors of metal supporting structures for mining of Chinese coal mining roadway are summarized herein and several problems to be furtherly solved are suggested in this paper.

资助项目：国家自然科学基金项目（51278488）；中央高校基本科研业务费项目（2009QL10）

作者简介：吴丽丽（1977—　），女，副教授，研究方向：钢结构、钢 – 混凝土组合结构。E – mail: jennywll@163.com

Key words coal roadway metal supporting structures mechanic behavior

0 引言

我国煤炭资源储量丰富，产量很大。但由于煤质、煤层埋藏条件千差万别，以及矿井巷道的用途及其生产技术条件不同，因此使得我国煤矿巷道支护工作十分复杂，巷道支护类别形式多种多样。近几年来，随着我国煤炭工业的快速发展，煤炭开采深度的不断加大，及机械化生产水平的不断提高和矿井高产高效的要求，从而对煤矿巷道提出较高的维护要求，促进了巷道金属支架支护的发展。金属支架与其他巷道支护方式相比，有其独特的优越性，对于围岩较好的巷道，锚杆支护可以完全满足生产需求，但是对于围岩软弱、破碎的巷道，锚杆支护则不能满足要求。为了改善我国煤矿巷道维护状况，除了发展锚杆支护外，金属支架作为一种有效的支护方式，正受到越来越广泛的应用[1]。在不久的将来金属支架的使用率将可能超越任何一种支护方式[2]。各种支护形式所占到的比例见表1。

表1 各种支护形式所占比例 %

支　护	木支架	金属支架	锚喷	砌旋	其他
占全部巷道比重	13.5	16.7	27.5	18.5	23.8
占煤及半煤岩巷道比重	28.7	35.4	12	0	23.9

1 金属支架支护结构特点

1.1 支护强度大，安全可靠，构件承载力高

金属支架支护结构如果形状选择合理，其整体具有较高的承载能力，当围岩压力较大时，可与其他支护方式联合应用。金属支架的破坏形式一般都为屈曲变形而失效，不会突然断裂破坏而使巷道围岩突然失稳而冒落，不易出现突发性事故。

1.2 具有良好的适应性

金属支架支护结构适应性广，同时也能较好地适应围岩变形，能根据不同的要求和地压条件，通过选取合理的架型以及优化选取支架形状，使得金属支架在各种不同的围岩条件下都能满足要求。U 型钢可缩性支架具有缩动特征，当围岩的压力达到一定值时，支架可产生缩动，使围岩作用于支架上的压力下降，避免了支架遭到破坏而失效。

1.3 施工简便，节约成本

金属支架相比其他巷道支护方式具有加工简单、安装方便快捷、架设机械化等特点，能够减轻工人繁重的体力劳动，提高巷道掘进速度。金属支架本身可以多次重复利用，一般大于3次，虽然一次性投资高，但综合成本低。

2 矿用工字钢金属支架结构的现状研究

国内外一般均用矿用工字钢和 U 型钢作为巷道金属支架材料。刚性金属支架采用矿用工字钢，可缩性金属支架用 U 型钢。矿用工字钢是专门为矿山巷道支护设计的专用型

钢，其和普通工字钢的主要区别的高宽比不同。矿用工字钢具有翼缘宽、高度小、腹板厚、横纵向的受力性质差异小、抗弯能力高、稳定性好的特点，可适应现场受载条件，因此更适合于矿山巷道支护要求。在矿用工字钢支架结构型式、相关附件及受力计算、标准化工作方面，典型成功包括：

寇玉昌等[3,4]分析研究了矿用工字钢支架在不同矿区和不同巷道地质条件下所表现出的不同变形破坏特征，提出了矿用工字钢截面设计的评价指标。同时运用设计约束、模糊决策及计算机技术对矿用工字钢截面进行了优化设计，明显提高了矿用工字钢的材料利用率，因此显著降低了巷道支护成本。

魏国前等[5]针对正弦形波纹腹板工字钢梁结构，建立了在承受面内集中荷载作用下其横向弯曲应力求解方程，并给出了采用其他波形的相似结构横向弯曲应力的可行计算方法，最后研究了翼缘横向弯曲的影响因素以及翼缘横向弯曲与梁整体弯曲之间的关系。

Moon Jiho 等[6]研究了波形腹板工字型钢梁的面外弯扭屈曲问题，提出了计算波形腹板工字型钢梁剪切中心与计算波形腹板工字型钢梁截面翘曲常数的方法，并采用数值模拟的方法验证了该计算方法的可靠性。

常福清等[7]通过试验资料分析波纹腹板工字钢在静载作用下的刚度及强度性能，然后与普通平腹板进行比较，得出工字钢在静载作用下的应力分布及刚度特点。

吴丽丽等[8]采用有限元分析方法，进行了实际围岩压力下巷道金属支架的简化力学模型分析。计算表明巷道金属支架内力与实际围岩压力下吻合较好，结果表明对巷道金属支架可采用均值静水压力代替实际围岩压力进行力学分析。

赵克秀[9]针对金属支架结构的大变形特性，研究了金属支架在不同数量锚杆梁补强情况下的承载力增强的程度，并提供了更能适应巷道金属支架大变形的特征的改进型计算方法。

蔡健等[10]针对非均匀应力作用下矿用工字钢支架支护困难、煤巷围岩产生大变形的工程问题，结合矿用工字钢支架现场应用和数值模拟结果提出三方面控制对策。

张宏学等[11]建立巷道金属支架力学模型，采用材料力学的莫尔定理求解金属支架的约束反力，从而得到内力方程，进而根据内力方程可判断出金属支架的危险截面，确定加固的关键位置。

战玉宝等[12]针对巷道金属支架的稳定性进行了理论分析，验证了有限元法在分析巷道金属支架稳定性基本原理的有效性，并通过一个实例证明利用有限元法分析巷道金属支架的稳定性是可行的。

蒋金泉等[13]以 11 号矿用工字钢为例，经研究得到了弧状梯形金属支架的承载能力系数。结果表明，弧状梯形金属支架的承载能力比梯形金属支架有大幅度的提高，并随着顶梁半径的增大其承载能力系数呈单调递减变化，随顶梁跨度的增大呈单调递增变化。

王海亮等[14]通过卡环试验研究，说明了叠合式工字钢可缩支架的结构及其可缩原理，介绍了几种新型卡环连接件。

张玉明等[15]针对矿用工字钢梯形支架梁进行内力分析，通过计算得到其最大载荷及最大下沉值，对架棚支护设计、施工及巷道维护具有重要的指导意义。

孟文福[16]根据某典型工程，研制了用防倒拉杆替代原来防倒撑杆。使得工字钢支架整体稳定性和抗压性提高，适应性更强。

曲娟等[17]采用曲梁力学模型对拱梯形巷道金属支架的结构特征进行了受力分析，与梯形金属支架承载能力相比较，分析得到了拱梯形金属支架的承载能力系数及相应的支护特性。

3 U型钢金属支架结构现状研究

U型钢金属支架作为煤矿支护的一种有效的支护方式，在巷道支护中具有较好的缩动性能和较高承载能力，获得了较好的支护效果，因此得到了较为广泛的应用。同时U型钢金属支架整体性强以及具有较大的安全系数、一次成巷，为安全生产提供了可靠保障并且节省了维修时间和成本。在U型钢金属支架结构型式、相关附件及受力计算方面，典型成果包括:

刘惠德等[18]通过现场实测研究，得到了U型钢可缩性支架在放顶煤综采回采巷道的应用情况，并对支架的受力状态进行了分析。并在理论和实践的基础上，证明了U型钢可缩性拱形支架较好地适应放顶煤综采回采巷道围岩变形和支护要求。

姚直书等[19]通过对易被现场忽视的、而又是影响U型钢支架整体承载能力的主要因素进行了具体的分析研究，提出了提高U型钢支架整体承载能力的有效技术措施，并得出壁后充填对支架的承载能力影响很大。为了提高实际承载能力，应向支架壁后充填一定厚度的胶结硬化材料。

尤春安[20-23]针对由于失稳而提前丧失承载能力的支架，得到了在进行巷道支架的计算和设计时，不但要对支架结构进行强度和刚度计算，而且应该进行结构的稳定性计算分析，尤其是U型钢金属支架这类薄壁结构以及高强材料构件。此外，他还系统进行了支架的缩动分析及弹塑性分析，为U型钢支架的受力研究奠定了一定基础。

赵宝友等[24]在已知三心拱支架架型和保证支架良好承载能力的基础上，编制了计算机程序，并用其对三心拱支架的搭接进行了优化设计，计算过程具有动态优化效果，计算结果精确合理。并得到了适合任何三心拱模型的搭接优化计算，避免了手算的烦琐，省时省力，结果精确。

汪成兵等[25]采用数值模拟方法，对U型钢可缩性支架支护效果的数值进行计算，并得到U型钢可缩性支架支护结构对巷道顶板和底板的变形、应力分布及塑性区范围影响轻微，而对巷道两帮变形、应力分布及塑性区范围影响较大。直墙半圆拱形巷道断面采用U型钢可缩性支架支护的支护效果最佳。

盘福春[26]针对U型钢支架进行了结构力学分析，并从支架自身结构方面对破坏原因进行了分析，得到支架承受的载荷沿巷道周边呈均匀分布，导致支架受力不均匀，没有起到应有的支护作用，并得到支架本身结构的原因，其中包括卡缆锁紧程度不够，导致摩擦力小，这也是导致U型钢支架的承载力大大降低、破坏严重的主要问题。

谢文兵等[27]采用理论分析、室内试验和现场试验相结合的方法，分析研究了引起U型钢金属支架结构失稳的是主要原因是连接件强度低或连接件结构不合理、支架结构不稳定等。并提出支护稳阻技术、支护结构补偿原理和补偿技术。

张峰[28]结合生产实践讨论了相关问题，从而得出U型钢支架参数设计虽然最终成果变现为几何线段的结合连接，但设计优劣直接影响到支护效果和施工难易程度，使用时要综合考虑矿压特点、型钢材质、施工方法等多个因素，合理选择优化参数。

周俊帆等[29]采用数值模拟和现场工业性试验，结果表明高强U型钢支架支护方式减少了支护的工作量，施工简单、方便，并有效解决了围岩软弱、高应力等条件下大变形、流变等支护难题。

陆士良[30,31]针对多条巷道支架载荷的观测结果，阐明了可缩性支架的工作过程，并以此为算例进行了理论计算，得出均布载荷承载力最高、非对称载荷承载力很低、非对称载荷适宜采用非对称支架支撑等有益结论。

刘建庄等[32]对U型钢可缩性支架的屈曲破坏特征进行了深入的研究，采用ANSYS数值模拟手段，得出U型钢支架几种局部屈曲破坏的力学机制、应力分布与加载量级。

4 结论和展望

通过对目前巷道金属支架支护结构研究进展进行总结、分析，本文得到以下结论：

（1）巷道金属支架支护结构承载能力的研究多以二维受力模型为对象，所用方法除理论计算外，大多采用相似模拟试验、原型支架的加载实验及有限元计算等方法。然而没有考虑纵向变形和局部变形对于结构承载的影响，也没有开展塑性分析，同时近些年新兴的数值计算软件，特别是支架－背板－料石－围岩多元参与的受力计算体系，还未被广泛引入到巷道金属支架受力计算。因此全面开展三维受力模型的非线性屈曲分析与计算，剖析支架屈曲的机理并提出控制对策，需要我们进一步深化研究探讨。

（2）巷道金属支架结构形式多种多样，规格不一，变形破坏形式多样，没有一个系统的分类总结，限制了实际应用中变形预防措施的实施，针对性不足且机理认识不清，截止到目前，仍然没有提出具有公认的变形特征分类方法，这样导致在支护选型和参数设计具有一定的盲目性，其变形特征是亟待解决的问题。同时其可缩性连接节点性能的比较和节点细部尺寸对其受力的影响研究尚不完善，仍还需要进一步试验研究和理论分析。

（3）根据软岩隧道（巷道）变形大、稳定性能差等特点，文献［33］提出采用波形腹板工型构件作为金属支架结构。课题组已开展了一些前期研究工作，并得出其在相同用钢量的情况下，其轴压、弯矩、压弯等基本受力条件下的弹塑性屈曲性能与矿用工字钢相比具有较明显的优势：承载力一定的情况下，波形腹板构件用钢量较少，具有良好的经济效益。并推导出马蹄形断面支架的整体弹性屈曲荷载计算公式及波形钢腹板可缩性节点的力学工作性能。关于非线性稳定方面的研究还有待于进一步地开展。

参 考 文 献

[1] 王波，高延法，牛学良．软岩巷道支架结构稳定性分析［J］．矿山压力与顶板管理，2005，3：31－32＋35.

[2] 王红波．可缩性金属支架的内力计算及稳定性分析［D］．安徽理工大学，2015.

[3] 寇玉昌，姚社军，杨景贺，等．新型矿用工字钢支架［J］．煤炭科学技术，1996，8：44－46.

[4] 姚社军，朱德仁，寇玉昌．新型矿用工字钢截面优化设计研究［J］．煤炭学报，1998，5：61－66.

[5] 魏国前，余震，范勤．波纹腹板工字钢梁翼缘横向弯曲应力研究［J］．现代制造工

程，2012，4：62－66.
[6] Moon J, Yi J, Choi, B H, et al. Lateral－torsional buckling of I－girder with corrugated webs under uniform bending[J]. Thin－Walled Structures, 2009, 47: 21－30.
[7] 常福清，张文志，吴波．波纹腹板工字钢强度数值分析［J］．钢结构，2005，2：4－7.
[8] 吴丽丽，李佳蔚，韦贵华，等．巷道金属支架在实际围岩压力下的简化力学模型分析［C］．中国钢结构协会结构稳定与疲劳分会第14届（ISSF－2014）学术交流会暨教学研讨会论文集．《钢结构》2014增刊，353－360.
[9] 赵克秀．金属支架承载力增强技术研究［D］．安徽理工大学，2013.
[10] 蔡健，马玉良，翟济，等．非均匀型顶帮围岩巷道矿用工字钢支架支护［J］．煤矿安全，2015，11：216－218＋222.
[11] 张宏学，王运臣，胡六欣．巷道金属支架关键加固位置的确定［J］．矿业工程研究，2012，3：18－22.
[12] 战玉宝，李楠，尤春安．巷道金属支架稳定性的有限元分析［J］．采矿与安全工程学报，2006，4：442－445.
[13] 蒋金泉，董建军，马小钧，等．巷道弧状梯形金属支架的支护特性研究［J］．岩石力学与工程学报，2003，S1：2227－2230.
[14] 王海亮，冯长根，钟冬望．叠合式工字钢可缩支架连接件的研究［J］．煤炭科学技术，1999，3：17－19.
[15] 张玉明，孙宗凯，解西涛，等．矿用工字钢梯形支架梁受力分析［J］．煤矿现代化，2013，S1：66－68.
[16] 孟文福．工字钢支护巷道中防倒装置的改进及应用［J］．陕西煤炭，2009，4：109＋106.
[17] 曲娟，李淮．拱梯形金属支架的承载能力分析［J］．煤矿机械，2004，9：46－47.
[18] 刘惠德，吴健，胡德进，等．U型钢可缩支架在综放回采巷道中的应用［J］．矿山压力与顶板管理，1997，Z1：171－173.
[19] 姚直书，孙文若．U型钢加强支架的研究［J］．矿山压力与顶板管理，1996，2：51－54.
[20] 尤春安．U型钢可缩性支架的缩动分析［J］．煤炭学报，1994，3：270－277.
[21] 尤春安．U型钢可缩性支架缩动后的内力计算［J］．岩土工程学报，2000，5：604－607.
[22] 尤春安．U型钢可缩性支架的稳定性分析［J］．岩石力学与工程学报，2002，11：1672－1675.
[23] 尤春安．巷道金属支架的计算理论［M］．北京：煤炭工业出版社，2000.
[24] 赵宝友，梁冰，李风仪．U型钢三心拱支架的优化设计［J］．矿山压力与顶板管理，2005，4：38－40＋142.
[25] 汪成兵，勾攀峰，韦四江．U型钢可缩性支架支护设计及应用研究［J］．有色金属（矿山部分），2006，3：30－34.
[26] 盘福春．软岩巷道U型钢支架结构稳定性分析［J］．江西煤炭科技，2007，4：94－

96.
[27] 谢文兵，荆升国，王涛，等.U型钢支架结构稳定性及其控制技术［J］. 岩石力学与工程学报，2010，S2：3743－3748.
[28] 张峰. 矿用U型钢支架设计［J］. 煤炭技术，2010，10：16－17.
[29] 周俊帆，李大伟，李登月，等. 高强U型钢支架在软岩巷道支护中的应用［J］. 煤炭技术，2010，12：80－82.
[30] 陆士良，王悦汉. 软岩巷道支架壁后充填与围岩关系的研究［J］. 岩石力学与工程学报，1999，18（2）：180－183.
[31] Lu Shi－liang, Wang Yue－han. Ming induced influence on the roadways in weak surrounding rock and its controlling measures[J]. Journal of China University of Minging & Technology, 1911(10):13－21.
[32] 刘建庄，张农，郑西贵，等.U型钢支架偏纵向受力及屈曲破坏分析［J］. 煤炭学报，2011，10：1647－1652.
[33] WU lili, YU zhen, ZHANG dongdong. Preliminary study on application of metal members with corrugated webs in the supports of soft rock[J]. Applied Mechanics and Materials, 2011, 90－93 pp. 2380－2388.

有效应力对煤样渗透性影响的实验研究

祝　捷　王　学　赵　菲　李嘉志　于鹏程

中国矿业大学（北京）力学与建筑工程学院，北京　100083

摘　要　煤体变形和渗透性是煤炭开采与瓦斯抽放的重要问题，应力是导致煤样变形和渗透性变化的主要原因。本文利用含瓦斯煤热流固耦合三轴伺服渗流装置试验系统，选取开滦矿区赵各庄矿的原煤样品进行了固定围压、降低进口气体压力条件下的煤样变形及渗流性的同步观测。实验采用无吸附性气体（氦气），避免气体吸附性的影响。实验结果显示：充入氦气会导致受载煤样的收缩变形略有降低；随着充入气体压力的降低，有效应力增大，煤样的收缩变形有微量增大，渗透率亦随之增大。

关键词　变形　渗透率　有效应力　气体压力

Pertinence Study on Deformation and Permeability of Coal Containing Methane

Zhu Jie　Wang Xue　Zhao Fei　Li Jiazhi　Yu Pengcheng

School of Mechanics and Civil Engineering, China University of Mining and Technology, Beijing　100083

Abstract　Coal deformation and permeability are important issues in coal mining and gas drainage. The strain and permeability of intact coal from Zhaogezhuang mine in Kailuan mine area were investigated when injected gas pressure was reduced with unchanged confining stress by the Triaxial stress Thermal – hydrological – mechanical coal gas permeameter. Helium gas was used in this work because it had not absorbing nature. The experimental results show that the shrinkage of coal samples decreased as soon as helium gas was injected into the sample cell. The shrinkage recovered with the effective stress increasing which resulted from the reducing of injecting gas pressure. On the contrary, coal permeability go up with gas pressure decreasing.

资助项目：中央高校基本科研业务费专项资金（2010QL02）

作者简介：祝捷，女，副教授，主要从事工程力学方面的教学和研究工作。Tel：62339322；E – mail：zhujie@cumtb. edu. cn

Key words deformation permeability effective stress gas pressure

0 引言

煤岩是一种由孔隙和裂隙构成的双重孔隙介质，煤体变形和渗透性是煤炭开采与瓦斯抽放的重要问题。煤体渗透性的研究以实验为主[1-6]，学者们重点关注的影响因素有：①煤的应力状态，包括轴压、围压、孔隙压力、有效应力；②煤中瓦斯的吸附/解吸作用及与之有关的基质收缩效应；③低渗透煤体存在的气体滑脱效应。气体吸附性是影响煤渗透性的因素之一，由于气体吸附导致煤样的体积膨胀变形不超过1%[7]，Gensterblum 提出有效应力和分子筛作用是促使煤样渗透性发生改变的主要原因[8]。李俊乾提出渗透率－有效应力两者之间呈现近似线性负相关关系，当平均气体压力小于 1.0 MPa 时，有效应力是导致渗透率降低的主要因素[9]。还有一些学者建立数学模型来研究煤样渗透率的影响因素[10-12]，做了很多方面的研究，得到了很多实质性的进展。得出有效应力是改变煤样渗透率的主要原因。

为了研究有效应力对煤样变形和渗透率的影响，本文选择无吸附性气体（氦气）作为实验气体，对煤样进行了固定围压、降低进口气体压力条件下的变形和渗流率同步观测，为后期含瓦斯煤变形和渗透率实验中区分有效应力和气体吸附性的作用效应提供依据。

1 实验方案和煤样制备

实验所用样品取自开滦矿区赵各庄 9 号煤层，取样深度为 1084 m，该煤层为煤与瓦斯突出煤层，瓦斯含量约为 7.5～8.5 m^3/t。自 1955 年以来，该煤层发生瓦斯突出 19 次，且 1973 年尤为严重，喷出瓦斯 3000 m^3，突出煤量 100 t，对煤矿生产造成影响。煤层取出边长大于 20 cm 的煤块，沿平行节理方向钻取直径 5.0 cm、高度 10.0 cm 的圆柱体煤样，打磨剖光使煤样上、下表面平行、光滑后将其烘干，放置于干燥箱内备用。经 GF－A6 型自动工业分析仪测定：煤样的固定碳含量为 53.82%、灰分含量为 14.70%、挥发分含量为 30.28%、水分含量为 1.20%，镜质组反射率为 1.10%～1.17%，煤种为烟煤。

煤样变形和渗透性实验采用重庆大学煤矿灾害动力学与控制国家重点实验室含瓦斯煤热流固耦合三轴伺服渗流装置实验系统（图 1a），该实验装置主要由伺服加载系统、水域恒温系统、气体压力控制系统、三轴压力室、数据采集系统和辅助系统组成。夹持器工作围压为 10.0 MPa，气驱压力为 6.0 MPa。

实验前将煤样涂抹硅胶放入夹持器中，连接好数据传输线，抽真空 1.5 h 之后利用伺服加压装置缓慢施加围压和轴向压力至设定值（7.0 MPa），充入设定压力的氦气。实验时保持轴压、围压不变和出气口压力为 0.1 MPa。实验全程记录煤样的径向应变和轴向应变，由计算机自动采集出气口气体流量。待出气口流量稳定后，变化进气口压力至下一级压力。实验温度控制在 27 ℃。实验流程如图 1b 所示。

2 实验结果与分析

实验采用外部应力不变、降低进气口压力的实验方案进行，即轴压和围压均为 7.0 MPa，

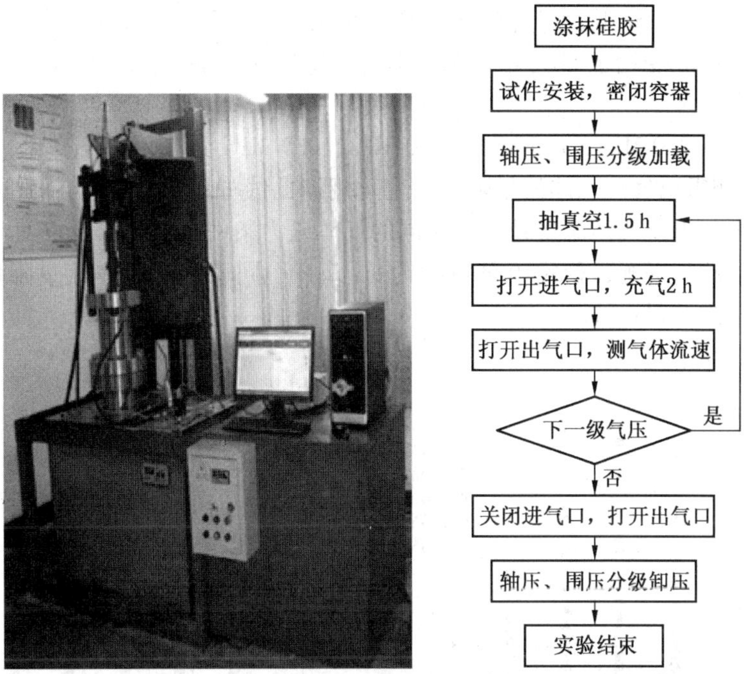

(a) 含瓦斯煤热流固耦合三轴伺服渗流装置试验系统　　(b) 实验流程

图1　实验设备及实验流程

进口气体压力按 2.0 MPa—1.5 MPa—1.0 MPa—0.5 MPa—0.3 MPa 依次变化，出口为 0.1 MPa，在每级气体压力下测定煤样径向应变、轴向应变和出气口流量。

进气口压力从 2.0 MPa 变化至 0.3 MPa 过程中，煤样的外部应力、进气口压力、径向应变和轴向应变的实验曲线如图 2 所示。通入氦气促使煤样原有的收缩变形略有降低，轴向应变的变化幅度大于径向应变。根据煤样的轴向应变 ε_z 和径向应变 ε_r，根据式（1）计算得到体积应变：

$$\varepsilon_v = \varepsilon_z + 2\varepsilon_r \tag{1}$$

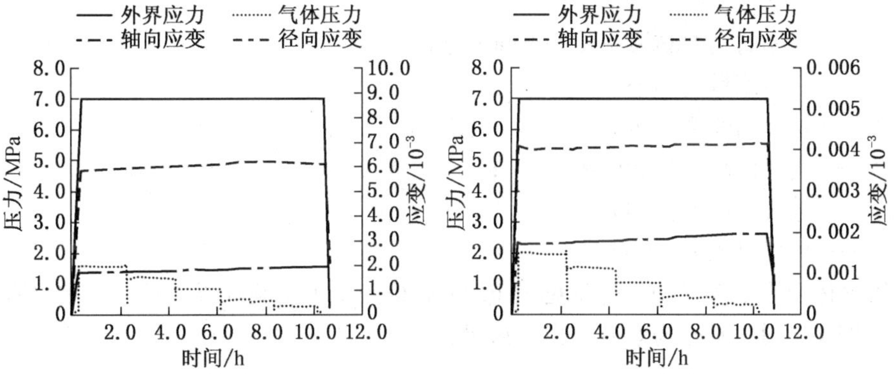

(a) 1号样　　(b) 2号样

图2　煤样应力、压力和应变的变化曲线

随着进气口压力降低，煤样的收缩变形增大。气体压力从 2.0 MPa 变化至 0.3 MPa，1 号煤样的体积应变增大量为 0.8852×10^{-3}，2 号煤样的体积应变增大量为 0.00064×10^{-3}。

气体压力从 2.0 MPa、1.5 MPa、1.0 MPa、0.5 MPa 到 0.3 MPa 变化，每个气体压力点维持 2 h，测得出气口气体流量随时间变化规律曲线如图 3 所示。对于同一煤样，进口气体压力越高，出口气体流量越大；相同的气体压力条件下，气体流量随着时间的增加逐渐降低，最后趋于平衡，稳定流量持续约 4 min；不同煤样的气体流量降低速度不同，2 号煤样的流量降低得更快。

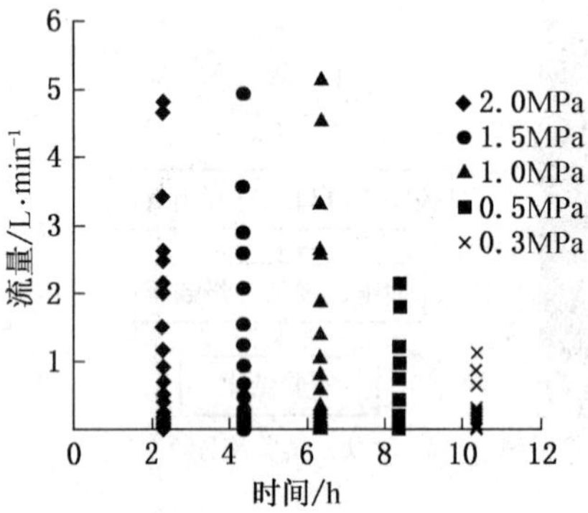

(a) 1号煤样

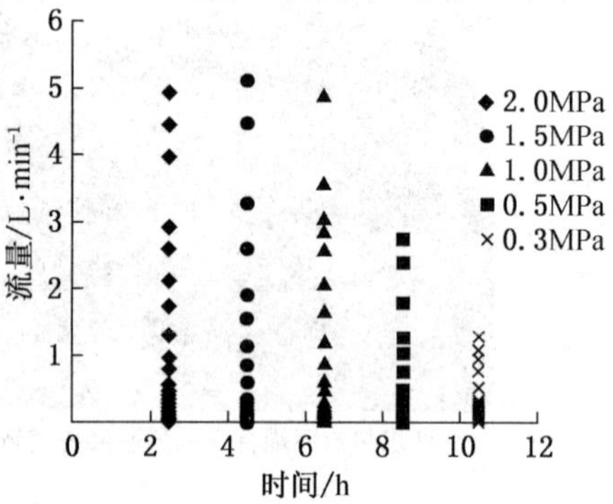

(b) 2号煤样

图3 出口气体流量变化曲线

3 讨论

依据煤样在不同进气口压力下得到的稳定流量，由式（2）计算出煤样的渗透率：

$$k=\frac{2p_0\mu q_0L}{A(p_1^2-p_2^2)} \tag{2}$$

式中 k——煤样渗透率，$10^{-3}\mu m^2$；

p_0——大气压（0.1 MPa）；

μ——气体的动力黏滞系数（MPa · s）；

q_0——气体流量，mL/s；

L——煤样的长度，cm；

A——实验样品的横截面积，cm^2；

p_1——进气口压力，MPa；

p_2——出气口压力，MPa。

各级气体压力下煤样的渗透率见表 1，由此得到 2 个实验煤样渗透率随有效应力的变化曲线（图 4）。其中 σ_e 为有效应力，满足：

$$\sigma_e=\frac{\sigma_z+2\sigma_r}{3}-\frac{p_1+p_2}{2} \tag{3}$$

其中 σ_z、σ_r 分别为煤样的轴向和径向应力。

表1 各级气体压力下煤样的渗透率

1 号 煤 样		2 号 煤 样	
气体压力/MPa	渗透率/10^{-3} μm^2	气体压力/MPa	渗透率/10^{-3} μm^2
2.0	0.0311	2.0	0.0355
1.5	0.0293	1.5	0.0373
1.0	0.0369	1.0	0.0403
0.5	0.0456	0.5	0.0756
0.3	0.0456	0.3	0.1361

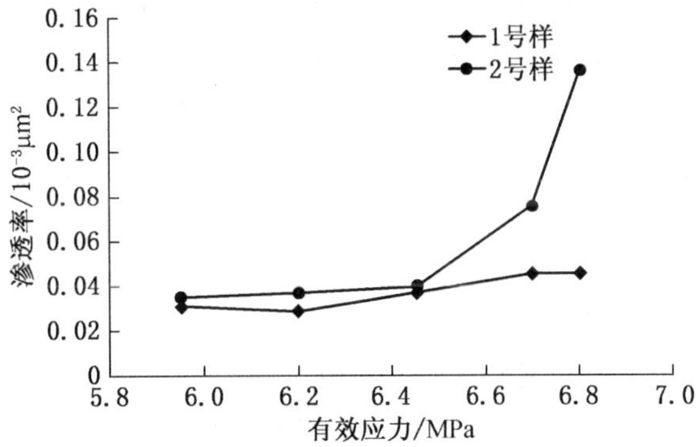

图4 渗透率随有效应力的变化曲线

由图4可知，2个煤样的渗透率均随着有效应力的增大而增加，但变化幅度不同。当气体压力从2.0 MPa逐级降低至0.3 MPa时，1号煤样渗透率由0.031×10^{-3} μm^{2}升高到0.046×10^{-3} μm^2，2号煤样渗透率由0.039×10^{-3} μm^{2}升高到0.091×10^{-3} μm^2。可见煤样渗透性对有效应力变化的敏感性有个体差异。

4 结论

本文对取自赵各庄矿的原煤样品进行了固定围压、降低进口气体压力的变形和渗透性实验，研究气体压力降低过程中的煤样变形和渗透率变化特征。实验结果表明，随着气体注入压力室，煤样原有的收缩得到缓解，但由于围压的影响，煤中气体产生的膨胀效应很小。在注入气体2 h之后，煤样变形即为稳定不变，这是因为氦气是惰性气体，在煤中无吸附性。尽管煤样之间具有个体差异，但是随着进气压力的降低和有效应力的增大，煤样的收缩变形均略有增加，渗透率呈现出逐渐增大的趋势。这表明煤样允许气体通过的能力会随着进口气体压力的降低而得以提高。

参 考 文 献

[1] 周宏伟，谢和平，左建平．深部高地应力岩石力学行为研究进展［J］．力学进展，

2005，35（1）：91－99.
［2］周世宁，林柏泉．煤层瓦斯赋存与流动理论［M］．北京：煤炭工业出版社，1999.
［3］祝捷，张敏，姜耀东，等．煤吸附解吸 CO_2 变形特征的试验研究［J］．煤炭学报，2015，40（5）：1081－1086.
［4］李祥春，郭勇义，吴世跃．煤吸附膨胀变形与孔隙率、渗透率关系的分析［J］．太原理工大学学报，2005，36（3）：264－266.
［5］林柏泉．含瓦斯煤体渗透率的探讨［J］．煤矿安全，1988，12：15－20＋65.
［6］周世宁，林柏泉．煤矿瓦斯动力灾害防治理论及控制技术［M］．北京：科学出版社，2007.
［7］赵阳升．矿山岩石流体力学［M］．北京：煤炭工业出版社，1994.
［8］YVES GENSTERBLUM，AMIN GHANIZADEH，BERNHARD M. KROOSS. Gas permeability measurements on Australian subbituminous coals：Fluid dynamic and poroelastic aspects［J］. Journal of Natural Gas Science and Engineering，2014，19：202－214.
［9］李俊乾，刘大锰，姚艳斌，等．气体滑脱及有效应力对煤岩气相渗透率的控制作用［J］．天然气地球科学，2013，5：1074－1078.
［10］梁冰，章梦涛，潘一山，等．煤和瓦斯突出的固流耦合失稳理论模型［J］．煤炭学报，1995，20（5）：492－496.
［11］杨天鸿，徐涛，刘建新，等．应力－损伤－渗流耦合模型及在深部煤层瓦斯卸压实践中的应用［J］．岩石力学与工程学报，2005，24（16）：2900－2905.
［12］尹光志，李铭辉，李生舟，等．基于含瓦斯煤岩固气耦合模型的钻孔抽采瓦斯三维数值模拟［J］．煤炭学报，2013，38（4）：535－541.

灵岩寺辟支塔保护工程综述

郑利军　张无伤　李维新

中国矿业大学（北京）力学与建筑工程学院，北京　100083

摘　要　辟支塔为灵岩寺标志性建筑，具有典型的宋代风格，具有重大的学术价值。但现在灵岩寺辟支塔残毁严重，亟须进行保护修缮。在灵岩寺辟支塔的修缮中需坚持文化遗产保护的原真性原则，坚持不改变文物原状的文物保护修缮原则，坚持可逆性原则。本文研究了灵岩寺辟支塔的建筑形制，对灵岩寺辟支塔的历史价值、艺术价值、科学价值、社会文化价值进行了评估，评估了灵岩寺辟支塔建筑的保存现状。本文最后制定了灵岩寺辟支塔修缮措施，提出了灵岩寺辟支塔的保护方案。

关键词　辟支塔　修缮　保护

Conservation project review on Lingyan Temple Pizhi Pagoda

Zheng Lijun　Zhang Wushang　Li Weixin

School Of Mechanics and civil Engineering China University of Mining and Technology, Beijing　100083

Abstract　Pizhi Pagoda is the landmark of Lingyan Temple, which has the Song dynasty style, and has considerable academic values. But now Lingyan Temple Pizhi Pagoda is in serious damage and need conservation urgently. When repairing, we insist on principle of authenticity in the heritage conservation, by not changing the status of heritage and reversibility. In this article, the architecture shape of Pizhi Pagoda is study, and the history value、artist value、scientifit value、and social – culture value of Pizhi Pagoda are evaluated, and the situation of Pizhi Pagoda is evaluated. At last, conservation measure of Pizhi Pagoda is worked out, and the conservation plan is drawn in this article.

Key words　Pizhi Pagoda　repair　conservation

资助项目：中央高校基本科研业务费专项资金资助（2009QL17）

作者简介：郑利军（1973—　），男，河北石家庄人，博士，副教授，主要研究方向为历史建筑保护。Tel:010 – 62331687　13811621573;E – mail:zhlj_1973@163.com

1　灵岩寺辟支塔概况

灵岩寺坐落于泰山西北麓，位于济南市长清区万德镇境内，为世界自然与文化遗产泰山的重要组成部分。灵岩寺是唐贞观年间（627—649 年）慧崇高僧建造的，经宋、元、明几代修葺，建筑多属宋代。宋真宗景德年间（1004—1007 年），灵岩寺改称“敕赐景德灵岩禅寺”。明宪宗成化四年（1468 年）又改称“敕赐崇善禅寺”，明世宗嘉靖年间（1522—1566 年）复名灵岩寺。灵岩寺辟支塔建于唐天宝十二年（公元 753 年），宋淳化五年（994 年）重建，竣工于嘉祐二年（1057 年），历时六十三年完工。辟支塔为灵岩寺标志性建筑，由寺僧募资化缘，集累广捐筑成。“辟支”出于佛教，音译为“辟支迦佛陀”，略称“辟支佛”，辟支塔，意即辟支佛塔。

2　灵岩寺辟支塔建筑形制

辟支塔为八角九层楼阁式砖塔，塔高 55.7 米，塔基为石筑八角，八面浮雕镌刻出古印度孔雀王朝阿育王皈依佛门等故事，雕刻构图活泼，刀法娴熟，为宋代艺术杰作（图 1）。塔身以青砖砌就，各层皆施腰檐，二至四层檐下置平座，塔檐与塔径自下而上逐层收分。腰檐、平座施斗栱均出二跳并偷心，柱头铺作皆置斜栱，腰檐与平座的华栱与斜栱上下相互交换，使斗栱富于变化，避免了重复韵律中的单调感。塔身四向辟门，一至四层辟真门，第五、第九层各辟一真门，第六、七、八层各辟二真门，余为假门做佛龛，原设置的佛像早已遗失。真、假门之外，各面均设破子棂毬纹格眼式假窗。塔内一至四层设塔心柱，内辟券洞，砌有台阶，可拾级攀登。自第五层以上砌为实体，登塔须沿塔壁外腰檐左转 90°进入上层门洞。塔身上置铁质塔刹，由覆钵、露盘、相轮、宝盖、圆光、仰月、宝珠组成。自宝盖下垂八根铁链，由第九层塔檐角上的八尊铁质金刚承接[1]。

图 1　灵岩寺辟支塔

塔体全部用青砖砌筑，外墙用砖规格为（360 × 240 × 60）mm、（370 × 170 × 65）mm、（330 × 170 × 65）mm 和（370 × 180 × 70）mm，塔外表层以砖砌坐白灰浆砌。塔体各层平座用砖尺寸较大，其规格有（400 × 190 × 90）mm、（600 × 170 × 90）mm、（630 × 300 × 90）mm 和（560 × 180 × 90）mm 等。塔内地面砖有（360 × 360）mm，（260 × 260）mm 方砖，局部用条砖修补。

3　灵岩寺辟支塔评估

3.1　价值评估

3.1.1　历史价值

灵岩寺历史悠久，佛教底蕴丰厚，自唐代起就与浙江国清寺、南京栖霞寺、湖北玉泉寺并称“海内四大名刹”，并位居首位，现为世界自然与文化遗产泰山的重要组成部分。山东灵岩寺是第二批全国重点文物保护单位，是我国古代劳动人民集体智慧的结晶。辟支塔为典型的宋代风格，为灵岩寺标志性建筑，蕴涵着丰富的历史信息，承载了厚重的历史文化，是不可多得的研究我国宋代建筑的实物资料。

3.1.2 艺术价值

辟支塔为八角九层楼阁式砖塔，造型匀称，比例适度，是典型的宋代风格，艺术价值较高。

3.1.3 科学价值

辟支塔蕴涵着丰富的信息，为历史、社会、古建筑等多学科提供了研究资料，并成为我国古代佛塔建筑的重要实例。

3.1.4 社会文化价值

辟支塔能使更多的人认识到它在中国历史上的重要地位，提高人们对文物保护的兴趣和关注度，起到一定的宣传作用，扩大文物的社会影响力。同时对辟支塔适当地开放展示，可以增加当地的旅游收入，提高经济效益，使获得的收益更大程度地应用到文物保护方面，将产生良好的社会文化效益、生态效益，对文物的保护具有重要的现实意义。

3.2 灵岩寺辟支塔建筑现状评估

3.2.1 遗产本体现状评估

1. 台基

台基四周堆放碎砖及垃圾，雨水难以排出，积水渗入台基，原散水无存。须弥座墙面严重酥减，台阶、垂带无存。台基壶门上下的上枋、下枋严重酥减，部分缺失、坍塌，走闪严重，局部缺失。台基上灌木杂草丛生，壶门的缝隙间长有杂草。

2. 平座

二层南面平座有坍塌裂缝，裂缝向下延伸至一层檐部，裂缝宽 1 ~ 3 cm。二、三、四层平座多处缺砖。平座上灌木杂草丛生。

3. 塔身

外墙面酥碱严重，基部墙体破损严重。塔身券门上有裂缝，有的延伸至斗栱，宽 1 ~ 3 cm。墙面有大片的砖呈现剥离状态，有多处破损的洞。各面假窗均有残损。部分墙体券门上有斜裂缝沿至假窗。佛龛上有斜裂缝。

4. 塔身仿木构件及檐部瓦件

斗栱酥碱损坏严重，檐部、平座平身科斗栱开裂，其他斗栱均有不同程度损坏。各层檐部瓦件均有毁坏，部分筒瓦、板瓦、勾头、滴水、砖砌椽头等构件脱位、缺失。屋面杂草丛生，部分瓦脱落、松动。

5. 塔内部

塔内墙体酥碱，墙皮剥落，有细小通裂缝。地面砖磨损严重，部分地面砖酥碎。塔心柱一墙面有纵向通裂缝，直通叠涩顶，裂缝宽 1 ~ 3 cm，其余塔心柱墙体均有细小裂缝，墙体酥碱严重。塔心柱内部上塔台阶破坏严重，部分坍塌，部分踏跺缺失。各层顶部叠涩顶有裂缝，各面酥碱严重。

6. 塔顶及塔刹

塔顶破坏严重，刹座有三条裂缝，分别长0.5～0.8 m、宽1～3 cm不等，刹座上灌木杂草丛生。覆钵酥裂严重，露盘、相轮、宝盖、圆光、仰月、宝珠等均有不同程度残损。

3.2.2 建筑现状评估结论

由于年久失修，地震破坏，致使塔体出现较大裂隙，墙体酥碱严重，使塔体稳定性减弱。风雨侵蚀，自然风化使得砌体分离，结构松散，瓦件构件缺失，对塔体的稳定性构成潜在的威胁。

4 灵岩寺辟支塔保护工程

4.1 保护原则

（1）在坚持文化遗产保护的原真性原则和坚持“不改变文物原状”的文物保护修缮原则的基础上，尽可能使用原做法、原工艺，尽量保留原有构件。残损的构件经修补后仍能使用的，不应更换。确保各单体建筑及相关文物遗存修缮前后风格的一致性。

（2）凡是有利于文物古迹保护的技术和材料，都可以使用，适当采用新材料、新工艺，增加修复的科技含量，以确保修复后的可靠性和持久性。

（3）以文物建筑原状修整为主，重点修缮损坏部位及进行环境整治工程。

4.2 灵岩寺辟支塔修缮措施

4.2.1 现状整修

对塔体的开裂部位进行加固和修补。对塔体酥碱严重、剥离、破损的部位予以剔补，清理干净，重新按原做法补砌。对塔体各层的裂缝，采用灌传统白灰浆加固，也可用环氧树脂，掺加砖粉灌缝。

4.2.2 局部复原

对塔体的缺口洞，用原规格砖石按原做法进行补砌。对塔体上的缺砖处，进行补砌。

4.2.3 日常保养

对塔体及周围的杂草进行综合治理，平整塔体四周，保证四周排水畅通。

4.3 灵岩寺辟支塔保护方案

4.3.1 灵岩寺辟支塔保护方案（表1）

表1 灵岩寺辟支塔保护方案

部位	修缮方案
台基	清理台基四周堆放的碎砖及垃圾，清理台基上的灌木杂草。按原来砖石尺寸补砌台阶、垂带。局部拆除酥减的须弥座墙面，重新按原做法补砌。剔补酥碱严重的条砖，补墁室内踏跺。局部拆除坍塌、走闪严重、严重酥减的壶门上下的上枋、下枋，重新按原做法补砌。清理塔四周，原土夯实，用砖铺墁散水
平座	清理平座的灌木杂草，对二层平座的坍塌裂缝局部拆除，清理干净，重新按原做法补砌。对各层缺失的砖进行补砌。剔补酥碱严重的条砖，补墁室内踏踩

表1（续）

部位	修 缮 方 案
外墙面	对各层外墙面酥碱严重、剥离、破损的部位予以剔补，清理干净，重新按原做法补砌。对墙体上的缺砖带进行补砌。对各层的裂缝，灌传统白灰浆加固
塔身仿木构件及檐部瓦件	1. 修复和加固损坏开裂的仿木砖构件，修复的主要内容是残缺的斗栱和开裂严重的斗栱 2. 对斗栱毁坏严重的按原手法规格磨制斗栱构件，局部拆除，将墙体清理干净，在斗栱构件位置通过剔补、重砌、补砌等方法使斗栱与墙体连为一体 3. 对只有部分损坏而又不影响整个塔的稳定性的斗栱，原则上不进行补配。如果损坏部分使整个斗栱失去其承重作用，影响到整个塔的稳定性，应进行补配，具体做法是将损坏部分拆除并进行清理，将残缺严重的斗栱构件按原来较完整的构件重新进行制作并补配 4. 对有裂缝的斗栱为不使其开裂程度加剧，用传统白灰浆加固 5. 清理檐部的灌木杂草，脱节、松动的构件拆除，清理干净，重新按原做法补砌。缺失的构件需补配
塔内部	对墙体酥碱严重的部位进行剔补，墙皮剥落处重新清除干净后抹灰。对各层的裂缝，灌白灰浆加固。塔内一至三层的台阶，根据原有台阶痕迹，参照其余台阶工程作法，以质地和规格相同的砖进行补配。登塔台阶按现有台阶的砌筑方法进行补砌。清除塔内杂土，对损坏严重的砖进行剔补，缺失的砖进行补砌。对塔心柱墙体酥碱严重的部位进行剔补，墙皮剥落处重新清除干净后抹灰。一层塔心室墙面重新抹灰，方法为麦秸泥打底，白麻刀灰罩面。对各层的裂缝灌传统白灰浆加固
塔顶、塔刹	对刹座的裂缝灌传统白灰浆加固。覆钵酥裂部分局部拆除，清理干净，重新按原做法补砌。为防雷击设置避雷针

4.3.2 灵岩寺辟支塔院落及周围环境整治

清理院落杂草和覆土，找到原地面，整平院落，更换院落铺砖，保持自然排水畅通。

5 结论

辟支塔为灵岩寺标志性建筑，在学术上具有重大的价值。但由于年久失修，对塔体的稳定性构成潜在的威胁，亟须进行保护修缮。在灵岩寺辟支塔的修缮中需坚持文化遗产保护的原真性原则，坚持不改变文物原状的文物保护修缮原则，坚持可逆性原则。

参 考 文 献

[1] 济南市长清区灵岩寺文物管理委员会. 山东灵岩寺辟支塔修缮工程立项报告 [R]. 济南：济南市长清区灵岩寺文物管理委员会，2014，3.

贵州红黏土隧道台阶法施工围岩稳定性研究

孙吉晨　刘　波　邵　文　王亚峥　聂鹏周　冀文欢　王肖辉　张方博

中国矿业大学（北京）力学与建筑工程学院，北京　100083

摘　要　以贵阳市轨道交通2号线某隧道工程为背景，应用FLAC^{3D}数值分析软件对预留核心土台阶法隧道施工时引起的围岩受力变形规律进行模拟分析。通过模拟数据与现场实测数据对比，研究总结出软塑红黏土围岩地质条件下，预留核心土台阶法对于控制围岩变形及缓解局部应力集中有明显作用。在贵州红黏土隧道施工时预留核心土台阶法能够实现隧道快速开挖，控制围岩变形，保持围岩的稳定性。研究结论适用于类似隧道工程，具有一定的实际应用价值。

关键词　红黏土隧道　预留核心土　台阶法　数值模拟　围岩稳定

Study on stability of surrounding rock in Guizhou Red Clay Tunnel Construction with Bench Method

Sun Jichen　Liu Bo　Shao Wen　Wang Yazheng
Nie Pengzhou　Ji Wenhuan　Wang Xiaohui　Zhang Fangbo

School of Mechanics and Civil Engineering, China University of Mining and Technology, Beijing　100083

Abstract　Based on the background of Guiyang Rail Transit Line 2 a certain tunnel engineering, using FLAC^{3D} numerical analysis software to simulate and analyze the force and deformation law of surrounding rock during tunnel construction by the reserved core soil bench method. Through comparing the simulation data with the field measured data, the study concluded that the reserved core soil step method has obvious effect on controlling the deformation of surrounding rock and alleviating the local stress concentration in the surrounding rock of soft plastic red clay. During the construction of the red clay tunnel in Guizhou Province, the reserved core soil bench method can realize the rapid

---

资助项目： 中央高校基本科研业务费专项资金（2009KL01）

作者简介： 孙吉晨（1991—　），男，山东省青岛市人，博士研究生，从事岩石力学与地下空间工程结构稳定性等方面的研究。E-mail: sunjichen163@163.com excavation of the tunnel, control the deformation of surrounding rock, and keep the stability of the surrounding rock. The research conclusion is applicable to similar tunnel engineering, and has certain practical application value.

Key words red clay tunnel reserved core soil bench method numerical simulation surrounding rock stability

0 引言

目前，利用矿山法进行城市地铁修建的开挖方法包括中隔壁法、双侧导坑法、CRD法、台阶法等。不同施工方法的适应条件是不同的，在具体选择施工方法时，应根据地质条件、隧道断面及埋深、周围环境条件及工程要求等综合考虑[1-4]。在实际工程中，台阶法对隧道围岩扰动次数少，且施工组织和安全控制难度低，便于中低程度机械化作业；然而单纯的台阶法在地质条件较差的隧道施工时，围岩稳定性难以保证。环形开挖预留核心土法是在台阶法的基础对上台阶开挖时以弧形导坑领先，开挖过程中上部留有核心土支承开挖面，能迅速及时地建造拱部初次支护，所以开挖工作面稳定性好、安全性好，与超短台阶法相比，台阶长度可以适度加长，以减少上、下台阶施工干扰，因此环形开挖预留核心土法在土质隧道施工中得以广泛应用。本文以贵阳市轨道交通某隧道工程为依托，采用$FLAC^{3D}$模拟台阶法（预留核心土）开挖，对隧道围岩受力及变形情况进行分析研究，从理论上对该施工方法予以指导，并验证在此设计支护参数下，该开挖方法的合理性和安全性，同时也为以后类似隧道工程的设计和施工提供依据。

1 数值模拟分析

1.1 工程概况

贵阳市轨道交通工程某隧道暗挖区间设计起讫里程 YCK16 +196.8—YCK17 +149.15，全长952.35 m，隧为矿山法双洞单线结构，施工线间距13.5 ~17 m。区间轨面最小埋深约为17.5 m，最大埋深约为41 m。本次分析选取的断面里程为 YCK16 +990.15—YCK17 +038.15，该断面所处围岩级别为Ⅴ级围岩。

隧道上覆土层主要为人工回填土层，杂色，由人工回填碎块石及红黏土等组成，碎块石主要为灰岩，硬杂质含量60%左右，粒径1 ~10 cm，结构松散至稍密，层厚0 ~11.1 m，沿线均有分布。隧道围岩主要为硬塑红黏土，褐黄色、砖红色，硬杂质含量60%左右，粒径1 ~10 cm，均匀性差，结构松散至稍密，遇水易软化崩解。隧道下部岩层岩性主要为受岩溶影响的强风化灰岩，风化裂隙很发育，岩体破碎，岩芯破碎，有溶蚀泥槽分布，多呈土夹碎块状，局部夹中风化岩块，岩质较硬，钻孔岩芯多呈碎块状。

设计采用复合式衬砌结构：以锚杆、钢筋网、喷射混凝土为初期支护，并辅以注浆小导管作为超前支护和型钢钢架加强支护；以模筑钢筋混凝土为二次衬砌。初支采用全环喷射C25混凝土，厚26 cm，I18型钢钢架间距0.6 m，全环加强支护；超前支护采用Φ42注浆小导管，$L=3.5$ m，0.35 ×1.8 m（环×纵），拱部布置；二衬采用P12、C35模筑钢筋混凝土，厚45 cm。

1.2 模型的建立

为综合分析研究软弱围岩地质条件下地铁隧道采用预留核心土台阶法施工对围岩稳定性的影响，本文采用 FLAC^{3D}有限差分软件建立三维数值计算模型。

依照设计隧道断面的相关尺寸以及地勘资料建立分析计算模型，考虑到隧道实际尺寸位置与开挖对围岩的扰动影响范围，以隧道右线主洞典型断面为基础，进行适当简化，建立模型的边界尺寸为48 m（水平方向）×46 m（竖向高度）×24 m（开挖纵深）。计算时所施加的边界约束条件是：地表为自由边界，未受任何约束，左右边界分别受到水平方向的位移约束，下部边界受到垂直和水平方向的位移约束。计算模型网格划分如图1所示。

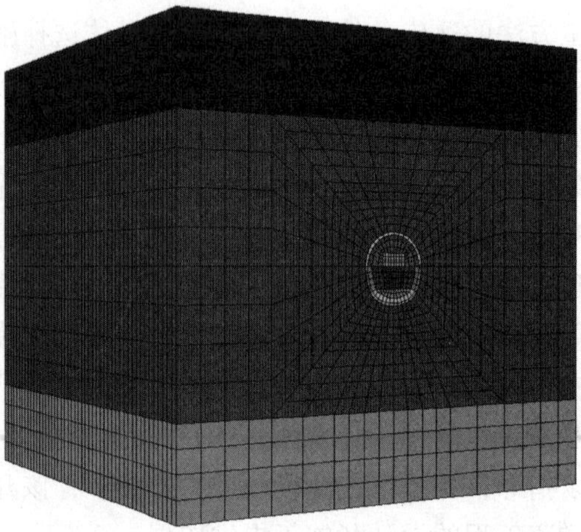

图1 预留核心土台阶法施工计算模型

分析时，各地层采用 Mohr - Coulomb 屈服准则，初始应力仅考虑自重应力，隧道超前支护考虑超前小导管管棚支护，初期支护考虑锚杆、喷射混凝土以及钢拱架的作用，钢筋网、纵向连接筋等对喷射混凝土力学性质的贡献作为安全储备，不予考虑。隧道支护结构中，超前支护采用壳单元，锚杆采用锚索单元，初衬及二衬采用弹性实体单元。

1.3 计算参数的确定

本例中参与计算的人工回填土、硬塑红黏土层、强风化灰岩的力学参数根据现场取样试验结果和相关现场地勘资料（折减）得到的，隧道围岩参数取值见表1。

表1 隧道围岩参数取值表

围岩	重度 $\gamma/(kN\cdot m^{-3})$	弹性模量 E/MPa	泊松比 μ	内聚力 c/kPa	内摩擦 φ/(°)	厚度/m
人工回填土	19.00	5.00	0.20	1.00	20.00	9.0
硬塑红黏土层	17.10	14.00	0.25	45.00	8.00	28.0
强风化石灰岩	26.20	900.00	0.40	42.50	25.00	9.0

锚杆和混凝土衬砌具体几何参数为实际工程使用的力学参数，钢拱架的作用则采用等

效方法予以考虑，即将钢拱架弹性模量折算给喷射混凝土[5]，其余支护材料参数见表2。

表2　隧道支护材料参数取值表

材料名称	计算参数		
超前小导管管棚	$E=10.5$ GPa	$\mu=0.25$　$t=0.3$ m	$\gamma=25.00$ kN/m^3
锚杆	$E=200$ GPa $P_g=0.132$ m	xcarea $=3.8e-4$m^2 $c_g=2e5$N/m	$k_g=2e7$N/m^2 $\phi_g=25°$
初支 C25 混凝土	$K=1.22e10$	$G=1.63e10$　$t=0.26$ m	$\gamma=21.00$ kN/m^3
二衬 C35 混凝土	$K=1.31e10$	$G=1.75e10$　$t=0.45$ m	$\gamma=21.00$ kN/m^3

注：表中：E—弹性模量；K—体积模量；G—剪切模量；μ—泊松比；t—厚度；γ—视密度；xcarea—横截面积；k_g—单位长度上水泥浆液刚度；P_g—水泥浆外圈周长；c_g—单位长度上水泥浆液黏结力；ϕ_g—水泥浆液摩擦角。

1.4　施工过程的工况模拟

施工中采用上下台阶人工分部开挖，每循环进尺1.0 m，每开挖4 m为一个计算时步。根据实际施工步骤，计算中把整个施工过程分为10步加以分析：第1步（初始应力状态平衡）—第2步（施作超前支护）—第3步（上台阶环向开挖预留核心土）—第4步（上台阶初期支护）—第5步（开挖上台阶核心土）—第6步（下台阶开挖）—第7步（下台阶初期支护）—第8步（开挖仰拱）—第9步（仰拱进行初期支护）—第10步（施作全断面二衬）。

2　现场监测方案

为了尽可能地减小边界效应对计算结果的影响，数值模拟时监测断面设置在隧道计算模型纵向24 m处，即模型中间位置[6]。利用数显收敛仪和光学水准仪对隧道初支变形进行监测，监测的内容主要包括拱顶沉降与净空收敛。隧道拱顶布置一道拱顶沉降监测点，上下台阶边墙位置分别布置两道水平收敛监测点，监测点布置如图2所示。拱顶沉降量测与净空水平收敛量测的监测工作应在同一断面内进行，并用相同的量测频率。

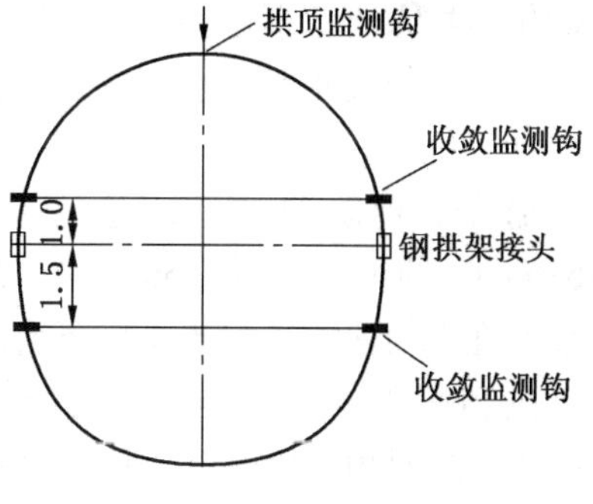

图2　隧道断面监测点布设图

3　结果分析

3.1　围岩变形分析

隧道的拱顶沉降及水平收敛是隧道围岩变形的最直接反映，为判断隧道空间的稳定性提供可靠的信息[7-12]，隧道施工过程中，应在设计断面及时布置监测点并进行实时监测，得到拱顶沉降及净空收敛随时间的变化规律，同时借助FLAC^{3D}软件对整个施工过程进行模拟，分析围岩变形规律。对目标断面拱顶沉降和净空收敛随开挖施工步变形进行分析，将现场实测数据与数值模拟数据绘制如图3所示。

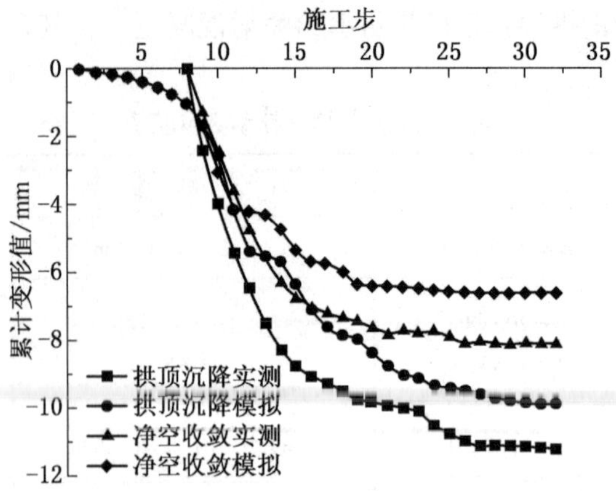

图3 隧道拱顶沉降、净空收敛累计变形图

目标断面围岩变形实测曲线和模拟曲线变化趋势略有不同。模拟曲线变化趋势可分为4个阶段：微小变形阶段、急速变形阶段、缓慢变形阶段和稳定变形阶段，而实测曲线只有后3个阶段，没有微小变形阶段。这是由于目标断面并非洞口位置，模拟开挖可以体现出隧道开挖的掌子面前方位移，实测变形通常是目标断面初支完成之后对初支变形进行实时监控量测，因此现场实测通常无法监测到掌子面前方的先行位移。

台阶法开挖过程中拱顶沉降及净空收敛随开挖步累计变化如图3所示，开挖面距观测断面5 m左右，开始影响围岩变形。1~8开挖步，变形速率较小，变形量较小。8~14开挖步时开挖面到达观测断面，开始开挖上台阶，沉降收敛速率突然增大，随着开挖面距观测断面距离的增大，变形速率逐渐减小，累计变形量趋于平缓。15开挖步时开始开挖下台阶，变形速率再次增大，最终变形趋于稳定，拱顶累计沉降量为-9.89 mm，净空累计收敛量为-6.61 mm，而实测曲线中最终沉降量为-11.48 mm，最终收敛量为-8.10 mm。实测位移均大于计算位移，主要原因是数值模拟的支护是瞬时起作用的，而实际施工过程中的支护施作要相对滞后一些，并且支护也需要凝结时间才有一定强度，因此实测位移会大于计算位移。

随着上台阶的开挖，隧道围岩发生明显的变形，上台阶开挖支护后拱顶下沉5.61 mm，约占总位移的56.7%，净空收敛4.29 mm，约占总位移的64.9%，围岩变形主要发生在上台阶施工。当进行下台阶开挖时，围岩变形速率再次明显变大，下台阶开挖支护后拱顶下沉7.93 mm，约占总位移的80.2%，净空收敛7.93 mm，约占总位移的86.4%，这是由于随着掌子面的开挖，裸露土体不断变大，加大了对土体的扰动，使得围岩变形速率变大。

3.2 围岩竖向应力分析

对隧道围岩竖向应力进行分析，绘制不同开挖及支护阶段隧道围岩竖向应力云图，如图4所示。

通过分析可以发现：在隧道台阶法开挖第一阶段（即上台阶环形开挖），围岩拱肩处发生应力集中，且应力集中现象较为严重，最大竖向应力达-2.49 MPa，此时核心土部分竖向应力为0 kPa，这是由于核心土上部没有约束；在台阶法开挖第二阶段（即预留核心

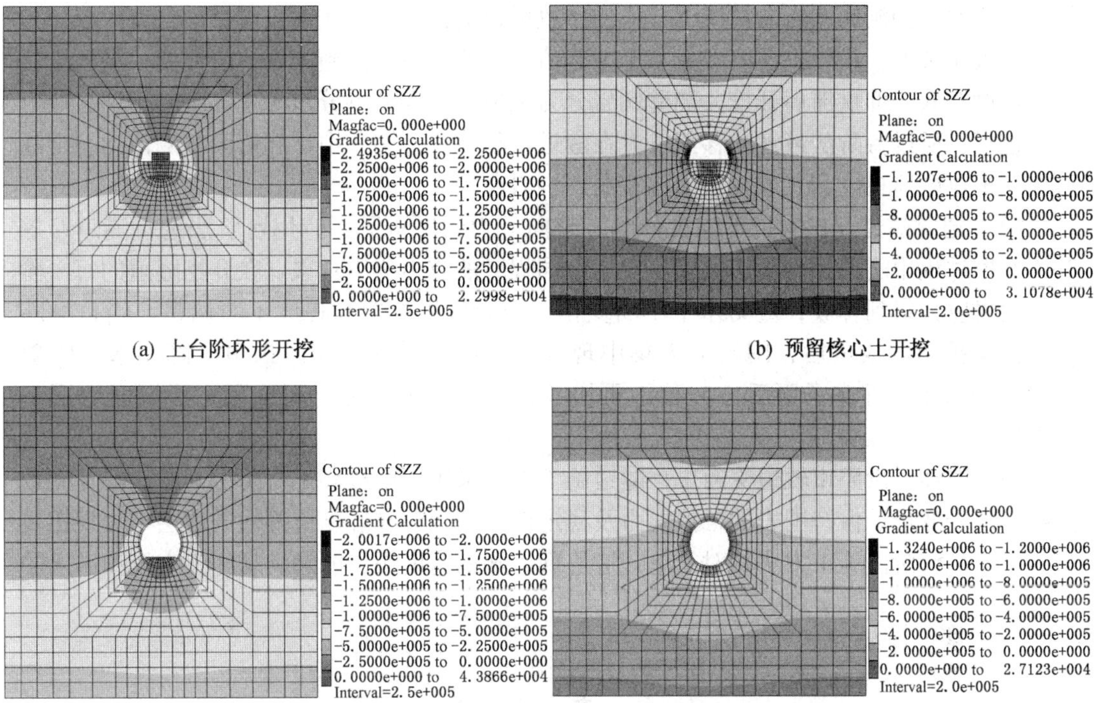

(a) 上台阶环形开挖　　(b) 预留核心土开挖

(c) 下台阶开挖　　(d) 仰拱开挖

图4　围岩竖向应力云图

土开挖)，围岩拱肩处应力集中现象得到缓解，最大竖向应力达 -1. 12 MPa；在台阶法开挖第三阶段（即下台阶开挖)，由于断面开挖面积增加，使得边墙围岩应力重新分布，应力集中现象再次明显，但是应力集中位置下移，最大位置发生在上下台阶交界处，最大竖向应力达 -2. 00 MPa；在台阶法开挖第四阶段（即仰拱开挖)，应力集中现象明显减缓，底部有略微隆起，封闭成环后衬砌整体受力均匀，也可以看出马蹄形断面可以有效地分散应力集中部位，有利于围岩的整体受力平衡。

4　结论

该文基于拉格朗日有限差分程序 FLAC^{3D} 对预留核心土台阶法施工进行了数值模拟，得到的主要结论如下：

（1）隧道拱顶沉降和水平收敛有着类似的变化阶段：微小变形、急速变形、缓慢变形和稳定变形。台阶法隧道开挖，当开挖面临近目标断面时，掌子面前方一定范围内发生先行变形，此变形量较小，当开挖面超越目标断面，围岩变形速率急速增加，累计变形值呈现近似线性的增加，随着开挖面远离目标断面，围岩变形速率减缓，变形量缓慢增加直至达到最终稳定。

（2）通过对隧道围岩拱顶沉降和净空收敛累计变形实测数据与数值模拟数据进行比较可知：上台阶开挖和下台阶开挖引起的拱顶下沉和净空收敛均较大，特别是上台阶开挖后下沉值增幅最大，而下台阶开挖是在开挖预留核心土和上台阶初期支护形成闭合环后，且能有效地支护洞周围岩的情况下施作的，故引起的拱顶下沉相对较少，净空收敛规律与拱顶下沉相类似。最终拱顶沉降值大于净空值，可能是台阶法施工上台阶开挖，拱顶土压力一次性释放，仰拱滞后开挖，侧壁围岩分为上下台阶和仰拱分步开挖，限制了围岩应力释放速度，所以台阶法最大位移值发生在隧道拱顶部位。图3中计算值和实测值均符合隧道施工规范中监控量测要求，表明隧道洞周围岩稳定。

（3）通过隧道开挖支护不同阶段围岩竖向应力云图可见，应用台阶法进行隧道开挖时，开挖过程中隧道围岩不同位置呈现出不同程度的应力集中现象。在开挖隧道的每一阶段，围岩应力得到释放，应力水平不断变化，应力集中位置和程度不断调整，当目标断面仰拱支护封闭成环后，围岩应力集中现象得到明显缓解，此时拱顶沉降和水平收敛位移几乎为零，即掌子面后方位移不再增长，可以认为隧道封闭成环之后围岩变形基本稳定。

综上所述，贵阳市轨道交通工程隧道施工中，采用预留核心土台阶法开挖能够更有效地控制围岩变形，保持围岩的自持能力及稳定性，该优势在红黏土等软弱地层中表现比较明显。而且台阶法施工方法相对简单，造价低，施工速度快，能够满足施工安全和进度的要求。

参 考 文 献

[1] 于增义．掩体隧道台阶法施工过程模拟分析研究［D］．济南：山东建筑大学，2011.

[2] 王建宇．隧道工程的技术进步［J］．中国铁道科学，1999，20（4）：30－36.

[3] 徐林生．财神梁隧道台阶法开挖施工数值模拟研究［J］．重庆交通大学学报：自然科学版，2008，27（4）：548－551.

[4] 肖翔．吊沟岭隧道软岩施工方法研究［D］．成都：西南交通大学，2008.

[5] 李凤刚．黄土连拱隧道施工过程的数值模拟和方案优化［J］．安徽建筑．2003，（3）：87－89.

[6] 袁金秀．软弱破碎围岩条件下隧道施工过程合理台阶长度研究．［J］公路工程，2013，4，66－69.

[7] 崔小鹏，孙绍峰，王广宏，等．CRD工法及三台阶七步工法的对比和改进［J］．隧道建设，2010，30（2）：131－133，178.

[8] 刘波，曹波，刘芳，等．北京地铁暗挖隧道变形监测与稳定性数值分析［J］．地下空间与工程学报，2011，7（3）：518－525，540.

[9] 何伟，吴顺川，孟霞．隧道开挖速度与施工优化［J］．上海交通大学学报，2011，45（增1）：115－119.

[10] 陆震．地铁隧道变形监测技术［J］．施工技术，2009，38（增1）：105－106.

[11] 张云军，宰金珉，王旭东．隧道开挖对周围土体的影响分析［J］．建筑结构，2006，36（增1）：40－42.

[12] PAN Y W, DONG J J. Time－dependent Tunnel Convergence－Ⅱ. Advance Rate and Tunnel－support Interaction[J]. International Journal of Rock Mechanics and Mining Sciences & Geomechanics Abstracts, 1991, 28(6): 477－488.

地铁隧道开挖注浆加固对地表沉降影响分析

李东阳　李　梦　诸子安　张永新　赵天意　刘志财

中国矿业大学（北京）力学与建筑工程学院，北京　100083

摘　要　本文以青岛地铁3号线泉—李区间隧道下穿万隆商厦工程为研究背景，针对该隧道所处的上软下硬的特殊地层条件，采用ANSYS有限元软件建立数值模型，再导入到$FLAC^{3D}$有限差分软件对施工过程进行模拟，分析开挖过程中不同注浆方案下隧道地表沉降的变化规律，从而确定最优的注浆区参数。数值模拟结果表明，隧道开挖前不进行注浆加固地层会导致地面沉降过大，而超前注浆加固地层可以显著减小地表沉降，保证施工安全，但继续提高注浆区参数对减小地表沉降的效果不再明显。

关键词　超前注浆　注浆参数　地表沉降　数值模拟

Analysis of the influence of grouting reinforcement on ground settlement during subway tunnel excavation

Li Dongyang　Li Meng　Zhu Zian　Zhang Yongxin　Zhao Tianyi　Liu Zhicai

School of Mechanics and Civil Engineering, China University of Mining and Technology, Beijing　100083

Abstract　On the background of Qingdao subway line 3Quan ~ Li running tunnel excavation under Wanlong Mall, this paper utilized ANSYS finite element software to create numerical model and imported grid to $FLAC^{3D}$ finite difference software to simulate the subway tunnel excavation process. The strata the tunnel lies in were upper - soft and lower - hard. The simulation aims to explore the ground settlement regularity in different grouting conditions and finally determine the optimum grouting parameters. The results indicate that ground settlement will be excessively large without pre - grouting, while grouting reinforcement will effectively control ground settlement and ensure construction safety. However, increasing the grouting parameters will not reduce ground settlement

---

资助项目：中央高校基本科研业务费专项资金（2011QL04）

作者简介：李东阳（1980—　），男，河南南阳人，博士，现任讲师、硕士生导师，主要从事岩土工程、矿山建设工程方面的教学与研究工作。E - mail: lidybj@163. com considerably.

Key words pre - grouting grouting parameters ground settlement numerical simulation

0 引言

城市地铁建设过程中隧道的开挖将引起隧道围岩的应力重分布，在空间上形成地层损失和地层位移，引起对应地表的沉降和变形。过大的地表沉降和变形会形成地面裂缝甚至地表塌陷，严重影响地表路面和建筑物等的正常使用，造成重大的工程事故和巨大的经济损失。为尽量减少隧道工程开挖对地表产生的不良影响，必须对地表沉降和变形进行深入研究和有效预计，从而合理控制隧道开挖引起的地表沉降和变形。国内外诸多学者通过研究大量工程实践，总结提出了多种计算隧道开挖引起地表沉降的方法，如经验公式法、理论解析法、物理模型法、数值模拟法等[1-5]。

随着计算机技术的快速发展，数值模拟法被越来越广泛地应用到隧道开挖过程模拟以及分析、研究开挖引起的地层变形和地表沉降的问题上[6-9]。

刘红洲等[10]运用三维有限元法针对影响隧道开挖引起地表沉降的各因素做了详细研究，分析了各影响因素引起的地层沉降大小，总结了隧道开挖过程中地层沉降的规律。刘波等[11]运用快速拉格朗日差分分析软件 FLAC 建立隧道开挖数值模型，模拟了隧道盾构施工引起的地层沉降及位移，分析了地层沉降对某大型购物中心基础的影响，并提出地基处理的建议。赵华松等[12]以上海地铁明珠线某隧道区间施工工程为基础，建立了隧道施工的三维有限元数值模型，在对比分析模拟沉降及实测沉降的基础上，总结了隧道周围地层位移的规律，并基于计算机语言开发出了隧道施工力学分析系统。

本文针对青岛地铁 3 号线万年泉—李村区间下穿万隆商厦工程，运用有限元软件 ANSYS 和有限差分软件 $FLAC^{3D}$ 模拟隧道施工过程，分析不同注浆方案下地表沉降规律，从而确定最优的注浆区参数，为工程实践提供参考。

1 工程背景

青岛地铁 3 号线泉—李区间隧道所处地层条件复杂，隧道坡度为 28/1000。隧道下穿李村河，常年流水不断，河床其余部分已硬化，区间隧道拱顶遇富水砂层。隧道上方地面建筑物密集，均为 6、7 层楼房，且建筑年代久远，隧道开挖施工易造成地下水流失，引起地面建筑物的不均匀沉降，施工风险极大。

在本段隧道中，隧道上方的地面荷载来自万隆商厦。万隆商厦建成于 1992 年，框混结构，上部为 7 层，局部 5 层，其基础形式是条形基础，底层尺寸为 27 m × 20 m。

1.1 工程地质条件

各地层物理力学参数见表 1。

1.2 隧道开挖方案

（1）区间隧道拱部处于富水砂层的地段，开挖时进行 WSS 超前注浆加固地层，注浆材料采用普通硅酸盐水泥 - 水玻璃混合液。注浆范围为：隧道轮廓线外扩 5.0 m 范围内砂层。隧道采用短台阶法开挖，上下台阶间距为 6 m，缩短初期支护闭合时间。

表1　各地层物理力学参数

土　质	厚度/m	密度/（kg·m^{-3}）	黏聚力/kPa	内摩擦角/（°）	弹性模量/MPa	泊松比	体积模量/MPa	剪切模量/MPa
素填土	2.20	1800	20.0	20.0	2	0.32	1.85	0.76
粉质黏土	5.40	1970	30.1	13.1	6	0.27	4.35	2.36
粗砂	6.47	2050	25.0	36.5	35	0.28	26.52	13.67
中风化粗粒花岗岩	6.43	2440	2000.0	35.0	15000	0.22	446.43	307.38
微风化粗粒花岗岩	5.66	2540	8000.0	40.0	36000	0.20	1333.33	1000.00

（2）断面注浆加固砂层部分采用风镐作业，分左右两个导洞错开一定距离进行开挖，爆破开挖上台阶剩余岩层，保留核心土，及时施作型钢拱架，钢架拱脚支撑在中风化岩层上，拱脚处做放大脚，打锁脚锚管。每循环注浆段长度为 10 m，开挖 6 m，留下 4 m 作下一循环段注浆的止浆墙。

（3）爆破开挖下半断面，及时初喷 100 mm 混凝土。

（4）分段铺设底板防水层，浇筑仰拱二衬。

（5）分段铺设侧墙防水层，浇筑侧墙二衬，使二衬封闭成环。

2　数值模拟与分析

2.1　建立模型

本模型使用有限元分析软件 ANSYS 建立，并对模型进行网格划分，然后将计算模型导入有限差分软件 FLAC^{3D}进行隧道开挖模拟。隧道断面为马蹄形，半径为 2.5 m，初衬和二衬厚度分别为 250 mm 和 300 mm，隧道外轮廓宽 6.2 m，高 6.5 m。建立的模型尺寸为 71.2 m×42 m×28.9 m，共划分单元格 74816 个，节点 80040 个，导入 FLAC^{3D}后的模型如图 1 所示。

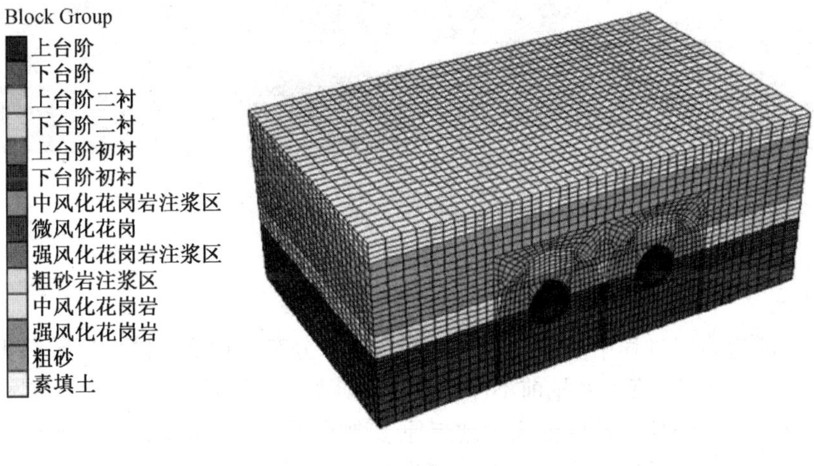

图 1　隧道 FLAC^{3D}模型

2.2 地层简化方案

根据隧道地质纵断面图，隧道所处地层是起伏的。为了在数值模型中体现隧道地层的起伏情况，需要对其进行简化，简化方案如图2所示。根据起伏地层简化图，求出各起伏段直线方程，在 $FLAC^{3D}$ 中使用FISH函数分别对各地层赋参。各地层赋参后的体积模量云图如图3所示。

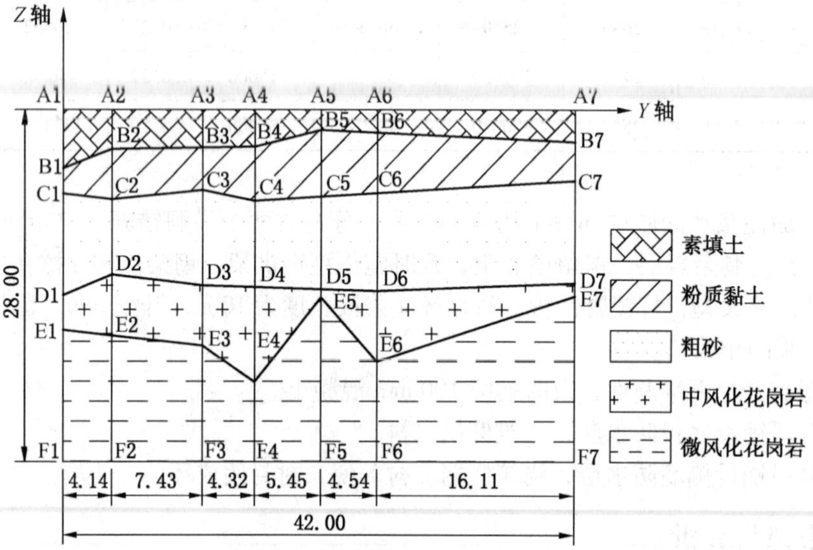

图2　起伏地层简化图（单位：m）

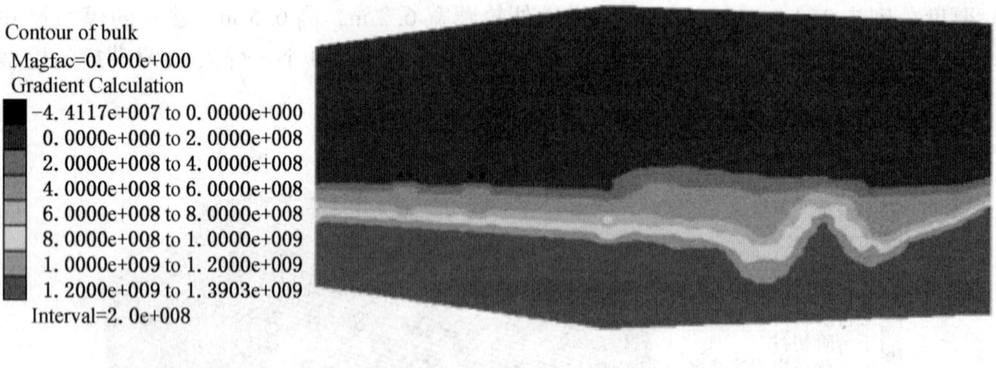

图3　模型体积模量云图（单位：Pa）

2.3 模拟方案

为了研究隧道施工过程中注浆区强度对围岩应力分布和地面沉降的影响，拟定数值分析方案见表2。其中，方案1开挖前不注浆，即注浆区参数为原地层参数，方案2～方案4注浆加固区黏聚力、弹性模量取值均为地层原参数的2倍、3倍和5倍，泊松比和内摩擦角按照经验调整。各方案按照实际施工步骤进行模拟，即先开挖上台阶，再开挖下台阶，上下台阶错开 6 m，先开挖右线隧道，再开挖左线隧道，左右线错开 18 m。

表2 加固区参数变化方案

模拟方案	黏聚力/kPa	内摩擦角/(°)	密度/(kg·m^{-3})	弹性模量/MPa	泊松比	体积模量/MPa	剪切模量/MPa
不加固	30	36	2100	50	0.27	21.75	11.81
加固方案 1	60	37	2100	100	0.26	69.44	39.68
加固方案 2	90	38	2100	200	0.24	128.21	80.65
加固方案 3	150	40	2100	400	0.20	222.22	166.67

2.4 各方案模拟结果

各方案按照实际施工步骤模拟，分别提取右线隧道开挖至 42 m，同时左线隧道开挖至 30 m 时地表沉降数据，绘制三维沉降曲线，如图 4 所示。

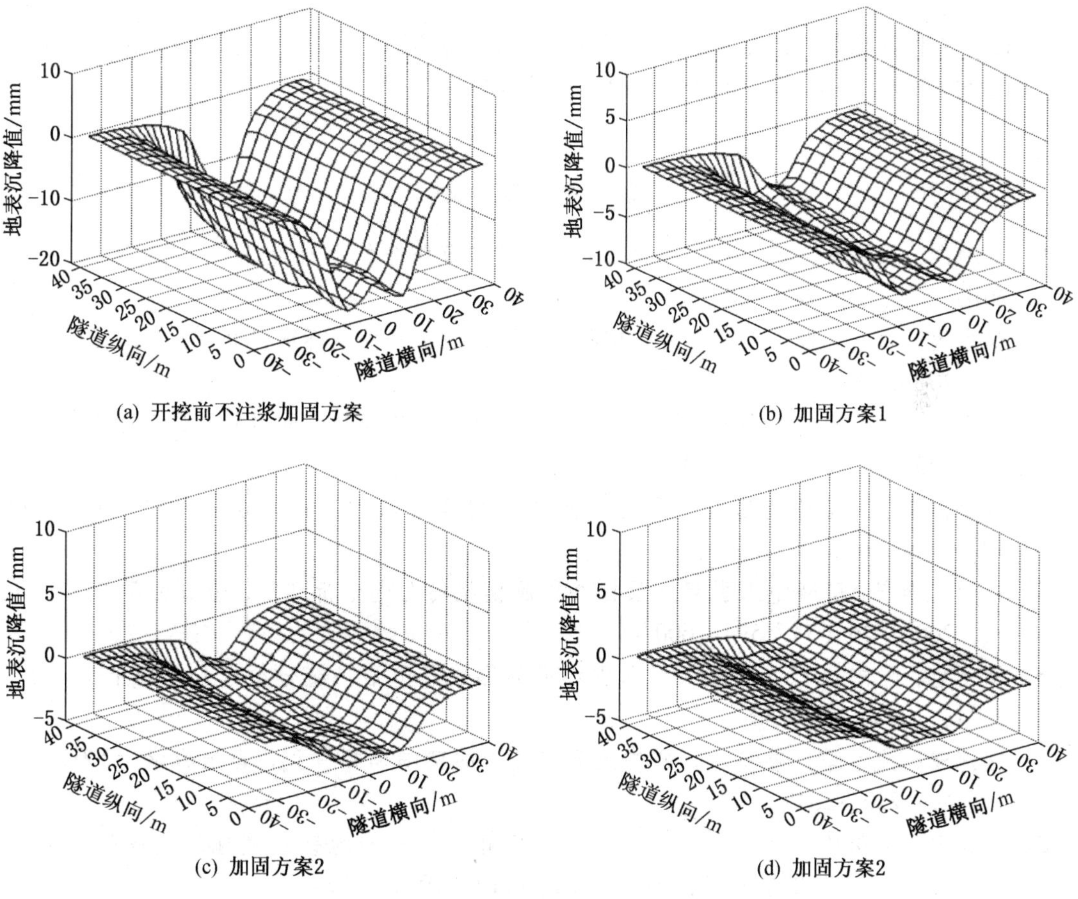

(a) 开挖前不注浆加固方案

(b) 加固方案1

(c) 加固方案2

(d) 加固方案2

图4 各方案地表三维沉降曲线

由图 4 可以看出，右线隧道上台阶开挖至 42 m 时，开挖前不注浆加固方案中左、右线地表最大沉降值分别为 17. 95 mm 和 17. 90 mm，已经超出安全限值，这是由于没有超前注浆加固地层造成的。因此，在上软下硬地层中开挖隧道前必须要进行必要的地层加固措施。

加固方案 1 中左、右线地表最大沉降值分别为 6. 75 mm 和 6. 73 mm，与不加固方案相比显著减小，说明开挖前注浆加固地层可以有效地控制地表沉降，保证施工安全。

加固方案 2 中左、右线地表最大沉降值分别为 3. 81 mm 和 3. 66 mm，和加固方案 1 相比虽有所减小，但减小的幅度不大，说明继续提高注浆区参数不会明显减小地表沉降。

加固方案 3 中左、右线地表最大沉降值分别为 2. 19 mm 和 2. 18 mm，和加固方案 2 相比仅略微减小，再次说明继续提高注浆区参数对减小地表沉降的效果不再明显，实际施工中完全可以通过加强施工管理和监控量测进一步控制地表沉降。

3 结论

（1）针对上软下硬地层中的地铁隧道，在开挖前不进行超前注浆时，隧道的地表沉降值较大，隧道处于危险状态，因此在实际施工中必须要进行超前注浆以保证隧道开挖的安全。

（2）开挖前超前注浆加固地层可以显著减小地表沉降，但提高注浆区参数对于减小地表沉降的效果并不明显，而且会增加工程成本。

参 考 文 献

[1] 陈利杰，张晓平，等．城市浅埋软岩隧道施工沉降分析及对策［J］．工程地质学报，2010，18（2）：281 －288.

[2] 陈星欣，白冰．隧道下穿既有结构物引起的地表沉降控制标准研究［J］．工程地质学报，2011，19（1）：103 －108.

[3] 李维，何川，张志强．大型地下结构下修建盾构隧道模型试验［J］．西南交通大学学报，2005，40（4）：478 －483.

[4] 韩煊，李宁．地铁隧道施工引起地层位移规律的探讨［J］．岩土力学，2007，28（3）：609 －613.

[5] 韩煊，李宁．隧道施工引起地层位移预测模型的对比分析［J］．岩石力学与工程学报，2007，26（3）：594 －600.

[6] 谢新生，张志勇．盾构施工对周围环境的影响及防治措施分析［J］．岩土工程界，2004，7（8）：27 －30.

[7] 张海波，殷宗泽，朱俊高．盾构法隧道施工的精细模拟［J］．岩土力学，2004，25（增 2）：280 －284.

[8] 侯公羽，刘宏伟，李晶晶，等．基于开挖卸荷效应的地铁隧道施工过程数值分析［J］．岩石力学与工程学报，2013，32（增 1）：2915 －2924.

[9] 杨福麟，刘永林，胡斌．武汉地铁隧道开挖引起地表沉降的数值模拟研究［J］．工程地质学报，2013，21（1），85 －91.

[10] 刘洪洲，孙钧．软土隧道盾构推进中地面沉降影响因素的数值法研究［J］．现代隧

道技术，2001，38（6）：24－28.
［11］刘波，叶圣国，等．地铁盾构施工引起邻近基础沉降的FLAC数值模拟［J］．煤炭科学技术，2002，30（10）：75－80.
［12］赵华松，周文波，等．双线平行盾构施工引起的土体位移分析及其软件开发［J］．上海大学学报，2005，11（4）：516－421.

采动影响下断层活化特征数值模拟研究

邓代新　王宏伟　林志男　张登强

中国矿业大学（北京）力学与建筑工程学院，北京　100083

摘　要　在工作面过断层回采的原型上，对问题做简化处理后，以采用库伦剪切模型的接触面单元代表断层两盘的接触状态，模拟工作面从断层上盘向断层方向逐步回采的过程，通过 $FLAC^{3D}$ 数值计算手段，研究断层接触面上法向应力和剪切应力的动态演化规律：断层影响范围约为断层前方 60 m 处，最先出现活化的部位在断层距开采层的远端位置处，该处的法向应力和剪切应力最早发生变化，而后距离开采层上方较近的断层部位的活化危险程度增大，此位置的法向应力和剪切应力变化增大幅度最高。

关键词　断层　$FLAC^{3D}$　法向应力　剪切应力

Numerical Simulation of Fault Activation Characteristics under The Influence of Mining

Deng Daixin　Wang Hongwei　Lin Zhinan　Zhang Dengqiang

School of Mechanics and Civil Engineering, China University of Mining and Technology, Beijing　100083

Abstract　On the prototype of the working face through fault extraction, after the simplification of the problem to deal with, in order to use the contact surface unit of shear model to represent the contact state of the two sets of faults, simulation of the working face of the wall of the fault to the fault direction gradually mining process. By means of $FLAC^{3D}$ numerical calculation, studying on the dynamic evolution law of normal stress and shear stress on the contact surface of fault: the influence distance of the fault is about 60 m in front of the fault, and the active site is located at the far end of the fault distance from the mining layer, the change of normal stress and shear stress in the area are the earliest, and the activation risk degree of the fault area near the upper part of the

---

资助项目：中央高校基本科研业务费专项资金（2014QL01）；国家自然科学基金（41502184）；北京市自然科学基金（2164067）

作者简介：邓代新（1992—　），男，四川省开江县人，硕士研究生，主要从事岩石力学与采矿工程方面研究工作。E－mail:472745513@ qq. com

mining layer is increased, the normal stress and shear stress of this position increase with the maximum.
Key words fault FLAC^{3D} normal stress shear stress

0 引言

关于断层应力场的研究，学者们更多地关注于局部构造应力场即区域应力场作用下，处在场内的各条断层上及其邻近区域应力分布的状况和当区域应力场加强或松弛的条件下断层面上应力场变化的规律，试图建立其与断层破坏之间的关系。研究断层滑动问题存在两种模型。一是位错模型，不考虑应力释放，又称为运动学模型，根据力位错等价定理，在一个无限小表面单元上一个剪切位错产生的位移场与作用在没有切口的表面单元上的双力偶产生的位移场是相同的。二是裂纹模型，把断层处理成岩体中的裂纹，或者处理为两个固体的接触面，裂纹模型是通过岩石力学实验和数值计算实验研究裂纹面的滑动和滑动速率及应力和能量的积累和释放过程，裂纹模型又称为物理模型。

对于断层冲击地压问题的数值模拟通常是通过建立含有结构面的模型，施加不同的应力边界条件，然后对断层端部的应力做进一步分析，亦有人开始关注开采扰动或采场覆岩运动等对断层结构的影响，并对采动影响与断层活动之间的关系做了一些研究工作。但这些研究工作缺乏对开采活动引起断层带上法向应力、切向应力状态变化的具体分析，以及对开采活动是如何引起断层活化的分析。鉴于此，本文通过 FLAC^{3D}模拟工作面从断层上盘向工作面推进的过程，分析在上盘开采推进方式下断层应力场的时空演化规律，断层不同位置处的活化危险性。

1 工程概况

义马煤田地质地貌复杂，辖区范围内多丘陵、沟壑，且从整体看，义马煤田为单一向斜构造，所属井田内以断层为界，分割的矿井区域内衍生有大量走向、倾向、斜交断层，褶曲，煤层合并等构造。义马煤田主采的2－1、2－3 煤直接顶厚0～24 m，上覆巨厚岩烁岩厚 180～410 m，受采动影响，直接顶一般随采随落，而巨厚烁岩层不易断裂，巨厚烁岩层的存在为冲击地压的治理增加了难度。

F16 逆冲断层：F16 断层为压扭性逆冲断层，走向 10°，延展长度约 45 m，走向近东西，倾向南略偏东，浅部倾角 75°，深部倾角一般为 15°～45°，逆冲面上陡下缓，落差为 50～500 m，水平错距 120～1080 m，北接千秋井田，向东延入跃进、常村井田，向西延入耿村、杨村井田。

目前，义马矿区受 F16 断层活化影响的矿井及工作面有：跃进矿 25110 回采工作面，耿村矿 12200 回采工作面，千秋矿 21221 掘进工作面，杨村矿 D13171 工作面。

2 断层 FLAC^{3D}数值模型

对于断层活化问题的 FLAC^{3D}数值模拟通常是通过建立含有接触面的模型，FLAC^{3D}中常用的接触面（interface）建立方法是“移来移去”法，即将需要建立接触面的网格分开建立，然后在相应的网格上建立接触面，再把没有建立接触面的网格移动过来，这样做的目的就是使同一坐标点有不同的节点号，从而可以模拟结构物的滑移、分离等情况。

运行 $FLAC^{3D}$，执行代码文件，生成工作面的煤岩层的几何模型，如图 1 所示。

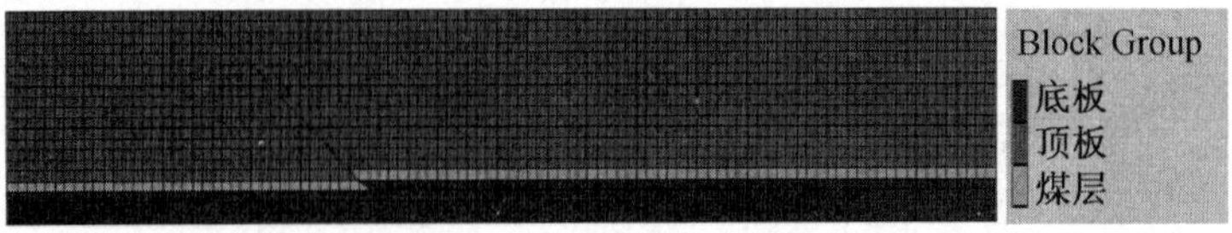

图1　$FLAC^{3D}$ 数值计算模型

整个计算模型模拟的范围走向长 200 m，沿工作面倾向长 40 m，三维模型共划分 2020 个单元，共个 4284 节点。模型的边界条件为：模型 Z 方向上表面为自由面，施加竖向荷载模拟上覆岩层的自重荷载，模型 Z 方向底面限制垂直方向位移，模型 X、Y 方向限制水平移动。

计算中采用应变软化模型模拟煤岩体峰后强度逐步降低的性质，并采用摩尔库伦准则作为煤岩体材料的屈服判据；根据现场地质调查和相关岩石力学实验结果，并考虑矿山岩体的尺寸效应，数值计算中采用的各岩层的计算参数在实际值基础上近一定量折减，取值见表 1。

表1　模型中岩层属性参数取值

岩性	密度/($kg \cdot m^{-3}$)	强度/MPa	弹性模量/GPa	泊松比	黏聚力/MPa	内摩擦角/(°)
顶板	2500	3.0	7200	0.24	5.8	37
煤层	1350	0.1	998.2	0.16	0.3	22
底板	2500	3.0	7200	0.24	5.8	37

首先将基本模型进行静力平衡，而后将模型中所有节点的位移和速度归零，继续进行巷道的开挖，重复上述平衡，再次将所有节点位移及速度归零，至此，做好工作面回采准备，模型右侧边界处作为开采的起始位置，由此向右依次开采，每步开采 10 m，13 次后开采至断层位置处。计算方案所表示的物理意义为工作面由远及近，逐步向断层推进，考察断层在工作面推进过程中的演化特征。

为后文叙述方便，图 2 标明了断层带上主要监测点及在模型中的位置。

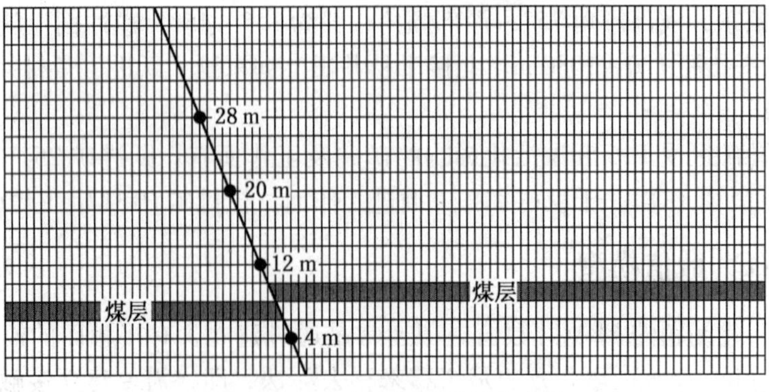

图2　断层应力分析主要测点布置

3 断层活化应力变化规律

图3为工作面推进过程中断层带上法向应力的变化规律。断层带上法向应力变化具有空间性，断层面上4 m处的测点与距断层面上28 m、20 m、12 m处3个测点具有明显不同的曲线形态：在断层面上4 m处的测点法向应力总体呈现了下降趋势，而距断层面上28 m、20 m、12 m处3个测点的法向应力则呈升高趋势。断层面上4个测点在工作面距断层70～110 m范围时法向应力为18.8 MPa，基本上未受到开采活动的影响，而后随着回采工作面的推进，法向应力逐渐增加，在断层面上4 m处的测点法向应力增速最快。工作面推进至断层前方10 m处时，断层面上28 m、20 m、12 m处3个测点的法向应力达到极大值。在断层面上4 m处的测点应力峰值较其他测点较快达到，在距离开采工作面25 m处出现，而后随测点上方煤层的彻底采出，应力得到释放，逐步降低达到17 MPa，达到原岩应力水平左右。

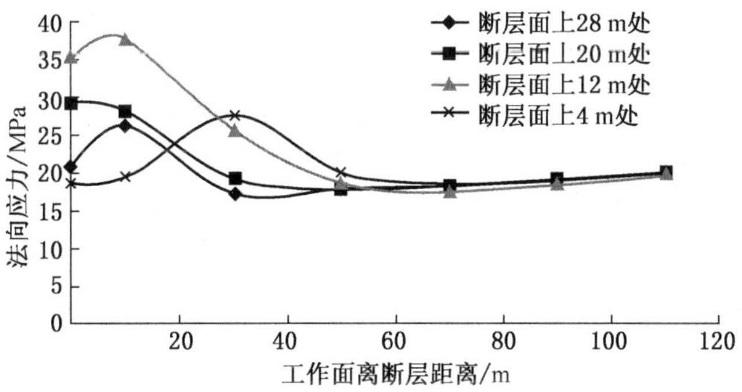

图3 断层上法向应力随回采过程的变化曲线

图4为工作面推进过程中断层带上剪切应力的变化规律。断层带上剪切应力的时空变化规律与对应测点的法向应力规律具有相似性。断层面上方12 m处测点的剪切应力最大值为11.4 MPa，断层面上方4 m处测点剪切应力峰值为8.4 MPa，断层带上剪切应力回采工作面由远及近推进至距离断层40 m时开始快速增长，较法向应力开始增长的启动时间晚，说明剪切应力对断层影响的敏感性较法向应力弱，即，工作面开采进入到断层影响范围后，首先受到影响的是断层带上的法向应力，而后是剪切应力受到影响。

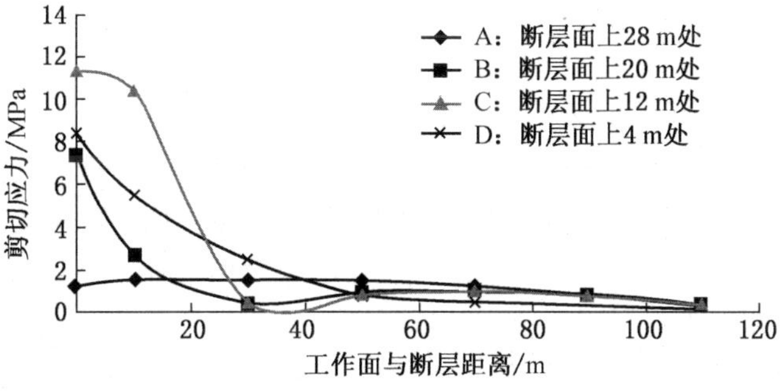

图4 断层上剪切应力随回采过程的变化曲线

断层贯穿煤层的位置在模型中的坐标为 40 m，选取开挖坐标为 34 m 和 46 m 的模型，绘制工作面过断层前及过断层后的应力云图，分别如图 5、图 6 所示。

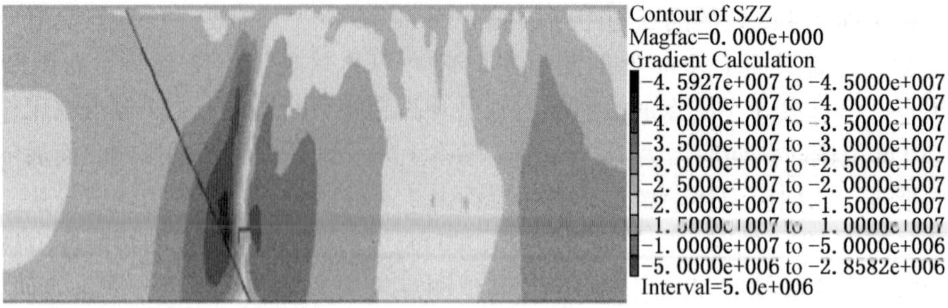

图 5　工作面在断层前方 6 m 处应力云图

从应力分布云图中可以看出，在过断层前应力分布特征基本类似，在工作面附近均以压应力为主，而在断层面上由于存在断层的滑移错动，在断层面附近的压应力有最大值，不同位置存在具体应力值的差异。过断层后的应力分布云图中显示，相同位置处的应力值均有一定程度的下降，对于断层上的应力值，通过提取该平面上最大压应力进行对比发现，开采工作面过断层之前的压应力值约为 46. 747 MPa，过断层之后相同位置处的应力值下降 0. 1 MPa，开采工作面推进伴随着顶板岩层垮落引起的应力释放，致使断层上的应力值同样有所下降，当这种应力释放达到一定临界值时，即可能引起断层的活化。

图 6　工作面在断层后方 6 m 处应力云图

4　结论

纵观工作面向断层方向推进的整个过程，断层影响范围约为断层前方 60 m 处，工作面开采进入到断层影响范围后，首先受到影响的是断层带上的法向应力，而后是剪切应力受到影响。最先出现活化的部位在断层距开采层的远端位置处，该处的法向应力和剪切应力最早发生变化，而后距离开采层上方较近的断层部位的活化危险程度增大，此位置的法向应力和剪切应力变化增大幅度最高，直至通过断层，离开采层下方较近的断层部位在工作面距断层大于 10 m 的时候危险性最高。

参考文献

[1] 姜耀东，赵毅鑫，刘文岗，等．煤岩冲击失稳的机制和试验研究［M］．北京：科学出版社，2009.

[2] 何满潮，谢和平，彭苏萍，等．深部开采岩体力学研究［J］．岩石力学与工程学报，2005，24（16）：2803－2813.

[3] 潘一山，李忠华，章梦涛．我国冲击地压分布、类型、机制及防治研究［J］．岩石力学与工程学报，2003，22（11）：1844－1851.

[4] 潘岳，刘英，顾善发．矿井断层冲击地压的折迭突变模型［J］．岩石力学与工程学报，2001，20（1）：43－48.

[5] 王宏伟，姜耀东，杨田，等．断层构造赋存条件下采动应力场分布特征研究［J］．煤炭工程，2016，48（1）：92－94.

[6] 徐东强．断层冲击地压发生机制及声发射特征［J］．黄金，2000，21（6）：25－27.

主要发达经济体1990—2012年甲烷排放清单变化及其启示

曲　雪　张　博

中国矿业大学（北京）管理学院，北京　100083

摘　要　本文基于《联合国气候变化框架公约》主要附件Ⅰ国家1990—2012年长时间序列的甲烷排放清单，分析了10个主要发达经济体的甲烷排放现状、特征及趋势，探讨了不同国家甲烷减排的成效及原因。结果表明，甲烷（CH_4）在全球主要发达经济体温室气体排放清单中具有重要地位，多数国家已经实现了有效减排。甲烷的人为排放源主要有陆地固体废物处置、肠道发酵、粪便管理和燃料散逸排放。能源活动和废弃物管理既是甲烷排放的重要来源，也是目前甲烷减排可行性较高的领域。我国非二氧化碳类温室气体排放突出，但受关注程度较低。纳入甲烷减排，对中国实现减排承诺、优化减排成本与路径具有重要现实意义。

关键词　甲烷排放　温室气体排放　发达经济体　清单变化　减排政策

Methane Emissions of the Major Developed Economies in 1990—2012: Inventory Trends and Policy Implications

Qu Xue　Zhang Bo

School of Management, China University of Mining and Technology, Beijing　100083

Abstract　This study aims to analyze the inventory status, characteristics and trends of anthropogenic CH_4 emissions in ten developed economies during 1990—2012, based on the official long time - series emission data about the annex I parties in the United Nations Framework Convention on Climate Change (UNFCCC). The effects and causes of CH_4 emission reduction in different countries have been discussed. Results show that

---

资助项目： 中央高校基本科研业务费专项资金（2011QG03）

作者简介： 曲雪（1993—　），女，硕士研究生，主要研究方向：技术经济及管理。Tel：15911010766；E - mail：quxue05@icloud.com methane plays an important role in greenhouse gas (GHG) emission inventories of the major developed economies. Some countries had achieved effective emission reduction over this period. The major sources for CH_4 emission included solid waste disposal, enteric fermentation, manure management and fugitive emissions from fossil fuels. Energy activities and waste management as the important emission sources had huge mitigation potentials. China also has prominent non - CO_2GHG emissions, but pays little attention on the policies of emission reduction in this field. It deserves to include CH_4 in GHG reduction policy frameworks, which will be contribute to achieving China's commitments of emission reduction, decreasing total economic costs and optimizing related mitigation paths.

Key words methane emissions greenhouse gas developed economies inventory trends policy implications

0 引言

应对气候变化、减排温室气体已经成为国际社会共同面临的任务。国际气候变化谈判的实质是围绕各国如何分配温室气体减排任务以及关于未来温室气体排放空间的利益博弈[1]。仅考虑二氧化碳（CO_2）排放量不能全面地反映各国温室气体的排放情况，温室气体减排也不等同于 CO_2 的减排[2]。《联合国气候变化框架公约（UNFCCC）》[3]是第一个着力于控制温室气体排放（包括六种温室气体）的国际公约，在此基础上制定的《联合国气候变化框架公约（京都议定书）》首次规定了缔约方的具体减排目标，特别是为附件 I 国家（主要是发达经济体）制定了定量的温室气体减排义务与时间表。

1990 年以来，全球温室气体排放格局发生了深刻变化，发达国家与以新兴经济体为代表的发展中国家的排放现状与趋势差异明显，即使是发达国家内部的排放表现也不尽相同。由于《联合国气候变化框架公约（京都议定书）》已于 2012 年到期，依据最新的官方温室气体排放清单（1990—2012），可以审视承诺期内主要发达经济体的减排情况。非二氧化碳类温室气体虽然排放量相对较小，但辐射强度巨大，可对气候系统产生长期影响[4]。CH_4 是仅次于 CO_2 的全球第二大温室气体，也是最大的非 CO_2 类温室气体，但是国内外对 CH_4 的关注度远低于 CO_2 [5]。本研究选取《联合国气候变化框架公约》附件 I 国家中 GDP 排名前 10 位的主要发达经济体（美国、俄罗斯、日本、德国、英国、加拿大、法国、意大利、澳大利亚和西班牙）作为研究对象，分析上述 10 国提交到《联合国气候变化框架公约》数据库[3]的 1990—2012 年官方 CH_4 排放清单，辨识清单变化情况，探究典型国家 CH_4 减排成效及其成因，为我国制定温室气体减排政策与寻找最优减排路径提供参考。

1 主要发达经济体甲烷排放清单变化

2012 年，全球 42 个附件 I 国家的 CH_4 排放总量为 121. 3 Tg，研究所选的 10 个主要发达经济体 CH_4 排放总量为 71. 2 Tg，占比为 58. 7%，与 1990 年 CH_4 排放总量 85. 2 Tg 相比下降了 16. 4%。根据 100 年水平的全球增温潜势值（GWP）28 计算[3]，2012 年这 10

个国家 CH_4 排放量相当于同期 CO_2 排放量的 17.2%；而根据 $CH_4$20 年水平的全球增温潜势值（GWP）84 计算，10 国 CH_4 排放总量相当于相应 CO_2 排放总量的 51.6%。

1990—2012 年主要发达经济体 CH_4 排放量变化情况如图 1 所示。从总量上看，2012 年排放量最大的两个国家分别是美国（26.3 Tg）和俄罗斯（23.9 Tg），占 10 国总量的 70.5%，其次为澳大利亚和加拿大，日本的 CH_4 排放量（1.0 Tg）最小。从趋势来看，10 个国家中 CH_4 排放量变化具有显著差异，除西班牙和加拿大有所增加外，其他 8 个国家均呈现递减趋势。美国 1990—2012 年减少了 3.9 Tg（-12.8%）的 CH_4 排放，基本呈现连续递减趋势。俄罗斯 1990—2012 年 CH_4 减排量为 4.3 Tg，变化率为 -15.3%，尤其是 1990—1997 年的减排最为明显。德国和英国的减排量依次为 2.9 Tg 和 2.6 Tg，其他 6 个国家的减排量差距不大，平均减排了 0.07 Tg。

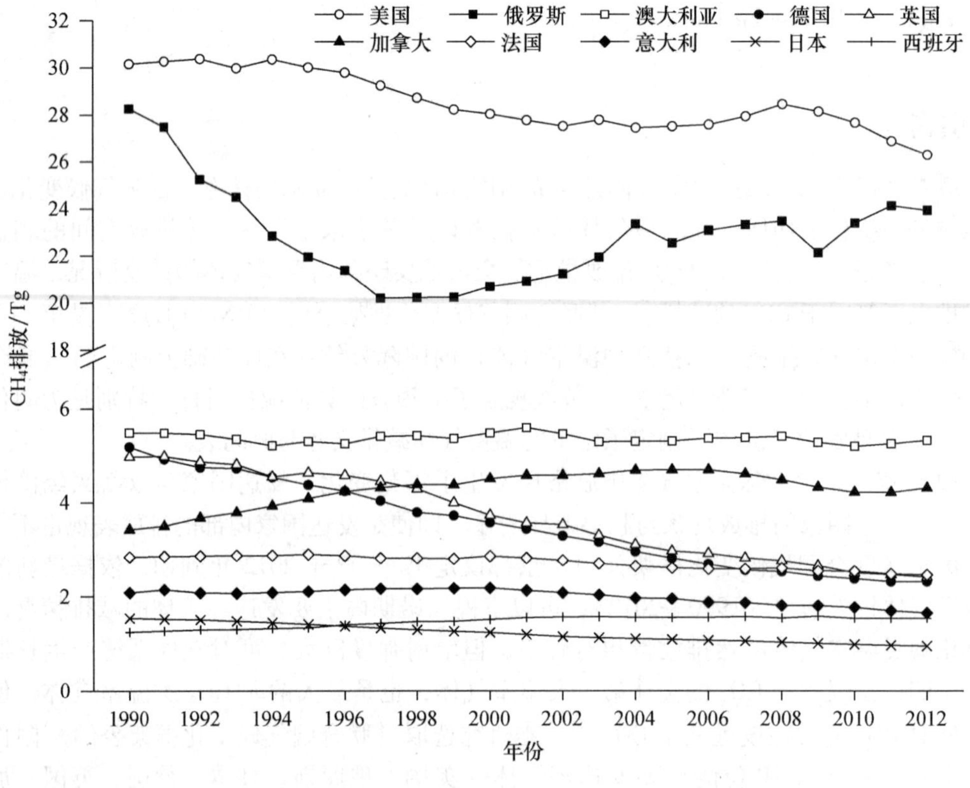

图 1　1990—2012 年主要发达经济体 CH_4 排放量变化情况

1990—2012 年主要发达经济体 CH_4 变化率如图 2 所示。从 CH_4 减排率看，10 个发达经济体的 CH_4 排放明显减少。减排率最高的 3 个国家依次为德国（55.2%）、英国（51.4%）和日本（38.3%），其次为意大利（20.6%）、俄罗斯（15.3%）、法国（13.4%）、美国（12.8%）和澳大利亚（3.0%）。西班牙和加拿大则未实现减排。

单位国内生产总值（GDP）的温室气体排放是衡量一个国家温室气体排放水平的重要指标。考虑 GDP（2005 年不变价）[6] 因素后，1990 - 2012 年 10 个国家单位 GDP 的 CH_4 排放量均呈递减趋势，其中英国和德国减排效果最显著。值得注意的是，主要核算国家单

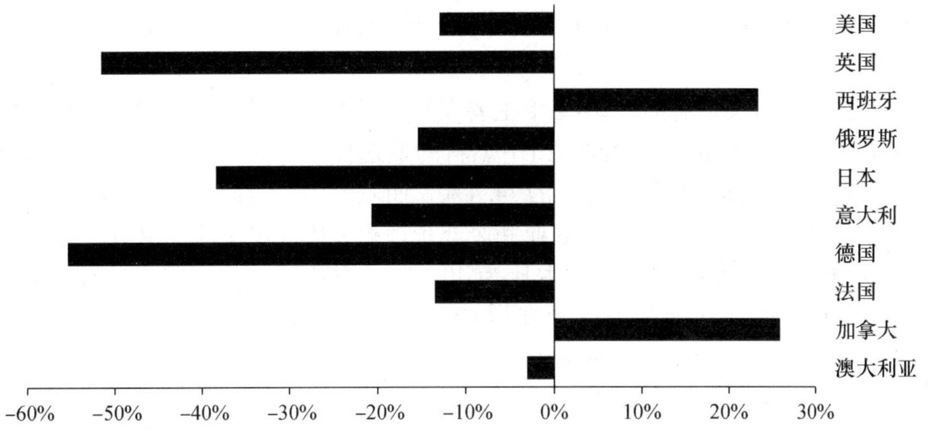

图 2　1990—2012 年主要发达经济体 CH_4 变化率

位 GDP CH_4 排放量的下降速度均快于 CH_4 排放总量的下降速度，具体数据见表 1。1990 年以来，大部分国家的温室气体总体减排率都大于 CO_2 减排率，但低于 CH_4 减排率[3]，因而 CH_4 在单位 GDP 温室气体减排过程中可以发挥重要作用。

表 1　1990—2012 年主要发达经济体单位 GDP CH_4 排放

国家	1990 年/（Gg·100 亿美元$^{-1}$）	2000 年/（Gg·100 亿美元$^{-1}$）	2010 年/（Gg·100 亿美元$^{-1}$）	2011 年/（Gg·100 亿美元$^{-1}$）	2012 年/（Gg·100 亿美元$^{-1}$）	平均值/（Gg·100 亿美元$^{-1}$）	变化率/%
俄罗斯	334.7	364.7	257.3	254.5	244.0	309.9	-27.1
澳大利亚	121.6	85.6	59.7	58.4	57.5	78.9	-52.7
加拿大	44.3	43.9	34.0	33.2	33.3	39.7	-24.7
美国	36.6	24.2	20.3	19.4	18.5	24.6	-49.6
英国	33.5	18.6	10.6	10.3	10.1	17.7	-69.8
西班牙	17.1	15.7	13.1	13.0	13.3	14.7	-22.4
法国	17.5	14.5	11.5	11.0	11.0	13.5	-37.5
德国	23.4	13.3	8.1	7.6	7.5	12.6	-67.7
意大利	14.4	12.8	10.1	9.6	9.6	11.6	-33.3
日本	4.0	2.9	2.1	2.1	2.0	2.7	-49.5

2　主要发达经济体甲烷减排成因分析

CH_4 的人为排放源主要包括天然气和石油系统泄露、农业活动、垃圾填埋、煤炭开采、污水处理、固定和移动焚烧以及工业生产过程，基本可以归为能源活动、农业活动、工业过程和废弃物管理等四大类。1990—2012 年主要附件 Ⅰ 国家 CH_4 减排主要归因于能源活动和废物处理相关 CH_4 排放的减少，如加强煤层气的回收利用，降低天然气开采和输送过程中的泄露，减少化石能源产量，加强固体废弃物的有效管理，均可实现 CH_4 减排[7]。

按主要排放源分类汇总后，2012 年主要发达经济体 CH_4 排放构成情况见表 2。俄罗斯、加拿大和美国 3 个国家的能源部门中燃料的散逸性排放是 CH_4 的主要排放源，如俄罗斯的散逸性排放占其 CH_4 排放总量的 74.4%，而农业相关的排放量仅占 8.9%；加拿大散逸性的 CH_4 排放占比为 50.9%，农业和废弃管理相关排放占比基本相当，约为 22.0%；美国的散逸性排放相关的 CH_4 排放占比为 40.3%、农业活动为 36.5%、废弃物管理为 21.2%。其余国家农业活动的肠道发酵是 CH_4 的主要人为排放源，如法国和日本农业 CH_4 排放都达到了 70% 以上，西班牙农业活动的 CH_4 排放占比为 55.5%。

表 2　2012 年主要发达经济体 CH_4 排放构成情况　　%

	日本	西班牙	意大利	德国	英国	法国	加拿大	澳大利亚	俄罗斯	美国
能源活动	6.5	8.4	19.3	24.9	15.5	5.4	56.3	29.8	75.1	41.6
燃料燃烧	4.6	5.1	4.8	6.0	1.9	3.1	5.4	1.5	0.7	1.3
燃料散逸排放	1.8	3.3	14.4	18.8	13.6	2.3	50.9	28.3	74.4	40.3
工业过程	0.6	0.2	0.2	0.0	0.2	0.1	0.1	0.1	0.1	0.7
农业活动	70.2	55.5	40.1	53.0	42.2	74.7	22.5	60.1	8.9	36.5
肠道发酵	31.9	31.8	30.7	42.8	29.7	54.8	19.4	50.3	7.8	25.5
粪便管理	10.6	21.5	4.9	10.2	12.6	19.7	3.1	1.5	1.0	9.6
水稻种植	27.4	1.0	4.4	*	*	0.2	0.0	0.4	0.2	1.3
废弃物管理	22.8	35.9	40.5	22.2	42.1	19.8	21.2	10.1	15.9	21.2
陆地固体废物处置	14.6	33.9	32.5	21.0	39.0	16.9	20.9	8.0	10.7	18.6
废水处理	7.3	1.9	7.8	0.0	3.1	2.4	0.4	2.0	5.2	2.3
排放总计	100.0	100.0	100.0	100.0	100.0	100.0	100.0	100.0	100.0	100.0

美国和俄罗斯是 CH_4 减排量最大的两个国家，表 3 对比分析了 1990 年和 2012 年美国与俄罗斯的 CH_4 排放结构。1990—2012 年，美国的 CH_4 人为排放源中能源活动和废弃物管理相关的 CH_4 排放都在减少，作为最大的人为排放源，燃料散逸排放产生的 CH_4 自 1990 年以来下降了 20.5%，是美国 CH_4 减排的重要贡献来源。然而，肠道发酵和粪便管理产生的 CH_4 在不断增加，农业部门 CH_4 排放增长了 13.6%，该部门并未实现减排。垃圾填埋是美国 CH_4 排放的第三大人为源，1990—2012 年产生的 CH_4 排放量降低了 30.4%。对俄罗斯来说，燃料逸散排放也是 CH_4 的主要排放来源，1990—2012 年排放量下降了 8.8%，但在总体排放量中的比重由 69.1% 增长到了 74.4%。农业部门的 CH_4 排放量和 CH_4 排放所占比重均有所下降，但废弃物管理相关排放则有所上升。

德国和英国 CH_4 减排效果也较为明显（表 4）。1990—2012 年两国主要控制了能源部门和废弃物部门的 CH_4 排放，其次是农业部门，依次有了不同程度的减排成效。这些减排主要得益于煤炭开采活动的减少和逐步改善的天然气分布网络；废弃物填埋场实施的 CH_4 回收系统、废物分离技术有效减少了有机物垃圾的填埋；牲畜数量的减少使 CH_4 排放量也随之减少[8]。

表3　美国与俄罗斯1990年和2012年CH_4排放清单比较

排放源	美国			俄罗斯		
	1990年/Gg	2012年/Gg	变化率/%	1990年/Gg	2012年/Gg	变化率/%
能源	13874.6	10932.7	-21.2	20050.9	17966.1	-10.4
燃料燃烧	573.5	352.0	-38.6	536.9	163.1	-69.6
燃料散逸排放	13301.1	10580.7	-20.5	19514.0	17803.0	-8.8
工业	155.6	176.8	13.6	40.6	33.9	-16.6
农业	8444.5	9596.5	13.6	5456.6	2139.0	-60.8
肠道发酵	6566.2	6713.9	2.3	4721.8	1854.7	-60.7
粪便管理	1499.2	2519.3	68.0	657.3	236.0	-64.1
废弃物	7677.7	5580.3	-27.3	2709.7	3792.2	40.0
陆地固体废物处置	7036.1	4896.8	-30.4	1342.9	2548.2	89.8
废水处理	626.3	607.7	-3.0	1366.8	1244.0	-9.0
总排放	30152.5	26286.2	-12.8	28257.1	23931.0	-15.3

表4　德国与英国1990年和2012年CH_4排放清单比较

排放源	德国			英国		
	1990年/Gg	2012年/Gg	变化率/%	1990年/Gg	2012年/Gg	变化率/%
能源	1543.9	576.4	-62.7	1423.2	375.1	-73.6
燃料燃烧	209.1	139.6	-33.2	115.4	45.3	-60.7
燃料散逸排放	1334.7	436.8	-67.3	1307.7	329.7	-74.8
工业	0.2	0.2	22.0	9.1	4.1	-54.8
农业	1725.8	1227.9	-28.8	1290.8	1020.8	-20.9
肠道发酵	1409.3	992.0	-29.6	867.9	716.7	-17.4
粪便管理	316.6	235.9	-25.5	410.7	304.1	-26.0
废弃物	1911.0	514.7	-73.1	2253.6	1017.6	-54.8
陆地固体废物处置	1838.0	486.0	-73.6	2170.6	942.5	-56.6
废水处理	70.6	1.1	-98.5	77.1	74.6	-3.2
总排放	5180.9	2319.3	-55.2	4976.7	2417.6	-51.4

3　对我国温室气体减排的政策启示

中国是世界上受气候变化影响显著的国家，也是世界主要的温室气体排放国。作为全球CO_2排放第一大国，我国已经向国际社会承诺“在2030年左右实现CO_2排放达到峰值且将努力早日达峰；单位GDP碳排放比2005年下降60%～65%”，温室气体减排的压力突出。我国非CO_2类温室气体排放同样十分突出且增长较快。一些研究甚至认为，我国

CH_4 排放与 CO_2 排放的清单地位同等重要，CH_4 也是一种重要的清洁能源[9]。因此，实现 CH_4 减排，将有助于实现我国温室气体的总量减排。合理的回收利用 CH_4 不仅能改善气候，缓解环境污染问题，也会间接或直接带来一定的经济效益。

发达国家经验表明，能源、农业和废弃物管理等领域均有较大的 CH_4 减排潜力[10]。能源活动是目前 CH_4 减排比较可行的领域，在煤炭开采和天然气泄漏等相关方面 CH_4 减排效果非常明显。各国在天然气生产和输送过程中加强系统的密闭程度和逃逸气体的回收力度，在煤炭开采领域放弃一部分瓦斯含量过高的矿井，加强 CH_4 回收，如俄罗斯、加拿大和美国均实现了有效减排。在我国，煤炭开采是主要的 CH_4 排放源之一，合理开发和有效利用煤层气资源，对减缓 CH_4 排放极为重要。在废弃物领域，固体废弃物处置的 CH_4 排放量虽不及能源和农业活动，但其潜在增长速度却很快。通过加强废弃物的回收利用、减少需要填埋的固废量、对垃圾填埋过程产生的 CH_4 加强回收利用等手段均可有效减少 CH_4 直接排放。对于垃圾填埋，各国采用了如加强垃圾分类、强化循环利用和焚烧垃圾产能等方式减少了可降解材料的填埋，英国、西班牙和意大利在固体废物处理领域都实现了有效减排。发达国家的减排经验对我国有一定的借鉴意义。

我国应加强 CH_4 等非 CO_2 类温室气体的“三可”（可测量、可报告、可核实，MRV）统计工作，为各领域非 CO_2 类温室气体减排工作的开展做好理论与基础数据准备；完善相关立法，出台具体的排放控制政策，在坚持强制性手段的基础上，推行自愿减排与政府扶持相结合的政策[10]，研究将非 CO_2 类温室气体纳入到碳交易市场的机制与投融资政策。如德国在工业领域推行自愿减排协议和排放交易机制并建立技术能效改善和中小企业基金等，鼓励企业自主减排[8]；加大非 CO_2 类温室气体减排技术的研发投入，提高能源与环境管理能力水平。

4 结论

CH_4 是主要附件 I 缔约国家中排放量和减排量最大的非 CO_2 类温室气体。通过分析全球主要发达经济体的 CH_4 排放清单变化情况可以发现，CH_4 在 10 个主要发达经济体国家的温室气体排放清单中具有重要地位，1990－2012 年，多数国家已实现了有效的 CH_4 减排。各国 CH_4 排放主要来源于燃料的散逸排放（主要包括天然气采集和输送系统中的泄漏及煤炭开采）、牲畜肠道发酵、粪便管理、垃圾填埋和废水处理。通过比较各国 CH_4 的减排路径可以看出能源活动和废弃物管理是主要的减排领域。借鉴主要发达经济体的减排经验，将 CH_4 纳入到我国温室气体减排政策框架中来，对我国有效应对气候变化、开展相关行动具有重要的实践意义。

参考文献

［1］殷培红，王媛，李蓓蓓，等．金融危机前主要经济体温室气体减排路径研究［M］．北京：气象出版社，2014.

［2］张博，陈国谦，陈彬．甲烷排放与应对气候变化国家战略探析［J］．中国人口·资源与环境，2012，22（7）：8－14.

［3］UNFCCC, 2015. National greenhouse gas inventory data for the period 1990—2013［EB/

OL]. http://unfccc. int/resource/docs/2012/sbi/eng/31. pdf.
[4] IPCC. IPCC Fifth Assessment Report: Climate Change 2014 [EB /OL], 2014. http://www. ipcc. ch/pdf/assessment - report/ar5/syr/SYR_AR5_FINAL_full_zh. pdf.
[5] USEPA, United States Environmental Protection Agency. EPA report 430 - R - 12 - 006, global anthropogenic non - CO_2 GHG emissions: 1990—2030 [EB/OL]. http://www. epa. gov/climatechange/Downloads/EPAactivities/EPA_Global_NonCO2_Projections_Dec2012. pdf/.
[6] The World Bank. GDP/breakdown at constant 2005 prices in US Dollars (all countries) [EB/OL]. http://data. worldbank. org.
[7] 殷培红，方修琦，李蓓蓓．主要经济体 1990—2007 年温室气体排放变化及其启示[J]. 世界地理研究，2011，3 (20)：168 - 175.
[8] 李蓓蓓，殷培红，方修琦，等．德国实现京都减排目标的原因分析 [J]. 资源科学，2011，33 (3)：588 - 594.
[9] Zhang B, Chen GQ. China's CH_4 and CO_2 emissions: Bottom - up estimation and comparative analysis[J]. Ecological Indicators, 2014, 47: 112 - 122.
[10] 周亚敏．非 CO_2 温室气体控制的战略与技术选择 [J]. 气候变化研究进展，2013，9 (40)：295 - 298.

我国房地产行业高管薪酬与公司绩效关系的实证研究

李　婧

中国矿业大学（北京）管理学院，北京　100083

摘　要　近年来，房地产行业高管的高额薪酬成为人们关注的焦点，本文对中国房地产上市公司高管的薪酬与公司绩效之间的关系进行了实证研究。本文选取2003—2012年中国房地产上市公司作为样本，以每股收益和营业收入作为衡量公司绩效的指标，以高管前三名薪酬总和作为衡量高管薪酬的指标，对样本数据进行了回归分析。研究结果表明：中国房地产上市公司高管的薪酬与公司绩效呈正相关，每股收益对高管薪酬的影响更大。

关键词　高管薪酬　绩效　房地产业

An Empirical Study on CEO Compensation and Firm Performance in Real Estate Industry

Li Jing

School of Management, China University of Mining and Technology, Beijing　100083

Abstract　In recent years, the high CEO compensation of real estate industry has gotten more and more attention, this paper attempts to study the relationship between CEO compensation and firm performance in real estate industry of China. Based on a sample of Chinese firms between 2003 and 2012, this paper uses EPS and Sales as indicator of firm performance, and uses total compensation of top three executive compensation as indicator of CEO compensation. The result of the regression analysis is that CEO compensation has a significant positive relation with firm performance, and EPS has more effect on CEO compensation than Sales in real estate industry of China.

Key words　CEO compensation　firm performance　real estate industry

---

资助项目：中央高校基本科研业务费专项资金（2009QG01）

作者简介：李婧。Tel：18504857768；E－mail：18504857768@163.com

0 引言

中国高管的薪酬尤其是房地产公司高管的薪酬，一直是敏感话题，高管薪酬和公司绩效相关度成为关注焦点。近年来，我国房价持续上涨，房地产行业被认为是暴利行业，同时房地产行业发展迅速，项目开发规模不断扩大，对高管的需求也在增长，这种背景下，房地产行业高管薪酬水涨船高。

房地产行业与其他行业相比有一定的周期性，这是因为房地产公司开发一个项目经常持续几年时间，而大部分营业收入要随楼盘销售获得，这就意味着房地产业的营业收入波动性较强，所以对其他行业适用的研究结论对房地产行业并不一定适用。因此本文专门对房地产行业上市公司高管薪酬和公司绩效的关系进行了研究。

本文对房地产行业上市公司年报数据进行描述性分析和实证检验，一方面，从实证的角度研究高管薪酬和公司绩效的关系，为高管薪酬和绩效的理论研究提供数据支持；另一方面，通过探索两者关系来为房地产公司提供更合理的薪酬制度，更好的激励高管为提高公司绩效服务。

1 文献综述

随着我国市场经济的不断发展，对高管薪酬与公司绩效关系的实证研究也在随之发展，很多前人都对上市公司绩效与高管薪酬的关系进行过十分深入的研究。

早期，一些研究认为上市公司的绩效和高管薪酬并不相关，李增泉（2000）从资产规模、行业、国家股比例和公司所在区域等不同方面对公司业绩与高管持股比例和薪酬的相关性进行了研究，发现持股比例和薪酬与公司绩效间不存在显著的相关性。

近些年，我国对上市公司的高管薪酬制度进行了改革，同时，上市公司的内部治理水平也有了很大提高，很多研究都发现我国上市公司绩效和高管薪酬的相关性有了进一步提高。

吴育辉（2010）从管理者自利的角度对高管薪酬进行了研究。文章主要研究了高管薪酬和公司绩效、政府管制、代理成本以及高管控制权的关系，发现高管薪酬与反映公司绩效的指标 ROA 存在显著的正相关性，但是与另外两个绩效指标——资产获现率和股票收益率不存在显著正相关性。

国外学者对高管薪酬与公司绩效的研究也很多，Lin、Kuo 和 Wang（2013）对“肥猫问题”进行了研究。“肥猫高管”是 2007—2008 年人们用来形容那些尽管公司绩效较低却能获得很高报酬的高管，文章发现高管薪酬和高管持股比例之间存在显著相关性，大规模的公司会支付高管更高的薪酬，同时当他们只选出样本中的“肥猫”公司时发现这些公司的公司规模和高管任职年限与高管薪酬存在显著的正向相关性。

吴斌、刘灿辉、黄明锋（2009）得出以下结论，房地产上市公司的高管薪酬与公司绩效之间的相关性不显著，但是 2007 以来，这种相关性呈增强趋势。杨敬儒（2009）的研究发现，股权激励并没有对公司业绩产生显著影响，房地产行业的高管薪酬没有发挥出应有的激励作用。彭燕文、戴冬梅（2014）得到了房地产公司绩效与其高管薪酬间有一定相关度的结论，其中房地产公司高管薪酬高低可以对该公司绩效产生显著影响，还发现房地产公司绩效也会显著影响其高管薪酬。

2 理论分析和假设

通过上述理论以及相关文献可以了解到，高管的薪酬和公司绩效之间很有可能存在着正相关性，但不一定显著。这其中可能是因为公司高管的薪酬制度存在明显的缺陷，薪酬激励不足和激励不当的现象比较严重，所以导致了高管的薪酬和绩效的关系并没有像理论那样呈现完全显著的正相关性。但是基于理论，当公司绩效增长时，公司所有者即股东应该给予高管更高的薪酬作为奖励，以激励高管更好的经营公司，为股东权益最大化努力。所以，提出本文第一个假设：

H1：房地产行业高管的薪酬与公司绩效呈正相关。公司绩效的衡量标准有很多，其中公司营业收入和每股盈余都可以反映公司绩效，但是两种绩效对高管薪酬的影响可能不同。营业收入和每股盈余都可以科学地反映公司绩效，但是对于股东来说，可能会更为重视每股盈余，而这种重视很有可能反映在高管薪酬上，当高管做出的决策使每股盈余、营业收入都增加时，可能每股盈余的增加会更加促使股东对高管做出薪酬激励，以鼓励高管继续为增加股票市场获利努力。所以，提出本文第二个假设：

H2：房地产行业高管的薪酬受每股盈余的影响比受营业收入的影响更大。

3 模型建立和实证检验

本文通过对以往有关薪酬绩效研究中的模型进行扩展和补充，得出能够验证本文假设的模型。将数据库中的数据到模型中各变量的相关数据进行整理，通过相关的软件进行分析，验证本文的结论是否成立。

3.1 模型设计

1. Lin、Kuo 和 Wang（2013）基本模型

本文利用 Lin、Kuo 和 Wang（2013）使用的模型改进得到以下模型：

$$\ln(\text{Compensation}_{i,t}) = \beta_0 + \beta_1 \text{Performance}_{i,t} + \varepsilon_{i,t} \quad (i = 1\text{toN},\ t = 1\text{toN}) \tag{1}$$

在模型一中，i 代表公司；t 代表年份；$\text{Compensation}_{i,t}$ 代表 i 公司 t 年度当年的高管薪酬；$\text{Performance}_{i,t}$ 代表 i 公司 t 年度当年的绩效；ε 是残差。本文预期公司的绩效与薪酬呈正相关，即预计相关系数 β_1 符号均为正。

2. 用来验证薪酬和公司每股盈余（EPS）关系的 Lin、Kuo 和 Wang（2013）扩展模型

$$\ln(\text{Compensation}_{i,t}) = \beta_0 + \beta_1 \ln(\text{EPS}_{i,t}) + \beta_2 \text{CEOonership}_{i,t} + \beta_3 \text{Leverage}_{i,t} + \varepsilon_{i,t} \quad (i = 1\text{toN},\ t = 1\text{toN}) \tag{2}$$

在该扩展模型中用每股盈余作为衡量公司绩效的数据，同时添加了两个控制变量，$\text{ownership}_{i,t}$ 代表 i 公司 t 年度当年的高管持有公司股份占公司总股数的比例，$\text{Leverage}_{i,t}$ 代表 i 公司 t 年度当年的长期资产负债比例，资产负债率也可以在一定程度上反映公司的经营状况，因此它也可能影响高管薪酬。

通过在薪酬合同中创造薪酬绩效联系，高管们有更大的动力去做出以股东财富最大化为第一目标的决策，从而推断每股盈余增加与高管薪酬呈正相关。因此，本文预期该模型中相关系数 β_1 符号为正。

3. 用来验证薪酬和营业收入（Sales）关系的 Lin、Kuo 和 Wang（2013）扩展模型

$$\ln(\text{Compensation}_{i,t}) = \beta_0 + \beta_1 \ln(\text{Sales}_{i,t}) + \beta_2 \text{CEOonership}_{i,t} + \beta_3 \text{Leverage}_{i,t} + \varepsilon_{i,t}$$

$$(i = 1\text{toN},\ t = 1\text{toN}) \tag{3}$$

模型三在模型二的基础上构建，没有改变模型二中所用的控制变量，用公司营业收入（Sales）代替模型二中的每股盈余（EPS），理论上在正常情况下，本文预期那些影响决策能力强的高管会通过他们的个人努力更好地为其所在的公司创造更高的每股盈余，因为这会为这些高管带来更多的报酬。

本文认为，在薪酬绩效关系正常的公司，高管的正确决策为公司带来更多的利益即 i 公司在第 t 年获得更多总营业收入，此时高管应该收到更多的薪酬回报，所以薪酬会随着公司年度营业收入的增加而增加，预测分析薪酬绩效关系的 β_1 为正数。

3.2 数据

本文选取2003—2012年中国上市公司的财务报表、财务指标、股东数据、高管薪酬和高管持股比例作为本文的研究对象。对模型中需要而财务数据中并未提供直接结果的变量数据进行计算，得到模型需要的数据，最后得到741条数据，共106家公司年度样本。

变量定义见表1。

表1 变量定义表

变量类别	变　量	变量名	变　量　说　明
因变量	Compensation	高管的薪酬	本文使用公司披露的高管薪酬前三名总和来衡量高管薪酬，在模型中使用其自然对数
自变量	Firm performance	公司绩效	这里主要表现为公司的盈利情况。在扩展模型中分别用EPS和Sales计量
	Sales	营业收入	公司的年度营业总收入，模型中使用其自然对数
	EPS	每股盈余	税后营业收入除以总股数
控制变量	ownership	高管的持股比例	用高管持有的公司股票数量除以公司发行的总股数得到的百分比
	Leverage	资产负债率	公司披露的财务指标中的长期资产负债率

3.3 实证结果分析

1. 描述性统计分析

描述性统计分析见表2，表2将3个模型中的所用的变量进行了描述性统计分析，分析后发现高管薪酬存在一定的波动性，选取样本中的大多数公司都在盈利。公司绩效的另一个替代变量Sales的均值及标准差说明每个公司的营业总收入有差异。我国上市公司高管持股比例较低，样本公司的长期资产负债率有很大差异，说明偿债能力差别较大。

表2 描述性统计分析表（全样本）

变　量	均值	标准差	极小值	极大值
$Compensation_{i,t}$	856732.6	1810600	0	30680000
$EPS_{i,t}$	0.2310	0.2921	-0.3	1.9323
$Sales_{i,t}$	3.18E+09	1.08E+10	0	1.03E+11
$Ownership_{i,t}$	0.1591	1.6037	0	19.77122
$Leverage_{i,t}$	0.7354	2.1955	0.0143	55.4086

2. 相关性分析

变量相关性分析见表3，通过表3可以看出，大部分变量是以较高的显著性水平通过了相关性检验的。首先解释变量与被解释变量间相关关系都是显著的，而且都是正相关。其次，控制变量与被解释变量大部分也显著相关，只有资产负债率与高管薪酬在Pearson相关性分析中呈现不显著相关，说明控制变量高管持股比例、长期资产负债率在一定程度上也会影响高管薪酬，说明本文选取的控制变量是有效的。

表3 变量相关性分析表

	Pearson				
Spearman	Ln（$Compensation_{i,t}$）	$EPS_{i,t}$	Ln（$Sales_{i,t}$）	$Ownership_{i,t}$	$Leverage_{i,t}$
Ln（$Compensation_{i,t}$）	1	0.167 **	0.212 **	0.076 *	-0.071
$EPS_{i,t}$	0.289 **	1	0.420 **	0.082 **	-0.021
Ln（$Sales_{i,t}$）	0.289 **	0.537 **	1	0.058	-0.190 **
$Ownership_{i,t}$	0.193 **	0.165 **	0.254 **	1	0.038
$Leverage_{i,t}$	0.137 **	0.165 **	0.200 **	0.350 **	1

注：* 为0.10显著性水平通过双尾检验；** 为0.05显著性水平通过双尾检验。

3. 回归分析

由前文可知，模型二、模型三均为模型一的扩展模型，对公司绩效使用替代变量并加入控制变量，所以只对模型二和模型三进行了回归分析，分析结果见表4。

表4 回归分析结果表

	预计符号	模型二		模型三	
		M_1	M_2	M_3	M_4
常数	?	8.461 *** 30.403	8.595 *** 29.862	-2.728 -1.335	-2.108 *** -1.005
$EPS_{i,t}$	+	3.440 *** 4.602	3.299 *** 4.411		
Ln（$Sales_{i,t}$）	+			0.589 *** 5.898	0.560 *** 5.500
$Ownership_{i,t}$	?		0.247 * 1.810		0.247 * 1.825
$Leverage_{i,t}$	?		-0.1919 * -1.925		-0.095 -0.947
Adj_ R^2		0.027	0.033	0.044	0.046
F值		21.179	9.343	34.783	12.981

注：* 为0.10显著性水平通过双尾检验；** 为0.05显著性水平通过双尾检验；*** 为0.01显著性水平通过双尾检验。

由以上回归结果可以看出，在房地产行业高管薪酬与公司绩效呈正相关，高管薪酬随着公司绩效的增加而增加，同时，本文研究的两种可以衡量公司绩效的指标中，每股盈余与高管薪酬的相关性更强，高管持股比例对高管薪酬也存在一定影响，但是这种影响并不大，资产负债率对高管薪酬的影响并不明确，会受模型其他变量影响。

4 政策建议

根据上述分析结果，本文对房地产业上市公司提出以下3点建议：

（1）建议房地产公司建立符合行业特点的绩效－薪酬系统，根据绩效合理确定高管薪酬，对高管当年的表现做出鼓励或惩罚，以此激励高管在下一年有更好的表现，创造一个良性循环的环境，统一股东和高管的利益，促进公司未来发展，实现股东利益最大化，避免盲目确定高管薪酬造成的乱发奖金、薪酬管理失控等对公司有害事件的发生。

（2）根据本文结论，房地产业股东比较重视每股盈余，房地产行业具有周期性强、前期投入成本大的特点，所以作为职业经理人的高管在做决策时更要重视成本，避免做出高收入低利润的决策，多考虑公司未来收益。这既有利于公司未来的持续发展，又有利于增加高管自己的薪酬。

（3）房地产业上市公司股东对高管持股比例要时刻关注，定期检查，控制高管的持股比例，防止高管为获得更高薪酬而持有更多公司股份，进而影响董事会的独立性。总而言之，公司应该控制对高管的股权激励，同时对高管持有的公司股份进行合理监管。

参 考 文 献

[1] 李增泉．激励机制与企业绩效——一项基于上市公司的实证研究［J］．会计研究，2000（2）：24－30.

[2] 蒋永．中国上市公司高管薪酬激励与企业绩效的实证研究［D］．重庆：西南大学，2008.

[3] 杨敬儒．房地产上市公司高管薪酬与公司业绩的实证研究［J］．西部金融，2009（3）：56－57.

[4] 吴斌，刘灿辉，黄明锋．我国房地产类上市公司高管薪酬与企业绩效关系研究［J］．现代管理科学，2009（3）：84－86.

[5] 吴育辉，吴世农．高管薪酬：激励还是自利？——来自中国上市公司的证据［J］．会计研究，2010（2）：40－48.

[6] 彭燕文，戴冬梅．中国房地产上市公司高管薪酬与企业绩效的相关性分析［J］．经济研究导刊，2014（3）：41－46.

[7] Lambert, Richard A, David F. Larchker, Robert E. Verrecchia. Portfolio Considerations in Valuing Executive Compensatio[J]. Journal of Accounting Research, 1991, 29: 129－147.

[8] Davila, Antonio, Fernando Penalva. Governance Structure and The Weighting of Performance Measures in CEO Compensation[J]. Accounting Review, 2006, 11: 463－493.

[9] Shaw Kenneth W, May H. Zhang. Is CEO Cash Compensation Punished for Poor Firm Performance[J]. Accounting Review, 2010, 85: 1065－1093.

[10] Swisher, Judith. CEO Compensation At Us Banks: Pay for Performance? [J]. Journal of Finance. ,2012,12:31 – 38.
[11] Lin, Dan, Hsien – Chang Kuo, Lie – Huey Wang. Chief Executive Compensation: An Empirical Study Of Fat Cat CEOs[J]. Journal of Finance,2013,7(2):27 – 42.

在昌平黄楼院区域打造抗战文化旅游小镇构想

石玉凤[1]　吴　蔚[2]　吴进辉[1]

1. 中国矿业大学（北京）管理学院，北京　100083
2. 国立政治大学，中国台北

摘　要　与北京市昌平区政府实施全域旅游发展的战略构想及具体措施相对应，本文提出在昌平黄楼院区域打造抗战文化主题旅游小镇的构想，主要考虑了选址、景观建筑风格、活动项目以及运营模式；分析了旅游小镇现有的诸多优势，包括南口战役历史背景、地理位置与地域优势并给出了相关政策依托。最后，特别说明了其现实意义与实际价值，为全局旅游的实现奠定基础。

关键词　全局旅游　抗战文化　南口战役　主题小镇

Conceptual Plan of the Chinese Nostalgic Town for Tourism at Huanglouyuan in Changping

Shi Yufeng[1]　Wu Wei[2]　Wu Jinhui[1]

1. School of Management, China University of Mining and Technology, Beijing　100083
2. National Chengchi University, China Taibei

Abstract　In accordance with the proposal for developing full – area tourism in Changping District, a new idea is suggested to create a nostalgic town that reflects historic life of the Republic – of – China period during the Second World War. Based on the historic integrity, regulatory environment and regional vantages, the conceptual plan includes inchoate ideas about architectural styles, landscape, programs and events, and the mode of implementation. Also, this article emphasizes distinguishing features and the latest local policies that the project can rely on. Eventually, it is figured out how this project will benefit the local economy and the interpretation of Chinese modern history.

Key words　full – area tourism　history and culture of China's WWII　Nankou Cam-

---

资助项目：中央高校基本科研业务费专项资金（2010YG15）
supported by the Fundamental Research Funds for the Central Universities (Grant No. 2010YG15)

作者简介：石玉凤（1963—　），女，辽宁丹东人，副教授，博士（后），主要研究方向为管理科学与工程、风险管理与保险、节庆经济、战地遗址规划。Tel:15300327833; E – mail: chensiyf@163. com paign nostalgic town in a theme - park - style

0 引言

昌平区近期发展战略提出提升城市规划建设管理水平，推进大众创业万众创新，大力发展全局旅游。这为构建旅游主题小镇提供了契机。昌平黄楼院区域具有特殊的历史背景、地理位置和地域优势，打造抗战文化旅游小镇有诸多便利，不仅可以形成旅游亮点，甚至还可以形成长久的跨产业园区。该区域周边已有多处旅游点，一座基于本地历史文化的主题小镇将是画龙点睛之笔，可以将现有景点连成整体，为全局旅游的实现奠定基础。

在对相关旅游小镇的研究上，宋瑞[1]指出了文化遗产旅游小镇开发普遍存在产品同质化、过度商业化、文化空心化、矛盾复杂化的问题。章玉钧[2]建议科学制定古镇保护、利用、开发规划，抓住自身特色，准确定位，以旅游业推进城镇化。廖珈慧[3]提出建设湖南南岳旅游景区国家公园的构想。钟家雨[4]引入协同理论，分析了湖南省旅游小镇的协同发展模式。前面学者的研究主要集中在旅游小镇自身特色和地理位置优势方面，探讨保护规划和运营模式等。针对以抗战遗址为中心，尤其结合现代技术和人文特色旅游小镇的专门研究颇为少见。

昌平黄楼院区域地处明长城边关重镇地带，又是对日抗战南口战役战地遗址核心，积淀了深厚的历史及军事底蕴，潜力十足，加以充分利用可以有效放大昌平全局旅游整体效果。打造抗战文化主题旅游小镇现已具备各级政策的支持、本地特殊的历史背景、地理环境等诸多优势，具有重大现实意义与实际价值。

1 打造抗战文化主题旅游小镇的优势与际遇

1.1 历史背景、地理位置与地域优势

昌平区黄楼院地处明长城重镇据点交错地带，是南口战役（1937）主战场之一，处于战地遗址中心地带。1937 年 8 月 8 日，对日抗战南口战役正式打响，为全面抗战乃至第二次世界大战之首场战役。日军企图借其武器与兵力优势以闪击之式迅速夺取居庸关，控制平绥线。中国军队奋勇抵抗，使日军不得深入。日军遂数次向西迂回包抄，战场扩大，黄楼院成为整个战场的核心要地，多次展开反复冲杀拉锯战，异常激烈。南口战役结束后，中国军队且撤且战。该战地虽落入日军控制范围，然敌后武装力量（包括北平西山国民抗日军抗战和西山地区八路军 8 年敌后抗战）的地下抗日活动从未停止。

京郊北部现存长城为明代边关重镇，自古为兵家必争要地。中原文明与北方蛮族发生冲突时，一贯争夺此处的控制权。黄楼院东临居庸关，西接镇边城、横岭城，为长城线重要枢纽。另外，太行余脉之自然景观，在昌平区全局旅游发展意见中也被强调为重点发展要素。

南口战役的历史背景与明代军事重镇，恰好符合全局旅游发展意见中所突出的重点，是不可多得的历史文化旅游资源。与现有旅游资源，如居庸关、十三陵、民俗村等，相临近毗连，可形成文化旅游区，相互促进。

1.2 相关政策依托

近年来，发展全域旅游备受国家各级政府的重视，先后相关法规政策的支持包括国务院关于促进旅游业改革发展的若干意见［国发（2014）31 号］、国家旅游局关于开展创建“国家全局旅游示范区”的通知［旅发（2015）182 号］、中共北京昌平区委及北京昌平人民政府关于大力发展全域旅游的实施意见（2016 年 6 月 13 日）。

根据昌平区发展全域旅游的实施意见，实施该战略主要强调“三个促进”即促进旅游向区景一体、产业一体、城乡一体转型升级；促进旅游与城市功能定位适应协调；促进“旅游 +”产业格局发展壮大。这一系列的政策鼓励与支持，利好黄楼院抗战文化旅游小镇的构建。

2 抗战文化主题旅游小镇构想计划

2.1 选址考量

黄楼院区域地处南口战役战场核心，具有特殊历史意义；位于浅山地区，既少受干扰，拥有相对独立空间，又不偏僻闭塞，交通线路畅通；该区域内没有大规模的产业或居住单位，便于规划。

2.2 主题小镇镇景观建筑风格

抗战文化小镇是对日抗战时期中国市镇的再现，建筑风格以晚清至民国时期的风格为主，还包括了传统中国建筑元素与中国城市现代化起步时对外国建筑风格的模仿相结合而形成的风貌。小镇景观可以营造对日抗战时期的环境氛围，给游客一种“置身其地、置身其时”的感觉。

2.3 旅游项目活动设计

1. 历史活动重演

主要考虑的内容包括：①教育，以抗战历史展厅用现代科技技术展示；②娱乐，山岳攻防战仿真，国军、日军、民兵地下抗日武装的扮演；③住宿，进驻形式可模仿地方敌后抗日武装与地下党联络人员接头，以民国时期房间陈设，体验当时艰苦条件，对比今天优越生活。

2. 军事力量展示和体验

可以考虑的内容主要有：①武器陈列对比，可融入于展示馆；②武器模拟对抗，可结合教育与娱乐活动，反映民国至今短短不足百年间我国军事技术的发展之历程。

3. 发现身边的抗战故事

将抗战历史挖掘整理成趣味性故事与互动性游戏，结合定位系统制作成一定设备应用，鼓励年轻人探索小镇周边，发现各个角落的抗战遗迹、故事、人物。此活动项目可以视时机与效果向北京、华北乃至全国推广。

2.4 运营模式选择

博物馆、展示厅与娱乐设施由国家或地方政府主导，欢迎历史学界与相关学科学者、民间的抗战遗物收藏者与数字影像技术企业参与合作。

休闲、住宿、餐饮服务由地方政府主持，民间个人或集体实际操作。小镇中开发民国风格的民居，可出售或出租给个人，再由业主或住户开设家庭旅馆“homestay”式住宿单位。在不违背抗战文化小镇建设初衷的前提下由经营个体适当自由选择经营方式。

3 构建旅游小镇的现实意义与实际价值

3.1 构建理念体现昌平全局旅游发展战略所反映的现实意义

1. 打造昌平区旅游特色品牌

为了满足现代旅游的精神文化需求，整合优质资源，提供稀缺性服务，促进抗战历史文化旅游创新及研发升级，黄楼院区域建设主题小镇将是提升昌平地区旅游业档次的优良选择。小镇开发目标定位于建成全国抗战文化旅游创业创新基地示范样板。

小镇的构建将避免千篇一律的休闲观光形式，突出运用本土历史文化背景。同样是边关重镇，居庸关可倚仗其著名长城景区的地位以及多年积累的名望吸引观光者的注意力；长峪城的农家乐可以依靠城市居民对高楼大厦和快节奏生活的厌倦以安闲的乡土风情吸引游客。抗战文化旅游小镇则要挖掘对日抗战南口战役的历史背景，营造置身其中式的体验场所及设施。与周边已有的“观光者游离于旅游场所、远观而不融入”的形式不同，该小镇将依靠自身特有的主题突出边关历史军事文化，注重全程参与，创立自己独有的品牌。

2. 结合新技术，建设多样化旅游形式

旅游参观形式可包括宅游、实地游、体验游、科技兼休闲娱乐游、极客丛林游、抗战商业文化游等。发展人人体验平台，通过整合周边现有农户甚至闲散人员，运用住宅及山地等各种资源，引进 VR（虚拟现实）等供给侧单位的仪器设备、高端旅游服务等科技资源，向社会提供全新体验的科技文化旅游服务，打造现代化精神享受平台，引领旅游业国际时尚。

3. 推进旅游文化制度供给侧改革

作为供给侧改革的抗战文化主题旅游小镇的创建，是区域旅游业态的创新，将有效促进旅游经济转型升级，实现旅游科技进步。各类资源要素高度聚合，凝结为高亢且优雅的文化氛围，与昌平“将更加具有城市活力、综合竞争力和国际影响力”的目标相辅相成。以主题旅游小镇为抓手，建设科技、历史军事文化产业及旅游运营等公共服务和支撑平台。三大平台将为区域内各旅游小镇创业创新提供有力支持，更进一步还可以面向全国乃至世界，为昌平区域内相关科技企业的产品和有关抗战文化的研究成果进行有偿科研推广，形成历史军事文化的开放式交流。

4. 实现各种旅游服务的就近化、便利化

引入民间注册资本和新生力量，拓宽准入门槛。在扶持当地原有旅游经济的基础上，帮扶旅游文化小微企业成长，最大限度地盘活战地区域抗战文化资源，发展战地区域旅游经济。

有效促进就业人数增加，培育精神文明示范基地，形成一批服务体系完备、创新能力显著、适合不同成长阶段、带动就业成效明显的文化旅游亮点。

3.2 更加具体的内容显示出其不可替代的实际价值

1. 突出小镇的区域融合景观设计与乡村景观建设概念，强化全局的系统理念

打造小镇、乡村、园林 3 种不同类型有机复合的景观样貌，建设融合传统与现代，具有历史文化底蕴、现代特征、地方区域特色的历史军事文化建筑精品力作。将小镇融于山区，设施自然化、景观园林化、生态多样化，建立突出民国时期特色的抗战文化小镇景区

以及配套乡村景观体系。

以开放思维与眼光，预留与相邻兄弟区县包括延庆、门头沟、河北怀来的旅游发展接口，实现京津冀一体化旅游经济的良性协同发展。

2. 拓展沟域联通发展空间

延伸南口、流村以及老峪沟、长峪城沟域，整合历史军事文化遗存和现代 VR 产业资源，融合锦绣太行特色，共同发展历史军事结合特色民俗的文化体验和参与互动旅游，形成集自然风光、历史军事文化、乡村民俗于一体的生态文化旅游小镇。

3. 与“旅游 + 新型工业”相对应，同时恢复区域传统工业繁荣

不仅强调小镇发展现代科技旅游，融入动漫制作、文化创意、文化体验和参与等发展模式，促进 VR 等现代技术产品生产并打开市场，还强调激发传统工业活力，利用南口、马池口传统工业重镇内老旧工业厂区、厂房、设施等资源优势，挖掘红冶钢厂、保温瓶厂等传统工业企业生产小镇所需的历史特色产品，彰显历史价值和文化内涵。其实，小镇消费的都是传统产品，恰好可与传统工业呼应，因而可有效恢复传统产品生产，活跃传统产品市场，促进传统工业区重新焕发生机。

4. 推进“旅游 + 文化教育”

响应昌平区政府关于“扩大历史文化旅游优势，进一步挖掘政治、军事、文化等内涵”的倡议，利用当地丰富的抗战文化底蕴，打造和推动历史军事文化旅游优势。抗战文化底蕴主要来自南口战役抗战史实、北平西山国民抗日军抗战史实、西山地区八路军 8 年敌后抗战史实。

历史军事文化资源的有效利用，彰显文教资源的旅游魅力。与十三陵、居庸关景区深度开发相呼应，同时兼顾整合周围其他小镇的“旅游 + 健康休闲”模式。

5. 缓解人口老龄化社会压力

目前我国经济水平整体提高，但人口老龄化严重。高楼式养老院与老年人生活习惯冲突。而小镇恰好营造的是老年人年轻时代的景观氛围，利于其调节心情，休养生息，甚至形成心理上“返老还童”的感觉。除旅游旺季年轻人较多以外，一年中多数时间较娴静安逸，远离现代大都市的喧嚣，因此也更适合经济条件无虑而向往修身养性者较长时间逗留，尤其背靠北京这样的大都市。

6. 建设昌平西部绿色发展先行区

昌平区地处北京近郊，仅仅“统筹推进流村、南口、阳坊、马池口等镇棚户区改造和生态治理，打造一批各具特色的田园小镇和美丽村庄”显然是不够的，因缺少了历史文化而显得苍白。欠缺灵魂、欠缺底蕴、也就欠缺精气神，再好的硬件建设也欠缺精彩，也就欠缺持久的吸引力，从而欠缺可持续发展的动力。趁国内大多现有旅游单位尚相对孤立、区域地域优势与特色不明显、观赏性有余而参与性欠缺之际，将昌平区的抗战文化旅游打造成为第一批以地域环境紧密结合历史文化的参与式旅游产业，可引领国内旅游行业开辟新的方向。

4 结语

借助主题旅游小镇的建设，传承历史军事文化风貌。高度重视昌平境内长城的世界文化遗产资源，推动南口战役涉及区域内的历史建筑及战地遗址的保护修缮与合理利用，彰

显昌平独特的历史人文风貌，让昌平抗战历史文化走向世界。

参 考 文 献

[1] 宋瑞．古村镇旅游的问题与难题［J］．旅游学刊，2010，25（6）：11－12.
[2] 章玉钧．保护古镇，传承旅游，促进旅游发展［J］．中华文化论坛，2006，（1）：115－120.
[3] 廖珈慧．建设特色主题公园提升南岳旅游品位——湖南南岳旅游景区特色主题公园项目规划构想［J］．中外建筑，2012，（5）：90－92.
[4] 钟家雨，柳思维．基于协同理论的湖南省旅游小城镇发展对策［J］．经济地理，2010，32（7）：159－164.

基于 Z－Score 模型的煤炭企业财务评价研究

孔德泰

中国矿业大学（北京）管理学院，北京　100083

摘　要　近几年来我国煤炭行业持续低迷，煤炭企业亏损严重，财务问题突显。本文对煤炭企业进行综合财务评价分析研究，从财务绩效角度说明煤炭企业全面经营管理状况，揭示企业所面临的风险。在此基础上针对煤炭企业的主要财务绩效指标应用财务风险评价法对煤炭企业面临的经营风险进行整体研究，分析企业的财务风险程度。采用因素分析法对多家煤炭企业进行财务绩效评价并描述财务绩效评价结果的变动趋势，同时应用 Z－Score 模型研究企业风险状况，最后针对以上问题提出构建煤炭企业风险防范机制。

关键词　煤炭企业　财务绩效评价　财务风险

Coal Enterprise Financial Evaluation Research Based on Z－Score Model

Kong Detai

School of Management, China University of Mining and Technology, Beijing　100083

Abstract　In recent years, the highlighted economic benefit of coal enterprise continued to drop. Factor analysis is applied, based on the application of Z－score model for enterprise risk, the author points out risk prevention mechanism in coal enterprises according the above issues. In this paper, the coal enterprise comprehensive financial evaluation analysis research is made. On the basis of the main financial performance indicators used for coal enterprise financial risk evaluation method for operating risk of coal enterprises as a whole, the size and degree of financial risk analysis enterprise. Using factor analysis method to several coal enterprise financial performance evaluation and describe the change trend of financial performance evaluation results.

Key words　coal enterprise　financial evaluation　financial risk

---

资金项目：中央高校基本科研业务费专项资金（2015QG01）

作者简介：孔德泰。Tel：13141333358；E－mail：kong2k@163.com

煤炭行业自2001年起一直呈现上升势头，从2012年开始市场转入下行，许多煤炭企业资金回笼出现问题，相继出现财务危机。针对上述问题，本文对我国煤炭企业进行财务分析以表明企业面临问题的严重性并对分析结果进行对比研究，指出煤炭企业面临的财务实际状况以及成因。对煤炭企业的财务风险管理提出可行性建议。

1　煤炭行业现状

在国家低碳经济发展政策的约束下，我国高耗能产业发展急剧下滑，行业普遍亏损。近年来我国煤炭经济形势持续走低，煤炭交易量和价格的降低严重影响了企业经济效益，根据相关煤炭行业分析及市场研究报告中的数据，2015年全国重点煤炭企业亏损超过80%。2015年1—5月煤炭产销量与2014年同期对比如图1所示。

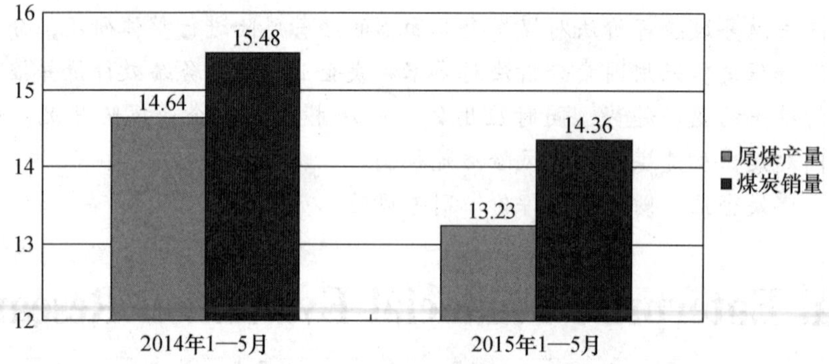

图1　2015年1—5月煤炭产销量与2014年同期对比

针对煤炭市场需求持续疲软的状况，国家发改委自2014年7月以来出台一系列措施，从国家层面帮助煤炭企业脱离困境。虽政策层面持续利好，但未能改变煤炭行业亏损的局面。根据中煤协统计，2015年上半年，90家煤炭大型企业账面亏损金额达131亿元，亏损面超过80%，大量煤炭企业采取了停产放假、职工减薪的措施。因此煤炭行业需要转变发展路径，控制煤炭生产，促进煤炭需求与供给的均衡。

2　煤炭企业财务评价研究

为清晰描述我国煤炭市场的实际情况，本文首先分析了企业财务绩效，揭示企业所面临的风险，以此为基础，应用财务风险评价法对企业的主要财务绩效指标进行研究，用数据做支撑分析企业财务风险的大小和程度，进而充分概括我国煤炭企业的经营困境。

研究样本的选取方面，财务绩效评价分析采取综合性原则，根据地域、经营范围的不同从众多煤炭上市企业中选取了具有代表性的18家煤炭生产销售单位以及6家煤化工、煤机械企业作为补充，截取2009—2015年的财务数据并大致分为6组，其中第5组和第6组数据分别表述煤机械以及煤化工企业的财务情况，经过处理后用于统计分析。财务指标及研究方法的选取和说明在以下财务评价分析过程中单独表述。

2.1　煤炭企业财务绩效评价分析

为反映煤炭企业经营管理状况，选择企业盈利能力、资产质量和管理绩效作为研究指标并将其量化[2]。因此，根据定义将财务绩效评价用下式表达：

$$FP = \sum (P + MP + L) \tag{1}$$

式中　FP——企业财务评价的最终结果；

P——平均盈利能力所占比重；

MP——平均管理绩效所占比重；

L——平均资产流动性所占比重。

计算上述结果需要使用因素分析法，通过建立多变量模型分析几组数据的内在关联。模型变量的假设以及指标的调整依据 Al - Kassar 和 Soileau 多因子分析法[3]，该方法的计算公式如下：

$$FP(Y) = c_1 \times r_1 + c_2 \times r_2 + c_3 \times r_3 + \cdots + c_n \times r_n + C \tag{2}$$

式中　FP——个体公司财务绩效评价结果；

c_1——第 1 个数据比率的原始系数评分；

r_1——第 1 个数据比率；

C——常数。

通过计算获得每组数据和比率，每个个体公司的财务绩效评价结果由每组数据相加得到，结果如图 2 所示。

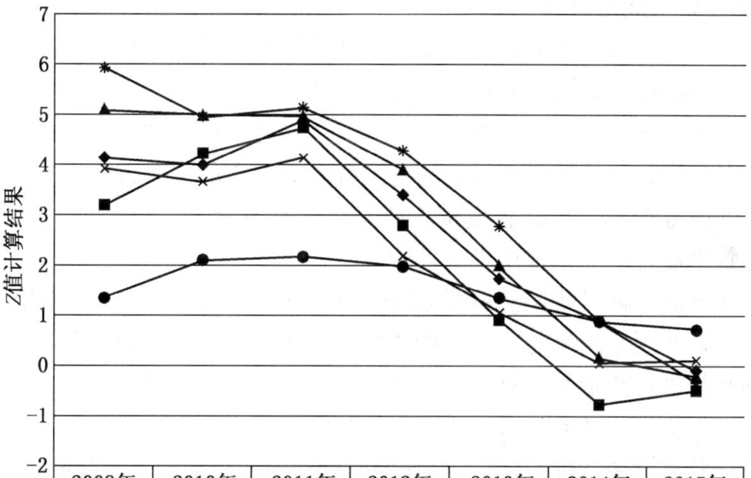

	2009年	2010年	2011年	2012年	2013年	2014年	2015年
—◆—系列1	4.132	3.998	4.875	3.357	1.701	0.846	−0.414
—■—系列2	3.179	4.227	4.773	2.799	0.899	−0.779	−0.513
—▲—系列3	5.112	4.989	5.005	3.939	2.011	0.189	−0.172
—×—系列4	3.919	3.668	4.132	2.177	1.032	0.067	0.131
—✳—系列5	5.913	4.935	5.129	4.255	2.771	0.869	−0.354
—●—系列6	1.333	2.101	2.166	1.977	1.336	0.879	0.677

图 2　公司财务绩效评价结果

从图 2 可以看出，前 5 组数据近几年的财务绩效评价结果变化趋势大体一致，从 2009—2011 年基本保持平稳，之后开始逐年下降。其中，2009 年数值综合最高，表明煤炭企业当年的总体运营状况处于领先，2010—2011 年基本保持稳定，反映出煤炭行业在此时间段内保持稳定的发展态势，国内煤炭需求旺盛，煤炭价格保持较高水平。2011—2012 年综合数值开始下降，数值介于 4.5 ~ 2.0，2013 年数值开始大幅下滑，2015 年依然保持低位，其中，3 组数值为负数。表明从 2011 年开始煤炭企业效益开始下降，2011 年煤炭市场需求疲软开始显现，这是因为 2010 年之后我国煤炭市场需求趋于饱和，相比之下煤炭供给量仍然不断上涨。众多煤炭企业为提高效益依然不断增加产量导致供给大于需求。

2012 年受房地产市场影响，我国经济整体下滑，煤炭需求下滑，煤炭库存呈现挤压状态，企业纷纷通过降低价格换取销量的途径维持运营，煤炭企业开始步入“寒冬”。第 5 组数据在 2012 年下降幅度较大，反映出煤炭企业大幅减少或取消增加产能的投入，致使煤炭机械企业业绩下滑幅度大于煤炭企业。2013 年数据呈现负值并继续大幅降低，表明煤炭企业业绩持续下滑甚至出现亏损，期间众多煤炭企业采取员工降薪、裁员以及放假的方式削减支出，同时寻求转型。2015 年数据降幅有所缓和，其中，4 组数据降至负值，表明煤炭企业采取的保守经营策略取得效果，减缓了业绩下滑,但众多企业仍然入不敷出。

相比而言，系列 6 近几年的数据浮动幅度相对较小且均保持正值，表明煤化工行业作为煤炭行业的多元化发展载体受整体煤炭形式影响相对较小，诸如城市煤气、工业液体燃料以及化工原料的市场供求情况相对稳定。

2.2 煤炭企业财务风险分析

基于煤炭企业运营状况的分析，本文在此应用财务风险评价法以深入说明企业面临风险的实际情况和程度。根据研究目的，分析采取整体性原则，所选取指标能够综合覆盖煤炭企业运营的多个方面，全面反映实际状况。本文引用典型的阿特曼 Z - score 模型分析上述企业的财务风险，反映企业风险的实际程度。样本的选取方面，模型分别引用了 5 个具有说服力的财务指标，包括企业资产流动性、获利能力、财务杠杆、偿债能力和活动性。将指标数据进行统一整理用于统计分析[4]。

研究方法方面，针对我国实际情况对 Z - score 模型做出调整，将用于测定财务结构的指标调整为营业现金流量与总资产的比值，用于反映企业的成长能力。依照行业现金流状况和盈利水平进行测量和计算[2]。最终建立的判别函数模型如下：

$$Z = 1.2X_1 + 1.4X_2 + 3.3X_3 + 0.6X_4 + 0.99X_5 \tag{3}$$

式中 X_1——营运资金/资产总额，反映公司资产的变现能力和规模特征；

X_2——留存收益/资产总额，反映公司累积获利的能力；

X_3——息税前利润/资产总额，即 EBIT/资产总额，总资产息税前利润率，衡量上市公司运用全部资产获利的能力；

X_4——营业现金净流量/总资产，反映企业的成长能力；

X_5——销售收入/资产总额，总资产周转率。

我国上市企业 Z - score 模型判别值低于阿特曼对西方上市企业研究所得的结果[5]，在此本文根据有关统计结果对 Z - score 模型临界点进行调整，将其从 1.81 和 2.675 降低为 0.60 和 1.30。将数据整合，计算结果如图 3 所示。

从图 3 可以看出，前 5 组数据 Z 值变动趋势一致，2009—2011 年上涨至顶点（5 ~ 6 区间），随后逐年下降。表明前 3 年煤炭企业经营状况良好，资产流动性强，财务风险处

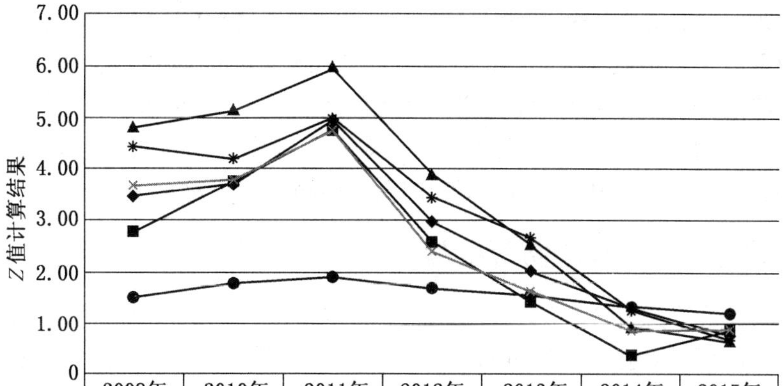

	2009年	2010年	2011年	2012年	2013年	2014年	2015年
系列1	3.49	3.68	4.94	2.98	2.01	1.27	0.75
系列2	2.80	3.75	4.74	2.56	1.42	0.38	0.84
系列3	4.85	5.18	5.99	3.92	2.54	0.93	0.73
系列4	3.68	3.78	4.77	2.40	1.63	0.84	0.92
系列5	4.45	4.18	4.94	3.43	2.67	1.25	0.69
系列6	1.48	1.77	1.91	1.67	1.52	1.31	1.20

图3　6组数据Z值变动趋势

于低位，在此期间银行以及多方金融机构争相向煤炭企业提供贷款。之后伴随企业经营业绩的下降煤炭企业财务风险逐步提高，后3年数据降至3－1.5，该阶段银行及金融机构开始减少放贷并逐步将资金回笼，加剧了煤炭企业财务状况的进一步恶化。2014—2015年数据浮动趋势略微缓和，但总体仍在下降，反映出煤炭企业连年亏损无法继续从外部筹集资金，为保障自身运营众多企业采取削减开支的策略，该阶段企业财务风险居于高位，部分企业出现资金链断裂面临破产。第5组数据在2015年下滑趋势依然较大，表明煤炭机械行业对煤炭销售行业的波动反应敏感，说明煤炭机械企业的财务风险程度高于整体煤炭销售企业。相比而言，第6组数据在这几年间一直在1～2之间浮动并保持相对稳定趋势，表明煤化工企业的财务状况始终保持良好状态，与煤炭行业相关性较弱。本文对24家煤炭上市企业分别做统计，所得结果见表1。

表1　24家煤炭上市企业Z值分类统计情况

Z值计算	Z<0.6		0.6<Z<1.3		Z>1.3	
	公司数量	比例/%	公司数量	比例/%	公司数量	比例/%
2009年	0	0.00	2	8.33	22	91.67
2010年	1	4.17	2	8.33	21	87.50
2011年	0	0.00	1	4.17	23	95.83
2012年	2	8.33	7	29.17	15	62.50
2013年	4	16.67	11	45.83	9	37.50
2014年	9	37.50	11	45.83	4	16.67
2015年	9	37.50	12	50.00	3	12.50

从表1可知，2009—2001年大多数煤炭上市企业Z值高于1.3，反映出煤炭企业发展良好，企业财务风险很低，资产流动性好，财务杠杆起到一定作用。从2012年开始Z值呈现整体下降趋势，低于0.6的Z值逐年增加，高于1.3的Z值逐年减少，表明煤炭企业整体财务风险在增加。2013—2015年近一半煤炭企业财务状况处于不稳定状态，财务风险持续增加，2013年和2014年超过1/3的企业面临严重风险。

3 构建煤炭企业财务风险防范机制

受国家政策和自然环境等因素等影响，煤炭企业财务风险主要来源与行业市场风险在不断扩大，同时煤炭企业内部财务管理人员素质参差不齐，对企业财务细节的处理不够重视也增加了企业财务管理风险。因此，煤炭企业不仅要在经营上削减支出，也要构建一套机制来防范财务风险。

3.1 构建煤炭企业财务风险内部防范机制

财务风险具有复杂性和突发性，面对煤炭经济形势的恶化，企业必须建立针对风险管理的财务控制制度，才能有效控制财务风险。基于此，煤炭企业当务之急是建立财务风险管理报告制度并定期执行。企业可将下属单位按照对风险的敏感程度从低到高分为A、B、C三类进行控制，重点监督C类下属单位。同时，煤炭企业内部要将财务风险报告流程统一化，下属单位遵从一致的标准与整体企业全面对接。煤炭企业经过定期汇集整理，编制整体企业年度财务风险评估报告，为今后年度的风险管理实施进行有效安排[6]。

煤炭企业要设立财务指标，设置财务预警界限。因煤炭企业财务管理人员对风险控制的意识不足，导致多数煤炭企业缺乏对财务风险预警的重视。煤炭企业生产资金需求量大，财务杠杆在2011年以前发挥了作用。2012年煤炭价格下降，整体行业效益开始下降，当企业财务风险扩大时，银行为降低风险采取收回资金的方法，加重了企业的财务危机，因此，煤炭企业有必要建立财务风险预警指标体系。企业财务人员可定期将本单位盈利能力、偿债能力、发展能力这三方面量化，分析以上财务指标的变化趋势，观察潜在的财务风险，通过定期更新指标数据来完善预警体系。风险预警对企业而言效果明显，防患于未然可以确保企业维持正常的生产秩序[8]。

3.2 采取煤炭企业财务风险外部防范措施

企业外部防范措施可从两方面入手，一是分析煤炭行业的政策，二是定期聘请外部财务审计机构对公司进行风险评估。

研究国家政策制定煤炭企业发展战略，根据煤炭资源整合未来“十三五”规划的要求，对企业的现实情况和未来发展趋势进行综合研究和科学预测。煤炭企业应设立政策研究职能部门，针对国家的宏观政策（金融、物流、煤炭上下游行业）以及地方政策等广泛搜罗信息，有效利用政府对煤炭企业提出的多项脱困政策。同时加强煤炭行业政策的分析，如资源税的调整对煤炭生产销售成本的影响、环境保护政策对煤炭企业生产的引导等，科学合理布局降低企业的销售成本。另外，企业需要积极跟踪国际经济形势，发现对企业发展有影响的各类信息，防范国际形式变动对企业发展的潜在影响。

此外，与第三方财务服务机构保持长期合作有助于提升企业人力资源、供应链、资本结构调整、预算管理以及内控等方面的业务能力，尤其是对企业进行财务审计，可有效减少企业内部财务差错和舞弊问题，使企业财务信息更准确地反映企业实际情况，警惕财务风险。

参 考 文 献

[1] 张文芹. 煤炭企业财务风险控制研究 [D]. 合肥：安徽大学，2013.

[2] Samanez - Larkin Gregory R, Wagner Anthony D, Knutson Brian. Expected value information improves financial risk taking across the adult life span[J]. Social Cognitive and Affective Neuroscience(Online), 2015, 6(2): 7 - 11, 10 - 15.

[3] Joo Yongsung, Casella G, Hobert J. Bayesian model - based tight clustering for time course data[J]. Computational Statistics, 2010, 25(1): 6 - 9.

[4] 曹雯雯，章雁. 财务风险预警研究 [J]. 经济与管理. 2015 (12)：21 - 13.

[5] Mallitt K A, O'Rourke P, Bouwes Bavinck J N, et al. An analysis of clustering of betapapillomavirus antibodies[J]. Journal of General Virology, 2010, 9(8): 31 - 33.

[6] 毋建冰. 煤炭企业财务风险与防范措施 [J]. 中外企业家. 2013 (4)：11 - 13.

[7] Hill Gretchen J. State policy decisions in the 1990s with implications for the financial well - being of later - life families[J]. Journal of Aging & Social Policy, 2006, 18: 3 - 4.

基于马尔科夫模型的中国能源消费预测

罗　斐

中国矿业大学（北京）管理学院，北京　100083

摘　要　对中国能源消费趋势进行预测，有利于进一步分析中国能源消费结构的优化。本文论述马尔科夫模型并进行改进，建立并证明了马尔科夫改进模型Ⅰ和马尔科夫改进模型Ⅱ，利用1997—2015年中国能源消费量，对2016—2020年中国能源消费量进行预测，预测结果分别为477981万t、543171万t、587355万t、635141万t、686779万t标准煤。通过实证和比较分析可知，在结构和状态相对稳定的条件下，马尔科夫改进模型Ⅱ的预测误差较小，它既可以用于时间序列的短期预测，又可以用于时间序列的长期预测，而且预测精度较高。

关键词　马尔科夫　改进模型　能源消费　趋势预测

China's Energy Consumption Prediction Based on Markov Model

Luo Fei

School of Management, China University of Mining and Technology, Beijing　100083

Abstract　China's energy consumption trend prediction is helpful to further analyzing the optimization of China's energy consumption structure. This paper discusses Markov model which was improved, Markov improved mode Ⅰ and markov proved mode Ⅱ are set up and to be proved. Taking advantage of China's energy consumption from 1997 to 2015, the predicted results of China's energy consumption trend are respectively 4779.81、5431.71、5873.55、6351.41、6867.79 million tons of standard coal from 2016 to 2020. Through empirical analysis and comparative analysis, it shows that under the condition of the structure and condition of relatively stable, the prediction error of Markov model improved Ⅱ is small. It not only can be used for short – term forecasting of time series, but also can be used for time series prediction for a long time, and it has higher prediction precision.

资助项目： 中央高校基本科研业务费专项资金（2009KG01）

作者简介： 罗斐（1965—　），男，博士。Tel:18888834176; E – mail:775042176@qq.com

Key words Markov improved model energy consumption trend prediction

0 引言

基于供给侧结构调整的能源消费趋势预测，有利于分析能源、经济、社会、环境各子系统的协同和优化。各子系统在协同状态下的发展趋势预测有多种方法，但协同导致有序，而有序导致系统的结构相对稳定和功能优化。因此，运用马尔科夫模型并将其改进，预测和分析能源系统在结构相对稳定时的序列大小和变动趋势，有利于预测和分析能源消费结构的优化。

1 理论概述

马尔科夫模型主要包括马尔科夫链模型、隐马尔科夫模型，这些模型的优良特性引起了国内外学者的普遍关注。目前，马尔科夫模型主要用于水文地质预测、语音识别、股票预测、环境质量、信息安全、文字信息等方面，这些应用研究的方法主要是利用经验概率创建初始概率分布和状态转移矩阵，从而构建马尔科夫模型进行具体问题的预测研究。

马尔科夫（Markov）1906 年在《大数定律关于相依变量的扩展》一文中第一次提到环环相扣的随机变量序列，其中某个变量以多大的概率取什么值，完全由它前面的变量决定，而与它更前面的那些变量无关，这就是著名的马尔科夫链概率模型[1]。

马尔科夫链的基本模型如下：

$$X(k+1)=X(k)P \tag{1}$$

式中 $X(k)$——趋势分析与预测对象在 $t=k$ 时刻的状态向量；

P——一步转移概率矩阵；

$X(k+1)$——趋势分析与预测对象在 $t=k+1$ 时刻的状态向量。

在马尔科夫分析中引入状态转移概念。状态是指客观事物可能出现或存在的状态；状态转移是指客观事物由一种状态转移到另一种状态的概率。马尔科夫发现，一个系统的某些因素在转移中第 n 次结果只受第 $n-1$ 次结果的影响，只与当前所处状态有关，与其他无关。

能源的消费量、消费结构也是相对稳定的时间序列。对能源的消费量和消费结构的预测，可采用马尔科夫转移矩阵法。研究一个国家或地区能源的消费结构和消费量，如果现在时刻的消费结构和消费量已知，那么未来某一时刻的消费结构和消费量与现在时刻以前的任一时刻的消费结构和消费量都无关。这是因为可以把现在看成是未来的起点，现在时刻的结构决定未来时刻的结构变化，而与以前任一时刻的结构变化无关。

在实际分析中，往往需要知道一段时间后研究对象可能处于的状态，这就需要建立一个能反映其变化规律的数学模型。马尔科夫模型利用概率建立一种随机型的时序模型。必须指出的是，马尔科夫模型只适用于具有马尔科夫性的时间序列并且各时刻的状态转移概率保持稳定。若时间序列的状态转移概率随不同的时刻在变化则不宜用此方法。由于实际的客观事物很难长时间保持同一状态的转移概率，故此法适用于短期趋势分析与预测，这也是马尔科夫模型的不足之处。因此，要进行长期预测就要对马尔科夫模型进行改进。

2 马尔科夫模型的改进

如果改用 k 步转移概率矩阵 $R^{(k)}$ 代替 P，并选用一个序列来预测，就可以得到马尔科夫改进模型Ⅰ。如果系统处于某种相对稳定的状态，用状态转移矩阵代替 P，利用拟合向量 $X(t)=X_0\mathrm{e}^{Bt}$就可以进行长期预测了，这就是马尔科夫改进模型Ⅱ。改进后的模型分别如式（2）、式（3）所示。

马尔科夫改进模型Ⅰ:

$$X(k+1)=X(k)\cdot R^{(k)} \tag{2}$$

马尔科夫改进模型Ⅱ:

$$X(t)=X_0\mathrm{e}^{Bt}\text{或}X(t+1)=X(t)\mathrm{e}^{B} \tag{3}$$

马尔科夫改进模型的证明如下：

根据矩阵微分方程定理可知，矩阵微分方程为

$$\begin{cases}\dfrac{\mathrm{d}X(t)}{\mathrm{d}t}=AX(t)+X(t)\\ X(0)=X_0\end{cases} \tag{4}$$

式（4）的解为

$$X(t)=\mathrm{e}^{At}X_0\mathrm{e}^{Bt} \tag{5}$$

式中 $A\in C^{\mathrm{mm}}$，$X\in C^{\mathrm{mn}}$，$B\in C^{\mathrm{nn}}$

t——时间；

e^{At}和 e^{Bt}——状态转移矩阵。

式（4）及式（5）可以用矩阵微分方程定理及推论加以证明[2]。证明过程如下：

因为
$$\mathrm{vec}(AX)=(A\otimes I_{\mathrm{n}})\mathrm{vec}X$$
$$\mathrm{Vec}(XB)=(I_{\mathrm{m}}\otimes B^{\mathrm{T}})\mathrm{vec}X$$
$$\mathrm{Vec}(AX+XB)=(A\otimes I_{\mathrm{n}}+I_{\mathrm{m}}\otimes B^{\mathrm{T}})\mathrm{vec}X$$

所以将矩阵微分方程式（4）两端矩阵按行拉直得

$$\begin{cases}\dfrac{\mathrm{d}}{\mathrm{d}t}[\mathrm{vec}X(t)]=(A\otimes I_{\mathrm{n}}+I_{\mathrm{m}}\otimes B^{\mathrm{T}})\mathrm{vec}X(t)\\ \mathrm{vec}X(0)=\mathrm{vec}X_0\end{cases}$$

又因为 $\mathrm{e}^{(A\otimes I+I\otimes B)}=\mathrm{e}^{A}\otimes\mathrm{e}^{B}=\mathrm{e}^{B}\otimes\mathrm{e}^{A}$，设 $b=B^{\mathrm{T}}$，

所以
$$\begin{aligned}\mathrm{vec}X(t)&=\mathrm{e}^{(A\otimes I+I\otimes b)t}\cdot\mathrm{vec}X_0\\ &=(\mathrm{e}^{At}\otimes\mathrm{e}^{bt})\mathrm{vec}X_0\\ &=\mathrm{Vec}[\mathrm{e}^{At}X_0(\mathrm{e}^{bt})^{\mathrm{T}}]\end{aligned}$$

而
$$\begin{aligned}(\mathrm{e}^{bt})^{\mathrm{T}}&=(\sum 1/k!\cdot(B^{\mathrm{T}})^{k}t^{k})^{\mathrm{T}}\\ &=\sum 1/k!\cdot B^{k}t^{k}\\ &=\mathrm{e}^{Bt}\quad[k\in(0,\infty)]\end{aligned}$$

故 $\mathrm{vec}X(t)=\mathrm{vec}[\mathrm{e}^{At}X_0\mathrm{e}^{Bt}]$

从而得到式（4）的解 $X(t)=\mathrm{e}^{At}X_0\mathrm{e}^{Bt}$。

证毕。

特别地，若 $B=0$，$X(t)=[X_1(t), X_2(t), \cdots, X_n(t)]$ 时，则式（4）等价为 n 个向量微分方程，其解与式（5）完全一样。

若 $A=0$，$X(t)=[X_1(t), X_2(t), \cdots, X_n(t)]$ 时，则式（4）为

$$\begin{cases}\dfrac{dX(t)}{dt}=X(t)B\\ X(0)=X_0\end{cases} \tag{6}$$

其解为 $X(t)=X_0e^{Bt}$，证明过程如下： (7)

设 $X(t)=[X_1(t), X_2(t), \cdots, X_n(t)], B=(b_{ij})_{n\times n}$，$\theta$ 为零向量或零元素，$X(t_0)=X_0=[X_1^0(t), X_2^0(t), \cdots, X_n^0(t),]$。

因为 $\frac{d}{dt}[X(t)e^{-Bt}]=\frac{d}{dt}X(t)e^{-Bt}+X(t)e^{-Bt}(-B)=e^{-Bt}\left[\frac{d}{dt}X(t)-X(t)B\right]=\theta$，即 $\frac{d}{dt}X(t)=X(t)B$，可知 $X(\tau)$ 的积分为 $X(\tau)e^{-B\tau}d\tau$。

对式（6）两端在 $[t_0, t]$ 上积分得 $\int_{t_0}^{t}\frac{d}{dt}[X(\tau)e^{-B\tau}]d\tau=\theta$，所以 $X(t)e^{-Bt}-X(t_0)e^{-Bt}=\theta$。

故满足矩阵微分方程初始条件的解为 $X(t)=X_0e^{Bt-B\xi}(\xi=t_0)$。当 $\xi=t_0=0$ 时，有 $X(t)=X_0e^{Bt}$。

证毕。

从上述证明结果可以推知

$$X(t+1)=X_0e^{B(t+1)}=X_0e^{Bt}e^B=X(t)e^B \tag{8}$$

这实际上就是对马尔科夫模型的另一种证明，e^B 为状态转移矩阵。当 $X(t)$ 为单序列一阶向量，X_0、B 为参数时，式（7）的对数形式为 $\ln X(t)=\ln X_0+Bt$

3 马尔科夫改进模型的实证分析

3.1 运用马尔科夫改进模型对中国能源消费趋势进行预测

运用马尔科夫改进模型可对能源系统的序时趋势进行预测，在此，主要预测中国能源消费量的序时趋势。根据1997—2015年中国能源消费量的数据（表1）[3]，通过计算可得式（7）对数方程的参数 $\ln X_0$ 和 B。

$$B=[n\sum t\ln X(t)-\sum t\sum \ln X(t)]/[n\sum t^2-(\sum t)^2]=\sum t\ln X(t)/\sum t^2$$
$$=44.5863\div 570=0.0782$$

$$\ln X_0=[\ln X(t)/n]-\sum t/n=236.0404\div 19=12.4232$$

从而得 $X_0=248500.4661\approx 248500$

故可求得单序列一阶向量 $X(t)$ 的时间响应模型为

$$X(t)=248500e^{0.0782t} \tag{9}$$

表1 对数方程的参数计算

年份	t 取值	$X(t)$/万 t	$\ln X(t)$	t^2	$t\ln X(t)$
1997	-9	137798	11.8335	81	-106.5051

表1（续）

年份	t 取值	$X(t)$/万 t	$\ln X(t)$	t^2	$t\ln X(t)$
1998	-8	132214	11.7922	64	-94.3376
1999	-7	133831	11.8043	49	-82.6301
2000	-6	138553	11.8390	36	-71.0340
2001	-5	146964	11.8979	25	-59.4895
2002	-4	155547	11.9547	16	-47.8188
2003	-3	197083	12.1914	9	-36.5742
2004	-2	230281	12.3471	4	-24.6942
2005	-1	261369	12.4737	1	-12.4737
2006	0	246270	12.4142	0	0
2007	1	311442	12.6489	1	12.6489
2008	2	320611	12.6779	4	25.3558
2009	3	336126	12.7252	9	38.1756
2010	4	360648	12.7957	16	51.1828
2011	5	387043	12.8663	25	64.3315
2012	6	402138	12.9046	36	77.4276
2013	7	416913	12.9406	49	90.5842
2014	8	425806	12.9617	64	103.6936
2015	9	430000	12.9715	81	116.7435
Σ	0	–	236.0404	570	44.5863

注：表中的能源消费量 $X(t)$ 来自国家统计局官网，计量单位为万 t 煤当量，即煤当量，它是不同品种、不同含量的能源按各自不同的热值换算成每千克热值为 7000 千卡的标准煤。

利用 1997—2015 年中国能源消费量 EEC 的数据及其时间响应函数模型式（9），求出趋势值和相对误差（表 2），根据相对误差变动范围划分为 5 个概率状态（表 3）。对相对误差序列建立马尔科夫模型，同时求出二次拟合值、二次相对误差和状态转移概率矩阵；以 10 年为一个序列，利用马尔科夫改进模型 Ⅰ 对下一个年度进行预测并进行检验（表 4）。利用马尔科夫改进模型 Ⅱ 进行长期预测并进行检验（表 5）。

表2　马尔科夫模型预测

年份	单序列一阶模型				Markov 拟合相对误差			
	能源消耗实际值（EEC）	EEC 一次拟合值	一次相对误差/%	拟合相对误差/%	概率状态	二次拟合值	二次拟合残差	二次相对误差/%
1997	137798	122933	12.09	12 ~ +∞	Ⅴ，0.1053	137685	113	0.08
1998	132214	132932	-0.54	-2 ~ 2	Ⅲ，0.0526	132932	-718	-0.54
1999	133831	143745	-6.89	-12 ~ -2	Ⅱ，0.0702	133683	148	0.11
2000	138553	155437	-10.86	-12 ~ -2	Ⅱ，0.0702	144556	-6003	-4.15

表2（续）

年份	单序列一阶模型				Markov 拟合相对误差			
	能源消耗实际值（EEC）	EEC 一次拟合值	一次相对误差/%	拟合相对误差/%	概率状态	二次拟合值	二次拟合残差	二次相对误差/%
2001	146964	168080	-12.56	-∞ ~ -12	Ⅰ，0.0421	147910	-946	-0.64
2002	155547	181751	-14.41	-∞ ~ -12	Ⅰ，0.0421	159940	-4393	-2.74
2003	197083	196535	0.28	-2 ~ 2	Ⅲ，0.1053	196535	548	0.28
2004	230281	212521	8.35	2 ~ 12	Ⅳ，0.1316	227397	2884	1.27
2005	261369	229808	13.73	12 ~ +∞	Ⅴ，0.1053	257385	3984	1.55
2006	246270	248500	-0.89	-2 ~ 2	Ⅲ，0.0702	248500	-2230	-0.89
2007	311442	268713	15.90	12 ~ +∞	Ⅰ，0.0526	300959	10483	3.48
2008	320611	290569	10.34	2 ~ 12	Ⅳ，0.0658	310909	9702	3.12
2009	336126	314204	6.97	2 ~ 12	Ⅳ，0.0658	336198	-72	-0.02
2010	360648	339761	6.15	2 ~ 12	Ⅳ，0.0658	363544	-2896	0.79
2011	387043	367397	5.35	2 ~ 12	Ⅳ，0.0658	393114	-6071	-1.54
2012	402138	397281	1.23	-2 ~ 2	Ⅲ，0.2105	397281	4857	1.22
2013	416913	429595	-2.95	-12 ~ -2	Ⅱ，0.1053	399523	17390	4.35
2014	425806	464537	-8.34	-12 ~ -2	Ⅱ，0.1053	432019	-6213	-1.44
2015	430000	502322	-14.39	-∞ ~ -12	Ⅰ，0.2105	442043	-12043	-2.72

注：相对误差 = 实际值/估计值 ×100% -1；拟合相对误差取组中值的上限或下限；二次拟合值等于一次拟合值乘以拟合相对误差；EEC 的计量单位为万吨煤当量。状态概率 0.1053 = (2/19) × (1/1)。

表3　EEC 拟合值相对误差的概率状态划分

概率区间	-∞ ~ -12	-12 ~ -2	-2 ~ 2	2 ~ 12	12 ~ +∞
状态	Ⅰ	Ⅱ	Ⅲ	Ⅳ	Ⅴ

表4　马尔科夫改进模型Ⅰ的预测及检验

序号	已知年份序列	二次拟合平均数	平均相对二次误差/%	预测年份	EEC 实际值	概率矩阵之积	EEC 预测值	预测误差/%
1	1997—2006	178652	-0.57	2007	311442	0.7949	195760	59.09
2	1998—2007	194979	-0.23	2008	320611	0.7422	231152	38.70
3	1999—2008	212777	0.14	2009	336126	0.7554	242189	38.79
4	2000—2009	233029	0.13	2010	360648	0.7510	252095	43.07
5	2001—2010	254928	0.46	2011	387043	0.7466	269259	43.74
6	2002—2011	279448	0.37	2012	402138	0.7703	298139	34.88

表4（续）

序号	已知年份序列	二次拟合平均数	平均相对二次误差/%	预测年份	EEC 实际值	概率矩阵之积	EEC 预测值	预测误差/%
7	2003—2012	303182	0.77	2013	416913	0.9387	377487	10.44
8	2004—2013	323481	1.18	2014	425806	0.9387	391356	8.80
9	2005—2014	343943	0.90	2015	430000	0.9124	388505	10.68
10	2006—2015	362409	0.48	2016	—	1.0176	437568	—
11	总平均	—	0.36	—	—		—	32.02

注：表中预测值利用马尔科夫改进模型Ⅰ：$X(k+1)=X(k)\cdot R^{(k)}$计算而得；表中序列以两个五年计划为限较好。

表5　马尔科夫改进模型Ⅱ的预测及检验

序号	已知年份序列	二次拟合平均数	平均相对误差/%	预测年份	EEC 实际值	状态转移矩阵 e^B	EEC 预测值	预测误差/%
1	1997—2006	178652	-0.57	2007	311442	1.0813	268703	15.91
2	1998—2007	194979	-0.23	2008	320611	1.0813	325427	-1.48
3	1999—2008	212777	0.14	2009	336126	1.0813	336186	-0.02
4	2000—2009	233029	0.13	2010	360648	1.0813	363531	-0.79
5	2001—2010	254928	0.46	2011	387043	1.0813	393100	-1.54
6	2002—2011	279448	0.37	2012	402138	1.0813	425074	-5.39
7	2003—2012	303182	0.77	2013	416913	1.0813	429579	-2.95
8	2004—2013	323481	1.18	2014	425806	1.0813	432004	-1.43
9	2005—2014	343943	0.90	2015	430000	1.0813	467142	-7.95
10	2006—2015	362409	0.48	2016	—	1.0813	477981	—
11	总平均	—	0.36	—	—	—	—	0.63
12	—	—	—	2017	—	2.1858	543171	—
13	—	—	—	2018	—	2.3636	587355	—
14	—	—	—	2019	—	2.5559	635141	—
15	—	—	—	2020	—	2.7637	686779	—

注：表中预测值利用二次拟合值及公式 $X(t+1)=X(t)e^B$ 计算而得；2017—2020 年的预测值按模型 $X(t)=248500e^{0.0782t}$ 推算。

根据马尔科夫链，可以将数据序列分成若干状态，以 E_1，E_2，…，E_n 表示，按时序将转移时间取为 t_1，t_2，…，t_n，$p_{ij}^{(k)}$ 表示数列由状态 E_i 经过 k 步变为 E_j 的概率，即

$$p_{ij}^{(k)}=\frac{n_{ij}^{(k)}}{N_i} \tag{10}$$

式中　$n_{ij}^{(k)}$——状态 E_i 经 k 步变为 E_j 的次数，N_i 表示状态 E_i 出现的总次数。则 k 步状态转移概率矩阵为

$$R^{(k)}=\begin{bmatrix} p_{11}^{(k)} & p_{12}^{(k)} & \cdots & p_{1j}^{(k)} \\ p_{21}^{(k)} & p_{22}^{(k)} & \cdots & p_{2j}^{(k)} \\ \vdots & \vdots & & \vdots \\ p_{j1}^{(k)} & p_{j2}^{(k)} & \cdots & p_{jj}^{(k)} \end{bmatrix} \tag{11}$$

表2中的第一序列1997—2006年的EEC初始值 $X(0)$ 取2006年的二次预测值，第一序列的初始概率为（2/19，4/19，4/19，4/19，4/19，4/19，4/19，5/19，2/19，4/19）。在划分的5个状态中，从第一个数所处的状态算起，Ⅴ经过1步变成状态Ⅴ，Ⅲ经过4步变成Ⅳ，Ⅱ经过3步变成Ⅲ，Ⅰ经过3步变成Ⅱ，Ⅲ经过4步变成Ⅳ，Ⅳ经过2步变成Ⅴ，Ⅴ经过1步变成状态Ⅴ，Ⅲ经过2步变成Ⅳ，其余类推；第一序列对应的转移概率为 $(1/1, 1/4, 1/3, 1/3, 1/5, 1/5/, 1/2, 1/2, 1/1, 1/3)^{T}$；第一序列的初始概率与其转移概率的乘积为0.7949；再用第一序列中确定的初始值乘以0.7949，即得该序列对下一年度即2007年的预测值，其余类推。

若初始状态 E_i 的初始向量为 $X(0)$，则经 k 步转移后，向量 $X(k)$ 为

$$X(k)=X(0)\cdot R^{(k)} \tag{12}$$

3.2 研究结论

通过上述实证分析，可得以下研究结论：

（1）运用马尔科夫改进模型预测中国能源消费的序时趋势，既符合协同原理又符合结构相对稳定的实际情况。

（2）马尔科夫改进模型Ⅰ的预测误差较大，最小相对误差8.8%，最大相对误差59.09%，10个序列的平均预测误差为32.02%。可见，其相对误差较大，因而不宜用来预测。

（3）马尔科夫改进模型Ⅱ的预测误差较小，最小相对误差-0.02%，最大相对误差15.91%，10个序列的平均预测误差为0.63%，因而可以用来预测并可以用来进行长期预测，而且预测精度较高。

（4）利用马尔科夫改进模型Ⅱ预测的中国2016—2020年的能源消费趋势值分别为477981万t、543171万t、587355万t、635141万t、686779万t标准煤。

（5）需要说明的是，对于能源子系统的内部序列（煤炭、石油、天然气、核电水电等）以及经济、社会、环境各子系统在相对稳定状态下的序列，同样可以采用马尔科夫改进模型Ⅱ进行预测和分析。

参考文献

[1] 李国纲. 管理系统工程 [M]. 北京：中国人民大学出版社，1994.

[2] 董增福. 矩阵分析教程 [M]. 哈尔滨：哈尔滨工业大学出版社，2005.

[3] 中华人民共和国国家统计局. http：//data. stats. gov. cn/easyquery. htm? cn = C01.

煤炭企业成本预算新思路：LUBA 成本预算模式

柳昆溪

中国矿业大学（北京）管理学院，北京　100083

摘　要　本文以煤炭企业“低成本、高收益”原则为指导，构建 LUBA 成本预算模式，从分析构建 LUBA 成本预算模式的意义出发，对该模式的构建原则、编制方法进行了较系统的分析，并对煤炭企业如何成功实施这一模式提出了建议。

关键词　煤炭企业　成本管理　LUBA 成本预算

The New Idea of Cost Budget in Coal Enterprises: LUBA Cost Budget Model

Liu Kunxi

School of Management, China University of Mining and Technology, Beijing　100083

Abstract　In this paper, the principle of “low cost、high benefit” is the guide in coal enterprises. We try to build the new idea of cost budget model. First of all, we analyse the meaning of LUBA cost budget model systematically, such as the principle of builing、the methods of preparation. Then we try to advice methods of implementation.

Key words　coal enterprises　cost management　LUBA cost budget

煤炭企业成本管理活动之一便是进行预算管理，有效的成本预算管理对企业其他管理活动有重要影响。近年来，随着政府政策的调整，煤炭行业开始进入低迷状态，成本日益增加，煤炭企业传统的成本预算模式逐渐暴露出许多问题，显然不能满足管理的需求。基于此，我们要寻求创新的成本预算模式，突破旧的理念束缚，以 LUBA 模型下划分的区（A）成本、块（B）成本、单元（U）成本、线（L）成本生产为基本对象，建立起以“低成本、高收益”原则为指导的成本预算新模式，为煤炭行业的预算管理变革提供新思路。

1　构建 LUBA 成本预算模式的意义

LUBA 成本预算是管理者带领相关人员以矿井区、块、单元、线成本为基本预算主

资助项目： 中央高校基本科研业务费专项资金（2011YG02）

作者简介： 柳昆溪（1990—　），女，河北石家庄人，中国矿业大学（北京）管理学院，硕士。Tel:13520646269

体，以“低成本、高收益”为指导进行的一系列活动。本文选取 LUBA 模型中井下生产区（A_1），它是整个 LUBA 模型最为核心的部分，由回采、掘进、机电维护、运输、通风、辅助生产6大块（B）成本以及分摊的区线（L_{A1}）成本（电费、折旧费）构成，每一块成本都有各自对应的单元（U_B）成本以及分摊的块线成本（L_B）（电费、折旧费）。详见下图1所示。

图1　LUBA 模型 A_1 井下生产区

LUBA 成本预算模式的提出与构建，不仅改变了煤炭企业传统的成本预算模式，而且加快了我国煤炭企业成本管理变革的步伐，影响深远，具体体现在以下方面：

（1）有利于拓宽煤炭企业成本管理的新领域。煤炭成本管理，一般认为是井下生产和井上生产的汇总，这种认识是片面的。我们应该摒弃陈旧的理念，变革煤炭企业成本管理的传统模式，以“低成本、高收益”为指导。LUBA 井下成本预算模式作为 LUBA 成本预算模式的重要组成部分，其构建和改进对煤炭成本预算管理的顺利变革意义深远。

（2）有利于实现煤炭企业成本管理精细化要求。成本管理的核心内容是成本预算，LUBA 井下成本预算模式以“低成本、高收益”原则为指导，对传统的预算编制流程进行优化，使成本预算编制更加细化，不仅改进了传统的预算理念，而且提高了预算编制水平。进而大大提高了煤炭企业成本预算的精细化管理要求。

（3）有利于提高管理者的工作效率。LUBA 成本预算模式的编制方法，完善了传统预算编制模式的不足，与日常生产经营紧密结合起来，满足成本控制的全面原则，使相关责任主体直接参与井上、井下区块日常生产经营的全过程。

（4）LUBA 成本预算模式对井上、井下作业实行区、块、单元、线成本预算，能有效提高预算的精准度，防止矿井区块成本预算与实际之间的差异过大，建立更加科学有效的成本管理制度。

2 煤炭企业传统成本预算管理的问题

2.1 成本预算管理意识不高

许多煤炭企业成本预算管理没有发挥主观能动性，没有很好地与企业成本管理结合起来，认为预算就是减少支出；管理层大多重视生产过程的预算，忽视了产品销售阶段的预算；更多的关注财务预算，没有意识到成本预算是一项全面的系统工作；很多管理者认为预算就是核算，更多地关注事后控制，其实预算是发生在产品生产之前就需要计划控制的。管理层认知尚且如此，员工的成本预算管理意识可想而知。企业往往更加注重生产成本而忽略销售成本的预算，隐形中增加了煤炭企业成本负担。多数企业更加注重企业内部对成本的影响，忽视了外部环境对成本的影响力度，导致成本控制缺乏有效性。

2.2 员工自身成本管理意识薄弱

多数员工认为预算与自己无关，忽视了自身消耗的成本。因此，实际发生的成本与财务记录的成本发生额不一致。工人更加注重成品规格和产量，忽视了材料的耗费，无形中增加了产品成本。种种现象归结于员工成本管理意识薄弱，员工没有站在企业的角度考量成本管理。没有接受更好的成本预算管理方面的培训，当管理者向下属传达成本预算方面的信息时，往往会出现偏差，导致工作不能顺利地进行。

2.3 材料回收利用率低下

煤炭企业生产中很多材料是可以重复利用的，但是却遭到了不同程度的损坏，甚至有的工具型材料用一次就废弃了或者消失了，无形中导致成本增加。若材料加以合理使用，可在一定程度上减少企业的成本负担。

2.4 成本预算管理方法落后

多数企业成本管理只注重成本核算与成本分析，没有使用科学合理的成本管理方法，不能通过市场信息进行完整的成本预算和分析。目前，煤炭企业成本预算停留在产量上，忽视了成本项目等成本分析，无法为管理者提供更加科学合理的信息。

3 LUBA 成本预算模式的构建原则与编制方法

3.1 原则

1. 成本控制粒度的选择应以目标的实现为依据

成本控制粒度是指 LUBA 模型划分的层级，粒度越大表示划分的层级越多。成本控制粒度选择的不同，对应的组织机构不同，涉及员工的责任划分也会有所不同。所以划分组织结构时，不同的成本控制粒度应考虑不同的划分方法，做到划分合理，分工明确，一切都是为了更好实现成本控制目标。

2. 全面预算

煤炭企业的成本预算管理工作由预算管理委员会集中统一负责，在各区（A）、块（B）、单元（U）、线（L）下设置相应部门按层级进行管理，将预算目标层层分解，将编制、执行、分析、调整、考核的工作落实到具体部门和人员身上，实现全过程、全员预算，充分体现预算的全面性。

3. 以“低成本、高效益”原则为导向

在 LUBA 模型井下区块成本预算编制过程中，要以井下区块“低成本、高收益”为目标，按照区（A）、块（B）、单元（U）、线（L）各责任主体或成本项目单独核算投入和产出，通过优化组织结构、方案实施，使投入产出比达到最高。

4. 预算方法有理有据

所有成本管理方法必须做到有理有据。LUBA 成本预算模式无论是预算理念、编制方法必须有理有据、系统、科学。

3.2 LUBA 成本预算模式和编制程序

LUBA 成本预算模式是以“低成本、高收益”为指导目标，包括产量、工作量、成本、收益 4 个方面。其中最为核心的是成本预算，产量预算、工作量预算为成本预算奠定了基础，最终提高收益预算。

部门编制预算时，应当以管理者制定的产量和成本为要求，以“低成本、高收益”为目标，在 LUBA 模型的 A、B、U、L 之间进行产量和成本的科学、合理配置，在以上基础上进行成本预算的编制工作；在工作具体展开过程中，首要的内容是产量和工作量的编制，其次是 LUBA 模型成本和收益的预算编制，最后进行 LUBA 整体的预算优化工作。

3.3 LUBA 成本预算的具体编制方法

1. 前期准备工作

（1）调研分析。这项工作是预算编制的开始，调研内容是预测煤炭存储量、矿井生产状态、井下配套设施、矿井资产使用状况等，上年同期的生产量、工作量、成本、利润等发生额以及电力、折旧等成本的摊销情况。经过调研，初步了解 LUBA 模型下的区、块、单元、线成本的整体情况。

（2）前景分析。企业进行调研分析工作后，必须开展市场前景分析工作，才能保证完成年度产量目标和成本管理任务。市场前景分析具体指针对特定的、以谋取商业利益及竞争优势为目的，就煤炭产品的方案、管理及市场投入产出预期进行分析的过程。分析结果用于指导矿井投资，同时基于分析得出的结论，对成本进行前瞻性预测。

（3）完善策略。企业进行市场前景分析后，应将目光投向对比以往成本管理策略下发生的各类成本，查找异常成本发生的原因，完善策略目标，制定标准，尽最大可能降低成本链上的无价值作业，提高价值作业的比重，最终实现“低成本、高收益”的目标。

2. 产量和工作量预算编制

产量和工作量预算编制具体包括以下几方面：

（1）提高产量。依据前述的调研分析、市场前景分析以及LUBA模型中的各区（A）、块（B）、单元（U）、线（L）统计的预计产量，汇总可以得到整个LUBA模型的预计产量。既然以“低成本、高收益”原则为指导，那么就要明确目标——基于LUBA的可实现利润。在这个目标前提下，尝试采用产量成本整合设置的方法，在LUBA各区、块、单元、线模型上整合设置其产量，从区、块、单元、线中筛选出最具有代表性的指标作为整个矿井产量收益的结果。

（2）工作量预算。它可以分为实物工作量预算和加工业务量预算。在明确了LUBA各区、块、单元、线上产量构造后，各职能部门应合力统筹协调，依照工艺加工步骤，遵循企业经营目标，根据调查的目的与要求，运用科学的调查方法，有计划、有组织地搜集数据资料，选择实施实物工作量指标；加工业务量指标的确定要考虑地理条件、总资产及加工工艺技术等条件，由工艺加工部门经过专业预测，科学、合理使用数学方法来预测下一年的工作量。

3. 成本预算编制

产量和工作量预算确定后，接下来便可以对成本预算进行编制。首先计算单元成本。单元成本由成本项目和分摊的单元线成本构成。以“材料成本”为例，影响材料成本的因素有煤炭开采量、吨煤材料使用量、使用材料的单价，于是单元成本预算公式为

$$B_{\mathrm{U}} = \sum (X_{\mathrm{UM}} \times Y_{\mathrm{UM}} \times Z_{\mathrm{UM}}) + \sum (W_{\mathrm{UN}} \times V_{\mathrm{NF}}) \tag{1}$$

式中　X_{UM}——第M个成本项目的开采量；

Y_{UM}——第M个成本项目的吨煤材料耗用量；

Z_{UM}——第M个成本项目的材料单价；

W_{UN}——第N个单元线成本（材料方面）；

V_{NF}——第N个单元线成本预算在该单元的分摊系数。

块成本、区成本的预算编制公式与单元成本的类似，此处不再进行描述。线成本预算的不确定因素较多而且不易分摊，需要采用更有效的方法，进行更多的测试。

4. 利润预算

在LUBA成本产量预算完成以后，联系煤炭内部价格，于是便可以初步计算LUBA模型各区、块、单元、线模块下一年度总收入，减去成本预算后就得到下一年度的利润数额。

5. 预算总体改进

完成利润预算以后，根据预期收益目标，从众多的成本与产量组合中，挑选出获得利润最大的成本产量组合作为最终的成本预算方案。若没有找到使目标利润达到最大的组合，则需要对预算总体进行再次改进，重新筛选组合，一直到目标利润最大的组合出现为止。

4 LUBA 成本预算模式的最佳应用

创新 LUBA 成本预算模式有助于煤炭企业成本管理的实施，有助于实现“低成本、高收益”的目标，使企业成为行业领域的带头人。但是 LUBA 成本预算脱离一定的条件或者策略实施是不行的，它必须结合企业其他的管理等内容，才能发挥自身的价值。本部分就 LUBA 成本预算模式的最佳应用环境进行探讨。

4.1 LUBA 成本控制模型的构建

LUBA 成本控制模型建立在对企业工艺分析的基础上，将各项作业成本按层级进行划分，首先划分到区（A）和与之相联系的线（L）上，在所在的区上进一步划分到相应的块（B）上，在所在的块上进一步划分到相应的单元（U）上，各个单元又由成本项目构成。线成本由一些不能直接分摊到区、块、单元成本中的项目组成。由此 LUBA 成本控制模型由 L、U、B、A 构成。LUBA 成本控制模型是应用 LUBA 成本预算模式的前提条件。此外，要想成功实施 LUBA 成本预算，需要对 LUBA 模型下划分的职能部门进行进一步调整设置。

4.2 加快制定 LUBA 成本预算规章制度

根据煤炭企业 LUBA 成本预算的需求以及煤炭企业内部的实施情况，煤炭企业预算管理委员会、专项成本项目管理组应制定 LUBA 成本预算规章制度，如章程、实施方法等。预算管理委员会集中负责成本预算工作，在 A、B、U、L 下设置相应部门按层级进行管理，将编制、执行、分析、调整、考核的工作落实到具体部门和人员身上。专项成本项目管理组负责对专项费用（电费、折旧费）进行预算管理，辅助预算管理委员会实现各主要成本项目的重点控制。

4.3 深化基础管理工作

首先提高计量和管理工作。完美的基础计量工作可为管理者提供真实、完整、及时、高效的基础数据以及工作量预算数据，这些数据是 LUBA 成本预算的基础数据，同时决定预算管理是否具有可行性。然后应加强单耗管理（做一件产品所需要的原材料，有了单耗就可以计算整批产品所需要的原材料，以便组织生产）、定额管理工作。原因是在 LUBA 成本预算管理过程中，生产费用是根据成本动因分析及单耗、定额数据来进行预算编制的，因此对单耗、定额数据的真实性及完整性要求就高。

4.4 加快 LUBA 系统的开发周期

LUBA 系统的实施给企业成本管理工作带来了很大的便利。给基于 LUBA 的成本预算模式的实施创造了完美的操作平台。加快 LUBA 系统的开发应用，使它能与 LUBA 成本预算模式的流程进行对接，建立一个既能够管理煤炭企业成本又能够提供强有力成本预算管理的信息系统。

4.5 提拔技术型人才

LUBA 成本预算工作的开展必须要有具备专业能力的技术人才。他们必须具备很高的技术能力，同时还要了解 LUBA 成本预算模式的内涵，另外还要有较高的团队合作精神，确保与其他职能部门的人员共同完成 LUBA 成本预算工作。

5 总结

LUBA 成本预算模式是煤炭企业成本预算管理变革的一个创新方向，它的提出有利于成本预算管理理论的发展。当然，LUBA 成本预算管理有很多不足的地方，需要今后继续努力。文中的煤炭企业也并非泛指，有些企业不具备实施条件，对于这些企业来说，可以领会其中的创新意识，在此基础上进行再创新，改进本企业的成本预算管理模式。

参 考 文 献

[1] 谭章禄，刘红云．基于 LUBA 的煤炭企业成本预算体系研究［J］．会计之友，2014，21：89－92．

[2] 陈锡坤，刘广生，张健青．区块成本管理模式——油田企业成本管理新思路［J］．国际石油经济，2010，04：58－63．

[3] 刘广生，陈锡坤，张书江．油田企业成本预算新思路：区块成本预算模式［J］．财会月刊，2010，17：43－45．

[4] 张书江．油田区块成本预算编制研究［D］．北京：中国石油大学，2010．

[5] 李雯雯．油田区块成本分析及考评问题研究［D］．北京：中国石油大学，2010．

金融市场流动性研究综述

刘小龙　宁云才

中国矿业大学（北京）管理学院，北京　100083

摘　要　流动性集中体现了金融作为现代经济核心地位的特征。本文通过总结股票、期货市场流动性的研究成果，以此为基础评述研究相对较少的外汇市场流动性问题，进而对流动性的一般研究方法进行概括总结。

关键词　流动性　债券　期货　外汇

An Overview of the Liquidity in the Financial Markets

Liu Xiaolong　Ning Yuncai

School of Management, China University of Mining and Technology, Beijing　100083

Abstract　The issue of liquidity characterizes the crucial role of finance in the modern economy. This paper summarizes the previous research on the equity and futures market's liquidity, which lays a foundation for the evaluation of the foreign exchanges market's liquidity that gained a relatively scarce attention by the scholars hereinafter. In conclusion we sum up the general methodology of the researches on liquidity.

Key words　liquidity　equity　futures　foreign exchanges

0　引言

金融市场的流动性是指能够在尽可能短的时间内以合理的价格交易尽可能多的资产的能力。早期学者如 Amihud Yakov，Haim Mendelson（1986）将立即成交所需要的成本定义为非流动性。在本文中，流动性包括时效性、对价格的影响程度和金融资产定价等方面。也就是说，充分的流动性不仅可以缩短交易时间，而且可以使大额交易的价格波动程度较小；流动性的充足程度还对金融资产的定价具有重要作用，集中体现在市场开盘价和收盘

基金项目： 中央高校基本科研业务费专项资金（2010YG03）

作者简介： 刘小龙（1989—　），男，硕士研究生，主要从事金融工程与风险管理等方面的研究。Tel: 15810239600; E－mail: squirrelgarden@126.com

价、交易最高价和最低价的形成机制上。因此，深入研究金融市场的流动性，深入特定市场分析其流动性的微观结构，对提升金融市场配置资源、发现合理价格以及促进社会资金流通具有重要的理论意义和政策指导作用。

1　股票市场的流动性

股票市场采取高度集中的方式进行交易，世界各国都已建立了自己的股票交易所。企业通过发行股票可以筹集资金，实现发展战略；投资者通过买卖股票可以优化投资组合，分散风险。在发达国家，股票市场是发展时间较长、相对成熟的金融市场，对其研究也最为深入，其流动性问题主要可以分为买卖价差（bid - ask spread）的有效性以及构成、经纪人的存货对买入价和卖出价的影响以及成交数据的时间相关性等方面进行分析。

最早分析买卖价差的构成并探讨股市流动性的是 Roll（1984），他假定在信息有效市场下且观测价格的分布在一定时期内固定的条件下，提出一种仅依靠价格的方法即用证券价格变动的标准差作为度量有效买卖价差的基础。由于价格变化通常呈负相关，若记价格变动的标准差为 cov，则买卖价差 $spread = 2\sqrt{(-cov)}$。Hasbrouck（2004、2009）在此基础上加入马尔可夫链的蒙特卡罗估计量，通过贝叶斯估计法对 Roll（1984）中的价差中值（half - spread）和扰动项的方差进行迭代估计。Huang、Stoll（1997）将价差分解为 3 个传统微观结构的组成部分即逆向选择、存货风险和订单处理成本，构建了一个基本交易指标模型并对其参数进行估计，通过对比之前的交易指标模型和协方差模型（一种依靠交易方向逆转概率、通过估计成交价格变化的协方差来计算买卖价差的模型），证实这一新模型克服了之前模型因混淆订单处理成本和存货成本而无法充分分析价差的构成要素的弊病。Holden（2009）通过总结日成交数据的 3 大特性即价格集聚（price clustering）、价格变动的序列相关性和高价（买价）/低价（卖价）的可得性对 Huang、Stoll（1997）提出的模型进行修正，主要包括参考 Madhavan 等（1997）将有效价差（effective spread）放宽为变量；鉴于存货风险不可观测，将其归入随机误差项。修正后的模型构成了两个新模型 Holden 和 Holden2，分别为日成交数据的前两个特性和全部特性。在这两个模型的基础上，Holden（2009）进一步构造了一个“多因子”模型并证明该模型可以进一步降低误差。

2　期货市场的流动性

金融期货合约是指在交易所交易的、协议双方约定在将来某个确定的日期按事先约定的条件买入或卖出一定标准数量的特定金融工具或实物商品的标准化的协定。由于其事先确定未来的交易价格，必然对签协议的双方产生一定风险，有时可能超过某一方的承受能力并使其违约。为降低交易对手的违约风险，期货合约全部在交易所交易。交易所是根据预先制定的交易规则进行集中交易的场所，进入交易所从事期货交易的机构或个人必须取得交易所会员资格，而没有取得会员资格的只能通过会员进行交易。交易所按照各会员报出的买入或卖出指令，对会员报价进行撮合成交。显然，有效率的市场能够促使交易双方以较低的成本、较短的时间和合适的价格完成交易。特别是在电子委托指令书广泛应用的背景下，探讨期货市场的效率问题更具有重要意义。

目前，大多数交易所采用指令驱动的交易制度，其余多为指令驱动与报价驱动混合型的交易制度。与股票交易类似，期货市场的流动性同样涉及交易所与会员之间的买卖报价和交易效率问题，现有文献大多分析了以下几个方面的内容：

（1）限价委托书的形状问题，即买入指令与卖出指令在数量、时间上的差异导致买卖差价呈现不同变化并影响交易所撮合成交。Biais 等（1995）认为限价委托书的形状与市场上买者之间的竞争及信息的不对称有关。具体到期货市场，Xu，C（2014）假定限价委托书呈驼峰状，其斜率与大额市场指令的数量相关。

（2）买入价和卖出价同向变化的问题。Biais 等（1995）认为这是交易信息导致市场预期调整的结果，Parlour（1998）中设定的模型显示买家下降更容易使卖价下跌。Roşu（2009）认为买入价与卖出价的联动效应是由交易者之间的竞争引起的，如一个大额的市场卖出指令对冲掉最大的买单使买入价下跌。

（3）价格发现的效率问题。对交易所而言，一个充分反映市场供求关系的开盘价对整个交易日具有重要作用；充分反映基本面价值的收盘价不仅对下一交易日开盘价的形成具有重要影响，而且还会直接影响期货合约的清算。开盘价与收盘价的差异也成为期货市场的价格发现乃至流动性水平研究的应有之义。Kandel 等（2012）基于 Kyle（1985）中的模型，分析了意大利证券交易所和巴黎证券交易所引入连续竞价机制后带来的变化。最终发现连续竞价对全天交易的主要影响集中在交易结束前的几分钟。在这几分钟内，交易量急剧下降并随价差和波动明显下降，预示着更充沛的流动性供给。假设集合竞价对价格发现没有实质性影响并计算样本期内第 t 个交易日内开盘至收盘收益 $R_{oc,t}$和第 t 个交易日收盘价至第 $t+1$ 个交易日开盘价收益 $R_{co,t+1}$，通过检测这两个指标之间的相关系数，发现交易所引进拍卖机制提升了价格发现效率。Hagströmer、Nordén（2014）在这一基础上进行改进，将 $R_{co,t+1}$作为被解释变量，$R_{oc,t}$作为解释变量并引入虚拟变量进行回归分析，发现在期货市场收市前引入集合竞价提升了价格发现功能，形成了更有效的期货清算价格。

3　外汇市场的流动性

外汇市场每天成交总量达四万亿美元，约为股票市场成交量的 10 倍，是世界上最大的金融市场。因其巨额成交量，通常外汇市场被认为具有充足的流动性。但根据 Lyons（2001）提出的观点，由于外汇市场的不透明性、参与者的异质性和分散的所有者结构，外汇市场并非总是具有流动性的。Lustig、Hanno N、Nikolai L、Roussanov、Adrien Verdelhan（2011）将解释外汇持有交易收益的关键因素——汇率中的共同因子（common factor）按利率进行划分，找出货币收益的斜率。他们选取澳元、欧元、英镑、日元、泰铢等 35 个主要货币作为样本，通过若干个观察期，在每个观察期期末，根据样本货币的远期贴水（forward discount），将各个样本货币划归进 6 个组合，第一个到最后一个组合内的货币利率逐渐递增。对每个组合分别测算即期汇率的平均变动值 ΔS_j、远期贴水值$f_j - s_j$、对数形式的货币超额收益和对数形式的本外币买卖价差收益。若非套补利率平价（UIP）成立，则第 j 个组合中货币的平均贬值率 $E_T(\Delta S_j)$ 应等于平均远期贴水 $E_T(f_j - s_j)$，但实际检测结果表明低利率货币在出现较大远期贴水时仍然升值，高利率货币在出现远期升水时反而贬值。

通过主成分分析法（PCA）对这 6 个组合货币的收益偏差产生主要影响的因素分别定义为程度因子和斜率因子。由于程度因子对所有组合具有同样的影响而斜率因子对各个组合的影响随组合单调递增，故斜率因子是唯一可以解释面板数据上组合超额收益的风险因子。通过构造两个备选的风险因子即平均货币超额收益 R_x 和首末组合收益差 HML_{Fx}。由于在无套利情形下，超额收益的价值为零且满足 $E_t(M_{t+1}Rx_{t+1}^j)=0$，其中，Rx_{t+1}^j 是 $t+1$ 期第 j 个组合的平均超额收益，M 是一系列定价因子的线性函数。经过计量检测，证明其定价误差较小。

在此基础上，Nina Karnaukh、Angelo Ranaldo、Paul Söderlind（2015）将其原有的外汇市场短期分析拓展为长期的多国汇率，并考察了诸如 Brunnermeier and Pedersen（2009）、Vayanos and Gromb（2002）等文献假设的外汇流动性下降是否带来融资紧缺和更高的波动率问题。

Loriano Mancini、Angelo Ranaldo、Jan Wrampelmeyer（2013）认为外汇市场并非通常认为的具有充分的流动性，相反，通过分析 2007 年 1 月至 2009 年 12 月 EBS 系统报出的交易数据，发现外汇市场具有明显的暂时性截面流动性偏差并存在很强的同步效应（co-movement）。他们通过构建如下模型：

$$r_{ti} = v_t + \varphi_t(v_{b,t_i} - v_{s,t_i}) + \sum_{k=1}^{k} r_{t,k}(v_{b,t_{i-k}} - v_{s,t_{i-k}}) + \varepsilon_{t_i},$$

其中 r_{t_i} 为货币在 t_{i-1} 到 t_i 期的对数汇率收益，v_{b,t_i} 是买方发起交易的数量，v_{s,t_i} 是卖方发起交易的数量。v_t、φ_t、$r_{t,k}(k=1, \cdots, K)$，从而度量每天的价格冲击和收益转换，即价格冲击用 φ_t 衡量，全部收益转换用 $r_t = \sum_{k-1}^{k} r_{t,k}$ 衡量。

流动性同步效应的需求因素可分为以下三种：①按照 Kamara、Lou、Sadka（2008）以及 Koch、Ruenzi、Starks（2009）的观点，机构投资者之间存在相互关联的交易行为会导致流动性同步效应；②按照 Morck、Yeung、Yu（2000）的观点，因为投资者一般不会仅交易单个证券，当流动性与多支证券相关时会引发流动性同步效应；③流动性同步效应与市场的普遍现象如投资者过度敏感现象（investor sentiment）相关。

Chiara Banti、Kate Phylaktis（2015）考量了外汇市场流动性随时间变化的偏差，认为造成这一偏差的原因在于外汇市场的主要交易者即金融机构的筹资流动性的变动。他们假设上述 3 种需求因素存在，通过更为宽泛的方法，检测了流动性同步效应的需求原因和供给原因，第一次考察了多个国家情形下流动性同步效应问题。

4 结语

纵观流动性研究可以看出，对金融资产的买卖价差、交易机制以及订单流的分析研究是贯穿不同金融市场流动性问题的主要内容。现有研究大多在参考他人对流动性问题的研究特别是模型构建的基础上提出改进的新模型，再选取某一个国家的主要金融市场，提取一段时期内的交易数据，通过计量分析证明新模型的合理性和优越性。

参 考 文 献

[1] Amihud, Yakov, Haim Mendelson. Asset pricing and the bid - ask spread [J]. Journal of Financial Economics, 1986(17): 223 - 249.

[2] Biais B, Hillion P, Spatt C. An empirical analysis of the limit order book and the order flow

in the Paris Bourse[J]. Journal of Finance,1995(50):1655 - 1689.
[3] Brunnermeier, M. K, L. H. Pedersen. Market liquidity and funding liquidity[J]. Review of Financial Studies,2009(22):2201 - 38.
[4] Chiara Banti, Kate Phylaktis. FX market liquidity, funding constraints and capital flows [J]. Journal of International Money and Finance,2015(56):114 - 134.
[5] Hagströmer B, Nordén. L. Closing call auctions at the index futures market[J]. Journal of Futures Markets,2014(34):299 - 319.
[6] Hasbrouck. Trading costs and returns for U S. equities: Estimating effective costs from daily data[J]. Journal of Finance,2009(65):1445 - 1477.
[7] Holden, Craig. New low - frequency spread measures[J]. Journal of Financial Markets,2009 (12):778 - 813.
[8] Huang R, Stoll H. The components of the bid - ask spread :a general approach[J]. Review of Financial Studies,1997(10):995 - 1034.
[9] Joel Hasbrouck. Liquidity in the Futures Pits: Inferring Market Dynamics from Incomplete Data[J]. Journal of Financial and Quantitative Analysis,2004(39):305 - 326.
[10] Kamara A, Lou X, Sadka R. The divergence of liquidity commonality in the cross - section of stocks[J]. Journal of Financial Economics,2008(89):444 - 466.
[11] Kandel E, Rindi B, Bosetti L. The effect of a closing call auction on market quality and trading strategies[J]. Journal of Financial Intermediation,2012(21),23 - 49.
[12] Koch A, Ruenzi S, Starks. L. Commonality in liquidity: a demand - side explanation. Unpublished working paper. University of Texas at Austin and University of Mannheim.
[13] Kyle A S. Continuous auctions and insider trading[J]. Econometrica,1985(53),1315 - 1335.
[14] Loriano Mancini, Angelo Ranaldo, Jan Wrampelmeyer. Liquidity in the Foreign Exchange Market: Measurement, Commonality and Risk Premiums[J]. The Journal of Finance,2013, 5,1805 - 1841.
[15] Lustig, Hanno N, Nikolai L. Roussanov, Adrien Verdelhan. Common Risk Factors in Currency Markets[J]. The Review of Financial Studies,2011(24),3731 - 3777.
[16] Lyons, Richard K. The Microstructure Approach to Exchange Rates(The MIT Press,2001, Cambridge, MA).
[17] Madhavan A, Richardson M, Roomans M. Why do security prices change? A transaction-level analysis of NYSE Stocks[J]. Review of Financial Studies,1997(10):1035 - 1064.
[18] Nina Karnaukh, Angelo Ranaldo, Paul Söderlind. Understanding FX Liquidity[J]. The Review of Financial Studies,2015(28):3073 - 3108.
[19] Parlour C A. Price dynamics in limit order markets[J]. The Review of Financial Studies, 1998(11):789 - 816.
[20] Roll R. A simple implicit measure of the effective bid - ask spread in an efficient market [J]. Journal of Finance,1984(39):1127 - 1139.
[21] Roşu I. A dynamic model of the limit order book[J]. Review of Financial Studies. 2009

(22),4601 -4641.
[22] Vayanos D,D Gromb. Equilibrium and welfare in markets with financially constrained arbitrageurs[J]. Journal of Financial Economics,2002(66):361 -407.
[23] Xu C. Trading Patience,Order Flows and Liquidity in an Index Futures Market[J]. Journal of Futures Market,2014(34):731 -756.

基于 SLP + SHA 的小型电子产品车间布局优化调整

汪文生　张　娟

中国矿业大学（北京）管理学院，北京　100083

摘　要　准确合理的设施规划有利于企业加强对产品制造周期的严格控制并最终做到客户订单的及时交付。在综合考虑物流效率、成本、可扩充性、柔性等诸多因素的基础上，以实际电子产品生产车间为研究对象，运用 SLP 和 SHA 相结合的设计分析与评估方法，结合车间实际约束条件确定了该生产车间最优的布置设计方案，这将在一定程度上缓解该厂存在的搬运路线迂回、交叉和物流路线过长等问题。

关键词　电子产品　SLP　SHA　工艺流程　物流效率

Optimization and Adjustment of the Layout of Workshop for Small Electronic Products Based on SLP and SHA

Wang Wensheng　Zhang Juan

School of Management, China University of Mining and Technology, Beijing　100083

Abstract　The accurate and reasonable facility planning helps enterprises to strengthen the strict control of the product manufacturing cycle and ultimately achieve the delivery of customer orders timely. On the basis of considering the logistics efficiency, cost, scalability, flexibility and many other factors, we took the electronic products manufacturing workshop of an actual factory as the research object. Applying the design analysis and evaluation methods of SLP and SHA, combined with the actual constraint conditions of the workshop, the optimal layout design of the production workshop was determined, To a certain extent, the new layout scheme will ease the issues, such as transportation route

---

资助项目：中央高校基本科研业务费专项资金（2009QG04）

作者简介：汪文生（1978—　），男，主要研究方向：能源市场、信息管理与信息系统、安全管理工程、营销管理与物流。Tel：13661090749；E－mail：wws@ cumtb. edu. cn

detour and cross, too long logistics line and others, which formerly exists in this factory.
Key words electronic products SLP SHA technological process logistics efficiency

0 引言

近年来，人们对电子产品的需求越来越多样化，一个企业若想获得生存机会就必须想方设法提高自身的竞争力。扩大生产规模、加快技术进步、缩短生产周期、有效降低成本是企业提高市场竞争力的必要途径[1]。作为一家产品主要出口海外（韩国、日本及少数欧美国家）的公司，A 工厂的主要经营范围为电子元件的生产及销售，如线路板组装与加工、SMT、机插、手插、PCB 关联等。D 品牌手机充电器生产车间位于 A 工厂二楼，主要用于生产手机充电器等电子产品，属于典型的产品导向型布局。该生产车间占地面积约为 690 m^2，其具体平面布局及物流路线如图 1 所示。

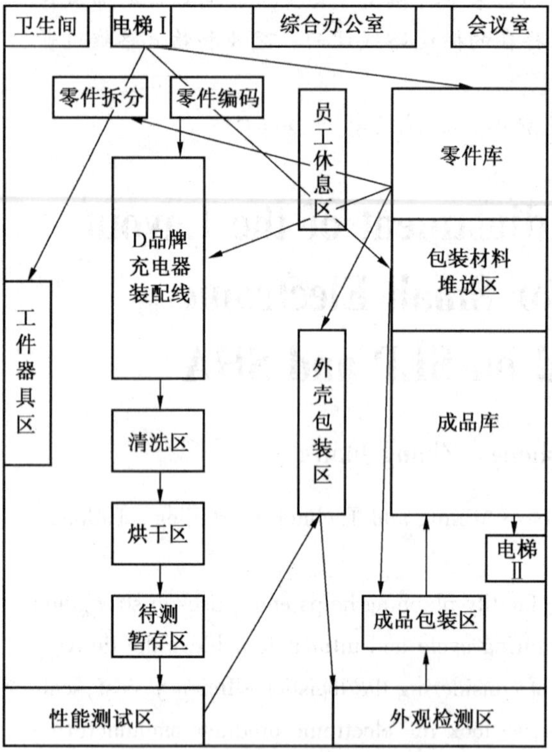

图 1 A 工厂生产车间布局及物流路线现状

资料表明，已运行的复杂制造系统约有 80% 没有完全达到设计要求，存在的问题中 60% 可以归结为初期规划不合理或失误，其中尤其需要解决生产能力不匹配和现场物流布局不合理等问题[2]。对 A 工厂来说，由于建厂之初没有对设施布置进行系统分析，导致设施布置不合理，使之成为影响车间生产效率的最大问题。在生产车间存在搬运路线迂回、交叉以及物流路线过长等问题，显然，这些问题将会增加该厂不必要的物流成本，使其在同行业竞争中处于劣势地位，要想在激烈竞争中求生存，A 工厂很有必要从自身寻找问题并积极投身于厂区车间的自我改善中。相关统计资料显示，在制造业中，总经营费用的 20% ~ 50% 是物料搬运费用，而合理的工厂平面布置可使这一费用至少减少 10% ~ 30%[3,4]，同时，许多工伤事故来源于物料搬运[5]。因此，设施布置形式已经成为制约企业经济增长的关键因素[6,7]，采用合理的设施规划方法[8,9]成为提高 A 工厂生产效率、降低生产成本、保障生产安全的有效手段。

1 SLP 与 SHA 结合的车间设施布局优化

SLP 注重空间的合理规划即强调位置合理，SHA 注重搬运方法和手段的合理化即强调为不同物料选择合适的搬运设备与方法，SLP 是 SHA 的前提，SHA 是对 SLP 结果的完善补充，二者相互结合可以达到定性化与定量化共同作用的目的。本文结合实际，将 SLP 与 SHA 方法相结合引入 A 工厂生产车间的设施布局优化与调整中。

A 工厂生产车间主要用于生产各种品牌及型号的手机充电器，其工艺流程如下：

（1）从零件库取出所需数量的印制电路板（PCB），然后对其进行拆分、编码，以明确投入的零部件数量，便于日结工作的进行。

（2）针对已取出的印制电路板，从零件库取出相应数量的二极管、电容、电阻及变压器等零部件，在 D 品牌手机充电器生产装配上进行插件、波峰焊加热焊接、切料、点胶、修补等生产工序，使印制电路板与各种零部件较好接合，形成半成品。

（3）对已下线半成品进行清洗，去除加工过程中产生的残渣。

（4）操作工人通过小型低温风机对已清洗的半成品进行快速烘干，以便进行后面的工序。

（5）对烘干后的半成品进行性能测试，以检验其导电、散热等性能是否达标。

（6）若性能测试已达标则可进行手机充电器的外壳包装工作，得到成品，之后对其外观进行检测，检测内容有外壳易破碎程度、外壳形状、充电测试等。

（7）在上述测试中均合格的成品可进入成品包装区进行最终包装，并以箱为单位送入成品库，等待运出。

依据 A 工厂生产产品的加工工艺流程及实际的空间约束条件，可确定该厂的制造设施作业单位及其空间需求，作业单位划分见表 1。

表1　作业单位划分表

序号	作业单位名称	面积/m^2	备　注
1	电梯Ⅰ	4	运送零件及包装材料
2	电梯Ⅱ	4	合格成品运出专用
3	零件库	30	外购件仓库
4	包装材料堆放区	24	外观包装材料仓库
5	零件拆分区	8	将部分外购零件拆分为可用单位个体
6	零件编码区	8	对拆分后的零件进行编码
7	D 品牌充电器装配线	30	装配 D 品牌充电器
8	工件器具区	5	为装配线、清洗组、烘干组等提供所需器具
9	清洗区	12	清洗已下线半成品
10	烘干区	12	烘干已清洗半成品
11	待测暂存区	12	暂时存放已烘干半成品，等待进行性能测试
12	性能测试区	32	测试已烘干半成品的导电、散热等性能
13	外壳包装区	16	包装性能测试合格的半成品为成品
14	外观检测区	56	测试成品外部形状、易破碎程度等是否达标
15	成品包装区	12	包装合格成品成箱
16	成品库	36	合格成品存放仓库

1.1 作业单位相互关系分析

依据现有资料可得各作业单位间的物流强度与非物流强度相关数据，进而可以进行作业单位间的相互关系分析。由 D 品牌手机充电器的加工工艺可以看出，物流关系占主导地位，因此，物流与非物流关系的加权值取 2。已知该车间的作业单位对数 $P=N\times(N-1)/2$，其中，$N=16$，则 $P=16\times(16-1)/2=120$ 对，当然，其中很大一部分作业单位对之间的关系为 U（“不重要”）。对综合相互关系进行等级划分后，可得到作业单位综合相互关系（图 2）。

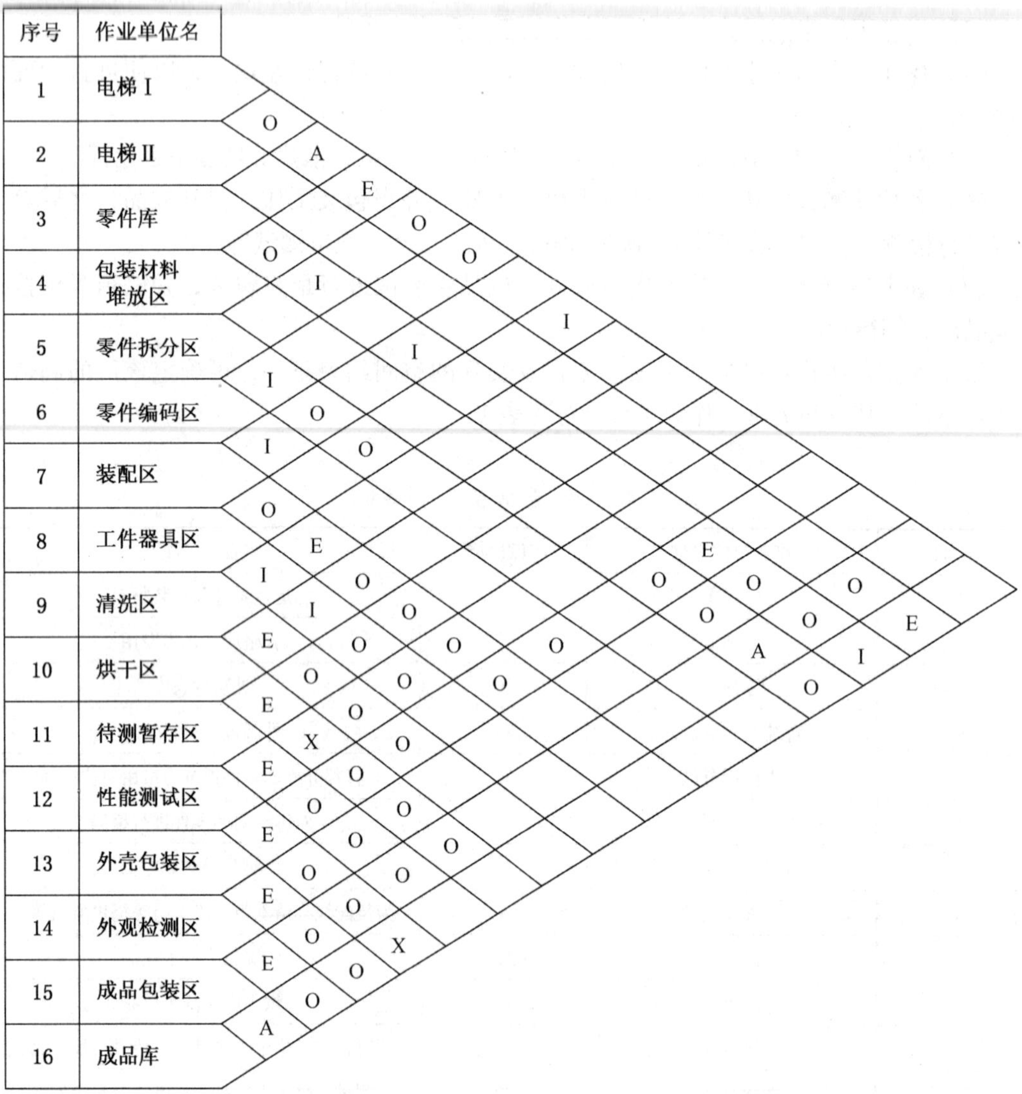

图 2　作业单位综合相互关系图

1.2 设施布置方案拟定

基于前面做出的作业单位综合相互关系图，算出各作业单位对的综合接近程度并进行等级排序，作业单位对综合接近程度及等级排序见表2。

表2　作业单位对综合接近程度排序表

作业单位代号	1	2	3	4	5	6	7	8	9	10	11	12	13	14	15	16
综合接近程度	12	5	16	11	7	6	13	9	11	11	12	9	17	12	17	11
排序	5	16	3	8	14	15	4	12	10	9	7	13	1	6	2	11

考虑物流、人流、设备特征、物流线路的交叉和回流等相关因素的影响和限制，得到两套可选的布置方案，改善后A工厂生产车间布局方案分别如图3、图4所示。

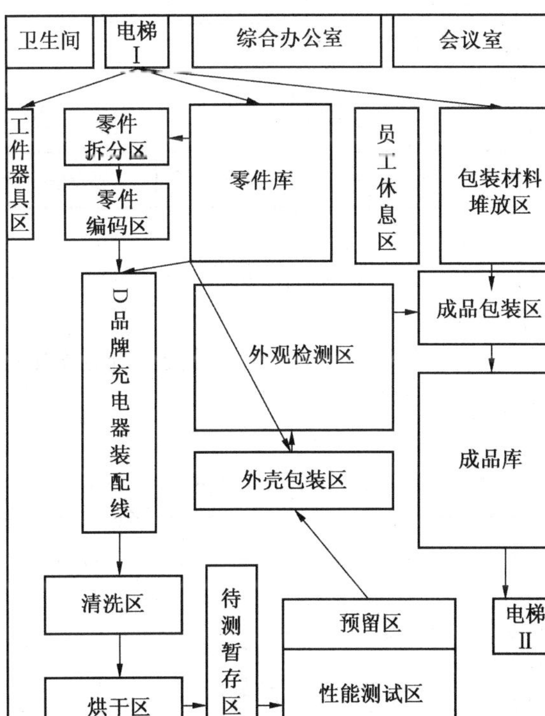

图3　改善后A工厂生产车间布局（方案一）

1.3　生产装配车间设施布置方案评价与选择

该车间仅生产手机充电器，工艺流程较单一，用手动叉车在工厂内搬运设备且物料在生产车间的流动过程是均匀、连续的。因此车间内各条物料搬运路线上的搬运费用与系统量距积成正比，即不同物料搬运路线上的搬运成本差异可以忽略。故在此以SHA原理为依据，从备选方案中选出系统量距积最小的一个，以达到改善物料搬运状况、降低物料搬运费用的目的。

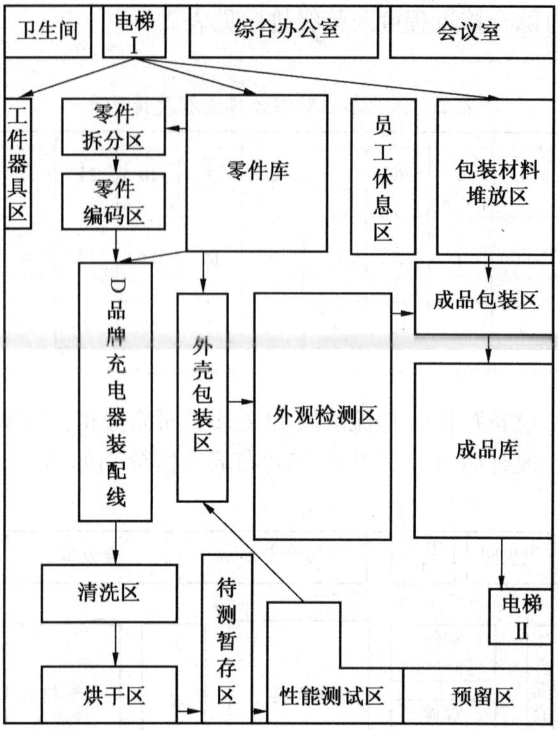

图4　改善后A工厂生产车间布局（方案二）

经实地调研与分析测算，原始车间布局与改善后两备选方案中的各作业单位间的物料搬运路线长度具体信息见表3。

表3　各作业单位间的物料搬运路线长度

m

作业单位代号	1	2	3	4	5	6	7	8	9	10	11	12	13	14	15	16
1			12.8 3.5 3.5	13.6 12.8 12.8				9.5 4 4								
2																0.8
3					11.5 1.5 1.5		8 2 2						6.5 7.5 1.5			
4															8.8 0.8 0.8	

表3（续） m

作业单位代号	1	2	3	4	5	6	7	8	9	10	11	12	13	14	15	16
5						0. 8										
6							2									
7								2. 4	1. 5							
8									2. 1	2. 6						
9										1. 2						
10											1. 2					
11												1. 2				
12													9 3. 8 4. 5			
13														7. 2 1. 5 1. 5		
14															1	
15																3 1 1
16																

注：表格中自上而下3个数字分别表示原始方案、方案一、方案二的作业单位之间距离；单个数字表示作业单位间的物料搬运路线长度未发生变化。

系统量距积和 $S = \sum\sum f_{ij}d_{ij}$，其中，$f_{ij}$表示物料搬运发送作业单位（从）至物料搬运接受单位（至）的物流强度，d_{ij}表示物料搬运路线长度（两单位区间距离）[10]。根据先前得到的各作业单位间的物流强度和表3中的各物料搬运路线的长度，经计算可得出各个方案的系统量距积和（表4）。

表4 系统量距积和计算结果

	原始方案	方案一	方案二
S	3780	1744	1645

计算结果表明，方案一、方案二的量距积和都明显小于原始方案，即两个备选方案的物料搬运费用均较原始方案有了明显降低。同时，方案二又优于方案一，其量距积是原始方案的43. 52%，比方案一减少了5. 68%，可使车间内的物料搬运费用大大降低，物流效率得到提高。因此，基于SHA基本原则，选择方案二为优化后的方案。

另外，针对得到的两套改善后A工厂生产车间布局方案，还需要从以下两个方面进行分析评价：

（1）在物流效率方面，方案一将工件器具区、零件库与包装材料堆放区放在接近电梯Ⅰ的位置上；将零件拆分区安排在零件库的旁边；将成品包装区安排在包装材料堆放区旁边。以上布置设计相比原始方案避免了车间内各作业单位之间物料运输、人员流动的物流路线交叉情况。方案二在方案一的基础上，将外壳包装区安排在零件库附近，从而避免了物料的跨区域流动，更加有助于提高物流效率。

（2）在工作环境及员工满意程度方面，与原始方案相比，方案一中的性能测试区与成品库靠得太近，而性能测试区存在较大的安全隐患，应扩大其与成品库之间的间距。但是方案一中各作业单位间的物流通道更为通畅，方便物料的搬运与人员的流动。而在方案二中，由于性能测试区的布局形状相比于方案一有了较大变动，使得该区与成品库间的距离有所减少，在一定程度上提高了生产的安全度，当然，此方案中的物料及人员流动通道有了些许阻塞，但是对整个车间物流活动的正常进行并无太大影响。

综上，可以明显地看出，方案二是最佳方案。因此，在实际的厂房重建或改建过程中，首选方案二。

2 结语

本文基于车间实际生产情况，灵活运用 SLP 与 SHA 方法，以 A 工厂电子产品生产车间为研究对象，对车间内的制造设施进行了详尽的设施布置设计与规划，最终给出了该厂生产车间的总体布局方案，缩短了生产作业的物流距离，降低了物流成本，提高了物流效率，并将在一定程度上实现了该厂新厂区布置设计的优化。同时，在整个规划设计过程中，充分考虑了方案布置的灵活性和柔性的要求，降低了布置设计方案后期优化调整的成本与实施难度。

参 考 文 献

[1] 张毕西，周艳，刘鑫．离散生产系统车间设施布置优化[J]. 工业工程，2004，7（02）：8 -11.

[2] 冯定忠，吴能，范佳静，等．基于 SLP 和 SHA 的车间设施布局与仿真分析[J]. 工业工程与管理，2012，17（02）：21 -25.

[3] 杨建华，彭丽静，杨永清．基于 SLP 和 SHA 结合的企业物流系统平面再布置设计[J]. 中国市场，2009（19）：8 -13.

[4] 董千里，董展，关高峰．低碳物流运作的理论与策略研究[J]. 科技进步与对策，2010，27（22）：100 -102.

[5] 刘旺盛．系统布置设计——SLP 法的改进研究[J]. 物流技术，2006（10）：82 -85.

[6] 周康渠，张瑞娟，刘纪岸，等．SLP 在摩托车企业厂房布局设计研究中的应用[J]. 工业工程，2011，14（3）：101 -105.

[7] 钱威，钟佩思，刘梅，等．基于 SLP 的某纺织机械企业设施布置分析与优化[J]. 物流科技，2011（6）：11 -14.

[8] Tompkins J A, White J A, Bozer Y A, et al. Facilities Planning [M]. New Jersey: John Wiley

& Sons,1996.
[9] 郑松涛，汤文成，陈昀.SLP 法在风电塔筒厂区总平面布置中的应用[J].工业工程与管理，2010，15（01）：116－120.
[10] 方庆琯，王转.现代物流设施与规划[M].北京：机械工业出版社，2009.

基于系统动力学的京津冀地区科技投入水平与碳减排对策研究

杨 洋 张倩倩

中国矿业大学（北京）管理学院，北京 100083

摘 要 增加科技投入是降低碳排放量的有效途径。在分析京津冀地区科技投入状况的基础上，构建了京津冀地区的低碳经济系统动力学模型。以2017年北京、天津、河北碳排放量比2012年分别减少2516万t、1936万t、7743万t为绝对量碳减排目标，得到了若京、津、冀2017年单位GDP科技投入保持2012年水平不变，则不能完成碳减排绝对量目标的结论。最后，通过改变单位GDP科技投入进行系统仿真，得到了当2017年北京、天津、河北单位GDP科技投入分别达到6.64%、3.55%、1.18%时，可完成各自的碳减排绝对量约束目标。

关键词 京津冀地区 科技投入 低碳经济

Correlation Analysis with Beijing – Tianjin – Hebei Region Low Carbon Economy Development and Investment in Science and Technology

Yang Yang Zhang Qianqian

School of Management, China University of Mining and Technology, Beijing 100083

Abstract We analyzed the investment in science and technology situation in Beijing – Tianjin – Hebei region and built the System Dynamics model on low carbon economy and used the carbon reduction goal that carbon emissions in Beijing, Tianjin and Hebei in 2017 respectively decreased by 25.16, 19.36 and 77.43 million tons than 2012 in simulation. We got the result that the three areas can't reach the goal if the research investment of per unit GDP remained unchanged with 2012. At last, we simulated by changing research investment proportions. When science and technology investment of per unit GDP respectively reach 6.64%, 3.55%, 1.18%, Beijing, Tianjin and Hebei can a-

---

资助项目： 北京市社科基金青年项目：（15JGC185）；中央高校基本业务专项资金（2014QG01）

作者简介： 杨洋。Tel：18611624907

chieve their carbon reduction goal of absolute amount.
Key words Beijing – Tianjin – Hebei region investment in science and technology low carbon economy

0 引言

继国家对单位 GDP 碳排放量提出要求后，《中国低碳发展报告（2014）》提出了 2017 年京津冀地区碳排放量比 2012 年减少 1.22 亿 t 的绝对量减排目标，其中，北京、天津、河北分别需减排 2516 万 t、1936 万 t、7743 万 t。作为国家重要发展战略的京津冀地区，在降低单位 GDP 碳排放量的基础上，实现更高目标的绝对量碳减排任务更加义不容辞。因此，研究京津冀地区如何实现碳排放绝对量的下降具有很强的现实意义。

优化产业结构和能耗结构、增加科技投入是降低碳排放量的有效途径。但从当前京津冀地区发展现状来看，河北处于工业化中期的后半段，天津处于工业化后期的后半阶段[1]，工业仍是经济发展的主导产业。受资源禀赋条件限制，天津尤其是河北以煤为主的能耗结构在一定时期内得不到改变。故从产业结构和能耗结构入手大幅降低天津和河北的碳排放量难度较大；北京已处于后工业化阶段，2013 年第三产业所占比例达到 76.85%，2012 年生产中煤耗比例占 18.13%，产业结构和能耗结构的优化空间较小，从二者入手降低北京市碳排放量难度很大。而科技投入相对而言是较易受人为调控的因素，科技投入的增加、科技水平的提高能够降低单位能耗量，从而降低能源消费增幅，促使碳排放总量下降。且当前京津冀地区中，天津尤其是河北省单位 GDP 科技投入较少，具有较大的优化空间。故增加单位 GDP 科技投入作为京津冀地区低碳发展路径是可行的。分析京津冀低碳经济发展与单位 GDP 科技投入的关联性具有很强的现实意义。

关于京津冀碳排放现状及低碳发展对策，从增加单位 GDP 科技投入的研究角度，已有学者进行了研究。贾林娟[2]、刘妹琴等[3]认为技术水平是低碳经济发展的重要影响因素，提出了技术进步可以提高能源利用效率从而实现节能减排；谢华生等[4]认为要将低碳技术作为低碳经济发展的核心驱动力，选取成熟技术进行示范推广，为低碳发展提供技术支撑；迟春洁和马铁驹[5]认为未来温室气体的排放取决于技术发展路径的选择，技术学习是最优技术发展路径的关键因素；刘建翠[6]通过测算，得到了技术进步是 1996 年来推动我国碳排放强度下降的主要因素，认为技术进步是降低碳排放强度的有效途径；王曾[7]认为技术进步和技术转移对碳减排具有显著的促进作用。

在低碳经济发展路径的研究方法上，赵涛、刘朝[8]运用解释结构模型（ISM）理顺了天津碳排放的各影响因素之间的结构关系，探讨了天津市发展低碳经济的路径；李雨潼[9]在对黑龙江省的 3E 协调性进行综合评价分析的基础上，提出了相应的低碳经济发展对策；刘健等[10]运用 STRIPAT 模型定量分析了人口规模、城市化水平、富裕度、产业结构和能源强度对碳排放的影响并提供了相应的低碳发展路径；刘伟等[11]、张建慧等[12]、张圆等[13]运用系统动力学的方法分别构建了城市、城市交通、能源系统的系统动力学模型，提出了相应的低碳路径；赵选民、卞腾锐[14]以及杨红娟等[15]基于 LMDI 因素分解模型，分别分析了云南省和陕西省碳排放的影响因素，并提出了相应路径。

由上述文献综述可知，关于京津冀地区低碳经济发展路径的已有研究大多从理论角度阐述了低碳发展的对策，未能进行定量分析。在科技投入与碳排放的关系方面，已有研究大多分析了科技发展对碳排放的影响，但未具体指出如何发展科技才能实现碳减排目标；虽然有不同的低碳发展路径研究方法，但系统动力学方法能实现定量与定性分析的统一。通过建立方程，可以定量分析一个变量的变化对另一个变量的影响，通过改变系统变量进行模型仿真，可以为低碳经济的发展提供具体路径。本文以京津冀地区为研究对象，以2017年北京、天津、河北碳排放量比2012年分别减少2516万t、1936万t、7743万t为减排目标，利用系统动力学方法构建低碳经济发展模型，分析如何增加科技投入实现京津冀地区的绝对量减排目标。所用数据均来自各年份的北京市、天津市和河北省统计年鉴，用“研究与试验发展（R&D）经费支出”代表“科技投入”，为提高系统拟合程度，本文所用数据为H－P滤波后的数据。

1 京津冀地区科技投入状况分析

科技水平是低碳经济发展的重要影响因素[12-17]，科技水平的提高有利于提高能源利用效率、降低单位产品能耗，实现碳减排目标。在单位GDP科技投入方面，北京、天津、河北差异巨大，2005—2013年京津冀地区单位GDP科技投入情况见表1，“十一五”期间，京津冀地区与我国以及世界发达国家单位GDP科技投入比较见表2。

表1 2005—2013年京津冀地区单位GDP科技投入情况 %

时间	北京	天津	河北	京津冀地区
2005年	5.31	1.96	0.59	2.46
2006年	5.39	2.09	0.63	2.52
2007年	5.47	2.22	0.67	2.58
2008年	5.55	2.34	0.71	2.63
2009年	5.63	2.46	0.75	2.69
2010年	5.72	2.57	0.80	2.75
2011年	5.80	2.69	0.84	2.81
2012年	5.89	2.80	0.88	2.86
2013年	6.02	2.91	0.95	2.97

数据来源：各年份《北京市统计年鉴》《天津市统计年鉴》《河北经济年鉴》。

表2 京津冀地区与我国以及世界发达国家单位GDP科技投入比较 %

时间	京津冀地区	中国	美国	日本	瑞典	芬兰	韩国
2006年	2.52	1.39	2.64	3.41	3.68	3.48	3.01
2007年	2.58	1.40	2.70	3.46	3.40	3.47	3.21
2008年	2.63	1.47	2.84	3.47	3.70	3.70	3.36
2009年	2.69	1.70	2.90	3.36	3.60	3.93	3.56

表2（续）　　　　%

时间	京津冀地区	中国	美国	日本	瑞典	芬兰	韩国
2010年	2.75	1.76	2.83	3.26	3.40	3.88	3.74
“十一五”年均增速	2.19	6.11	1.79	-1.13	-1.99	2.78	5.58

数据来源：各年份《北京市统计年鉴》《天津市统计年鉴》《河北经济年鉴》《中国科技统计年鉴》。

从表1可以看出，北京、天津、河北单位GDP科技投入总体呈逐年小幅上升状态，但差异较大。由于北京具有较多的高校、科研院所，加之高技术企业聚集，使得北京市单位GDP科技投入最大，2013年达到6.02%；自天津滨海新区被纳入国家发展战略以来，天津市的经济和科技水平取得了快速发展，航空航天、电子信息等高新技术产业发展迅猛，2013年单位GDP科技投入达2.91%，“十一五”期间科技投入比例年均增长速度达5.29%；河北省经济发展以传统农业和工业为主，高新技术产业发展较为滞后，2013年单位GDP科技投入仅达0.95%。但随着京津冀一体化的不断增强，北京和天津对河北科技的发展起到了一定的带动作用，加之当地政府对科技发展的重视程度不断增强，使得河北省“十一五”期间单位GDP科技投入年均增速为京津冀地区最快，达5.84%；在北京的带动下，京津冀地区整体的科技投入水平略高于天津，2013年达2.97%。

从总量上看，京津冀地区科技投入比例远高于我国平均水平，但与世界其他发达国家（日本、瑞典、芬兰、韩国）相比，科技投入比例的差距很大。京津冀地区作为我国未来重要发展战略和核心地区，科技投入比例小于发达国家的平均水平，反映了京津冀地区的科技投入与发达国家相比差距甚远；从年均增长速度来看，“十一五”期间，京津冀地区的单位GDP科技投入年均增速低于芬兰，远低于韩国。由此可知，京津冀地区的科技投入比例不高、增长速度较慢，与发达国家相比，京津冀地区的科技发展水平滞后，这也是制约低碳经济发展的一大因素。

2　京津冀低碳经济发展系统动力学模型的构建

2.1　系统边界的确定

本文将京津冀地区低碳经济发展系统作为研究对象，构建系统动力学模型。由于经济发展及产业结构、人口、科技发展水平、能源消费结构、林业碳汇是碳排放的重要影响因素，故本文将京津冀低碳经济发展系统分为人口子系统、经济子系统、能源子系统、环境子系统和碳排放子系统。

各子系统的主要变量如下：

（1）人口子系统：人口数量、人口变化量、居民低碳意识。

（2）经济子系统：GDP、社会固定资产投资、GDP增量、三次产业固定资产投资比例、三次产业固定资产投资额、三次产业产值、单位GDP科技投入。

（3）能源子系统：生产能耗总量、生活能耗总量、三次产业能耗量、三次产业单位GDP能耗、煤、石油、天然气、电力及新能源的生活消费结构和生产消费结构。

（4）环境子系统：林业面积、林业面积变化量、固碳量、碳汇能力。

（5）碳排放子系统：煤、石油、天然气的碳排放系数，政策约束碳排放量以及碳减排量。

2.2 因果回路图

本文根据人口子系统、经济子系统、能源子系统、环境子系统和碳排放子系统之间的关系，建立京津冀地区低碳经济发展系统的系统动力学模型。京津冀地区低碳经济发展系统因果回路图如图1所示。

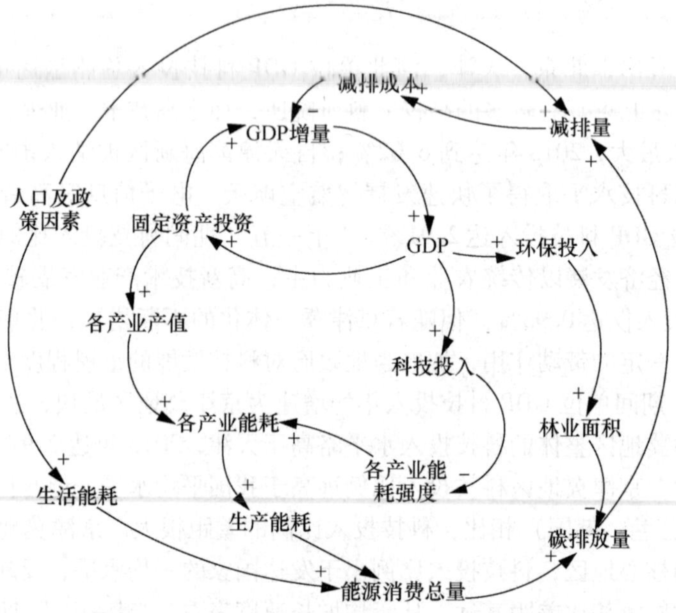

图1 京津冀地区低碳经济发展系统因果回路图

2.3 存量流量图

在因果关系图的基础上进一步区分变量性质，绘制出存量流量图（图2）。模型以2005年为初始年份，以2005—2012年数据对模型进行调试①，对2013—2017年进行预测。

3 碳排放绝对量约束下科技投入对低碳经济发展的影响分析

本文以2017年北京、天津、河北碳排放量比2012年分别减少2516万t、1936万t、7743万t为京、津、冀的碳减排绝对量约束目标。模型仿真中假定所有情景下京、津、冀2013—2017年的产业结构、能耗结构均保持2012年水平不变，只将单位GDP科技投入作为可调整的因素。经过系统仿真模拟可知，当2013—2017年北京、天津、河北单位GDP科技投入比例与2012年比例一致时，京、津、冀2017年碳减排量均不为零，表明按照当前的科技投入情况，三地均不能完成2017年的绝对量碳减排目标。故本节通过调整单位GDP科技投入比例设置不同情景，分析在不同情景下京、津、冀2017年的减排目标能否实现。

---

① 由于《北京统计年鉴2014》中缺少对2013年能源消费结构的数据统计，故最新数据只能到2012年。

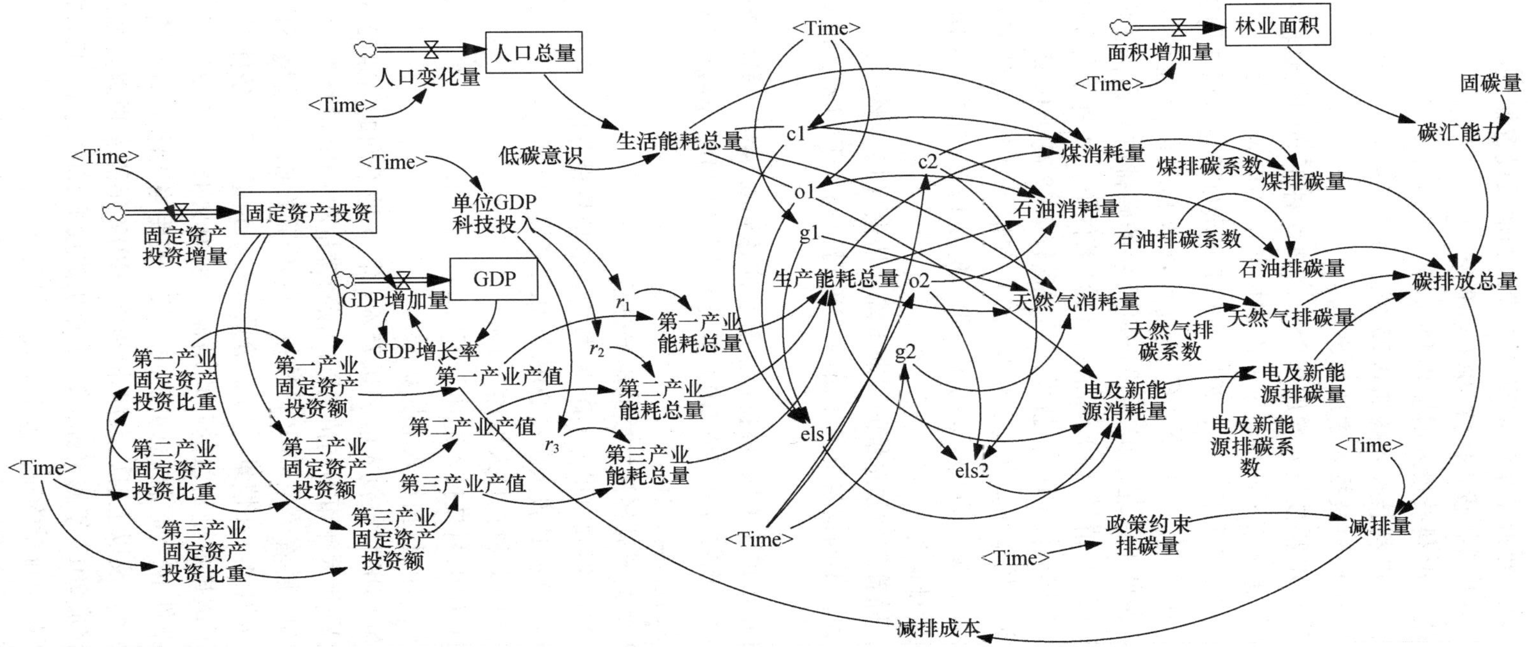

图 2　京津冀地区低碳经济发展系统存量流量图

3.1 北京市科技投入对其低碳经济发展的影响分析

将北京市2013—2017年调整单位GDP科技投入的情景设置如下：

（1）目前：单位GDP科技投入保持2012年不变。

（2）方案1：单位GDP科技投入增加0.1%。

（3）方案2：单位GDP科技投入增加0.25%。

（4）方案3：单位GDP科技投入增加0.5%。

（5）方案4：单位GDP科技投入增加0.75%。将5种不同的情景输入系统动力学模型，得到2013—2017年北京市不同情景下的碳减排量和GDP增长率。

由系统模拟结果得知，5种情景下，2013—2017年碳排放总量增速均逐年减小，但下降幅度有显著差异。在情景（1）下，各年份碳排放总量的增速最大，年均增速达7.42%；在情景（2）条件下，北京市2013—2017年的碳排放总量仍正向增长，年均增速达3.80%；在情景（3）、情景（4）和情景（5）条件下，北京市各年碳排放呈负向增长，表明当北京市2017年单位GDP科技投入的增量较2012高于0.25%时，2013年以后各年的碳排放的绝对量开始呈下降状态，情景（3）和情景（4）条件下北京市并不能完成减排目标，2017年仍需减排2003.32万t、635.28万t。仅当单位GDP科技投入增加0.75%时，2017年碳减排量为零。

5种不同情景下，随着碳排放总量的逐渐下降，情景（1）~情景(5）的GDP增长率逐步增加，但增幅不大，不同情景下各年份的GDP增速均大于11%，说明经济以较快速度平稳发展。

综上，2017年北京市单位GDP科技投入至少应达到6.64%，即当2017年科技投入达到约1583.35亿元时，北京市可完成2017年碳排放量比2012年减少2516万t的目标，实现碳减排和经济发展的双重目标。

3.2 天津市科技投入对其低碳经济发展的影响分析

将天津市2013—2017年调整单位GDP科技投入的情景设置如下：

（1）目前：单位GDP科技投入保持2012年水平不变。

（2）方案1：单位GDP科技投入增加0.1%。

（3）方案2：单位GDP科技投入增加0.25%。

（4）方案3：单位GDP科技投入增加0.5%。

（5）方案4：单位GDP科技投入增加0.75%。将5种不同的情景输入系统动力学模型，可得到2013—2017年天津市不同情景下的碳减排量和GDP增长率。

通过系统仿真可知，随着单位GDP科技投入的不断增加，各情境下的碳排放总量增速逐步下降且降幅逐步加快。在情景（1）、情景（2）、情景（3）条件下，碳排放总量呈正向增加，3种情景下碳排放绝对量的年均增速分别为9.45%、7.23%和3.42%；在情景（4）、情景（5）条件下，碳排放总量负向增长，表明当天津市2017年单位GDP科技投入比2012年增加0.5%及以上时，天津市2013—2017年能实现碳排放绝对量的下降，但情景（4）仍不能完成2017年的目标，2017年仍需减排1209万t。只有在情景（5）条件下，天津市2017年碳减排量为零，可以实现减排目标。

随着单位GDP科技投入的逐渐增加、碳排放总量的逐步下降，情景（1）~情景(5）的GDP增长率逐步增加，但增幅不大。5种情景下，天津市2013—2017年GDP年均增速均达 16% 以上，反映实行碳减排对天津市经济发展影响不大，经济能够实现快速增长。

综上可知，2017 年天津市单位 GDP 科技投入应达到 3. 55% ，即当 2017 年科技投入达到 795. 89 亿元左右时，天津市能实现碳减排和经济发展的双重目标。

3. 3 河北省科技投入对其低碳经济发展的影响分析

将河北省 2013—2017 年调整单位 GDP 科技投入的情景设置如下：

（1）目前：单位 GDP 科技投入保持 2012 年水平不变。

（2）方案 1：单位 GDP 科技投入增加 0. 1% 。

（3）方案 2：单位 GDP 科技投入增加 0. 2% 。

（4）方案 3：单位 GDP 科技投入增加 0. 3% 。将 4 种不同的情景输入系统动力学模型，可得到 2013—2017 年河北省不同情景下的碳减排量和 GDP 增长率。

由系统仿真结果得知，科技投入的增加使河北省碳排放总量增长速度不断下降。其中，情景（1）和情景（2）条件下碳排放总量正向增长，情景（1）条件下碳排放总量增速最快，2013—2017 年年均增速达 8. 33% ；情景（3）、情景（4）碳排放总量负向增长，但情景（3）条件下，2017 年天津市仍需减排 3270. 68 万 t。只有在情景（4）条件下天津市可实现 2017 年的减排目标。

4 种不同情景下，河北省 2013—2017 年 GDP 年均增速均达 11% 以上，随着科技投入的增加，GDP 增速逐渐增长，但增幅不大。反映了不同的减排策略对河北省经济发展影响不大，经济能够实现快速增长。

综上，当 2017 年河北省单位 GDP 科技投入达到 1. 18% ，即 2017 年河北省科技投入达到 502. 29 亿元左右时，河北省可实现碳减排与经济发展的双重目标。

4 讨论

根据第四部分可知，2017 年北京、天津、河北的单位 GDP 科技投入分别至少达到 6. 64% 、3. 55% 和 1. 18% 时，可分别完成 2017 年碳排放量比 2012 年减少 2516 万 t、1936 万 t、7743 万 t 的绝对量碳减排目标。根据当前京、津、冀各自的单位 GDP 科技投入比例的增长速度，2010—2013 年三地的平均增速分别为 1. 72% 、4. 23% 和 5. 91% 。假设 2014—2017 年三地的科技投入比例按上述比例增加，则到 2017 年，北京、天津、河北的科技投入比例将分别达到 6. 44% 、3. 43% 和 1. 19% 。北京和天津 2017 年的科技投入比例不能达到碳减排目标的要求，河北省可以完成碳减排目标。

虽然按照当前的科技投入增长速度，北京和天津 2017 年的科技投入比例不能达到碳减排目标要求，但相对于调整产业结构比例和能源消费结构比例，增加科技投入这一路径更易操作和实现。《京津冀协同发展规划纲要》中将北京定位为全国的政治、文化、科技创新和国际交流中心，北京将进一步推进工业企业的区域转移，故未来几年北京市第二产业的比例将进一步下降，通过改变产业结构可以促进碳减排。而全国的先进制造研发基地和改革开放先行区是对天津的功能定位，航空航天、装备制造、石油化工等产业的迅猛发展带动天津经济的飞速发展，通过改变产业结构达到碳减排目标极难出现突破；能耗结构方面，虽然近年来国家大力度控煤，北京市煤耗比例有了大幅下降，但化石能源消费比例之和仍达 70% ，由于新能源的发展有限，使得在未来 3 ~ 4 年实现能源结构的极大调整困难重重。天津经济发展仍以工业为主，能源需求量大，受资源禀赋条件限制，未来 3 ~ 4

年煤炭仍是主要能源，故较难通过调整能耗结构实现减排目标。

然而，新的发展纲要中，将北京作为我国的科技创新中心，这是对北京城市功能定位的一次重大调整，表明了政府促进北京科技发展的决心，通过增加科技投入比例实现科技创新能力的提高是必经之径，受政策影响，北京市的科技投入比例会稳步提高；受京津冀协同一体化发展影响，天津在北京的带动下，进一步提高科技投入比例的增长速度也将成为必然。

综上，未来3~4年天津的产业结构以及北京和天津的能耗结构调整较难实现大的突破，短期内实现碳减排目标收效甚微。而京津冀地区科技水平的发展有国家政策支持，通过提高科技水平降低能耗比例来实现碳减排见效快且可行性强。

5 结论及相关政策建议

本文基于京津冀地区低碳经济的系统动力学模型，以2017年北京、天津、河北碳排放量比2012年分别减少2516万t、1936万t、7743万t为京、津、冀的碳减排绝对量约束目标，将单位GDP科技投入作为可调节因素，进行系统仿真模拟。得到了当2017年北京市单位GDP科技投入达到6.64%、天津市达到3.55%、河北省达到1.18%，即2017年北京、天津、河北的科技投入分别达到约1583.35亿元、795.89亿元、502.29亿元时，北京、天津、河北可分别完成各自的碳减排绝对量目标且京、津、冀在2017年GDP增长率均达9%以上，可实现经济增长与碳减排的双重目标。根据以上结论，提出如下建议：

（1）按照当前科技投入比例的增长速度，北京和天津2017年的单位GDP科技投入比例不能实现各自的碳减排目标。故政府要明确北京成为全国科技创新中心的决心，在促进经济发展的同时，稳步提高科技投入比例，为津、冀起到先导作用；天津要充分发挥地理位置优势，增加科技投入，引进北京及国内外先进科技成果，提高碳减排能力。

（2）河北按照当前的科技投入增速，2017年科技投入比例能达到1.19%，可以完成碳减排目标。因此，地方政府要充分认识到科技进步的重要性，保持科技投入比例的持续稳定增长，利用京津冀一体化发展机遇，吸收引进先进科技成果，促进当地科技水平的提高。

参考文献

[1] 黄群慧．中国的工业化进程：阶段、特征与前景［J］．经济与管理，2013，27（7）：5-11.

[2] 贾林娟．低碳经济发展影响因素及路径设计［J］．科技进步与对策，2014，31（3）：26-29.

[3] 刘姝琴，孙振清，张发树，等．天津市低碳发展路径选择研究［J］．科技进步与对策，2011，28（9）：47-49.

[4] 谢华生，杨勇，虞子婧，等．天津市低碳发展路径探讨［J］．中国人口·资源与环境，2010,20（5）：211-214.

[5] 迟春洁，马铁驹．低碳转型下的技术发展路径选择——基于技术学习、不确定性与碳税的分析［J］．科技进步与对策，2012，29（12）：1-4.

[6] 刘建翠．产业结构变动、技术进步与碳排放 [J]. 首都经济贸易大学学报，2013，(5)：14－20.
[7] 王曾．人力资本、技术进步与 CO_2 排放关系的实证研究——基于中国 1953－2008 年时间序列数据的分析 [J]. 科技进步与对策，2010，27 (22)：4－8.
[8] 赵涛，刘朝．天津市低碳经济发展路径研究与分析 [J]. 西安电子科技大报，2011，21 (2)：31－36.
[9] 李雨潼．基于 3E 协调度分析的黑龙江省低碳经济发展路径研究 [J]. 求是学刊，2013，40 (1)：73－79.
[10] 刘健，王润，孙艳伟，等．中国低碳试点省份发展路径研究 [J]. 中国人口·资源与环境，2012，22 (3)：56－62.
[11] 刘伟，陈超凡，桓汉青，等．基于系统动力学模型的低碳城市发展研究 [J]. 环境污染与防治，2014，36 (4)：86－91.
[12] 张建慧，雷星晖，李金良．基于系统动力学城市低碳交通发展模式研究——以郑州市为例 [J]. 软科学，2012，26 (4)：77－81.
[13] 张圆，檀翠玲，王兴．基于低碳视角的天津市能源结构系统动力学分析 [J]. 环境科学与管理，2011，36 (10)：158－163.
[14] 赵选民，卞腾锐．基于 LMDI 的能源消费碳排放因素分解—以陕西省为例 [J]. 经济问题，2015，(2)：35－39.
[15] 杨红娟，李明云，刘红琴．云南省生产部门碳排放影响因素分析—基于 LMDI 模型 [J]. 经济问题，2014，(2)：125－128.

经济新常态下软件园区创新发展的战略研究——以中关村软件园为例

安 娴 安景文

中国矿业大学（北京）管理学院，北京 100083

摘 要 21世纪以来，党中央国务院高瞻远瞩、审时度势，为加快我国软件产业做出了一系列重大战略部署，中国的软件产业进入快速发展通道，迎来高速发展的“黄金十年”。在经济新常态背景下，软件产业发展的战略地位继续提升，而我国70%以上的软件企业扎根在各地的软件园内，软件产业的发展更需要软件园蓬勃发展来支撑。本文运用战略思维方法，结合我国当前软件园区发展的具体形势，梳理总结中关村软件园的发展历程和面临的挑战，最后针对我国软件园的创新发展，从“互联网+”“双创”“走出去”等方面提出了几点战略举措，进一步推动和促进我国软件园结出丰硕成果。

关键词 经济新常态 软件园区 创新发展 战略思考

The Strategic Research on the Innovation and Development of Software Park under New Normal of Economic——take Zpark for example

An Xian An Jingwen

School of Management, China University of Mining and Technology, Beijing 100083

Abstract Since the 21st century, the Party Central Committee and the State Council leaders look far ahead from a high plane to speed up the software industry of our country by making a series of major strategic plans, thus China's software industry enter into the rapid development of the passage of the “golden decade”. Under the new normal of eco-

---

资助项目：中央高校基本科研业务费专项资金（2010YG08）

作者简介：安娴。Tel:13810764076; E-mail:462391666@qq.com

nomic, the strategic status of software industry development continues to improve. More than 70% of our country's software companies take root in the software park, so the development of the software industry needs the vigorous development of software park to support. This article uses the strategic thinking method and combines the specific situation of the development of China's software park, while summarizing the development process and facing challenges of Zpark, finally according the innovation and development of China's software park to further promotes the development of our country's software park from putting forward some strategic measures of several aspects, such as "Internet plus" "Chance & Change" "Going out" etc.

Key words new normal of economic software park innovation – driven development strategic thoughts

0 引言

放眼全球，两大主角必将影响科技与经济的未来，一是广泛的连接，二是普遍的创新。当前，我国经济发展进入增长阶段的转换期，在经济新常态背景下，无论是“互联网+”“中国制造2025”还是“大众创新，万众创业”，软件定义一切。习近平总书记在视察北京时提出首都新时期战略定位，强调以软件与信息服务业为代表的战略性新兴产业正是北京打造科技创新中心需要建设的重点产业之一。

中关村软件园作为全国软件园区的标杆企业，在战略新兴产业方面积极打造新一代信息技术产业发展高地，同时，在北京双轮驱动战略中大力发挥排头兵作用，拓展“一带一路”软件市场。本文在访谈和实地调研的基础上，分析中关村软件园区的发展历程和面临的挑战，梳理创新发展的战略举措，推动新常态下国内众多软件园区合纵连横，创造新辉煌。

1 经济新常态下软件园区发展现状

中国正迎来以“互联网+”为特征的第五次产业升级浪潮，为软件信息技术产业带来巨大的历史机遇。互联网的发展是历史发展的大势所趋，是社会进步的潮流所向，更是未来中国的机遇所在。互联网进入中国这二十多年来，中国网民数量已超过6亿人，网民规模达到世界第一；2015年全球互联网十强企业中，中国占据了四席；我国已逐渐从网络大国迈向网络强国，但在互联网与传统产业的融合过程中，我国未来仍有漫长的路要走。最近的数字显示，中国已经有85%的网民通过手机上网，但互联网经济在整个国民经济中只占7%，互联网经济的增长仍有很大潜力。

国家实施“大众创新、万众创业”战略，在“互联网+”的推动下，打造了创新驱动新引擎。传统的工业化模式已不能满足当今多变的市场需求，最突出的就是以创客为代表的创新者们用“互联网+”思维“制造”个性化创新，致力于把创意转化为现实，以孵化高价值、多元素的新创互联网企业。新创企业的诞生兴起了中关村创业大街、创业社区、创新工场等创新服务平台，这些平台不仅能够集聚资金、人才、科技等生产、知识和创新要素，打造优质的创业生态环境还能创新体制机制、拓展就业渠道，形成可借鉴的经验助力实体经济发展。与此同时，园区的新型孵化器纷纷创新商业模式，如“36 氪”用免费流量模式吸引优秀创业团队入驻氪空间，股权收益和相关佣金是其主要收入来源；“3W 咖啡”不靠卖咖啡，而是通过人才服务实现收益、资本突破，依托“3W 咖啡创业生态体系”强化竞争优势。

在“互联网 +”的大背景下，软件园区不断升级演化，创新、生态、产业促进成为主要特征。从构建自然物理环境向营造创新氛围升级演化；从服务企业到培育产业升级演化；从空间聚集到产业聚变升级演化。国外先进产业园区的盈利模式均已逐步从“房地产开发”向“开发 + 服务 + 金融”转变。新加坡腾飞集团的主要收入来源是持有物业的租金、投资项目退出、服务费收入；荷兰 ING 房地产的业务模式以“持有经营”“金融”为主，买入收租物业长期持有是其主要的业务方式，而房地产开发业务只占 2% 左右。

2 中关村软件园的创新发展历程

2000 年 6 月，国务院印发了《鼓励软件产业和集成电路产业发展的若干政策》文件，强调“通过制定鼓励政策，加快软件产业和集成电路产业发展，是一项紧迫而长期的任务，意义十分重大”。经北京市政府批准，中关村软件园于 2000 年正式立项并开始规划。中关村软件园的成立承载着科技兴国、创新驱动发展的重要战略任务。

中关村软件园创新发展历程如图 1 所示，成立十五年来，全球经济和我国社会环境急剧变化，中关村软件园在 3 个“五年规划”中积极探索创新发展模式。至“十二五”末，中关村软件园总面积 2.6 km^2，入园企业 403 家，园区从业人数 5.42 万人，园区企业总收入 1603 亿元，中关村软件园逐步形成了不同于其他园区和企业、有独特创新的业务模式及运行机制的园区，在全国大大小小 200 多个软件园区中始终保持前列地位。

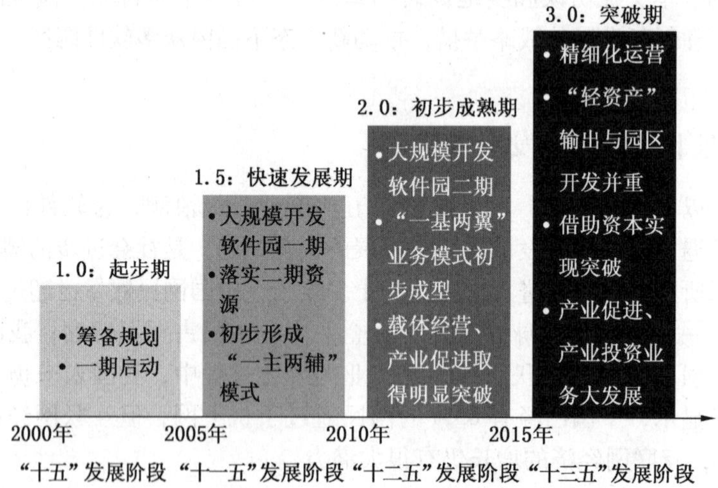

图 1 中关村软件园创新发展历程

3 园区创新发展面临的挑战

伴随我国“产业园集群”风潮的兴起，经济新常态下，我国高新技术产业园区的发展环境发生了深刻变化，软件园区的可持续发展同样面临了诸多挑战。

3.1　业务模式亟须升级

软件园区急速扩张阶段已告一段落，原有的以土地一级开发为主营业务的模式在“十三五”期间较难复制。从国外先进园区经验看来，产业服务和产业投资才是科技园区的重要收入来源，中关村软件园若单纯依靠园区开发建设，不积极调整思路，升级业务模式，仅仅追求园区开发建设，将会陷入“有地发展，无地停滞”的瓶颈，无法保证园区的可持续发展。

3.2　资本运作有待突破

软件园目前主要靠园区的开发和运营生存，注重实业，在资本运营方面鲜有作为；多渠道的融资尚未打通，主要靠自有资金和银行贷款，与资本市场对接不足。然而，企业的发展必须要产业和资本并重，形成产业和资本的相生互动，才能使企业有更开阔更持续的发展空间。国内各软件园区普遍存在上述问题，产业投资发展刚刚起步，尚未形成持续的收益能力。

3.3　增值服务仍需完善

在国外科技园区及国内优秀软件园区的特色服务中，最突出的就是园区内的增值配套服务，然而，大多数软件园区在开发建设结束后忽略运营服务质量的提升，导致外围服务业的建设与完善相对滞后。通过访谈和实地调研，中关村软件园的运营服务在人才服务、配套设施、交通物流、金融保险等方面还有提升空间，园区需要完善相关增值配套服务来增加软件园公司与入园企业之间的黏性。

4　实现软件园区可持续创新发展的战略举措

中关村软件园是我国软件园发展的缩影，围绕经济新常态，本文提出推动我国软件园区未来发展的建议。

4.1　“互联网＋”打造创新驱动新引擎

2015年3月5日在第十二届全国人大三次会议上，国务院总理李克强在政府工作报告中首次提出要实施“互联网＋”行动计划。

所谓“互联网＋”就是互联网与各行各业的共生，发挥“1＋1＞2”的协同作用。具体来说，“互联网＋”可以理解为通过运用信息通信技术和网络平台，将互联网与各传统行业相融合，形成一种新的经济发展形态和生产力。这不仅能够在资源配置中充分发挥互联网的联动、优化和协同作用优势，将“互联网＋各行业”的创新科技成果与民众息息相关的各领域深度融合，还能为以互联网为基础平台和实现工具的创新驱动新引擎奠定更长远的基础。

为落实“互联网＋”行动计划，软件园区可以实施三大发展策略。首先，大力发展工业软件。行动指导意见中指出，要大力发展智能制造，以智能工厂为发展点，推进智能制造示范试点，将云计算、物联网、智能工业机器人、增材制造技术应用于生产过程中，推进生产装备智能化升级、工艺流程优化改造和基础数据万众共享。对此，软件园需要明确相关的政策与措施支持，积极延揽这类专注于工业软件的企业入园。其次，在万物互联的移动时代，中国企业未来需要的是更为灵活的应用软件。软件定制化、软件硬件化、企业软件互联网化，软件的未来早已突破了传统界限。软件园的企业也不再局限于传统的软件企业。目前，中关村软件园正在聚集一批人工智能领域的技术研发企业，为形成未来的产业高地开始布下棋子。最后，我国开源软件的发展仍处于劣势地位，软件园区可以鼓励企业依托互联网开源模式构建新型商业生态，为企业穿针引线，在互联网创新活跃期积极与标准和知识产权等部门合作，争取在这一领域实现突破，打造经济发展新引擎。

4.2 “双创”构建产业集群生态链

创新驱动经济是全球性的图景。2014 年以来，国务院总理李克强在多次会议和不同场合调研时均强调“大众创业，万众创新”，提出要以大众创业培育经济新动力，用万众创新撑起发展新未来，打造经济新的发动机。2015 年 1 月 28 日召开的国务院常务会议，“构建面向人人的‘众创空间’等创业服务平台”的表述更让人眼前一亮。

产业集群是双创的因子，创新创业是软件园的名片，无数追逐梦想的有志之士踏上这片热土，开始伟大的筑梦之路。对创业者而言，最需要利用的就是创业的荫泽——产业集群。“君子性非异也，善假于物也”，智慧的创业者往往都会充分消化吸收“产业集群生态链”中的各类养分于自己的创业过程中。软件园作为高科技专业园区发展商，要针对“双创”的特点和创业者的需求，发挥集聚创业要素的平台作用，推动各创新创业要素的有机融合，打造“双创”的沃土。

软件园要紧密围绕企业各个发展阶段的需求特点，构建包括政策引导、产业集群、创新平台、产业促进、科技金融、国际合作和综合服务等方面的全产业生态要素，通过布局从产业链到创新链，再从创新链到资金链，最终打造以支持创新创业为核心，以共生共融共赢为导向，多层次、多元化的产业生态服务体系。这些年来，中关村软件园充分整合各类资源，持续搭建对外对接平台，构建了由技术支撑、产业促进和综合服务三大板块的产业服务体系，具体内容如图 2 所示。

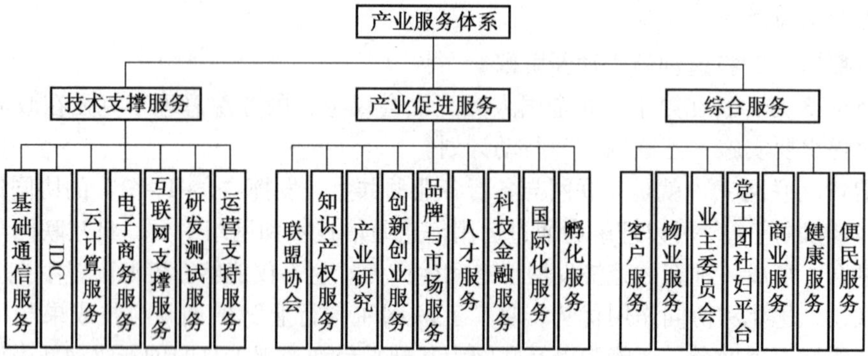

图 2　中关村软件园产业服务体系

软件园可以通过汇集众多国内外新兴软件与信息服务业的领军企业、龙头企业，为初创小微企业、快速成长企业树立示范，对接市场渠道。目前，中关村软件园已集聚 400 多家企业，总产值超过 1600 亿元，积累了 2.4 万件知识产权，园区累计孵化企业 650 余家，集聚各类互联网企业逾 80 家，在“创业孵化”中为创业者提供帮助，同时为希望跟上创新热潮的企业提供发展方向。

4.3 “走出去”迎接合作与竞争

软件业是充满国际化基因的产业，其人才、技术、资本要便于全球流动，中国的软件行业逐步形成了走向世界、拥有全球话语权和主导权的思维，“走出去”也成为了许多科技园区的重要战略举措。

“十三五”期间，国际市场产业结构调整正在展开，产业转移仍是大势所趋。随着中国软件产业技术、产品、服务、品牌国际影响力的建立，中国软件产业“走出去”是必然。尤其是“一带一路”的实施，东南亚等邻国、非洲等都可能成为潜在的市场，以资金、技术、管理为依托，深入拓展海外市场，创建和经营海外园区成为可能。软件园可通过科学合理的区域选择、完善的评价体系和标准化的服务运营模式，积极探索对外托管科技园区，支撑经济新常态下软件园的转型发展。

同时，通过访谈和调研得知，中关村软件园的大部分入园企业都有“走出去”的需求并且希望能够和园区一起“走出去”。中关村软件园正在全球范围内整合产业资源，积极为园区企业“走出去”助一臂之力。2014 年，中关村软件园出口规模已超过 13 亿美元；2015 年，园内中国企业的海外分支机构超过 200 家，机构从业员工超过 3000 人，其中，9 家企业登陆纳斯达克、纽交所、港交所等国际资本市场，广联达、华胜天成等入园企业开展了多起国际并购。软件园以全球化的视野整合创新要素资源，致力于打造高科技产业发展国际合作与融合创新的重要基地。

参 考 文 献

[1] 刘九如，熊伟．创新力场：中关村软件园的发展探索［M］．北京：电子工业出版社，2015.

[2] 刘克峰．创新高地创业沃土——中关村软件园产业生态系统［J］．中国科技产业，2015（5）．

[3] 张咏梅，于英．“互联网＋”时代企业管理会计框架设计［J］．会计之友，2016（1）．

[4] 潘杨燕．“创客”托起“双创”新热潮打造经济新常态新引擎［J］．中国集团经济，2015（8）．

[5] 许玲然．“互联网＋”助推经济转型升级［N］．（2015－03－27）联合日报．

[6] Chesbrough H. Open Innovation: The New Imperative for Creating And Profiting from Technology[M]. Boston: Harvard Business School Press, 2003.

我国煤炭掉期交易机制研究

吕　欧

中国矿业大学（北京）管理学院，北京　100083

摘　要　我国煤炭类金融衍生品市场发展相对滞后，但也取得了突破。继郑州商品交易所2013年9月26日推出动力煤期货后，上海清算所于2014年8月上线了人民币动力煤掉期和人民币铁矿石掉期。以人民币结算的煤炭掉期为国内企业对冲风险增加了新的途径，也有助于提高中国在国际大宗商品市场的话语权。本文以煤炭掉期理论为基础，结合目前上清所交易情况，模拟了铁矿石掉期交易过程。煤炭掉期不仅填补了中国场外金融要素市场的空白，而且能够较好地满足中国实体企业套保需求。

关键词　动力煤掉期　交易机制　套期保值

Study Trading Mechanism of China's Coal Swaps

Lv Ou

School of Management, China University of Mining and Technology, Beijing　100083

Abstract　The kind of financial derivatives market of coal in china develop relative lag, but also made a breakthrough. The zhengzhou Commodity Exchange launched on September 26, 2013 after thermal coal futures, Shanghai clearing house in August 2014 launched the steam coal swaps and the iron ore swaps. Coal swaps in yuan has set up a new approach for domestic companies to hedge risk increases, can also help increase China's voice in the international commodities markets. In this paper, based on the theory of coal swaps basis, combining the supernatant are trading, simulates the process of iron ore swaps. Coal swaps are not only filled the gap of China otc financial factor market, and can better meet the personalized requirements hedge entity enterprise of China.

Key words　coal swaps　trading mechanism　hedging

0　引言

煤炭一直是中国的主要能源，占中国能源消费的比例在70%左右，与世界水平相比

资助项目：中央高校基本科研业务费专项（2011YG01）

作者简介：吕欧。Tel:13311193239;E－mail:674159450@qq.com

高出40%，煤炭经济的发展对我国经济实力的提升具有重要作用。随着宏观经济步入“新常态”，我国能源市场供需格局也悄然发生变化，消费总量增速放缓与能源结构调整将对国内煤炭供需形势产生影响。在此背景下，运用相关金融衍生品管理企业经营风险是大势所趋。中国作为世界第一大煤炭生产国和消费国，煤炭行业的风险规避和管理关系到国家能源的安全。发展煤炭相关金融衍生品市场可以有效降低企业对冲风险的成本，增加对冲风险的机会。因此，大力发展金融衍生品市场是配合煤炭市场化改革的必然举措，可以为暴露于市场风险中的煤炭企业保驾护航。

煤炭掉期是以煤炭价格作为标的物的掉期交易活动。实践过程中，煤炭生产商通过卖出掉期可以提前锁定收益。煤炭消费企业不仅可以买入掉期提前锁定成本，还可以卖出掉期对冲市场下跌造成库存减值风险。煤炭掉期交易主要的功能就是规避风险；同时成熟市场上的掉期交易价格对现货市场也是一个很好的指导，掉期交易价格属于远期价格，因此，掉期交易具有价格发现的功能。

1 国内外煤炭掉期发展现状

1979 年伦敦出现第一次货币掉期以来，在场外交易市场（OTC）上，掉期（SWAP）成为发展迅速、应用广泛的金融工具，掉期是典型的场外市场交易工具，不是在有组织的交易所上市交易的品种，它可以根据不同客户的具体需求进行定制化设置。通常，掉期是交易双方结合自身在现货市场的头寸（或交易）实现规避风险、锁定成本或收益的金融工具。

1.1 国外煤炭掉期发展现状

第一份铁矿石掉期交易合约诞生于 2008 年 5 月，瑞士信贷和德意志银行在三大铁矿石指数推出后共同开发了铁矿石 OTC 交易市场，推出了第一份现金结算的铁矿石掉期交易合约。它的标的是铁矿石普式指数。合同中规定，以一年掉期合同为准，每月结算，合同的基准是澳大利亚 - 中国的 CFR（成本加运费）和印度 - 中国的 CFR，中介商是德意志银行。2009 年 4 月，新加坡交易所（SGX）首家推出了铁矿石掉期合约的 OTC 结算服务，交易的方式变为可以任意选择对手进行交易清算。2009 年年底，美国洲际交易所（ICE）参考普式能源资讯制作的普式指数提供铁矿石掉期清算服务。目前全球最大的期货交易所运营商——芝加哥商业交易所有多个能源类掉期品种，如煤炭掉期期货、炼焦煤掉期期货、石油掉期期货、非高峰期电力掉期期货、LNG 液化天然气掉期等。

1.2 国内煤炭掉期发展现状

从国内市场来看，在十八大开放金融创新之前，国内鲜有煤炭贸易商使用套期保值等金融手法规避风险。仅仅依靠大商所 2013 年 3 月推出的焦煤期货和郑商所 2013 年 9 月推出的动力煤期货进行交易。在此背景下，国内金融机构创新推出煤炭金融衍生品，上海清算所和上海航运交易所推出了以自己业务为核心的衍生品。上清所推出了动力煤掉期、铁矿石掉期、沿海动力煤运费；而航交所也相应推出了上海出口集装箱运力交易、中国沿海煤炭运力交易、国际远洋干散货运价产品等。这一系列的衍生品合约将会补充到现货市场，促进实体市场的资金流动和价格发现机制。尤其在最近由产能过剩引发的低迷市场，在交易量少的时候定价往往会因为市场上偶尔的异常成交而变得波动过大。而避免这种传统贸易中有误判所产生的价格波动则是这些衍生品进入市场的一个很好的切入点。OTC

市场有发现价格、对冲风险和引导市场的作用。

上清所于2014年上线的人民币动力煤掉期填补了我国煤炭金融衍生品市场掉期产品的空白，人民币铁矿石、动力煤掉期是相关实体经济用以对冲铁矿石、动力煤价格风险的基本套保工具。本文认为这两项业务推出的意义在于：①上海清算所首次采用了权威的中国独立的第三方商品价格指数机构提供的、以人民币计价的现货价格指数作为人民币铁矿石、动力煤掉期的最终结算依据，打破了目前美元现货价格指数定价局面；②人民币铁矿石、动力煤掉期中央对手清算平台有利于培育中国机构投资者的交易和定价能力，特别是上海清算所每日发布以人民币计价的人民币铁矿石、动力煤掉期中远期价格曲线，在有效实现逐日盯市的同时将极大地提升人民币在大宗商品衍生品定价中的话语权；③人民币铁矿石、动力煤掉期由经纪公司通过一对一的交易方式达成，交易协议期限较长且具有一定的非标性，把它们纳入上海清算所集中清算，不仅填补了中国场外金融要素市场的空白而且能够较好地满足中国实体企业个性化套保需求。

2 煤炭掉期与煤炭期货

截至2014年5月，焦炭期货和动力煤期货交易并不活跃，煤企、电企对这两个期货市场多持观望态度，两个品种的日均成交量仅在7万~8万手和9万~10万手。动力煤掉期与动力煤期货的差异见表1。我国煤炭金融衍生品仅有焦炭期货、动力煤期货还远远不够，能源领域金融衍生品的研究创新将更有利于行业发展。目前掉期交易以固定价格与浮动价格的商品价格互换为主。人民币动力煤掉期是固定风险与浮动风险之间的互换，上海清算所推出的人民币动力煤掉期是我国金融衍生品研究的又一个创新。

表1 动力煤掉期与动力煤期货的差异

主要区别	上海清算所动力煤掉期	郑商所动力煤期货合约
交易参与方式	场外交易	场内竞价交易
清算参与方式	终端客户通过代理清算会员代理参与	终端客户通过期货经纪公司代理参与，或成为期货交易所会员直接参与
交易主体	机构为主，做市商制度	机构，个人均可参与
保密性	高	低
交易合约	期限更长，覆盖两年以上；涵盖月度、季度、年度协议	连续十二个月月度合约
交易特点	单笔量大，近端月份交易较活跃经纪公司以及做市商机制满足远月合约的交易需求	交易主要集中在主力合约、高频交易
保证金	同一合约的净持仓轧差，远月保证金要求低于近月，无交割月特殊要求。	5%，最高到20%
涨跌停板限制	无	上一交易日结算价4%
交割方式	现金交割	实物交割

3 人民币煤炭掉期的交易机制

以人民币铁矿石掉期为例进行说明。

1. 铁矿山

在 T 月，铁矿山与投行订立在未来 $T+n$ 月将 1 万 t 铁矿石卖给投行的 SWAP 合同，卖出价为 S_1；在 $T+n$ 月，铁矿山与投行就此笔 SWAP 合同进行结算，结算价按照 $T+n$ 月金属导报公布的现货算术平均价格 P 结算。铁矿山与投行既不发生 1 万 t 铁矿石的实物转手，也不发生 1 万 t 铁矿石购买本金的转移，两者仅就 1 万 t 铁矿石在 S_1 与 P 之间的价差进行结算。

从 T 月至 $T+n$ 月，若现货市场处于上涨阶段，$P>S_1$，则铁矿山的此笔 SWAP 合同亏损，亏损为（$P-S_1$)/t，但是由于现货上涨，铁矿山实际上在现货市场产生了盈利；若现货市场处于下跌阶段，$P<S_1$，则铁矿山的此笔 SWAP 合同盈利，盈利为（S_1-P）/吨，但是由于现货下跌，铁矿山实际上在现货市场产生了亏损，这笔 SWAP 盈利减少了现货市场上的亏损。

显然，通过与投行签订 SWAP 合同，铁矿山将 $T+n$ 月 1 万 t 铁矿石的卖出价锁定在 S_1，起到了规避风险、套期保值的作用。

2. 钢铁厂

在 T 月，钢铁厂与投行订立在未来 $T+n$ 月向投行购买 1 万 t 铁矿石的 SWAP 合同，买入价为 S_2；在 $T+n$ 月，钢铁厂与投行就此笔 SWAP 合同进行结算，结算价按照 $T+n$ 月金属导报公布的现货算术平均价格 P 结算。钢铁厂与投行既不发生 1 万 t 铁矿石的实物转手，也不发生 1 万 t 铁矿石购买本金的转移，两者仅就 1 万 t 铁矿石在 S_2 与 P 之间的价差进行结算。

从 T 月至 $T+n$ 月，若现货市场处于上涨阶段，$P>S_2$，则钢铁厂的此笔 SWAP 合同盈利，盈利为（$P-S_2$)/吨，但是由于现货上涨，钢铁厂实际上在现货市场的采购成本上升，这笔 SWAP 的盈利显然降低了现货市场上的采购成本；若现货市场处于下跌阶段，$P<S_2$，则钢铁厂的此笔 SWAP 合同亏损，亏损为（S_2-P)/吨，但是由于现货下跌，钢铁厂实际上在现货市场的采购成本下降。显然，通过与投行签订 SWAP 合同，钢铁厂将 $T+n$ 月 1 万 t 铁矿石的买入价锁定在 S_2，起到了规避风险、套期保值的作用。

3. 投行

在 T 月，投行与铁矿山订立在未来 $T+n$ 月向铁矿山购买 1 万 t 铁矿石的 SWAP 合同，买入价为 S_1；同时，投行又与钢铁厂订立在未来 $T+n$ 月向钢铁厂出售 1 万 t 铁矿石的 SWAP 合同，卖出价为 S_2。在 $T+n$ 月，投行分别与铁矿山、钢铁厂就各自的 SWAP 合同进行结算，结算价按照 $T+n$ 月金属导报公布的现货算术平均价格 P 结算。投行与铁矿山、钢铁厂既不发生 1 万 t 铁矿石的实物转手，也不发生资金的转移，仅就 1 万 t 铁矿石在 S_1 与 P、S_2 与 P 之间的价差进行结算。

投行与铁矿山结算后的盈亏为 $P-S_1$，投行与钢铁厂结算后的盈亏为 S_2-P，加总两笔 SWAP 合同的盈亏为 $P-S_1+S_2-P=S_2-S_1$。

由此可见，无论 T 月至 $T+n$ 月的市场是上涨，还是下跌，投行在参与 SWAP 交易中，只需保证 $S_2>S_1$，即投行向钢铁厂出售的铁矿石价格 S_2 高于它向铁矿山购买价格 S_1

即可。只要铁矿石现货价格存在足够高的波动且有足够多的铁矿山、钢铁厂、铁矿石中间商愿意

参与SWAP交易，作为做市商的投行可以获得稳定的价差收益。

4 煤炭掉期风险

以铁矿石掉期的风险分析为例进行说明。

1. 信用风险

铁矿石掉期交易采用的是相对分散的场外交易模式，市场信息公开程度较小，市场参与者更难评估其交易对手的信用风险；此外，场内交易是由交易所来保障双方履约的，而场外交易没有这种制度保障，因此，参与场外交易的投资者比参与场内交易的投资者承担了更大的信用风险。如何有效管理交易对手违约风险，切实做到风险对冲，是考验场外衍生品交易体系的关键。

2. 监管风险

场外交易受监管的程度远远低于交易所场内交易。没有明确的法律和监管制度，出现违约风险后只能在合同纠纷的框架下解决。投机者没有持仓限制，也没有被要求在每天收盘后披露其持仓头寸，针对市场操纵行为的监管相对薄弱。参与场外交易的投资者比参与场内交易的投资者多承担了一部分监管风险。

以中航油风险事件为例，该公司通过场外交易（OTC）卖出了大量看涨期权，其交易对手是高盛商品部（J. Aron公司）、三井能源风险管理公司、巴克莱资本、伦敦标准银行、三井住友银行、富通银行和麦格理银行等外资投行，其中前三家就是中间商或做市商，中航油的交易盘口最高达5200万桶石油。由于这些合约都是在交易所外一对一签订的且交易过程不透明，交易所的系统中没有记录，交易所也无法发挥一线监管的职能。从国际上看，场外交易是不受专门的政府主管部门监管的，中航油在国外从事场外衍生品交易，中国证监会及相关主管部门监管的难度很大。

5 煤炭掉期的展望

在金融全面开放的大趋势下，我国煤炭金融衍生品市场发展相对落后。一方面，品种数量稀少，期货市场仍处于培养阶段，掉期交易刚刚起步，而期权交易更未启动；另一方面，市场结构失衡，期货市场与期权市场发展不对称，场外与行内发展步调不一，造成我国煤炭金融衍生品功能缺位，无法满足市场化背景下煤炭经营企业风险管理的现实需求。未来，我国煤炭金融衍生品市场的发展不仅要在品种数量上取胜，还应在质的创新上有所突破。具体到我国煤炭掉期市场，其构建在考虑中国能源结构体系自身特征的同时，也要充分借鉴国外成熟市场经济国家的有益经验。

参 考 文 献

[1] 窦登奎．我国上市企业运用衍生金融工具套期保值的实证研究［D］．成都：西南财经大学，2011.

[2] 钱成．铁矿石定价机制研究［D］．上海：东华大学，2013.

[3] 张国巍．山西煤炭金融风险防范研究［D］．太原：山西财经大学，2015.
[4] 李其保，柳妮．我国煤炭金融衍生品发展现状与趋势研究［J］．煤炭经济研究，2015，4：38－42.
[5] 杨蓉．铁矿石金融化背景下银行规避大宗商品融资风险研究［D］．南昌：南昌大学，2015.
[6] 赵心瑞．A钢铁企业套期保值方案研究［D］．昆明：云南大学，2014.
[7] 王红英，张莉．实体经济需要期货等衍生品市场［N］．期货日报（2011－01－31）．
[8] Casten, Sean. FuelSwap[J]. Public Utilities Fortnightly, 2010: 1484.

京津冀协同发展背景下区域资源禀赋评价研究综述

王　阳　彭恬恬　马　凯　贺佳月　刘梦颖　马银龙

中国矿业大学（北京）管理学院，北京　100083

摘　要　随着区域发展观点和京津冀一体化的提出，如何对区域资源进行评价，从而整合和利用地区资源，实现效益的最大化变成了当前的热点问题。本文基于资源禀赋的角度，通过建立资源禀赋评价指标体系，构造资源评价系数，研究区域资源禀赋的评价方法。

关键字　京津冀　区域资源　资源禀赋　评价方法

Under the Background of the Coordinated Development of Beijing – Tianjin – Hebei Region Resources Endowment Evaluation Studies were Reviewed

Wang Yang　Peng Tiantian　Ma Kai
He Jiayue　Liu Mengying　Ma Yinlong

School of Management, China University of Mining and Technology, Beijing　100083

Abstract　with the view of regional development and integration of the beijing – tianjin – hebei region, how to evaluate the regional resources, so as to integrate and use of regional resources, realizing the maximization of benefit becomes the current hot topic. In this paper, based on the viewpoint of resources endowment, through the establishment of evaluation index system of resources endowment, structure coefficient of resource evaluation, the evaluation method of regional resources endowment.

Key words　Beijing – Tianjin – Hebei　regional resources　resource endowment　evaluation methods

---

资助项目：中央高校基本科研业务费专项资金（2011QG01）

作者简介：王阳。Tel：18201635791；E – mail：Wang yang. som@ cumtb. edu. cn

1 推动京津冀协同发展的背景

1.1 我国经济形势

2016 年是我国“第十三个五年规划”开局之年。在经历了由金融危机造成的全球经济低迷后，我国经济增长速度不断放缓，但国家经济总体在合理区间运行，基本实现政策目标。

经济运行状况主要体现在以下几个方面：

（1）从经济总体状况来看，经济增长目标实现，但面临下行压力；货币供给较为充足，但投资尚需提振；就业形势较为稳定，但就业压力不容忽视；国际收支趋向基本平衡，跨境资本流出快速增长。

（2）经济增长动力趋缓，面临结构转化节点：经济发展面临结构性问题，固定资产投资下滑；消费增长小幅回落，出现新的消费热点；外贸形势疲软，吸收外资和对外投资平稳增长。

（3）产业与区域经济发展出现新变化：农业及农村经济发展较快；工业经济运行平稳，部分行业经营困难增多；服务业快速发展；新的区域分工与协同格局正在形成。

1.2 京津冀协同发展政策介绍

1. 京津冀协同发展政策的出台

经济发展达到一定程度，城市问题便日益突出，特别是大城市，“城市病”问题越来越严重。如何解决城市“虚胖”问题，实现轻装前行成了下一阶段经济发展的重中之重。

2015 年 4 月 30 日，中共中央政治局召开会议，分析研究当前经济形势和经济工作，审议通过《京津冀协同发展规划纲要》（以下简称规划纲要）。规划纲要指出，新形势下，为适应京津冀地区经济进一步发展，促进三地区资源合理配置，促进地区协调发展，有效疏解北京“大城市病”问题，必须推动京津冀一体化协同发展，做到优势互补相互促进。立足于三省市比较优势和现有基础，加快形成定位清晰、分工合理、功能完善、生态宜居的现代城镇体系，走出一条绿色、低碳、智能的新型城镇化道路。

2. 京津冀协同发展过程中的区域功能布局

规划纲要明确了京津冀协同发展过程中的区域功能布局。

首先，明确京津冀的定位，争取把北京建设成全国政治中心、文化中心、科技创新中心、国际交往中心。以天津和河北两个地区为承载地，打造天津“一个基地三个区”即全国先进制造研发基地、北方国际航运核心区、金融创新运营示范区、改革开放先行区。建造河北 4 个基地，即商贸物流及产业转型基地，城乡统筹，新型城镇化以及三大环境支撑区域的清晰定位。

其次，明确区域功能布局，京津冀一体化旨在建成“一核、双城、三轴、四区、多节点”的合理布局。

（1）一核指北京，把有序疏解北京非首都功能、优化提升首都核心功能、解决北京“大城市病”问题作为京津冀协同发展的首要任务。

（2）双城指北京、天津，这是京津冀协同发展的主要引擎。

（3）三轴指京津、京保石、京唐秦 3 个产业发展带和城镇聚集轴。

（4）四区指中部核心功能区、东部滨海发展区、南部功能拓展区和西北部生态涵养区。

（5）多节点指区域性中心城市包括石家庄、唐山、保定、邯郸等。节点城市包括张家口、承德、廊坊、秦皇岛、沧州、邢台、衡水等。

3. 京津冀协同发展过程中的主要突破方向

依据规划纲要，京津冀一体化争取在以下方面取得突破：

（1）交通一体化方面，构建以轨道交通为骨干的多节点、网格状、全覆盖的交通网络，建立统一开放的区域运输市场格局。打通国家高速公路“断头路”，全面消除跨区域国省干线“瓶颈路段”，加快构建现代化的津冀港口群，打造国际一流的航空枢纽，加快北京新机场建设，提升区域一体化运输服务水平，发展安全绿色可持续交通。

（2）生态环境保护方面，打破行政区域限制，推动能源生产和消费革命，扩大区域生态空间。重点是联防联控环境污染，建立一体化的环境准入和退出机制，加强环境污染治理，实施清洁水行动，大力发展循环经济，推进生态保护与建设，谋划建设一批环首都国家公园和森林公园，积极应对气候变化。

（3）推动产业升级转移方面，明确三省市产业发展定位，理顺产业发展链条。重点是明确产业定位和方向，加快产业转型升级，推动产业转移对接，加强三省市产业发展规划衔接，制定京津冀产业指导目录，加快津冀承接平台建设，加强京津冀产业协作等。

4. 京津冀协同发展过程中的阶段划分

前期，到2017年，有序疏解北京非首都功能取得明显进展，协同发展取得显著成效；中期，到2020年，北京市常住人口控制在2300万人以内，北京“大城市病”等突出问题得到缓解，区域一体化交通网络基本形成，生态环境质量得到有效改善，产业联动发展取得重大进展；远期，到2030年，首都核心功能更加优化，京津冀区域一体化格局基本形成，在引领和支撑全国经济社会发展中发挥重要作用。

2 京津冀协同发展背景下的区域资源禀赋评价研究现状

2.1 研究必要性

规划纲要明确了京津冀各地在协同发展过程中功能角色，其依据就是各地所具有的不同资源禀赋，北京拥有得天独厚的政治、经济、科技、文化优势；而天津的港口与开放优势明显，并具备很强的工业基础；河北省地域广阔，工业基础较好，生态、旅游资源丰富。

每个地区只有找到与其资源禀赋相契合的发展道路，才能够有效节约社会成本和提升人民福祉，从而在区域竞争与合作当中占据一席之地。京津冀三地只有发挥各自优势才能共谱区域协同发展的华章，因此，进一步细致分析各地的资源禀赋，对区域经济规划和决策具有重要意义。

2.2 现有研究成果

资源禀赋又称为要素禀赋，指一国拥有各种生产要素包括劳动力、资本、土地、技术、管理等的丰歉，这其中也包含了自然资源和社会资源（知识资源或技术资源）[1]。

在构建资源禀赋评价指标体系方面，国内外学者分别采用了单一指标法、多指标法[2]、因子分析法[3]、脱钩分析法等方法对区域资源禀赋进行了综合测定[4]，这些评价方法从不同角度揭示了不同地区资源禀赋情况，对揭示区域经济发展与资源环境之间的关系具有一定的参考作用。

国内学者在进行资源禀赋评价时，往往是对某类资源进行单独分析，通过较为全面的筛选评价指标，构建单类资源的评价指标体系，再利用数据进行比较，判断各地区某类资源的丰裕度。

2.3　现有研究不足

现有的资源禀赋评价方法多以某一特定类型的资源为基础构建模型，如矿产资源禀赋评价模型、水资源禀赋评价模型等，以地区为基础，对区域内资源的丰裕度进行整体评价的研究还比较少。

对区域内资源的丰裕度进行评价，除了需要考虑区域条件外，如何将各类资源进行整合也是难点。不同资源在某一地区对效益的贡献率是不同的。同时如何对各类资源中的重合指标进行处理也是一项比较复杂的工作。因此，本文以京津冀地区为主要研究对象，讨论区域资源禀赋的评价方法，尝试建立资源禀赋评价指标体系，构造评价系数，分析区域资源条件。

3　资源禀赋评价指标体系的建立

3.1　理论基础

不同地区资源禀赋稀缺度的差别决定了要素的相对价格或相对成本的差异，进而影响区域的发展布局战略。

生产函数是指在技术水平不变的情况下，在一定时期内，生产中使用的各种生产要素的数量与所能生产的最大产量之间的关系。

基于上述理论，本文以柯布－道格拉斯生产函数为理论依据建立资源禀赋评价指标体系。

柯布－道格拉斯生产函数是美国数学家柯布（C. W. Cobb）和经济学家保罗·道格拉斯（PaulH. Douglas）共同探讨投入和产出的关系时创造的生产函数。其在生产函数的一般形式上做出改进，引入了技术资源这一因素，用来预测国家和地区的工业系统或大企业的生产以及分析发展生产的途径。该数学模型是经济学中使用最广泛的一种生产函数形式，其具体表现形式为

$$Y=A(t)L^{\alpha}K^{\beta}\mu$$

式中　Y——工业总产值；

$A(t)$——综合技术水平；

L——投入的劳动力数（单位是万人或人）；

K——投入的资本，一般指固定资产净值（单位是亿元或万元，但必须与劳动力数的单位相对应，如劳动力用万人作单位，固定资产净值就用亿元作单位）；

α——劳动力产出的弹性系数；

β——资本产出的弹性系数；

μ——随机干扰的影响，$\mu\leqslant 1$。

其中，综合技术水平主要指科技资源，投入的劳动力数主要指人力资源，均为具有社会属性的资源禀赋。投入的资本既包含土地、资源等自然要素的投入，又包含资金、交通等社会要素的投入，因此其为兼具自然属性和社会属性的资源禀赋。以此为依据，本文确

立了3个主要的指标维度，即科技、劳动和资本。

国内外的专家学者在研究资源禀赋对区域产业布局的影响时，集中关注自然资源禀赋，而较少提及社会资源禀赋。然而，在当今的社会经济发展过程中，社会资源发挥着越来越重要的作用，不可忽视。因此，本文以柯布－道格拉斯生产函数为理论依据建立包含自然属性和社会属性的区域资源禀赋评价指标体系更为系统全面。

3.2 指标体系的构建

本文从地区的社会资源禀赋和自然资源禀赋角度研究地区资源禀赋对产业布局的影响。以柯布－道格拉斯生产函数为理论依据确立了科技、劳动和资本3个主要指标维度的同时，借鉴现有文献、有关文件及编制自然资源资产负债表的思路方法扩展完善了指标体系，确立了科技、交通、劳动力、投资、消费5个社会资源禀赋指标维度和水资源、矿产资源、森林资源、土地资源、海洋资源5个自然资源禀赋指标维度，较为全面地反映一个地区资源禀赋条件，具体指标体系见表1、表2。

表1 自然资源禀赋评价指标明细表

维度	指 标
水资源	水资源总量（亿立方米），地表水资源量（亿立方米），地下水资源量（亿立方米），人均水资源量（立方米/人）
矿产资源	资源储量（万吨）、矿产储量动态指标＝年末保有储量/年初保有储量×100%
森林资源	森林覆盖率（%）、林业用地面积（万公顷）、森林蓄积量（亿立方米）
土地资源	土地总量（万公顷）、耕地面积使用率（%）、人均土地占有量（公顷）
海洋资源	海洋运力资源（万吨）、海洋矿产资源（万吨）物产

表2 社会资源禀赋评价指标明细表

维度	指 标
科技	专利授权数（件）、技术市场成交额（亿元）、企事业单位专业技术人员数（人）
劳动力	就业人数（人）、失业率（%）、就业人员平均工资（元）
投资	固定资产投资额（亿元）、外商投资进出口总额（千美元）
交通	铁路里程（万千米）、公路里程（万千米）、内河航道历程（万千米）、客运总量（万人）、货运总量（万吨）
消费	社会消费品零售总额（亿元）、居民消费价格指数（上年＝100）、居民人均可支配收入（元）、居民人均消费支出（元）

科学技术是第一生产力，科技在促进经济发展、社会进步方面发挥着重要作用。科学技术作为重要的资源，成为决定一个企业、一个区域甚至是一个国家发展壮大的关键因素，作为科技实力的直观体现，专利授权数量成为衡量一个地区科技水平的重要因素且被大量文献引用，所以本文选用专利授权数量这一指标代表区域的科技水平。

交通运输是现代经济发展的血脉，通过南北向、东西向的交通大动脉将社会生产、分配、交换、消费各个经济环节紧密联系起来，在优化生产力布局、优化资源配置和宏观调控方面发挥了重要作用，保证了经济社会的可持续发展。本文选择全国的铁路里程数和公路里程数代表我国各省、直辖市、自治区的交通发展水平。

劳动力是指劳动年龄人口加上劳动年龄之外的实际参加劳动人数减去劳动年龄之内不参加劳动人数。但实际上劳动力资源禀赋存在显著差异，受教育程度是导致差异的主要原因，所以本文从数量和质量两方面综合考察劳动力资源禀赋。

投资和消费作为国家拉动经济发展的三驾马车之二，同样也是衡量一个地区社会资源禀赋的重要条件。本文用社会消费品零售总额反映一个地区消费对经济的拉动作用，用固定资产投资总额反映一个地区的投资资本量。

4 研究结论与展望

区域间合作发展的目的是为了整合区域间的资源，取长补短，将各地区的优势聚集，从而达到效益最大化。本文通过对《京津冀协同发展规划纲要》进行解读，分析地区资源的各个组成要素，建立地区资源禀赋评价指标体系，使决策者能够更加全面地评价各地区的资源禀赋程度，制定出更加准确的布局决策，为京津冀地区以及其他各地区区域之间的经济合作发展提供指导意见。

随着全球经济一体化发展的不断深化，国内各地区之间的一体化发展逐渐受到重视。京津冀地区一体化发展是地区间协调合作发展的一个试点，也是未来区域经济发展的一个方向和必然趋势。京津冀一体化发展是促进区域协调发展，尤其是促进差异较大的区域间协调发展的积极尝试，对我国今后区域发展具有重要的指导意义。在社会主义市场经济调节下，其建设是实现资源更为优化配置的一次重要实践，也是我国经济社会发展与生态环境保护协同发展方式的重要探索。因此，只有全面了解区域资源禀赋程度才能更好地实现区域一体化发展。

参 考 文 献

[1] 于晓曼，耿涌，薛冰，等．资源禀赋对区域可持续发展的影响研究[J]. 生态环境学报，2015，24（2）：359 -364.

[2] WANG Y,QIAN D,ZHUANG D F. An eco - city evaluation method based on spatial analysis technology:a case study of Jiangsu Province,China [J]. Ecological Indicator,2015,(58): 37 -46.

[3] WU J Y,WU Z J,The application of Positive Matrix Factorization (PMF) to eco - efficiency analysis [J]. Journal of Environmental Management,2012,98(6):11 -14.

[4] WAN G Y T,SUN M X,REN Q W. Promoting regional sustainability by eco - province construction in China:a critical assessment [J]. Ecological Indicators,2015,(4):20 -29.

基于灰色关联分析的乌达煤田煤层自燃倾向性研究

刘志飞　曹代勇

中国矿业大学（北京）地球科学与测绘工程学院，北京　100083

摘　要　比较研究了在相同或者相似的外部环境下，不同煤层的自燃倾向性的差异。首先，通过分析确定了与乌达煤层自燃趋向性有关的 9 个主要内在因素，煤厚、水分、灰分、挥发分、发热量、硫含量、黄铁矿、镜质组、惰质组。进而，考虑到各控制因素的致灾程度不同，将变异系数法与灰色关联分析方法相结合，建立起基于变异系数法的灰色关联分析模型。最后，利用该模型，根据乌达 9、10、12、13、$13_{上}$、15 号煤层各个指标值的变异程度，确定各煤田自燃控制因素的影响权重，通过灰色关联分析，得到研究煤层的自燃倾向性排序为 9 号>10 号>12 号>15 号>13 号>$13_{上}$ 号。

关键字　煤层自燃　灰色关联分析　影响因素　自燃倾向性

Study of Spontaneous Combustion Tendency Based on Gray Correlation Analysis Method in Wuda Coalfield, Inner Mongolia

Liu Zhifei　Cao Daiyong

College of Geoscience and Surveying Engineering,
China University of Mining and Technology, Beijing　100083

Abstract　The difference of spontaneous combustion tendency of seams, in the same or similar external environment were studied. Firstly, nine major internal factors related seam spontaneous tendency in Wuda is identified. Coal thickness, moisture, ash, volatile matter, calorific value, sulfur content, pyrite, vitrinite, inertinite. Secondly, taking into ac-

---

资助项目：中国科学院战略性先导科技专项课题（XDA0530200），中央高校基本科研业务费专项资金（2010YD11）

作者简介：刘志飞（1992—　），男，内蒙古人，硕士研究生，主要从事煤田地质研究。Tel：18810545106；E - mail：18810545106@103.com count different factors control varying degrees of hazard, establishing a model of gray correlation analysis method based on the coefficient of variation, combining the variation coefficient method with gray correlation analysis method. Finally, using the model, according to the degree of variation of each index value of 9, 10, 12, 13, 13, 15 coal seam, determine weight of the factors of coal spontaneous combustion, spontaneous combustion tendency of seams is 9 号>10 号>12 号>15 号>13 号>$13_{上}$ 号, through gray correlation analysis.

Key words spontaneous combustion of coal seam grey relational analysis influencing factors spontaneous combustion tendency

0 引言

煤层自燃及其形成的煤田火区作为一种环境地质灾害，不仅烧毁大量煤炭资源，危及矿井安全生产，而且引发一系列生态环境问题[1-3]，鉴别、预测煤层的自燃倾向性大小，可以为采取有效的防灭火措施提供可靠的依据[3,4]。

乌达煤田位于内蒙古西部，含煤岩系为上古生界石炭系太原组和二叠系山西组，含煤27层，编号从上至下由1~18号，平均总厚度42.58 m。1961年在苏海图井田内首次发现9号、10号煤层自燃，20世纪70—90年代初，由于大批小煤窑开采，造成乌达煤田多个煤层相继发生自燃，先后有1、2、4、6、7、9、10、12号等煤层相继燃烧并一度形成一定规模的火区[4,5]。截止至2014年，乌达煤火面积仍达到116.73×10^4 m^2，人为因素和自然因素的叠加，致使乌达煤田演变成中国地下煤火燃烧最严重、面积最大的火区。

1 乌达煤田自燃的内在因素分析

在煤火发生、发展过程中，虽然影响的因素众多，作用方式各异，但归纳起来主要有自燃倾向性的煤层、供氧条件和蓄热条件和时间[3,6]。其中自燃倾向性是煤发生自燃的内在因素，即煤的物质组成存在差异，主要包括煤层厚度、变质程度、灰分含量、发热量、含硫量等。

（1）煤厚。煤火分布与煤层厚度有密切关系。煤层单层厚度较大的煤田，煤火数目、煤火范围均较大[1]。调查表明，乌达煤田发生自燃的煤层厚度均在2 m左右，属薄-中厚煤层。通过野外实地调查表明，着火点煤层厚度一般在1.5 m以上，且多发生在煤层增厚地段。

（2）煤的变质程度。不同变质程度的煤层都有自然发火的可能性，但一般来说，煤的变质程度越低，自然着火温度越低，氧化发热强度越大，越容易发生自燃[7]。乌达煤田蕴藏的中变质烟煤，变质程度相对较低，挥发分含量相对较高。

（3）灰分。煤的灰分即煤中的无机矿物质，灰分中的矿物成分复杂，由于绝大多数矿物的燃点高于煤的有机组分，无机矿物质燃烧灰化时要吸收热量，大量排渣要带走热量，所以一般说来，灰分越高，煤就越不容易自燃。

（4）水分。一方面较高的水分会阻氧降温抑制煤自燃，另一方面适宜的水分又会氧化放热促进煤自燃进程[8]。乌达煤田煤的含水量总体偏低，对煤体的自燃有着正向促进作用。

（5）发热量。煤的发热量越大，煤层自燃强度和扩展速度就越大。乌达煤田各煤层的发热量均大于30 MJ/kg，而对于燃烧最为强烈的9号和10号煤层来说，发热量均超过35 MJ/kg。

（6）硫和黄铁矿含量。硫在煤体中常以无机硫（硫化铁、硫酸盐）和有机硫两种形态存在，有机硫燃点极低，很容易参与煤的自燃；无机硫则对煤自燃起着催化剂的作用[9]。全硫对煤吸氧量的影响主要体现在黄铁矿上，黄铁矿氧化过程中放出热量，在有水分参与的情况下，形成具有很强氧化性的硫酸，加快氧化反应，促进煤自燃[10]。

（7）煤岩组分（惰质组、镜质组）。煤岩显微组分对煤自燃的影响贯穿于煤的氧化、自燃的全过程，对自燃程度起着不同程度的作用。不同煤岩显微组分的显微脆度不同、吸附氧的能力不同、着火点不同，都会导致自燃倾向性存在差别。

2 灰色关联法分析原理

关联分析是对灰色系统进行动态发展势态的量化比较，即进行系统之间有关统计数列几何关系的比较，根据曲线间的几何形状接近程度来判别关联度大小。若曲线形状越接近，则发展势态越接近，关联度就越大[11]。可以把煤自燃看成是一个由许多因素相互制约的子系统构成的灰色系统，将灰色关联分析法应用于煤层自燃倾向性评价。首先确定最易发火层序列作为关联度评价的标准，以各指标的最大值组成的序列为参考序列，其他煤层与该序列对比，关联度越大，说明该煤层与参考煤层越接近，自燃倾向性越大。

影响灰色关联分析方法评价结果的重要因素是合理确定指标的权重，常用的主观确定权重的方法往往由于人的因素而形成偏差。变异系数法根据指标数据求指标权重，是一种客观的求权重的方法。本文将变异系数法引入到灰色关联分析模型的权重计算中，以消除权重计算中的人为干扰[12]。

灰色关联分析方法的具体步骤如下[11]：

1）设有参考数列 $X_0=\{x_0(1),\ x_0(2),\ x_0(3),\ \cdots,\ x_0(n)\}$ 和比较数列 X_i，$i=1,2,\cdots,m$。$X_i=\{x_i(1),\ x_i(2),\ \cdots,\ x_i(n)\}$，关联系数为 ξ_i。k 点的关联系数 $\xi_i(K)$ 为：

$$\xi_i(K)=\frac{[\min(i)\min(k)\,|x_0(k)-x_i(k)|+\rho\max(i)\max(k)\,|x_0(k)-x_i(k)|]}{[\,|x_0(k)-x_i(k)|+\rho\max(i)\max(k)\,|x_0(k)-x_i(k)|\,]} \tag{1}$$

式(1)中，$x_0(k)-x_i(k)$ 表示 X_0 数列与 X_i 数列在 k 点的绝对差值。$\min(k)[x_0(k)-x_i(k)]$ 为一级最小差，表示 X_0 数列和 X_i 数列在 k 点差值中的最小值，$\min(i)\min(k)[x_0(k)-x_i(k)]$ 为二级最小差，表示为 m 个一级最小差中的最小值。$\max(k)[x_0(k)-x_i(k)]$ 为一级最大差，$\max(i)\max(k)[x_0(k)-x_i(k)]$ 为二级最大差，意义与最小差相似，ρ 为分辨系数，取值0~1之间，一般取0.5。

2）求关联度，关联度（即等权关联度）用 r_i 表示。

$$r_i=\frac{1}{n}\sum_{k=1}^{n}\xi_i(K) \tag{2}$$

即 r_i 为 X_i 的关联系数均值。

3）根据关联度的大小顺序即可确定各比较数列对参考数列的关联程度。

由于在致灾指标（因子）系统中，致灾的程度是不同的。因此，赋予各因子不同的权重 W_k，这样可计算加权关联度 r_i'，故把式（2）改为

$$r_i' = W_k \frac{1}{n} \sum_{k=1}^{n} \xi_i(K) \tag{3}$$

确定各种致灾因子的权重 W_k 可有多种方法，如实地调查或用数学方法。本文采用的是变异系数法确定 W_k，主要步骤如下[12]：

（1）设有 m 个比较对象，评价指标为 n 个，每个对象的评价指标值用向量表示，记作 $X_i = (x_{i1}, x_{i2}, \cdots, x_{in}, i = 1, 2, \cdots, m$，从而得到原始的评价矩阵 $X = (x_{ij})m \times n$。

（2）数据标准化：

$$X_i = \frac{X_i - \min X_i}{\max X_i - \min X_i} \tag{4}$$

（3）分别求出不同指标评价值的平均值 X_i 和标准差：

$$\bar{X}_i = \frac{\sum_{i=1}^{m} X_i}{n} \qquad D_i = \sum_{i=1}^{m} (X_i - \bar{X}_i)^2 / n \tag{5}$$

（4）求出不同指标对应的变异系数 E_i，进行归一化处理，确定权重 W_k：

$$E_i = \frac{D_i}{\bar{X}_i} \qquad W_k = \frac{E_i}{\sum_{i=1}^{n} E_i} \tag{6}$$

3 煤层自燃倾向性分析

以煤厚、水分、灰分等9个煤田自燃因素作为评价标准，整理统计乌达煤田9、10、12、$13_{上}$、13、15号煤层的相关数据（表1）。

表1 乌达煤田煤层自燃因素数据统计

煤层	煤厚/m	水分/%	灰分/%	挥发分/%	发热量/($MJ \cdot kg^{-1}$)	全硫/%	黄铁矿/%	镜质组/%	惰质组/%
9	2.96	0.73	14.19	31.42	35.55	3.14	2.4	65.6	26.6
10	2.13	0.84	17.08	32.05	35.25	3.02	3.1	65.6	26.4
12	5.01	0.94	23.54	30.02	34.61	2.29	1.9	54.1	25.5
$13_{上}$	1.44	0.70	25.36	28.69	34.17	0.79	0.5	45.4	36.9
13	1.24	0.86	24.01	29.15	34.12	0.79	0.8	59.2	21.8
15	1.64	1.00	26.05	27.18	34.45	1.69	1.4	50.4	35.6

3.1 权重的确定

9个指标中，灰分为负向指标（灰分越大，煤层越不容易自燃），其余均为正向指标，故将“灰分”采用倒数法进行了同趋势化处理。运用式（4）~式(6）确定各指标的影响权重（表2）。

表2　煤层自燃内在因素影响权重

煤层	煤厚	水分	灰分	挥发分	发热量	全硫	黄铁矿	镜质组	惰质组
9	0.46	0.10	1.02	0.87	1.00	1.00	0.73	1.00	0.32
10	0.24	0.47	0.62	1.00	0.79	0.95	1.00	1.00	0.30
12	1.00	0.80	0.00	0.58	0.34	0.64	0.54	0.43	0.25
$13_上$	0.05	0.00	0.00	0.31	0.03	0.00	0.00	0.00	1.00
13	0.00	0.53	0.00	0.40	0.00	0.00	0.12	0.68	0.00
15	0.11	1.00	0.00	0.00	0.23	0.38	0.35	0.25	0.91
平均数	0.31	0.48	0.27	0.53	0.40	0.50	0.46	0.56	0.46
标准差	0.38	0.39	0.44	0.37	0.41	0.44	0.38	0.41	0.40
变异系数	1.22	0.80	1.62	0.70	1.02	0.90	0.83	0.73	0.86
权重	0.14	0.09	0.19	0.08	0.12	0.10	0.10	0.08	0.10

3.2　分析与结果

为了消除各参数间量纲的不同，对各参数数列进行生成处理。本文采用最大值化的处理方法，就是在各组参数中选取其中的最大值作为标准，然后把每组的所有参数与其对应的最大值作比，所得的比值组成新的生成数列（表3）。以表3所列的影响煤自燃倾向大小的9个指标为指标序。6个煤层的数据构成6个数列，表示为：

$$X_1 = (0.59, 0.73, 1.01, 0.98, 1.00, 1.00, 0.77, 1.00, 0.72)$$

$$X_2 = (0.43, 0.84, 0.84, 1.00, 0.99, 0.96, 1.00, 1.00, 0.72)$$

$$\vdots$$

$$X_6 = (0.33, 1.00, 0.55, 0.85, 0.97, 0.54, 0.45, 0.77, 0.96)$$

表3　研究煤层数据的标准化处理

煤层	煤厚	水分	灰分	挥发分	发热量	全硫	黄铁矿	镜质组	惰质组
9	0.59	0.73	1.01	0.98	1.00	1.00	0.77	1.00	0.72
10	0.43	0.84	0.84	1.00	0.99	0.96	1.00	1.00	0.72
12	1.00	0.94	0.61	0.94	0.97	0.73	0.61	0.82	0.69
$13^上$	0.29	0.70	0.56	0.90	0.96	0.25	0.16	0.69	1.00
13	0.25	0.86	0.59	0.91	0.96	0.25	0.26	0.90	0.59
15	0.33	1.00	0.55	0.85	0.97	0.54	0.45	0.77	0.96

6个数列中每个指标的最大值所组成的数列为参考数列 X_0（最易发火层）$X_1 \sim X_6$ 为比较数列，根据式(1)～式(3)计算关联系数、关联度，并排出关联序（表4）。

表4　研究煤层的关联序

煤层	关联系数									等权关联度	关联序	加权关联度	关联序
	ξ_1	ξ_2	ξ_3	ξ_4	ξ_5	ξ_6	ξ_7	ξ_8	ξ_9				
9	0.50	0.60	0.99	0.93	0.98	0.98	0.64	0.98	0.59	0.80	2	0.80	1

表4（续）

煤层	关联系数									等权关联度	关联序	加权关联度	关联序
	ξ_1	ξ_2	ξ_3	ξ_4	ξ_5	ξ_6	ξ_7	ξ_8	ξ_9				
10	0.42	0.72	0.72	1.00	0.98	0.92	1.00	1.00	0.60	0.82	1	0.79	2
12	1.00	0.88	0.52	0.87	0.94	0.61	0.52	0.71	0.58	0.73	3	0.73	3
$13^{上}$	0.37	0.58	0.49	0.80	0.92	0.36	0.33	0.58	1.00	0.60	6	0.59	6
13	0.37	0.81	0.54	0.89	1.00	0.37	0.37	0.88	0.53	0.64	5	0.62	5
15	0.38	1.00	0.48	0.73	0.93	0.48	0.43	0.64	0.92	0.67	4	0.64	4

由表4可以得出，在相似的外部条件下，乌达煤田不同煤层的加权关联度存在差异，即不同煤层的自燃倾向性不同，发生煤火的概率不同。利用灰色关联分析可以预测判断出乌达煤田各煤层的自燃倾向性大小为9号>10号>12号>15号>13号>$13_{上}$号。事实证明，位于前三位的9、10、12号煤层都已经陆续发生自燃，得到实际检验。

4 结论

（1）应用变异系数法，得到影响乌达煤层自燃的9个内在因素煤厚、水分、灰分、挥发分、发热量、全硫、黄铁矿、镜质组、惰质组指标的致灾作用权重为0.14、0.09、0.19、0.08、0.12、0.1、0.1、0.08、0.1。

（2）兼顾煤田火区灰色系统各因子致灾程度的差异，建立了基于变异系数法的煤层自燃灰色关联分析模型，确定乌达煤田各煤层自燃倾向性大小为9号>10号>12号>15号>13号>$13_{上}$号。

参考文献

［1］管海晏，冯·亨特伦，谭永杰，等．中国北方煤田自燃环境调查与研究［M］．北京：煤炭工业出版社，1998：42－45.

［2］Stracher G B. Taylor T P. Coal fires burning out of control around the world：thermodynamic recipe for environ mental catastrophe［J］. International Journal of Coal Geology，2004，59：7－17

［3］张建民，管海晏，曹代勇，等．中国地下煤火研究与治理［M］．北京：煤炭工业出版社，2008：22－30.

［4］陈欢，杨永亮．煤自燃预测技术研究现状［J］．煤矿安全，2012，44（9）：194－197.

［5］曹代勇，樊新杰，时孝磊，等．乌达煤田煤层自燃内因分析与自燃类型划分［J］．煤炭学报，2005，30（3）：288－292.

［6］樊新杰，曹代勇，时孝磊，等．内蒙古西部乌达矿区煤层自燃的控制因素［J］．地质通报，2006，25（4）：487－491.

［7］冯西森．煤微观孔隙结构与自燃特性的相关性研究［D］．山西：太原理工大学，

2015.
[8] 徐长富，樊少武，姚海飞，等．水分对煤自燃临界温度影响的试验研究［J］．煤炭科学技术，2015，43（7）：65－68.
[9] 文虎，张福勇，金永飞，等．硫对煤自燃特性参数影响的实验研究［J］．煤矿安全，2011,42（10）：5－7.
[10] 黄鸿剑．黄铁矿硫对煤自燃特性参数影响的实验研究［D］．陕西：西安科技大学，2013.
[11] 刘思峰，党耀国，方志耕．灰色系统理论及其应用［M］．北京：科学出版社，2010：96－99.
[12] 白雪梅，赵松山．多种综合评价方法的优劣判断研究［J］．统计研究．2000，（7）：45－48.

C#编程实现逐点插入法生成 Voronoi 图

姜凤宇　舒　瑞　孙思远

中国矿业大学（北京）地球科学与测绘工程学院，北京　100083

摘　要　本文采用了逐点插入法来实现由离散点生成 Voronoi 图。该算法在逐点插入的过程中，首先生成离散点的凸壳，进而再生成 Delaunay 三角剖分，由于 Voronoi 图与 Delaunay 三角剖分互为对偶图，所以通过生成 Delaunay 三角剖分的对偶图来生成 Voronoi 图。本文以 75 个离散点为研究数据，用 C#语言进行编程，在 Visual Studio 2015 环境下运行，将 75 个离散点数据输入到程序中，能够成功生成 Voronoi 图，并且能够实现查看并保存点位数据、查看 Delaunay 三角剖分、查看凸壳等功能。

关键词　C#　逐点插入法　Delaunay 三角剖分　Voronoi 图

The Study of Voronoi Diagram Generation Using Point by Point Insertion Method by C# Programming

Jiang Fengyu　Shu Rui　Sun Siyuan

College of Geoscience and Surveying Engineering,
China University of Mining and Technology, Beijing　100083

Abstract　In this paper, the point by point insertion method is used to realize the Voronoi diagram of the discrete point. The algorithm generates the convex hull of the discrete points in the process of point by point insertion, and then generates the Delaunay triangulation. Because the Voronoi diagram and the Delaunay triangulation are the dual graphs, the Voronoi diagram is generated by generating the dual graph of the Delaunay triangulation. In this paper, the 75 discrete points are regarded as the research data, programming with C# language and running in Visual Studio 2015 environment. When the data of the 75 discrete points is input into the program, the Voronoi diagram can be successfully generated, as the same time, it can achieve some functions, for example,

---

资助项目：中央高校基本科研业务费专项资金资助（2010YD06）

作者简介：姜凤宇（1993—　），男，河北承德人，硕士研究生，主要从事 GIS 应用相关方面的研究。E - mail：jiangfengyu0315@foxmail.com view and save the point dada, view the Delaunay triangulation, view the convex hull and so on.

Key words C# point by point insertion method delaunay triangulation voronoi diagram

0 引言

C#是微软公司在 Visual Studio 开发平台上推出的面向对象的编程语言，由于其简单易学且功能强大的优点而被越来越多的开发人员所使用。开发人员可以通过 C#编写在 .NET 框架上运行的各种安全可靠的应用程序。本文就采用了 C#面向对象编程语言来实现 Voronoi 图的生成，不仅设计界面简单友好，而且操作性强。

Voronoi 图与 Convex Hull 和 Delaunay 三角形并称为计算几何的三大支柱[1]。Voronoi 图又称泰森多边形或者 Dirichlet 图，Voronoi 图在求解点集或者其他几何对象与距离有关的问题时起着重要作用。从 20 世纪 90 年代以来，Voronoi 图的应用领域在不断扩展，这些领域从几何重构到计算机图形学、图像处理，从路径规划到粒子微观状态分布，几乎涵盖了自然科学领域的大部分学科，足以显示出 Voronoi 图的重要性与优越性[2]。

陈建国等人采用 Delphi 应用程序开发工具，用编程的方法探讨了面向对象技术在 Voronoi 图生成中的应用[3]。黄清华采用改进的逐点插入算法生成 Voronoi 图，该算法首先在逐点插入的过程中生成凸壳，进而生成 Delaunay 三角剖分，再通过遍历三角形的边顶点快速识别相关的三角形组，从而生成 Voronoi 图[2]。刘云等人在对逐点插入算法改进的前提下，提出了将分治算法与逐点插入法相结合的综合算法，该综合算法既具有分治算法的高效率的优点，又具有逐点插入法的内存消耗小的优点，同时又较好地解决了分治算法与逐点插入法各自的缺点[4]。王龙浩等人对传统逐点插入算法的点定位以及 LOP 算法进行优化，首先对离散点进行分块排序，按行依次插入各点，采用方向搜索技术，以最新生成的三角形作为初始三角形，大幅缩短点定位过程的搜索路径，快速定位到插入点所在的三角形，通过确定插入点的影响范围，只更新影响范围内的三角形，避免重复计算[5]。李水乡等人提出了按可插度分组的双向链表组数据结构，避免了对最大可插度单元的搜索，有效地提高了有限元网格生成的速度和效率[6]。

Voronoi 图的对偶图为 Delaunay 三角剖分。Delaunay 三角剖分的生成算法较多且成熟，我们可以通过先生成 Delaunay 三角剖分，再生成其对偶图来生成 Voronoi 图。目前比较常见的 Delaunay 三角网生成算法有三种：Shamos 和 Hoey 提出的分治算法、Lawson 提出的逐点插入算法以及 Green 和 Sibson 提出的三角网生长算法。本文采用逐点插入算法生成 Voronoi 图，先建立一个包含所有点的凸多边形并生成初始三角形，然后逐一插入剩余点，每插入一点，将其与所在三角形的顶点相连，然后对整个三角网使用 LOP 算法进行优化[7]，确保其为 Delaunay 三角网，最后通过生成 Delaunay 三角剖分的对偶图来生成 Voronoi 图。

1 逐点插入法生成 Voronoi 图

Voronoi 图是计算几何里的一种基于距离的平面划分方法。在平面上有 n 个不重合种子点，把平面分为 n 个区域，使得每个区域内的点到它所在区域的种子点的距离比到其他区域种子点的距离近。每个区域称为该种子点的 Voronoi 区域。Voronoi 图是 Delaunay 三角剖分的对偶图[8]。Voronoi 图的每条边由相邻种子点的垂直平分线构成，在边上的点到两个种子点的距离相等。逐点插入法生成 Voronoi 图的流程如图 1 所示。

1.1 读取离散点的坐标数据

在读取离散点的坐标数据时有两种方式可供选择，一种是通过已有的坐标数据进行读取，该坐标数据以空格为间隔，以文本文件（. txt）的格式进行存储；另一种是直接在绘图区域用鼠标点击屏幕来获取点位坐标，将坐标保存到 DataMonitor 中，并可在 DataMonitor 中查看已绘制的点位坐标。

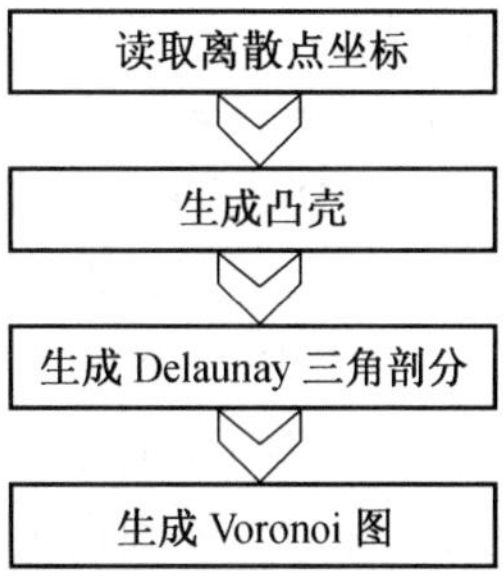

图 1　逐点插入法生成 Voronoi 图的流程图

1.1.1 读取已有数据

原始数据为 . txt 格式的文本文件，其中包含 75 个点位的（x，y，z）三维坐标数据，本文研究的 Voronoi 图只考虑在二维平面上的生成效果，因此只读取（x，y）二维坐标数据。

程序中使用 StreamReader 类来读取文本文件中的内容，其 ReadLine( ) 方法能够读取一行数据并将读取的数据以字符串(string)类型返回。使用 Split( ) 方法对字符串进行分割处理并返回字符串类型的数组(string[ ])。Split( ) 函数用法如下：

```
StreamReader sr = new StreamReader (path, Encoding. Default);
string [ ] sArray = sr. ReadLine ( ) . Split (' ');
```

由于本文研究的是二维数据，所以将文本文件中一行数据以空格分成三组数据并分别存在 sArry [0]、sArry [1]、sArry [2] 中，将 sArry [0]、sArry [1] 两组数据提取出来并赋值给点的 x、y 坐标值，同时记录读取数据的行数，即离散点的个数 VerticesNum。

1.1.2 在绘图区域点选离散点

本程序除了可以对已有数据进行读取外，还设计了可以在屏幕上随机点击离散点来生成 Voronoi 图。MouseEventArgs 为鼠标移动事件，其参数 e 表示鼠标当前所在的位置，e. X 表示鼠标当前位置的 X 坐标，e. Y 表示鼠标当前位置的 Y 坐标。当点击鼠标时，程序通过参数 e 获取当前点的坐标，并将 e. X、e. Y 赋值给离散点的 X、Y 坐标，相关代码如下：

```
D_ TIN. DS. Vertex [D_ TIN. DS. VerticesNum] . x = e. X;
D_ TIN. DS. Vertex [D_ TIN. DS. VerticesNum] . y = e. Y;
D_ TIN. DS. Vertex [D_ TIN. DS. VerticesNum] . ID = D_ TIN. DS. VerticesNum;
D_ TIN. DS. VerticesNum + + ;
```

1.2 生成凸壳

凸壳建立有许多经典算法，如分治法、卷包裹法、格雷厄姆扫描法和增量法等。卷包裹法和格雷厄姆扫描法等需要对点集进行排序，而增量法则不需要预先排序[9]。本文采用增量递推算法，不需要排序。凸壳 CH（i）具体建立步骤如下。

初始化凸壳顶点链表 HullPoint。当插入点的数目 $P_i = 3$ 时，取这三点 P_1，P_2，P_3 围成的三角形为初始凸壳 CH（3），将 3 点放入凸壳顶点链表。当插入第 i 个点（$i \geq 4$）时，对应的凸壳为 CH（i）。CH（i）建立过程会出现下面两种情况：按逆时针方向排列 CH（$i-1$）中的顶点，如果 P_i 在凸壳边左侧，则 $P_i \in CH$（$i-1$），否则 $P_i \notin CH$（$i-1$）。

①当$P_i \in CH(i-1)$时，则$CH(i)$与$CH(i-1)$有相同的凸壳顶点；②当$P_i \notin CH(i-1)$时，则$CH(i)$由$CH(i-1)$中的顶点与P_i组成，需生成新的凸壳$CH(i)=CH(CH(i-1)\cup P_i)$，同时检查新生成的凸壳是否会出现内凹，若出现内凹，需将内凹点移出凸壳链表。凸壳生成后需将凸壳顶点进行标记以区分凸壳点与离散点，将凸壳顶点的标记设为1，即

```
for (int i=0; i<HullPoint.Count; i++)
    DS.Vertex[HullPoint[i]].isHullEdge=1;
```

由此根据插入点在凸壳内还是凸壳外生成新的凸壳。

1.3 生成 Delaunay 三角剖分

首先将凸壳顶点链表 HullPoint 复制到集合 points 内，对凸壳构建三角网。在构建三角网的过程中，要确定由三个点构成的三角形外接圆中不包含其他凸壳顶点，若包含则重新选点构网，若不包含则将三角形加入到三角形链表 Triangle 中，并将索引为 id2 的点标记为已构网点，即 DS. Vertex［id2］. isHullEdge = 2。

将点集中的散点依次插入，在三角形链表中找出外接圆包含插入点的三角形（称为该点的影响三角形），删除影响三角形的公共边，将插入点同影响三角形的全部顶点连接起来，完成一个点在 Delaunay 三角形链表中的插入，如图 2 所示。

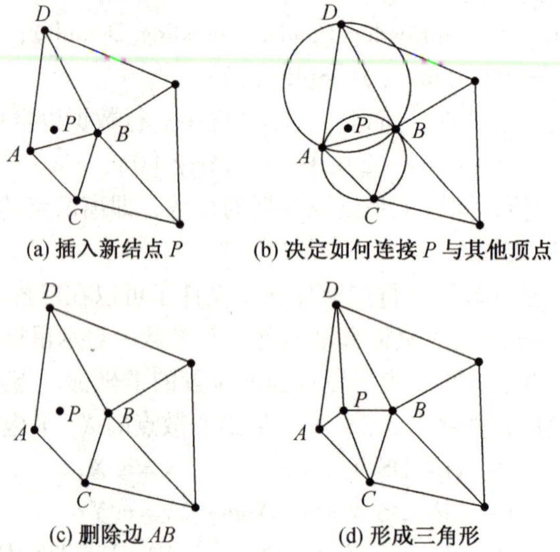

图2 插入新点后修改三角网

根据优化准则对局部新形成的三角形进行优化。将新形成的三角形存储到 Delaunay 三角形链表中。循环执行上述步骤，直到所有离散点插入完毕，即生成了 Delaunay 三角剖分。

1.4 生成 Voronoi 图

Voronoi 图与 Delaunay 三角剖分互为对偶图，因此可以通过已生成的 Delaunay 三角剖分来间接生成 Voronoi 图。在凸壳内，求出 Delaunay 三角剖分中每个三角形的外接圆圆心，连接相邻两三角形的外接圆圆心；在凸壳外，对凸壳的每条边画出垂直平分线，垂直

平分线在凸壳内部与该边所在三角形的外接圆圆心相连接，在凸壳外部无限延伸，由此得到的图形即为 Voronoi 图。

2 C#编程实现 Voronoi 图的生成

2.1 数据结构设计

在生成 Voronoi 图的过程中主要涉及离散点、扩展边、Delaunay 三角形以及 Voronoi 图多边形等几种对象。部分数据结构设计如下。

离散点：用于存储离散点的坐标数据，即 X、Y 坐标信息，离散点点号及标记是否为凸壳顶点。

```
public struct Vertex
{
        public float x;
        public float y;
        public long ID;
        public int isHullEdge;      //凸壳顶点标记，系统初始化为 0
}
```

扩展边：用于存储由两个离散点构成的边信息，包括构成边的两点的索引，标记该边是否为凸壳边。

```
public struct Edge
{
    public long Vertex1ID;          //点索引
    public long Vertex2ID;
    public bool NotHullEdge;        //标记是否为凸壳边
}
```

Delaunay 三角形：用于存储构成 Delaunay 三角形的三点的点索引信息。

```
public struct Triangle
{
        public long V1Index;
        public long V2Index;
        public long V3Index;
}
```

外接圆的圆心坐标：用于存储 Delaunay 三角形的外接圆圆心坐标 X、Y 值。

```
public struct Barycenter
{
        public double X;
        public double Y;
}
```

Voronoi 多边形：用于存储构成 Voronoi 图的边的信息。

```
public struct VoronoiEdge
```

```
{
        public Edge VEdge;
}
```

绘图边界：用于限定 Voronoi 图的绘制范围，包括 X 坐标的最大、最小值和 Y 坐标的最大、最小值。

```
public struct BoundaryBox
{
        public long XLeft;
        public long YTop;
        public long XRight;
        public long YBottom;
}
```

2.2 程序运行及结果展示

本程序是用 C#语言编写，在 Visual Studio2015 环境下运行的，计算机配置为 AMD 2.2GHz、2G 内存，32 位操作系统。

本程序运行的界面简洁、友好，能够实现离散点的 Voronoi 图及 Delaunay 三角剖分的绘制，同时还可以展示出离散点的凸壳，查看离散点的 X、Y 坐标信息，并且可以将坐标信息以文本文件（.txt）格式保存到本地磁盘。

将 75 个点位的研究数据导入到程序中，系统将自动识别出数据中的 X、Y 坐标信息，并将点位的坐标信息实时显示到屏幕上，并显示出离散点的凸壳，在得到离散点的凸壳基础上，根据点的位置关系绘制出 Delaunay 三角剖分，如图 3 所示。再由 Delaunay 三角剖分绘制出其对偶图，即为 Voronoi 图，如图 4 所示。

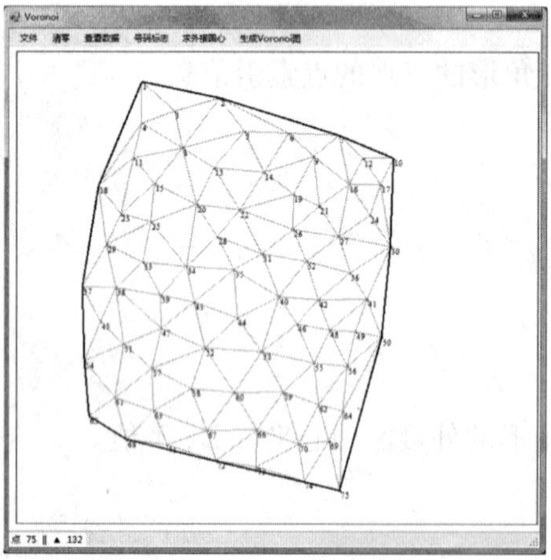

图 3　离散点的凸壳及 Delaunay 三角剖分

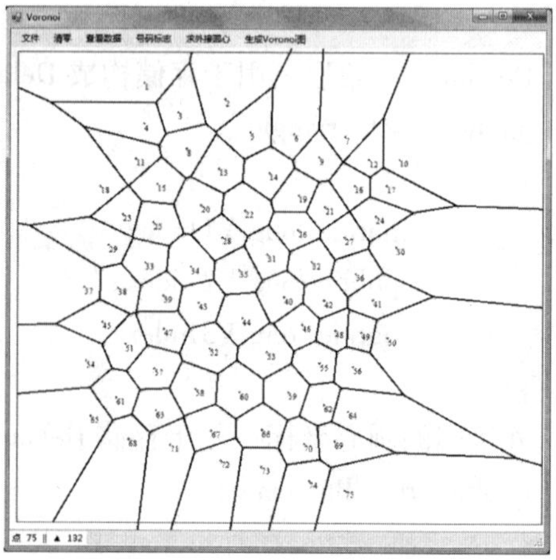

图 4　离散点的 Voronoi 图

3　结论及展望

本文采用逐点插入法实现 Voronoi 图的生成，通过实验数据的验证，本程序能够成功生成 Voronoi 图，并具有良好的系统稳定性。由图 3、图 4 可知，共插入离散点 75 个，形成 Delaunay 三角形 132 个，凸壳边的点号按逆时针顺序依次为：1、18、37、54、65、68、75、50、30、10、7、2 共 12 个点，形成 Voronoi 图斑 75 个。

本文在研究算法上只采用了逐点插入法生成 Voronoi 图，而没有采用其他算法来生成 Voronoi 图，因此缺少对比研究。另外，本文只在二维平面上生成了离散点的 Voronoi 图，在今后的研究中可以将二维平面扩展到三维空间，能够编程实现三维 Voronoi 图的生成。

参 考 文 献

[1] 孙继忠，胡艳，马永强．基于 Delaunay 三角剖分生成 Voronoi 图的算法[J]. 计算机应用，2010，1：75 –77 +97.

[2] 黄清华．一种基于逐点插入 Delaunay 三角剖分生成 Voronoi 图的算法[J]. 微型电脑应用，2014，6：43 –45.

[3] 陈建国，王铮．基于面向对象的 Voronoi 图生成算法[J]. 测绘与空间地理信息，2004，2：12 –13.

[4] 刘云，夏兴东，黄北生．基于分治算法与逐点插入法的 Delaunay 三角网建立算法的改进[J]. 现代测绘，2010，4：14 –16.

[5] 王龙浩，王解先．基于逐点插入法的 Delaunay 三角网快速生成算法[J]. 工程勘察，2013，10：75 –79.

[6] 李水乡，陈斌，赵亮，等．快速 Delaunay 逐点插入网格生成算法[J]. 北京大学学报(自然科学版)，2007，3：302 –306.

[7] 郭晓东．Delaunay 三角形网络逐点插入法的优化算法[J]. 气象与环境科学，2014，2:112 –116.

[8] 孟雷，张俊伟，王筱婷，等．一种改进的 Voronoi 图增量构造算法[J]. 中国图像图形学报，2010，6：978 –984.

[9] 田军委，程钢．改进 Delaunay 三角剖分算法[J]. 西安工业大学学报，2011，4：334 –339.

风云三号卫星低分辨率影像投影精度评测软件设计与实现

赵思亮　崔希民　郑　珂

中国矿业大学（北京）地球科学与测绘工程学院，北京　100083

摘　要　随着风云气象卫星观测能力的不断增强，国内外用户对风云气象卫星数据的需求逐年增多。从气象卫星数据产品的国际共享角度看，尽管风云气象卫星数据产品属于全球性产品，但第分辨率影像的投影误差将导致南北半球几何变形大，从而导致气象数据的使用不方便。本文主要采用IDL与C++混合编程技术，借助OpenCV开源计算机视觉库，设计并实现了针对风云三号气象卫星低分辨率遥感影像的投影精度评测软件。软件测试结果表明，该软件操作简单、运行流畅，基本能够满足对风云三号气象卫星低分辨率遥感影像的投影精度评测。

关键词　气象卫星　投影精度　特征检测与匹配　IDL　开源计算机视觉库

Software Design and Implementation of Evaluating the "FY-3" Satellite Low-resolution Image Projection Precision

Zhao Siliang　Cui Ximin　Zheng Ke

College of Geoscience and Surveying Engineering,
China University of Mining and Technology, Beijing　100083

Abstract　As observing capacities of FY meteorological satellite increases over time, so do the needs of users for observation data from FY meteorological satellite. Viewed from the points of sharing meteorological data with international community, the observation data from FY meteorological satellite has become global product, but the projection error will lead to large geometric distortion of the southern and northern hemispheres of the Earth and bring some inconvenience to the use of product. This article mainly uses IDL

资助项目：中央高校基本科研业务费专项资金（2010YD08）

作者简介：赵思亮（1993—　），男，河北唐山人，硕士研究生，主要从事遥感图像处理研究。Tel:18722026406; E-mail:cumtbzhaosl@126.com and C ++ complex programming technology and OpenCV which is an open source library for computer vision to design and implement the software system. The results of software analysis and testing indicate that the system is simple to operate and runs smoothly and can perform all the functions aimed to the low - resolution remote sensing image produced by the FY meteorological satellite.

Key words meteorological satellite projection precision feature detection and matching IDL openCV

0 引言

随着国民经济的快速发展、人民生活水平的日益提高，社会各界更加关注天气、气候、环境的发展变化，对天气预报、气候预测、灾害监测提出了更高的要求[1]。风云三号（简称 FY -3）气象卫星是我国第二代军民两用极轨气象卫星[2]，其卫星观测资料将在数值天气预报、行星尺度天气分析、中小尺度天气预报、地球生态与环境分析、全球气候变化分析、军事和航空气象等专业应用领域发挥重要作用。长期以来，遥感影像的精确定位一直都是依赖于地面控制点；而由于风云三号气象卫星的空间分辨率相对较低，准确定位其地面控制点比较困难。因此，对风云三号气象卫星低分辨率遥感影像进行投影精度的评测，关键是如何自动提取控制点。为解决这一问题，本文将现代计算机图像处理技术应用于遥感影像的处理当中，通过特征提取算法以及特征匹配算法，从待检测影像和模板影像中提取同名特征点，实现风云三号气象卫星低分辨率遥感影像的投影精度评测。

1 影像匹配国内外研究现状

国内学者在影像匹配领域同样做了很多研究，主要侧重于对匹配算法的可靠性、精度、稳定性、适用性以及速度的研究。

2004 年，David Lowe 首次提出了基于尺度不变特征变换的特征提取算法[3]—SIFT 算法，使用 SIFT 算子提取的特征点比较稳定，具有抗几何变形和光照变化的能力，非常适用于局部目标匹配和识别[4]。2006 年，Bay 首次提出了加速版的具有鲁棒性的特征检测算法—SURF 算法。该算法是 SIFT 算法的加速版。SURF 算法最大的特征在于采用了 haar 特征以及积分图像的概念，大大加快了程序运行的时间[5]。

张谦等人就多源遥感影像对 SIFT 算法进行了改进，在特征点提取阶段通过控制特征点数量和分布获取均匀分布的特征点，在特征匹配阶段，采用特征点仿射变换粗匹配、精匹配和优化策略，提取准确的同名点[6]。夏英等人针对中低分辨率遥感影像提出了一种自动提取控制点对的方法，采用区域匹配策略，使用 SIFT 特征描述符描述 harris 角点的特征向量进行特征点匹配[7]。刘丹[8]等人将影像匹配技术应用于气象卫星云顶高度的计算当中，并提出了相应的改进算法。

2 相关理论介绍

2.1 IDL

IDL（Interactive Data Language）作为第四代交互式数据编程语言，语法简单，数据分析功能强大[9]，外部接口零活，支持多平台操作。正是因为这些特点，IDL 被广泛应用于地球科学、图像处理、GIS 系统以及软件开发、航空航天、数学统计及分析、环境工程等领域[10]。

2.2 openCV

OpenCV 是一个基于开源发行的跨平台的计算机视觉库。所谓计算机视觉，就是利用摄影机和电脑代替人的眼睛和大脑，对目标进行识别、跟踪、测量和处理，试图建立从图像或者多维数据中获取“信息”的人工智能系统。OpenCV 实现了图像处理和计算机视觉方面很多的通用算法，已经成为计算机视觉领域中非常重要的工具之一。本文使用的 OpenCV 版本为 2.4.9。

2.3 HDF5 文件

HDF5 是一种功能强大、广泛应用于科学领域的文件格式，由美国国家高级计算应用中心（NCSA）于 1998 年发布，是一个含有科学数据和支持元数据的二进制文件。HDF5 文件的应用，对于管理和处理遥感以及地理信息系统中的海量图形数据和属性数据有着积极意义。

3 软件系统设计与实现

3.1 系统设计

系统的整体设计是一项复杂的工程，是连接需求分析、硬件系统以及使得程序顺利实现的桥梁，所以本软件系统的整体设计遵循了“实用性、可靠性、健壮性、效率性、可扩展性”的原则。系统整体设计包括以下内容。

3.1.1 系统界面设计

对于一个应用程序来说，用户的评价首先是从 GUI（Graphical User Interface）开始的，因此整体美观、操作友好的 GUI 非常重要。本文采用 IDL 编辑用户图形界面，虽然 IDL 没有 C#那般即拖即用的图形控件，但是 IDL 为开发人员提供了丰富的界面组件，在创建界面组件的过程中，IDL 为界面组件提供了许多关键字，通过这些关键字开发人员可以控制界面组件的样式、属性以及事件响应。本软件意在面向大众用户，所以在程序界面的设计中采用 Windows 软件设计的传统风格，界面主要包括菜单栏、工具栏和显示区三大部分。

3.1.2 系统功能设计

本系统包括四个模块，分别为：文件操作模块、图像处理模块、数据分析模块、数据输出模块。其中文件操作模块负责读取各类格式的文件；图像处理模块负责投影功能；数据分析模块是系统的核心，由 IDL 和 C++混合编程完成，主要功能为投影产品精度评测；数据输出模块负责评测结果输出。系统功能设计如图 1 所示。

3.1.3 系统数据

本软件系统的数据主要分为测试数据和模板数据。测试数据主要来自风云三号气象卫星 L2 级产品。L2 级产品是产品生成系统（PGS）的最基本产品，分为轨道（5 分钟段）产品（时效高，在预处理完后，就开始启动处理作业）和日合成产品（每日处理一次），主要采用 HDF5 文件格式进行存储，投影类型分为等经纬度投影和 HAMMER 投影，空间分辨率为 1KM。模板数据来自 Modis 陆地标准产品 MOD11A2 地表温度/发射率 8 天合成产品，经过数据预处理后形成本文的标准模板数据。

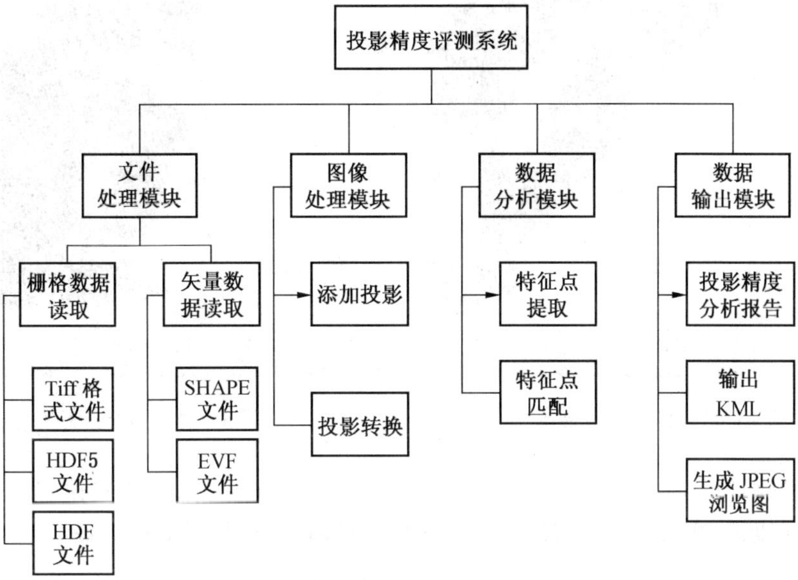

图1　系统功能设计

3.2　系统实现

本文采用IDL与C++混合编程，其中IDL具有强大的矩阵运算能力，开发人员只需要编写少量的几行代码就可以完成复杂而高效的程序设计，同时IDL拥有OpenGL硬件加速、复杂数据可视化表达、集成数学统计与分析软件包，支持跨平台应用的开发和兼容ODBC数据库以及灵活的外部程序接口。

C/C++是目前世界上非常流行的编程语言，它实现了面向对象程序设计，这与IDL面向对象的编程方式不谋而合，在所有的高级编程语言当中，C/C++的处理运行速度是最快的。C/C++的标准定义很精致，体现了C/C++编程语言的严谨性和精确性。总之，C/C++编程语言的优势就是它的性能和类层次结构的设计。因此，本软件系统同时采用IDL与C/C++这两种高效的编程语言，充分利用这两种编程语言的编程优势，使程序的高效性和灵活性得到了很好的保证。

在两种语言的协同下，实现了主界面、投影精度评测界面以及上述4个模块的功能。在系统中可以设置投影转换的模型参数，对待检测影像和模板影像进行特征点检测匹配和精度分析，最后可以输出分析结果到指定文件夹。

4　系统测试

本章从软件测试的角度出发，验证本软件系统的运行情况，选取风云三号气象卫星遥感影像L2级产品作为待检测影像，采用MODIS陆地标准产品作为模板影像。

首先加载影像，对标准影像进行投影转换，使其与待检测影像具有相同的投影类型，本次测试中采用等经纬度投影。投影转换后效果对比如图2和图3所示。

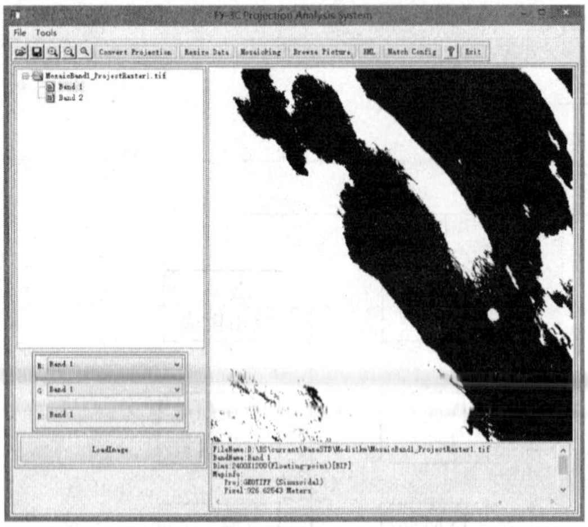

图2　投影转换前标准影像

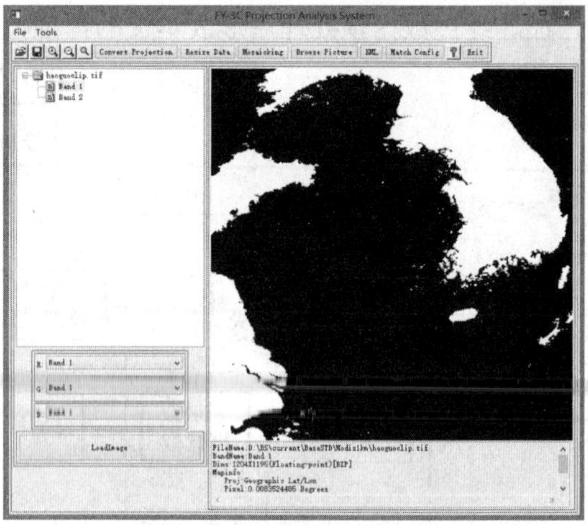

图3　投影转换后标准影像

当待检测影像与标准影像投影类型一致后，通过 Match Config 工具设置特征点检测算法以及特征点匹配算法，并设置匹配对像素坐标的输出路径，如图 4 所示。

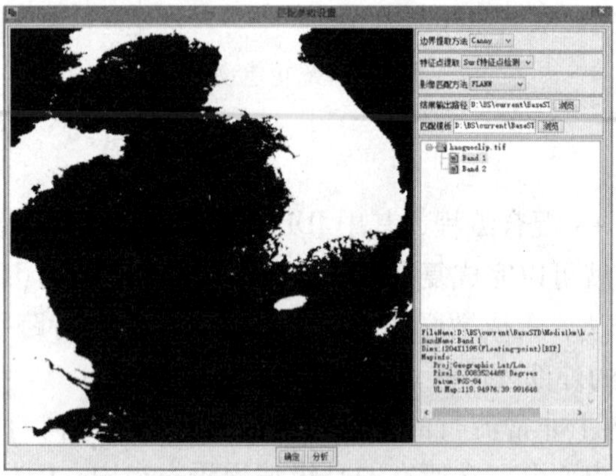

图4　特征检测与匹配相关配置

当特征检测方法与特征匹配方法设置完成后，单击确定按钮，便开始特征检测与匹配过程，图像局部检测与匹配效果如图 5 所示。

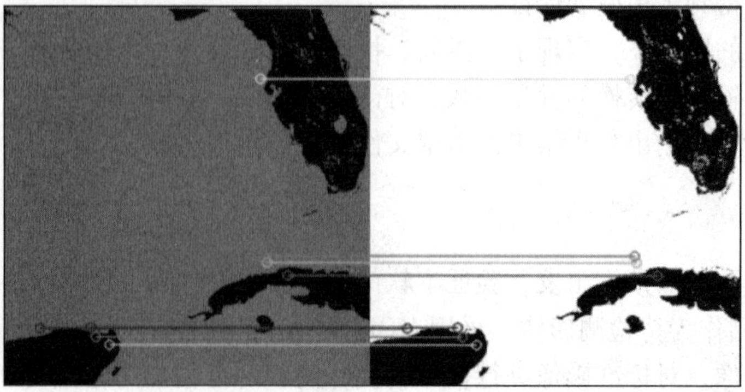

图5　影像特征匹配效果

接着启动软件的数据分析模块，从匹配结果文件的输出目录中选择匹配文件，然后计算匹配点对的地图坐标以及地图坐标的误差，效果如图6所示，详细信息请参见表1和表2。

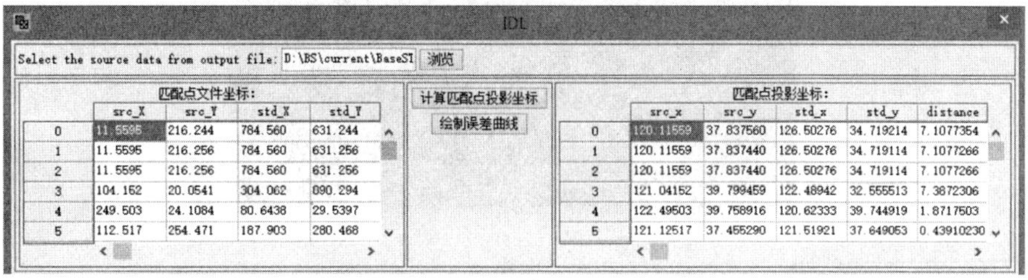

图6　匹配对投影坐标及误差

表1　匹配对像素坐标

src_ X	src_ Y	std_ X	std_ Y
11.5595	216.244	784.56	631.244
11.5595	216.256	784.56	631.256
104.152	20.0541	304.062	890.294
249.503	24.1084	80.6438	29.5397
112.517	254.471	187.903	280.468
210.000	791.819	384.755	755.069
804.896	888.561	1146.35	856.118
927.761	441.995	162.785	208.353
769.858	970.551	906.391	1091.21

表2　匹配对地图坐标及坐标差　　m

src_ x	src_ y	std_ x	std_ y	distance
120.11559	37.837560	126.50276	34.719214	7.1077354
120.11559	37.837440	126.50276	34.719114	7.1077266
121.04152	39.799459	122.48942	32.555513	7.3872306
122.49503	39.758916	120.62333	39.744919	1.8717503
121.12517	37.455290	121.51921	37.649053	0.4391023
122.10000	30.962090	126.79362	33.684973	5.4262484
128.04896	31.114390	129.52459	32.840966	2.2712425
129.27761	35.580050	121.30941	38.251390	8.4040601
127.69858	30.294490	127.52034	30.877373	0.60952474

点击绘制误差曲线按钮，匹配对的误差曲线如图7所示。

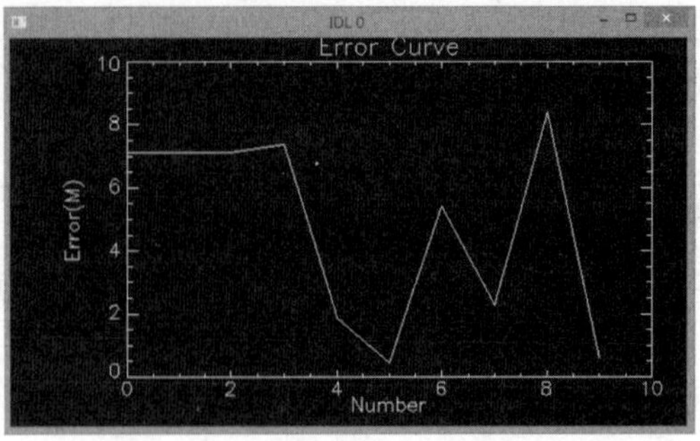

图 7　匹配对地图坐标误差曲线

从上面的软件测试可以看出，本软件能完成检测风云气象卫星低分辨率遥感影像投影精度的评测，且文中算法可以将匹配坐标差控制在 10 m 以内，系统实现了"投影转换—特征点匹配—精度评测—结果输出"的流程，具有一定的实际意义。当前本软件处于测试阶段，后续的研究会继续完善软件的功能。

5　结论

本软件系统采用 IDL 与 C ++ 混合编程技术，首先采用 IDL 构建整个系统的用户图形界面以及基本的图像处理功能，包括 HDF5 文件的读取与可视化显示，不同投影间的相互转换以及文件输出等。本软件将现代计算机图形处理技术应用到遥感影像的特征提取与特征匹配当中，基于 OpenCV 开源计算机视觉库以及 DLM 技术，自定义了供 IDL 程序调用的动态链接库，实现了系统中特征点提取和匹配的算法，最后根据检测影像与模板影像的投影信息计算匹配点对的投影坐标，通过计算两者的差值，达到评测投影精度的目的。

参　考　文　献

[1] Loveland T, Belward A. The IGBP – DIS global 1km land cover data set, DISCover: first results [J]. International Journal of Remote Sensing, 1997, 18(15): 3289 – 3295.

[2] 田华. 新一代静止气象卫星数传系统的设计研究[D]. 上海：上海交通大学，2008.

[3] Lowe D G. Distinctive image features from scale – invariant keypoints [J]. International journal of computer vision, 2004, 60(2): 91 – 110.

[4] 陈艺虾，孙权森，徐焕宇. SURF 算法和 RANSAC 算法相结合的遥感图像匹配方法[J]. 计算机科学与探索，2012，(9)：822 – 828.

[5] 都业刚. 基于显著性的移动图像检索[D]. 大连：大连海事大学，2015.

[6] 张谦，贾永红，胡忠文. 多源遥感影像配准中的 SIFT 特征匹配改进[J]. 武汉大学学报（信息科学版），2013，(4)：455 – 459.

[7] 夏英，唐小英. 中低分辨率遥感影像控制点对自动提取方法[J]. 重庆邮电大学学报（自然科学版），2014，(2)：238 – 242.

[8] 刘丹. 云顶高度计算中气象卫星最优影像匹配技术的研究 [D]. 南京：南京信息工程大学，2012.

[9] 张永宏，曹庭，任伟. 基于 FY－3A/VIRR 数据的雪盖信息提取软件设计与实现[J]. 计算机工程与科学，2015，(7)：1325－1330.
[10] 崔丽华，刘善军，张艳博. IDL 程序去除 MODIS 遥感影像镶嵌图中的黑色条带[J]. 河北理工大学学报（自然科学版），2009，(3)：79－82.

基于Matlab的酸性煤矸石山自燃深度反演

笪宏志　赵艳玲　夏　清

中国矿业大学（北京）地球科学与测绘工程学院，北京　100083

摘　要　治理自燃煤矸石山的关键是对矸石山自燃的诊断，即对高温区和着火点的探明。因此，实现对煤矸石山深部着火点的快速、准确、安全、简便定位，是有效的灭火和阻燃措施。本文利用煤矸石山温度场的计算模型和matlab语言，实现了煤矸石山中心热源的深度反演，为探明煤矸石山深部着火点的位置提供了一种快速的解算方法。

关键词　煤矸石　温度场　matlab　深度反演

Depth Inversion Of Spontaneous Combustion of Acid Coal Gangue Based on Matlab

Da Hongzhi　Zhao Yanling　Xia Qing

College of Geoscience and Surveying Engineering,
China University of Mining and Technology, Beijing　100083

Abstract　The key governance coal gangue hill is the diagnosis of spontaneous combustion, which is proven in high temperature region and the ignition point. Therefore, achieving deep ignition position of the coal gangue hill fast, accurately, safely and simply is to take effective measures for fire and flame retardant. The paper implements the depth inversion center of coal gangue heat source by using MATLAB language and the temperature field model of coal gangue dump, it provides a fast solution method for the study of coal gangue deep ignition position.

Key words　gangue　temperature field　matlab　depth inversion

资助项目：中央高校基本科研业务费专项资金（2009QD05）

作者简介：笪宏志（1991—　），男，安徽合肥人，研究生，主要从事土地整治工程、土地复垦与生态重建方面的研究。Tel：13552246839；E－mail：1305933865@qq.com

0 引言

煤矸石是煤炭开采、分选加工过程中产生的废弃岩石，占原煤产量的 10% ~20%。由于煤炭资源的大量开采，煤矸石的产出量较大，受资源性质、经济技术条件的限制以及市场变化的影响，煤矸石的资源化综合利用率较低，大量的煤矸石在矿区堆积成山。由于矸石中含有残煤、炭质泥岩、碎木材等可燃物质，在长期露天堆积后通常发生自燃现象，导致了严重的社会问题和环境问题。尤其是自燃煤矸石山存在较大的环境风险，已成为当前矿区环境治理研究的热点之一。对自燃煤矸石山的治理关键是对矸石山自燃的诊断，即对高温区和着火点的探明。因此，实现对煤矸石山深部着火点的快速、准确、安全、简便定位，是有效的灭火和阻燃措施，是实现自燃煤矸石山长效治理的关键[1]。胡振琪、高杨等基于点火源模型反演测算了煤矸石山着火点的深度[2]。夏清、胡振琪、王海娟等利用有限元差分的办法，实现了煤矸石山不同深度温度的求解问题[3]。李文军、孙跃跃、汪云甲提出了煤矸石山内部产热强度的计算模型[4]。陈清华，张国枢等利用球体热源模型对松散煤体中存在高温热源时的温度场进行了近似解析分析[5]。由于温度相关计算模型参数多，且涉及多次求解、修正等，计算复杂，本文利用 matlab 语言[6]的计算能力，对煤矸石山自燃深度反演模型进行了编程，为煤矸石山自燃深度反演提供了工具支撑。

1 煤矸石山自燃深度反演模型简介

1.1 煤矸石山温度场的计算模型

某一区域的煤矸石如果具有良好的蓄热环境和足够的氧气供应，将持续升温并最终发生自燃，同时作为高温热源以热传导、热辐射和热对流等方式向周围传递热量。在供氧条件和周围环境变化不大的情况下，煤矸石山发生大规模自燃前放热区域基本恒定，可视为半径为 r_0（m）的发热强度 q（W/m^2）的球体热源向周围传递热量。实验研究和理论分析表明[7]，固体颗粒直径不超过时 4 ~6 mm 时，空隙的尺寸足以阻止热对流的发生。煤矸石中的热量传递过程可以归纳为固体和流体的导热过程，即只考虑固体、流体的导热作用，通常可把固体和流体的导热过程综合考虑。由固体热传导的知识得，假设在原点处半径为 r_0 球体热源持续放热，其向周围煤体的发热强度为 q（q 恒定），则发热τh 后在任意一点引起的温升 θ（R，τ）（℃），即为 R 处的煤矸石山温度场的计算模型：

$$\theta(R,\tau)=\frac{q}{C_\rho\rho}\cdot\int_0^{\tau}\frac{1}{\left\{(4a\tau\pi)^{\frac{3}{2}}+\left[8\pi r_0 a\tau e^{\frac{-r_0^2}{4a\tau}}-(4a\tau\pi)^{\frac{3}{2}}\mathrm{erf}\left(\frac{r_0}{\sqrt{4a\tau}}\right)\right]\right\}}\cdot e^{\frac{-R^2}{4a\tau}}d\tau \tag{1}$$

式中 ρ——煤矸石的密度，kg/m^3；

C_ρ——煤矸石的比热容，J/(kg · ℃)；

a——综合有效热扩散系数，m^2/s；

R——到原点的距离，m。

1.2 煤矸石山自燃深度反演模型

由煤矸石山温度场的计算模型可知，$\theta(R,\tau)$，ρ，C_ρ，a，r_0 等参数均可以直接获取或者通过试验来测定其值，q 则无法获取其值，为了从方程中消去 q，现可以进行如下处理：

假设 T_i 和 T_j（$T_j > T_i$）时刻 R 处的温升分别为：θ_{Ti}（R，T_i），θ_{Tj}（R，T_j），则

$$\theta_{Tj}(R, T_j) - \theta_{Ti}(R, T_i) = \frac{q}{C_\rho \rho} \cdot \int_{T_i}^{T_j} \frac{1}{\left\{(4a\tau\pi)^{\frac{3}{2}} + \left[8\pi r_0 a \tau e^{\frac{-r_0^2}{4a\tau}} - (4a\tau\pi)^{\frac{3}{2}} \mathrm{erf}\left(\frac{r_0}{\sqrt{4a\tau}}\right)\right]\right\}} \cdot e^{\frac{-R^2}{4a\tau}} d\tau \tag{2}$$

令 $i=1$，2，$j=1$，2 则：

$$\frac{\theta_{T2}(R, T_2) - \theta_{T1}(R, T_1)}{\theta_{T4}(R, T_4) - \theta_{T3}(R, T_3)} = \frac{\int_{T_1}^{T_2} \frac{1}{\left\{(4a\tau\pi)^{\frac{3}{2}} + \left[8\pi r_0 a \tau e^{\frac{-r_0^2}{4a\tau}} - (4a\tau\pi)^{\frac{3}{2}} \mathrm{erf}\left(\frac{r_0}{\sqrt{4a\tau}}\right)\right]\right\}} \cdot e^{\frac{-R^2}{4a\tau}} d\tau}{\int_{T_3}^{T_4} \frac{1}{\left\{(4a\tau\pi)^{\frac{3}{2}} + \left[8\pi r_0 a \tau e^{\frac{-r_0^2}{4a\tau}} - (4a\tau\pi)^{\frac{3}{2}} \mathrm{erf}\left(\frac{r_0}{\sqrt{4a\tau}}\right)\right]\right\}} \cdot e^{\frac{-R^2}{4a\tau}} d\tau} \tag{3}$$

对式（3）进行恒等变形，将方程的左边移到右边，令方程的右边等于 M（R，T_1，T_2，T_3，T_4，a，r_0），即方程变为

$$M(R, T_1, T_2, T_3, T_4, a, r_0)=0 \tag{4}$$

式（4）中仅有 R 一个未知数，通过该式的解算可得到煤矸石山自燃深度。

2 基于 Matlab 煤矸石山自燃深度反演程序设计

Matlab 是美国 MathWorks 公司出品的商业数学软件，是用于算法开发、数据可视化、数据分析以及数值计算的高级技术计算语言和交互式环境。Matlab 可以进行矩阵运算、绘制函数和数据、实现算法、创建用户界面、连接其他编程语言的程序等，主要应用于工程计算、控制设计、信号处理与通讯、图像处理、信号检测、金融建模设计与分析等领域。Matlab 的基本数据单位是矩阵，它的指令表达式与数学、工程中常用的形式十分相似，故用 Matlab 来解算问题要比用 C、FORTRAN 等语言完成相同的事情简捷得多，并且 Matlab 也吸收了像 Maple 等软件的优点，使 Matlab 成为一个强大的数学软件，因此使用 Matlab 语言来编程十分的简便。为了每次输入数据的简便，可利用 Matlab 提供的 GUI 功能做成一个可视化的输入、输出界面。

2.1 Matlab GUI 总体设计

Matlab GUI 界面如图 1 所示，包括 4 个输入文本框：参数 a，时刻（[T_1，T_2，T_3，T_4]），半径 r_0，以及温差[m_1，m_2]；2 个参数设置文本框：设置误差（方程的解算误差），R 区间[R_1，R_2]（解算区间）；2 个输出文本框：R（输出解算的 R 值），检验误差；3 个执行按钮：R 区间判断（判断要解算的 R 值是否在区间内），计算 R 值，检验（检查解算的 R 值是否正确），绘图[绘出 $M(R, T_1, T_2, T_3, T_4, a, r_0)$ 的图像]。

2.2 具体程序设计

2.2.1 反演模型中的积分程序设计

M（R，T_1，T_2，T_3，T_4）中的积分采用数值积分中的复化梯形公式的节点加密法计算。对于方程内的积分计算可采用数值积分[8]的方法计算。即：

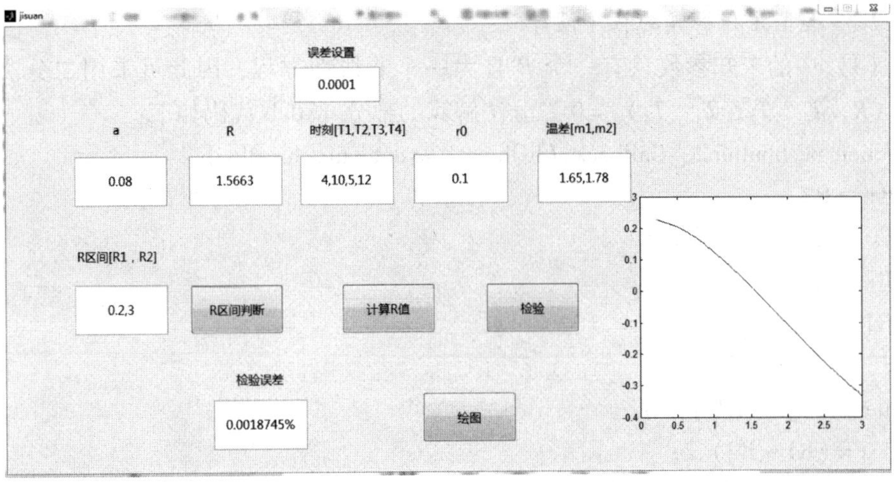

图1 GUI总体设计界面

$$\int_{T_i}^{T_j} \frac{1}{\left\{(4a\tau\pi)^{\frac{3}{2}} + \left(8\ \pi\ r_0 a\tau\ e^{\frac{-r_0^2}{4a\tau}} - (4a\tau\pi)^{\frac{3}{2}}\mathrm{erf}\left(\frac{r_0}{\sqrt{4a\tau}}\right)\right)\right\}} \cdot e^{\frac{-R^2}{4a\tau}} d\tau \quad (T_j > T_i)$$

的积分计算的 matlab 代码如下：

```
function m = h(a, R, T1, T2, r0)
toller = 0.0001;
s1 = (T2 - T1) * (p(a, R, T1, r0) + p(a, R, T2, r0))/2;
s2 = s1/2 + 0.5 * (T2 - T1) * p(a, R, 0.5 * (T1 + T2), r0);
n = 1;
while(abs(s2 - s1)> toller/3)
    s1 = s2;
    n = n + 1;
    s = 0;
    for i = 1: 1: 2^(n - 1)
        j = T1 + 2 * (T2 - T1) * i/(2^n) - (T2 - T1)/(2^n);
        s = s + p(a, R, j, r0);
    end
    s2 = s1/2 + 2 * (T2 - T1) * s/(2^n);
end
m = s2;
function k = p(a, R, T, r0)
f1 = exp( - R^2/(4 * a * T));
f2 = (4 * a * pi * T)^1.5 + 8 * pi * a * T * r0 * exp( - r0^2/(4 * a * T)) - (4 * a * pi * T)^1.5 * erf(r0/sqrt(4 * a * T));
k = f1/f2;
```

2.2.2 反演模型方程解算的程序设计

式（4）中的未知参数只有一个 R 且为一个非线性方程，因此可采用二分法来[9]解算。M（R，T_1，T_2，T_3，T_4）=0 二分法解算的部分 matlab 代码如下：

```
function pushbutton2_ Callback (hObject, eventdata, handles)
if R1 > R2
   t = R1;
   R2 = t;
   R1 = R2;
end
while abs(R2 - R1)> = L
      t = (R1 + R2)/2;
m1 = h(a1,R1,a3(1,1),a3(1,2),a4)/h(a1,R1,a3(1,3),a3(1,4),a4) - a5(1,1)/a5(1,2);
mt = h(a1,t,a3(1,1),a3(1,2),a4)/h(a1,t,a3(1,3),a3(1,4),a4) - a5(1,1)/a5(1,2);
   if m1 * mt < 0
         R2 = t;
   else
         R1 = t;
   end
   n = n + 1;
end
```

3 深度反演结果验证

为验证反演结果，将酸性煤矸石山自燃深度反演模型构建时的试验数据作为对照值。

验证试验采用在室外用煤矸石搭建一个直径约为 1.8 m、高度为 1.6 m 的圆锥形煤矸石山，在距底部圆心 0.05 m 处，将一个直径为 r_0 =0.1 m 的球形电偶的球心布置到此处。设置电偶的发热功率恒定为 500 W，其中 a =0.08 m/s，在距离球心 R =1.5m 的竖直方向上布置温度检测点（接近煤矸石山表面），依据此温度数据反演得到的深度 R 结果见表 1。

表1 反 演 结 果

T_1，T_2，$W(T_1, T_2)$	4，10，1.65	4，10，1.65	5，12，1.78	4，10，1.65
T_3，T_4，$W(T_3, T_4)$	5，12，1.78	4，12，2.08	5，14，2.13	4，14，2.43
R（反演值）	1.5663	1.5807	1.4586	1.5382

表 1 中，T_i，T_j（h）表示时刻，W（T_i，T_j）（℃）表示 T_j 时刻的温度升值和 T_i 时刻的温度升值之差。由表 1 中的 R 反演结果和实际的 1.5 m 相比，最大为 0.0807，在 5% 左右，相差不大，可满足煤矸石山自燃治理需要，故煤矸石山自燃深度反演模型及程序化

算法比较可靠。

4 小结

本文借助 matlab 工具实现了酸性煤矸石山自燃深部反演模型的程序化计算，极大地简化了烦琐的计算工作，经验证计算过程可靠，为探明煤矸石山深部着火点的位置提供了一种快速的解算方法，对于推动酸性煤矸石山精细化自燃治理工作的开展有较大应用价值。

参考文献

[1] 胡振琪，李鹏波，张光灿，等．煤矸石山复垦［M］. 北京：煤炭工业出版社，2005.

[2] 胡振琪，高扬，等．基于点火源模型反演测算煤矸石山着火点深度研究［J］. 煤炭科学技术，2015，43（1）：134－137.

[3] 夏清，胡振琪，等．有限差分法解析自燃煤矸石山深部温度［J］. 矿业安全与环保，2015，42（4）：1－3.

[4] 李文军，孙跃跃，汪云甲，等．矸石山内部产热强度的计算模型［J］. 矿山机械，2009，37（4）：36－38.

[5] 陈清华，张国枢，等．基于球体热源模型的松散煤体温度场解析计算［J］. 煤炭学报，2009，34（10）：1371－1373.

[6] 胡晓冬，董辰辉．MATLAB 从入门到精通［M］. 北京：人民邮电出版社，2010.

[7] 李宗翔，许瑞平．采空区自然发火三带划分的数值模拟研究［J］. 辽宁工程技术大学学报，2001，21（5）：545－548.

[8] 何汉林，梅家斌．数值分析［M］. 北京：科学出版社，2007.

[9] 李庆杨，王能超，易大义．数值分析［M］. 武汉：华中科技大学出版社，2006.

基于双三次 Hermite 表达的三维地质结构建模方法

沙　浩　马亚飞

中国矿业大学（北京）地球科学与测绘工程学院，北京　100083

摘　要　三维地质建模是地学系统的核心课题之一，本文提出的三维地质结构建模方法以双三次 Hermite 分区插值方法为基础，并结合钻孔数据进行三维地质结构的构建。在建模之前应先对钻孔数据进行整理，即对钻孔数据进行分层并按照从上到下的顺序给地层编号，然后以双三次 Hermite 插值方法并结合薄板样条插值方法进行地质界面分区表达，接着判断地质界面之间是否相交，若相交则进行求交处理，若不相交，则不需要处理，再利用 VTK 切割算法来实现地质模型封闭，最后结合实际钻孔资料进行验证，效果良好。

关键词　三维地质结构建模　双三次 Hermite 插值方法　钻孔数据　求交

The Method of 3D Geological Structure Modeling Based on Bicubic Hermite Expression

Sha Hao　Ma Yafei

College of Geoscien and Surveying Engineering,
China University of Mining and Technology, Beijing　100083

Abstract　3D modeling for geological objects is important for 3D geological GIS study. In this paper, 3D geological structure modeling method is based on Bicubic Hermite interpolation function, constructing 3D geological structure model with drilling data. Modeling should be preceded by processing the data, borehole data layering and strata numbering in the order from top to bottom; The expression of geological interface zoning make use of Bicubic Hermite interpolation function and Thin plate spline interpolation method; Determining whether geological interfaces intersect, if so, then intersect of geological interfaces is disposed; if not, you do not do anything. Geological model is not

---

资助项目：中央高校基本科研业务费专项资金资助（2010QD03）

作者简介：沙浩（1990—　），男，江苏徐州人，硕士研究生，主要从事三维地质建模方面的研究。Tel：13161274867；E－mail：mmhgch@163.com

closed after the completion of intersection, accomplishing closed geological body with VTK cutting algorithm; the method is tested and verified utilizing actual drilling data with a good result.
Key words 3D geological structure modeling Bicubic Hermite interpolation function borehole data intersection

0 引言

随着计算机可视化技术的发展，三维地质模型可视化成为国内外研究的热点，被广泛应用到数字矿山、城市地质等领域；三维地质模型可视化是直观了解地下复杂地质结构的有效途径。关于三维地质建模理论，国内很多学者做了相关研究和探讨。朱良峰[1]等先以地质钻孔数据为源数据构建没有断层影响的三维地质模型，然后引入断层数据实现三维断层模型的构建。张渭军[2]等在构建三维地质建模过程中引入了虚拟钻孔。王润怀等提出了一种异源点集下的三维断层数据模型的构建方法[3]。

目前有关双三次 Hermite 插值方法的研究主要集中于解决规则矩形域分布或者任意子矩形域分布的数据点的插值问题，如史文中等[4]实现了基于双三次 Hermite 插值曲面片表达的数字高程模型（DEM）；李姗姗等[5]通过双三次 Coons 曲面片建立了海洋重力异常模型；乔中华等[6]得到了窄边双三次 Hermite 矩形元对四阶问题的误差估计。

地质勘探中地层采样数据[7]是空间随机分布的离散数据，目前还不能直接应用双三次 Hermite 插值方法进行地质曲面构建。而是主要应用克里金法[8]、反距离权重法[9,10]、径向基薄板样条函数法[11]等，然而上述方法在构建地质曲面过程中每个地质曲面片的参数不一致，曲面之间的拼接也较为复杂，需要选择合适的权函数进行拟合。双三次 Hermite 插值法进行地质曲面分区构建，能够得到整体光滑、连续的地质曲面，基于双三次 Hermite 的优点，本文针对随机分布数据提出了基于双三次 Hermite 分区表达的三维地质结构建模方法。文章中的第一部分介绍基于双三次 Hermite 分区表达的三维地质结构建模方法的整体思路，第二部分介绍了双三次 Hermite 插值原理、数据分区及控制点信息的计算，第三部分介绍了地质曲面间的求交算法，第四部分对三维地质模型做了封闭处理。

1 三维地质结构模型构建的整体思路

基于双三次 Hermite 分区表达的三维地质结构建模方法具体思路如下：根据已收集的钻孔资料，进行地层划分，地层划分不仅确定地层的个数还明确地层与地层之间的空间关系，且按照从新到老的顺序为地层进行编号，在为地层进行编号的同时按照相同的顺序给地层界面进行编号；由于钻孔数据稀少，直接进行地层界面拟合，地层界面不符合地质现象，所以，在构建地质界面时需要进行插值处理。本文采用的插值方法是双三次 Hermite 插值方法，在进行分区之后进行控制点信息计算，但在进行控制点信息计算时采用了薄板样条插值方法。该方法具有较高的精度，而且能够实现对所有控制点的全局特征拟合。若组成一个地层的地质界面存在相交，如地层尖灭，则需要进行求交处理；若组成一个地层的地质界面不存在相交，则不需要处理。在进行求交之后，地层处于不封闭状态，需要借助基于 VTK 切割方法实现地质体封闭，完成三维地质结构模型的构建。

2　地质曲面分区表达

2.1　双三次 Hermite 插值原理

如图 1 所示，已知$(m+1)\times(n+1)$个在空间中均匀分布的控制 $P_{ij}(i=0,\ 1,\ 2\cdots,\ n;\ j=0,\ 1,\ 2\cdots m)$分别沿 w 方向和 u 方向构造两簇分段三次 Hermite 曲线，其中 $u=\frac{x-x_j}{x_{j+1}-x_j}$，$w=\frac{y-y_i}{y_{i+1}-y_i}$，$u$，$w\in[0,\ 1]$。这两簇曲线可构成 $m\times n$ 个矩形域 $S_{k,l}(k=0,\ 1,\ \cdots,\ n-1;\ l=0,\ 1\cdots,\ m-1)$，分别对每一个矩形域上的 4 个角点运用双三次 Hermite 插值方法进行曲面的构建。

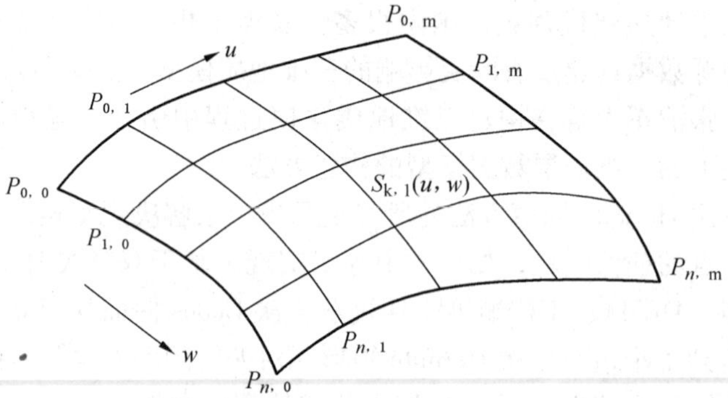

图 1　完整矩形域

图 2 是 4 个角点分别为 $P_{0,0}$、$P_{1,0}$、$P_{0,1}$ 和 $P_{1,1}$ 的矩形域 $S_{0,0}$（u，w），u，$w\in$［0，1］。该矩形域对应的双三次 Hermite 插值曲面主要分两个步骤构建：首先通过控制 u 方向不变，分别根据 $P_{1,0}$、$P_{0,0}$ 和 $P_{0,1}$、$P_{1,1}$ 两对角点构建 w 方向的三次 Hermite 插值函数 $F(0,\ w)$ 和 $F(1,\ w)$，然后在 $F(0,\ w)$ 和 $F(1,\ w)$ 之间构建沿 u 方向的三次 Hermite 插值函数 $F(u,\ w)$，因为 $F(u,\ w)$ 同时包含 u 和 w 两个参数，所以称其为双三次 Hermite 插值函数。当 u 和 w 在区间［0，1］上变化时，$F(u,\ w)$ 就代表一张曲面片，

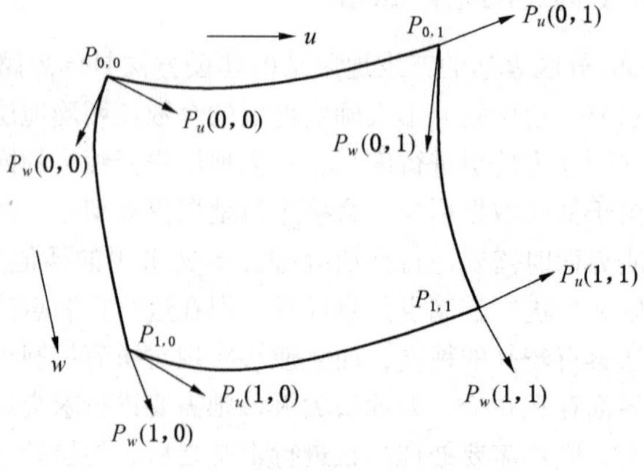

图 2　单个矩形域

也称作 Hermite 形式的参数双三次曲面片。相比三次 Hermite 插值函数，矩形域上的双三次 Hermite 插值函数的构建不仅需要提供已知控制点在每个方向的切矢，还需要提供每个控制点在 u 方向和 w 方向的混合偏导矢，其中切矢控制曲面的边界形状，而混合偏导矢与曲面的内部形状有关，令 P_{uw}（0，0）、P_{uw}（0，1）、P_{uw}（1，0）、P_{uw}（1，1）分别代表 4 个角点对应的已知混合偏导矢。图 2 中 P_u（i，j）和 P_w（i，j）分别表示角点 $P_{i,j}$ 在 u 方向和 w 方向的偏导矢。

根据上述已知信息，建立矩形域 $S_{0,0}$（u，w）上对应曲面片的双三次 Hermite 插值函数表达式 F（u，w）为

$$F(u,\ w) = UMBM^TW^T \tag{1}$$

式中，

$$U = [u^3 \quad u^2 \quad u \quad 1] \qquad W = [w^3 \quad w^2 \quad w \quad 1],$$

$$M = \begin{bmatrix} 2 & -2 & 1 & 1 \\ -3 & 3 & -2 & 1 \\ 0 & 0 & 1 & 0 \\ 1 & 0 & 0 & 0 \end{bmatrix} \qquad B = \begin{bmatrix} P_{0,0} & P_{0,1} & P_w(0,\ 0) & P_w(0,\ 1) \\ P_{1,0} & P_{1,1} & P_w(1,\ 0) & P_w(1,\ 1) \\ P_u(0,\ 0) & P_u(0,\ 1) & P_{uw}(0,\ 0) & P_{uw}(0,\ 1) \\ P_u(1,\ 0) & P_u(1,\ 1) & P_{uw}(1,\ 0) & P_{uw}(1,\ 1) \end{bmatrix}$$

对式（1）中 u，w 进行变换得到由 x、y 表示的曲面片的双三次 Hermite 插值函数表达式 H（x，y）为

$$\begin{aligned} H(x,y) = & \sum_{i=1}^{2}\sum_{j=1}^{2} a_i(x)a_j(y)h(x_i,y_i) + \sum_{i=1}^{2}\sum_{j=1}^{2} b_i(x)a_j(y)\frac{\partial}{\partial x}h(x_i,y_i) + \\ & \sum_{i=1}^{2}\sum_{j=1}^{2} a_i(x)b_j(y)\frac{\partial}{\partial y}h(x_i,y_i) + \sum_{i=1}^{2} b_i(x)b_j(y)\frac{\partial^2}{\partial x\partial y}h(x_i,y_i) \end{aligned} \tag{2}$$

其中

$$a_1(x) = \left(1 + 2\frac{x - x_1}{x_2 - x_1}\right)\left(\frac{x_2 - x}{x_2 - x_1}\right)^2 \qquad a_2(x) = \left(1 + 2\frac{x_2 - x}{x_2 - x_1}\right)\left(\frac{x - x_1}{x_2 - x_1}\right)^2$$

$$a_1(y) = \left(1 + 2\frac{y - y_1}{y_2 - y_1}\right)\left(\frac{y_2 - y}{y_2 - y_1}\right)^2 \qquad a_2(y) = \left(1 + 2\frac{y_2 - y}{y_2 - y_1}\right)\left(\frac{y - y_1}{y_2 - y_1}\right)^2$$

$$b_1(x) = (x - x_1)\left(\frac{x_2 - x}{x_2 - x_1}\right)^2 \qquad b_2(x) = (x - x_2)\left(\frac{x - x_1}{x_2 - x_1}\right)^2$$

$$b_1(y) = (y - y_1)\left(\frac{y_2 - y}{y_2 - y_1}\right)^2 \qquad b_2(y) = (y - y_2)\left(\frac{y - y_1}{y_2 - y_1}\right)^2$$

a_i（x），a_j（y），b_i（x），b_j（y）表示 Hermite 基函数，h（x_i，y_i）代表每点对应的 z_i 值，$\frac{\partial}{\partial x}h$（$x_i$，$y_i$）代表每点在 x 方向的偏导数，$\frac{\partial}{\partial y}h$（$x_i$，$y_i$）代表每点在 y 方向的偏导数，$\frac{\partial^2}{\partial x\partial y}h$（$x_i$，$y_i$）代表每点在 x、y 方向上的混合偏导数。

矩形域上的双三次 Hermite 插值方法充分利用了已知数据点的信息。基于该方法构建的每个曲面片都使用形式统一的双三次 Hermite 插值函数进行表达，参数个数一致。而且不需要权函数进行拟合就能与相邻曲面片在位置、斜率以及曲率方面相互匹配，保证整张曲面的光滑性和连续性。

2.2 数据分区

假设已知构成地质曲面的原始数据点集 P，将点集中的数据点投影在 xy 平面上，对投影后的数据点，分别求出 x 方向和 y 方向的最大值和最小值，并得到数据在 xy 平面上的范围，记为矩形域 S，根据实际分区需要和精度要求将矩形域 S 在 xy 平面上划分为 $g \times h$ 大小相等的矩形分区，记为 $S_{i,j}$（$i=0, 1, \cdots, g-1$；$j=0, 1, \cdots, h-1$），并存储这些分区的 $(g+1)\times(h+1)$ 个控制点的 x，y 坐标值。分区操作实现了将原始数据区域在 xy 平面上划分为若干矩形域，满足双三次 Hermite 插值方法对插值数据域的形状要求。

2.3 控制点信息计算

根据初始分区的范围 S 以及分区划分的规模 $g \times h$，可通过计算得到每个矩形域分区的 4 个控制点坐标 x，y 的值。由于控制点坐标 z 值还不能确定，所以必须针对原始随机分布的数据点建立一个全局的插值函数表达式，利用该表达式并结合每个控制点的 x，y 坐标值求出完整的坐标信息。为了保证求取的矩形分区控制点坐标值的准确性，该插值方法必须具有较高的精度、一定的连续性和完整性。薄板样条在分区插值方面不具有优势，但是考虑到薄板样条插值方法具有较高精度，能实现对所有控制点数据进行全局特征的拟合，所以本文选取薄板样条作为原始随机分布数据点的全局插值函数表达式，并求取每个分区控制点的坐标信息。其原理如下：

建立地质曲面原始数据点的薄板样条插值函数，如式（3），并求取每个分区控制点的坐标信息。

$$z(x,y) = \sum_{i=1}^{n} c_i \varphi(\|x - x_i, y - y_i\|) + b_0 + b_1 x + b_2 y \tag{3}$$

通过对薄板样条插值函数直接进行偏导运算，可以求得该区域内任意一点的偏导表达式。其中 x 方向的偏导数求解公式为

$$\frac{\partial z}{\partial x} = \sum_{i=1}^{n} c_i (x - x_i)\left[2\ln\sqrt{(x - x_i)^2 + (y - y_i)^2} + 1\right] + b_1 \tag{4}$$

y 方向的偏导数求解公式为

$$\frac{\partial z}{\partial y} = \sum_{i=1}^{n} c_i (y - y_i)\left[2\ln\sqrt{(x - x_i)^2 + (y - y_i)^2} + 1\right] + b_2 \tag{5}$$

x，y 方向的混合偏导数求解公式为

$$\frac{\partial^2 z}{\partial x \partial y} = \sum_{i=1}^{n} \frac{2c_i (x - x_i)(y - y_i)}{(x - x_i)^2 + (y - y_i)^2} \tag{6}$$

3 地质界面之间的求交处理

本文采用网格法对地质曲面之间存在相交关系进行求交处理。网格法降低了地质曲面求交的维数，通过计算曲面 A 上的一系列等参数曲线和曲面 B 上一系列等参数曲线的交点，将曲面求交问题转化为求解大量的独立线性方程组的问题。具体算法步骤如下：

（1）对需要进行求交的地质曲面 A 和地质曲面 B 在 xy 平面上按照相同的条件进行求交分区。

（2）对地质曲面 A 和地质曲面 B 中对应的曲面所在的分区进行相同编号，相同编号的分区在 xy 方向上完全重合，相邻分区之间不存在重叠。

（3）判断地质曲面 A 中单个分区和地质曲面 B 中对应的分区是否存在相交。若相交，则求出地质曲面 A 中单个分区和地质曲面 B 中对应分区的交点；若不相交，则进行下个分区的求交处理。

（4）对求出的交点进行除重处理，若分区 C 和分区 D 是相邻分区，区分 C 和分区 D 都存在交点，则分区 C 和分区 D 的相邻边存在相同或者相近的两个交点，则需要对其进行除重处理，只保留一个交点。

（5）在交点除重的基础上对交点进行排序，排序工作按照交点 x 值从小到大进行排列。

4 地质体封闭

某些单个地层由于缺少必要的边界信息处于不封闭状态，可以通过使用 VTK 中提供的 vtkCutter 切割接口来实现三维地质模型的封闭。vtkCutter 切割返回的结果是切面与被切割的交线[12]。基于 VTK 提供的切割方法，通过对获取的交线进行处理生成剖面实现模型的封闭[13]。

5 实例验证

本文选择某工程地质钻孔数据作为三维地质结构建模数据。钻孔数据的基本特点是几何方向上研钻孔迹线分布有许多地层的分界点、采样点等控制性点，原始钻孔数据通常以钻孔统计表、钻孔柱状图和钻孔位置平面图的形式记录下来，并且原始钻孔数据可以有钻孔统计数据、岩层数据、钻孔测斜数据等。该工程地质钻孔位置平面图如图 3 所示。首先应将钻孔数据进行分层处理，在进行分层处理时只需将所有钻孔同一个地层的地层界面数据放入同一个 . txt 文件中，该工程地质共有 10 个地层，按照从上到下的顺序进行编号，编号为 A，B……J。共有 11 个地层界面，将每一个地层界面存放在一个 . txt 文件中，并按照从新到老的地层层序编号，分别为 0，1，……，10。对钻孔进行分层处理的数据直接进行地层界面重构，则地层界面的延展很不符合地质曲面的特点，所以需要对分层数据

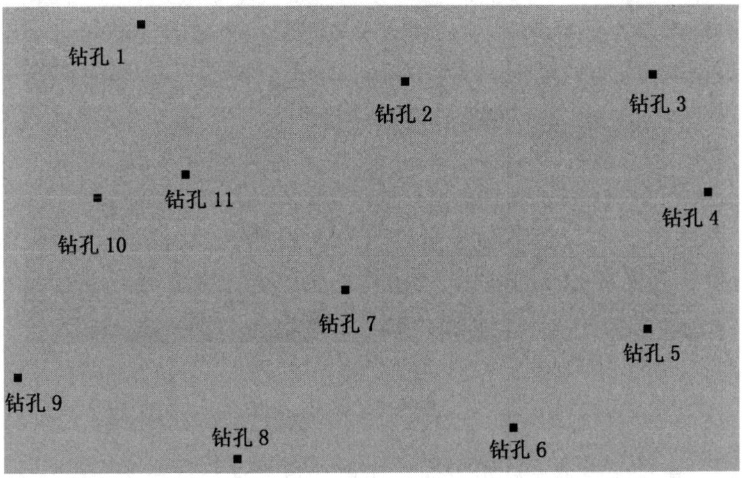

图 3　钻孔位置分布图

进行插值处理。由于薄板样条函数具有较高的精度，而且能够对所有控制点进行全局拟合，所以在分区插值中采用了薄板样条函数作为全区插值函数的表达式，并求出每个控制点的坐标信息。通过双三次 Hermite 插值函数得出的地层界面如图 4 所示。

图 4　地层界面

将各个地层界面构建完成后，如果组成同一地层的各个界面之间存在相交，则进行相交处理，如果地层界面之间不存在相交的情况，则不需进行地层界面之间的相交处理。该工程地质地层中的第二个地层由上下两个地层界面组成，但是这两个地层界面之间存在相交，则需要进行相交处理，保留符合地质层序的一部分，如图 5 所示。其他的地层按照相同的方法进行求交处理。

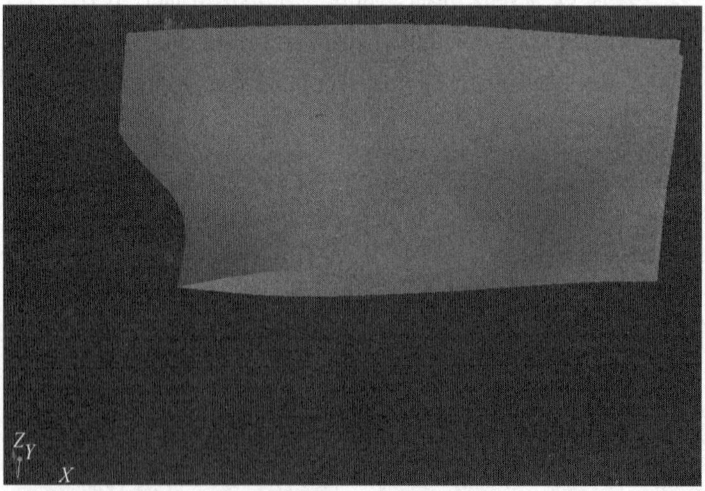

图 5　地层 B

由图 5 可知，某些地层由于缺失必要的边界信息，地层处于不封闭状态，尤其是双地质曲面无相交的地层，应用文中提到的基于 VTK 三维地质结构模型的切割算法，对三维地质结构模型进行切割来实现三维地质结构模型的封闭处理，完成三维地质结构模型的构建。完整的三维地质结构模型如图 6 所示。

图 6　三维地质结构模型

6　结论

本文提出了一种基于双三次 Hermite 分区表达的三维地质结构模型构建方法，在利用双三次 Hermite 分区表达时，地质曲面整体光滑、连续，且每个分区的参数个数一致，有利于地质曲面间的求交处理。利用基于 VTK 的三维地质模型的切割算法，能够实现地质体的封闭，从而实现三维地质结构模型的构建。但是该方法对于一点多值的地质体—盐丘并不适用，对复杂断层也不适用。以上问题会随着深入研究而逐步得到解决。

参　考　文　献

[1] 朱良峰，吴信才，刘修国，等．基于钻孔数据的三维地层模型的构建［J］．地理与地理信息科学，2004，3：26－30.

[2] 张渭军，王文科．基于钻孔数据的地层三维建模与可视化研究［J］．大地构造与成矿学，2006，30（1）：108－113.

[3] 王润怀，李永树．异源点集下三维断层建模方法［J］．煤田地质与勘探，2007，35（5）：11－16.

[4] 史文中，王斌，刘二永，等．基于双三次 Hermite 插值方法的 DEM 误差传播分析［J］．测绘科学技术学报，2013，4：380－387.

[5] 李姗姗，吴晓平，赵东明．导航用海洋重力异常图的孔斯曲面重构方法［J］．测绘学报，2010，5：508－515.

[6] 乔中华，陈绍春．窄边双三次 Hermite 矩形元［J］．郑州大学学报（理学版），2003，1：6－10.

[7] 夏艳华，白世伟．三维地层建模钻孔数据预处理研究［J］．岩土力学，2012，4：1223－1226＋1239.

[8] 李晓军，王长虹，朱合华．Kriging 插值方法在地层模型生成中的应用［J］．岩土力

学，2009，1：157 - 162.
[9] 李正泉，吴尧祥．顾及方向遮蔽性的反距离权重插值法［J］．测绘学报，2015，1：91 - 98.
[10] 崔清松．空间插值算法在地质建模中的应用［D］．成都：西南石油大学，2010.
[11] 江永全．径向基函数隐式曲面的研究及应用［D］．成都：西南交通大学，2011.
[12] 贺毅岳，耿国华，周明全，等．基于 VTK 的三维模型切割研究［J］．计算机应用研究，2010，11：4322 - 4323.
[13] 杨洪军，王占刚，谢海峰，等．基于 VTK 三维地质结构模型切割算法［J］．中国科技论文在线精品论文，2015，8（4）：388 - 394.

土地整治中生态景观建设进展

李素萃[1]　徐建飞[1]　吕雪娇[1]　王启元[1]　吕建春[2]

1. 中国矿业大学（北京）土地复垦与生态重建研究所，北京　100083

2. 济宁市土地储备中心，济宁　272000

摘　要　自20世纪90年代末启动土地整治以来，土地整治侧重于田块调整、农田基础设施建设，在增加耕地面积、提高土地生产力方面取得了很好的成就。但早期的土地整治忽略了生态景观方面的建设。随着中国土地整治工作的推进，生态景观逐渐受到各方的重视，并从研究阶段逐渐向工程实施实践阶段发展。本文针对目前土地整治中存在的问题，从二个方面对目前土地整治过程中生态景观建设的研究进展进行了总结分析，结合现阶段我国土地整治的实际情况，提出了考虑生态景观的土地整治研究与实践展望。

关键词　土地整治　生态景观格局评价　生态景观规划　生态景观工程设计

A Review of Ecological Landscape Progress in Land Remediation

Li Sucui[1]　Xu Jianfei[1]　Lv Xuejiao[1]　Wang Qiyuan[1]　Lv Jianchun[2]

1. Institute of Land Reclamation and Ecological Restoration, China University of Mining and Technology, Beijing　100083

2. Jining land reserve center, Jining　272000

Abstract　Land remediation was started in late 90s last century in China, and was focused on plots adjustment and farmland infrastructure construction, and achieved good successes in increasing the cultivated area and improving land productivity. However, the construction of ecological landscape was draw a little attention in the early stages, With the advance of China's land remediation, ecological landscape is gradually receiving attentions from different parties, and its development stages gradually is ranging from the research phase to the phase of projects practice and implementation. Considering the ex-

---

资助项目：中央高校基本科研业务费专项资金（2013QD02），国土资源部公益性行业科研专项（201411006－05）

作者简介：李素萃（1990—　），女，河南濮阳人，硕士研究生，从事土地整治、土地复垦与生态重建研究。Tel: 15911013656; E－mail: lisucui528@163.com

isting problems in land remediation, this paper reviews ecological landscape new progress. By combining with the actual situation and present land consolidation, this paper also prospects the trend of ecological landscape development of land consolidation research and practice.
Key words land remediation evaluation of ecological landscape pattern ecological landscape planning ecological landscape engineering design

0 引言

土地整治是盘活存量土地、强化节约集约用地、适时补充耕地和提升土地产能的重要手段。近20年中国土地整治的重点经历了由补充耕地数量到基本农田建设与保护，再到以节约集约用地为特点的土地综合整治的阶段，目前正步入“山水林田湖，生命共同体”重视生态景观理念的生态化土地整治阶段。

早期土地整治技术的盲目性、过度工具化、行为短期化及对生态网络、绿色基础设施规划甚少考虑，造成了“景观污染”或“千村一面”现象，破坏了田、水、路、林、村等景观要素之间的功能联系。据研究，部分土地整治工程的农田林网残缺受损率高达40%，缺乏生态景观化河道比例占60% ~80%，需生态修复的沟渠占56%，30%田间道路破损或缺乏生态化[1]。随着土地整治的推进，其对生态环境干扰的现象日益显现，以建设生态良田、修复受损土地和改善环境为主线的生态景观型的土地整治应得到足够的重视。本文从生态景观的格局与生态效应评价、生态景观规划及工程设计等方面分析土地整治中生态景观的研究进展，并结合现阶段我国土地整治的实际情况，提出了考虑生态景观的土地整治工作今后的研究方向与实践展望。

1 生态景观理论发展

景观生态学（Landscape Ecology）由德国地理学家Troll首次提出。其研究控制某地区不同空间单元的自然与生物既垂直又水平的关系。二战以后的资源短缺与环境污染等问题掀起了以土地为对象的景观生态学研究热潮。“国际景观生态学协会”的成立和美国景观生态学派的崛起，使景观生态学既有国际性交流的专业组织，又拓展了景观生态学研究的范围。“斑块—廊道—基质”景观理论揭示了农村景观中田、水、路、林、村分布的生态学意义[2]。德国在土地整理中对生态景观和环境保护的重视达到了经济、社会和生态效益的协调统一。Bonfanti采用景观指数研究了意大利北部土地整理的景观效应[3]。20世纪末，荷兰关注土地整治中景观的恢复重建，生态景观理论在土地整治中的应用逐渐引起学术界的广泛关注。

中国对生态景观理论的研究起步较晚，2005年开始有学者关注矿区的景观生态。付梅臣等[4]提出了土地整治中的生态问题和景观生态规划设计。吴克宁等（2006）深化了景观生态学理论在土地整理中的应用[5]。郧文聚等[6]（2010）提出了土地整治中生态景观建设的理论、方法和技术应用的对策。王军的土地整治呼唤景观生态建设[7]，提升了乡村景观的美学和文化价值。宇振荣等[8]（2013）提出土地整治应注重生态景观服务功能，注重乡村人文气息景观的生态服务价值的提升。土地整治中生态景观的引入，促使土地整治由单纯追求外延扩大耕地面积转化为追求“数量、质量与生态并重”的发展，推动对土地整治前后景观格局评价、生态景观规划与生态景观工程设计等方面的研究；有助于国家粮食安全、新农村建设、城乡统筹发展，符合建设资源节约型和环境友好型的发展要求。

2 生态景观在土地整治中应用

生态景观在土地整治中的应用主要是以“建设生态良田，修复受损土壤，改善生态环境”为主要目标，通过“土地整理、土地复垦与土地开发”等工程技术的实施，秉承“山水田林湖，生命共同体”的政策要求，致力于打造“耕地数量、质量与生态管护并重”的优化景观格局与良好的生态景观效应的区域生态系统，从而使生态系统抵御外界干扰的能力和自组织能力增强，维持物质、能量及信息的流通，生态服务价值得以提升。本文从土地整治前后的景观格局评价、生态景观规划与生态景观工程设计三方面阐述生态景观在土地整治中的应用。

2.1 土地整治前、后景观格局

景观格局即空间结构特征。景观格局对物质、能量与信息的迁移、流动和变化起决定作用，景观格局优化可提升景观功能[9]。不同景观类型受外界干扰程度在一定程度上由景观结构的变化所反映。应用景观生态学原理，综合分形理论在景观异质性分析上的优点、GIS 与景观指数方法，对土地整治整前后区域景观格局特征及变化进行研究，为制定土地利用规划、空间资源的合理配置和布局提供建议。

王军等[10]以 GIS 为平台，结合景观生态学分析了土地整理前后的景观格局变化；刘勇等[11]以 GIS 和景观指数为手段，结合景观格局优化目标建立了相应的指标体系，对土地整理的生态效应进行评价；邓劲松、王军等学者分别从县级尺度、乡镇尺度和项目尺度，采用景观指数定量研究土地整理景观效应，发现景观类型和斑块分布向单一化和非均衡化发展[12]；这些学者大都是选取合适的高度浓缩景观格局信息和反映结构组成与空间配置某些特征的景观指数去表征土地整治前后景观格局的变化。反应景观破碎化的指标有斑块密度、平均斑块面积与景观分离度等，景观多样性常用香农多样性与香农均匀度指数；其他常用指数有分维数与景观形状、聚集度与蔓延度等。对于起着连接传递或阻隔分割作用的廊道而言，常用的指标是廊道密度、连通度与环通度。借助各景观指数代表的生态景观意义与公式去定量或定性地分析土地整治前后对区域生态环境的影响，可为今后生态景观型土地整治的生态规划与工程设计的开展提供借鉴。

2.2 土地整治中生态景观规划

土地整治中生态景观规划是基于景观生态学原理，综合研究区内各种因素的影响，在大范围内重建一个土地利用格局或引入一个新区；而景观生态设计是在小范围内构建一个新的景观结构。土地整治中生态景观的规划主要是从宏观整体的角度考虑农田整治中田、水、路、林、村、渠如何分布才能使景观格局与生态效应最优。

土地整治中的生态景观规划是在充分掌握研究区的景观格局变化与地域生态特点的情况下，基于实现某一个生态功能需求而进行的空间资源的合理配置模式。如赵建华（2008）从景观设计原则和导向对高等公路的生态景观现状进行了探讨[13]；鲍海君和徐保根等（2009[14]以生态优先为导向，构建了人与自然高度协调的整治区空间优化方法与生态型规划模式。有些学者利用人工神经网络法构建景观指数与区域社会、经济、政治、地质与人文等因素之间的关系，打造空间布局优化于景观协调的整治模式；基于最小阻力模型[15]、人口流动模型与焦点物种保护[16]等，探寻人地协调的田、水、路、林、村、渠景观空间优化布局的生态景观化整治模式的实施技巧。

在土地整治规划方面，需更多地融入生态景观理论。如缓冲带的合理设置不仅可以增加乡村景观异质性和生物多样性，而且可以防治水土流失和控制面源污染；土地平整合理分区可以避免客土工程，节省资金与保护土壤质量；区域干道与支道的长度、数量以及空间分布的优化设置；灌排设施级别密度设置考虑到灌溉效率等。生态景观规划在分析不合理因素基础上还要能满足各种农机械的使用，保证耕地排灌和防灾减灾的能力，为协调改善景观结构和生态过程，提升景观生态服务价值以及景观系统的可持续性和稳定发展提供保障。

2.3 土地整治中生态景观工程设计

土地整治中的生态景观工程设计是以景观规划为前提的，是生态景观规划的手段。规划是对研究田、水、路、林、村布局的全局思考，而工程设计是对规划的具体技术的实施。

吴克宁对基于分等成果的农用地综合生产能力[17]有助于因地制宜工程实施的研究；薛剑等对高标准基本农田建设评价模型的构建及建设时序的确定[18]；游和远等关于农地集约利用的碳排放效率分析与低碳优化[19]；叶艳妹与吴次芳等对农地整理中灌排沟渠生态化设计[20]等工程设计研究。生态景观工程设计注重生态材料、乡土植被与乡土修复技法的应用，践行“减量化、再利用与再循环”的低碳生态理念，以及色彩搭配、树种选择与树相修剪等设计，旨在建立合适植物群落式的季相景观。工程设计侧重于挖填方设计高程、生产路的双向控制半径、道路边坡绿化分布形式、生态沟渠密度、植被生态修复挂件密度、氮磷拦截箱布设密度与形式、林网的有效防护距离与走向、生态衬砌与生物保育设施等参数的设置；土地整治中生态景观工程设计要秉承加强乡村景观人文气息的研究，杜绝“景观污染”；提升土地多功能和生态景观服务及生态系统弹性功能。

3 总结

土地整治中生态景观理论的发展促进了其在工程项目中的应用，在土地整治前后景观格局的特征变化基础上，基于一定的生态功能需求对区域土地整治模式进行生态景观规划，并借助土地整治中生态景观工程设计进行具体技术的实施细化，进而促使土地整治朝着构建“山水林田湖，生命共同体”式生态、生产和生活空间生态景观和谐的区域生态系统发展，从而达到资源的空间优化配置。

在生态景观格局评价上，应加强景观指数的空间化、数据的高精度、指标体系权重的客观化以及景观格局预测模型参数的优化等技术的研究。生态景观规划旨在摆脱单纯以理论的说明，而非以数据结构的角度去实现人地协调的整治模式的展现。借助计算机模拟与三维可视化技术，构建工程设计与规划的可视化，进而为打造生态效应良好的土地整治提供技术支持。

参 考 文 献

[1] 宇振荣，苗利梅．土地整治应注重生态景观服务功能［J］．南方国土资源，2013，

19－21.
［2］宇振荣，谷卫彬，胡敦孝．江汉平原农业景观格局及生物多样性研究—以两个村为例［J］．资源科学，2000，22（2）：19－23.
［3］Bonfanti P，Fregonese A，Sigura M. Landscape analysis in areas affected by land consolidation［J］. Landscape and U rban Planning，1997，37（122）：91－98.
［4］张慧，付梅臣．土地整理项目中的景观生态规划设计［J］．山东农业大学学报（自然科学版），2005，36（2）：270－274.
［5］吴克宁．景观生态学理论在土地整理中的应用［J］．农业资源与环境科学，2006，22（12）：300－304.
［6］郧文聚，宇振荣．中国农村土地整治生态景观建设策略［J］．农业工程学报，2011，27（4）：1－6.
［7］王军．土地整治呼唤景观生态建设［J］．中国土地科学，2011，25（6）：15－18.
［8］宇振荣，苗利梅．土地整治应注重生态景观服务功能［J］．南方国土资源，2013，19－21.
［9］张小飞，王仰麟，李正国．基于景观功能网络概念的景观格局优化—台湾地区乌溪流域典型区为例［J］．生态学报，2005，25（7）：1707－1713.
［10］王军，邱扬，杨磊，等．基于GIS的土地整理景观效应分析［J］．地理研究，2007，26（2）：258－263.
［11］刘勇，吴次芳，叶艳妹，等．土地整理项目区的景观格局及其生态效应［J］．生态学报，2008，28（5）：2262－2268.
［12］邓劲松，王珂，李君，等．乡镇耕地整理对耕地景观破碎度的影响研究［J］．应用生态学报，2006，17（1）：41－44.
［13］赵建华．贵州高等级公路的生态景观设计探讨［J］．贵州农业科学，2008，36（1）：134－135.
［14］鲍海君，徐保根．生态导向的土地整治区空间优化与规划设计模式—以嘉兴市七星镇为例［J］．经济地理，2009，29（11）：1903－1907.
［15］尹发能，王学雷．基于最小累计阻力模型的四湖流域景观生态规划研究［J］．华中农业大学学报，2010，29（2）：231－235.
［16］辛雪，秦华．基于焦点物种保护的重庆山地滨水空间景观规划设计［J］．西南师范大学学报（自然科学版），2015，40（3）：69－74.
［17］吴克宁．基于分等成果的农用地综合生产能力［J］．农业工程学报，2008，24（11）：52－55.
［18］薛剑，郧文聚．高标准基本农田建设评价模型的构建及建设时序的确定［J］．农业工程学报，2014，30（5）：194－200.
［19］游和远，吴次芳．农地集约利用的碳排放效率分析与低碳优化［J］．农业工程学报，2014，30（2）：224－230.
［20］叶艳妹，吴次芳，俞婧．农地整理中灌排沟渠生态化设计［J］．农业工程学报，2011，27（10）：148－153.

三维激光点云配准方法及其精度对比分析

张国光　阎跃观　王一博

中国矿业大学（北京）地球科学与测绘工程学院，北京　100083

摘　要　三维激光扫描技术是近些年发展起来的非接触、高精度立体式的扫描技术，在文物数字化保护、工业测量、数字城市地形可视化等领域得到广泛应用。本文基于三维激光扫描技术的原理，针对三维激光多站点数据拼接问题，探讨了3种三维激光点云配准方式：特征点配准、靶标点配准、控制点配准的操作方法、原理以及优缺点。通过设计实验与实地数据采集，采用3种方法进行了点云数据拼接，对比分析了配准精度，得出了3种点云配准方法的适用情况，对建筑物的三维建模具有较大的意义。

关键词　三维激光扫描技术　点云数据配准　精度分析

Accuracy Analysis of 3D Laser Point Cloud Registration Method

Zhang Guoguang　Yan Yueguan　Wang Yibo

College of Geoscience and Surveying Engineering,
China University of Mining and Technology ,Beijing　100083

Abstract　3D Laser Scanning Technology is developed in recent years, non - contact, high precision vertical scanning technology, the digital protection of cultural relics, industrial measurement, digital city terrain visualization in areas such as widely used. In this paper, based on the principle of 3D laser scanning technology and the 3D laser data matching problems, discusses the principle and the advantages and disadvantages of 3 kinds of 3D laser point cloud registration methods: feature point registration, target registration and control points registration. Through the design of experiments and field data collection, using three methods of splicing point cloud data, comparative analysis of the registration accuracy is obtained for three kinds of point cloud registration method, which

---

资助项目：国家自然科学基金资助项目（51404272）；中央高校基本科研业务费专项资金项目（2010QD01、2009YD05）

作者简从：张国光（1988—　），男，河北省保定市人，硕士研究生，从事三维激光、工程测量、变形监测等方面的研究。Tel：13051886877；E - mail：3458281@qq.com is great significance on three - dimensional modeling of buildings.

Key words 3D LiDAR point cloud data registration accuracy analysis

在地面三维激光扫描过程中，受激光扫描仪视场角的限制和物体间遮蔽的影响，每站扫描只能获取当前扫描仪视野内的点云数据，导致不可能只通过一次扫描就对象表面的完整信息；同时地面三维激光扫描仪无法扫到与扫描仪方向垂线方向的数据，在对象表面方向变化频繁的区域，必须多次更换扫描视点才能得到完整的表面点。通过对多站数据进行拼接，得到统一坐标系下的点云数据，这就涉及点云配准及配准精度的问题，配准好坏直接影响后续的数据处理。

1 三维激光扫描原理

地面三维激光扫描系统由三维激光扫描仪、PC 机、外接电源、三脚架和专用靶标等组成。通过激光测距装置和精密的角度测量系统，可以实时获取目标地物的三维空间坐标，如图 1 所示。

三维激光扫描点的坐标（x，y，z），计算公式为

$$\begin{cases} X = S\cos\theta\sin\alpha \\ Y = S\cos\theta\cos\alpha \\ Z = S\sin\theta \end{cases} \tag{1}$$

式中 θ——激光束的竖直方向角；

α——激光束的水平方向角；

S——仪器到扫描点的斜距。

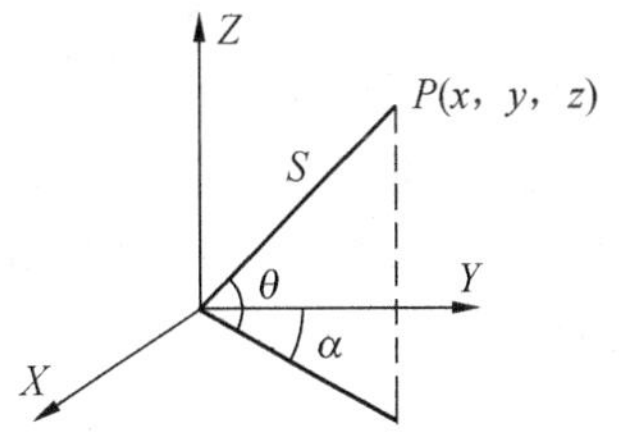

图 1 地面三维激光的定位原理

2 三维激光点云配准方法

2.1 目标地物特征点配准

目标地物特征点配准方法要求相邻两站扫描的重叠区域有比较明显地物特征点，如房屋和窗户的角点等。利用房屋和窗户的角点作为同名特征点进行配准，在扫描时保证相邻扫描站都能扫描到 4 个以上的公共特征点，采用适当的扫描密度，对建筑物进行扫描。在内业处理时，将分站点云导入扫描仪配套的软件中，人工选取两分站中公共区域的特征点进行命名，这些点最好选择一些易于识别且具有良好特征的点，如墙角点、点云数据较完好的台阶边上的点、宣传标语的字等等，至少选取 4 对，然后由软件来解算配准参数并配准。在选取特征时，具有同一个属性的特征在配准时只能算一个配准条件。

用三维测量系统对两站之间的公共区域进行扫描，可以得到基于不同设站点的点云数据，虽然特征点在不同站中的三维坐标不同，但是特征点之间的空间相对位置关系相同，由此进行坐标变换矩阵的计算，进而匹配相邻测站的点云数据。假设在两个不同视角下得到的特征点集分别为 $S=\{s_i,\ i=1,\ 2,\ \cdots,\ k\}$ 和 $T=\{t_i,\ i=1,\ 2,\ \cdots,\ l\}$。利用空间特征之间的位置关系不变性，就可以得到在两个视角下获得的特征点三维数据点集的子集 $P=\{p_i,\ p_i\in S,\ i=1,\ 2,\ \cdots,\ n\}$ 和 $Q=\{q_i,\ q_i\in T,\ i=1,\ 2,\ \cdots,\ n\}$，其中 p_i 和 q_i 是一一对应、相互匹配的，因此可以得到 n 组匹配点对，进而计算坐标变换矩阵。三维数据配准技术的实质是把在不同的坐标系中测量得到的数据点云进行坐标变换，问题的关键是坐

标变换参数 R(旋转矩阵)和 T(平移向量)的求取。有了上面的匹配点对，则在两视角下测得的三维数据点之间的坐标转换关系 R 和 T，应该使下面的目标函数最小：

$$E = \sum_{i=1}^{n} \| q_i - (Rp_i + T) \|^2 \tag{2}$$

对于式（2），本文采用 SVD 矩阵分解算法，就可以得到初始坐标转换关系 R_0 和 T_0。用特征点配准所得到的初始坐标转换关系 R_0 和 T_0 对数据点云转换以后，就可以得到配准的初步结果。

由于三维激光扫描不同于传统的测量方法，无法获得某个特定点精确的三维坐标。而扫描仪进行扫描时，在同一扫描线内及相邻扫描线之间都以一定的间隔进行数据采集，同时由于激光束的发散使得落到物体表面的扫描光斑也不是同一个点，所以选取的同名特征点其实并不是真正的同名点，加上人为选取的误差，使得特征点配准的精度较低，且效率不高。

2.2 靶标配准

靶标匹配方法是把多个靶标作为同名点来配准的。扫描开始之前，在各相邻分站扫描的共同区安置多个靶标，如图 2 所示。为保证转换精度，一般至少需要安置 4 个靶标，且靶标要均匀分布在不同的平面上。每次扫描时，通过对靶标点进行精确扫描来获取靶标的各分站三维坐标。内业处理时，将分站点云数据导入扫描仪配套的软件中，采用人机交互的方式，由软件自动提取站中靶标的中心位置（作为特征点），进行寻找同名点的操作，即可完成配准。

(a) 墙面贴反射片　　(b) 三脚架反射靶标

图 2　三维激光靶标

靶标配准的原理和特征点配准的原理是一样的，但靶标匹配方法是把多个靶标中心作为同名特征点进行配准，减少了人工选取同名特征点时造成的误差。这种方法用于两个视点之间特征不足或者特征不够清晰时，人为地制造很多特征来用于配准，特别是当物体特征不足时，这种方法更有优势。例如，在不影响扫描数据和精度的地方放置表面光滑的球体、平面、靶标等等，这些都可以增加两个视点的特征数量从而使配准成功。这种方法适应小场景的配准或者是大量数据采集完成后小范围内的数据补扫配准。

靶标配准的精度比较高，单点误差可达到 1 mm。进行高精度的点云配准和小场景的配准时，靶标配准是比较合适的方法。

2.3 控制点配准

在扫描之前先利用全站仪先在扫描区域布设控制网。扫描时，在目标地物周围布设几个控制靶标，通过全站仪获取控制靶标中心点的全局坐标，然后用扫描仪控制靶标的局部坐标。内业处理时，将分站点云数据和靶标点中心全站仪数据导入扫描仪配套的软件中，先进行坐标转换，将扫描仪数据转换到全站仪坐标系下，以靶标点中心为同名点进行配准。

这种方法就是把多对控制点靶标作为特征来进行数据配准，在待扫物体的周围布设很多控制点—控制靶标（一种扫描仪和全站仪都能识别的靶标），这种靶标在扫描仪测量时，扫描仪会自动识别靶标，并拟合出靶标中心的测站坐标。而扫描仪在每一个视点上都必须测到 4 个以上的靶标，因为在求旋转矩阵和三维平移向量时需 3 对三维坐标，另外 1 对靶标数据作为多余观测来校正配准的精度。在扫描之前或者之后利用全站仪测量所有靶标，并计算所有靶标坐标。布设靶标时，使靶标均匀地分布在待扫物体的周围。然后在扫描仪采集数据时，对相应的靶标进行高精度扫描（点密度在 1 mm 左右），识别靶标中心并按照原来命名规则命名每个靶标，并保证每两个视点数据至少要有 4 个以上靶标数据重叠。最后把扫描仪所测得的靶标数据和全站仪所测得的靶标数据导入相应的软件中进行数据配准。

控制点配准法是利用全站仪所测量的靶标点作为控制点，然后利用软件把所有视点数据统一配准到工程测量坐标系下，所以这种方法不但适合小范围的配准，还适合室外大场景的数据配准。由于控制点配准需要前期布设控制点，增加了外业的工作量。同时因为用全站仪做控制点，就增加了配准的复杂度和难度。但是因为使用全站仪测量建立的坐标系更加精确，所以理论上配准所得图像的精度比较高。

3 配准精度对比实验

3.1 实验环境

设计对比实验：进行靶标配准、特征点配准、控制点配准三种配准方式的精度对比分析。实验地点为中国矿业大学（北京）家属区某楼房。实验仪器包括三维激光扫描仪 RIEGL VZ－4000、笔记本电脑 1 台，全站仪 1 台、棱镜 2 台、靶标 7 个、脚架 4 个，测钉若干。数据处理软件使用 RISCAN PRO－v1.7.4。

3.2 实验流程

首先在该楼附近布设观测控制点，使用高精度全站仪同步测量扫描过程的设站点及靶标点，为拼接提供数据依据。三维激光扫描仪共扫描 4 站，分别位于该楼的 4 个转角位置，每次扫描两个相邻面，为特征点拼接提供依据。

3.3 配准精度对比

第一站和第二站的同名点在经过拼接坐标转换后，理论上坐标值是一样的，误差不可避免，而配准方式的不同是导致误差大小不同的主要原因。第一站和第二站靶标点拼接结果如图 3 所示，通过使用式（3）比较三种配准方式的精度。

$$M = \frac{\sqrt{\sum_{i=1}^{n} |A_i - B_i|}}{3n - 6} \tag{3}$$

(a) 靶标配准　(b) 特征点配准　(c) 控制点配准

图3　第一站和第二站靶标点拼接结果

式中　M——坐标误差；

A_i——第一站 i 点坐标；

B_i——第二站 i 点坐标；

n——进行误差分析所用点的数量。

随机选取三个点分别是 TP_001，TP_004，TP_027 作为计算数据来源，采用式（3）的计算结果如下：

特征点配准：$M_1 = 0.1518$；

靶标点配准：$M_2 = 0.0440$；

控制点配准：$M_3 = 0.0257$。

3.4　实验结果分析

本次实验使用 RISCAN PRO - v1.7.4 软件，将采集到的点云数据分别采用靶标配准、特征点配准、控制点配准方式进行点云拼接。通过对比 3 次拼接点云图像和误差 M 值可知，在进行三维激光点云配准时，特征点配准方式由于选取的同名特征点可能并不是真正的同名点，加上人为选取的误差，使得特征点配准的精度最低；靶标点配准因为将靶标中心点作为同名点，减小了同名点选取时的误差，所以精度得到提升，能达到 mm 级；控制点配准由于使用全站仪建立了高精度控制网，将靶标点坐标中心坐标转换到控制网坐标后配准精度大幅提升，精度最高。

4　结语

本文从点云数据配准精度的角度对三维激光扫描配准技术进行了研究。通过建筑物扫描实验，使用不同拼接方式对建筑物点云进行拼接，并进行了配准精度对比分析。点云进行配准时控制点配准精度最高但操作复杂、耗时长；特征点配准方便简单但是精度很低；靶标点配准适用于两个视点之间特征不足或者特征不够清晰时，精度能达到 mm 级别。

参　考　文　献

[1] 张凯．三维激光扫描数据的空间配准研究 [D]．南京：南京师范大学，2008.

[2] 徐源强，高井祥，张丽，等．地面三维激光扫描的点云配准误差研究 [J]．大地测量与地球动力学，2011，31 (2)．

[3] 马立广．地面三维激光扫描测量技术研究 [D]．武汉：武汉大学，2005.

[4] 宋宏. 地面三维激光扫描测量技术及其应用分析 [J]. 测绘技术装备，2008，2.

[5] 张政. 点云数据配准算法研究 [D]. 济南：山东大学，2008.

[6] 王蕊，李俊山，刘玲霞，等. 基于几何特征的点云配准算法 [J]. 华东理工大学学报，2009，10.

[7] 陈良良，隋立春，蒋涛，等. 地面三维激光扫描数据配准方法 [J]. 测绘通报，2014，5：80－82.

[8] 郑德华，岳东杰，岳建平. 基于几何特征约束的建筑物点云配准算法 [J]. 测绘学报，2008，37（4）.

[9] 高珊珊. 基于三维激光扫描仪的点云配准 [D]. 南京：南京理工大学，2008.

[10] 丁延辉. 地面三维激光数据配准研究 [J]. 测绘通报，2009，2：57－59.

[11] 罗先波，钟约先，李仁举. 三维扫描系统中的数据配准技术 [J]. 清华大学学报，2004，44（8）.

[12] 严剑锋，邓喀中. 基于特征点提取和匹配的点云配准算法 [J]. 测绘通报，2013，9：62－65.

基于GPRMAX的城市道路下方空洞病害正演模拟

张士宽　朱国维　张庆朝　程　壮　秦　良　胡怡涛　陈怀宾

中国矿业大学（北京）地球科学与测绘工程学院，北京　100083

摘　要　近年来应用探地雷达进行道路病害检测已经取得了很好的效果，但由于城市道路下方结构复杂，存在管线等干扰因素，给空洞识别工作带来很大困难。针对这一问题，本文从Maxwell方程组出发，利用基于时域有限差分（FDTD）的GprMax2D软件，进行城市道路下方空洞病害检测的探地雷达正演模拟，分析不同条件下道路下方空洞模型的成像特点，对提高空洞识别的准确率及实测资料的解释具有重要意义。

关键词　道路空洞病害　探地雷达　正演模拟　GprMax

Forward Simulation Based on GPRMAX for the Detection of Urban Road Cavity Diseases

Zhang Shikuan　Zhu Guowei　Zhang Qingchao
Cheng Zhuang　Qin Liang　Hu Yitao　Chen Huaibin

College of Geoscience and Surveying Engineering,
China University of Mining and Technology, Beijing　100083

Abstract　In recent years, the application of ground penetrating radar (GPR) in detecting the road diseases has achieved good results. Due to the complex underground structures and the obstruction of pipeline, there are still some difficulties in identifying the underground cavity. In this paper, from the equations of Maxwell, forward simulation of ground penetrating radar for the detection of urban road cavity diseases is conducted with the GprMax2D software which is based on finite - difference time - domain (FDTD) method, and the imaging characteristics of underground cavity model in different conditions are also analyzed. The forward simulation has important significance for

---

资助项目：中央高校基本科研业务费专项基金（2010YD12）

作者简介：张士宽（1989—　），男，天津人，硕士，主要从事工程物探方面研究。Tel：13041125965；E - mail：tsp140201086@ student. cumtb. edu. cn

improving the accuracy of cavity identification and data interpretation.
Key words road cavity disease GPR forward simulation GprMax

0 引言

随着我国城镇化的快速发展，城市地下工程规模不断扩大，一些大中型城市地铁修建及地下管线铺设进入高速发展阶段，与此同时，由于城市地下工程施工造成的道路路面坍塌事故越来越多，城市道路的畅通是城市赖以生存和发展的重要基础，对道路病害进行及时检测，最大限度减少经济损失，确保道路交通安全，就变得现实而必要。传统的道路取芯探测方法成本高、检测效率低。探地雷达（GPR）是一种利用电磁波反射来确定地下介质分布的技术，以其快速、无损、便捷及浅层高分辨率的优势被广泛应用于道路地下病害检测中。探地雷达探测的成果是时间剖面图，对于复杂的时间剖面图的解释工作通常要求大量的试验来相互验证，而道路空洞病害从无到有、从小到大均是一个周期演化过程，目前一次性检测不能准确掌握地下病害的发展状态，同时，由于环境干扰及工程技术人员在知识结构和认知上的差异，对地质雷达图像的评价结果往往带有很大的主观性，不能很好地起到对道路安全的预防预警作用。因此，本文通过有限差分模拟软件 GprMax2D 建立相应的道路空洞模型，对其进行正演模拟，分析不同条件下的成像特点，参考模拟结果有助于排除干扰因素，提高实测资料的处理和解释效率。

1 GprMax 正演模拟的原理

1.1 电磁理论基础

对于任何电磁现象，在宏观尺度上都可以用 Maxwell 方程组表示：

$$
\begin{aligned}
\nabla \times E &= -\frac{\partial B}{\partial t} \\
\nabla \times H &= \frac{\partial D}{\partial t} + J \\
\nabla \cdot B &= 0 \\
\nabla \cdot D &= \rho
\end{aligned}
\tag{1}
$$

式中 E——电场强度，V/m；
B——磁通量密度，Wb/m^2；
H——磁场强度，A/m；
D——电通量密度，C/m；
J——电流密度，A/m^2；
ρ——电荷密度，C/m^2。

探地雷达向地下发射高频宽带短脉冲电磁波，接收天线接收到地下存在电性差异的两种介质的分界面上或目标体反射回来的回波信号。根据接收到的反射信号的特征来判别道路下方的管线、空洞、异常体等，并可根据回波时间计算目标体的埋深及位置。计算公式：

$$t = \frac{\sqrt{4h^2 + x^2}}{v} \tag{2}$$

式中　t——目标体对雷达波的发射双程时间；

h——目标体埋深；

v——雷达波在介质中的传播速度。

1.2　时域有限差分法（FDTD）

时域有限差分法是由 K. S. Yee 在 1966 年首次提出的，后来经一批科学家的不断改进，逐步发展成熟，其基本思想是：用一定大小的空间网格将研究区域进行划分，把带有时间变量的 Maxwell 旋度方程差分离散后转化为差分方程，再加上相应的初始及边界条件，便可按时间步进的方法来求解各个时刻电场的分布。

时域有限差分法是以差分方程组的解代替偏微分方程组的解，为了保证离散后差分方程组的解收敛和稳定，时间离散步长和空间离散步长应满足稳定性条件：

$$\Delta t \leqslant \frac{1}{c\sqrt{\frac{1}{(\Delta x)^2}+\frac{1}{(\Delta y)^2}+\frac{1}{(\Delta z)^2}}} \tag{3}$$

式中　Δt——时间离散步长；

Δx、Δy 和 Δz——x、y、z 方向上的离散步长，c 为光速。

2　正演模拟

2.1　层状模型

本文根据实际情况把层状模型简化为三层，分别为面层、基层和土基，各层介质相关参数见表 1。设置模型大小 14 m×4.5 m（图 1），在此层状模型的基础上，进行城市道路下方空洞病害检测的探地雷达正演模拟，分析道路下方空洞模型的成像特点。

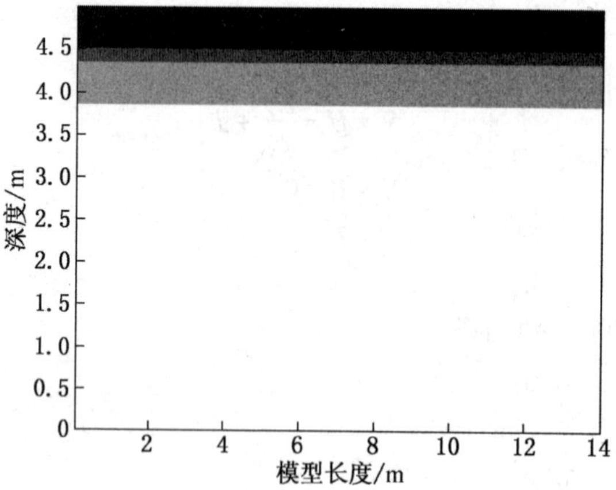

图 1　层状模型示意图

2.2　无管线干扰空洞模型

一般来说，道路下方空洞病害形成的主要原因有地质因素和人类生产活动，本文在进行前期试验的基础上，综合探测深度和分辨率等多方面因素，选用激励源为 500 MHz 的 Ricker 子波，并使用 PML 完全吸收层边界条件，对无管线干扰的空洞演化模型进行正演模拟，下面分为 3 种情形进行探讨。

表1 各层介质相关参数

分层	层厚 d/m	相对介电常数 ε_r	电导率 $\sigma/(S\cdot m^{-1})$	相对磁导率 μ_r
面层	0.16	5.5	0.006	1.0
基层	0.50	11.0	0.003	1.0
土基	3.84	14.0	0.0002	1.0

情形一：不同埋深空洞模型，如图 2a 所示。沿模型长度方向分别布置 6 个孔径为 0.4 m的空洞，埋深依次增加 0.4 m。

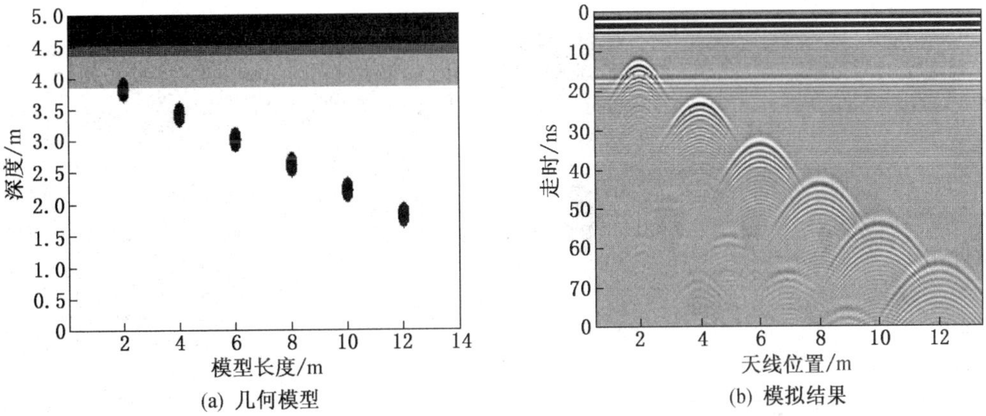

图2 情形一的几何模型和模拟结果

从模拟结果图 2b 中可以看出：①不同埋深的空洞反射波组的抛物线形态明显、完整。可以清楚地确定空洞的位置；②随埋深增加，目标反射波双曲线开口逐渐加大，说明随探测深度增加，探地雷达电磁波波速逐渐下降；③由于电磁波在介质中传播能量不断衰减，随埋深增加，空洞的反射信号减弱。

情形二：相同洞顶埋深，不同洞径，如图 3a 所示。沿模型长度方向分别布置洞顶埋深相同，直径分别为 0.2 m、0.4 m、0.6 m、0.8 m、1.0 m 的空洞。

从模拟结果图 3b 中可以看出：①随空洞直径增加，目标反射波双曲线的曲率变化不明显；②随空洞直径的增加，反射波双曲线的条数增加，说明空洞直径越大，反射波的能量越强；③空洞直径越大，反射波双曲线两端延伸的长度越大。

情形三：相同洞底埋深，不同洞径，如图 4a 所示。沿模型长度方向分别设置洞底埋深相同，直径分别为 0.2 m、0.4 m、0.6 m、0.8 m、1.0 m 的空洞。

情形三模拟了空洞病害从小到大、从地下向地面发展的一个演化过程，从模拟结果图 4b 可以很容易看出，空洞的直径越大，埋深越浅，反射波的能量越强，反射波的双曲线条数越多，长度也越大；反之则越弱小。

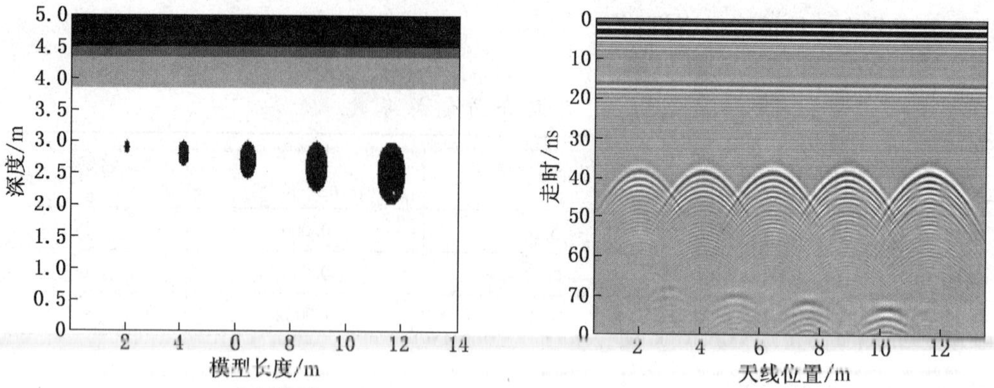

(a) 几何模型　　(b) 模拟结果

图3　情形二的几何模型和模拟结果

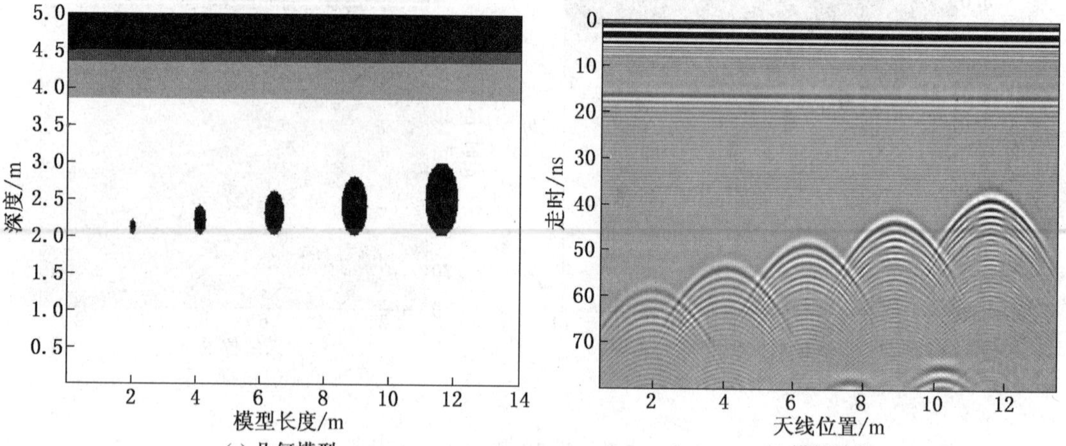

(a) 几何模型　　(b) 模拟结果

图4　情形三的几何模型和模拟结果

2.3　存在管线干扰的空洞模型

本文将在有管线干扰的情况下，对探地雷达空洞模型的成像特点进行探讨。图5a模型中管线位于空洞的左侧，管径均为0.4 m，空洞直径分别取0.4 m、0.7 m、1.0 m。图5b、图5c、图5d分别为金属管、混凝土管、PVC管的模拟结果。

从图5b的模拟结果可以看出，空洞附近存在金属管线时，金属管线的反射波能量较强；当空洞的大小和金属管线相同时，可能使得2个峰值叠加变成1个峰值，空洞的反射波双曲线被金属管线干扰，容易造成误判、漏判；随着空洞的规模变大，空洞的反射波能量增强，双曲线变得清晰，条数逐渐增加，易于识别空洞和金属管线。

从图5c、图5d的模拟结果可以看出，空洞附近存在混凝土管或PVC管时，空洞的反射波能量较强；当空洞的大小与非金属混凝土管、PVC管相同时，可能造成2个峰值叠加形成1个峰值，难以区分空洞与非金属管线；随着空洞的规模变大，空洞的反射波能量增强，双曲线条数逐渐增加，反射波双曲线弧顶位置上移，反射波双曲线向下延伸的翼部能

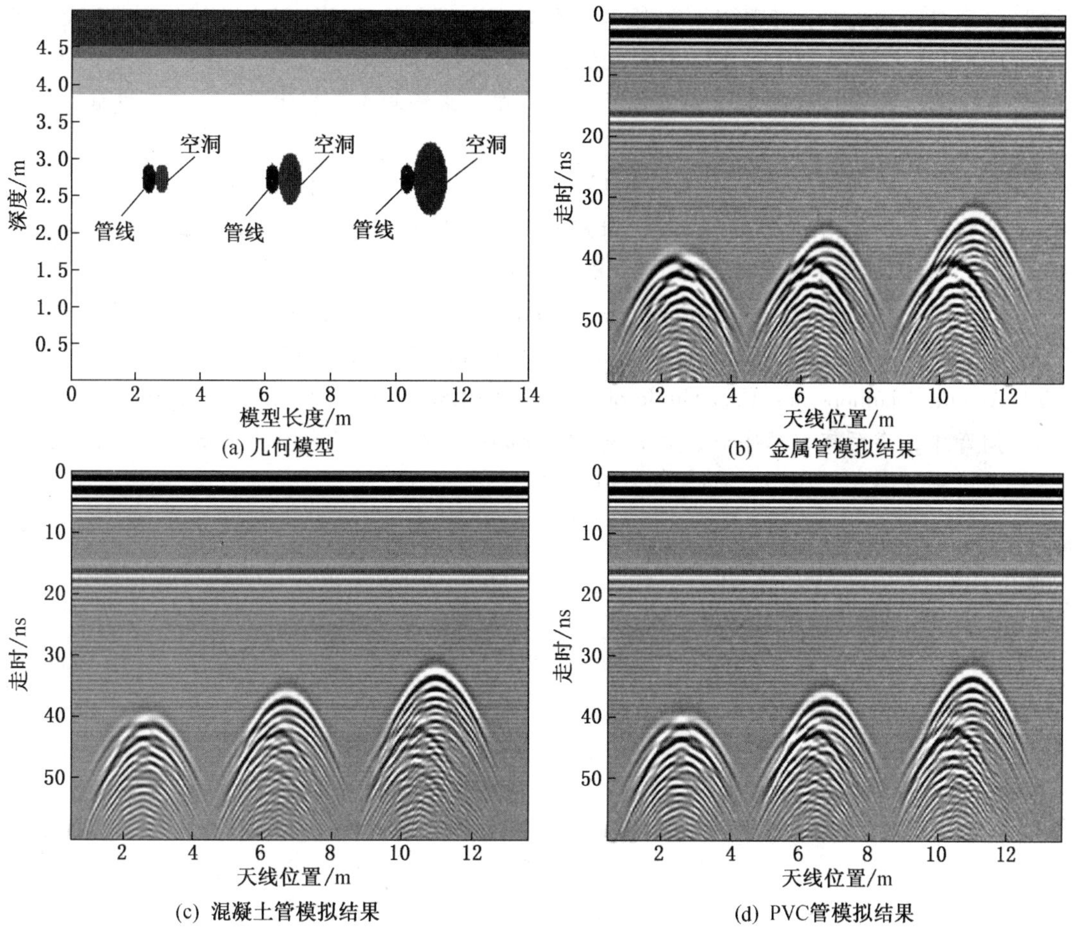

图5 存在管线干扰的空洞模型和模拟结果

量较弱，使得逐渐能够区分空洞及非金属混凝土管、PVC 管的反射波双曲线。

3 结语

针对当前道路下方空洞病害识别困难的问题，通过数值模拟的方法来获取道路下方空洞在雷达剖面上的图像特征，根据场地条件建立空洞演化模型，参考模拟结果有助于实测资料的处理和解释，排除干扰因素，提高道路下方空洞病害的雷达图像解释精度和效率。本研究对提高空洞识别的准确率及实测资料的解释具有重要意义。

本次研究仅对单一的层状模型进行了模拟，下一步将增加环境干扰因素，设置多个层状模型进行模拟，并将模拟结果进行精细化处理。

参 考 文 献

[1] 孙军，应后强，王国群．探地雷达在公路检测中的应用［J］．公路，2001，3：59－61.

[2] 赵翠荣，施兴华，于景兰．探地雷达在公路检测中的适用性研究［J］．公路交通科技（应用技术版），2014，12：196－199.
[3] 董茂干，陆俊．探地雷达的工作原理及其在公路检测中的应用［J］．筑路机械与施工机械化，2010，5：28－31＋37.
[4] 李大心．探地雷达方法与应用［M］．北京：地质出版社，1994.
[5] 戴前伟，冯德山，王启龙，等．时域有限差分法在地质雷达二维正演模拟中的应用［J］．地球物理学进展，2004，4：898－902.
[6] K. S. Yee. Numerical solution of initial boundary value problems involving Maxwell equations in isotropicmedia[J]. Antennas Propagate,1966,14 (3):302 307.
[7] Antonis Giannopoulos. User Guide of software GPRMAX2D. 2. 0. V2 [R]. 2005.
[8] 周奇才，李炳杰，郑宇轩，等．基于GprMax2D的探地雷达图像正演模拟［J］．工程地球物理学报，2008，5（4）：396－399.

矿井瞬变电磁法超前探试验研究

彭　凡　刘　波　陆　遥　潘天澜

中国矿业大学（北京）地球科学与测绘工程学院，北京　100083

摘　要　煤层顶底板水害对煤矿安全生产和工作人员生命安全构成了严重威胁，为保证煤矿的安全开采，在开采前准确查明顶底板岩层的含水性就显得尤为重要。本文先介绍了矿井瞬变电磁法超前探在煤矿井下勘探工作的基本原理和工作方法，然后介绍怎样进行矿井瞬变电磁超前探试验研究。经过后续数据处理，结果表明，矿井瞬变电磁法超前探确实能够有效地确定工作面顶底板岩层富含水的位置和范围，可为矿井水害防治提供可靠的物探依据。

关键字　矿井瞬变电磁法　超前探　矿井水害

Experimental Study on Advanced Detection of Mine Transient Electromagnetic Method

Peng Fan　Liu Bo　Lu Yao　Pan Tianlan

College of Geoscience and Surveying Engineering,
China University of Mining and Technology, Beijing　100083

Abstract　In coal mining, there is a serious menace that coal bed roof and floor water which is hazard to the safety of coal mine production and the staff's life safety for a long time. So it is very important to accurately ascertain the water bearing property of roof and floor before mining to ensure the safe mining of coal mine. This paper will first introduces the basic principle and working method of advance detection of mine transient electromagnetic method in coal mine exploration work, and then introduces how to carry out the test of advance detection of mining transient electromagnetic method. And then after data processing, the results show that advance detection of mine transient electromagnetic method can indeed effectively determine the location and scope of the water that rich in the roof and floor of the working panel, so it can indeed provide reliable geo-

---

资助项目：中央高校基本科研业务费专项资金项目（2011QD04），中国矿业大学（北京）大学生创新训练项目（C201502038）

作者简介：彭凡（1994—　），男，本科在读。Tel:13126876070;E－mail:cumtbpf@163.com physical basis for mine water hazard prevention.

Key words mine transient electromagnetic method advanced detection mine water disaster

0 引言

随着煤炭工业的快速发展，相伴而来的煤矿安全生产问题也日益突出，从近年来出现的煤矿安全生产事故来看，矿井突水事故占煤矿事故90%以上[1]，因此，准确预测工作面前方顶底板含水异常体的准确位置和形态大小就成为各煤矿安全工作的首要任务。日前煤矿井下水害防治主要采用地球物理勘探手段来进行，但由于井下巷道空间小，含水构造在地下全空间（仰角、水平、俯角）分布杂乱，地面常规地球物理方法基本无法适应，而矿井瞬变电磁的非接触式工作方式以及瞬变电磁二次场对有电性差异的围岩和异常体具有明显的分辨率和测深能力，所以研究瞬变电磁测井技术具有重要的现实意义。近年来，国内外学者进行了大量的理论研究[2,3]和应用实践[4,5]，取得了多项科研成果，并积累了丰富的实践经验。瞬变电磁测井技术是近年来发展起来的在煤矿井下巷道内探查其周围空间不同位置、不同形态含水构造的矿井物探方法之一，其凭借体积小、灵活多变、方便快捷、探测方向性强、分辨率高、对含水低阻体敏感等优势已广泛应用于探测煤层顶底板岩层含水性、断层含（导）水性、老窑采空区富水性及导水通道等。目前该技术已成为探测煤矿水害的最佳选择。

1 方法原理

瞬变电磁法（Time－domain Electromagnetic Methods，简称TEM）是一种建立在电磁感应原理基础上的时间域人工源电磁探测方法，利用不接地回线或接地线源向地下发射一次脉冲磁场，在一次脉冲磁场间歇期间，利用线圈或接地电极接收观测二次涡流场。接收到的二次场的强弱及衰减速度与地质体的导电性密切有关：含水体的导电性好，则二次场衰减慢；反之不含水的岩石导电性差，则二次场衰减较快。地下涡旋电流在地表产生的磁场可以等效为一个水平环状线电流产生的磁场，二次场传播过程中涡旋电流向下、向外扩散，即“烟圈效应”。其基本工作方法是，在地面或空中设置发射线圈，并通以脉冲电流，从而在其周围空间产生一次电磁场，电磁场传到地下并在地下导电岩矿体中产生感应电流；断电后，感应电流随时间衰减。衰减过程一般分为早、中和晚期。早期的电磁场相当于频率域中的高频成分，衰减快，趋肤深度小；而晚期的电磁场则相当于频率域中的低频成分，衰减慢，趋肤深度大。通过接收断电后各个时间段的二次场的值，根据二次场随时间衰减规律就可以得到不同深度的地电参数特征，达到探测目的。其测量装置及工作原理如图1所示。

矿井瞬变电磁法的基本原理和地面瞬变电磁法的原理基本一致，矿井瞬变电磁法是用于井下巷道内进行测量，受巷道空间限制，一般采用边长为1～2 m多匝数小回线重叠式装置。在井下瞬变电磁场呈全空间分布，这时得到的瞬变响应为全空间响应，在忽略巷道空间影响的情况下，可以理解为线圈被整个大地给“包”了起来，所以在线圈的两侧都会产生“烟圈效应”。由烟圈理论可知，早期和晚期瞬变电磁场分别是由靠近和远离发射

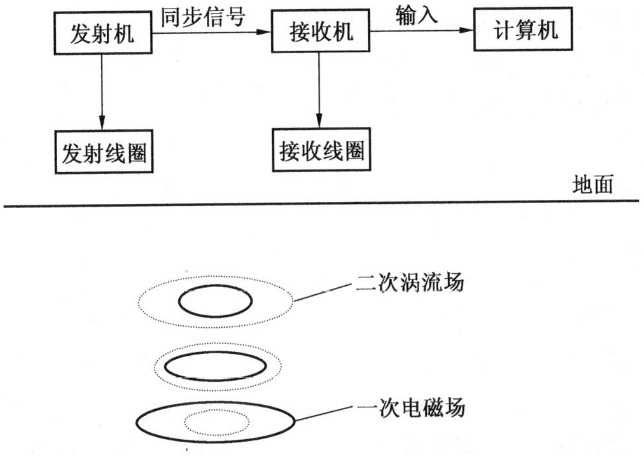

图1　瞬变电磁测量装置及工作原理

线框的巷道围岩介质感应电流产生，因此它们分别可以反映近距离和远距离的电性分布。因此，通过记录不同瞬变延时的感应电动势，便可以得到巷道围岩由近及远的电性分布情况[6]。瞬变电磁场“烟圈效应”示意图如图2所示。

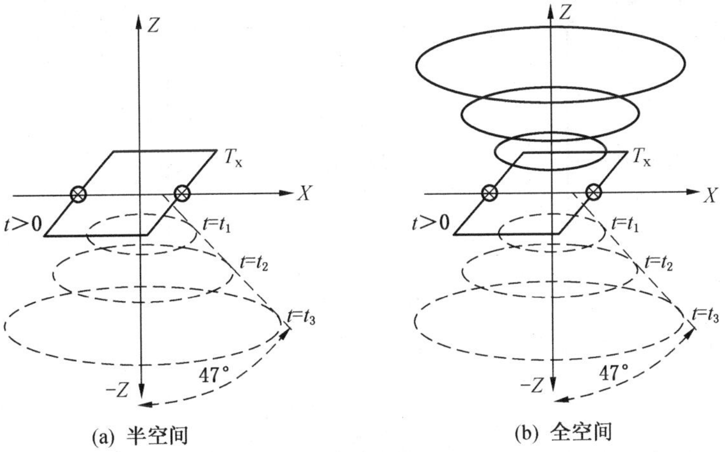

图2　瞬变电磁场“烟圈效应”示意图

矿井瞬变电磁法测得的视电阻率为全空间岩层导电性的综合反映，其视电阻率计算公式如下[7]：

$$\rho_\tau = BC\frac{\mu_0}{4\pi t}\left[\frac{2I\mu_0 SNsn}{5t(V/I)}\right]^{2/3}$$

式中　B——井下与地面装置比例系数；

C——全空间响应系数；

μ_0——真空磁导率；

t——二次场衰减时间；

S、s——发射线圈、接收线圈的面积；

N、n——发射线圈、接收线圈匝数；

V/I——归一化后的二次场电位值；

V——电位；

I——电流。

2 工作方法技术

在井下巷道迎头做超前探具体施工时测点的布置如图3所示。从巷道迎头的一侧开始，首先使重叠装置斜向上倾斜与水平线呈45°角进行测量，然后旋转装置回线，使装置的法线方向与巷道界面垂直进行测量；再旋转装置回线，使装置斜向下与水平线呈135°角进行测量（装置回线探测角度如图4所示）。测完一点后，按照图3中的顺序对剩下的点依次测量。这样就可以得到一个以巷道迎头位置为中心的、面向巷道掘进方向的成半球体状的探测范围，从而可以全方位的确定巷道前方及其周围是否有低阻异常体的存在。

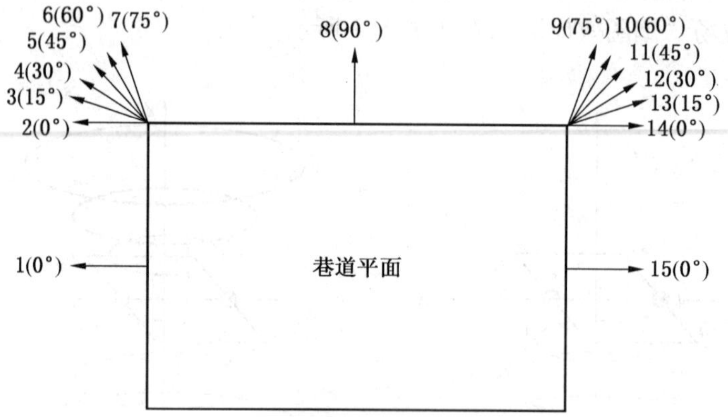

图3 测点布设图

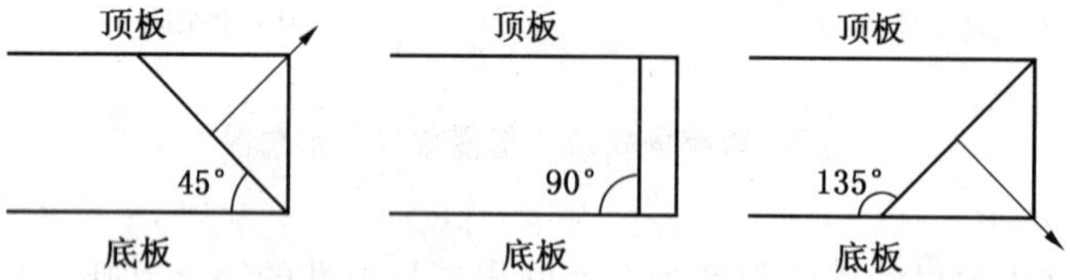

图4 探测角度示意图

本次矿井瞬变电磁法超前探试验按照上述过程进行测量，得到3组数据，分别为顶板（装置斜向上45°）、顺层（装置和巷道界面平行）和底板（装置斜向下135°）。试验采用加拿大生产的PROTEM－47矿井瞬变电磁仪进行数据采集。该仪器具有抗干扰、轻便、自动化程度高等优点。勘探装置类型采用重叠回线组合法，采用2×2 m的正方形激发和接收线圈，激发线圈匝数50匝，接收线圈匝数40匝。供电电流挡为50 A，供电脉宽

10 ms，采样率 4 μs。

3 数据处理分析和解释

数据采集完成后，用中国矿业大学矿井瞬变电磁法数据处理与解释系统进行数据处理，并用 surfer 成图，最终得到本次矿井瞬变电磁超前探试验的顶板、顺层、底板视电阻率等值线扇形图（图 5、图 6、图 7）。

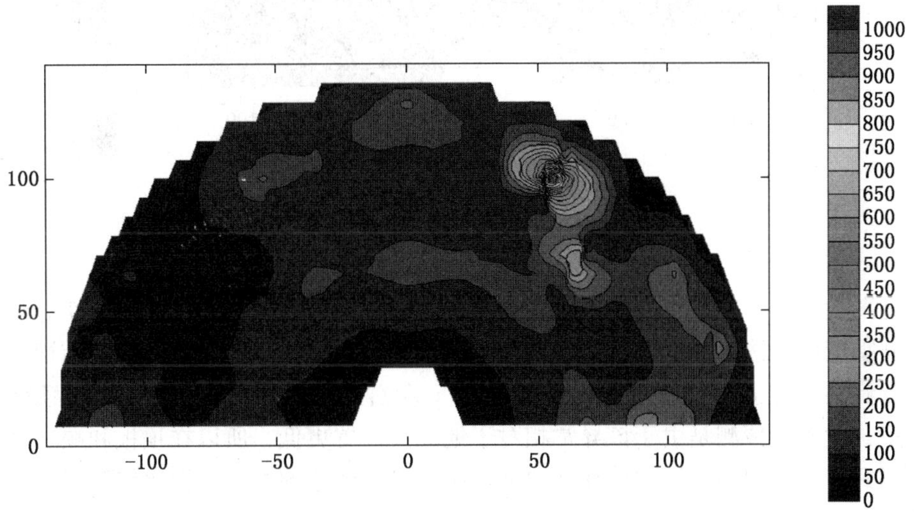

图 5　巷道顶板超前探结果图

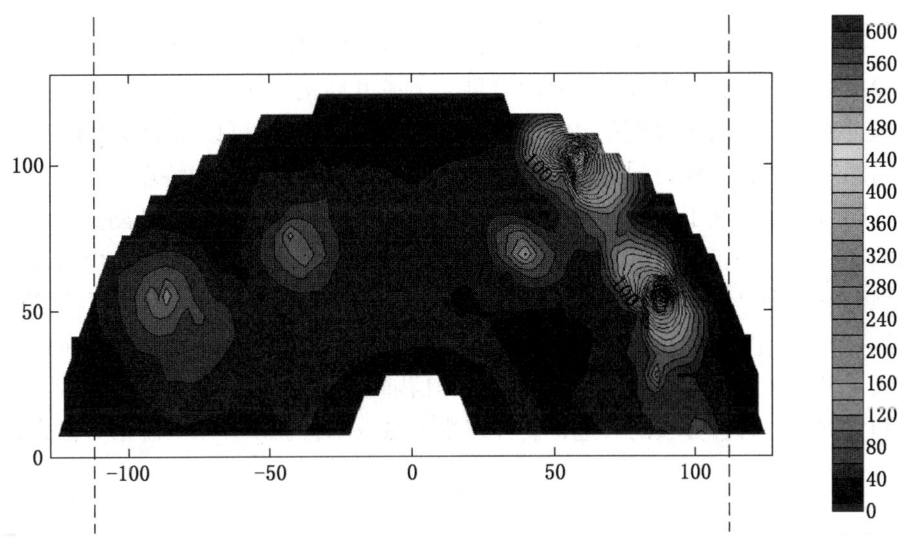

图 6　巷道顺层超前探结果图

从图 5、图 6、图 7 中可以看出，3 张图都在巷道的右前方有一个视电阻率大约为 800 Ω · m左右的高阻异常值，可以看出异常体应是圆柱状或近似圆柱状的。对比试验基

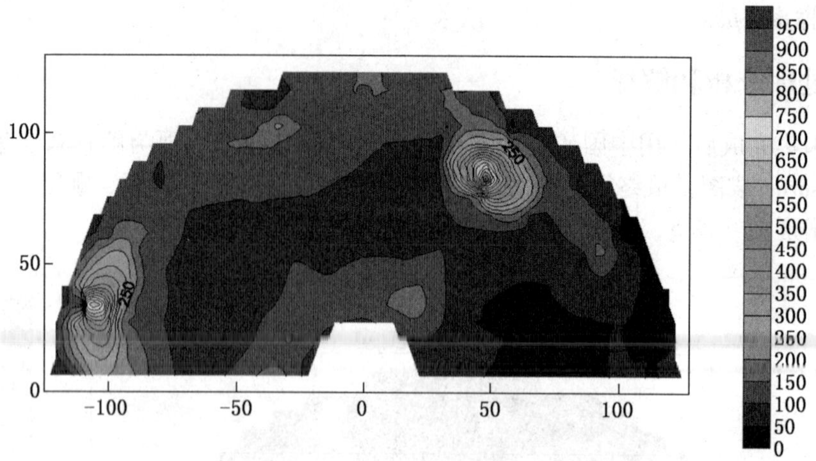

图7　巷道底板超前探结果图

地的模型图后发现，在巷道右前方确实建造有一空心圆柱状异常体，这表明实验结果很正确，矿井瞬变电磁法超前探确实能有效找出阻值异常的区域。在巷道底板超前探结果图里还可以看到在左边也有一视电阻率为700 Ω·m左右的高阻异常体存在，而在顶板和顺层结果图里并没有，猜测是由于该异常相对于地面其位置更低，所以在顶板和顺层勘探中都没有探测到，而且因为该异常体深埋地下，所以可能建造的模型里面比较潮湿，造成视电阻率值会比右前方的稍低一些。

4　结论

将地面瞬变电磁法应用于煤矿井下，采用多匝数小回线组合装置探测巷道工作面前方不同位置的含水构造，可以取得明显的效果，为矿井防治水害工作提供有效的物探基础。数据处理过程中，对采集得到的数据进行有选择性的截断就可以得到反射回来的纯二次场，以消除一次场的影响；同时还具有对低阻体敏感、分辨率高的特点，并且剖面测量与测深工作同时完成，施工方便、快捷，既可以提高工作效率也可以降低勘探成本，勘探时又不影响煤矿巷道的正常掘进，这是其他物探方法所不具备的。矿井瞬变电磁法超前探能有效地预测巷道掘进迎头前方的断层及破碎带、裂隙发育区、岩溶、陷落柱等构造的赋（含）水性，保障巷道的安全、快速掘进。同时试验中也能看出该方法仍存在近距离探测盲区较大、易受矿井人为设施干扰等问题，相信随着矿井瞬变电磁理论的完善、仪器性能的提高和数据处理解释方法的改进，矿井瞬变电磁技术将在矿井水害防治方面发挥更大作用。

参 考 文 献

[1] 李好，胡运兵，吴艳清．应用矿井瞬变电磁法超前探测煤矿井下含水体 [J]．矿业安全与环保，2012，39 (5)：49－52.
[2] 杨怀杰，潘和平，孟庆鑫，等．导电围岩对井中三维瞬变电磁响应的影响规律研究

[J]. 石油物探，2016，55（2）：288－293.
[3] 孔德山，程久龙，朱若军，等. 利用矿井瞬变电磁法探测工作面顶板岩层含水性的研究［J]. 矿业安全与环保，2010，37（3）：31－33.
[4] 黄晓容. 矿井瞬变电磁法在水害超前探测中的应用［J]. 矿业安全与环保，2013，40（3）：77－79.
[5] 张军，赵莹，李萍. 矿井瞬变电磁法在超前探测中的应用研究［J]. 工程地球物理学报，2012，9（1）：49－53.
[6] 王扬州，于景邨，刘建，等. 瞬变电磁法矿井超前探测［J]. 工程地球物理学报，2009，6（1）：28－32.
[7] 蒋宗霖，于景邨，孙伟涛. 矿井瞬变电磁法低阻体的全空间响应影响研究［J]. 煤炭科学技术，2012，40（8）：107－110.

煤储层压力预测方法及应用

侯高飞　孟召平　王俊耀

中国矿业大学（北京）地球科学与测绘工程学院，北京　100083

摘　要　煤储层压力是影响煤层气保存与开发的重要参数，采用等效深度法与电阻率、密度测井相结合的方法，通过分析研究区具体地质特征，建立正常地层电阻率趋势线以及储层压力预测公式。对研究区 2 号、8 号、9 号煤层进行分析计算，结果表明，煤储层压力梯度为 0. 15 ~0. 91 MPa/100 m，研究区煤层普遍处于异常低压状态，且储层压力随埋深的增加而增大。

关键词　煤储层压力　煤层气　等效深度法　电阻率测井　趋势线

Prediction Method of Coal Reservoir Pressure and Its Application

Hou Gaofei　Meng Zhaoping　Wang Junyao

College of Geoscience and Surveying Engineering, China University of Mining and Technology, Beijing　100083

Abstract　The coal reservoir pressure is an important parameter affecting the development and preservation of coalbed methane. Based on the equivalent depth method combined with resistivity, density logging method, through the analysis of specific geological features in the study area, establishing normal formation resistivity trend line and the reservoir pressure prediction formula. The 2#, 8#, 9# coal seam are analyzed and calculated, the results show that coal reservoir pressure gradient is 0. 15 ~0. 91 MPa/100 m, the coal seam of study area is in a state of abnormal low pressure generally, and the reservoir pressure increases with the increase of buried depth.

Key words　coal reservoir pressure　coalbed methane　equivalent depth method　resistivity logging　trend line

---

资助项目：中央高校基本科研业务费专项资金（2011YD04）

作者简介：侯高飞（1988—　），男，河南开封人，硕士研究生，主要从事煤层气开发与工程地质方面的研究工作。Tel:15201323052; E-mail:15201323052@163. com

0 引言

煤储层压力是指作用于煤孔隙—裂隙空间上的流体压力（包括水压与气压），又称为孔隙流体压力，相当于常规油气储层的地层压力[1]，实际生产中常用压力梯度描述地层压力状态。储层压力梯度是指单位垂深内的储层压力增量，常用井底压力除以从地表到测试井中点深度得出，用 kPa/m 或 MPa/100 m 表示，淡水条件下的静水压力梯度为 9.79 kPa/m，饱和盐水条件下的静水压力梯度为 11.90 kPa/m。若储层压力梯度等于静水压力梯度，储层压力状态为正常；若储层压力梯度大于静水压力梯度，则称为高压异常状态；若储层压力梯度小于静水压力梯度，则称为低压异常状态。煤储层压力是煤储层的一个重要参数，影响着煤层气井的钻进与生产，一定的煤储层压力既是煤层气保存在煤层中的有利条件，又是煤层气开采时的驱动力，因此，弄清煤储层压力的分布状态和大小，对煤层气开发具有重要的实际意义。本文以西山矿区为依托，采用等效深度法与电阻率、密度测井相结合的方法，通过建立地层正常电阻率趋势线和理论分析计算，得出煤储层压力与煤储层压力梯度的数值，为煤层气开采过程的选区与排采降压提供依据。

1 储层压力预测方法

1.1 常用储层压力预测方法

常规油气储层的孔隙压力预测方法已被证实是有效的，常用的有地质分析法、经验法、dc 指数法、地震法以及测井法[2]。地质分析法和地震法都属于钻前预测孔隙压力，在已有地质资料的基础上分析划分异常压力带。近年来，随着地震法的发展和完善，地震波拾取换算的精度提高。运用地震法预测孔隙压力的精度有望提高。dc 指数法与测井法属于钻井过程中或钻后预测方法，由于获得的各项指数比较准确，得出的孔隙压力与实际比较接近，可以预测相邻区域的地层孔隙压力。

运用地球物理测井技术可以准确地获取地层声波速度、密度、电阻率、孔隙度等与地层孔隙压力相关的物理参数，最早用电阻率测井预测储层压力的公式为根据 Eaton 声波测井公式推算而来[3]，公式如下：

$$P_p = P_0 - (P_0 - P_h)\left(\frac{R_0}{R_n}\right)^M \tag{1}$$

式中 P_p——储层压力，MPa；

P_0——上覆岩层压力，MPa；

P_h——正常静水压力，MPa；

R_0——实测岩体电阻率，Ω · m；

R_n——正常压实岩体电阻率，Ω · m；

M——试验系数。

1.2 电阻率—等效深度法预测煤储层压力

常用注入/压降试井试验获取煤储层压力[4]，该方法求取周期长、投入大，虽然可以获得高度精确的储层压力，但由于操作复杂，获得的储层压力也是单井的，不能很好地反映煤储层压力的分布规律，在实际运用中常用来检测某地区的储层压力。测井法在常规油气的储层特征分析中取得了成功的应用效果，随着测井方法在煤与煤层气探测解释的大量应用[5,6]，煤层气测井日趋完善，测井数据解释分析精度提高，运用测井方法预测煤储层压力的可行性增大，煤与泥页岩都属于沉积岩体，不同的是煤层后期发生了大量的物理化学变化，但是煤层的物理特征如孔隙度、密度、电阻率等在测井中表现出的规律与泥页岩具有很强的一致性。假设煤储层压力与其顶板泥岩的地层孔隙压力相同，由此可近似求取煤储层压力。

沉积物压实过程中，随着覆盖物的增加，原始沉积物逐渐被压实，孔隙中的水不断排出，如果沉积速率过快，水等流体不能及时排出，造成孔隙度增大，形成异常高压，此时的岩体电阻率比正常压实的低；在沉积后期随着流体的散失和上覆岩层压力的增加，孔隙度变小，形成异常低压，此时的岩体电阻率比正常压实的高，利用测井资料可以准确地获得岩体电阻率数值。已有资料表明，地层埋深与地层电阻率的对数呈近似线型关系，在分析地区地质因素的基础上可建立该地区电阻率正常压实趋势线（图1）。

正常压实的地层，岩层密度随深度的增加而增加，孔隙度随深度的增加而减小，在异常压力地层，孔隙度和密度偏离正常值，在电阻率测井曲线上反映为电阻率偏离正常趋势。基于电阻率的等效深度法是指处于不同深度具有相同物理性质的岩体所受到的有效应力相等，在不考虑地温场的影响下，如果异常低压带上某一点的电阻率与电阻率趋势线上的某一点相同，则反映这两点孔隙结构和压实程度相同，两点具有等效性，与低压点测值等值的正常趋势线上某点的深度即为等效深度（图1）。

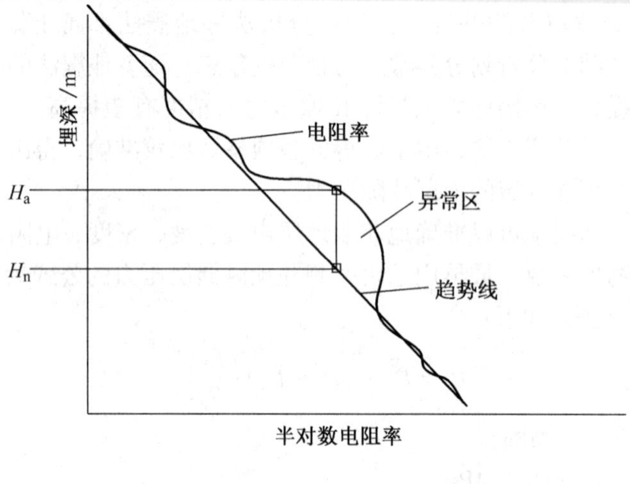

图1　电阻率趋势线及等效深度

由此建立储层压力计算公式如下：

$$P_p = P_{ba} \times H_a - H_n(P_{bn} - P_{b0}) \tag{2}$$

$$p_{p0} = p_p / H_a \tag{3}$$

式中　P_p——储层压力，MPa；

P_{p0}——储层压力梯度，MPa/100 m；

P_{ba}——在 H_a 深度的上覆层压力梯度，MPa/100 m；

P_{bn}——在 H_n 深度的上覆层压力梯度，MPa/100 m；

H_a——异常压力层深度，m；

H_n——正常等效深度，m；

P_{b0}——正常地层压力平衡梯度，MPa/100 m。

上覆岩层压力可由密度测井的资料获得[7]，计算公式为：

$$p_0 = \sum g \int_{H_0}^{H_1} \rho_b d(H) \tag{4}$$

$$p_{ba} = \frac{\sum g \int_{H_0}^{H_1} \rho_b d(H)}{H_a} \tag{5}$$

式中 p_0——某层段岩层密度，kg/m^3；

H_0——某段起始深度，m；

H_1——某层段结束深度，m；

H_a——计算层到井口的深度，m；

g——重力加速度，取 9.8 m/s^2。

2 应用实例

2.1 研究区地质概况

研究区位于煤层气资源丰富的山西沁水盆地的北部，区域构造位于西山向斜，西山向斜为一轴向近南北，西翼陡、东翼缓的梨形向斜，区块内地层倾角 2°~15°，局部可达 25°~30°。短轴背向斜发育，中小型断层较多且常成组出现。可采煤层主要有山西组 2 号煤层和太原组 8 号、9 号煤层，煤层平均埋深分别为 511.2 m、591.6 m、606 m，平均厚度分别为 2.7 m、2.8 m、1.4 m，以中高阶焦煤为主，兼有气煤、贫煤、肥煤，宏观煤岩类型以半亮煤为主，兼有少量半暗煤。

2.2 计算步骤与结果

1. 地层正常电阻率趋势线的建立

选取电阻率测井数据时要综合分析对比，剔除异常点和破坏点，选取的地层厚度一般大于 3 m，尽量选取平直段上的数值，避免曲率大和转折处的数据点；根据选取的电阻率数据，回归分析得出电阻率与深度变化的正常压实趋势线，即

$$H = A\ln(R_0) + B \tag{6}$$

式中，A、B 分别为趋势线的斜率与截距，无因次。通过式（6）得出的趋势线往往与实际情况有误差，对比分析该地区平均正常压力趋势，通过校正得出合理的趋势线。

2. 储层压力的计算

根据式（6）计算异常压力点的等效深度 H_n，由式（4）和式（5）计算异常点与等效点的上覆岩层压力与上覆岩层压力梯度，再根据式（2）、式（3）式分别计算该点的储层压力和储层压力梯度，计算结果见表 1。

计算结果表明，西山矿区煤储层压力普遍低于静水压力，与已有文献［8］煤储层压力梯度 0.38~0.65 MPa/100 m 具有很高的相符性，证明了计算结果的准确性与可行性。在垂直深度上，除少数测点外，储层压力整体上表现出随埋深的增加而增大的规律。

根据计算结果，将研究区内马兰矿区的 2 号煤层的煤储层压力梯度绘制为等值线图(图 2)，

表1 煤储层压力与压力梯度计算结果

钻孔	煤层	埋深	电阻率	取自然对数	等效埋深/m	储层压力/MPa	储层压力梯度/MPa/100 m
1	2	442.81	601	6.40	805.36	1.04	0.24
	8	531.77	736	6.60	881.41	2.16	0.41
	9	545.01	687	6.53	855.55	2.72	0.50
2	2	557.59	582.8	6.37	793.82	3.64	0.65
	8	655.09	627	6.44	821.25	5.45	0.83
	9	665.85	737.1	6.60	881.97	5.04	0.76
3	2	636.26	848	6.74	934.57	3.85	0.60
	8	689.11	811	6.70	917.83	5.16	0.75
	9	696.21	751	6.62	888.98	5.62	0.81
4	2	500.11	841	6.73	931.46	0.95	0.19
	8	573.93	993	6.90	993.81	1.88	0.33
	9	582.51	669	6.51	845.59	3.63	0.62
5	2	556	675	6.51	848.94	3.02	0.54
	8	641.93	1550	7.35	1160.93	1.58	0.25
	9	648.4	850	6.75	935.45	4.10	0.63

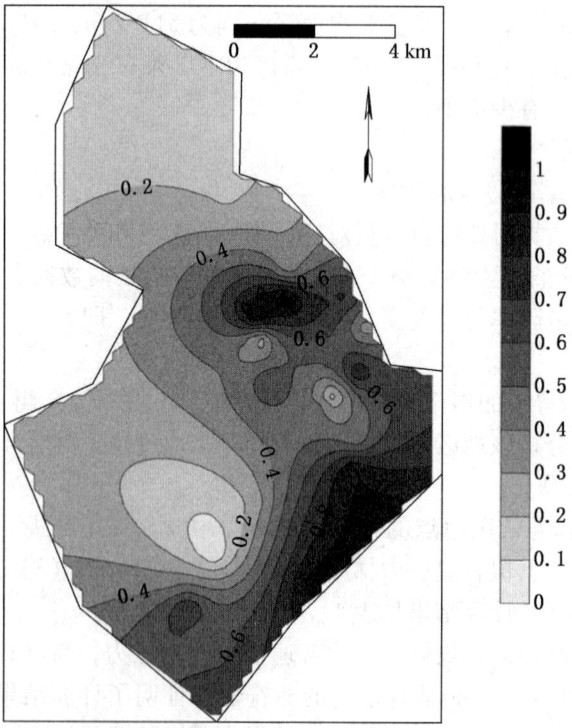

图2 马兰矿区2号煤层储层压力梯度等值线

由图可以看出，马兰矿区整体煤储层压力梯度低于0.6 MPa/100 m，极少地区达到0.8 MPa/100 m以上，且研究区储层压力梯度由西向东逐渐增高，可能与东部受到的强烈构造运动有关。

2.3 讨论

计算过程的关键是建立符合该地区的正常压实趋势线，由于地质因素的多变，如构造条件、水文地质条件等会对岩层的物性特征造成较大的影响，必须通过综合分析对比，将矿区划分为若干个各种地质条件相似的区块分别建立趋势线，以确保计算结果的可靠性。由于煤储层的复杂性与不稳定性，计算结果可能存在一定的偏差，在实际应用中要与其他方法相结合，互相验证，以得出正确的结果。

3 结论

本文以等效深度法原理为基础，结合电阻率、密度测井，建立地层正常电阻率趋势线计算煤储层压力，主要取得了以下两点认识：

（1）运用电阻率测井数据，结合矿区所处的地质背景，分析对比，建立了符合西山矿区的地层正常电阻率趋势线；

（2）利用密度测井计算上覆岩层压力，最终得出西山矿区煤储层压力与煤储层压力梯度，2号煤层的煤储层压力为0.83～3.85 MPa，压力梯度为0.15～0.65 MPa/100 m；8号煤层的储层压力为1.58～5.45 MPa，压力梯度为0.25～0.56 MPa/100 m；9号煤层的储层压力为2.72～5.62 MPa，压力梯度为0.49～0.69 MPa/100 m，并表现出随埋深增加而增大的规律。

参 考 文 献

[1] 孟召平，田永东，李国富．煤层气开发地质学理论与方法［M］．北京：科学出版社，2010；118－121.

[2] G. V. Chilinga. 异常地层压力成因与预测［M］．赵文智等，译．北京：石油工业出版社，2004.

[3] Eaton. B. A. A theory on effect of overburdenstress on geo－pressure prediction from welllogs. SocPetroleumEng,1972;3719:15－22.

[4] 景兴鹏．沁水盆地南部储层压力分布规律和控制因素研究［J］．煤炭科学技术，2012，40（2）：116－120.

[5] 张松杨．煤层气地球物理测井技术现状及发展趋势［J］．测井技术，2009，33（1）：10－14.

[6] 李辛子，郭全仕．煤层气地球物理技术研究综述［A］．叶建平．2008年煤层气学术研讨会论文集［C］．北京：地质出版社，2008，17－30.

[7] 樊洪海，张传进．上覆岩层压力梯度合理计算及拟合方法［J］．石油钻探技术，2002，30（6）：6－8.

[8] 逄建东，汪雷，臧晓琳，等．古交地区煤层气地质条件及资源潜力分析［J］．科学技术与工程，2015，15（33）：158.

引黄充填复垦采煤沉陷地远距离管道输沙技术

梁宇生　胡振琪　王晓彤

中国矿业大学（北京）土地复垦与生态重建研究所，北京　100083

摘　要　黄河泥沙充填采煤沉陷地复垦中，许多采煤沉陷地距离黄河较远，远距离引黄充填管道输沙所使用的取沙设备挖取的泥沙粒径较大、浓度高，对管道的磨损较为严重。为探寻这一问题的解决方法，本文通过实验对远距离管道输送黄河泥沙的管材及管径选择进行了比较研究，最终确定使用管径350 mm的超高分子聚乙烯管作为输送泥沙的管道，达到提高远距离管道输送黄河泥沙的效率、降低能耗、节约成本等目的，为引黄河泥沙充填复垦采煤沉陷地的提供保障。

关键词　充填复垦　管道输沙　不淤流速

Study on Relative Technologies of Long - distance Pipelines' Transportation of Yellow River Sediment for Filling and Reclamation of Mining Subsidence Lands

Liang Yusheng　Hu Zhenqi　Wang Xiaotong

Institute of Land Reclamation and Ecological Restoration,
China University of Mining and Technology, Beijing　100083

Abstract　In the process of reclamation of mining subsidence lands filled with Yellow river sediment, as many mining subsidence lands are located far from the Yellow river, there are many long - distance pipelines transporting Yellow river sediment. Because of the large particle size and heavy concentration of the sediment dug out by the equipment, there is severe abrasion to the pipelines. In order to find solution to this problem,

---

资助项目：中央高校基本科研业务费专项资金（2010YD03）

作者简介：梁宇生（1985—　），男，山东泰安人，博士，主要从事土地复垦与生态重建研究。Tel:18600298091；E - mail:yusheng20102013@163.com comparative study has been made on the material and diameter of long - distance pipelines through experiments. The results show that the 350mm diameter pipelines made of ultra - high molecular weight polyethylene could achieve the high efficiency, low cost and low energy - consumption of long - distance pipelines' transportation of Yellow river sediment, providing guarantee for the reclamation of mining subsidence land filled with Yellow river sediment.

Key words filling reclamation pipeline sediment transport non - silting velocity

0 引言

煤炭是中国最主要的能源，占一次能源的70%左右[1,2]。中国也是世界第一煤炭生产国，2013年的煤炭产量达到36.8×10^8t，占世界煤炭产量的47.4%[3]。煤炭资源的开采在为国家经济发展提供充足能源的同时，却对土地和生态环境造成了损伤，如煤矸石山占压土地、地表裂缝、土地沉陷、地貌景观变化、有毒气体排放、土壤和地下水污染等[4]。由于中国90%以上的煤炭产量来自井工开采，且多采用走向长壁全部垮落法开采，造成大量土地的沉陷损坏，因此采煤沉陷地的复垦就成为中国煤矿区急待解决的问题[5,6]。截至2010年底，中国由于煤炭资源开采累计沉陷面积超过100万hm^2，且以每年7万hm^2的速度增加[7]。在高潜水位平原矿区，井下开采造成地面沉陷、地下水系统破坏、水利设施受阻。在沉陷中心区域出现常年积水，形成封闭的湖泊或沼泽；在沉陷较浅的地方造成土壤盐渍化，而在沉陷区边缘地带水土流失严重，土地丧失了耕种能力[8]，其中，部分地区煤炭开采后地表积水面积达到沉陷面积的50%以上，积水深度最大可达20 m[9]，导致高潜水位矿区复垦耕地的比例小，失地农民增加并引发严重的社会和环境问题。

传统的泥浆泵或拖式铲运机的挖深垫浅技术、土地平整、疏排法等非充填复垦技术耕地恢复率低，复垦后的耕地质量较差。为了提高高潜水位沉陷区的复垦耕地率，充填复垦是最有效的方法。国内学者胡振琪等[10]在引黄河泥沙充填复垦采煤沉陷地的研究中介绍了引黄河泥沙充填复垦采煤沉陷地的新技术，并指出了未来需要革新的4个方面，其中的一个方面就是远距离管道输沙技术。

本文结合国家“十二五”科技支撑计划课题—“大型煤炭基地沉陷区黄河泥沙充填修复技术及示范”中革新的技术设备采沙泵、泥沙浓密器及高压立式液压砂浆泵，选定进行35 km长距离输沙的情况下，压力在4.5 MPa，研究适合的输送管道材料、管径、临界不淤流速的问题。对远距离管道输送黄河泥沙的管材及管径选择进行比较研究，为下一步革新远距离管道输沙技术，以及引黄河泥沙充填复垦采煤沉陷地的工作提供保障。

1 远距离管道输送黄河泥沙的管材选择

由于远距离管道输沙过程中泥沙粒径较大、浓度高，且冲击力强，对管壁的磨损较为严重，管道泥沙输送的管材必须选用耐磨、耐冲击性强的材料。目前，可用于管道介质输送的管材主要有玻璃钢管、普通钢管、内衬陶瓷复合钢管、超高分子量聚乙烯管、X65管线钢管、内衬铸石复合钢管、钢骨架复合管，见表1。

表1　不同管材性能参数比对表

管材名称	比重	粗糙系数	物理性能简介	造价	维护费	适用范围
玻璃钢管	1.65～2.0	0.0084	耐腐蚀性能好，抗老性能和耐热性能好，耐磨性好	低	低	低含沙量的水
普通钢管	6.508	0.013～0.014	抗冲击性强，耐磨性差	低	高	不适用高沙量的水
内衬陶瓷复合钢管		0.011	耐磨性强，抗机械冲击性能强，陶瓷厚度不均，质量不稳定	高	低	适用范围较广
超高分子聚乙烯管	0.93～0.95	0.01	耐磨性强，耐冲击性强，耐高压	低	低	适用范围广
X65 管线钢管			耐磨性好，强度大	造价低，安装价格高	低	适用于大颗粒高浓度浆体
内衬铸石复合钢管			耐磨性高，韧性较差	造价低，施工费用高	低	优先适用于腐蚀性强的浆体
钢骨架复合管			较高强度、刚度、抗冲击性	低	低	适用范围广

通过表1可以看出，超高分子量聚乙烯管道的承压能力、抗冲击性、耐磨性、耐腐蚀性、耐低温性和自润滑性等性能参数较高，同时超高分子聚乙烯管道价格合理，鉴于上述原因，本研究选择超高分子聚乙烯管作为输送泥沙的管道。

2　临界不淤流速

泥浆流速小易造成输沙管道堵塞，泥浆流速越大对输沙管道的腐蚀越严重，因此确定管道输沙不淤流速至关重要。管道输沙不淤流速是管道运行的最低控制流速，也是管道系统设计与运行的重要技术参数之一。影响不淤流速的因素主要有输水含沙量、管径、泥沙粒径及密度等，由于影响因素多且复杂，因此工程实施前需通过试验确定管道的不淤流速，为选择合适的管径、设计经济合理的输水含沙量提供依据。

2.1　泥沙获取

本课题在山东省梁山县黑虎庙镇陈垓引黄闸处（灌区渠首）取泥沙，经测试，泥沙的容重为2.65 t/m^3，中值粒径 d50 为0.12 mm，泥沙颗粒级配见表2和图1。

表2　泥沙样颗粒级配

沙样位置	平均小于某粒径沙重（体积）百分数%									中数粒径/mm	平均粒径/mm
	粒径级/mm										
	0.002	0.005	0.010	0.050	0.075	0.250	0.500	2.00	5.00		
梁山县	0.5	0.9	1	7.3	18.5	99.8	100	100	100	0.12	0.120

2.2　试验方案

试验按管径分100 mm、125 mm、150 mm 共3组，按泥沙级配分1组，在相同管径、

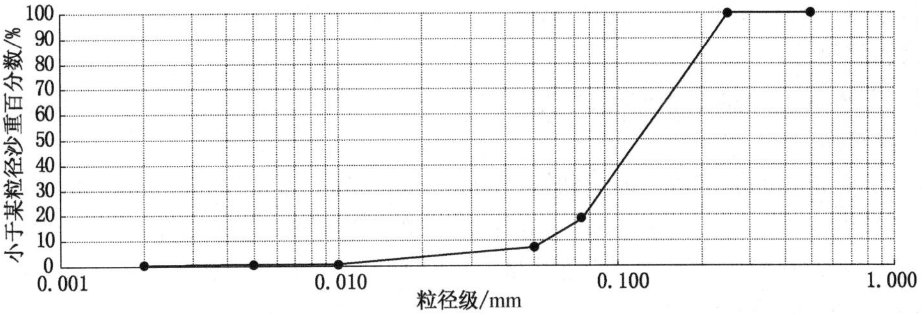

图1　试验沙样颗粒级配

颗粒级配情况下又根据含沙量分为若干方案。

2.3　试验方法

试验采用水力学原型观测法，流量采用电磁流量计测定，阻力损失用压力表观测，水温用酒精温度计测量，临界不淤流速采用目测透明有机玻璃管段进行判断。

2.4　试验过程

试验根据管径分为3个大组，每一组试验过程如下。

准备工作：向进水池加一定量的清水，开启水泵使管道系统运行一段时间，观察进水池水位是否稳定，流量计、压力表及数据采集系统是否工作正常，此时整个管道系统处于自循环状态。各种仪表正常后则开始试验。

含沙量1试验：向进水池内均匀加一定量的泥沙，管道闸阀全开，使水泵在大流量下运行，以确保泥沙在管道内均匀（可通过观察透明管道段观察水流情况），运行一段时间后，调节管道出口闸阀使管道流量由大至小变化，同时通过有机玻璃管段观察管中水沙运动情况，通过观测法判断泥沙不淤积的临界状态，当有机玻璃管段底部开始出现泥沙颗粒沉积时，记录流量计测量的管道流量、水温，通过 $V=Q/A$ 计算该方案的不淤流速。同时，从管道出口用量杯接出水样，测量泥沙含量。从而得到不同方案（颗粒级配—管径—泥沙含量—水温—临界不淤流速）的测试结果。

在流量调节的过程中，因每一流量下管道都运行一定时间，本试验的数据采集系统将自动记录该含沙量、该流量情况下各个测点的压力，从而得到在相同含沙量情况下，不同流量沿程阻力损失测试结果。

泥沙含量的测试：每个泥沙含量取3组水样，采用烘干法测量。

含沙量2试验：含沙量1测试完成后，加大闸阀开启度，使管道系统在大流量下运行，经过一段时间后，向进水池均匀加一定数量的泥沙，此时管道的含沙量为2次加沙量之和。然后重复前面的过程，直至完成含沙量2的试验。

重复前面的过程，即可得到不同含沙量的不淤流速、阻力损失测试结果。

每种管径方案测试完成后，应将进水池中的水、泥沙清除干净，换上清水后重复试验，即可得到另一管径的测试结果。

本试验需要采集的数据有泥沙含量、流量、流速、压力（4个测点）、水温等，除含沙量外其他均采用在线自动采集数据的方式，即电磁流量计、压力、水温等终端读数均通过 R485 协议与计算机通讯，数据每秒钟采集、记录一次。

2.5 试验结果

本试验得到了 3 种管径不同含沙量（78.35 ~ 659.01 kg/m^3）的 49 组不淤流速结果。

2.6 结果分析

图 2 为临界不淤流速与含沙量和管径的关系。从图 2 可以看到，管径 100 mm 的临界不淤流速线在最下方，管径 150 mm 在最上方，说明相同含沙量情况下，管径越大，不淤流速越大。相同管径条件下，随着含沙量的逐渐增大，临界不淤流速呈现递增的趋势。当含沙量增大到 300 ~ 400 kg/m^3 时，临界不淤流速随含沙量增大逐渐递减。通过图 3 可以看出，在相同管径条件下，随着颗粒沉速的逐渐增大，临界不淤流速呈现增大的趋势。当颗粒沉速增大到一定程度时，临界不淤流速随颗粒沉速的增大逐渐递减。

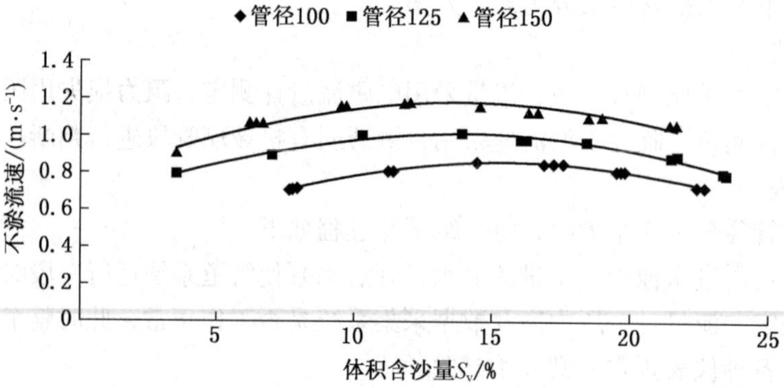

图2　临界不淤流速与含沙量、管径关系

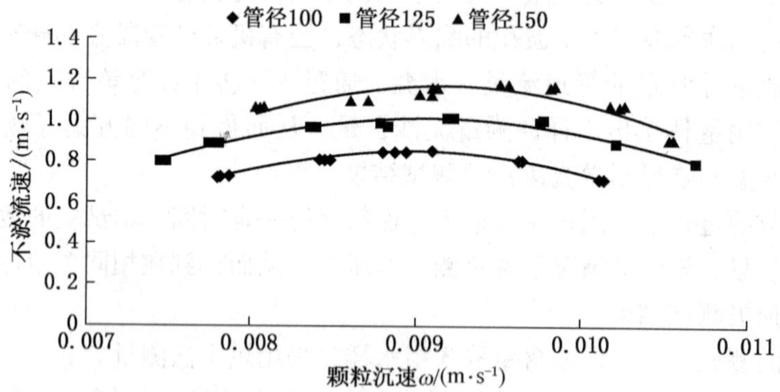

图3　临界不淤流速与颗粒沉速关系

2.7 临界不淤流速现有经验公式与实测值的比较

利用科诺罗兹、瓦斯普、何武全、张英晋、安杰等提出的临界不淤流速经验公式计算结果与实测值的对比，发现 5 个经验公式计算的临界不淤流速结果与实测结果均有差距，其中以安杰提出的经验公式计算的临界不淤流速结果与实测结果最为接近。

2.8 临界不淤流速的确定

通过对临界不淤流速实测值与计算值比较发现，现有的临界不淤流速经验公式不能适应本次黄河下游高含沙量管道水力输沙试验的临界不淤流速计算。因此根据本次实验数据，利用统计分析的方法建立临界不淤流速的经验计算公式。

由临界不淤速度分析可知，150 mm 管径临界不淤速度在 0.9 ~ 1.2 m/s，为了避免泥沙淤积以及磨损管内壁，最佳经济流速应在 1.3 ~ 1.7 m/s。

3 输沙管径的选择

3.1 输送管径的初步确定

在相同流量情况下，沿程阻力损失与管径成反比。虽然增大管径可以在一定程度上减小沿程阻力损失，提高管道输沙效率，但由于管径的大小还与流速密切相关，在流量相同的情况下，若管径偏大，管道中泥浆流速自然偏小，容易在管道中产生泥沙淤积，反而降低了泥浆输送效率，因而不能盲目增大管径。

本文结合实际需要，选用管内径分别为 100 mm、125 mm、150 mm 的 3 个管道进行试验。

3.2 管道沿程阻力试验

通过进行管道沿程阻力试验，求取管道沿程阻力损失值，从而确定最优输沙管道管径。本试验测试了 3 种管径、不同含沙量情况下，管道测量断面的沿程阻力损失，共 122 组，因篇幅原因不再一一列举。

3.3 管道沿程阻力损失实测值与经验公式的比较

利用 Durand 模型提出的阻力损失经验公式计算结果与实测值对比，可以得到 3 个管径条件下 Durand 模型计算值与实测值均有不小差距，并不适应本次试验阻力损失计算。此外，用孙东坡、王二平衡型计算阻力损失系数差别较大，同样也无法适应本次试验阻力损失计算。

3.4 管道沿程阻力损失值的确定

由上述分析看到，阻力损失与流速、含沙量、阻力损失系数等因素有关，回归得到浑水阻力损失系数的经验公式为：

$$l = (2.3161 - 0.18\ln R_e) \times \left(\frac{\rho_m}{\rho}\right)^{-0.15} \left(\frac{D}{1000}\right)^{0.8} \times V^{0.16}$$

$$H_f = l\,\frac{1}{d}\frac{v^2}{2g}$$

3.5 输沙管径的确定

对前面一系列数据进行筛选、处理，得出在流速为 1.5 m/s、泥沙含量相近（管径 100 mm 的泥沙含量 597.5 kg/m^3，管径 125 mm 的泥沙含量 572.6 kg/m^3，管径 150 mm 的泥沙含量 570.7 kg/m^3）的情况下，为减少阻力损失，在短距离输送时应选择 150 mm 管径；对于长距离输沙，结合本研究采用的高压立式液压砂浆泵，应优选 350 mm 的管径。

4 结论

本文通过比较研究得出应选择超高分子聚乙烯管作为远距离输送泥沙的管道材料，并通过试验确定管道的临界不淤流速等一系列参数，最终确定使用350 mm的管径，具有提高远距离管道输送黄河泥沙的效率、降低能耗和成本等优点，为引黄河泥沙充填复垦采煤沉陷地的工作提供保障。

参 考 文 献

[1] 胡振琪，肖武，王培俊，等．试论井工煤矿边开采边复垦技术 [J]. 煤炭学报，2013，38 (2)：301 - 307.

[2] 胡振琪，肖武．矿山土地复垦的新理念与新技术——边采边复 [J]. 煤炭科学技术，2013，41 (9)：178 - 181.

[3] BP. BP Statistical Review of World Energy 2014 [R]. United Kingdom：BP，2014.

[4] Hu Zhenqi，Wang Peijun，Li Jing. Ecological restoration of abandoned mine land in China [J]. Journal of Resources and Ecology. 2012，3 (4)：289 - 296.

[5] 赵艳玲，胡振琪．未稳沉采煤沉陷地超前复垦时机的计算模型 [J]. 煤炭学报，2008，33 (2)：157 - 161.

[6] 肖武，胡振琪，李太启，等．采区地表动态沉陷模拟与复垦耕地率分析 [J]. 煤炭科学技术，2013，41 (8)：126 - 128.

[7] Hu Zhenqi，Yang Guanghua，Xiao Wu，et al. Farmland damage and its impact on the overlapped areas of cropland and coal resources in the eastern plains of China [J]. Resources，Conservation and Recycling. 2014，86：1 - 8.

[8] 张明亮，史同广，王海霞．采煤沉陷对生态环境的影响及其修复措施——以邹城矿区为例 [J]. 资源开发与市场，2006，22 (5)：436 - 437.

[9] 胡振琪，卞正富，成枢，等．土地复垦与生态重建 [M]. 徐州：中国矿业大学出版社，2008.

[10] 胡振琪，王培俊，邵芳．引黄河泥沙充填复垦采煤沉陷地技术的试验研究 [J]. 农业工程学报，2015，31 (3)：288 - 295.

热河生物群定义的内涵与外延——以承德围场为例

赵 剑 马施民 杨 雯

中国矿业大学（北京）地球科学与测绘工程学院，北京 100083

摘 要 热河生物群是东亚地区起源中心位于中国东北的一个特有生物群，也是世界范围内陆相中生代地层中包含生物门类最多的化石群。新近河北承德围场地区早白垩世地层中发现的以有尾两栖类蝾螈珍稀化石为主的热河生物群与举世闻名的辽西地区热河生物群相比虽然种属构成较为单一，但蝾螈类化石所代表的有尾两栖类生物群与经典的 E－E－L 水生生物群相比差别较大，这对研究热河生物群的起源、辐射以及演化过程都具有重要的意义。通过对冀北、辽西地区两地热河生物群特征的比较并结合地层的岩性，分析了热河生物群的内涵定义与外延意义，拓展了热河生物群的生物学与地层学研究意义。

关键字 热河生物群 早白垩世 蝾螈 围场

Connotation and Denotation of Jehol Biota－an Exemple of Weichang, Chengde

Zhao Jian Ma Shimin Yang Wen

School of Geosciences and Surveying Engineering,
China University of Mining and Technology, Beijing 100083

Abstract Jehol biota is a unique Center of origin is located in the northeast of China in East Asia group, is the world biological categories most of inland in Mesozoic strata containing fossils. Newly found in the early Cretaceous strata in Hebei Chengde weichang of tailed amphibians salamanders rare fossils of Jehol compared with the famous Jehol in Western Liaoning species constitute more single, but the salamander fossils represent tailed amphibians biological group compared with the classical E－E－L of aquatic biota vary greatly. Through compared the characteristics of the two places of

---

资助项目： 中央高校基本科研业务费专项资金资助（2013YD02）

作者简介： 赵剑（1991— ），男，在读硕士研究生，地质工程专业，主要从事沉积学与地层古生物学方面的研究。E－mail:215003712@ qq. com

Jehol in northern Hebei and Western Liaoning, and combine the lithology of stratigraphic, analyzes the Jehol biota of connotation definition and meaning of extension, and expanded the biological and stratigraphical significance of Jehol.
Key words jehol biota early cretaceous salamander weichang

0 引言

侏罗-白垩纪是我国大地构造演化中重要的地质时期之一，期间由于印度板块和太平洋板块与欧亚板块的碰撞形成了中国大陆面貌的雏形，其中中国东北部地区广泛发育的火山-沉积地层体现了这一地质时代的特征并保存了众所周知的生物群——热河生物群[1]。热河生物群主要分布于中国北方、蒙古、西伯利亚，以及朝鲜和日本等东亚地区，冀北和辽西地区是热河生物群的经典研究区域，最早以大家所熟知的东方叶肢介（Eosestheria）、三尾拟蜉蝣（Ephemeropsis trisetalis）和戴氏狼鳍鱼（Lycoptera）为代表。因此，热河生物群又长期以来被称为E-E-L动物群，二者常被理解为同义词，时代为晚侏罗世-早白垩世。但近年来，随着热河生物群研究区域的不断拓展，在相同层位的地层中发现了大量不同门类的生物化石。据不完全统计，目前已发现的热河生物群化石种类包括无脊椎动物、脊椎动物如腹足类、双壳类、节肢动物（含昆虫）、两栖类、爬行类、鸟类、哺乳类以及大量高等植物（被子植物）、孢粉和低等的藻类、苔类化石等，使得经典的以E-E-L动物群为代表的化石组合难以全面、真实地反映热河生物群的真正面貌。因此，有必要对热河生物群的内涵和外延定义进行重新梳理，从而更准确地反映出其生物地层学意义[2-16]。本文通过新近冀北承德围场地区发现的古生物化石的初步研究并在收集和分析前人研究成果的基础上，从生态学的角度，分析热河生物群的原始定义及其不断演变的组合面貌，以期丰富热河生物群的研究内容和应用价值。

1 热河生物群的产出地质背景和地域范围

中生代末期，亚洲东部地区逐渐抬升为陆地，中国北部、蒙古及西伯利亚地区淡水湖泊发育，气候湿润，各种动植物相继开始出现，并进一步的繁衍、演化。此时，欧亚大陆东部，包括外贝加尔、大兴安岭和冀北地区发育了广泛的陆地生态系统，形成了早期的热河生物群。随后，由于古环境、古气候、地壳运动以及磁极转换等因素，使热河生物群生物种类增多，其分布范围也扩展到了蒙古南部、内蒙古、华北、西北东部以及华北等地区。到热河生物群晚期时，其分布范围则扩展到新疆准格尔盆地、朝鲜半岛以及日本等地[17]。晚侏罗世早期，地壳运动加剧，由于太平洋板块对欧亚板块强烈挤压的作用，火山喷发频繁，大量动植物窒息或中毒死亡，沉入海底，并被火山灰覆盖，为热河生物群的形成提供了必要条件。

与此同时，中国东部及东北部地区形成了从太行山到大兴安岭NNE向构造带，伴随着大规模的酸性火山灰流相熔结凝灰岩及酸性亚碱性熔岩喷发，期间形成了一系列NE、NNE向的坳陷、断陷盆地并发育了最早称为热河群的一套多旋回、多期次的巨厚火山—沉积岩系，它是在一套特定的古地理、古气候环境下形成的一套地层，主要发育在我国东北部地区的辽西、冀北、内蒙古、北京地区，构成了晚侏罗世晚期的张家口组一直到早白垩世的义县组的多个岩石地层单位，为热河生物群化石的保存提供了有利条件[13]。

2 热河生物群的内涵定义与相关问题回顾

热河生物群一词源于一地层学术语，即“热河系（Jehol Series）”，特指辽西凌源地区含化石的陆相地层，最早由著名美国地质学家、中国近代地质学的创建人之一A. W. Grabau于1928年提出。随后，他又提出“热河动物群”的概念，用来代表这套地层中产出的动物化石组合，随后其他外国学者在相关地区陆续发现了双壳类、腹足类、叶肢介、昆虫和鱼类及少量脊椎动物化石。直到20世纪60年代初，中国地质学家才开始对这一地区的地层古生物进行研究，并有了实质性的贡献。著名古生物学家顾知微在无脊椎动物与生物地层研究的基础上，于1962年首次提出了“热河生物群”这一概念，并将东方叶肢介－三尾拟蜉蝣－狼鳍鱼（Ephemeropsis trisetalis－Eosestheria －Lycoptera）组合作为其代表[14]，并被广泛地作为中国东北部地区晚侏罗世的标准化石组合引用。传统含热河生物群的地层包括广义的义县组和其上的九佛堂组，而随着热河生物群化石层位的不断发现，有关热河生物群的地质时代也出现了争议。由于热河生物群包含的生物门类多样，其反映出的生物地层学价值也不尽相同。近年来随着国际、国内地质年代表的不断精细化，侏罗系与白垩系的年代地层界线年龄最终确定为145 Ma，这使得传统上被认为是晚侏罗世的义县组及其相当层位上移至早白垩世，热河生物群也成为一个跨纪持续演变的土著生物群备受关注[14,18－20]。

3 冀北围场热河生物群的外延特征

冀北地区与辽西一样是含热河生物群地层发育最好、研究程度较高的地区。辽西地区以产出精美的脊椎动物尤其是鸟类和被子植物化石而闻名于世，而冀北地区广大区域内的众多中小型盆地中也发现了热河生物群化石分子。目前，不同层位已见报道的包括恐龙、鸟类、植物、叶肢介、蝾螈、鱼类、哺乳类、蜥蜴、鲎虫、鳌虾、腹足、介形虫、昆虫、双壳类、孢粉、藻类等多个门类的化石属种[14]，而承德围场地区此次发现的热河生物化石面貌既包含经典的E－E－L动物群分子，更出现了十分珍稀的有尾两栖类化石－蝾螈。此外，还见有少量的陆生高等植物化石。

（1）叶肢介类（Estherians）。作为节肢动物门介甲目的叶肢介类化石，是热河生物群中分布最广、数量最多也最常见的基本构成成员之一。但各地所见类型变化也较大。围场地区的叶肢介化石普遍壳体较大，有的可达到长16 mm、宽11 mm，双壳并联保存完整的也不少见，显示了原地保存的化石群特征。

（2）拟蜉蝣（Ephemeropsis）。拟蜉蝣与叶肢介类同属节肢动物但不是一类水生昆虫。本地区所发现的拟蜉蝣化石也是经典热河生物群中最常见的基本构成成员之一，即三尾拟蜉蝣（Ephemeropsis trisetalis），并和叶肢介类化石常常共生。

（3）有尾两栖类－蝾螈（Salamander）。冀北围场热河生物群与辽西热河生物群相比，其独特之处在于此地产出的珍稀有尾两栖类－蝾螈化石。这批蝾螈化石多数保存精美、四肢及尾部完整，十分罕见。少数标本体长超过20 cm。就化石埋藏学特征的初步分析，绝大多数的蝾螈都是呈单个产出，少数标本有三尾拟蜉蝣及叶肢介化石与之共生，这对研究热河生物群的多样性以及蝾螈、三尾拟蜉蝣和叶肢介的生态环境有重要意义。虽然承德围场地区所发现的生物化石与辽西相比在种类和丰度上相差较大，但该地区产出的蝾螈化石在数量和保存程度上都远远超过辽西义县组产出的同类化石，且保存更为完整，这不仅使得该地区成为我国原始两栖类的起源与演化的重要地区之一，而且有尾两栖类化石层的发现也进一步拓展了热河生物群外延特征。

就纵向变化特征，冀北与辽西地区热河生物群主要产在义县组和九佛堂组，自上而下可大致分为如下五个化石组合带[2]。

一是“狼鳍鱼－三尾拟蜉蝣－东方叶肢介”化石组合带，位于九佛堂组和义县组的顶部，含化石丰度低，主要有鱼类、昆虫拟蜉蝣、叶肢介及植物化石。它处于热河生物群发展阶段的末期。

二是“辽宁古果－张和兽－长城鸟”化石组合带，位于义县组中上部，含化石种类丰富，主要有鸟类、爬行类、鱼类、叶肢介、昆虫及植物化石等。代表了热河生物群的繁盛时期。

三是“中华龙鸟－孔子鸟－始祖兽”化石组合带，位于义县组中上部，化石种类丰富，但丰度较低，主要有鸟类、鱼类、爬行类、双壳类、恐龙、两栖类以及植物、昆虫等，也属于热河生物群的繁盛时期。

四是“狼鳍鱼－东方叶肢介－女星介”化石组合带，位于义县组中下部，代表了热河生物群遭受宇宙线和太阳辐射的阶段，导致生物种群基因突变，使得该化石组合带的生物种类显著增加，主要包含双壳类、鱼类、腹足类和昆虫等[16,21－23]。

五是“三尾拟蜉蝣－潘氏北票鲟－毕索夫尼斯托叶肢介”化石组合带，位于义县组底部，化石种类单一，主要有鱼类、叶肢介和昆虫等。该化石组合带代表了热河生物群的初始发展阶段[4]。

冀北—辽西地区热河生物群组成与生态环境特征对比见表1。

表1　冀北—辽西地区热河生物群组成与生态环境特征对比表

<table>
<tr><th colspan="2">冀北地区</th><th colspan="2">辽西地区</th><th>冀北—辽西热河生物群典型化石组合</th><th>生态环境特征</th></tr>
<tr><td colspan="2">九佛堂组</td><td colspan="2">九佛堂组</td><td rowspan="3">狼鳍鱼－三尾拟蜉蝣－东方叶肢介</td><td rowspan="3">水生生态系统</td></tr>
<tr><td rowspan="6">义县组</td><td>火山岩层</td><td rowspan="6">义县组</td><td>黄花山层</td></tr>
<tr><td>沉积层</td><td>金刚山层</td></tr>
<tr><td>西瓜园层</td><td rowspan="2">尖山沟层</td><td>辽宁古果－张和兽－长城鸟</td><td>陆地生态系统</td></tr>
<tr><td>沉积层</td><td>中华龙鸟－孔子鸟－始祖兽</td><td>陆地生态系统</td></tr>
<tr><td rowspan="2">大店子层</td><td>四合屯层</td><td rowspan="2">狼鳍鱼－东方叶肢介－女星介</td><td rowspan="2">水生生态系统</td></tr>
<tr><td></td></tr>
<tr><td colspan="2">大北沟组</td><td colspan="2"></td><td>三尾拟蜉蝣－潘氏北票鲟－毕索夫尼斯托叶肢介</td><td>水生生态系统</td></tr>
</table>

就岩性组合特征而言，九佛堂组为一套湖相沉积为主的沉积序列，由灰色、灰绿色泥岩、页岩、粉砂岩为主，夹油页岩、泥灰岩、砂岩和砾岩，偶见少量中性熔岩等。而义县

组西瓜园层则以中、基性火山岩为主，夹砂岩、泥岩和页岩；其下伏的大店子层为一套黑色页岩、泥岩、泥质粉砂岩组合。最下部的大北沟组为一套火山碎屑－沉积岩组合，下部为灰绿、灰白色及少量灰紫色凝灰质砾岩、砂岩、凝灰质粉砂岩、页岩、凝灰岩及泥灰岩；上部为中基性熔岩、酸性熔岩。冀北围场地区蝾螈化石层位大致相当于辽西大北沟组，岩性组合以灰白色、灰黄色、杂色页岩与火山凝灰岩互层为特点[20]。因此，可推断研究区化石层的沉积环境虽与九佛堂组和义县组相似但也表现出过渡性特点，从而导致化石多样性较差但特征明显。

4 结论

冀北围场地区早白垩世地层中新近发现的珍稀有尾两栖类－蝾螈化石层反映出的是一种典型的湖滨湿地生态系统的生物代表，这与经典热河生物群或 E－E－L 动物群，即底栖生物－水生昆虫－鱼类所代表的水生生态系统完全不同。也就是说，经典的 E－E－L 动物群并不能代表热河生物群的全貌。为真实反映热河生物群在不同层位的不同组合特点，可考虑以生态系统特点来区分不同地区的热河生物群亚型，如热河水生生物群、热河湿地动物群、热河四足动物群、热河鸟类动物群、热河植物群等。这样既便于结合岩石学特征恢复古地理环境，也便于相关地层层位的区域对比，从而进一步丰富并拓展热河生物群的研究内容和应用。

参 考 文 献

[1] 季强. 论热河生物群 [J]. 地质评论，2002，48 (3)：290－294.

[2] 王政恺. 内蒙古赤峰市红山区麒麟山中生代热河生物群化石发现及意义 [D]. 中国地质大学 (北京)，2011.

[3] 张凡. 辽西热河生物群化石层及其时代 [J]. 探索发现，2008.

[4] 姬书安. 热河生物群重大研究进展综述 [J]. 中国地质，2001，28 (4)：19－23.

[5] 牛绍武，孙春林，张福成，等. 冀北承德地区热河生物群化石组合特征及其地质意义 [J]. 地质调查与研究，2015，38 (4)：241－247.

[6] 陈丕基. 热河生物群研究新进展 [J]. 古脊椎动物学报，2002，40 (1)：80.

[7] 李晓波，王旖旎，杨明，等. 早白垩世热河生物群北部分布区的脊椎动物群和地层 [J]. 地球学报，2010，31 (1)：40－41.

[8] 张俊峰. 道虎沟生物群 (前热河生物群) 的发现及其地质时代 [J]. 地层学杂志，2002，26 (3)：173－215.

[9] 王原. 早白垩世热河生物群－新的有尾两栖类 [J]. 古脊椎动物学报，2002，2 (3)：100－103.

[10] 周忠和，王原. 热河生物群脊椎动物生物多样性的分析以及与其他动物群的比较 [J]. 中国科学：地球科学，2010，40 (9)：1250－1265.

[11] 蔡雄飞，陈斌，等. 澄江、关岭、热河三大生物群图集 [Z]. 中国地质大学出版社有限责任公司，2011，38－64.

[12] 邢立达. 热河生物群－朝圣中生代生命演化圣地 [J]. 自然杂志，2005，27 (1)：

19 – 24.
[13] 李声之. 河北省岩石地层 [Z]. 中国地质大学出版社，1996.
[14] 卢功一. 冀北热河群与热河生物群 [Z]. 地质出版社，2008.
[15] 徐桂林，杨有世，邓绍颖. 河北省中生代鸟类的首次发现及意义 [J]. 中国区域地质，1999，18 (4)：444 – 447.
[16] 李晓波. 大兴安岭北部及邻区早白垩世热河生物群及地层 [D]. 吉林大学，2011.
[17] 陈丕基. 热河生物群的分布与扩展 [J]. Palaeoworld，1999 (11).
[18] 陈丕基. 中国陆相侏罗、白垩系划分对比评述 [J]. 地层学杂志，2000，24 (2)：115 – 119.
[19] 陈丕基. 热河动物群的分布与迁移 – 兼论中国陆相侏罗 – 白垩系界限划分 [J]. 古生物学报，1988，27 (6)：659 – 683.
[20] 王思恩，高林志，庞其清，等. 中国陆相侏罗系 – 白垩系界限及其国际地层对比 – 以冀北 – 辽西侏罗系 – 白垩系年代地层为例 [J]. 地质学报，2015，89 (8)：1331 – 1351.
[21] 周忠和. 热河生物群脊椎动物的辐射及其环境背景 [J]. 科学通报，2004，49 (8)：718.
[22] 陈树旺，张立东，郭胜哲，等. 四合屯及其周边地区义县组火山活动对生物灾难事件的影响 [J]. 地学前缘 (中国地质大学，北京)，2002，9 (3)：103 – 107.
[23] 王宇林，贾翠，仲米山，等. 辽西阜新地区义县组的喷发旋迴特征 [J]. 地层学志，2012，36 (1)：116 – 124.

中央高校基本科研业务费项目研究成果

论 文 集

2016

（中册）

中国矿业大学（北京） 编著

煤 炭 工 业 出 版 社

·北 京·

目　录

上　册

资源与安全工程学院

力建与建筑工程学院

管理学院

中　　册

地球科学与测绘工程学院

文法学院及思想政治教育学院

理学院

下　　册

机电与信息工程学院

化学与环境工程学院

国家重点实验室

高岭石/三聚氰胺插层复合物制备及表征

程宏飞[1]　杜贝贝[1]　李春全[2]　李凯华[1]　孙志明[2]　刘钦甫[1]

1. 中国矿业大学（北京）地球科学与测绘工程学院，北京　100083

2. 中国矿业大学（北京）化学与环境工程学院，北京　100083

摘　要　以高岭石/甲醇（KM）插层复合物为前驱体，采用分步置换法制备高岭石(kaolinite)/三聚氰胺(melamine）插层复合物，并利用 X 射线衍射(XRD)、傅里叶红外光谱（FTIR)、热重－差热分析(TG－DSC)、透射电镜(TEM）对制备的复合物进行表征。结果表明，melamine 分子进入高岭石层间，使层间距增加至 1.08 nm，其氨基与高岭石内羟基和硅氧面的氧形成氢键。热分析结果显示插层复合物热相变经历 4 个阶段，第一阶段为插层剂分子热解（303 ℃)，第二阶段为三聚氰胺热解产物的缩聚（417 ℃)，第三阶段为高岭石脱羟基（517 ℃)，最后为高岭石重结晶（997 ℃)。经过三聚氰胺插层后高岭石片层仅边缘有轻微翘起，层状结构保存较完整。

关键词　高岭石　三聚氰胺　插层复合物　置换法

Synthesis and Characterization of Kaolinite－melamine Intercalation Compound

Cheng Hongfei[1]　Du Beibei[1]　Li Chunquan[2]
Li Kaihua[1]　Sun Zhiming[2]　Liu Qinfu[1]

1. school of Geoscience and Surveying Engineering,
China University of Mining and Technology, Beijing　100083

2. School of Chemical and Environmental Engineering,
China University of Mining and Technology, Beijing　100083

Abstract　The kaolinite/melamine（K/Mel）was prepared with a direct displacement intercalation method by using kaolinite－methanol intercalation complex as an intermediate. The samples were characterized by using X－ray diffraction, Fourier transform infrared spectroscopy, thermogravimetric analysis, and SEM analysis. The result showed

---

资助项目：中央高校基本科研业务费基金项目（2014QD01）

作者简介：程宏飞（1983—　），男，博士、副教授，从事矿产资源综合利用。E－mail：h. cheng@ cumtb. edu. cn that melamine could be intercalated into the interlayer of kaolinite and interlayer spacing $d_{(001)}$ is extended to 1.08 nm. The amidogen of melamine forms hydrogen bonds with InOH and Oxygen atoms of the silicon oxygen tetrahedron. The TG - DSC results indicated that the decomposition process of the intercalation compound proceed in four steps. The first step is pyrolysis of the intercalated melamine at 303 ℃. The second step is condensation polymerization of Pyrolysis products at 417 ℃. The third step is dehydroxylation of kaolinite at 517 ℃ and the last step is the recrystallization of kaolinite at 997 ℃. The original layer structure of kaolinite is in good condition because melamine is small organic molecules which cannot cause clear scroll but slightly cock.

Key words kaolinite melamine intercalation composite replace intercalation method

0 引言

高岭石为1∶1型二八面体层状硅酸盐，由 AlO_6 八面体和 SiO_4 硅氧四面体构成高岭石层，层间由氢键连接，层间距约为0.72 nm，层间无阳离子，层间电荷数为零[1]。单层厚度和层间距离尺寸都在纳米级，并且层间往往具有某种活性[2]。插层反应是常规条件下制备有机－无机纳米复合材料的最有效方法之一，高岭石是重要的插层反应主体[3]。另外，高岭石孔隙度高，表面吸附性好，可作良好的负载体。

三聚氰胺通过高温煅烧可得 $g-C_3N_4$[4]。$g-C_3N_4$ 具有独特的半导体能带结构和较强化学稳定性，被广泛应用于光解水制氢产氧、光催化降解有机污染物等[5,6]，因此三聚氰胺常被用作光催化剂制备过程中的氮源。

国外在利用层状化合物制备层柱复合催化剂光催化产氢的研究工作刚刚起步，至今国内外鲜见利用此类复合光催化剂降解有机污染物的报道[7-10]。本实验采用三聚氰胺插层高岭石，既是对高岭石插层的深入研究，也是在探索更加经济、高效、绿色光催化剂，对矿物材料和复合型光催化剂研究具有重要意义。

1 实验部分

1.1 实验原料

实验原料为河北张家口高岭土，结晶度指数为1.03，高岭石含量为95%，粒度为325目；实验用试剂为二甲基亚砜［化学式 $(CH_3)_2SO$］、甲醇（化学式 CH_3OH）和三聚氰胺［化学式 $C_3N_3(NH_2)_3$］，均为分析纯，购买自西陇科学股份有限公司。

1.2 样品制备

称取30 g高岭石加入质量浓度为90%的二甲基亚砜溶液中，60 ℃恒温水浴下搅拌12 h，离心干燥得高岭石/二甲基亚砜插层复合物（KD），将KD加入到甲醇溶液中室温搅拌，每24 h更换一次甲醇，重复漂洗10次，离心干燥后得高岭石/甲醇插层复合物（KM）。

称取1 g三聚氰胺，加入100 mL热水中，恒温50 ℃，磁力搅拌1 h，使三聚氰胺溶于水中。再加入2 g干燥KM，常温下搅拌48 h。用热水洗去表面附着的三聚氰胺，干燥得到高岭石/三聚氰胺插层复合物。

1.3 表征

采用日本理学公司的 RigakuD/MAX－2500PC 型 X 射线衍射仪测定，其测定条件：Cu 靶；电压：40 kV；电流：100 mA；扫描步宽：0.02°；狭缝系统：DS = SS = 1°，RS = 0.3 mm；扫描速度 2°/min；采用瑞士梅特勒－托利多公司 TGA/DSC1/1600HT 型同步热分析仪，在氮气保护下对样品进行热分析，升温速率为 10 ℃/min，测量范围 25 ~ 1000 ℃；样品的红外光谱（FT－IR）是由美国 ThermoFisher 公司生产的 Nicolet 6700 傅里叶红外光谱仪获得，试验采用 KBr 压片法制备样品；采用 G2F30S－TWIN 型透射电子显微镜观察样品的形貌，加速电压 300 kV。

2 结果与讨论

2.1 XRD 分析

由图 1 可知，原矿高岭石的 $d_{(001)}$ 峰尖锐且对称，说明其结晶度良好。经二甲基亚砜插层后，其 $d_{(001)}$ 值由 0.72 nm 增至 1.13 nm，层间距被撑大 0.4 nm，说明二甲基亚砜分子成功进入高岭石层间。经甲醇多次漂洗，形成的甲氧基嫁接高岭石复合物 $d_{(001)}$ 值变为 0.87 nm。三聚氰胺插层后高岭石层间距增至 1.08 nm，层间扩大了 0.36 nm，仍可见高岭石原矿 $d_{(001)}$ 面微弱峰，$2\theta = 13°$ 出现的峰为三聚氰胺自身的峰。根据衍射峰的强度以及插层效果表征的方法计算得到三聚氰胺对高岭石的插层率高达 92%。

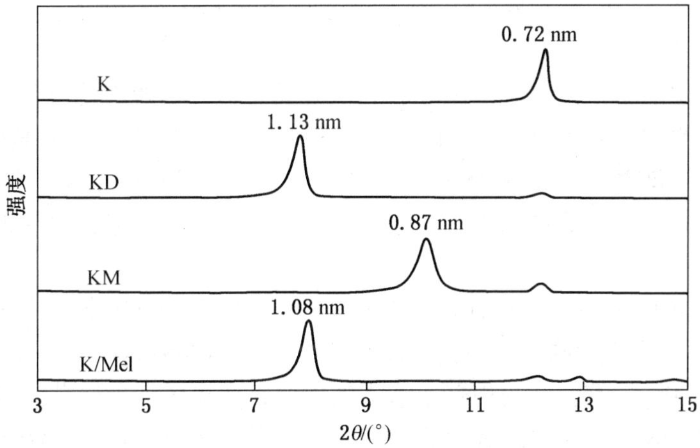

图 1 高岭石及其插层复合物的 XRD 图谱

2.2 FT－IR 分析

图 2 为高岭石及高岭石插层复合物的红外光谱图。可以看出，高岭石原矿红外光谱中位于 3696 cm^{-1}、3650 cm^{-1} 和 3675 cm^{-1} 处特征峰由内表面羟基伸缩振动引起，而 3620 cm^{-1} 则是内羟基伸缩振动特征峰。1200 ~ 1000 cm^{-1} 为 Si－O 伸缩振动产生，912 cm^{-1}、937 cm^{-1} 处为 Al－OH 键的弯曲振动峰，754 cm^{-1} 和 694 cm^{-1} 为 O－Al－OH 的振荡吸收峰。二甲基亚砜插层高岭石后，高岭石中位于 3696 cm^{-1} 处振动峰发生明显减弱，而位于 3650 cm^{-1} 和 3675 cm^{-1} 的振动特征峰则合并成一个 3662 cm^{-1} 振动峰，说明二甲基亚砜成功插层并与高岭石内表面羟基发生作用，使得 3696 cm^{-1} 处峰减弱，同时插层客体分子与 3650 cm^{-1} 和 3675 cm^{-1} 处内表面羟基形成氢键，导致吸收峰强度增大，峰带变宽而

出现两峰叠加。937 cm^{-1}处 Al－OH 键的弯曲振动峰强度明显降低，O－Al－OH 的吸收峰红移到 686 cm^{-1}和 746 cm^{-1}。KD 中由于层间二甲基亚砜的甲基伸缩振动从而产生新峰 2935 cm^{-1}和 3025 cm^{-1}。除此之外，新峰 1317 cm^{-1}、1403 cm^{-1}和 1427 cm^{-1}均是由于二甲基亚砜中甲基伸缩振动引起。

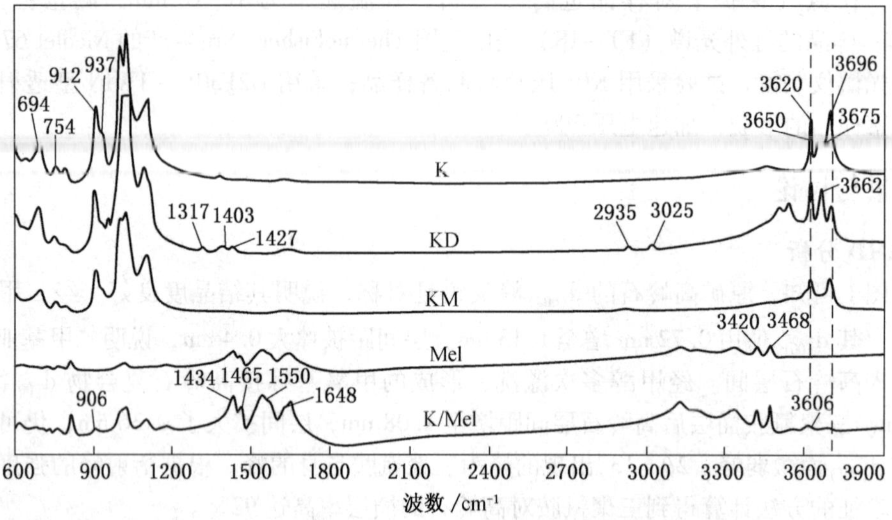

图 2　高岭石及高岭石插层复合物的红外光谱图

以 KD 为插层前驱体，经甲醇 10 次漂洗，在特征区，高岭石内表面羟基进一步减弱或消失，由于某些基团嵌入复三方孔内，改变了内羟基的化学环境，对其振动强度有一定轻微影响。同时，2935 cm^{-1}、3025 cm^{-1}、1317 cm^{-1}、1403 cm^{-1}和 1427 cm^{-1}处二甲基亚砜甲基伸缩振动峰消失。在指纹区，由于 912 cm^{-1}是内羟基伸缩振动引起，并无明显变化。

K/Mel 红外光谱图中，在特征区，3696 cm^{-1}处内表面羟基进一步减弱，且内羟基 3620 cm^{-1}减弱并红移至 3606 cm^{-1}处，推测三聚氰胺进入高岭石层间，分别与内外羟基分别形成氢键，其中，三聚氰胺与内羟基形成氢键的原理与尿素相似[11]。除此之外，层间三聚氰胺分子的 $-NH_2-$ 也与硅氧面的氧形成氢键[12]。3420 cm^{-1}和 3468 cm^{-1}为水分子 H－O－H 伸缩振动引起，1434～1648 cm^{-1}为三聚氰胺 NH 弯曲振动和 C＝N 伸缩振动所引起，三聚氰胺插入高岭石层间，可能加剧了两基团的振动偶合，使吸收峰发生分裂，强度加强。在指纹区，1200～1000 cm^{-1}处 Si－O 伸缩振动峰减弱，再次证明三聚氰胺与硅氧面的氧形成较强的氢键，一定程度上抑制了硅氧伸缩振动。912 cm^{-1}处内表面羟基振动明显减弱且红移至 906 cm^{-1}。

2.3　TG－DSC 分析

由图 3 可知，在 30～1100℃的升温过程中，高岭石/三聚氰胺插层复合物存在三个质量损失台阶，分别位于 240～310 ℃、390～410 ℃、450～650 ℃。其 DSC 曲线分别对应一个吸热峰。在第一个质量损失台阶，失重率达到 22%，失重峰值温度位于 303 ℃，是由层间三聚氰胺的分解引起。第二阶梯失重非常微弱，可能是由三聚氰胺继续高温缩聚成氮化碳并放出气体所致，对该阶段DSC曲线进行积分，可求得其缩聚吸收热量仅为172 mJ，其缩聚产物微量，造成在后续的高温加热中，其烧失阶段无法显示。第三阶段失重率为11%为高岭石脱羟基引起，失重峰值位于517℃，与高岭石原矿相比有所降低，表明三聚氰胺插层导致高岭石的热稳定性有所降低。从DSC曲线可见，在997 ℃有一个明显的放热峰，但质量并未发生变化，这是因为此温度下高岭石重结晶形成莫来石，三聚氰胺插层对高岭石重结晶不产生影响。

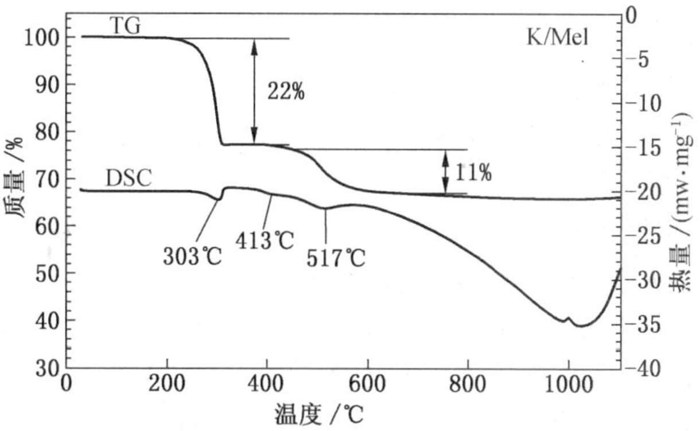

图3　高岭石/三聚氰胺插层复合物的TG－DSC曲线图

2.4　TEM分析

图4a、b为高岭石原矿透射电镜图，图4c、d为高岭石/三聚氰胺插层复合物透射电镜图，从透射电镜图中可以看出，原矿高岭石外形为假六方片状，且由于层间氢键的作用

图4　高岭石及高岭石/三聚氰胺插层复合物透射电镜图

力，使高岭石片层呈现清晰的平直细层。由于有机小分子三聚氰胺的插入，使得高岭石部分片层边缘出现轻微翘起（图4c），同时高岭石片层间致密平直细层转变为不太致密的弯曲流线构造。这是因为三聚氰胺是小分子，其进入层间时只能引起边缘翘起，而不会像季铵盐、烷基胺[13]等长链分子引起高岭石单片层剥离。但三聚氰胺进入层间破坏了高岭石片层之间原有稳定的氢键，并形成3种新的复杂氢键，导致片层间作用力不均匀，从而引起片层弯曲。

3 结论

（1）以高岭石/甲醇插层复合物为前驱体，利用置换法制备出层间距1.08 nm，插层率92%的高岭石/三聚氰胺插层复合物。三聚氰胺分子插层机理与尿素相似，其氨基与内外羟基和硅氧面的氧形成氢键。

（2）高岭石/三聚氰胺插层复合物热分解过程分4步，分别为三聚氰胺分解、分解产物缩聚、高岭石脱羟基和高岭石重结晶生成莫来石。

（3）三聚氰胺插层未改变高岭石原有假六方片状结构，只在极少数片层边缘有轻微翘起的情况，但由于三聚氰胺插层破坏了高岭石层间原有氢键，并与之形成新的氢键，导致片层间作用力不均匀，使得高岭石由原来平直层变为弯曲流线状片层。

参考文献

[1] 刘钦甫，程宏飞，杜小满，等．高岭石/醋酸钾插层复合物的制备及其影响因素［J］．矿物学报，2010（2）：153－159.

[2] 夏华，王方正，李学强．高岭石－醋酸钾插层复合物的制备与表征［J］．哈尔滨工业大学学报，2006（1）：126－129.

[3] 王林江．高岭石有机插层反应及Sialon材料原位合成［D］．广州：中国科学院研究生院（广州地球化学研究所），2013：1－3.

[4] 李冬花．g－C_3N_4及其复合材料的制备及光降解性能的研究［D］．太原：山西大学，2013：2－5.

[5] Wang Xinchen, Blechert Siegfried, Antonietti Markus. Polymeric graphitic carbon nitride for heterogeneous photocatalysis[J]. ACS Catalysis, 2012, 2(8):1596－1606.

[6] Maeda Kazuhiko, Wang Xinchen, Nishihara Yasushi, et al. Photocatalytic activities of graphitic carbon nitride power for water reduction and oxidation under visible light[J]. Phys Chem C, 2009, 113(12):4940－4947.

[7] Lu M C, Roman G D, Chem J N, et al. Factors affecting the photocatalytic degradation of dichlorvos over titanium dioxide supported on glass[J]. Photochem, 1993, 76:103－110.

[8] 贺飞，唐怀军，赵文宽，等．纳米TiO_2光催化负载技术的研究［J］．环境污染治理技术及设备，2001，2（2）：47－58.

[9] Liu X S, Iukk, Thomas J K. Encapsulation of TiO_2 in zeolite Y [J]. Chem Phys Lett, 1992, 195:163－168.

[10] Uehida H, Hiraos, Torimoto T, et al. Preparation and propertiea of size quantize TiO_2 parti-

cles immobilized in Polyvinylpyrroli - dinone Gel Films [J]. Langmuir, 1995, 11: 3725 - 3729.
[11] 陈洁渝，严春杰，万为敏，等. 高岭石/尿素夹层复合物的结构及热稳定性 [J]. 硅酸盐学报，2010，38 (9)：1837 - 1842.
[12] 郭鹏，纪阳，王定，等. 高岭石 - 季铵盐插层复合物脱嵌反应热动力学 [J]. 硅酸盐通报，2015，34 (2)：466 - 469.
[13] 刘钦甫，李晓光，郭鹏，等. 高岭石 - 烷基胺插层复合物的制备与纳米卷的形成 [J]. 硅酸盐学报，2014，42 (8)：1064 - 1069.

矿井瞬变电磁法接收端的改进与应用研究

程久龙　贾吉哲　王雷生　温来福

中国矿业大学（北京）地球科学与测绘工程学院，北京　100083

摘　要　针对矿井瞬变电磁接收信号的全空间性，需要对矿井瞬变电磁接收端进行改进，以期实现接收信号的后向屏蔽。由于井下工作空间的局限性，在现有工作装置的基础上，设计了一种适用于矿井瞬变电磁的磁棒线圈。介绍了磁棒线圈的工作原理，分析了其结构组成，进行了磁性材料参数的选择，以及导线材料、管径、绕制方法的对比实验研究。将改进后的装置应用于井下巷道超前探测并与常规多匝框形线圈结果进行对比。研究表明，改进后的磁棒线圈探测效果接近多匝框形线圈装置效果，可以满足矿井瞬变电磁探测要求，进一步改进后可以实现接收信号的后向屏蔽。

关键词　矿井瞬变电磁　接收端　磁棒线圈　改进　优化

Improvement and Application for the Receiver of Mine Transient Electromagnetic Method

Cheng Jiulong　Jia Jizhe　Wang Leisheng　Wen Laifu

College of Geoscience and Surveying Engineering,
China University of Mining and Technology, Beijing　100083

Abstract　The response of mine transient electromagnetic method is resulting from the whole space. In order to achieve the response only from the front of roadway, this paper carried out the works for design and improvement the receiver of mine transient electromagnetic method. Because the interior space of mine is narrow, we design a magnet coil which is suitable for the mine transient electromagnetic based on the existing work. This paper introduces the working principle of the magnet coil and analyzes its structure. Next, the parameters of magnetic material, diameter, and method are selected. Last, the device was used to ahead detect in roadway and compared with traditional equipment. Research shows that the improved device and traditional coil have same effect, and the improved device can

资助项目：中央高校基本科研业务费专项资金（2011YD01），国家自然科学基金（51574250）

作者简介：程久龙，男，教授，主要从事应用地球物理及矿山安全方面的研究。E－mail:jlcheng@126.com

meet the demand of the mine transient electromagnetic detection. What else, the device can achieve the response only from the front of roadway after further improvement.
Key words mine transient electromagnetic method receiver magnet coil improvement optimization

0 引言

矿井瞬变电磁法由于其本身对低阻异常体的敏感、探测深度相对较大等优点广泛用于煤矿井下水害探测。由于井下工作空间和条件的限制，井下瞬变电磁发射和接收装置不能像地面上一样可以在很大空间上进行展布，只能利用多匝 2 m×2 m 的重叠回线装置。同时，由于井下瞬变电磁属于全空间响应，给资料解释带来很大困难。因此，改进常规的多匝 2 m×2 m 的重叠回线接收装置，缩小接收线圈的体积，以期实现后向屏蔽，对削减全空间效应具有重要的意义。

考虑到常规接收装置的体积过大，需要对接收端进行优化设计，本文提出利用磁棒线圈来进行矿井瞬变电磁的探测工作。通过对磁棒线圈的改进和优化，在一定程度上提高了对浅部的探测能力，同时满足探测深度与精度的要求。

1 磁棒线圈工作原理和结构分析

感应式磁棒线圈的测磁原理是法拉第电磁感应定律，由于磁场的变化使得通过整个回路的磁通量发生了变化，则回路中就会产生感应电动势。

感应电动势的表达式为

$$\varepsilon = -\frac{\mathrm{d}\varphi}{\mathrm{d}t} \tag{1}$$

式中 ε——感应电动势，V；

φ——通过回路总的磁通量，Wb；

t——时间，s。

式中方程右侧的负号代表当外磁场磁通量增大时感应电流产生的磁场方向与外磁场方向相反，并且磁棒线圈只能对变化的磁场进行测量。图 1 为感应式磁传感器测磁原理示意图。

矿井瞬变电磁接收端的磁棒线圈由磁芯、绕组骨架、绕组线圈三个核心元素组成。因此，设计磁棒线圈必须要对磁芯材料的选取、几何尺寸的设计、绕组线圈的设计进行分析。

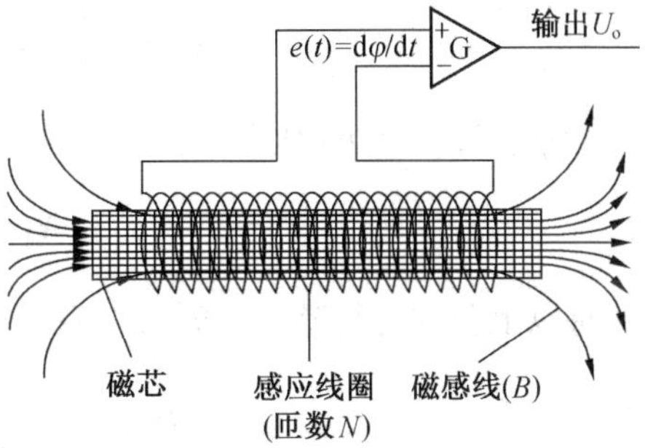

图 1 感应式磁传感器测磁原理示意图

2 磁棒线圈设计优化

2.1 磁芯的设计优化

2.1.1 磁芯材料的选取

磁性材料的选取和设计是磁棒线圈性能好坏的核心控制因素，在整体的设计中起着举足轻重的作用。良好的磁芯材料应该具备：较高的磁导率，以获取较大的感应电动势；较高的饱和磁感应强度，以保证在较强外磁场下信号不失真；较高的电阻率，以减小磁芯中产生的涡流从而减小其涡流损耗；较低的矫顽力，一方面使测量的信号不失真地放大，另一方面减小磁滞损耗。

在比较了多种材料后发现，软磁材料在外磁场下容易被磁化，获取较高的磁感应强度，矫顽力小，一般在 100 A/m 以下，易于退磁。而软磁铁氧体材料与其他软磁材料坡莫合金、非晶/纳米晶软磁材料相比，软磁铁氧体材料的磁导率、饱和磁感应强度以及居里温度都较低，但它有个突出的优点就是电阻率高，这就抑制了涡流的产生，因此可以在很宽的频域范围内应用。

软磁铁氧体材料的磁性能，包括磁导率、饱和磁感应强度、损耗等，都可以在很大的范围内进行调节，且制备工艺成熟、成本低廉、成型方便，因此是制作磁芯较为合适的材料。

2.1.2　磁芯的长径比

实际上，由于退磁因子的影响，磁芯材料的磁导率和有效磁导率（也称表观磁导率）是存在差异的，并且磁芯材料的形状因素也会影响有效磁导率的变化，因此有必要对磁芯进行有效合理的结构设计和优化。

磁棒线圈采用的磁芯为开路式结构[1]，它存在退磁因子，并且直接影响着磁导率，使得磁芯的有效磁导率会小于磁芯的初始磁导率，因此进行磁芯设计时要充分考虑磁芯退磁因子的影响，使磁芯发挥最大的作用[2]。磁芯的退磁因子与有效磁导率的关系为

$$\mu_{\mathrm{app}} = \frac{\mu_{\mathrm{r}}}{1 + N_{\mathrm{d}}(\mu_{\mathrm{r}} - 1)} \tag{2}$$

式中　μ_{app}——有效磁导率；

μ_{r}——相对磁导率；

N_{d}——退磁因子。

当 $N_{\mathrm{d}}\mu_{\mathrm{r}} \gg 1$ 时，$\mu_{\mathrm{app}} \approx \frac{1}{N_{\mathrm{d}}}$。

对于长径比为 $\gamma = l/d$（l 为磁芯的长度，d 为磁芯等效直径）的旋转椭圆体磁芯，其退磁因子并不依赖于磁芯材料的磁导率，而是仅和材料的形状有关，Stoner[2] 给出了相关的计算公式：

$$N_{\mathrm{d}} = \frac{1}{\gamma^2}\left[\frac{\gamma}{\sqrt{\gamma^2 - 1}}\ln\left(\gamma + \sqrt{\gamma^2 - 1}\right) - 1\right] \tag{3}$$

当 $\gamma > 12$，N_{d} 的误差小于 1%，退磁因子的计算公式可以简化为

$$N_{\mathrm{d}} \approx \frac{1}{\gamma^2}(\ln 2\gamma - 1) \tag{4}$$

将以上公式进行整合，磁芯的有效磁导率 μ_{app} 则是由下面公式决定的[3]：

$$\mu_{\mathrm{app}} = \frac{\mu_{\mathrm{r}}}{1 + \frac{d^2}{l^2}\left(\ln\frac{2l}{d} - 1\right)(\mu_{\mathrm{r}} - 1)} \tag{5}$$

μ_{app} 和 μ_{r} 的关系如图 2 所示。当磁芯的初始磁导率较小时，有效磁导率随着初始磁导率的变化而显著变化，影响磁芯有效磁导率的主要因素是磁芯的初始磁导率；当磁芯的初

始磁导率较大时，磁芯的有效磁导率已经趋于一个定值并且不随着初始磁导率的变化而变化，此时磁芯的有效磁导率主要是由其长径比决定的。

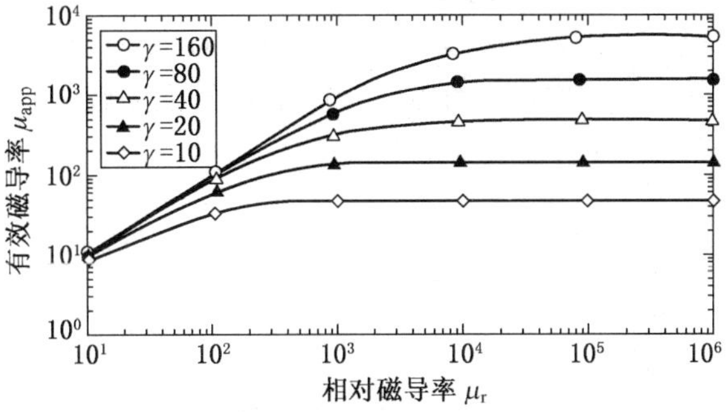

图2　磁芯的长径比与磁导率的关系图

由于井下工作空间的限制，磁棒线圈的重量、体积不应该很大，并且从磁芯的制作工艺和应力强度等因素上来考虑，其长径比不可能很大，而且为了携带和测量的方便也需要使得其长度小一些，采用长径比 $\gamma=20$ 的磁芯较为合理。为了在长径比为20时，其有效磁导率达到相对较大的值，不随着初始相对磁导率的变化而变化，就必须选择初始相对磁导率 $\mu_r>1500$ 的软磁铁氧体（表1），因此选用 μ_r 为2000的软磁铁氧体。

表1　不同长径比有效磁导率及初始相对磁导率

长径比 γ	有效磁导率 μ_{app}	初始相对磁导率 μ_r
10	46.9	810
20	135.3	1500
40	440.5	6410
80	1394	12410
160	4755	41610

2.2　线圈的设计优化

线圈的设计主要有绕组线圈材料、漆包线线径、磁棒管径3个参数，对这3个参数进行了多组匹配组合设计，并进行了实际的磁棒线圈的绕制工作，结合测试进行对比和分析，从而优化磁棒线圈的性能。

2.2.1　直径、线径、匝数的选取

1. 线圈直径的选取

磁棒线圈的骨架材料选用PVC（聚氯乙烯）材料制成的塑料管，这种材料韧性好，方便加工，具有很强的防潮性能，介电性好，硬度高，耐化学稳定性强且价格便宜，可以满足井下复杂工作环境的条件。

设计了3种PVC管，管径大小分别为50 mm、75 mm、90 mm。为了从3种管径中确定出合适的一种，进行了3种管径磁棒线圈（线径均为0.6 mm，匝数为均为1000匝）对比试验。

图3中工作装置是指发射线圈Tx：2 m×2 m×40匝，接收线圈Rx：2 m×2 m×60匝的常规装置；磁棒线圈作为接收装置时其发射系统为Tx：2 m×2 m×40匝，接收装置磁棒线圈均加入磁芯。从图3中可以看出，信号的强度差距不大，管径50 mm的信号较其他两种尺寸信号略弱，管径75 mm和90 mm的磁棒线圈的响应曲线几乎重合，所以综合考虑便携性与信号强度，管径为75 mm的磁棒线圈的信号强度较强且体积尺寸较小，具有较好便携性，因此选择75 mm管径较为适合。

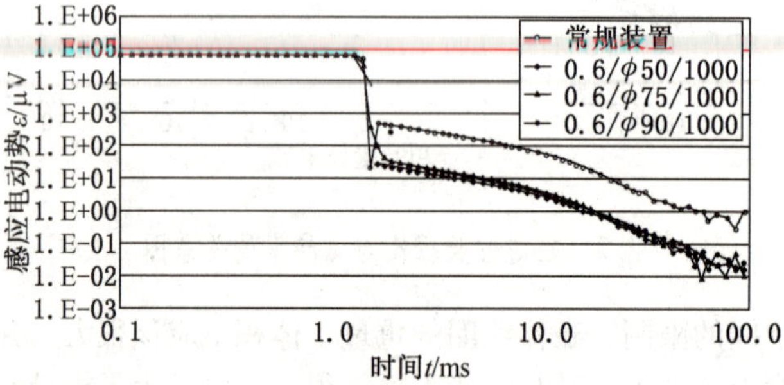

图3 不同管径磁棒线圈感应电动势衰减曲线

2. 线径的选取

为了确定最佳线径，对线径为0.2 mm、0.6 mm、1.0 mm，匝数为1000，管径为75 mm的磁棒线圈进行了试验。

图4中工作装置是指发射线圈Tx：2 m×2 m×40匝，接收线圈Rx：2 m×2 m×60匝的常规装置；磁棒线圈作为接收装置时其发射系统为Tx：2 m×2 m×40匝，接收线圈均加入磁芯。从图4中可以看到，在1.968~31.7 ms时间段内，3种不同线径规格的磁棒线圈信号近乎重合，但在31.7 ms之后，0.2 mm线径的磁棒线圈的信噪比很低，存在许多的跳点；线径为1.0 mm、管径为75 mm、匝数为1000匝的磁棒线圈的重量已经超过1.7 kg，携带十分不方便，利用0.6 mm线径的磁棒线圈完全可以替代它，因此选用0.6 mm线径的漆包线来绕制磁棒线圈。

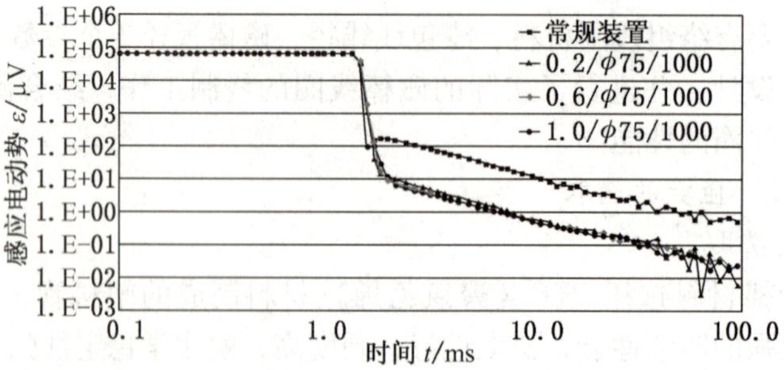

图4 不同线径磁棒线圈感应电动势衰减曲线

3. 线圈匝数的选取

为了确定最佳绕制匝数，对线径为 0.6 mm、管径 75 mm，匝数分别为 250、1000、5000 的磁棒线圈进行了试验。

图 5 中工作装置是指发射线圈 Tx：2 m×2 m×40 匝，接收线圈 Rx：2 m×2 m×60 匝的常规装置；磁棒线圈作为接收装置时其发射系统为 Tx：2 m×2 m×40 匝，接收线圈均加入磁芯。由图 5 可知，1000 匝的磁棒线圈晚期信号的信噪比明显高于 250 匝的磁棒线圈，但是随着匝数的逐渐增大，发射和接收线圈的互感效应增强，使得发射装置的关断时间略微增大，关断时间越长对于早期衰减信号的影响越大，致使进一步缩减了瞬变电磁法探测浅部信息的能力，另外匝数过多也会导致便携性变差，综合考虑后选择 1000 匝较为合适。

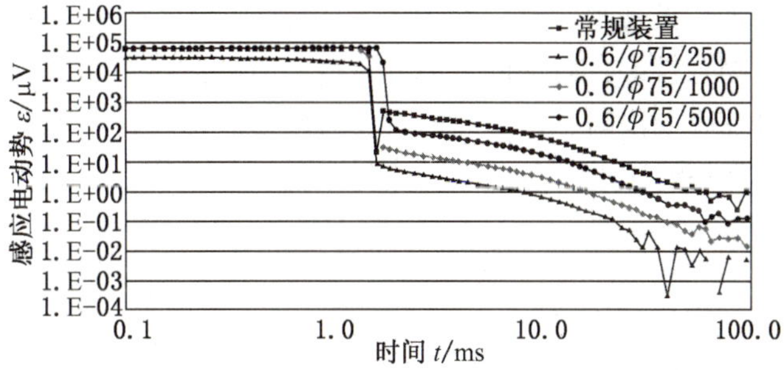

图 5　不同匝数的磁棒线圈感应电动势衰减曲线

2.2.2　线圈缠绕方式

谐振频率 f 与分布电容 C、电感 L 之间关系为

$$f=\frac{1}{2\pi\sqrt{LC}} \tag{6}$$

由上式可知，电感 L 和分布电容 C 直接影响线圈本身的固有谐振频率和测量频段。线圈的匝数增多，电感 L 和分布电容 C 增大，致使线圈的频带宽度和谐振频率降低。通过减小分布电容 C 和电感 L，可以使线圈的频带宽度增加并且提高线圈的自谐振点[4-6]。

理论上，磁棒线圈的总分布电容相当于各个小线圈分布电容的串联，电容串联后，总容量的倒数等于每个电容容量的倒数之和，若是两个同等容量的电容串联，则总容量就是每个电容容量的一半。因此，为了减少分布电容，在线圈结构设计上应采用细导线、窄绕组，多层分段制造[7]。减小线圈分布电容的方法是将线圈分段分层绕制，把整排的线圈分隔成许多小线圈。

3　现场试验

基于以上分析，最终选择规格为线径 0.6 mm、管径 75 mm、匝数 1000 匝分段绕制，μ_r 为 2000 的软磁铁氧体磁芯线圈，在安徽某煤矿超前探测中进行对比试验。

图 6 为经过数据处理之后得到的井下超前探测视电阻率断面图，图 6a 为磁棒线圈的探测效果，图 6b 为 2 m×2 m×60 匝接收的探测效果。发射线圈及参数两者完全一致。

图 6 中两种接收装置超前探测的视电阻率断面图吻合较好，特别是在 80 m 范围内，磁

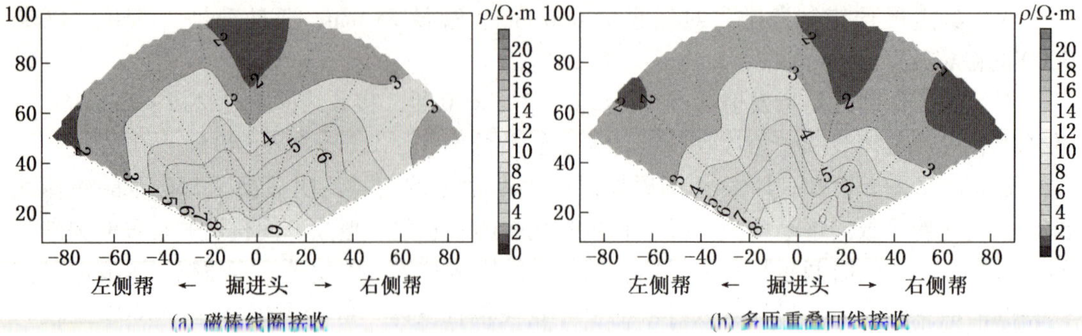

图6 两种接收装置的超前探测视电阻率断面图对比

棒线圈和多匝线圈测量结果基本一致，在大于 80 m 的低阻区探测结果中，左侧和中间的低阻异常区的位置也吻合较好，右侧的低阻异常区二者探测结果略微有所差别，可能是由于磁棒线圈接收信号在晚期段时，信号有时会出现跳点，信噪比降低，并且受到矿井中各种人文设施的干扰，磁棒线圈的部分信号失真导致的。从总体上看，改进后磁棒线圈接收能够满足实际探测需求。

4 结论

从磁棒线圈的基本原理出发，论文通过理论分析、参数计算和对比实验对磁棒的结构及组成材料的各种参数进行研究，确定了合适的磁棒线圈的直径、漆包线线径、磁芯的材质及长径比，并研制出可用于实测的磁棒线圈。

通过现场实际应用，磁棒线圈接收与常规多匝线圈接收的结果对比，表明磁棒线圈效果可靠。磁棒线圈的体积小，优势明显，测量方式灵活简便，在此基础上进一步改进可以实现瞬变响应的后向屏蔽。

参考文献

[1] 田永炜，耿胜利．宽带超低频磁传感器的研制［J］．传感器世界，2008：31 －34.

[2] 朱万华，刘雷松，方广有．感应式磁场传感器［P］．中国专利：201310363402.3，2014 －03 －12.

[3] 刘凯，朱万华，闫彬，等．一种磁场传感器［P］．中国专利：20140228102.9，2014 －08 －06.

[4] 李文彬．大地电磁探测系统磁传感器的研究与实现［D］．武汉：中国舰船研究院，2012.

[5] 邵英秋，宋克非．宽频带感应式磁传感器线圈电感的研究［J］．电子测量与仪器学报，2014，28（7）：703 －709.

[6] 陈晓东，赵毅，冯晓兰，等．时间域感应式磁场传感器研究［J］．物探与化探，2013，37（1）：88 －91.

[7] 陈志毅，周穗华，吴志东．低频感应式磁传感器优化设计［J］．四川兵工学报，2013，34（4）：123 －126.

基于带状震源作用的斜坡动力响应分析

崔芳鹏[1,2]　杜婷婷[1]　王文军[1,3]　张博识[1]　马吉磊[1]　舒尧[1]

1. 中国矿业大学（北京）地球科学与测绘工程学院，北京　100083
2. 瑞士联邦理工学院土木工程系，苏黎世　8093
3. 山西焦煤霍州煤电集团有限责任公司，山西霍州　031400

摘　要　对紧邻发震断裂带的典型地震崩滑体进行动力响应分析时，为使带状震源所致的地震动力作用更符合实际，依据其空间位置的不同，将带状震源从发震断裂起破点至终破点离散化为初始震源、中间震源、本地震源、中间震源和终止震源。基于此对四川安县大光包地震崩滑体在龙门山发震断裂带（即带状震源）作用下的地震动力响应特征进行了离散元数值模拟，揭示了其动力形成机制、触发主控因素和损伤、崩滑及堆积动态特征。研究表明：①依据该地震崩滑体离散元数值模型的损伤、崩滑临界破坏状态形成时间与此时发震断裂带破裂前锋所处位置关系，可判断该崩滑体从原始斜坡至临界破坏主要受中间震源的动力作用所致，抛射、碰撞破碎阶段则主要受中间震源和本地震源的动力作用所致，后期的堆积自稳则主要受中间震源和终止震源的动力作用所致；②该崩滑体自损伤至崩滑临界破坏阶段，坡体整体向其临空面做了较大的水平位移，后滑床开始向坡体临空面反方向做水平位移，致使潜在滑体部分完全破碎并处于与滑床部分彻底分离的临界状态；在坡体崩滑抛射阶段，坡体滑床部分做了相当规模的反方向水平位移，其后滑床开始做向坡体临空面方面的水平运动并直至其总位移为零，而在此过程中竖向位移相对较小；对滑体部分而言，其在抛射阶段主要做向其临空面的水平位移，直至堆积自稳阶段其位移趋于稳定，以上坡体滑床部分动力响应特征与输入地震动力条件的位移曲线在对应时间段内的运动特征相吻合；③该坡体的损伤、崩滑临界破坏、抛射、碰撞破碎主要受带状震源形成的水平地震力作用所致，坡体在该时间段的位移特征为其提供了直接证据，而在堆积自稳阶段，坡体动力响应主要由带状震源形成的水平与竖向耦合地震力所致。

关键词　边坡工程　带状震源　斜坡动力响应　离散元数值模拟

资助项目：中央高校基本科研业务费专项基金资助项目（2009QD14）

作者简介：崔芳鹏（1979—　），男，副教授，博士，2009年毕业于中国科学院地质与地球物理研究所地质工程专业，主要从事工程地质、地质灾害等方面的教学与研究工作。E－mail：cuifp@cumtb.edu.cn；fangpeng.cui@erdw.ethz.ch

Slope Dynamic Response Triggered by an Earthquake with a Strip Shape Hypocenter

Cui Fangpeng[1,2] Du Tingting[1] Wang Wenjun[1,3]
Zhang Bochi[1] Ma Jiloi[1] Shu Yao[1]

1. College of Geoscience and Surveying Engineering, China University of Mining Technology, Beijing 100083
2. Department of Civil, Environmental and Geomatic Engineering, Swiss Federal Institute of Technology, Zurich 8093
3. Huozhou Coal and Electric Power Group, Huozhou, Shanxi 031400

Abstract According to the real damage characteristics of slopes on the seismogenic faults and triggered by the Wenchuan earthquake, a called strip shape hypocenter is put to use to assess the dynamic responses of the typical slopes. Furthermore, the strip shape hypocenter can be divided into the initial one, the middle one, the local one, the middle one and the end one in accordance with their spatial location from the initial break to the end break of the seismogenic fault. Based on this proposal, the dynamic response of the Daguangbao landslide on the Longmenshan seismogenic fault, Sichuan province in China was modeled by applying discrete element method to reveal the damage characteristics of the landslide as well as its formation mechanism and controlling factors. The results show that the middle hypocenter which locates between the initial hypocenter and the local one gives a key contribution to the critical damage of the slope in terms of the location of the fault break in time of the slope's critical damage. Similarly, the middle, the local and the next middle hypocenter along with the fault play a key role in its response process of ejecting, colliding and crushing. The middle and the end hypocenter influence its response strongly in the cumulating stage. As far as the slope's displacement is concerned, the whole slope undergoes a positive horizontal distance towards its free face before its critical damage and then the slide bed begins a negative horizontal distance away from its free face with a continuous positive horizontal distance of the slide mass that results in a critical separation between them. At the ejecting, colliding and crushing stage, the slide bed continues its negative horizontal displacement to the extreme limit and then a positive horizontal one until its zero horizontal displacement. The vertical displacement at this stage is relative small. The motion characteristics of the slide bed in this process is in accordance with that of the monitoring seismic data, for example, the acceleration, the velocity and the displacement. At the same time, the slide mass continues its positive displacement to a constant limit with a colliding and crushing process. As far as the mechanical factors are concerned, the horizontal seismic force formed by the strip shape hypocenter gives a key contribution to the whole slope including the slide bed and the slide mass in the critical damage, ejecting, colliding and crushing stage with a proof of the displacement of the whole slope. In the accumulating stage, the coupled force from the horizontal and the vertical results in the dynamic response of the whole slope.

Key words slope engineering a strip shape hypocenter slope dynamic response discrete element numerical modeling

0 引言

地球内部岩层破裂引起震动的位置称为震源，又称震源区（体），是地震能量积聚和释放的地方。从微观角度看，一次地震的震源不是一个点，而是一个断层带（面），是从发震构造初始破裂点到最终破裂点的带状空间，即带状震源，该带在地面的投影即震中，但这个震中同样不是一个点，而是一个带，即带状震中。通常情况下，由经纬度参数确定的地震震中对应的震源是一个点，即点状震源，源自该点状震源的地震动作用形成的地震加速度时程曲线上的离散点数据即为进行地震作用触发斜坡崩滑响应分析时所采用的地震动力条件。但实际情况是，一个地震动监测台站监测的某次地震加速度时程曲线采集的数据是发震断裂带自起破点到终破点整个破裂过程（即带状震源）引起的地表震动。

关于带状震源的提法，目前未有文献可查，但已有学者提出汶川地震具有映秀和北川两处震中，且沿映秀 - 北川 - 青川方向长约 250 km 的地表断裂带已客观存在[1]。事实上，无论是否结合发震断裂带的动态破坏过程，也无论是点状震源还是带状震源，对于某个地震动监测台站而言，其监测到的地震加速度时程曲线都是一致的，采用其作为地震动力条件而得到的结论也是可信的。但脱离带状震源的事实，尤其是对处于发震断裂带起破点至终破点之间狭长带状地表的典型地震崩滑体而言，对其评价结果的分析却不够系统和完善，也不符合其实际破坏机制。因此，就地震崩滑体的形成机制而言，坡体的崩滑破坏是受到源自发震断裂带自起破点到终破点整个破裂过程（带状震源）引起的地表震动所致，这更符合地震动力作用触发的斜坡崩滑响应实际特征。遗憾的是，考虑带状震源强震作用触发的斜坡体动力损伤和崩滑机制的相关研究至今尚鲜有见到。

更进一步而言，对处于发震断裂带长度范围内的典型地震崩滑体而言，前面提及的带状震源可分解为初始震源、中间震源、本地震源和终止震源。其中，初始震源指发震断裂起破点，本地震源指发震断裂带上距离特定典型崩滑体最近的点状震源（即自滑坡点至发震断裂带的垂足位置），终止震源指发震断裂终破点，处于初始震源、本地震源和终止震源之间的点状震源均称为中间震源。因此，带状震源可离散为多个点状震源，是点状震源在断裂带运动方向上的连接。事实上，当某典型斜坡体临近崩滑时，破裂前锋正好到达断裂带上距离其最近点的情况较为少见，因此，将初始震源、本地震源和终止震源的水平影响范围修正为 10 km，即与震源深度大致接近的范围。也就是说，当某典型斜坡体形成临界崩滑时，只要断裂带地表破裂前锋进入距其 10 km 的范围内，则可认为是由其产生的地震动力作用触发的斜坡临界崩滑，如此修正更符合实际。

事实上，地震发生时，结合发震断裂带的破裂速度，将之分解更有利于判断典型斜坡体产生崩滑的形成机制和主控因素，更符合带状震源触发斜坡体形成崩滑的实际动态破坏过程，其解释也更符合实际且具有理论创新意义。例如，在进行数值模拟时，假设汶川地震发生时安县大光包滑坡在输入地震动力条件 30 s 后发生崩滑，而此时断裂带的破裂前锋正位于自该滑坡至发震断裂带上的垂足位置，即可初步判断其崩滑破坏的动力主控因素是本地震源，那么究竟是水平地震力还是竖向地震力起了控制破坏作用，则还需对数值模拟结果进行进一步分析。

汶川地震发生后，已有不少学者对本次地震触发的典型斜坡崩滑体进行了物理模型试验和数值模拟分析以阐述其动力形成机制[2-18]，且地震动力条件大都采用了距离发震断裂和崩滑体很近的地震动监测台站记录的三向加速度时程曲线数据，较好地从某些角度和某种程度上揭示了典型斜坡体在本次强震作用下的动力损伤与崩滑机制。遗憾的是，这些研究尚没有结合发震断裂带的动态破裂过程（即考虑带状震源的破坏作用）解释其触发斜坡崩滑体的动力形成机制。

因此，本文基于地震崩滑体强烈的致灾性、进行典型斜坡动力损伤与崩滑机制研究时考虑带状震源破坏作用等客观因素，在充分调研汶川地震触发的四川安县大光包滑坡地质条件和对该滑坡开展野外详细地质调查以揭示其崩滑宏观特征基础上，运用 UDEC 离散元数值模拟软件再现其在汶川地震带状震源作用下形成损伤与崩滑的动力破坏全过程，以客观、真实、系统地判断其地震动力响应的崩滑机制与主控因素。

1　斜坡动力响应离散元数值模拟

如上所述，对于汶川地震触发的诸多典型地震崩滑体而言，其受到的是从发震断裂起破点到终破点的带状震源的反复破坏作用。中国地震台网中心公布的震中仅是发震构造断裂的起点，并不是应力释放的最大位置。从该断裂点开始向东北方向延伸，应力逐渐释放，直到岩层破裂贯通，从而达到应力完全释放，位于该发震断裂带内的地震崩滑体正是因这种自始至终的应力释放触发而形成。因此，从成灾机制讲，位于汶川地震发震构造断裂带内的诸多典型地震崩滑体，如映秀牛圈沟崩滑 - 碎屑流、彭州银厂沟崩滑 - 碎屑流、安县大光包崩滑体、北川唐家山滑坡和青川东河口崩滑 - 碎屑流等，其崩滑破坏均是受到从发震断裂起破点到终破点的带状震源的反复破坏作用所致。

1.1　滑坡区地质条件

汶川地震触发的体积最大的安县大光包滑坡位于龙门山中央断裂带（北川—映秀断裂）上盘安县高川乡西北侧，东距安县县城 32 km，地理坐标东经 104°05′49.7″ ~ 104°08′35.9″，北纬 31°37′47.2″ ~ 31°39′32.2″。滑坡区为中国十大磷矿基地之一，地形高差大，属构造侵蚀高山地貌类型，具有斜坡陡峭、深切割的特点，其气候具有较明显的垂直分带性，多雨，无霜期短。

滑坡（图 1）最大纵长约 4.2 km，横宽约 2.2 km，体积（11.51 ~ 11.99）$\times 10^8$ m^3，是近百年来中国甚至全球最大规模的滑坡之一。滑坡区原始地形西高东低，大光包是滑坡区最高山峰，海拔 3047 m。滑坡区南东侧是门槛石沟，北东侧为切割较为强烈的黄洞子沟，沟底最低高程约 1480 m，高差达 1567 m，南部和东部为冲沟切割临空，北东部为沿倾向阻挡的陡坡倾斜地貌。

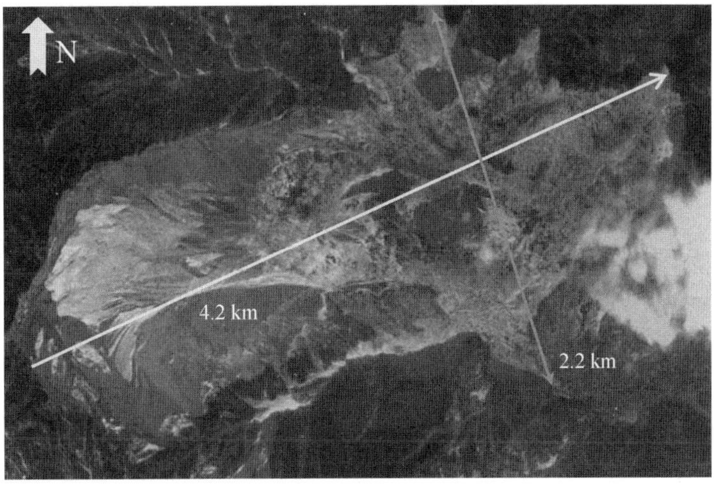

图1　安县大光包滑坡全貌遥感影像

滑坡位于龙门山大水闸推覆体和高川推覆体接触地带。该滑坡母岩主要由碳酸盐岩、什邡磷矿层、煤层、碎屑岩构成，结构非常复杂，下部为层状地层，上部为推覆构造接触带。滑坡下部岩层自下而上依次为震旦系白云岩、薄层状泥灰岩、页岩，泥盆系白云岩、灰岩夹磷矿层。滑坡上部主要为区域推覆断裂和强烈影响带，自下而上依次为二叠系灰岩夹页岩、铝土岩、煤、页岩及推覆其上的震旦系水晶组白云岩，夹硅质岩条带、绢云母千枚岩、板岩。大光包山顶部为不整合接触的三叠系薄～中层状泥晶灰岩、紫红色泥岩。该滑坡母岩夹有6组层间软弱带，其中第一组层间软弱带为灯影组厚层白云岩间夹的泥页岩，该软弱层延展性很好，产状350°～358°∠30°～35°，为大光包滑坡的底部滑动面。滑坡南西部后缘形成2个光滑斜面，其中靠西侧光滑斜面呈三角形，累计长1800多米，最宽处约480 m。光滑斜面上形成大片滑动擦痕，滑动方向与岩层产状一致[2]。

1.2　离散元数值模型的建立

根据滑坡地质条件，选取滑坡崩滑方向（NE62°）建立其工程地质结构模型（图2），然后依据该地质结构模型建立离散元数值模型（图3）。模型左侧边界最高高程2743.16 m，右侧边界最高高程2207.63 m，底部边界位于高程800.00 m处，即模型左侧边界*AB*高1943.16 m，右侧边界*CD*高1407.63 m，底部边界*BC*长4400 m。

1.3　数值本构模型及材料参数的选取

在本次UDEC离散元数值模拟分析中，因模拟的主要内容是坡体在地震动力作用下的内部损伤及坡体破碎块体在地震动力和本身自重耦合作用下的长距离崩滑破坏运动，在此情况下，滑坡中破碎块体单元的自身变形相对其长距离破坏运动可忽略不计，因此，离散元数值模型中滑体部分（图3左侧上部四边形网格区域）采用刚体本构模型。而虽没有发生明显开裂及运动的滑床部分在地震动力作用下也发生了相对其自身尺寸较大的弹塑性变形，故滑坡滑床部分（图3中其他网格区域）采用塑性本构模型和Mohr－Coulomb屈服准则。

为便于计算和分析，对滑坡地层岩性进行了概化。滑坡岩体主要由砂质泥岩、鲕状白云岩、夹泥灰岩和鲕粒灰岩组成，结构面分为岩层面和节理面。岩体与结构面及滑面的计算力学参数见表1和表2。

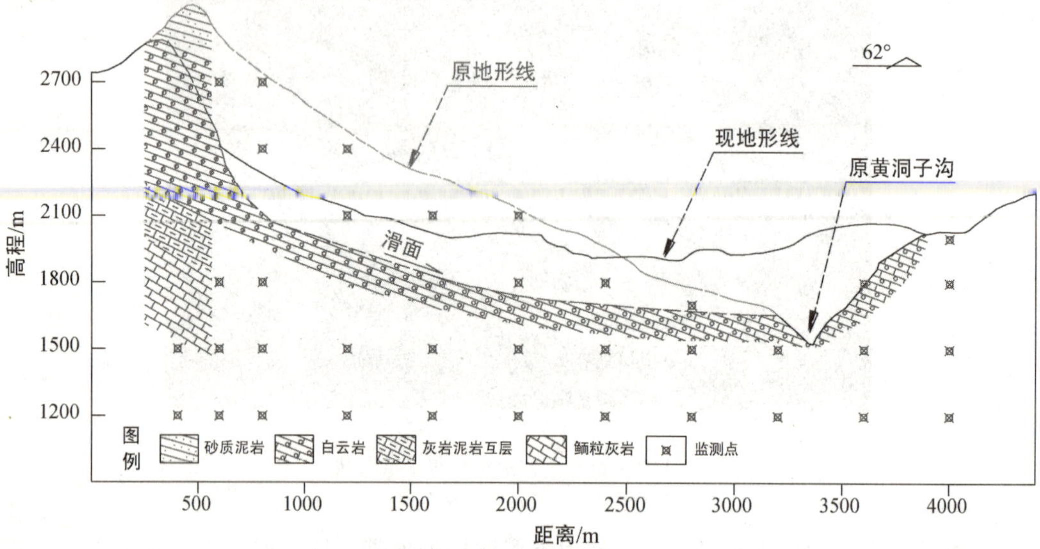

图2　大光包滑坡工程地质剖面及数值模拟监测点分布图

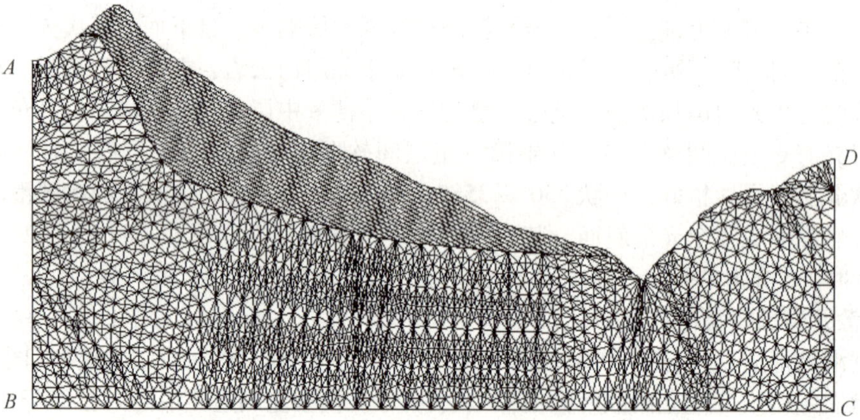

图3　大光包滑坡离散元数值模型网格剖分图

表1　滑坡岩体物理力学参数

岩　性	天然密度/($kg \cdot m^{-3}$)	黏聚力/MPa	内摩擦角/(°)	弹性模量/GPa	泊松比
砂质泥岩	2400	2.77	36.72	19.654	0.335
鲕状白云岩	2600	1.60	32.00	16.580	0.240
夹泥灰岩	2600	1.59	31.00	14.620	0.240
鲕粒灰岩	2500	1.28	29.00	12.548	0.240

表2　滑坡结构面及滑面力学参数

岩　性	法向刚度/（GPa·m^{-1}）	剪切刚度/（GPa·m^{-1}）	内摩擦角/（°）	黏聚力/MPa	抗拉强度/MPa
岩层面	2.30	0.25	20.00	2.60	0.42
节理面	1.50	0.96	16.00	0.80	0.03
滑动面	1.00	0.50	15.00	0.10	0.01

1.4　数值模型边界条件的选取

对滑坡之类的半无限体进行模拟时，依赖于空间中有限区域离散化的数值方法需要在人工数值边界上施加合适的条件。静态分析所采用的固定边界或弹性边界，在动力分析中将导致向外传播的地震波反射回模型内部，且不允许必要的能量发散。为解决这一问题，离散元数值模拟在动力分析中采用黏滞边界和自由场边界，模型在底部采用黏滞边界，两侧采用自由场边界。

1.5　数值模型地震动力条件的输入

本离散元数值模型的地震动力条件依据距大光包滑坡仅4.2 km的绵竹清平地震动监测台站（图4）记录的汶川地震加速度时程曲线数据（图5）。该台站位于汶川地震主震断裂（映秀—北川断裂）附近，其记录的地震动水平EW、SN和竖向（UD）加速度峰值分别达－0.824g、0.803g和0.623g。

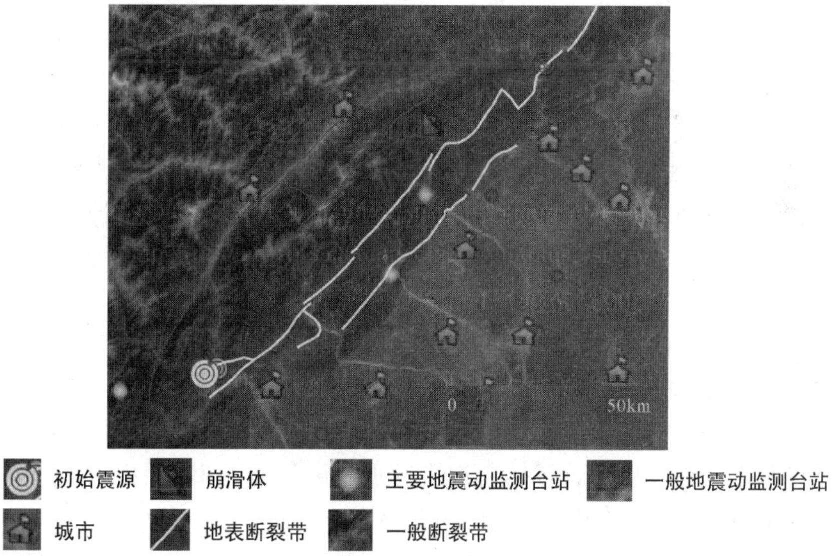

图4　安县大光包滑坡与绵竹清平地震动监测台站位置关系图

对本次离散元数值模拟而言，因建立的二维离散元数值模型剖面为坡体主滑方向（NE62°），故在选取模型所需的水平向加速度时需将EW向和NS向加速度投影到该剖面方向，即该剖面上加速度大小为

$$ACC_{NE62°}=ACC_{EW}\cdot\sin62°+ACC_{NS}\cdot\cos62° \tag{1}$$

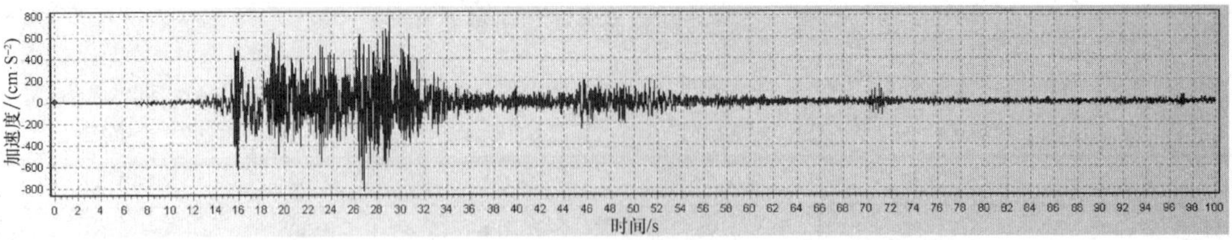

(a) 东西向加速度时程曲线

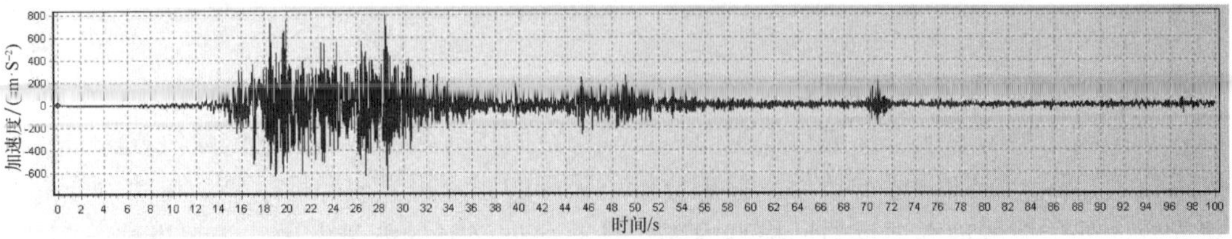

(b) 南北向加速度时程曲线

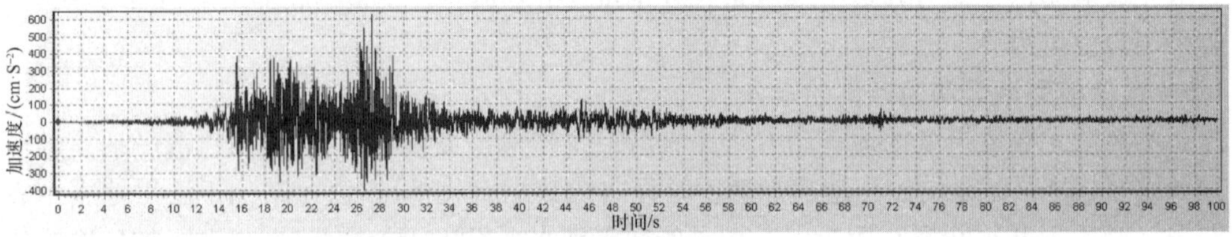

(c) 竖向加速度时程曲线

图5　四川绵竹清平地震动监测台站记录的汶川地震加速度时程曲线

式中　$ACC_{NE62°}$——二维离散元模型剖面方向的加速度大小；

ACC_{EW}——东西方向的加速度大小；

ACC_{NS}——南北方向的加速度大小。

依据该式计算的 $ACC_{NE62°}$ 加速度时程曲线（其峰值为29.045 s时的0.8307g）即为二维离散元数值模型水平向地震动力条件的依据，而竖向加速度则直接依据绵竹清平台站实测数据。然后，依据汶川地震PGA峰值放大系数经验数据，结合本离散元数值模型几何尺寸将模型底部输入的水平向加速度修正为0.4615g，竖向加速度修正为0.3461g。

1.6　数值模拟结果与分析

模拟结果显示，安县大光包滑坡离散元数值模型在输入经修正后的沿坡体崩滑方向的水平加速度和竖向加速度后，坡体在地震动加速度作用的100 s内形成了损伤、崩滑破坏、抛射及堆积稳定的动力破坏全过程（图6）。

从图中可以看出（图6f），当数值模型经受地震动力条件15 s后，滑坡崩滑部分进入破碎解体临界状态，法向刚度和剪切刚度为零的块体裂隙遍布坡体整个崩滑部分。之后，当数值模型经受地震动力条件20 s后，滑坡左上部崩滑部分与坡体母岩彻底分离，且坡体崩滑部分前缘已向沟谷中做明显临空抛射并与沟谷对岸形成碰撞抛洒（图6g）。由输入数值模型的沿坡体崩滑方向的水平地震动力条件可知，此时输入地震动力条件的水平向位移接近最大，约为－50 cm（与坡体崩滑方向相反的负位移），与坡体数值模型滑床部分的水平位移吻合。即坡体在地震作用下形成初期动力响应的过程为：坡体数值模型在经受地

震动力条件的 0 ~ 15 s 内经历了从损伤到破碎解体的变化，在经受地震动力条件的15 ~ 20 s

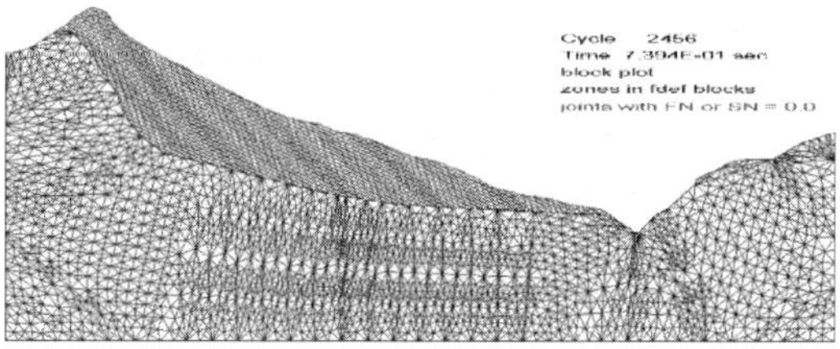

(a) 数值模型输入动力条件运行0.74 s

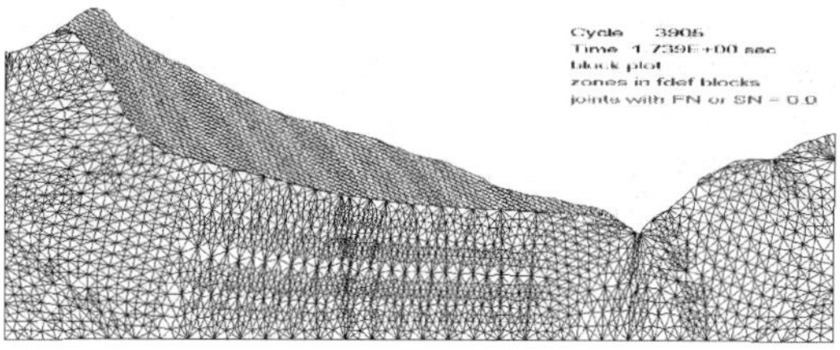

(b) 数值模型输入动力条件运行1.74 s

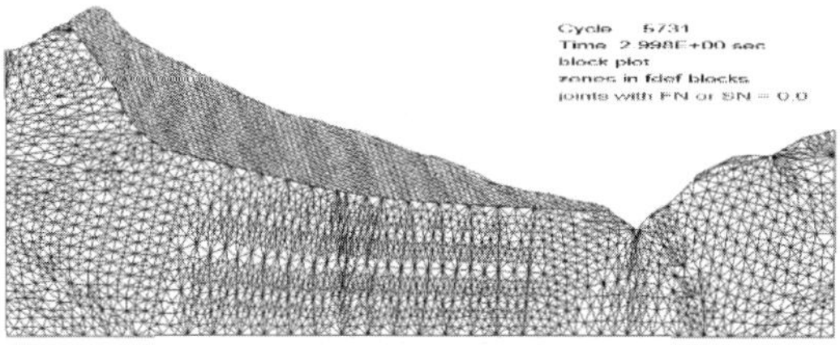

(c) 数值模型输入动力条件运行3 s

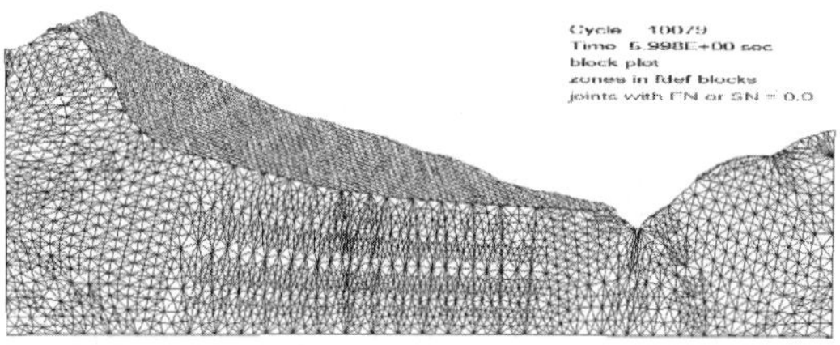

(d) 数值模型输入动力条件运行6 s

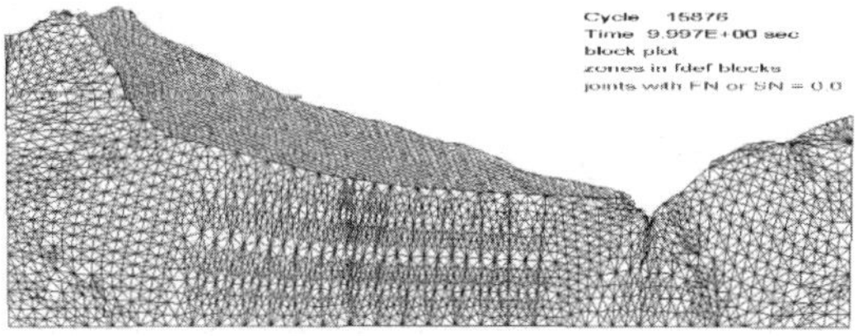

(e) 数值模型输入动力条件运行10 s

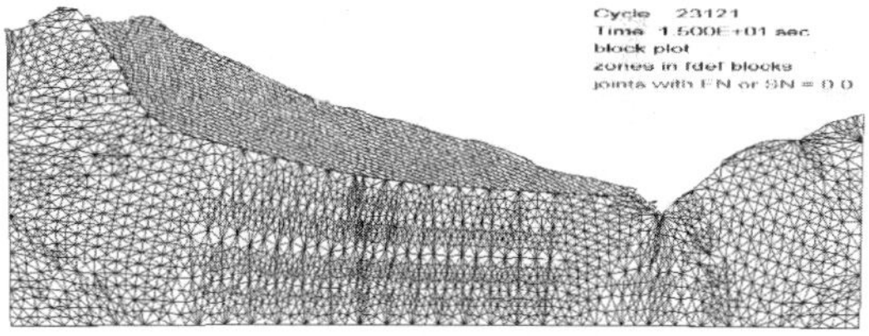

(f) 数值模型输入动力条件运行15 s

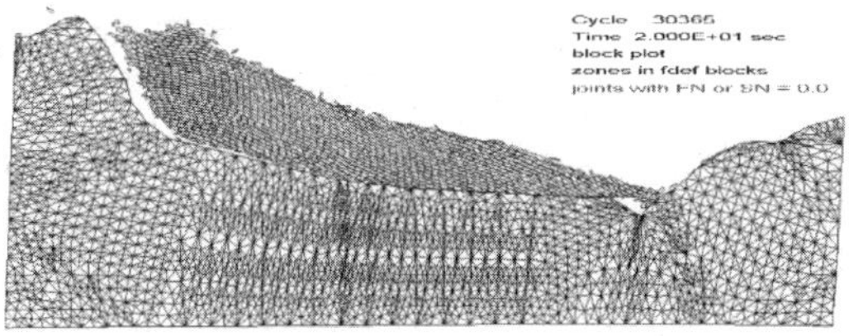

(g) 数值模型输入动力条件运行20 s

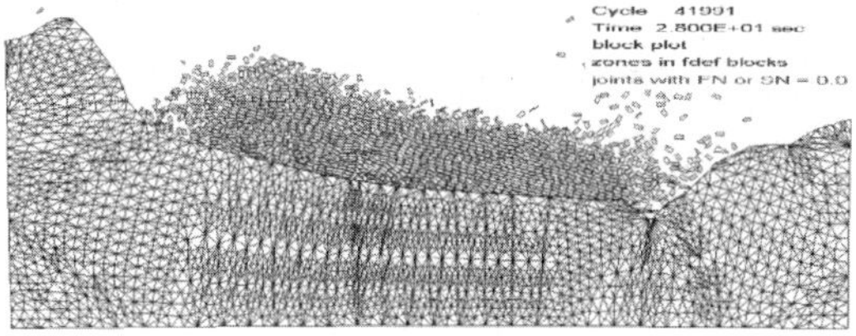

(h) 数值模型输入动力条件运行28 s

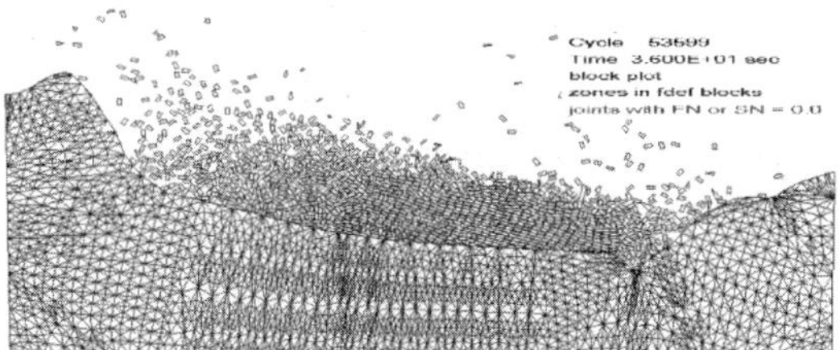

(i) 数值模型输入动力条件运行36 s

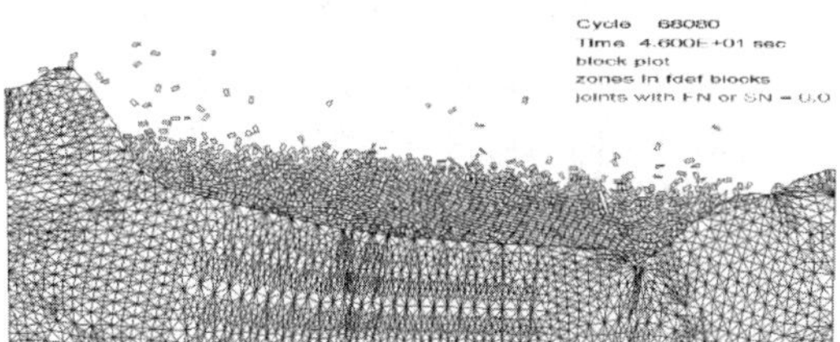

(j) 数值模型输入动力条件运行46 s

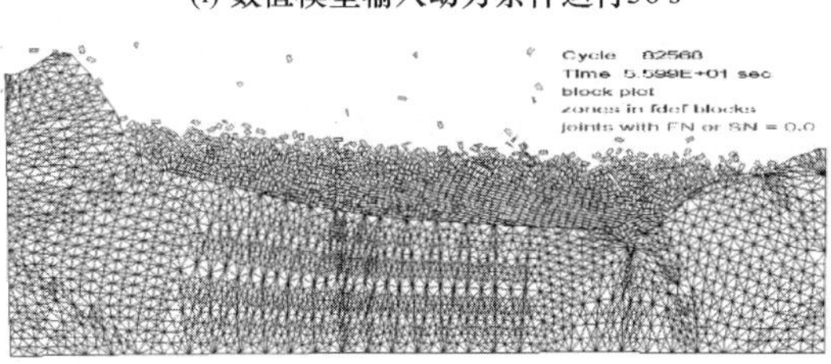

(k) 数值模型输入动力条件运行56 s

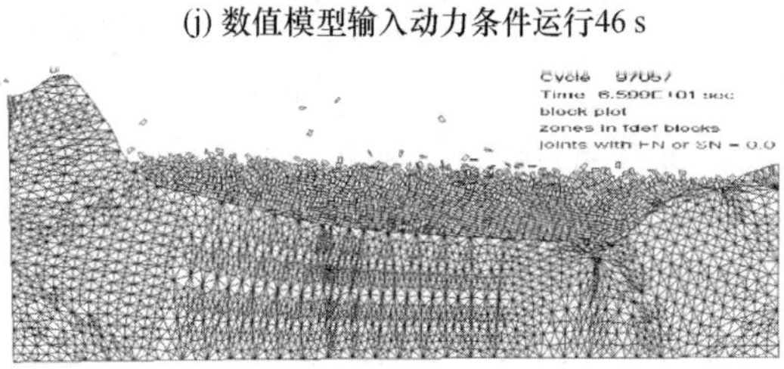

(l) 数值模型输入动力条件运行66 s

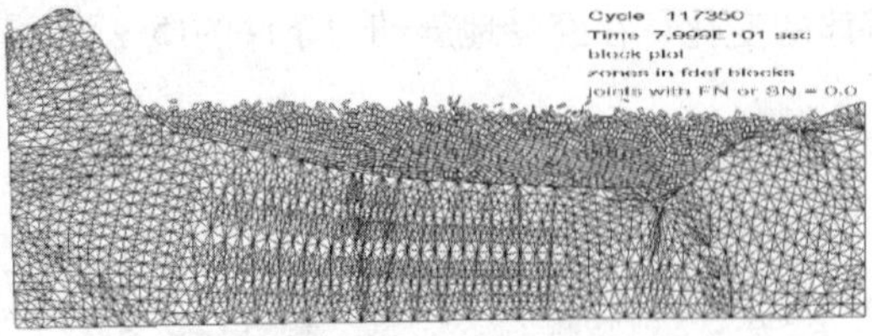

(m) 数值模型输入动力条件运行80 s

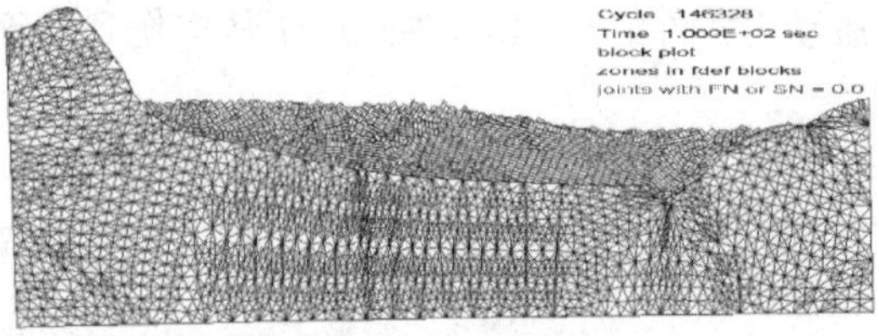

(n) 数值模型输入动力条件运行100 s

图6　离散元数值模型不同时刻对应的坡体单元响应状态

时间段内，坡体模型的滑床部分形成了向坡体崩滑反方向的水平位移，而此时间段内已经破碎解体的滑体部分因惯性作用而与坡体滑床部分分离，形成了其向崩滑方向的相对运动。该模拟结果与原位调查结果基本吻合[4]。

其次，在坡体数值模型经受地震动力条件的20～30 s时间段内，坡体模型的滑床部分开始向坡体崩滑方向进行水平位移，进而推动原来因惯性作用与滑床解体的滑体向其原崩滑方向进行后期的抛射运动（此坡体动力响应过程与输入离散元模型的地震动力条件位移特征相吻合）。

再次，在坡体数值模型经受地震动力条件的30～50 s时间段内，滑床运动趋于减弱，但破碎后的滑体在滑床对其先期惯性力和重力的作用下继续向坡底沟谷进行抛洒运动，在约50 s时破碎坡体完全冲击到对岸沟谷并爬高至最高点，并对沟谷对岸坡体进行猛烈的撞击，此后滑坡体进一步破碎。

最后，在坡体数值模型经受地震动力条件的50～100 s时间段内完成前期整个崩滑、抛射、碰撞和破碎过程的滑坡，在逐步趋于消失的地震动力和重力作用下发生破碎，并在沟谷中完成自稳和堆积，到此为止，地震动力基本消失，破碎坡体也基本完成了其剩余破坏过程。

1.7　坡体崩滑响应形成机制分析

1.7.1　带状震源作用过程分析

据实地调查，安县大光包地震崩滑体与初始震源在映秀－北川断裂带上的投影距离约90 km（图4），而据离散元数值模拟结果（图6），该崩滑体数值模型在输入地震动力条件的第15 s时濒临完全解体，处于崩滑破坏的临界状态，即该崩滑体在输入地震动力条件的0～15 s内形成了损伤至临界破坏的动态过程，且在其后的5 s内崩滑体彻底与滑床坡体分离并形成了特定规模的滑体（图6g），图7中*A*点处滑床和滑体水平位移监测点曲线的分叉也揭示了该分离过程的开始）。

综合多个机构研究得到的汶川地震震源机制解表明，本次地震地表破裂面从初始震中汶川映秀镇开始，以3.1 km/s的平均速度向北偏东方向传播，故在坡体形成崩滑破坏时发震断裂带的破裂前锋位于距离初始震中约62 km处，结合前面对带状震源的分解，可初步判断该地震崩滑体的临界破坏由于处于初始震源和本地震源之间的中间震源地震动力作用所致。

其次，在坡体崩滑破坏导致滑体与滑床分离后约10 s时（图7中*AB*段在时间轴上的水平投影），发震断裂带破裂前锋到达该崩滑体至该断裂带的垂足处，即到达距离崩滑体

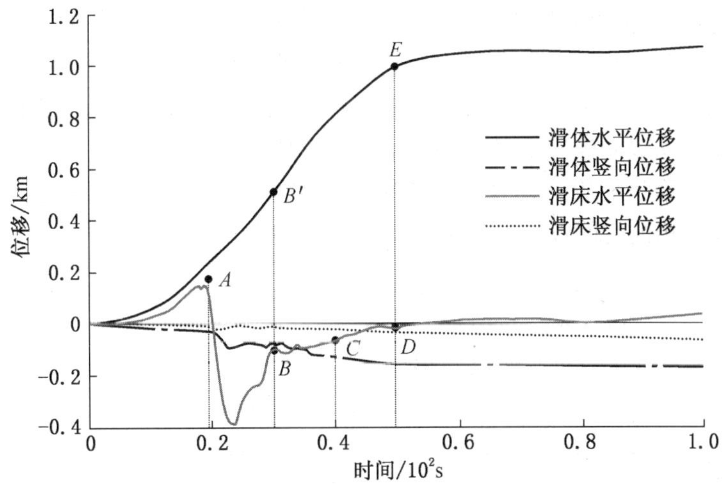

图7　离散元模型监测点位移时程曲线

最近处，此处为该崩滑体的本地震源，故在地震动力条件输入模型的20～30 s内，坡体的动力响应依然是受中间震源的破坏作用所致，而此中间震源也是处于初始震源和本地震源之间的点状震源。

再次，当地震动力条件输入数值模型约30 s时，发震断裂带破裂前锋位置正处于距离崩滑体最近处，故此时坡体滑床部分的持续水平位移（图7中B点）和滑体部分的快速增长的水平位移（图7中B'点）都是受本地震源的地震动力作用所致，但其持续时间较短。由图7可知，在地震动力作用的50 s后，滑床和滑体的水平位移、竖向位移都开始趋于稳定，证明此时坡体处于堆积自稳状态，地震动力条件也减弱许多，而此时发震断裂带破裂前锋处于本地震源和终止震源之间的中间震源位置，故在地震动力作用输入数值模型的30～50 s时，坡体的动力响应是受本地震源和终止震源之间的中间震源动力作用所致。

最后，在地震动力作用50～80 s时，坡体进入堆积自稳状态，而此时其还受到减弱后的地震动力作用和重力作用影响，此时的断裂带破裂前锋在80 s时到达断裂带地表终破点，故此时的坡体动力响应同样是受本地震源和终止震源之间的中间震源动力作用所致。所不同的是，在坡体的最后堆积自稳阶段，终止震源对堆积体的堆积压实起到了有利影响。

以上分析成果见表3。

1.7.2　坡体动力响应特征分析

由图6中不同时刻数值模型坡体单元的响应状态还可看出，崩滑体的损伤和破坏总体经历了两个阶段：第一阶段，即地震动力条件输入离散元模型的0～20 s内，模型整体在地震动力的作用下向坡体临空面做了一定程度的水平位移（最大达约148 m），后又向坡体临空面反方向做了一定程度的水平位移（图7中滑床水平位移监测时程曲线），在这个过程中，潜在滑体部分完全破碎并处于与滑床部分彻底分离的临界状态，该临界状态的标志是滑体与滑床的位移曲线开始分叉（图7中A点位置），而该响应过程与输入地震动力条件的位移曲线在相同时间段内的运动特征相吻合；第二阶段，即地震动力条件输入离散元模型的 20 s 之后，即在滑体与滑床分离过程中，坡体的滑床部分做了相当规模的反方向水平位移，其后滑床又开始做向坡体临空面方面的水平位移并直至其总位移为零（图 7 中 50 s 时），即首先向滑体崩滑的反方向做水平运动，后又向滑体崩滑方向做相同距离的水平运动，进而推动解体破碎后的滑体进行后期的抛射、碰撞和堆积（图 7 中50 ~ 100 s 时）等动力过程，而该响应过程（图 7 中滑床水平位移监测时程曲线）与输入地震动力条件的位移曲线在相同时间段内的运动特征同样相吻合。

表 3　安县大光包崩滑体受带状震源作用特征表

坡体动力响应阶段	地震作用时间/s	破裂前锋距断裂带地表起破点位置/km	带状震源作用类型
损伤/临界崩滑	0 ~ 20	62	中间震源
抛射、碰撞破碎	20 ~ 30	93	中间震源过渡至短时本地震源
碰撞、破碎、堆积	30 ~ 50	155	短时本地震源过渡至中间震源
堆积自稳	50 ~ 80	约 250	中间震源过渡至短时终止震源
堆积自稳	80 ~ 100	约 250	终止震源

1.7.3　坡体动力响应主控力学因素分析

对比该数值模型在相同时间段内的竖向位移（尤其是滑床部分）特征（图 7 中滑床竖向位移监测时程曲线，滑床竖向位移最大达 65 m），可确定数值模型在动力响应尤其是崩滑临界状态前水平地震动力起到了主要破坏作用，而相应的水平位移特征即是直接依据（图 7 中滑床水平位移监测时程曲线，其水平位移最大约 387 m）。而在数值模型动力响应的 20 ~ 40 s 内，由图 7 可知，滑床动力响应的力学主控因素依然是中间震源和 30 s 时本地震源产生的水平地震动力，而在模型动力响应的 40 s 后，滑床动力响应的主控力学因素是中间震源和最后时刻终止震源产生的水平与竖向耦合地震动力所致。

对于滑体的水平位移和竖向位移而言，在崩滑前其水平位移分量也远大于竖向位移分量，由图 7 可知，其最大水平位移约 220 m，最大竖向位移约 20 m，因此这也是水平地震动力对其坡体损伤和崩滑起主要破坏作用的直接证据；而在滑体与滑床彻底分离后（图 7 中 20 ~ 50 s 时），滑体的水平位移最大约 1150 m，而此时对应竖向位移仅约为 150 m，除去坡体地表对滑体的阻挡作用外，通过滑床传递至滑体的水平地震动力也起到了主要控制作用。而在其后的滑体堆积自稳阶段（图 7 中 50 s 之后），滑体的最终位移分量则主要取决于其崩滑后坡体周围地形的影响，其主控力学因素可判定为水平与竖向耦合地震动力。

以上分析成果见表 4。

表 4　安县大光包崩滑体动力响应主控力学因素成果表

坡体动力响应阶段	地震作用时间/s	滑床响应力学控制作用	滑体响应力学控制作用
损伤/临界崩滑	0 ~ 20	水平地震动力	水平地震动力
抛射、碰撞破碎、堆积	20 ~ 40	水平地震动力	水平地震动力
碰撞破碎、堆积	40 ~ 50	水平与竖向耦合地震动力	水平地震动力
堆积自稳	50 ~ 100	水平与竖向耦合地震动力	水平与竖向耦合地震动力

2 主要结论

基于发震断裂带宏观破裂特征，对紧邻该断裂起始破裂点和终止破裂点纵向带状范围内的典型地震崩滑体进行了离散元数值模拟，揭示了该地震崩滑体的动力形成机制、触发主控因素和损伤崩滑动态特征。其主要结论细化如下：

（1）依据安县大光包地震崩滑体离散元数值模型的损伤、临界崩滑形成时间与此时发震断裂带破裂前锋所处位置关系，可判断为其从原始斜坡至临界崩滑破坏的形成主要受带状震源的中间震源的动力破坏作用所致，之后的抛射、碰撞破碎是受中间震源、本地震源作用所致，堆积阶段是受中间震源和终止震源的触发作用所致。

（2）该地震崩滑体在带状震源作用下的动力响应过程为：在损伤至临界崩滑阶段，坡体整体向其临空面做水平位移，后又向坡体临空面反方向做水平位移，致使潜在滑体部分完全破碎并处于与滑床部分彻底分离的临界状态；而在后期坡体崩滑抛射阶段，滑床部分做了相当规模的反方向水平位移，其后滑床又开始做向坡体临空面方面的水平位移并直至其总位移为零，而在此过程中竖向位移相对较小。对滑体部分而言，其在损伤、临界崩滑和抛射阶段主要做向其临空面的水平位移，直至堆积自稳阶段其位移趋于稳定。以上整个坡体滑床部分动力响应特征与输入地震动力条件的位移曲线在相同时间段内的运动特征相吻合。

（3）该坡体的损伤和临界崩滑破坏主要受中间震源的水平地震力作用所致，坡体在该时间段的位移特征为其提供了直接证据，而在滑体与滑床分离后的抛射、碰撞破碎阶段，坡体滑床部分的动力响应主要受中间震源和本地震源的水平地震力作用所致，滑床部分在该时间段的位移特征同样为其提供了直接证据。而滑体部分在该阶段的位移特征除受地形因素控制外，同样受中间震源和本地震源的水平地震力作用所致。在堆积自稳阶段，滑床和滑体的动力响应因中间震源和终止震源产生的水平与竖向耦合地震力所致。

参 考 文 献

［1］乔建平．大地震诱发滑坡分布规律及危险性评价方法研究［M］．北京：科学出版社，2014.

［2］殷跃平，王猛，李滨，等．汶川地震大光包滑坡动力响应特征研究［J］．岩石力学与工程学报，2012，31（10）：1969－1982.

［3］殷跃平．汶川地震地质与滑坡灾害概论［M］．北京：地质出版社，2009.

［4］HUANG R Q，PEI X J，FAN X M，et al. The characteristics and failure mechanism of the largest landslide triggered by the Wenchuan earthquake，May 12，2008，China［J］. Landslides，2012，9（1）：131－142.

［5］YIN Y P，ZHENG W M，LI X C，et al. Catastrophic landslides associated with the M8.0 Wenchuan earthquake［J］. Bulletin of Engineering Geology and the Environment，2011，70（1）：15－32.

［6］YIN Y P，WANG F W，SUN P. Landslide hazards triggered by the 2008 Wenchuan earthquake，Sichuan，China［J］. Landslides，2009，6（2）：139－152.

[7] 殷跃平．汶川地震触发大光包巨型滑坡遥感研究［J]．工程地质学报，2011，19（5）：674－684.
[8] CUI F,YIN Y,HU R. A variation trend analysis of key controlling factors on slope dynamic response due to seismic action[J]. Disaster Advances,2012,5(4):51－57.
[9] 崔芳鹏．地震P－S波时差耦合作用的斜坡崩滑效应研究［D]．北京：中国科学院地质与地球物理研究所，2009.
[10] 崔芳鹏，胡瑞林，殷跃平，等．纵横波时差耦合作用的斜坡崩滑效应离散元分析：以北川唐家山滑坡为例［J]．岩石力学与工程学报，2010，29（2）：319－327.
[11] 崔芳鹏，殷跃平，许强，等．地震纵横波时差耦合作用的斜坡崩滑响应研究［J]．岩土工程学报，2010，32（8）：1266－1273.
[12] 崔芳鹏，许强，谭儒蛟，等．地震动力作用触发的斜坡崩滑效应模拟［J]．同济大学学报（自然科学版)，2011，39（3）：445－450.
[13] 崔芳鹏，殷跃平，许强，等．地震动力作用触发的斜坡崩滑响应研究：以青川东河口滑坡为例［J]．三峡大学学报（自然科学版)，2011，33（3）：23－28.
[14] 于海英,王栋,杨永强,等．汶川8.0级地震强震动加速度记录的初步分析[J]．地震工程与工程振动,2009,29(1):1－13.
[15] SUN P,YIN Y P. A case study of rock avalanches triggered by the Wenchuan earthquake of May 12,2008,Sichuan,China[J]. Environment Earth Sciences,2012,66(5):1285－1293.
[16] 董金玉，杨国香，伍法权，等．地震作用下顺层岩质边坡动力响应和破坏模式大型振动台试验研究［J]．岩土力学，2011，32（10）：2977－2984.
[17] DAI F C,TU X B,XU C,et al. Rock avalanches triggered by oblique－thrusting during the 12 May 2008 Ms 8.0 Wenchuan earthquake,China[J]. Geomorphology,2011,132(3－4):300－318.
[18] XU C,XU X W,ZHOU B G,et al. Revisions of the M 8.0 Wenchuan earthquake seismic intensity map based on co－seismic landslide abundance[J]. Natural Hazards,2013,69(3):1459－1476.

溢油应急反应体系的发展概述

孙文洁　李松芡

中国矿业大学（北京）地球科学与测绘工程学院，北京　100083

摘　要　近年来，随着石油使用量的增加，在石油开采、炼制、水上运输、储存等环节中发生溢油的风险逐年增加，造成污染区域的环境状况和生态系统在几年甚至几十年内得不到恢复。就溢油系统而言，多数国家及其研究机构对其进行研究与开发，并建立了多种溢油模式。近些年来，计算机技术迅速发展，使在计算机上对海上溢油行为进行模拟成为了可能，同时，GIS 技术的不断发展，将 GIS 与溢油模型进行集成，使溢油预测运算结果通过 GIS 系统直观显示成为目前主要的预测显示技术手段之一。

关键词　海上溢油　溢油系统　溢油模型　GIS 的应用

Review in Development of Oil Spill Emergency Response System

Sun Wenjie　Li Songqian

College of Geoscience and Surveying Engineering, China University of Mining and Technology, Beijing　100083

Abstract　In recent years, with the increase in the amount of oil using, in oil exploration, refining, water transport, storage and other aspects the risk of spilled oil increases every year, resulting in regional pollution state of the environment and ecological system within a few years or even decades to recover. On the oil spill system, most of the countries and their research institutions do research and develop it, and established a variety of oil spill model. In recent years, the rapid development of computer technology makes it possible to simulate the behavior of oil spill at sea on the computer. At the same time, with the development of GIS technology, GIS and oil spill model are integrated so that the result of the oil spill prediction operation can be directly displayed by the GIS sys-

---

资助项目：中央高校基本科研业务费专项资金项目（2013QD03）

作者简介：孙文洁（1979—　），女，山东枣庄人，博士，副教授，主要从事矿井水害防治与矿山环境方面的研究工作

tem, which is one of the main methods to predict the oil spill.
Key words offshore oil spill oil spill system oil spill model application of GIS

0 引言

近年来，随着石油使用量的增加，在石油开采、炼制、水上运输、储存等环节中发生溢油的风险逐年增加，每年约 6 Mt 的石油由于突发性事故进入海洋、河流和其他水域，造成了极其严重的污染。一般海洋溢油规模较大，有时甚至会造成污染区域的环境状况和生态系统在几年甚至几十年内得不到恢复。

1999 年 3 月 24 日发生的珠海“3・24”溢油污染事故是历年来发生在珠江口水域溢油量最大、损害最为严重的船舶溢油事故。由于当时大雾能见度不好，也没有能够准确预测溢油漂移轨迹，溢油事故造成珠江口部分近岸水域和海岸线的严重污染。2004 年 12 月 7 日，巴拿马籍集装箱船和德国籍集装箱船在珠江口发生碰撞，约 1200 t 燃油溢漏，海上形成了长 16668 m、宽 200 m 的油带，造成我国近年来较大的一次海洋污染事故。2010 年 4 月 20 日，位于墨西哥湾的“深水地平线”钻井平台发生爆炸并引发大火，大量漏油进入墨西哥湾，5 月原油漂浮带长 200 km，宽 100 km，且还在进一步扩散，此次漏油事件演变成美国历来最严重的油污大灾难，造成了巨大的环境和经济损失。2011 年 6 月，渤海中部蓬莱 19－3 平台发生“井涌”事故，对渤海海洋环境造成巨大影响，此次溢油事件持续事件长，影响面积大，是对渤海海域影响最大的一次溢油。

随着经济的高速发展，中国已经成为仅次于美国的第二大原油进口国，2003 年全年进口原油 8×10^7t，其中 1/4 是从南海进入我国的，仅珠江口运输油品船舶每年就有近 20万艘次，是我国油品运输船舶最多的水域。但由于我国南海海洋环境恶劣，灾害性台风频发，而且台风季节长（5—11 月份是台风季节），事故发生难以预测，且泄油量往往又很大，对局部海域环境和海洋生物的损害大多比较严重，也破坏了海洋生态系统的平衡。

1 溢油系统国内外研究现状

1967 年，“托雷・卡尼翁”号油轮发生溢油事故，自此，国外的专家学者开始对有效模拟和预报海上溢油事故发生概率的技术方法进行研究[1-3]。溢油事故发生后，风场和流场成为影响油膜漂移扩散的主要因素，而要想建立准确有效的动态溢油模型，需要对发生溢油海域的海洋风场、海洋流场及溢油油品进行全面的考虑。之前的研究中，较少的历史数据资料和相对简单的分析技术使得到的计算结果相对粗糙。之后，研究学者开始致力于溢油动力模式的开发，到目前为止，溢油动态模拟技术发展的较为成熟。相对而言，在该技术研究方面我国研究的时间较短，但发展速度较快。

欧美等国家从 20 世纪 60 年代就开始对海上溢油进行预测。Blokker 建立了油扩散和挥发的模型，Fay 研究了平静海洋的溢油扩散模型，并创立了三阶段油膜扩展理论。美国得克萨斯水利开发委员会开发的 SpillSim，利用水流、风和其他信息预测油的运移，为应急修复提供信息。NOAA 开发的 GNOME 建立了美国周边海域的洋流数据库，可以迅速预测溢油。20 世纪 80 年代以来，我国学者开展了卓有成效的工作。傅孙成和王文质[4]等开发出南海海上溢油漂移扩散预测微机视算系统，能够利用南海风场和流场资料，按所选定的海上溢油漂移扩散计算模式模拟计算出海面溢油浓度分布。张存智和窦振兴[5]等基于"油粒子"概念建立了模拟海上溢油行为的三维数值模型，运用确定性方法模拟平流过程，采用随机性方法模拟湍流扩散过程。

就溢油系统而言，多数国家及其研究机构对其进行了研究与开发，并建立了多种溢油模式[6,7]。预报风海流的速度及预报结果精度、溢油风化模型模拟结果精度及其他存在的不确定因素对溢油预测模型预测结果精度有着重要影响，与实际的溢油状况相比，溢油模拟预测结果精度还不够准确，有时会在空间预测方面出现较大的差距。但总体而言，在一定程度上，预测结果能够反映出溢油油膜漂移扩散的趋势走向。

在溢油自身扩展模型中，首推 Fay 的溢油扩展三阶段理论[8,9]。根据在海水表面油的实际受力情况，Fay 理论对重力、表面张力、惯性力和黏性力作用进行了综合全面的考虑，并在溢油扩散模型研究方面取得了开创性的成果。Lehr[10]等人修正了 Fay 理论，将风场和流场作为影响溢油扩散的两个主要因素进行考虑。蒙特卡罗扩展模型是随着溢油模型的发展与改进而提出的新模型。在该模型中，油粒子质点的扩散受到湍流的影响而随机扩散，具体表现为质点群的混乱运动，且其运动轨迹是复杂的，并在某一时刻表现为随机的运动方向，但油粒子整个运动场对这种随机性有着一定的控制。

随着专家的不断研究，油膜扩展理论研究进入一个新的研究阶段，Johansen 等人[11,12]提出了"油粒子"模型。"油粒子"模型将海上溢油的油膜看成是大量"油粒子"的集合，每个"油粒子"代表着一定量的油，并将油膜漂移扩散的运动过程看成是相互独立的"油粒子"质点的运动，并利用参照网格体系相关的时间函数对粒子离散的路径与质量进行跟踪与记录。在苏丹阿拉伯沿岸部分海域，Lehr[13]等利用研究理论进行了溢油模拟实验，并利用飞机监测溢油油膜的漂移扩散过程，并将采用变形 Fay 公式方法获得的油膜面积结果数据、采用粒子法获得的油膜面积分别与真实测量的油膜面积进行比较，比较结果表明：相对变形 Fay 公式方法而言，粒子法预测的油膜面积更准确，并且在油膜迎风压缩和主风拉伸方面更加合理[14-17]。

2 GIS 在溢油应急反应体系中的应用

地理信息系统（Geographic Information System，GIS）是以地理空间数据为基础，以图形、图像等媒介为载体，在计算机软硬件的支持下，对空间数据进行采集、管理、操作、模拟、分析和显示，并采用地理模型分析方法，适时提供多种空间和动态的地理信息的计算机空间信息系统。GIS 可以实现统一的空间信息采集更新管理、统一的可视化综合空间信息服务和电子地图信息共享。过去很多学者认为 GIS 是一种为了获取、存储、检索、分析和显示空间定位数据而建立的计算机化的数据库管理系统。这种观点无疑比较局限，随着 GIS 理论和技术的发展，GIS 不再仅是一个数据库管理系统，由于其具有强大的空间数据分析功能而已成为空间决策支持系统的重要平台。GIS 将计算机科学、地理学、测绘遥感学等多门科学技术综合为一体，是一种新兴的边缘学科技术，近年来，其开始了迅速发展。在国外，GIS 已经广泛应用于市场和社会中，而我国对 GIS 学科技术的研究较晚，但发展速度可观，如今我国已研究了多种 GIS 专业软件，如 SuperMap、MapGIS、ArcGIS 等，并广泛应用于市场中。

多年来，计算机技术迅速发展，使在计算机上对海上溢油行为进行模拟成为了可能，同时，GIS 技术的不断发展，将 GIS 与溢油模型进行集成，使溢油预测运算结果通过 GIS 系统直观显示成为目前主要的预测显示技术手段之一。利用 GIS 在模型参数获取、空间数据管理与分析、模拟结果可视化等方面的优势，与溢油模型进行集成，从而使溢油建模的过程更加简单方便快速。在发达国家，利用计算机技术和 GIS 技术建立溢油预测系统的技术手段已广泛应用，目前相对成熟的系统有美国的 OILMAP 系统、英国的 OSIS 系统及挪威的 OSCAR 系统等[18-20]。在我国，很多学者也致力于该方面的研究，如傅孙成针对南海海域特点，应用可视化技术，并结合动力海洋学、计算机技术及计算机图形学等，利用 Fortran 语言、汇编语言及图形核心系统（GKS）软件包，成功建立了南海海上溢油漂移扩散预测微机视算系统；熊德琪教授针对珠江口海域特点，应用 GIS、电子海图及数据库等多种学科技术，结合潮流模型、溢油与化学品漂移扩散模型、应急反应模型等，成功建立了珠江口区域海上溢漏污染动态预测系统[21]。

GIS 所具有的强大的地理空间分析和属性数据管理能力，在海上溢油事故处理中得到了广泛应用。GIS 能够快速频繁地进行更新，提供最新的数据，为溢油事故充当分析和评估工具。快速的溢油应急响应及 GIS 的帮助能协调溢油应急的操作过程，最大限度降低溢油的影响。刘彦呈[22]等以地理信息系统（GIS）为平台，采用贴体坐标变换，提出一种应用于海上溢油应急反应系统中流场计算的快速贴体网格生成算法，并实现了在 GIS 平台自动生成以电子海图上实际海域为背景的贴体坐标网格。张静[23]在 GIS 平台上开发了海面溢油控制与清除智能决策支持系统。刘彦呈等[24]对海上溢油应急反应整个过程进行了系统的分析和研究，研究、设计和开发出海上溢油应急反应基于 GIS 的模拟训练系统。金永福[25]基于 GIS/GPS 开发了海上溢油监测预测信息系统。严世强等[26]在 Visual Basic 的环境下，基于 GIS 开发了溢油应急信息系统潮流快速预报系统。叶龙[27]基于 GIS 平台开发了海上船舶溢油应急资源调运系统。

在溢油应急指挥决策体系中，一个非常重要的理念是能够让指挥员针对当前的形势快速做出正确的决策，这就需要两方面的重要支持：一是要能够实时了解前线的信息，二是要有相应的辅助工具来支持领导的决策，这两方面都离不了 GIS。GIS 在海上溢油应急反应上的应用起步较晚，在很多领域还处于尝试阶段，但不可否认，GIS 在这个领域的前景是被看好的，并且已经取得了一系列的可以值得借鉴的成效。对于我国而言，在 GIS 方面起步较晚，在溢油理论与模型研究方面的研究时间较短，因此与国际先进水平相比，不管是在理论发展方面，还是在实际应用效果方面，都存在一定的差距。

3 存在问题

20 世纪 80 年代以来，我国的专家学者从实验、理论及数学模拟等方面对溢油在海面上的行为特征和运动变化规律做了大量的研究，相继开发了特定海域的溢油预测系统，但系统覆盖海域范围小，也比较分散，同时存在基础数据欠缺、模型功能和信息处理容量有限、应急业务系统管理和更新的后续支撑不足等问题。从溢油相关软件的综述中我们可以看出，绝大部分溢油软件以溢油行为、归宿的模拟为主，而且模拟技术已经相当成熟，模拟结果的精度和可信度相当高。但同时存在下列问题：

（1）系统信息不完备。目前的溢油应急反应系统，如孙俊等研制的信息系统只考虑了用于溢油行为模拟的溢油事故信息，而没有考虑用于溢油清除行动的应急反应资源的相关信息；也没有考虑与溢油事故处理的法律、法规信息等。

（2）应急管理的研究相对较弱。一些专门用于溢油应急决策的软件只提供了应急资源的相关信息，但未涉及应急资源的管理等问题，如在紧急情况下，对于有限数量、多种资源调用的优化，应急资源站点分布的优化。

（3）缺少溢油损害的动态显示。随着溢油量的增加，溢油的损害会越来越大，多数溢油系统注重溢油处理和溢油的归宿，对损害程度关注较少，不能给应急决策人员提供直观的判断。

（4）对于应急计划的关注较少。应急计划的制订和处理是溢油事故处理的核心，但由于应急计划和应急反应活动的特殊性，几乎没有将应急反应决策、应急计划生成、应急计划评估和仿真与溢油模拟软件相结合构成真正的溢油应急反应系统。

4 结论

（1）对溢油造成的环境危害进行准确评价和索赔评估可以通过环境评价、经济效应模型及相关法规相结合来完成。

（2）提高溢油动态数值模拟的精确度。目前建立的模型中，公式和参数的实验性和经验性成分较大，有待于从理论高度探索其中的规律。

（3）完善油污清除技术和设备，避免处理过程中的二次污染。生物降解、调水稀释等方法具有很大的发展前景。随着科技的发展、实验条件的改善，相信溢油模型将会向着更精确、更实用的方向迈进。

参考文献

[1] JORDA G, COMERMA E, BOLANOS R. Impact of forcing errors in the CAMCAT oil spill forecasting system – A sensitivity study[J]. Journal of Marine Systems, 2006, 65: 134 – 157.

[2] VARLAMOVSM, YOONJH, NAGAISHIH, et al. Japan sea oil spill analysis and quick response system with adaptation of shallow water ocean circulation model[J]. Fukuoka: Kyshu University, 2000, 118: 9 – 22.

[3] 许欢，李适宇．海上溢油事故风险评价回顾与展望［J］．环境保护，2005，8（2）：51 –52.

[4] 傅孙成，王文质，章凡，等．南海海上溢油漂移扩散预测微机视算系统［J］．热带海洋，1994，13（2）：88 –91.

[5] 张存智，窦振兴，韩康，等．三维溢油动态预报模式［J］．海洋环境科学，1997，16（1）：22 –28.

[6] 庄学强，陈坚，孙倩．海面溢油数值模拟及其可视化实现技术［J］．中国航海，2007，3（1）：98 –100.

[7] 吴晓丹，宋金明，李学刚，等．海洋环境中的溢油风化过程［J］．海洋科学，2010，34（6）：104 –110.

[8] 王欣睿，娄安刚，孙波涛．珠江口近海海域海浪预报方法研究田［J］．海洋通报，2009，8（3）：113－116.
[9] SERGIO A, SHERRY L. LARKIN, et al. A revealed preference approach to valuing non－market recreational fishing losses from the Deepwater Horizon oil spill[J]. Journal of Environmental Management, 2014, (145): 199－209.
[10] NUANCHAN S. Contingency plan improvement for managing oil spills in the coastal waters of Thailand[J]. Marine Pollution Bulletin, 2014, 89(1－2): 149－159.
[11] 龙绍桥，娄安刚，谭海涛，等．海上溢油粒子追踪预测模型中的两种数值方法比较［J］．中国海洋大学报，2006，36（B05）：157－162.
[12] 施益强，陈崇成，王钦敏，等．地理信息系统与海上溢油模型集成研究［J］．油气田环境保护，2005，15（4）：17－19.
[13] 刘文全．基于GIS的海上石油平台溢油应急决策支持系统结构域应用研究［D］．青岛：中国海洋大学，2010.
[14] 廖国祥．基于WebGIS的海上溢油应急信息系统研究［D］．大连：大连海事大学，2005.
[15] YAPAP D, ZHENG L. Simulation of oil spills from underwater accident I: Model development[J]. Journal of Hydraulic Research, 1997, 35(5): 673－687.
[16] AL－RABEH A H, LARDNER R W, GUNAY N. Gulf－spill version 2.0: A software package for oil spills in the Arabian Gulf[J]. Environment Modeling&Software, 2000, (15): 425－442.
[17] 陈维皓．海上溢油应急决策支持系统的研究与开发［D］．上海：上海海事大学，2006.
[18] 张斌．基于WebGIS的应急救援信息系统研究与实现［D］．郑州：解放军信息工程大学，2010.
[19] 刘彦呈．基于GIS的海上溢油扩散和漂移的预测研究［J］．大连：大连海事大学学报，2002，28（3）：41－44.
[20] 李彤，谢志宜．水上事故溢油漂移轨迹预测模型研究与应用［J］．环境科学与管理，2013，38（7）：56－61.
[21] 娄厦，刘曙光．溢油模型理论及研究综述［J］．环境科学与管理，2008，33（10）：33－37，61.
[22] 刘彦呈，林建国，殷佩海，等．海上溢油基于GIS流场计算贴体坐标网格自动生成方法与技术研究［J］．海洋环境科学，2003，22（3）：63－67.
[23] 张静．基于GIS的海面溢油控制与清除智能决策支持系统研究［D］．大连：大连海事大学，2003.
[24] 刘彦呈，任光，殷佩海．海上溢油应急反应基于GIS的模拟训练系统研究［J］．系统仿真学报，2004，16（11）：2445－2447.
[25] 金永福．基于GIS/GPS开发了海上溢油监测预测信息系统的开发研究［D］．大连：大连海事大学，2004.
[26] 严世强，王辉，熊德琪，等．基于GIS的溢油应急信息系统潮流快速预报及其应用

研究［J］. 浙江海洋学院学报（自然科学版），2005，24（1）：1－8.
［27］叶龙. 基于GIS的海上船舶溢油应急资源调运系统的开发研究［D］. 上海：上海海事大学，2006.

基于浮动车数据的交通流量特征分析

王 祥 李 军

中国矿业大学（北京）地球科学与测绘工程学院，北京 100083

摘 要 交通流量是反映交通状况的一个重要参数。本文介绍了一种利用浮动车数据自动获取道路交通流量的方法，并使用北京市的浮动车历史数据计算了市内道路的交通密度，实验结果验证了方法的可行性。

关键词 交通流量 Dijkstra 算法 核密度估计

Analysis of the Characteristics of Traffic Flow Based on Floating Car Data

Wang Xiang Li Jun

College of Geoscience and Surveying Engineering, China University of Mining and Technology, Beijing 100083

Abstract Traffic density is an important parameter that reflects traffic state. This paper presents an automatic computation method of traffic density from floating car data. The positioning data of floating cars in Beijing on 6 August, 2010 is used to compute traffic densities of urban roads and the experiment results show the validity of this method.

Key words traffic flow Dijkstra algorithm kernel density estimation

0 引言

近年来，随着经济的高速增长和汽车保有量的激增，道路拥挤、交通事故等现象频繁发生，给人们的出行带来了很大的不便，给人们的生命财产安全和生存环境也带来了巨大的威胁[1]。交通问题已成为包括我国在内的世界各国政府共同面临的重要难题之一。资料显示，我国大多数城市道路的平均行车速度已降至 20 km/h 以下，有些路段甚至只有 7 ~ 8 km/h[2]；并且由于车辆速度过慢、尾气排放增加，使城市的空气质量进一步恶化[3]。为了缓解经济发展给交通运输带来的压力，使现有资源发挥出最大的作用，我国

资助项目： 中央高校基本科研业务费专项资金资助（2015QD01）

作者简介： 王祥，硕士研究生，中国矿业大学（北京）地球科学与测绘工程学院。E - mail：shenwuyuex2013@126. com

政府加大了对智能交通系统的研究和建设力度。智能交通是将信息、通信、控制、计算机网络等高新技术综合运用于地面交通管理体系，从而建立起一种大范围、全方位发挥作用、实时、准确、高效的交通运输管理系统[4]，是目前世界交通运输领域研究的前沿课题，也是目前国际公认的解决城市交通拥挤、改善行车安全、提高运行效率、减少空气污染等的最佳途径[5]。在智能交通中，交通流量的监测是一项重要的研究内容。所谓交通流量，是指某一道路单位时间内通过的车辆数[6]，它对道路的路况监测和道路规划建设都有着重要的辅助作用。

以前交通流量的监测主要有感应线圈流量监测和视频交通流量监测[7]。但上述方法对硬件设备投资有较大的需求，并且只能在少数特定路段进行监测，要实现对整个路网的交通密度进行监测，达到分析道路占有率及辅助道路规划设计是比较困难的。

为解决现有交通密度采集方法存在的问题，本研究使用浮动车技术，利用安装有车载GPS定位装置并行驶在道路主干道上的车辆采集交通密度。该方法克服了传统方法存在的困难，具有不影响交通、不需要在道路上安装附加设备、采集面广、路网覆盖大、实时性强的特点。

1 方法

浮动车技术是一种交通信息采集技术[8]。该技术通过在特定的车辆上安装GPS接收机和通信设备，并将车辆在行驶过程中获取的地理坐标、行驶速度、行驶方向等数据实时传给浮动车数据处理中心，然后通过分析所接收到的浮动车数据得到交通状态信息[9]。从GIS角度看，每一个车辆定位数据都是一个带有地理坐标的点要素，道路是一个线要素层，交通密度是单位长度道路上的车辆总数，即等效于基于网络的点密度计算。其中涉及网络最短路径计算和点密度计算。

1.1 网络最短路径计算

最短路径不仅指一般地理意义上的距离最短，而且可以是成本最少、耗费时间最短、资源流量最大等标准[10]。最短路径问题的关键是将一个物理网络结构抽象为一个数学网络结构，再利用数学方法进行求解。最短路径算法很多，本研究采用Dijkstra算法。

Dijkstra算法是典型最短路径算法，它不同于常规思维（从原点遍历所有与之相连的节点，找到最短路径，再从最短路径上的那个点遍历与之相连的所有其他点，原点除外，然后以此类推）。Dijkstra算法以起始点为中心向外层层扩展，直至扩展到终点为止，从而避免了大量次优路径的生成[11-13]。以下是Dijkstra的算法描述：

第一步：初始化。设 $S=\{F\}$，$V=\{1, 2, \cdots, N\}$，$D[I]=L[F, I]=+\infty$，$Y[I]=F$。其中 $I=1, 2, \cdots, N$；I 表示网络中某一顶点；N 表示网络中所有顶点的数目；S 表示网络中顶点的集合，用来记录已经被标识过的点；F 表示路径的起始点；V 表示网络中所有顶点的集合；D 为 N 个元素的数组用来存储顶点 F 到其他顶点的最短距离；$L[F, I]$ 表示从 F 点到 I 点的距离；Y 为 N 个元素的数组用来存储最短路径中从起始点出发到顶点 I 之前经过的最后一个顶点。

第二步：从 $V-S$ 集合中找一个顶点 T，使得 $D[T]$ 为最小值，并将 T 标识，加入到 S 集合中。

第三步：调整 Y、D 数组中 I 的值，即在 V、S 集合中对于顶点 T 的邻接各顶点 I，如

果 $D[I] > D[T] + L[I, T]$，那么令 $Y[I] = T$，$D[I] = D[T] + L[I, T]$。

第四步：如果 $V - S$ 集合是空集合，则表示所有点均被标识，运算结束。否则返回执行第二步，直到 V 集合中包括了所有的顶点。

1.2 点密度计算

核密度估计是一种统计方法，其特点是不需要一个确定的函数形式及通过函数参数进行密度计算，而是利用已知的数据点进行估计。该方法是在每一个数据点处设置一个核函数（概率密度函数）来表示数据在这一点邻域内分布[14]。对于整个区域内的所有要计算密度的点，其数值可以看成是其邻域内已知点处的核函数对该点的贡献之和。因此，对于任意一点 x，邻域内已知点 x_i 对它的贡献率取决于 x 到 x_i 的距离，也取决于核函数的形状及核函数的取值范围（称为带宽）。设核函数为 K，其带宽为 h，则 x 点处的密度估计为

$$f(x) = \frac{1}{n}\sum_{i=1}^{n} K\left(\frac{x - x_i}{h}\right) \tag{1}$$

核函数 K 通常是一个对称的单峰值在 0 处的光滑函数，其中高斯函数使用最为普遍，同时也可以使用如表 1 所示的各种函数作为核函数。

表1 常见的核函数

核函数名称	函数 $K(u)$	条件
高斯（正态）函数	$\frac{1}{\sqrt{2\pi}}\exp\left[-\frac{1}{2}u^2\right]$	$-\infty < u < \infty$
三角形函数	$1 - \lvert u \rvert$	$\lvert u \rvert \leqslant 1$
二次函数	$\frac{3}{4}(1 - u^2)$	$\lvert u \rvert \leqslant 1$
四次函数	$\frac{15}{16}(1 - u^2)^2$	$\lvert u \rvert \leqslant 1$

上述的核密度函数中，带宽的选择决定了生成的密度图形的光滑性[15,16]。带宽选择的小，则生成的密度图形比较尖锐；带宽选择的大，生成的密度图形则比较平缓，会掩盖密度的结构。所以，带宽的选择需要经过多次试验才能最终确定。

1.3 基于网络的点密度计算方法

利用浮动车求交通密度最关键的问题是基于网络的点密度计算。在计算中，涉及网络最短距离计算和点密度计算，本文分别选择 Dijkstra 算法和核密度算法。基于网络的点密度计算流程如图 1 所示。

1.3.1 文件读取

车辆动态信息记录着一辆车当时的地理位置，用点要素表示，浮动车数据即形成点图层。道路是线状的地物，表现为线要素，道路网数据即形成线图层。读取点图层和线图层，并叠加显示，如图 1a 所示，其中点表示汽车，线表示道路。

1.3.2 数据结构转换

本研究只利用到车辆动态信息中的坐标信息，因此为节省空间将点图层以表 2 中的数

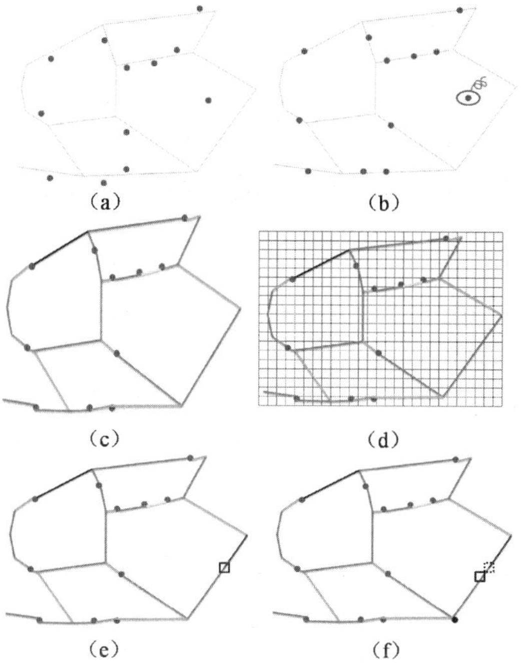

图1　基于网络的点密度计算流程

据结构保存。在后续步骤中会使用 Dijkstra 算法计算网络距离，为了方便处理，从线图层中的线要素提取出所有弧段。线要素中相邻的两个节点间即形成一个弧段，不重复计算，以表3中的数据结构保存，形成原始弧段表。

表2　点要素数据结构

点号	X 坐标	Y 坐标
long PID	double*x*	double*y*

表3　弧段数据结构

弧段号	起点	终点
long AID	PID, *x*, *y*	PID, *x*, *y*

1.3.3　点与弧段的匹配

浮动车的地理坐标由 GPS 定位所得，受定位精度影响，具有一定偏差。而且道路矢量图的生成与加工也会导致道路矢量与真实道路位置之间存在一定的误差，因此浮动车定位点一般都不会与道路网准确地叠加在一起。在计算点密度之前必须先将车辆定位点匹配到道路网上，本研究中使用最近点估计地图匹配法。该方法在 GPS 定位点的周围以某一半径搜索道路，再把 GPS 定位点垂直投影到搜索获得的各条道路上，比较各个垂足的距离，取最小的作为匹配结果。搜索半径的设置既要能将行驶在道路上的车辆点匹配到道路上，又要能剔除不在底图中所包括的道路上行驶的点。考虑到道

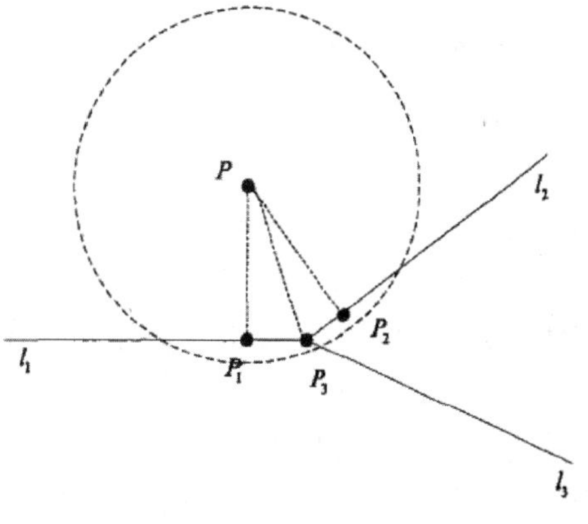

图2　最近点估计地图匹配

路宽度和 GPS 定位精度，通常设置为 50 m。

图 2 是最近点估计地图匹配算法的示意图。GPS 定位点 P 以最大误差为半径做圆搜索地图，可以搜索到三条道路 l_1、l_2 和 l_3。GPS 定位点 P 对这三条道路做垂直投影，分别获得三个垂足 P_1、P_2 和 P_3。由于 l_3 的垂足在 l_3 的反向延长线上，所以把 P_3 点定位于l_3 的顶点处。比较三个垂足的距离，取最小的作为结果。匹配后的结果如图 1b 所示。

1.3.4 重构弧段

经过地图匹配后点分为弧段节点和匹配点。点密度计算需要得到待计算点到其他任意点间的网络最短距离，而利用 Dijkstra 算法则需要知道所有连通点间的距离，将匹配后的点沿道路方向排序，相邻的两点认为是连通点。在所有相邻点间构造一个弧段，形成新的弧段图（图 1c），并保存到新的弧段表中，方便计算相邻点间的距离。我们称此步骤中形成的弧段表为固定弧段表。

1.3.5 栅格化固定弧段表

为求出道路上每一点处的车辆点密度，最后的结果输出为栅格图，每一个格值代表此处的车辆点密度。将道路网矢量图栅格化（图 1d），道路栅格赋值为 1，非道路栅格赋值为 0，则所有灰度值为 1 的栅格为需要计算点密度的位置。本研究中对直线栅格化使用的是 Bresenham 直线扫描转换算法，先求出道路网图层的外包矩形，构造出栅格网；然后对每一条道路要素按直线从起点到终点的顺序计算直线与垂直网格线的交点，然后按列确定像素中与此交点最近的像素。栅格转换时还需要设置适当的分辨率。

1.3.6 点密度计算

在栅格图中取栅格值为 1 的任一点作为初始待求点，然后使用此点对固定弧段表进行重构，形成临时弧段表，如图 1e 所示。由临时弧段表求得 Dijkstra 算法的邻接矩阵，其中任意两点的权为两点的距离。由 Dijkstra 算法即可求得待求点到其他所有点的最小距离（这里的点指的是匹配点和弧段节点），然后每个匹配点的距离与核函数设定的带宽相比，筛选出在带宽内的事件点，利用式（1）求出该点核密度。然后遍历到同一条道路上的下一栅格点（图 1f）。重复此计算过程，直到道路上每个点的点密度都计算完成。

1.3.7 密度图输出

用每点处的线密度值对栅格值赋值，输出图像，即为交通密度图。

2 实验结果与分析

2.1 数据与研究区

2009 年，交通部启动了重点运输过程监控管理服务系统，在全国几乎所有的货运车辆、旅游营运车辆和危险品运输车辆上安装了车载 GPS 和通信设备，并建立了重点营运车辆动态信息交换平台和一系列数据分析系统，旨在对重点车辆的运输过程进行监控。本文使用的车辆动态信息来自该系统。车辆动态信息包括车牌号、车牌颜色、经纬度、车速、行驶方向、定位时间。表 4 是一条车辆动态信息的例子。车载 GPS 接收机采样时间间隔为 30 s，需要指出的是，GPS 装置的定时发送信号功能并不是非常的完善，实际工作中浮动车发送信号的周期并不是完全按照指定的时间工作，有时接收数据的周期会有所变化。

表4　车辆动态信息的例子

字　段	数　据
车牌号	京 AC8586
车牌颜色	2
经度	116.400
纬度	39.930
车速	50
行驶方向	350
定位时间	2010 年 8 月 6 日 9：37：58

本文以北京市为研究区，选择了浮动车数据处理中心接收到的 2010 年 8 月 6 日所接收到的所有车辆动态信息数据（图 3），共有 329312 条数据，分析北京市高等级道路网的交通密度。

图 3　2010 年 8 月 6 日北京市车辆动态信息

2.2　实验结果

为了便于分析，选择北京市东北角为重点研究区域，该区域覆盖了从北京市中心到四环路东北方向范围，其中所包含的道路有北四环东路、东四环北路、北三环东路、东三环北路、首都机场高速部分路段、京承高速部分路段及其他等级稍低的道路。该区域的道路及浮动车数据如图 4 所示，根据 1.3 所介绍的方法计算道路的交通密度如图 5 所示。

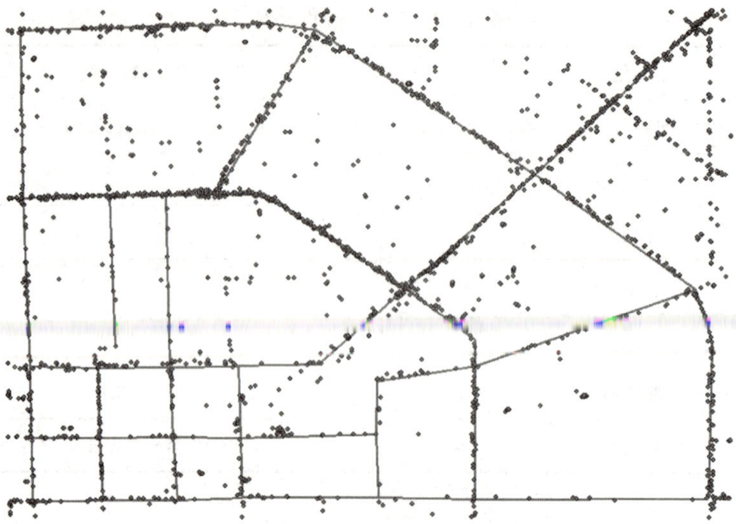

图 4　北京市局部区域的道路及浮动车数据

图 5　北京市局部区域的交通密度

将图 4 中的车辆分布密度与图 5 中的交通密度进行对比，两者的总体趋势匹配较好，车辆分布大的地方交通密度较大，车辆分布较小的地方交通密度较小。从图 5 可以看到，图中左下方等级较低道路的交通密度较大，图上方及右方的高等级道路的交通密度较低，另外还有个比较明显的现象，在交叉路口的交通密度明显比周围路段大。通常我们认为：等级较高的道路（如四环）上的行驶车辆比等级较低的道路（如张自忠路）上的车辆多，表面上看起来，这与我们所得到的实验结果相违背。出现这种情况的原因是，我们使用核函数计算的交通密度是考虑了周围的车辆影响，例如，对于低等级道路，通常道路的长度比较短，当核函数的带宽较大时，邻近道路上的车辆也会包含在带宽内而参与计算，所得到的交通密度通常会比较大；特别是交叉路口附近参与计算的道路特别多，交通密度往往较大；而高等级道路较长，只有该道路上的车辆包含在带宽内，参与计算的路段只有一条，则所得到的交通密度较小。此处的交通密度恰好反映了道路的拥堵状况，事实上这与实际中的交通状况比较符合：低等级道路较短，车辆数比较多时很容易造成拥堵，而在高等级道路上，能用于疏导的空间较大，相对来说不容易造成拥堵。该实验结果验证了方法的可行性。

3 结论

本文针对现有交通密度计算方法所存在的问题，介绍了一种利用浮动车数据自动获取交通密度的方法，并利用该方法对北京市 2010 年某天的浮动车历史数据进行分析，获得了北京市道路的交通密度。该方法可以用来获取道路的实时交通密度，也可以计算历史交通密度，作为交通状况监测的一种辅助手段，也可以为道路的规划和设计提供知识支持。

参 考 文 献

[1] 赵娜，袁家斌，徐晗．智能交通系统综述［J］．计算机科学，2014，11：7－11，45.

[2] 崔月凯．浅谈我国智能交通系统的发展现状与未来发展［J］．科技信息，2010，34：384.

[3] 马建，孙守增，芮海田，等．中国交通工程学术研究综述 2016［J］．中国公路学报，2016，6：1－161.

[4] Greenfeld J S. Matching GPS observations to locations on a digital map. In proceedings of the 81th Annual Meeting of the Transportation Research Board, Washington D. C. 2002.

[5] 陆化普，李瑞敏．城市智能交通系统的发展现状与趋势［J］．工程研究－跨学科视野中的工程，2014，1：6－19.

[6] 钱俊明，李鑫伟．北京市交叉路口交通流量分析研究［J］．科技和产业，2013，12：113－115，117－118，172.

[7] 谷赫，赵耀红，李念峰．智能交通系统中道路流量监测方法的研究与分析［J］．电子世界，2015，17：130－131.

[8] Kristian Torp, Harry Lahrmann. Floating Car Data for Traffic Monitoring[EB/OL].

[9] 周璞．基于 GIS 和浮动车的交通状态分析系统研究［D］．重庆：重庆大学，2006.

[10] 王一剑．GIS 领域最短路径的算法研究［J］．电脑知识与技术，2009，5（1），182－183.

[11] ZHAN F B. Three Fastest Shortest Path Algorithms on Real Road Networks[J]. Journal of Geographic Information and Decision Analysis, 1997.

[12] Dijkstra E W. A Note on Two Problems in Connection with Graphs. Numeriche Mathematik, 1959.

[13] Zhan F B, Noon C E. Shortest Path Algorithms: An Evaluation Using Real Road Networks. Transportation Science, 1996.

[14] Parzen E. On estimation of a probability density function and mode. Annals of Mathematical Statistics, 1962.

[15] Ralston B, Tharakan G, Liu C. A Spatial Decision Support System for Transportation Policy Analysis. Journal of Transport Geography, 1994.

[16] Cao R, Cuevas A, Manteiga W G. A comparative study of several smoothing methods in density estimation. Computational Statistics and Data Analysis 1994.

单一距离约束的直接线性变换在相似材料模型变形监测中的应用

李培现　赵怡景

中国矿业大学（北京）地球科学与测绘工程学院，北京　100083

摘　要　为降低开采沉陷相似材料模拟观测的复杂程度，提出采用基于单一距离约束的直接线性变换算法实现对模型标志点的监测。该方法以单一距离作为约束条件，通过编码标志点进行影像的配准，采用直接线性变换算法进行工作测点实际坐标的解算。采用该方法对相似模型进行监测，精度可以满足工程需要。该方法对降低相似材料模型监测的难度、提高监测效率具有实际意义。

关键词　直接线性变换　相似材料模拟　变形监测　近景摄影测量

Similar Material Model Deformation Monitoring Application Based on Direct Linear Transformation with Constraints of a Single Distance

Li Peixian　Zhao Yijing

College of Geoscience and Survey Engineering,
China University of Mining and Technology, Beijing　100083

Abstract　In order to reduce the complexity of mining subsidence observation of similar material simulation, using the proposed model to achieve the mark point monitoring direct linear transformation algorithm based on single distance constraint. Solutions of this method as a single distance constraint conditions, the registration image by encoding landmarks, direct linear transformation algorithm work measuring point coordinate actual count. Using this method is similar to the model for monitoring, precision engineering to meet the needs. This method has practical significance to reduce the difficulty of similar

---

资助项目：中央高校基本科研业务费专项资金资助（2013QD01）；国家大学生创新训练资助项目（C201502003）；煤炭资源与安全开采国家重点实验室大学生科技创新计划资助项目（SKLCRSM16DC07）

作者简介：李培现（1983—　），山东省巨野县人，主要从事矿山开采沉陷及岩层移动方向的研究。Tel：18310258116；E－mail：pxlicumt@126.com material model to monitor and improve the efficiency of monitoring.

Key words direction linear transformation simulation of similar material deformation monitoring closerange photogrammetry

0 引言

相似材料模型试验是进行矿山开采沉陷研究的重要方法。通过建立相似材料模型的方法可以研究不同开采条件下地表移动的特征和规律。相似模型方法因其具有成本低、周期短、可重复且形象直观等优点[1]，在岩层移动、矿山压力、岩土力学等方向的研究中得到了广泛的应用[2-6]。

传统相似材料模型监测的方法多采用投影法、透镜法、全站仪法，存在安装困难、监测耗时长、精度难以保证等突出问题。近年来，随着计算机视觉测量技术和近景摄影测量技术的发展，基于近景摄影测量技术的模型监测得到了广泛的应用[7-9]。传统近景摄影测量模型监测技术一般采用光束法解算模型的三维坐标，一般至少需要 6 个高精度的控制点。由于采用普通数码相机测量相片一般包含较大的非线性畸变误差，使得光束法解算精度受到了较大影响；另外，设置多个高精度控制点增加了试验难度。

考虑一般的相似材料模型多为平面模型，提出采用单一距离约束的相片二维直接线性变换解法，取得了较好的应用效果。

1 模型试验概况

以某矿地质采矿条件为依据建立如图 1 所示的开采沉陷地表移动相似材料模型。该模型的比例尺为 1∶100。拍照所用相机为 NikonD80 数码相机，相机具有固定的 24 mm 的焦距，拍摄图像分辨率为 3872 ×2592，像素大小为 6. 1 μm。本次试验所采用的相似材料模型的煤层开采厚度为 3 m。

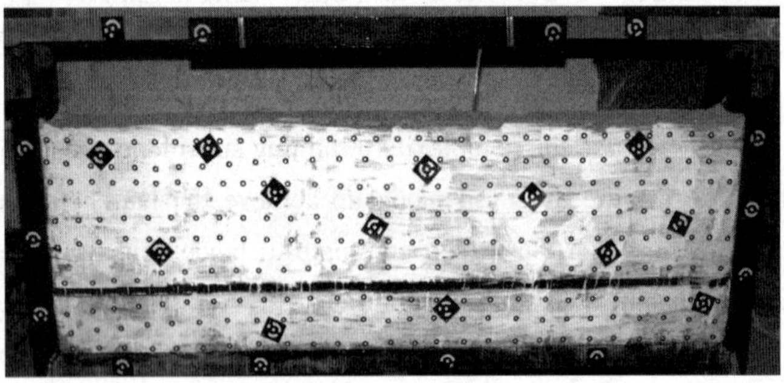

图 1 相似材料模型及点位布置图（开挖前）

2 单一距离约束直接线性变换基本原理

2.1 二维直接线性变换基本原理

直接线性变换解法是建立像点坐标系坐标和相应物点物方空间坐标线性关系的算

法[10]。直接线性变换是从共线方程演绎得到。相似材料模型是一种平面应变模型，因此可以采用二维直接线性变换。其基本关系式为

$$\left.\begin{aligned} x+\frac{l_1X+l_2Y+l_3}{l_7X+l_8Y+1}&=0 \\ y+\frac{l_4X+l_5Y+l_6}{l_7X+l_8Y+1}&=0 \end{aligned}\right\} \tag{1}$$

式中 x、y——像点坐标；

X、Y——实际坐标；

$l_i(i=1,2,\cdots,8)$——直接线性变换系数。

该基本关系建立了物方二维平面和相片平面的直接线性变换关系，实现了普通相机无框情况下的坐标量测。

2.2 单一距离约束的直接线性变换 L 系数解算

直接线性变换的传统解法是根据4个或者4个以上控制点进行求解。在进行相似模型监测的过程中需要精密测绘4个控制点，这增加了模型观测难度。为提高近景摄影测量用于模的监测精度，降低观测难度，本文建立了一种基于单一距离控制的模型近景摄影测量监测方法。假设采用 M 张相片进行 L 系数的结算，除铟钢尺标志点外，多张相片还可以提取的编码标志匹配点个数为 N。M 和 N 应满足以下条件：每增加一张相片则增加8个未知数，每增加一个控制点则增加2个未知数，每张相片可以列方程数目为 $2MN$；则未知数个数为 $8M+2N$，控制点个数为 $2M(N+2)$。为解得 M 张相片的 L 系数，则相片数和控制点数应满足 $8M+2N<2M(N+2)$，即 $N\geqslant\frac{2M}{M-1}$。因此，单一距离约束条件下的二维直接线性变换求解应满足 $M\geqslant2$，$N\geqslant\frac{2M}{M-1}$。例如，当 $M=2$ 时，应在铟钢尺控制点之外再增加至少4个控制点。

仅采用单一距离约束条件下的普通相机相似材料模型监测方法中 l 系数解算步骤为：

2.2.1 建立控制点坐标系

采用带schneider编码点的高精度铟钢尺（图2）作为约束条件。其标尺由10和11两个编码点组成，长度为927.144 mm（注册温度为20℃，膨胀系数为22.400）。

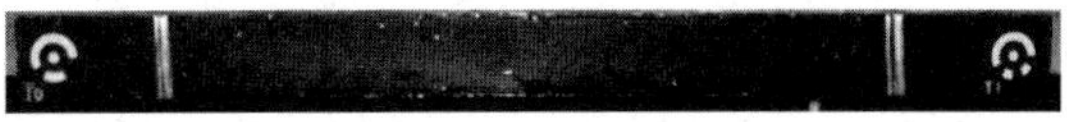

图2 高精度铟钢尺

以10－11号编码点作为距离约束条件建立坐标系，分别规定其坐标为 $P10$（0，0）、$P11$（D，0）。本次试验 $D=927.44$ mm。图3为编码参考点，图4为非编码参考点。

2.2.2 基于编码点的自动匹配

编码点的提取过程参照文献［11］的算法进行编码识别和自动配准。其主要步骤包括图像灰度化、图像增强、滤波去噪、二值化、边缘轮廓提取、椭圆拟合求标志点中心、编码标志点识别及解码、根据不同相片编码标志点进行同名点匹配。

图3 编码参考点

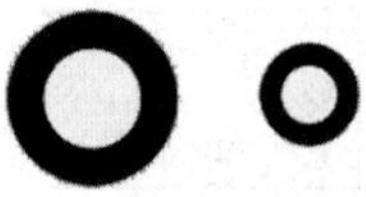

图4 非编码参考点

2.2.3 近似坐标值计算

根据相似条件进行控制点的近似坐标计算。其方法是将像点坐标系坐标根据两点约束求取旋转、缩放、平移参数，对像点坐标系坐标进行上述三种变换后得到铟钢尺所建立的坐标系下匹配点的近似坐标。坐标转换公式为

$$\begin{bmatrix} X \\ Y \end{bmatrix} = \lambda \begin{bmatrix} \cos\beta & \sin\beta \\ -\sin\beta & \cos\beta \end{bmatrix} \begin{bmatrix} x \\ y \end{bmatrix} + \begin{bmatrix} a \\ b \end{bmatrix} \tag{2}$$

式中，λ、β、a、b 分别为缩放、旋转和平移因子，可根据 $P10$（0，0）、$P11$（D，0）及像点坐标联立方程组求解，进而可以采用式子进行近似坐标的求解。

2.2.4 l 系数的近似解算

仅取 4 个控制点的近似坐标，有以下 l 系数的近似值解算式：

$$\begin{bmatrix} X_1 & Y_1 & 1 & 0 & 0 & 0 & x_1X_1 & x_1Y_1 \\ 0 & 0 & 0 & X_1 & Y_1 & 1 & y_1X_1 & y_1Y_1 \\ X_2 & Y_2 & 1 & 0 & 0 & 0 & x_2X_2 & x_2Y_2 \\ 0 & 0 & 0 & X_2 & Y_2 & 1 & y_2X_2 & x_2Y_2 \\ \vdots & \vdots & \vdots & \vdots & \vdots & \vdots & \vdots & \vdots \\ 0 & 0 & 0 & X_4 & Y_4 & 1 & y_4X_4 & y_4Y_4 \end{bmatrix} \begin{bmatrix} l_1 \\ l_2 \\ l_3 \\ l_4 \\ l_5 \\ l_6 \\ l_7 \\ l_8 \end{bmatrix} + \begin{bmatrix} x_1 \\ y_1 \\ x_2 \\ y_2 \\ x_3 \\ y_3 \\ x_4 \\ y \end{bmatrix} = 0 \tag{3}$$

2.2.5 物方空间坐标近似值的解算式

解得 l 系数后，可根据编码控制点的像点坐标（x，y）按下述二元一次联立方程求解所有物方控制单的物方空间近似坐标值。

$$\left.\begin{aligned} X(l_1 + xl_7) + Y(l_2 + xl_8) + (l_3 + x) = 0 \\ X(l_4 + yl_7) + Y(l_5 + yl_8) + (l_6 + y) = 0 \end{aligned}\right\} \tag{4}$$

2.2.6 基于距离约束条件的多控制点的 l 系数的解算

设像点坐标观测值的改正数为（v_x，v_y），根据式（4），可列观测值方程式（5），即

$$\left.\begin{aligned} (x + v_x) + \frac{l_1X + l_2Y + l_3}{l_7X + l_8Y + 1} = 0 \\ (y + v_y) + \frac{l_4X + l_5Y + l_6}{l_7X + l_8Y + 1} = 0 \end{aligned}\right\} \tag{5}$$

相应的误差方程式为

$$\begin{bmatrix} -v_x \\ -v_y \end{bmatrix} = \begin{bmatrix} \frac{X}{A} & \frac{Y}{A} & \frac{1}{A} & 0 & 0 & 0 & \frac{xX}{A} & \frac{xY}{A} \\ 0 & 0 & 0 & \frac{X}{A} & \frac{Y}{A} & \frac{1}{A} & \frac{yX}{A} & \frac{yY}{A} \end{bmatrix} \begin{bmatrix} l_1 \\ l_2 \\ l_3 \\ l_4 \\ l_5 \\ l_6 \\ l_7 \\ l_8 \end{bmatrix} - \begin{bmatrix} -\frac{x}{A} \\ -\frac{y}{A} \end{bmatrix} \tag{6}$$

$$A = l_7 X + l_8 Y + 1$$

其中，约束条件是将坐标 $P10$（0，0）、$P11$（D，0）代入式（6），得到：

$$\begin{bmatrix} 0 & 0 & 1 & 0 & 0 & 0 & 0 & 0 \\ 0 & 0 & 0 & 0 & 0 & 1 & 0 & 0 \\ D & 0 & 1 & 0 & 0 & 0 & x_2 D & 0 \\ 0 & 0 & 0 & D & 0 & 1 & y_2 D & 0 \end{bmatrix} \begin{bmatrix} l_1 \\ l_2 \\ l_3 \\ l_4 \\ l_5 \\ l_6 \\ l_7 \\ l_8 \end{bmatrix} + \begin{bmatrix} x_1 \\ y_1 \\ x_2 \\ y_2 \end{bmatrix} = 0 \tag{7}$$

假设，控制点个数为 n（包含 $P10$、$P11$），则用矩阵形式表示的误差方程及约束条件为

$$\left.\begin{array}{ll} \text{误差方程：} & \underset{2n\times 1}{V} = \underset{2n\times 8}{B}\ \underset{8\times 1}{\hat{l}} - \underset{2n\times 1}{x'} \\ \text{约束条件：} & \underset{4\times 8}{C}\ \underset{8\times 1}{\hat{l}} + \underset{4\times 1}{W_l} = 0 \end{array}\right\} \tag{8}$$

根据式（8）的误差方程和约束条件，采用附有限制条件的间接平差方法[12]求解可得到距离约束条件下的 l 系数。

2.2.7 多像条件下的物方空间坐标解算

单一距离约束条件需要大于 2 张，因此采用多像的物方空间坐标解算。其误差方程为

$$\begin{bmatrix} -v_x \\ -v_y \end{bmatrix} = \begin{bmatrix} \frac{l_1 + x l_7}{A} & \frac{l_2 + x l_8}{A} \\ \frac{l_4 + y l_7}{A} & \frac{l_5 + y l_8}{A} \end{bmatrix} \cdot \begin{bmatrix} X \\ Y \end{bmatrix} - \begin{bmatrix} -\frac{1}{A}(l_3 + x) \\ -\frac{1}{A}(l_6 + y) \end{bmatrix} \tag{9}$$

2.2.8 迭代运算

运算过程需要迭代进行，可以物方空间坐标精度要求的 1/10 作为迭代判据，若不满足要求则返回 2.2.6 进行迭代计算。算法流程如图 5 所示。

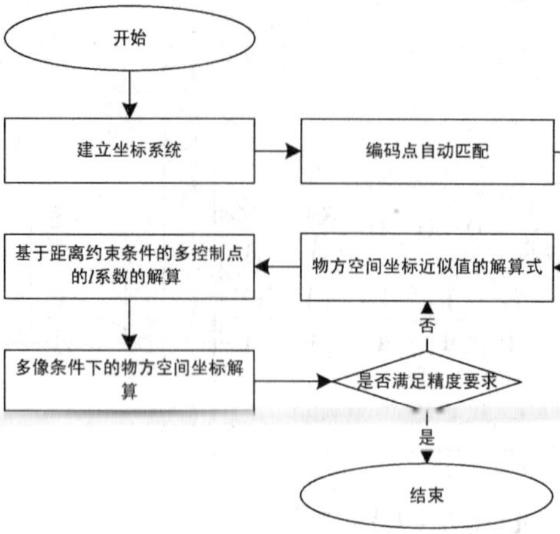

图5　计算流程图

3　试验结果及讨论

3.1　坐标计算

相似材料模拟试验是进行开采沉陷研究的一种物理模拟手段。通过相似地质采矿条件的模拟对地表及岩体内部位移进行分析。相似模型岩体移动情况示意图如图6所示。

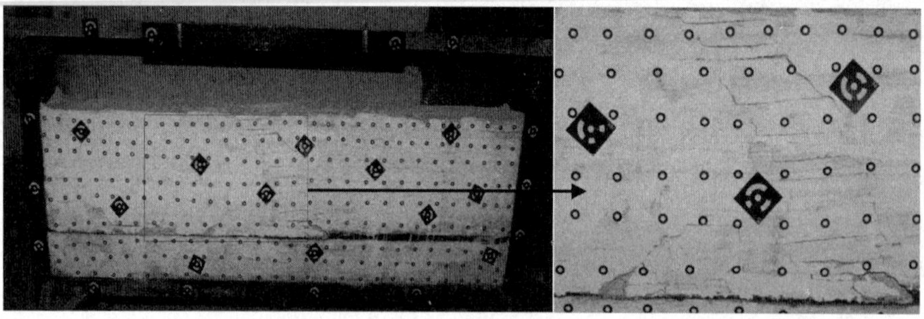

图6　模型开挖后岩体移动情况图

设图6中编码点为控制点，非编码点为工作测点。采用基于单距离约束的多幅影像处理办法，实现两张相片的控制点及标志点的提取，通过手动提取相同点位的像素位置并配准。利用霍夫变换提取出相片之中的控制点。计算结果如图7所示。

得到控制点之后，为避免所有控制点处于同一平面，因此选取的近似控制点应分布均匀。

结合每幅图片上相应点的像素坐标，我们可以得到接下来进行直接线性变换中所需要的必要计算数据，利用单距离约束解法，采用 Matlab 编写相应的代码，以方便后面的计算。

从图像上可以看出计算结果符合真实的分布规律，故我们将所有未知点提取并代入求解，可分别得到从试验开始至结束所有空间物方坐标分布情况。图8为工作测点量标志提取结果。

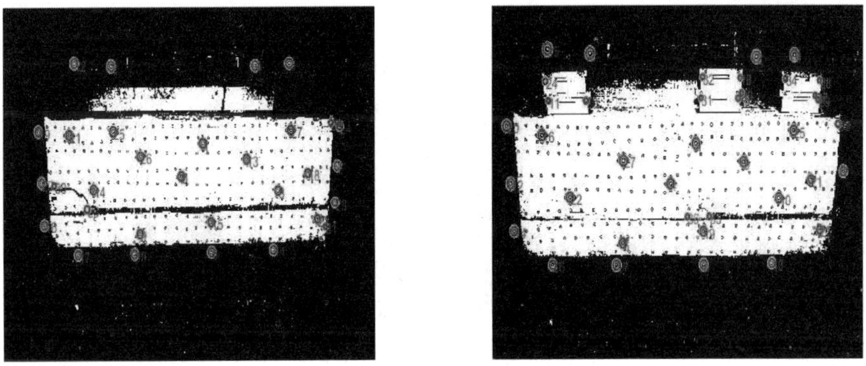

图 7　控制点提取结果图

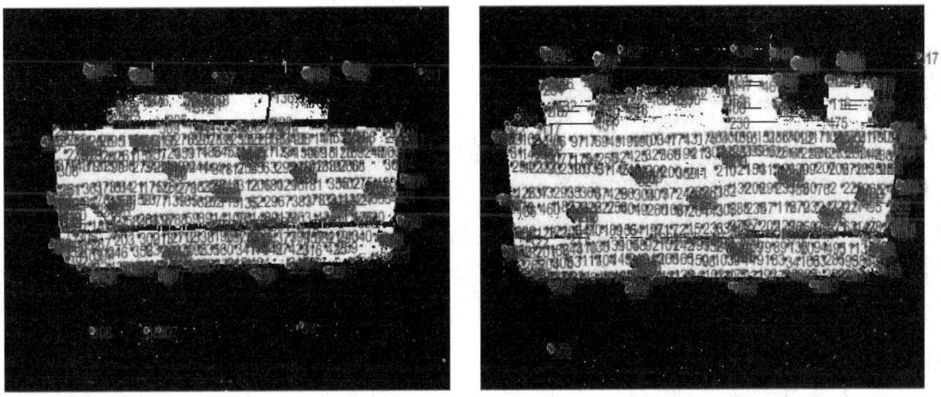

图 8　工作测点位置计算图

3.2　实验结果

得到上述工作测点的相位位置后，可以对不同时段的图像进行直接线性变化求解，得到每幅图中所有测量像点在不同时刻的位置（图 9），以便对相似材料模型中的位移进行分析。图 10 为部分工作测点位移计算结果。

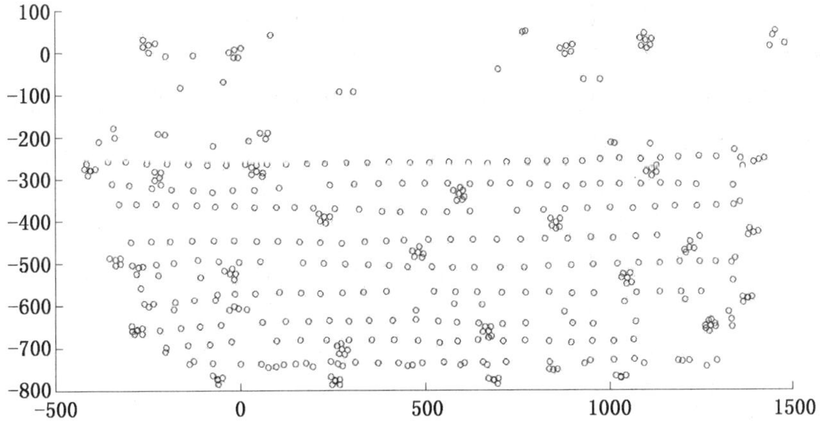

图 9　工作测点计算结果

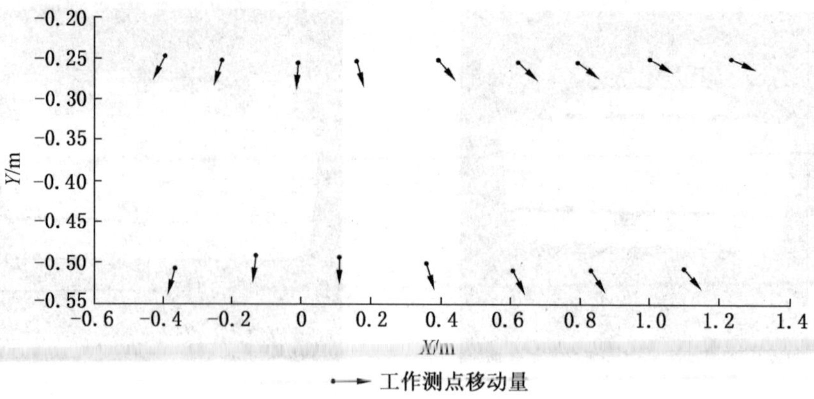

图10　部分工作测点移动矢量结果

4　结论

采用单一距离约束的方法实现了平面相似材料模拟模型的快速准确监测。主要结论如下：

（1）提出了基于单一距离约束条件的相似材料模型实验监测方法。基于距离约束直接线性变换还可以消除坐标轴不垂直和尺度不一致等线性误差，准确将像点坐标转换成物方坐标。该方法以直接线性变换为基本原理，解决了普通数码相机无内外方位的问题，提高了相似材料模型监测的精度和效率。

（2）本方法具有测量精度高、信息容量大、方便易行、设备性能需求低等特点，对提高矿山开采相似材料模型监测精度、降低监测难度具有较大的实际生产意义。

参考文献

[1] 邓喀中，谭志祥，姜岩，等．变形监测及沉陷工程学［M］．徐州：中国矿业大学出版社，2014.

[2] 刘晓敏，盛谦，陈健，等．大型地下洞室群地震模拟振动台试验研究（Ⅰ）：岩体相似材料配比试验［J］．岩土力学，2015，1：83－88.

[3] 朱晓峻，郭广礼，查剑锋，等．相似材料模型监测的光学图像法研究［J］．中国矿业大学学报，2015，1：176－182.

[4] 郭惟嘉，李博，陈绍杰，等．相似材料模型及压力传感器性能试验研究［J］．煤炭工程，2011，5：99－101.

[5] 陈志敏，冯亚松，刘德学．软岩隧道Ⅳ～Ⅵ级围岩相似材料正交试验研究［J］．兰州交通大学学报，2015，1：12－16.

[6] 左超，付永刚，徐继成，等．大采高大倾角仰采的相似模拟实验研究［J］．煤炭技术，2015，4：22－25.

[7] 周拥军，任伟中．一种仅需距离控制的模型试验平面位移场单像视觉测量［J］．岩石力学与工程学报，2009，28（4）：799－804.

[8] 陈冉丽，吴侃．相似材料模型观测新技术［J］，矿山测量，2011，(12)：84－86.
[9] 张云鹏，吴侃，徐亚楠．相似材料模型破裂边界提取研究［J］，煤矿开采，2012，17（6）：10－13.
[10] 冯文灏．近景摄影测量：物体外形与运动状态的摄影法测定［M］. 武汉：武汉大学出版社，2002.
[11] 戴相龙．三维非接触式测量中编码标志的研究与应用［D］. 西安：西安电子科技大学，2014.
[12] 武汉大学测绘学院测量平差学科组．误差理论与测量平差基础［M］. 武汉：武汉大学出版社，2003.

煤系铵伊利石对热成因煤层气的指示意义

徐占杰　刘钦甫　宋　璞　程宏飞

中国矿业大学（北京）地球科学与测绘工程学院，北京　100083

摘　要　为了研究煤系铵伊利石与煤层气的成因及其联系，总结归纳了我国煤系铵伊利石矿物特征、煤中有机氮地球化学及煤层气成因等，探讨了煤系铵伊利石与热成因煤层气的成因及联系。铵伊利石是2∶1层型、分子结构含NH_4^+的层状硅酸盐矿物，出现在中高变质烟煤－无烟煤夹矸中，或许可作为煤系极低级变质标志矿物。煤化作用过程中，铵伊利石由高岭石、伊利石或蒙脱石转化生成，转化温度为145～250℃；同时煤层气逐渐生成并储集于煤层，主要成分有CH_4、CO_2、N_2等；随着煤化作用逐渐加深，铵伊利石（或铵伊利石－蒙脱石间层矿物）含量逐渐升高，CH_4含量也逐渐升高。铵伊利石对热成因煤层气的生成具有指示意义，可以作为热成因煤层气生成的示踪矿物。

关键词　铵伊利石　煤层气　热成因煤层气　示踪矿物　极低级变质作用

Ammonium Illite in Coal－bearing Strata as Evidence for Thermogenic CBN Generation

Xu Zhanjie　Liu Qinfu　Song Pu　Cheng Hongfei

School of Geoscience and Surveying Engineering,
China University of Mining and Technology, Beijing　100083

Abstract　In order to study the origins and relationship of ammonium illite and coal-bed methane (CBM), the mineralogical characteristics of ammonium illite in coal－bearing strata were summarized in relation to coal organic nitrogen geochemistry and CBM genetic type. Ammonium illite, characterized by NH_4^+ in a 2∶1 layer－type molecular structure, usually appears in high rank coal (bituminous－anthracite coals) and could therefore serve as an index mineral for very low－grade metamorphism. During coalification, ammonium illite is transformed from other clay minerals (kaolinite, illite or

---

资助项目： 中央高校基本科研业务费专项资金资助（2011YD03）；山西省煤层气联合研究基金资助项目（2013012005）

作者简介： 徐占杰，男，博士研究生，从事煤层气开发地质学研究。E－mail：xzj2009@foxmail.com montmorillonite) at ca. 145 ~ 250℃; while CBM is gradually generated and stored in coal seams with a main composition including CH_4, CO_2, N_2 and C_{2+}. As coalification continued, both ammonium illite (or ammonium - illite smectite interlayer clay mineral) and thermogenic CH_4 content gradually increased. Therefore, ammonium illite can be used as a tracer mineral for thermogenic CBM generation.

Key words ammonium illite CBM thermogenic CBM tracer mineral very low grade metamorphism

0 引言

我国华北石炭二叠纪煤系中广泛分布铵伊利石或铵伊利石 - 蒙脱石间层矿物[1-7]。刘钦甫等（1996）在华北石炭二叠纪含煤地层中发现并首次以铵伊利石的名称报道，研究发现铵伊利石在气煤（古温度约 105 ℃）中出现，含量随着煤化程度的加深逐渐增加[1]。之后诸多学者对煤系铵伊利石的成因进行了大量研究[2-7]，归纳为四种形成途径：在成岩过程中由高岭石向伊利石转化时形成；由蒙脱石向伊利石转化时形成；在裂隙中自生结晶形成；沉积伊利石层间 K^+ 被 NH_4^+ 替代形成。铵伊利石在酸性介质条件下形成，在煤层夹矸中多数是由高岭石成岩转化形成[3]。

煤层气的成因一直都是煤层气开发地质学的研究热点。煤在热演化过程中逐渐生成煤层气。根据气体地球化学参数、煤的镜质体反射率等，煤层气可分为原生生物气、次生生物气、热降解气、热裂解气、混合成因气以及无机成因气六种类型[8,9]。古植物埋藏在沼泽后，经过泥炭化作用和煤化作用后形成现今的煤炭，在泥炭化阶段多为原生生物气，在煤化作用阶段特别是形成气煤以后，大量热成因煤层气生成[9]。煤层气主要由 CH_4、N_2、CO_2、重烃气（C_{2+}）等组成，有时含少量 CO、H_2S、He、Ar、Hg 等[9-11]。煤层气中 N_2 来自有机质或大气氮，有机成因 N_2 偏重，而且煤层埋藏越深，有机成因 N_2 同位素组成越重，可能原因是大气成因 N_2 在浅部或水动力活动强的煤层相对含量较大[12]。

煤在热演化过程中受到地温或岩浆活动影响会释放出 NH_4^+ 并溶于煤层热液流体中，部分氧化为 N_2 作为煤层气的非烃组分，部分固定在矿物晶格中，如铵伊利石分子晶格中。因此，综合研究煤系铵伊利石和煤层气不仅有助于重建煤的热演化史及一些重大的地质事件，而且在煤层气的勘探开发和成因研究上具有重要的理论和实际意义。

1 煤系铵伊利石矿物学特征

1.1 鉴定特征

显微镜下，铵伊利石大多为微晶鳞片状集合体，具片状构造或条状构造，二级黄绿干涉色，由高岭石蚀变而成的铵伊利石往往具晶粒或蠕虫状结构[1,13]。由沉积伊利石形成的铵伊利石保留了沉积伊利石长片状，长片方向多沿层理方向平行排列[3]。自生铵伊利石多垂直裂隙条状生长，与硬水铝石共生[13]。

铵伊利石作为一种黏土矿物，晶体细小（<2 μm），很难用肉眼等区分正常伊利石和铵伊利石，X 射线衍射是鉴别铵伊利石的重要手段。铵伊利石基面间距 $d_{(001)}$ = 1.0150 ~

1.0339 nm，$I_{(002)}/I_{(003)}$约为1∶1，与普通伊利石明显不同，这是区分二者的重要标志之一。铵伊利石的$d_{(001)}$稍大于伊利石（1.006 nm），且随着层间域中ω（NH_4^+）/ω（NH_4^+ +K^+）增大，$d_{(001)}$逐渐升高，最高可达1.0358 nm。这是因为NH_4^+（0.143 nm）和K^+（0.133 nm）离子半径有一定的差异，所以NH_4^+的含量可以根据X射线衍射谱图中铵伊利石基面间距的大小确定。随煤变质程度的增加，煤系夹矸中铵伊利石含量逐渐增加，在5%~90%之间。华北地区煤系铵伊利石层间域阳离子并不完全由NH_4^+组成，而是以NH_4^+为主，含有一定量的K^+、Na^+等[3]。

在红外光吸收谱图上，铵伊利石中NH_4^+的红外变形振动吸收带位于1428~1435 cm^{-1}，是鉴定铵伊利石的又一特征，高于吸附态NH_4^+（1400 m^{-1}），说明NH_4^+进入铵伊利石层间域后，NH_4^+中的H与Si－O四面体中的O形成氢键，导致NH_4^+四面体发生变形，红外吸收带向高波数移动。

1.2 形成条件

铵伊利石的形成主要与以下几个因素有关：

（1）有机质丰度。煤层夹矸黏土岩中含丰富的有机质，在热演化过程中可以释放出大量的NH_3，为铵伊利石的形成提供了物质基础。而在煤层以外的泥质岩层中，有机质含量相对较少，或煤层中释放的NH_3由于阻隔作用不能到达，因而铵伊利石难以形成。

（2）岩层的渗透性。在高渗透地层和裂隙中，铵伊利石可以从溶液中直接结晶出来，其形成可能与热液活动有关[3,13]。在低渗透地层中，主要发生矿物的原位转变，如蒙脱石转变为铵伊利石－蒙脱石间层矿物[6]、高岭石和云母或沉积伊利石向铵伊利石的转变。

（3）流体性质和水/岩作用。有机质释放出的NH_3如果进入流体形成NH_4^+离子，则含有NH_4^+的流体通过与周围岩石或矿物的作用，可形成铵伊利石。如果流体中含有K^+离子，则形成正常的含钾伊利石。

（4）成岩温度。铵伊利石的形成伴随着绿泥石和叶蜡石的出现，其形成温度在145~250℃。内蒙古阿刀亥矿区晚石炭纪煤层铵伊利石是在相对温度高的环境下通过NH_4^+与高岭石反应生成，与岩浆侵入体有关[4]。

2 煤中有机氮

我国煤中有机氮含量介于0.52%~3.47%，与煤变质程度、沉积环境及成煤植物密切相关[14,15]。半微量凯氏定氮法可以测定煤中有机氮含量，X光电子能谱可以测定煤中不同形态有机氮的相对含量。

煤中有机氮有四种形态，分别为煤有机大分子边缘的五元环的吡咯氮（N－5）、六元环的吡啶氮（N－6）及内部的季氮（N－Q），还含有极少量的氧化氮（N－X）。研究发现[16]，N－5、N－6和N－Q相对含量依次降低；在热演化过程中，N－Q的相对含量具有逐渐升高的趋势，而N－5的相对含量具有逐渐降低的趋势；三者热稳定性由大到小顺序为N－Q＞N－6＞N－5。

煤化作用过程中，煤中有机氮含量具有先升高后降低的特征。气煤、肥煤中氮含量最高，较低变质程度煤（褐煤、长焰煤）和较高变质程度煤（贫煤、无烟煤等）含量较低[15]。在褐煤－气煤阶段（$T<130$℃，$R_{max}<1.11\%$），温度较低，此时有机氮稳定性较好，不易从煤中有机大分子链上脱去，但大量的含碳侧链和官能团较易发生断裂和脱落，如甲氧基（—OCH_3）、羧基（—COOH）、甲基（—CH_3）、醚基（—C－O－C）及羰基（—C＝O）等，导致有机氮相对富集。到达气煤阶段（$T=130$℃，$R_{max}=1.11\%$）时，有机氮含量达到最大；在气煤－无烟煤阶段（$T>130$℃，$R_{max}>1.11\%$）温度较高，达到了N－C键断裂的门限值（205.15 kJ/mol），有机氮在热氨化作用下释放 NH_3 并进入空隙流体中，可能会氧化成 N_2，也可能会固定在矿物晶格中，热裂解作用下主要以 N_2 形式释放出来。热氨化作用和热裂解作用会导致煤中有机氮含量降低，使煤层气中 N_2、矿物晶格（如铵伊利石）中无机氮含量相对升高。

依据煤中有机氮含量及形态、同位素组成和煤中有机氮释放规律，认为热演化过程中煤中有机氮释放可分为三个阶段：

（1）生物氨化作用。大量成煤植物中的蛋白质和氨基酸在早成岩阶段（$R_{max}<1.1\%$，$T<130$℃），在微生物的作用下发生氨化作用生成 NH_3，此时，除一少部分 NH_3 被黏土矿物吸附固定外，大部分 NH_3 经氧化作用形成 N_2。由于此时孔隙流体多为开放体系，生成的 N_2 大多逸散到大气中。

（2）热氨化作用。在中成岩阶段（$R_{max}=1.1\%\sim2.0\%$，$T=130\sim175$℃），煤中有机氮主要以N－6、N－5及N－Q形式存在。在这一阶段，随着成岩温度逐渐升高，在热氨化作用下，部分有机氮以 NH_3 的形式释放出来，此时大部分 NH_3 与 H_2O 化合形成 NH_4^+ 进入到成岩流体中，并被黏土矿物所吸收固定形成含铵黏土矿物，这是煤系铵伊利石矿物形成的主要阶段。

（3）热裂解作用。在晚成岩作用阶段（$R_{max}>2.0\%$，$T>175$℃），有机氮裂解直接以 N_2 的形式释放出来并进入煤层气中。

3 热成因煤层气在煤化作用过程中的生成规律

煤层气组分以 CH_4 为主，体积分数一般大于97%；重烃很少，一般低于0.1%；非烃组分为 N_2 和 CO_2，以氮气为主，体积分数一般小于2%。随着热演化程度的加深，煤层气中 CH_4、C_{2+}、CO_2 及 N_2 的相对含量在不断发生变化（图1），这是煤分子在煤化过程中不断脱出不稳定结构官能团的结果。

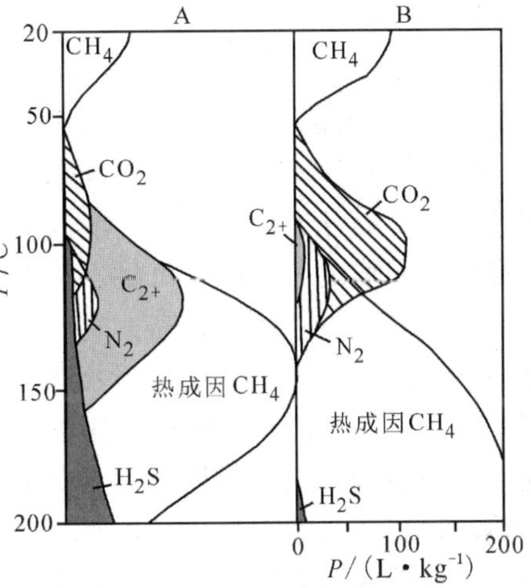

图1 煤化作用过程中腐泥煤（A）、腐植煤（B）生气量及气体组成[17]

热成因煤层气在煤化作用过程中有规律的生成，当 R_{max} 在0.6%～4.0%时为主要的生气阶段，包括 CH_4、CO_2、N_2、C_{2+}、H_2S 等[9]。煤层气中 N_2 含量具有先降低后升高的趋势，80～130℃是煤中有机氮释放的温度区间；而 CH_4 含量则先升高后降低最后再升高，当 $T<50$℃时，煤层气以生物成因甲烷为主，在 $T=50\sim100$℃时，CH_4 含量逐渐降低，此时腐泥煤以 C_{2+} 生成为主，而腐植煤以 CO_2 生成为主；

腐殖煤在140℃以上以热成因 CH_4 的生成为主，此时腐泥煤达到热成因煤层 CH_4 生成峰值（图1）。腐植煤中 N_2 释放的起始成岩温度与热成因 CH_4 开始生成的温度基本相同（图1）。

4 铵伊利石作为煤层气成因示踪矿物

煤系铵伊利石层间域中 NH_4^+ 主要来源于煤中有机氮，有机氮在有机质热演化过程中通过热氨化作用以 NH_3 形式释放出来，以 NH_4^+ 进入热液流体，并在贫 K^+ 的成岩环境中与高岭石发生反应形成铵伊利石。在内蒙古大青山煤田阿刀亥矿区，铵伊利石呈细脉状产出，与迪开石、一水硬铝石共生，二者皆在酸性介质下形成，所以铵伊利石形成于酸性的沉积环境[3]。代世峰等（2012）认为铵伊利石是高温下高岭石与煤中有机氮释放出的 NH_4^+ 反应生成，这种高温与矿区内燕山期花岗岩侵入体有关[4]，这说明了铵伊利石的形成与煤经历的成岩温度密切相关。

在低温条件下高岭石较为稳定，当成岩温度升至150℃左右时，高岭石变得不稳定而逐渐向铵伊利石转化。煤中有机氮在低温下较为稳定，当温度升至130℃左右时，有机氮逐渐通过热氨化作用以 NH_3 形式释放出来，稍低于高岭石向铵伊利石转化的温度。

高变质煤带的展布、形成时代与煤层气的富集存在密切联系。在高变质煤带，特别是无烟煤地区，煤层夹矸中铵伊利石极为发育，铵伊利石含量越高，则煤层热成因 CH_4 的含量亦越高（图2）。而且铵伊利石的形成环境是相对封闭、高温的体系[1]，此时形成的热成因 CH_4 极易被保存。如果盖层、水文地质和其他构造条件合适，则会形成煤层气的富集区。

煤系含有铵伊利石和铵伊利石－蒙脱石间层矿物[5]，以铵伊利石最为常见，我国的山西、河南及河北石炭－二叠纪煤系中均含有铵伊利石，主要赋存于煤层夹矸及煤中，而在顶底板则较为少见。铵伊利石属于次生矿物，从气煤阶段开始出现（古温度约105℃）[1]，大量形成于煤化作用的高变质烟煤－无烟煤阶段（约145℃）。铵伊利石中 NH_4^+ 主要来源于煤中有机氮的热氨化作用，热演化过程中释放出的有机氮转化为 NH_4^+ 并被高岭石吸附、固定形成铵伊利石的同时，煤分子结构逐渐向有序化发展，分子结构中的侧链（—CH_3、—CH_2CH_3 等）及含杂原子官能团（—OH、N－5、N－6、—SH 等）等不稳定结构逐渐以 CH_4、C_2H_6、CO_2、H_2O、NH_3、N_2 等小分子的形式释放出来，煤分子的芳香化程度逐渐升高。其中，释放出来的小分子以 CH_4 含量最高，是煤层气主要成分。由此可见，随着成岩作用/煤化作用程度逐渐加深，煤层夹矸及煤中铵伊利石含量亦逐渐升高，同时作为煤分子去除不稳定结构的产物 CH_4 含量也逐渐升高。铵伊利石开始形成时间及热成因 CH_4 在烟煤－无烟煤阶段存在一定的对应关系（图2），因此铵伊利石可作为热成因煤层气的指示矿物。铵伊利石含量越高，表示煤层受热时间越长，热成因煤层气含量也越高。通过测定铵伊利石的形成时间，就可以标定热成因煤层气的起始生成时间，可以帮助研究热成因煤层气生成史。同时，铵伊利石是在极低级变质作用阶段形成的（图2），或许可以作为极低级变质作用的标志矿物。

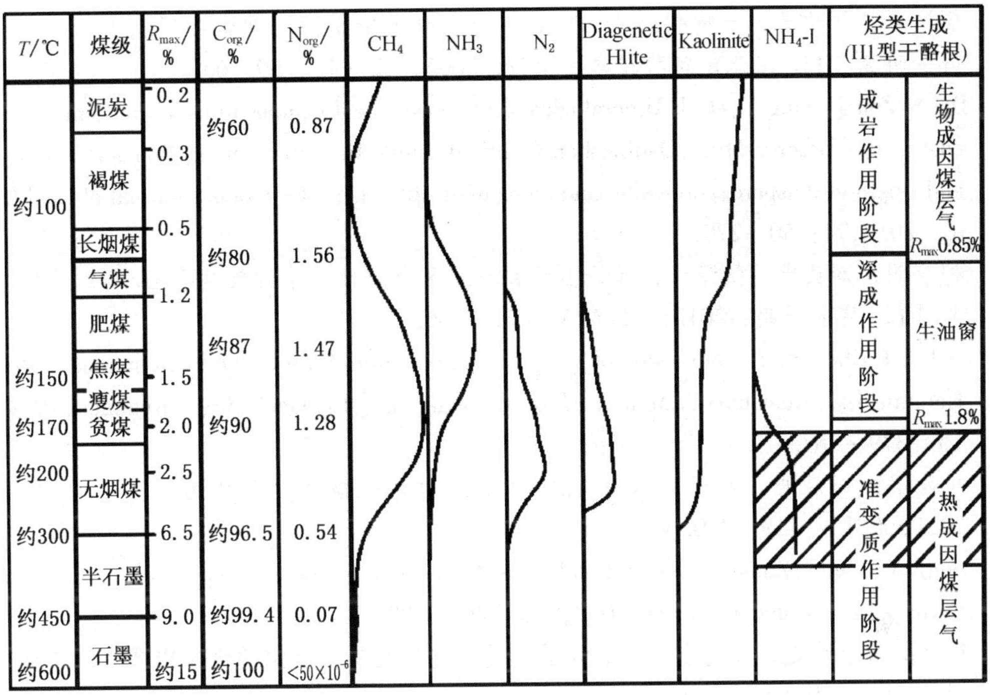

图2　煤在热演化过程中形成煤层气与铵伊利石之间关系（基于文献［17］修改）

5　结论

铵伊利石是2∶1层型、分子结构层间含有NH_4^+的黏土矿物，出现在中高变质烟煤－无烟煤夹矸中，由高岭石、蒙脱石、正常伊利石等在酸性介质下转化而来，转化温度为145～250℃，与岩浆活动热液密切相关。煤层气中部分气态氮、铵伊利石中铵态氮、来源于煤中有机质氮。随着煤化作用逐渐增强，铵伊利石或铵伊利石－蒙脱石含量逐渐升高，热成因CH_4含量也逐渐升高。在高变质煤区，特别是无烟煤地区，煤层夹矸中铵伊利石也极为发育。铵伊利石含量越高，则热成因CH_4的产气量亦越高，而且其形成环境是相对封闭、高温的体系，此时形成的热成因CH_4极易被保存，故铵伊利石可作为热成因煤层气形成与富集的示踪矿物。未来要对铵伊利石的形成温度、铵离子含量与煤热演化程度、煤层气的成因、富集规律与运移特征的关系深入研究。铵伊利石或许也可作为一种极低级变质作用的标志矿物。

参 考 文 献

［1］刘钦甫，张鹏飞，丁树理，等．华北石炭二叠纪含煤地层中的铵伊利石［J］．科学通报，1996，41（8）：717－719．

［2］梁绍暹，王水利，任大伟，等．华北石炭二叠纪煤层含铵云母粘土岩夹矸研究［J］．煤田地质与勘探，1996，24（3）：11－16．

[3] 梁绍暹，刘钦甫，于常亮，等．华北石炭二叠纪聚煤区西部含铵伊利石-粘土岩夹矸的研究［J］．河北建筑科技学院学报，2005，22（4）：59-65.

[4] Dai S, Zou J, Jiang Y, et al. Mineralogical and geochemical compositions of the Pennsylvanian coal in the Adaohai Mine, Daqingshan Coalfield, Inner Mongolia, China: Modes of occurrence and origin of diaspore, gorceixite, and ammonian illite[J]. International Journal of Coal Geology, 2012, 94: 250-270.

[5] 郑启明，刘钦甫，伍泽广，等．山西晋城地区含煤地层中的铵伊利石/蒙脱石间层矿物［J］．煤炭学报，2012，37（2）：231-236.

[6] Bobos I, Ghergari L. Conversion of smectite to ammonium illite in the hydrothermal system of Harghita Bai, Romania: SEM and TEM investigations[J]. Geologica Carpathica, 1999, 50(5): 379-387.

[7] 刘钦甫，郑启明，申琦．含煤地层中铵伊利石矿物特征及成因［J］．矿物学报，2011，（S1）：719-720.

[8] Song Y, Liu S, Zhang Q, et al. Coalbed methane genesis, occurrence and accumulation in China[J]. Petroleum Science, 2012, 9(3): 269-280.

[9] 琚宜文，李清光，颜志丰，等．煤层气成因类型及其地球化学研究进展［J］．煤炭学报，2014，39（5）：806-815.

[10] Golding S D, Boreham C J, Esterle J S. Stable isotope geochemistry of coal bed and shale gas and related production waters: A review[J]. International Journal of Coal Geology, 2013, 120: 24-40.

[11] 陶明信．煤层气地球化学研究现状与发展趋势［J］．自然科学进展，2005，15（6）：648-652.

[12] 郑启明，刘钦甫，徐占杰．沁水盆地阳泉地区煤层氮气同位素组成及其成因［J］．煤炭学报，2015，40（9）：2159-2165.

[13] 徐占杰，刘钦甫．山西阳泉地区太原组15号煤层夹矸中铵伊利石矿物研究［J］．煤炭学报，2013，38（S2）：405-409.

[14] 韩德馨．中国煤岩学［M］．徐州：中国矿业大学出版社，1996.

[15] 吴代赦，郑宝山，唐修义，等．中国煤中氮的含量及其分布［J］．地球与环境，2006，34（1）：1-6.

[16] Boudou J P, Schimmelmann A, Ader M. Organic nitrogen chemistry during low-grade metamorphism[J]. Geochimica et Cosmochimica Acta, 2008, 72(4): 1199-1221.

[17] Clayton J L. Geochemistry of coalbed gas-A review[J]. International Journal of Coal Geology, 1998, 35(1): 159-173.

禹州煤田下石盒子组泥质岩有机显微组分特征

陈恕聪　鲁　静　王万青　邵龙义

中国矿业大学地球科学与测绘工程学院，北京　100083

摘　要　为了揭示禹州煤田中二叠下石盒子组有机质赋存状态，本文对葡萄寺矿区泥质岩进行了有机质特征研究。结果表明：研究区泥质岩有机显微组分变化大，主要以镜质组和惰质组为主，含有少量的腐泥组，壳质组少见，主要为Ⅲ型（腐殖型），含有部分Ⅱ2（腐泥腐殖型），在间湾湖泊沉积的厚层泥岩中偶见Ⅰ型（腐泥型）、Ⅱ1型（腐殖腐泥型），母质来源主要是高等植物。显微组分在一定程度上反映了沉积时期的古气候变化，氧化环境下植物组织易经丝炭化作用形成惰质组，还原环境下植物组织易发生凝胶化作用形成镜质组。

关键词　下石盒子组　显微组分　古气候　禹州煤田

Characteristics of the Organic Micro components of the Muddy Rock of Lower Shihezi in Yuzhou Coalfield

Chen Shucong　Lu Jing　Wang Wanqing　Shao Longyi

College of Geoscience and Surveying Engineering,
China University of Mining & Technology, Beijing　100083

Abstract　To reval the characteristics of organic matter of Middle Permian in Yuzhou coal field, the mud rock in the grape Temple mining area were investigated. The results show that the volume of organic macerals in mud rock varies considerably, and mainly composed of vitrinite and inertinite, contain a small amount of sapropelinite, exinite rare. Type of organic matter is type Ⅲ (humic type), containing a small amount of type

---

资助项目：国家自然科学基金项目（41472131）；教育部新世纪优秀人才项目（2013102050020）；中央高校基本科研业务费专项资金（2009QD12）

作者简介：陈恕聪（1989—　），男，山东日照人，从事煤田地质方面研究。Tel: 18801300895; E－mail: 1135814035@qq.com

Ⅱ2 (sapropelic humic type), In the thick mudstone of the bay of lake sediment occasionally type Ⅰ (sapropel type) and Ⅲ (humic - sapropelic), parent material is the main source of higher plant. The maceral reflects the climatic changes during the deposition to a certain extent, in oxidation environment, plant tissue easily form inertinite by fussinization; In reductive environment, plant tissue easily form vitrinite by gelatification.

Key words lower shihezi formation maceral paleoclimate yuzhou coalfield

0 引言

禹州煤田位于华北地台南部、秦岭构造带的北侧，是华北晚古生代聚煤盆地的重要煤田之一。该地区受东秦岭－大别山造山带及邻区长期构造演化的影响，经历了复杂的大陆内多期次造山及成盆作用，形成了多套烃源岩，其中二叠系是主要的烃源岩系之一。而目前对该地区二叠系研究多集中于煤田构造格架与演化、沉积相与层序地层分析与聚煤模式等方面[1-11]，而关于该地区泥质岩有机质赋存特征方面系统研究还较少。

1 研究区区域地质背景

禹州煤田位于东经113°、北纬34°的暖温带季风区，南部与嵩箕地块毗邻，东与周口拗陷相接[12]（图1）。

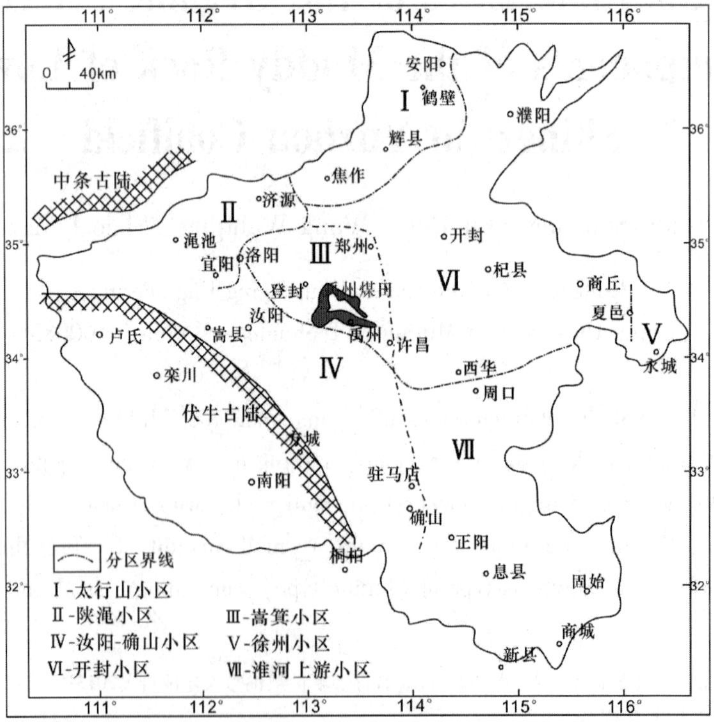

图1 禹州煤田位置图

区内基本构造格架是“一背”“两线”“两块”“三弧”（图2）。“一背”[13,14]：荟翠山风后岭背斜；“两线”：作为禹州煤田南部边界的岸上黄道－襄郏断层和位于煤田中央将煤田切割成南北两部分的禹州河街断层；“两块”：夹持于岸上黄道－襄郏断层、禹州河街断层间的南块和荟翠山风后岭背斜、禹州河街断层间的北块；“三弧”：位于煤田西南隅的景家洼弧形构造、西北隅的白沙弧形构造和东北隅的淯川弧形构造。“两线”是骨架，“两块”作实体，“三弧”显特色。

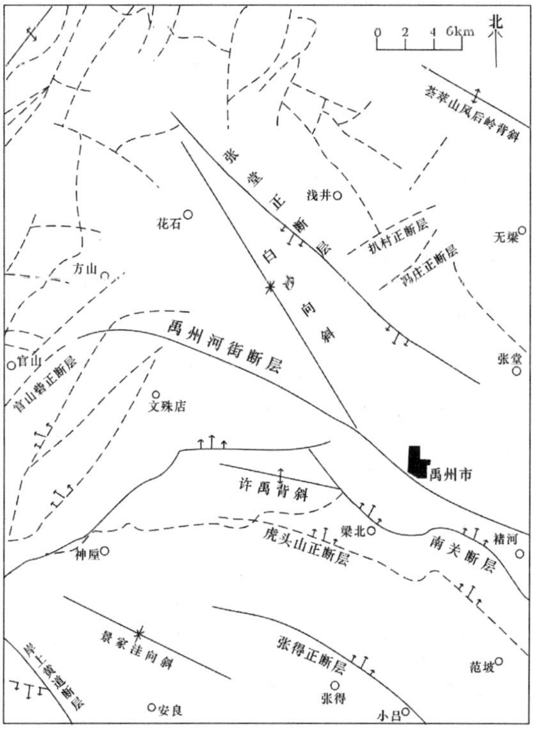

图2　禹州煤田构造位置简图（据王海泉改）

禹州煤田下石盒子组地层底部以砂锅窑砂岩为界，上以田家沟砂岩为界，发育一套三角洲相碎屑岩、泥质岩沉积（图3）。砂锅窑砂岩和上覆大紫泥岩全区普遍发育，是下石盒子组重要的标志层。岩性由灰黑色、灰绿色泥岩，灰绿色泥岩夹紫红色泥岩和灰白色砂岩组成。下石盒了组沉积旋回明显，多层河道叠置沉积，底部灰白色细砂岩，上部灰绿色、灰黑色泥岩。

下石盒子组植物组合条带兼具南北型二叠纪华夏植物群的特点，为华夏单网羊齿－剑瓣轮叶－束羊齿组合条带（Gigantonoclea－cathaysiana－Lobatannularia ensifolia－Fascipteris spp. Assemblage Zone），植物组合带以真蕨纲、种子蕨纲和节蕨纲为主，植物组合条带具有以下三个特征：大羽羊齿类和瓣轮叶生长繁盛，楔叶目也处于繁盛阶段；除栉羊齿类和带羊齿类繁盛外，其他羊齿类（如齿羊齿类、美羊齿类、楔羊齿类、座延羊齿类）大大衰弱；苏铁纲、科达纲丰富，中生代型蕨类（如Chiropteris和Neuropteridium）开始出现。动物化石见有半咸水环境的双壳类舌形贝[15]，相当于国际地层的罗德阶至沃德阶。

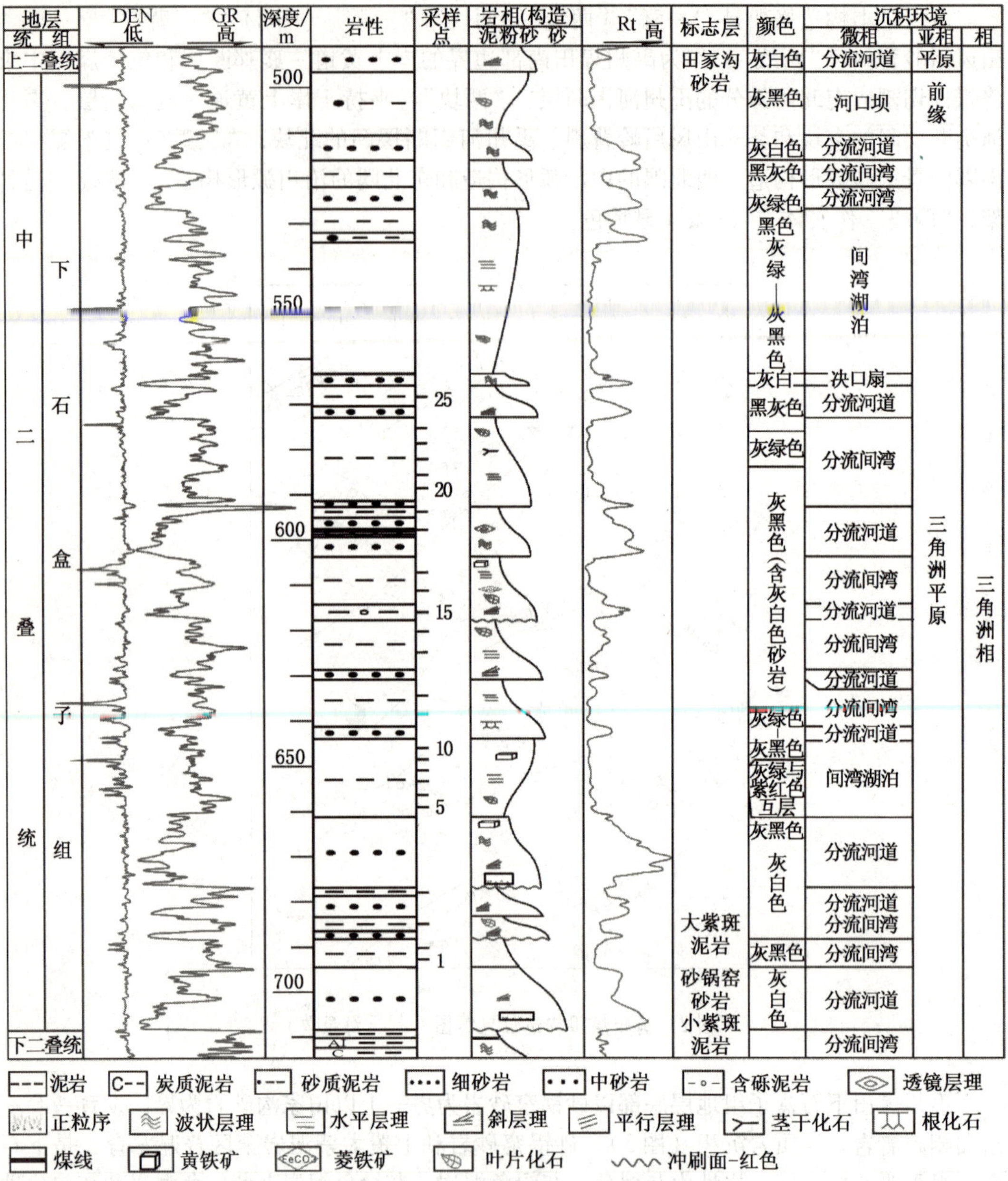

图3 采样点地层柱状图

2 研究方法

对禹州煤田葡萄寺矿区21－1井进行野外采样，主要内容包括岩性分层与描述、样品采集、剖面图等。样品采集力求新鲜、均匀，在岩心盒中取样尽可能取地层原始沉积物。同时，兼顾间隔平均和相变的原则，样品采集过程中，泥质岩单个采样重量不低于250 g，共采集泥岩样品25块，采样点如图3所示。

对采集的泥岩样品破碎至16～18目，过筛后进行缩分，按《沉积岩中干酪根分离方法》（SY/T—1995）进行有机质分离（采用化学、物理的方法除去岩石中的无机矿物及可溶有机质，使不溶有机质富集）；以煤岩学分类命名的原则为基础，将有机质湿样制片，放大500倍，在反射光－透射光下进行显微组分鉴定。

3 研究结果

本次研究共取得禹州煤田25个泥岩有机显微组分数据（表1），识别出腐泥组、镜质组、壳质组和惰质组四大类显微组分。

表1 禹州煤田泥岩有机显微组分、有机碳、碳同位素特征

样品号	地层	无定形/%	镜质组/%	惰质组/%	壳质组/%	类型指数	类型
25	下石盒子组	72.58	20.00	7.42	0.00	50.16	Ⅱ1
24		0.66	68.85	30.49	0.00	-81.47	Ⅲ
23		65.48	27.74	6.77	0.00	37.91	Ⅱ2
22		5.32	84.39	7.97	2.33	-64.78	Ⅲ
21		34.65	50.83	13.86	0.66	-17.00	Ⅲ
20		10.38	60.38	28.62	0.63	-63.21	Ⅲ
19		5.67	58.67	35.33	0.33	-73.50	Ⅲ
18		15.36	58.17	26.47	0.00	-54.74	Ⅲ
17		13.07	69.93	16.99	0.00	-56.37	Ⅲ
16		59.74	32.47	7.79	0.00	27.60	Ⅱ2
15		17.11	49.34	33.22	0.33	-52.95	Ⅲ
14		0.00	78.95	21.05	0.00	-80.27	Ⅲ
13		49.50	34.65	15.84	0.00	7.67	Ⅱ2
12		8.25	74.26	17.49	0.00	-64.94	Ⅲ
11		0.96	68.49	30.55	0.00	-80.95	Ⅲ
10		17.58	76.67	5.76	0.00	-45.68	Ⅲ
9		91.12	6.91	1.97	0.00	83.96	Ⅰ
8		83.77	9.60	6.62	0.00	69.95	Ⅱ1
7		83.90	11.99	4.11	0.00	70.80	Ⅱ1
6		0.00	50.64	49.36	0.00	-87.34	Ⅲ
5		0.00	77.42	22.26	0.32	-80.16	Ⅲ
4		7.24	58.88	32.57	1.32	-68.83	Ⅲ
3		0.33	49.51	50.16	0.00	-86.97	Ⅲ
2		0.00	51.99	47.68	0.33	-86.51	Ⅲ
1		0.33	48.84	50.50	0.33	-86.63	Ⅲ

3.1 腐泥组

研究区中二叠下石盒子组腐泥组主要以无定形为主，藻质体少见。

无定形其外形多呈棉絮状或云雾状，没有一定的外形轮廓，轮廓线呈不规则圆滑曲

线，表面纹饰不平，一般中间厚边缘薄。透射光下颜色为黄色至深褐色，透明至不透明，大小可以从几十微米到几百微米。蓝光激发下荧光橙黄色（图4）。主要由低等水生生物藻类等遗体在还原环境下由于微生物的介入并经腐泥化作用而形成的产物。

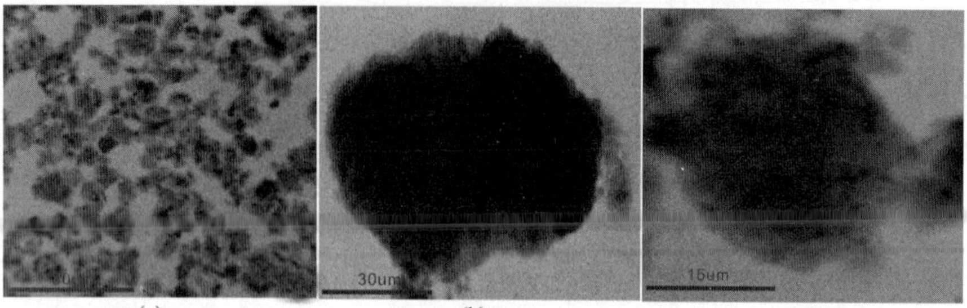

(a) (b) (c)

图4 研究区腐泥组显微组分特征

3.2 镜质组

分为结构镜质体和无结构镜质体。

（1）结构镜质体。透射光下颜色呈棕黄色至棕褐色，半透明至透明。具有较清晰的细胞结构，细胞腔圆形、条纹形、梯形、长管形等。细胞壁较厚，间隔多层。没有荧光显示（图5a至图5c）。

(2)无构镜质体。透射光下颜色由棕红色至棕褐色,半透明至透明。没有细胞结构,质地均一,边缘平直。常呈长条板、块状、不规则或规则条带状等。没有荧光显示(图5d至图5f)。

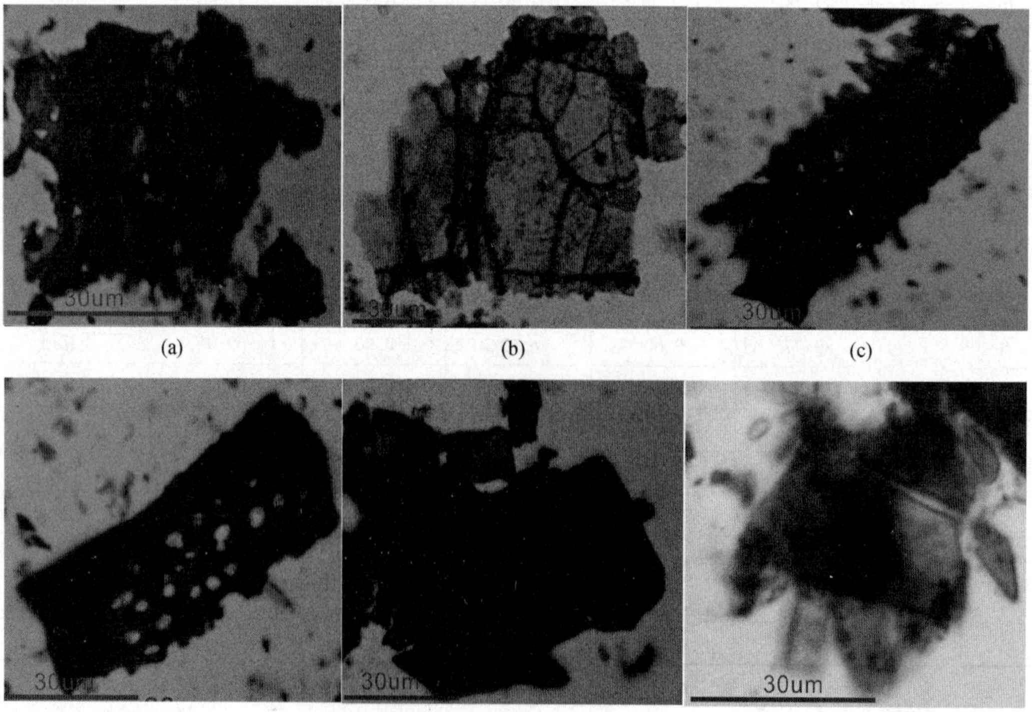

(a) (b) (c)

(d) (e) (f)

图5 研究区镜质组显微组分特征

3.3 壳质组

研究区中二叠下石盒子组泥质岩中较为少见，多以孢粉体、角质体出现。

（1）孢粉体。透射光下颜色为黄色至棕褐色，半透明至透明，包含草本、木本、水生和陆生的孢子花粉。常呈圆形、椭圆形、梭形、多角形、三角形等单个个体，有时呈集合体。表面具各种纹饰或突起。蓝光激发下荧光橙黄色（图6a至图6e）。

（2）角质体。透射光下颜色为黄色至棕褐色，半透明至透明，是高等植物中构成表皮组织的初生表皮组织。通常由一层细胞构成，包围着叶、草本茎和幼根，由没有孔隙的扁平细胞彼此紧密相连而成。如横切面保存时有不同形态的锯齿、波纹或多角形轮廓，有时带有表皮细胞组织的印痕。蓝光激发下荧光橙黄色（图6f）。

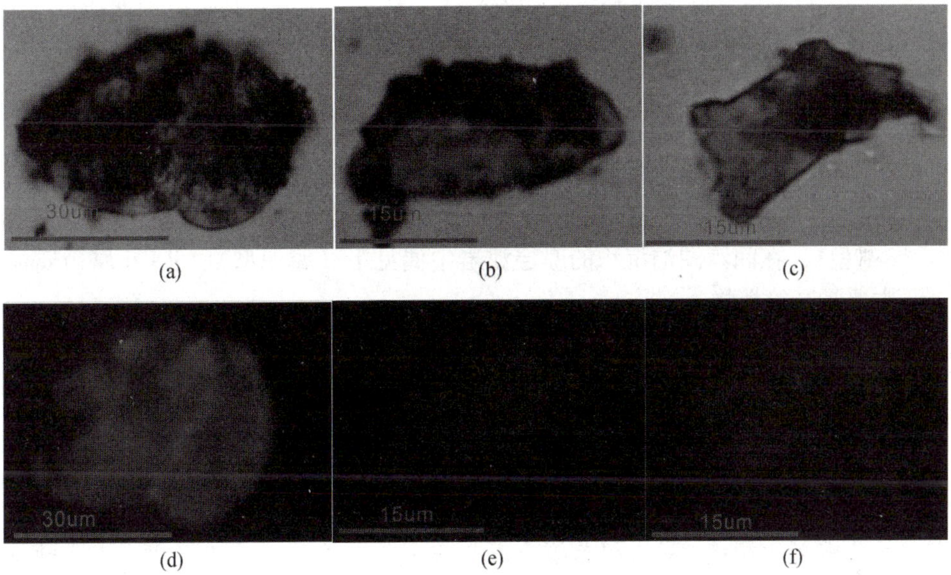

图6　研究区壳质组显微组分特征

3.4 惰质组

主要是丝质体。透射光下颜色为单纯黑色，不透明，形状有块状、碎片状、条带状、卵圆形。有时见有结构，细胞腔中可以空或被充填。常见的是没有结构的，脆度大，易破碎。没有荧光显示（图7）。

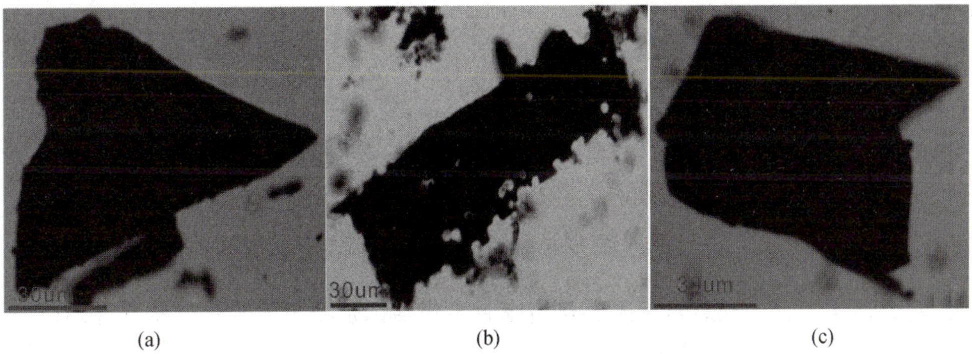

图7　研究区惰质组显微组分特征

4 分析与讨论

华北二叠系地层属海陆交互相沉积，泥质岩沉积单层厚度大小不等，互层明显，发育规模较小，垂向上岩性变化大，中二叠下石盒子组沉积一套泥质岩和碎屑岩三角洲相沉积地层。与陆相油页岩相比，泥质岩的沉积经常受到细砂岩等碎屑岩的间断，很难成为良好的烃源岩。研究区显微组分结果显示，有机质显微组分以镜质组和惰质组为主，类型主要为Ⅲ型（腐殖型），含少量Ⅱ2 型（腐泥腐殖型）。

有机质一般在潮湿气候下易于形成和保存，而在氧化或干旱的气候环境下较难形成和保存，因此有机质质量分数的大小在一定程度上也可反映沉积物形成时的气候条件。而无论是氧化成因的丝质体，还是火焚成因的丝质体，都揭示了氧化环境，因此能在一定程度上反映下石盒子组沉积时期的古气候变化。

5 结论

研究区中二叠下石盒子组泥质岩共识别出四大类显微组分。有机质的显微组分以镜质组和惰质组为主，含有少量的腐泥组，壳质组少见，主要为Ⅲ型（腐殖型），含有部分Ⅱ2（腐泥腐殖型），在间湾湖泊沉积的厚层泥岩中偶见Ⅰ（腐泥型）、Ⅱ1（腐殖腐泥型），母质来源主要是高等植物。

参 考 文 献

[1] 王永哲．河南板内大地构造演化及区域动力学背景分析［J］．中州煤炭，2009，6：30－32.

[2] 陈守民，张璐，胡斌，等．河南省上石炭统－下二叠统本溪组沉积时期古地理特征［J］．古地理学报，2011，2：127－138.

[3] 李元建，刘素青，杨敏．河南石炭二叠系主要煤层煤质特征及利用方向浅析［J］．煤，2010，12：50－53.

[4] 裴放．河南禹州与山西太原石炭－二叠系多重地层对比与划分[J]．中国区域地质，1999,18(2):132－139.

[5] 胡斌，张璐，刘顺喜，等．河南省中二叠世山西期古地理特征［J］．古地理学报，2012，4：411－422.

[6] 宋建军，董大啸，邵龙义．河南登封晚古生代层序地层及聚煤特征研究［J］．中国地质，2010，1：167－173.

[7] 李文勇，夏斌，路文芬．论同沉积、继承性控煤构造：禹州煤田虎头山断层［J］．沉积学报，2004，1：148－153.

[8] 赵克荣，刘庆献．禹州煤田煤层气赋存特征及影响因素分析［J］．中国煤层气，2007，4：16－19.

[9] 杨起，李宝芳，李祯．河南禹县煤田晚古生代煤系沉积模式和聚煤特征［J］．地球科学.1982，18（3）：263－271.

[10] 胡斌，尚永国，牛永斌，等．河南省晚古生代煤系层序地层格架与沉积演化［J］．

煤田地质与勘探，2012，2：1－5，8.
[11] 黄波，杨晓娜，廉有轩．河南省禹州煤田含煤岩系以及沉积环境探讨［J］．煤，2012，4：42－45.
[12] 刁玉杰，魏久传，李增学，等．南华北盆地晚石炭世－早二叠世层序地层学及古地理研究［J］．地层学杂志，2011，1：88－94.
[13] 王海泉．禹州煤田构造控煤特征分析［J］．中州煤炭，2008，155（5）：139－140.
[14] 河南省地矿局．河南省区域地质志［M］．北京：地质出版社，1989.
[15] 张海清．河南省地层古生物研究［M］．郑州：黄河水利出版社，2008.

基于 ASTER 数据的蚀变矿物信息提取技术研究

丁克松　赵恒谦

中国矿业大学（北京）地球科学与测绘工程学院，北京　100083

摘　要　研究采用 ASTER 遥感数据，利用主成分分析法针对南美智利地表裸露区内的 Al－OH 类矿物、Mg－OH 类矿物、铁染矿物进行识别，得到三类矿物在研究区内的分布情况，并利用已知矿点和已知矿物的光谱曲线对比，验证提取蚀变信息结果的有效性。从提取结果来看，利用主成分分析法在地表裸露区提取的以上三类矿物效果较好，验证了利用 ASTER 数据及主成分分析法提取裸露区蚀变矿物信息的可行性。

关键词　裸露区　主成分分析　ASTER 数据　矿物蚀变信息

Study on the Extraction of Alteration Mineral Information Based on ASTER Data

Ding Kesong　Zhao Hengqian

College of Geoscience and Surveying Engineering, China University of Mining and Technology, Beijing　100083

Abstract　Study used ASTER remote sensing data, using PCA method for surface exposed area of Al－OH, Mg－OH mineral and iron stained mineral, three kinds of mineral identification, distribution of three kinds of minerals in the study area, and compared with the known mineralization points and the spectral curves of known minerals, verify the validity of the extracting alteration information. from the extraction results, the alteration information above three kinds of minerals extracted by the PCA method in the surface exposed area is effective, the research shows that the traditional PCA method is suitable for the extraction of mineral alteration information in exposed area.

Key words　bare area　PCA　ASTER data　mineral alteration information

---

资助项目：中央高校基本科研业务费专项资金（2016QD02）

作者简介：赵恒谦（1986—　），男，河北涿州人，博士，讲师，主要从事高光谱遥感应用研究。Tel：15101665288；E－mail：zhaohq@cumtb.edu.cn

0 引言

传统方式寻找新矿点需要地质人员进行大范围的野外调查，费时费力，效率低。而不同岩石矿物的物质组分、晶体结构、表面形态及其外部环境不同，其在可见光、近红外及短波红外波段表现的光谱特征也不同，这是进行岩矿、蚀变信息遥感识别的基础[1]。遥感技术的不断发展使其具有可获取数据范围大、信息多、速度快、周期短等特点，结合遥感技术的高时间、高空间、高光谱分辨率可以方便快捷地进行岩性识别、地质构造解译、矿化蚀变信息提取等，有利于在艰苦困难地区、大范围区域的找矿工作，且费用低，效率高，逐渐成为地质找矿的重要技术手段。

1 实验数据

ASTER 传感器有三个谱段，即可见光－近红外谱段、短波红外谱段和热红外谱段。可见光－近红外谱段有 4 个，短波红外谱段有 6 个，热红外谱段有 5 个，光谱范围为 0.52～11.6 μm。设计 15 m（可见光－近红外谱段）、30 m（短波红外谱段）及 90 m（热外红谱段）三种空间分辨率；第三波段两个镜头分别向下（3N）、向后观测（3B），可以产生同轨立体像对。扫描幅宽为 60 km。其详细特征参数见表 1。

表 1 ASTER 数据各波段参数

ASTER			ETM +			OLI + TIRS			备注
波段	波谱范围/μm	空间分辨率/m	波段	波谱范围/μm	空间分辨率/m	波段	波谱范围/μm	空间分辨率/m	
						1	0.433～0.453	30	可见光－近红外波段
			1	0.45～0.52	30	2	0.450～0.515		
1	0.52～0.60	15	2	0.53～0.61		3	0.525～0.600		
2	0.63～0.69		3	0.63～0.69		4	0.630～0.680		
3N	0.76～0.86		4	0.75～0.90		5	0.845～0.885		
3B	0.76～0.86		PAN	0.52～0.90	15	8	0.500～0.680	15	
						9	1.36～1.39	30	
4	1.600～1.700	30	5	1.55～1.75	30	6	1.56～1.66		短波红外波段
5	2.145～2.185		7	2.09～2.35		7	2.10～2.30		
6	2.185～2.225								
7	2.235～2.285								
8	2.295～2.365								
9	2.360～2.430								
10	8.125～8.475	90							
11	8.475～8.825								热红外波段
12	8.925～9.275								
13	10.25～10.95		6	10.40～12.50	60	10	10.60～11.19	100	
14	10.95～11.65					11	11.50～12.5		

相对于 TM/ETM +，ASTER 数据在 VNIR（可见光－近红外）谱段空间分辨率提升为 15 m，使得能够获取过渡族金属元素（如铁等）的特征光谱信息[2]，并增加了立体后视波段（Band 3B），能够得到近红外立体影像数据。在 SWIR（短波红外）谱段的空间分辨率与 TM/ETM +/OLI 相同，但 TM/ETM +/OLI 在短波红外仅有 2 个谱段，ASTER 具有 6 个谱段，包括 1 个中心波长为 1.65 μm 的谱段和 5 个介于 2.10 ~ 2.45 μm 之间的能够探测到销、镁羟基、Fe 及碳酸盐的吸收特征信息的谱段。因而 ASTER 能够区分铁氧化物及泥化矿物，并且能够提取出谱段为 2.165 ~ 2.36 μm 的泥化、绢英岩化和碳酸盐化矿物。此外，虽然明矾石和叶蜡石在 2.165 μm 处有相同的吸收特征，但可以依靠它们各自特征的光谱特征将其区分开来，同样，可以根据光谱特征分辨出在 2.36 μm 处表现出相同吸收特征的高岭石和白云母[3]。在 TIR（热红外）谱段 TM/ETM + 仅包含一个谱段（10.40 ~ 12.50 μm），空间分辨率为 60 m，TIRS 包含两个谱段（10.60 ~ 11.19 μm，11.50 ~ 12.5 μm），空间分辨率为 100 m；而 ASTER 包含 5 个谱段，范围相对 TM/ETM 延伸至 8.125 ~ 11.65 μm，空间分辨率为 90 m，该部分具有鉴别岩石主要成分的能力，如石英、长石、硫酸盐、碳酸盐等矿物[2]。

ASTER 数据的光谱范围覆盖宽，辐射和空间分辨率高，在遥感地质、矿业等方面具有独到的优势。目前，ASTER 数据已经在对火山活动的监测、海岸线侵蚀调查、森林生长状况的监测、土地使用状况调查、冰雪覆盖程度变化监测、地质矿化信息提取、水污染监测等领域中得到应用[3]。

2 数据处理

2.1 预处理

ASTER 数据在 B4 ~ B9 谱段存在内部反射,其中 B4 对 B5、B9 的影响最大。谱段串扰影响矿物波谱特征信息,从而影响地物特征提取。研究采用 CrossTalk 3.0 软件进行去串扰处理。

地物反射的电磁波两次经过大气的吸收、散射等作用，最终到达传感器端，但同时也掺杂了散射、反射电磁波的干扰信息，通过大气校正后可以有效反映地物真实反射率信息。由于传感器本身及太阳高度、位置等因素的影响，传感器将电磁波辐射强度转换为图像 DN 值时存在一定的偏差，致使遥感图像失真，通过辐射定标可以消除这些偏差，然后再进行大气校正。

进行大气校正之前首先对 1、2、3 谱段进行重采样，像元大小为 30 m × 30 m，然后将前 9 个谱段进行重组，另存为 BIL 格式的数据文件。进行谱段重组后，部分头文件信息丢失，进行大气校正，需要手动编辑头文件中的谱段长度、中心波长、增益和偏差。然后利用 ENVI5.1 的 FLAASH 大气校正模块对图像进行大气校正。

利用比值法去除水体、植被等干扰地物。研究发现采用 $B9/B1 < 0.7$ 制作水体掩膜效果较为合适，采用 $(B3 - B2)/(B3 + B2) > 0.15$ 制作植被掩膜效果较为合适。

2.2 蚀变信息提取

利用主成分分析法对南美智利某地表裸露区提取 AL－OH 类矿物、Mg－OH 类矿物、铁染矿物蚀变信息。Al－OH 类矿物以高岭石、明矾石为代表，波谱曲线在 2.2 μm 附近（B6 波段）有一吸收谷，在 2.27 μm 附近（B7 波段）有一反射峰，因此利用 ASTER 数据的 1、4、6、7 谱段进行主成分分析。Mg－OH 类矿物以绿泥石、绿帘石为代表，波谱曲线在 2.17 μm 附近（B5 波段）有一反射峰，在 2.32 μm 附近（B8 波段）有一吸收谷，因此利用 ASTER 数据的 1、4、6、8 谱段进行主成分分析。铁染矿物以黄钾铁矾为代表，波谱曲线在 0.68 μm（B2 波段）、1.68 μm（B4 波段）具有反射峰，在 0.82 μm（B3 波段）形成吸收谷，因此利用 ASTER 数据的 1、2、3、4 谱段进行主成分分析。

对主成分变换后的四个主分量进行统计，利用 Mean + n × Stdev 公式对变换后的特征主分量进行分割，其中 n 取 2、1.5、1，将蚀变信息由强到弱分为一级、二级、三级蚀变区，提取结果如图 1 至图 3 所示。

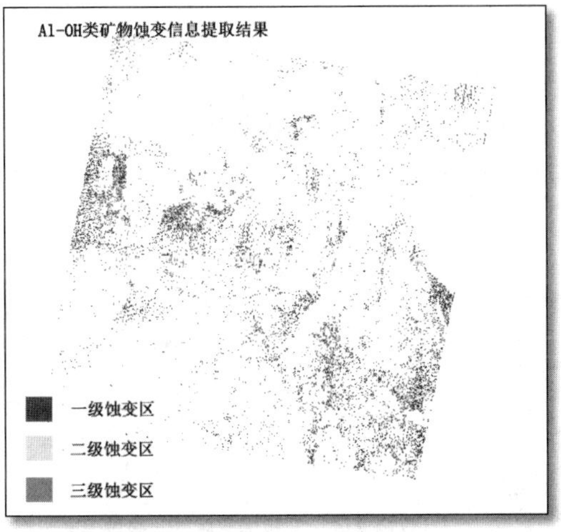

图 1 Al - OH 类矿物蚀变信息提取结果

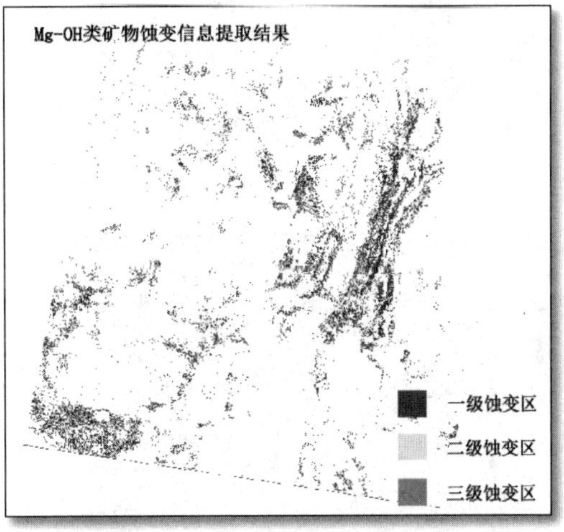

图 2 Mg - OH 类矿物蚀变信息提取结果

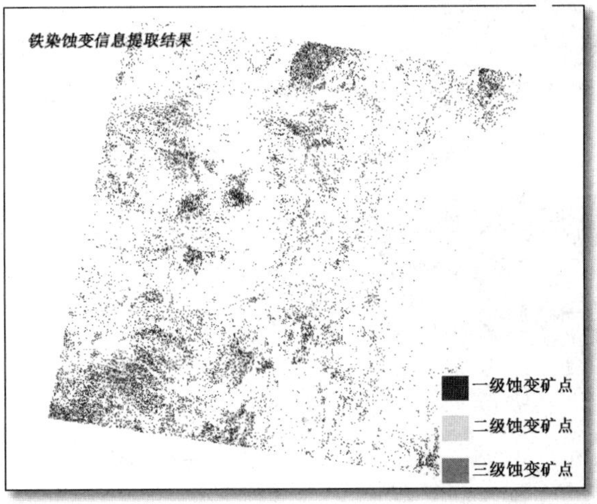

图 3 铁染类矿物蚀变信息提取结果

2.3 提取结果验证

将提取的矿物一级蚀变区和已知矿点叠加到 Google Earth 上进行验证，并与相应矿物的波谱曲线进行对比，以确认提取效果，验证如图 4 至图 6 所示。

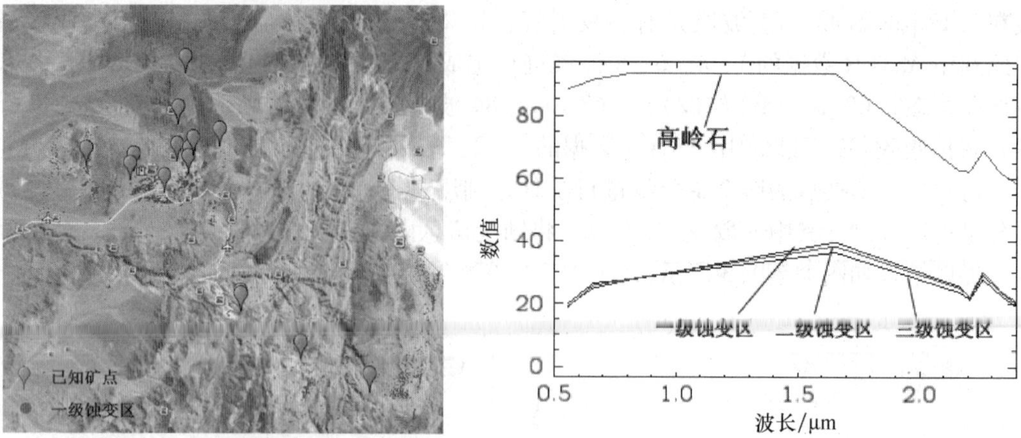

(a) Google Earth影像叠加图　　(b) 光谱曲线对比图

图 4　Al-OH 类矿物蚀变信息提取结果验证

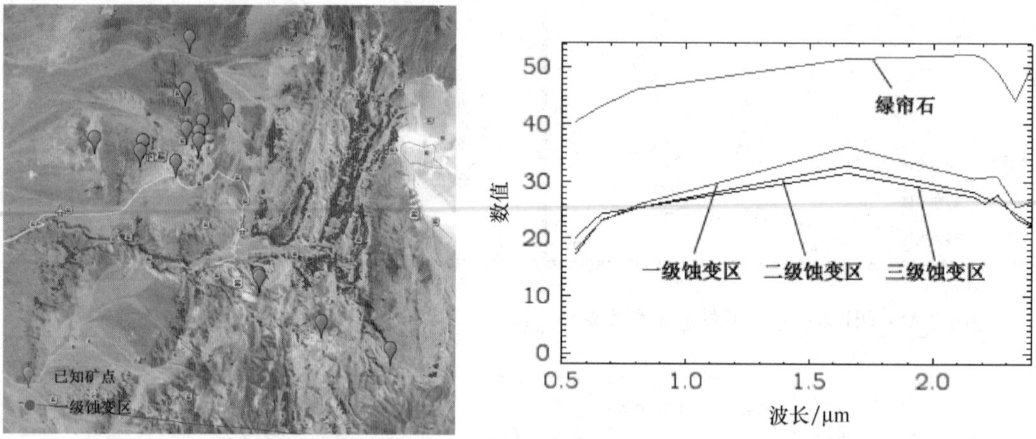

(a) Google Earth影像叠加图　　(b) 光谱曲线对比图

图 5　Mg-OH 类矿物蚀变信息提取结果验证

(a) Google Earth影像叠加图　　(b) 光谱曲线对比图

图 6　铁染矿物蚀变信息提取结果验证

从叠加影像图来看，提取的 Al - OH 类矿物主要集中在研究区西北部埃尔萨尔瓦多铜矿附近及研究区的东南侧，大都成面状分布；提取的 Mg - OH 类矿物主要集中在图像东部，成条状分布；提取的铁染矿物蚀变区在已知矿点和其他区域都有分布，且大都成面状分布。从光谱曲线来看，Al - OH 类矿物一、二、三级蚀变区波谱曲线有微弱差别且均与高岭石波谱曲线基本保持趋势一致，Mg - OH 类矿物一、二、三级蚀变区波谱特征与 Mg - OH类矿物基本特征的一致性一般，铁染类矿物蚀变区波谱曲线与黄钾铁矾波谱曲线基本特征保持一致。

3 结果与讨论

通过对 ASTER 数据进行去串扰、辐射定标、大气校正等预处理后，利用主成分分析法提取南美智利地表裸露区 Al - OH 类矿物、Mg - OH 类矿物及铁染矿物蚀变信息，提取结果在空间分布上与已知矿点吻合程度较好，且提取出蚀变区的光谱曲线特征与 ENVI 5.1 自带波谱库中相应矿物波谱曲线基本特征一致，总体提取效果较好，证实了利用 ASTER 数据及主成分分析法提取裸露区矿物蚀变信息的可行性。

参 考 文 献

［1］ 张志军，甘甫平，李贤庆，等．基于 ASTER 数据的蚀变矿物信息提取：以哈密黄山铜镍矿区为例［J］．国土资源遥感，2012，2：85 -91.

［2］ 杨佳佳，姜琦刚，赵静，等．基于 ASTER 和 ETM + 数据的遥感蚀变信息提取：以内蒙古塔日根敖包地区为例［J］．吉林大学学报（地球科学版），2008，S1：153 - 158.

［3］ 靳娟．基于 ASTER 数据的秘鲁南部斑岩铜矿典型蚀变带提取方法研究［D］．北京：首都师范大学，2014.

论北京西山的印支运动

罗红玲　高令健　段成住

中国矿业大学（北京）地球科学与测绘工程学院，北京　100083

摘　要　本文通过对北京西山印支运动证据的分析提出，北京西山印支运动的证据不足，主要理由如下：上苇甸和青白口穹隆的时代为晚侏罗世，并非原先认为的三叠纪；到目前为止，北京西山未见准确定年的三叠纪岩体，只有少量晚三叠世构造成因的白云母$^{40}Ar/^{39}Ar$年龄；北京西山杏石口组与双泉组为平行不整合，但两者的时代相差可能不大，而在潭柘寺东山梁，本溪组至双泉组普遍发育的变质作用可能代表对海西运动的变质响应。因此，北京西山不太显著的三叠纪构造响应可能反映华北板块与西伯利亚板块之间海西运动对本区影响的结束，而非表明本区出现一个新的构造运动循回——印支运动。

关键词　印支运动　上苇甸穹窿　杏石口组　双泉组

A Review of Evidence on Indosinian Tectono – thermal Event in Western Hills, Beijing

Luo Hongling　Gao Lingjian　Duan Chengzhu

College of Geoscience and Surveying Engineering, China University of Mining and Technology, Beijing　100083

Abstract　On the basis of analysis of evidences on Indosinian tectono – thermal event in Western Hills, Beijing, we think that these evidence lack of convincing. To begin with, Shangweidian Dome and Qingbaikou Dome were formed during late Jurassic, not Trassic as previously thought. Then, until rencently, there aren't Trassic pluton which date is precise, only several age of muscovite $^{40}Ar/^{39}Ar$ dating, and these muscovite were thought to be formed during tectono – thermal event. Furthermore, the relationship between Xingshikou formation and Shuangquan formation are paraconformity, not angular unconformity, their time intervals is not so long. Finally, rock metamorphism from

---

资助项目：本文受北京市青年英才计划（YETP0933）；中央高等学校基本科研业务费资助（2009QD09）

作者简介：罗红玲（1978—　），女，博士，副教授，主要从事北方区域大地构造和花岗岩研究。Tel：13521710374；E – mail：luohl@cumtb.edu.cn

Benxi Formation to Xinshikou Formation may record the effects of Hercynian tectono - thermal event. Therefore, Trassic tectonic response of Western Hills of Beijing is not notable, which may reflect the end of Hercynian tectono - thermal event between Siberia plate and North China plate on Western Hills. There are little evidence indicating that a new tectonic cycle - - Indosinian tectono - thermal event has occurred in Western Hills.

Key words Lndosinian tectono - thermal event shangweidian dome xingshikou formation shuangquan formation.

0 引言

1934 年，Formaget 在越南桑怒三叠系地层中发现了前诺立克和前瑞替克两个不整合，他将其称为不属于华力西运动（相当于海西运动）的印支褶皱[1]。1945 年，黄汲清沿用此名，将中生代早期的造山旋回称为印支运动，但他认为印支运动褶皱内包含华力西褶皱[2]。1977 年，黄汲清[3]提出，在中国东部，印支运动代表古生代古亚洲洋域向滨太平洋构造域的转折，形成了印支褶皱断裂带，主要在苏联运动地区、朝鲜、日本列岛等地区表现明显。1977 年，崔盛芹[4]提出，燕辽及临区存在印支运动，其主要依据为三叠纪岩浆作用和下侏罗统煤层与下伏地层之间的不整合界面。1985 年，陈正邦[5]论述了北京西山的印支运动。1986 年，赵宗溥[6]提出，在东亚地区，印支运动是海西造山旋回晚期亚旋回的最后褶皱幕，不是独立的造山旋回。

目前，作为北京西山印支运动的证据主要有：

（1）在潭柘寺东山梁，双泉组（上二叠统 - 中下三叠统）与杏石口组（上三叠统）之间的平行不整合[7,8]。

（2）东西向褶皱（如大石尖背斜、谷积山背斜）被北东向推覆构造（如南大寨推覆构造）切割，前者卷入的最年轻地层是双泉组[9]，而北京西山南部主要逆冲构造与南大寨推覆构造形成于 146 ~ 128 Ma[10]。

（3）下苇甸穹窿和青白口半穹窿由于下苇甸穹窿核心部位侵入的是中生代侵入体，其辉长岩的 K - Ar 年龄为 229 Ma[11]，闪长岩的 K - Ar 年龄为 192 Ma[11]，这两个穹窿曾被认为是三叠纪的产物[9]。青白口穹窿与下苇甸穹窿基本相似[9]。

（4）一些岩体的 K - Ar 年龄为三叠纪[11,12]。

目前，也有一些学者对一些原定为三叠纪的构造、岩浆作用提出了质疑[10,13]。

1 双泉组与杏石口组之间的平行不整合

双泉组（$P_3T_2\hat{s}$）为一套岩屑砂岩、粉砂岩及页岩夹砾岩的岩石组合。分两段：下部一段为以紫红色粉砂岩、细砂岩为主夹灰绿、黄绿及灰白色粗砂岩；上部二段主要为灰绿、灰白色岩屑碎屑岩，凝灰质火山碎屑物增多[14]，属河湖相沉积[14]。与下伏红庙岭组整合接触，以一层紫色黏土岩作底界；与上覆杏石口组平行不整合接触[9,14]。北京西山双泉组下部石英砂岩里 1 颗最年轻的锆石 La - ICPMS 的 U - Pb 年龄为 270 Ma[15]，4 颗锆石 U - Pb 年龄为 281 ~ 280 Ma。植物化石证据表明，双泉组下段植物兼有晚二叠世与早二叠世植物分子混生的特征[16]，也有学者根据植物化石认为其为晚二叠世早期沉积[16]，因此将双泉组下段暂定为上二叠统-下三叠统地层。由于双泉组上部没有采到化石，只能依据上下岩层时代及与临区相关地层（如山西宁武的二马营组）的对比来推定，暂定其为中下三叠统地层[14,17]。

杏石口组（T_3x）为一套灰色、灰黑色砾岩、砂岩、粉砂岩及黏土岩组成的山间河流相沉积地层，局部夹煤线，含有丰富的植物化石[14]。在潭柘寺东山梁，杏石口组以厚层石英砾岩与下伏双泉组砂质板岩分界，两者为平行不整合接触，而与上覆南大岭组玄武岩为平行不整合接触[14]。京西西山杏石口中部的石英砂岩里5个最年轻的锆石La-ICPMS的U-Pb平均年龄为205 Ma[15]，表明其为晚石炭世沉积。

从本溪组到双泉组，岩石中矿物定向排列非常明显，且很多地层中出现了硬绿泥石，硬绿泥石的形成一般与构造运动同期，并受限于母岩的性质。与双泉组相比，杏石口组岩石变质程度较轻，矿物缺少定向排列，火山碎屑含量减少，植物化石增多，发育煤线，可见多个沉积韵律旋回[16]。

2 褶皱走向与构造样式差异

北京西山的褶皱构造较为发育，分为早晚两期，早期轴向多为E-W向，晚期轴向多为由NEE-NE-NNE的逆时针旋转变化[9]。陈正邦等[5]认为，以双泉组顶面为界，上、下两套地层的褶皱轴向和样式明显不同，双泉组顶面以下为东西向的褶皱和压扭性断裂，而双泉组顶面以上为北东向褶皱和断裂。

东西向褶皱如大石尖复背斜、谷积山复背斜（图1），这些褶皱的共同特点是形态宽缓，枢纽近水平，轴面近直立，卷入的最年轻地层是双泉组[9]，变形以韧性变形为主，并向脆性变形过渡[18]。其东南端被南大寨推覆构造切割，北翼与九龙山复向斜相邻[9]。而南大寨逆冲推覆方向为300°~310°，表明北东向构造晚于东西向构造，与区域构造相吻合。北京西山南部主要逆冲构造与南大寨推覆构造形成于146~128 Ma[10]。

北岭向斜位于北京西山南邻，呈新月形展布，东侧为椭圆形早白垩世房山花岗闪岩体（锆石SHRIMP的U-Pb谐和年龄为131±1Ma[19]），其余三侧为古生界及其以前的地层所环绕（图1）。核部与下伏古生界以顺层滑动断层为界，由中生界杂砂岩及含煤岩系地层所组成，呈北东向叠覆于下伏新月形印支期向斜之上[9]，构成两种截然不同的褶皱样式[18]。北岭向斜总体呈NE向展布，东北端近EW向展布。尽管对北京西山北岭向斜两端东西向褶皱和逆冲断层定年时获得了几个213~201Ma的年龄（白云母$^{40}Ar/^{39}Ar$定年）[20]。但在北岭向斜西缘的南窖地区，南东东110°~120°矿物拉伸线理及相关的褶叠层中同变形白云母、绢云母$^{40}Ar/^{39}Ar$坪年龄为146~133 Ma[13]，与西山南部主要逆冲构造的形成时代（146~128 Ma）基本一致[10]。

对于大石尖背斜、谷积山复背斜，目前尚无确切的定年数据。

3 上苇甸和青白口的穹窿

上苇甸穹窿位于九龙山复向斜与髫髻山向斜之间，上苇甸穹窿核心部位侵入的是上苇甸岩体，穹窿由顶部向外依次是下马岭组、长龙山组、景儿峪组、寒武系、奥陶系、石炭系和二叠系，上苇甸岩体西侧被北东向的黄土岭断裂切断（图1）。九龙山复向斜的核部

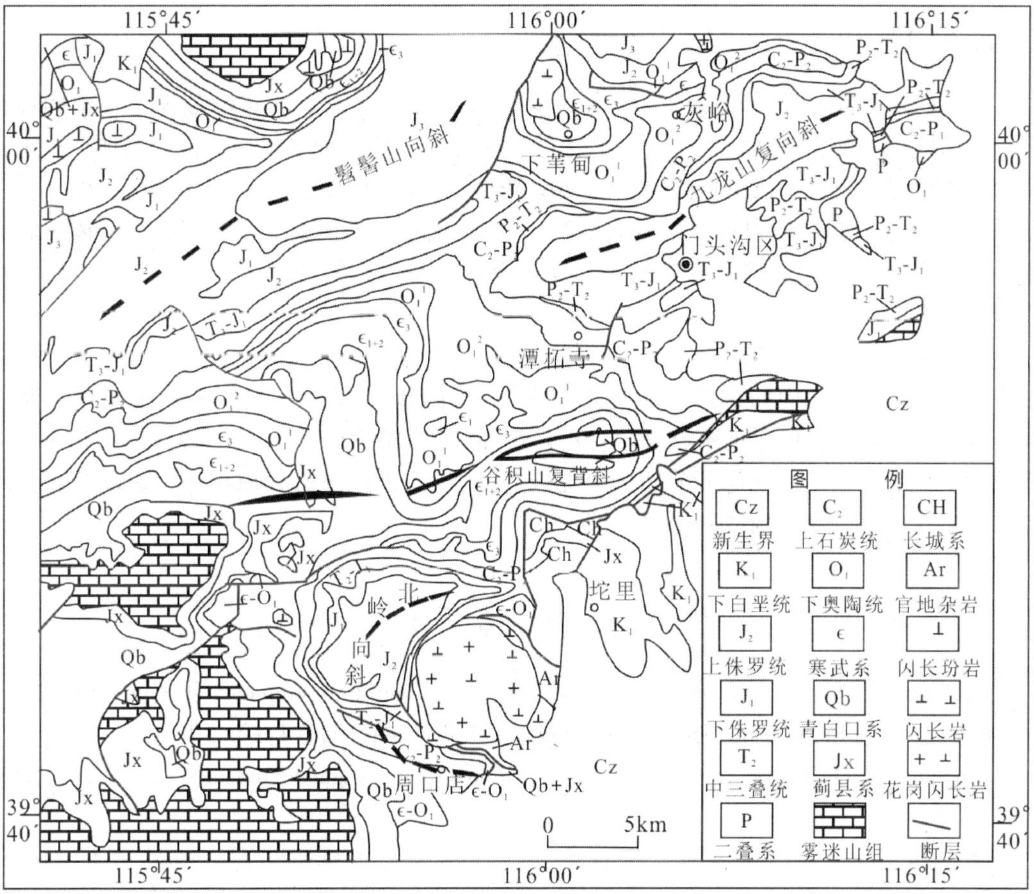

图1　北京西山地质简图（据文献［21］修改）

为九龙山组，被龙山组超覆，髫髻山向斜核部为侏罗系髫髻山组火山岩 Ma[22,23]，环绕髫髻山箱状向斜的闪长玢岩岩床的 U－Pb 年龄为 152 Ma[24]，说明这两个向斜的时代应该在晚侏罗世，上苇甸穹隆的形成时间应该在此之后。以前获得的上苇甸岩体中辉长岩的 K－Ar 年龄为 229 Ma[11]，闪长岩的 K－Ar 年龄为 192 Ma[11]，K－Ar 年龄由于 Ar 比较容易丢失或大气 Ar 的混入，导致所测年龄数据不准，笔者对上苇甸岩体中辉长闪长岩进行了锆石 La－ICPMS 的 U－Pb 定年，其结果为 144 ±1 Ma（n＝25，罗红玲等，2014，未发表数据），与 Davis 获得的单颗粒锆石 U－Pb 年龄（133 Ma）基本一致[25]。说明上苇甸穹隆的形成时代并非为早三叠世，而是早白垩世（燕山期）。

青白口半穹窿展布在北京西山的青白口、沿河城、大村、雁翅一带，其形状为北西向的半椭圆形，分布面积约 70 km^2，核部为雾迷山组，向外依次出露洪水庄组、铁岭组、青白口系及下古生界，核部岩层中广泛发育顺层的中酸性岩脉。对这些岩脉的时代主要根据分析对比，如与上苇甸穹隆的对比，认为它们可能是印支期的产物[9]。由于上苇甸岩体的时代划为早白垩世，本区目前未见高精度的三叠纪的岩体年龄，这样的对比显然缺乏说服力。

4 印支期岩体

北京西山目前已有的印支期年龄多为早期用 K－Ar 法测定的年龄数据，其精确性存在很大问题。如前文所述，原定为三叠纪的上苇甸岩体实际上是早白垩世的岩体，原来用 K－Ar 法测定的南窖闪长玢岩的年龄为 207 Ma[12]，现在用锆石 U－Pb 法对它重新定年，获得的年龄为 128～136 Ma[13,25]。而天津、河北、内蒙古等地确实存在三叠纪岩体，它们或者沿断裂带分布[26]，或者零星分布，其规模远不及二叠纪的岩浆岩，多为造山后－板内岩浆作用的产物。

综上所述，在北京西山，三叠纪的构造响应主要集中在双泉组与杏石口组之间的平行不整合，有少量东西向的构造可能属于印支期。由于印支期本区既没有大规模的岩浆侵入，也没有出现明显的角度不整合，杏石口组和双泉组沉积、变质的差异可能反映古亚洲洋域对本区的影响结束（海西旋回的最终构造幕[6]），因此没必要使用印支运动或本区不存在明显的印支运动的构造－岩浆证据。

参 考 文 献

[1] Fromaget J. Observations et reflexions sur la geologie stratigraphique et structurale de l' Indochine[J]. Bulletin du Service geologique d' Indochine,1934,4:101－164.

[2] Huang T K. On Major Tectonic Forms of China[J]. Geological Memoirs, Ser. A,1945,20:1－165.

[3] 黄汲清，任纪舜，姜春发，等．中国大地构造基本轮廓［J］．地质学报，1977，(2)：117－135.

[4] 崔盛芹，杨振升，周南硕，等．燕辽及其邻区的古构造体系研究［J］．地质学报，1977，(2)：136－149.

[5] 陈正邦，邓一岗，米双庆，等．北京地区的印支运动［J］．成都地质学院学报，1985，(3)：62－71.

[6] 赵宗溥．“印支运动”五十周年的回顾［J］．地质科学，1986，(1)：7－15.

[7] 宋鸿林，葛梦春．从构造特征论北京西山的印支运动［J］．地质论评，1984，30(1)：77－80.

[8] 崔盛芹．论全球中—新生代陆内造山作用与造山带［J］．地学前缘，1999，6（4）：283－293.

[9] 鲍亦冈，刘振锋，王世发．北京地质百年研究：北京地区基础地质研究的历史与最新成果［J］．北京：地质出版社，2001.

[10] 张长厚，张勇，李海龙，等．燕山西段及北京西山晚中生代逆冲构造格局及其地质意义［J］．地学前缘，2006，13（2）：165－183.

[11] 郑桂森，方景玲．北京西山青白口：下苇甸一带印支期侵入活动特征［J］．北京地质，1994，(1)：21－27.

[12] 单文琅，王方正，傅昭仁，等．论北京西山南部的盖层构造演化［J］．地球科学：中国地质大学学报，1989，(1)：37－44.

[13] 王瑜，李锦轶．北京西山南窖地区南东东110°~120°拉伸线理形成时间的年代学制约［J］. 岩石学报，2007，23（3）：617-624.
[14] 鲍亦冈，刘振锋．北京市岩石地层［M］. 武汉：中国地质大学出版社，1996.
[15] Yang J H, Wu F Y, Shao J A, et al. Constraints on the timing of uplift of the Yanshan Fold and Thrust Belt[J]. North China. Earth and Planetary Science Letters, 2006, 246(3-4): 336-352.
[16] 陈玉山．北京西山晚古生代植物群组合及双泉组时代探讨［J］. 中国煤田地质，1990，2（2）：13-15.
[17] 北京市地质矿产局．北京市区域地质志［M］. 北京：地质出版社，1991.
[18] 章泽军．北京西山北岭向斜卷入区构造应变场的初步研究［J］. 地质科学，1991，(3)：214-221.
[19] 蔡剑辉，阎国翰，牟保磊，等．北京房山岩体锆石U-Pb年龄和Sr、Nd、Pb同位素与微量元素特征及成因探讨［J］. 岩石学报，2005，21（3）：776-788.
[20] Wang Y, Zhou L, Li J. Intracontinental superimposed tectonics: A case study in the Western Hills of Beijing, eastern China[J]. Geological Society of America Bulletin, 2011, 123(5-6): 1033-1055.
[21] 谭应佳，叶俊林．北京周口店地质及地质教学实习指导书［M］. 武汉：武汉地质学院出版社，1987.
[22] 赵越，张拴宏，徐刚，等．燕山板内变形带侏罗纪主要构造事件［J］. 地质通报，2004，23（9-10）：854-863.
[23] 张宏，王明新，柳小明．LA-ICP-MS测年对辽西-冀北地区髫髻山组火山岩上限年龄的限定［J］. 科学通报，2008，53（15）：1815-1824.
[24] 邵济安，张吉衡．燕山地区早中生代陆壳的改造：兼论印支运动［J］. 地学前缘，2014，21（6）：302-309.
[25] Davis G A, Yadong Z, Cong W, et al. Mesozoic tectonic evolution of the Yanshan fold and thrust belt, with emphasis on Hebei and Liaoning provinces, northern China[J]. Memoirs-Geological Society of America, 2001: 171-198.
[26] 阎国翰，牟保磊，许保良，等．燕辽-阴山三叠纪碱性侵入岩年代学和Sr、Nd、Pb同位素特征及意义［J］. 中国科学（D辑），2000，30（4）：383-387.

华北平原地表蒸散时空变化特征的遥感分析

孙 灏 赵 强

中国矿业大学（北京）地球科学与测绘工程学院，北京 100083

摘 要 基于MODIS地表蒸散产品（MOD16），分析了华北平原2000—2014年地表蒸散量的时空变化特征，主要结论如下：华北平原年蒸散量在449.1～532.7 mm之间波动，年均值为492.8 mm；年内蒸散量呈单峰型分布，季节性变化特征明显，蒸散主要集中在5—9月份，峰值出现在8月份，达到100mm左右；华北平原年均蒸散呈现出北低南高的变化趋势，低值在185 mm左右，高值可达982 mm左右。

关键词 MOD16 华北平原 地表蒸散量 时空分布

Temporal and Spatial Variation of Surface Evapotranspirationin North China Plain Based on Remote Sensing

Sun Hao Zhao Qiang

College of Geoscience and Surveying Engineering, China University of Mining and Technology, Beijing 100083

Abstract Based on MODIS Evapotranspiration products (MOD16) from 2000 to 2014, the spatiotemporal variation of the surface evapotranspiration (ET) in the North China Plain were analyzed. Results indicate that the mean annual ET fluctuates between 449.1 mm · a^{-1} to 532.7 mm · a^{-1} with a mean value of 492.8 mm · a^{-1}. The ET presented significant seasonal variation that most of the ET occurs during May and September with the maximum value around 100mm each month at August. Moreover, the ET shows significant spatial variation with high values at the north region and low values at the south region. The low value is approximately 185 mm · a^{-1}, and the high value is about 982 mm · a^{-1}.

资助项目： 国家自然科学基金（41501457）；中央高校基本科研业务费专项资金（2015QD02）

作者简介： 孙灏（1986— ），男，安徽太和县人，博士，讲师，主要从事热红外遥感和资源环境遥感研究。E-mail: sunhao@cumtb.edu.cn

Key words MOD16 The North China Plain evapotranspiration spatiotemporal variation

0 引言

华北平原是我国第二大平原，平原人口和耕地面积约占全国1/5。然而由于降水量偏少而且分布不均，地表水资源供给不足，华北平原用水矛盾突出。蒸散（Evapotranspiration，ET）表征了地表水转化为水蒸气的过程[1]，是土壤－植被－大气系统中水分交换的主要途径。准确把握ET的时空分布特征，对于华北平原水资源合理利用与评价、旱涝特征分析及旱涝监测与预警等具有重要意义[2-4]。

目前，学者们对华北平原蒸散的时空格局做了一些研究，如莫兴国等（2005）利用Penman－Monteith方法，计算了华北平原典型站点1981—2001年的作物蒸散量，分析了年际变化和季节变化特征[5]，然而站点测量的蒸散值并不能完全提供地表蒸散的空间分布信息。赵静等（2009）采用基于能量平衡原理的SEBS模型，结合NOAA/AVHRR数据，通过遥感方法估算了华北平原的区域陆面蒸散量[6]，但其没有进行长时间序列分析。

遥感是大范围连续观测ET的有效手段，目前已形成多种基于遥感数据的ET产品，如全球MODIS陆地蒸散产品数据（MOD16），该产品不仅提供了地表蒸散量的特征参数，而且具有高时间分辨率及免费获取等特点。因此利用遥感ET产品来分析华北平原地表蒸散量的时空格局具有一定的优势。本文以1 km空间分辨率的MOD16月蒸散产品为基础，通过GIS空间分析技术，得到华北平原不同时间尺度下的地表蒸散信息，以期得到华北平原蒸散量的时空格局，为加强华北平原的水资源管理与水分高效利用提供参考。

1 研究区概况及数据

1.1 研究区概况

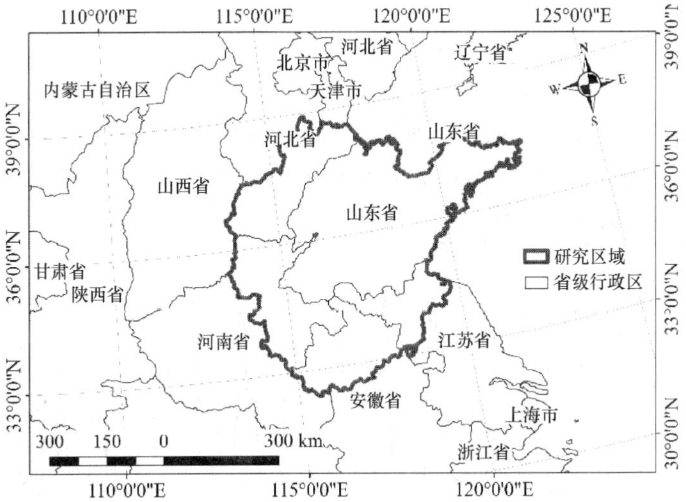

图1 研究区域

图1所示为研究区域，包括山东省全境、安徽和江苏北部、河南东部及河北南部区域。研究区属于大陆性季风型暖温带半湿润气候，季节差异明显，温度的季节变化大，冬

冷夏热。冬季干燥寒冷，夏季高温多雨，春季干旱少雨，蒸发强烈。春季旱情较重，夏季常有洪涝。年均温和年降水量由南向北随纬度增加而递减。

1.2 数据来源

研究使用MODIS蒸散产品（MOD16）。根据MOD16产品数据轨道号的排列规律及华北平原所在地理位置，选择的卫星轨道号为h27v05，可以完全涵盖研究区。MOD16产品包括全球植被覆盖区域的8 d、月、年时间尺度的蒸散量（ET）、潜热通量（LE）、潜在蒸散量（PET）、潜在潜热通量（PLE），其空间分辨率为1 km，本文收集了2000—2014年共15年的月蒸散数据。

2 研究方法

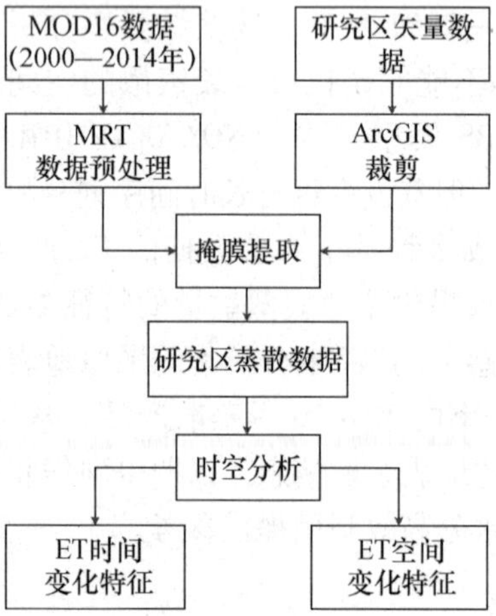

图2 技术路线

主要技术路线如图2所示。

（1）首先利用MRT软件将MOD16 - ET产品的HDF(Hierarchical Data Format)文件转换为WGS - 1984经纬度坐标系统下的GeoTiff格式文件，并进行投影转换，生成共180幅格式为GeoTiff的图像。

（2）以研究区矢量边界图为掩膜数据，利用ArcGIS的掩膜提取功能对遥感图像进行裁剪。

（3）在ArcGIS系统中，运用栅格计算功能，对全部裁剪完的图像进行处理，剔除无效像元，提取有效像元信息，并制作华北平原2000—2014年、季、月统计表和平均蒸散分布图。

3 研究结果

3.1 时间变化特征

图3展示了研究区月平均蒸散量的时间变化，结果表明，2000—2014年研究区整散量变化平稳，基本上年内蒸散量均呈现先增大后减小的单峰型分布趋势。将每月多年的蒸散量进行平均，得到如图4所示的月平均蒸散量统计结果。图4表明，一年内蒸散主要集中在5—9月，8月达到最大，在100 mm左右。

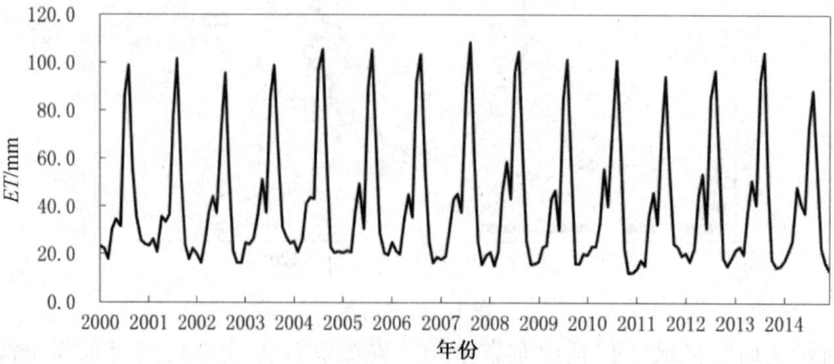

图3 华北平原2000—2014年月蒸散变化趋势

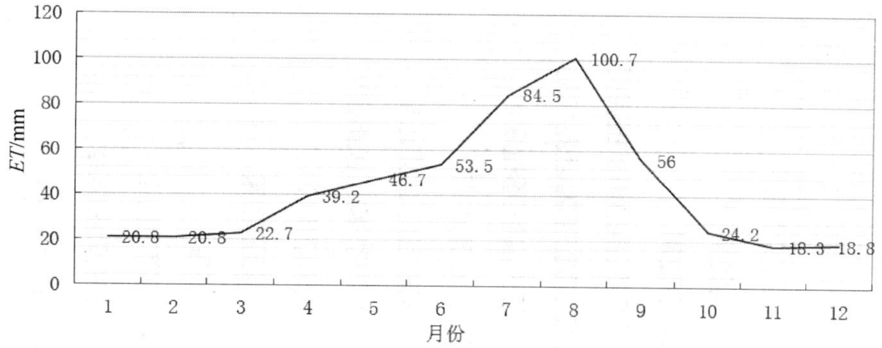

图 4　华北平原 2000—2014 年月平均蒸散量变化

图 5 以季节为统计尺度，计算了研究区不同季节的蒸散量变化特征。结果表明，华北平原蒸散量具有明显的季节变化特征，其中冬季（12 月、1 月、2 月）蒸散量最少，仅为 60. 2 mm，夏季（6 月、7 月、8 月）蒸散量最大，达到 221. 5 mm，春季（3 月、4 月、5 月）和秋季（9 月、10 月、11 月）的蒸散量大致相同，在 100 mm 左右。

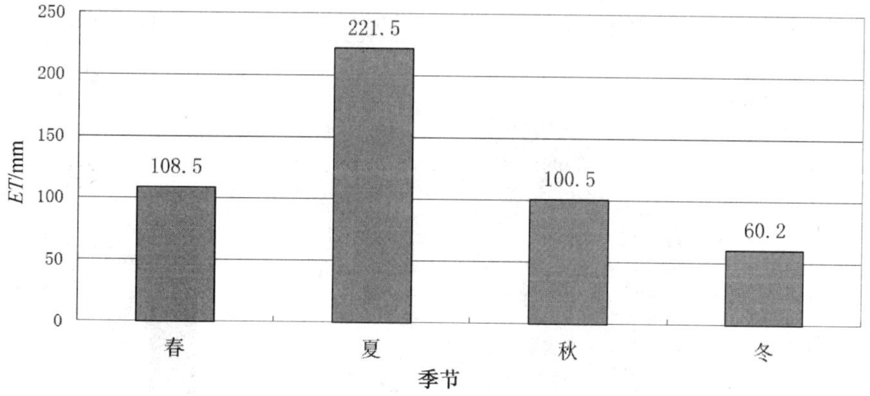

图 5　华北平原 2000—2014 年季节蒸散量变化

图 6 以年为统计单位，计算了华北平原地表蒸散量的逐年变化过程。结果表明，2000—2014 年华北平原年蒸散量在 449. 1 ~ 532. 7 mm 之间波动，平均值为 492. 8 mm（图中黑色虚线表示）。年蒸散量超出多年平均值的年份有 6 个（2003 年、2004 年、2005 年、2006 年、2007 年、2008 年），其中 2003 年蒸散量最高，超出多年平均值 39. 9 mm，相对变化率达到了 16. 2%。其余年份均低于多年平均值，其中 2002 年和 2011 年尤为突出，分别低于多年平均值 34. 5 mm 和 43. 7 mm，相对变化率达到了 − 2. 7% 和 − 7. 1%。

3. 2　空间变化特征

图 7 所示为研究区年均蒸散量的空间变化特征，结果表明，华北平原平均年蒸散量为 185. 6 ~ 982. 6 mm，在 200 ~ 700 mm 之间的像元占整个华北平原总像元的 97% 左右，并且呈现出北低南高的变化趋势。年均整散量为 200 ~ 400 mm、400 ~ 600 mm、600 ~ 800 mm

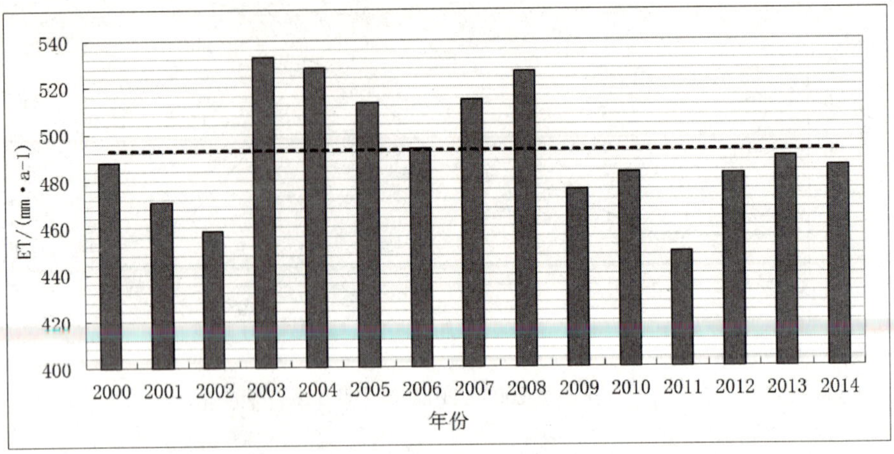

图6　华北平原2000—2014年蒸散量的年际变化

的区域分别占总区域面积的19.6%、63.2%和17.1%。年蒸散量在600~800 mm的蒸散高值区域主要出现在滨海、黄河沿岸及华北平原北部的传统灌溉区。

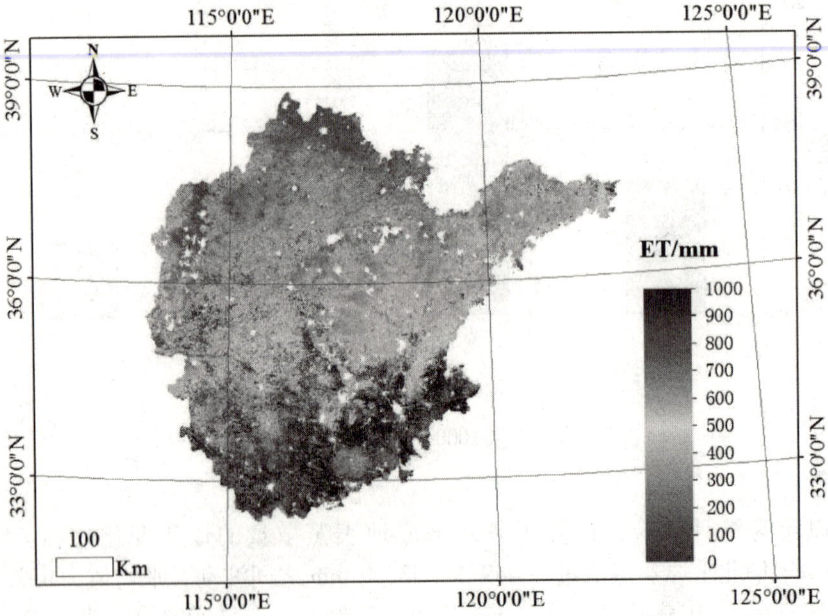

图7　华北平原多年蒸散平均空间分布

4　结论

本文针对华北平原区域，利用2000—2014年MODIS地表蒸散产品，研究了华北平原蒸散的时空分布特征。主要结论如下：

(1) 华北平原蒸散量主要集中在5—9月，最大时达到100 mm左右。从季节上看，冬季最小，夏季最高，春秋季接近持平。从年尺度看，从2000—2014年华北平原年蒸散量在449.1～532.7 mm之间波动，平均值为492.8 mm。

（2）华北平原蒸散量呈现出北低南高的变化趋势，年蒸散量在600～800 mm的高值区域主要出现在滨海、黄河沿岸及华北平原南部，约占华北平原面积的17.1%；其余区域年蒸散量在200～600 mm。

参考文献

[1] Li Z, Tang R, Wan Z, et al. A review of current methodologies for regional evapotranspiration estimation from remotely sensed data [J]. Sensors, 2009, 9 (5): 3801－3853.

[2] 易永红，杨大文，刘钰．区域蒸散发遥感模型研究的进展［J］．水利学报，2008，39（9）：1118－1124.

[3] 张小磊，杨梅学．基于GAME－Tibet IOP的青藏高原蒸散研究［J］．地理科学，2010，30（6）：929－935.

[4] 姚玉璧，王润元，杨金虎，等．黄土高原陆地表层作物生长季最大可能蒸散量的变化特征［J］．地理科学，2011，31（8）：989－995.

[5] 莫兴国，薛玲，林忠辉．华北平原1981—2001年作物蒸散量的时空分异特征［J］．自然资源学报，2005，2：181－187，317.

[6] 赵静，邵景力，崔亚莉，等．利用遥感方法估算华北平原陆面蒸散量［J］．城市地质，2009，1：42－48.

宁东气化煤的岩石学及岩相特征

徐靖杰　王晓帅　黄亚虎　唐跃刚

中国矿业大学（北京）地球科学与测绘工程学院，北京　100083

摘　要　利用煤岩学、沉积学、煤相学和统计学等方法绘制 TPI – GI 煤相图、GWI – VI 煤相图，对羊场湾矿区和梅花井矿区 YCW – 2 煤层和 MH – 10 煤层的煤岩学和煤相特征进行了研究。结果表明：YCW – 10 煤层的宏观煤岩类型以半亮煤为主，MH – 10 煤层以半暗煤为主。显微组分均以镜质组（占 50% 左右）为主，惰质组次之，矿物则均以黏土矿物和黄铁矿为主。MH – 10 煤层和 YCW – 2煤层均形成于（湖相）下三角洲平原环境，覆水较浅，以木本植物为主的低位树沼的复合型沼泽。

关键词　煤岩学　煤相　显微组分

Characteristics of Lithofacies and Lithology of Coal in Ningdong Gasification Engineering

Xu Jingjie　Wang Xiaoshuai　Huang Yahu　Tang Yuegang

Collage of Geoscience and Surveying Engineering,
China University of mining and Technology, Beijing, 100083

Abstract　Use of coal petrology, sedimentology, coal facies and statistical methods, drawing the TPI – GI coal facies and GWI – VI coal facies. Researching the petrology and coal facies of YCW – 2 and MH – 10. The results showed that YCW – 2 coal seam of macroscopic type is giving priority to with semibright coal, MH – 10 is giving priority to with semidull coal. Macerals are all main with vitrinite , and inertinite second place. Minerals are mainly clay minerals and pyrite. MH – 10 and YCW – 2 coal seams are formed in the (lake facies) delta plain environment, and give priority to with woody plants swamp.

Key words　coal petrology　coal facies　macerals

资助项目：中央高校基本科研业务费专项资金资助（项目编号：2010YD07）

作者简介：徐靖杰，中国矿业大学（北京）地球科学与测绘工程学院。Tel:13241343348；E – mail:8723558 51@qq. com

0 引言

煤岩学被广泛应用于泥炭与煤的沉积环境的研究。煤岩组分特征可直接反映出成煤时期的沼泽环境[1]。煤相研究则是煤田地质学所要解决的基本问题之一，其对恢复成煤的物质条件、沉积环境、煤岩类型、煤中的矿物分布规律及其成因均具有重要意义[2]。自20世纪80年代以来，国内许多学者对我国西南、西北、华南、华北等主产煤区的石炭系、二叠系、中生代、新生代等含煤岩系的煤岩及煤相进行了研究，并取得了许多成果[3]。

本文主要基于煤岩显微组分、煤相参数等数据，利用统计学方法绘制 TPI - GI 煤相图、GWI - VI 煤相图，并对煤层的煤相类型进行分析研究，推测出研究区煤层的成煤时期古环境，为该区煤层的成因提供一定的地质依据。

1 研究区地质概况

1.1 羊场湾矿区

羊场湾矿区位于宁夏回族自治区灵武矿区中部,属鄂尔多斯地台西缘断褶带。含煤地层为侏罗系中统延安组(J_{2y}),该组是一套内陆湖泊三角洲沉积,地层平均厚度为 326.45 m,共含煤层 32 层,累计厚度为 24.92 m,含煤系数为 10.59% ,其中 1、2、$3_下$、6、9、11、12、14、15、16 煤层为可采煤层,可采煤层平均总厚 21.63 m,可采含煤系数为 9.19% [4]。

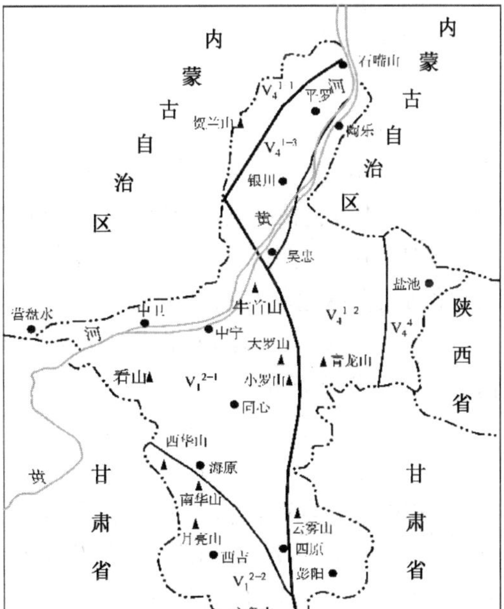

V_1^{2}—祁连 - 北秦岭地层分区；V_4^{1-1}—贺兰山地层区；V_1^{2-1}—宁夏南部地层小区；
V_4^{1-2}—桌子山 - 青龙山地层分区；V_1^{2-2}—海源 - 西吉地层小区；V_4^{1-3}—银川地层小区；V_4^{4}—鄂尔多斯地层分区

图1 宁夏回族自治区综合地层区划图[5]

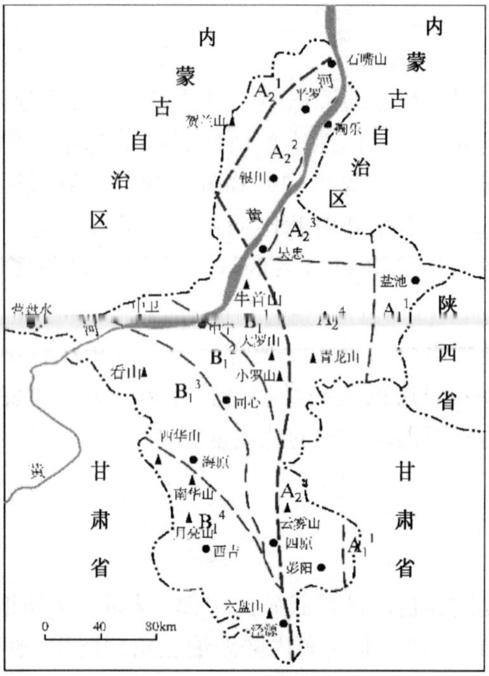

A—华北地台；B—秦祁褶皱带；$A_1{}^1$—天环向斜；$A_2{}^1$—贺兰山复向斜；

$B_1{}^2$—同心逆冲席；$A_2{}^2$—银川地堑；$B_1{}^3$—海原逆冲席；$A_2{}^3$—桌子山—横山堡逆冲带；

$B_1{}^2$—六盘山逆冲席；$A_2{}^4$—青龙山—云雾山逆冲带

图2　宁夏回族自治区构造单元区划图[4]

1.2　梅花井矿区

梅花井矿区位于宁夏回族自治区磁窑堡镇，属于华北地台、南北向逆冲构造带[5]。含煤地层亦为侏罗系中统延安组（J_{2y}），钻孔揭露厚度最小为262.85 m，最大为341.59 m，平均厚度295.79 m。含煤地层厚度由北向南有逐渐增厚的变化趋势，由西向东厚度变薄。该矿井内第四系广泛发育，凭钻孔揭露地层有三叠系上统上田组（T_{3s}）、侏罗系中统延安组（J_{2y}）、中统直罗组（J_{2z}）、上统安定组（J_{3a}）；古近系渐新统清水营组（E_{3q}）和第四系（Q）[6]。地质构造详情如图1和图2所示。

2　样品采集与制备

研究样品采自羊场湾煤矿和梅花井煤矿。梅花井煤矿采集19个样品，羊场湾煤矿采集14个样品，共计33个样品，每种样品各3.7 kg。梅花井煤矿（10号煤层）柱状样1个，刻槽样5个（2号、4号、6号、10－1号、10－2号煤层）；羊场湾煤矿（2号煤层）柱状样1个，刻槽样2个（2号、6号煤层。详情见表1）。

样品采样与制备严格按照《生产煤样采样方法》《煤岩分析样品制备方法》，煤样的显微组分观察、定量和镜质组发射率分析按国标《煤的显微组分组和矿物测定方法》《煤的镜质体反射率显微镜测定方法》测定。

表1　样品采集数量表　　个

采样地点	分层煤样	刻槽样	共计
梅花井煤矿	14	5	19
羊场湾煤矿	12	2	14

3　煤岩特征

3.1　宏观煤岩特征

本文主要分析羊场湾2号煤层（YCW－2）和梅花井10号煤层（MH－10）煤样的宏观煤岩类型含量及各类型煤厚度占总厚度的比例，如图3所示。

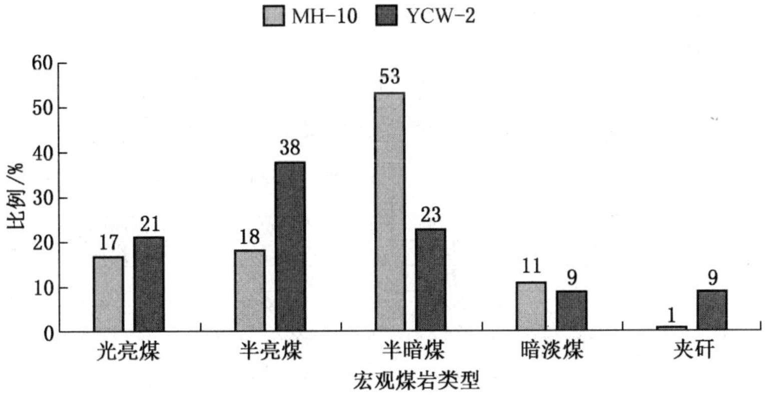

图3　YCW－2煤层与MH－10煤层宏观煤岩类型

由图可知，羊场湾煤矿2号煤层（YCW－2）柱状样的宏观煤岩类型主要以半亮型煤为主，占总厚度的38%，光亮煤和半暗煤次之，暗淡煤含量最少（9%）。煤样多为均一或条带状结构，易碎，内生裂隙较发育。其中含两层炭质泥岩夹矸。

梅花井煤矿10号煤层(MH－10)的宏观煤岩类型主要以半暗煤为主,占总厚度的53%。光亮煤和半亮煤含量相近,暗淡煤含量也最少(11%)。煤层多呈条带状结构,易碎。

通过绘制YCW－2、MH－10煤层采样点的煤岩柱状图（图4）可知，YCW－2煤层中半亮煤与半暗煤交替出现，光亮煤含有两层，主要分布在煤层上部；YCW－2煤层的平均光亮强度变化不大，该层含两层炭质泥岩夹矸。MH－10煤层中上半部中光亮煤、半亮煤、半暗煤和暗淡煤均有出现，光泽强度变化较大，煤层下半部主要为半暗煤，而光亮煤和半亮煤穿插其中，煤层的光泽强度变化不大；该煤层含有一层夹矸。

3.2　显微煤岩特征

本文根据显微组分的油浸物反光下的形态、结构和相对反射率等对有机显微成分、矿物及反射率进行鉴定，并利用点计法统计其相对含量。梅花井、羊场湾两煤矿刻槽样的显微组分定量及镜质组最大反射率测定结果见表2，特征图如图5所示。

梅花井煤矿刻槽样显微组分中镜质组含量为54.9%，以胶质镜质体（19.3%）、胶质镜屑体（17.1%）为主；惰质组含量为30.4%，以丝质体（9.7%）、半丝质体（4.6%）为主；类脂组含量较低，为2.7%；矿物含量为12%，以黄铁矿、黏土矿物和菱铁矿为主。其镜质组最大反射率为0.49%。

羊场湾煤矿刻槽样中显微组分以镜质组（47.1%）和惰质组（46%）为主，其中镜质组中胶质镜屑体含量最高（25.4%），惰质组中惰屑体的含量最高（16.8%），而类脂组含量较低（3.8%），矿物含量最少（3.1%）。其镜质组最大反射率为0.5%。

采样点编号：YCW				采样地点：宁夏回族自治区宁东煤田羊场湾煤矿		
煤层名称：羊场湾 2 号煤层				煤层总厚度：565 cm		
成煤时代：侏罗系中统延安组 (J_{2y})						
样品编号	累计厚度/cm	分层厚度/cm	柱状图	结构特征	构造特征	描述
YCW2-0				均一	块状	顶板，黑色炭质泥岩
YCW2-1	50	50		均一	块状	深黑色、光泽较强、易碎、断口贝壳状、内生裂隙较发育
YCW2-2	110	60		均一	块状	深黑色、光泽很强、易碎、贝壳状断口、内生裂隙发育
YCW2-3	140	30		条带状	块状	黑色、光泽较暗、煤质较硬、棱角状断口
YCW2-4	200	60		均一	块状	深黑色、光泽很强、易碎、贝壳状断口、内生裂隙发育
YCW2-5 YCW2-6	300	100		条带状	层状	黑色、光泽较暗、比较坚硬、断口参差不齐
YCW2-7	310	10		均一	块状	夹矸，炭质泥岩
YCW2-8 YCW2-9 YCW2-10	475	165		均一	块状	深黑色、光泽较强、易碎、断口贝壳状、内生裂隙较发育
YCW2-11	515	40		均一	层状	夹矸，黑色炭质泥岩、光泽暗淡、质软、污手
YCW2-12	565	50		均一	块状	黑灰色、光泽暗淡、致密、煤质坚硬、断口参差状
YCW2-13				均一	块状	底板，黑色炭质泥岩

光亮煤	半亮煤	半暗煤	暗淡煤	炭质泥岩

(a) YCW-2 煤层

采样点编号：MH				采样地点：宁夏宁东煤田鸳鸯湖矿区梅花井煤矿		
煤层名称：梅花井 10 号煤层				煤层总厚度：413 cm		
成煤时代：侏罗系中统延安组 (J_{2y})						
样品编号	累计厚度/cm	分层厚度/cm	柱状图	结构特征	构造特征	描述
MH10-0				均一	块状	顶板，黑色炭质泥岩
MH10-1 MH10-2	60	60		条带状	层状	黑色、光泽较暗、硬度和韧性较大
MH10-3	85	25		均一	块状	深黑色、光泽较强、易碎、呈棱角状、断口贝壳状
MH10-4	95	10		均一	块状	黑灰色、光泽暗淡、致密、煤质坚硬、棱角状断口
MH10-5	115	20		均一	块状	深黑色、光泽很强、易碎、脆性较大、贝壳状断口
MH10-6	118	3			块状	夹矸，黑色炭质泥岩
MH10-7	138	20		条带状	块状	深黑色、光泽较强、易碎、断口棱角状、内生裂隙较发育
MH10-8	173	35		均一	块状	灰黑色、光泽暗淡、致密、硬度和韧性大、断口棱角状
MH10-9	203	30		条带状	层状	黑色、光泽较暗、硬度较大
MH10-10	233	30		条带状	层状	深黑色、光泽较强、易碎、断口参差状
MH10-11	283	50		均一	块状	深黑色、光泽很强、易碎、贝壳状断口、内生裂隙发育
MH10-12	343	60		条带状	层状	黑色、光泽较暗、煤质较硬、断口棱角状
MH10-13 MH10-14	413	70		均一	块状	黑色、光泽较暗、致密、硬度较大、断口棱角状
MH10-15				均一	块状	底板，黑色炭质泥岩

光亮煤	半亮煤	半暗煤	暗淡煤	炭质泥岩

(b) MH-10煤层

图4　煤岩柱状图

表2　煤的有机显微组分、矿物含量及镜质组最大反射率　　　　%

煤　层	镜质组						惰质组				
	T	CT	CD	CG	VD	V	F	SF	Ma	Mi	Fg
梅花井煤矿刻槽样	5.3	19.3	17.1	1.6	11.6	54.9	9.7	4.6	3.1	1.3	0.0
羊场湾煤矿刻槽样	6.5	4.0	25.4	1.3	9.9	47.1	12.9	9.3	3.6	3.2	0.2

煤　层	惰质组		类脂组				矿　物				R_{max}
	ID	I	Sp	Cut	Res	L	Cl	Sd	Py	M	
梅花井煤矿刻槽样	11.7	30.4	1.5	0.2	1.1	2.7	2.1	0.9	8.9	12	0.49
羊场湾煤矿刻槽样	16.8	46	0.6	1.5	1.7	3.8	0.6	0.6	1.9	3.1	0.5

注：T代表结构镜质体；CT代表胶质镜质体；CD代表胶质镜屑体；CG代表团块凝胶体；VD代表镜屑体；F代表丝质体；SF代表半丝质体；Ma代表粗粒体；Mi代表微粒体；Fg代表菌粒体；ID代表惰屑体；Sp代表孢子体；Cut代表角质体；Res代表树脂体；Cl代表黏土；Sd代表菱铁矿；Py代表黄铁矿；V代表镜质组；I代表惰质组；L代表类脂组；M代表矿物。

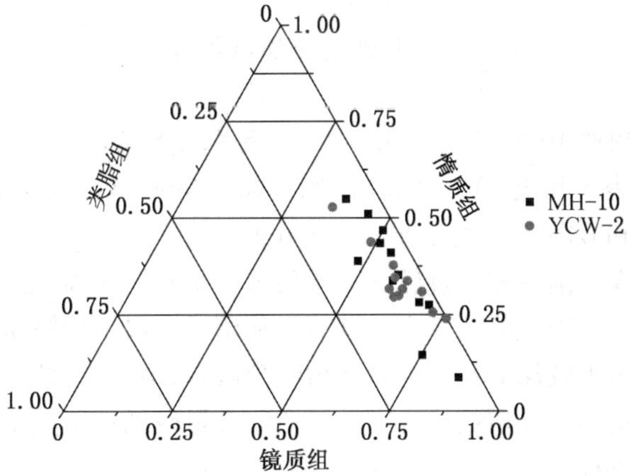

图5　样品显微组分组成特征图

4　煤相特征

4.1　煤相参数

煤相是指煤原始的成因类型，其由泥炭堆积的古环境条件决定。目前普遍采用的煤相类型划分方法是基于显微组分定量统计的成因参数分析方法[7-11]，主要包括植物结构保存指数（*TPI*）、凝胶化指数（*GI*）、地下水流动指数（*GWI*）、植被指数（*VI*）和氧化指数（*OI*）。

植物结构保存指数（TPI）的大小表示植物细胞结构保存完好的程度和经受氧化降解作用的强弱。TPI越高，反映植物的结构保存越好；反之，则遭受降解强度越高。

凝胶化指数（*GI*）反映泥炭沼泽的潮湿程度、古泥炭沼泽的水位变化特征和植物遗体遭受凝胶化作用的程度。*GI*高，表示凝胶化程度高，沼泽的覆水相对较深，也表明泥炭形成环境潮湿。

地下水流动指数（*GWI*）可以在一定程度上反映泥炭堆积时水位的高低、地下水对成煤泥炭沼泽的控制程度和矿物含量。*GWI* 越高，沼泽内覆水越深。

植被指数（*VI*）主要反映成煤植物的类型。如果 *VI* 较小，则认为其与草本植物或水生植物有较高的亲和性[12,13]；反之，与木本植物关系密切。

氧化指数（*OI*）可表示泥炭沼泽的氧化程度。

TPI－GI 和 GWI－VI 的概念分别由 Diessel[14] 和 Calder 等[15] 提出，本次研究所用的公式如下[11,13-17]：

$$TPI=\frac{\text{结构镜质体}+\text{胶质结构镜质体}+\text{半丝质体}+\text{丝质体}}{\text{胶质镜屑体}+\text{碎屑镜质体}+\text{粗粒体}+\text{碎屑惰质体}}$$

$$GI=\frac{\text{镜质组}+\text{粗粒体}}{\text{半丝质体}+\text{丝质体}+\text{碎屑惰质体}}$$

$$GWI=\frac{\text{胶质镜屑体}+\text{碎屑镜质体}+\text{团块凝胶体}+\text{胶质镜质体}+\text{矿物}}{\text{结构镜质体}+\text{胶质镜质体}}$$

$$VI=\frac{\text{结构镜质体}+\text{胶质镜质体}+\text{半丝质体}+\text{丝质体}}{\text{胶质镜屑体}+\text{碎屑镜质体}+\text{碎屑惰质体}}$$

$$OI=\frac{\text{粗粒体}+\text{惰屑体}}{\text{其他有机显微组分}}$$

4.2 煤相分析

本文根据梅花井煤矿 10 号煤层（MH－10）及羊场湾煤矿 2 号煤二层（YCW－2）煤样的显微组分数据（表 3 和表 4），计算出 *TPI*、*GI*、*GWI*、*VI*、*V/I*（镜惰比）和 *OI*（表 5），并绘制 *TPI－GI* 和 *GWI－VI* 煤相图，如图 6 所示。

分析可知，干燥森林沼泽相通过较高的丝质体和半丝质体表现出；上三角洲平原相煤层发育镜煤和光亮煤，结构镜质体发育；潮湿森林沼泽相以结构镜质体、胶质镜质体富集为主，形成于潮湿、覆水较深的环境，具有植物分解弱，水流动性差的特点；湖泊沼泽相以暗煤为主，显微结构则以碎屑结构为主，镜质组含量较低；下三角洲平原反映的是一种复合的沼泽体系发育过程[17]。

4.2.1 *TPI－GI* 煤相图显示

MH－10 煤层和 YCW－2 煤层的 *GI* 主要分布在 1～5，显示两煤层的凝胶化程度中等，综合平均镜惰比（$V/I>2$）和氧化指数（$OI<0.4$）表明 MH－10 煤层和YCW－2 煤层形成于较潮湿的还原条件或弱氧化条件下。*TPI* 分布在 0.2～0.8 之间，该值相对较小，表明植物的结构保存较差，遭受降解强度较强，同时 MH－10 煤层显微组分以胶质镜屑体（算术平均21%）、惰屑体（算术平均 13%）为主，YCW－2 煤层的显微组分也主要以胶质镜屑体（算术平均 18%）、惰屑体（算术平均 13%）为主。表明 MH－10 煤层和 YCW－2煤层的沉积环境基本一致，且绝大部分的点落在（湖相）下三角洲平原区域，即煤相为（湖相）下三角洲平原相。

4.2.2 *GWI－VI* 煤相图显示

MH－10 煤层和 YCW－2 煤层的 *VI* 主要分布在 0.2～0.8，*GWI* 主要分布在 1～8 之间。MH－10 煤层与 YCW－2 煤层的 *VI* 平均值分别为 0.63、0.59，这表明所研究煤层的成煤植物以木本植物为主，草本植物为辅；而 *GWI* 平均值分别为 3.08、3.49，这说明两煤层成煤时泥炭堆积的水位相对较深。结合 *GWI－VI* 煤相图分析，所研究煤层的煤相以低位树沼为主，并混有少部分覆水较深草沼的复合型泥炭沼泽。

表3 MH－10煤层显微组分统计表

%

样品编号	镜质组						类脂组				惰质组							矿物			
	T	CT	CD	CG	VD	V	Sp	Cut	Res	L	F	SF	Ma	Mi	Fg	ID	I	Cl	Sd	Py	M
MH10－1	11.3	1.8	21.6	—	6.4	41.0	5.3	2.5	2.8	10.6	7.1	5.7	3.2	7.8	2.1	7.1	32.9	1.8	1.4	12.4	15.5
MH10－2	4.8	11.7	23.1	1.1	14.7	55.3	2.9	2.9	1.1	7.0	8.8	8.4	1.8	1.5	—	11.7	32.2	2.6	0.4	2.6	5.5
MH10－3	4.6	11.0	23.8	—	12.8	52.1	0.7	1.1	2.1	3.9	10.3	5.3	1.8	1.8	0.7	19.1	39.0	2.8	0.7	1.4	5.0
MH10－4	5.5	7.8	22.8	0.7	10.7	47.6	0.3	1.0	2.0	3.3	9.1	5.9	2.6	1.0	—	25.4	44.0	1.3	2.0	2.0	5.2
MH10－5	4.3	14.6	25.6	0.4	20.1	65.0	2.4	0.8	0.8	3.9	4.7	4.7	3.5	4.7	—	8.7	26.4	2.0	0.8	2.0	4.7
MH10－6	1.2	14.6	17.4	2.0	35.2	70.4	0.8	2.4	0.8	4.0	1.6	1.2	1.2	0.8	—	2.0	6.7	7.9	3.2	7.9	19.0
MH107	6.9	6.9	16.0	0.4	10.7	40.8	0.4	1.5	1.9	3.8	11.8	12.6	1.1	0.4	—	21.4	47.3	1.1	3.8	3.1	8.0
MH10－8	5.6	—	22.9	—	6.0	34.6	4.9	0.8	1.1	6.8	3.0	14.3	7.9	3.8	—	22.6	51.5	0.4	—	6.8	7.1
MH10－9	3.9	6.5	22.0	1.6	9.7	43.7	1.0	1.6	1.3	3.9	4.5	5.5	4.2	1.6	—	—	25.9	4.9	0.6	21.0	26.5
MH10－10	16.9	3.1	19.0	0.7	19.3	59.0	3.1	2.0	1.4	6.4	5.1	3.4	4.7	4.1	0.3	11.5	29.2	0.7	1.4	3.4	5.4
MH10－11	4.2	25.0	29.7	1.3	12.7	72.9	4.2	3.8	2.1	10.2	1.7	0.4	5.5	4.7	—	1.7	14.0	0.8	0.4	1.7	3.0
MH10－12	12.9	7.2	8.0	3.6	14.9	46.6	3.6	1.2	—	4.8	3.2	0.8	4.4	2.4	—	29.3	40.2	5.2	2.0	1.2	8.4
MH10－13	3.3	13.1	27.8	0.4	16.7	61.2	3.7	4.1	0.8	8.6	7.8	7.3	4.9	—	—	9.0	29.0	0.4	0.4	0.4	1.2
MH10－14	6.0	29.4	9.4	—	19.2	64.2	0.8	0.4	0.4	1.5	9.1	4.9	0.4	6.4	—	4.2	24.9	2.6	2.6	4.2	9.4

表4　YCW-2煤层显微组分统计表

%

样品编号	镜质组						类脂组				惰质组							矿物			
	T	CT	CD	CG	VD	V	Sp	Cut	Res	L	F	SF	Ma	Mi	Fg	ID	I	Cl	Sd	Py	M
YCW2-1	8.5	14.0	21.3	—	—	63.8	0.9	1.3	—	2.1	2.1	4.3	3.8	—	—	13.[illegible]	23.4	3.4	2.1	5.1	10.6
YCW2-2	6.4	—	17.3	0.4	9.5	33.6	6.4	1.8	2.5	10.6	8.8	10.6	5.3	7.4	1.4	15.[illegible]	48.8	4.2	—	2.8	7.1
YCW2-3	12.0	9.1	21.6	2.9	14.5	60.2	3.3	3.3	2.5	9.1	4.6	4.6	3.7	3.3	—	12.[illegible]	29.0	1.2	—	0.4	1.7
YCW2-4	7.4	9.8	14.5	0.9	12.2	44.8	3.6	3.6	—	7.1	6.2	10.4	2.7	4.2	0.6	17.[illegible]	41.5	2.7	2.1	1.8	6.5
YCW2-5	11.0	8.3	23.2	0.4	17.7	60.6	2.4	—	1.2	3.5	8.7	6.7	4.3	0.8	—	12.[illegible]	32.7	1.2	0.4	1.6	3.1
YCW2-6	11.3	6.8	18.0	3.2	20.3	59.5	1.8	2.3	2.3	6.3	9.0	3.2	4.1	1.8	—	11.[illegible]	29.7	3.2	—	1.4	4.5
YCW2-7	9.5	14.9	7.7	5.0	26.1	63.1	0.5	0.9	0.5	1.8	5.4	2.7	0.9	0.9	—	19.[illegible]	29.3	4.1	0.5	1.4	5.9
YCW2-8	4.6	11.1	21.5	2.3	18.0	57.5	1.5	4.6	3.1	9.2	9.6	4.6	3.1	6.5	—	7.7	31.4	0.4	—	1.5	1.9
YCW2-9	5.9	5.0	25.1	1.3	18.8	56.1	3.8	0.4	1.3	5.4	10.5	11.3	2.5	1.7	—	7.1	33.1	2.5	0.8	2.1	5.4
YCW2-10	4.5	2.0	23.9	—	22.3	52.6	2.4	0.4	2.0	4.9	7.7	7.7	2.4	4.0	—	13.8	35.6	1.2	—	5.7	6.9
YCW2-11	6.0	5.6	13.7	1.2	34.1	60.6	—	—	0.4	0.4	2.4	1.2	0.4	0.4	—	14.1	18.5	14.1	1.6	4.8	20.5
YCW2-12	14.8	8.0	6.8	—	24.0	53.6	1.6	1.6	3.6	6.8	2.0	8.4	1.6	—	0.4	13.2	25.6	1.6	4.0	8.4	14.0

表5 煤相参数表

样品编号	*TPI*	*GWI*	*VI*	*GI*	*V/I*	*OI*
MH10 - 1	0. 68	3. 32	0. 74	2. 23	1. 78	0. 12
MH10 - 2	0. 66	2. 69	0. 68	1. 97	1. 8	0. 14
MH10 - 3	0. 54	2. 66	0. 56	1. 55	1. 43	0. 22
MH10 - 4	0. 46	2. 95	0. 48	1. 24	1. 11	0. 3
MH10 - 5	0. 49	2. 69	0. 52	3. 78	3	0. 13
MH10 - 6	0. 33	4. 65	0. 34	15. 08	11. 87	0. 04
MH10 - 7	0. 78	2. 56	0. 79	0. 92	0. 07	0. 21
MH10 - 8	0. 39	6. 4	0. 45	1. 07	0. 72	0. 33
MH10 - 9	0. 44	5. 78	0. 49	2. 39	1. 8	0. 19
MH10 - 10	0. 52	2. 22	0. 57	3. 19	2. 38	0. 17
MH10 - 11	0. 63	1. 59	0. 71	20. 56	7. 82	0. 07
MH10 - 12	0. 43	1. 74	0. 46	1. 53	1. 23	0. 37
MH10 - 13	0. 54	2. 83	0. 59	2. 75	2. 11	0. 14
MH10 - 14	1. 49	1. 07	1. 51	3. 56	3. 47	0. 05
YCW2 - 1	0. 5	2. 3	0. 53	3. 46	2. 73	0. 19
YCW2 - 2	0. 54	5. 39	0. 61	1. 12	0. 84	0. 22
YCW2 - 3	0. 57	1. 92	0. 62	2. 91	2. 34	0. 17
YCW2 - 4	0. 72	1. 98	0. 77	1. 39	1. 22	0. 22
YCW2 - 5	0. 6	2. 31	0. 65	2. 36	1. 9	0. 17
YCW2 - 6	0. 56	2. 55	0. 6	2. 66	2. 13	0. 17
YCW2 - 7	0. 6	1. 83	0. 61	2. 33	2. 22	0. 22
YCW2 - 8	0. 6	2. 78	0. 63	2. 77	2. 31	0. 11
YCW2 - 9	0. 61	4. 65	0. 64	2. 03	1. 79	0. 1
YCW2 - 10	0. 35	8. 19	0. 36	1. 89	1. 67	0. 17
YCW2 - 11	0. 25	5. 97	0. 25	3. 45	3. 36	0. 18
YCW2 - 12	0. 73	1. 96	0. 75	2. 34	2. 13	0. 17

综上分析，据 MH - 10 煤层、YCW - 2 煤层的煤相指数及 *TPI - GI*、*GWI - VI* 煤相图显示，MH - 10 煤层和 YCW - 2 煤层的沉积环境基本一致，均为（湖泊）下三角洲平原相。成煤时沼泽覆水较浅，成煤植物主要为木本植物，草本植物次之。煤相以低位树沼为主，并混有少部分覆水较深的草沼复合型泥炭沼泽。

5 结论

（1）羊场湾煤矿 2 号煤层（YCW - 2）的宏观煤岩类型以半亮煤为主。条带状结构较为发育；梅花井煤矿 10 号煤层（MH - 10）的宏观煤岩类型以半暗煤为主，易碎，条带状结构较为发育。

（2）显微煤岩特征研究对象为梅花井煤矿和羊场湾煤矿可采煤层的刻槽样，其平均最大反射率分别为 0. 49% 和 0. 5% 。两矿区煤样的显微组分均以镜质组和惰质组为主。类脂组含量较低；矿物含量分别为 12% 和 3. 1% ，且均以黏土矿物为主。

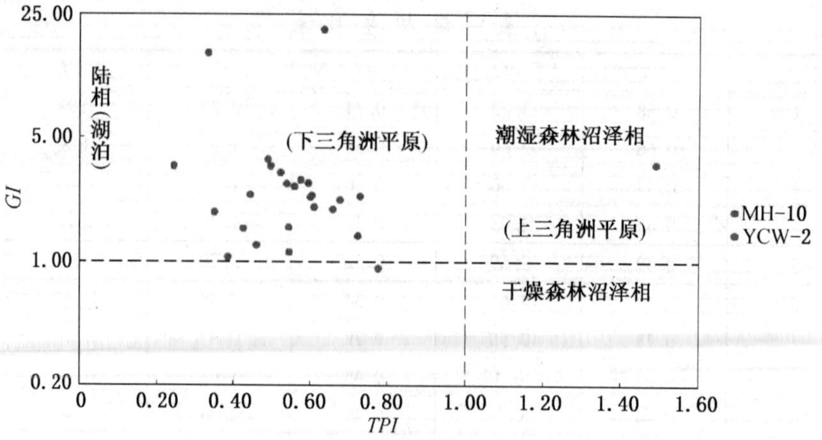

(a) *TPI-GI* 煤相图

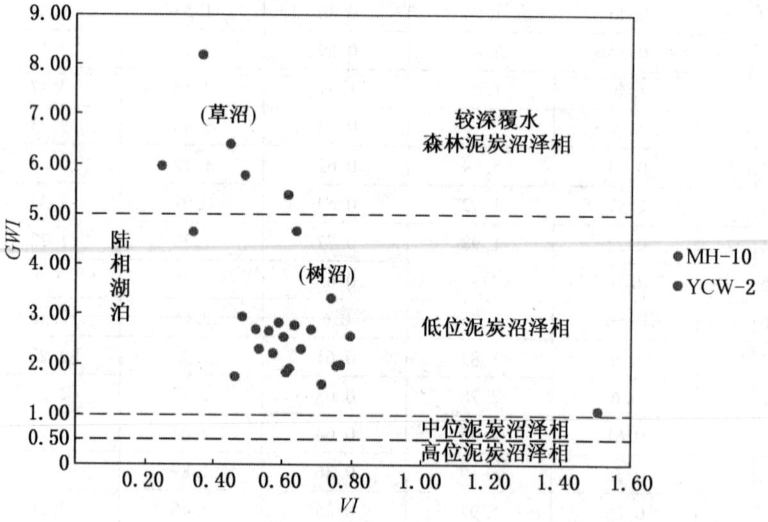

(b) *GWI-VI*煤相图

图6　*TPI* - *GI*、*GWI* - *VI* 煤相图

（3）MH - 10 煤层和 YCW - 2 煤层的沉积环境基本一致，均为（湖相）下三角洲平原相。成煤时沼泽覆水较浅，成煤植物主要为木本植物，草本植物次之。

参　考　文　献

[1] 陈鹏．中国煤炭性质、分类和利用［M］．北京：科学出版社，2007.

[2] 韩德馨，杨起．中国煤田地质学［M］．上册．北京：煤炭工业出版社，1979.

[3] 代世峰，任德贻，李生盛，等．内蒙古准格尔黑岱沟主采煤层的煤相演替特征[J]．中国科学(D 辑:地球科学)，2007，37(S1)：119 - 126.

[4] 宁夏矿产地质调查院．宁夏回族自治区灵武矿区羊场湾煤矿生产地质报告［R］．2012.

[5] 宁夏煤炭勘察工程公司．宁夏回族自治区宁东煤田鸳鸯湖矿区梅花井井田补充勘探报告 [R]. 2009.
[6] 宁夏矿产地质调查院．宁夏回族自治区灵武矿区梅花井煤矿生产地质报告 [R]. 2012.
[7] 代世峰，任德贻，彭苏萍，等．内蒙古乌达矿区煤的显微特征与沉积环境关系的研究 [J]. 沉积学报，1998，(3)：141－146.
[8] 代世峰，任德贻，唐跃刚，等．乌达矿区主采煤层泥炭沼演化及其特征 [J]. 煤炭学报，1998，(1)：9－13.
[9] 王绍清，唐跃刚．神东矿区煤岩学特征及煤相 [J]. 中国煤田地质，2007，(5)：4－7.
[10] 唐跃刚，陈佃华，李彬，等．乌达矿区高硫煤的煤相与层序地层的分析 [R]. 2014.
[11] 郭亚楠，赵博，解锡超，等．华南晚二叠世树皮煤的煤相特征及对比研究 [J]. 中国煤炭地质，2009，(12)：19－23.
[12] Diessel C F K. Carbonization reactions of inertinite macerals in Australian coals[J]. Fuel, 1983, 62(8): 883－892.
[13] Diessel C F K. Fluorometric analysis of inertinite[J]. Fuel, 1985, 64(11): 1542－1546.
[14] Diessel C F K. On the correlation between coal facies and depositional environments[C] // Proceedings symposium on advances in the study of the Sydney Basin. Newcastle: Newcastle University, 1986: 19－22.
[15] CALDER J H, GIBLING M R, MUKHOPADHYAY P K. Peatformation in a Westphalian B piedmont setting, Cumberland Basin, Nova Scotia; implications for the maceral－based interptation of rheotrophic and raised paleomires[J]. Geologu Bull, 1991, 162: 283－298.
[16] 楚英军，李蛟龙，李彦恒．单侯矿 5 号、6 号煤的煤岩学特征及煤相分析 [J]. 煤炭与化工，2013，(11)：6－7.
[17] 侯贤旭，唐跃刚，宋晓夏，等．重庆中梁山矿区主要煤层的煤岩学和煤相特征[J]. 煤田地质与勘探，2013，41(5)：6－10.

煤系矿产资源综合勘查方法——以煤与石膏综合勘查为例

孙雨晴[1]　武玉良[1]　曹亭婷[1]　魏迎春[1]　刘志逊[2]

1. 中国矿业大学（北京）地球科学与测绘工程学院，北京　100083

2. 中国地质调查局发展研究中心，北京　100037

摘　要　我国从单一的煤炭勘查向煤系综合矿产资源勘查发展，如何开展煤系矿产资源综合勘查是现在面临的重要问题。本文以湖南省涟源市岛石－渡头塘调查区煤与石膏综合勘查为例，分析了煤与石膏综合勘查方法，探讨了煤与石膏的综合勘查模式。通过研究，指出了煤与石膏的勘查应加强现有资料的充分利用，深入分析煤和石膏矿产的成因、古地理环境、古构造特征及赋存规律，在此基础上，选择地质填图、探槽、电法勘探、钻探、测井和采样测试技术手段，相互配合验证的综合勘查。

关键词　煤系矿产资源　综合勘查　岛石－渡头塘调查区　煤与石膏

Comprehensive Exploration Method forCoal Mineral Resources—— Taking Coal and Gypsum Comprehensive Exploration as an Example

Sun Yuqing[1]　Wu Yuliang[1]　Cao Tingting[1]
Wei Yingchun[1]　Liu Zhixun[2]

1. Collage of Geoscience and Surveying Engineering, China University of Mining and Technology, Beijing　100083

2. Development and Research Center, China Geological Survey, Beijing　100037

Abstract　Developingcomprehensive exploration of coal mineral resources froma single coal exploration nowin China, the important problem facing is how to develop comprehensive exploration of coal mineral resources. Taking Daoshi – Dutoutang survey area in

---

资助项目：中央高校基本科研业务费专项资金资助（2009QD15）；国家地质矿产资源调查与评价项目（1212011085510）；北京市大学生科学研究与创业行动计划项目资助项目（C201502017）

作者简介：孙雨晴（1992—　），男，吉林人，硕士研究生。Tel:18810544808; E－mail:1151934754@qq.com

Lianyuan ,Hunan province as an example,the paper analyzed coal and gypsum comprehensive exploration method and discussed comprehensive exploration model. It is pointed out thatthe exploration for coal and gypsum should strengthen the use of existing data, analyzed the cause of coal and gypsum,paleo geographic environment,characteristic ofpalaeostructureand occurrence regularity. On this basis, the explorationused geological mapping,trenches,electrical prospecting,drilling,logging and sample testing.

Key words coal mineral resources comprehensive exploration Daoshi – Dutoutang survey area coal and gypsum

我国煤系地层分布广，厚度大，多数含煤岩系地层中不仅赋存大量的煤炭资源，而且赋存有其他丰富的矿产资源，且不少矿产资源储量大，品位高，可开采价值高[1]。近年来，含煤岩系矿产资源的综合勘查越来越受到重视[2-4]，随着煤炭地质勘查和研究的不断深入，发现了锗、镓、锂、铝等赋存于煤层中的稀缺矿产资源，煤层气、页岩气、致密砂岩气等赋存于煤层与煤系中的气态能源矿产，以及油页岩、砂岩型铀矿、高岭土、石墨、耐火黏土、石膏等赋存于煤系中的固体矿产[2,4-9]。由于煤系矿产资源种类众多，且不同的矿产勘查方法与煤炭勘查方法存在较大的差异，使得综合勘查存在较大的困难，因此明确煤系矿产资源综合勘查的目的、任务十分重要。

煤系矿产资源的综合勘查是指在煤炭勘查过程中兼顾其他矿产资源，即在煤炭勘查中针对发现的其他矿产资源，增加一定的勘查技术手段，以达到初步查明煤与含煤岩系其他矿产的资源潜力，判断是否具有进一步勘查与开发的价值。因此，在煤系矿产的综合勘查中应加强对煤炭勘查资料的利用，注意对勘查区内测井异常的调查与解释，有针对性的增加勘查技术手段，最终实现煤系矿产资源的综合勘查。本文以岛石 - 渡头塘调查区为例，探讨煤与石膏的综合勘查方法，提出相应的勘查策略，对今后煤系矿产资源的综合勘查具有重要的指导意义。

1 研究区概况

岛石 - 渡头塘调查区中心位于涟源市北东，距涟源市 20 km，位于桥头河向斜外围范围内。东起涟源市曾加桥乡，西止涟源市岛石；南起涟源市湖泉 - 高车，北止涟源市田湖，行政隶属涟源市管辖。调查区面积约 590. 6 km^2。

涟源含煤区是湖南两大最主要赋煤构造单元之一，同时梓门桥组赋存丰富的石膏矿，总体构造形态以完整的向斜、背斜为主，其中伴有少量北东向的断裂。其构造分带明显：西部为叠瓦状逆冲断层带，中部广大地区为隔挡式褶皱带东部为宽缓褶皱带[10,11]。中部的隔挡式褶皱带总体构造线为北东向，由宽阔的向斜构造和紧闭的背斜构造组成，在隔挡式褶皱构造的宽阔的向斜中保存着测水煤系和梓门桥组等含矿（石膏）地层（图 1）。

岛石 - 渡头塘调查区位于涟邵煤田的涟源含煤区，区域地层出露较全，有第四系（Q）、白垩系（K）、三叠系下统大冶组（T_1d）、二叠系上统长兴组（P_2ch）及龙潭组（P_2l）、二叠系下统茅口组（P_1m）及栖霞组（P_1q）、中上石炭统壶天群（C_{2+3}）、下石炭统梓门桥组（C_1z）、测水组（C_1c）、石磴子组（C_1s）及前泥盆系地层，主要含煤地层为

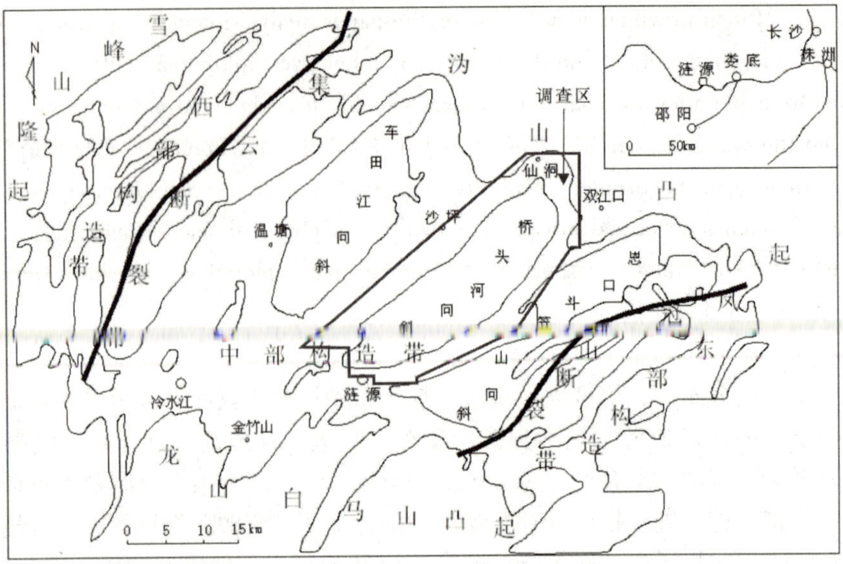

图1 涟源凹陷构造示意图

二叠系上统龙潭组和石炭系下统测水组下段[10]。调查区含煤地层为石炭系下统测水组，上下段共含煤7层，其中3煤层为区内主要可采煤层，煤厚0.04～7.46 m，一般厚为1.35 m，含夹矸0～5层；5煤为局部可采煤层，煤厚0～4.44 m，一般厚为0.95 m，含夹矸0～1层。其他煤层不发育，也不可采。主要含石膏地层为石炭系下统上部的梓门桥组，梓门桥组中下部含石膏矿层4层，其中Ⅱ、Ⅲ、Ⅳ石膏可采，平均真厚度为1.60～3.48 m[10,12]。

2 勘查方法

在岛石－渡头塘调查区煤与石膏的综合勘查中，通过以往的地质工作和地质资料，结合矿区地质资料，运用地质方法分析了煤与石膏矿产的成因、古地理环境、古构造特征及聚集规律，找到其内在、外在的联系和区别，选择了综合电法勘探、钻探、测井和采样测试为主，辅以其他勘查技术手段的勘查方法。

2.1 煤与石膏成矿关系

岛石－渡头塘调查区的测水组形成于石磴子期及梓门桥期两次海进之间的海退阶段，早期海进沉积了石磴子组碳酸盐岩建造，中期海退沉积了测水组海陆交互相含煤建造，晚期海进沉积了梓门桥组碳酸盐岩建造。炎热潮湿的气候使得植物生产茂盛，为成煤作用提供了有利条件，闭塞的与外海似通非通的、宁静的、以弱还原为主的滨海湾泻湖环境为成煤提供了极为有利古地理条件。在有利的古地理环境配合下，沉积的测水组含煤建造、岩性、岩相及煤厚比较稳定，结构比较简单，含煤旋回完整。距古陆较近的海湾泻湖盆地中煤层发育，远离古陆的陆缘滨海、滨海盆地及紧靠近古陆边缘地带煤层发育程度差，且结构复杂，含硫高。梓门桥组位于石炭系下统上部，为一套碳酸盐岩沉积[12]，主要沉积环境为潮上带、潮间带、潮下带沉积。石膏层主要形成于潮上带环境，地壳的升降变化使潮上带、潮间带交替重复，这就使梓门桥组下部形成了多层石膏，潮上带持续时间长，交代作用强烈可以形成厚石膏层，反之形成薄层石膏。梓门桥组及石膏层厚度有往北东、北东东方向（古陆，陆源碎屑补给方向）变薄的趋势，沉积中心不仅受沉积环境控制，而且还受到后期构造作用的改造。实际上，涟源聚煤中心同样也是梓门桥组地层沉积中心。

2.2 综合勘查技术

对煤与石膏的勘查，需要查明煤与石膏矿产的层位、层厚、数量、规模、形态等信息，综合考虑煤与石膏矿产的特性，在煤炭勘查的基础上增加相应的工作，包括测井曲线的解释对象、采样测试工作等。通过收集的勘查区各地层地球物理特征数据可知，煤系地层、断层破碎带与其他各地层之间存在较明显的电性差异，故在本区使用高密度电阻率法、对称四极直流电测深进行物探勘查。全区共布置高密度电阻率法测线 22 条，测线剖面总长 38 km，坐标点 972 个，加密控制物理点 173 个，系统检观测点 35 个，物理点 1150 个。对称四极直流电测深测线 4 条，坐标点 40 个，系统检观测点 2 个，“十”字测深观测点 3 个，总物理点 45 个。最终获得的物探综合解释地质断面图与地质剖面基本吻合（图 2、图 3）。

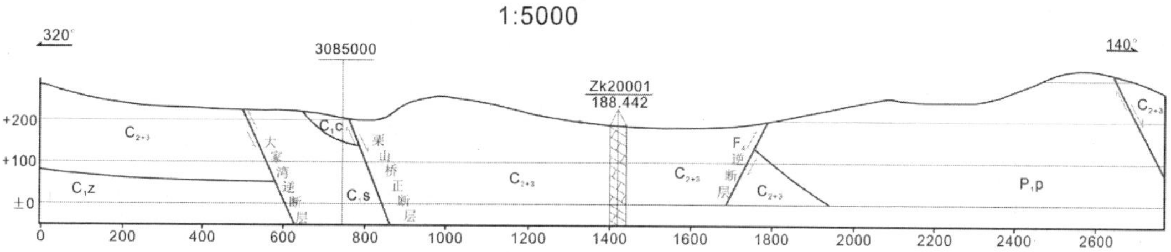

图 2　200 线剖面图

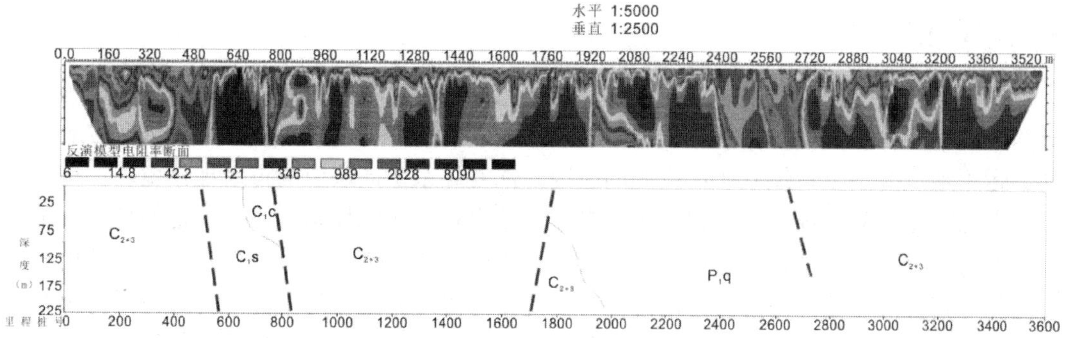

图 3　DF5 线物探解释综合地质断面图

在该研究区通过钻探与测井相配合研究煤层和石膏层位的相互关系，共完成 5 个钻孔，并对每个钻孔进行了地球物理测及井孔深丈量、孔斜测量、简易水文观测。施工的 5 个钻孔中共见煤层 13 层，可采煤层 6 层，区内煤层的物理特征体现为中～低阻、低密度、低放射性，而且其物性特征随煤层结构、构造挤压程度等不同亦有变化。单一的煤层在视电021 内较稳定，厚度不均，一般在 0.6 ~ 6.0 m。较纯的石膏其物性特征主要表现为中 ~ 高阻，中 ~ 高密度，低放射性，其物性特征最明显的特点是天然放射性极低，通常只有 0 至几个 API，总体呈现为“三低两高”（图 4）。除物探、钻探和测井之外，还采用了地质填图、探槽及采样化验测试，其中共采取煤心煤样 12 个，石膏矿样 38 个，瓦斯样 6 个。

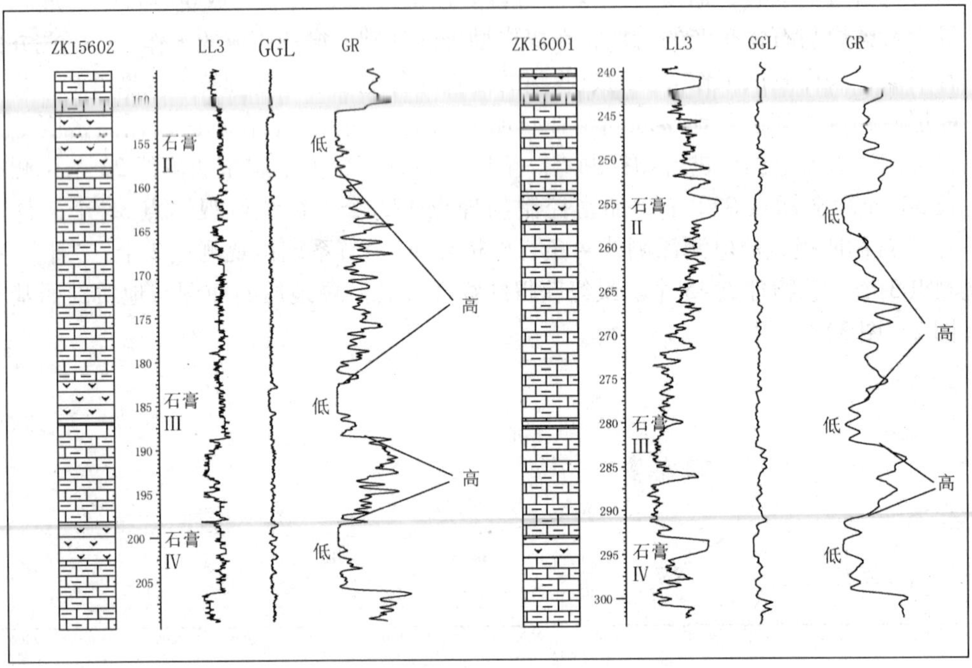

图 4　岛石 - 渡头塘调查区钻孔测井曲线

3　勘查模式

煤系矿产资源种类繁多，不同矿产的物理化学性质存在很大差异，在勘查方法的选择上与煤炭勘查大不相同，因此对于煤系矿产资源的综合勘查，要充分利用以前的地质资料，运用地质方法分析煤系矿产资源的成因，恢复煤系矿产层位的古地理环境、古构造特征与聚煤作用，对聚煤环境进行分析，在此基础上根据不同煤系矿产所具备的特点，采用不同的地球物理方法和采样测试等手段，实现对煤系矿产资源的综合勘查、综合评价、综合利用。在岛石 - 渡头塘调查区勘查中，通过分析可知调查区的聚煤中心与梓门桥组石膏矿层的沉积中心，从而进行煤系矿产的综合勘查和综合评价。根据煤与石膏矿产的特点和覆盖情况，采用地质填图、槽探、物探、钻探、测井和采样测试等相结合的综合勘查方法（图 5）。相较于煤炭勘查需要增加一定的工作，其中在地质填图与山地工程的工作中需要寻找煤系矿产露头与浅层矿体；在钻探工程中对发现的煤层以外矿体的层位需增加记录，并进行相应工作在测井工作中需要结合煤系矿产的特点，增加测井曲线解释的对象，如石膏矿的“三低两高”特征，对石膏矿的层位、埋深等信息进行解释；对发现的煤系矿产层位增加采样数量和测试项目。

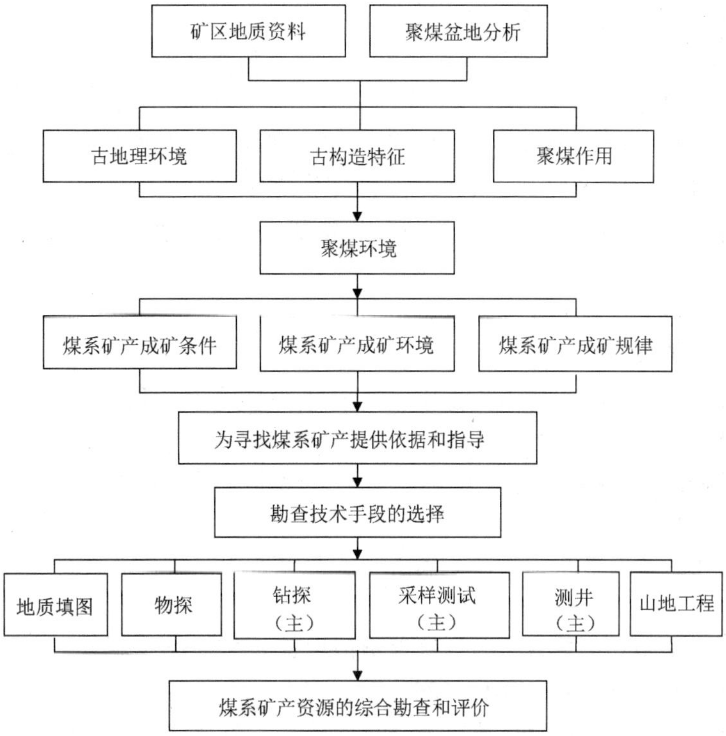

图5 煤系矿产资源综合勘查模式

4 结论

（1）针对岛石－渡头塘调查区煤与石膏的特点，在应充分利用以往的地质资料和矿区资料，深入分析煤与石膏矿产的成因、古地理环境、古构造特征及赋存规律的基础上，选择地质填图、探槽、电法勘探、钻探、测井和采样测试技术手段。在煤炭常规勘查的基础上，加强测井曲线解释和石膏采样测试工作，增加测井曲线中对石膏矿信息的解释，同时对发现的石膏矿产层位增加采样数量和测试项目，实现煤与石膏矿产的综合勘查。

（2）煤系矿产资源种类繁多，物理化学性质存在很大差异，在综合勘查过程中应充分利用已有的地质资料进行古地理环境、古构造特征与聚煤作用的分析，同时注意对勘查区内各种异常的调查与解释，根据发现的煤系矿产资源特点，有针对性地选择勘查技术手段，最终实现对煤系矿产资源的综合勘查、综合评价、综合利用的目的。

参 考 文 献

[1] 张利珍，吕子虎，谭秀民，等．我国煤系共伴生矿物资源及开发利用现状［J］．中国矿业，2011，21（11）：59－61.

[2] 孙升林，吴国强，曹代勇，等．煤系矿产资源及其发展趋势［J］．煤炭科学技术，2014，42（1）：89－92，105.

[3] 李增学，王佟，王怀洪，等．多能源矿产协同勘查理论与技术体系研究［J］．中国煤

炭地质，2011，23（4）：68－72.
［4］徐水师，王佟，孙升林，等．中国煤炭资源综合勘查技术新体系架构［J］．中国煤炭地质，2009，21（6）：1－5.
［5］曹代勇，姚征，李靖．煤系非常规天然气评价研究现状与发展趋势［J］．煤炭科学技术，2014，42（1）：89－92，105.
［6］刘招君，孟庆涛，柳蓉．中国陆相油页岩特征及成因类型［J］．古地理学报，2009，11（1）：105－114.
［7］任德贻，代世峰．煤和含煤岩系中潜在的共伴生矿产资源一个值得重视的问题［J］．中国煤炭地质，2009，21（10）：1－4.
［8］唐修义，赵继尧，黄文辉．中国煤中的九种金属元素［J］．中国煤炭地质，2002，14：43－54.
［9］曹代勇，张鹤，董业绩，等．煤系石墨矿产地质研究现状与重点方向［J］．地学前缘，2016，23：1－11.
［10］湖南省煤田地质局第二勘探队．湖南省涟源市岛石－渡头塘煤炭资源调查评价报告［R］．2014.
［11］王明艳，郭建华，旷理雄，等．涟源坳陷中部构造带勘探潜力分析［J］．天然气地球科学，2005，16（5）：581－586.
［12］刘剑峰，陆红．湘中涟源—冷水江地区的梓门桥组及其石膏矿特征［J］．西部探矿工程，2005，（2）：130－132.

浅析矿山环境地质问题治理模式构成

刘宏磊[1,2]　武　强[1,2]　赵德康[1]　刘红艳[1]　郑金红[1]

1. 中国矿业大学（北京）地球科学与测绘工程学院，北京　100083
2. 中国矿业大学（北京）国家煤矿水害防治工程技术研究中心，北京　100083

摘　要　矿山环境地质问题是复杂的系统问题，治理模式是政府和企业预防与治理矿山环境地质问题良好的方法集。以前人研究为基础，从环境地质问题和治理模式构成的关系、特点、形式等方面分析了矿山环境地质问题治理模式的构成，对治理模式的构建和进一步研究具有积极作用。

关键词　矿山环境地质问题　环境地质问题治理模式　治理模式构成

Study on the Treatment Model Construction in Geo－environment Problems of Mines

Liu Honglei[1,2]　Wu Qiang[1,2]　Zhao Dekang[1]
Liu Hongyan[1]　Zheng Jinhong[1]

1. College of Geoscience and Surveying Engineering, China University of Mining and Technology, Beijing　100083
2. National Engineering Research Center of Coal Mine Water Hazard Controlling, China University of Mining and Technology, Beijing　100083

Abstract　Mine geological environmental problems are complex and system－wide questions. The treatment model of mine geo－environment is a favorable combination of technology and methods which can be used to solving geo－environment problems in mine for governments and enterprises. This paper analyzes and researches the means making up a treatment model of mine geo－environment in several ways. Analysing the relationship between mine geo－environment problems and treatment model construction. Researching the features of treatment model construction. Studying the constitutive

---

资助项目：中央高校基本科研业务费资助项目（2010YD02）；国家自然科学基金资助项目（41272276，41572222，41430318）；北京市自然科学基金（8162036）；“十三五”国家重点研发计划项目（2016YFC0801800）；教育部创新团队（IRT1085）；煤炭资源与安全开采国家重点实验室自主研究课题

作者简介：刘宏磊（1989—　），男，山西太原人，博士研究生，主要从事工程地质、环境地质研究。Tel：15201432344；E－mail：liuhonglei1989@126.com form of treatment model and process of treatment model establishment. This paper plays a positive role in treatment model construction and its further studies.

Key words geo - environment problems in mines treatment model of mine geo - environment (TMMG) treatment model construction

0 引言

近年来，大规模矿产资源开采在保障国民经济发展需要、创造经济效益的同时，出现了众多的环境地质问题[1-4]。据矿山环境地质问题分类研究[5]可知，矿山典型环境地质问题可归纳为地面塌陷问题、固体废弃物问题、液体废弃物污染问题、露天采坑边坡稳定性问题、矿山次生地质灾害问题、含水层结构破坏问题等。矿山环境地质问题的发生与持续恶化给矿山生产安全及周边民众居住环境造成了严重影响和隐患。

我国已开展的大量矿山地质环境调查工作，是矿山环境评价、地质环境修复、土地修复治理及信息系统开发研究的基础[6]。在矿山环境地质问题调查的基础上，政府及矿山企业已连续多年投入专项经费推进矿山环境地质问题治理工作的开展。

1 矿山环境地质问题与治理模式的关系

矿山环境地质问题是由人类采矿活动与伴随开采造成的矿山地质环境变化产生的系统性问题。矿山环境地质问题是岩土体动态平衡、水动力条件变化、污染源扩散及其他因素综合制约的环境问题[7]。

针对常见的矿山环境问题，我国矿山环境方面的专家已提出了有关矿山环境治理模式的定义并对其适用性做出分析[8]。本文探讨的治理模式构成是以该理论为基础，根据矿山环境地质问题特征、诱发的环境效应，在矿山地质环境治理措施的基础上提出的有关矿山环境地质问题治理模式构成的研究。

矿山环境地质问题治理模式是针对治理问题的特性、具有特定功能的若干技术方法的方法集。我国矿山开采业发展迅猛，导致各种矿山地质环境效应出现，应就不同的矿山环境地质问题采取适用的治理模式。根据矿山开采程度与矿山环境地质问题的严重程度将矿山治理模式从宏观角度分为预控治理模式和后效治理模式两大类[9]，突出治理模式的针对性，将治理模式适用范围涵盖新建矿山、生产矿山及闭坑废弃矿山等各生产阶段，能够将矿山环境地质问题治理模式全面的涵盖矿山环境地质问题。

2 矿山环境地质问题治理模式构成特点分析

由于矿山环境地质问题（模式的治理对象）具有综合性、复杂性、叠加性、多边性等特征，这就要求矿山环境地质问题治理模式的构成是涉及矿山地质环境工程方法、生态方法、生物方法等多领域、多学科若干方法的科学集成[10]，能够作为各类矿山企业治理矿山环境地质问题时治理技术的支撑，并满足治理矿山经济效益和治理成效等要求。

矿山环境地质问题治理模式作为矿山地质环境治理技术措施的方法集，由多项治理技术有机组合，但此过程并非简单叠加或者排列组合。因此，治理模式构成是有机的方法集成，是结合矿山地质环境治理工程实践、技术方法组合集成的，从理论层面指导工程实践的矿山地质环境治理技术方法集。

矿山环境地质问题治理模式由多项具体的治理方法构成，各项方法均要承担固定的职责。换言之，其对应的治理对象、治理目标是明确的。矿山环境地质问题治理模式构成科学与否取决于每项治理方法能否达到预期的治理目标与效果。治理模式构成研究是探讨治理方法、治理对象、治理目标匹配、协调程度的过程，要求构建的治理模式实现对象清楚、目标明确、措施合理、组合科学。

3 矿山环境地质问题治理模式构建

矿山环境地质问题的突出特点是具有复杂的系统性，若治理模式仅由某单项技术构成，会使得治理模式不具有应对系统问题的能力。这就要求治理模式构成形式要满足矿山地质环境开放系统的特点，形成适用矿山地质环境修复的若干技术方法组合。

3.1 矿山环境地质问题治理模式构成形式

经过资料整理归纳，笔者认为 $\sum_{i=1}^{n} M = A_i + B_i + C_i + D_i$ 可作为矿山环境地质问题治理模式构成形式，其中 M 表示治理模式；$A \sim D$ 表示治理模式 M 构成关键技术，分别对应于不同的环境地质问题；i 代表不同的环境地质问题，如地面塌陷问题、固体废弃物问题、次生地质灾害问题等。

在治理模式构成形式中，通常至少由 1 ~2 项环境地质问题治理技术作为模式构成关键技术（亦作主体技术），决定了构成的治理模式适用对象与应用范围。其他项治理技术是治理对象关键技术的辅助措施，主要作用是配合关键技术更好发挥治理模式效果。可以看出，相同的关键技术在不同矿种或不同区域构成的治理模式中，因治理目标区别其辅助技术会有区别。

3.2 矿山环境地质问题治理模式构成过程

矿山环境地质问题治理模式构成首要步骤是治理对象认识，即矿山环境地质问题发生背景分析、治理对象产生机理等内容解析，经历治理对象特征对比、治理目标研究、关键技术方法比选等流程，根据理论治理技术形成治理模式雏形，分析不同区域矿山地质环境治理案例与实践经验，对治理模式进行优化与补充完善，形成矿山环境地质问题治理模式，并可根据技术进步、国家政策调整不断更新矿山环境地质问题治理模式内容。矿山环境地质问题治理模式构成过程如图 1 所示。

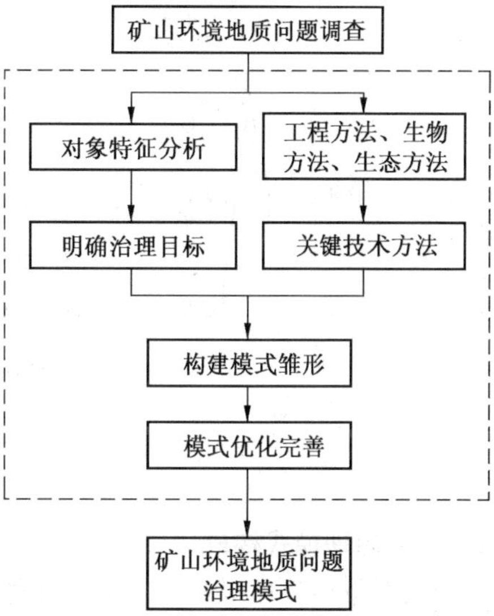

图 1 矿山环境地质问题治理模式构成过程

根据矿山环境地质问题在矿山不同阶段表现特征具有显著差别的特点，本文将治理模式分为预控治理模式和后效治理模式两类。预控治理模式是防治新建及矿山生产过程中的矿山环境地质问题的治理模式，既要预防矿山地质环境发生，又要保障矿山的正常生产、运作。后效治理模式是指适用于矿山环境地质问题已经发生、修复矿山地质环境的治理模式，强调治理目标和土地利用目标，着重治理措施的先进性、实用性和有效性。后效治理模式的最终目标为修复和改善已破坏的矿山地质环境。

预控治理模式适用于新建阶段及生产阶段的矿山，其构成过程为：问题预测→预控治理技术组合→技术经济方案优化→预控治理模式。预控治理模式构成中主要内容有掌握矿山地质环境背景、土地利用目标等，分析既往治理技术、经济效益，参照治理技术方法集，将矿山地质环境治理方法组合叠加形成治理模式雏形，经优化完善后构成预控治理模式。

后效治理模式的治理对象为闭坑矿山综合环境地质问题治理，其构建过程为：问题识别→后效治理技术组合→技术效果方案优化→后效治理模式。模式构成中主要研究内容有地质环境治理内容梳理，土地利用目标及政策法规解读，后效治理技术方案优选，经典型案例、治理经验验证形成后效治理模式。

4 矿山环境地质问题治理模式构成探讨

以矿山地质环境调查为基础，明确治理模式要解决的问题，结合矿山地质背景、矿山开采方法等内容，按照预控治理模式与后效治理模式分类方案，提出如图 2 所示的矿山环境地质问题治理模式体系。本文分别从预控治理模式和后效治理模式就具体的矿山环境地质问题治理模式构成及模式关键技术选取进行简析。

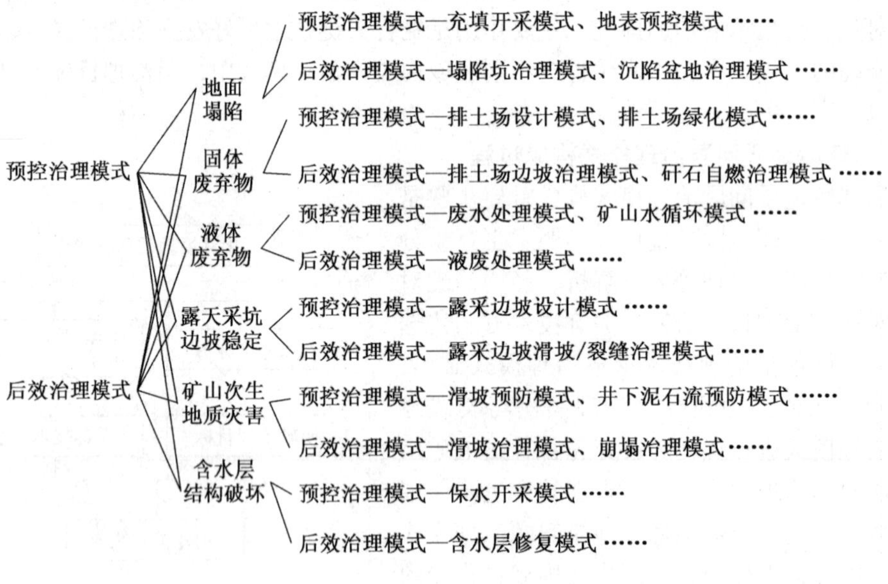

图 2　矿山环境地质问题治理模式体系图

4.1 预控治理模式构成

以河北邢台矿区煤炭矿山地质环境治理为例，探讨煤炭矿山环境地质问题预控治理模式构成过程。邢台矿区位于河北省南部，矿区内村镇密集，人口众多，建筑物、耕地下压煤严重，矿区以“三下”采煤为主，矿区主要矿山环境地质问题为固体废弃物问题和含水层结构破坏问题，分布有大量塌陷坑，已存在矸石山且不宜再新建矸石山。目前，矿区已采取矸石充填开采、高水充填开采等开采方法，实现了预防地面塌陷问题与固体废弃物问题发生。根据矿山环境地质问题治理模式构成方法，结合治理对象，参考矿区治理方法，归纳出地面塌陷问题和固体废弃物问题预控治理模式如下：

（1）充填开采＋矿山水处理＋矿山绿化预控治理模式。此模式是地面塌陷预控治理模式，适用于生产矿山地面塌陷问题的预防、控制。该模式中，充填开采是关键技术，适用于“三下”采煤。目前我国充填开采技术较为成熟，较常使用的有（超）高水充填开采、似膏体充填开采、矸石和粉煤灰充填开采等[11]；矿井水处理和矿山绿化是辅助技术，既辅助了充填开采技术，又提升了防控的效益。

（2）矸石充填＋矸石山土地修复预控治理模式。此模式是固体废弃物预控治理模式，适用于生产矿山对矸石、废石等固体废弃物的控制与治理。在该模式中，矸石充填是关键技术，分为矸石充填塌陷坑与矸石充填开采技术；矸石山土地修复是平原地区解决矸石山自燃问题、空气污染问题、占地问题等多方面的解决办法，绿化后的矸石山修复了矿区地貌景观。

4.2 后效治理模式构成

以河北张家口地区资源枯竭城市治理为例，探讨矿山环境地质问题后效治理模式。张家口市煤炭生产历史悠久，目前矿区内分布大量闭坑矿井，主要矿山环境地质问题包括固体废弃物问题、地面塌陷问题及地下水含水层结构破坏问题等。矿区内煤矸石大量堆存，固体废弃物堆放占地、粉尘污染问题严重；因长期地下采煤，使得地面塌陷、地裂缝等问题广泛分布。

根据矿山环境地质问题治理模式构成方法，结合治理区地质环境背景、治理目标等，归纳出矿山固体废弃物后效治理模式，即固废消纳＋地貌修复＋生态修复后效治理模式。

本模式是矿山地质环境后效治理模式之一，适用于闭坑矿山固体废弃物问题治理。模式关键技术为固废消纳技术，其内容包括矸石制砖、矸石充填地面塌陷及地裂缝、矸石异地堆放安置[12]等，具体治理过程可根据经济指标等因素综合确定采用的消纳技术和工艺；地貌修复与生态修复是该模式辅助技术，辅助技术可以有多种技术和工艺，主要是辅助治理固废问题的措施；生态修复是治理粉尘污染、采空塌陷、地裂缝及植被修复的有效措施，并为土地利用目标提供了多种选择方案。

5 结束语

矿山环境地质问题治理模式是政府和企业治理矿山环境地质问题良好的方法集，治理模式构成是研究治理模式的重要环节和构建治理模式的关键步骤。研究治理模式构成对构建治理模式及其治理对象针对性、治理内容广泛性、治理技术先进性及治理模式综合效益有积极的作用。治理模式作为治理技术有机方法集，本文提出了治理模式构成的基本形式，阐明了模式构成中的关键技术与辅助技术，在此研究基础上提出了矿山环境地质问题治理模式并示例治理模式构成过程，对治理模式进一步研究具有积极作用。

参 考 文 献

[1] 张进德，张作辰，刘建伟，等．中国矿山地质环境调查研究［M］．北京：地质出版

社，2009.
[2] 何芳，徐友宁，乔冈，等．中国矿山地质灾害分布特征［J］．地质通报，2012，31（2－3）：476－485.
[3] 武强，董东林，傅耀军．西北煤矿山地质环境的评价方法［J］．水文地质工程地质，2002，29（1）：69－71.
[4] 武强，孙录科．煤矿区生态环境管理与可持续发展探讨［J］．有色金属，2008，60（2）：139－142.
[5] 武强．我国矿山环境地质问题类型划分研究［J］．水文地质工程地质，2003，30（5）：107－111.
[6] 武强，李云龙，董东林．矿山环境地质调查技术要求研究［J］．水文地质工程地质，2004，31（2）：97－100.
[7] 武强，陈奇．矿山环境问题诱发的环境效应研究［J］．水文地质工程地质，2008，35（5）：81－85.
[8] 武强，陈奇．矿山环境治理模式及其适用性分析［J］．水文地质工程地质，2010，37（6）：91－96.
[9] 陈奇．矿山环境治理技术与治理模式研究［D］．北京：中国矿业大学（北京），2009.
[10] 武强，刘伏昌，李铎，等．矿山环境研究理论与实践［M］．北京：地质出版社，2005.
[11] 刘建功，赵庆彪．煤矿充填法采煤［M］．北京：煤炭工业出版社，2011.
[12] 刘宏磊，刘玉娟，刘占敏，等．矸石山边坡稳定特征的 $FLAC_{3D}$ 数值模拟分析［J］．西部资源，2013，（4）：92－96.

煤矸石中微量元素淋滤实验条件探究

杨 柳 朱 玲 高浩然 宋 波 宋建飞 王汝舵

中国矿业大学（北京）地球科学与测绘工程学院，北京 100083

摘 要 淋滤实验是研究尾矿、废石、矸石淋溶液对周围环境影响的重要方法与手段，通过模拟自然环境下雨淋风化过程，探究矸石中有害微量元素的溶出规律。淋滤实验条件的科学设置，对实验进展、实验结果具有决定性影响。目前，国内对煤矸石中微量元素淋滤实验条件尚未进行系统探讨。本文基于国内煤矸石中微量元素淋滤实验现状，以内蒙古自治区乌兰图嘎煤矿膨胀性煤矸石为例，开展了静、动态淋滤实验，探讨了淋滤管内径、样本质量和淋溶母液 pH 值对淋滤实验的影响，以此探究淋滤实验条件科学设置的方法，并提出规范性建议。研究表明：淋滤管内径、样本质量和淋溶母液 pH 值等因素对微量元素淋滤实验具有重要影响，需对淋滤实验条件设置的科学性进行深入探讨；淋滤实验流程应包括样本矿物组分及化学成分鉴定→淋滤预实验→设置淋滤实验适宜条件→开展实验（静、动态淋滤实验）。

关键词 煤矸石 淋滤 实验条件 淋溶液

Conditions Exploration of Leaching Experiment of Trace Elements in Coal Gangue

Yang Liu Zhu Ling Gao Haoran Song Bo
Song Jianfei Wang Ruduo

College of Geoscience and Surveying Engineering ,
China University of Mining and Technology, Beijing 100083

Abstract Leaching experiment is an important method in recognizing the environment impact of tailings, waste rocks and coal gangue. It simulates the process of washing by rain and weathering and studied the release mechanism of harmful microelements. The scientific setting of leaching experimental conditions have a decisive effect for the experimental progress and result. At present, it has not been systematically discussed in domestic papers on trace elements in coal gangue leaching experimental con-

资助项目：中央高校基本科研业务费专项资金资助（2009QD04）

ditions. This paper on the basis of the research status, taking the expansive coal gangue of Wulantuga coal mine in the Inner Mongolia autonomous region as a case study, conducted the static and dynamic leaching experiments. It discussed the impacts of leaching tube inner diameter, gangue sample quantity and pH value of leaching solution on leaching experiments, explored a suitable setting method of leaching experimental conditions. The results show that: 1) leaching tube inner diameter, sample quantity and pH value of leaching solution have significant influences to the expansive leaching experiments, the scientific setting of the leaching experiment conditions need in - depth discussion. 2) the regulation process of leaching experiment is suggested as followed: identifying mineral components and chemical composition → leaching pre - experiment→ setting suitable leaching experimental conditions→ carrying out leaching experiments (static and dynamic leaching).

Key words coal gangue leaching experimental conditions leachate

据不完全统计，截止到2014年，我国由采煤而产生的煤矸石多达4000 Mt[1]。煤矸石是矿井的固体废弃物，目前少数煤矸石得到利用转变为工业原料，多数煤矸石在矿区堆放，破坏当地生态环境。自然降雨淋滤煤矸石所形成的淋溶液对周边土壤和水资源造成较为严重的污染，此外，煤矸石堆放易产生自燃，排放大量有害气体，造成大气环境污染，甚至危害人体健康[2-4]。因此，对煤矸石环境影响的研究显得尤为重要。淋滤实验是研究煤矸石淋溶液对周围环境影响的重要方法与手段，通过模拟自然环境下雨淋风化过程，对淋出液进行检测分析，科学认知煤矸石中有害微量元素对周边环境的潜在影响。实验条件设置的科学性直接影响实验结果的科学性与可靠性。然而，国内对微量元素淋滤实验条件尚未形成统一规范，亟须对淋滤实验条件的科学设置及实验标准规范进行深入研究。本文拟对煤矸石微量元素淋滤实验条件设置进行深入探讨。

1 微量元素淋滤实验现状

微量元素指含量小于1.0%的有毒、致癌、腐蚀性、放射性元素及其他对环境有害元素的总称，一般包括22种元素[5]。2000年以前学者重视探究煤中微量元素的分布、燃烧与淋溶过程中元素的逸出等，对煤矸石微量元素研究相对薄弱。冯启言（2002）[5]探究了煤矸石有害微量元素对土壤环境的影响，之后学者开始重视对煤矸石的研究，研究重要手段为淋滤实验。

1.1 静态淋滤实验

早期淋滤实验多集中于矸石的静态淋滤[6,7]，刘桂建等[6]探究了淋滤时间、温度、淋溶母液pH值对有害元素溶出特征的影响；李松等[7]在此基础上探究了样本粒径及元素赋存状态的影响。

煤矸石在利用过程中主要用于建筑用砖，制造复合水泥，用于路基或填充塌陷区域[3]。在自然环境条件下经过日积月累的积水浸泡，难免对路基或其他矸石制造的工业材料产生一定的影响。部分学者[7]认为室内静态淋滤实验是自然条件下淋滤的极限，若在室内淋滤实验条件下浸出量很小的物质，自然条件下一般不会构成污染。进行静态淋滤实验是研究煤矸石中微量元素的基础，也是开展动态淋滤实验的基础。

1.2 动态淋滤实验

动态淋滤实验主要考察自然降水冲刷作用下煤矸石的环境效应[8-11]。动态淋滤实验有助于更全面了解微量元素的释放规律，定量预测煤矸石中微量元素在自然降水作用下对土壤、地下水的污染强度。梁冰[8]等研究了煤矸石动态淋滤作用下污染物的释放规律，在这之前动态淋滤实验研究相对较少。除淋溶装置差异外，动态淋滤实验所用样品、仪器、试剂和分析方法与静态淋滤实验类似，模拟自然条件下雨水冲刷的效果更佳。

1.3 目前存在问题

1.3.1 实验条件设置标准

淋溶时间、淋溶母液 pH 值、温度、煤矸石粒径、煤矸石新旧程度、降水方式、固液比等均会对淋滤结果产生一定影响[6-13]，但众多研究均未详细探讨煤矸石微量元素淋滤实验的步骤、实验条件设置（样品质量、淋溶母液 pH 值选取原则、淋滤管径大小、淋滤速度等）问题，缺少淋滤实验条件标准规范。目前，因煤矸石微量元素淋滤实验条件设置不同，淋滤实验研究成果无法进行有效的横向比较，对全国范围煤矸石淋溶规律的认识缺乏数据支撑。

淋滤实验条件的科学设置是确保淋滤实验结果科学、可信、准确的重要基础，需要对此进行深入研究，提出统一标准，规范煤矸石中有害元素淋滤实验，使其研究数据具有可信度，并利于形成系统的横向比较，建立国家尺度的煤矸石微量元素数据积累，为进一步深入研究其环境影响提供强有力的数据支撑。

1.3.2 淋滤元素

因成煤环境的不同，煤矸石中微量元素的含量及其赋存状态各不相同，需要依据具体矿区特点对微量元素进行研究，依据微量元素赋存状态研究其溶出规律特征。目前多为重金属淋溶研究，对煤矸石中多组分在多种条件下溶出规律研究相对较少。

1.3.3 淋滤方法

淋滤实验的类型主要有批淋滤、柱淋滤、生物淋滤和现场浓度固定计法[14]。生物淋滤和现场浓度固定计法难度较大，要求高，设备和费用要求较高，应用不太普遍。批淋滤方法使用较早，实验用时较短。柱淋滤是一种动态淋滤试验，目前应用普遍，发展较为成熟，提供了环境、流速等细微环境变化，弥补了批淋滤实验的不足[15]；但其实验装置的设置也不尽相同。单靠某一种淋滤方法对弄清淋滤过程及影响机制还存在较大困难。

因此，本研究拟在全面总结国内煤矸石中有害元素淋滤实验研究现状与存在问题的基础上，以内蒙古锡林浩特乌兰图嘎煤矿煤矸石淋滤实验为研究案例，探求煤矸石中有害元素淋滤实验条件的科学设置，进而提出膨胀性煤矸石淋滤实验的适宜条件，为煤矸石淋滤实验条件的科学设置提供借鉴。

2 案例研究

2.1 样品来源

实验所用煤矸石样本来自内蒙古自治区锡林浩特乌兰图嘎煤矿，采于 6 号煤层 1 采区北部的两个采样点，即 MGS1（43°58′11″N，115°55′1″E，高程 1074 m）和 MGS2（43°58′13″N，115°54′57″E，高程 1080 m）。

2.2 实验步骤与方法

2.2.1 样本处理

将两个采样点煤矸石样本混合，自然风干后按“四分法”缩分[15]，对所获得的10kg样本分别过200目筛和100目筛，分别用于矿物组分、化学元素分析及淋滤实验。

2.2.2 样本分析

为测定煤矸石中氧化物含量，了解煤矸石中稀有金属元素及其他微量元素，分析不同区域煤矸石中主次元素，首先采用X射线荧光光谱（X Ray Fluorescence，XRF）分析法对煤矸石样本进行化学成分分析。

为给淋滤实验中矸石样研磨粒径的确定提供科学依据，在样本化学成分分析的基础上，采用X射线衍射相（XRay diffraction，XRD）分析法对煤矸石矿物组成进行分析。

2.2.3 静态淋滤实验

采用超纯水（pH = 7.0 ± 0.3）作为淋溶母液。将100目煤矸石样本加入有机玻璃淋滤管中，在其上、下各垫入20目石英砂1 cm。A、B实验淋滤管内径为3 cm，C实验淋滤管内径为1 cm。A、C实验淋滤管内加入15 g样本，实验淋滤管B的样本量为45 g；A、C实验淋滤管中加入15 cm高度淋溶液，B实验淋滤管内加入45 cm高度淋溶母液，保证A、B、C实验淋滤管固液比一致。每日8：00—20：00收集淋溶液，每隔4 h收集一次，20：00至次日8：00关闭淋滤管旋塞停止淋滤并浸泡。比较不同淋滤管内径与煤矸石样本量对实验产生的影响，见表1。

表1 静态淋滤实验装置数据

实验编号	淋滤管内径/cm	煤矸石样本量/g
A	3	15
B	3	45
C	1	15

2.2.4 动态淋滤实验

采样区年降水量300 ~ 400 mm，降水pH值变化范围为5.61 ~ 8.74，无酸雨检出[16]。依据研究区降水特征，使用H_2SO_4和NaOH调节配制，分别获得pH值为6.0、7.0、8.0的淋溶母液。

将100目煤矸石样本加入内径为3 cm的淋滤管内，在样本的顶底部分别加入1 cm厚度的石英砂（20目）。调节向淋滤管内注水的速率，使淋滤管内液面高度始终维持在3 cm左右，每隔3 h记录一次滤出量并收集10mL滤出液，每日9：00—21：00为淋滤时间，21：00至次日9：00关闭淋滤管旋塞，暂停淋滤。本研究设计了四组实验，探求不同实验条件因子对动态淋滤实验的影响（表2）。实验Ⅰ、实验Ⅱ、实验Ⅲ样本量相同，淋溶母液pH值不同，探求淋溶母液酸碱度对动态淋滤实验的影响；实验Ⅲ、实验Ⅳ为淋溶母液pH值相同（pH = 7.0 ± 0.3），煤矸石样本量不同，探求样本量不同对动态淋滤实验的影响。

表2　动态淋滤实验条件设置

实验编号	淋滤管内径/cm	煤矸石样本量/g	淋溶液 pH
Ⅰ	3	15	6.0 ±0.3
Ⅱ	3	15	8.0 ±0.3
Ⅲ	3	15	7.0 ±0.3
Ⅳ	3	30	7.0 ±0.3

2.3　实验结果与分析

2.3.1　煤矸石化学成分与矿物组成

XRF 分析结果显示，煤矸石样本中 SiO_2、Al_2O_3 含量较高，黏土矿物含量较大，属于黏土岩矸石[17]（表3 和表4）。XRD 分析结果显示，煤矸石样本中主要矿物成分为蒙脱石、伊蒙混层、高岭石和石英等（图1），其中蒙脱石、伊蒙混层、高岭石是典型的膨胀性矿物，蒙脱石峰值强度最高，含量最多，表明研究区煤矸石具有较强的膨胀性。膨胀性矸石在淋滤时遇水膨胀，其体积变大，样本间缝隙变小，造成淋溶液淋出缓慢，严重时会造成不淋出的现象。

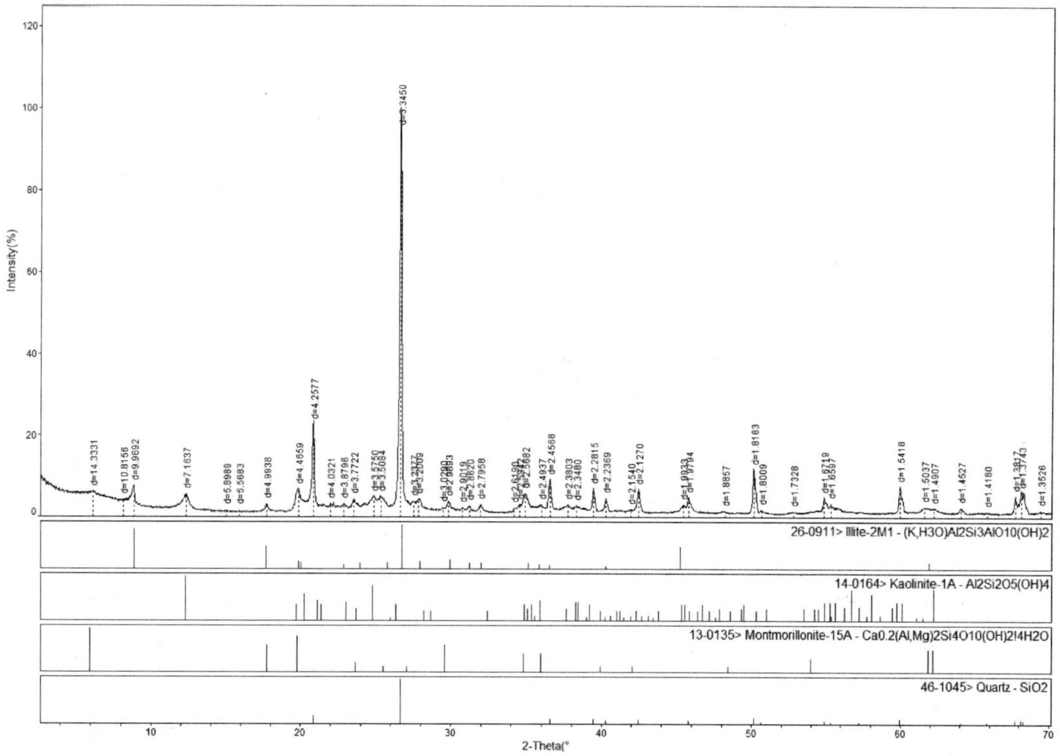

图1　X 射线衍射图（矿物成分分析）

表3　研究区煤矸石主要化合物成分含量　　%

化合物	SiO_2	Al_2O	Fe_2O	K_2O	MgO	TiO_2	CaO	Na_2O	P_2O_5
含量	70.26	19.23	3.76	3.15	1.31	1.10	0.497	0.404	0.043

表4　研究区煤矸石主要元素成分含量　　%

元素	Si	Al	Fe	K	Mg	Ti	Ca	Na	S
含量	32.84	10.18	2.63	2.62	0.790	0.661	0.356	0.300	0.072

2.3.2　静态淋滤结果及分析

静态淋滤实验进行到32 h后，C实验淋滤管停止淋出；36 h后B实验淋滤管停止淋出；76 h后，A实验淋滤管停止淋出（图2）。A淋出液量最多，满足淋溶液检测所需，淋滤效果最好，B与C淋溶液量均未满足检测量的要求（表5）。

对比A与C结果显示，淋滤管内径越大，淋出速率越大，利于实验的进行；对比A与B表明，样本量越少，淋出速率越大，越利于实验的进行。结合其他学者实验装置设置，得知研究区煤矸石在静态淋滤实验中样品研磨粒径大小为100目、样本量为15 g时可保证淋滤实验的顺利开展及实验结果的科学性。

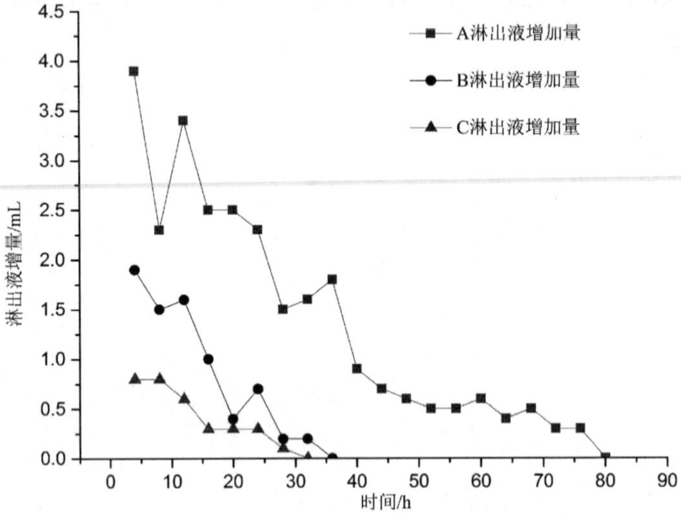

图2　静态淋滤实验淋滤液增量变化

表5　三组静态淋滤实验淋溶液增量的均值与方差

参量	A	B	C
AVG/mL	1.355	0.375	0.145
S^2	1.214	0.367	0.071

注：*AVG*为淋溶液增加量的均值，表明淋溶液产量的多少；S^2为淋溶液量方差，表明淋溶液产量的波动情况。

2.3.3　动态淋滤结果及分析

动态淋滤实验中比较淋溶液增量，实验均值$AVG_{\mathrm{I}}>AVG_{\mathrm{III}}>AVG_{\mathrm{II}}$，表明样本量相同时淋溶母液pH对动态淋滤实验淋滤液产生量存在显著影响，pH越小，单位淋溶液产生量越大（表6）。

表6　Ⅰ、Ⅱ、Ⅲ、Ⅳ淋溶液量的均值与方差

参量	实验Ⅰ	实验Ⅱ	实验Ⅲ	实验Ⅳ
AVG/mL	39.767	32.267	37.367	16.733
S^2	252.816	156.579	232.546	46.496

淋溶母液 pH 相同时，样本量对淋溶液产生量存在显著影响，即样本量越大，淋溶液量越少，淋溶液量变化趋势越趋于稳定（表6）。

2.3.4　微量元素检测分析

以 As、Se 为例，研究四组实验淋溶液中微量元素浓度变化趋势。As、Se 元素浓度由 ICP－MS（电感耦合等离子体质谱）检测。

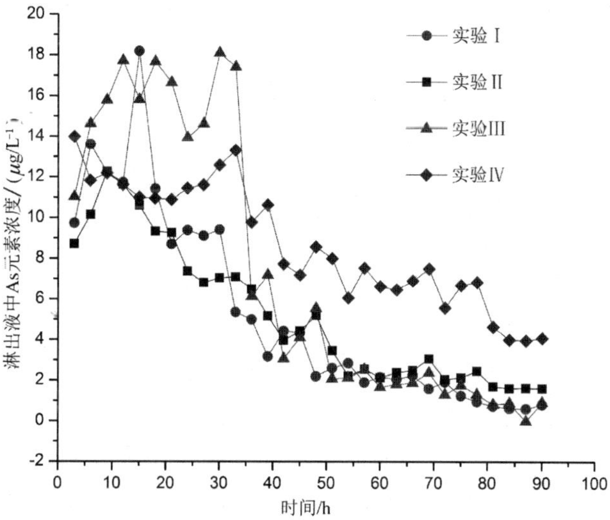

图3　淋滤液 As 元素浓度变化

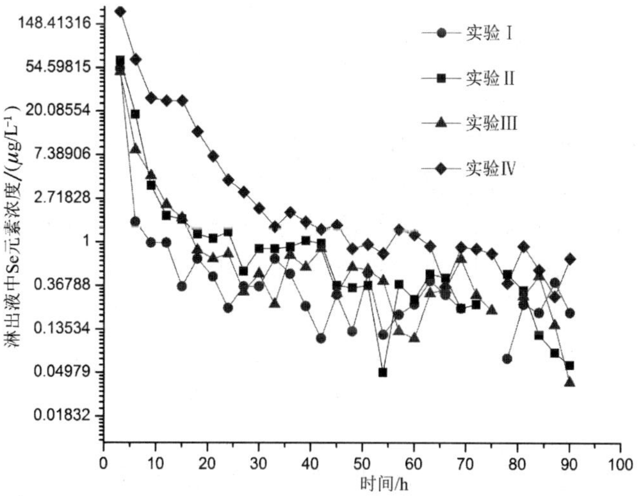

图4　淋滤液 Se 元素浓度变化

最初淋滤过程中 As、Se 元素析出相对较快，随着淋滤时间的增加，其元素析出浓度迅速下降（图 3 和图 4）。pH 为 8 时 Se 元素淋出最多，说明其在碱性条件下有较强流动性，这可能与 Se 元素赋存状态有关。常温下，pH 不同时，As 元素的淋出变化不大（表 7）。本实验中 As、Se 溶出规律与其他学者研究结果相似[6,18,19]。

表 7　动态淋滤实验中 As、Se 元素浓度均值与方差

参量	实验Ⅰ		实验Ⅱ		实验Ⅲ		实验Ⅳ	
	As	Se	As	Se	As	Se	As	Se
$AVG/(\mu g \cdot L^{-1})$	5.340	2.150	5.232	3.448	5.261	2.567	8.670	2.969
S^2	22.50	94.172	31.523	145.085	26.077	102.049	8.845	139.250

注：*AVG* 为淋溶液中 As、Se 元素浓度均值，表明 As、Se 元素浓度大小；S^2 为淋溶液中 As、Se 元素方差，表明 As、Se 元素产量的波动情况。

基于以上实验结果，本研究区域膨胀性煤矸石动态淋滤实验条件应为：淋滤管内径为 3 cm，样本量为 15 g，淋溶母液 pH 为 6.0 ± 0.3（可获取较多淋溶液）。同时，探究有害微量元素淋出规律时要充分考虑元素的赋存状态[20]，对于不同微量元素的探究，淋溶母液 pH 的选择要依据具体情况而定。

3　煤矸石淋滤实验条件设置建议

结合案例研究结果及文献调研，本研究提出煤矸石淋滤实验的步骤与方法：

（1）采集样品，自然风干，“四分法”缩分后研磨。

（2）采用 XRF 和 XRD 法测定样品的化学成分和矿物组分，确定样品是否具有膨胀性，从而决定样品过筛目数，探究样品粒径对淋出液量的影响。若样品具有强烈膨胀性，推荐研磨粒径应不大于 100 目；若样品具有一般膨胀性，研磨粒径可为 100 ~ 200 目。

（3）根据研究区自然降雨特征进行淋溶母液的配置，确定淋滤速率，根据研究区气候特征确定淋滤实验的室内温度。

（4）进行淋滤预实验，科学确定淋滤管内径、样本量、淋溶母液 pH、固液比、淋滤时间、温度等条件。

（5）根据预实验确定的科学条件开展煤矸石淋滤实验。

（6）采用 ICP – MS 方法检测煤矸石中有害微量元素浓度，分析淋出规律及浓度特征。

研究区采用以上实验步骤与方法开展研究，在科学条件的设置下，淋滤实验没有出现因煤矸石样品含有膨胀性矿物组分而导致的停止淋出的现象，保障了实验的顺利进行。

4　讨论

4.1　研究特色

本研究旨在探讨有害微量元素淋滤实验条件的科学设置，提出实验步骤与方法的建议，并以内蒙古乌兰图嘎煤矿煤矸石淋滤实验为研究案例，验证实验步骤与方法的有效性。依据上述实验步骤及方法，在不同实验条件的设置下得出的淋溶液溶出规律及微量元素浓度变化规律与其他学者的研究结果相似，研究结果可为淋滤实验条件科学设置标准的

研究提供科学依据。

4.2 不足之处

本文案例仅探讨了淋滤实验淋溶母液 pH、样本量和淋滤管内径对实验效果的影响，没有对淋滤时长、淋滤速率、温度等其他实验条件进行探讨，需进一步深入研究如何科学设置淋滤实验其他条件。

案例研究仅以内蒙古乌兰图嘎煤矿煤矸石为研究对象，研究结果是否具有广泛代表性，还需补充其他膨胀性煤矸石样本并进行大量淋滤实验研究，进一步规范淋滤实验条件的设置。

参 考 文 献

[1] 李斌，孟清华，刘虎生，等．论我国煤矸石山治理现状及发展［J］．内蒙古煤炭经济，2014，(7)：5－7.

[2] 谢宏全，张光灿．煤矸石山对生态环境的影响及治理对策［J］．北京工业职业技术学院学报，2002，1（3）：27－30，62.

[3] 姜振泉，李雷．煤矸石的环境问题及其资源化利用［J］．环境科学研究，1998，11（3）：62－64.

[4] 余运波，汤鸣皋，钟佐燊，等．煤矸石堆放对水环境的影响：以山东省一些煤矸石堆为例［J］．地学前缘，2001，8（1）：163－169.

[5] 冯启言，刘桂建．兖州煤田矸石中的微量有害元素及其对土壤环境的影响［J］．中国矿业，2002，11（1）：67－69.

[6] 刘桂建，杨萍玥，彭子成，等．煤矸石中潜在有害微量元素淋溶析出研究［J］．高校地质学报，2001，7（4）：449－457.

[7] 李松，崔龙鹏，胡友彪，等．煤矸石中有害微量元素的静态淋溶试验研究［J］．上海环境科学，2004，(5)：193－197.

[8] 梁冰，肖利萍，陆海军，等．煤矸石在动态淋滤作用下污染物释放规律研究［J］．水利水电科技进展，2006，26（4）：27－30.

[9] 曹云全，张双圣，刘汉湖，等．煤矸石中重金属动态淋滤和静态浸泡溶出特征研究［J］．河北工程大学学报（自然科学版），2010，27（1）：76－80.

[10] 刘伟，蔡香丽，杨智勇．煤矸石中重金属动态淋滤溶出特征研究［J］．北方环境，2011，11（11）：158－160.

[11] 蔡永兵，李玲，魏晓飞，等．广西茶山锑矿尾砂中微量元素的淋滤实验研究［J］．环境科学，2012，33（8）：2840－2848.

[12] 周辰昕，李小倩，周建伟．广西合山煤矸石重金属的淋溶实验及环境效应［J］．水文地质工程地质，2014，41（3）：135－141.

[13] DAI Shifeng，SEREDIN VV，WARD CR，et al. Enrichment of U－Se－Mo－Re－V in coals preserved within marine carbonate successions：geochemical and mineralogical data from the Late Permian Guiding Coalfield，Guizhou，China［J］. Mineralium Deposita，2015，(50)：159－186.

[14] 吴涛．不同淋滤方法对煤灰中痕量元素淋滤特性影响的研究［D］．武汉：华中科技大学，2009.
[15] 赵峰华．煤中有害微量元素分布赋存机制及燃煤产物淋滤实验研究［D］．北京：中国矿业大学（北京），1997.
[16] 刘克利，王旭东，孙红斌，等．内蒙古地区近3年pH值及酸雨状况分析［J］．内蒙古气象，2010，(3)：32－33.
[17] 马平，施东来．煤矸石膨胀性的研究［J］．长春科技大学学报，1999，(3)：312.
[18] 连进京．中国典型高砷、汞煤淋滤特性研究［D］．北京：煤炭科学研究总院，2007.
[19] 刘平．煤矸石及其燃后灰渣中砷、硒、锑的淋溶释放研究［D］．南昌：南昌大学，2013.
[20] 代世峰,任德贻,刘建荣,等．河北峰峰矿区煤中微量有害元素的赋存与分布[J]．中国矿业大学学报,2003,32(4):358－362.

基于纹理特征多尺度分割结果综合的地表覆盖分类

易俐娜　王柯序

中国矿业大学（北京）地球科学与测绘工程学院，北京　100083

摘　要　在地理国情监测中，地表覆盖分类精度直接受影像分割质量的影响。为满足不同纹理特征地表覆盖要素快速准确提取需要，本文提出一种以纹理特征为基础的多尺度分割结果综合方法。该方法先提取影像的灰度共生矩阵纹理特征，进行多尺度纹理分割，然后选择具有典型纹理特征地表覆盖类别的最优分割尺度，将选择的分割结果进行综合，能保留地物边缘，得到满足地表覆盖要素提取的分割结果。以山东某地区 0.5 m 分辨率航空数据进行实验，结果表明本方法能快速准确地提取和实际地物边界相符的“有意义”对象，从而有效提高地表覆盖要素分类的精度和效率。

关键词　纹理分割　多尺度　尺度综合　地表覆盖分类

Texture Feature Based Multi – scale Segmentation Result Synthesis for Land Cover Classification

Yi Lina　Wang Kexu

College of Geoscience and Surveying Engineering, China University of Mining and Technology, Beijing　100083

Abstract　In Geographical conditions monitoring, the classification accuracy of land cover elements is directly affected by image segmentation. The paper proposes a textu re – based multi – scale segmentation result synthesis method to extract land cover ele ments with different texture characteristic more accurately and efficiently. This method firstly extract the gray – level co – occurrence matrix based texture feature, and imple-

---

资助项目：地理国情监测国家测绘地理信息局重点实验室开放基金项目（2014NGCM）；城市空间信息工程北京市重点实验室开放基金项目（2015206）；国家自然科学基金项目（61405204）；中央高校基本科研业务费项目（2011QD03）；中国矿业大学（北京）大学生创新训练计划项目（C201502030）

作者简介：易俐娜，讲师，博士，现从事高空间分辨率遥感影像智能分类方向研究。Tel: 15910488628, 15650701860; E – mail: lina1986350@163. com

ment the multi - scale segmentation based on it. Then, the optimal segmentation scale of each typical land cover classes with different texture features are selected and synthesized to get the segmentation result. The land cover extraction experiment results of the 0. 5 m resolution aerial data in Shandong province shows that the segmentation result is more accurate with the boundaries that are consistent with the real ground objects which promotes the accuracy and efficiency of land cover element extraction.
Key words texture segmentation multi - scale scale synthesis land cover classification

0 引言

在地理国情监测中，地表覆盖分类信息反映了地表自然营造物和人工建造物的自然属性或状况。为获得准确的分类专题图，高空间分辨率遥感影像被大量应用。面向对象的遥感影像专题提取技术是处理高空间分辨率遥感影像的首选[1,2]，该技术首先利用影像分割方法将同质区域合并为“有意义”对象，然后提取对象光谱、纹理、形状、空间拓扑关系等特征，最后利用监督法、规则分类等方法进行对象分类[2]。然而，在地表覆盖要素提取的实际作业中，较少采取这一技术，而大多采取目视解译人工勾绘地物边界并标注类别属性的方法进行专题制图，再对不确定区域到现场进行重点核查，修改和完善专题图[3]。究其原因是因为已有影像分割方法自动提取的地表覆盖要素边界难以满足制图的精度要求。虽然已有研究可通过综合不同地表覆盖类型最佳分割尺度结果[4,5]能得到和各类地物边界基本相符的最终分割结果，但因高空间分辨率遥感影像上“同物异谱、同谱异物”影响而产生的“欠分割”和“过分割”现象仍难以避免。为满足典型地表覆盖要素的自动提取要求，提高分割质量成为重中之重。

已有研究表明，纹理图像可以用于多尺度分割，以划分具有不同纹理特性的地物类型[6,7]。结合光谱、纹理及形状特征进行影像分割将能大大提高分割的精度和效率[8]。考虑地理国情监测中的典型地表覆盖类型（如林地、耕地、水体和建设用地）之间的纹理特征差异较大，且同一类型中地物具有相似的纹理特征，以纹理特征影像为基础进行多尺度分割，并从中选择出适合某一类地物分割的最优尺度，将这些尺度的分割结果综合起来将有利于提高分割质量和效率，因此本文提出一种基于纹理特征的多尺度分割结果综合方法。该方法首先利用嵌入边缘的标记分水岭分割算法[9]分割高空间分辨率光谱影像，获得初始分割结果，在尽量保留各类地物弱边缘信息的同时减少过分割现象；然后基于初始分割结果，利用纹理特征进行尺度合并，获得多尺度分割结果，在避免不同纹理地物类别间产生的“欠分割”现象的同时，减少纹理相似同类地物内光谱异质性导致的“过分割”现象；之后人工选择适宜各类地表覆盖类型的最优分割尺度[10,11]，在地表覆盖划分区域指导下进行尺度综合，得到最终分割结果。为验证方法的有效性，本文以山东省 0.5 m 分辨率的彩色航片为例进行了地表覆盖要素提取实验。

1 基于纹理特征的多尺度分割结果综合方法

在基于地表覆盖的遥感影像多尺度分割结果综合方法[4,5]中，地表覆盖类型以耕地、林地、建设用地和水体来划分。在高空间分辨率遥感影像上，耕地内部光谱一致性较高，存在因种植作物不同而产生的平滑纹理；林地由大量树木构成，具有较复杂的颗粒状纹理特性；建设用地表现为房屋、空地、道路和少量树木规则排列的混合体，纹理具有结构特征；而水体光谱同质性很高，表现出无明显纹理的特性。利用这几类地物之间的纹理特性差异，在多尺度分割中利用纹理特征影像进行尺度合并代价的计算，将能兼顾地物光谱和纹理特征差异，获得更准确的地物边界。

经典的灰度共生矩阵纹理特征被用于影像纹理特征描述进行多尺度合并[12]，可获得满足不同纹理特性地物的最优分割结果。在地表覆盖区域划分中，可利用已有遥感影像解译知识，如利用植被指数提取林地，利用水体指数提取水体，或者利用纹理特征差异划分纹理不同地物类别。以地表覆盖类型为指导，人工选择适宜各类地表覆盖类型的最优分割尺度，并综合所选择的分割结果。下面介绍纹理特征提取、初始影像分割、多尺度分割及综合方法。

1.1 灰度共生矩阵纹理特征提取

经典的灰度共生矩阵纹理特征被用于描述影像纹理特性，可以提取包括二阶矩、同质性（Homogenous，HOM）、对比度、熵、方差、相关性等[4,13]各种统计特征。为避免因窗口边界效应导致后续多尺度合并结果的边界偏移，计算纹理特征时以 3×3 窗口大小进行计算。考虑到 HOM 特征能反映影像上光谱均质性，且值域在 0～1 之间，实验中先将 HOM 特征进行重采样到 0～255 灰度范围，得到纹理影像，然后进行 2% 线性灰度拉伸获得增强后的纹理特征图像，为多尺度合并得到多尺度分割结果提供基础。

1.2 初始影像分割

一种嵌入边缘信息的自适应标记分水岭分割方法被用于获得初始影像分割结果。该方法在影像标记过程中纳入边缘信息,可通过设定分位数、自适应调整系数和最小标记面积获得不同尺度的分割结果,能达到保留弱边缘信息的同时,避免对纹理复杂地物过分割的目的[9]。

1.3 多尺度分割结果综合

在初始分割结果的基础上，利用多尺度合并算法[12]可以获得多尺度分割结果。这些分割结果中,较低尺度的分割对象以变化步长设定参数为阈值进行合并,获得较高尺度的分割结果。由于不同地表覆盖类型的纹理差异,利用纹理特征计算合并代价,并设置相应的变化步长,可生成满足不同纹理特征地物提取需要的多尺度分割结果。通过人工选择不同纹理特征地物的最优尺度并综合,得到最终分割结果,为地表覆盖要素专题提取奠定基础。

2 实验数据及分析

实验区航空相片如图 1 所示，该地区覆盖 11 km^2 的郊区，地物类别主要包括旱地、阔叶林、草地、坑塘、低矮房屋建筑区、路面、裸露地表。实验数据包括 R－G－B 三个波段，利用 ENVI 软件提取该影像各波段的灰度共生矩阵同质性（Homogenity，HOM）纹理特征，并可获得如图 2 所示的彩色纹理特征图，该特征图由彩色航空影像 R－G－B 三个波段的 HOM 纹理特征作为 R－G－B 影像合成。可见，在纹理特征影像上，纹理粗糙的林地表现出较深的颜色，纹理较细的耕地表现出较亮的颜色，纹理平滑的路面、坑塘等表现为高亮度的颜色。而且纹理特征影像上地物纹理差异表现出的边界更加明显，有利于在多尺度影像分割中以纹理特征区分不同地物类别之间的边界。

图1　实验区航空相片

初始分割中设置分位数为0.4，最小标记面积为20，自适应调整系数为0.7，获得分割结果Level1。分割结果Level1上，纹理粗糙度高的林地类别对象被分割为很多小块，光谱特性较为光滑的路面或硬化地表、耕地草地，边界保留非常好，但存在因纹理差异造成的破碎对象（图3）。

在初始分割基础上以纹理特征为合并代价的计算依据，进行多尺度合并，得到10个尺度的分割结果，选择其中四个分割结果作为耕地、建设用地、林地和水体的最优分割尺度，如图4所示。最后再在地表覆盖划分图的指导下进行尺度综合，得到如图5所示的分割结果。图6为实验区分割结果综合图。

从分割结果综合图上可知，纹理复杂的林地被分割为一整块，伪边缘被去除，能消除“过分割”现象，获得更准确的地物边界；耕地及建设用地中道路、房屋边缘明显，避免了因光谱相似而导致的“欠分割”现象，也抑制了光谱异质性导致的“过分割”情况。实验结果表明，该方法对有典型纹理特征的地表覆盖要素具有很好的提取效果。

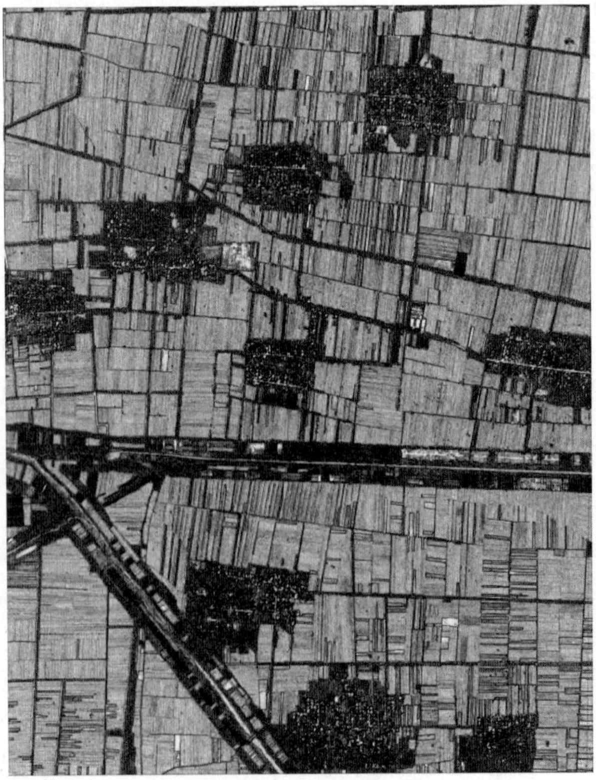

图2　HOM纹理特征

图3　局部影像初始分割结果

(a) 耕地(分割尺度70)

(b) 建设用地(分割尺度50)

(c) 林地(分割尺度90)

(d) 水体(分割尺度80)

图4　选择的最优分割结果

图5 尺度综合结果放大图

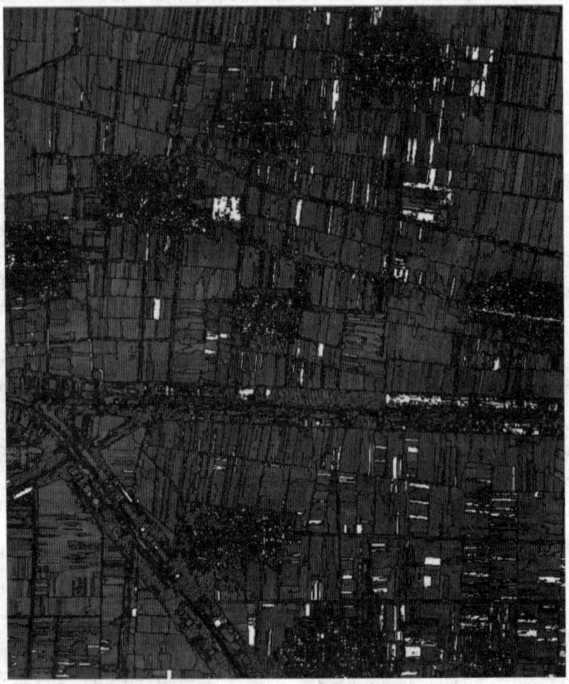

图6 分割结果综合图

3 地表覆盖要素分类

为验证多尺度分割结果在具有典型纹理特征地表覆盖要素分类中的有效性，将实验区地物类别分为不透水面、旱地、阔叶林、草地、坑塘、道路、裸土、房屋和阴影。在尺度综合结果基础上，首先以对象为单元选择各类地物的样本（表1），提取对象的光谱、纹理、形状特征，并利用 ReliefF 算法选择能有效区分不同地物的关键特征（表2）[13]，基于多分类器组合方法进行分类，得到如图 7 所示的分类结果。多分类器组合可以简单理解为：利用多个学习机器的分类结果，通过某种方式集成，给出最后的分类决策，属于决策级的信息融合。在分类器组合方法中，投票法是最简单和最常用的一种，它的基本思想为：通过投票的方式解决多个分类器输出结果不一致时的类别确定问题[14]。该方法基于一种群体的判断优于个体的判断的假设，在投票法中，投票人是所有子分类器，候选人是所有可能的分类结果。对某一分类对象进行决策时，由投票人给它所支持的候选人投票，票数最多的候选人胜出。投票法在其他量化指标无法获得的情况下使用最为合适。本文用三种典型的分类算法参与分类器组合：K 近邻算法、神经元网络[15]及支持向量基(SVM)[16]，三种方法具有不同的假设条件和分类原理，在遥感影像分类中各有优势，具有一定的算法独立性。为评价分类结果精度，选择测试样本（表 3），利用混淆矩阵法评价分类结果，结果见表 4。

表1　样　本　分　布

类　别	样本个数
不透水面	20
旱地	57
阔叶林	22
草地	10
坑塘	17
道路	15
裸土	18
房屋	78
阴影	30

表 2　对象特征及 ReliefF 特征选择结果（加粗特征）

光谱特征均值（6 个波段）	纹理特征	形状特征
R 波段	R 波段均质性	面积
G 波段	G 波段均质性	周长
B 波段	B 波段均质性	形状指数
R 波段 HOM 纹理特征影像		非对称性
G 波段 HOM 纹理特征影像		包围盒适合度
B 波段 HOM 纹理特征影像		最小外接矩形长宽比
		紧凑度

可见，纹理特征明显的阔叶林、旱地都达到了 99% 以上的用户和生产者精度，不透水面和道路纹理接近，互有混淆，但也都分别达到了 92% 及 88% 以上的生产者精度。可

见专题分类图上，占地面积较大的地类都得到了较好的区分；而占地面积小的地物，如草地、裸土、房屋、坑塘等，存在样本间光谱、纹理特征相似导致的分类混淆现象。如部分坑塘样本和旱地、阴影相似，而存在误分；裸土个数稀少，又容易跟草地、林地等混淆，K 近邻法精度较低，导致分类器组合结果精度也较低；另外，虽然房屋的生产者精度能达到 92%，然而由于光谱、纹理特征相似情况存在，部分不透水面、草地、道路样本对象会被误分为房屋，用户精度还有待提高。可见，在面向对象的遥感影像分类中，对象光谱、纹理、形状特征相近的地物仍存在混淆的情况，需要人工纠错。在后续的研究中，针对居民区内部和周边占地面积小、样本稀疏、光谱和纹理特征相近的地物类别还需要进一步研究提高分割和分类精度的半自动、自动化方法。

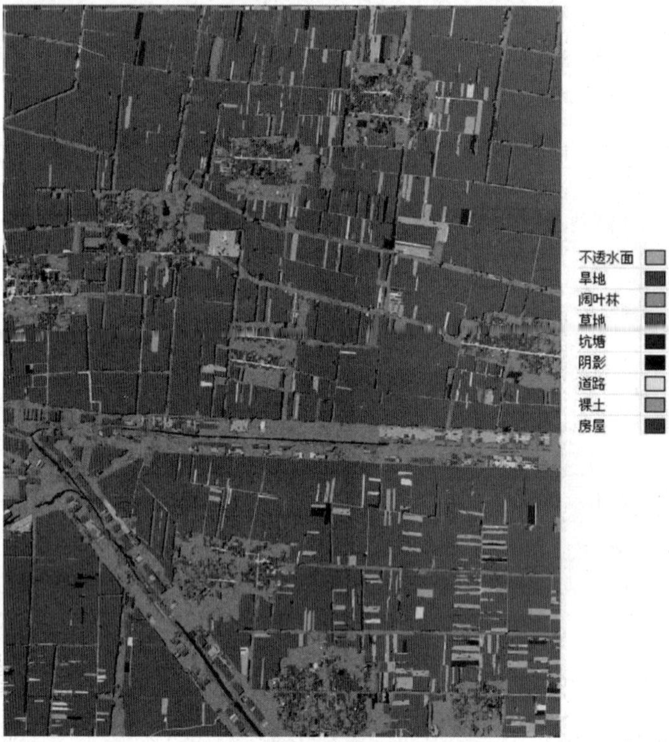

图7　多分类器组合分类结果

表3　测　试　样　本

类　别	样本个数	类　别	样本个数
不透水面	73	道路	37
旱地	105	裸土	8
阔叶林	72	房屋	135
草地	29	阴影	50
坑塘	27		

表4　利用混淆矩阵法评价的结果

分类	不透水面	旱地	阔叶林	草地	坑塘	阴影	道路	裸土	房屋	总计
不透水面	525190	0	0	0	0	0	19129	16207	8909	569435
旱地	0	6490290	0	0	28172	0	0	0	0	6518461
阔叶林	0	0	3530040	0	0	14526	0	0	0	3544562
草地	0	3489	2466	10755	0	0	0	2685	3513	22908
坑塘	0	23452	10244	0	99976	16494	0	0	0	150166
阴影	0	0	89	0	815	100668	0	0	0	101572
道路	16981	0	0	0	0	0	143469	0	818	161268
裸土	0	19733	0	2509	0	0	0	1797	0	24039
房屋	0	0	0	321	0	0	0	1945	27472	29738
总计	542171	6536963	3542835	13585	128963	131688	162598	22634	40712	11122149
用户精度/%	96	99	99	79	77	76	88	8	67	
生产者精度/%	92	99	99	46	66	99	88	7	92	
Kappa 系数/%	96.8									
总体分类精度/%	98.2									

4　总结与展望

在地理国情普查中，具有典型纹理特征的地物类别占有较大比例，如若能快速提取这些地表覆盖要素，就能提高地表覆盖制图效率。本文提出的基于纹理特征的多尺度分割结果综合方法，对有典型纹理特征的地表覆盖类型边界提取非常有效，为提高地表覆盖要素提取效率和精度提供了新途径。山东郊区 0.5 m 分辨率彩色航空相片的分割结果表明，纹理复杂的阔叶林的“过分割”现象能被有效消除，获得更准确的边界；纹理平滑的旱地、不透水面、道路、坑塘、草地、裸土边界也能被准确提取。分类结果中，阔叶林、旱地、不透水面、道路这些占地面积较大的地物类别用户精度和生产者精度能达到 88% 以上。然而由于航空影像数据本身波谱特征的局限性，阴影、植被覆盖等背景差异引起的“同物异谱、同谱异物”现象，一些占地面积较少的自然地表覆盖类别（如草地、坑塘、裸土）具有相似的光谱、纹理特征，仅仅依据对象光谱、纹理、形状特征还难以实现其自动准确提取。因此，在下一步研究中，可以进一步引入其他多源遥感数据，如多光谱影像、激光点云 Lidar 数据、InSAR 等，挖掘有效区分不同地物类别的特征以提高分类精度，或者利用空间关系特征对分类结果进行后处理以提高制图精度。对于房屋建筑物提取而言，由于受阴影、树木遮挡等因素的影响，多尺度分割结果还难以达到制图要求，引入 Lidar 点云数据或者 nDSM 辅助数据可提高分割质量，还须进行进一步研究；另外，由于各种房屋光谱特征、纹理特征、形状特征均存在不同，需要进一步对房屋建筑物特征进行分析，并研究提高其自动识别精度的方法。

参　考　文　献

[1] 程涛，周旭，刘若梅．面向地理国情监测的地表覆盖信息提取方法［J］．测绘通报，

2013，11（8）：84－86.
[2] 陈云浩，冯通，史培军，等．基于面向对象和规则的遥感影像分类研究［J］．武汉大学学报（信息科学版），2006，31（4）：316－320.
[3] 黄端琼．多尺度纹理特征分析及其在遥感影像分类中的应用［D］．福建：福州大学，2006.
[4] 易俐娜．面向对象遥感影像分类不确定性分析［D］．武汉：武汉大学，2011.
[5] Yi L N, Zhang G F, Wu Z C. A Scale－Synthesis Method for High Spatial Resolution Remote Sensing Image Segmentation[J]. IEEE Transactions on GeoSicence and Remote Sensing, 2012, 50(10): 4062－4070.
[6] 刘国英，周宏宇．大纹理图像多粒度分割新算法［J］．计算机工程与设计，2014，15（9）：3169－3172.
[7] 周晖．纹理分割方法及其应用研究［D］．合肥：国防科学技术大学，2005.
[8] 巫兆聪，胡忠文，张谦，等．结合光谱、纹理及形状结构信息的遥感影像分割方法［J］．测绘学报，2013，42（1）：44－50.
[9] Li D R, Zhang G F Wu ZC, et al. An edge embedded marker－based watershed algorithm for high spatial resolution remote sensing image segmentation[J]. IEEE Trans. Image Processing, 2010, 19(10): 2781－2787.
[10] 于欢，张树清，孔博，等．面向对象遥感影像分类的最优分割尺度选择研究［J］．中国图像图形学报，2010，15（2）：352－360.
[11] 齐义娜．面向对象的高分辨率遥感影像信息提取与尺度效应分析［D］．长春：东北师范大学，2009.
[12] 张桂峰．粒度理论下的多尺度遥感影像分割［D］．武汉：武汉大学，2010.
[13] Zhang G F, Yi L N. Feature selection using rough set theory for object－oriented classification of remote sensing imagery[C]. 20th International Conference on Geoinformatics. Hong Kong, 2012.
[14] 柏延臣，王劲峰．结合多分类器的遥感数据专题分类方法研究［J］．遥感学报，2005，9（5）：555－563.
[15] 许新征．基于粗糙集的粒度神经网络研究［D］．徐州：中国矿业大学，2012.
[16] 徐芳，燕琴．基于支持向量机的航空影像纹理分类研究［J］．武汉大学学报（信息科学版），2003，28（5）：517－519.

三种典型 GPS 软件的解算精度分析与应用

袁德宝　吴孝禹　胡起亚　李广海

中国矿业大学（北京）地球科学与测绘工程学院，北京　100083

摘　要　本文主要研究了三种典型的 GPS 数据处理软件的功能与应用，针对其主要功能及误差改正模型进行了详细对比，并对京沈客专的 CPI 控制网复测的工程实例进行数据处理，分别采取多种不同的解算控制参数，将得到的基线成果进行对比分析，并以此给出相应的结论与建议。

关键词　数据处理　基线解算　对比

The Analysis and Application of Solulation Accuracy of Three Typical GPS Software

Yuan Debao　Wu　Xiaoyu　Hu Qiya　Li Guanghai

College of Geoscience and Surveying Engineering, China Unirersity of Mining and Techology, Beijing　100083

Abstract　This paper mainly studies three kinds of typical GPS function and application of data processing software, and then makes a detailed comparison on three kinds of typical main function and error correction model of GPS data processing software, finally re measurement of CPI control network Beijing Shenyang passenger line of the project for data processing, based on three kinds of typical data processing software, respectively adopt a variety of control parameter solution the results are compared to the baseline analysis, and in order to give the corresponding conclusion and suggestions.

Key words　data processing　baseline solution　contrast

0　引言

作为一项高新技术的 GPS（Global Positioning System），自其产生以来，就给军事及

资助项目： 中央高校基本科研业务费专项资金资助（2009QD10）

作者简介： 袁德宝，男，博士，副教授，中国矿业大学（北京）地球科学与测绘工程学院，主要研究 GPS 卫星导航与定位。E－mail：Yuandb@ cumtb. edu. cn

经济带来了极大改变。伴随而来的科研机构、商业公司对它进行了极致地研究和推广，逐步形成了高精度的 GNSS 生态圈。伴随着应用越来越广泛的全球卫星导航技术，GPS 接收机出现了各种型号和用途的机型，同时出现了许多数据后处理软件。众所周知，接收机和导航卫星作为系统的主要硬件部分，在导航定位的过程中起着至关重要的作用，同时，作为 GPS 发挥其重要灵魂作用的 GPS 数据处理软件，也是一个极其重要的研究课题[1]。

一个品质优良、功能齐全的软件不仅能方便用户使用，改善定位精度，提高作业效率，而且对开发新的应用领域都有重要意义，因此软件的质量与功能已是反映现代 GPS 测量系统先进水平的重要标志。

科研机构为了研发需求，对软件数据解算的精度、耗时、功能等要求更高，因为科研的主要目的是研究新理论、新方法，如 GAMIT、BERNESE 和 GIPSY 等；商用软件主要是针对工程项目实践来研发的，如 LGO、TGO、Pinnacle 和国产的其他一些商业类软件[2]。

1 GPS 解算软件的基本情况介绍

GAMIT 软件和 BERNESE 软件以双差观测值作为基本观测量，可以解算出测站间精度较高的基线类成果（除了能解算出测站的坐标参数外，还能够解算地球自转参数、光压参数、太空中卫星运行的相关数据参数、GPS 信号穿越电离层时的变化参数、地球质量中心等）。

TGO（Trimble Geo Office）数据处理软件是在 Windows 界面下运行的 GPS 处理软件，其功能包括基线处理、网平差、测量数据上传下载、道路设计数据上传与下载、地形等高线与 DTM 模型的生成、GIS 数据采集、测量项目的建立与处理、项目报告传输和制作[3]。

LGO（Leica Geo Office）数据处理软件主要功能包括 GPS 基线处理、TPS（全站仪）数据处理、网平差、水准数据处理。LGO 数据处理软件中，TPS、GPS 及数字水准测量的数据可以组合在一起使用。除此之外，还有许多不同的模块间集成，像水准平差和 GPS 后处理，以及为保证数据与外部模块之间的安全传输而开发了一个非常灵活的格式转换管理器。

Pinnacle 数据处理软件是专门为拓普康公司的 GPS 接收机所研发的数据后处理软件，可以在 windows 系统下建立多个任务，并进行操作处理。Pinnacle 包括静态、动态、快速静态等解算模式，有多种内置的计算模型。

HGO（Hi - Target Geomatics Office）数据处理软件是一款全新的静态处理软件，是在 HDS2003 软件的基础上研发而成的，用于高精度测量用户基线数据的处理、坐标系统的转换、网平差。

GNSSADJ 基线处理平差软件采用 VC ++ 程序编写，编程方法和管理方案采用了面向对象的方法，操作方便，功能强大，可视化程度高。主要是通过对 GPS 接收机外业采集数据进行基线解算处理，然后将处理结果进行整网的平差计算，进而得出较为可靠的成果控制网。

最近几年，国产基线解算软件取得了快速发展，在个体操作体验上有了很大提高，很多解算软件甚至实现了免费向用户提供。但相比这些操作体验的改变，用户们更多关心的是其精度是否能满足具体应用，毕竟精准度才是解算软件的核心要求，只有精准度高的解算软件才能在科研及工程应用中发挥作用。

随着 GPS 高精度定位理论的完善，世界范围内的各大数据解算软件厂家都在不断加大科研投资，研发新一代能跟上 GPS 定位理论模型发展的软件，研发的重点都集中于数据预处理等方面。一些适用于短基线测量和定位的随机软件，具有数据格式单一、模型精读不高和误差大的特点，所以无法满足高精度的长基线处理的测量精度要求。那些能在国际上占有一席之地的 GPS 解算软件通常更具普遍适用性，如 GAMIT 软件内就针对使用者需求的不同配置了多种改正模型以备选择，可以处理长基线的数据，并可达到可靠的精度要求，甚至也可以应用于高精度要求的大范围地壳面貌改变监测任务。解算软件在研发过程中要考虑改正模型，但并不是改正模型配置的越多就能起到越好的使用效果。对于一些小范围的 GPS 网络，过多配置改正模型会增大误差出现的可能性，降低解算精度，因此研发需要根据不同的使用条件做出具有针对性的软件[4]。

2 GPS 测量基线解算的处理方法

基于通过地面站接收卫星发送的数据信息并经过数据处理确定地面位置的 GPS 测量方法，由于产生的观测误差不可避免，所以给随后的数据处理增加了难度。真正决定 GPS 测量精度的关键在于基线解算部分，而且基线解算过程耗时长，如果不能得到质量较好的基线成果，进而会影响整个 GPS 数据处理的效率及成果精度[5]。

通过 GPS 测量所获取的最终成果是测站的三维坐标，而基线解算的成果是具有长度和方位属性的测站之间的坐标增量。平常的基线处理主要采用双差观测值，即同一个测站不同卫星之间或者不同测站同一卫星之间的双差值。可以用以下公式表示：

$$dd(\varphi_f)+v_f=dd(\rho)+dd(\rho_{ion})+dd(\rho_{trop})+\lambda_f\times N_f^{m,n}$$

式中 dd——双差分因子（在 i、j 测站和卫星 m、n 间求差）；

$dd(\varphi_f)$——频率为 f 的载波相位观测值的双差值；

v_f——双差观测值的改正数；

ρ——历元 t 时刻的伪距；

ρ_{ion}——为电离层延迟；

ρ_{trop}——对流层延迟；

λ_f——频率为 f 的载波相位波长[6]。

基线解算的过程一般是利用软件自动进行的，不需要人工干预。软件进行基线处理时大致分为三个步骤，基线解算是第一步，主要得到整周未知数为实数的成果基线；在解算的第二个阶段，得到固定为整数的整周未知数；在第三个阶段，得到确定为已知的整周未知数后，需要得到的未知参数是待定的测站坐标，最后进行一次平差计算，得到最终需要的整数解[7]。

依据基线解算的方式，有多基线解和单基线解。在基线解算的时候不顾及同步观测的基线间的相关性误差的称为单基线解算。对每条基线独立进行解算，算法较为简单，不过由于其解算结果不能反映同步基线间的相关性误差的特性，且无法充分利用观测数据之间的关联性，因而不利于后续的网平差过程，通常情况下只能在一般较低等级的 GPS 网的观测中利用。然而顾及了同步观测基线间的相关性误差的多基线解算，就是在基线解算的过程中对所有独立的、同步观测的基线一起进行解算处理[8]。

3 不同类型 GPS 解算软件的对比分析

3.1 GAMIT 软件与商业 GPS 软件的主要功能对比

由于开发软件的定位需要不同，各类 GPS 的解算软件都有各自的特点。如 GAMIT 软件具有强大的功能、复杂的模型及较高的基线解算精度，还能够针对性研究特定因素的影响规律，最终建立并完善更优的模型。对于商业软件而言，其工作内容主要是解决实际过程中反映的问题，具有操作方便、解决问题高效、速度快的特点。商业软件及科研软件在功能上的主要功能反映出了其自身的侧重点（表 1）。

表 1 GAMIT 软件与商业软件基线解算软件的主要功能比较

<table>
<tr><th>主 要 功 能</th><th>GAMIT 软件</th><th>商业软件</th></tr>
<tr><td>改正接收机、卫星天线相位中心</td><td rowspan="6">√</td><td rowspan="6">×</td></tr>
<tr><td>地球自转参数估计</td></tr>
<tr><td>太阳光压的参数估计</td></tr>
<tr><td>卫星钟及测站钟参数估计</td></tr>
<tr><td>地心坐标估计</td></tr>
<tr><td>大气和气象应用研究，对流层天顶延迟估计</td></tr>
<tr><td>测站坐标确定</td><td rowspan="3">√</td><td rowspan="3">√</td></tr>
<tr><td>高度截止角设定</td></tr>
<tr><td>GPS 基线处理；网平差</td></tr>
<tr><td>数据的质量控制及质量保证（QA/QC）</td><td rowspan="4">×</td><td rowspan="4">√</td></tr>
<tr><td>GPS 地形测量数据处理</td></tr>
<tr><td>坐标与投影的转换</td></tr>
<tr><td>导入和导出测量数据</td></tr>
</table>

现阶段，具有强大功能、较高精度的科研软件主要特点有以下四个方面：

（1）具有较高的数据处理精度，强大的功能（如频率与时间传递、卫星轨道确定及定位等）。有的科研软件具有昂贵的价格，数据模型过于丰富，操作难度高，需要较长的时间才能真正掌握。

（2）绝大多数软件都不具有操作界面，处理数据的方式是通过用户键盘输入得到，具有较差的用户体验。

（3）对于我国技术人员来讲，其操作系统是 UNIX/LINUX，不适应技术人员的操作习惯。

（4）缺乏相应的辅助功能，使得数据处理的过程较为复杂，而且非常容易出现错误[9]。

3.2 GAMIT 与商业 GPS 软件的误差改正模型对比分析

对于科研软件而言，其汇总了较多的改正模型可供选择，用户能够借助改正模型进一步改正绝大部分原始测量数据的影响因素。而且对于同一影响因素来说，也拥有较多的更改模型，进而使得测量结果的精度大大得以提高。商业软件更大优势体现在实用和高效上，所拥有的模型改正更加简单，能够对测量中的主要误差进行更改[10]。GAMIT 与商业软件在模型设置层面的对比分析见表 2。

表 2　GAMIT 与商业软件的模型选项对比

数学模型选项	GAMIT	商业软件
电离层及对流层改正模型	√	√
接收机钟差改正模型	√	×
卫星轨道改正模型		
地球物理效应（潮汐、章动、岁差及极移等）改正模型		
卫星钟差改正模型		
多路径效应改正模型	×	×
接收机及卫星天线相位中心的改正模型	√	√

通过在软件性能、软件选用的模型等方面对科研软件和商业软件进行了详细的对比分析，可以明显得出两类软件在实际应用中的共同点和不同点。

一般来讲，科研类的 GPS 数据处理软件所提供的误差改正模型比较丰富，而商业 GPS 数据处理软件，大多采取默认的设置。

4　京沈高铁 CPI 复测的数据处理

此次使用 GAMIT 软件对京沈客专 CPI 复测数据处理，主要是对观测值的选择及卫星高度截止角的选择。此外，采用 IGS 精密星历，历元间隔为 5 s，解算模式选取 BASELINE，采用分段线性函数（PWL）在一天内每 2 h 估计一个天顶延迟参数，干湿投影函数采用 GMF 全球投影函数，利用 L1、L2 两个频率组合消除电离层效应的影响，潮汐模型控制、站星约束控制、光压模型、惯性框架等其他参数均设为默认。

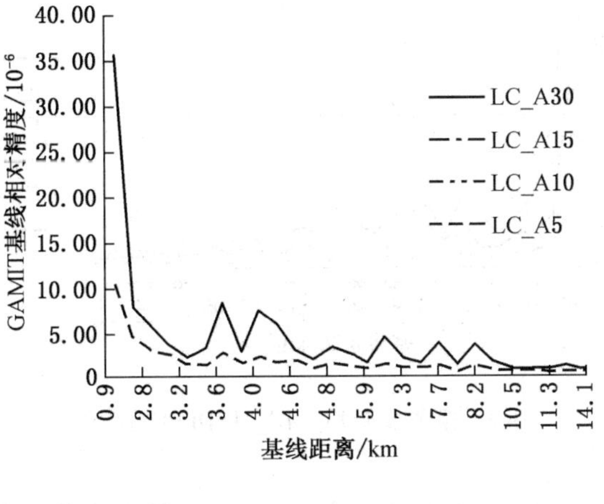

图 1　观测值为 LC_ AUTCLN

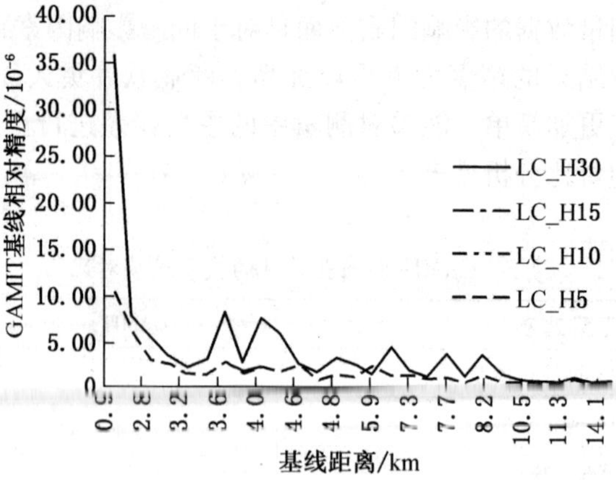

图 2　观测值为 LC_ HELP

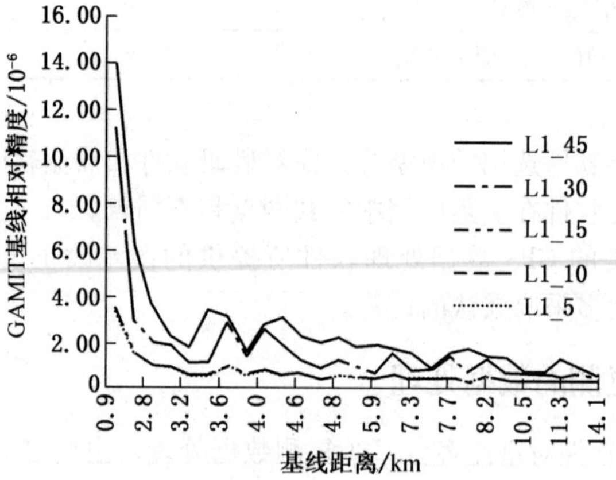

图 3　观测值为 L1_ ONLY

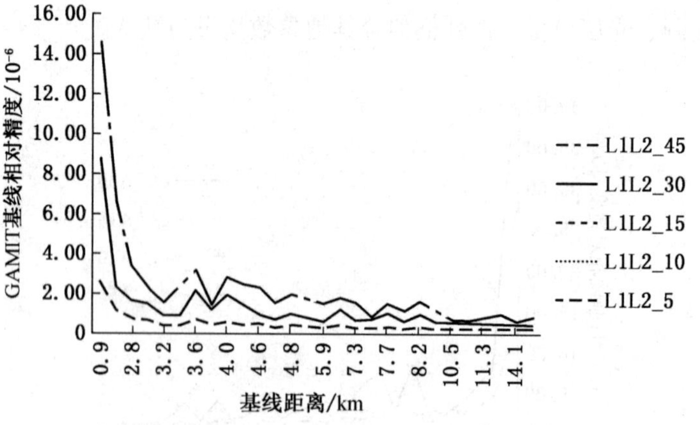

图 4　观测值为 L1，L2_ INDEPENDENT

由图 1 至图 4 可知，卫星高度截止角大于 15°时，随高度截止角的增大，参与解算的卫星数据越来越少，基线的解算精度逐渐降低。在超过45°的高度截止角时，LC_ AUTCLN解和LC_ HELP解均未解算成功；卫星高度截止角在5°、10°、15°时解算精度相当；但整体来看，当卫星高度截止角为10°时各个观测值的解算结果均最优。

由于LGO软件解算基线所采用的精度评定标准的特殊性，暂以GAMIT软件解算的最优基线成果为真值，与选取不同的解算组合方案得到的基线成果比较，以探究其差异。根据处理过程可以看出，LGO的基线解算速度很快。数据处理完成后，频率（F）选取为L1、L1+L2时（图5和图6），基线处理成果均存在非固定解，与GAMIT软件基线结果差值最大可达1.9492 m，因此在后续的平差中可以不让此类基线参与。故在以下数据对比中仅选取LGO处理得到的固定解与GAMIT软件最优的基线成果对比。

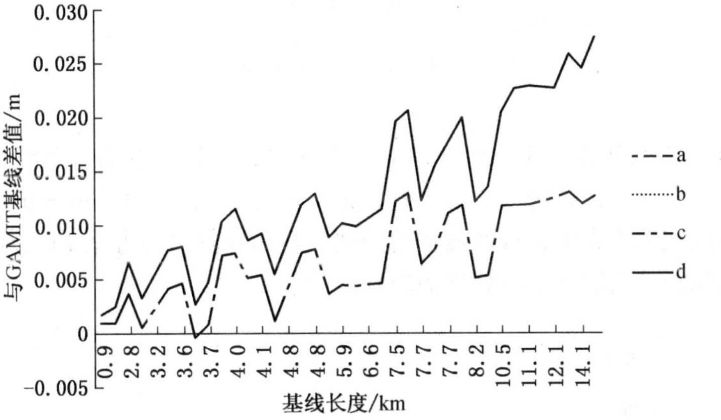

图5 频率（F）为L1

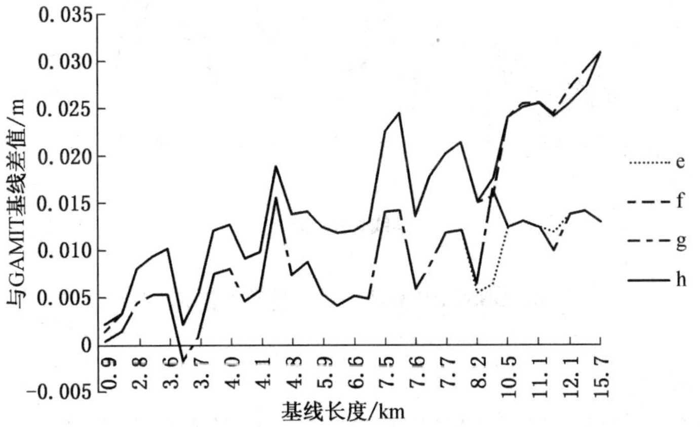

图6 频率（F）为L1+L2

方案a与c、b与d、e与g、f与h解算成果精度相当。即对于模型改正效果方面，电离层模型的改正作用计算模型优于标准模型，两种对流层模型的改正效果相当。在选取消电离层模型L3时，对流层与电离层改正模型的选择不同，精度基本相当，如图7所示。

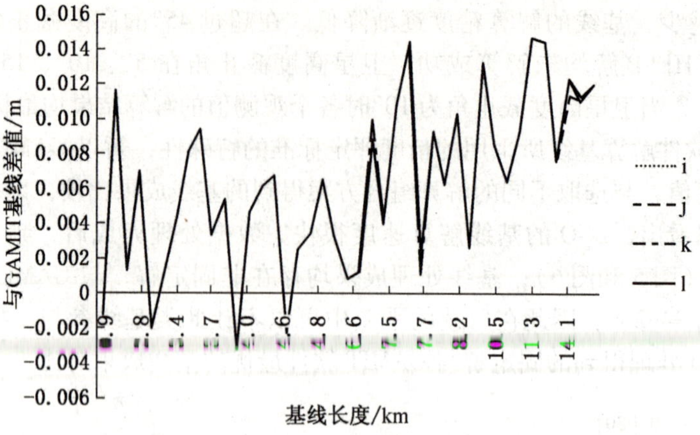

图7　频率（F）为消电离层模型 L3

GNSSADJ 解算软件在基线处理过程中，解算控制参数可以通过基线设置选项进行调整选择。其中，合格解选择为双差固定解，方差比大于3，中误差小于0.04。也以 GAMIT 解算的最优基线成果为真值，选取典型的处理短基线观测组合方案 L1［GPS］，探究高度截止角与历元间隔的选取在基线处理的影响。

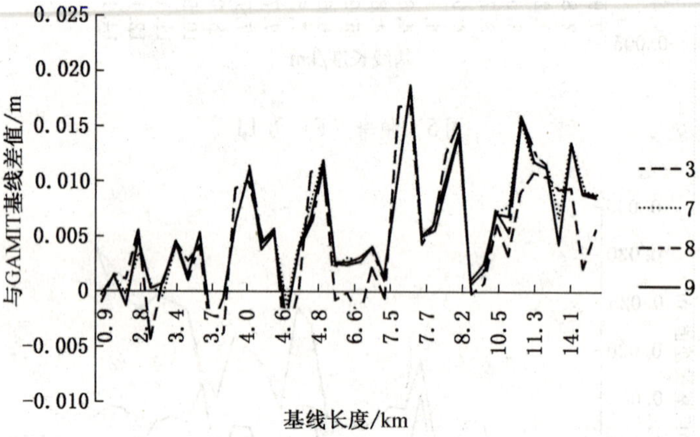

图8　GNSSADJ 解算基线长度精度比较分析

从图8可以看出：

（1）整体基线解算的结果与 GAMIT 软件最优基线的差值在 0 ~ 2 cm 之间，且随基线长度的增加，精度有下降趋势。

（2）整体来看，此次数据处理，当高度截止角为 10°、采样间隔为 30 s 时的解算方案 3 最优；方案 7、8、9 解算精度相当。

5　结论

通过数据处理成果，可以看出三种典型的 GPS 处理软件得到的结果均可信，但精度各有差异。精度方面，GAMIT 软件精度最高，LGO 软件次之，GNSSADJ 软件稍差；解算速度方面，GAMIT 与 LGO 的基线解算速度较快，GNSSADJ 的解算速度较慢。虽然科研类软件操作复杂，都是通过在终端输入命令执行的，但熟悉掌握之后，不仅数据处理速度快，而且精度高，故对于研究高精度的 GPS 数据处理的学者们需要多加学习；而商业类 GPS 软件有很好的可视效果，操作方便，容易上手。因此，在处理软件选择上，我们应本着满足精度要求的基础，选择速度快、效率高的数据处理软件，以提高工程应用的效率。

参 考 文 献

[1] 黎虎．GPS 基线解算与网平差问题的研究与实践［D］．阜新：辽宁工程技术大学，2013.

[2] 刘紫平,余代俊,惠海鹏．几款商用 GPS 数据处理软件基线解算结果比较分析[J]．矿山测量,2011,(1):18－20.

[3] 张勇，岳昔娟，王振辉．GPS 商用软件与科学分析软件基线处理结果比对与分析［J］．地理空间信息，2006，(5)：15－17.

[4] 刘忠．高精度 GPS 数据处理若干理论与技术问题研究［D］．西安：长安大学，2006

[5] 李宗华,侯金根,张予杰．影响 GPS 测量的误差分析及基线解算优化处理方法[J]．全球定位系统,2008,(2):16－22.

[6] 蔡振．GPS 基线解算的基本理论与质量控制［J］．测绘与空间地理信息，2013，(4)：109－111.

[7] 宋庆杰．GPS 技术应用与质量控制［J］．全球定位系统，2010，35（4）：54－57.

[8] 汤璞．中短基线 GPS 解算中影响精度的因素研究［D］．郑州：中国人民解放军信息工程大学，2003.

[9] 颜金彪．GPS 长基线数据处理软件系统分析与实现［D］．成都：西南交通大学，2013.

[10] 廖繁茂，罗长林，刘祖强，等．GPS 工程控制网数据处理软件的比较分析［J］．测绘通报，2009，(1)：25－27，71.

一种改进的矢量中值滤波器研究

朱逸馨[1,3]　余　可[1,2]

1. 中国矿业大学（北京）地球科学与测绘工程学院，北京　100083
2. 中国矿业大学（北京）煤炭资源与安全开采国家重点实验室，北京　100083
3. 北京大学地球与空间科学学院，北京　100871

摘　要　矢量中值滤波在保护边界以及算法稳健性上有较好的滤波特性，最早应用于图像处理中。传统矢量中值滤波方法需要在每个滤波窗口中，求取每个矢量到其他所有矢量的距离，滤波算法复杂，运算时间长。结合平均矢量的概念后，提出了一种只需求取平均矢量和每个矢量到这个平均矢量的距离的新方法，有效地简化了算法，减少了运算时间。

关键词　矢量中值滤波　地震数据处理　平均矢量

Research on an improved vector median filter

Zhu Yixin[1,3]　Yu Ke[1,2]

1. College of Geoscience and Surveying Engineering,
China University of Mining and Technology, Beijing　100083
2. State Key Laboratory of Coal Resources and Safe Mining,
China University of Mining and Technology, Beijing　100083
3. School of Earth and Space Science, Peking University, Beijing　100871

Abstract　Vector median filtering is the earliest applied to image processing, although it has good filtering characteristics, especially in border protection and the algorithm robustness. Traditional vector median filtering method needs calculating each vector distance to all other vector in each of the filter window which makes the vector median filtering algorithm complex. Based on the concept of average vector, a new method which only needs to get the average vector and the distance between it and other vectors is proposed to simplify the algorithm and reduces the computation time.

资助项目：中央高校基本科研业务费专项资金（2011QD02），煤炭资源与安全开采国家重点实验室大学生科技创新计划项目（SKLCRSM16DC14）

作者简介：朱逸馨（1993—　），女，硕士研究生，主要从事地震数据处理方面的研究。E－mail:402782612@qq.com

Key words Vector median filtering seismic data processing average vector

1 矢量中值滤波的方法原理

矢量中值滤波（VMF）首先是由图像处理领域提出的，很多学者对该方法做了研究和改进。其中，Astola 等[1]把传统的中值滤波推广为矢量中值滤波，可以对矢量表示的信号进行整体处理。其提出的由最大似然估计理论推导出来的矢量中值滤波器概念，所遵循的概率分布为指数型。另外，如果有一幅由三种元素（红、绿和蓝）组成的矢量表示的彩色图像，Astola 等证明了矢量中值滤波能在给该图像去噪的同时，保护图像的锋锐边缘。同时，如果按传统方法，即分别对这三个元素做标量中值滤波后，再合成的结果则很糟糕。

而 YikeLiu[2]在运用矢量中值滤波处理地震数据时得到了和 Astola 相似的结果：在使用矢量中值滤波来衰减倾角或方位矢量场中由于地震图像偏移所产生的噪声时，矢量中值滤波也具有保护边缘的优势。

另外，矢量中值滤波方法也在不停地改善与进步。Yike Liu、宋凯[3]等人都提出了新的矢量中值滤波方法，以保证传统矢量中值滤波在保护边缘和不增加新颜色的优点的同时，减小其计算量使之更易于实现。而王文闯等[4]通过 α - trimmed、矢量中值和阈值三者的结合概念，提出了 α - trimmed 矢量中值滤波。与矢量中值滤波相比，该方法能在压制邻炮的干扰同时，更好地保留主炮能量。而与迭代反演算法相比，其计算效率更高，稳健性更好，适用范围更广。金良海[5]、Jiangtao Xu[6]等人也相继提出了在矢量中值滤波方法中加入空间距离加权的思想，以改善滤波效果，使之具有更好的保护边缘特性。另外，还有很多从不同的角度和思路对矢量中值滤波进行改善的方法被提出，如从噪音方面出发来对滤波方法进行改进[7,8]等。

矢量中值滤波是一种由中值滤波发展而来的基于排序的多参数滤波，由于其在消除噪声、保护边界有较为突出的优势，并具有良好的稳健性。在 1990 年被提出后，近些年来，又有不少人对其进行了改进和发展。

这些方法对改善矢量中值滤波的运算复杂度和针对某种噪音的处理上有一定改进。由于这是一种最早应用于图像处理领域的方法，没有考虑数据的速度信息。因此，在地震数据处理时，常有有效波速度较低时反而被衰减的结果出现。

1.1 中值滤波

定义一个输入的标量集合 $A=\{a_i\}$，$i=1, 2, \cdots, n$，一个输出的标量集合 $S=\{s_i\}$，$i=1, 2, \cdots, n$，并设置一个长度为 $2n_1+1$ 滤波窗口。中值滤波的思想就是在集合 A 中加滤波窗口后，将窗口中的 $l=2n_1+1$ 个元素排序，用排序后的标量中值来取代集合 A 中的中间元素，并输出作为集合 S 中的对应元素。A 与 S 的关系可以表述为 $S_i=\text{median}\{a_i-n_1, \cdots, a_i-1, a_i, a_i+1, \cdots, a_i+n_1\}$。标量中值的求取方法可以表述为，在 L 范数下，计算滤波窗口中各元素到其他所有元素的欧式距离和，距离和最小的标量为该窗口的标量中值，并代替中心标量输出。其公式可表述为

$$S_i = \text{argmin} \sum_{j=i-n_1}^{i+n_1} \| a_i - a_j \|_L \tag{1}$$

从式（1）可以发现，在中值滤波中，输出 y 与过去和未来时刻的输入都有关系。为

了中值滤波的顺利开始与结束，在本滤波器中，对两端处理为：在输入信号前附加 n_1 个元素，且 n_1 个元素的值均等于第一个输入信号的值，在输入信号后附加 n_1 个元素，且 n_1 个元素的值均等于第一个输入信号的值。另外，中值滤波有以下两个重要特点：

（1）经中值滤波后，单调递增或是单调递减的信号将保持不变，如图 1 所示。

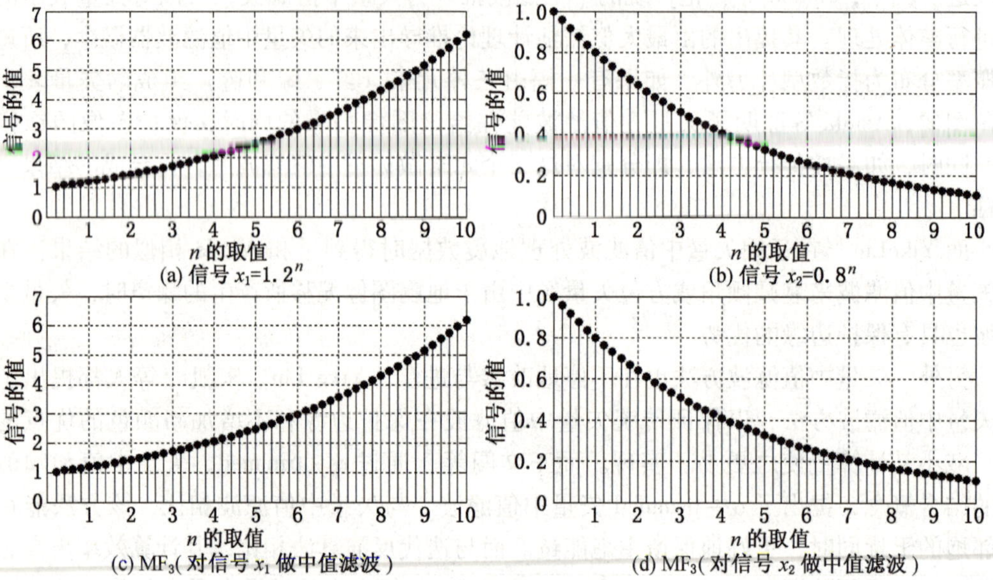

图 1 单调递增或单调递减的信号经中值滤波后保持不变

（2）经中值滤波后，任何窄于 n_1 个样点的脉冲信号将被完全压制，如图 2 所示。

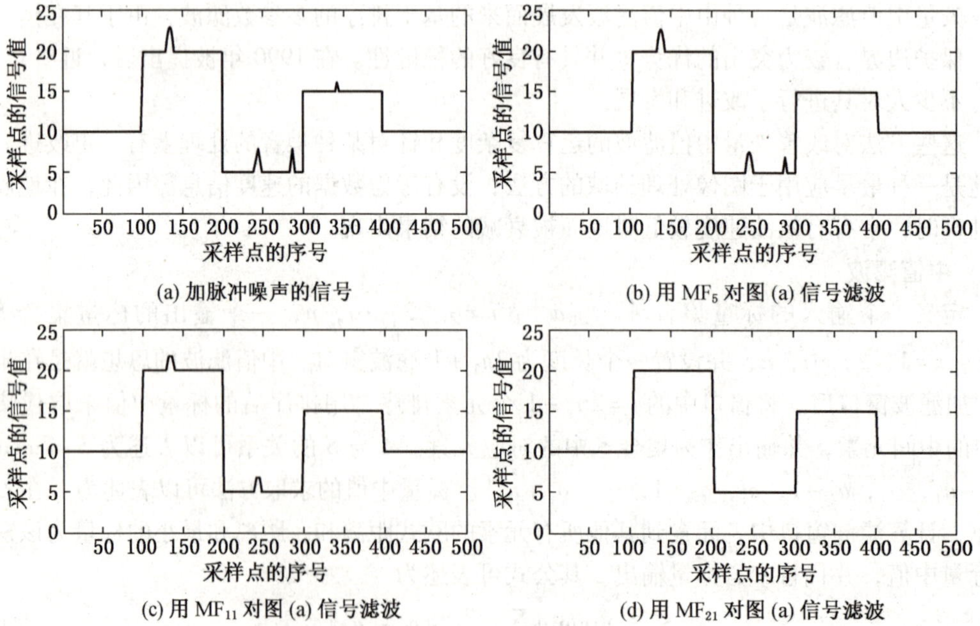

图 2 窄于 n_1 个样点的脉冲滤波后被完全压制

由滤波的特点（2）可知，数据时窗的长度 l 越大，滤除干扰的效果就越好，滤波后的数据就越平滑，但滤波所需时间也越长。

其中，图1和图2中的MF表示中值滤波器，下标的数字表示滤波窗口长度。例如，MF_5 表示以5为滤波窗口对信号进行中值滤波。观察图2可以看到，分别对图2a中的加噪信号进行中值滤波，图2b至图2d分别显示了滤波窗口的大小为5、11和21。显然，滤波窗口越大，其滤波效果就越好。

1.2 传统矢量中值滤波

矢量中值是将标量中值延展为

$$S_i = \operatorname{argmin} \sum_{j=i-n_1}^{i+n_1} \| a_i - a_j \|_L \tag{2}$$

以上所有过程够是在范数为1的条件下进行的，但是同样的数据在不同的范数条件下，其矢量中值是不一定一致的。如图3所示，以 O 点为原点的三个矢量 OA、OB、OC，如在范数为1的条件下，由于 $|AC| < |AB| < |BC|$，则三个矢量的矢量中值为 OA；而在范数为2的条件下，由于 A、C 两点间的水平距离小于垂直距离，所以 $|AC| < |BC| < |AB|$，这时 OC 才是矢量中值。

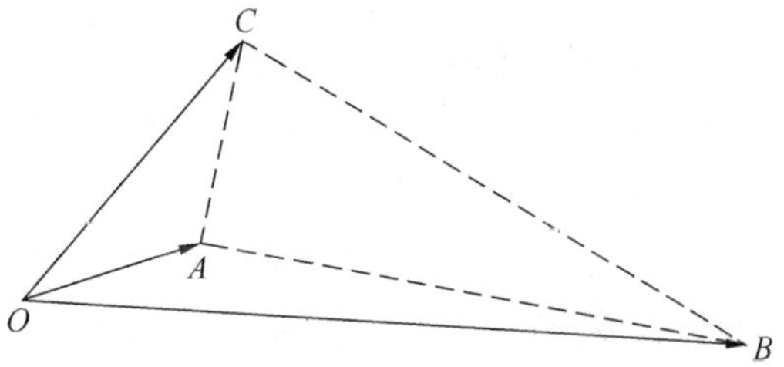

图3 范数与矢量中值

虽然范数的选择会对矢量中值产生一定的影响，但由于本文并未针对范数与矢量滤波关系进行研究，为了能更好地进行比较，以下所有滤波过程都在范数为1的条件下进行。

1.3 矢量中值滤波原理

假设地震数据格式为一个 $m \times n$ 的矩阵 D，且矩阵中的（i，j）上的数据是一个由对应采集点上 x，y，z 三个方向信息组成的矢量 $D(i, j)$，即 $D(i, j) = [x(i, j), y(i, j), z(i, j)]$。假设原始地震数据 $D = \{D(i, j); i=1, 2, \cdots, m, j=1, 2, \cdots, n\}$，受噪声污染的地震数据为 $D' = \{D'(i, j); i=1, 2, \cdots, m, j=1, 2, \cdots, n\}$，通过矢量中值滤波后的地震数据为 $V = \{V(i, j); i=1, 2, \cdots, m, j=1, 2, \cdots, n\}$。矢量中值滤波方法最早是应用于图像处理中，因此，目前在地震数据处理中，其基本思想就是将地震数据 D' 看成一幅 $m \times n$ 的图像，按照从左往右，自上而下的顺序取大小为 $n_1 \times n_1$ 的滤波窗口，并在其中取矢量中值作为中心矢量输出，其中，为了中心矢量存在，一般取 n_1 为奇数，且大多数情况下 n_1 为3或5。具体操作步骤如下。

（1）为了能对边缘数据进行滤波处理，在取滤波窗口前，于地震数据的上下左右都进行补行补列。其中，补行的原则为，在数据上方补 $(n_1-1)/2$ 行，且数值与补行前的第一行数据相同；在数据下方补 $(n_1-1)/2$ 行，且数值与补行前的最后一行数据相同，由于 n_1 为奇数，则 $(n_1-1)/2$ 为整数。补列的原则为，在数据上方补1列，且数值与补列前的第一列数据相同；在数据下方补1行，且数值与补行前的最后一列数据相同。

（2）在大小为 $n_1 \times n_1$、中心矢量为 $D'(i, j)$ 的滤波窗口内，依次求取每个矢量到其他所有矢量的距离和：

$$d(u、v) = \sum_{k=1}^{n_1} \sum_{l=1}^{n_1} \| D'(u,v) - D'(k,l) \quad u = 1,2\cdots,n_1; v = 1,2,\cdots,n_1 \| \tag{3}$$

(3) 各矢量到其他所有矢量的欧式距离和所组成的集合 $d = \{d(u,v); u=1,2,\cdots,n_1; v=1,2,\cdots,n_1\}$ 中，找到最小值 $d_{\min}(u,v)$，即

$$d_{\min}(u,v) = \operatorname{argmin} \sum_{k=1}^{n_1} \sum_{l=1}^{n_1} \| D'(u,v) - D'(k,l) \| \tag{4}$$

(4) $d_{\min}$ (u, v) 就是该窗口中的矢量中值，即 DVM $= d_{\min}$ (u, v)，并用来代替窗口中原始的中心矢量 D' (i, j) 输出，即 V $(i, j) =$ DVM。

(5) 移动滤波窗口，并对移动后的窗口内数据重复步骤 (2) 至步骤 (4) 处理，直至完成所有中心矢量的矢量中值滤波，得到滤波后的输出数据 V。

2 改进矢量中值滤波

2.1 矢量中值滤波的改进方法

统观传统的矢量中值滤波，其算法中最复杂、耗时最长，且可以改进的一步就是步骤 (2)：依次求取每个矢量到其他所有矢量的距离和。这里，可以引入一个平均值的概念[9]，改为依次求取每个矢量到平均矢量的距离和。例如，地震记录的形式为 $D =$ (x, y, z)，滤波窗口大小为 $n_1 \times n_1$ 时，改变后的矢量中值滤波方法的步骤如下。

(1) 与传统矢量中值滤波方法相同，为了能对边缘数据进行滤波处理，在取滤波窗口前，于地震数据的上下左右都进行补行补列。其中，补行原则为在数据上方补 $(n_1 - 1)/2$ 行，且数值与补行前的第一行数据相同；在数据下方补 $(n_1 - 1)/2$ 行，且数值与补行前的最后一行数据相同，由于 n_1 为奇数，则 $(n_1 - 1)/2$ 为整数。补列的原则为在数据上方补 1 列，且数值与补列前的第一列数据相同；在数据下方补 1 行，且数值与补行前的最后一列数据相同。

(2) 在大小为 $n_1 \times n_1$、中心矢量为 D' (i, j) 的滤波窗口内，求取窗口内所有矢量的平均矢量：

$$x' = \sum_{i=1}^{n_1 \times n_1} x_i / (n_1 \times n_1) \qquad x' = \sum_{i=1}^{n_1 \times n_1} y_i / (n_1 \times n_1)$$

$$z' = \sum_{i=1}^{n_1 \times n_1} z_i / (n_1 \times n_1) \qquad \overline{D} = (x', y', z') \tag{5}$$

(3) 依次求取每个矢量到平均矢量的距离和：

$$d(u, v) = \| D'(u, v) - \overline{D} \| \; (u=1, 2, \cdots, n_1; v=1, 2, \cdots, n_1) \tag{6}$$

(4) 各矢量到平均矢量的欧式距离和所组成的集合 $d = \{d(u, v); u=1, 2, \cdots, n_1; v=1, 2, \cdots, n_1\}$ 中，找到最小值 $d_{\min}$ (u, v)，即

$$d_{\min}(u, v) = \operatorname{argmin} \| D'(u, v) - \overline{D} \| \tag{7}$$

(5) $d_{\min}$ (u, v) 就是该窗口中的矢量中值，即 DVM $= d_{\min}$ (u, v)，并用来代替窗口中原始的中心矢量 D' (i, j) 输出，即 V (i, j) $=$ DVM。

(6) 移动滤波窗口，并对移动后的窗口内数据重复步骤 (2) 至步骤 (5) 处理，直至完成所有中心矢量的矢量中值滤波，得到滤波后的输出数据 V。

观察改进后的矢量中值滤波步骤，其中，新引入的平均矢量算法是求取所有矢量各元素的平均值所组成的新矢量。这个有各元素平均值组成的新元素 $\overline{D}$ 是不存在于原始数据

D'中的，但由于这个新元素只是度量矢量中值的一个标准，并不会出现在滤波后的数据中，因此不会对滤波结果造成“模糊”的影响。理论上，改进后的矢量中值滤波方法继承了传统矢量中值滤波的优点。

2.2 矢量中值滤波方法改进前后对比

从理论上分析来看，改进前需要计算滤波窗口中各矢量到其他所有矢量的距离和，经改进后简化为计算各元素到平均矢量的距离。从计算复杂度来看，改进前，计算一个矢量到其他所有矢量的距离所消耗的时间复杂度为 $O(n^2)$，计算这些距离的和的时间复杂度为 $O(n^2)$；而改进后计算平均矢量的时间复杂度为 $O(n)$，同时只需计算每个矢量到平均矢量的距离，其时间复杂度仅为 $O(n)$ $\bar{D}$。据以上分析，对矢量中值滤波的改进想法确实能简化算法，节约运算时间。

3 结论

提出了一种针对传统矢量中值滤波的改进方法，该方法结合平均矢量的概念，不需要在每个滤波窗口中求取每个矢量到其他所有矢量的距离，而只需求取平均矢量和每个矢量到这个平均矢量的距离，有效地简化了算法，减少了运算时间。

参 考 文 献

[1] JAAKKO ASTOLA, PETRI HAVISTO, YRIO NEUVO. Vector median filters[J]. Proceedings of IEEE, 1990, 78(4): 678 – 688.

[2] Yike Liu. Noise reduction by vector median filtering[J]. Geophysics, 2013, 78(3): 79 – 86.

[3] 宋凯，尹志富，杨宇．改进矢量中值滤波在图像处理中的应用研究 [J]. 沈阳理工大学学报，2007 (26)：24 – 30.

[4] 王文闯，李合群，赵波，等．基于 α – trimmed 矢量中值滤波压制同步激发邻炮干扰 [J]. 石油地球物理勘探，2014，49 (6)：1061 – 1067.

[5] 金良海，李德华．一种基于空间距离加权的自适应矢量中值滤波器 [J]. 中国图像图形学报，2007，12 (6)：970 – 976.

[6] JIANGTAO XU, LEI WANG, ZAIFENG SHI. A switching weighted vector median filter based on edge detection[J]. Signal Processing, 2014(98): 359 – 369.

[7] 侯燕．基于矢量中值的彩色图像中脉冲噪声去除算法的研究 [D]. 吉林：吉林大学，2008.

[8] 韩金玉，王守志．基于噪声特征和矢量中值滤波的彩色图像去噪算法 [J]. 计算机应用，2009，29 (9)：2418 – 2423.

[9] 徐海，樊太亮，赵夏，等．基于矢量中值滤波的 ISS 高密度地震数据去噪方法[J]. 石油地球物理勘探，2013, 48(3): 341 – 347.

浅谈寺河矿区煤的显微组分与煤层气富集

朱荣彬[1]　邹冠贵[1,2]

1. 中国矿业大学（北京）地球科学与测绘工程学院，北京　100083

2. 煤炭资源与安全开采国家重点实验室，北京　100083

摘　要　煤的显微组分是在显微镜下划分的煤的基本组成成分，煤中显微组分的划分影响了煤层气中气体成分及其相对含量，同时也影响到煤生烃的阶段性，这都很大程度上决定了煤层最终的生烃能力。根据煤的显微组分确定其含量的划分，进而得到其与煤层气富集的关系。采用沁水盆地寺河矿区的3号煤山西组的高煤阶煤样，分析其显微组分的含量与煤层气的富集关系，结果表明，高度变质的无烟煤其富集气体的能力，壳质组弱于镜质组弱于惰质组，而在煤的显微组分定量分析过程中，发现大多数都是惰质组中的丝质体，高度变质的无烟煤富集气体的能力较弱。

关键词　显微组分　富集能力　煤层气

Discussion on coalbed methane in sihe mine coal macerals and enrichment

Zhu Rongbin[1]　Zou Guangui[1,2]

1. College of Geoscience and Surveying Engineering, China University of Mining and Technologgingy, Beijing　100083

2. State Key Laboratory of Coal Resources and Safe Mining, Beijing　100083

Abstract　Microscopic components of coal is divided under the microscope basic components of coal. Divided coal microscopic component that is affecting the gas components in the relative amounts of CBM. At the same time, it also influences the stage of hydrocarbon generation. This determines to a large extent the seam end of hydrocarbon. Divided according to determine the content of coal macerals, and its relationship with the coal - bed methane concentration. High rank coal samples using Qinshui Basin

---

资助项目：中央高校基本科研业务费专项资金（2013QM02）；国家自然基金项目：煤层气的两种地震AVO响应特征对比研究（41402143）

作者简介：朱荣彬（1991—　），男，河南荥阳人，硕士研究生，主要从事煤层气地质方面的研究。Tel：13693597335；E - mail：750177229@qq.com

Sihe Mine No. 3 Coal Group in Shanxi. The relationship between the content of the micro component and the enrichment of coalbed methane is analyzed. Results show that the high degree of metamorphism of anthracite – rich gas capacity exinite was weaker than vitrinite is weaker than inertinite, in the process of coal maceral analysis and found that most are inertinite fusinite, high degree of metamorphism of anthracite – rich gas capacity is weak.

Key words macerals enrichment capacity CBM

0 引言

煤层气是煤伴生并储藏在煤层中的一种气体，以一种吸附的状态自生自储的非常规天然气。其主要成分是甲烷（CH_4），与煤炭伴生，是一种新型的、洁净的、安全的能源，在世界范围内有着巨大的潜力，中国是煤炭开采大国，但随着环境污染的严重，迫切的需要一种洁净高效的能源，而煤层气的开发利用有效的减少煤矿甲烷的排放量，同时把危害煤矿安全生产的气体有效的利用起来，提高煤矿生产的安全性和效益性。

中国的煤层气的开发开始于20世纪末，沁水盆地因其独特的地理优势和资源储量成为了山西乃至全国煤层气赋存最为富集的地区之一，煤层气吸附的研究方法可以从煤岩的吸附能力、渗透率、裂缝以及应力、煤体性质等研究并取得显著的效果，但关于煤的显微组分对煤层气的吸附能力的研究仍存在歧义。煤层气以吸附态、游离态和溶解态赋存于煤层之中，对于中、高煤阶煤主要以吸附状态赋存在煤基质孔隙表面，李振涛[1]对我国柴达木、鄂尔多斯等地的11个煤田进行了煤岩的显微组分和甲烷等温吸附关系的实验，发现不同煤阶的吸附能力与三大组分的关系，孟召平[2]从煤的裂隙与煤体结构的关系入手得出煤层气的富集的规律。多数学者认为煤的显微组分与煤层气的含量并没有直接的联系，但Bustin[3]则认为其间存在一定的联系，针对上述问题，笔者从煤的显微组分以及等温吸附曲线着手，研究其对煤的甲烷吸附能力的影响。

1 实验样品、原理、方法和手段及步骤

1.1 实验样品

实验样品来自山西沁水盆地寺河煤矿3号煤层的高度变质、结构单一的无烟煤，按照《煤岩分析样品制备方法》（GB/T 167 73—2008）中的方法制作粉煤光片，实验煤样的粉煤光片如图1所示。

图1 3号煤层的15个粉煤光片

1.2 实验原理、方法和手段

将粉煤光片置于反射偏光显微镜下，在单偏光或不完全正交偏光下，以能准确识别显微组分和矿物为基础，用

数点法统计各种显微组分和体积分数。

1.3 实验步骤

（1）打开显微镜和电脑，把已经做好的煤样的粉状光片放在载物台上，固定载物台，调至反射光，聚焦、校正物镜中心，调节光源、孔径光圈和视阈光圈，应使视阈亮度适中，光线均匀、成像清晰，物镜调至20倍，目镜110倍。

（2）确定推动尺步长，保证不少于500个有效测点均匀布满全片；在载物台上轻微的调节左右、前后的标尺，从薄片的一端开始计数，观察时应从薄片的一端走起，一行观察完时换行，走成“弓”字形，并且目镜的十字交叉的点应落在观察的物体的中心，视为有效点。

（3）当十字落在不同成分的边界上，应从右上象限开始，顺时针选取充满视阈的显微组分。

2 实验结果及分析

2.1 煤的显微组分观察及分析

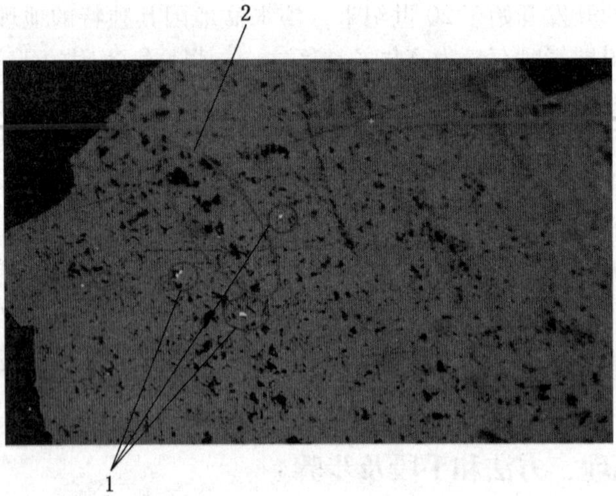

图2 3号（37）煤样粉状光片

图2中呈现的是丝质体，在反射光下为亮白色或者是黄白色，主要来源于植物茎干、根、枝的木质部，遭受丝炭化作用而形成。图中1标注的是硫化物矿物，在显微镜下呈浅黄白色，突起很高，表面平整，有时呈葵花瓣状、板柱状形态。图中2标注的是黏土矿物，在显微镜下呈灰色或者暗灰色，突起不太明显，表面呈微粒状，有时不平整。

镜质组是煤中最常见、最重要的显微组分。它是由植物的根、茎、叶在复水的还原条件下，经过凝胶化作用而成。镜质组在反射光下呈灰色至深灰色，在高级煤体中，有时结构镜质体与半丝质体难以区分。图3可以看出，在高度变质的煤中，均质镜质体呈条带状或透镜状出现，有时垂直于层面的裂纹，纯净均一，轮廓清晰。均质镜质体未显示细胞结构的原因之一是由于充填细胞腔的腐殖凝胶与凝胶化的细胞壁的折射率、颜色相似，因而难以区分。

图3　8号（20）煤样粉状光片

表1　不同煤样的显微组分定量统计

煤　样	有　机　组　分　/%				
	镜质组	半镜质组	惰质组	稳定组	小计
1	12.5	5.6	73.1	0	91.2
2	12	5	80	0	97
3	7.4	3.7	85.2	0	96.3
5	14.2	3.8	80.2	0	98.2
7	5.7	5.7	88.6	0	100
8	6.1	7.3	86.6	0	100
10	3.8	4.7	91.5	0	100
11	14.2	7.5	78.3	0	100
12	9	5.5	85.5	0	100
13	6.2	6.2	87.6	0	100
14	18.3	10.6	71.1	0	100
15	27.2	3.9	68.9	0	100
18	20.9	3.6	75.5	0	100

2.2　等温吸附实验结果及分析

通过等温吸附曲线的实验可知，在不同的条件下，3号煤层的吸附能力不断地变化，设置系统温度，按照规程进行试验，吸附平衡时间不少于12 h。在等温吸附试验之前，先对煤样进行平衡水分处理。根据研究区煤储层赋存条件，试验温度为30℃，甲烷浓度为99.9%，无氮气。恒温下进行等温吸附试验，实验压力区间为0～7 MPa，如图4所示。

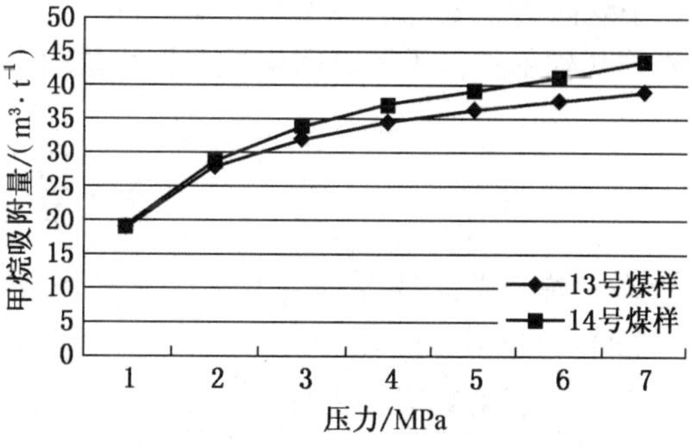

图4　13、14号煤样的等温吸附曲线

由表1可知，13、14号煤样的镜质组

成分含量不同；而从图4中可知，13、14号煤样随着压力的增大，甲烷吸附量逐渐增大，这表示在镜质组不同的情况下，甲烷吸附量随着压力的增大而增大，这一规律仍然存在。

图5中“o”表示煤层气的吸附量的变化趋势，“------”表示镜质组的含量的变化趋势。由此可得出结论：随着镜质组含量的增大，煤层气的吸附量逐渐减少，呈负相关的关系。

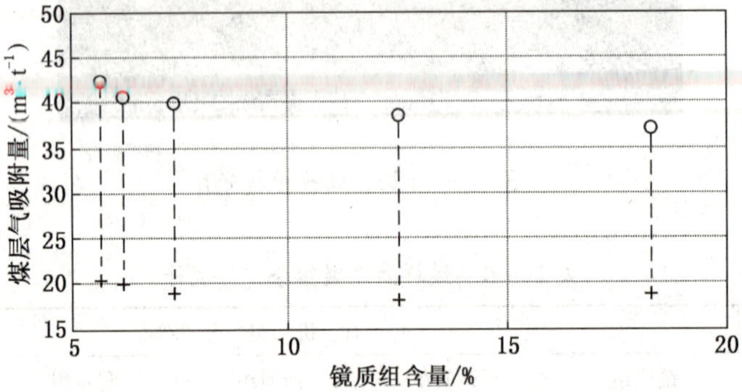

图5 镜质组含量与吸附关系图

煤层气主要以吸附形式赋存于煤基质表面，在寺河矿区的高煤阶煤中，由表1可知，惰质组丝质体含量高于镜质组，由于变质程度高，丝质体中未被充填的胞腔增加，煤吸附甲烷的能力增强，与丝质体含量呈正相关的关系，而与镜质组含量呈负相关的关系，基本符合线性关系变化。

3 结论

通过煤的物质组分，尤其是煤的显微组分的研究，对煤的变质程度及煤层气的生成的联系具有很大的影响，可以得出高度变质的无烟煤其富集气体的能力壳质组弱于镜质组弱于惰质组；而在煤的显微组分定量分析的过程中，发现大多数都是惰质组中的丝质体，高度变质的无烟煤富集气体的能力较弱。因此，通过煤岩学研究，理清煤的物质组成的演化机理及变质类型和程度，对煤层气资源潜力评价和勘探开发更是具有重要的指导意义，尤其是在我国煤变质程度幅度比较大，变质程度比较高，构造后期改造复杂，与国外大多以低、中煤阶为主要煤层气勘探对象不同，在没有很好的前人研究参照的情况下，更应该从煤岩等基础工作入手，试图突破我国煤层气勘探的瓶颈。

参考文献

[1] 李振涛．煤岩显微组成对甲烷吸附能力的影响研究［J］．煤炭科学技术，2012，40（8）：126－128.

[2] 孟召平，刘珊珊，王保玉．不同煤体结构煤的吸附性能及其孔隙结构特征［J］．煤炭学报，2015，40，（8）：126－128.

[3] CHALMERS G R L, BUSTIN R M. On the effects of petrographic composition on coalbed

methane sorption [J]. International Journal of Coal Geology,2007,69 (4) :288 –304.
[4] 孟召平，田永东，李富国. 煤层气开发地质学理论与方法 [M]. 北京：科学出版社，2010.
[5] 何小广. 煤显微组分在煤层气资源预测中的研究 [J]. 云南煤炭，2012，20 (4)：52 –56.
[6] 周枫. 沁水盆地煤层气储层岩石物理及物理模拟研究 [D]. 南京：南京大学，2013.
[7] 韩德馨. 中国煤岩学 [M]. 徐州：中国矿业大学出版社，1996.
[8] 杨永宽，任德贻. 中国煤岩学图鉴 [M]. 徐州：中国矿业大学出版社，1996.
[9] 傅雪海，秦勇，韦重韬. 煤层气地质学 [M]. 徐州：中国矿业大学出版社，2006.
[10] 张晓东，桑树勋，秦勇，等. 不同粒度的煤样等温吸附研究 [J]. 中国矿业大学学报，2005，40 (6)：112 –125.

大河边含树皮体煤中微量元素含量特征及意义

马　薇　王绍清　陈　昊　舒昆昆　孙翊博

中国矿业大学（北京）地球科学与测绘工程学院，北京　100083

摘　要　树皮体是我国一种特殊的显微组分，本文利用工业分析、电感耦合等离子体质谱法（ICP－MS）等方法对贵州水城大河边煤矿中微量元素和稀土元素含量进行分析研究，并进一步探讨该区的成煤环境。结果表明：与我国上陆壳均值相比，大河边含树皮体煤中富集 W、Ni。稀土元素分布模式表明，LREE 明显富集，HREE 相对亏损，Eu 负异常明显。Ni 与 Co、V 与 Cr、Sr 与 Ba、Th 与 U 含量比值反映出贵州水城大河边煤的沉积环境为陆相还原环境。

关键词　树皮体　微量元素　稀土元素　有机地球化学

Content characteristics and its significant of trace elements in DaHeBian bark Coal

Ma Wei　Wang Shaoqing　Chen Hao　Shu Kunkun　Sun Yibo

College of Geoscience and Surveying Engineering,
China University of Mining and Technology, Beijing　100083

Abstract　The barkinite is a special macerals in China, The content characteristics and its significant of trace and rare earth element of bark coal in Dahebian were studied using the methods of inductively coupled plasma mass spectrometry (ICP－MS) and proximate analysis. The forming coal environment was further discussed. The results show that elements of Ni、W are enriched in Dahebian. T The distribution pattern of rare earth elements showed that LREE was obviously enriched and HREE was relatively depleted. Eu was obviously negative. The ratios of Ni/Co, V/Cr, Sr/Ba, Th/U shows that the depositional environment of bark coal in Dahebian coalmine is continental reduction environment.

资助项目：中央高校基本科研业务费专项资金项目（2010QD02）

作者简介：马薇（1992—　），女，承德人，硕士研究生，主要从事煤岩煤化学方面的研究。Tel:13661355259；E－mail:mawei－0073@126.com

Key words barkinite trace element rare earth element organic geochemistry

0 引言

树皮煤（乐平煤）是1933年Hsieh[1]首次提出的，属于中国华南晚二叠世特有煤种。此种煤以富含树皮体为特征，主要在我国华南晚二叠世地层中分布。近年来，学者们针对此种煤的成因、成煤植物、沉积环境以及树皮体的岩石学、地球化学特征进行了探讨[2-7]。关于该煤种地球化学特征还没有较全面、详细的报道。本文以贵州六盘水大河边煤矿的含树皮体煤为研究对象，探讨该区煤的微量元素含量以及地球化学特征。

1 地质背景

贵州六盘水矿区晚二叠世含煤沉积属华南晚二叠世内陆表海盆地的一部分，位于华南晚二叠世内陆表海盆地的西部边缘，其沉积环境背景主要由陆相冲积平原、三角洲和碎屑滨岸体系构成，其物源主要来自康滇古陆[8]。

2 实验部分

大河边煤矿位于六盘水市钟山区北部的大河镇，对该区进行采样，对煤样进行煤化学和地球化学分析。煤的工业分析依照国家标准《煤的工业分析方法》（GB/T 212—2001）测定。煤中微量元素采用高分辨率电感耦合等离子质谱法（ICP－MS），在HR－ICP－MS（ElementI）进行分析，执行《电感亲合等离子体质谱分析方法通则》（DZ/T 0223—2001）测试标准。煤的岩石学分析使用Leitz、Otho－plan反射光显微镜进行显微组分定量统计，使用MPV－3显微光度计测定均质镜质体随机反射率。

3 结果与讨论

3.1 煤质学与煤岩学特征

表1 研究样品的工业分析、元素分析以及显微煤岩组分

样品	R_{max}/%	工业分析			元素分析/%					显微组分/%		
		M_{ad}	A_d	V_{daf}	C	H	O	N	St	V	Bar	OL＋I
DHB	0.81	1.28	15.74	39.99	9.47	5.41	9.47	1.66	0.51	77.10	15.00	7.90

注：R_{max}—镜质体最大反射率；V—镜质组；Bar—树皮体；OL＋I—其他壳质组及惰质组。

由表1得出：DHB煤样镜质体最大反射率为0.81%，灰分为15.74%，全硫值为0.51%，为中低灰分低硫煤。煤样岩石学特征、煤岩组成、硫含量、灰分等主要受聚煤期三角洲—滨岸沉积体系控制，特别与海侵和陆源供给强度密切相关[10]，煤级主要受深成变质作用的影响[11]。样品的镜质组最大反射率为0.81%。样品相对富镜质组（含量为77.10%）和壳质组（主要是树皮体，树皮体含量为15.00%），其他壳质组及惰质组含量为7.90%，树皮体含量低于30%，称其为含树皮体煤[12]。

3.2 微量元素含量特征

通过采用等离子源体质谱分析（ICP－MS），测试出样品主要微量元素含量（表2），

其与中国上陆壳、中国煤、世界煤的对比见表2。为研究煤中微量元素的富集与分散的程度，采用富集系数法将煤中微量元素与中国上陆壳中各种微量元素的平均含量（克拉克值）的比值作为富集系数[13]，分析统计见表3。按照Glusktor等提出的煤中微量元素含量高于地壳克拉克值6倍以上的为富集的原则[14]，部分微量元素含量变化具有一定的规律性，且局部出现异常，现将其特征分别叙述如下：

DHB煤样中微量元素Ni（138μg/g）、W（94.9μg/g），其含量分别为中国上陆壳值的10.62倍、27.91倍，表现为富集状态；另外，Sb（0.44μg/g）、In（0.06μg/g）、Co（42.6μg/g）、Bi（0.34μg/g）、Cu（37.8μg/g）的富集系数均大于1。

表2　样品微量元素测试结果

μg/g

测试项目	样品均值	中国上陆壳均值[13]	中国煤中元素平均值[15]	世界煤中均值[16]
V	30.40	63.00	35.10	25.00
Cr	13.80	25.00	15.40	16.00
Co	42.60	24.00	7.08	5.10
Ni	138.00	13.00	13.70	13.00
Cu	37.80	32.00	17.50	16.00
Sr	48.60	210.00	140.00	110.00
In	0.06	0.03	0.05	0.03
Sb	0.44	0.19	0.84	0.92
Ba	58.50	660.00	159.00	150.00
W	94.90	3.40	1.08	1.10
Bi	0.34	0.27	0.79	0.97
Th	8.36	25.00	5.84	3.30
U	1.92	8.10	2.43	2.40
Ni与Co含量比值	3.24			
V与Cr含量比值	2.20			
Sr与Ba含量比值	0.83			

表3　样品微量元素含量富集系数

测试项目	富集系数
V	0.48
Cr	0.55
Co	1.78
Ni	10.62
Cu	1.18
Sr	0.23
In	2.00

表3（续）

测试项目	富集系数
Sb	2.32
Ba	0.09
W	27.91
Bi	1.26
Th	0.33
U	0.24

3.3 稀土元素地球化学特征

化学元素周期表中斓系元素和钇合在一起，统称为稀土元素。稀土元素通常被分为轻稀土元素（LREE：La－Lu、Y）和重稀土元素（HREE：Gd－Lu）两类。DHB煤样中稀土元素总量分别为170.09 μg/g，高于中国上陆壳稀土元素总量（87.20 μg/g）[13]，也高于中国煤中均值（136 μg/g）[14]和世界煤中均值（68.5 μg/g）[17]，轻重稀土元素比值（LREE与HREE含量比值）为4.23，表明LREE明显富集，HREE相对亏损。

δCe为0.96，Ce呈微弱的负异常；δEu为0.67，Eu负异常明显；δEu若出现负异常，则可以作为酸性或者还原环境的标志，表明树皮煤泥炭的沉积环境主要为还原环境。

采用Haskin推荐的球粒陨石标准值对样品稀土元素进行标准化，分布模式如图1所示。从图1中可以看出，随元素从La到Y，稀土元素的标准化值逐渐降低，并且在Eu处有明显负异常，稀土元素分布模式呈左高右低的宽缓“V”形曲线；但La至Sm段曲线较陡，斜率较大，Gd至Lu段曲线较缓，斜率较小，在Eu处呈小谷状，存在Eu负异常，且轻稀土元素之间的分馏程度较高，重稀土元素之间的分馏程度较低[18]。

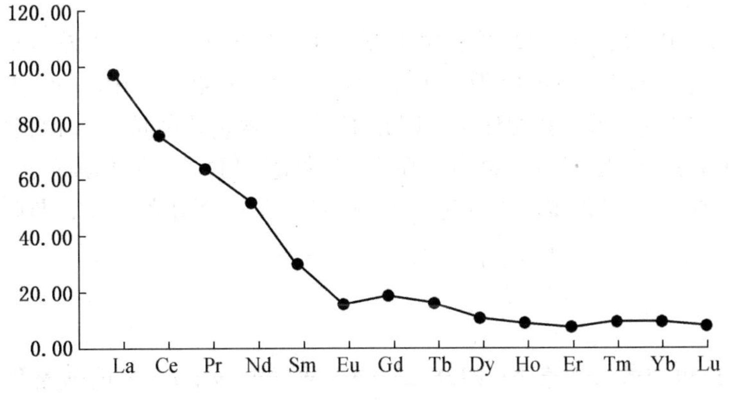

图1 煤样的稀土元素分配模式

3.4 微量元素的意义

从成煤植物、泥炭到煤的形成与演化全过程都离不了微量元素的进入和迁出，煤中检测到的各种微量元素是多种地质因素作用的结果。目前，把某些元素的丰度或者两个元素的含量比值用作反映沉积环境的标志，如B、Cl、U、Sr、Sr/Ba、Th/U、Br/I、Cl/Br、

B/Ga、Rb/K 等[19]。

3.4.1 δEu

δEu：表示 Eu 异常的程度。一般 REE 多呈正三价状态，但 Eu 特殊，既可呈三价，也可呈二价。在三价状态下，Eu 和其他 REE 性质相似，但在二价状态下则性质不同，因而与其他三价 REE 发生分离，出现异常行为。在酸性介质中或强还原条件下，Eu^{3+} 还原成 Eu^{2+} 同时与其他三价稀土元素发生分离。δEu 若出现负异常，则可以作为酸性或者还原环境的标志。计算得出贵州水城大河边树皮煤中 δEu 值为 0.67，表明贵州水城大河边泥炭的沉积环境主要为还原环境。

3.4.2 Ni、V、Cr、Co

贵州水城大河边含树皮体煤中 Ni 与 Co 含量比值为 3.24，Ni 与 Co 含量比值也可以作为恢复水体氧化条件的地球化学指标[20]，Ni 与 Co 含量比值高反映还原条件，即贵州水城大河边含树皮体煤的成煤环境为还原环境。

V 与 Cr 含量比值也可以作为反映古环境的氧化还原条件指标，钒和铬在地球化学性质方面有很大不同，Cr^{3+} 多表现为吸附在陆源黏土上，而 V^{3+} 则多与自生有机质有关。贵州水城大河边含树皮体煤中 V 与 Cr 含量比值为 2.20（>2），根据 Dill[10] 所述，表现为还原环境。

3.4.3 Sr 与 Ba 含量比值

Sr 和 Ba 是一对指相元素，两元素与搬运介质中的 SO_4^{2-} 离子结合形成 $SrSO_4$ 和 $BaSO_4$。$BaSO_4$ 不溶于水，淡水与海水相混时，Ba 容易沉淀，$SrSO_4$ 的溶解度大，可随搬运介质到海洋中沉淀，即表现为 Sr 比 Ba 迁移能力强。因此，淡水沉积物中，Sr 与 Ba 含量化值小于 1，即形成于陆地环境，海相沉积物中 Sr 与 Ba 含量化值大于 1，即形成于海洋环境[21]。贵州水城大河边含树皮体煤中 Sr 与 Ba 含量比值为 0.83，说明该煤当时的沉积环境为陆相沉积，与前人研究结果相同。

3.4.4 Th 与 U 含量比值

U 在风化过程中形成（UO2）$^{2+}$ 铀酰离子，由 U^{4+} 转变为 U^{6+}，该离子能溶于水，从而有很大的活动性。而 Th 主要以 Th^{4+} 形式存在于含钍矿物晶格中，活动性不强。又 U^{4+} 和 Th^{4+} 两元素在内生作用中密切伴生，因此 Th 与 U 含量比值可用来指相地球化学特征。赵振华等[18]研究表明，陆相沉积物中，Th 与 U 含量比值>7；海相黑色页岩、石灰岩中，Th 与 U 含量比值<2。贵州水城大河边煤中 Th 与 U 含量比值为 4.35，与陆相沉积物中的比值接近。

4 结论

（1）大河边煤中微量元素 Ni（138 μg/g）、W（94.9 μg/g）明显富集，其含量分别为中国上陆壳值的 10.62 倍、27.91 倍，煤样中主要富含微量元素有 Sb、In、Co、Bi、Cu。

（2）大河边煤中富集稀土元素，稀土元素含量为 170.09 μg/g。LREE 与 HREE 含量比值为 4.23。表明 LREE 明显富集，HREE 相对亏损。δCe 为 0.96，呈微弱的负异常。δEu 为 0.67，负异常明显。

（3）Sr 与 Ba 和 Th 与 U 含量比值反映大河边煤是陆相沉积。δEu 异常和 Ni 与 Co、V

与 Cr 含量比值等均表明其成煤形成于还原环境。

参 考 文 献

[1] C. Y. HSIEH. Onlopinte, A niw type of coal in China[J]. 中国地质学会志, 1933: 525 – 541.

[2] 陈其爽，陈能贵. 中国南方晚二叠世乐平煤的成因及成煤物质 [J]. 海相油气地质, 1996 (2): 29 – 33.

[3] 韩德馨，任德贻，郭敏泰. 浙江长广煤田树皮残植煤的成因及其沉积环境 [J]. 沉积学报, 1983 (4): 1 – 14.

[4] 王士俊，刘咸卫，宋丽君. 乐平煤的成煤植物及树皮体的起源 [J]. 煤炭学报, 1998 (3): 9 – 13.

[5] CUO YING TING, JOHN J R, JOHN H P. FTIR microspectroscopy of particular liptinite – (lopinite –) rich, Late permian coals from Southern China[J]. Int J Cool Geol, 1996, 29: 187 – 197.

[6] ZHONG N. N. , SMYTH M. Striking liptinitic bark remains peculiar to some late permian Chinese coals[J]. International Journal of Coal Geology, 1997, 33(4): 333 – 349.

[7] DAI SHIFENG, REN DEYI, CHOU CHEN – LIN, et al. Geochemistry of trace elements in Chinese coals: A review of abundances, genetic types, impacts on human health, and industrial utilization[J]. International Journal of Coal Geology, 2012, 94: 3 – 21.

[8] 许惠龙，毛节华. 中国煤炭资源预测与评价 [M]. 北京: 科学出版社, 1999.

[9] 杜美霞，庄新国. 华南地区晚二叠和晚三叠世煤中稀土元素特征研究 [J]. 中国煤田地质, 2006 (2): 22 – 26.

[10] 易同生，黄华州，桑树勋，等. 贵州盘北—水城地区煤资源特性及其意义 [J]. 煤田地质与勘探, 2008 (1): 14 – 18.

[11] 曾荣树，赵杰辉，庄新国. 贵州六盘水地区水城矿区晚二叠世煤的煤质特征及其控制因素 [J]. 岩石学报, 1998 (4): 144 – 153.

[12] 孙旭光，秦胜飞，金奎励. 贵州水城地区晚二叠世含树皮体煤成烃特性研究 [J]. 地球化学, 1999 (6): 605 – 611.

[13] 黎彤. 中国陆壳及其沉积层和上陆壳的化学元素丰度 [J]. 地球化学, 1994, 2 (23): 140 – 145.

[14] 代世峰，任德贻，李生盛，等. 华北地台晚古生代煤中微量元素及 As 的分布[J]. 中国矿业大学学报, 2003(2): 8 – 11.

[15] 代世峰，任德贻，张军营，等. 华北与黔西地区晚古生代煤层中铂族元素赋存状态及来源 [J]. 地质论评, 2003 (4): 439 – 444.

[16] 代世峰，任德贻，赵蕾，等. 贵州织金煤矿区晚二叠世煤地球化学性质变异的硅质低温热液流体效应 [J]. 矿物岩石地球化学通报, 2005 (1): 39 – 49.

[17] KETRIS M. P. , YUDOVICH Ya. E. Estimations of clarkes for carbonaceous biolithes: World averages for trace element contents in black shales and coals[J]. International Journal of

Coal Geology,2009,78(2):135 – 148.
[18] 赵振华，王中刚，于学元，等．稀土元素地球化学 [M]．北京：科学出版社，1989.
[19] 赵继尧，唐修义，黄文辉．中国煤中微量元素的丰度 [J]．中国煤田地质，2002(S1)：6 – 14.
[20] JONES BRYN, MANNING DAVID A. C. Comparison of geochemical indices used for the interpretation of palaeoredox conditions in ancient mudstones[J]. Chemical Geology,1994,111(111):111 – 129.
[21] 四川煤田地质研究所，四川煤田地质局．四川南部晚二叠世含煤地层沉积环境与聚煤规律 [M]．贵阳：贵州科技出版社，1993.

临兴地区太原组致密砂岩孔隙结构与自生黏土矿物特征

牛鑫磊　李　勇　曹代勇　徐　浩　刘金城　秦国红　张　岩

中国矿业大学（北京）地球科学与测绘工程学院，北京　100083

摘　要　以物性分析、铸体薄片、扫描电镜、X衍射分析等试验方法，对临兴地区太原组致密砂岩储层的56个岩心样品进行了综合分析，研究其孔隙结构特征和自生黏土矿物特征。结果表明，储层岩性以岩屑石英砂岩为主，其次为岩屑砂岩；孔隙类型以次生孔隙为主，包括粒间溶孔、粒内溶孔和晶间孔；硅质胶结对储层物性具有双重作用，使得太原组致密储层中保留了一定量的残余粒间孔；黏土矿物组合类型，以高岭石和伊利石主，含少量的绿泥石和伊/蒙混层矿物。据此，为本区域太原组优质致密砂岩储层预测提供了依据。

关键词　致密砂岩　孔隙结构　自生黏土矿物

The Characteristics of Tight Sandstone Reservoir Pore Structure and Authigenic Clay Minerals in Taiyuan Formation of Lingxing Block

Niu Xinlei　Li Yong　Cao Daiyong　Xu Hao
Liu Jincheng　Qin Guohong　Zhang Yan

College of Geoscience and Surveying Engineering,
China University of Mining and Technology, Beijing　100083

Abstract　Based on physical property analysis, thin section, scanning electron microscope, X diffraction analysis and other experimental methods, 56 core samples of tight sandstone reservoir in Taiyuan formation of Linxing block were analyzed to Study on the pore structure characteristics and the characteristics of the clay minerals in this pa-

资助项目：中央高校基本科研业务费专项资金（2016QD01），中国地调局地质调查项目（1211302108025－4），国家自然科学基金（41572141）

作者简介：牛鑫磊（1992—　），男，安徽人，硕士研究生，主要从事致密砂岩储层研究。E-mail:1668525686@qq.com per. The results show, the tight sandstone in Taiyuan reservoir is classified mainly as sublitharenite with some litharenite; secondary pores were the main pore types, including intergranular pores, intragranular dissolved pores and intercrystalline pores; the silica cementation had a dual effect on the physical properties of the reservoir, which makes the tight reservoir of Taiyuan formation reserve a some residual intergranular pores; the main clay mineral were kaolinite and illite, with some chlorite and I/Smixed layer mineral. Accordingly, it provides a basis for the prediction of high quality and tight sandstone reservoir of Taiyuan formation in this area.

Key words tight sandstone pore structure authigenic clay minerals

0 引言

致密砂岩气作为一种常重要的非常规能源，在鄂尔多斯盆地的天然气资源中占有很大的比重，其产量在逐年增加[1]。致密砂岩为孔隙率低于10%，原地渗透率低于0.1mD或空气渗透率低于1mD的砂体[2]。致密砂岩的孔隙率和渗透率是制约致密砂岩气开发的重要因素。影响储层物性的因素主要有构造运动、沉积过程和成岩作用，其中成岩作用是储层致密化的关键因素[3,4]。通常致密砂岩储层多为煤系地层，埋深大，经历了复杂的成岩作用，对储层物性改造剧烈。成岩作用通过一系列的物理和化学变化，改变孔隙大小和结构，进而影响储层的物性[5]。因此，查明致密砂岩孔隙结构和自生黏土的特征对致密砂岩气的勘探开发至关重要。

对鄂尔多斯盆地煤系致密储层的研究多集中在下石盒子组盒8段和山西组山1段[6-8]，对太原组致密储层孔隙结构和自生矿物特征的研究较少，而临兴地区的致密砂岩气井在太原组层段有工业气流产出。本文在前人研究的基础上，通过物性分析、铸体薄片、XRD、SEM等研究方法，对临兴地区TB-01和TB-02井56块致密砂岩样品进行测试分析，旨在查明临兴地区太原组致密砂岩孔隙结构和自生黏土矿物特征，以期对该区块致密砂岩气“甜点”预测提供依据。

1 地质背景

研究区位于鄂尔多斯盆地东缘晋西挠褶带的中部，属于临兴煤层气勘探开发区块的南部。构造相对简单，地层东高西低，总体上为一个单斜构造，东部受紫金山岩浆作用，造成地层的局部隆升。

研究区构造演化复杂，可分为3个阶段[9]：

第一阶段，中晚元古代—古生代，相对抬升状态，构造简单；在中晚寒武世、早奥陶世、晚石炭世及早二叠世发育海陆过渡相至陆相沉积物。

第二阶段，中生代晚期燕山运动导致盆地隆升，逐渐与华北地台分离，形成晋西挠褶带。

第三阶段，新生代以来，受喜山运动的影响，盆地东缘一直缓慢抬升，遭受剥蚀。根据野外踏勘和钻孔揭露，研究区晚古生代地层自上而下依次为二叠系的石千峰组、上石盒子组、下石盒子组、山西组、太原组和石炭系本溪组，与下伏奥陶系灰岩呈平行不整合接触。其中，太原组为该区域的主要含煤地层，地层埋深由东向西逐渐加深，区块东部边缘可见煤线出露，至区块西南侧埋深大于2000 m。

太原组为海陆过渡相，岩性以灰黑色泥岩、煤层灰色砂岩和灰岩为主，从下至上发育多套砂体，呈薄层状或中厚层状与煤层交替出现（图2），表明了太原组致密砂岩气源供给充足，只要储层物性条件合适，就可能形成非常规天然气勘探中的“甜点”。

2　储层岩性及物性特征

2.1　储层岩性特征

根据薄片镜下分析，该地区太原组致密砂岩类型主要以岩屑石英砂岩为主，岩屑砂岩次之，见少量的岩屑长石砂岩和长石岩屑砂岩（图1）。其中，岩屑以火成岩岩屑为主，沉积岩岩屑和变质岩岩屑含量较少，岩屑多发生绢云母化。

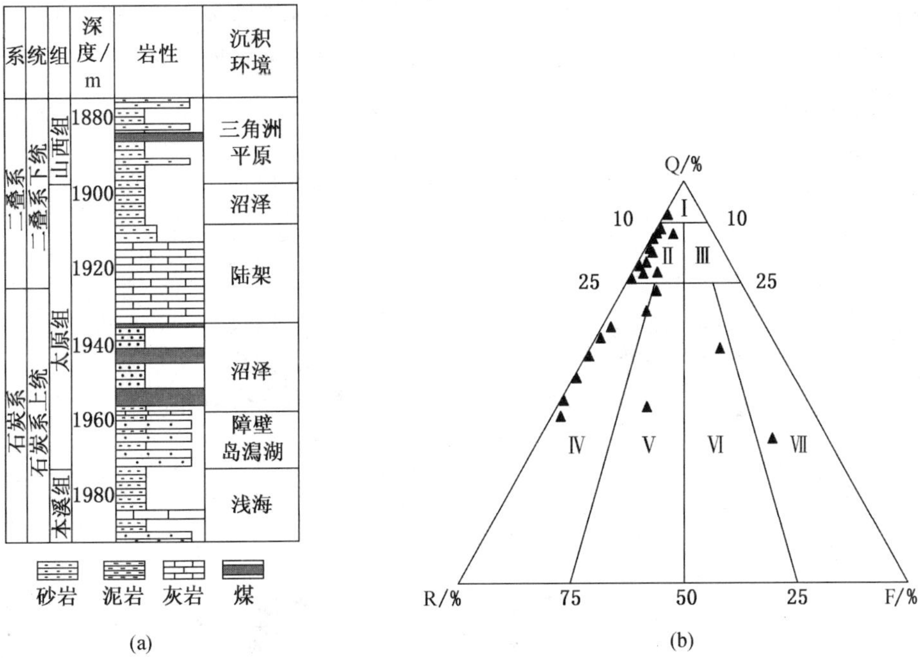

Ⅰ—石英砂岩；Ⅱ—岩屑石英砂岩；Ⅲ—长石石英砂岩；Ⅳ—岩屑砂岩；Ⅴ—长石岩屑砂岩；
Ⅵ—岩屑长石砂岩；Ⅶ—长石砂岩；Q—石英；R—岩屑；F—长石

图1　研究区地层柱状图和砂岩类型三角图

根据XRD测试结果（表1），该地区砂岩样品中矿物含量以石英为主，黏土矿物次之，碳酸盐含量较少，基本不含长石。其中石英含量为30%～80%，平均含量为60.25%。黏土矿物含量为6%～55%，平均含量为33.13%，属于高黏土含量的致密储层。碳酸盐矿物的含量为0.4%～12%，平均含量为3.1%，主要为铁方解石和铁白云石胶结物。该地区长石含量普遍较低，仅在太原组的上部个别样品检测到长石的存在，斜长石的含量要稍高于钾长石。长石含量低，而黏土含量较高，说明早期沉积长石矿物颗粒在后期成岩过程中经历了溶蚀和蚀变作用而转变成黏土矿物。

表1　不同矿物含量（据XRD测试结果）　%

矿物	石英	钾长石	斜长石	碳酸盐矿物	黏土矿物	I/S（S）
数值范围	30～80	1	1～2	0.4～12.0	6～55	10～15
平均值	60.25	1	1.5	3.1	33.13	12.8

注：1. I/S（S）指伊蒙混层矿物中蒙脱石的百分比。

2. 56块砂岩样品中，仅有一个样品中检测到钾长石，3个样品检测到斜长石。

2.2　储层物性特征

制约致密砂岩气开发的最直接的因素为储层的孔隙率和渗透率。总体来说，太原组致密储层的物性较差。根据56个样品物性结果，孔隙率大小为0.1%～8.8%，水平的渗透率主要分布在0.00049～0.666 mD，为典型的致密砂岩储层。

随着地层埋深的增加，致密储层物性呈现规律性的变化（图2）。随着储层埋深增加，孔隙率和渗透率均呈现出增大的趋势，但渗透率的变化不如孔隙率变化规律明显。仅从孔隙率和渗透率的分布特征来看，太原组底部的致密砂岩储层的物性要好于上部，为太原组致密砂岩气的优势储层。

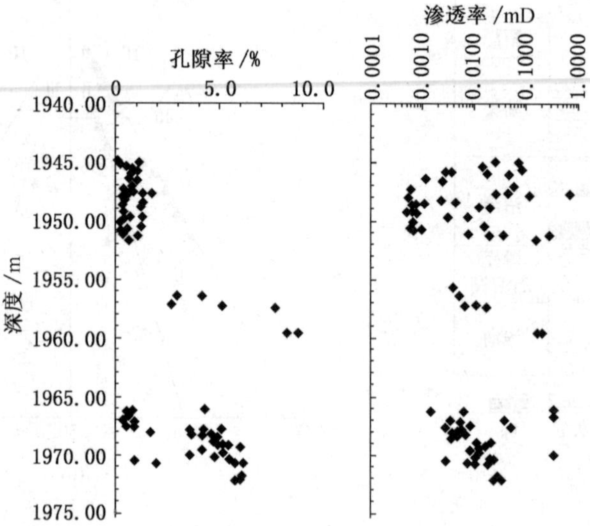

图2　孔隙率和渗透率在垂向上的分布特征

3　成岩作用阶段及孔隙结构特征

3.1　成岩作用阶段

临兴地区太原组煤系地层最大埋深达到过4000 m，流体包裹的均一化温度达到140 ℃，白垩纪后地壳持续抬升[10]，现今研究区太原组地层埋深在2000 m左右，说明太原组地层经受了较强的压实作用。然后根据伊/蒙混层黏土矿物中蒙脱石的含量（表1）为10%～15%，砂岩骨架颗粒之间以凹凸接触为主（图3a），存在铁方解石和铁白云石胶结物（图 3b 和图 3d），黏土矿物以自生高岭石和伊利石为主，孔隙以次生孔隙为主，表明该地区致密砂岩已经中成岩 B 阶段[11]。

3.2 孔隙结构特征

太原组致密砂岩经历较强的压实作用和胶结作用，原生孔隙破坏严重，但是成岩演化过程中肌酸对岩石骨架颗粒的溶蚀作用，导致太原组次生孔隙发育。

该地区太原致密砂岩的孔隙类型主要是原生孔隙和次生孔隙。原生孔隙是残余粒间孔（图 3c），次生孔隙主要有粒间溶孔（图 3c）、粒内溶孔（图 3b）和黏土矿物晶间孔（图 3e），个别样品可见为微裂隙发育（图 3a）。根据 56 块铸体薄片统计结果，平均面孔率为 2.09%，其中残余粒间孔占 30.43%，粒间溶孔占 44.78%，粒内溶孔占 12.61%，晶间孔占 12.17%，总的次生孔隙占 69.57%。

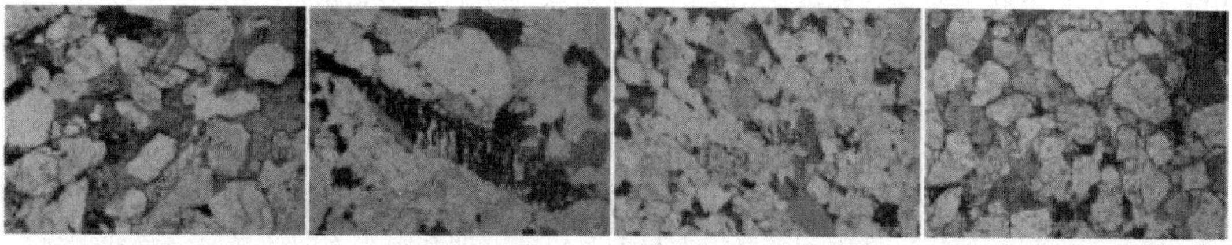

(a) 石英颗粒之间呈凹凸接触，见一条微裂隙　(b) 长石溶蚀孔和铁白云石充填粒间孔　(c) 残余粒间孔和溶蚀孔　(d) 铁方解石充填粒间孔

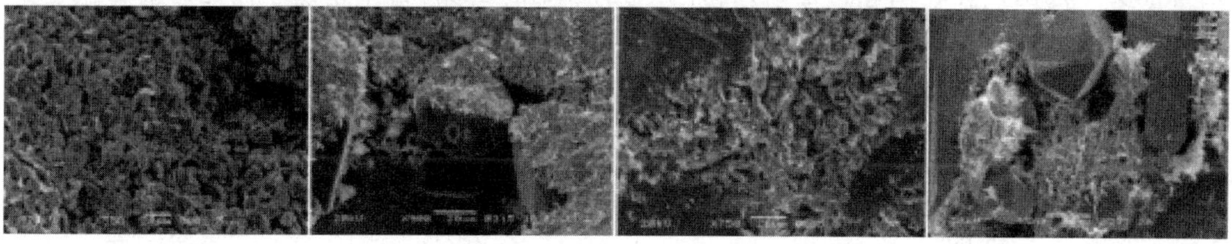

(e) 自生高岭石晶体，发育晶间孔　(f) 花瓣状绿泥石附着在石英颗粒表面　(g) 片状高岭石，表面发生伊利石化　(h) 蜂窝状和毛发状伊利石充填粒间孔中

K—高岭石；Ch—绿泥石；I—伊利石；Fc—铁方解石；An—铁白云石；FD—长石溶孔

图 3　镜孔隙结构，碳酸盐胶结物和自生黏土矿物的形态特征

研究区太原组砂岩以硅质胶结为主，存在两种不同的形态[12]：一种是围绕在石英碎屑颗粒周边的次生加大现象（图 3c）；另一种是呈隐晶质或者小颗粒状充填在孔隙内。石英次生加大在薄片中十分普遍，基本每个石英颗粒边缘都被包裹了一圈次生加大边，在镜下呈镶嵌状（图 3b 和图 3c），石英胶结物常与自生黏土矿物出现在一起，图 3f 和图 3h 中自生石英与伊利石和高岭石相伴生，表明硅质的来源可能与黏土矿物的转化有关。一般认为，石英的次生加大减小了原生孔隙率，降低了渗透率，对储层物性起破坏作用[13]。然而，从该地区太原组储层残余粒间孔保存程度，可以说，在深部地层中，石英次生加大增强了颗粒之间的强度，降低了压实作用对储层物性的破坏，在一定程度保护了原生粒间孔。

4 自生黏土矿物特征

XRD 分析结果表明，太原组砂岩中黏土矿物主要有高岭石、伊利石、伊/蒙混层矿物和绿泥石。其中，高岭石含量最高，相对含量为26%～92%，平均值为66.5%；伊利石次之，相对含量为6%～55%，平均值为23.44%；伊/蒙混层为1%～30%，平均值为9.55%；绿泥石含量最低，为1%～6%，平均值为3.56%。

不同的黏土矿物具有不同的晶体形态，自生高岭石一般自形程度较高，呈假六方板状、书页状、蠕虫状和片状充填在粒间孔和溶蚀孔内（图3e和图3g），其附近常伴随着石英次生加大，而且在埋深较大时，粒间孔内的片状高岭石表面附着毛发状的伊利石，表明高岭石正在向伊利石转化（图3g）。绿泥石自形程度较好，呈玫瑰花瓣状，附着自生石英表面也可见绿泥石（图3f），表明绿泥石形成在石英次生加大之后。伊/蒙混层黏土是蒙皂石向伊利石过渡的产物，一般呈蜂窝状充填在孔隙内或附着在颗粒边缘，随着埋深加大，蒙皂石逐渐转化为伊利石，混层矿物中蒙皂石含量逐渐降低，直至蒙皂石消耗殆尽。伊利石多为毛发状和蜂窝状充填在孔隙中，蜂窝状的伊利石多是由伊/蒙混层矿物转变来的[14]。

不同种类黏土矿物的相对含量在垂向上的分布差异性较大（图4），反映了成岩过程中黏土矿物之间的转化。随着深度增加，高岭石的相对含量逐渐增大，伊利石和伊/蒙混层黏土相对含量逐渐减少，绿泥石的相对含量无明显的变化趋势。太原组为一套含煤地层，在有机质成岩演化过程中会释放出大量的有机酸，使孔隙水为酸性介质，有利于高岭石的保存，不利于伊利石的保存，会导致伊利石向高岭石的转化[15]。太原组底部煤层含煤量较多，储层的孔隙率和渗透率较高，生成的有机酸多且易于流通，导致底部高岭石含量高于上部。伊利石的减少，促进了伊/蒙混层矿物向伊利石的转化。

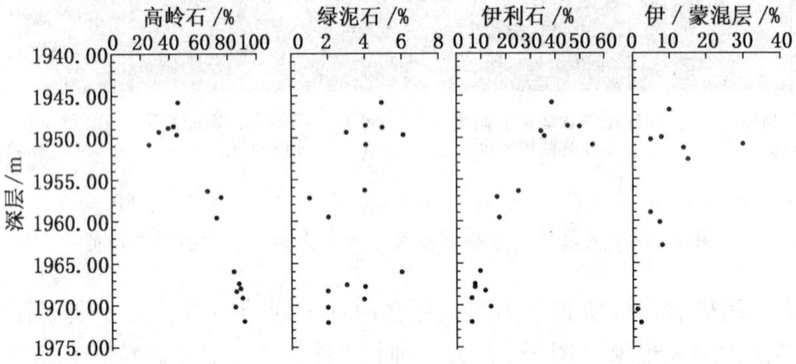

图4　黏土矿物在垂向上的分布特征

5　结论与讨论

临兴地区太原组致密砂岩储层的岩石类型主要以岩屑石英砂岩为主，岩屑砂岩次之，孔隙率和渗透率均较低，储层物性较差，但是太原组底部储层孔隙率和渗透率均较高，属于致密砂岩气的有利储集空间。

该地区太原组致密砂岩储层已进入到中成岩作用阶段，孔隙类型以次生孔隙为主，占总面孔率的69.57%；残余粒间孔次之，占30.43%。硅质胶结物对储层物性具有双重作用，早期硅质胶结物降低了储层的孔隙率和渗透率，成岩作用后期硅质胶结物增强了骨架颗粒之间的强度，减少了压实作用对储层物性的破坏，使太原组储层保留了一定量粒间孔隙，对于致密砂岩气的开发十分有利。

太原组储层中的黏土矿物含量较高，高岭石含量最高，伊利石次之，其次为伊/蒙混层矿物和绿泥石。致密砂岩储层的孔隙水介质为酸性，在酸性环境伊利石不稳定，易转化为高岭石，导致了储层黏土矿物中高岭石的含量较高。

参 考 文 献

[1] 戴金星，倪云燕，吴小奇．中国致密砂岩气及在勘探开发上的重要意义［J］. 石油勘探与开发，2012，39（3）：257－264.

[2] 贾承造，邹才能，李建忠，等．中国致密油评价标准、主要类型、基本特征及资源前景［J］. 油学报，2012，33（3）：343－350.

[3] SHRIVASTVA C, LAWATIA R. Tight gas reservoirs: Geological evaluation of the building blocks[C]//2011.

[4] 于兴河，李顺利，杨志浩．致密砂岩气储层的沉积－成岩成因机理探讨与热点问题［J］. 性油气藏，2015，27（1）：1－13.

[5] MORAD S, AL－RAMADAN K, KETZER J M, et al. The impact of diagenesis on the heterogeneity of sandstone reservoirs: A review of the role of depositional fades and sequence stratigraphy[J]. Aapg Bulletin, 2010, 94(8): 1267－1309.

[6] 刘成林，朱筱敏，曾庆猛．苏里格气田储层成岩序列与孔隙演化［J］. 天然气工业，2005，25（11）：1－3.

[7] 杨仁超，王秀平，樊爱萍，等．苏里格气田东二区砂岩成岩作用与致密储层成因［J］. 沉积学报，2012，30（1）：111－119.

[8] 张明禄，达世攀，陈调胜．苏里格气田二叠系盒8段储集层的成岩作用及孔隙演化［J］. 天然气工业，2002，22（6）：13－16.

[9] 李勇，汤达祯，曲英杰，等．鄂尔多斯盆地东缘“翘板”支点影响下的含煤地层发育特征［J］. 煤炭学报，2012，37（S2）：378－382.

[10] 谢英刚，秦勇，叶建平，等．临兴地区上古生界煤系致密砂岩气成藏条件分析［J］. 煤炭学报，2016，41（1）：181－191.

[11] 朱筱敏．沉积岩石学［M］. 北京：石油工业出版社，2008.

[12] XI K, CAO Y, JAHREN J, et al. Diagenesis and reservoir quality of the Lower Cretaceous Quantou Formation tight sandstones in the southern Songliao Basin, China[J]. Sedimentary Geology, 2015, 330(C): 90－107.

[13] 张兴良，田景春，王峰，等．致密砂岩储层成岩作用特征与孔隙演化定量评价——以鄂尔多斯盆地高桥地区二叠系下石盒子组盒8段为例［J］. 石油与天然气地质，2014（2）：212－217.

[14] Lai J, Wang G, Ran Y, et al. Impact of diagenesis on the reservoir quality of tight oil sandstones: The case of upper triassic yanchang formation chang 7 oil layers in ordos basin, China[J]. Journal of Petroleum Science & Engineering, 2016, 145: 54－65.

[15] 孟万斌，吕正祥，冯明石，等．致密砂岩自生伊利石的成因及其对相对优质储层发育的影响——以川西地区须四段储层为例［J］．石油学报，2011，32（5）：783－790.

漳河上游地形因子对植被指数变化的影响研究

李　辉[1]　张安兵[2]　蒋金豹[1]

1. 中国矿业大学（北京）地球科学与测绘工程学院，北京　100083
2. 河北工程大学资源学院，邯郸　056038

摘　要　植被是生态环境的重要组成要素，它在维护区域生态平衡方面发挥着重要作用。植被覆盖及其变化是区域生态环境变化的重要信息，海拔、坡度、坡向等地形因子作为自然环境的重要因素是流域植被覆盖的重要影响因子。因此，揭示流域地形因子对植被指数变化的影响，可为流域环境治理、科学管理、保护和可持续利用提供科学依据。本研究以漳河上游地区为例，基于 MODIS 遥感影像和 DEM 数据，提取了研究区 2004、2009、2014 年 3 年植被指数以及海拔、坡度、坡向信息，研究漳河上游流域植被指数随高程、坡度、坡向等地形因子的变化情况。结果表明，漳河上游地区的地形因子对植被指数的影响为：在域海拔大于 1000 m 的高山区，自然植被覆盖较广，植被类型丰富；当坡度为 0°～4°，植被指数较高，植被生长状态较好，植被覆盖率较高，且是农业植被生长发育的最佳生境；南坡植被指数（NDVI）较低，北坡、西北坡、东北坡的 NDVI 相对较高。其中，坡向对 NDVI 影响较为明显。

关键词　DEM　NDVI　坡度　坡向

A Research on the Influence of Terrain Factors on Vegetation Index in the Upper Reaches of Zhang River

Li Hui[1]　Zhang Anbing[2]　Jiang Jinbao[1]

1. College of Geoscience and Surveying Engineering, China University of Mining and Technology, Beijing　100083
2. School of Resources, Hebei University of Engineering, Handan　056038

Abstract　Vegetation is an important element of the ecological environment, which also

---

资助项目： 中央高校资助（2010YD08）
作者简介： 李辉（1994—　），男，河北邯郸人，硕士研究生，主要从事摄影测量与遥感等研究。E-mail：18303015502@163.com

has an important effect on keeping the balance of regional ecological environment. The change of vegetation coverage indicates the regional ecological environment and terrain factors such as elevation, slope and aspect, acting as the important factors of natural environment, are important to basin's vegetation coverage. Therefore, it can provide scientific basis for environmental and scientific management, protection, and sustainable utilization to reveal the effects of basin's terrain factor on change of vegetation index. Take the upper reaches of Zhang River for example, this research is based on MODIS remote sensing images and DEM data to extract vegetation index in the year of 2004, 2009 and 2014 as well as the elevation, slope and aspect information in the studied field, and it presents vegetation index varies with elevation, slope, aspect, terrain factors etc. in the upper reaches of Zhang River basin. The results suggest that most of the regions at the upper reaches of Zhang River, whose elevation is higher than 1 kilometer, are called the alpine region, in which the natural vegetation coverage is broad, and the vegetation types are rich. What is more, it is in slope areas 0 – 4 degrees that vegetation index is high, growth conditions are better, and vegetation coverage is high. This region is the best habitat for the growth and development of the agricultural vegetation. Moreover, the influence of slope on vegetation index is significant. Southern slope vegetation index is low, while northern, northwest and northeast slope vegetation index is relatively high reflecting vegetation coverage by aspect in the studied field.

Key words DEM NDVI slope aspect

0 引言

植被作为地理环境的重要组成部分，与一定的气候、地形、地貌、土壤条件相适应，受多种因素的控制，对地理环境的依赖性最大，对其他因素的变化反应也最敏感[1]。地形要素是最基本的自然地理要素之一，地形分析是地形环境认知的重要手段。从地理学的角度来看，地形因子是对地形及其某一方面特征的具体数字描述，地形的特点与变化直接影响地面的物质流动与能量的转化[2]。因此，对地形因子进行全面的研究和实现快速、准确的提取，对分析地形信息在实际地学规律研究中的应用以及进行深层地学知识挖掘具有重要的意义。

从 2000 年 2 月 MODIS 数据开始传输以来，作为 AVHRR 数据的代换产品，得到广泛应用。如 2000 年，Alexander P. Trishchenko 等[3]利用 MODIS NDVI 研究光谱响应机制对地面反射的影响；R. B. Myneni 等[4]研究了 MODIS NDVI 与 LAI、NDVI 与 FAPAR 之间的关系；Myneni[5]等使用 1981—1991 年的时间序列数据对北纬 45°以上地区植被进行研究，结果表明，该区域 NDVI 的线性增加趋势为 10%，且春季植被提前回绿现象明显；毕如田等选取山西省涑水河流域为研究对象，基于 TM 遥感影像和 ASTER GDEM 数据，提取了研究区植被指数以及海拔、坡度、坡向信息，研究涑水河流域植被指数随高程、坡度、坡向等地形因子的变化情况[6]；盛永伟等以 1990 年 12 个月的气象卫星 NDVI 数据集作为数据源，研究了利用 NDVI 时间序列方法进行植被类型的识别[7]。

本文以漳河上游地区为例，基础数据是2004、2009、2014年3年的漳河上游Modis影像和全球数字高程模型DEM。通过数据预处理使研究范围一致。利用Modis影像提取NDVI，利用数字高程模型DEM获取坡度、坡向等地形因子，来分析不同地形条件下NDVI值的变化特征。

1 研究区概况

漳河，中国华北地区海河水系的南运河支流。上游由两河合一，一为清漳河、一为浊漳河，均发源于山西长治。清漳河分为东源和西源，东源发源于山西昔阳漳漕村山麓，西源发源于山西和顺八赋岭，二者在下交漳合并为清漳干流；浊漳河属海河水系、漳河上游。漳河上游分为南源、西源和北源；地处山西东部，位于东经112°29′~113°44′，北纬35°53′~37°24′；东西部分别是太行山脉和太岳山脉，两大山脉之间为长治盆地，面积为1170 km^2 左右，漳河上游以山区地貌为主。河流从太行山脉横穿而过，两侧山高坡陡，峰峦迭起，多是悬崖峭壁，植被稀疏，低山及丘陵面积较大，山地一般土壤层较薄，土壤侵蚀较重，土地资源少，只有少量河谷阶地和河滩地，河流附近的居民凭借这些少量的土壤耕种生活。

漳河上游地区属温带大陆性气候，流域内四季气候特点显著，夏季温和多雨，冬季干旱多风，秋季凉爽宜人，全年夏季短冬季长，无霜期短，降水量受气候、地形等因素的影响呈现出明显的地带差异，太行山东部迎风坡雨量较多，而西部背风坡雨量较少。总体来说，漳河流域内温和宜人的气候特征为人类居住和各种农作物的生长提供了适宜的环境。

2 实验数据和方法

2.1 实验数据

本研究中的MODIS数据来源于MODIS WEB。MOD13Q1数据在植被指数的产品中分辨率最佳，所以本研究中选用MOD13Q1数据，漳河上游地区需要2景图像覆盖。选取NASA网站提供的研究区2000—2015年MODIS MOD13Q1数据产品，Terra/MODIS数据为250 m分辨率的16 d合成数据。NDVI是MOD13Q1数据中的一个波段信息，该波段分别进行了大气校正和双向反射来去除水、云、气溶胶以及阴影对图像质量的影响，该数据可以直接作为模型的输入因子研究植被覆盖情况。因此，本文选择2004-08-12、2009-08-13、2014-08-13三日的MOD13Q1产品的16 d合成的250 m的NDVI数据作为研究漳河上游地区植被指数的依据。根据研究区空间尺度与空间分析方法，本研究所用数据模型统一为250m分辨率栅格数据，采用椭球体WGS84，UTM投影。

本研究中使用的其他数据来源，包括漳河上游地区矢量边界、漳河上游地区的数字高程模型DEM数据。本研究中的DEM数字高程数据从地理空间数据云中下载。

2.2 数据预处理

首先对MODIS影像进行产品提取，提取出NDVI单一波段。然后进行图像预处理，包括图像拼接、图像投影转换、图像重采样、图像裁剪。MODIS NDVI重采样时应调整影像为椭球体WGS84，UTM投影。本过程采用ENVI软件处理。数字高程模型DEM数据采用ArcMap软件处理。本研究中ArcMap软件版本为中文版10.2。

2.3 研究方法

2.3.1 归一化植被指数计算

本研究中数据源采用 MODIS 数据，直接提取 NDVI 的波段信息。利用 ENVI_ modis_ conversion_ toolkit 插件功能，直接用 ENVI 5.0 提取出 2004、2009、2014 年 3 年的 NDVI 波段信息，并输出。本文下载的原始数据格式为 *.hdf，这种文件格式在 ARCGIS 和 ENVI 等软件中不方便处理。利用 ENVI 软件最后并将其另存为 TIF 格式，这一过程不会影响数据信息的质量。

2.3.2 地形因子获取

通过已有的漳河上游地区的 DEM，利用 ArcGIS 软件提取海拔，利用 ArcGIS 软件 Arctoolbox 工具表面分析功能提取坡度、坡向地形因子。

2.3.3 重分类

重分类就是在原有结果的基础上，原有数据分段不足以满足应用研究，我们基于研究内容需要重新对结果进行新的分段处理。本研究中利用 ArcGIS 软件 Arctoolbox 工具表面分析功能提取坡度、坡向等栅格图，利用重分类功能对海拔栅格图、坡度栅格图、坡向栅格图进行重新分类（图 1）。

（1）海拔分类。利用遥感图像处理软件 ENVI，对漳河上游流域的 Modis 卫星影像进行解译判读，该区域海拔为 133 ~2149 m，根据相关资料和研究区域高程特点将海拔由低到高分级。将海拔从低至高分为 6 级：洼地区（133 ~330 m）、平原区（330 ~400 m）、丘陵区（400 ~600 m）、低山区（600 ~800 m）、中山区（800 ~1000 m）、高山区（>1000 m）。

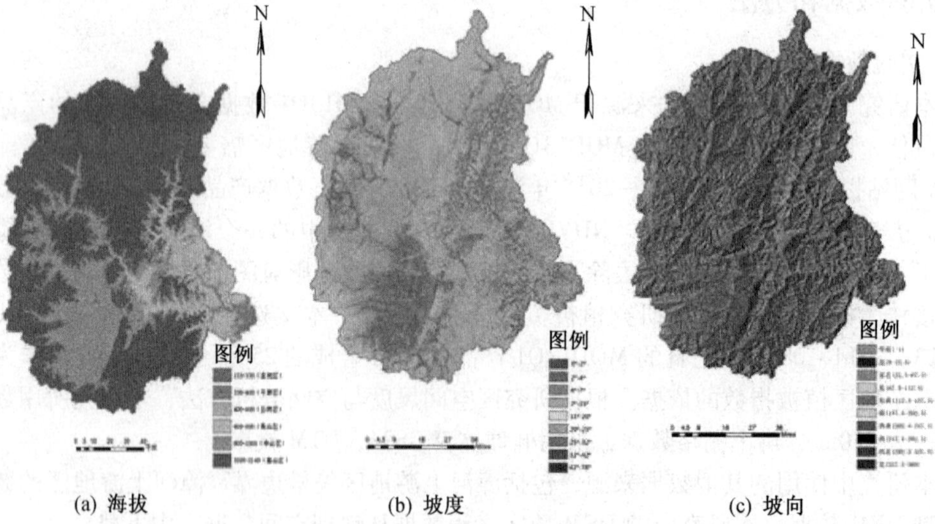

(a) 海拔　　(b) 坡度　　(c) 坡向

图 1　漳河上游地区地形因子分级图

（2）坡度分类。结合漳河上游地区的地形、地质、地貌情况，将坡度重新分为 9 类：0°~2°、2°~4°、4°~7°、7°~15°、15°~20°、20°~25°、25°~32°、32°~42°、42°~78°。

（3）坡向分类。采用 8 向分向法，加上平坡，将坡向按照 45°的夹角，由北开始顺时针方向旋转分为 9 级。平坡、北（337.5°~22.5°）、东北（22.5°~67.5°）、东（67.5°~112.5°）、东南（112.5°~157.5°）、南（157.5°~202.5°）、西南（202.5°~247.5°）、西（247.5°~292.5°）、西北（292.5°~337.5°）。

（4）植被指数分类。利用遥感图像处理软件 ENVI，对漳河上游流域的 Modis 卫星影像进行解译判读，根据植被分布图等相关资料将植被指数分类：NDVI＜0、0＜NDVI＜0.1、0.1＜NDVI＜0.3、0.3＜NDVI＜0.6 等。

3 结果与分析

3.1 流域植被指数分析

结合研究流域的地域特色，以及这三年获取遥感数据的时间，漳河上游地区每年在 7、8 月份植被覆盖面积较广。从 2004、2009、2014 年 3 年的 NDVI 植被指数图（图 2），可以明显的看到，漳河上游地区植被指数的变化，植被覆盖度的增加。从 2004—2014 年，10 年时间里漳河上游流域自然植被、森林覆盖面积有很明显提升，裸地过渡到农田面积也有所提高。到 2014 年，漳河上游地区植被覆盖度能达到 90%。可以看出人们越来越重视自然环境、绿化环境。

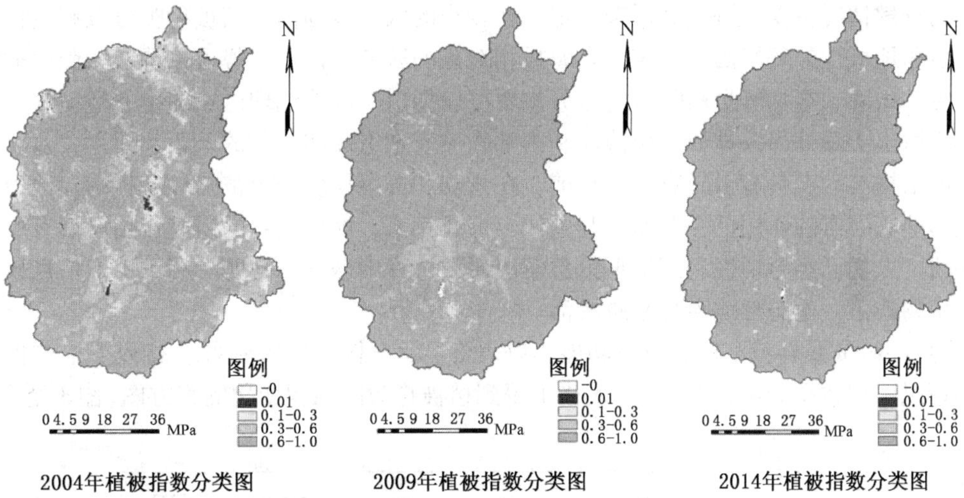

图 2 漳河上游植被指数分类图

2004 年，流域植被指数值范围从整体上可以较明显的分为以下几种状况：漳河上游的中部小部分区域和西南部小部分区域，植被指数为 0，属于无植被覆盖区，可能为水体；北部和西部边界东南边界区域，植被指数在 0.1~0.3 范围内，植被较少；南部区域植被指数在 0.3~0.6，植被覆盖程度较好，为农田和居民区域；西北部、中部、南部及东北部地区植被较多，整体覆盖程度较好，植被指数范围为 0.6~1.0，属于较高植被覆盖区，覆盖区域主要植被是森林灌丛等自然植被。

2009 年，流域植被指数值整体较 2004 年有较大提高，植被覆盖较 2004 年总体增加。

漳河上游的西南部小部分区域，植被指数仍为0，属于无植被覆盖区，可能存在水源；中南部区域植被覆盖较少，植被指数在0.1～0.3，属于较低植被覆盖区；偏北部区域，植被指数在0.3～0.6，该区域可能是裸地；其他地区植被覆盖较密集，植被指数范围为0.6～1.0，属于较高植被覆盖区，覆盖区域主要植被仍是是森林灌丛等自然植被。

2014年，流域植被指数值较2004、2009年有很大提高。植被覆盖较广，漳河上游大多区域植被指数范围为0.6～1.0，整体属于较高植被覆盖区；但是漳河上游的西南部小部分区域，植被指数仍为0，属于无植被覆盖区。

漳河上游流域地貌和地理位置的多样性，以及气候和土壤等自然条件的复杂性，以及该区域当地土著居民的人为干扰性，为植被的生长产生了深远的影响。海拔高度、坡度、坡向的不同，必然会引起土壤肥力、日照时间、辐射条件、气候条件、水资源等的不同。

漳河上游流域偏西南部为居民和农田地。该区域土壤肥质较好，气候温和，靠近水源，光照充足，是主要的农业作物生产基地。该区域种植着大豆、棉花、玉米、小麦、谷子、花生、水稻等粮食作物以及苹果、梨树、枣树、桃树等果林植被。这些地区植被保护较好，植被覆盖度较高。漳河上游流域北部及东部植被指数最高，该区域主要是自然森林植被，植被类型众多，植被资源丰富。

3.2 植被指数与海拔的关系

气候和土壤条件在很大程度上决定了植被的分散情况。大面积地区，植物种群和植被种类的分散情况主要由海拔高低来决定。在较小的区域范围内，植被种类分散和生长趋势主要由非地域性的环境因子决定。在海拔相对高的区域，地理地势可以调节太阳照射强度和雨雪、霜降、雾水等自然降水的派分，更可以指引小部分地理区域的生态环境和物理气象，折射出土壤外界条件如土层薄厚和内部物质元素组成如养分的差距、差别，对于植物集合的结构与动态具有引导意义。目前，在景观和群落尺度的植被格局分析中，地理地势即地形地貌因素的作用已经开始引起关注。近几年来，地形地貌的研究作用已然有所进展和建树，人们已经习惯性利用地形信息解决研究过程中遇到的问题。利用地形信息研究植被、植物群落、生态环境会越来越灵活。

通过ArcMap环境下区域分析功能，以表格显示分区统计得到各个高程下植被指数的分布情况。把数据导出，在Excel表格下得到植被指数随高程变化的直方图(图3至图5)。

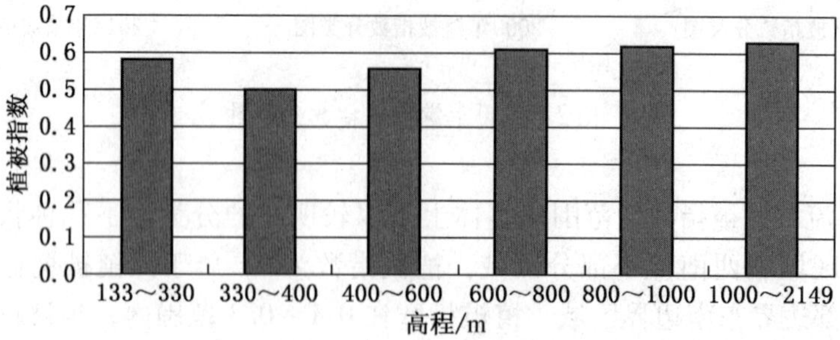

图3 2004年植被指数随高程变化图

由图3可以看出，2004年，研究区域漳河上游地区植被指数最高的区域位于海拔为

1000 ~ 2149 m 的高山区，较低的区域位于海拔为 330 ~ 400 m 的平原区。

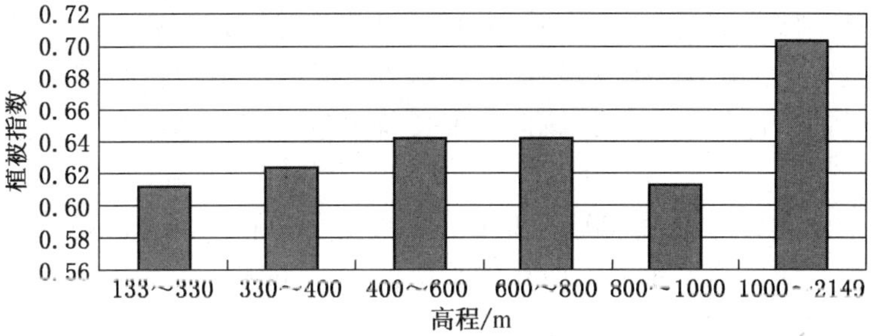

图 4　2009 年植被指数随高程变化图

由图 4 可以看出，2009 年，研究区域漳河上游地区植被指数最高的区域位于海拔为 1000 ~ 2149 m 的高山区，最低的区域位于海拔为 133 ~ 330 m 的洼地区。

由图 5 可以看出，2014 年，研究区域漳河上游地区植被指数最高的区域位丁海拔为 1000 ~ 2149 m 的高山区，最低的区域位于海拔为 330 ~ 400 m 的平原区。

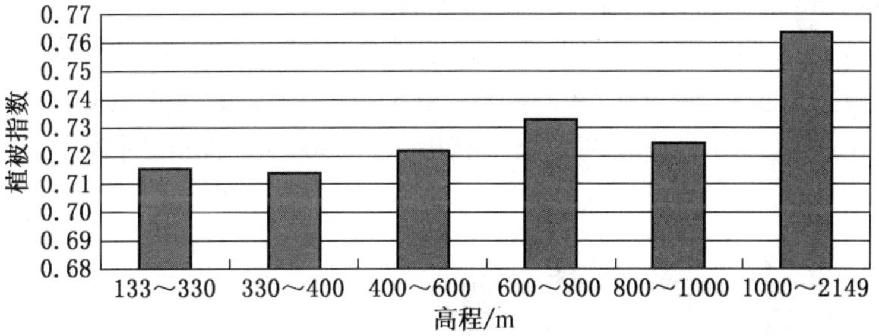

图 5　2014 年植被指数随高程变化图

不同海拔高度下所涉及的水分、温度、太阳辐射等也有所不同，因而需要综合考虑这些因素对生物群落的影响。

本研究中洼地区域（海拔为 133 ~ 330 m）主要是在漳河东南部小部分区域。该区域主要是以林地、居民、农田、水体为主，植被指数较高，2004、2009、2014 年 3 年的值分别为 0.6、0.61、0.715，呈上升趋势。

本研究中，平原区（海拔为 330 ~ 400 m）主要是在漳河洼地区西部区域。该区域面积较小，紧挨河流等水体，地势平稳，土地肥沃，虽面积较小，但水源丰富，交通便利，易于耕作。这里种植着棉花、小麦、玉米、高粱、谷子、豆类等农作物，因为较多水体的存在，该区域植被指数较低，2004、2009、2014 年 3 年的值分别为 0.51、0.63、0.713，呈上升趋势。

本研究中丘陵区（海拔为 400 ~ 600 m）主要分布在漳河上游地区山地和平原的过渡地带，在整个研究区域中所占面积相对较少，地形高低起伏，温度适宜，土壤条件优越，靠近山地与平原之间的丘陵地区，水量丰富。这里种植着玉米、小麦、棉花、油料作物、瓜果等农业植被，以及经济林、野生药材等森林植被。该区域植被指数较高，2004、2009、2014 年 3 年的值分别为 0.57、0.64、0.72。

本研究中低山区（海拔为 600 ~ 800 m）植被指数较平原区高，2004、2009、2014 年 3 年的值分别为 0.61、0.64、0.73，呈上升趋势。低山区植被指数较高，植被覆盖度较好，由于海拔升高，地形不平坦，该地区生长着大量的灌木丛植被，包括荆条、酸枣灌丛、野枣等。

本研究中中山区（海拔为 800 ~ 1000m）主要是分布在漳河上游地区西南部区域。该区域主要是农田、居民地、水体，面积较平原区大，2004、2009、2014 年 3 年植被指数分别为 0.61、0.61、0.72。

本研究中高山区（海拔为 1000 ~ 2149 m）为漳河上游地区主要区域。该区域占到总面积的 60% 以上。该区域植被指数最高，2004、2009、2014 年 3 年的值分别为 0.62、0.70、0.76，呈上升趋势。该区域是研究区内海拔最高的区域，也是植被种类最丰富的区域，自然野生植被居多，以落叶阔叶纯林或针阔混交林等形式存在，主要生长在中条山上，受人类影响最小。高山区因自然植被种类的多样性和高覆盖性，故接下来重点工作是加强环境保护，植被保护，防止植被退化。

3.3 植被指数与坡度的关系

由图 6 可以看出，植被指数较高的区域在坡度 2° ~ 4°和 4° ~ 7°。该区域大多有农田和树等植物分布，农作物种类比较丰富。光照条件优越，受风力影响较小，水资源丰富，土质较好。植被指数值分别为 0.64、0.65，比较适合植被的生长。植被指数最低的区域在坡度 42° ~ 78°，这部分海拔较高，属于高山区，2004 年植被相对较少。

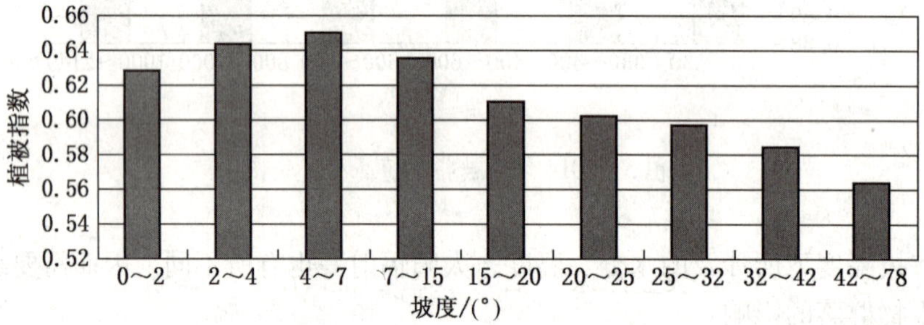

图 6 2004 年植被指数随坡度变化图

由图 7 可以看出，植被指数随坡度增加而缓慢增加，较高的区域在坡度 32° ~ 42°和 42° ~ 78°。该区域海拔较高，属于高山区，对比 2004 年该区域植被指数有较大幅度增长，可能有人为因素，植树造林影响较大。随着坡度的提高，人类对植被的影响逐渐较少，植被指数逐级升高，这部分区域主要适合森林植被，以及一些具有水土保持作用的灌丛、草丛、草甸的生长。2009 年植被指数随坡度变化相对较低的区域在坡度 0° ~ 2°，该区域植被指数值为 0.60，为居民生活区和农田区。

由图 8 可以看出，植被指数随坡度变化走势和 2009 年相同，植被指数随坡度增加而增加，较高的区域仍分布在坡度 32° ~ 42°和 42° ~ 78°。该区域海拔较高，属于高山区。

2014 年植被指数随坡度变化相对较低的区域在坡度 0°~2°，该区域植被指数值为 0.70，为居民生活区和农田区。对比 2004、2009 年两年植被指数随坡度变化直方图，可以明显看出，植被指数随着年份的增长而不断增长。

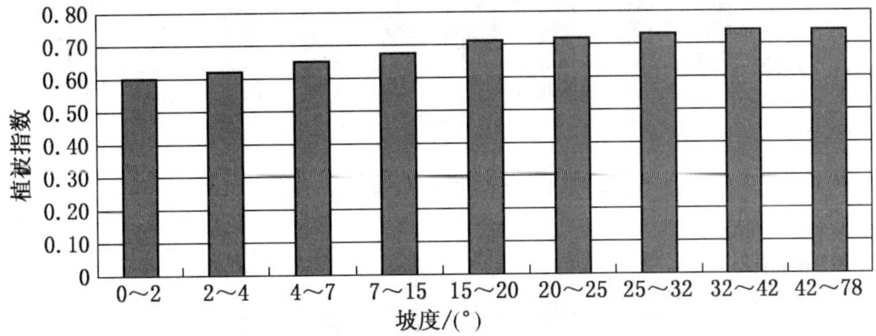

图 7　2009 年植被指数随坡度变化图

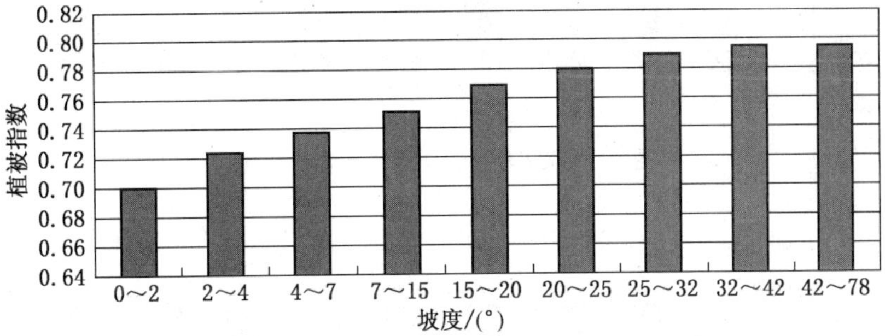

图 8　2014 年植被指数随坡度变化图

由 3 年的植被指数坡度变化图看出，坡度较高的地域，森林植被、灌丛植被、草丛、草甸等植被分布较广，受人类活动因素影响较小，植被指数值较高；坡度较低的区域，如坡度在 0°~2°区间，多为农业用地和居民地，适宜农作物植被的生长；而坡度范围为 7°~15°，裸地区域比较多，不适宜耕作。

3.4　植被指数与坡向的关系

日照时数和太阳照射强弱在某种程度上受到山地方位的影响。以北半球为例，南坡区域面朝太阳时间长，受到的太阳的照射最强，而东南坡与西南坡居南坡其次，北坡表现最弱。向光坡与背光坡两者间有较大的不同，如温度的不同、植被的不同。在这些坡中，温度最高的是南坡和西南坡，温度最低的则属北坡和东北坡。此外，受日照强度、降水量等的影响，坡向会对植物有一定的影响，进而改变了植物与环境的关系。

由图 9 至图 11 可以看出，3 年的植被指数随坡向直方图走势一致，只是随着年限的增长，植被指数值有所增加。通过 3 张直方图可以看出，因为平坡地区包括湖水湖面的缘故，植被指数最低；其次就是南坡区域，植被指数最低，分别为 0.62、0.66、0.74；而北坡、东北破、西北坡植被指数最大，分别为 0.64、0.68、0.76。

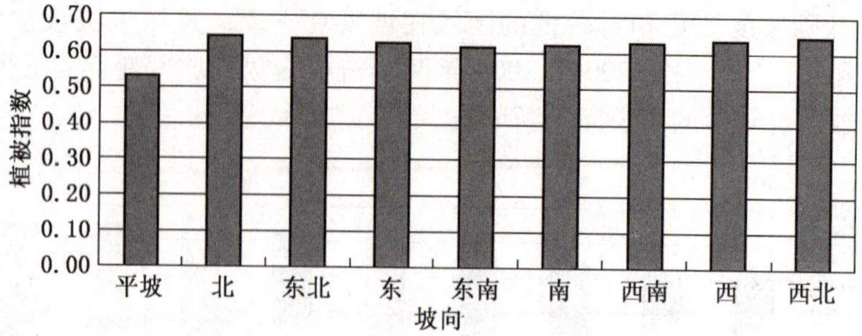

图9 2004年植被指数随坡向变化图

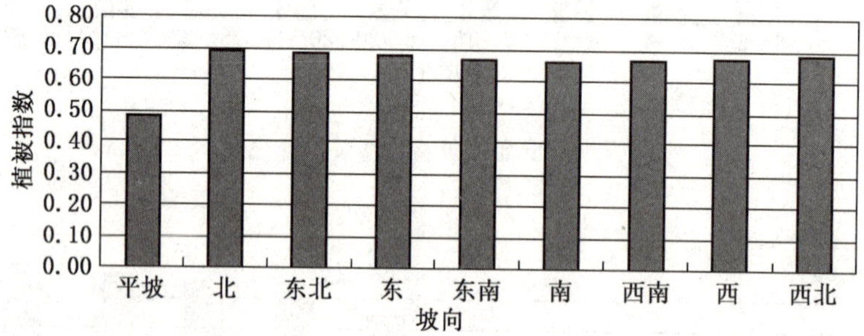

图10 2009年植被指数随坡向变化图

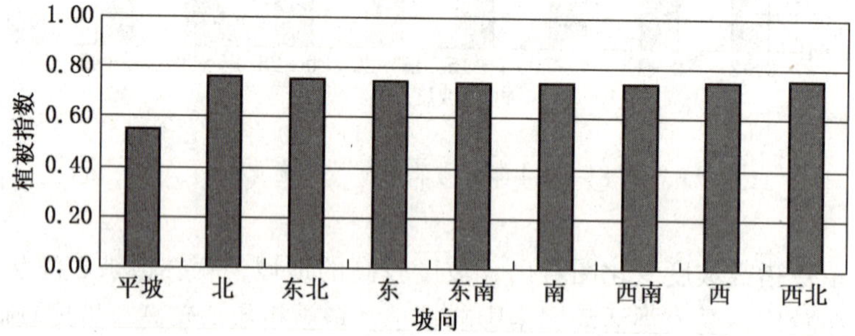

图11 2014年植被指数随坡向变化图

南坡区域受到的太阳光照射相对较多，气温相对比其他地区高，水分容易蒸发，容易缺水。植物在该区域环境下生存太过于干燥，植物不易存活，南坡区域不是植物生存的最佳区域。平坡地区地形相对比较平坦，土质土壤、温度、水源、光照等各方面条件适中，比较适合植被的生长。而北坡、东北破、西北坡接受太阳光辐射较少，环境阴湿，水分易保留，不易蒸发，有充足的水分供给，所以该区域植被指数最大。

4 结论与展望

海拔高度、坡度、坡向等地形因子，可以导致植被生存环境的变化，对植被的存活率有很大干扰。如果我们能够确定地形与植被指数之间的变动关系，那么我们就能定量评价地形对植被覆盖的影响，同时为保护城市植被覆盖和城市环境提供更直观的更丰富的参考资料。

本研究中通过对2004、2009、2014年3年的漳河上游地区植被指数随海拔高度、坡度、坡向变化的分析，可以看出，随着年份的增长，该区域植被指数数值逐渐增加。而随着海拔高度趋势的上升，影响植被分布的主要因素的水热因子发生了变化，形成了水热因子的复合梯度，海拔通过影响水热因子进而影响了植被分布、植被覆盖度，因而植被指数也会随之变化。研究区域内海拔相对高差2000 m左右，随着海拔的升高，光照、温度、水分也会变化，这些因素是影响植被生长发育的主要生态限制因子。综合三期数据分析来看，在海拔330～400 m、坡度<4、平坡的区域内植被指数较高，植被生长状态较好，植被覆盖度较高。该区域是农业植被生长发育的最佳生境。海拔介于400～800 m、坡度介于4°～15°、北坡的区域为农业植被向自然植被过渡的地带，主要生长着灌木、草丛等有利于水土保持的植被。海拔>1000 m、坡度>15°的区域不适宜农业植被生长，但却是自然植被生长发育的最佳区域。总体来看，该研究区域内，植被类型较丰富，覆盖度很高。

本研究中仅针对漳河上游流域，选用了3期MODIS遥感影像以及DEM数据，在本项研究中，归一化植被指数NDVI值反映的植被覆盖与海拔高度、坡度、坡向等地形因子有较强的相关性。但由于受气候、生长季节等因素的影响，NDVI值在不同季节和时段内其值不同，并且受研究区遥感影像和DEM数据分辨率的影响，以及不同尺度下自然与人文生态系统等驱动因子对流域植被覆盖的影响，这些影响NDVI值的因素都有待进一步深入研究。

参 考 文 献

[1] 赵英时．遥感应用分析原理与方法［M］. 北京：科学出版社，2003.

[2] 周启鸣，等．数字地形分析［M］. 北京：科学出版社，2006.

[3] ALEXANDER P. TRISHCHENKO, JOSEF CIHLAR, ZHABQING LI. Effects of spectral response function on surface and NDVI measured with moderate resolution satellite sensors [J]. Remote Sensing of Environment, 2002, 81: 1 – 18.

[4] R. B. MYNENI, S. HOFFMAN, Y. KNYAZIKHIN, et al.. Global products of vegetation leaf area and fraction absorbed PAR from year one of MODIS data [J]. Remote Sensing of Environment, 2002, 83: 214 – 231.

[5] MYNENI R, TUCKER C, ASRAR GETAL. Interannual variations in Satelite-Sensed Vegetation Index Data from 1981 – 1991 [J]. Joumal of Geophysieal Research, 1998, 103 (D6): 6145 – 6160.

[6] 毕如田，武俊娴，曹毅．涞水河流域地形因子对植被指数变化的影响［J］. 中国农学通报，2012，28（35）：257 – 263.

[7] 盛永伟，陈维英，等．利用气象卫星植被指数进行我国植被的宏观分类［J］. 科技通报，1995，40（1）：68 – 71.

乌兰察布煤炭地下气化导水断裂带高度发育的影响因素

李　凯　董东林　林　刚　马吉磊　张戈一

中国矿业大学（北京）地球科学与测绘工程学院，北京　100083

摘　要　根据乌兰察布研究区实测资料所获得的数据，分析在无井式煤炭地下气化过程中，导水断裂带发育高度的影响因素；根据钻孔资料，进一步完善在无井式煤炭地下气化过程中，煤层厚度、顶板岩层结构类型、采深以及高温条件下岩石的物理力学特性变化所影响导水断裂带发育高度的指标体系。

关键词　导水断裂带高度　煤炭地下气化　高温条件下的影响因素

Influencing Factors on the Height of the Water Flowing Fractured Zone of Underground Coal Gasification in Wulanchabu

Li Kai　Dong Donglin　Lin Gang　Ma Jilei　Zhang Geyi

School of Geoscience and Surveying Engineering, China University of Mining and Technology, Beijing　100083

Abstract　According to the data Wulanchabu study area measured, analysising in the absence of pit underground coal gasification process, the height of water flowing fractured zone development factors; according to drilling data, improving the absence of underground coal pit gas of the coal seam thickness, roof strata structure type, as well as the impact of mining depth physical and mechanical properties of rocks under high temperature conditions change water flowing fractured zone development index system height.

Key words　the height of water flowing fractured zone　underground coal gasification　factors under high temperature conditions

---

资助项目： 中央高校基本科研业务费（2009DQ03）

作者简介： 李凯（1992—　），硕士研究生，主要研究方向为地下水。Tel：13240072411；E-mail：953583865@qq.com

0 引言

由于具有安全性好、投资少、效率高、污染少等优点，煤炭地下气化技术已经成为我国洁净煤技术的重要研究和发展方向。但在气化进程中，炉井内的反应导致的温度异常会对导水带发育的因素产生一定的影响。导水带发育的研究能给预防和治理矿井水害提供重要依据，因此研究煤炭地下气化条件下导水断裂带高度发育规律的影响因素有着极其重要的意义。

目前，对于常规矿井开采的导水带发育高度研究较多，普遍认为影响导水断裂带发育的因素有采高、采深、工作面斜长、顶板岩石类型、顶板岩层抗压强度等。但对于煤炭地下气化条件下的导水带发育高度的研究还不多见，本研究针对分析了煤炭地下气化高温条件下导水断裂带发育的影响因素[1]。

1 研究区导水断裂带理论分析值及实测值

1.1 矿区导水断裂带理论分析值

研究区地表大部分被第四系地层覆盖，西部及北东部有少量第三系玄武岩裸露。古近系渐新统上段（E3h2）地层仅在研究区北东及中部偏东少量出露，煤层无出露，为掩盖式矿床[2]。

1.1.1 冒落带

垮落带位于覆岩的最下部，紧贴煤层。煤层采出后，上覆岩层失去平衡，由直接顶岩层开始垮落，并逐渐向上发展，直到开采空间被垮落岩块充满为止。垮落带下部岩层破坏最大，失去层状，呈不规则岩块垮落，杂乱堆积于采空区内，该部分为不规则垮落带。向上垮落岩块渐大，甚至过渡到巨块垮落，呈似层状断块，脱离母体岩层，不连续的覆盖于不规则垮落带之上，位于垮落带上部，为规则垮落带。

垮落岩块由于碎胀，体积较垮落前增大，增大比率可用碎胀系数表示，碎胀系数的大小取决于岩性和采高。硬岩及采高较大时，碎胀系数较大；反之较小。在自由堆积状态下，由于垮落岩块的碎胀性而逐步充填开采空间，导致垮落带向上发展至一定高度而自行停止。

垮落带发育高度受控于顶板的岩性及其组合，一般为采高的 5 ~ 10 倍。垮落带垮落岩块在上覆岩层沉降压力下可逐渐压实，甚至部分形成再生顶板。厚煤层分层开采时，垮落岩块受到重复采动多次破坏，岩块碎度增大，碎胀系数减小，垮落岩块也多次被压实。垮落带内岩块之间空隙较多，连通性强，是上覆水、砂溃入井下的通道。

1.1.2 断裂带

断裂带位于垮落带之上，具有与采空区连通的导水裂隙但连续性未受破坏。断裂带内的主要裂隙有两种：一种是垂直或斜交于岩层的新生张裂隙，主要是岩层向下弯曲受拉而产生，可部分或全部穿过岩石分层，但其两侧岩体基本无相对位移而保持层状连续性；另一种是沿层面的离层裂隙，离层裂隙主要是因岩层间力学性质差异较大，岩层向下弯曲移动不同步所致。断裂带的下部，垂向裂隙发育，离层裂隙与垂向裂隙连通，导水性强，并能向下渗流直到采空区。断裂带波及上覆水体，可将水导入井下。

断裂带随采空区的扩大而向上发展。当采空区扩大到一定范围时，断裂带高度达到最大。此时，采区继续扩大，断裂带高度基本上不再向上发展，并随着时间的推移，岩层移动趋于稳定，断裂带上部裂隙逐渐闭合，断裂带高度也随之降低。一般来说，在采空区形成两个月左右之后，断裂带发育最高。厚煤层分层开采时，垮落带高度可能上升，断裂带高度也随之增高，但上升幅度较初次采动大为减小。断裂带高度为采高的 13 ~ 28 倍。

1.2 研究区导水断裂带实测数据

根据研究区的钻孔资料，可得导水断裂带的实际高度，制成曲线图（图 1）。

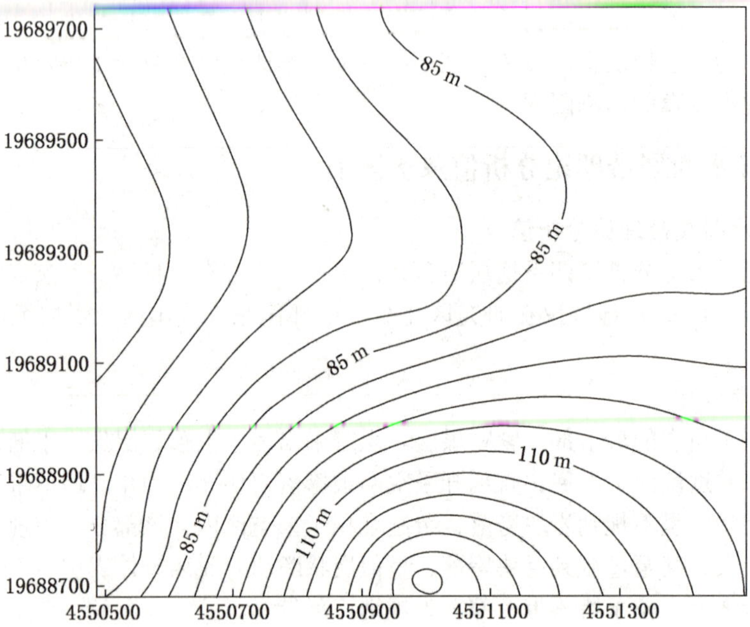

图 1　研究区导水断裂带曲线图

2 影响导水断裂带发育的常规因素

2.1 开采厚度

煤层的开采厚度 M 反映了地下开挖垂向高度大小对开挖后顶板岩体应力重分布、变形和破裂范围的影响，因此是主要指标之一（在传统的经验公式中是预计导高的唯一因素）[3]。煤层分层初次开采时的“两带”（垮落带和断裂带）高度情况和具体的采高为近似直线关系。对于水平到倾斜厚煤层分层开采方式或近距离煤层群重复开采条件下的“两带”高度，均会根据分层次数的逐渐增加而增长，前两者和分层次数呈分式函数的关系增长，并且，增长幅度会逐渐减小。研究区所得采高制成曲线图（图 2）。

对比图 1 和图 2 可知，研究区内导水断裂带的发育分布与开采厚度的分布大致符合，开采厚度大的地方，导水断裂带发育较高；开采厚度较小的地方，导水断裂带发育相对较小。

可以看出，带水断裂带的发育基本是由东南向西北逐渐减小的总趋势。

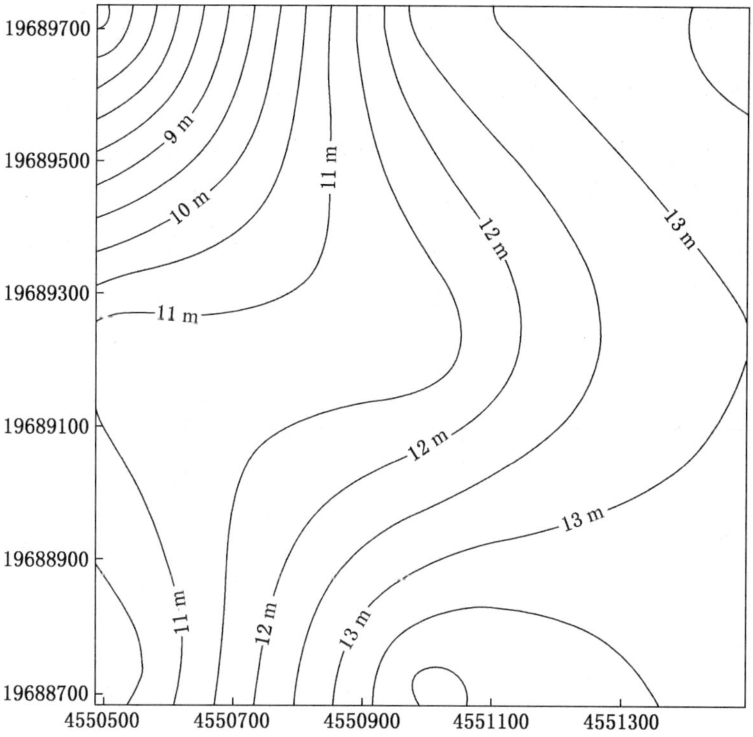

图2 精查区开采厚度曲线图

2.2 顶板岩层结构类型与硬岩岩性比

煤层顶板岩体的结构类型不同，其开采后顶板破裂高度范围也不同。实践表明，顶板岩体软弱破碎，其采动破裂高度发育相对较小，坚硬完整顶板岩体采动破裂高度相对较大。根据钻孔资料，可得乌兰察布研究区顶板岩体类型（表1）。

表1 顶板岩层类型

岩层类型	岩层描述
细砂岩	浅灰绿色，细粒砂状结构，块状构造。碎屑成分主要为石英含60%，长石含30%，含有少量白云母碎片。分选性较好，磨圆度差。胶结物主要为黏土质矿物和钙质矿物，属泥质和钙质胶结，胶结疏松，锤击易碎与下伏岩层呈过度接触
粉砂岩	浅灰色粉砂状结构，薄层状构造。主要特征为含砂质点和含泥质点，矿物成分比较复杂，肉眼可辨的有石英、长石和白云母及黏土质矿物，偶见炭屑，与下伏岩层呈过渡接触
泥岩	灰黑色，泥质结构，薄层状构造，主要有由黏土物质矿物（含量占90%）构成和炭屑（含量5%）构成，几乎不含其他碎屑物。炭屑呈植物残片状、碎粒状、粉末状沿层理面杂乱分布。岩石固结程度低，硬度小，用手可掰碎，贝壳状断口，土状光泽，吸水性、黏舌性差，可塑性强，在水中易被泡软

根据研究区获得的钻孔综合柱状图，计算统计高度（导水裂隙带发育高度）内的岩石类型，得到到硬岩岩性比。

硬岩岩性比例系数是指煤层顶板以上统计高度内，硬岩与统计高度的比值，参与统计的硬岩主要指砂岩（细砂岩、中砂岩、粗砂岩）、混合岩、火成岩，$b=\dfrac{\sum h}{(15\sim20)M}$。其中，$M$ 为采高；$\sum h$ 为估算的导水断裂带高度范围内的硬岩岩层统计的累计厚度（根据地方预计导水高度的经验来考虑取多少倍的煤厚，一般为顶板 15 ~20 倍采高）[4]。b 的范围在 0 ~1 之间，当 $b=0$ 时，说明顶板是极软弱顶板类型；当 $b=1$ 时，顶板是坚硬顶板类型；当 $0<b<1$ 时，顶板类型介于软弱、坚硬之间。计算研究区的硬岩岩性比并制得曲线图如下（图 3）。

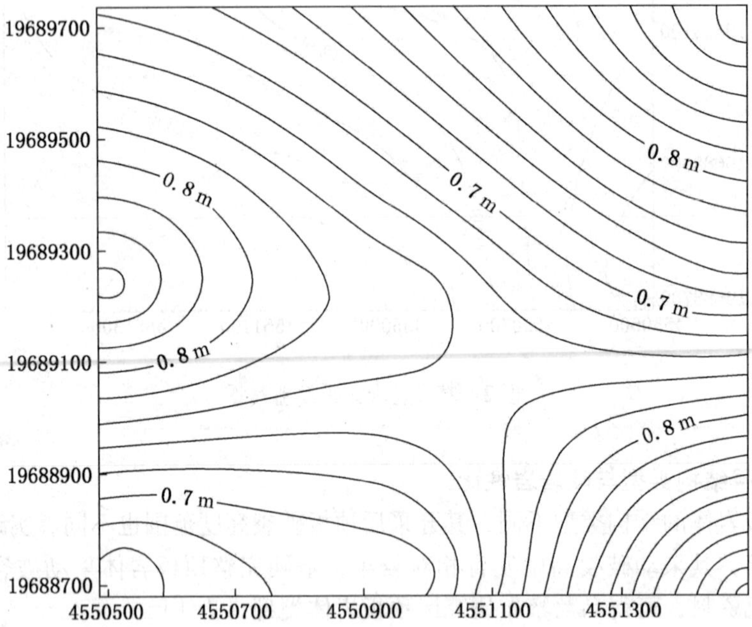

图 3　硬岩岩性比曲线图

分析图 1 和图 3，可得到结论，顶板岩层的硬岩岩性比对导水断裂带的发育也起着一定的影响作用，硬岩岩性比较高的地方导水断裂带发育较高；硬岩岩性比较低的地方，导水断裂带发育相对较低。

在两图对比中可以看到，研究区导水断裂带由南向北发育减少的大趋势下，在东北方向减少较少而在西北方向减少较为明显，这是因为东北方向硬岩岩性比比西北方向的硬岩岩性比高。因此，导水断裂带发育程度上，东北方向比西北方向大，故导致在由南向北的导水断裂带发育趋势上出现了东北方向和西北方向的差异。

2.3　采深 *S*

据采矿工程地质与岩石力学基础理论，地下开挖空间附近岩层的地应力大小、状态，对开挖后围岩的破坏范围大小有比较重要的影响。一般情况下，工作面围岩的原岩应力随深度增加而增大，因此开采深度对导高造成一定的影响[5]。将所获采深数据制成曲线图，如图 4 所示。

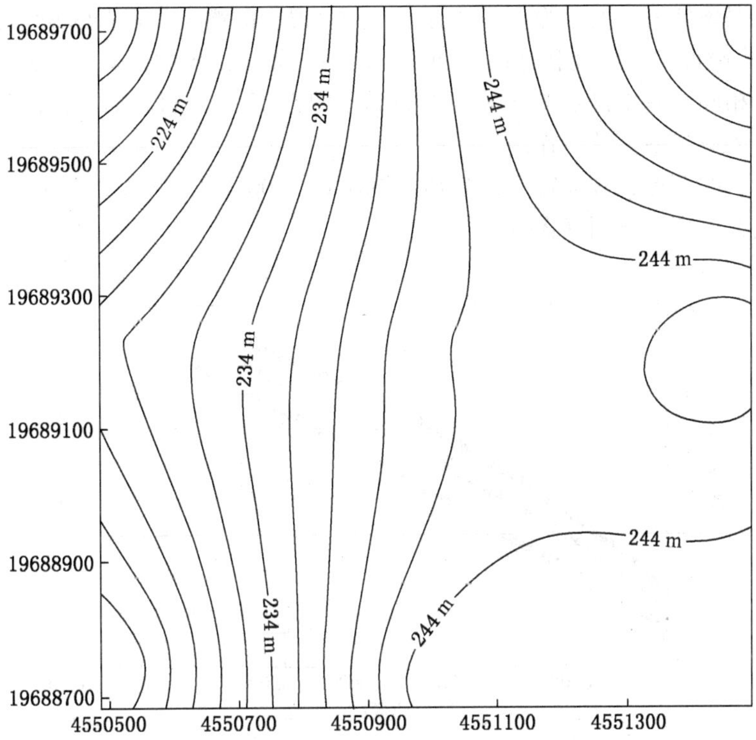

图4　研究区采深曲线图

综合分析图1至图4，采深对导水断裂带发育分布影响并不大。

采深导致导水断裂带发育的根本原因是围岩压力对岩体的力学性质，在下文会进行讨论。

2.4　气化通道长度 L

斜长是和煤厚一样，属开采空间尺寸对导高影响的指标。目前经验认为，采空区尺寸在覆岩不充分采动的条件下起作用；当采空区面积达到覆岩充分采动条件时，基本上不起作用。

3　煤炭地下气化下导水断裂带发育受温度影响的因素

导高发育的因素中，受温度影响最大的主要是岩石的物理力学特性。之前分析研究区的顶板统计高度内岩石类型，发现其主要类型为砂岩（细砂岩、粉砂岩），平均占到70%以上，其余基本为与煤层过渡的泥岩。因此，通过对研究区顶板砂岩在高温条件下物理力学性质变化的研究可大致概括研究区顶板岩层的整体情况。

3.1　高温下岩石的变形与强度特征

在温度由室温升高至气化通道内的高温条件过程中，岩石和流体的介质活化，促使岩石变形破坏机制发生变化，使其易于塑性流动[6]。随着温度的提高，产生了岩石变形的时间效应问题，作用时间的延长为岩石介质的活化也提供了条件，促进了岩石由脆性向延性的过渡，导致在高温环境下岩石的力学行为发生弹性—黏（塑）性转变、破坏的脆性—延性转变。

岩石在室温条件下一般呈脆性破坏方式，随着温度的增大，岩石的破坏形式逐渐由脆性（裂性）、半脆性向半延性和延性（屈服、流动）转变。不同的岩石脆性—延性转变的温度条件不尽相同，基本的影响因素是塑性成分和流行成分的增加，也伴随其他矿物成分、温度、压力应变率等共同作用。

以下是砂岩的变形和破坏特征，分别在 100 ℃、200 ℃、300 ℃、400 ℃，围压 5 MPa 条件下加载应力应变曲线图（图 5）。

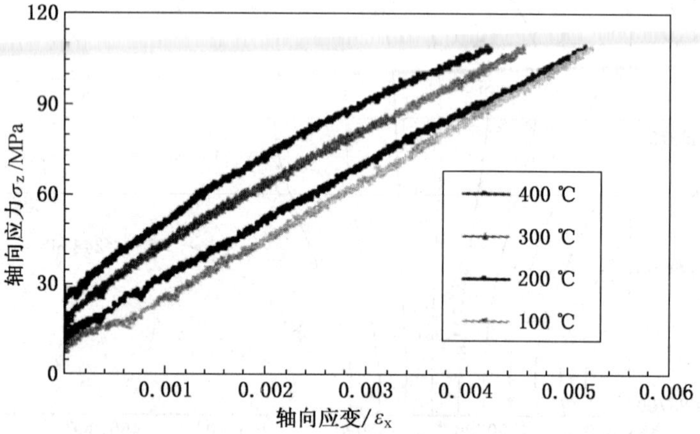

图 5　不同温度下砂岩应变应力曲线

当温度较低时，岩样为脆性或完全弹性，曲线呈现为一条斜直线，如 100 ℃和 200 ℃时的曲线；随温度的升高，曲线会发生弯曲和形状变化，岩样开始由脆性向延性转变，如图中 300 ℃和 400 ℃时的曲线。

图 6 所示为围压 5 MPa、温度为 600 ℃时砂岩的应变全程曲线。曲线在强度极限之前发生明显的弯曲，达到强度极限后，曲线呈屈服流动型。与 600℃时煤的应力应变全程曲线特征相似，但在轴向应力小于 80 MPa 时体积膨胀，而应力超过 80 MPa 后体积收缩，这

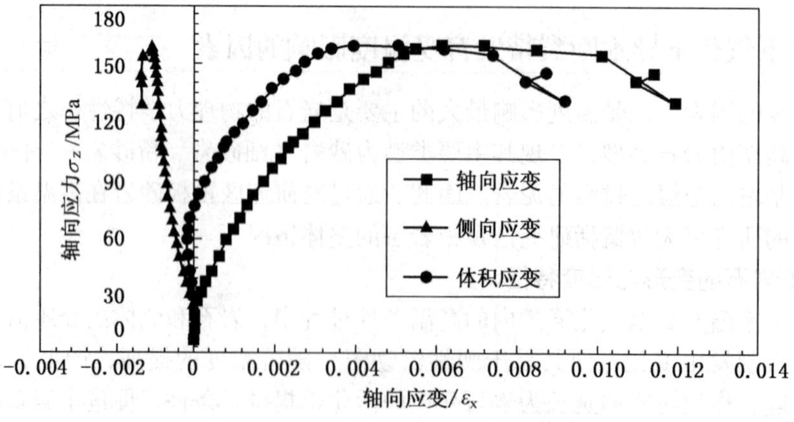

图 6　砂岩在 600 ℃时应力应变曲线

是因为在由室温到600 ℃期间，岩石排除大量气体，导致内部结构发生变化，加之热破裂作用，产生大量裂纹，在围压的约束下，当轴压增大时，砂岩内部的空隙被压缩，表现出轴向急剧压缩而侧向膨胀不明显的特点，因此体积发生收缩。

3.2　温度对岩石力学参数的影响

（1）温度对岩石强度的影响。温度对不同的岩石强度的影响和规律是不一样的。一般来说，花岗岩、石灰岩等结晶质岩石，随温度的升高，压缩强度明显下降；砂岩等非结晶岩石压缩强度随温度的升高变化不大；而安山岩等岩石的强度则有相当大的提高。

砂岩的抗压强度变化见表2。

表2　砂岩抗压强度随温度变化

岩石抗压强度/（$kg \cdot cm^{-2}$） \ 温度/℃	0	200	400	600	800	1000
细粒砂岩	2000	2060	2010	2150	2190	2240
灰色砂岩	1080	1200	1270	1360	1470	1580

（2）温度对岩石弹性模量的影响。岩石加热后弹性模量的变化对计算岩石内部由于加热而产生的热应力及热破坏具有重要意义。温度对各类岩石杨氏模量的影响不尽相同。化学成分相近的岩石，杨氏模量受温度的影响也是相近的，对于SiO_2类岩石，杨氏模量随温度的增加而减少，当温度由20 ℃升到600 ℃时，杨氏模量减小20%～30%；而对于无水碳酸盐类岩石，在温度小于800 ℃时，杨氏模量基本是个常数。研究区煤层顶板主要岩石类型为砂岩，砂岩的杨氏模量随温度的变化情况见表3。

表3　砂岩不同温度下的杨氏模量

温度/℃	50	100	150	200	250	300	400	500	600
杨氏模量/GPa	39.8	18.2	7.9	2.1	1.1	0.4	0.3	0.2	0.3

（3）温度对热膨胀系数的影响。岩石的热膨胀系数是指岩石试样在温度提高1℃时长度方向所引起的应变量，它影响着岩体工程的热变形和热应力。不同岩石的线膨胀系数随温度的变化特征是不一样的。石灰岩的变化平缓，线膨胀系数随温度变化较小；砂岩、页岩、安山岩和花岗岩的线膨胀系数变化较大，而且一般具有极大值，它们的极大值与室温下的数值可能相差24～120倍，产生极大值的原因可能与573℃时石英发生的相变有关。温度对岩石的线膨胀系数影响见表4。

表4　砂岩不同温度下的线膨胀系数

温度/℃	100	200	300	400	500	600	700	800
线膨胀系数/10^{-5}	0	1.1	1.8	2.4	3.7	4.4	2.1	1.2

（4）温度对岩石泊松比的影响。由于温度在大于22℃时不易测得泊松比，所以岩石

的泊松比测定实例很少，根据现有的对花岗岩和和安山岩的测定结果来看随着温度的上升，花岗岩的泊松比成大幅下降趋势，而安山岩的变化不大。

3.3 造成导水断裂带理论值与实测值差异的原因

综合分析图 5 和图 6 及表 2 至表 4，得到导水断裂带理论值与实测值差异的原因：在煤炭地下气化过程中，气化通道分为氧化带、还原带、干馏干燥带，氧化带的反应温度在 1200 ~ 1400 ℃，还原带温度在 800 ~ 1000 ℃，干馏干燥带的温度在 400 ~ 700 ℃[7]。

在整个通道中，干馏干燥带占得长度比重最大，因此影响煤层顶板的温度在 400 ~ 700℃，在这个温度条件下，顶板岩层发生了脆性—延性变化，其杨氏模量下降，研究区顶板岩石中占主要成分的砂岩的抗压强度和抗拉强度（抗拉强度报告未给出，但经由查阅资料获得了结论）提高，导致了导水断裂带发育相对常规情况下较小。

研究区顶板岩层主要成分的砂岩的线膨胀系数在 600℃ 左右达到极大值，导致岩石中因为某些成分气化而造成的裂隙在围压作用下压实，加之岩石向塑性发展，顶板岩石会发生压缩现象，也对导水断裂带的发育产生影响，使其较少发育。

综合本报告前一部分的结论，导水断裂带的发育分布趋势受常规因素影响，而整体的发育高度很大程度上受顶板岩层在高温条件下物理力学性质改变的影响。

4 结论

（1）通过对比实测数据曲线图，可以发现导水断裂带的发育高度分布与煤层采高的分布大致相似，换言之，煤层采高的分布对导水断裂带的发育分布起很大程度的决定作用；硬岩岩性和采深也对导水断裂带的发育分布起一定影响作用，具体表现为，硬岩岩性比较高的地方，导水断裂带发育较高，硬岩岩性比较低的地方发育较低；采深较大的地方发育较高，采深较小的地方发育较低。

其他常规因素如工作面斜长等，对导水断裂带的发育影响作用不大，一般情况下可以次之考虑。

（2）对于常规的煤矿，导水断裂带的发育一般为煤厚的 15 ~ 25 倍，具体倍数取决于当地的经验数据，而煤炭地下气化条件下导水断裂带的发育虽然在分布上与常规因素相关，但在整体的发育高度上与常规导水断裂带的发育存在差异，具体表现为发育高度小于常规情况，仅为煤层平均厚度的 3 ~ 5 倍。

造成这个差异的主要原因是顶板统计高度内岩石受气化高温的影响，其物理力学性质发生了多种变化。简单表述为由脆性慢慢转变为延性，由原来的受压破碎慢慢变为受压流动压缩。

研究区内顶板统计高度内的岩石类型主要为砂岩，通过分析砂岩的各种物理力学参数变化，最终解释了导水带发育高度较常规情况下的发育低的原因。

（3）在煤炭地下气化条件下导水断裂带的发育高度影响因素中，除常规的影响因素外，还必须考虑炉井内高温反应对煤层顶板的的岩体造成的影响。在高温作用下，岩石的物理力学参数发生了多种变化，导致岩石的抗压强度、抗剪强度等特性也发生了变化，研究区的实测导高与常规理论分析导高存在一定差异。因此，在分析煤炭地下气化条件下的导高发育时，除了充分收集当地的地层资料和钻孔资料，也要结合岩体热力耦合理论来综合计算。

在今后的发展中，煤炭地下气化技术会越来越成熟，研究高温条件下的导高发育也必然会发挥越来越重要的作用。

参 考 文 献

[1] 胡小娟，李文平，曹丁涛，等．综采导水裂隙带多因素影响指标研究与高度预计[J]. 煤炭学报，2012.

[2] 李洋，李文平，刘登宪．潘谢矿区导水裂隙带发育高度与采厚关系回归分析 [J]. 地球语环境，2005 (33)：66－69.

[3] 万志军，非均质岩体热力耦合理论与煤炭地下气化通道稳定性 [M]. 徐州：中国矿业大学出版社，2009.

[4] 胡小娟，刘瑞新，胡东祥，等．导水裂隙带的影响因素研究与高度预计 [J]. 煤矿现代化，2012，3.

[5] 姜福兴．岩层质量指数及其应用 [J]. 岩石力学与工程学报，1994，13 (3)：270－278.

[6] 康永华．采煤方法变革对导水断裂带发育规律的影响 [J]. 煤炭学报，1998，23 (3)：262－266.

[7] 赵彦东，赵文奎，柯尊乾，等．温度对深井岩石力学性质的影响 [J]. 重庆科技学院学报，2010，4.

锅底山－九里山断块地质构造控水作用

胡社荣　李　瑾　杨　雯　张　渝　张同同
徐　方　于新智　周铭轩　刘铖朴

中国矿业大学（北京）地球科学与测绘工程学院，北京　100083

摘　要　由锅底山—九里山断裂构成的断块是平顶山矿区水文地质条件最为复杂的单元，在分析断块区及其区域构造特征及其演化的基础上，得出了如下结论：该断块由四大含水系统构成，分别为第四系松散沉积层和地表河流及水体系统、古近—新近系泥灰岩含水系统、石炭二叠系含煤岩系含水系统和下古生代灰岩含水系统。断块以发育北西向的构造为主，断层、断裂带、不整合面是控制和影响水文地质条件的主要因素：锅底山断层是一条多性质、多次活动的隔水断层，寒武系和石炭二叠系灰岩内发育的断裂带是主要导水通道，岩溶及溶洞是一些特殊层位的主导导水通道，小构造不是导水的重要通道。

关键词　锅底山—九里山断块　多级构造控水　导水通道

Geological structure for water control action in Jiulishan－Guodishan block，Pingdingshan Coal Mining Area，Henan Province

Hu Sherong　Li Jin　Yang Wen　Zhang Yu　Zhang Tongtong
Xu Fang　Yu Xinzhi　Zhou Mingxuan　Liu Chengpu

College of Geoscience and Surveying Engineering, China University of Mining and Technology, Beijing　100083

Abstract　The Jiulishan-Guodishan block is the most complex unit on hydrogeological conditions in Pingdingshan mine area, based on analysis of the regional geological structure, hydrogeology characteristics and their evolution, the following were concluded. There were four aqueous system in the block: Quaternary loose sediments and surface water bodies and river systems, Paleogene-Neogene marl aquifer system, aqueous systems

---

资助项目： 中央高校基本科研业务费专项资金项目（2013YD01）
作者简介： 胡社荣（1955—　），男，博士生导师。E-mail：hrs8516@sohu.com

in Permo-Carboniferous Coal-bearing strata and lower Paleozoic limestone aquifer system。NW faults was the main ones in block, fractured zone and unconformity is to control and influence the hydrogeological conditions of the main factors: the bottom of the pot is more than one fault mountain nature, many activities impermeable faults; Cambrian and Carboniferous-Permian limestone fissures within the development zone is the main water channel guide; and karst caves are some special layers leading elementary conduits; small water guiding fault is not an important channel.

Key words jiulishan-guodishan block multi-level water control structure water guide channel

前人基于突水次数与涌水量、补给、径流、排泄，以及矿井水的地球化学分析结果等将平顶山矿区九里山与锅底山断裂构成的断块划分为平顶山矿区独立的水文地质单元[1-3]。虽然，前人对于该水文地质单元已从多方面进行了研究[4-8]，然而，多数是以煤矿为单位进行研究，很少将这一区域作为总体对其进行水文地质方面的综合研究，此外，从断块构造演化和断裂对该单元水文地质及其突水的控制作用的讨论还很少涉及。本文试图通过断块的构造演化和断裂特征以及矿井涌水和水灾的关系研究，探讨九里山－锅底山断块的涌水量与水害的形成机理，为预测预防水害打下坚实的基础，也为瓦斯与水文地质条件的关系研究提供资料。

1 锅底山－九里山断块构造特征和导水系统

锅底山－九里山断块指由南西倾的锅底山断层和北东倾的九里山断层所夹持的断块。九里山逆断层位于平顶山白龟山水库北侧的九里山一带，走向 320°，倾向 50°，断层两侧地层分别为震旦系及寒武系，局部地层直立、倒转，显示逆冲的特征。该断裂也构成了李口向斜的南西边界（图 1）。

锅底山断层的走向 310°，倾向南西，倾角 30°～60°，向深部变缓为 25°～40°，落差 200～300 m。锅底山断裂主要活动期始于己$_{15-17}$煤和戊$_{9-10}$煤之间，尤其在早二叠世早期山西组沉积时活动达到高潮，戊$_{9-10}$煤形成之后，断层活动基本停止，之后，在印支－燕山期，又发生多次再活动[9]。

经区域地质演化史研究，向南西倾的锅底山断层可能曾经是三门峡－鲁山逆冲断层的次级产物，至少经历了同沉积时期的正断层作用→三门峡－鲁山逆冲断裂时期（早白垩世）的逆冲作用→喜山期的正断层作用。早白垩世，锅底山断层曾经是逆冲断层的主要依据是：①锅底山断层是水文及瓦斯的阻隔带；②断层下盘发育次级平行逆断层；③靠近断层，上盘地层破碎，下盘较完整。在这三期构造活动时期，断块内主要的次级断裂是北西向断裂（图 2）。

锅底山－九里山断块的主要含水层如图 3 所示。根据图 3 可以将断块区内的含水层分为四大系统：下古生界裂隙含水系统、含煤岩系含水系统、古近－新近系含水系统和第四系含水系统。

除断层发育以外，在太原组灰岩中，近东西、北东、北西向的断裂带也有发育（图 2）。

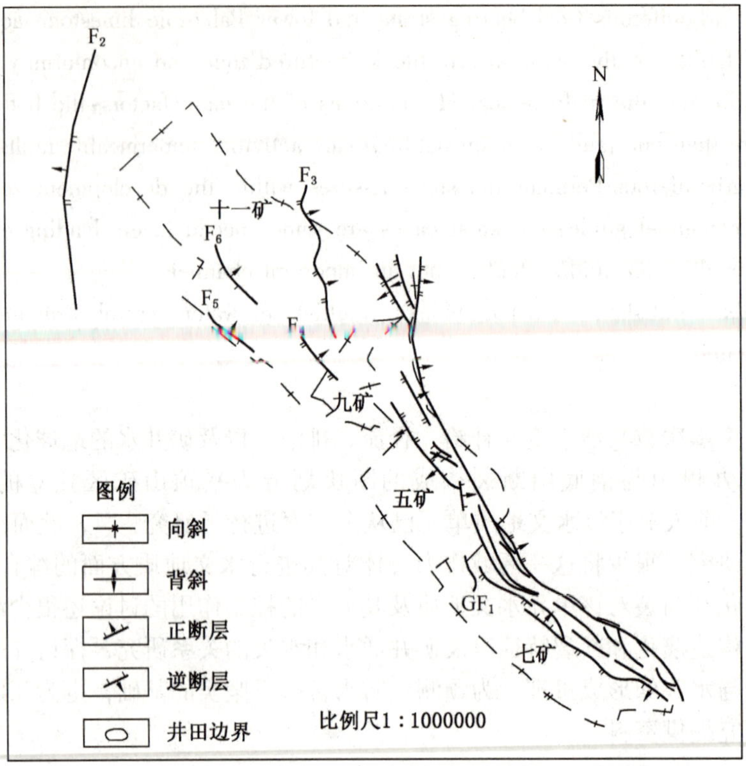

图1　锅底山－九里山断块构造纲要图

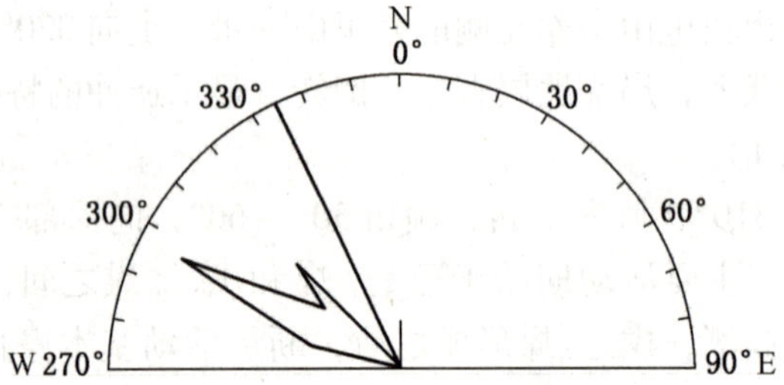

图2　次级断层走向玫瑰花图

锅底山－九里山断块的构造造成的导水系统由一大主系统和三大亚系统构成：除上述九里山－锅底山作为该断块的一级断裂导水系统外，三大亚系统分别是：北西向为主的次级断层导水系统（图1和图2）；在寒武系构成的含煤岩系基底和石炭二叠系灰岩中，由节理和裂隙构成的导水断裂带，其方向以北西向为主，北东及近东西向也有发育；由断块上隆风化剥蚀致使发育的岩溶、溶洞等导水系统。

2　断块突水特征和地质构造对突水的控制

锅底山－九里山断块内突水是平顶山矿区最严重的地区。1990—2010 年突水情况见表1。从表1中不难看出，七矿是断块内突水最为严重的矿井。总体上呈现自南西向北

界	系	组		含水层	含水层厚度	水文地质特征
新生界	第四系			砾石含水层	3～16 m	钻孔单位涌水量0.0325～0.1104 L/(s·m)
古生界	二叠系	石千峰组		砂岩裂隙含水层	平均厚121.12 m	浅部风化裂隙发育、岩石较破碎、富水性较强
		甲1煤组				
		乙2煤组				
		六2煤组				钻孔单位涌水量0.00141～0.00156 L/(m·s)
				砂岩含水层	0～42.4 m，平均13.6 m	
		五2煤组				渗透系数0.0075～0.0081 m/d富水性较弱。地下水呈浮白色，碱度较大，水质为HCO_3-Na型。
		四3煤组		砂岩含水层	0～50.29 m	
		四2煤				钻孔单位涌水量0.0113～0.0119 L/(s·m)，渗透系数0.052～0.054 m/d，放顶后出水量一般小于20 m³/h，含水性差，属弱富水含水层
		二3煤组				
	石炭系	二2煤组				
		一2煤组				
		一1煤组				
		太原组上段 L7、L8		灰岩岩溶裂隙含水组	灰岩总厚2.10～40.18 m 平均厚12.77 m	抽水试验，单位涌水量1.717 L/(s·m)，渗透系数15.93～30.05 m/d，平均22.39 m/d，水质为HCO_3-Ca型
		一4煤组				
		太原组下段 L1、L4		灰岩岩溶裂隙含水组	一般厚10～25 m 平均厚度14.98 m	钻孔单位涌水量0.000035～12.842 L/(s·m)，渗透系数0.000138～29.761 m/d
	寒武系	上统崮山组		白云质灰岩含水层	平均厚68 m	含水性较弱，钻孔单位涌水量0.0012～0.045 L/(s·m)
		中统张夏组		鲕状、豆状灰岩	厚56～124 m	含水层导、富水性较强

图3 锅底山－九里山断块含水层（组）综合柱状图

东方向，突水次数及水量呈减少的趋势。锅底山断层北东侧的六矿与紧邻的五矿，突水情况相差巨大。造成断块区突水差异的原因，前人已做过很多研究，本文主要从地质构造控水特征进行讨论。

表1　锅底山－九里山断块突水情况

矿名	突水类型与总次数				大于600 m³/h的突水次数/次	1990—2010年突水情况		突水强度
	总数/次	老空水/次	顶板水/次	灰岩水/次		突水时间	突水量/($m^3\cdot h^{-1}$)	
五矿	57	5	9	43		2008－07－23	110	小型突水11次；中型突水23次
七矿	40			40	2	2005－08－04	1350	小型突水28次；中型突水10次；大型突水2次
九矿	20	17	3		4	2010－07－26	31	小型突水7次；中型突水10次；大型突水3次
十一矿	81	4	19	58		2008－05－11	42	小型突水50次；中型突水31次
香山矿	7	2		5	1	2009－04	5	小型突水5次；中型突水1次
六矿	11	2	9（2次底板水）			1991－07－15	1	小型6次；中型3次

地质构造活动有地块升降和水平挤压两种方式。

地块的差异升降导致地层发育的不同，如古近－新近系泥灰岩主要分布于（平顶山）矿区南西部地势较低处和湛河上游，埋深0～40 m，厚0～22 m，一般厚3～6 m。这部分泥灰岩的形成，可能是由于早白垩世逆冲推覆期后，地壳由挤压缩短转变为引张拉伸，从而发育了古近－新近系泥灰岩等含水层。在五矿、七矿井田南西部，呈条带状分布的古近－新近系泥灰岩广泛超覆在含煤岩系和下古生界不同含水层之上，沟通了各含水层间的水力联系，使得各含水层具有同步升降的变化规律。

地块的上升还导致碳酸盐岩岩溶与溶洞的发育。由于地壳上升，断续出露在矿区的南部及西南部，面积约15 km^2 的寒武系灰岩，遭受风化剥蚀，使本区下古生代灰岩层岩溶裂隙发育，钻孔揭露的寒武系张夏组灰岩，最大溶洞直径达8 m，单位涌水量65 $m^3/(h\cdot m)$。

九里山和锅底山断裂控制了断块区水的补给、径流和排泄。断裂控水是多层次多方面的，就控制断块的一级断裂——九里山断裂和锅底山断裂来说，对断块区内水的控制作用就很不相同。

在断裂的不同地段，断裂对水的阻隔是不同的：寒灰水的氚值分布特征所揭示的地下水的运动特征表明，区内主要断层——锅底山断层在不同区段的导水性能不同，即根据导水能力可将该断层划分为透水段（南段、北段）和阻水段（中段）[10]。例如，处于中段的五矿和六矿，六矿浅部巷道揭露出断层，己三采区运输下山和轨道下山穿过断层200余米未发生大的突水；五矿己三采区构造也较简单，仅仅在其西南边界附近，发育有以锅底山正断层为主的正、逆断层，钻孔简易水文观测，消耗量0.12～0.24 m^3/h，富水性弱。就总体而言，处于相邻的五矿与六矿的突水情况完全不同（表1）。位于断块西南部的七矿与其相邻的位于锅底山断裂北东（下）盘的二矿，水文地质条件与突水情况完全不同。1980年12月22日统计，断层之北东的二矿29－5孔水位标高为－92.8 m，而断层南西侧的七矿40－24孔水位标高为84.8 m，仅一锅底山断层相隔，水位相差达177.6 m之大，可见该断层为一隔水封闭式断层[11]。

断块在受到多次断裂作用下，增加了断块体内的破裂，如根据瞬变电磁勘探结果，五矿南区石炭系灰岩中存在14条导水通道，其中，导水性强的1条，导水性较强的5条，导水性较弱的8条，断裂带呈北西、北东和近东西向展布，以北西向断裂带为主。北西向的断裂带应该是李口向斜形成期和逆冲推覆期的伴生构造，由于断裂带紧邻开采煤层，成为突水的重要通道之一。在五矿的64次突水中，20次为裂隙导通涌水，8次为断裂导水，1次为封孔不良，其余导水则是采动裂隙。这表明寒武系与石炭二叠系灰岩中的裂隙带是主要的导水通道之一。

十一矿揭露出落差小于10 m的正断层314条，逆断层103条。在十一矿103次突水中，由小断层所引起的煤层顶板突水仅发生过2次。因此，小断层一般不是断块体突水的主要原因。己16－17煤层距 L_2 灰岩仅10.93 m，底板很容易在采动影响下因破坏而与富水的 L_2 灰岩层导通。因此，采动效应是十一矿发生底板岩溶水突水的最主要原因。

通过上述讨论不难看出，在锅底山－九里山断块内，锅底山、九里山断裂是控水的一级构造，锅底山断裂是一条隔水断裂，是控制断块并作为与其他水文地质单元的边界断裂。垂直构造运动导致岩溶裂隙与溶洞等发育，成为断块内主要导水通道之一；此外，地块差异沉降而致使古近－新近系灰岩不整合覆于下伏不同含水层之上，成为断块内不同含水层间导通的沟通带，而小断层则对断块内的导水作用不大。

3 结论

通过上述讨论，得出以下结论：

（1）由锅底山－九里山断裂构成的断块是平顶山矿区水文地质条件最为复杂的水文地质单元。九里山逆断裂，以及锅底山断裂的反转及多次活动，尤其曾经是逆断层的性质，决定了该断块水文地质的复杂性。锅底山正断层却是一条隔水断层，是断块内的矿井突水明显多于锅底山断层北东侧矿井的主要原因。

（2）锅底山－九里山断块的地质构造控水呈现多级别差异控水的特征：一级断层作为水文地质单元的边界断裂；岩溶与溶洞等导水构造对特定煤层的开采起到关键作用；寒武系与石炭二叠系灰岩中的断裂带是主要导水通道之一；小断层不是断块内重要的导水通道。

（3）锅底山－九里山断块由四大含水系统组成：第四系松散沉积层和地表河流及水体；古近－新近系泥灰岩含水系统；石炭二叠系含煤岩系含水系统和下古生代灰岩含水系统。

参 考 文 献

[1] 张建国，宋德熹．平顶山矿区灰岩水区域治理技术［J］. 煤炭科学技术，2013，41（9）：71－74.

[2] 姚小平，姚磊华，王心义．K 均值聚类地下水水化学特征的水文地质单元划分［J］. 煤炭技术，2013，32（6）：121－123.

[3] 文广超，张汉瑞，邓寅生．平顶山煤田水文地质单元划分［J］. 煤矿安全，2013，44（4）：38－42.

[4] 范书凯，刘永良，赵喜海，等．平煤十一矿承压岩溶水突水成因分析及综合防治［J］. 矿业安全与环保，2009，36（2）：38－40.

[5] 李丰军．平煤集团五矿矿井充水规律研究［J］. 煤炭技术，2007，26（10）：81－82.

[6] 潘国营，范书凯，王素娜，等．平煤十一矿承压岩溶水突水成因分析及综合防治［C］//中国煤炭学会矿井地质专业委员会2008 年学术论坛论文集，2008：231－236.

[7] 晏磊．平煤五、七、十一矿区域水文地质条件分析［D］. 焦作：河南理工大学，2012.

[8] 高亦梅．十一矿开采条件下矿井涌水量的三维数值模拟研究［D］. 焦作：河南理工大学，2009.

[9] 康继武，李文勇．论平顶山煤田锅底山断层［J］. 煤炭学报，1995，20（2）：120－124.

[10] 王广才，陶澍，沈照理，等．平顶山矿区岩溶水水文地球化学模拟及其应用［J］. 中国科学，28（3）：245－249.

[11] 崔崇海，蔡一民．控制平顶山矿区煤层气赋存的构造与热演化史［J］. 河北建筑科技学院学报，2000，17（2）：67－70.

采煤沉陷区土地破坏程度评价研究进展

程琳琳　赵云肖　张小宇　滕佳华　何志龙

中国矿业大学（北京）地球科学与测绘工程学院，北京　100083

摘　要　本文运用文献分析法、对比分析法，对采煤沉陷区土地破坏程度评价的评价方法、指标体系构建、评价单元划分、破坏程度分级等研究现状进行了总结分析，结果表明：目前评价方法以定性和定量相结合的方式不断完善，并朝着全定量化的方向发展；评价单元的划分逐渐细化；评价体系正逐步完善，评价等级的划分也在统一。在今后的研究中，应结合遥感和GIS，使评价过程更快捷；采用不同的方法进行评价以使评价结果更精确；将破坏程度评价与复垦适宜性评价结合，降低工作量节约成本。

关键词　采煤沉陷区　评价方法　评价单元　指标体系

Research on the evaluation of the degree of land destruction in mining subsided areas

Cheng Linlin　Zhao Yunxiao　Zhang Xiaoyu
Teng Jiahua　He Zhilong

College of Geoscience and Surveying Engineering,
China University of Mining and Technology, Beijing　100083

Abstract　This article use literature analysis method and comparison analysis method, summarize and analysis the research status evaluation methods, to build the index system, the division of the evaluation units, the classification of the degree of land destruction, etc, of the land destruction degree evaluation on coal mining subsidence area. The result show that current evaluation methods is continuously improved in In the combination of qualitative and quantitative way and develop in the whole quantitative direction; the build of the evaluation units is gradually elaboration, the evaluation system is gradually improved; The division of evaluation grades is gradually unified. In the future re-

---

资助项目： 中央高校基本科研业务费专项资金（2009QD06）

作者简介： 程琳琳（1977—　），女，山东泰安人，博士，副教授，主要从事土地资源管理方面的研究。Tel：13718494391；E-mail：chll@cumtb.edu.com search, can combined with remote sensing and GIS, to make the evaluation process more efficient, can integrate different methods to evaluate the areas, can combine the damage evaluation and reclamation suitability evaluation to reduce the workload and cost savings.

Key words mining subsided areas evaluation method evaluation unit index system

0 引言

众所周知，我国是煤炭资源大国，96%以上的煤来自井工开采，煤炭的采出导致采空区应力失衡，出现大量的采煤沉陷区。据统计，我国开采万吨原煤地面沉陷 0.08671 ha（$1\ ha = 1\times10^4 m^2$），如果按目前每年开采量 21×10^8 t 计算，那么每年造成的新增沉陷面积为 1.82×10^{10}ha[1]。采煤沉陷导致矿区土地数量锐减，质量下降。土地复垦是解决我国人地矛盾，实现“耕地总量动态平衡”的一项重要措施。

由于各矿区自然因素和人为因素不同[2]，土地的破坏形式和破坏程度有很大差异，所以在对沉陷区进行复垦前应进行破坏程度评价。对沉陷区土地进行调查和评价实质上是对矿山开采活动引起的矿山土地质量变化程度的评价[3]，它揭示土地的可利用范围及可利用能力，为矿区被破坏土地的利用提供依据；为复垦方向的选择、方案的制定、费用的收取、复垦工程的实施提供基础数据，所以评价的准确与否直接影响复垦的效果。

本文以中国知网（CNKI）为主要数据来源，对我国采煤沉陷区土地破坏程度评价研究现状及存在的问题进行分析，思考未来的研究重点及趋向，以期为该领域的深入研究提供一定的指导和借鉴。

1 文献来源及发表时间分析

1.1 文献来源

与其他中文数据库相比，中国知网期刊覆盖面广，文献数量多，数据全面。笔者以中国知网为数据来源，以“采煤沉陷区+土地破坏程度评价”“矿区+破坏程度”“破坏程度评价”“沉陷+评价”为关键词进行检索，时间跨度为1998—2015年，检索日期为2016年8月22日，检索到相关论文80多篇，在此基础上，筛选出与采煤沉陷区土地破坏程度评价紧密相关的文献37篇。

1.2 文献发表时间分析

对检索到的文献进行时间维度的统计，可以看出，1998年国土资源部成立后，学者们开始重视对矿区被破坏土地的研究。2006年是复垦事业的一个里程碑，国土资源部等7部委颁发《关于加强生产建设项目土地复垦管理工作的通知》（国土资发［2006］225号），标志着复垦进入开采许可、用地审批程序中。土地破坏程度评价是土地复垦方案的重要组成部分，因此2008年以来，土地破坏程度的评价呈日益增多的趋势。近20年有关沉陷区土地破坏程度评价的文献情况如图1所示。

总体来看，沉陷区土地破坏程度的评价涉及评价方法选择、指标体系构建、评价单元划分、破坏程度分级等几个关键环节，本文将就这些方面的研究进展进行分析。

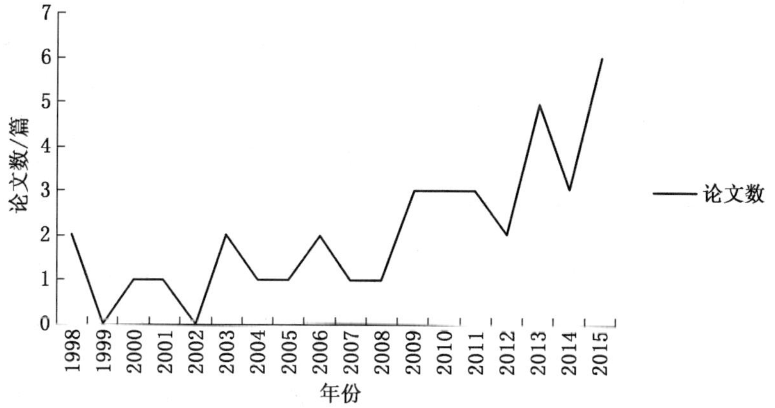

图1　近20年有关沉陷区土地破坏程度评价的文献情况

2　主要研究进展

2.1　评价方法

综合已有的研究，目前沉陷区土地破坏程度评价方法有模糊综合评价法[5-11]、极限条件法[12,13]、指数和法[14]、基于 GIS 的统计学评价法[15]、可拓法[17]、灰色聚类分析法[18]等。每一种评价方法都有优缺点、适用范围（表1）。用不同的评价方法，评价结果不同，所以应根据评价对象的特点，选择合适的评价方法。

表1　破坏程度评价方法对比分析

方法	原　理	优点	局 限 性	适用范围	应用
模糊综合评价法	运用模糊变换原理，将定性与定量、精确与模糊结合起来	结合了模糊数学与层次分析法的特点	隶属函数的选取比较难，带有主观性	适用于综合效益的评价	朱庄煤矿[10]
极限条件法	基于“木桶原理”即程度评价中最低的评价标准作为分等依据	评价过程简便快捷	评价结果等级偏低，通过以某个指标的等级作为评价等级，忽略综合状况	可快速了解破坏程度	陕西某矿[12]
指数和法	以各因子重要程度确定指标权重，对原始数据标准化，将指标值加权求和，得到综合指数	操作简单，综合反映土地破坏程度的大小	评价结果的精度受制于因子选择的合理性和权重确定的精确性	适用范围较广	安徽省北部某矿[14]
基于 GIS 的统计学评价法	利用 GIS，根据提供的数据，预测塌陷变形，进行等级划分	操作快捷，运用方便	数据不易收集，预测有误差	适用于数据较全的矿区	甘肃白银[15]
可拓理论	用形式化的工具，从定性和定量两个角度去研究问题，建立多指标参数的评定模型，完整反映评价对象的综合水平	用形式化的模型研究事物拓展可能性	基于知识和数量逻辑推理方法，受主观因素影响较大，不能根据数据的实际情况进行评价	用于诸多领域的评价研究中	任家庄煤矿[17]

表1（续）

方法	原　理	优点	局 限 性	适用范围	应用
灰色聚类模型	以各因素样本数据为依据，用灰色关联度来描述因素间关系的强弱	对样本量的大小没有太高的要求	计算方法存在缺陷	用于水质分析及地质灾害评价	高潜水矿区[18]

学者针对上述方法缺点改进模型，如王世东[6]用特尔菲法确定权重，将模糊意见集中决策引入指标赋权法，建立改进G1法的模糊综合评价模型；金洪波[17]将可拓理论引入沉陷地破坏程度评价中。

评价方法的研究趋势：一改进原有评价模型，使评价结果更准确；二引入新理论和模型对沉陷区评价。

2.2　评价单元的划分

土地评价单元是特定区域土地质量、复垦方向、改良途经基本一致的土地[5]，是土地破坏程度评价的单元。沉陷区土地破坏程度不同，采取的措施不一样，单元划分的精度影响评价结果。

部分学者从宏观角度，利用土地类型不同对沉陷区划分单元，操作简便但精度不高。文学菊[7]按土地破坏类型，将花山煤矿被破坏土地分为6个单元。部分学者从中观角度，将盆地分为上坡、中坡、下坡、坡底；从微观角度，金洪波[18]先按土地破坏类型将任家庄煤矿分为两大单元，再采用叠置法将塌陷区分为多个多边形研究。

2.3　指标体系构建

评价指标体系是评价的核心和依据。在选择土地破坏程度评价指标时选择沉陷或由其引起的与原始背景有显著差异的因素。在选择评价因素时从两方面考虑：一能反映开采沉陷特征的因素；二能反映土地质量特征的因素。

选取评价指标时遵循主导性、稳定性、可行性的原则。学者在选取指标时，主要基于两种视角：一种是侧重研究沉陷区对土壤的影响，如顾和和[4]选取对土壤生产力有影响的土壤密度、总孔隙度、通气孔隙度、入渗速率、水分含量、有机质、全氮、速效磷含量8个因子作评价指标；另一种则选对土地有直观影响的因素，如贾新果[19]选取地表下沉、倾斜变形、水平变形、潜水位埋深；赵艳玲[13]选择下沉、倾斜、裂缝、塌陷坑。

不同地区自然禀赋不同，破坏形式、破坏程度各异，构建的指标体系有所差别，目前尚未形成权威的参考指标体系，在今后的研究中应建立高潜水位矿区破坏程度评价指标体系和低潜水位破坏程度指标体系，建立各自必选指标和备选指标。

2.4　破坏程度分级

根据破坏程度评价的结果，将采煤沉陷土地分级，一些学者将评价结果分为3级，如赵晓霞[16]把评价结果分为轻度、中度、重度3级，而另外一些学者将结果分为4级，如胡海峰则将评价结果分为轻微、轻度、中度和重度4级。

学者根据需要将破坏程度分为几个等级，对程度评价都没太多影响；但破坏程度等级的划分，代表沉陷区被破坏的严重程度、复垦的难易程度。所以，应根据国务院颁布的《土地复垦规定》，将结果统一分为3个标准：一级（轻度）、二级（中度）、三级（重度），这方便不同煤矿间进行对比，日后可依据破坏程度等级来对受害农民进行补偿。

3 结论与展望

3.1 结论

合理的破坏程度评价，是进行复垦的前提。本文通过对沉陷区土地破坏程度评价的研究，得出以下结论：

（1）沉陷区土地破坏程度评价方法以定性和定量结合的方式不断完善，并朝着全定量化的方向发展[20]。为提高评价结果，可以改进原有评价模型，还可以引进新的评价方法。在以后的研究中可将几种评价方法结合使用，提高评价精度。

（2）评价单元的划分日趋合理化。以前单元的划分：简单将沉陷区作为一个单元来研究，这样的划分较粗糙。目前，主要按照土地类型结合塌陷盆地特征将沉陷区分为上坡、中坡、下坡及坡底，或用 GIS 将沉陷区细分成小单元。笔者认为评价单元的划分，应结合研究区的特点、所处的地理位置及采用的评价方法来进行。

（3）评价指标体系的建立主观性强。在进行评价时不同的学者选的评价指标不同，评价结果带有主观性。应结合研究区的损坏特征，根据地域制定若干个评价指标体系，有必选指标又有备选指标。

（4）指标定量分级表应统一。不同的学者参考的指标定量分级表不同，评价结果也不同，比如，对于下沉，李发斌[6]认为下沉深度小于 50 cm 是轻度损毁，而赵晓霞[16]认为下沉小于 150 cm 是轻度损毁。所以，应按高潜水位地区和地潜水位地区建立标准的参考指标定量分级量化表。

3.2 研究展望

通过对各位学者研究的总结，提出以下沉陷区土地破坏程度评价的研究展望：

（1）对土地进行复垦前要进行可垦性分析，避免复垦失败造成的人力、物力、财力浪费。今后可将可垦性分析与破坏程度评价结合起来研究，这样既提高效率，又为复垦提供了数据。

（2）除改进传统的评价方法外，还可引入新的评价模型（熵值法、主成分分析法、BP 网络模型、基于 RS 的人工神经网络模型等）来进行破坏程度评价；也可多种方法综合应用形成方法之间的优势互补。

（3）评价指标权重计算关系到评价的精度，在今后的研究中，一可以尝试引入新的方法来计算权重；二可以改进原有的计算方法；三可以用 2 ~ 3 种方法分别进行计算，最后取其平均值。

（4）很多学者利用 GIS 划分单元计算评价结果，这项技术已日趋成熟，在对沉陷区土地评价时，也可运用 GIS 技术来辅助评价过程，结合遥感来提取数据，验证评价结果的合理性，使评价技术实现快速、准确、信息化；也可以开发专门的软件进行破坏程度评价。

（5）目前采煤沉陷区尚未形成完善的补偿机制，在今后的研究中应结合矿区破坏程度进行补偿，根据破坏程度等级结合沉陷区的粮食产量、消费水平对沉陷区受损农民进行补偿。

参 考 文 献

[1] 刘翔. 陕北煤矿井工开采对土地破坏程度的分级 [J]. 矿业安全与环保，2015，42

(6): 117 - 119.
[2] 赵改栋，彭德福，王克忠．煤炭开采潜在土地破坏程度的指标体系及指标权重的确定——以山西省为例 [J]. 中国土地科学，1998，12 (3): 26 - 20.
[3] 陈胜华，李海珍．煤矿区破坏土地资源的调查与评价初探 [J]. 煤炭技术，2000，19 (4): 49 - 51.
[4] 顾和和，胡振琪，等．开采沉陷对耕地生产力影响的定量评价 [J]. 中国矿业大学学报，1998，27 (4): 414 - 417.
[5] 李发斌，李何超，周家云．矿山土地破坏程度评价方法研究 [J]. 采矿技术，2006，6 (2): 25 - 28.
[6] 王世东，刘毅．基于改进模糊综合评价模型的矿区土地损毁程度评价 [J]. 中国生态农业学报，2015，23 (9): 1191 - 1198.
[7] 文学菊，周家云，朱创业．矿山土地破坏程度评价——以攀枝花市花山煤矿为例 [J]. 山地学报，2006，24 (3): 378 - 384.
[8] 唐辉，魏峰远．煤矿开采土地破坏程度的模糊综合评价 [J]. 测绘与空间地理信息，2011，34 (5): 269 - 271.
[9] 张建霞，张健雄，蒋金豹．采动土地破坏程度模糊综合评价 [J]. 焦作工学院学报，2003，22 (6): 445 - 447.
[10] 刘毅，王世东．采煤塌陷区土地损毁程度评价系统研究 [J]. 河南城建学院学报，2015，24 (5): 54 - 59.
[11] 刘贵生，李明，王旭，等．基于模糊综合评价的露天矿土地破坏程度分析 [J]. 露天采矿技术，2013 (12): 76 - 78.
[12] 赵艳玲，黄琴焕，苏未曰，等．井工开采煤矿区土地破坏程度分析——以陕西某矿为例 [J]. 矿山测量，2009 (2): 69 - 71.
[13] 赵艳玲，黄琴焕，薛静，等．矿区土地复垦方案编制中土地破坏程度评价研究 [J]. 金属矿山，2009 (5): 161 - 163.
[14] 李晶，刘喜韬，胡振琪，等．高潜水为地区平原采煤沉陷区耕地损毁程度评价[J]. 农业工程学报，2014，30(10): 209 - 2014
[15] 胡家梁．基于 ArcGIS 的煤矿塌陷土地损毁程度分析 [J]. 科技向导，2015 (5): 190 - 191.
[16] 赵晓霞，李晶，刘子上，等．矿 - 粮复合区采煤塌陷损毁耕地分级研究 [J]. 环境科学与技术，2014，37 (7): 176 - 182.
[17] 金洪波，张世文，黄元仿．可拓理论在矿区土地破坏程度评价中的应用 [J]. 岩土力学，2010，31 (9): 2704 - 2710.
[18] 蒋知栋，李晶，高杨，等．基于改进灰色聚类模型的矿区耕地损毁程度评价 [J]. 中国生态农业学报，2013，21 (6): 765 - 771
[19] 贾新果，张彬，杨宁．采煤沉陷土地破坏程度分级研究 [J]. 煤炭工程，2009，27 (6): 81 - 84.
[20] 于志敏，严志强．城市土地利用评价常用评价分析方法研究综述 [J]. 城市建筑，2013 (3): 252 - 253.

信息化背景下地理信息发展的分析与思考

于欣欣

中国矿业大学（北京）地球科学与测绘工程学院，北京　100083

摘　要　随着移动互联等新技术的渗透和广泛应用，地理信息行业的发展也渐渐发生着变化。本文概括了近年来地理信息发展的阶段，结合当前“大众化、服务化、规范化、多元化”时代的特征，分析了地理信息向着融合新技术发展的方向和趋势，并在此基础上阐述了在信息化背景下迎接地理信息新挑战，我们要在思想、服务、制度、技术等方面做出深刻变革以促进地理信息产业的飞速发展，激发地理信息的服务潜能。

关键词　地理信息　信息化　互联网技术　移动技术

Analysis and thought of Geographic information science at the information age

Yu Xinxin

College of Geoscience and Surveying Engineering, China University of Mining and Technology, Beijing　100083

Abstract　At the information age, with the penetration and wide application of mobile internet and other new techniques, the development of Geographic information science are changing. This paper summarizes the development stages and trend of Geographic information science in the recent years by the characteristics about popularization, service orientation, normalization and diversity. It also elaborates that the profound transformation of thought, service, policy and extensive technical integration can promote Geographic information science rapid development and stimulate the potential to service when we meet to the new challenges.

Key words　geographic information science　informatization　internet　mobile technology

---

资助项目：中央高校基本科研业务费专项基金（2009QD11）

作者简介：于欣欣（1993—　），男，内蒙古赤峰人，硕士研究生，主要从事空间离散格网研究。Tel：13683082238；E-mail：yuxinxin19930216@163.com

0 引言

测绘技术是一门古老的科学，在我国公元前21世纪大禹治水时就有“左准绳，右规矩”的测量方法[1]。在传统的测绘学理念中，测绘的主要任务是为工程建设等行业提供一系列的空间位置信息。近些年，测绘技术的发展经历了由单一技术的模拟测绘逐步演变成多技术融合的数字化测绘进而蜕变为以信息化技术为核心的，面向对象服务的信息化地理信息技术。在这种背景下，地理信息的理念正悄然变化。鉴于此，诸多学者也提出了一系列新的见解。例如，李德仁等[2-3]提出智慧地球的概念，指出其是数字地球，物联网和云计算等技术的有机融合，抓住时代机遇，从传统的以地形图为主的“小测绘”逐步发展为以地理空间信息服务为主的多元融合的“大测绘”，拓展地理信息的新使命；肖建华等[4]总结了测绘技术发展历程，并在此基础上结合移动互联时代的背景，提出了“测绘4.0”的概念，阐述了其内涵和特点，指出随着互联网时代技术的渗透和融合“互联网+测绘”将成为地理信息行业的新常态。

信息化背景下，在以互联网和移动技术为基础的技术催动下，各种新技术手段竞相出现，并不断地渗透到地理信息行业中。在这种际遇下，地理信息如何把握时代的新特征和需要，利用新技术手段，激发地理信息的潜在价值变得至关重要。鉴于此，本文对现代地理信息产业的新特征及多种高新技术驱动下的地理信息的发展新方向进行了分析和思考。

1 现代地理信息产业的新特征

在信息化背景下，尽管地理信息技术飞速的发展，但传统的专业化行业模式制约着地理信息产业的发展。这种模式在新的时代背景下必须被打破，正如上海华测导航技术有限公司总经理程旭指出：对于空间信息应用的发展，我们是不是也可以有更多创新的思维去改变传统思维。我们需要提取数据中有用的信息，把它形象的传递出去，以便被大众所接受和应用，使更多人理解[5]。因此，要想在信息化背景下大力发展地理信息行业，首先要抓住地理信息产业大众化、服务化、规范化和多元化的发展特征，逐步建立与时俱进的地理信息产业。

1.1 大众化

传统测绘产品生产速度慢，加工处理周期长，而城市化和信息化的高速发展使得这些都无法满足需求。因此，逐步淡化用户概念，发展人人测绘将会是解决这一问题的有效途径。信息化背景下传统专业的地图制图模式将发生深刻的变革，各种简便的先进的大众的测绘工具相继出现。比如浮动车，提供的一系列 GPS 定位数据不仅可以为我们提供实时路况信息，还可以更新城市道路网，为道路网的更新提供基础数据；再如互联网时代下的新宠儿——智能手机，可以根据基础的地理信息数据加之相应的简单的 App，便可进行一系列简单的地图更新工作，以色列的在线地图公司 Waze 就是一个成功案例[6]。随着众包、UGC 等自发性的地理信息数据生产方式的日益流行，全民测绘的时代即将开启，大众化将成为地理信息产业的新特征。

1.2 服务化

在信息化背景下，各种电子商务、线上线下服务等新兴行业正在蓬勃发展，逐步融入各个领域，影响着人们的生活方式，而这些服务行业的发展，都离不开基于位置的服务技术（LBS）的支持。由此可见，地理信息也正在融入人们的日常生活之中，传统的专业地图服务模式在很多应用领域中正在被实时在线服务所取代。在移动互联的应用中，地理信息逐步成为大众服务的基础和重要组成部分，服务化将是地理信息产业发展的重要方向。

1.3 规范化

信息时代下，飞速发展的测绘地理信息产业与不健全的制度规范之间的矛盾越来越突出。因此，完善的法律规范和明确的测绘地理信息产业发展政策是促进测绘地理信息产业大发展大繁荣的关键。组织部门应结合行业特点尽快制定符合测绘地理信息发展的政策和规划，统一测绘地理信息相关标准和规范，实现测绘地理信息资源无障碍共享，为测绘地理信息行业的发展保驾护航。

1.4 多元化

信息化背景下，地理信息正在向“大测绘、大科技、大产业、大服务、大发展”[7]的方向阔步迈进，使地理信息逐步融入社会经济发展的大局中去。这样的宏伟蓝图使得多元化成为地理信息发展的必然。多元化的地理信息要从两个方面着手。一方面是地理信息行业内行政管理的融合发展。日前，我国地理信息行业内部存在不同部门之间资源不能共享的桎梏，这成为制约地理信息基础服务的一大障碍，通过一系列的政策调整，发展共享和融合的多元化地理信息是解决这一问题的有效途径。另一方面是不同行业间的融合发展。地理信息的主要任务是提供基础地理信息服务，这一特点使得地理信息只有和其他行业的结合才能迸发出更大的潜在价值。因此，信息融合、多元化的地理信息产业将是未来发展的趋势和必然。

2 高新技术驱动下的地理信息的发展新方向

信息化背景下，融合了移动互联网技术和通信技术的地理信息技术正在逐渐地渗透到多个行业和领域，并呈现出一系列的新趋势和新特点。在新的基础地理信息服务中，地理信息行业正在被大数据、云计算及物联网等高新技术的驱动下向多种新技术融合的“互联网+地理信息”方向快速发展。

2.1 大数据

全球著名的管理咨询公司麦肯锡公司曾指出，数据已经作为一种重要的生产因素而逐渐渗透到多个行业和领域，这种新兴的资产将成为行业和企业在信息化背景下竞争力的重要基础[8]。而伴随着近年来移动互联网技术的发展，数据的量越来越大，数据的类别越来越多，数据的增长速度越来越快，数据的潜在价值越来越深，信息化背景下的大数据之门已经悄然打开。

信息化背景下，无论是海量海洋地理信息基础数据的弥补，还是大量的航空遥感影像数据的积累，以及“数字城市”物联网传感器的多时态的实时监测等[9]，地理信息行业的数据量正在快速增长和积累。地理信息行业已经走进大数据时代，掌握着重要的数据资产，充分利用这些资源，为地理信息技术的发展提供源源不断的新资本。

2.2 云计算

2006 年 8 月 9 日，Google 首席执行官埃里克·施密特在搜索引擎大会首次提出“云计算”的概念。这个起源于 20 世纪 60 年代的设计理念终在一夜之间颠覆 IT 界。这种按使用量付费的模式，为用户提供可用的、便捷的、按需的网络访问，使其同时快速进入计算资源共享池，而在应用中只需投入很少的管理工作，或与服务供应商进行很少的交互[10]。该技术的发展，必然为地理信息的服务带来新的曙光。

信息化背景下，海量、多时态、多类型的地理信息大数据以前所未见的速度疯狂增长，对数据的高效管理、智能分析也提出了挑战。云计算的出现，将会在两个方面使地理信息应用得到有效改善：一是优化了地理信息的架构，在为用户提供 DAAS（Data As a Service）、SAAS（Software As a Service）和 PAAS（Platform As a Service）地理信息服务时，地理信息系统应用中的云架构相对于常规集群架构，更具有自治性、共享性、可靠性、伸缩性及智能化等突出优势；二是构建了地理信息的“云”资源池，在资源池中进行数据存储和计算任务，实现用户按需获取存储和计算，在提高数据的管理和共享的效率的同时，还使得多源异构的问题得到有效解决。由此可见，将云计算技术引入地理信息服务中，将使得地理信息系统服务的的安全性、稳定性和效率达到更高的标准，地理信息的计算资源潜力极大释放。

2.3 物联网

2005 年，在突尼斯举行的信息社会世界峰会上（WSIS），物联网的概念正式在国际电信联盟（ITU）发布的《ITU 互联网报告 2005：物联网》扩展并确认[11]。物联网是通过射频识别（Radio Frequency Ident ification，RFID）、红外感应器、全球定位系统、激光扫描器等信息传感设备，按约定的协议，把任何物品与互联网连接起来，进行信息交换和通信，以实现智能化识别、空间定位、跟踪、监控和管理的一种网络[12]。信息时代，物联网是信息技术的重要组成部分，它使得物质世界和人类社会的“智慧”融合变成了可能。

物联网的核心应用在于实现物体之间的自动信息采集与相互感知。基于这样的特点，物联网需要很强的空间感和方位感。很显然，地理信息技术为物联网的发展提供两方面的核心技术支持：一是地理信息基础数据为物联网的布设及数据采集的方位感知提供空间信息支持；二是 GPS 的实时定位使得物联网中的各个属性点的实时空间位置信息得以明确。同样，物联网的发展也促进了地理信息技术的多元应用，使地理信息服务能力得到提升。信息化背景下，两者相辅相成，相互融合，将为“智慧城市”和“数字地球”的快速发展提供强劲的动力。

3 结语

信息化背景下，我们要把握地理信息以“大众化，服务化，规范化，多元化”为特色的时代特征，融合信息时代的大数据、云计算和物联网等先进技术，明确地理信息技术向着高新技术的发展方向，以地理信息基础服务为主要目标，实现地理信息产业的大发展、大繁荣，开辟地理信息产业发展的新时代。

参 考 文 献

[1] 崔希民，彭小沾，刘文龙．测量学教程［M］．北京：煤炭工业出版社，2009.

[2] 李德仁，姚远，邵振锋．智慧地球时代地理信息学的新使命［J］．武汉大学学报（信息科学版），2012，37（6）：32－33.

[3] 李德仁，王艳军，邵振峰．新地理信息时代的信息化测绘［J］. 武汉大学学报（信息科学版），2012，37（1）：1－6.
[4] 肖建华，彭清山，李海亭．“测绘4.0”：互联网时代下的地理信息［J］. 测绘通报，2015（7）：1－4.
[5] GYJ. 上海华测程旭：大数据时代的精细空间信息获取［OL］.（2013－10－27）http：//www.ccidnet.com/2013/1027/5228315.shtml.
[6] 周星，桂德竹．大数据时代地理信息服务面临的机遇和挑战［J］. 地理信息世界，2013（05）：17－20.
[7] 桂德竹，张月．大力促进地理信息与物联网融合发展［J］. 中国测绘，2014（2）：20－23.
[8] 中国大数据．大数据时代要有大数据思维［OL］.（2016－08－21）http：//www.gs－l－tax.gov.cn/art/2015/12/16/art_ 100_ 85968.html.
[9] 乔朝飞．大数据及其对地理信息工作的启示［J］. 测绘通报，2013（01）：107－109.
[10] TechTarget 云计算．十种方法保持云中数据安全［OL］.（2016－08－21）http：//www.searchcloudcomputing.com.cn/showcontent_ 75964.htm.
[11] ITU. ITU Internet Reports 2005：the Internet of things［R］. Tunis：ITU，2005.
[12] 史照良，龚越新，曹敏，等．测绘技术在物联网时代的应用［J］. 现代测绘，2010，33（3）：3－5.

西湖凹陷古近纪煤的煤岩特征及煤相研究

张　信　周倩羽　沈文超　易　琦　邵龙义

中国矿业大学（北京）地球科学与测绘工程学院，北京　100083

摘　要　西湖凹陷是东海重点油气勘探区，应用有机岩石学和煤岩学方法对西湖凹陷古近系钻井岩芯样品中煤进行显微组分识别和煤相划分，结果表明：①西湖凹陷古近系煤层中镜质组占据明显优势，平均含量在90%以上，镜质组以基质镜质体和均质镜质体为主，惰质组含量极低甚至缺失，壳质组以孢子体、沥青质体较为常见，整体反射率较高；②西湖凹陷煤岩凝胶化作用强烈，成煤沼泽总体覆水较深，微生物活动较强烈，水动力条件较弱，煤相类型以湖沼相，深覆水森林沼泽相，覆水森林沼泽相为主。

关键词　西湖凹陷　古近纪　煤岩显微组分　煤相

Characteristics of Coal Petrology and Coal Facies Analysis of Paleogene Coal in Xihu Depression

Zhang Xin　Zhou Qianyu　Shen Wenchao　Yi Qi　Shao Longyi

College of Geoscience and Surveying Engineering,
China University of Mining and Technology Bejing　100083

Abstract　Xihu depression is the favorable areas for oil exploration in Donghai Basin, application of organic petrology and coal petrology to carry out a comprehensive analysis of microscopic organic components and coal facies analysis to Paleogene coal, we can conclude that①the vitrinite is dominant of the coal, which has average content of more than 90%, there are many desmocollinite and telocollinite of the vitrinite, inertinite is little, cutinite and bituminite are the most common components of the exinite, the coal has a high reflectivity; ②Coal in Xihu depression had a strong gelatination, coal swamps was characterized by relatively high water level, weak water body, better reducibility and many microorganism. Limnetic facies, deep overlying water forest swamp facies, overlying water forest swamp facies are the main type of coal facies.

资助项目：国家自然科学基金资助项目（2016ZX05027－001）中央高校基本科研业务费专项资金（2010YD09）

作者简介：张信（1992—　），男，湖北随州人，硕士研究生，主要从事沉积学、煤田地质学等方面的研究

Key words xihu depression paleogene coal Macerals coal facies

西湖凹陷位于东海陆架盆地东北部，是我国东海海域油气勘探带中油气资源较丰富的重要沉积凹陷，面积约 4.6×10^4 km^2，水体深度约 100 m[1]。西湖凹陷的油气勘探工作始于 20 世纪 70 年代初期，油气勘探已经取得丰硕成果，相继发现了多个含油气构造，开发了春晓、平湖等多个油气田[2]。西湖凹陷的油气前景评价非常高，分析凹陷中作为烃源岩的煤层的显微组分特征，总结煤的成因类型，对搞清西湖凹陷作为富生烃凹陷的烃类来源有重要研究意义，也为以后油气勘探中寻找富生烃区块提供理论依据。

1 沉积构造演化

西湖凹陷总体呈 NNE 向，是一个“东断西超”的箕状凹陷[3]，由于构造运动，凹陷自西向东分为西部斜坡带、中央反转带、东部断阶带 3 个主要构造单元。西湖凹陷沉积始于晚白垩世末期，沉积基底为白垩纪花岗岩，在沉积演化过程中，以始新世末的玉泉运动和中新世末的龙井运动形成的两个区域不整合面为界，将西湖凹陷的构造演化阶段划分为断陷期、坳陷－反转期和区域沉降期，自下而上沉积有古新统八角亭组（存疑）、始新统平湖组、渐新统花港组、中新统龙井组、玉泉组、柳浪组、上新统三潭组和新近系东海群。

平湖组沉积时凹陷处于断陷晚期演化阶段，此时构造相对抬升，水域逐渐收缩，直至平湖组沉积晚期海水退出整个西湖凹陷。主要发育潮坪和潮控三角洲沉积，是研究区主要含煤层位和主力烃源岩层，煤层具有总层数多、单层薄、垂向分布散、平面分布广等特征；花港组处于坳陷期的初期阶段，主要为河流～三角洲～湖泊沉积，总体煤层较少，仅发育薄层和极薄层的煤，且分布不均、范围较小。平湖组到花港组整体为振荡式海退过程[4-6]。

2 煤层有机显微组分特征

煤中显微组分的含量和特征，不仅反映出煤的地质成因、煤相、成煤原始物质和煤的化学工艺性质的差别，还可以反映其中有机质的类型和生烃潜力的大小。西湖凹陷的油气勘探已证明平湖组和花港组煤系地层为本地区主力烃源岩，现今大家讨论的热点是西湖凹陷中哪些煤岩组分是主要生烃母质。金奎励教授在吐哈、准噶尔、塔里木等盆地所做的有机岩石学研究认为，壳质组（包括沥青质体、藻类体）和具有荧光性的富氢基质镜质体是主要的产烃组分。

2.1 样品及实验分析

东海盆地西湖凹陷研究区所打钻井多为海上钻井，由于盆地基底地形和构造活动等地质原因，煤层发育较为广泛的平湖组及花港组地层埋藏深度较大，处于海平面下 2000～5000 m，由于工程技术及成本等客观限制，钻孔取芯难度极高，所采得的煤系地层岩芯多为破碎状岩屑颗粒，无法直接进行显微组分鉴定及后续实验分析。

本次研究采集的煤样基本来自岩屑，尽管钻井岩屑存在上部掉块以及样品不纯等一些难以避免的问题，但也为研究成煤环境提供了宝贵的资料。本次在研究区平湖构造带、黄岩构造带等主要构造带的 5 口钻井中采集岩屑样品，通过富集筛选分离煤屑颗粒等手段，获得较纯正的煤岩碎屑，并进行有机岩石学分析、显微组分定量、镜质体反射率测定等工作，讨论西湖凹陷内煤系烃源岩生烃潜力。

2.2 有机显微组分含量特征

根据煤岩显微组分有机岩石学分析，西湖凹陷所采集煤层均为烟煤，显微组分中镜质组和壳质组较为常见，惰质组极少甚至缺失。镜质组中，基质镜质体和均质镜质体含量较高，反映树木形态的叶镜质体也较多；壳质组中，矿物沥青质体常见，可见孢子体和角质体和树脂体等组分：惰质组在部分样品中缺失，少量可见半丝质体和碎屑惰质体。

通过对各煤样的显微组分定量分析（表1），西湖凹陷 H2－2S－1 井煤岩显微组分中镜质组含量较高，变化范围为 87%～95%，平均值为 92%，惰质组含量极低，平均含量 1%，壳质组含量为 3.5%～10.9%，平均含量 7%，矿物组分含量最大为 6.3%，最小为 15.2%，平均含量为 10.8%。其中，平湖组上段的煤样中，以去矿物基计算，镜质组含量为 87%～94%，均未超过 95%，镜质组占据绝对优势。壳质组为次要组分，含量为 3.5%～10.9%，惰质组含量极低。T－A5H1P 井煤样的矿物总含量最小为 4.6%，最大为 10.4%。镜质组含量较高，为 85.2%～91.2%，平均含量 88.6%；壳质组含量在 5.9%～13.4%，平均含量为 9.5%；惰质组平均含量为 1.9%。可见较为纯净均质镜质体（图1c）、孢子体及角质体（图 2b 和图 2c）等高等植物遗体形态较多，呈条带状结构。B22－1－1 井煤样镜质组含量为 86.8%～91.8%，壳质组含量为 6.5%～12.9%。N13－4－2 井煤样镜质组含量均为90%，壳质组为7%～9.4%，均为微镜质亮煤。可见特征较显著的半丝质体组分（图 1g 和图 1h），这一特征表明 B13－4－2 井在平湖组下段沉积时期存在局部的氧化暴露，故形成少量的半丝质体，矿物组分含量为 2.9%～8.6%。

表1 西湖凹陷古近系煤岩显微组分分布特征

层　位	区间值	镜质组/%	惰质组/%	壳质组/%	反射率 R_o
花港组上段	最大值	91.8	1.7	12.9	1.1
	最小值	96.1	0	6.5	0.7
	平均值	88.8	1.0	10.3	0.9
花港组下段	最大值	89.1	1.1	10.9	1.1
	最小值	95.0	0	5.1	0.9
	平均值	92.3	0.5	7.2	1.0
平湖组上段	最大值	94.6	1.9	10.9	1.5
	最小值	87.1	0	3.5	0.8
	平均值	92.0	0.9	7.1	1.2
平湖组中段	最大值	91.2	2.3	10.9	2.3
	最小值	86.1	0.3	6.9	1.0
	平均值	88.8	1.2	8.3	1.4

平湖组上段至花港组下段，镜质组和壳质组总体含量变化不大，惰质组含量有明显降

低直至缺失的变化趋势（图3和图4）。镜质组是由植物残体在覆水环境下经过强烈的凝胶化作用所形成，镜质组分富集反映了强覆水的沉积环境。均质镜质体极为纯净，裂隙较为发育（图1d），这一形态的镜质体在较弱的水动力条件下形成。可见孢子体组分（图2a）。惰质组含量的降低反映了沉积环境逐渐变潮湿，植物残体未经氧化暴露而迅速堆积埋藏的过程，亦可推断出强覆水的沉积环境。

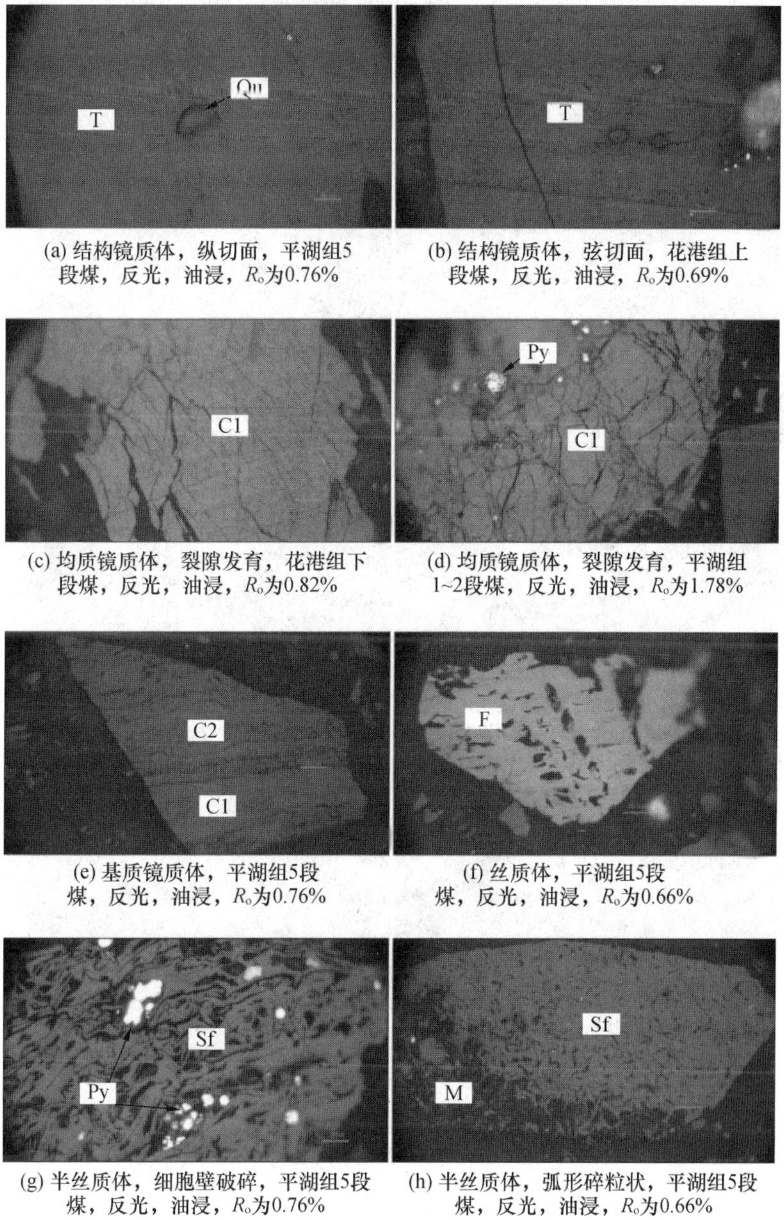

(a) 结构镜质体，纵切面，平湖组5段煤，反光，油浸，R_o为0.76%

(b) 结构镜质体，弦切面，花港组上段煤，反光，油浸，R_o为0.69%

(c) 均质镜质体，裂隙发育，花港组下段煤，反光，油浸，R_o为0.82%

(d) 均质镜质体，裂隙发育，平湖组1~2段煤，反光，油浸，R_o为1.78%

(e) 基质镜质体，平湖组5段煤，反光，油浸，R_o为0.76%

(f) 丝质体，平湖组5段煤，反光，油浸，R_o为0.66%

(g) 半丝质体，细胞壁破碎，平湖组5段煤，反光，油浸，R_o为0.76%

(h) 半丝质体，弧形碎粒状，平湖组5段煤，反光，油浸，R_o为0.66%

T—结构镜质体；C1—均质镜质体；C2—基质镜质体；Sf—半丝质体；F—丝质体；Qu—石英；Py—黄铁矿；M—黏土

图1　矿物组分图Ⅰ

研究区煤样的矿物组分多为黏土矿物和黄铁矿，其次为石英颗粒，未见其他矿物组分，黄铁矿多为细小颗粒状（图2f），石英颗粒为次棱角到次圆状（图2g），石英颗粒的分选及磨圆程度均较低，体现了沉积物搬运距离较近的特征。

(a) 孢子体，有的有纹饰，花港组下段煤，反光，油浸，R_o1.06%

(b) 角质体，呈细线状，平湖组5段煤，反光，油浸，R_o0.76%

(c) 角质体，薄壁，平湖组1~2段煤，反光，油浸，R_o1.85%

(d) 沥青质体，花港组下段煤，反光，油浸，R_o0.82%

(e) 黄铁矿，莓粒状，平湖组5段煤，反光，油浸，R_o0.69%

(f) 黄铁矿，分散状晶粒，花港组下段煤，反光，油浸，R_o1.06%

(g) 石英颗粒，花港组下段煤，反光，油浸，R_o为0.92%

(h) 黏土，充填在细胞中，花港组下段煤，反光，油浸，R_o为0.80%

Sp—孢子体；Cu—角质体

图2　矿物组分图Ⅱ

自平湖组上段至花港组下段，镜质体反射率 R_o 数值呈线性降低。平湖组上段沉积的煤层，具有埋深深、地温高、演化程度高的特征，镜质体反射率 R_o 达到1.31~1.55，其成烃演化阶段已达到生湿气阶段。花港组下段的煤样，R_o 在0.82~1.09之间，成烃演化阶段为生油后期。

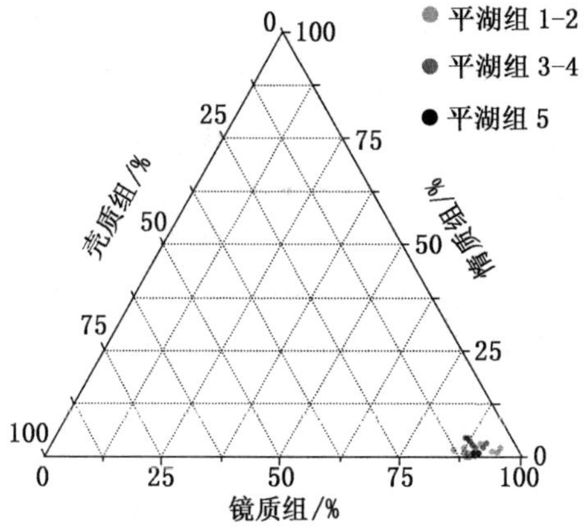

图3　西湖凹陷花港组煤岩显微组分

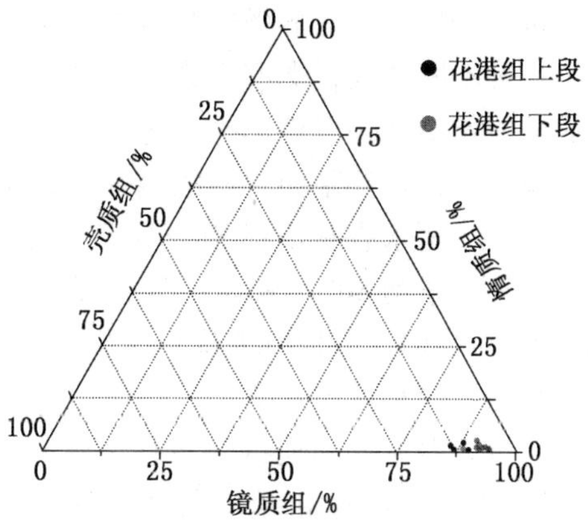

图4　西湖凹陷平湖组煤岩显微组分

3　煤相类型研究

各煤层的煤相特征主要由凝胶化指数（*GI*）、植物组织保存指数（*TPI*）来反映，它们由 Diessel 提出，用于煤相、沉积环境分析的指标。狄塞尔运用这两个比值以单对数坐标作出了煤相分析图解[7,8]，说明了沼泽形成发育的沉积环境。最重要的是煤的显微组分特征和显微煤岩类型，因为不同的显微煤岩类型组合的煤层可以充分反映成煤植物群落、成煤气候以及泥炭聚集环境等。结合本地区煤岩特征，*TPI* 和 *GI* 指数作如下改动：

$$TPI=\frac{\text{结构镜质体}+\text{均质镜质体}+\text{丝质体}+\text{半丝质体}}{\text{基质镜质体}+\text{碎屑镜质体}+\text{粗粒体}+\text{碎屑惰质体}}$$

$$GI=\frac{\text{镜质组}+\text{粗粒体}}{\text{半丝质体}+\text{丝质体}+\text{碎屑惰质体}}$$

此外，用森林指数（*WI*）区分森林沼泽和其他沼泽类型，*WI* 值大于 0.5 为森林沼泽；用流动性指数（*MI*）表示沼泽水的流动性，*MI* 值大于 0.4 为流动相，*MI* 值小于 0.1 为停滞相，*MI* 值小于 0.4 为较停滞相；用氧化指数（*OI*）表示成煤泥炭沼泽的表面氧化程度[9,10]。

本地区煤样惰质组含量极低，丝质体和半丝质体等组分在部分煤样中未能观测到，*GI* 指数和 *OI* 指数均呈现异常值。*GI* 指数在大部分煤样中为异常高值，这一煤相参数异常反映了本地区的成煤植物在沉积过程中受凝胶化作用极为强烈，成煤沼泽的覆水程度较高，体现极端潮湿环境。*GI* 值的全面性高值，从侧面反应了西湖凹陷古近系较闭塞的海湾沉积环境，因而总体环境潮湿。*OI* 异常低值，表明泥炭沼泽氧化程度极低，一方面是由于成煤植物残体被水体覆盖，无空气直接接触，难以氧化；另一方面水体流动性差，呈弱还原性，pH 较高，成煤有机组分未被氧化。弱碱性的水体环境中，微生物的活动较为强烈，煤岩显微组分中含较多的莓粒状黄铁矿成分（图 2e），这些组分均与厌氧微生物的活动有关。

由于中国近海古近系成煤的 *GI* 与 *TPI* 指数关系确定煤相类型暂无确定分类方案，借鉴石炭二叠系 *TPI* 和 *GI* 划分的煤相类型，进行煤岩样品的煤相类型划分。对比本地区的煤岩样品实际特征，由于成煤时期的极端潮湿环境，煤岩显微组分凝胶化作用强，氧化作用弱，*GI* 异常高值，故无法直接应用前人的划分标准做为划分具体依据。

通过对所采煤样的显微组分分析，结合各煤相参数和 *TPI* - *GI* 图解（图5），研究区识别出4种不同的煤相类型。第一种，芦木芦苇沼泽相，即在河边等地下水位非常高的湿地形成的平坦沼泽，以芦苇类为优势种，又称为芦苇沼泽。第二种，湖沼相，位于枯水期最低水位线至正常浪基面之间的地带，始终位于水下，遭受波浪和湖流扰动，水生生物繁盛；第三种，覆水森林沼泽相，本区重要的煤相类型。以富镜质组、贫惰质组为主要特征，镜质组含量为80%~95%，显微煤岩类型以微镜煤到微镜亮煤为主，镜惰比 *V/I* 大于10，*GI* 也大于10。该相以中位到低位还原性沼泽环境为主。第四种，深覆水森林沼泽相，较覆水森林沼泽相的覆水更深、凝胶化作用更强。

综合分析西湖凹陷地区煤岩样品煤相参数数据，结合实际取样井孔沉积相类型，取 $TPI=1$ 作为森林沼泽和低位沼泽的分界线，$GI=10$ 作为潮湿和覆水沼泽的分界线，取 $GI=200$ 作为强覆水沼泽的底界线，划分本地区成煤沼泽类型。

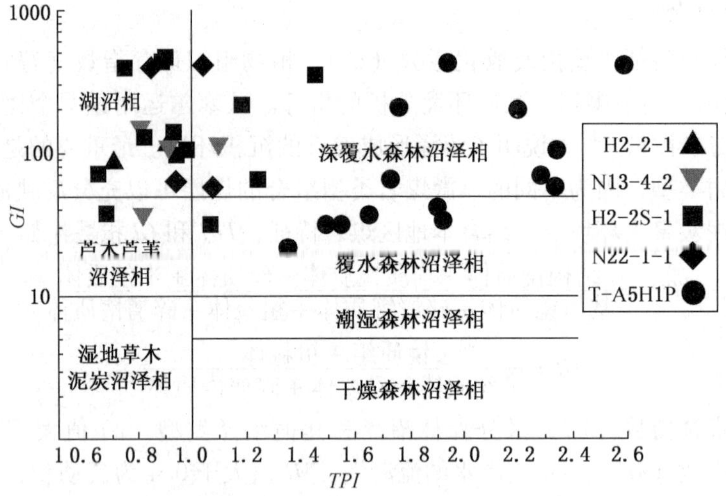

图5　西湖凹陷煤层 *TPI* - *GI* 模式图

4　结论

（1）西湖凹陷以半亮煤为主，煤层显微组分以镜质组为主，壳质组次之，惰质组极少，黄铁矿含量较高，显示成煤期受海水活动影响，成煤植物以木本植物为主，总体水体较深，呈弱还原性环境。

（2）西湖凹陷煤岩凝胶化作用强烈，成煤沼泽总体覆水较深，水体呈弱还原环境，微生物活动较强烈，水动力条件较弱，煤相类型以覆水森林沼泽相和湖沼相为主。

参　考　文　献

[1] 邓运华．中国近海两个油气带地质理论与勘探实践［M］．北京：石油工业出版社，2013.

［2］熊斌辉，王春红，张锦伟，等．西湖凹陷古近系平湖组煤层分布及油气意义［J］. 海洋石油，2007，(3)：27－33.
［3］张建培，徐发，钟韬，等．东海陆架盆地西湖凹陷平湖组－花港组层序地层模式及沉积演化［J］. 海洋地质与第四纪地质，2012，(1)：35－41.
［4］熊斌辉，张喜林，张锦伟，等．西湖凹陷油气成藏的主控因素［J］. 海洋石油，2008，(2)：14－24.
［5］叶加仁，顾惠荣，贾健谊．东海陆架盆地西湖凹陷油气成藏动力学［J］. 天然气工业，2005，12：5－8.
［6］张远兴，叶加仁，苏克露，等．东海西湖凹陷沉降史与构造演化［J］. 大地构造与成矿学，2009，(2)：215－223.
［7］姜尧发．浅析 GI 和 TPI 与泥炭沼泽类型的关系［J］. 中国煤田地质，1994，(4)：36－38.
［8］金奎励，刘大锰，姚素平，等．中国油、气源岩有机成分成因划分及地化特征［J］. 沉积学报，1997，(2)：160－163.
［9］王绍清，唐跃刚．神东矿区煤岩学特征及煤相［J］. 中国煤田地质，2007，(5)：4－7.
［10］鲁静，邵龙义，杨敏芳，等．陆相盆地沼泽体系煤相演化、层序地层与古环境［J］. 煤炭学报，2014 (12)：2473－2481.

合作式教学——管理学科专业课程教学创新实践

许文文

中国矿业大学（北京）文法学院，北京　100083

摘　要　移动互联提升了知识和信息获取的便捷性和渠道的多元性，为高等教育带来了前所未有的挑战。在此背景下，由传统式教学向合作式教学的变革成为亟待解决的问题。从“传统式教学”向“合作式教学”的转变需要教师从课程结构以及教师和学生的角色定位进行全面的变革。教师需要从“唯一的知识获取门户”的角色中跳脱出来，成为学生知识学习及互动平台的搭建者。合作式教学的核心在于打破知识和信息的单向传递，构建课堂中知识和信息的网络式传递。网络式的知识传递需要师生合作共同完成，教师要学会充分激发学生自主探究和思考的能力，将课堂交给学生。通过学生课前探究、课中展示和讨论，师生共同进行系统性理论总结等环节完成教学目标。本文以“利益相关者理论在公共政策制定中的应用”主题课为例展示了上述变革实践。

关键词　传统式教学　合作式教学　金字塔式知识传播　网络式知识传播

Cooperation - mode Teaching—Innovation Practice in Management Subject Course

Xu Wenwen

School of Law and Humanities, China University of Mining and Technology, Beijing　100083

Abstract　Mobile internet increases the pluralism of channels and the convenience of acquisition to knowledge and information, and brings unprecedented challenges for high education. Under this background, the revolution form tradition - mode teaching to cooperation - mode teaching become a urgent problem to be solved. The transformation form tradition - mode teaching to cooperation - mode teaching needs teacher making a comprehensive revolution from curriculum structure and role definition between teachers and

---

资助项目：中央高校基本科研业务费专项资金（2015QW01）

作者简介：许文文（1988—　），女，安徽人，管理学博士，研究方向为政社关系，非营利性组织。E-mail：xuww0901@163.com

students. Teachers needs jumping out of the role of the only knowledge acquisition portal and becoming the builders of knowledge Learning and interaction platform for students. The core of cooperation – mode teaching is to break the one – way transmission of knowledge and information, and build network dissemination of knowledge and information in class. The type of network knowledge dissemination needs both teachers and students cooperating to finish it. Teachers should learn to inspire the abilities of independent research and study on students and hand the class to students. Through the process of exploration before class, presentation and discussion in class, teachers and students work together for systemic theoretical summary and etc so as to complete education goals. This paper uses a theme class named The application in making public policy based on Stakeholder theory as an example to present the practice and revolution above.
Key words tradition – mode teaching cooperation – mode teaching the pyramid of knowledge dissemination network knowledge dissemination

0 引言

电子信息技术的变革不断冲击着高等教育的教学环境，教学过程中的各类因素都在发生着巨大的变化，这一切都为传统的高等教育模式带来了挑战，迫使高等教育从业者对传统式的高等教育模式进行变革。

电子信息技术的发展带领我们进入了移动互联时代。移动互联带来了信息爆炸，并使得信息和知识的获取方式更加多元和便捷。教师不再是学生获取知识和信息的唯一通道，甚至，学生通过多种方式可以获得比教师所传授的更加丰富的知识，在某种程度上教师在课堂中的权威性不断下降，特别是在我国社会科学类课程的教学中。

在社会科学中，理论和实践呈现出一种齿轮似的互相啮合关系。首先，实践牵动理论发展，理论是基于实践的，是对实践规律的总结和归纳，而同时理论又代表着实践的前沿，指导着实践。处于转型背景下的中国，社会领域中的各项改革如火如荼，社会治理创新的速度之快决定了教材内容、理论构建无法跟上实践的步伐。因而，在社会科学的课程学习中，学生更加有可能获得比教师所传授的更加丰富的信息，特别是实践领域的前沿信息。

在上述背景下，传统的“一支粉笔、一块黑板、一页 PPT，老师讲、学生听”教学模式已经不能适应学生的需要，因此，课堂中经常出现“学生的手机用电量和移动数据流量与日俱增”“学生逃学现象普遍”“学生当堂用手机验证老师在课堂上传递的信息”等现象。因而，“如何打破传统的教学模式，提升课程质量，改善学生的学习体验以及师生的互动关系”是亟待解决的问题。本文将聚焦这一问题进行探讨。

1 从“传统式教学”到“合作式教学”

传统式教学模式强调教师本位，教学以教师单向的传授和学生被动地接受知识为主[1]。在传统式教学模式中知识和信息的传递方式是金字塔式的，自上而下的，封闭式的单向灌输。显然，传统式的教学模式强调教师的高高在上和一言堂，学生处于机械记忆和被动接受状态，也就是说教师的角色是学生获取知识的门户，学生需要从这一门户被动地接受知识，在课堂中很难产生合作探究、获得新知的快乐体验。[2]

然而，依托于互联网技术的电子书、慕课等的快速发展，使得课堂不再是学生获取信息和知识的唯一渠道。当课堂不能够满足学生的需求，学生们可以轻松地跳出课堂，非常便捷地通过其他渠道获得他们想要获得的知识，这也是目前学生“逃学”不“逃课”现象普遍存在的主要原因。

综上所述，传统式教学模式的改革一直被呼吁，现实中各类教学模式创新实践层出不穷，其中合作式教学成为教学模式改革中的主要趋势。

合作式教学是20世纪70年代初兴起于美国的一种教学理论及策略体系。它以现代社会心理学、教育社会学、认知心理学、人本主义心理学等为理论基础，以研究与利用课堂教学中的人际关系为基点，以目标设计为先导，以学生合作为基本动力，以小组活动为基本教学方式，是一种极富创意与实效的教学理论与策略体系。[3]合作式教学强调在教师教学过程中学生的主动参与，尊重学生的主体地位，通过师生关系调节及相互作用，形成和谐的师生合作、生生合作。[4]那么，由传统式教学模式到合作式教学的转变如何具体践行呢？

首先要转变课堂结构。合作式教学中强调的师生合作、生生合作绝不是简单的教师和学生之间的问答互动，或是简单的学生课堂参与，合作式教学模式需要实现真正的“翻转课堂”教学模式。如图1所示，整个课程的课堂结构要实现从“教师讲授理论——教师运用案例举一反三——学生利用理论进行联系”向“学生根据教师设定目标进行知识探究——小组展示和讨论——教师总结学生探究成果，进行理论归纳”的全面转变。

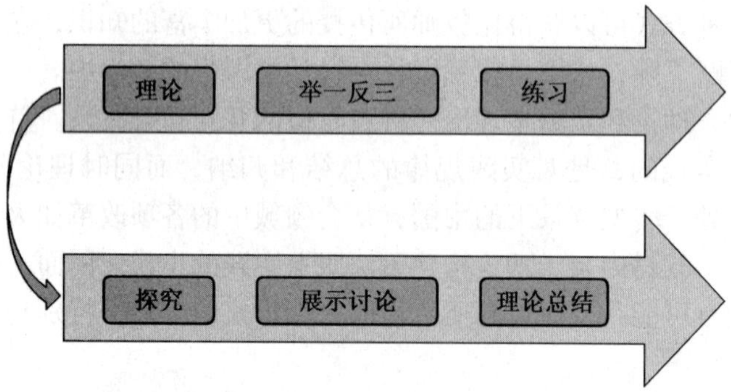

图1　从传统式教学模式到合作式教学模式课堂结构的转变

其次要转变教师及学生在课堂中的角色定位。从传统式教学模式到合作式教学模式，教师和学生在课堂中的定位和角色也需要发生根本性的转变。要从传统式教学模式中的“教师讲、学生听”转变为合作式教学模式中的“学生讲、同学评、教师总结”。虽然对传统式教学模式的变革早已达成共识，但由于教师自身角色转变不彻底，也无法引导学生积极地进行课堂角色转变，高校教学模式的变革一直未能成功。很多老师的角色转变仅仅停留在“传统”到“合作”谱系中的互动和参与状态，如图2所示，没有真正实现整个课堂中的师生合作、生生合作。

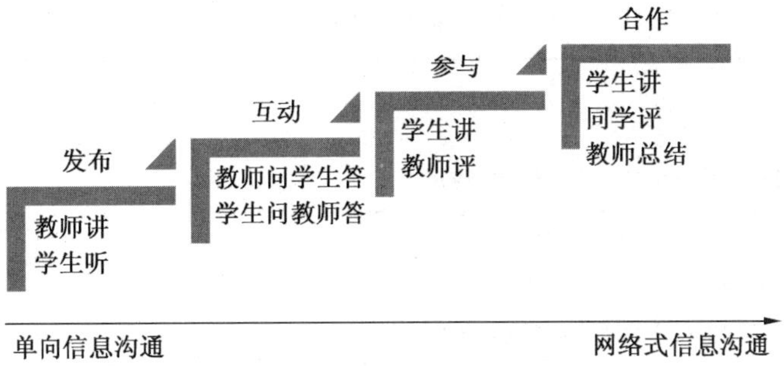

图2　教师及学生课堂角色谱系

综上所述，从“传统式教学”到“合作式教学”的成功转变要求授课教师从课程结构设计、自身角色设定以及调动学生探究学习积极性等方面进行全面变革。

2　“合作式教学”的实践

以上，本文从理论层面论述了对传统式教学模式进行改革的必要性，以及由传统式教学向合作式教学转变的具体途径。下面，本文将以“利益相关者理论在公共政策制定中的应用”主题课程为例，展示合作式教学的具体实践。

利益相关者理论是20世纪60年代左右，在美国、英国等长期奉行外部控制型公司治理模式的国家中对主流企业理论的质疑和批判中逐步产生和发展起来的。[5]1984年，弗里曼在《战略管理：利益相关者管理的分析方法》中明确提出了利益相关者理论。利益相关者管理理论是指企业的经营管理者为综合平衡各个利益相关者的利益要求而进行的管理活动。与传统的股东至上主义相比较，该理论认为任何一个公司的发展都离不开各利益相关者的投入或参与，企业追求的是利益相关者的整体利益，而不仅仅是某些主体的利益。利益相关者理论兴起后，其应用范围突破了企业，被广泛运用于管理学的各个领域，包括公共政策的制定和分析，成为分析管理学问题的主要理论工具之一。

在“传统式教学模式”中，课程设计见表1，是典型的“理论讲授——举一反三——学生练习”课程结构。

表1　传统式教学模式下的课程设计

课程目标：
掌握利益相关者理论的核心思想
掌握公共政策制定过程中利益相关者理论框架的应用

课程结构	具　体　内　容	教师及学生角色定位
案例导入	（案例——打车软件，政府“限制”或“支持”） 第一步：教师引导学生讨论打车软件的利与弊 第二步：学生参与讨论 第三步：根据学生讨论情况，指出各类人群对于打车软件的看法是不同的，而且各类人群对于政策的影响力也是不同的，政府管理政策应全面考虑各类人群 第四步：进入“利益相关者”理论	教师讲授案例 学生参与讨论

表1（续）

课程目标： 掌握利益相关者理论的核心思想 掌握公共政策制定过程中利益相关者理论框架的应用		
课程结构	具　体　内　容	教师及学生角色定位
理论讲授	利益相关者理论 利益相关者理论在公共政策制定过程的应用框架	教师讲授理论 学生倾听
理论应用	第一步：建立学生讨论小组 第二步：引导学生运用“利益相关者理论”分析如下公共政策案例： 案例1：南水北调工程是否应该上马？ 案例2：美国的“高铁梦”为何一再被搁浅？ 第三步：学生讨论小组汇报 第四步：教师进行课程总结	学生自由讨论 教师观察学生讨论，适时干预引导，并进行理论总结

而在“合作式教学模式”中，课程结构及教师和学生的定位需要发生根本性变化，详细的课程设计见表2。

表2　合作式教学模式下的课程设计

课程目标： 掌握利益相关者理论的核心思想 掌握公共政策制定过程中利益相关者理论框架的应用		
课程结构	具　体　内　容	教师及学生角色定位
小组课前探究	（课前问题——打车软件，政府“限制”或“支持”） 第一步：老师将学生分为四组，其中两组论证政府应当限制打车软件的使用；两组论证政府应当支持打车软件的使用 第二步：学生课前小组探究	教师布置作业 学生进行探究
课堂小组讨论	第一步：四组同学分别展示 第二步：四组同学进入辩论阶段 第三步：四组同学必须达成一个“政策共识”，限制、支持或是别的选择 （注：实际上，在“辩论”以及“不得不达成共识”的过程中，学生们已经探索出了所有的利益相关者对公共政策制定的影响逻辑，但缺乏理论的系统性）	学生展示 学生互相评价和挑战 教师担任主持人，并密切观察学生的展示和讨论过程
理论总结	第一步：教师系统梳理利益相关者理论的核心思想 第二步：教师系统梳理利益相关者理论在公共政策制定过程中的应用框架	教师和学生一起系统梳理“利益相关者理论”在公共政策制定中的应用框架

在上述课程设计的过程中，教师可以给不同组的学生发放不同颜色的便笺，学生在展示和辩论的过程中，根据不同主体对打车软件的看法及管理政策影响力的不同，将不同的

利益相关者粘贴在黑板上的矩阵中，矩阵如图 3 所示。在学生完成展示和辩论后，黑板上自然会出现一个完整的利益相关者分析图，如图 4 所示。实际上，学生的探究结果常常会超出教师的思考范围，教学相长在合作式教学中是时常发生的事情。

然而，无论学生对于具体的案例问题思考得多么全面，在理论学习之前仍缺乏思考的系统性，因此在学生完成展示和辩论之后，教师就需要根据黑板上的结果为学生梳理出一个系统的公共政策制定过程中的利益相关者分析框架。

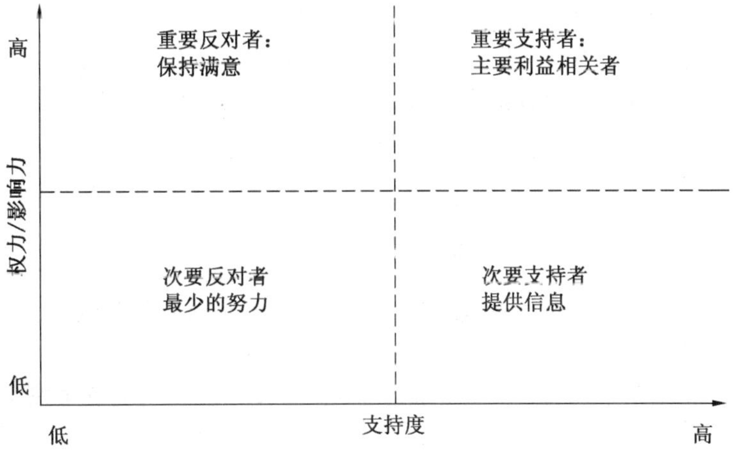

图 3　利益相关者分列矩阵

图 4　学生完成的利益相关者矩阵图

3　小结

综上所述，从“传统式教学”向“合作式教学”的转变，需要教师从课程结构及教师和学生的角色定位进行全面的变革。教师需要从“唯一的知识获取门户”的角色中跳脱出来，成为学生知识学习及互动平台的搭建者。合作式教学的核心在于打破知识和信息的单向传递，构建课堂中知识和信息的网络式传递。具体的措施为教师用课前任务激发学生兴趣和学习的积极性，发动学生不断地思考和创新，课堂中调动学生的竞争思考意识，而不是简单地接受和记忆知识。

表面上看，教师将课堂交给了学生，减少了自身的活动，但本质上，合作式教学模式对教师的要求更高了。首先，教师必须找到合适的激发学生主动思考和学习兴趣的任务；其次，原则上，教师必须有比学生更加深入的思考，才能够全面掌控学生的展示讨论过程，并依据学生的思考结果为学生提出系统的理论知识和框架。在信息爆炸、移动互联背景下，每一位管理学科的高校教师都必须提升自我，完成以“合作式教学模式”为目标的教学模式改革。

参 考 文 献

[1] 秦国际，周甲文．传统教学模式与情境式教学中教师角色的转换［J］．沈阳工程学院学报（社会科学版），2010，2：268－270.

[2] 张玉霞．合作式教学创新模式的探索与实践［J］．西北成人教育学院学报，2015，5：79－82.

[3] 真美娜．“合作式”教学模式在通识课程培训中的尝试［J］．北京市工会干部学院学报，2010，3：61－63.

[4] 傅辉．合作式教学模式下师生互动角色的定位［J］．中国教育学刊，2013，11：53－54.

[5] 刘利，干胜道．利益相关者理论在我国的研究进展［J］．云南财经大学学报（社会科学版），2009，2：120－129.

[6] 秦燕妮．课堂“合作式”教学模式的研究与实践［J］．农业网络信息，2008，12：113－115.

[7] 郭阳．论合作式教学模式的理论基础［J］．高等理科教育，2009，6：112－114.

[8] 索桂芳，任学印．新课程体系下合作学习教学模式的构建［J］．课程·教材·教法，2006，8：18－22.

[9] 张丽娜，王真富．移动互联环境下混合式学习模式的研究［J］．中国成人教育，2016，6：12－14.

“翻转课堂”模式在社会学概论课程中的应用研究

谭　爽

中国矿业大学（北京）文法学院，北京　100083

摘　要　翻转课堂作为现代教学的一种新兴手段，颠覆了传统的教学角色、资源与环境，具有独特的优势。社会学概论属于公共管理的专业基础课，在课程特征与授课对象两方面均满足“翻转课堂”模式的应用前提与环境。将该模式应用于该课程中，可推动“互动式教学”“个性化教学”和“自主性学习”的实现。具体而言，可以从教学模式设计、微课制作、课堂互动技术构建、支持系统搭建等方面入手，提升“翻转课堂”模式的应用效果。

关键词　翻转课堂　社会学概论　应用

Research on the Application of “Flipped Classroom” Model in Course of “Sociology Introduction ”

Tan Shuang

School of Law and Humanities, China University of Mining and Technology, Beijing　100083

Abstract　“Flip the classroom” as a new means of modern teaching, to subvert the traditional teaching roles, resources and the environment, with unique advantages. “Socialintroduction ”belongs to the professional basic course of public management, in curriculum characteristics and teaching objects meet” flipped classroom mode application premise and the environment. The model has been applied to the course, promote the realization of“ interactive teaching” of“ personalized teaching” and“ autonomous learning” . Specifically, from the teaching mode design, fabrication of micro class, classroom interaction technology to build, support system and other structures aspects, improve the application effect of the flipped classroom mode.

Key words　Flipped classroom　introduction to socidogy　application

---

资助项目：中央高校基本科研业务费专项资金（2013QW01）

作者简介：谭爽（1986—　），女，侗族，贵州遵义人，中国矿业大学（北京）文法学院行政管理系副教授，博士，研究方向为社会风险与危机管理

1 “翻转课堂”模式简介

1.1 “翻转课堂”模式的特征

“翻转课堂”译自“Flipped Classroom”或“Inverted Classroom”，是指重新调整课堂内外的时间，将学习的决定权从教师转移给学生，实现由传统的“以教为主”向“以学为主”的转型。这种教学模式倡导学生在课堂下通过观看视频、阅读材料等方式自主规划学习内容与节奏，自行完成知识学习并提出质疑，教师则不再占用课堂的时间来讲授信息，而是通过答疑、讨论等方式实现与学生的深度交流。其特征具体体现在[1]：

（1）教学角色的颠覆。在传统课堂中，教师是知识的传播者，学生是知识的接受者。翻转课堂中教师和学生的教学角色也发生颠覆，教师从讲台上的“演员”转变为教学活动中的“导演”，学生则由原来讲台下的“观众”转变为教学活动中的“演员”。教师在安排好教学整体进度的情况下，让学生根据自己的实际情况安排课程进度。翻转课堂可以真正实现以学生为中心的自主化、个性化学习，让学生在教学过程中有更多的自由。

（2）教学资源的颠覆。教学资源需经过教师的二次加工，结合学生的特点，进行科学合理的开发。翻转课堂的教学资源主要是简短的教学视频——“微课”。教学视频通常是为特定的知识点制作，长度为 10 min 左右。通过媒体播放器播放、暂停、回放教学视频，可以方便学生在自主学习过程中记录学习笔记和反思学习内容。在课堂外观看教学视频不仅使学习变得轻松，还便于一段时间后复习和巩固学习内容，遇到问题时，学生可以使用互联网与教师或同学实时交互来寻求帮助。

（3）教学环境的颠覆。教学环境从课堂内走向了课堂外，将课堂内与课堂外通过网络空间整合成了功能齐全的教学环境，可以帮助教师有效地组织和介绍教学资源、动态记录学生学习进程，及时了解学生学习现状。可以引导教师做出更多有针对性的教学资源，将课堂互动转变到网络空间中交流，有助于建立学习社区，协作完成学习任务。

1.2 “翻转课堂”模式在国内的发展

作为一种创新教学模式，翻转课堂近年来在我国教育领域也日渐流行，得到了诸多国内专家、学者的积极响应，被誉为“一场颠覆性的变革”。现阶段国内对“翻转课堂”的实践与思考集中在以下三方面：

（1）翻转课堂”教学模式的适用性考虑。目前，该模式多在大学、中等课程的教学中进行试点，但受制于授课对象自主性较差、自制能力不强等特征，针对低学段的实验教学难以推广。

（2）“翻转课堂”模式与互联网教学资源的有效融合。如 MOOC（即慕课）在我国的兴起和发展，很大程度上推动了“翻转课堂”的覆盖面。比较典型的例子是“中国大学 MOOC 平台”使学生拥有了更丰富更人性化的课下学习资源。又如“微课”在“翻转课堂”中的角色获得了重视，微课制作越来越成为教师教学基本功的一项考核内容，而“微课网”“微课制作教学视频”等线上资源的出现，充分体现了这一技术手段的重要性。

（3）“翻转课堂”模式下的课堂教学设计。即以“翻转课堂”理念为基础针对不同学龄段、不同科目等进行特定教学模型的构建。如昌乐一中、重庆聚奎等中学立足于我国教育体制调整，创造出比较灵活的“微课程教学法”“三四五六”等模式，实现“翻转课堂”的本土化和个性化。

总而言之，“翻转课堂”模式在中西方教育领域都已得到了一定的发展。而我国作为这一理念的后继者与初试者，取得了很多成果，同时也有很多难题需要克服，如怎样充分调动学生的积极性与主动性，尽可能使每个人都融入该模式，实现课下自主学习；如何运用网络学习空间、社交平台等信息技术手段实现学生的个性化学习；如何设计高质量的微课，防止其成为PPT的迁移；如何进行课堂互动模式的设计，真正实现与学生的有效沟通和深入探讨等。

2 “翻转课堂”模式引入社会学概论课程的意义

社会学概论属于公共管理的专业基础课，通常开设在大学一年级，是专业课学习奠定必要基础的课程，是学生掌握专业知识技能必修的重要课程。该课程具有知识点庞杂但不晦涩，与社会现实联系紧密、对思考与研讨的需求量较大等特征，授课对象具有学习积极性较强、思维活跃、轻松活跃的课堂氛围等特征，二者均满足“翻转课堂”模式的应用前提与环境。经过实践，发现其对于大一学生的学习习惯和学习方式转变也有积极意义。具体而言，表现在如下四个方面：

（1）通过“翻转课堂”理念与技术的引入，可实现“互动式教学”的时间延伸与空间拓展。常规的《社会学概论》讲授过程中，虽然教师也会根据课程内容设计相应的互动环节，但受制于有限的课时，互动时长、深度、效果等存有欠缺。引入“翻转课堂”模式，将专业知识点录制成“微课”并配合相关材料发给学生课下先行学习，为课堂讨论与答疑留出更充足的时间。与此同时，通过微信、QQ、微博等线上工具，搭建老师与学生线上交流的平台，可拓展二者的交流空间，加强教学效果。

（2）通过“翻转课堂”理念与技术的引入，可拓宽“个性化教学”的覆盖范围与内容面向。传统的《社会学概论》教学，虽然教师也尝试挖掘不同类型学生的学习潜力，力求实现“分层培养”，但课堂互动有限与考核方式单一致使“一对一”的师生交流难以实现，忽略了对个性内向学生的关注，抑制了部分“非应试型”学生的发展。将“翻转课堂”模式引入，通过分配更多课堂时间与每一位学生进行专业问题的交流讨论，了解其学习优势和潜在问题，给予引导，实现“个性化教学”；另一方面将尝试调整期末考核的方式，给平时成绩赋予更高权重并设计量化指标，让学生的学习能力与效果得到全方位展示。

（3）通过“翻转课堂”理念与技术的引入，可引导大一新生构建“自主学习”的学习文化。大一学生由于刚脱离高中的“强压式”应试教育，对于大学“自主学习”的要求很不适应，常常感觉课下无事可做，焦虑迷茫。因此，这一阶段非常需要帮助其实现学习习惯的转变。通过“翻转课堂”，一方面在课下为学生布置必须完成的任务，另一方面又为其自行学习知识、寻找重点、发现难点、表达观点提供了空间，有助于其循序渐进地摆脱被动的学习方式，构建适应于大学的学习文化。

（4）通过“翻转课堂”理念与技术的引入，可进一步探索该模式在实践中存在的问题，不断优化。“翻转课堂”虽为教学改革的一剂良方，但并非没有问题。现阶段的课程实践中，就呈现出学生接受能力存在差异、课堂参与度有待提升、小组学习中搭便车等问题，而“微课”录制后是否能保证学生主动学习、积极思考，以讨论为主的课堂模式是否一定有助于教学效果的提升等，都是悬而未决的问题。这恰恰需要在实践中不断发现不足、反思原因、提出对策，以使“翻转课堂”尽其效用。

3 “翻转课堂”模式引入社会学概论课程的策略

3.1 设计相应的教学模式

基于“翻转课堂”理念，可以在课堂上推行“三步九环节翻转课堂模式”。

“三步”是指教师备课的三个步骤：①研读整合教材。其重点在于根据课程设计将教材章节内容进行调整，使之符合教学的思维脉络。②梳理重点、难点、盲点、易错点，给学生学习提供有效的引导。使用微课作为知识传授的重要手段，为了避免学生抓不住重点，这一步骤尤为重要。③录制微课。

“九环节”是指学生学习的九个环节：①目标导学。给学生提出学习目标，作为教材自学的导引。②教材自学。③微课助学。微课中不仅要有知识点，也要提供相应的思考题供学生测定自己是否掌握了相应知识。④合作互学。在课堂上形成学生与学生、老师与学生、学习小组与学习小组之间的问题讨论。⑤质疑解惑。学生向老师提出自学中的问题，老师通过授之以渔的方法给出答案。⑥观点展示。学生向全班进行对知识点理解的展示，或者对社会问题的发现。⑦拓展提升。跳出书本知识，将社会学的核心视角上升到分析实际问题的层面。⑧总结评价。运用适合于“翻转课堂”模式的考核体系对学习效果进行测评与总结。⑨测学反馈。根据评价反馈，进行教学手段与学习方法的调整。

3.2 制作微课

微课的核心组成内容是课堂教学视频（课例片段），同时还包含与该教学主题相关的教学设计、素材课件、教学反思、练习测试及学生反馈、教师点评等辅助性教学资源。它们以一定的组织关系和呈现方式共同营造了一个半结构化、主题式的资源单元应用小环境。因此，微课既有别于传统单一资源类型的教学课例、教学课件、教学设计、教学反思等教学资源，又是在其基础上继承和发展起来的一种新型教学资源。根据《社会学概论》的课程内容与特征，其微课制作可包含两块内容：第一，教师对书本章节重点的形象化讲解。第二，学生以学习小组为单位探索一些社会热点问题，并将其做成视频，作为课堂讨论的资料。若具备技术资源，还可尝试 PI 教学方法将一些小测试嵌入到微课学习中，实现学生短视频学习与在线完成作业的无缝对接，使老师能够及时了解学生的学习情况，促进了课堂互动教学模式的形成。

3.3 运用互动式课堂教学技术

（1）“教练技术”。教练技术是针对教师角色的一种概括，其核心在于教师与学生的关系平等，教师与教练一样，其目的不在于解答，而在于引导，且必须是潜能激发的专家。具体而言，可运用“世界咖啡馆”“餐前小点”“课外调研”“主题话剧”“无领导小组讨论”等策略，实现对不同教学内容的讨论。

（2）“课堂延伸”。如果说“教练技术”是对学生能力的培育，“课堂延伸”则是对学生价值观的引导。《社会学概论》教学中的“餐前小点”环节往往会激发学生对诸多社会问题及自我成长的思考，故教师应该把握这一机会，在课下与学生多进行面对面交流，与其针对社会交往、情感问题、学习技巧等进行了一对一探讨，将课余时间“翻转”为课堂时间，实现社会学课程的育人作用。

（3）课外调研。《社会学概论》的学习要求学生必须贴近社会，了解社会。所以，

"翻转课堂"模式释放出来课堂时间有必要分配一部分给学生进行实地调研。比如针对社会角色、亚文化、社会组织运行等主题的课外调研，可以实现体验式教学，让学生更多接触身边的社会现象，并尽可能挖掘现象下的本质。

3.4 搭建支持系统

"翻转课堂"模式的有效性仅仅依靠课堂模式的更新是不够的，还需要有一系列的配套软件与硬件。

（1）硬件方面：网络交流平台的继续完善。翻转课堂要求师生交流的时间和空间的进一步拓展，因此，需要借助新媒体搭建社会学资源分享平台，进一步完善课程网络交流渠道，可建立微信公众号、微博公号等，定期推送社会学相关知识，帮助学生拓宽视野。

（2）软件方面：实现考试形式转变与评价指标体系调整。为了与"翻转课堂"的教学模式匹配，考核时应加大平时成绩的比例，并减少期末考试的客观题。通过与学生协作，共同为每一种课堂互动方式开发科学的评价指标体系，严格按照指标打分。

4 结语

虽然"翻转课堂"的教学模式具有明显的先进性与科学性，并在《社会学概论》课程具有较好的应用性，但也不表示其能延伸到所有学科。根据专家分析，导论类、理论流派类的课程不适合用该学习方法。因为学生在课程学习之前并没有很好的基础，难以完成相关知识的内化。因而，在大学教学中引入"翻转课堂"模式，必须对课程特征进行甄别，并且在具体课程的实践中反复调适，创建有针对性的翻转策略，以提升教学质量与学习体验。

参 考 文 献

[1] 刘邦奇．翻转课堂的技术特征及发展趋势［J］．中国教育信息化，2015（18）：11－15.

[2] 宋朝霞，俞启定．基于翻转课堂的项目式教学模式研究［J］．远程教育杂志，2014（1）：96.

维吾尔族学生英语写作焦虑——以中国矿业大学(北京)维吾尔族学生为例的个案研究

穆宏佳

中国矿业大学（北京）文法学院，北京　100083

摘　要　写作焦虑是影响学生写作的一个重要的感情因素。在国内，有关英语写作焦虑的研究更多关注的是汉族学生或者单语学生，鲜有关注双语的少数民族学生。本研究选取30名中国矿业大学（北京）的维吾尔族学生为研究对象，调查了他们的英语写作焦虑。作者采用了问卷调查，访谈和英语写作测试卷等研究工具测量其英语写作焦虑水平，并探讨焦虑产生的原因。结果显示：①维吾尔族学生有较高程度的英语写作焦虑；②英语写作焦虑水平与英语写作水平呈负相关；③男性比女性有更高程度的写作焦虑。研究还表明，语言、社会、文化等方面的因素造成了其较高的英语写作焦虑。

关键词　英语　写作焦虑　维吾尔族大学生

Uygur College Students' English Writing Anxiety——A Case Study of Uygur Students in CUMTB

Mu Hongjia

School of Law and Humanities, China University of Mining and Technology, Beijing　100083

Abstract　Writing anxiety is an important affective factor influencing students' writing. In china, most of these studies focus on Chinese (Han) students or Chinese monolinguals' English writing anxiety. This study chooses 30 Uygur students in China University of Mining and Technology (Beijing) as subjects, investigating their English writing anxiety. The author employs instruments of questionnaires, interviews and English writing test papers to explore the writing anxiety of them, attempting to find out the cau-

---

资助项目：中央高校基本科研业务费专项资金（2011QW04）

作者简介：穆宏佳（1985—　），女，河南开封人，硕士，讲师，主要从事英语教学理论与实践方向的研究工作。Tel:15120095258;E-mail:muhongjia@126.com ses of writing anxiety. Findings of the present study show that: ①Uygur students suffer from a high degree of English writing anxiety; ②Writing anxiety is negatively correlated with students' writing achievements; ③Males show a higher degree of writing anxiety than females; this study also finds that several linguistics, social and cultural factors result in high writing anxiety of Uygur students.

Key words English writing anxiety Uygur college students

0 Introduction

Many affective factors, such as anxiety, attitude and motivations have great influence on foreign language learning. Among these factors, anxiety has drawn great attention from researchers since the 1970's. Horwitz and Cope (1991) define foreign language anxiety as a distinctive complex of self – perceptions, beliefs, feelings and behaviors related to classroom language learning arising from the uniqueness of the language learning process. However, this definition only focuses on the anxiety in foreign language classrooms. Gardner and Maclntyre (1993) offer another definition "language anxiety is the apprehension experienced when the situation requires the use of a second language with which the individual is not fully proficient". From this definition, language anxiety is seen as a stable personality trait for an individual to react in a nervous manner when speaking, listening, reading and writing in the second language.

Writing is an important skill in language learning, which has been proved to be anxiety provoking to language learners by many researchers. Daly and Miller (1975) conceive writing apprehension as a situation and subject – specific individual difference that is concerned with a person's general tendency to approach or avoid writing. Two effects of writing anxiety include "distress associated with writing and a profound distaste for the process" (Madigan et al, 1996). It is clear that writing anxiety leads to difficulties in producing correct and coherent essays. Therefore, it is very necessary for us to conduct studies on writing anxiety attempting to find out some effective methods to reduce it.

Although some research studies have been carried out on writing anxiety as well as its effects on writing performance, many of them have been conducted on first language learners, especially native speakers of English. Moreover, in China, most of these studies focus on Chinese (Han) students or Chinese monolinguals. There is few studies concern about the unique characteristics of Chinese minority students. With the rapid growth of China's economy and interaction with the outside world, there is a need for Chinese minority students to learn English, too. For those bilingual or even multilingual minority students, English education is a third language study. Due to several social and cultural differences, they experience higher language anxiety than Han students, writing anxiety in particular. This thesis attempts to investigate the writing anxiety of Uygur college students.

The purpose of this thesis is to study the writing anxiety level of Uygur students in CUMTB, to compare writing anxiety level and writing performance between different genders. This study will also try to explore the causes of their anxiety in writing compared with that of Han students. The findings of this study can help Uygur students to face the existence of writing anxiety so as to provide some ways to reduce their anxiety in order to improve their writing achievements.

1 Literature Review

1.1 Studies from abroad

Since the 1970's, many research studies related to writing apprehension have been conducted. The pioneering work in this field was done by Daly and Miller (1975), who conceived writing apprehension as a situation and subject - specific individual difference that is concerned with a person's general tendency to approach or avoid writing. They created the Daly - Miller Writing Apprehension Test (WAT) to access subjects' writing anxiety. Because the use of WAT may cause some difficulties in teasing apart the conceptual or causal links between anxiety and self - confidence, many researchers have made efforts to mend it. Y - S Cheng (2004) developed and evaluated a self - report L2 writing anxiety measure—the Second Language Writing Anxiety Inventory (SLWAI), which consists of three subscales: Somatic Anxiety, Cognitive Anxiety, and Avoidance Behavior.

After Daly and Miller introduced the construct of writing apprehension and demonstrated that it could be reliably and validly measured, a large number of studies have emerged. Some of them study the interactions between writing apprehension and other learner variables. Others make research on the correlation of writing apprehension and writing competence.

1.2 Studies at home

In China, the studies on English writing anxiety focus on the effects of anxiety and causes of writing anxiety in Chinese context.

Tang (2005) conducted a research into the effects of writing anxiety on college students' English writing achievements. High level of English writing anxiety was found in his study. Besides, the writing scores and fluency of high anxiety students are much lower than that of low anxiety ones. The same results has been found in senior high school in Zhang's(2004) study, who made an empirical study on high school students' English writing anxiety using Y - S Cheng's Second Language Writing Anxiety Inventory (SLWAI).

Many studies have shown that students' writing anxiety is caused by many factors, such as individuals' writing ability, inadequate preparations, misunderstanding about writing, and the fear of being evaluated and so on. Wu (2006) found that poor writing skills, fear of negative evaluation, test anxiety, attitudes were the main sources of English writing anxiety.

As for the ways to reduce writing anxiety, researchers have given many suggestions, such as increasing language input, developing writing skills, making use of group work and feedback, building up students' self - confidence and so on. Lu (2003) found that the Length Approach can reduce learners' writing apprehension. Because this approach can make learners become more confident in writing long composition, which is due to the outside class writing environment, much autonomy and little pressure. Besides, it motivates learners to produce much written output because of the relaxed atmosphere, length accounting of high percentage of the total score and selfgenerated topics.

2 Research method

In this part, research questions, subjects, data collection instruments, and research procedures are described respectively.

2.1 Research Questions

This study concentrates on English writing anxiety of Uygur college students, and it is intended to address the following questions.

(1) Do Uygur college students experience English writing anxiety?

(2) Does English writing anxiety correlate with English writing performance?

(3) What are the differences between male and female students among Uygur students in writing anxiety and achievement?

2.2 Subjects

The subjects in this study are 30 Uygur students from China University of Mining and Technology (Beijing). All of them have Uyghur as their mother tongue, and acquire English as a third language. Among them, 13 are male students, and the rest are female.

2.3 Date collection instruments

Questionnaire

The questionnaire is a revised version of Y - S Cheng's Second Language Writing Anxiety Inventory (SLWAT), which is an instrument measuring the degree to which a student feels anxious when writing in English. It contains 18 items falling into 3 subscales: somatic anxiety, cognitive anxiety and avoidance anxiety. To facilitate the subjects to understand thoroughly, the questionnaire is translated into Chinese. It adopts a 5 point Likert response format. By summarizing the subjects' rating of 18 items, the anxiety scores are calculated. A higher anxiety score indicate a higher level of L2 writing anxiety.

Interview

Three interviews were made after conducting the questionnaire. 9 interviewees coming from high - anxiety group, moderate - anxiety group and low - anxiety group respectively were chosen based on the results from questionnaire. Those interviews aimed to explore possible sources of writing anxiety and anxiety - provoking situations in English writing so as to find some implications for alleviating writing anxiety.

English writing assignment

All subjects are assigned to write an English essay entitled *The Most Unforgettable Moment in College*. This assignment should be finished in 30 minutes and the essay is supposed to include at least 150 words. No reference books are allowed to be used during essay writing. All essays are rated by three raters.

3 Results and explanation

This part is devoted to the analysis of the data collected from the research.

3.1 General description of Uygur college students' English writing anxiety

The questionnaire papers are administered to 30 students. 30 are handed and 28 of them are valid. All the papers are scored adopting the 5 – point Likert response. The scores range from 34 to 101 and the median score is 67.2. Then, those scores are arranged ascending. Generally, those scoring higher than 70 are marked as high – anxiety group, and those scoring lower than 51 are marked as low – anxiety group, and those scoring in between fell into moderate – anxiety group. The following table shows detailed information.

Table 1 General description of Uygur college students' English writing anxiety

	Number	Minimum	Maximum	Mean	Std. D
High – anxiety	14	70	101	81.32	2.36
Moderate – anxiety	8	52	69	62.1	6.87
Low – anxiety	6	34	51	46.14	8.12
Total	28	34	101	67.2	12.31

From Table 1, we can find that among those 28 students, only 6 belong to the low – anxiety group. This indicates that English writing anxiety pervasively exist among Uygur college students. From the questionnaire, it can be found that more than half of the subjects either strongly agreed or agreed with item 10 "I feel anxious when I am asked to write an English composition within a certain amount of time" and item 2 " While writing English compositions, I feel worried and uneasy if I know they will be evaluated". Besides, all the interviewees suffer from writing anxiety to a certain degree. One student describes his feelings: "when asked to write an English composition, my brain goes blank. I feel very upset and uneasy. I don't know what to write and how to write. It is usually takes me a long time to finish the writing task. "

Students' English writing anxiety may be caused by many factors, such as poor writing skills, lack of systematic writing trainings, misconceptions about English writing and so on. Students with high level of English writing anxiety are usually not good at English. When asked to finish an English writing assignment, they can't find proper vocabulary, phrases or sentence structure to express them well. Even if they have something in mind, poor writing skills impede them from producing good compositions, because they do not know how to organize thought and how to express ideas from the conception of the whole paper. Besides, students who are anxious about their writing often neglect practicing writing in English and they do not like the feeling of being evaluated and judged on the basis of their ability. For some students, writing in English means translating what they think into English. When they can not find the proper words, they feel very anxious and uneasy.

As for those Uygur college students involved in this study, some other factors related with the special features of English learning as minority students contribute to their high level of English writing anxiety.

Firstly, from the linguistics perspective, English is acquired as the third language for them, which is bound to cause more difficulties to learn. Since Uygur language belongs to Altaic family, Chinese comes from Sino – Tibetan language family, English is as part of the Germanic branch of the Indo – European language family, significant differences exist among those three languages in phonetics, lexis, grammar, word order etc. For example, in syntax, the main word order of Uygur is SOV, while that of Chinese and English is SVO, which causes wrong sentences like "I water drink". The English learning process for Uygur students is the interaction between Uygur, Chinese, and English. The interference from both L1 and L2 impede them from learning English well. Inadequate competence in English and dual language barrier cause anxiety in their English writing.

Secondly, from the cultural perspective, great differences between Uygur and English culture greatly affect on their English learning and writing. With the influence from Islam, Uygur people have developed the ideology of mythology, empiricism, nature worship, religious leader worship, and the value system philanthropy, meditation and optimism. By comparison between Uygur and English culture, it is clear that it is difficult for Uygur students to perceive English language and culture which is deviated from their native culture. Great differences between those two culture result in difficulties in understanding semantics meaning of English language and its pragmatic usage. Therefore, they are more likely to experience writing anxiety.

Thirdly, from the social perspective, backward social development in Uygur areas causes difficulties in comprehending and producing English. Living in a region where English is rarely used and seen except in textbook, Uygur students have limited access to idiomatic language input, thus it is hard for them to produce accurate and coherent English, without sufficient instrumental materials. What's more, under – qualified teachers can neither provide good instructions on writing skills nor organize various kinds of writing activities to help them become confidence in writing. Those things contribute to their writing anxiety.

3.2 Correlation between writing anxiety and writing performance

The result of the study shows that English writing anxiety is negatively correlated with students' writing achievements.

Table 2 Correlation between writing anxiety and writing performance

	Number	Minimum	Maximum	Mean
High – anxiety	14	5	10	7.5
Moderate – anxiety	4	8	11	10.5
Low – anxiety	10	10	14	12.3

According to Table 2, the writing scores of the low – anxiety group are the highest ($M = 12.3$) followed by the moderate – anxiety group ($M = 10.5$), with the high – anxiety group getting the lowest scores ($M = 7.5$). The higher a student's level of writing anxiety, the more likely he or she is to get a lower score. These findings are consistent with some previous studies by Daly

(1975).

Writing is a kind of complex process, including several procedures: planning, drafting, revising and so on. Writing is a kind of output in second language acquisition. According to Krashen (1981), second language acquirers with high anxiety may be "monitor over – use". They tend to overly concern about form and grammatical accuracy, so that their language output is not coherent. He points out that student with high anxiety in writing may feel less confident about writing in English and be afraid of making mistakes and negative feedback. Therefore, they easily experience "writer block", which impedes them from expressing their ideas fluently and getting higher scores. What's more, writing anxiety also acts as a filter preventing information from getting into the cognitive processing system. When writing in English, students with high writing anxiety may find it hard to compose fluent and accurate sentences because anxiety interferes with their ability to process information. Thus, the more anxious a student is the lower grade he or she will get.

However, it does not mean that students with zero level of anxiety will get the highest score, because students with no anxiety usually underestimate writing tasks and pay less attention to it. So, they can not get a high grade either. The moderate level of anxiety is proved to be effective to facilitate learning. Then, some level of anxiety seems necessary to promote them to make extra efforts to improve their writing performance.

3.3 Comparison of writing anxiety between male and female Uygur college students

The following two tables show different degrees of writing anxiety between male and female Uygur students.

Table 3 Comparison of writing anxiety between male and female Uygur college students

	Number	Minimum	Maximum	Mean	Std. D	T	Sig.
Male	13	65	101	76.43	6.87	6.458	0.000
Female	15	34	34	63.15	8.14		

Table 4 Comparison of writing score between male and female Uygur college students

	Number	Minimum	Maximum	Mean	T	Sig.
Male	13	5	12	8.1	6.124	0.000
Female	15	9	14	11.8		

Table 3 indicates that male subjects get a higher level of writing anxiety than female participants. The mean writing anxiety of male students is 76.43, while that of female students is 63.15. A T – test shows a significant difference in writing anxiety between those two groups. From Table 4, it can be found that the mean writing scores of male students is lower than that of female students. Male students suffer more writing anxiety and get lower scores in the writing task.

Due to several social and cultural reasons, Uygur students are more likely to be sensitive and nervous than Han students in personality. They do not like taking challenges and feel upset facing unfamiliar environment. Besides, Uygur males are easy to be psychosomatic. Their self – rate to their emotion is not up to standard. They are proved to suffer more from anxiety, depression and other mental disorders. When they are supposed to write a composition in English, most of them feel upset and uneasy. Statistics of the present study also show that more than 60 percent Uygur male students strongly agreed or agreed with item 2 "While writing English compositions, I feel worried and uneasy if I know they will be evaluated" and item 4 " my mind goes blank facing writing tasks." When they feel challenged in writing English articles, they choose to avoid it instead of finding proper ways to overcome it. Thus, more than 42 percent of the male subjects either strongly agreed or agreed with item 6 "I usually do my bests to avoid writing English composition". And 40 percent of the male subjects either strongly agrees or agreed with item 9 "unless I have choice, I would not use English to write composition".

4 Conclusion and implication

4.1 The main findings of the study

Writing is an important skill in language learning, which has been proved to be anxiety provoking to language learners by many researchers. The present study chooses 30 Uygur students in CUMTB as subjects and finds obvious tendency of English writing anxiety in them. And the following conclusion can be reached.

Firstly, writing anxiety pervasively exist among Uygur college students. Among those subjects, only 6 belong to the low – anxiety group. Many of them do not like writing English compositions and become upset and uneasy facing writing assignments. Usually, they try to avoid it and thus get a lower score in writing test.

Secondly, writing anxiety is negatively correlated with students' writing achievements. The writing scores of the low – anxiety group are the highest followed by the moderate – anxiety group, with the high – anxiety group getting the lowest scores. The higher a student's level of writing anxiety, the more likely he or she is to get a lower score.

Thirdly, obvious differences can be found between male and female Uygur students in English writing anxiety. Male students get a higher level of using anxiety but lower writing scores than female students because of some psychological factors. They are more likely to be nervous and emotionally unstable facing writing tasks.

4.2 Implications

Although many Uygur students suffer from English writing anxiety, there are some ways to alleviate it to a certain degree. Some suggestions are provided for both teachers and Uygur students.

4.2.1 Suggestions for alleviating writing anxiety from the teacher's point of view

For teachers, they should acquire some knowledge of Uygur language, culture and psychological characteristics of Uygur students.

Obtaining some knowledge of the Uygur language will help teachers identify important and difficult points in English teaching. For example, Uygur students seldom forget to add the indefinite articles "a/an" before a noun, because the same grammatical unit exists in Uygur language. Identifying the similarities and differences between these two languages can help students learn English more quickly and efficiently. Besides, teachers need to develop a sensitive awareness of students' religion – culture features and incorporate knowledge into their teaching practice. Uygur culture has shaped the intellect and psychology characteristics of Uygur students. Compared with Han students, they are more likely to be tense and emotionally instable. Thus, teachers should try to offer students enough chance to express themselves and provide them a supportive and enjoyable learning environment. Treating writing a kind of process instead of production can effectively reduce students' anxiety. Although those Tibetan students tend to be nervous, they are active and gregarious in personality and uphold team spirit and communication. Therefore, teachers can design several creative writing tasks and offer students many opportunities to interact and help each other as a group. In the group, students are encouraged to say something associated with the topic that they are going to write and share their ideas with other group members. This activity can not only provide students plenty of ideas to choose, but also arouse their interest in writing.

4.2.2 Suggestions for alleviating writing anxiety from the students' point of view

Although teachers will help to alleviate students' writing anxiety, the efforts of students are also very important.

For Uygur students, it is very necessary to learn more about English language and English culture as well as change their attitudes towards English writing. They are suggested to read more English magazines, newspapers, novels and so on to get engaged in English language and culture. Exposure to English world can reduce "language shock", thus reduce anxiety when produce English.

What' more, many students hold a negative attitude towards English and English writing. In their eyes, English is useless and hard. English lessons are always boring and dull, full of endless exercises and examinations. English writing is the translation work among Uygur, Chinese and English. So students find more anxiety than interest in it. However, with the social and economic development, English is becoming an integral part in our daily life. So English learning is necessary for both Han students and Uygur students. Therefore, those Uygur students should try to build up their confidence in English writing and practice writing in their spare time instead of avoiding writing.

References

[1] Cheng, Y – S. A measure of second language writing anxiety: Scale development and preliminary validation [J]. Journal of second language writing, 2004, 13: 313 – 335.

[2] Daly, J. A. & Miller, M. D. The development of a measure of writing apprehension [J]. Research in the teaching of English, 1975, 9: 242 – 249.

[3] Gardner, R. C., & MacIntyre, P. D. On the measurement of affective variables in second language learning [J]. Language Learning, 1993, 43: 157 – 194.

[4] Horwitz, E. K. Horwitz, M. B., & Cope, J. 1991. Foreign language classroom anxiety [A]. in

Language Anxiety: from theory and research to classroom implications [C]. Elaine K Horwitz and Dolly J. Young. Englewood Cliffs, NJ: Prentoce – Hall.

[5] Krashen, S. Second language acquisition and second language learning [M]. New York: Prentice Hall, 1981.

[6] Lu, X. A Study on the Effect of the Length Approach on EFL Learners in Alleviating Their Writing Apprehension [D]. Unpublished MA dissertation. Capital Normal University, 2003.

[7] Madigan, R. Linton, P. & Johnson, S. The paradox of writing apprehension [A]. in Levy, C & Ransdell, S. (eds). The Science of Writing: theories, methods, individual differences and applications [C]. New Jersey: Lawrence Erlbaum Associates, 1996, 295 – 307.

[8] Tang, J. The Effects Second Language Writing Apprehension on L2 Writing Performance [D]. Unpublished M. A dissertation, Wu Han University, 2005.

[9] Wu, F. A Survey of College Students' Writing Anxiety [D]. Unpublished MA dissertation. Shan Dong University, 2006.

[10] Zhang, J. Investigating Foreign Language Writing Anxiety Among Senior Middle School Students And Their Use of Affective Strategies [D]. Unpublished MA dissertation, Jiang Xi Normal University, 2004.

对《纽约时报》关于2015年中国阅兵报道的批评性语篇分析

王振英　袁　猛

中国矿业大学（北京）文法学院，北京　100083

摘　要　批评性语篇分析是现代语言学研究的一个新分支，旨在通过对公众语篇的分析揭示语篇背后的意识形态及其对语篇的影响，以及语篇对意识形态的反作用。本文以Halliday的系统功能语法为理论框架，从及物性角度对《纽约时报》关于2015年中国阅兵的两篇新闻报道进行批评性语篇分析，从而揭示隐藏在新闻语言背后的意识形态，提高读者的批判性阅读意识。

关键词　批评性语篇分析　意识形态　及物性　新闻报道

Critical Discourse Analysis of News Reports on China's 2015 Military Parade in New York Times

Wang Zhenying　Yuan Meng

School of Law and Humanities, China University of Mining and Technology, Beijing　100083

Abstract　Critical Discourse Analysis is a new branch of modern linguistics, aiming at disclosing the ideology hidden in any public discourse and its influence on discourse as well as the counteractive influence the discourse exerts on ideology. Based on Halliday's systemic functional grammar, the paper attempts at a critical discourse analysis of two news reports on China's 2015 military parade in New York Times from the perspective of transitivity, thus uncovering the ideological assumptions hidden in the reports, and enhancing readers' critical reading awareness.

Key words　Critical Discourse Analysis　ideology　transitivity　news report

0　引言

2015年9月3日中国举行纪念中国人民抗日战争胜利暨世界反法西斯战争胜利70周

资助项目： 中央高校基本科研业务费专项资金（2009QW28）

作者简介： 王振英（1974—　），女，黑龙江加格达奇人，硕士，副教授，主要从事语言学和语篇分析的研究。Tel:13521935661; E-mail: zhenyingwang2001@aliyun.com

年庆祝活动。作为活动的重要一部分，天安门广场大阅兵获得空前的关注，主要原因有三点：①此次阅兵是中国政府首次在非国庆日举行的大阅兵；②此次阅兵作为纪念世界反法西斯战争胜利70周年活动的一部分，不同于以往只属于中国国内事务的阅兵；③此次阅兵是习近平主席成为中国新一任领导人以来举行的首次阅兵。习近平主席上任以来的多次出访，以及提出的一系列全面深化改革、加大中国开放力度的政策等，使得中国的国际地位不断提升，获得国际社会的广泛关注。在此背景下，美国调整其全球战略，提出“亚太再平衡”战略，以应对国际影响力不断扩大的中国，使得中美之间的战略竞争关系面临新的挑战。美国媒体对中国的报道也因此明显增多。

批评性语篇分析（Critical Discourse Analysis，简称为CDA），也称批评语言学（Critical Linguistics），是现代语言学研究的一个新分支，也是语篇分析的一个新方法。它倡导对公众语篇（public discourse）进行批评性分析，目的是“揭示语篇中含而不露的意识形态意义，尤其是那些被人们习以为常的偏见、歧视和对事实的歪曲，并解释其存在的社会条件和在权利斗争中的作用”[1]。本文拟通过对美国媒体关于2015中国阅兵的报道进行批评性语篇分析，揭示美国媒体在新闻报道中隐藏的意识形态和语言含义，从而使读者了解美国社会对中国的真实态度和看法，提高读者的批判性阅读意识。

1 理论基础

批评性语篇分析是1979年由英国语言学家Roger Fowler等在《语言和控制》（Language and Control）一书中首次提出，目的是要“揭示意义是如何形成的，如何隐蔽地给某一特定的意识形态以特权，从而控制人们对社会和政治的评论”[2]。批评性语篇分析以韩礼德（M. A. K. Halliday）的系统功能语法为主要理论依据。该理论主张人们在使用语言时所选择的语言形式是由其所实现的社会功能决定的。韩礼德提出语言的三大元功能，也被称为纯理功能（metafunction）：概念（ideational）功能、人际（interpersonal）功能和语篇（textual）功能。概念功能即表达主客观世界的经验，主要表现形式为句子的及物性（transitivity）系统，它是一个语义系统，其作用是把人们在现实世界中的所作所为、所见所闻在句子中表达为若干个过程，并指明各种过程的参加者和环境成分[3]。在小句中，“过程”以动词来体现，“参与者”以名词或代词来体现，“环境”则体现为介词或副词短语。人际功能即反映人与人之间的关系，主要表现形式为语气和情态；语篇功能即把语言成分组织成语篇，主要表现形式为主位结构和信息结构。批评语言学家在进行具体语篇分析时将语言形式和语言的三大元功能相联系，对语篇进行批评性分析。

本文根据所选语篇的特点，主要从及物性角度对语篇进行分析。正如Fairclough[4]所说，在语篇中对于及物性过程的选择蕴含着文化、政治及意识形态的真正的过程。根据Halliday[5]的系统功能语法，及物性系统包括六种过程：物质过程、心理过程、关系过程、行为过程、言语过程和存在过程。物质过程是“做事情”的过程，表示所发生的动作或事件。它一般有两个参与者：“动作者”和“目标”，分别是物质过程的逻辑主语和宾语。心理过程可以说是“感觉”的过程，表示心理活动。它一般有两个参与者：心理活动的主体“感觉者”和客体即被感知的“现象”。关系过程表示“是”或“有”的过程，反映事物之间的关系，标志词通常是be和have的某种形式。行为过程被用来表示生理和心理行为，如呼吸、咳嗽、流泪、做梦等。它一般只有一个参与者，即“行为者”。言语过程是“讲述”的过程，讲述泛指信息交流，这一过程往往只有一个参与者——“说话者”，后面常接动词 say、speak、talk、tell、praise、describe 等，体现在语篇中经常是直接或间接引用他人的话。存在过程表示事物存在或发生的过程，会有一个“存在物”，常用的动词有 be、exist、arise、occur、happen、remain 等。上述六种过程概括了人类经验世界中最主要的活动和事件。

及物性系统六个过程的分类是根据参与者的动作和对事件的描述做出的。选择哪一种过程，怎样安排参与者的位置，在很大程度上取决于意识形态。对语篇中每个小句的过程、参与者和环境成分以及三者之间的关系进行分析和研究，可以揭示语篇背后所隐含的意识形态。“语篇的结构和运用的语言形式是发话人在各种社会因素和话语参加者的目的指导下，从整个语言体系中做出选择的结果，因而它们具有重要的社会意义或意识形态意义”[6]。

2 《纽约时报》两篇新闻报道分析

本文对《纽约时报》2015 年 9 月 3 日和 9 月 4 日刊登的关于中国举行纪念中国人民抗日战争胜利暨世界反法西斯战争胜利 70 周年庆祝活动的两篇新闻报道进行批评性语篇分析，以了解美国媒体对中国的宣扬和评价，从而揭示隐藏在新闻语言背后的意识形态。两篇报道的英文题目分别是：Military Parade in China Gives Xi Jinping a Platform to Show Grip on Power 和 China Announces Cuts of 300，000 Troops at Military Parade Showing Its Might。

如上所述，本文主要从及物性角度对《纽约时报》关于中国阅兵的报道进行分析，通过对本文所选的两篇报道进行量化分析，可以看出物质过程、关系过程和言语过程在报道中出现的次数最多。具体分布情况见表 1。

表 1　两篇报道中六种过程的数量及比例

过程	物质过程	关系过程	言语过程	心理过程	存在过程	行为过程	总数
第一篇	31	23	21	7	0	0	82
	37.80%	28.05%	25.61%	8.54%	0	0	100%
第二篇	45	21	18	15	3	0	102
	44.12%	20.59%	17.65%	14.70%	2.94%	0	100%

2.1　物质过程

由表 1 可以看出，两篇报道都大量使用了物质过程，分别占总数的 37.8% 和 44.12%。物质过程主要用来叙述外界所发生的一切——已经发生的、正在进行的和将要发生的，一般不涉及个人的情感和好恶等主观因素。这说明两篇报道的作者都试图追求事件报道的客观性。但通过对报道作者所使用的物质过程进行具体分析，我们可以发现隐藏在语言形式背后的意识形态。在第一篇报道中，共有 31 个物质过程，其中以习近平主席或者中国政府为“动作者”的物质过程有 16 个；在第二篇报道中，共有 45 个物质过程，其中以习近平主席或者中国政府为“动作者”的物质过程有 23 个。这说明两篇报道的记者都把大量笔墨用在习近平主席本人或者以习近平主席为领导的中国政府身上，举例如下：

He was **demonstrating** his grip on the military and on the party, amid economic squalls …（第一篇）

… China's leaders have tried to invest more in air and naval forces to project influence abroad and **assert** the country's claims to disputed islands and waters.（第一篇）

The parade, … appeared to be an attempt by the Communist Party to **showcase** the nation's rising military might to a global audience.（第二篇）

… because he's clearly **dressing it up** as a signal of peace and good will, …（第二篇）

这四个例子的“动作者”分别是：习近平主席、中国领导人、阅兵、习近平主席，动作过程分别是 demonstrate, tried to invest… and assert, showcase, dress up 等词汇，“目标”分别是“his grip”，“more… the country's claims”，“the nation's rising military might”，“it”。这几个动词的使用尤其表现了报道作者及西方媒体对中国阅兵的态度。demonstrate 和 assert 虽然都是中性词汇，但 demonstrate 在这里暗示了习近平主席在中国的地位，assert 则暗示中国领导人意图通过阅兵这个事件向世界宣称中国日益强大的军事力量。showcase 和 dress up 在这里明显有贬义，两个词汇都有“炫耀”的意味，间接表达了中国政府意图通过阅兵事件向世界展现中国兵力的强大。这些词汇的使用表达了报道作者及西方媒体对习近平主席或者中国政府的不支持态度。两篇报道的作者之所以会使用这些词汇正是因为长期以来美国作为世界第一大国总是对中国心存芥蒂，面对中国国力的增强以及国际地位的提升，美国社会总是会发出“中国崛起论”“中国威胁论”等声音。同时，报道作者通过使用这些词汇，展现给读者的是习近平主席强势、强硬的形象。而由于新闻报道作为信息提供者和受众广泛的特点，使得广大读者在不知不觉之中便接受了新闻报道记者塑造的习近平主席的形象，从而对习近平主席和中国社会产生偏见。

2.2 关系过程

从表 1 可以看出，关系过程在两篇报道中所占的比例仅次于物质过程，分别占总数的 28.05% 和 20.59%。关系过程表明事物之间的关系，或一个事物的属性、特征等，往往用来对事项进行描述或判断，它反映人对客观事物的解释和对各种关系的认识。两篇报道的作者通过大量使用关系过程，将他人或者自己的观点以事实的形式表达出来，呈现给读者，不容读者质疑。例如：

…this is confirmation that Xi Jinping is the most powerful commander in chief …（第一篇）

This is about showing Xi as the strongman.（第一篇）

The Chinese military **has** more than two million members …（第二篇）

For Mr. Xi, just as important as the display of hardware is the optics of aligning the military's might with his personal command.（第二篇）

通过以上例子我们可以看出，两篇报道的作者运用 is 和 has 等词汇构建关系过程，说明习近平主席的强势、专横和中国军队数目的庞大，不容读者对此产生怀疑。这背后的原因正是因为美国社会对中国一直以来存在偏见，认为中国军事的强大和中国领导人的强硬，必然会使中国走向霸权主义、强权政治，从而威胁美国的国际地位，甚至对世界和平产生影响。

2.3 言语过程

言语过程指用话语的形式来谈及事情的过程。在具体的语篇中，不同的作者会选择直接引语或间接引语作为言语过程的讲话内容。

由表 1 可以看出，两篇报道的作者在对 2015 中国阅兵事件的报道中都使用了较多的言语过程，各占总数的 25.61% 和 17.65% 。例如：

"It's Xi in command," Andrew Scobell, a political scientist at the RAND Corporation who studies the Chinese military, and who was in Beijing during the parade, **said** of the announcement.（第一篇）

But he **added** that Mr. Xi faced challenges in forcing through his broader program to overhaul the military ...（第一篇）

"Xi badly wants to build up an image of being the most authoritative military commander since Mao Zedong and Deng Xiaoping," **said** Zhang Lifan, a historian...（第二篇）

Rory Medcalf, the head of the National Security College at the Australian National University in Canberra, **said** the reductions were unlikely to ease regional worries about China's growing military strength, ...（第二篇）

直接引语在新闻报道中具有独特的作用。由于它们往往出自当事人、知情者或权威人士之口，所以对读者有很强的说服力。报道者常常利用直接引语来表达自己的立场和观点，并把它们强加于读者[6]。相比直接引语，报道者在选用间接引语这种转述形式时只需转述原话的命题内容，而不必拘泥于原话的措辞，因此间接引语可以赋予报道者更多的选择。也就是说，报道者通过间接引语的形式，可以将自己的个人态度、观点融入其中，同时又可以不被读者发觉。通过以上几个例子我们可以看出，两篇报道的作者都充分利用了直接引语和间接引语的这种功能，尽量避免对习近平主席以及中国军队等做出直接评价，而是直接或间接引用他人的话语。在这四个例子中，"说话者"分别是美国政治科学家、中国历史学家和国外知名大学教授，过程动词用的是 say 和 add。两篇报道中其他直接引语和间接引语的"说话者"，即消息来源还包括退休的中国将军、新华社、香港大学教授、美国作家、亚洲事务顾问以及习近平主席本人等。过程动词绝大部分用的都是 say。这似乎表明报道的信息来源多样化和信息的客观化。但通过仔细分析上面例子中的 in command、challenges、authoritative、unlikely 等词汇，以及两篇报道中其他直接引语中的用词，我们可以看出，大部分的直接引语发话者对于习近平主席、对于中国军队的改革持有猜疑甚至不支持的态度。新闻报道的作者之所以选择直接引用这些话语，正是因为其对直接引语的发话者的观点不反对，甚至赞同。

3 结语

本文在 Halliday 系统功能语言学理论指导下，从及物性角度对《纽约时报》关于 2015 中国阅兵的两篇报道进行了批评性语篇分析，从中可以了解到美国社会对中国阅兵的真实态度和看法。美国主流媒体向大众呈现的是一个军力正在增强，很可能给世界和平带来威胁的中国形象，强化了"中国威胁论"在民众中的印象。同时也看到，新闻报道不是一面反映客观现实的纯净镜子，而是一种具有社会性、机构性的特定形式的实践活动。批评性语篇分析可以揭示报道者的意图和动机，有助于揭示隐藏在新闻报道背后的意识形态因素对语篇的影响，提高读者对语言的敏感程度，增强对大众语篇的反控制意识，最终提高读者的批判性阅读能力。

参 考 文 献

[1] 辛斌. 批评性语篇分析方法论 [J]. 外国语，2002 (6)：34 -41.

[2] Fowler, R. et al. Language and Control[M]. London: Routledge and Kegan Paul, 1979.

[3] 陈中竺. 语篇与意识形态：批评性语篇分析——对两条罢工新闻的分析 [J]. 外国语，1995 (3)：42 -45.

[4] Fairclough. N. Discourse and Social Change[M]. Cambridge: Polity Press, 1992.

[5] Halliday, M. A. K. An Introduction to Functional Grammar[M]. (second edition) London: Edward Arnold Ltd, 1994.

[6] 辛斌. 语言、权势与意识形态：批评语言学 [J]. 现代外语，1996 (1)：21 -26.

现代美国与中国文化中“分家”的对比研究

陈　曼

中国矿业大学（北京）文法学院，北京　100083

摘　要　本文通过分析两个典型案例，对现代中美社会中“分家”文化进行了比较研究。结果显示两国当代年轻人在“分家”的一些方面表现出趋同性，但在家产等方面仍表现出不同的特征，这表明两国文化中一些本质的文化差异没有变（如“孝”和“荣誉”，“紧密的家庭”和“松散的家庭”）。对于“分家”的未来趋势和文化内因研究对理解两国文化差异有很大帮助。

关键词　分家　中美文化　比较研究

Family Division in Modern American and Chinese Culture: a Comparative Study

Chen Man

School of Law and Humanities, China University of Mining and Technology, Beijing　100083

Abstract　This paper presents a study of the cultural differences between American society and Chinese society behind the critical moment of family division in modern times. The results reveal that, for young adults of modern times in both countries, a trend of uniformity (the division of hearth) has developed, while the division of property differs, which reflects the distinct cultural values (fialialty and honor, strong family and weak family) remain unchanged. The discussion of the future trend and cultural causes underlying this phenomenon suggests its social implications.

Key words　family division　American and Chinese culture　comparative study

0　Introduction

Family is defined as "a group consisting of one or two parents and their children" in Oxford

---

资助项目：中央高校基本科研业务费专项资金（2013QW03）

作者简介：陈曼（1985—　），男，安徽蚌埠人，硕士研究生，主要从事应用语言学研究和跨文化研究。Tel：15210624547；E-mail：c_man927@163.com dictionary. Among the most important elements in family, either Western or Eastern, are those centered on the moment of transition when young members of the family group set up households of their own. The current paper defines this critical moment as family division, tries to make a comparison of family division between China and America in modern times, and explore the similarities and differences. Yet differences will be the focus of the paper, as well as the distinct cultural values behind. In this essay, the general is emphasized over the specific; the big picture set out in bold strokes prevails over attention to detail. In so doing, we portray basic contexts of comparison and underscore the key issues involved as clearly as possible. In the future, additional reflection and work should fill in many of the gaps in our argument.

1 Literature Review

A dozen of studies have made their effort to investigate family division (fenjia) in traditional China. (Yan, 1998; Shiga, 1978; Cohen, 1976 & 1992; Ma, 1999; Lavely and Wong, 1992). Family division in traditional China has been regarded as one important component of social adjustment. It redefines rights and obligations among family members in a way that determines the distribution of family property and the reproduction of the family itself. It has been even institutionalized as a part of Chinese family culture and is an important force that drives changes in family types, and also contributes to social mobility in traditional China. At the same time, family division is a general term with a range of practical meanings. It formally severs an economic relationship binding a set of male kin and divides their common property more or less equally among them (Lavely and Wong, 1992).

The process in which traditional family division is done is expressed in two practical symbols that define the two types of family division: division of hearth (fenzao) and division of family property (fenjiachan) (Cohen, 1976; Lavely and Ren, 1992). The decision by a junior conjugal unit to establish a separate family budget, reflected in separate cooking facilities, is widely known as the division of hearth (division of residence). In the division of hearth, the junior conjugal unit is allowed to take away only the property it acquires on marriage and a piece of land (or something of equivalent value) as a means of self – support, while the family property is kept undivided. For the junior unit, this means to start to live in a way similar to that described by Shiga (1978) "to live apart (lingguo)" or "to live alone (danguo)". In contrast to the division of hearth, in the division of family property, all sons, but not the father, divide the common family property more or less equally among themselves. The stages of family division may take place either simultaneously, or in a natural sequence, beginning with separate cooking and family budgets, followed by the legal partition of common family property, and concluding with the division of spirit altars and tablets. The actual stages will depend on the circumstances of the family (Lavely and Ren, 1992).

Traditionally, division of hearth usually refers to a division of cooking and residence between a father and a son in a stem family. This usually occurs after the son marries or has a child and leads to the change in family type from stem to nuclear (Shiga, 1978). Although division of hearth refers occasionally to what occurs in poor families in which brothers have almost no property to divide on family division (Hu,1991), traditional family division usually refers to a division of family property among all sons in a stem or joint family. This arrangement among brothers is almost always adopted and conventionally occurs when parents are old, or after one or both parents have died, or after all sons have married. Division of property takes place only among brothers. It does not take place between sons and father, because in principle the father holds all family property in trust (Shiga, 1978; Lavely and Ren, 1992; Ma, 1999). Although there are some regional variations in the ways in which family property is divided (Lavely and Wong, 1992; Wakefield, 1998), three basic rules are followed: living parents should be supported; un – married siblings should receive marriage expenses or dowries; and all sons should inherit equally (Wakefield, 1998). The details of division are usually witnessed and disagreements resolved by people outside the family, usually people from the same clan, and recorded in a formal contract or agreement (Cohen, 1976; Shiga, 1978). The core of family division lies in the fact that family property and obligations and duties in support of older parents are usually distributed equally among all sons. After the division, parents choose either to live alone, to live with one of their sons, or to live with all of their sons in rotation, leading to a change in family type from joint to stem or from joint to nuclear. As well as the death of either or both parents, factors that prompt family division include tensions among brothers or between father and sons, and family poverty (Cohen, 1976; Shiga, 1978; Ma, 1999). The likelihood and timing of family division reflect practical choices for the Chinese family in making the best of its social and economic circumstances (Cohen, 1992).

As time changes, today's youth will never have such similar experience as family division in traditional China because of the one – child policy and the rapid development of Chinese economy. At present, the only youth in a family has experienced a total new way to set their own household. When comparing with modern American youth at this critical transition period, the similarity indicates the common trend how family division is conducted while differences show the distinctive culture values of both cultures.

The studies referred to above mainly concern family division between a father and a married son or among all married brothers in tradition China. There have been few studies either about family division in modern China, or about comparison of family division in modern time between America and China. This is related to the critical moment we define in this paper as family division when young members of the family group set up households of their own. Based on the description of family division in two popular TV series, namely *Friends* and *Fendou* (奋斗), this study will explore the similarities and differences of family division in modern America and China. There are three reasons for choosing both of the series. Firstly, both series tell stories about youths in modern times. Secondly, all of the youths are experiencing the critical moment to set their own household (family division). Thirdly, both the series reflect the true life of youths in America as well as in China.

2 Description of Family Division in *Friends and Fendou*

2.1 Family Division in *Friends*

The ten seasons of ***Friends*** mainly tell stories of the six major characters: Rachel, Monica, Phoebe, Joey, Chandler and Ross. They are all experiencing to set their own household. Rachel Greenis a fashion enthusiast and Monica Geller's best friend from high school. She left her family after college and her first job is a waitress at the coffee house Central Perk, but later she becomes an assistant buyer at Bloomingdale's and a buyer at Polo Ralph Lauren in Season Five.

Monica Geller, the mother hen of the group, known for her obsessive, compulsive and competitive nature. Monica gets her job as a chef and changes jobs often throughout the show. She marries her longtime friend Chandler Bing in Season Seven and sets her own household.

Phoebe Buffay, an eccentric masseuse and musician. Phoebe became homeless at the age of 14, and is known for being ditzy and yet street – smart.

Joey Tribbiani, a struggling actor and food lover who becomes famous for his role on *D*ays of our *L*ives as *Dr. D*rake *R*amoray. Joey is a womanizer with many girlfriends throughout the series, and develops a crush on his friend Rachel in Season Eight.

Chandler Bing, an executive in statistical analysis and data reconfiguration for a large multi – national corporation. Chandler quits his job and becomes a junior copywriter at an advertising agency during Season Nine. Chandler is known for his sarcastic sense of humor, and marries his longtime friend Monica.

Ross Geller, Ph. D. , a paleontologist working at a museum of Prehistoric History, and later a professor of paleontology at New York University. Ross has three failed marriages during the series, and is involved in an on – off relationship with Rachel.

In the United States, youths normally abandon their parental households when they have acquired a degree of maturity so as to start out their adult lives on their own lives that are occupied by their studies or by efforts to establish economic independence from their parents. Their jobs, even if often unstable or only seasonal (like Rachel Green, Joey Tribbiani and Chandler Bing), might also enable them to save for their own marriages, although nowadays this sense of saving is much less important than their effort to settle into an independent life. Often these initial forays into the adult world are made while sharing housing with friends or colleagues (like Joey Tribbiani and Chandler Bing, Monica Geller and Rachel Green) who are at a similar stage of their own lives. Years later, these young people marry (Ross and Rachel Green, Monica Geller and Chandler Bing) and once again start a new and genuine household, albeit this time with the intention of founding a family within the context of a stable relationship with another person. After the division, parents would prefer to live alone. (In the series we never see their parents often, and parents never intrude their youths' lives, while these youths never help their parents financially.)

However, some exceptions do exist. In the United States, for example, young adults sometimes remain at home past 20 years of age, and continue to live with their parents after marriage, at least for a while. In fact, temporary co – residence of parents and married children, and even prolonged periods of economic help, have never been infrequent, either in the past or today. Nevertheless, these moments of help were always considered as exceptional.

2.2 Family Division in *Fendou*

The TV series of *Fendou* introduces Lu Tao, Xiang Nan, Hua Zi and several minor characters, either male or female. Most of them are newly college graduates and they are all experiencing to set their own household.

Lu Tao, Xiang Nan and Hua Zi are college graduates and confidants. They all try to escape from their parents' households and start their own. Lu Tao finds a good job in a real estate company with a high salary. He starts renting a house with his girl friend and later buys a house. Xiang Nan gets married immediately with his girlfriend in a house but not his own. He develops his career step by step. Hua Zi is a little scamp and never has a stable job, so he often stays in his parents' house.

In China, the process of leaving the parental household is quite different and complex, as shown in this TV series. Generally, the definitive departure of young people tends to coincide more or less closely with their marriage (Xiang Nan) and finding a stable job (Lu Tao and Hua Zi). The years between adolescent maturities (ages and marriage) are spent largely within the parental household (Yang Xiaoyun and Xia Lin). If a person gets a job during this period, he or she normally continues to live at home, a strategy that enables the young adult to save for his or her own marriage. Generally marriage does not even enter the picture unless it is accompanied by the corresponding emancipation from the parental home and the formation of a new household. This entire process is aptly crystallized in the modern Chinese neology "啃老族"①.

3 Findings and Analysis

3.1 Similarities (the Division of Hearth)

With increasing modernization of China in recent years, the dominant form of relationship within a family has gradually changed from the traditional vertical one between father and son to the relationship between husband and wife, which has been the constant center of American family. The traditional norm of the large extended family is no longer observed by most young people. The traditional division, in which family property was more or less equally divided among all sons, has been replaced gradually by a new serial division of family budgets and family economy between father and sons, with each son separating shortly after his marriage. In other words, family division has changed gradually from being, in the past, predominantly a division of property to being now predominantly a division of hearth. It tends to happen in the western way. That is to say, in both western countries and China, the division of hearth is very much similar, when youths have access to adequate housing and marriage. Youths prefer to leave their parents' household after college, and find a stable job. They will either rent a house themselves or rent a house with their friends and colleagues for a while till they buy a house and get married. A new household is

---

① The young demand financial support from their parents.

set. The division of hearth happens in both American and Chinese society, immediately when they graduate or find a job.

Besides, as mentioned above, family division is interwoven with several events, graduation, work and marriage. These elements are crucial in the transition period from adolescence to adulthood. Graduation, as the very starting point of family division, means that youths have finished their basic education and have adequate ability to make a living; work, as the financial proof of their family division, means they start their own career and in fact make money to order to buy a house of their own; marriage, last but not least, symbolizes the establishment of a new household and the end of the process of family division.

The similarity of the division of hearth in both countries is brought up by several forces, mainly the urbanization of China and the one – child policy. Both forces promote westernized family form in China.

3. 2 Differences (the Division of Property)

The core of traditional family division in China lies in the principle that family property and obligations and duties in support of older parents are usually distributed equally among all sons. In modern times, because of the only – child policy, the division of land and property is not necessary. Parents will try their best to make the young adult easily start to run his own household by offering financial help. And the only daughter or son will receive the heritage her or his parents leave when they die. There are no need for division of property and land. However, after the division of hearth, young adults have to shoulder the responsibility in support of parents. Parents tend to live with their sons or daughters, leading to a change in family type from joint to stem or from joint to nuclear in China.

In contrast, the core of family division in western countries lies in the pursuit of freedom of young adults and has little to do with division of family property and obligations and duties in support of parents. After the division of hearth, young adults will seldom receive financial help from their parents, and parents tend to live in dependently and seldom accept the help from their kids. The family property of parents will be handed down according to their will. Without a will, their siblings will get equal sets.

3. 2. 1 Collectivism VS Individualism

One of the implications of these differences is that in America the need to cope with periods of economic difficulty falls squarely on the shoulders of these young adults, as opposed to China where economic hardship is shared more equally by the entire family group. Take buying a house for example, when young adults prepare their marriage in China, a new house is a must for them to purchase. Normally, young adults will turn to their parents for help because recent years have witnessed a soaring increase of the price of housing, which they can not afford immediately. In America, on the contrary, parents normally won't help their children financially, while young adults prefer not to accept their parents' support. This reflects the different culture values, collectivism in China and individualism in America.

The cultural difference also reflects on the "grandparent effect" recently in China, whereby high percentages of young adults ask their parents to co – reside with them so as to take care of their newly – born children. In 2009 nearly 80 percent of parents with newly born children under age 3 co – resided with their own parents. Interviews have confirmed that even when there is no co – residence, grandparents or grandparents – in – law often visit and stay for several days and are essential in helping young adults care for their children and secure jobs to support their families. By contrast, in America new parents would like to care their babies by themselves and ask no help. In more general terms, the intervention of grandparents is not restricted to exceptional situations such as lone – parenthood, but is a structural characteristic of family life in China. The massive entry of women into the labor market in recent years in China has been largely facilitated by the willingness of grandparents to help care for the children when their parents are at work. Although the importance of the grandparents' effect has been noted in diverse contexts, it would seem unlikely that this sort of straightforward familial solidarity has ever been as important in the United States.

3.2.2 Weak – family Society VS Strong – family Society

Historically the situation of the elderly is a good example of these differences. Before the development of modern pension systems in either China or America, everywhere a large part of the responsibility for the wellbeing of the elderly fell directly on the family and was based mostly on co-residence with offspring. Despite these similarities, however, the intervention of the family on this count was much more important in China than in America. In China, the care of the elderly fell almost exclusively on the family, whether it was carried out by means of co – residence in traditional China, or constant financial support: all of these alternatives entailed transfers of goods and services from the families of the offspring toward their elderly parents. In America, on the other hand, the situation was quite different. For one thing, a smaller proportion of the elderly appears to have co – resided with their children. A structural characteristic of American society, epitomized in modern pension systems, for example, was that the ultimate responsibility for the wellbeing of the elderly fell to the collectivity. These differences still exist today, even though China has been developing its modern pension systems. Therefore, the two distinct family types are classified into strong – family society and weak – family society.

In the two societies, the role of Xiao (filiality) and the role of honor provide the key to responding this difference. Different attitudes regarding aging and the elderly appear to be rooted in both societies. Xiao (filiality) is a primary Chinese virtue, enjoining life – long respectful obedience of children to their parents. Xiao in fact serve as the primary anchor for morality in the Chinese tradition: any violation of filial piety is seen as threatening the well – being of the state and community as a whole. Since Han Dynasty, classics had devoted to articulating these principles, *Xiaojing*, remained for many centuries obligatory for reading and memorizing among children. *Xiaojing* begins with the following assertion placed in the mouth of a character Confucius.

Filial piety is the root of all virtue, and the stem out of which grows (all moral) teaching…. Our body – to every hair and bit of skin – are received by us from our parents, and we must not presume to injure or wound them. This is the beginning of filial piety. When we have established our character by the practice of the filial course, so as to make our name famous in future ages and thereby glorify our parents, this is the end of filial piety. It commences with the service of parents; it proceeds to the service of the ruler; it is completed by the establishment character. ②

Even though the changes of this past century have tended to make cultures and mentalities more uniform, they have done little to erase the historic profiles of family spirit in China. In the TV series *Fendou*, we have been watching the filial behaviors of young adults (particularly embodied in such characters as Lu Lu, Hua Zi and Xia Lin. On the contrary, the west values honor and respect for parents, but never to the same extent. In the Bible, the Old Testament includes in the Hebrew *Ten Commandments*: "Honor your father and your mother". But the "honor" does not readily transfer outside the family to relations in the larger world. Also this respect is not expected to constitute a life – long priority; western children are understood to become independent adults at some point in their lives.

Besides, the social control of behavior tends to be more effective in strong – family societies. The majority of the social indicators related directly or indirectly to the family division seem to indicate this. Some people have attempted to explain these social differences in terms of religious attitudes or by the stage at which each society finds itself on its particular road to modernization. They can be more easily explained, however, by the nature of the family systems prevailing in both societies. The problem of the homeless is a prototypical example of the lack of social cohesion in contemporary society. It is often surprising to note that the incidence of homelessness is much greater in the United States than it is in China, despite the greater economic dynamism, higher living standards, and lower levels of unemployment in the United States. In China, the essential mechanisms of familial solidarity stipulate that the family group protect its members from the vagaries of economic and employment cycles even after family division, and thus the social implications of unemployment of the youth tend to be hidden, at least in part, within the family. If a country like the United States, for example, had similar levels of unemployment, up – rootedness would have been widespread and the social and political consequences enormous. In China, comparatively little social disruption has taken place largely because of the role of the family. Another eloquent example of how Chinese families actively intervene to ensure the wellbeing of their own members can be seen in lone – parent households.

The increasingly rapid process of population aging is one of the most important challenges confronting developed societies today. Meeting this challenge will not be the same in societies where strong – family systems prevail as in those with weak – family systems. Strong – family societies can and should count on the institution of the family when planning means of support for the elderly after the family division. This support can be expected to begin when the young adults start their own household even if the health of the elderly is still good, and the financial state if the elderly stable. Once health begins to deteriorate or retirement comes, the family will continue to be essential both as a place for the elderly to live and as a source of company for them. This last aspect

---

② Source: http:// www. Chinapage. com/Confucius/ciaojing – be. html.

is difficult to measure empirically, although it makes up an important part of the wellbeing of the elderly. It is very likely that strong families will continue to be a source of income supplement for their needy elderly, much as they have been until now. In weak – family areas, the care of the elderly will be based much more on individual savings, on residential autonomy, on retirement communities and nursing homes, and on the support of public institutions. The most common pattern of behavior will be for an elderly person to move directly from an autonomous residence to a nursing home, normally obviating the need for an intermediate stage of co – residence with a child, so frequent in China. Social and emotional support for the elderly will be offered by charitable institutions and volunteers, as well as by the families themselves, albeit on this point a large number of families will not be up to the task. Institutional care is much more costly and demanding for society than care based on the family. Yet in relative terms the level of savings among the elderly will tend to be greater in weak – family areas, enabling many elderly to contribute economically to the costs of their own care. Implicit in this same context is the fact that economic abuse of the elderly, a crime on the rise the world over, will always be more common where personal savings are greater and where there is less family influence on those savings.

4 General discussions and future family development

The similarities explored in the study have probably proposed a model for the future development of the family in China. A process of urbanization in China will eventually render the family similar in America. The ending result will be a truly "uniform" family in both countries. Nevertheless, at the very least this tends to minimize the depth of cultural and historical differences in China. Once again it is as though modern society had finally done away with the pernicious effects of history, launching us toward the adventure of the future. It is a type of neo – modernization discourse in which economic and social change torches all vestiges of cultural and historical difference. This seems hardly likely because these differences have characterized both societies for centuries. It is unquestionable that in China certain external indicators of the family and of family forms are converging: the importance of solitary house – holds is decreasing, as well as the weight of extended families, fertility and nuptiality are declining, and the number of children born before wedding is rising. Additionally, parental authority has diminished, improvements in health and social welfare have led the elderly to maintain their independence much longer before going to the family for help, children and women have acquired far greater autonomy with respect to the familial group, and women have entered the labor market in great numbers. It is also true that the rate of change in much of China over the past 15 to 20 years has often been dramatic. These are all indisputable signs of the times that affect Chinese society. However this does not mean that world families are on the path to uniformity. For one thing, despite general moves in the same direction, most of these indicators show no decline in relative variability. Even with the great transformations in recent years, the spirit of Chinese family has remained unchanged. Perhaps more important, the family is an institution that is far more complex than we might suspect. People's attitudes toward the family, the way they live family life, and the type of influence the family has over the lives of its members are essential to the meaning of the family; and there is no indication of convergence on this count.

In the future, it is certain that the Chinese family will stay traditional and strong, the western family traditional and weak. Chinese will continue to care for their elderly and vulnerable parents, just as grandparents take care of their children's offspring when they are at work. The Americans will continue to maintain their commitments to individualism and to residential autonomy. Chinese will continue to remain at home until they get their first stable job, and adolescents will continue to seek their liberation from the family ties that bind them. Demographic change will have more severe effects, making the state and personal savings play a greater role in the wellbeing of the elderly, although these will not replace the role of the family in a decisive fashion. The future promises to bring many changes, but weak - family and strong - family systems will continue to occupy clearly differentiated vital spheres. Appreciating the strength, flexibility and resilience of the modern family continues to be essential for a viable understanding of society.

5 Conclusion

Based on earlier researches' findings concerning with the traditional family division in China which have revealed many true facts, the present study generally describes the critical moment of family division in modern times when young adults set up their own household - family division - in both America and China through two popular TV series, namely, *Friends* and *Fendou* (奋斗). Although the general is emphasized over the specific and the big picture set out in bold strokes prevails over attention to detail, the basic conclusions from these studies are: (a). the similarities found in both TV series indicate the trend of "uniformity", and (b). the differences shown in both TV series reflect the different family values and family types in modern China and American family. It is questionable whether family types would unify because of the rooted culture psychology.

This paper hopefully contributes some basic understanding to modern family development and familial values in both cultures. However, because of the non - empirical nature of this study, it fails to provide solid evidence to prove the arguments. Besides, the two TV series might be the tip of the iceberg on the sea.

References

[1] Cohen M. House United, House Divided: The Chinese Family in Taiwan [M]. New York: Columbia University Press, 1976.

[2] Cohen M. Family management and family division in contemporary rural China [J]. China Quarterly, 1992(13): 357 - 377.

[3] Hu Taili. Between union and division: rural households and industrialization in Taiwan, in Jian Qiao (ed.) [M]. Chinese Families and their Changes. Hong Kong: Social Sciences Institute, Chinese University of Hong Kong, 1991: 213 - 220.

[4] Lavely W, Wong Bin. Family division and mobility in north China [J]. Comparative Study of

Society and History,1992,34(3):439 -463.
[5] Lavely W,Ren Xinhua. Patrilocality and early marital coresidence in rural China [J]. 1955 - 85,The China Quarterly,1992(130):378 -391.
[6] Ma Guoqing. Family division in China: succession and combination[J]. Chinese Journal of Social Sciences,1999(1):106 -117.
[7] Shiga Shuzo. Family property and the law of inheritance in traditional China, in David C. Buxbaum (ed.) [M]. Chinese Family Law and Social Change. Seattle: University of Washington Press,1978.
[8] Wakefield D. Fenjia:Household Division and Inheritance in Qing and Republic China [M]. Honolulu:University of Hawaii Press,1998.
[9] Yan Yunxiang. Financial resources and ethics in family politics:an anthropological analysis of family division mode in north rural China [J]. Sociological Research, 1998(6):74 -84.

大学英语听力教学研究现状与趋势的可视化分析

孙由之

中国矿业大学（北京）文法学院，北京　100083

摘　要　过去十年间，我国有大量研究者关注大学英语听力教学，然而鲜有学者采用科学的、可计量的工具来分析这一领域的研究现状。为此，本研究将采用科学统计方法，以可视化的形式深入探讨大学英语听力教学研究的现状及趋势。

关键词　科学统计　大学英语　外语听力

Visualized Analysis of Domestic Research on College English Listening

Sun Youzhi

School of Law and Humanities, China University of Mining Technology, Beijing　100083

Abstract　Studies have been widely conducted on college English listening in the past decade, but domestic research is not as broad and deep as its overseas counterpart. In terms of methodology, empirical studies were at a shortage. Systematic research are still needed.

Key words　scientific statistics　college English　foreign language listening

国内学者对英语听力教学的研究肇始于20世纪60年代，并于21世纪初在数量上呈爆发式增长，因而准确把握核心课题的重要性显得尤为突出。然而截至目前，现有研究文献尚未采用科学工具准确描述本领域的研究现状，难免挂一漏万。为此，本文借助科学计量软件及统计软件，以直观、准确的可视化方式呈现CSSCI数据库中过去十年间的相关文献，以期回答如下问题：近年来国内大学英语教学研究的主要话题是什么？外语听力教学研究中的主要研究方法有哪些？与国外的同期研究相比，国内的相关研究可能存在哪些问题？

资助项目：中央高校基本科研业务经费专项资金（2016QW04）

作者简介：孙由之（1990—　），女，四川汉源人，硕士，助教，主要从事应用语言学及英语教学研究。Tel：18612717783；E-mail：sunyouzhi. syz@ gmail. com

1　数据来源及研究工具

本研究的数据来源于中国社会科学引文索引（简称 CSSCI）数据库。CSSCI 数据库囊括了国内 500 余社会科学人文学科的期刊，代表着国内相关领域研究的主流。本文采用书目共现分析系统 Bicomb 2，结合主流统计软件 SPSS 22.0，可科学、准确地呈现文献之间的共现、聚类关系。数据收集步骤如下：首先在 CSSCI 数据库中选取 2005—2015 年的期刊文献，先后在“篇名”“关键词”及“摘要”等栏中检索“英语听力”“外语听力”，剔除重复的或与研究题目无关的文献，获得共 215 篇期刊论文作为分析样本。然后利用 Bicomb 软件的文本挖掘功能提取论文的作者单位、期刊及关键词等重要信息，再利用该软件的共词分析功能获得高频关键词的相似矩阵。最后，将关键词共现矩阵导入 SPSS 软件中，采用系统聚类分析得到相关文献的关键词聚类树图。

2　数据处理及结果分析

2.1　研究概况

2.1.1　文献作者单位

统计结果显示，215 篇相关文献的作者来自全国约 180 个院校。如表 1 所示，上海交通大学在过去十年间在该领域发表的频次最高，为 10 次，所占比重为 4.1841%。由表 1 可见，有关大学英语听力教学与学习的领域中，研究者主要集中在综合性大学及理工科院校，而文科院校，包括专业外语院校，占比则偏低。

表 1　2005 至 2015 年间有关大学英语听力教学的研究者单位分布

序号	作者单位	频次	序号	作者单位	频次
1	上海交通大学	10	8	济南大学	3
2	吉林大学	7	9	西南民族大学	3
3	江南大学	4	10	广西师范大学	3
4	华中科技大学	4	11	攀枝花学院	3
5	西安科技大学	4	12	广西大学	3
6	上海对外贸易学院	3	13	山东工商学院	3
7	温州大学	3	14	北京建筑工程学院	3

2.1.2　载文期刊

数据显示，215 篇关于大学英语听力教学的期刊文献主要发表于语言学类及教育类期刊（见表 2）。前者主要集中在 10 种期刊，占比达 40.0%。后者则集中在 7 种期刊，占 20.5% 左右。其余文献主要发表在高等院校综合性学报，占比约 18.1%。据此可知有关大学英语听力教学的研究主要刊登于语言学类核心期刊，此类期刊为本领域的研究起了积极的引导作用。

表2 2005—2015年间有关大学英语听力教学的载文期刊分布

序号	关键字段	频次	序号	关键字段	频次
1	外语电化教学	31	13	南宁师范高等专科学校学报	5
2	黑龙江高教研究	14	14	教育理论与实践	5
3	解放军外国语学院学报	10	15	外语研究	4
4	西南民族大学学报（人文社会科学版）	10	16	首都师范大学学报（社会科学版）	4
5	外语界	9	17	中国大学教学	4
6	现代教育技术	7	18	技术与创新管理	4
7	山西财经大学学报	7	19	外语与外语教学	3
8	现代外语	6	20	外语教学与研究	3
9	电化教育研究	6	21	中国外语	3
10	外语教学理论与实践	6	22	湖南师范大学教育科学学报	3
11	中国教育学刊	5	23	外语学刊	3
12	外语教学	5	24	中国电化教育	3

2.1.3 高频关键词

笔者对215篇文献统计后，合并了意义相同或相近的关键词，得到共448个互异的关键词。为了准确地描述与大学阶段英语听力教学相关文献的全貌，基于孙清兰提出的高低频词界分估计法，本文将高低频词分界阈值定为6，得到19个高频词（见表3）[1]。

表3 2005—2015年间有关大学英语听力教学的高频关键词分布

序号	关键字段	出现频次	百分比/%	序号	关键字段	出现频次	百分比/%
1	听力教学	66	7.6834	11	图式理论	11	1.2806
2	听力理解	41	4.7730	12	听力测试	10	1.1641
3	听力策略	27	3.1432	13	语言习得	9	1.0477
4	英语听力	22	2.5611	14	多媒体	9	1.0477
5	元认知	21	2.4447	15	多模态	9	1.0477
6	大学英语	21	2.4447	16	听力焦虑	8	0.9313
7	听力语料	19	2.2119	17	大学英语听力	7	0.8149
8	自主学习	15	1.7462	18	听力技能	6	0.6985
9	听力	15	1.7462	19	工作记忆	6	0.6985
10	网络环境	12	1.3970				

如表3所示，相关文献的研究视角主要为教师和学习者。从教师角度出发的文献中，研究内容集中在教师选取的语料、教学的网络及多媒体环境、听力能力测试等话题。而从

学习者视角进行研究的文献中，听力理解的过程和机制、学习者采取的策略、元认知的应用、学习者自主学习、听力与语言习得能力及水平的联系、听力任务的多模态分析、学习者的听力焦虑和听力技能，以及工作记忆在听力中的作用是主要研究话题。然而“英语听力”“大学英语”“听力”“大学英语听力”等4个关键词并未描述任何特定研究领域，将被排除于下文的相似矩阵及聚类树图分析。

2.2 相似矩阵及聚类树图

2.2.1 相似矩阵

表4所示为15个关键词之间的Ochiai系数，即关键词间共现的强度，数值范围在0到1之间，越接近1则共现强度越大。数据显示，共现强度最大的关键词组是“自主学习、网络环境”，相关系数为0.386。可见网络环境对自主学习的作用是研究者关注的焦点之一。我们也可以看到仍有许多关键词之间并未展现相关性。

表4　2005—2015年有关大学英语听力教学的文献关键词相似矩阵

	听力教学	听力理解	听力策略	元认知	听力语料	自主学习	网络环境	图式理论	听力测试	语言习得	多媒体	多模态	听力焦虑	听力技能	工作记忆
听力教学	1.000	0.041	0.081	0.028	0.168	0.070	0.038	0.196	0.000	0.000	0.087	0.043	0.000	0.053	0.000
听力理解	0.041	1.000	0.163	0.102	0.161	0.000	0.000	0.141	0.118	0.104	0.104	0.156	0.055	0.128	0.000
听力策略	0.081	0.163	1.000	0.182	0.054	0.056	0.060	0.126	0.000	0.000	0.070	0.000	0.000	0.000	0.000
元认知	0.028	0.102	0.182	1.000	0.000	0.233	0.063	0.000	0.000	0.073	0.000	0.218	0.077	0.000	0.000
听力语料	0.168	0.161	0.054	0.000	1.000	0.069	0.000	0.000	0.195	0.086	0.000	0.086	0.000	0.211	0.105
自主学习	0.070	0.000	0.056	0.233	0.069	1.000	0.386	0.000	0.000	0.000	0.000	0.089	0.000	0.000	0.000
网络环境	0.038	0.000	0.060	0.063	0.000	0.386	1.000	0.000	0.000	0.000	0.000	0.000	0.000	0.000	0.000
图式理论	0.196	0.141	0.126	0.000	0.000	0.000	0.000	1.000	0.000	0.000	0.000	0.000	0.000	0.000	0.123
听力测试	0.000	0.118	0.000	0.000	0.195	0.000	0.000	0.000	1.000	0.252	0.000	0.000	0.000	0.154	0.309
语言习得	0.000	0.104	0.000	0.073	0.086	0.000	0.000	0.000	0.252	1.000	0.111	0.111	0.000	0.136	0.272
多媒体	0.087	0.104	0.070	0.000	0.000	0.000	0.000	0.000	0.000	0.111	1.000	0.111	0.000	0.000	0.000
多模态	0.043	0.156	0.000	0.218	0.086	0.089	0.000	0.000	0.000	0.111	0.111	1.000	0.000	0.000	0.000
听力焦虑	0.000	0.055	0.000	0.077	0.000	0.000	0.000	0.000	0.000	0.000	0.000	0.000	1.000	0.000	0.000
听力技能	0.053	0.128	0.000	0.000	0.211	0.000	0.000	0.000	0.154	0.136	0.000	0.000	0.000	1.000	0.000
工作记忆	0.000	0.000	0.000	0.000	0.105	0.000	0.000	0.123	0.309	0.272	0.000	0.000	0.000	0.000	1.000

2.2.2 聚类树图分析

对15个关键词作聚类分析的可视化结果如图1所示。215篇文献可大致分为听力教学研究与非听力教学研究，后者的主要研究对象为听力理解与听力策略、元认知等其他内容。据此，我们可将2005—2015年我国大学英语听力研究的主要领域划分为以下五大类：①大学英语听力的教学理念及实践；②学习者的英语听力理解机制及过程；③认知策略在学习者英语听力中的作用；④听力语料对学习者英语听力的影响；⑤网络环境对学习者听力的作用。

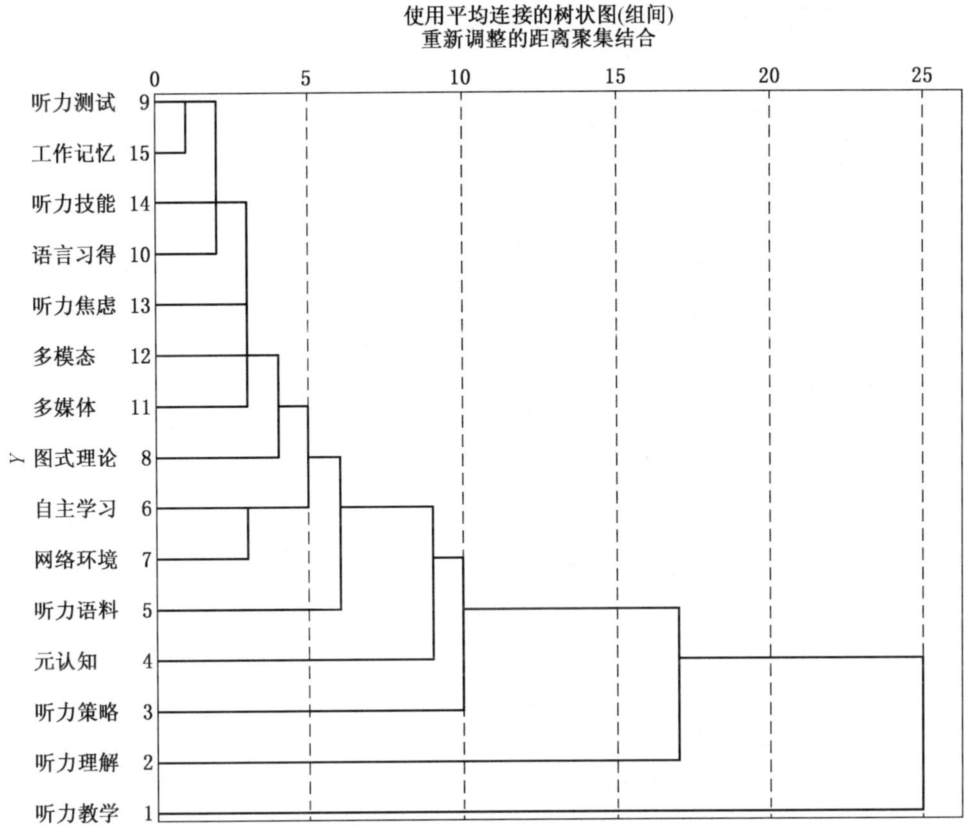

图1 2005—2015年有关大学英语听力教学的关键词聚类树图

3 问题与讨论

3.1 教学理念与实践

国内研究者在大学英语听力教学的理念与实践这一研究内容上着力较多，主要解决课程设置及课堂设计等方面的问题，就研究方法而言尚以经验叙述性文章为主[2]。也有部分研究者运用了量化研究、质性研究、行动研究等实证研究方法。例如高强及刘琳两位学者结合量化及质性研究，综合运用问卷调查与个案研究，探索了大学英语听力教学者的教学信念与实践之间的关系[3]。

3.2 听力理解的机制及过程

国内学者通常从较宏观的角度研究听力理解的机制及过程，如应用较广的早期的传播理论及后来的跨文化及测试学等学科视角[2]。近期则有研究者采取了较为微观的角度，从认知心理学及心理语言学的学科视角探究听力教学与学习者听力能力，如于翠红以认知心理学理论为基础考察了大学英语学习者的词汇视觉、听觉的协同发展[4]，杜方圆、邱东林、范烨等人关注语流切分与词汇的识别[5,6]。然而此类微观研究领域在国内仅初有涉及，相关文献屈指可数，且在深度上与国外的外语听力研究主流相比仍显不足[7]。

3.3 认知策略

国内学者较早开始关注听力过程中的补偿机制，例如先行提示、图式等构念[8]。亦有大量研究者对不同分类的认知策略、认知风格作横向对比，关注的是英语学习者在听力中运用的不同策略或学习者不同的认知风格对其听力理解的影响[9]。此外，元认知在听力学习与教学中的作用也是研究者的一大关注点[10]。而同期国外的相关研究则覆盖面更广、钻研度更深，如学习者的听力水平与其自我效能感之间的联系、听力策略对新闻视频信息理解的作用等[11,12]。

3.4 听力语料

国内大学英语听力教学研究的一大特色是在听力语料的选取及评价上着力较多。相关研究多聚焦于各类听力语料中的多模态学习和教学。例如李欣、李玫英、王佳子等研究者探讨了基于视频资源的多模态自主听力模式对学习者英语听力能力的影响[13]。亦有研究者横向对比不同类型的语料对听力水平的影响，如范烨探究了视听语料和听力语料中学习者的词汇辨别[6]。

3.5 网络环境

近期研究选题多集中于网络与自主学习这一层面[2]。研究者关注的是在网络环境中学习者的英语听力学习策略的运用，更有研究者聚焦于网络智能终端上大学英语混合式学习对英语听力理解能力的作用[14,15]。而同期国外研究者还深入探讨了基于网络的学习方式对习得关系从句的影响等细致问题[16]。

3.6 小结

近年来国内研究者不断拓展研究内容，逐渐缩小与国外研究主流的差异。除此之外，我国大学英语听力教学研究也具有本土特色，学者多着眼于认知风格对听力理解的影响以及听力认知策略的教学与训练。与国外研究相比，国内的相关研究仍有不足。首先，研究方法仍以非实证研究为主，主要依赖研究者自身的思辨及经验[2]。其次，国内大学英语听力教学研究内容的深度及广度仍显不足，针对特定选题的细致探讨不足且部分研究课题仍有空缺。例如国内关于听力词汇识别的研究仍然难以与国外相关研究形成对话。又如学术英语听力这一话题在国外已有逾十年研究历史[17]，国内研究文献却鲜有涉及。随着中外学术交流的日益频繁，对学术听力能力相关研究的社会需求势必愈发迫切。

4 结论与展望

2005—2015 年间，我国研究者在大学英语听力这一领域中著作颇丰，且研究话题较以往的覆盖面更广。然而就研究内容而言，国内学者仍需加强研究的深度与广度；就研究方法而言，实证研究仍偏少，仅靠研究者自身的经验与推断的研究缺乏说服力。因此，我们需要从更全面的角度审视大学英语听力并展开科学系统的研究。

参 考 文 献

[1] 孙清兰．高频、低频词的界分及词频估计方法［J］．情报科学，1992（2）：28－32.

[2] 何应根，董艳．大学英语听力教学研究现状与问题分析——基于国内 CSSCI 期刊论文的分析（1994—2013）［J］．外语电化教学，2014（9）：75－78.

[3] 高强，刘琳．大学英语教师听力教学信念及其与教学实践关系探究［J］．外语界，2013（2）：33－41.

[4] 于翠红．词汇视、听觉协同发展对中国英语学习者听力信息加工成效的作用 [J]. 现代外语，2013 (4)：45－49.
[5] 杜方圆，邱东林．英语语流中词汇识别的实证研究 [J]. 外语教学理论与实践，2015 (1)：16－23.
[6] 范烨．关于原版视频语流切分的实证研究 [J]. 外语电化教学，2014 (6)：45－49.
[7] Vandergrift, L. Recent developments in second and foreign language listening comprehension research [J]. Language Teaching, 2007(4): 191－210.
[8] 李晓媛，俞理明．关键图式对二语听力理解中工作记忆符合削减作用的研究 [J]. 现代外语，2009 (2)：149－157.
[9] 徐锦芬，李斑斑．大学生英语听力风格及其对短文听力理解水平的影响 [J]. 外语教学与研究，2009 (3)：186－192.
[10] 刘巧玲．非英语专业大学生听力元认知意识、听力焦虑和听力水平的相关性研究 [J]. 外语教学，2015 (5)：15－20.
[11] Graham, S. Learner strategies and self－efficacy: Making the connection [J]. Language Learning Journal, 2007(1): 81－93.
[12] Cross, J. Effects of listening strategy instruction on news videotext comprehension [J]. Language Teaching Research, 2009(2): 151－176.
[13] 李欣，李玫英，王佳子．多模态自主听力教学模式有效性的实证研究 [J]. 解放军外国语学院学报，2012 (6)：22－29.
[14] 凌茜，杨梅荣，杨改学．基于网络的非英语专业大一新生英语听力学习策略实证研究 [J]. 外语电化教学，2012 (1)：13－17.
[15] 柴阳丽．基于微信的非英语专业大学生英语听说学习诉求的调查研究 [J]. 外语电化教学，2014 (5)：43－48.
[16] Romeo, K. A web－based listening methodology for studying relative clause acquisition [J]. Computer Assisted Language Learning, 2008(1): 51－66.
[17] Lynch, T. Academic listening in the 21st century: Reviewing a decade of research [J]. Journal of English for Academic Purposes, 2011(2): 79－88.

变化中的大学英语课程——大学英语教学与四六级考试新趋势初探

吕　欣

中国矿业大学（北京）文法学院，北京　100083

摘　要　2016 年大学英语四六级考试又进行了较大变动，从题型来看，更加注重了英语实际应用能力的培养，这对大学英语课堂改革提出了新的要求。本文基于此，以大学英语课堂为研究平台，以非英语专业本科生为研究对象，从大学英语课程的课程安排、教学方法及四六级备考等方面进行了调查研究，综合分析了大学英语课堂应如何进行调整以适应学生需求，使得大学生英语能力得到真正的提高。

关键词　大学英语四六级考试　大学英语教学　大学英语课程

The Changing College English Course——A Study on College English Teaching and the Trend of CET 4&6

Lv Xin

School of Law and Humanities, China University of Mining and Technology, Beijing　100083

Abstract　The College English Test Band 4&6 changed the first section of listening part in 2016. The change tends to pay special attention to the students' ability on the practical application in English. So it calls for the college English class to modify its mode in order to meet the need of students. Through analysis of the arrangement and teaching method of college English class, the research of students' feedbacks on CET 4&6 and the college English course, this paper discusses how to make some changes to improve students' English indeed.

Key words　CET4&6　college English teaching　college English course

0　引言

当前，高校把大学英语课程视为公共基础课中重要通识性课程。面临新的形势，大学

资助项目：中央高校基本科研业务费专项资金（2016QW03）

作者简介：吕欣（1988—　），女，吉林大安人，硕士，助教，主要从事英语语言文学及英语教学方向的研究。Tel: 18811665558; E-mail: lvxinlg@163.com

英语课程教学成果检测的一个标准——大学英语四六级考试（以下简称 CET4&6）的改革，大学公共英语教学的改革势在必行。2007 年 7 月，教育部正式颁布了《大学英语课程教学要求》。《要求》强调大学公共英语教学的目标是培养学生的英语综合应用能力，特别是听说能力，使他们在今后学习、工作和社会交际中能用英语进行交流，同时增强其自主学习能力，提高综合文化素养，以适应我国社会发展和国际交流的需要。[1] 本文从大学英语课堂教学入手，着重分析 CET4&6 改革对大学英语教学的影响，并对大学英语教学改革提出针对性建议。

1 大学英语课堂面临的问题

在目前的所有语言测试项目中，规模最大的是我国语言测试专家在 20 世纪 80 年代中后期开发的大学英语四六级考试。[2] 大学英语课堂的教学成果不显著一直是困扰大学英语教育工作者的难题。由于学生英语水平的差异性，教材质量的不统一性，各个高校英语课时学制的千差万别，以及教学评价标准的参差性，都影响着大学英语教学的成果。

1.1 学生与学校的差异

就本校大学英语教学情况而言，由于学校背景为理工科院校，学生理工课业负担相对较多，又由于学生们大部分自制力不强，就会出现英语学习时间严重不足、重视程度不够等问题。大学英语这一学科在本校长期以来处于一个很尴尬的地位，许多学生只为了拿到学分而已，并且因为英语这一学科性质，如果基于高中的英语基础还不错，学生便存在侥幸心理：即便是英语课堂不太努力学习，四级也可以低空飞过。但是 2016 年 6 月的四六级考试似乎"扼杀"了这种侥幸心理，尤其是听力部分难度的大大提升，学生不经过一定时间的准备和学习积累是不可能达标的。另外，因为大班教学，人数较多且学生本身英语基础相差较多，所以课堂上无法满足所有学生的需求，只能以大多数学生的步调为准，而一些基础稍差的学生会在学习中逐渐掉队，然后失去学习的热情和信心。通过上课中学生的表现还发现，一定比例的学生上课并不重视课本，只是把英语课堂作为一个媒介而把通过大学英语四六级考试视为最终目的。作为评价大学英语教学成果及学生英语能力的全国大学生英语测试固然重要，但是学生忽略课堂教学的现象也值得思考。

据网络调查的数据显示，文科类学校的四六级分数及通过率要高于理工科院校。以 2015 年 6 月的统计数据为例，排名前 20 的学校中只有零星的一两个学校是理工科院校，且我国理科名校清华大学排在了第 15 位（见表 1）。虽然这是网络调查数据，仅供参考且有一定误差，但是也反映出一些问题。我们总是在强调英语实际运用重要性的同时却没有在课程安排中分出一杯羹，那么结果必然与理想相去甚远。

表 1　各高校四六级考试排名

排名	学　校	四级均分	六级均分	总均分
TOP1	外交学院	586.56	562.32	579.15
TOP2	北京大学	587.23	524.94	568.42
TOP3	上海交通大学	575.35	487.15	553.09
TOP4	上海财经大学	559.86	502.36	552.48

表1（续）

排名	学　校	四级均分	六级均分	总均分
TOP5	国际关系学院	556.51	438.44	545.78
TOP6	上海对外经贸大学	553.06	504.36	531.08
TOP7	中国人民大学	549.87	509.36	528.07
TOP8	南京大学	563.58	470.73	523.93
TOP9	复旦大学	554.18	517.12	523.85
TOP10	华东师范大学	539.78	444.27	522.45
TOP11	广东外语外贸大学	541.29	459.62	519.69
TOP12	中央财经大学	539.86	468.73	516.68
TOP13	上海外国语大学	470.75	516.68	514.26
TOP14	中山大学	536.78	480.25	509.08
TOP15	清华大学	530.00	502.80	505.68
TOP16	北京语言大学	462.50	506.48	505.06
TOP17	北京电子科技学院	518.29	439.25	503.24
TOP18	北京师范大学	528.44	435.62	501.51
TOP19	南方科技大学	517.50	478.80	499.91
TOP20	南方师范大学	521.06	452.79	498.31
TOP21	中国传媒大学	532.56	450.58	498.08
TOP22	北京协和医学院	493.64	520.00	496.94
TOP23	北京航空航天大学	533.59	411.06	496.86

1.2　教学安排及教材选取的差异

学生仅仅依赖于老师一周“短小精悍”的4学时英语课上学习，就想提高英语能力是远远不现实的。学生对老师的过度课堂依赖同时也对老师提出更多要求，因为需要老师在课堂的短短四十五分钟时间内高效率地让学生接受新知识，要充分发挥老师的激情，激发学生的学习热情。教学上由于老师教学方法的各有千秋，风格万种，侧重不同，那么都会有着不一样的教学效果。

另一个值得关注的问题是教材选取的重要性。大学英语教材千差万别，现行各高校主要以外研社版的《新视野大学英语》，上海外语教育出版社的《（全新版）大学英语》，浙大版的《新编大学英语》及复旦版《21世纪大学英语》为教材，也有各个院校自编的大学英语教材。虽然以上教材几经修订，但是仍存在教材内容不够新、与潮流严重脱轨等问题。

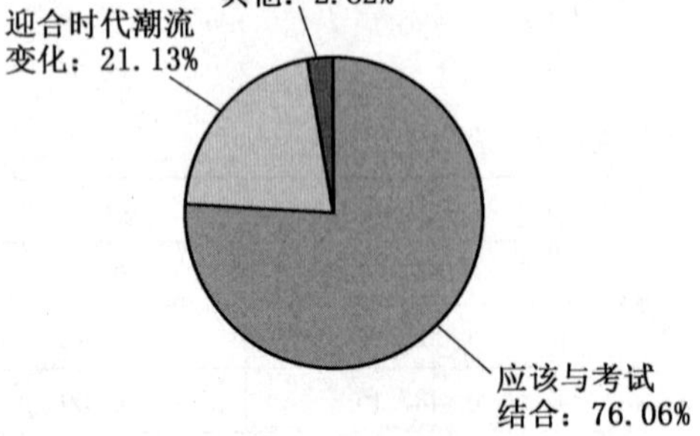

图1　第6题调查结果

本人结合自己教学体会设计了一份关于大学英语课堂改革及大学英语四六级改革的调查问卷，选取了来自若干所高校的非英语专业的大一、大二学生进行了调查。

第 6 题：你认为大学英语课堂是否需要加入一些可读性强，时事性强的材料？

第 6 题调查结果如图 1 所示，调查结果显示，大部分学生认为课堂教学应该与英语四六级考试结合的同时，也要迎合时代潮流的变化，使英语学习更加“接地气”。

第 6 题：你认为大学英语课堂是否需要加入一些可读性强、时事性强的材料？

2 大学英语课堂从四项基本能力开始抓起

2.1 听说能力的培养

2016 年大学英语四六级考试已经落下帷幕，从题型来看，听力部分的改动最大且难度相对提升较大。四级考试听力部分 Section A 由原来的八段短对话变为四段小新闻。这种形式的考核对学生的英语听力提出了很高的要求，并且是一种很具有实用性的考核。这不仅要求学生要对听力引起足够重视，另外还可以了解国内外时事热点，让英语学习不再单调无聊。但是大学英语课堂中对于听力方面的训练由于教材和学生基础等限制，对这种新题型一时无法适应。通过调查的数据分析，可以看出听力确实是学生面临的一大挑战。

第 3 题　你觉得新题型哪部分最难把握？

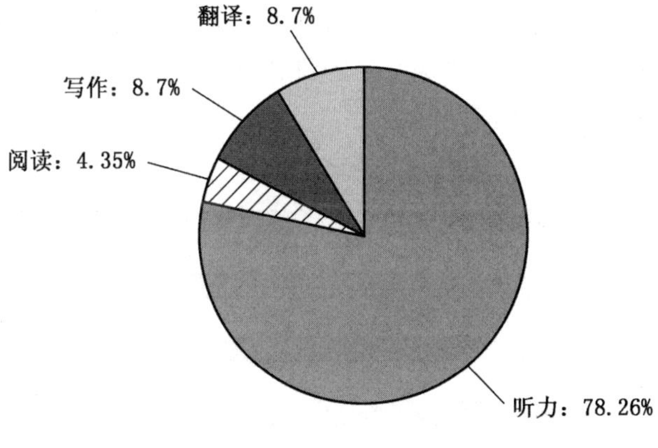

图 2　第 3 题调查结果

第 3 题调查结果如图 2 所示，数据显示高达 78.26% 的学生认为改革后的听力是最难把握的部分。那么在大学英语课堂教学中针对听力的重视就要相应地做出调整。在基于课本上简单基础的一些听力材料基础之上，把其作为一个循序渐进的平台，新闻听力的训练则正是学生运用所学技巧的验证。当然，听力教学的方法也不是拘泥于听文本回答问题这样的环节，由于现在多媒体资源的日渐丰富，可以筛选出相对有趣味性的新闻资源来进行听力训练，比如，我的课堂上我会选取难度适中的 TED 演讲，在选材的时候注意有难度梯度，除了有一定趣味性以外，要注重语速适中，词汇量不宜过难，给学生造成心理压力，从而失去学习的欲望。

与此同时，口语虽不作为 CET4&6 的考核范围之内，但是口语表达是日常生活中最为基本和使用的一个技能。大学英语课堂上，在口语的教学中通常是采用听力训练和口语练习相结合的方式，先通过听力材料学习一些习惯性表达，在提高听力的同时，提升口语素材的积累。

2.2　阅读教学的应试性与应用性改革

从听力部分的改革看来，阅读部分的改革也会顺应趋势，选取一些与生活学习息息相关的阅读材料作为阅读文本。英语阅读一直是学生的强项，不管是在CET4&6中，还是雅思、托福这类出国考试中，学生在阅读部分得分率相对较高，但是这并不代表着学生可以真的可以得心应手地阅读学术较强的文献和资料。“绝大多数学生英语学习目的性很强，英语阅读应试性明显。学生在考试前做大量阅读练习，但只是为了解题而阅读，缺乏对阅读过程中元认知策略有意识的培养。因此，即使考试分数及格了，但阅读中也很少进行自我监控和自我管理”。[3]

教师除了在课堂教授学生阅读的方法以外，更多的是鼓励学生去多读多训练。阅读的能力一定是基于大量的文本之上才有显著的提高，是一个从量变到质变的过程，当阅读能力提升之后，相应的写作能力也会有所裨益。

现在的英语课堂阅读课的讲授方式很多。近年来由于翻转课堂的教学得到了部分学生和老师的肯定同时也收到了一些教学成果，许多高校便采取了这种教学方法进行阅读课的教学，但是由于学生的个性化差异，这种教学方法也不是放之四海而皆准的。阅读课型中使用翻转课堂的模式适用的课文类型较广，但是大部分依赖学生自主学习，要求有一定的基础和自制力，才能有显著的成效，否则耗时耗力，收效甚微。

第5题：你所在高校的大学英语课堂老师讲解有关四六级相关应试方面的内容时，一般会在以下哪部分花费相对较多时间。

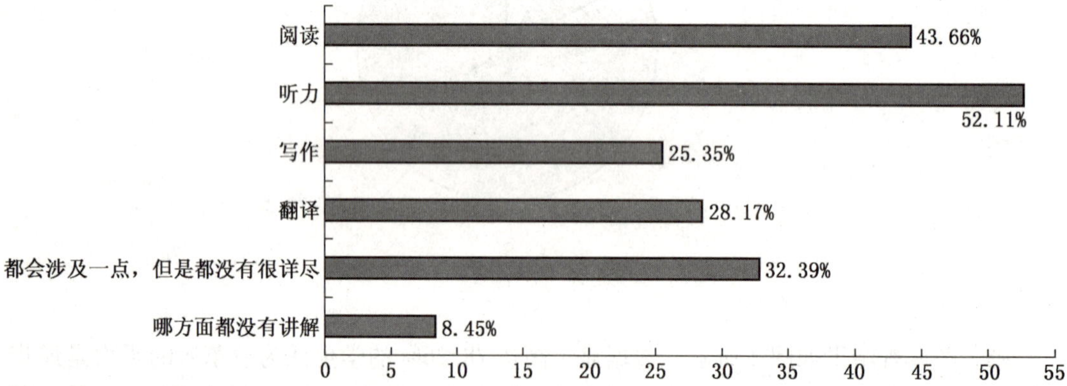

图3　第5题调查结果

第5题调查结果如图3所示，从图3可以看出阅读的教授还是占用了很多课堂时间的。基于阅读课堂的特点，大多数课堂都采用Task - based方法，让学生带着任务去阅读。但是阅读材料的相对枯燥造成很多学生在阅读的时候不能专注，提不起精神。由于现代化网络的日渐强大，阅读课可以一定程度依赖于网络化，在可控范围内实现阅读的高效性。相较于传统阅读方式，网络阅读具有选材广泛、材料新等优点，而教师的工作量并不轻松，需要筛选合适的材料并进行适当处理，这样才能高效地运用网络教学达到教学目标。

历年四六级考试阅读部分也几经变化，从删掉完形填空到现在的选词填空，由长篇快速阅读替换成篇章匹配，但是可以肯定的是阅读能力始终是被强调的，每一种题型的变化都是从考查学生运用英语能力的实际意义出发的。其实不论是课堂以教材为范本的教学中，还是在辅导学生备考四六考试，表面是应试，其真正意义在于应用。

2.3 翻译与写作的实用性

大学英语四六级考试中对学生翻译能力的考量，从翻译短语到翻译句子，再到一段完整段落的翻译，难度提升很大。大纲要求四级翻译字数为 140 ~ 160 字左右段落，六级翻译字数为 180 ~ 200 字左右段落。翻译是从词汇、句法、语态等多方面考核运用英语能力的途径，是考查学生英语综合能力一个有力标准。要求学生把知识内化，能够自如运用两种语言间的切换。虽说对于翻译的讲解很多时候是迎合四六级考试中的考查，但是翻译本身就是语言实用性的最好体现，也正是四六级趋于实用性的一个重要表现。那么课堂中对于渗透翻译教学应该在基于课本所学语法点之上，学以致用。翻译课堂还可以与写作相结合，两者相得益彰。

对于写作，不仅学生“头大”，老师也很苦恼。很多学生的写作长期处于一个低水平状态，不知道如何提高。其实所谓听说读写就是一个学习语言的过程顺序，先听之模仿之，然后学之读之，最后变成自己的一个工具而写之。写作只有在大量的积累基础之上才能下笔成文，最后妙笔生花。

3 结语

一提到应试性大部分人就会觉得与实用性相悖，其实不然。大学英语四六级的改革愈加重视英语的实际运用，大学英语在满足学生应对四六级考试的基础上，同时也注意了英语在实际生活中的工具性。大学英语课程虽然开设多年，也有相对成熟的教学模式和教学体系，但是也由于语言随时代变化而前进，所以仍然面临许多挑战和问题。不过只有变化中求成长，探索中求方法才能让大学英语课程的真正的存在意义得以绽放。

参 考 文 献

[1] 刘蓉．学生与教师对比视角下大学公共英语教学改革研究——基于 H 大学英语教学情况调查 [D]. 湖南：湖南师范大学，2011.

[2] 金艳．提高考试效度，改进考试后效——大学英语四、六级考试后效研究 [J]. 外语界，2006 (6)：65.

[3] 李晓艳．大学英语阅读中学习策略使用情况的调查研究 [J]. 四川外国语学院学报，2006 (6)：140.

EFL Literature Circles模式下的英语思辨能力培养

裔文军

中国矿业大学（北京）文法学院，北京　100083

摘　要　大学生思辨能力的缺失越来越受到学者们的关注。本文尝试以大学英语阅读课程为依托，依据Furr的EFL Literature Circles模式，通过具体的教学设计来展示如何培养学生的英语思辨能力。研究发现，EFL Literature Circles教学模式实现了将思辨能力培养与学科教学相结合，是培养学生思辨能力的有效途径。

关键词　大学英语阅读　EFL Literature Circles　英语思辨能力

Cultivating Students' English Critical Thinking Ability by Applying EFL Literature Circles

Yi Wenjun

School of Law and Humanities, China University of Mining and Technology, Beijing　100083

Abstract　University students' lack of critical thinking ability has been concerned by more and more scholars. The paper analyzed how to cultivate university students' critical thinking ability by applying EFL Literature Circles in College English Reading Courses. The research showed that EFL Literature Circles model achieved the aim of combining critical thinking cultivation with course teaching, which was an effective way to cultivate critical thinking ability.

Key words　college english reading　EFL literature circles　English critical thinking ability

0　前言

对于Critical thinking这一术语我国不少学者将其译为“批判性思维”或“思辨能力”，其含义是：“运用恰当的评价标准，进行有意识的思考，最终做出有理据的判

资助项目：中央高校基本科研业务费专项资金（2016QW05）

作者简介：裔文军（1981—　），男，江苏丹阳人，硕士，讲师，研究方向：英语教学及英美文学。E-mail：cumtb05y@163.com

断”。[1]教育领域内的批判性思维的概念起源于现代美国实用主义哲学家、教育家Dewey的反省式思维，即“对支持某一信念或某种假定知识结构的理由进行主动、持续与仔细的思考，进而得出结论。”[2]

很多国家都把批判性思维作为其教育的重要培养目标之一。早在1991年，美国出版的《国家教育目标报告》就明确要求各类学校“应培养大量的具有较高批判性思维能力、能有效交流、会解决问题的学生”。新加坡也在课程内容、教学法和教学评估等方面突出批判性思维教学。近些年来，思辨能力也已越来越多地受到我国外语教育界的重视。[3,4] 1999年，我国《大学英语教学大纲》（修订本）要求学生“能进行一定分析、推理和判断，领会作者的观点和态度”。《国家中长期教育改革和发展规划纲要》（2010—2020年）也明确提出“昌导启发式、探究式、讨论式、参与式教学，帮助学生学会学习”。这些都是对批判性思维能力要求的具体体现。然而，中国的大学英语教学模式以语言知识讲解和语言技能训练为主；课程设置重输入，轻输出；教材缺乏对学生思辨能力培养的引导；教学评价体系以应试为导向，更注重对语言技能的评价：这样的大学英语教学不利于对学生思辨能力的培养。对于英语思辨缺席，孙有中认为，“此种状况延续多年，现已危及英语教育的生存与发展。面向未来，英语教育无疑必须继承基本功教学的优良传统，但同时要积极创新，超越传统，在思辨能力培养上实现根本突破”。[5]

1 思辨能力研究现状和EFL Literature Circles教学模式

1.1 思辨能力研究现状

美国是提出思辨能力最早的国家，始于1909年杜威提出的“反思性思维”。1990年，美国哲学联合会委托著名的哲学家、作家Peter Facione等45位专家共同完成了“特尔斐”项目，给出批判性思维的权威定义。到20世纪90年代，关于思辨能力的研究主要集中在思辨能力的构建和量具。[6-8]目前的研究主要探讨思辨能力课程设置及培养模式等。[9-13]国内学者对思辨能力的研究相对较晚，主要有关于思辨能力的理论研究[4,14]、实践研究[15,16]和实证研究等。[17,18]通过回顾国内关于学生思辨能力研究的相关文献可以看出国内很多学者都意识到我国大学生思辨能力缺失的现象，并且这些研究主要针对英语专业学生及其课程设置，关于如何通过大学英语培养学生思辨能力的研究很少，对于如何把提高批判性思维能力落实到教学的具体方法则更少。因此，本文旨在通过Mark Furr（2011）提出的EFL Literature Circles教学模式探索如何在大学英语阅读课程中培养学生的英语思辨能力。

1.2 EFL Literature Circles教学模式

1986年Kathy Short提出了Literature Circles的概念。1994年，Harvery Daniels将Literature Circles模式从理论引向实践，目前国内外关于Literature Circles教学模式的探讨主要是依据Harvey Daniels的观点。2011年，Mark Furr在《Why and How to Use EFL Literature Circles》[19]一文中进一步提出在EFL（英语作为外语）环境中且是在课堂教学中的literature Circles模式。因此，Furr的模式更适合课堂教学，更适合EFL学生，因而也应更加适合中国大学英语阅读教学。

2 通过EFL Literature Circles教学模式培养大学英语阅读思辨能力的可行性

Garrison（1992）将批判性思维的过程等同于一个问题解决的过程。[20]何云峰（2000）

认为，“提问本身就是一种批判形式”，“批判性思维实质上是一个提问的过程，它通过提出不同的问题而逐渐产生主体自己的新观点”。[21] Paul 和 Elder（2008）指出批判性思维教学应培养擅于提问、收集信息、根据标准作评判、思维开阔、能有效沟通和解决问题的思维者。[13] 对于批判性思维培养模式的构建，Paul（1995）提出通过对话性、辩证性思维以及提问让学生自主构建知识和生成合理的高层次思维和特质，其模式概括出大致的培养方法，强调合作学习、基于问题的学习和自主学习。[7] 这些学者关于批判性思维及其构建中都提到：提问、对话、合作学习、自主解决问题、获得新知等特质。

EFL Literature Circles 模式能够很好地满足对学生思辨能力培养的这些要求。该模式中的 6 名不同角色（Discussion Leader、Summarizer、Connector、Word Master、Passage Person 及 Culture Collector）就是依据对角色的要求自主完成阅读，解决阅读中遇见的不同问题，并通过小组协作的方式来完成学习。EFL Literature Circles 阅读模式的这些特点为思辨能力的培养提供了可行性。

3 通过 EFL Literature Circles 模式培养学生英语思辨能力

批判性阅读是培养批判性思维能力的重要途径。洪娟等（2011）提出学生的课前自主思考、篇章阅读与分析，以及小组讨论或辩论都可以有效提高学生的批判性思维能力。[22] 陈则航（2015）认为，批判性思维是批判性阅读的重要条件和促进因素，批判性阅读则是批判性思维的重要发展途径和实施媒介。[23] 而 Furr 提出的 EFL Literature Circles 模式中的 6 个角色从各自的角度完成了批判性阅读。这 6 个角色及阅读任务分别是：①Discussion Leader，他的工作是小组协调员，为了保证小组讨论顺畅进行 Discussion Leader 自己首先要多次阅读文本，理解文本可能的多重主题以及故事最基本的情节，并提出一些开放性的问题供小组讨论。②Summarizer 要给出一个“1 ~ 2 min 的总结”，之所以有时间要求是让 summarizer 明白他只能用自己的语言（而非从原文中摘抄）来表述最关键的信息。③Connector 的工作是联系与文本相似生活经历的人员，例如联系父母、同学、朋友等，并要求组员评价或提问。④Word Master 需要关注单个的词或短语且仅选出 5 个重要的词或短语，解释词义并说明为什么选择这 5 个词或短语。⑤Passage Person 需要非常仔细地阅读文本以找出写得很好或关键的段落，并解释选取的原因及提出与所选段落相关的问题。⑥在 Literature Circles 实施过程中，Furr 发现学生有些时候因为不知道故事背后的文化或历史背景会造成理解困难，所以引入 Culture Collector 这一角色，负责从故事中找到与自己国家的文化相同或不同之处。这一角色的引入会增加讨论的趣味性，同时也能把讨论引向深入。

笔者根据 Furr 的 EFL Literature Circles 教学模式理念，提出具体的课堂教学实施步骤：第一步，教师给学生解释 EFL Literature Circles 的基本概念、操作过程；第二步，教师指导学生选择难度适中且学生感兴趣的阅读材料；第三步，学生形成临时的阅读小组，分配小组里每一位成员的角色及需要完成的任务；第四步，学生根据自己的角色和任务独立完成阅读任务和讨论提纲；第五步，学生依据自己的角色，借助提纲完成小组讨论；第六步，课堂展示小组合作的成果。笔者下面以上海外语教育出版社出版的“全新版大学英语”（第二版）第 7 单元 A 篇课文 The Glorious Messiness of English 为例，说明在大学英语阅读课堂中如何通过 EFL Literature Circles 培养学生的思辨能力。

3.1　教师介绍阅读材料

为了引起学生的兴趣，教师对材料的介绍可以涵盖以下要点：

English is the most widely used language in our planet. One in every seven human beings can speak it. More than half of the world' books and three quarters of international mails are in English. Of all languages, English has the largest vocabulary — perhaps as many as two million words. So how can English be like this? Today we will discuss an article about the English to find out the answers to the question.

3.2　课堂展示小组讨论

（1）Discussion Leader 以问题开始讨论。Did anything in the text interest you? 这是一个开放性的问题，小组成员会选择文本里的任何他们感兴趣的点来回答，同时回答为什么感兴趣。接着 Discussion Leader 会继续发问：What' s your understanding of the title "The Glorious Messiness of English"? 要回答这个问题，小组成员首先要先理解理解标题的含义，然后再举出文本里面的 Messiness 的例子。

（2）通过以上第二个问题，小组的讨论已经涉及主题。紧接着 Discussion Leader 会请 Summarizer 给出文本的小结。Summarizer 的小结要点包括：Major feature of English—massive stealing from other languages; Development of English—Old English, Middle English, Modern English, British English and American English; Characters of English and its people—tolerance and love of freedom. 这些要点涵盖了英语的主要特点，英语发展历史的主要阶段，英语得以发展背后的原因。Summarizer 为了找出这些要点需要弄清楚文本作者要表达什么，从几个方面来阐述；作为 Summarizer 又该如何清晰地表述出来，这一过程是 Summarizer 与作者的交流，是阐释和再创作的过程。之后 Discussion Leader 会继续问：Is there any supplement? 也有学生从政治、经济、文化角度去概括的，这又是成员相互交流的过程。所以，在小组讨论中即使是同一个问题，不同学生给出的答案可能会完全不一样。这样，学生会发现一篇文章可以从多个角度去解读，而且另一种解读也是有理有据的。

（3）接下来，Connector 会将文本与实际生活进行联系。例如，文章中提到英语最主要的一个特点是 massive stealing from other languages. Connector 很容易就会联想到汉语是否也有从其他语言借用的现象。Connector 会给出例子：雷达（radar）、阿司匹林（aspirin）、etc. from English；厄尔尼诺（EL Nino）from Spanish. Connector 会进一步思考，In the text, scholars in Britain worried that the language was out of control, and some wanted to set up an academy to decide which words were proper and which were not. 是否中国学者对汉语也有类似的担心？2012 年，就曾有 100 多位中国学者联合在举报信上签名，谴责商务印书馆出版的第 6 版《现代汉语词典》收录了"NBA"和"WTO"等缩写词。他们声称，这些英文缩写词是一个世纪以来汉语面临的最大威胁。然后学生会去查找对此争议的结果，援引美国宾夕法尼亚大学汉学家梅维恒说："没有纯洁的语言。"他以拥有大量外来词的英语和日语为例指出，不仅语言的不断变化是"正常的"，而且"从其他语言借用词语实际上也是一种健康的现象"。这样的阅读让学生学会了迁移，觉得阅读就在身边，阅读是获得知识的过程而不仅仅是掌握阅读技能的枯燥训练。

（4）这篇课文介绍了英语的发展历史，所以其中包含很多的历史和文化背景，了解这些背景知识可以更好地帮助学生理解英语的历史并可以把讨论引向深入。所以，下面

Discussion Leader 会请 Culture Collector 介绍背景知识。文本中在说明古英语的功能时引用了英国首相在二战期间做的演讲。为了更好地理解这段演讲的引文，Culture Collector 会介绍丘吉尔的生平，发表该演讲的背景等。在分析英语的起源时，学生会提到英语属于 Indo – European Language Family，分析到这儿学生自然就会想到汉语的母语 Sino – Tibetan Language Family。我们可以看到对故事背后文化的探究实质是把讨论引向深入的一个很好的途径，小组成员不仅是在讨论文化背景，更是在理解文化和历史对故事发展的重要性。

（5）至此，小组讨论完成了文本的小结，了解了与文本有关的历史和文化背景。Discussion Leader 会引导成员更细节地去分析文本。下面 Passage Person 会告诉小组成员他选择的段落，为什么选这些段落，并提出相关的问题。例 1，选择段落：Para4；理由：introduced Old English—the core of English；提问：Why Old English is the core of English？为了回答这个问题，小组成员就需要去理解作者是如何说明古英语是英语的核心，给了哪些例子来证明。例 2：选择段落：Para 14；理由：Norman conquest—enriched Middle English with 10，000 "borrowed" French words；提问：Since Norman people speak French and they are the ruling class，why English did not disappear？这样的问题，课文中并没有直接的答案，学生需要根据课文里的隐含信息去分析从而得出答案。Passage Person 的角色不仅需要自己去辨别整篇文章的关键段落，更要找出依据证明什么重要，还要引发小组成员对这些段落的思考。除此之外，Passage Person 还会介绍文本中的修辞，例如标题"The Glorious Messiness of English"用了矛盾修辞法，Passage Person 在介绍矛盾修辞法时就会去查阅什么是矛盾修辞法，起到什么效果，然后再去解释作者的用意。

（6）然后是 Word Master。Word Master 首先要选择重要的词汇，然后用简单的英语解释该词汇并说明选择的原因，同时也可以提出相关问题。例 1：选择词汇：global language；含义：language used worldwide；选择的理由：It described the status of English language. 提问：Why English can be a global language not other languages？例 2：选择词汇：enrich；含义：make rich or richer；选择的理由：Various historical，religious and economic events enriched English. 提问：What are the main resources that enriched the English language？这样的词汇学习不再按照传统的方法解释文章中的新词，而是找出"关键词"，且学生只能选出 5 个词汇，这样学生就会去思考整篇文章我选择哪 5 个词汇，怎么去解释它们的重要性。

EFL Literature Circles 模式把复杂的阅读分解成六个分项，每个分项给每个角色一整套清晰且复杂的任务，实现了单个个体难以完成的阅读任务，各角色的整合实现对文本的全面分析，也实现了学生在更深层次的探讨。在这过程中学生不再是被动完成阅读任务，而是有明确目的的阅读目标，知道自己阅读后需要完成什么任务，有效地降低了学生在面临问题时的焦虑感，因此课堂表现也更为自信，阅读行为也变得更为主动。这样的阅读便是批判性的阅读，是有意义的阅读，也是思辨能力的有效培养途径。

4 结语

EFL Reading Circles 模式的大学英语阅读教学有明确的培养目标，即以大学英语阅读课程为依托，通过 Reading Circles 模式的具体课程设置使学生带着明确的任务自主阅读，通过提问和合作学习的模式完成阅读，学生学会了提出问题并从多个角度去分析和解决问题。学生学到的不仅是语言技能，更是语言能力和学习的能力。这些具体的活动都需要学生积极去探索，很好地培养了学生的思辨能力。

参 考 文 献

[1] Paul & Elder, Critical Thinking Learn the Tools the Best Thinkers Use [M]. New Jersey: Pearson Prentice Hall, 2006.

[2] Dewey J. How We Think [M]. Boston, New York and Chicago: D. C. Heath. 1910.

[3] 何其莘，等．关于外语专业本科教学的若干意见 [J]. 外语教学与研究，1999 (1): 25 - 29.

[4] 文秋芳，等．构建我国外语类大学生思辨能力量具的理论框架 [J]. 外语界，2009 (1): 37 - 43.

[5] 孙有中．大学思辨英语教程 [M]. 北京：外语教学与研究出版社，2015.

[6] Bailin, et al., A Conception of Critical Thinking for Curriculum, Instruction and Assessment [C]. 1993(2): 298.

[7] Paul, R. Critical Thinking: How to Prepare Students for a Rapid Changing World [M]. Santa Rosa, CA: Foundation for Critical Thinking, 1995.

[8] Halpern, D. F. Teaching critical thinking across domains: Dispositions, skills, structure and-metacognitive monitoring [J]. American Psychologist, 1998 (4): 449 - 455.

[9] Peirce, P. W. The Year of Critical Thinking at Prince George's Community College: An Integrated Professional Development Program [J]. New Directions for Community College, 2005 (130).

[10] Tittle, Peg., Critical Thinking: An Appeal to Reason [M]. N. Y. Routledge, 2011.

[11] Alnofaie, H., A Framework for Implementing Critical Thinking as LanguagePedagogy in EFL Preparatory Programs [J]. Thinking Skills and Creativity, 2013(10).

[12] Triuneh, D., et al., Effectiveness of Critical Thinking Instruction in Higher Education: A Systematic Review of Intervention Studies [J]. Higher Education Studies, 2014(1).

[13] Paul, R., Elder, L., The Miniature Guide to Critical Thinking: Concept and Tools [M]. Dilon Beach, CA: The Foundation for Critical Thinking, 2008.

[14] 阮全友．构建英语专业思辨能力培养的理论框架 [J]. 外语界，2012 (1): 19 - 26.

[15] 李莉文．英语专业写作评测模式设计：以批判性思维能力培养为导向 [J]. 外语与外语教学，2011，(1): 31 - 35.

[16] 孙有中．突出思辨能力培养将英语专业教学改革引向深入 [J]. 中国外语，2011，(3): 49 - 58.

[17] 袁平华．以学科内容为依托的语言教学对学生评判性思维力影响的实证研究 [J]. 外语界，2010 (6): 49 - 56.

[18] 陈晓丹．PBL 教学模式对非英语专业学生批判性思维能力影响的实证研究 [J]. 解放军外国语学院学报，2013 (4): 68 - 72.

[19] Furr, M., How and Why to Use EFL Literature Circles. Retrieved September 24, 2011, from

Welcome to EFL Literature Circles:http://www. eflliteraturecircles. com.
[20] Garrison,D. R. ,Critical Thinking and Self - Directed Learning in Adult Education:An Analysis of Responsibility and Control Issues [J]. Adult Education Quarterly,1992(3):136 - 148.
[21] 何云峰. 论批判性思维 [J]. 社会科学辑刊，2000 (6)：15 - 18.
[22] 洪娟，等. 批判性思维能力的培养与英语专业高层次理解需求 [J]. 长春理工大学学报，2011 (10) 138 - 141.
[23] 陈则航. 批判性阅读与批判性思维培养 [J]. 中国外语教育，2015 (2)：4 - 11.

法学本科教学目标与方法的调适——法律职业资格制度改革下的思考

杨俊杰

中国矿业大学（北京）文法学院，北京　100083

摘　要　国家提出对法律职业资格制度进行改革后，普通高校法学本科教学目标及方法应根据改革的要求，相应地进行调适。教学目标上要注意价值与技能、知识并重，教学方法上要注意运用新教学手段，拓展新的实践教学方法，注重教与学互动，以培养改革所要求的拥有社会主义法治理念，具备法律职业道德，学以致用的法律职业人。

关键词　法律职业资格制度　教学目标　教学方法

The Adjustment to the Aim and Methods of Law Undergraduate Teaching——Based on Reform of Legal Professional Qualification

Yang Junjie

School of Law and Humanities, China University of Mining and Technology, Beijing　100083

Abstract　After the country declares to reform the system of legal professional qualification, the aim and methods of law undergraduate teaching in general institutes of higher education shall be adjusted according to the requirement of such reform. Teaching aim shall pay equal stress on knowledge, skill and value; and teaching methods shall apply new teaching means, explore new practical teaching methods and focus on interaction between teaching and learning for the purpose of cultivating legal professional talents with socialist idea of rule of law, legal ethics and ability of practice.

Key words　system of legal professional qualification　teaching aim　teaching methods

---

资助项目： 中央高校基本科研业务费专项资金（2009QW11）

作者简介： 杨俊杰，中国矿业大学（北京）文法学院法律系。Tel:13718869170;E-mail:eliteyang2003@126.com

2015年底，中共中央办公厅、国务院办公厅印发了《关于完善国家统一法律职业资格制度的意见》（以下称《意见》），该意见一方面对法律职业从两方面进行了调整：一是扩展了法律职业所包含的对象，即除了原有的法官、检察官、律师、公证员四类人员外，部分涉及对公民、法人权利义务的保护和克减、具有准司法性质的法律从业人员——如法律顾问、仲裁员及政府部门中从事行政处罚决定审核、行政复议、行政裁决的人员也被纳入法律职业人员的范围；二是提高了法律职业的准入门槛，强调法律职业人员应受过全日制高等法学专业教育（本科、研究生教育），并获得相应的法学学位，才有资格参加法律职业资格考试，获得法律职业资格。《意见》也提出了法律职业资格考试改革的措施：①将现有的司法考试调整为国家统一法律职业资格考试；②改革考试内容，增加中国特色社会主义法治理论，加大法律职业伦理的考察力度，考试以案例题为主等。

《意见》设定的改革方向——强调法律职业的专业性属性，法律职业人员应接受过正规的、专业的法学教育，并取得法学学位才可以成为法律职业人员。对于法学教育而言，是一种肯定和鼓励，这意味着承认法律职业是一种专业性很强的职业，需要经过专门的训练才能够胜任。这对于法学教学，特别是法学本科教学塑造和突出本学科的专业性具有制度保障作用。同时，《意见》对于法律职业准入的考试制度改革提出了新的方向：突出社会主义法治理念培养和法律职业伦理培养，注重学以致用，以法律知识解决分析实际问题。应当说，这一考试改革的导向有两个要点，一是树立法治理念、注重职业伦理，二是突出法律职业的实践性。

法律职业资格制度改革的新思路、新举措给普通高校法学本科教学提出了新的要求。我认为，在《意见》提出的改革思路下，法学本科教学应在以下方面做出相应的调整和改变：

1 教学目标的调整

教学目标一般包含知识、技能和情感三个要素。在以往的法学教学中，课程的教学目标偏重于知识，对于技能和情感重视不够。虽然注重基本知识的讲授是有一道理的，因为本科教学本身的基本目标是完成本学科/课程基本知识的传授，然而若这一目标遮蔽或取代了另外两个目标，则培养人才的方向会发生偏差，按这样的模式培养出来的学生是书呆子型的：讲起理论来滔滔不绝，一碰到具体问题、案例，则或者无从下手，不知如何将理论运用于实际；或者机械运用知识处理问题，忽视案件中法律之外的其他因素，导致案件的处理不仅没有解决问题，还产生了新的问题。

因而，首先在教学中要注重情感/价值观目标。应当记住，既然法学这门学科是一门与我们的个人生活、社会生活紧密联系的知识体系，与数学、物理这样的自然科学价值不一样，它有自身的价值观，因而在教学当中教学目标需要贯彻法学学科的基本价值观或者基本情感。

那么法学的价值观在哪里呢？需要有意识地在教学当中体现哪些价值观呢？法学作为一门社会科学知识体系，其价值观并不是虚无缥缈，难以捕捉的。在当今法治社会，一般来说，法学赖以立基其上的法律体系的基本理念、基本精神（即法学的价值观）体现在一国的宪法当中。我国的宪法体现了社会主义法治理念，因而，除宪法学课程外，其他部门法课程，无论是实体法还是程序法，在教学当中都应当注重本学科的具体知识、法律制度与社会主义法治理念、宪法基本原则的关系，在教学中要注意贯彻宪法的基本精神，通过每一具体课程的教学，体现社会主义法律体系在价值观上的一致性、整体性。因此，谈到教学中要重视对本科生法治理念、宪法的教育，并不是说专门开一门或几门宪法课程就算完成这个任务，由于宪法的根本大法的地位，宪法之下每一门部门法课程均应在价值观上与宪法保持一致，这样才能够深入、全面地将宪法基本精神、社会主义法治理念根植于未来的法律人心中。

其次，要重视法学这门学科的专业性，教学中要突出技能因素。具体而言，技能的培养，即运用法律方法解决实际问题的能力，需要双管齐下：一是有意识地在课堂教学中潜移默化地通过问题的讨论、分析、研究，传授不同的法律方法；二是通过案例教学不断锻炼、提高学生对法律方法运用的能力，所谓授人以鱼不如授人以渔。

在教学目标的三要素中，只有把知识、技能、情感的关系平衡，才能够有效地改进教学的方法，提高教学效果。

2 教学方法的多样化

提倡法治理念教育，注重职业伦理，坚持学以致用，能够解决实际问题，这样的法律职业教育改革导向决定了在今后的法学本科教学中，在正确教学目标指引下，需要在教学方法上有新的突破和拓展。

第一，课堂教学需要在教学手段和方法上运用新教学技术以实现教学的生动性、贴近时代性。例如运用多媒体教学，根据教学任务的需要，要充分结合视频、网络等形式，把日常生活中发生的与本课程的教学内容相关的新案例、新事物引入到课堂教学中，教学的参考资料做到与时俱进，这样既能够活跃课堂气氛，吸引学生的注意力，又能够较好地做到抽象的理论与现实生活相结合，可以激发学生的学习兴趣，改变法律或者法学总是严肃、沉闷、抽象的气氛，提高教学效果。

第二，除模拟法庭外，还应当探索法律诊所、司法机构、律师事务所、企业实习等多种实践教学方法。模拟法庭是目前法学教育中运用比较广泛的教学方法，其优点显而易见，就是在学校通过设置“法庭”，学生扮演司法程序中的不同“角色”，人为创造一种模拟真实的司法活动实践。模拟法庭教学的优点显而易见，就是通过在课堂中的场景、角色设置，来预演真实的庭审活动，使学生不用身临其境就可以模拟真实的司法活动，让学生有亲身参与并动手做的机会，可以提高学生对所学实体法和程序法的直观理解和体会。然而缺点是模拟法庭毕竟是“模拟”，与真实的司法实践相比，还是有一定的距离。因而，模拟法庭教学并不能满足学生了解法律实际运作的全部渴望。要想达到这一目标，课堂之外的实践教学就显得尤为重要，例如组织学生旁听法院庭审，要求学生到法院、检察院、律师事务所或者企业法务部实习，这些方式都是学生难得的亲身观察、参与法律实践的机会。在这一过程中，学生不仅能够看到、学到法律是如何在社会中运作的，而且也学会怎样运用法律处理人和人之间的关系，怎样用法律解决问题。这些场景给学生带来的不仅是知识的增长，更多的是对法律自身的价值、作用，以及法律人在社会中运用专业知识的感知，而这些是在课堂及模拟法庭上是无法获得的实践真知，其价值是无可替代的。

第三，教学方法上要注意教与学的互动。教师应注意发挥学生的积极性，引导学生发现问题、提出问题，并组织学生讨论问题。互动式教学有利于教学相长，能够使教师及时把握学生的知识掌握程度，并根据学生的反馈有针对性地加强某些环节的教学。互动教学有多重方式，比如教师设定一个讨论题目，学生分组讨论，相互辩论；或者由学生自己选题，针对该问题提出自己的问题和分析意见，与其他同学分享等。在这一过程中，教师要注意恰如其分地参与、点评和指导，在发挥学生自主学习、研究的积极性同时，教师的指导作用不可忽视，否则会降低教学的效果。

3 结论

普通高校法学本科教学是培养高素质法律职业人才的基础，在法律职业资格制度改革的形势下，应当顺应改革的要求，及时调整教学的目标，注意知识、技能及价值并重；探索和拓展教学方法，更多地通过采用多种教学方法，拉近课堂与法律实践的距离，以培养出符合社会需要的、能够承担起建设社会主义法治事业重任的法律职业人。

参考文献

[1] 中共中央办公厅、国务院办公厅. 关于完善国家统一法律职业资格制度的意见. http://paper.people.com.cn/rmrb/html/2015-12/21/nw.D110000renmrb_20151221_1-01.htm

公共管理类本科专业课程参与式案例教学的应用探析——以《公共部门绩效评估》为例

南　锐

中国矿业大学（北京）文法学院，北京　100083

摘　要　在阐述参与式案例教学的内涵及过程基础上，着重论述公共管理类本科专业课程参与式案例教学应用中存在的问题：典型教学案例的缺乏与开发能力不足、参与式案例教学能力欠缺、学生主体性和参与性不够；并提出具体的完善对策：自主性开发与联合性开发相结合，开发典型的参与式教学案例，借助高科技教学设备，提高教师参与式案例教学能力，理论教学与案例教学相结合，激发学生的主体性和参与性。

关键词　参与式案例教学　公共管理　公共部门绩效评估

Application of Public Administration Undergraduate Courses Using Participatory Case Teaching——Take“Public Sector Performance Evaluation”as an Example

Nan Rui

School of Law and Humanities, China University of Mining and Technology, Beijing　100083

Abstract　Based on the explanation of Participatory Case Teaching, the article focuses on the problems of application of public administration undergraduate courses using Participatory Case Teaching: lack of typical teaching case and lack of development capabilities, lack of capacity for participatory case teaching, Students' subjectivity and participation is not enough ; And put forward specific measures: combined with independent development and joint development of typical participatory teaching cases; using high -

资助项目：中央高校基本科研业务费专项资金（2015QW02）；中国矿业大学（北京）课程建设与教学改革课题“《公共部门绩效评估》参与式案例教学模式研究（J160805）；中国矿业大学（北京）课程建设与教学改革课题“行政管理专业人才裴昂模式改革与创新研究（J160801）” tech teaching equipment, improve the ability of participatory Case Teaching; combined with theory teaching and case teaching, to stimulate students' subjectivity and participation.

Key words participatory case teaching public administration public sector performance evaluation

公共管理作为管理类一级学科，主要包括行政管理、公共事业管理、劳动与社会保障等相关本科专业，是目前大多数高校普遍开设的专业之一。公共管理作为一门应用型学科，决定了其专业教育不仅要着眼于理论教育，也要关注实践教育，而参与式案例教学则是当前阶段进行实践教育的有效方式之一。从目前实践来看，公共管理硕士（MPA）大多采用的是参与式案例教学，并取得了不错成绩，为我国公共管理部门培养了大量的应用型专业管理人才。公共管理类本科专业教育也旨在培养具有一定分析、解决问题能力的应用型人才，因而参与式案例教学也应成为本科教育的重要方法之一，公共管理类本科专业课程应用参与式案例教学具有必然性和可行性。

1 参与式案例教学的内涵及过程

参与式案例教学是案例教学的一种。案例教学是以案例为关键性要素，依据教学目标和教学内容，选取典型案例，通过真实情景模拟对典型案例进行分析和讨论，培养学生发现、分析和解决问题能力的一种开放式和交互式的教学方式。而参与式案例教学不同传统案例教学，它更加强调学生的主体地位，变知识的单向输出（教师向学生输出知识）为双向输出（教师和师生间相互输出知识），教师和学生之间不存在权威或学识上的支配和控制，二者间是平等合作关系。

依据认知学习理论，从所处阶段及阶段特征来讲，参与式案例教学一般分为以下阶段和具体过程（图1）：

第一阶段：案例展示。这一阶段主要任务是导学，即导入新课程，通过案例引导学生进入新知识的学习，其教学目标旨在通过具体实践（案例）大致告诉学生这个案例“是什么”的问题。

第二阶段：案例分析。这一阶段主要任务是引导学生分析案例，由于学生的思维方式差异，他们可能会有多种案例分析的视角，此阶段教学内容主要通过适当的分析视角引导，引导学生进行案例分析，旨在指导学生在案例分析阶段“做什么”的问题。

第三阶段：案例讨论。这一阶段是建立在一定案例分析的基础上，让学生针对自己的分析，依据前期查阅和准备的相关资料，进行角色扮演，借助头脑风暴等方法对案例进行讨论。此阶段教学内容主要要求学生进行开放性讨论，教师应参与其中，适时根据学生的讨论提出一些启发性的问题，旨在指导学生在案例讨论阶段“怎么做”的问题。

第四阶段：案例反思。案例反思是参与式案例教学区别于其他教学方法的重要表现之一，这一阶段主要任务是反馈纠偏。其中反馈主要是对案例分析和案例讨论形成的主要观点进行综述，并转化成专业性的语言，依据科学评价标准对学生参与行为进行评判；纠偏主要是针对案例分析和案例讨论中出现的明显的知识性偏差进行纠正，并给出较为准确和恰当的解释和阐述。其教学目标旨在通过反馈和纠偏过程指导学生如何“做得好”，以其理论更好地指导实践。

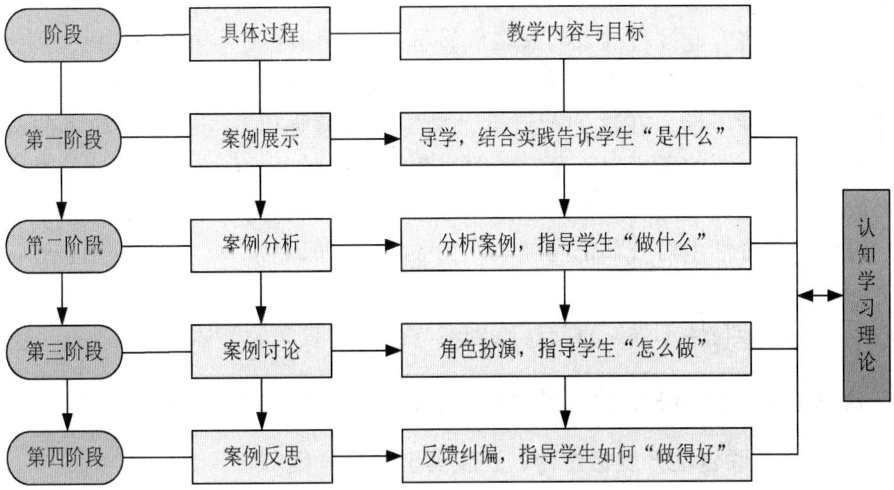

图1　参与式案例教学模式全过程

2　公共管理类本科专业课程参与式案例教学应用中存在的问题

2.1　典型教学案例的缺乏与开发能力不足

由于公共部门及工作的特性，其可借鉴的现成案例较少，另外公共管理也是一个新兴学科，很多课程开设时间并不长，现成的比较吻合的教学案例也相对较少，因而总体上典型教学案例比较缺乏，且自行开发难度较大。以公共部门绩效评估课程为例：一方面，与私人部门绩效评估相比，公共部门的绩效评估实践还处于探索起步期，加之公共部门相关探索还不够成熟，向公众披露的信息明显偏少，因而现有的、可供借鉴使用的典型案例非常少；另一方面，担任该课程教学的大部分教师属于“学院派”，很大一部分教师是没有在政府部门从事过相关工作的经历，也缺乏相关的案例编写的经验，因而独立开发相关典型案例的能力不足。

2.2　参与式案例教学能力欠缺

参与式案例教学虽然是以学生为主体，教师只是引导者，但往往参与式案例教学实施是否成功有效，在很大程度上取决于教师的引导。现阶段，在公共管理类本科专业课程教学中，大部分课程引入了案例教学，但一些老师还是停留在传统案例教学模式中，认为案例教学只是将现实中的案例引入，举举例子，对所学所讲知识进行分析，引导学生进入课程学习。因而在此过程中，学生大多都是被动接受方，教学效果并不太理想。以公共部门绩效评估课程为例，大多讲师还是倾向于将某些公共部门的相关实践作为案例进行分析，关注的重点主要集中在绩效评估的指标体系方面，致使参与式案例教学效果不能最大限度发挥出来。造成这一现状的原因主要集中在两方面：一是从教师自身的能力而言，大部门教师没有相关实践经验，接触实际业务机会也不多，对相关案例的全过程还原并不到位；二是从教学条件来说，公共部门绩效评估是一个较为复杂的系统工程，不借助一定的高科技教学设备，是不太容易较大限度发挥其教学效果的。

2.3 学生主体性和参与性不够

由于现有教师对参与式案例教学理解存在一定的偏差，加上受到某些现实条件的局限，公共管理类本科专业课程的参与式案例教学还是停留在较为初期的阶段，即大部分时间，教师充当着主要角色，学生只是被动参与，旨在完成教师提出的问题或安排的任务，学生主体性和参与性不够。在这种背景下，学生们普遍觉得参与式案例教学的收效不明显，相反增加他们上课的负担，甚至有些时候为了完成教师的任务而直接去寻找各自问题的答案而放弃了对相关理论和知识的掌握和理解。以公共部门绩效评估课程参与式案例教学为主，由于大部分学生对公共部门绩效的相关实践了解非常少，在互联网也无法便捷搜集到相关的信息，致使学生在参与式案例教学中，没有太多的相关知识的储备和积累，造成学生们积极性和参与性不强，直接影响到参与式案例教学的整体效果。

3 完善公共管理类本科专业课程参与式案例教学应用的对策

3.1 自主性开发与联合性开发相结合，开发典型的教学案例

1. 成立课程教学团队，进行教学案例的自主性开发

从目前实践来看，MPA 教育非常重视相关案例的开发，并建立了专门的全国公共管理案例中心案例库。公共管理本科专业教育也可以效仿此做法。对于每个学校来说，首先应该成立专门的课程教学团体，由承担本课程或相近课程的老师组成；其次集思广益，按照教师专长进行分组，以团队形式进行教学案例的自主性开发。以公共部门绩效评估课程为例，首先成立本课程的教学团队，一般 3 ~5 人为宜，根据教学重点和难点，为本课程设置 3 ~5 个拟开发的教学案例，具体为：①公共部门绩效评估主体的确定；②公共部门绩效评估指标体系的构建；③公共部门绩效评估的过程；④国外公共部门绩效评估实践的借鉴与启示；⑤国内公共部门绩效评估实践的总结与反思。

2. 与公共部门紧密合作，进行教学案例的联合性开发

由于授课教师普遍缺乏在公共部门工作的实践经历，对公共部门内部的运作程序及相关实践知晓程度较低，开发能力相对较弱。因而，授课讲师应利用好与公共部门合作设立的校外实习基地，通过挂职、调研等方式与公共部门保持紧密合作关系，邀请相关工作人员加入教学案例的编写，将理论与实践相结合，联合开发典型的教学案例。以公共部门绩效评估课程为例，相关任课教师可以通过与公共部门建立的实习基地与其保持紧密合作的关系，邀请其人事部门（人力资源管理部门）相关人员加入，联合开发典型的教学案例。

3.2 借助高科技教学设备，提高教师参与式案例教学能力

1. 借助高科技教学设备，开展案例教学活动

与传统意义上的案例教学相比，参与式案例教学提倡师生间是平等合作关系，学生参与教学设计。这些特征决定了参与式案例教学的复杂性和系统性，因而仅仅依靠传统的教学方式是远远不够，必须用高科技教学设备开展参与式案例教学，这样往往能取得事半功倍的效果。以公共部门绩效评估课程为例，在案例展示环节，主要借助多媒体教学设备呈现；而在案例分析和讨论环节，则需要借助公共部门绩效评估课程的相关仿真软件，这些软件通过任务设定的方式，不仅能完整呈现公共部门绩效评估的全过程，并将关键环节以案例的形式呈现，能在一定程度上调动学生的积极性与参与性。

2. 加强相关师资培训，提高教师参与式案例教学能力

参与式案例教学，虽然教师不再处于支配和控制地位，但仍然是参与式案例教学的不可或缺的重要主体，因而对参与授课的相关教师进行培训是必不可少的。对相关教师进行培训可以通过两种方式实现：一是参加全国 MPA 教学指导委员会组织的相关师资培训，这个培训每年都会不定期举办多次，应根据教师的授课科目选派相关教师参加培训；二是加强院校间合作，根据需要联系相关院校，进入课堂，进行相关课程的观摩，在实践中提高教师的教学能力。

3.3　理论教学与案例教学相结合，激发学生的主体性和参与性

1. 开展多层次的参与式案例教学，激发学生的主体性

因材施教一直是教育的重要原则之一，参与式案例教学也不例外。参与式案例教学，可以通过多媒体教学设备和相关仿真软件，轻松实现对不同小组不同内容的案例教学，开展不同层次的参与式案例教学。这样既可以根据教学需要开展多层次的参与式案例教学，又可以全程鼓励学生参与，尊重学生的兴趣和意愿，激发学生的主体性和参与性。以公共部门绩效评估课程为例，首先公布案例教学的相关主题，如公共部门绩效评估主体的确定、公共部门绩效评估指标体系的构建、公共部门绩效评估的过程等，供学生进行双向选择，并在尊重学生意愿的基础上完成分组，保障学生的主体性地位；其次给每小组下达不同的案例分析和讨论任务，实施具体的案例教学；第三，对案例分析和讨论进行总结和反馈，每小组要选派代表，将案例分析与讨论的结果向大家汇报，并接受其他小组的提问和批评；最后，教师逐一对案例分析和讨论的结论进行总结，强调重要知识点，并根据学生的发现，对案例教学进行一定的修正，以备下一轮参与式案例教学中贯彻使用。

2. 设立科学的评价标准，激发学生的参与性

对于参与式案例教学来说，学生扮演着主体角色，主体作用发挥得好坏，会在很大程度上影响参与式案例教学的效果。而学生参与性的激发离不开科学的评价标准。因而应该根据参与式案例教学的任务和目标，设立多层次的科学评价指标体系，对每个学生的具体行为进行量化，量化结果要按照一定的比例（通常是 30% ~ 40% 的比例）计入学生的课程成绩。与此同时，该成绩应该向每位学生公开，对表现优秀的同学提出口头表扬，发挥正强化的功能。以公共部门绩效评估课程为例，对参与式案例教学学生中的表现，应该设立多层次的科学评价指标体系进行评估，具体来说，可以重点参考政府绩效评估管理系统，依据软件给出的完成度及表现，给出相应分数。只有设立科学的评价标准，并对每个学生的表现进行精确评判，才能较大激发学生的参与性。

参　考　文　献

[1] Golich Vicki L., The ABCs of Case Teaching [J]. International Studies Perspectives, 2000(1).

[2] [美] 小劳伦斯. E. 列恩. 公共管理案例教学指南 [M]. 郄少健，等，译. 北京：中国人民大学出版社，2001.

[3] 南锐.《政府经济学》参与式案例教学模式探析 [J]. 考试周刊，2016 (29).

[4] 崔树银. 参与式案例教学在公共管理类课程教学中的应用[J]. 现代教育科学,2010(4).

[5] 毛彩菊. 参与式教学模式:互联网背景下的教学模式选择[J]. 理论观察,2015(12).

格罗弗·诺奎斯特和美国现代抗税运动

刘友道

中国矿业大学（北京）文法学院，北京 100083

摘　要　税收是国家财政的主要来源，财税收入的多寡直接影响政府职能能否正常运转。美国是世界上债务规模绝对值最大的国家，其公共债务规模在2014年占国内生产总值（GDP）约三分之二，且有继续增长的趋势。财政失衡，“财政悬崖”和“债务危机”时隐时现，财政风险增大。在美国政府应对财政危机的同时，美国国内却活跃着一支强大的抗税主义运动力量。本文以美国的抗税主义运动产生、发展和影响作为研究对象，探讨美国抗税主义运动的国内和国际影响。经研究发现，抗税主义运动起源于里根总统任期，从供给经济学派汲取学理涵养，在其核心人物格罗弗·诺奎斯特的组织和领导下，坚持保守主义立场，使用多种有效手段影响美国的财政政策制定和实施。抗税主义运动的影响是多重的。国内层面，它影响美国政府面临债务违约风险，而且会影响美国经济的正常运转，同时，它给美国国内政治带来了一股影响深远的保守主义风气，为两党合作设置了极大的障碍；国际层面，它影响美国政府的偿本付息能力，美国国债危机外溢风险增大。

关键词　美国财政失衡　债务危机　抗税运动　财政政策

Grover G. Norquist and America's Anti－Tax Movement

Liu Youdao

School of Law and Humanities, China University of Mining and Technology, Beijing 100083

Abstract　Tax is a major source of government revenue. How much tax a government collects may decide how well it functions. The United States has become the world's largest debtor nation, with its public debts accumulating up to two thirds of its GDP in 2014. The budgetary unbalance leaves US government to such challenges and crisis as

---

资助项目：中央高校基本科研业务费专项资金（2009QW16）

作者简介：刘友道（1981—　），男，河南商丘人，北京外国语大学美国研究方向15级博士研究生，主要从事英语教学，美国研究和国际政治经济学的研究。Tel:13269680695；E-mail:theoliu@163.com

"Fiscal Cliff" and debt crisis. While US governments deals with these challenges, a formidable anti - tax movement in American society has brought about more troubles. This paper examines the origin of this movement, its evolution over time, and its theoretical framework and tactics utilized to realize its objectives, and then discusses the domestic and international impacts of this movement. It finds that this anti - tax movement, drawing its theoretical support from supply - side economics, started in the Reagan Administration under the leadership of Grover Norquist. This conservative movement makes use of several effective tools to influence the formulation and implementation of US fiscal policies. The anti - tax movement has multiple impacts. American government faces greater risks of debt default, thus hindering US economy from recovering from subprime financial crisis. At the same time, this movement might reinforce the conservative tide in American society, inflicting barriers against bipartisan cooperation in the future.
Key words US budgetary unbalance financial crisis anti - tax movement fiscal policy

1 Tax and Budget

Tax refers to the amount of money that you must pay to the government according to your income, property, goods etc. so that it can be used to pay for public services. Usually individuals pay tax according to their income while businesses pay tax according to their profits. Governments collect tax in order to fund their public services. Tax is one of the major sources of government revenue. The amount of tax collected by a government usually determines how well that government functions. Common sense tells us that government with broad and huge tax bases generates bigger revenues, thus greater administrative power. This line of thinking just focuses on the power - generation function of tax. It ensures that the government has the resources necessary to deal with current public affairs and respond to future emergencies.

However, tax can also function as a tool of wealth distribution. Tax involves the crucial question of who pays taxes and who benefits from government spending. On the one hand, when a tax is levied on an individual or a company, part of their property or wealth is "taken" away by the government. The higher tax rates a government levies on taxpayers, the less there will be left to those being taxed. In this way, the taxpayer who gets a tax cut reaps direct benefits from the government tax policy. The taxpayer who gets a tax hike is directly be harmed by the government tax policy. On the other hand, when the government decides to launch public projects, certain groups of people will benefit directly from government spending. Others are left unaffected or indirectly harmed. It is thus understandable why different interest groups compete with each other to influence government fiscal policies.

This article focuses on the contemporary anti - tax movement in American politics and traces its origins and its early development, and introduces Grover G. Norquist who is regarded as the "dark wizard of the Right's anti - tax cult" and the Americans for Tax Reform, the anti - tax organization he founded in 1986[1]. Then it discusses specific measures advocated by Americans for Tax Reform, and its criticisms.

2 Modern Anti – Tax Impulse in America

Severe inflation in the 1970s, coupled with rising housing demand, causes Californians with fixed incomes to face increasing difficulty in paying their property taxes. Low – income families were left unable to afford to live in the homes they had bought long before. People's Initiative to Limit Property Taxation was launched to deal with this problem. This initiative, commonly known Proposition 13, aimed to limit the tax rate for real estate and set stricter standards for enacting tax increases in the state legislative[2]. Proposition 13 went into Californian State Constitution. It also symbolized the start of modern anti – tax movement[3].

At roughly the same time, *The Wall Street Journal* was publicizing a new economic theory, which later became known as "supply side" economics. This new theory is usually associated with the economist Arthur Laffer. Laffer is said to sketch a curve on a napkin to illustrate his argument in an afternoon meeting with Ford Administration officials Dick Cheney and Donald Rumsfeld in 1774. Laffer claims that taxable income will change in response to changes in the rate of taxation. Since no tax revenue will be obtained at the two extreme tax rates zero percent and hundred percent. There exists a critical tax rate which maximizes government taxation revenue. Consequently, government revenues obtained from the tax rates ranging from zero percent tax to hundred percent will fall onto a curve. This curve is known as Laffer Curve. One potential result of the curve is that increasing tax rates beyond a certain point will decrease government revenue[4]. To a certain extent, cutting taxes would motivate people to work hard, save more, and invest more, which leads to higher economic growth and thus broader tax bases, and thus more tax revenues[3].

Ronald Reagan rode on this anti – tax movement and put it on top of his national agenda. In his presidential campaign, Reagan adopted the supply – side economics, which became the foundation of the 1981 tax cut. Tax cuts became one part of Reagan's policy priorities. For Reagan, the problem was government, rather than the solution to problem[5]. It goes that the possible solution to the problem of government is to cut its tax revenue, then its spending, and finally its size. Inspired by this culminating anti – tax spirit and requested by President Reagan, Grover G. Norquist founded the modern anti – tax organization, Americans for Tax Reform.

3 Grover G. Norquist

Grover Glenn Norquist was born in Sharon, PA, on 19 October, 1956. His father worked as vice president for Polaroid, and his mother was a city tax assessor. He got his BA degree in Economics from Harvard University in 1978 and MBA from Harvard Business School in 1981. He founded and chaired several influential organizations, like Americans for Tax Reform, Islamic Institute. His name appeared on board of directors of many other conservative organizations like American Conservative Union, College Republicans, National Rifle Association, and TheVanguard. Org, to name only a few. He lobbied for Microsoft, campaigned for Bush – Cheney in 2004[6]. His associates include those prominent people like Karl Rove and Newt Gingrich. Even the White House sends people to attend the weekly gatherings chaired by Norquist in the conference room of Americans for Tax Reform. The participants amounting up to 150 come from diverse political backgrounds, ranging from elected government officials, to political activists, to movement leaders, and to journalists. This gathering starting from 1993 is regarded as the "Grand Central Station" by the *Wall Street Journal*'s John Fund. Norquist is believed to have garnered a surprising level of support from the conservatives for Bush – Cheney in the 2000 national election[7].

Grover Norquist authors and coauthors several books, such as *Rock the House* (1995)[8], *Taxes, The Economic & Philosophical Necessity of Real Reform* (1996)[9], *Leave Us Alone* (2008)[10], and *Debacle: Obama's War on Jobs and Growth and What We Can Do Now to Regain Our Future* (2012)[11]. He is affiliated to the center – right wing of the Republican Party. Norquist has, to use his own words, "written more than a hundred magazine articles and given hundreds of political speeches, and organized dozens of political meetings, coalitions, and campaigns,"[10] advocating his center – right principles and policies. Regarded as a Republican golden boy, Grover Norquist is an influential Washington lobbyist, advocating small government by means of anti – tax movement. He doesn't hold public office, but his influence is felt on American fiscal and financial policies. He set for himself an objective of reducing the size of American government within 25 years.

4 *Americans for Tax Reform and Taxpayer Protection Pledge*

Urged and encouraged by President Ronald Reagan to help pass the 1986 Tax Reform Act, Grover Norquist founded the Americans for Tax Reform in 1985, which takes opposing all tax increases as its fundamental principle and objective. Americans for Tax Reform is a nonprofit taxpayer advocacy group. However, contributions to this organization are not tax deductible. In order to circumvent the tax code, Americans for Tax Reform set up a "research and educational" organization under the name of the Americans for Tax Reform Foundation, so that all contributions to the Americans for Tax Reform Foundation are tax deductible[12].

Americans for Tax Reform is founded on the belief that American government has become so big, so powerful, and so intrusive that people's lives are almost controlled by American government. In order to prevent individuals' rights being infringed by government, government power should be minimized[12]. Since the government derives its power to control from its power to tax, the only plausible solution to limit government's power, the logic goes, is to oppose any tax increases. In this way, government power can be minimized.

To realize the objective of limiting the size of government, Americans for Tax Reform came up with a tactical practice, organizing Taxpayer Protection Pledge. All Members of Congress are asked by Americans for Tax Reform to take the pledge, and all candidates for federal and state offices are also asked to formally commit themselves in writing to oppose and vote against any tax increases. Americans for Tax Reform organizes three types of Taxpayer Protection Pledge for electoral candidates for different levels of government offices, namely, federal level, state level, and a separate pledge for state governors.

The Taxpayer Protection Pledge goes "*I,______,pledge to the taxpayers of the state ______, and to the American people that I will: One, oppose any and all efforts to increase the marginal income tax rates for individuals and/or businesses; and TWO, oppose any net reduction or elimination of deductions and credits unless matched dollar for dollar by further reducing tax rates.*"[13]

The Taxpayer Protection Pledge for the state level goes, "*I,______ PLEDGE TO THE TAXPAYERS OF THE STATE OF ______, THAT I WILL OPPOSE AND VOTE AGAINST ANY AND ALL EFFORTS TO INCREASE TAXES.*"[13]

The Taxpayer Protection Pledge for the state governor goes, "*I,______ PLEDGE TO THE TAXPAYERS OF THE STATE OF ______, THAT I WILL OPPOSE AND VOTEO ANY AND ALL EFFORTS TO INCREASE TAXES.*"[13]

Americans for Tax Reform is operating in all 50 states to ask candidates for federal and state government offices to sign the pledge. Since the founding of Americans for Tax Reform in 1986, it is claimed that every Republican Presidential candidate signed the Pledge. The pledge database keeps an updated record on those elected public officials who have signed the Taxpayer Protection Pledge. Those people include 13 contenders for the Republican presidential candidates for 2016 national election, 52 Senators and 239 Representatives in the 113th US Congress. Americans for Tax Reform began promoting the Taxpayer Protection Pledge on the state – level in the early 1990s and has achieved a mixed level of success. It has attracted only 16 governors and several lieutenant governors.

However, the Taxpayer Protection Pledge permits several types of tax reforms, such as "eliminating educations or credits and reducing marginal tax rates on a dollar – for – dollar basis."[11] Additionally, Americans for Tax Reform accepts a cut in tax rates such as reducing the capital gains tax rate. It claims that "all tax rate reductions that increase revenue solely due to economic growth are allowable under the Pledge and are greatly desired." The Pledge also accepts tax base broadening only in the context of tax reform, which may include lowering the rates and rejecting to raise the net tax burden in the aggregate on American families and employers. Therefore, the Pledge is also committed to eliminating tax preferences[14].

The enforcement of the Taxpayer Protection Pledge is conducted by the voters because candidates for government offices are required to sign the Pledge before elections are held. In this way, these voters can hold the politicians accountable on the tax issue. Since American politics is based on an electoral system, the voters can always choose to vote for those who abide by the written Pledge, thus against those who donť.

In addition to organizing the Taxpayer Protection Pledge nationwide, Americans for Tax Reform also works with state – based conservative groups to hold similar weekly gatherings as those held by Americans for Tax Reform. Forty – eight states in America hold over 60 meetings all over America. These gatherings attract many conservative anti – tax activists, social conservative groups, business groups, and legislators. They share the same ideal of limiting the power of government[12]. In this way, Americans for Tax Reform provides valuable lessons and techniques in organization for those conservatives in the states.

The first campaign success was the Tax Reform Act of 1986, which is regarded by center - right Republicans as "the most comprehensive tax reform legislation of all time"[14], and which lowered the top tax rates for individuals and companies from 50 percent to 28 percent. The Americans for Tax Reform claims that their efforts helped to keep the Tax Reform Act of 1986 tax revenue neutral, and that the bill made it easier and simpler for most families to comply with the tax code. Marginal tax rates rose in both Clinton's administration and Bush's administration, because the principle of the Pledge was abandoned by the two presidents.

Americans for Tax Reform under the leadership of Grover G. Norquist once forced President George H. W. Bush to make a promise in front of voters not to raise taxes by saying "read my lip: no new taxes." However, President Bush later broke the promise and accepted a tax hike[6]. This partially cost him the reelection in 1992. When President Bush ran for reelection in 1992, he once said that the 1990 tax hike was a kind of mistake. He had assumed that the tax hike as a compromise would result in no more tax increases and thus "total control of domestic discretionary spending."[15]

The election of George W. Bush gave the conservative Republican idea of cutting taxes a show time. With control of both the White and the Congress, President Bush carried out his campaign pledges with large income tax cuts. Tax cut is the first major item on his agenda as President. The anti - tax network played a major role in bringing down the tax rate. Norquist helped "rally interest groups ranging from Christian conservatives to business organizations behind Bush's tax cut plan, putting pressure on moderates in both parties"[3].

5 Logic behind *Americans for Tax Reform*

American politics is dominated by two political parties: the Democratic Party and the Republican Party. The political realignments at the turn of the early 1980s marked a clear ideological divide between the two parties. The Republican Party attracts the conservative forces in American society, while the Democratic Party grows more liberal. The conservative Americans wish to move forward to limited government and unlimited personal opportunity. To make Americans freer, richer, and more independent of government at all levels, it is necessary to reduce the size and scope of the governments at all levels[10]. Though the Republican Party is composed of a coalition of groups, interests, and diverse individuals, they share a common political idea that they want to be left alone by their government. Grover Norquist thus labels the Republican Party as the Leave Us Alone Coalition. This coalition contains people like taxpayers who want lower taxes, businessmen, entrepreneurs, investors, property owners, gun owners, and homeschoolers and conservative Cathalics, evangelical Protestants, Orthodox Jews, Muslims, and Mormons, the Democratic Party as the Taking Coalition[10,11].

Norquist thinks that American Republicans face three types of challenges, namely, reform the government, create economic growth, and win the election. It is not an easy task for Republicans to restore constitutionally limited government and make America the most powerful economic powerhouse of the world. In order to deal with the problem, Norquist urges people to understand the nature of the Republican coalition and actively participate in electoral politics to support their cause, no matter whether it is about low taxes, property rights, less regulation, the right to carry guns guaranteed by the Second Amendment, parental rights, school choice or religious liberty. The logic goes that any effort that expands one part of the Leave Us Alone coalition strengthens the entire coalition[11].

Norquist reasons that the very existence of the Taking Coalition depends on the availability of resources government controls. If American people stop granting tax dollars to the Taking Coalition, the Taking Coalition will falter and collapse[14]. Simply put, reducing tax and thus government spending might straggle the Taking Coalition, the Democratic Party. Therefore, it is the job for the Republicans to stop tax hikes, limit government spending, and reduce government size.

Grover G. Norquist in *Debacle* criticizes Obama's stimulus package taken shortly after Obama took office in early 2009. He thinks that the stimulus package has not only failed to improve economy, rather, harmed many lives of ordinary Americans. Because of the Stimulus package, America has to bear the amounting debt, the possible rising interest rates or inflation[16].

Norquist prescribes for Republican on how to realize the Republican cause of limited government and infringed individual freedom. He suggests a "12 – step plan" to clear away the damage incurred by Obama's policies. These 12 steps are heavily loaded with anti – tax proposals. The first and most important step, Norquist believes, is to refuse to raise any taxes. A series of tax reforms to be carried out include keeping the focus on spending rather than the deficit, reforming the federal tax code to tax consumed income one time at one rate, reforming the corporate income tax, abolishing value added tax or VAT.

Refusing to raise taxes is necessary, but not sufficient. Government should be constrained from spending too much money. The Americans for Tax Reform records two tax hikes with disastrous results in 1982 and in 1992 respectively. They showed the similar problems. In both cases, more spending cuts were promised than tax hikes. Each time, the tax hikes went through US Congress, but the spending cuts didnt materialize. Thus Norquist came to a conclusion that tax hikes are much easier to materialize than spending cuts. The objective of his political actions and the purpose of Americans for Tax Reform he founded are the same: to advocate tax cuts and take necessary actions to realize it.

6 Impacts of the Anti – Tax Network

National power is closely associated with a national good credit. Good national credit can guarantee that a nation raises money in times of national emergency. To mobilize resources in a manner quick enough to deal with national emergencies, the central government should be strong. Rapid access to money and financial resources depended on the confidence of the financial market. The ability to issue debt at reasonable interest rates provides a basis for sound economic management and political stability. However, government's ability to borrow money relies on its ability to finance its debts, which requires a sound and specific revenue plan. In order to be able to borrow money, the government must prove it could pay it back.[3] In other words, the government either keeps its debt to a sustainable level or broadens its tax bases. There is no other way to deal with debt.

The end of Cold War left America the only superpower in the world. The United States keeps the largest military and the largest economy on the planet. American culture is still appealing to many people around the world. American dollar is still the currency commonly accepted in the global economy. The US Treasury bonds are treated as a safe asset by foreign government. Investors around the world are willing to lend their money to the United States. America, in the course of fighting two wars and dealing with 2007 – 8 financial crisis, has accumulated the largest debt the world has ever seen. The public debts held by American government amounted up to two thirds of its GDP in 2014. However, against this background, the partisan politics has brought American government to the brink of defaulting on its debts several times.

The recent case happened on August 2, 2011. Because debt ceiling stipulates a legal limit on the total national debt, American government could no longer borrow new money and would have to shut down soon for lack of money to pay its bills. Republicans in Congress influenced by their anti – tax ideology and committed to abiding by their pledges demanded that any increase in the debt ceiling should be included with equivalent, dollar – for – dollar reductions in spending. Democrats correspondingly put up two options, either the debt ceiling should be increased without any conditions, or the deficit should be reduced through increased revenues. Norquist in this debt ceiling crisis provides Republicans with a definition of what consists of a tax increase, and his definition thereof became a major factor in the negotiations between Republicans and Democrats. However, the political strife over tax and budget has hindered the soundness of American government credit to repay its debt and thus its administrative power. What's more, the partisan politics over fiscal policy in Washington D. C. also reveals the divide over recovery.

Influenced by the anti – tax movement, Republicans develop even further into the conservative stratum. Alexander Hamilton set up a fundamental maxim in the system of the US public credit that "the creation of debt should always be accompanied with the means of extinguishment." This maxim is later regarded as government's fiscal responsibility in managing its budget, which both parties had reached a consensus in observing it throughout much of American history. However, as the anti – tax movement gains strength, the Republican Party seems to be abandoning this principle of fiscal responsibility. Because many spending programs are quite popular among voters, it seems impossible to reach many spending cuts. Continued tax cuts without large spending cuts inevitably leads to accumulating national debt. The choices left to future generations of Republicans will be fewer and fewer.

Conservative Republicans has established the system which backed the conservative agenda and ensured the loyalty of those uncompromising party members by helping them with campaign donations and by granting them leadership positions in Congress. This system functions through a handful of conservative leaders who worked to enforce the conservative principles. Conservatives have been able to maintain control of the Republican agenda because of the ability of a small group of power brokers. Grover G. Norquist is one of them. Grover Norquist, together with then Republican Majority Whip Tom DeLay, launched the K Street Project. The project aimed at pressuring lobbying firms to donate to Republicans and hire only Republicans as their lobbyists. This naturally increased the conservative Republicans' access to campaign funds and strengthened their relationships with big campaign donors. Through coordination and cooperation, these power brokers can enforce strict party discipline on a number of important issues such as anti – tax pledge[3]. The conservativism in Republican Party tends to be self – reinforcing. The emergence of Tea Party is considered to the consequence of this anti – tax agitation. One of the Tea Party's central principles is opposition to taxes. The Tea Party developed into a grass – root movement when it organized a series of demonstrations nationwide on "Tax Day", April 15, 2009.

References

[1] http://www.atr.org/grover – norquist – a3016#ixzz3qXQMLTJU retrieved on 2015/11/5.

[2] Alina Tugend. The Least Affordable Place to Live? Try Salinas. New York Times. May 7, 2006. Available at: http://www.nytimes.com/2006/05/07/realestate/07california.html retrieved on 2015/11/4.

[3] Simon Johnson, James Kwak. White House Burning: The Founding Fathers, Our National Debt, and Why It Matters to You[M]. New York: Phantheon Books, 2012.

[4] https://en.wikipedia.org/wiki/Laffer_curve retrieved on 2015/11/5.

[5] Ronald Reagan, Inaugural Address, January 20, 1981. Available at http://www.reaganfoundation.org/pdf/Inaugural_Address_012081.pdf.

[6] http://www.nndb.com/people/482/000049335/ retrieved on 2015/11/1.

[7] http://www.slate.com/articles/news_and_politics/assessment/2003/07/grover_norquist.html retrieved on 2015/11/4.

[8] Grover G. Norquist. Rock the House[M]. Ft. Lauderdale, Fla: VYTIS Press, 1995.

[9] Grover G. Norquist. Taxes: The Economic & Philosophical Necessity of Real Reform[M]. Minneapolis: Center of the American Experiment, 1996.

[10] Grover G. Norquist. Leave Us Alone: Getting the Government's Hands off Our Money, Our Guns, Our Lives[M]. New York, W. Morrow, 2008.

[11] Grover G. Norquist and John R. Lott Jr. Debacle: Obama's War on Jobs and Growth and What We can Do Now to Regain Our Future[M]. Hoboken: John Wiley & Sons, Inc., 2012.

[12] http://www.atr.org/about#ixzz3qXSo0Spq retrieved on 2015/11/4.

[13] http://www.atr.org/take – the – pledge retrieved on 2015/11/3.

[14] http://www.atr.org/myths – facts – taxpayer – protection – pledge – a6979 retrieved on 2015/11/5.

[15] Quoted in http://www.atr.org/myths – facts – taxpayer – protection – pledge – a6979#ixzz3qXRFVhd8 retrieved on 2015/11/1.

[16] http://finance.yahoo.com/blogs/daily – ticker/debacle – grover – norquist – case – against – president – obama – 160608333 retrieved on 2015/11/5.

我国矿区环境治理与政府规制研究

贾卓娅[1]　赛明明[1]　梁汉东[2]

1. 中国矿业大学（北京）文法学院，北京　100083

2. 中国矿业大学（北京）煤炭资源与安全开采国家重点实验室，北京　100083

摘　要　伴随着煤炭资源大规模的开发利用，我国社会经济快速发展的同时环境问题也日益突显，其中矿区环境问题最为严重，主要表现为对大气、土地资源和地下水资源的破坏。本文通过分析当前我国矿区环境治理的现状，阐明政府环境规制的重要性，并提出增强政府环境规制、改善矿区环境治理的对策建议，即政府要通过不断完善环境法律体系，建立健全矿区环境管理体制和监督体制，并通过加强与企业，社会组织和公众的协同治理等方面，促进矿区环境的可持续发展。

关键词　矿区环境治理　政府规制　问题与对策

Study on Environmental Governance and Government Regulations of Mining area

Jia Zhuoya[1]　Sai Mingming[1]　Liang Handong[2]

1. School of Law And Humanities, China University Of Mining And Technology, Beijing　100083

2. State Key Laboratory of Coal Resources and Safe Mining, China University of Mining and Technology, Beijing　100083

Abstract　With the large – scale exploitation and utilization of coal resource, Chinese economy is developing rapidly with the satisfaction of environment. The environmental problems in mining area are particularly serious. This issue is mainly reflected in the atmosphere, land resources and groundwater resources. This paper is analyzing the current situation of environmental governance in the mining area, clarifying the importance of government regulation, and pointing out some countermeasures and suggestions to strengthen the government regulations and improve the mining area environment.There-

---

资助项目： 中央高校基本科研业务费专项资金（2009 QW05）

作者简介： 贾卓娅（1992—　），女，中国矿业大学（北京）文法学院在读硕士研究生。Tel: 15210662758；E – mail: 331322567@ qq. com

fore, government should promote the sustainable development of mining area environment through constantly improving the environmental legal system, establishing and optimizing the environmental management system and supervision system, and constructing cooperative governance with coal enterprises, social organizations and the public.
Key words environmental governance in mining area government regulation problems and countermeasures

0 引言

长期以来，我国经济发展坚持以“快”为主，客观上走了“先污染、后治理”的路子，忽略了对生态环境的保护。我国作为一个以煤为主要能源的全球性矿业大国，伴随着大规模煤炭资源的开发利用，矿区生态环境遭到了严重破坏。由于环境属于典型的公共物品，环境问题具有很强的外部不经济性，个人或企业没有足够动力去主动进行环境保护，因此，要合理地支配和保护环境资源，必须要借助政府的力量对环境资源实行有效的规制，保证经济与环境的协调发展。

1 环境属性与政府规制

1.1 环境的属性

对环境属性的分析可以从经济学中物品划分的两个特点入手：即消费上的排他性和竞争性。消费上的排他性是指可以阻止一个人使用一种物品时该物品的特性；竞争性是指一个人使用一种物品减少其他人使用时该物品的特性。[1]可以看出，环境是具有非排他性，但却不是非竞争的产品，这就决定了环境属于公共池塘产品。因此，作为“经济人”的个体都可以无偿地消费环境而无须付出额外成本，这就会产生“搭便车”的现象，甚至会导致环境资源的过度使用，而个体或者企业也不会主动承担起治理环境的责任，政府作为公共利益的代表者和公共服务的提供者，有责任和义务对环境资源加以整治，其在调动社会资源以及运用公共权力方面，比其他经济主体更有优势，这就决定了政府是环境治理的主要主体，而规制是环境治理的重要手段。

1.2 政府规制

政府规制，又被称为“政府管制”，主要指政府对特定的市场主体的行为进行规范和限制。政府规制是市场机制下政府干预经济的主要手段之一，其目的是矫正市场失灵，更好地实现公共政策的目标，这也是政府规制的前提，否则只需要把问题交给市场机制去解决。

规制可以分为两大类，即经济型规制和社会性规制。政府环境规制是社会性规制的一项重要内容，主要指由于环境污染具有外部不经济性，政府通过制定相应政策与措施对厂商等的经济活动进行调节，以达到保持环境和经济发展相协调的目标，具体包括工业污染防治和城市环境保护。[2]

总体而言，我国矿区环境治理就是要求政府作为主要的规制者，对矿区的公共物品（环境资源）进行合理的管理和配置，并对矿产资源开发过程中各经济主体间的经济利益进行协调，以满足社会需求。

2 我国矿区环境治理的现状

2.1 我国矿区环境污染现状

粗放式的资源利用方式严重破坏了我国矿区的生态环境，主要表现在以下几个方面：

1. 对大气的污染

在矿产资源开采的过程中会排放大量的废气、粉尘及废渣，甚至开采设备或运输工具运行的过程中也会产生大量的有害气体，这些都会引起大气污染和酸雨，也可以说，矿区生产活动对大气的污染贯穿于煤炭开采、加工、运输和利用全过程。

2. 破坏地下水资源

我国是全球水资源相对贫乏的国家之一，人均水资源占有量仅为世界人均1/4，且水资源分布极不平衡。据统计，我国煤矿每年产生的各种废污水约占全国总废污水量的25%。[3]一方面，矿山开采中产生的废气、粉尘、废渣等暴露在空气中，硫化物在空气中发生氧化形成酸雨，使得矿区水体遭受污染；另一方面，众多矿区废水未经达标处理就直接排放，甚至直接排入地下水体中，使得大量地下水资源受到污染。

3. 对土地资源的破坏

煤炭开采方式主要有露天开采和地下开采。首先，露天开采剥离排土，破坏了大量农耕地和建设用地，造成大面积的植被退化、水土流失等后果；地下开采易形成采空区，诱发地质灾害，导致出现地表下沉、塌陷、岩体开裂和山体滑坡等地质环境问题。

2.2 我国矿区环境治理存在的问题

1. 针对矿区环境保护的法律、法规不健全

我国矿区环境保护法律法规设置分散，没有形成协调统一的法律体系，可操作性不强。目前我国涉及环境保护的法律法规主要有《环境保护法》《矿产资源法》《水土保持法》《大气污染防治法》等十余部法律，但设置相对分散，整体呈现出“法”多“治”难的局面；其次，我国缺少关于矿区环境保护的专门性法律。由于环境影响贯穿于煤炭资源开发利用的全过程，从开采前的环境评价到闭坑后的长期影响，缺少完整的矿区环境保护的专项法律就难以实现对矿区生态环境的全面治理；此外，我国矿区生态环境保护法太“软”，缺少强制性且管理手段僵化。

2. 政府职责不清、监管不力

当前我国矿区环境管理机构庞杂，主要有环境保护部门，土地、矿产、水利、农业、林业等多个行政主管部门，这些执法部门之间职责交叉，管理标准不一，但同时担负着矿区资源保护和监管的责任。据中国环境科学研究院2012年的一项研究，中央政府53项生态环境保护职能，环保部承担40%，其他9个部门承担60%。[4]在这种情况下，各部门之间环保职能交叉，管理界限模糊，就容易出现遇利就争、遇到责任就相互推诿的现象，致使矿区出现环境污染后，各部门都想推脱责任，使得环保部门实行统一管理增加难度。

更有甚者，一些政府部门受地方利益集团的影响，实行地方保护主义，滥用决策权力向开采条件不达标的企业颁发开发许可证，甚至有些地方环境保护部门纵容企业“先上车，后买票”，有的甚至不补票也允许其私挖滥采，对矿产资源和矿山生态环境造成严重破坏。[5]

3. 缺乏对企业治污的约束和激励

首先，我国关于煤炭企业环境责任的法律法规较少，且多是原则性的规定，强制力不足，缺少相关法律的约束，煤炭企业主动治污更是难以实现；其次，环境治理还需要雄厚的技术支持和资金作支撑，由于各方面原因，我国矿区许多中小企业普遍受治理技术落后、资金短缺的限制，无力承担环境治理的费用，致使企业主动规避环境责任。

4. 对社会参与力量的扶持力度不够

矿区环境污染最直接的受害者就是周围的居民，但我国大多数矿区居民缺乏环保意识，参与环境保护的主动性不高，主要是缺乏完善的公民环境参与机制，虽然法律肯定公民参与决策的权利，但具体的参与内容、参与方式、参与程序等还缺少明确的规定；再者，我国公民参与的渠道有限，大多数人不知道如何参与环境治理。

非政府组织也是矿区环境治理的特殊主体，但我国非政府组织的立法滞后且层次不高，政府在法律层面上对非政府组织的保护和规制不到位，直接影响其在环境治理过程中的决策和行动；我国的双重管理体制无形中提高了非政府组织的准入门槛，制约了非政府组织的发展；现行法规承认的非政府大部分是“官办”或“半官办”性质，组织内部的管理很多都依赖于政府意志，造成政社不分，削弱了非政府组织的独立性。[6]

3 强化政府规制、推进矿区环境治理的对策建议

3.1 完善矿区生态环境法律体系

1. 完善我国环境保护法律体系

首先，环境立法要树立可持续发展的立法理念，并且要贯穿于环境立法实践的全过程。尤其是要把可持续发展原则渗透到我国的环境基本法——《环境保护法》中；其次，完善现行法律法规的实施细则，把我国已颁布实施的环境保护法律制度，如环境评价制度、排污收费、限期治理、生态补偿等，真正落实到实践中，增加法律的实际操作性；同时，还要强化环境执法和环境司法，防止出现地方保护主义。

2. 建立矿区生态环境保护的专项法律

目前我国缺少一部专门针对矿区环境保护的专项法律，使得在矿区环境保护的具体实施上缺乏客观而系统的评价标准和监管机制。[7]我国可以借鉴国外的立法经验，建立一部具备中国特色的矿区生态环境保护法律制度，该法应涵盖矿山资源开发利用的全过程，使得矿区环境治理工作有法可依；同时，还要加强矿区环境治理的地方性立法，各级地方政府应充分结合当地的实际情况细化法律法规，因地制宜地制定合理有效的环境政策。

3.2 明确政府职责分工，加强环境规制的有效性

1. 建立健全我国矿区环境管理体制

要理顺各环境管理部门之间的关系。应建立一个独立的矿区环境规制机构，该机构负责统一制定我国矿区环境治理的全局规划，还要通过相关法规对该机构的权利、义务和职责进行明确规定，避免出现各部门职责不清、界限模糊的现象，提高矿区环境管理的效率；同时要完善我国的监督机制，强化公众参与。政府机关不仅要依法对规制者进行内部监督，还要引导公众通过新闻、网络等舆论方式进行外部监督，确保政府的环境规制职能在法律和制度框架内运行。为此可以建立环境诉讼制度，保证民众受到环境污染影响时可以提起诉讼，维护自身的环境权益。

2. 完善环境问责制，保障矿区环境规制违法必究

提高我国环境规制的有效性，要加强对规制者的规制。确立有效的政府环境问责制有助于提升企业和社会公众的信任度，并有助于减少腐败现象。首先，要不断完善矿区环境问责制，通过立法的形式对矿区环境责任主体、环境问责内容、问责程序等进行规定，对环境责任履职不到位，干预环境执法或者是不作为、乱作为的政府部门及其责任人，要从严问责；其次，还要将环境治理成绩加入地方官员提拔时的考核范围，环保绩效与官员晋升挂钩，有助于提高官员的环境责任意识和环境保护执行力；同时还要实行环境追责，凡任职期间造成重大环境问题的，无论后期是否在任都一并问责，防止地方官员因盲目决策造成环境污染然后“一辞了之”的现象。[8]

3.3 规制企业履行环保责任

在矿区环境治理问题上，企业占据着非常重要的地位，但由于其在环境治理问题上具有被动型特征，因此政府要加强对煤炭开发企业的监管和引导。一方面，政府应该出台相应的法律法规，通过立法明确规定企业在矿区环境治理中的责任、义务，同时还要规定企业定期向社会公布环境治理状况，加大对隐瞒环境信息的投机企业的惩罚力度，引导企业自觉治污；另一方面，政府需要加大对企业的治污资金支持和技术支持，并采取相应的激励政策，例如对环保效果好的企业进行奖励，鼓励企业自觉采用绿色环保的新技术、新设备，主动承担矿区环境保护的责任。

3.4 充分调动社会力量参与环境治理的积极性

1. 建立、完善公民环境参与机制

加强我国环境治理需要社会公众的广泛参与。要培养公民的环保意识，向公众进行环保知识的宣传教育，引导公众主动运用法律武器保障自己的环境权益；逐步建立、完善公民环境参与机制，为公民提供有效的参与渠道，将公民参与的方式、内容、途径等做出明确的程序规定；还要促进政府信息透明化，建立起环境信息公开制度，不仅环境决策要公开征集公众意见，还要定期向社会公开政府环境监测信息，尽可能向公众提供真实有效的矿区环境信息，便于公众监督。

2. 充分发挥环保非政府组织的作用，加强政府与非政府组织的协同治理

非政府组织涉及领域广泛，民众参与容易，能够有效填补政府在社会发展方面的不足。第一，我国应该从立法层面对非政府组织进行扶持，从法律层面上明确非政府组织的权利和义务，便于其针对环境治理过程中存在的问题进行决策和行动；第二，一定程度上放宽非政府组织的准入门槛，改变我国当前对于非政府组织的双重管理体制；第三，加大对环保非政府组织的资金支持和宣传力度，提高公众的参与能力和动力，并鼓励其与国际环保非政府组织合作，提高国际威望，加强其在矿区环境保护中的能力。

参 考 文 献

[1] [美] 曼昆．经济学原理 [M]．第3版．北京：机械工业出版社，2003.

[2] 张建斌．环境规制对内蒙古煤炭产业发展的影响 [J]．工业技术经济，2010，29(9)：15－18.

[3] 张馨元．矿区生态安全及其法制保障 [J]．2011年全国环境资源法学研讨会（年会）论文集，2011 (8)：15－18.

[4] 张琰．我国政府规制性生态环境保护问题与对策［D］．湖北：湖北大学，2014.
[5] 王世进，张津．论矿山环境治理中的政府环境责任及其实现机制［J］．江西社会科学，2012（12）：138－144.
[6] 冯旭，王楠．非政府组织在煤炭矿区环境保护中的局限性分析制［J］．理论探讨，2011（8）：278－280.
[7] 孙洁．我国矿区生态环境法律保护问题研究［D］．陕西：西安建筑科技大学，2006.
[8] 贾卓娅，赛明明，梁汉东．建设生态文明，推进依法治煤［J］．法制与社会，2016（2）：213－215.

以翻译任务反馈培养学生批判性创新思维能力

许卉艳　孙晓温　王海月

中国矿业大学（北京）文法学院，北京　100083

摘　要　翻译活动不仅是语言形式的转换，更是思维方式上的变换，因此翻译教学是培养学生批判性创新思维能力的重要载体之一。翻译作为一门实践性极强的课程，教师要充分利用学生的翻译实践环节，加强翻译任务过程的组织监管，帮助他们养成批判性创新思维意识。相关教学实践表明，合作式翻译任务和恰当的教师引导反馈是行之有效的途径之一。

关键词　批判性思维　创新思维　翻译任务　反馈评价　合作学习

Cultivation of Students' Critical and Innovative Thinking Through Feedback on Translation Tasks

Xu Huiyan　Sun Xiaowen　Wang Haiyue

School of Law and Humanities, China University of Mining and Technology, Beijing　100083

Abstract　Translation means the conversion of both language form and thinking mode, so translation teaching is an important carrier of cultivating students' critical and innovative thinking ability. As "Translation" is a highly practical course, teachers should take full advantage of the students' translation practices to strengthen the process arrangement and monitoring of translation tasks and help them develop an awareness of critical and innovative thinking. The related teaching practices show that cooperative translation tasks with teachers' proper guidance and feedback is one of the effective ways.

Key words　critical thinking　innovative thinking　translation task　feedback and evaluation　cooperative learning

0　引言

批判性创新思维能力，是当代大学生综合素质培养中不可缺少的因素。翻译作为一种

资助项目：中央高校基本科研业务费专项资金资助（2009KW04）

作者简介：许卉艳（1967—　），女，天津人，主要研究方向：翻译理论与实践。Tel：15811051825；E－mail：xuhuiyan1@126.com

跨语言、跨文化和跨社会的交际活动，不仅是语言形式的转换，更是思维方式上的变换，涉及的理解过程是对原文的批判性解读，而转换和表达环节则是认知推理的交际过程，因此翻译思维具有多元文化条件下批判性和创造性分析的特征，是训练批判性创新思维的重要载体[1]。

早在20世纪初，社会学家威廉·格雷安·索姆奈（William Graham Sumner）就在《社会习俗论》中指出，“批判性思维是塑造优秀市民的最佳教育方式”。之后，在学术界引发了系列研究和讨论。国内相关研究始于20世纪80年代，主要集中在教育学、心理学、逻辑学、哲学等领域，关于英语专业学生的批判性思维问题的探讨始于20世纪90年代黄源深（1998）、何其莘（1999）等学者。近年来，这一话题的研究多关注课堂教学或教学模式（陈晓丹2013，肖琦2014，招晓杏2015）、培养模式（余国良2010，李莉文2010，亢志勇2012）、具体应用（席东2012，刘燕2015）、必要性（王琐栓2014，黄龙江2016）、与翻译教育的关系（刘燕2015，欧阳利锋2009）相关概念阐述（高梦婵2016），而结合教师对学生翻译任务过程监管和反馈评价进行的研究很少。

1 批判性创新思维的定义

尽管国内外关于批判性思维和创新思维的讨论一直未停止，但学者们并没有给出统一的定义。

1.1 批判性思维

“现代批判性思维传统”之父约翰·杜威（John Dewey）认为批判性思维是个体对于任何信念或假设及其所依据的基础和进一步推导出的结论所进行的积极、持久和周密的思考[2]。罗伯特·爱尼斯（Robert Ennis）认为批判性思维是个体以后天的客观经验为基础，为决定相信什么或做什么而进行的合理的、反省性的思维[3]。20世纪90年代，发起于美国哲学学会的基于批判性思维的研究报告《德尔斐报告》得到了国际认可。该报告认为批判性思维包括认知技能和情感倾向两个维度。其中前者包括阐释、分析、评价、推理、解释和自我调整六个方面，后者则包括保持开放心态、保持公正等十二个方面[4]。

而翻译中的批判性思维，“是指在翻译过程中译者有意识地对文本做出质疑、反思、判断、推理和调整的个性品质，以及对文本的真实性、准确性、性质与价值进行个人判断，从而对文本的取舍做出合理决策的过程。”[5]

1.2 创新思维

创新思维是指以新颖独创的方法解决问题的思维过程，通过突破常规思维的界限，以超常规甚至反常规的方法、视角去思考问题，提出与众不同的解决方案，从而产生新颖的、独到的、有社会意义的思维成果。其本质在于将创新意识的感性愿望提升到理性的探索上，实现创新活动由感性认识到理性思考的飞跃[6]。

就翻译教学而言，批判性创新思维，是指翻译过程中，在对原文进行批判性阅读理解的基础上，在具体转换和表达的过程中突破常规，排除思维定式和从众心理，在符合原文意义和风格的基础上，在用词和句型表达上大胆尝试，勇敢挑战所谓的参考译文或标准译文，创新思维，尝试新思路、新译法。

2 翻译教学中培养学生批判性创新思维的必要性

近年来，许多专家学者已经开始关注英语专业学生普遍缺乏批判性思维和创新意识的问题。例如，何其莘等[7]在《关于外语专业本科教育改革的若干意见》中提到：“在语言技能训练中往往强调模仿记忆，却忽略了学生思维能力、创新能力、分析问题和独立提出见解能力的培养”。李莉文[8]认为，制约我国英语专业学生批判性思维能力发展的主要因素是突出技能训练，相关技能课程占总课时的67%。因此，如何把这些技能课程与批判性创新思维培养结合起来，尤其值得我们思考。

受传统教育教师主导理念的影响，翻译教学中普遍忽视对学生批判意识和创新能力的培养，缺乏激励学生进行批判性思维的有效机制和教学环境。然而，翻译过程中，译者要使原语作者的意图与译语读者的期盼相吻合，就需要从原语的语义、句法和语用层等线索中推断出作者的交际意图，并对译语读者的认知语境做出评估，从而选择和调整译语的表达方式。这些选择和调整要求译者打破思维定式和习惯，以新角度和新方式来思考问题[1]。因此，我们在翻译教学中要重视培养学生的思维逻辑，特别是批判性创新思维能力，因为创新思维能力包括发现问题、解决问题的能力和批评能力[2]。

最近几年，就如何在翻译教学中培养学生的批判性思维能力，专家学者们提出了自己的见解。例如，余国良[9]提出了三种模式：错误分析模式、案例教学模式以及数据驱动模式。肖琦[10]提出了四种方法，即：求真、公正，理性，具体思考，深入思考。亢志勇[2]提出了合作原则、鼓励原则、创新原则。刘燕[11]提出了四个阶段：描述性议题的分析，说明性议题的分析，创新性议题的分析，评论性议题的分析。招晓杏[12]以两堂汉译英翻译赏析课为例，具体说明了如何在翻译课堂上培养学生的批判性思维能力。

本文主要从教师对学生完成翻译任务过程组织监管及反馈两个方面来探讨如何利用翻译教学培养学生的批判性创新思维能力。

3　培养批判性创新思维的探索

下面结合本校英语专业三年级本科生的笔译教学，从学生翻译任务组织管理及教师反馈，探讨一下如何在翻译教学中培养学生的批判性创新思维能力。

翻译是一门实践技能课，贯穿整个教学过程的翻译实践是培养学生批判性创新思维力的重要途径，因此加强翻译实践环节的管控和引导至关重要。除课堂上讲述相关翻译理论概念及技巧外，课上布置大量翻译实践练习，包括课内翻译实践和课外翻译实践，从而使课堂教学和课外实践有机结合起来。学生每周要完成一些语段翻译，每学期要完成一些语篇翻译，课堂上就学生翻译过程中出现的共性和个性问题给予评价和反馈，引导他们在翻译实践中养成批判性创新思维意识。

针对这些翻译任务，主要加强落实任务布置前引导、过程中监管、完成后反馈三个环节。

3.1　任务前引导

每次布置翻译实践任务时，笔者会结合课堂教授的翻译理论和技巧对要翻译的原文语体风格等进行总体分析，鼓励学生就个人理解提出问题，发表不同见解，并提示要注意的地方以及可用到的翻译技巧等。

3.2　过程中监管

批判性创新思维强调师生之间的互动对话、交流和讨论。通过师生间的频繁讨论、问答，来探查学生观点的薄弱环节，寻找其思维方法的局限，然后加以引导克服。对话的有效教学形式就是合作学习。研究表明，合作学习能有效培养学生的批判性创新思维[5]。

例如，我们的语段翻译任务就采取自译—改译—讨论—定稿—反馈的个人—小组—集体合作式学习的方式。首先要求学生先期独立完成翻译任务，然后自行修改，接着两人一组自愿结合就各自对原文的理解和译文的表达交换意见，并进行对比讨论，鼓励提供多种译文，最终以修订格式提交电子版作业，以确保学生确实经过了思考和讨论环节，最后教师批改后进行课堂反馈。

3.3 任务完成后反馈

翻译教学作为一种师生间的交流活动和交际过程，一个共同的思维对象就是文本[2]，如何利用文本进行有效对话交流是值得每位翻译课教师认真思考的问题。因此，抓住课下批改作业、课上反馈评价这两个环节十分重要。

集体赏析译文是笔者在课上的重点反馈环节，对培养学生批判性创新思维的启发引导很关键。在此之前批改作业时，会标注出理解性错误还是表达性错误，便于学生自省学习。课堂上就学生提交的译文进行归纳总结，从理解原文到译文用词、语篇结构、词序安排、时态选择、文体特点等进行多方位解读，引导学生转换思维模式，尝试不同翻译结果。通过多种实例展示进行分析评判，提供多种可接受和不可接受的表达，总结各种译文的优劣，选出创新型优秀翻译，加以鼓励表扬，从而培养他们批判性思维和创新意识及能力。

讲解过程中，注意传递翻译过程中要注意的事项。例如，关于选取翻译单位的重要性问题，提供了两个典型案例进行分析引导，从而让学生记住并养成良好的翻译习惯。

例 1　For many people the need for human translators seems paradoxical in the age of computers…But the results of machine translating are usually in an unnatural form of language and sometimes just plain weird….

以本段中 human translators 的翻译为例，有些学生翻译为“人类翻译家/人类译者”，是因为他们把翻译单位确定为句子，看完一句就翻译了一句。如果把翻译单位扩大到语段，那么就会发现其中第 6 句中提到了一个关键词语 machine translating（机器翻译），由此应该不难能判断这两个概念是相对应的，该词语应译为“人工翻译”。

例 2　翻译的意义是将词句从一种语言转换成另一种语言。简单地讲，它是用与原作不同的语言将作者的真正意思准确地复述出来的一种艺术。从以上翻译的定义来看，我们知道词句的原意必须尽可能保持准确，不可有所增删……。

本段第一句中“意义”一词个别学生翻译为 purpose，significance，importance，出现这样的译文也是因为把翻译单位确定为句子而非全段，事实上只需要再读两句就能避免这样的理解性错误，其中第二句中“简单地讲”提示下文是对本句的进一步解释；而第三句中的“定义”一词更是明确了第一句中的“意义”意味着“意思和定义”，应该翻译为“meaning/definition”，或用动词形式“mean”。

通过以上的引导和讲解，相信学生在以后的翻译实践中会注意翻译单位在理解阶段要做到越大越好的道理。

此外，讲评还可以鼓励学生活学活用，创新翻译。

例 3　人的一生经历无数次选择，即无数次机会的把握。……

在讲解本句时，引导学生选择不同主语来确定多种译文，主语可以是“人”“人的一生”“无数次选择”，而且“人”可以用泛指代词 man，one，everyone，we，people，还可以用 there be 句型；“无数次”也有多种表达。时态上可以选择用一般现在时和一般将来时等。本句可以翻译为：

Man/one/everyone/ will/has to experience countless choices through his/her life....

One’ life undergoes numerous choices...

Numerous choices have to be made in the course of one’s life....

People/we make/face innumerable/many choices during their whole life...

There are countless choices in our life....

例4　近几年掀起的“公务员热”使国家公务员考试成为中国竞争最激烈的考试之一。……

评价该句译文时，特别表扬了一个活学活用的译文，以此来鼓励学生创新思维，而不是拘泥于所谓的标准译文。

该译文巧妙地套用了我们本单元做过的英译汉练习中的表达（World Cup fever is gripping those parts of the globe that have made it a religion out of kicking round balls into square nets），而把该句译为：

Civil servant fever is gripping those parts of the whole China that have made its examination become one of the fiercest competitions.

4　结语

综上所述，批判性创新思维能力，是当代大学生综合素质不可或缺的因素。翻译思维具有多元文化条件下批判性和创造性分析的特征，因此翻译教学是培养学生批判性创新思维能力的重要载体。《翻译》作为一门实践性极强的课程，教师要充分利用学生的翻译实践环节，加强任务前、任务中和任务后的监管，帮助他们学会独立思考，提高批判性创新思维能力。相关教学实践表明，合作式翻译任务和恰当的教师引导反馈是行之有效的途径之一。

参考文献

[1] 余国良，张莹，陈宝珍，等. 大学外语教学中批判性思维培养实践研究 [J]. 浙江纺织服装职业技术学院学报，2013 (6).

[2] 亢志勇. 翻译教学中对学生批判性思维能力的培养 [J]. 黑河学刊，2012 (6).

[3] Ennis, Robert. A Concept of Critical Thinking [J]. Harvard Educational Review, 1962, 32 (1): 81 - 111.

[4] Facione, P. A. “Critical thinking: A statement of expert consensus for purpose of educational assessment and instruction”. Executive summary of The Delphi Report. Millbrae: California Academic Press, 1990: 2 - 17.

[5] 欧阳利锋. 论译者的批判性思维 [J]. 外语与外语教学，2009 (8).

[6] 马宝昌，王曾仪. 创新思维 [M]. 长春：吉林教育出版社，2000.

[7] 何其莘，殷桐生，黄源深，等. 关于外语专业本科教育改革的若干意见 [J]. 外语教

学与研究，1999 (1)：24－28.
[8] 李莉文. 试析英语专业技能课程与批判性思维能力培养的关系 [J]. 中国外语，2010 (6)：68－73.
[9] 余国良. 翻译教学中批判性思维培养模式的研究 [J]. 外语学刊，2010 (05)：102－104.
[10] 肖琦. 注重批判性思维能力培养的翻译教学模式 [J]. 工业和信息化教育，2014 (3)：64－65.
[11] 刘燕. 翻译教育中批判性思维的运用 [J]. 教书育人（高教论坛），2015 (10)：100－101.
[12] 招晓杏. 如何培养本科翻译专业学生的批判性思维——以两堂汉译英翻译赏析课为例 [J]. 海外英语，2015 (4)：137－138.

英汉翻译时标点符号的转换

李　莉

中国矿业大学（北京）文法学院，北京　100083

摘　要　标点符号在辅助书面语准确表达意思方面不可或缺。英译汉时的标点符号转换可以大致分为三种情况：译文与原文的标点符号一致；因英汉语标点用法不同，改变译文标点符号；因译文修辞需要，改变标点符号。英译汉时，正确使用标点符号，应遵循汉语标点符号的使用规范。

关键词　英译汉　标点符号　转换

Conversions of Punctuation Marks in English – Chinese Translations

Li Li

School of Law and Humanities, China University of Mining and Technology, Beijing　100083

Abstract　Punctuation marks are essential in supplementing the proper delivering of written languages. The conversions of punctuation marks in English – Chinese translations roughly fall into three kinds: the punctuation marks of the target version agree with the ones of the original version; Change punctuations of the target version for the different usages of English and Chinese punctuation marks; Convert punctuation marks for rhetoric need of the target language. To correctly use punctuation marks in English – Chinese translations, translators should follow the norms of the Chinese punctuation marks.

Key words　English – Chinese translation　punctuation marks　conversion

0　引言

标点符号用于书面语中，表示停顿、语气等，能凸显词语的性质和作用，辅助书面语

资助项目：中央高校基本科研业务费专项资金（2011YW01）

作者简介：李莉（1966—　），女，山东禹城人，教授，硕士生导师，主要从事英语教学和翻译研究。Tel: 18701052009; E – mail: lilycheng@126.com

完整地表达意思，可以帮助读者正确理解句子结构，正确断句，方便阅读。正确使用标点符号，不但能补充文字表达意图，更能引导读者正确理解作者的意图。

英语和汉语的标点符号在数量和种类上不尽相同，在用法上也存在一些区别。在英汉翻译实践中，如何处理译文的标点符号？是与原文保持一致，还是根据译文的行文习惯，并考虑译文的语言风格做出相应的改变？译者在多大程度上改变标点符号才为合理？这些问题在翻译实践中经常遇到，值得讨论。

需要说明一点，英汉语标点符号存在形式上的区别，如英语使用句点，汉语使用句号；英语省略号为三个小点，而汉语省略号为六个小点，等等；但这些区别不在本文讨论之列。

1　译例标点符号分析

本文将英译汉时标点符号的转换大致分为三种情况：译文与原文的标点符号一致；因英汉语标点用法不同，改变标点符号；因译文修辞需要，改变标点符号。

1.1　译文与原文标点符号一致

一般情况下，英汉语标点符号用法相似或相同的情况很多。也就是说，在译文中，无须改变原文的标点符号。

例1　原文：In the spring of 1812, Napoleon assembled an army of six hundred thousand men on the borders of Russia.

译文：1812年春，拿破仑在俄国边境屯兵60万。

例2　原文：To his surprise, the Russians refused to stand and fight. Instead, they retreated eastward, burning their crops and homes as they went.

译文：令他（拿破仑，本文作者注）吃惊的是，俄国人没有奋起反抗。相反，他们一路向东撤退，沿途焚烧庄稼和房屋。

以上两个例句中表达时间状语的介词短语 In the spring of 1812 和表达结果状语的介词短语 To his surprise 以及表达转折关系的副词 Instead 的后面，都使用了英语的逗号，在译成汉语后，也使用了逗号，起到句间停顿的作用，跟汉语的表达习惯相同，也符合汉语的行文要求，因此，译文中的标点符号与原文的标点符号保持一致即可。

例3　原文：D-day, the code name given to the day of invasion, was originally scheduled for 5 June 1944. This date had been arrived at by considering two factors --moonlight and tide. The hour of the invasion would need to be near sunrise, when the seaborne troops would have a rising tide. This would enable them to land close to the obstacles that had been placed to hinder their landing without coming ashore on top of them.

译文：代号为D日的进攻开始日最初定在1944年6月5日。选定这一天考虑了两个因素——月光和潮汐。进攻必须在接近日出之时进行，其时乘船渡海的部队能遇上一次涨潮。他们就能借助上涨的海水在靠近专为阻碍登陆而设置的军事障碍附近登陆，而不必踩着这些障碍走到岸上去。

英语的破折号和汉语的破折号都可用于对前文的解释、说明或列举，作用基本相同，所以，英语的破折号可以转变为汉语的破折号。如果只考虑原文破折号所在的句子，省略破折号，翻译成“月光和潮汐两个因素”也没有问题。但是，从整个段落考虑，句与句之间衔接非常紧密，尤其是词汇的意义衔接上，如 moonlight 与 near sunrise，a rising tide 与 enable them to land close to the obstacle...without coming ashore on top of them. 句子的意思一层一层展开，一环扣一环，下一句是对上一句核心词的意思解释。因此，要把段落中的核心信息尽量凸显，所以译文中保留了破折号，使词意与下文保持最近的关联，使句间衔接关系更紧密，表达更连贯。

可以看出，译文与原文标点一致是比较常见的。

1.2 因英汉语标点用法不同，改变标点符号

译文中标点符号与原文中不一致的情况较为复杂。有可能是断句或合句的需要，也就是译文的行文习惯所致；亦有可能是英汉语标点符号的不同使用功能所致。

例 4 原文：It is important to recognize that automated vehicles are already carrying millions of passengers every day. Most major airports have automated people movers that transfer passengers among terminal buildings. Urban transit lines in Paris, London, Vancouver, Lyon, and Lille, among others, are operating with completely automated, driverless vehicles; some have been doing so for more than a decade.

译文：……不少城市的公交线路，如巴黎、伦敦、温哥华、里昂和里尔等，都是由全自动控制的无人驾驶车辆运行的，有些已运行了几十年。

对照原文和译文的标点符号，我们发现，用在英语一连串的地名之后的逗号在译文中变成了顿号。这是因为，英语的逗号可以用在列举的项目之间[2]，如 Paris，London，Vancouver，Lyon，and Lille，也可以用在句子中间介词短语的前后（李长栓），如 among others 的前后都加了逗号。但按照汉语标点符号的使用习惯，句子内部并列词语之间的停顿，如果是较短的词语，用顿号，因此，原文中用于表示停顿的逗号，译文中变为逗号，以符合汉语标点符号的使用习惯。

同时，我们也注意到，原文中使用了一个分号，在译文中变成了逗号。英语中的分号，用于正式文体中分开内容相关、本来可以分为两句话的两个分句[3]。原文的第一句是本段的主题句，说明乘坐自动化运输工具的人很多，具体情况从第二句的机场航站楼和第三句的城市公交自动化运输情况等两个方面展开。前两句都是独立的内容，单独成句，所以翻译时标点与原文一致。第三句中分号前后的两个分句，说明城市公交线路的情况，并补充说明了它的运营历史，内容紧密相关，分号的使用符合英语习惯。相反，汉语两个分句之间，如果内容相关，关系紧密，更多时候使用逗号，所以此处译文标点改为了逗号。

例 5 原文：Napoleon took the gamble of pressing on to Moscow, 448 kilometers away.

译文：拿破仑孤注一掷，决定进军远在 448 公里之外的莫斯科。

原文中短语 448 kilometers away 放在名词 Moscow 之后，用逗号隔开，作后置定语，补充说明 Moscow 的信息，暗示拿破仑的行军之难。而汉语习惯使用前置定语，所以译者将这一短语前置，作定语修饰说明莫斯科的情况，这样在汉语译文中就省去了逗号。同时，原文中的动词短语 took the gamble of 意为“冒险”“孤注一掷”，原句中作谓语成分的动词短语 took the gamble of 和作定语成分的动名词短语 pressing on to Moscow 在译成汉语后，变成了复杂的连动词组和动宾词组，因此，根据汉语句子停顿的需要，句子内部动词与宾语之间，如需停顿，用逗号[2]。因而，在“孤注一掷”后面增添了逗号，对句子进行了合理的断句，方便读者理解。

以上两个例子中标点符号的改变，主要是由于英语标点符号和汉语标点符号的用法不同，所以根据汉语标点的使用习惯作了相应改变。

1.3 因译文修辞需要，改变标点符号

从译文的文体、语气、目的、语言风格等方面考虑，出于修辞表达的需要，译者有目的地改变标点符号，以满足特定需要。

对于特殊文体材料的翻译，如企业宣传材料，会因为材料的内容、宣传目标、市场定位等因素，而有不同的篇章组织形式。英语企业宣传材料突出企业形象及产品本身，注重表述事实，传输实用信息[3]，如下面的材料，介绍了杜邦公司的发展历史以及产品范围和广泛的影响力。其文体平实，行文流畅简洁，三个重要的发展阶段，用 In 1802，One hundred years ago，Today，等三个时间状语引导，引出每一个阶段的发展重点和企业转型升级的发展脉络，思路清晰，清楚地传达了公司的发展历程和目前的产品领域和市场定位。材料用词客观准确、通俗易懂，如 deliver science – based solutions that make real differences in people's lives around the world…，清楚地传达了公司的经营理念。

例6　In 1802, DuPont was primarily an explosives company. One hundred years ago, our focus turned to chemicals, materials and energy. Today, we deliver science – based solutions that make real differences in people's lives around the world in areas such as food and nutrition, health care, apparel, safety and security, construction, electronics and transportation. Look closely at the things around your home and workplace, and chances are, you'll find dozens of items made with DuPont materials.

译文1　1802年，杜邦公司起初是一家炸药公司。100年前，我们主要转向了化学、材料和能源。今天，我们从事科学为基础的产品，改变了全世界人们的生活，比如在食物营养领域、健康领域、衣服领域、安全领域、建设领域和电子及运输领域。仔细看看自己身边和工作周围的事物，可能你将会发现很多杜邦材料制成的产品。

译文2　两百多年前，杜邦仅仅是一家生产黑火药的小企业；一百年前，公司的业务重心转向全球的化学制品、材料和能源；现如今，在杜邦进入第三个百年之际，杜邦致力于创造以科学为基础的解决方案，让人们的生活在多个领域出现质的飞跃。这些领域包括食品与营养、医疗保健、服装服饰、安全防护、建筑装饰、电子产品以及交通运输等。杜邦的产品种类繁多，仔细观察一下您的居所和办公场所，您会发现很多产品及原料都出自杜邦之手[3]。

这里的两篇译文，读起来的第一感受，就是译文2在很多方面都大大超过了译文1。具体来说，从行文的流畅性，文字的整齐度、美感度以及匹配企业宣传材料的术语专业性，如对产品涉及的不同领域的介绍，最大程度上使用了四字结构，使得文字工整对仗，增强了平衡感。译文1在介绍产品范围时，也使用了“四字结构”，但这些“四字结构”是通过加上表达类别的词语“领域”而形成的，重复太多，读起来显得非常累赘，反而减损了宣传材料的感染效果。再就是，译文2的最后一句，进行了合理的信息添加，杜邦公司产品涉及如此多的领域，所以不论在家里，还是在办公场所，可以说随处可见杜邦的产品，所以据此译文增添了“杜邦的产品种类繁多”，接着又使用了汉语中的敬称“您”替代普通称谓的“你”，可以看出公司以客户为上的发展理念，符合汉语客户的心理感受。

此外，还需要注意的是，译文2在处理三个不同发展阶段的时间点上，颇下了一番功夫，标点符号的变动较大。原文使用了三个独立完整的句子，译文2将三个时间点所发生的事情用分号进行了分割，使三句话形成一个并列关系的结构，使用了排比句式，“两百多年前，……；一百年前，……；现如今，在杜邦进入第三个百年之际，……。”这样的改动，应该说是为了追求修辞效果，有利于增强文字的宣传力度，有效表达杜邦公司与时俱进的发展态势[3]，从而更多地吸引客户，达到企业宣传的最终目的。同时，译者在时间名词的选择上也进行了大胆改动，使用“两百多年前”这个模糊数字替代具体数字“1802”，使用“一百年前”替代“100年前”，使用“现如今，在杜邦进入第三个百年之际”替代“今天”，又增添了“在杜邦进入第三个百年之际”这些词语，使我们看到了一个以百年为发展目标的企业，无形中就会增强对企业的信心，进而增加产品购买和使用的潜力。

另外，为了使三个“百年”的时间点节奏整齐，译者将第三句中更多的产品介绍信息放在了下一句，独立成句，通过重复使用“这些领域”将下文与前一句进行了意义勾连，使语句连贯，从而不至于打破前文整齐、明快的节奏。

可以看出，出于文体和修辞需要及译者能力所及，译者可以对译文的文字做合理的删减，同时，作为辅助文字表达的标点，更应成为准确表达的有力工具。

2 结语

对英译汉时标点符号的处理，本文仅以有限的例子进行了说明，且分类并非绝对。译文中的标点符号可能还有其他的处理方法。可以肯定的是，翻译实践中，标点符号的处理不但是必须的，而且由于使用的复杂性，其翻译转换的情况也是复杂的。但是应该遵循的基本原则是：英译汉时，英语的标点如何转换为汉语的标点，完全取决于汉语标点的用法，可以说与英语标点没有必然的和一一对应的关系。因此，译者必须熟悉汉语标点的用法。关于标点用法更详细的介绍，可以参阅国家技术监督局发布的《标点符号用法》和汉语写作指南等。

注：本文引用的例句除例6选自《实用商务英语翻译教程》外，其余均选自《全新版大学英语综合教程（教师手册）》第四册，译文略有改动。

参 考 文 献

[1] 吴晓真，季佩英，范晔．全新版大学英语综合教程教师手册（第4册）[M]．上海：上海外语教育出版社，2014.

[2] 李长栓．非文学翻译 [M]．北京：外语教学与研究出版社，2009.

[3] 傅敬民．实用商务英语翻译教程 [M]．上海：华东理工大学出版社，2011.

能源英语翻译中依赖词典造成的翻译误区研究

姜桂桂　汤　迪　张志强

中国矿业大学（北京）文法学院外语系，北京　100083

摘　要　随着世界能源经济的快速发展，能源英语翻译成为翻译领域中越来越重要的应用文体。目前，能源英语翻译往往因翻译主体的特殊性形成词典依赖，使译者在实际翻译中步入误区。本文针对专业背景盲点、辨识失敏、缺乏译后修订等典型误区进行分析，提出能源英语翻译把握自立幅度，强化分支专业认识；精准识别细节元素，关注翻译原文屈折变化；以贴近翻译加强对专业语法的掌握；释放传译负荷，对新词汇进行解释性翻译。

关键词　能源英语　词典依赖　翻译误区

Errors Caused by Dictionary Dependence in Energy English Translation

Jiang Guigui　Tang Di　Zhang Zhiqiang

School of Law and Humanities, China University of Mining and Technology, Beijing　100083

Abstract　Aiming at professional background blind spots, identification desensitization and other typical lack of errors in translation were revised and analyzed, Energy English translation grasp the magnitude, strengthening professional awareness; precise identification of detail elements, attention to translate the original inflected; to strengthen professional translation; R. Load release in explanation of the new words translation.

Key words　energy English　dictionary dependence　errors in translation

0　引言

目前，单纯的能源英语翻译的词典的数量有限，最主要为《新能源英汉词典》，其次为相关类型的科技词典。且在词典的使用上，大多数人主要依赖一般性科技词典或普通词

资助项目： 中央高校基本科研业务费专项资金（2009QW15）

作者简介： 姜桂桂（1979—　），女，硕士，研究领域：英语语言学与英语教学。Tel: 15810965206; E - mail: guiguilily@163.com

典。而实际上，能源英语与非专业类翻译有着很大的差别，能源英语在翻译的专业性，目的性和准确性有更高的要求[1]。这就导致在能源英语翻译中经常出现由于依赖词典而造成的误区，出现译文不通顺甚至错译的情况。

本文试图探究这些误区并给出应对策略，为今后的能源英语翻译做出一定指导。根据目前的调查和讨论，梳理为以下几种误区。

1　词义使用误区

能源英语翻译中，存在与普通词汇使用、非同专业词汇使用的一词多义的词义选择困难，对于普通词汇的专业含义，能源英语专业的学生往往不具备相关领域的专业知识而造成以下几个问题。

1.1　学科归属选择词义上的误区

如“charge”，在物理学科和化学、生物发电等领域的解释是不同的，调查中多被错误翻译为充电，但实际意义为装卸。

再如“Power”，在化学、IT、政治领域内的解释都是不同的，调查中多被错误翻译为权力、力量，但是在能源化学领域应译为化合价，在 IT 技术行业应译为分辨率更为合适。

1.2　从语境和词汇搭配选择词义上的误区

如“heavy”在能源英语领域中不同的搭配中可以表示许多不同的含义，科技文章往往具有较强的科学性、逻辑性。因此，词与词、句与句之间总是相互依存，相互制约，切忌孤立地、片面地、静止地理解词义，应参照上下文仔细琢磨，分析判断，否则就会使词义与文意格格不入或词不达意。

1.3　在词义的引申上存在误区

如“current”的瞬时、现在等词义上的选择，匹配能源类科技应用文的风格。一般性的词汇在文学翻译和日常生活中的用法公认的，但在科技英语中有时却有特定的含义。

更如例句“After the spring has been closed to its solid height, the comprehensive force is removed.”译为“弹簧被压缩到接近并紧高度之后，就没有压力了。”这样的翻译不能仅仅根据单词的字面意思或者公认的一般翻译，而是应根据具体的科技术语结合上下文给出特定的含义。这属于技术性引申。

另一引申误区在于抽象性引申。给出的例句“At present coal is the most common food of a steam plant.”汉译为“目前，煤是火电厂最常用的能源。”此处把能源抽象引申为 food。超出一般认知。

1.4　能源领域的新词汇翻译上的误区

如“aerospace systems test reactor”，可译为宇宙空间系统试验反应堆，是较为新鲜的能源技术创新创造后的新词汇，但常被误译为太空测试发生器，这是典型的缺乏背景知识导致的望文生义。

2　能源英语翻译的误区原因分析

2.1　通识英语教育下的专业背景盲点

作为工具性学科，英语专业的翻译人才培养往往更重视翻译理论的教学和通识性教育。调查中，仅有 16% 的学生存在经常阅读（每月 3 ~5 次）科技类、能源类文献的经历或习惯。而数据显示，译者的主要障碍正是由于在掌握翻译理论和翻译能力的基础上，熟练性翻译受到专业知识匮乏的限制，造成无法下手的被动情况。

例如：All these various losses, great as they are, do not in any way contradict the law of conservation of energy.

失误译文：尽管这些损耗数值非常大，却并不都和能量守恒定律相悖。

分析：虽然从语法上说，all... not 翻译成部分否定没有问题，但是由于译者缺少相应的物理学知识，而造成含义上的很大偏差。根据物理学的常识，能量守恒定律是无条件的，没有任何能量的损耗能脱离此定律。

建议译文：尽管这些损耗数值非常大，但和能量守恒定律没有任何矛盾。

2.2 辨识失敏，违背翻译操作规范

译者对句子的解剖不到位或者未按照翻译的操作规范进行。一般性翻译流程主要有语料导入、术语导入、明确翻译要求、查阅参考文献、短句与重复分析、翻译及编后翻译和检查。对于词义的理解，译者容易跳过对特殊情况的分析和判断[2]。调查显示，72% 的译者没有辨识因为后缀变动和单复数变化造成的词义变化，造成文本失义。

例如：Resisting the hypnotizing effect of television, I set in my room for a few evenings with my eyes glued to a book.

失误翻译：为了抵抗电视的催眠效应，我在自己房间坐了好几晚，眼睛一直盯着书。

分析：虽然 hypnotize 有“催眠”的含义，但还有一个含义是“使着迷”。如果作“催眠”讲，看书和抵抗催眠并没有什么关联。

建议译文：为了抵抗电视的诱惑，我在自己房间坐了好几晚，眼睛一直盯着书。

2.3 缺乏译后修订，语言文本生涩

翻译的文本需要进行完善，以保证词义选择的质量并进行校对以改正一些小的错误。译后修订需要对翻译的文本进行词义复查和改正，以保证翻译的质量达到需求者与译者的平衡，将文本翻译至可理解的程度，保证意思的同时力求文风与原文一致，符合科学操作规范。

广为人们所诟病的“翻译腔”就是典型的语序调整不到位，不符合中文表达习惯，显得阴阳怪气。

例如：Oh, I mean, we can wait for some one really know it to tell us. I swear there must be such a person here. For god's sake, why don't you sit down and get a coffee?

失误译文：哦，我是说，我们可以等那些真正知道这件事的人来告诉我们。我发誓，这里一定有这样的人。看在上帝的份上，你为什么不坐下来喝杯咖啡呢?

分析：语序完全按照英语表达方式，语言风格也和我们平时使用的中文口语完全不同，虽然不至于影响理解，但是仍有改进空间。

建议译文：我觉得吧，我们可以等知道这事儿的人告诉我们。我保证这儿肯定有人知道。要不我们先坐下来喝杯咖啡吧。

2.4 缺乏对于英语典故、文化的了解，造成理解困难

在翻译过程中，不可避免地会遇到使用了典故或涉及英语国家历史文化的词汇，如果缺乏相关知识，不仅可能造成译文难以理解，甚至可能出现错译的情况。

例如：The riches of Apollo, however, are NASA's albatross today.

失误译文：阿波罗倒是富起来了，可美国宇航局只有信天翁了。

分析：其中 Apollo（阿波罗）和 albatross（信天翁）两个词如果没有相关了解，对于译者和读者来说根本就是不知所云。阿波罗是希腊神话中的太阳神，在此借代美国的“阿波罗登月计划”。而信天翁的典故出自英国诗人柯勒律治的《古舟子咏》（*Rime of the Ancient Mariner*, T. Coleridge），诗中的老水手忘恩负义杀了信天翁，把它挂在脖子上，后来却成为自己沉重的负担，令自己忧虑不堪。在此，应该将 Apollo 的意思具体化，将 albatross 的引申义“沉重的负担”解释出来，才能使译文通顺可读。

建议译文：然而，阿波罗计划获得的巨额拨款已经令美国宇航局难堪重负。

3 针对能源英语翻译误区的相关策略

3.1 把握自立幅度，强化对能源类分支的专业认识

能源英语注重将“忠实”视为翻译的重要基本标准。受到能源类译文应用环境的束缚，译文可适当舍弃易懂、流畅的原则，着重追求流畅和准确的地道。能源英语的分支相对为丰富，一般地，分支分类包括煤炭、原油、天然气、煤层气、水能、核能、风能、太阳能、地热能、生物质能等一次能源和电力、热力、成品油等二次能源，以及其他新能源和可再生能源；此外，单一分支的下属二级分支以及特定分支的勘测、开发、技术、安全管理、系统设定、运输销售等的分支构成复杂。受到技术性的表达限定，不同的分支在词汇的使用上差异性较大。因此，在翻译初期，针对所译材料的背景知识、专业知识、扩展知识的强化就较为必要和重要。

3.2 精准识别细节元素，关注翻译原文的屈折变化

识别能源英语中的词义可以通过重点把握特定语境和特定情况下的固定表达来实现词义的常规识别，而非常规的词义识别的有效方式是特别把握形态变化来体现时态或者所有格之类的关系，利用词的单数、复数变化，词形变化，时态变化，以及学术名词的识别，也可根据其前缀和后缀等方式，通过原文句式中的翻译原文的屈折变化来判定词义的变形、变性、变义[3]。此外，在涉及医药、生物等方面的翻译时，由于大量使用拉丁学名，译者应有对拉丁语屈折变化的基本了解，如 -um 结尾的中性名词变为复数多为 -a（细菌 bacterium - bacteria），在翻译时一定要注意其格、性、数。

3.3 注重贴近翻译，加强对能源英语相关语法的掌握

能源英语翻译中，翻译错误常出现在一些长句或语法结构复杂的句子中，由于科技类原文的表达需求，能源英语多引用或通过附属成分进行解释，表现为句子的从句成分和修饰词较多[4]。这样复杂的句子结构就经常出现语法上的错误。对此，译者应该从句式切入，进行语法分析，重点把握时间顺序、逻辑顺序等方面，剖析主从句关系以及修饰成分的分析，达到对等翻译。

3.4 释放传译负荷，进行能源类新词汇构成的解释性翻译

随着能源领域科学技术的发展，特别是新能源领域的不断突破，能源行业的创新创造不断涌现，随之出现了较大增量的行业性、学科性的描述新术语。在能源英语翻译中，译者往往需要实现把这类术语译成适当的汉语的问题。对于复合和拼缀的相关词汇，应着重把握复合、拼缀词的单成分词性词义，根据其产生的原因及应用背景综合剖析，得出适当词义；对于缩略类词汇，应明确定位词本身的准确构成含义，部分缩略类词汇采用音译

法、象形译法、阐释法等方式进行原始构成，翻译时应在解析词义时，对原有构成方式进行附带性解释，以避免译文失义。

3.5 加强译者的自我修养，提高译者中英文水平

翻译作为一门跨语言的学科，对译者目标语言和源语言的水平都有较高的要求。而很多科技英语翻译工作者较为薄弱的就是中文水平。中文水平的不足，不仅仅导致译文缺乏“雅”，甚至有时“信”“达”也成问题。所以要想得到优质的译文，必须提高译者的自我修养，多阅读中英双语的各种材料，熟悉语言风格、用词习惯，培养语感，在中文中避免欧式长句和过多的插入语，在英文中避免频繁使用小短句[5]。

在能源英语翻译中，欲实现翻译的“信、达、雅”，就要做到解词准确、精练，并符合中英文表达习惯，就应强化不断学习专业知识、英文知识和提高中文水平，通过对常规和非常规类词义辨析的区别方法，译出最恰当、最达意的高质量译文。

参 考 文 献

[1] 俞可怀，张黎．浅析科技英语翻译中的望文生义错误［J］．大连理工大学学报（社会科学版），2003，24（1）：78－83.

[2] 毛海英．常见的翻译误区及翻译技巧［J］．和田师范专科学校学报（汉文综合版），2010，29（1）：160－161.

[3] 丁宁．浅谈科技英语翻译中常见的错误及应对技巧［J］．科技信息，2008，34：304－340.

[4] 王发德．翻译活动与词典使用探讨［J］．海外英语，2010：3－5.

[5] 石春让，胡晓静．英汉科技翻译中的语用失误及规避方略［J］．上海理工大学学报（社会科学版），2011，33（3）：178－183.

高级官员腐败特征及反腐败现状分析：基于162个案例的描述统计

刘金程　崔恩山

中国矿业大学（北京）廉政研究中心，北京　100083

摘　要　基于党的十八大以来全部162个高级官员腐败案例的描述统计，对主要资料进行概念化，概括了数据指标的政策意义；关于案例中高级官员腐败特征与规律的描述，可以部分地解释现实背后的原因，检验了之前研究的假设和结论。研究发现，中国共产党和政府会继续保持对高级官员腐败案件的查处和惩治力度，同时，反腐败工作的策略重点将逐步转向标本兼治和制度建设；不管是党政机关还是军队系统，腐败的发生根本上取决于两个因素：权力大小和权力受到监督和制约机制是否有效。

关键词　高级官员　腐败　廉政　描述统计

Analysis on the Feathers of Corruption of Senior Officials And the Status of Anticorruption: Based on Descriptive Statistics of 162 Cases

Liu Jincheng　Cui Enshan

School of law and Humanities, China University of Mining and Technology, Beijing　100083

Abstract　Based on descriptive statistics of 162 cases since the 18th National Congress of the Communist Party of China (CPC)., the main materials are conceptualized and policy implications of data indexes are summarized. And the causes behind phenomenon could be explained partly according to the descriptions of feature and regularity of these cases, which also test the former research hypotheses and conclusions. Moreover, the study finds that the CPC and the government would maintain the strength of investigation and punishment to corrupt cases of senior officials; meanwhile, the strategic emphasis in

资助项目：中央高校基本科研业务费专项资金（2013QW06）

作者简介：刘金程（1977—　），男，吉林洮南人，中国矿业大学（北京）廉政研究中心执行主任，副教授，博士。研究方向：廉洁治理与反腐败；反贫困与发展策略。Tel:010－62339123；E－mail:jincheng@cumtb.edu.cn corruption fighting would shift to a comprehensive approach to address both the symptoms and root causes, as well as institutional construction. Whether in the party and government organizations or in the military organization, corruption trigger depends on two factors: the influence of power and the effectiveness of supervision and restriction mechanism.

Key words senior officials corruption clean and honest government descriptive statistics

1 研究背景

腐败是当代中国治理和发展面临的最大挑战之一，执政党和政府一直都把惩治和控制腐败作为所有工作的重中之重。特别是2012年底中国共产党第十八次全国代表大会（以下简称“十八大”）之后，新一届中央领导集体以罕见的勇气和决心向腐败宣战，查处160余名省部级以上高官，其中包括一些已经退休或“退居二线”的官员，充分显示了党中央严惩腐败的决心[1]。三年多的时间里快速清理腐败存量、明显遏制腐败增量，沿着“以治标为治本赢得时间”的行动策略逐步取得廉政建设工作的主动性。“中国共产党第一次在制度层面构筑执政条件下党的廉政建设逻辑，开始构建一系列特色鲜明的反腐败制度和廉政行为规范”[2]。乐观的估计认为，高压打击腐败可以明显改善党内政治生态，重塑民众对执政党和政府的信心。但是，百余名“大老虎”① 先后落马让人拍手称快的同时，人们也担心自我革命式的“全面从严治党”是否可能带来较高的社会成本。媒体用“反腐败，亡党；不反腐，亡国”来集中表述这种忧虑。有研究表明，政府反腐败力度的增强与公众的清廉感知水平之间没有显著的相关关系[3]，甚至有研究证实，“反腐败虽然有利于政治清廉和长期经济增长，但是也会提高政治不稳定程度”[4]。

那么，当前中国内地高级官员群体中发生的腐败类型、分布、性质等具有怎样的特点？这些腐败背后反映了怎样的共性规律？高级官员腐败是否会造成更为严重的社会危害？针对高级官员腐败的查处和惩治的一般程序和效率如何？与之前相比，十八大之后中国内地在打击高级官员腐败方面有哪些新的变化？未来一个时期，针对高级官员腐败的“打虎”行动可能会表现出怎样的趋势？本项研究整理了2012年12月至2016年3月（十八大至今）查处的全部162名腐败高级官员的案例数据，提取关键变量进行描述统计，以求回答上述问题。

2 样本及数据介绍

腐败是“桌子底下的交易”，并且有些时候往往与政治丑闻有关，所以关于腐败的信息披露在许多社会中都受到限制。“对腐败问题作实证研究存在一些众所周知的困难”[6]，主要是数据有限、数据质量不高且结构残缺。

本研究以中央纪委监察部官方网站（http：//www. ccdi. gov. cn/）正式公布的案件信

---

① 特指涉嫌腐败的政府机关中部级以上高级官员、军队系统中军职以上的高级军官，本研究中统一使用腐败的“高级官员”来指代这一群体。与之相对的，涉嫌腐败的基层干部则被称为是“苍蝇”。

息为数据基础，同时结合《人民日报》《中国纪检监察报》和《检察日报》等官方媒体披露的有关信息，建立了一个小型数据库。数据库包括了十八大以来查处的全部162名高级领导干部（包括部分军队高级将领）。虽然样本规模不大，但是可以实现对全部案例总体进行分析，可以避免无响应偏差问题。

3 统计描述与分析

在分析单位和统计指标体系框架下，本研究将通过描述统计所反映出来的统计学特征回答提出的问题。

3.1 时间分布与趋势描述

本研究收集的162个案例全部集中在2012年底（十八大）至今的三年多时间里。以季度为单位考察案件查处的分布情况，可以得到图1的结果。

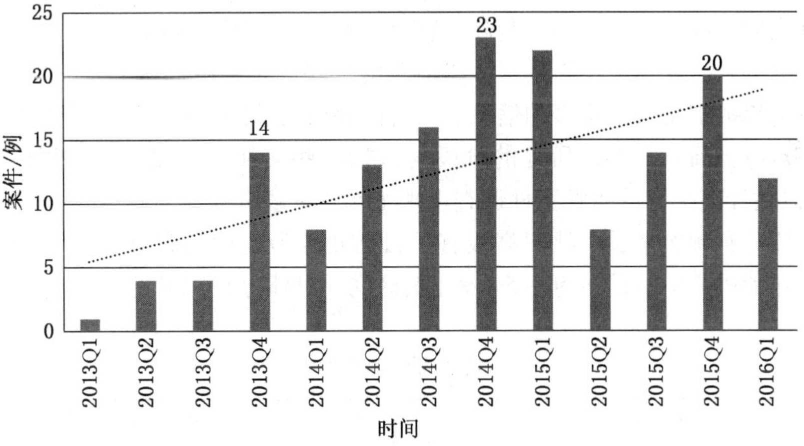

图1 腐败案件的时间分布及趋势描述

时间分布状态的描述统计至少可以展现两个方面有价值的信息：

（1）高级官员的腐败大案查处时间分布表现出典型的周期特征，再次验证了“政治周期对反腐败力度存在显著影响”的假设。聂辉华等人的计量研究假设，考虑到反腐败在短期造成的政治不稳定性因素，在“两会”、春节等政治事件期间腐败官员被抓的概率显著减少。而在重要政治事件结束后，政府会逐渐增大反腐败力度使其回到长期最优水平，以促进经济增长[4]。

高级官员腐败对社会经济影响尤为明显，所以更能够检验以上假设。通过时序统计可以发现，每年的四个季度查处高官腐败案件数量均稳定上升，案件数量的峰值总是出现在第四季度。除2015年第一季度外，每年的第一季度（“两会”、春节均集中在这一时段）查处的案件最少。以上特征验证相关研究的假设，也反映出纪检监察机关在查办案件的时机方面确有考虑。

（2）高级官员腐败案件查处数量的不断增加，反映了前期反腐败力度持续加大。不过，这一趋势在未来一段时间可能会趋于稳定，查办案件数量的规模不会沿着之前的斜率继续增加。

借助统计软件对已有数据进行趋势描述，得到一条明显上升的趋势线（图 1 中的虚线）。该线是基于前期数据计算而得出来的趋势描述，可以看出：在过去近 13 个季度中，越来越多的高级官员因腐败而被查处，执政党和政府持续加大打击高级官员腐败的力度。这种决心终结腐败的信号释放是非常强烈的，它开始打破既有的固化利益链条，震慑特殊利益集团，赢回民众信任和信心，树立执政党形象和改革者权威[5]。另一方面，如果截取 2014—2015 两年的数据进行趋势描述，则可以看到反腐败的力度平稳地保持在一种"高压态势"，但不会继续加压。所以，可以预期的是，在未来一个时期内，当局会继续保持对高级官员腐败案件的查处和惩治力度，同时，在致力于减少腐败存量的"治标"努力取得阶段性成果之后，反腐败工作的策略重点将逐步转向标本兼治和制度建设，最终将廉政建设纳入依法治国、依规治党的轨道。

3.2　涉案官员年龄分析

在社会研究中，年龄是最常见的社会统计指标。不过在对腐败的高级官员的年龄进行描述性统计之后，同样可以揭示一些高级官员腐败的重要规律与特征。

案例数据可以提取两个年龄指标，当前年龄反映的是腐败高级官员目前的年龄状况，而被查处时的年龄则反映了更多的信息。二者的差值反映的是涉案高级官员从被查处到现在的时间，对应当前审查工作所处的阶段（包括有些案件已经完成司法程序，做出最终判决），可以估计高级官员腐败案件调查审理工作的一般进度。

从年龄段分布频次来看，涉案高级官员目前年龄最集中的是在 60 ~ 69 岁年龄区间，而被查处时年龄最集中的是在 50 ~ 59 岁年龄区间。具体分布情况见表 1。

表 1　腐败高级官员年龄分布

当前年龄		被查处时的年龄	
50 岁以下	1	50 岁以下	4
50 ~ 59 岁	60	50 ~ 59 岁	80
60 ~ 69 岁	77	60 ~ 69 岁	56
70 岁及以上	5	70 岁及以上	3
平均年龄	60.01	平均年龄	58.68

全部案例中的涉案高级官员目前平均年龄 60 岁，而他们被查处时的平均年龄为 58.68 岁。那么他们是否印证了在退休之前集中利用手中公共权力大肆贪腐的"59 岁"现象呢？这要对应当前高级官员退休年龄标准来做分析。

近年来，中国内地国家级领导在职年龄一般不超过 70 周岁，省部级党政正职是 65 岁，但任期未满的可延期 3 年，所以大多是 68 岁；省部级副职是 65 岁，但 60 岁以后要安排在人大、政协等机关的"二线"岗位。另外，如果上级党委组织部门认为某一干部需要推迟退休的，经批准可以留任、延期等。所以，涉案高级官员在被查处的平均年龄距离退休还有相当长的时间，考虑到这些官员中相当一部分已经在人大、政协等机关任职，他们本来可以在"二线"岗位上延长政治生命，但是他们却选择腐败。一个补充性的解释是这些涉案官员腐败行为的发生不仅在距离退休还有很长时间时，而且往往要追溯到更早的时间。特别是“二线”岗位上的官员和退休官员（比如原江苏省委常委、秘书长赵少麟），他们主要的贪腐行为都发生在较长时间以前，只是在“全覆盖”“零容忍”的高压反腐形势下才被查处出来。所以，这组数据再次验证官员腐败与“59 岁”现象无关[4]。

3.3　涉案官员学历分析

随着干部知识化要求的推动和落实，高级官员学历层次的总体水平不断提升。关于官员学历层次与腐败之间的关系也引起部分研究者的兴趣。但是，涉案高级官员的学历层次与其腐败动机、腐败行为之间的逻辑关系尚未得到严谨的证明。教育对于官员价值观的形成到底发挥了多大的作用，目前还缺乏实证检验。另外一个更为重要的质疑是，高级官员学历层次提高与其职位晋升之间的因果关系并不明确。如果把学历和文凭也视作是一种社会资源，那么官员也可以凭借手中公共权力资源换得学历。这样，其实很难确定是高学历帮助官员得到晋升机会，还是官员在晋升途中更容易获得高学历来装扮自己。

涉案高级官员的学历层次分布，如图 2 所示。

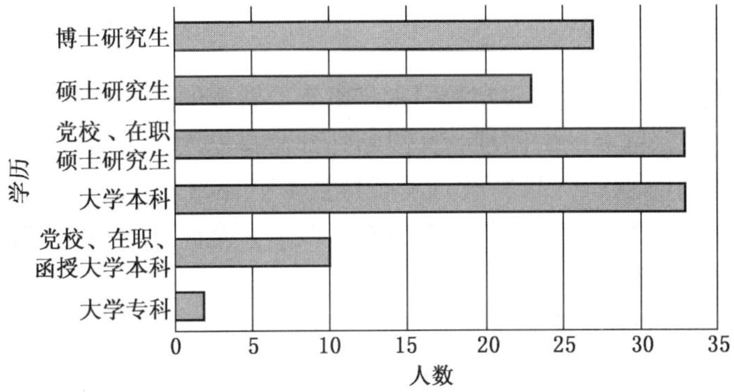

图 2　涉案高级官员的学历层次

有一点是可以确认的：超过 98.54% 的腐败高级官员都曾受到本科以上的教育，足以证明现有的教育体系对于官员树立廉洁意识影响不大。是否应该在全民教育体系，特别是干部教育培训中纳入廉政教育环节，是一个亟须讨论的问题。促进反腐共识、推动廉洁文化的重要途径是构建廉洁教育体系，建设廉洁社会的前提之一是让廉洁观念、反腐知识与技能成为现代公民的基本素质[7]。

3.4　涉案官员工作机构类型分析

对案例中涉及的机构类型进行分析（包括两级统计指标），其总体分布情况如表 2 所示。第一级指标包括“中央国家机关、地方党政机关、部委及直属单位、军队与武警部队以及国有企业”。其中，“中央国家机关”包括“中央政治局、全国人大、全国政协、最高法院、中央军委等；“部委及直属单位”包括国务院组成部门、中央直属事业单位、国务院直属事业单位等。此外，“地方党政机关”和“军队及武警部队”对应频数较高，是两类最容易发生高级官员腐败的机构类型，有必要再进行细分，所以这两个指标又分别包括相应的二级指标：“地方党政机关”指标下细分为“省委、省政府、省人大、省政协、其他”等二级指标；“军队及武警部队”指标则按照 2015 年国防与军事改革之前的领导体制和区域划分标准细分二级指标。这样，可以对涉案高级官员在公共组织和部门中的分布状态更细致描述出来。

3.4.1 腐败高级官员的总体分布情况的统计描述

表2中组数据可以看出曾经供职于“地方党政机关”和“军队及武警部队”的腐败高级官员最为集中。

表2 腐败高级官员的总体分布

机构类型	频　数	相对频数
中央国家机关	9	0.06
地方党政机关	68	0.42
部委及直属单位	17	0.10
军队与武警部队	55	0.34
国有企业	13	0.08
合计	162	1

军队系统的数据则反映了执政党和国家严肃查处腐败的态度和决心。一直以来，军队系统相对独立和保守，固有的封闭性为其阻断外部监督提供了天然的屏障；而内部缺少分权制衡机制则导致内部制约机制失灵，从而导致军队系统被外界认为是腐败重灾区[8]。而十八之后新一届领导集体大力推动国防与军事改革，全面打击腐败，军队系统中的腐败存量在短时间内被集中被清理出来。

3.4.2 地方党政机关中腐败高级官员分布情况的统计描述

在地方党政机关类别中，“省委”包括省委书记、副书记、省委常委等，如果以上高级官员同时在省政府、市政府等机关兼任其他职务，则按省委职务进行统计。比如原河南省委常委、洛阳市委书记陈雪枫的案例在数据库中就是按省委职务进行统计。地方党政机关中腐败高级官员分布如表3所示。

表3 地方党政机关中腐败高级官员分布

机构类型	频　数	相对频数
省委	30	0.44
省政府	9	0.13
省人大	9	0.13
省政协	17	0.25
其他	3	0.05
合计	68	1

显然，曾经在省委任职的腐败高级官员几乎占到地方党政机关腐败高级官员的一半。正如上文解释的，这里将部分兼任职务的高级官员按省委高官进行统计，但是在现实中他们的工作重心可能在政府或者其他机关，比如原四川省委副书记、省人民政府省长魏宏的案例被统计到省委官员腐败，但是作为政府最高行政官员，其主要政治身份应该是省长。

这一统计标准的存在部分地解释了省委中腐败的高级官员相对集中的原因。但是省政协腐败高官较多，一个初步的解释是这些官员的腐败行为可能是转到政协任职之前发生的，因为按照惯例，政府中高级官员达到退居二线的年龄时会转任政协领导，而省委官员则进入人大。这其中更确切的逻辑分析有待更进一步的推断统计，仅凭描述性统计无法做出明显的判断。

3.4.3 军队及武装部队中腐败高级官员分布情况的统计描述

在军队及武警部队类别中，出自“中央军委”的腐败高级将领的案例曾经被统计在“中央国家机关”案例中，为了保持资料的完整性，这里也对中央军委的案例进行了统计。武警部队系统包括国务院、中央军委双重领导的武警交通部队，公安部领导的公安边防、消防、警卫部队及武警院校等。军队及武装部队中腐败高级将领的分布，如图3所示。

在军队及武警部队系统中，大军区、省军区、军事院校及武警部队集中了大部分的腐败高级将领。原因是这些领域高级将领较多，除军事院校以外，军事指挥决策权力相对集中，组织独立性、封闭性明显，权力运行过程受到的监督和制约弱化，导致腐败易发多发；而军事院校在招生录取、基础建设等方面存在较高的廉政风险。

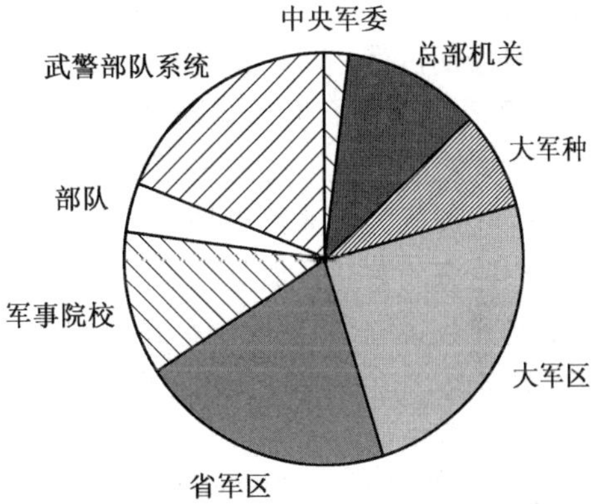

图3 军队及武警部队中腐败高级将领的分布

3.5 高级官员腐败类型及惩处分析

在中国，党员领导干部腐败既是违法问题，也是违纪问题。本研究所考察的全部案例中，“涉嫌（严重）违纪”案件57起，占42.54%；“涉嫌（严重）违纪违法”的案件68起，占50.75%。两项合计占比达到93.28%。可以看出，十八大以来，纪检监察机关回归主业，加强监督执纪问责，把纪律挺在上面，纪严于法，成效显著。

在现行法律的框架下，《刑法》对涉及腐败的“贪污贿赂罪”设定了十余项罪名，《公务员法》等其他法律还规定了“故意泄露党和国家机密罪”；党的各项纪律对党员领导干部个人修养和伦理道德做出了规范和要求。综合起来，本研究收集的资料中涉及贪污、行贿等9种违法行为以及道德败坏等3类违纪行为。高级官员腐败类型如图4所示。

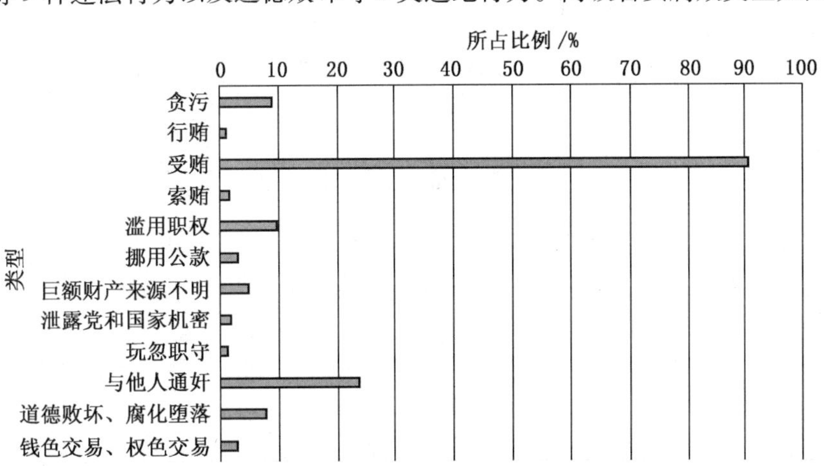

图4 高级官员腐败类型

3.5.1 关于贪污的统计描述

图4中这组数据首先反映了高级官员涉嫌贪污罪的情况。一般来讲，贪污较贿赂更容易被发现，特别是高级官员往往主动贪污的动机不强。在公布涉案具体原因的全部94个案例中，9人被认定涉嫌犯有贪污罪，其中8人同时具有受贿、行贿、索贿以及滥用职权、挪用公款等情节，9人中有3人与他人通奸。可以看出，贪污可以看作是高级官员腐败的底线行为，当高级官员明目张胆地侵占公共财产的时候，必然伴有受贿等常见的腐败情节，同时，也可以看到涉嫌贪污的高级官员道德败坏，多已成为彻头彻尾的蛀虫。其中针对8人公布的调查原因只有军队系统的张代新是因严重违法犯罪被查，同样来自军队系统的陈强未公布调查原因，其他7人全部是因严重违纪违法而被组织调查。对应少数已有的查处结果也可以印证这一判断，司法机关已经对9名贪污官员中的4人做出判决：1人被判死刑缓期执行，2人被判无期徒刑，1人被判有期徒刑10年，均属严重惩罚。

3.5.2 关于违背道德行为的统计描述

十八大之后官员违纪违法案件信息披露的一个新变化是对腐败官员违背社会道德、腐化堕落等违纪行为的通报更加规范化，相关措辞表述对应的含义也更加清晰具体，避免模糊化，在原有的表述习惯基础上，增加了“与他人通奸”等确切的表述。

本研究收集的94项明确披露案情信息的案例中有24个案例涉及“与他人通奸”，有8个案例涉及“道德败坏、腐化堕落”，还有3个案例涉及“钱色交易、权色交易”。大量的道德问题被调查出来并作为惩处的理由，这与十八大以来中国共产党推行“八项规定”、加强作风建设有着密切的联系。值得注意的是，原中央编译局局长衣俊卿因“生活作风问题”被免去职务，这是近年来少见的高级官员仅仅因生活作风问题而被处分的案例，折射出中国共产党在“治党务必从严”的要求下，不断收紧纪律约束，进而在纪严于法的前提下，实现依法治国、依规治党的决心。

4 结论与展望

基于十八大以来全部162个高级官员腐败案例的描述统计，对主要资料进行概念化，概括了数据指标的政策意义；关于案例中高级官员腐败特征与规律的描述，可以部分地解释现实背后的原因，证实或证伪现存的假说或结论。描述性统计更多地完成了实证研究的基础性工作，随着案件审查的不断推进，后续更多数据补充和完善到现有数据库中，可以借助社会关系网络分析方法、结构方程模型对案例数据进行更深入的实证研究。

参考文献

[1] 过勇．中国高官腐败呈现十大趋势［N］．中国经济时报，2003－6－2.

[2] 周淑真．标本兼治与制度建设——十八大以来治理腐败的路径选择［J］．探索与争鸣，2014（11）：20－22.

[3] 倪星，孙宗锋．政府反腐败力度与公众清廉感知：差异及解释—基于G省的实证分析［J］．政治学研究，2015（1）：71－85.

[4] 聂辉华，王梦琦．政治周期对反腐败的影响——基于2003—2013年中国厅级以上官员腐败案例的证据［J］．经济社会体制比较，2014（4）．148.

[5] 赖诗攀．国家动员及其效果：以反腐败为例［J］．武汉大学学报，2016（1）：13－20.
[6] 公婷，吴木銮．我国2000—2009年腐败案例研究报告——基于2800余个报道案例的分析［J］．社会学研究，2012（4）：204－220，246.
[7] 刘金程，宋伟．廉洁官僚、政党自律与权力制衡：廉政建设模式的国际比较［J］．河南社会科学，2012（10）：1－5.
[8] 胡鞍钢．中国：挑战腐败［M］．杭州：浙江人民出版社，2001.

同时约定仲裁协议和法院管辖协议时如何确定管辖——准确适用法释(2006)7号第7条

殷召良

中国矿业大学（北京）文法学院，北京 100083

摘 要 在同时约定仲裁协议和法院管辖协议时，不应该适用法发〔1992〕22号第24条，而应该按照法释〔2006〕7号第7条确认管辖。准确适用法释〔2006〕7号第7条应该按照两大步骤、针对四种情况依据标准模型进行。

关键词 仲裁协议 管辖协议 管辖权 选择管辖 默示

How to Determine the Jurisdiction in Case of the Arbitration Cgreement and the Jurisdiction of the Court being Simultaneous

Yin Zhaoliang

School of Law and Humanities, China University of Ming and Technology, Beijing 100083

Abstract Where arbitration agreement and jurisdiction of the court are both in one contract, determination of jurisdiction should be in accordance with the article 7 of Supreme Court interpretation〔2006〕7 other than the article 24 of Supreme Court publication〔1992〕22. The standard model presents the four kinds of condition in two steps to help apply the article 7 of Supreme Court interpretation〔2006〕7.

Key words arbitration agreement jurisdiction agreement jurisdiction choice of jurisdiction taciturnity

1 缘起：案情要点

某《买卖合同》关于合同争议解决方法有两个约定。该《合同》第13条约定："买

资助项目： 中央高校基本科研业务费专项资金（2009KW01）

作者简介： 殷召良（1965— ），男，江苏宿迁人，法学博士，副教授，主要从事经济法学、商法学的研究。Tel：010－62339019，13601311249；E－mail：yinzhaoliang@126.com

卖双方应通过友好协商，解决在执行本合同中所发生的或与本合同有关的一切争端。如从协商开始二十八天内不能解决，双方应将争端提交买方所在地法院，通过司法程序解决”。《合同》第22条约定：“未尽事宜双方友好协商，协商不成按《合同法》由北京仲裁处仲裁。”后因货款问题发生争议，卖方向其所在地中级人民法院提起诉讼，买方在答辩期间提出管辖权异议，认为本案应由买方所在地中级人民法院管辖。

一、二审法院均认为：《合同》既约定了由法院解决争议又约定了仲裁条款，根据《最高人民法院关于适用〈中华人民共和国民事诉讼法〉若干问题的意见》（法发〔1992〕22号）第24条的规定“合同的双方当事人选择管辖的协议不明确或者选择民事诉讼法第25条规定的人民法院中的两个以上人民法院管辖的，选择管辖的协议无效……”，本案应根据《中华人民共和国民事诉讼法》第23条的规定：“因合同纠纷提起的诉讼，由被告住所地或者合同履行地人民法院管辖。”本案卖方住所地为合同履行地，在该院辖区，该院受理本案并无不妥，故两审法院均以此为由不支持管辖权异议。

2　一、二审裁定适用法发〔1992〕22号第24条属于张冠李戴

法发〔1992〕22号第24条规定“合同的双方当事人选择管辖的协议不明确或者选择民事诉讼法第25条规定的人民法院中的两个以上人民法院管辖的，选择管辖的协议无效……”。该条所谓当事人选择管辖的协议不明确只指没有明确选择民事诉讼法第25条（现为第34条）规定的人民法院，该条只是对民事诉讼法关于协议选择管辖法院的司法解释，不涉及选择仲裁，这可以从法发〔1992〕22号的条文顺序与《民事诉讼法》的条文顺序对比中推出。故法发〔1992〕22号第24条不适用于本案的当事人既约定了法院管辖又约定了仲裁协议的情况。一、二审法院依据法发〔1992〕22号第24条确认本案选择管辖的协议无效，显然不符合法发〔1992〕22号第24条规定之本意，属于张冠李戴，是适用法律错误。

3　本案应依据法释〔2006〕7号具体认定仲裁协议的效力

《最高人民法院关于适用〈中华人民共和国仲裁法〉若干问题的解释》（法释〔2006〕7号）第7条规定：“当事人约定争议可以向仲裁机构申请仲裁也可以向人民法院起诉的，仲裁协议无效。但一方向仲裁机构申请仲裁，另一方未在仲裁法第20条第二款规定期间内提出异议的除外。”该解释只表明在当事人既约定了法院管辖条款又约定了仲裁条款的情况下，仲裁条款无效，且不是当然无效、根本无效；该解释根本不意味着协议选择管辖法院的条款同时无效。

本案应适用该条解释认定是按照仲裁协议还是按照法院管辖协议确定管辖。但本条解释的正确适用应该考虑各种复杂的情况，按照两大步骤、针对四种情况分别进行审查判断和选择，而不是机械地适用。

步骤一，首先将法院管辖协议和仲裁协议隔离开来，分别对其效力状态进行审查判断。经过审查，仲裁协议和法院管辖协议的效力总共有四种组合情形，见表1。

步骤二，进一步判断和选择。二者均无效（Ⅰ）时，可视为无任何争议解决协议，当事人如果不能达成新的约定，则按照《民事诉讼法》的规定确定管辖；二者均有效（Ⅱ）时，适用法释〔2006〕7号第7条认定仲裁协议无效（这是一个悖论，实际上是仲

表1　仲裁协议和法院管辖协议效力组合类型

条　款	仲裁协议	法院管辖协议	效力组合类型
效力类型	无	无	Ⅰ
	有	有	Ⅱ
	无	有	Ⅲ
	有	无	Ⅳ

裁协议视为无效，而不是根本无效，这恰是该解释的本意，也可以说该解释用“无效”这个词不准确）、选择法院管辖的协议有效；二者中一个协议有效、另一个协议无效（Ⅲ、Ⅳ）时，应直接按有效的争议解决协议确定案件管辖，见表2。

表2　仲裁协议和法院管辖协议适用选择

条款	仲裁协议	法院管辖协议	效力组合类型	确认管辖依据
效力类型	无	无	Ⅰ	无管辖协议
	有	有	Ⅱ	法院管辖协议
	无	有	Ⅲ	法院管辖协议
	有	无	Ⅳ	仲裁协议

本案中，就《合同》第22条约定本身而言，当属于无效仲裁条款。《仲裁法》第18条规定：“仲裁协议对仲裁事项或者仲裁委员会没有约定或者约定不明确的，当事人可以补充协议；达不成补充协议的，仲裁协议无效。”《合同》第22条约定：“未尽事宜双方友好协商，协商不成按《合同法》由北京仲裁处仲裁”。该约定中“北京仲裁处”所指不明，是根本不存在的仲裁机构。办公机构位于北京市的商事仲裁机构有中国国际经济贸易仲裁委员会、中国海事仲裁委员会、北京仲裁委员会三家，但该三家仲裁机构的仲裁规则均未规定当事人约定“北京仲裁处”时视为当事人选择由其仲裁。根据法释〔2006〕7号第6条规定：“仲裁协议约定由某地的仲裁机构仲裁且该地仅有一个仲裁机构的，该仲裁机构视为约定的仲裁机构。该地有两个以上仲裁机构的，当事人可以协议选择其中的一个仲裁机构申请仲裁；当事人不能就仲裁机构选择达成一致的，仲裁协议无效”。因此，本案《合同》第22条因约定了一个根本不存在的仲裁委员会而归于无效。

《合同法》第56条规定：“……。合同部分无效，不影响其他部分效力的，其他部分仍然有效。”《合同》第13条约定：“买卖双方应通过友好协商，解决在执行本合同中所发生的或与本合同有关的一切争端。如从协商开始二十八天内不能解决，双方应将争端提交买方所在地法院，通过司法程序解决。”该条约定完全符合民事诉讼法第25条（现为第34条）关于协议选择法院管辖的规定。

《合同》第22条仲裁条款无效，不影响《合同》第13条关于法院管辖约定的效力，并且也使该条成为确定本案管辖法院的依据，据此，本案毫无疑问应由买方所在地法院管辖，属于上述表2中第Ⅲ种类型的管辖。

需要补充两点：

（1）在仲裁协议、法院管辖协议都有效（Ⅱ）的情况下，也可能适用仲裁协议由仲裁机构管辖案件争议，这就是法释〔2006〕7号第7条后半句规定的情况：“当事人约定争议可以向仲裁机构申请仲裁也可以向人民法院起诉的，仲裁协议无效。但一方向仲裁机构申请仲裁；另一方未在仲裁法第二十条第二款规定期间内提出异议的除外。”另一方当事人在法定时间（仲裁庭首次开庭前）内没有提出仲裁管辖异议的，可以认为其默认接受仲裁管辖而放弃了法院管辖，这是双方对管辖协议进行了重新调整。

（2）在仲裁协议有效、法院管辖协议无效（Ⅳ）时，法院也有可能获得管辖权。虽然《仲裁法》第5条规定“当事人达成仲裁协议，一方向人民法院起诉的，人民法院不予受理……”，但是，在立案登记制下，法院不能拒绝当事人的立案申请，如果立案后对方当事人没有在规定的时间（首次开庭前）内提出管辖权异议，可以认为其放弃了仲裁管辖而同意由法院管辖。因为，不管是仲裁协议还是法院管辖协议本质上都是协议，而协议是可以变更的，包括当事人以默示方式予以变更。[1]《仲裁法》第26条基于此做出了明确规定：“当事人达成仲裁协议，一方向人民法院起诉未声明有仲裁协议，人民法院受理后，另一方在首次开庭前提交仲裁协议的，人民法院应当驳回起诉，但仲裁协议无效的除外；另一方在首次开庭前未对人民法院受理该案提出异议的，视为放弃仲裁协议，人民法院应当继续审理。”当然，依据《仲裁法》第5条规定“当事人达成仲裁协议，一方向人民法院起诉的，人民法院不予受理……”，法院也可以依据有效的仲裁协议，主动拒绝受理案件或在已经受理的情况下驳回起诉。[2]

这样，表2需要补充完善，形成表3。

表3　仲裁协议和法院管辖协议适用选择（完整版）

条　款	仲裁协议	法院管辖协议	效力组合类型	确认管辖依据
效力类型	无	无	Ⅰ	无管辖协议
	有	有	Ⅱ	法院管辖协议
				仲裁协议（默示）
	无	有	Ⅲ	法院管辖协议
	有	无	Ⅳ	仲裁协议
				法院管辖（默示）

4　新旧民事诉讼法关于选择仲裁和选择法院的比较分析

2013年实施的《民事诉讼法》基于不溯及既往原则不适用于本案争议。即便适用于本案，结论也是一样的，因为新《民事诉讼法》第34条对当事人在合同中选择法院管辖的规定没有实质变化。《最高人民法院关于适用〈中华人民共和国民事诉讼法〉的解释》（法释〔2015〕5号）删去了法发〔1992〕22号第24条的规定“合同的双方当事人选择管辖的协议不明确或者选择民事诉讼法第25条规定的人民法院中的两个以上人民法院管辖的，选择管辖的协议无效，依照民事诉讼法第24条的规定确定管辖。”代之以第34条：“根据管辖协议，起诉时能够确定管辖法院的，从其约定；不能确定的，依照民事诉讼法的相关规定确定管辖。管辖协议约定两个以上与争议有实际联系的地点的人民法院管辖，原告可以向其中一个人民法院起诉。”两相比较，除文字更准确外，唯一差别在于后者不再规定选择两个以上法院管辖无效了。

虽然法释〔2015〕5 号第 552 条规定“最高人民法院以前发布的司法解释与本解释不一致的，不再适用”，但前文引用的法释〔2006〕7 号第 6 条、第 7 条与法释〔2015〕5 号不存在不一致。故本文所探讨的问题及其结论在新民事诉讼法实施后仍然适用。

本文的观点已得到最高人民法院〔2015〕民提字第 71 号民事裁定书的支持。

参考文献

[1] 杨恒敏．仲裁机构和法院之间管辖权的冲突与协调［J］．江汉论坛，1996 (3)：51－53.

[2] 翁国民，黄子凯．仲裁的自裁管辖及其与仲裁管辖权司法监督的程序竞合［J］．法律适用．2001 (11)：28－30.

论合规视野下医药企业刑事法律责任的理性认定

陈　冉　曹婷婷

中国矿业大学（北京）文法学院，北京　100083

摘　要　合规一词在刑法理论的适用尚属新近，主要是从预防犯罪的角度提出。对于药品企业来说，生产中的风险是科技社会发展中不可避免的问题。虽然我们可以引用风险刑法的相关理论将风险“容许化”，但从刑事政策的角度来讲，预防犯罪作为刑法的主要目的，要求我们积极面对风险，而不是回避风险。对药品企业的合规建设可以有效避免风险，同时如果能够在刑法中赋予积极的支持与鼓励，肯定合规对刑事责任的影响，发挥企业内控的预防犯罪作用，将有效平衡企业逐利与社会责任的履行。

刑法从 2011 年《刑法修正案八》开始便积极以“民生刑法”的态度强势加强社会管理。然而 4 年之后，《刑法修正案九》的出台让我们看到了越来越多的犯罪，这其中我们需要反思“预防犯罪“与“刑法惩罚”之间是否能够建起一座桥梁，这个桥梁在惩罚企业犯罪时似乎显得更为重要，这就是从犯罪学角度通过“合规计划”来预防犯罪。

关键词　合规　刑事责任　医药企业

The Rational Identification of Criminal Liability of Pharmaceutical Companies under the Perspective of the Compliance

Chen Ran　Cao Tingting

School of Law and Humanities, China University of Mining and Technology, Beijing　100083

Abstract　The compliance, mainly for crime prevention, is newly introduced in criminal law. For pharmaceutical companies, productionrisks are inevitable in the development of science and technology. The risks may be tolerated under the risk criminal law, but from the point of criminal policy, crime prevention, as the main aim of criminal law, requires

---

资助项目：中央高校基本科研业务费专项资金（2014QW01）

作者简介：陈冉，1984，女，河南新安人，中国矿业大学（北京），刑法学博士。E－mail：yishao123076@163.com

actively facing the risks, not evading the risks. And the compliance can effectively evade risks. With the support of the criminal lawand the affirmation of its influence on the criminal liability, the compliance can achieve the balance between profit – seeking and social responsibility.
Key words compliance criminal liability Pharmaceutical Companies

1 医药企业合规的社会责任基础

对于企业犯罪来说，其犯罪原因具有多样性，就如同我们一直强调的企业家原罪。对于企业犯罪，可能是国家经济结构转型留下了犯罪的空间，也可能是企业本身的管理结构与所有权结构等因素所致，所以，如果要实现预防企业犯罪的目的，需要立足于多个层面。从刑法基本理论来看，目前针对企业犯罪的惩罚，多是基于国家强权的单向的惩罚，未强调企业的自主性影响。事实上，对于企业犯罪来说，最近端的发现与预防主体都是企业自身。合规计划强调从自主规制和共同规制出发，加强内因的控制，避免单纯外力干预的粗暴性，尤其是结合经济犯罪来说，企业合规计划制度的建立可以使得商业伦理等理念在刑法存在价值。作为直接当事人的企业的自我规制与一般的行政法、刑法上的规制相比较，更能考虑到在现代经济上技术和经济的特殊性。本文以医药企业这一特殊主体来具体研究合规计划可能产生的刑法影响。

结合药品来说，密切相关的即是药品的“公益性”。药品生产的安全涉及民法、行政法中关于企业制度建设的内容，而刑法追求的是个人责任。本文从刑事法律的角度展开探讨，是为了打破“话语”局限，在遵守罪刑法定的前提下实现刑事法律的合理介入。具体来说，刑法中对于产品安全的规制主要着眼于打击“假冒伪劣”，保证市场秩序，而企业则从“安全”程度予以划分，确保企业自身制度建设与刑法相协调。随着经济全球化程度的日趋加深，企业的经营活动日益综合化和国际化，业务和产品日益多样化，面对的制度、政策和市场环境也日益复杂化，企业的生存发展面临着诸多的风险和挑战，承担的被制裁法律风险成本将更加高昂。

我们此处提出的“合规计划”正是致力于将企业的社会责任在刑事领域激活。国外刑法学界提出了合规计划的概念。国内“合规”一词最早来自于银行业，后来在商业贿赂犯罪及海关监管犯罪方面也有学者涉及，但从其本意来看，具有一致性：各企业未能遵循法律、监管规定、规则、行业最佳实践标准，以及企业内部业务活动的行为准则，而可能遭受法律制裁或监管处罚风险。在科学技术日益发达的今天，生产者的行为危险性日益提高，对于防范风险的努力，刑法也同样需要认可。而现代刑事政策又提倡犯罪预防的社会因素，因此合规成为刑法不得不面对的一个问题。

结合医药企业来说，由于药品一方面具有商品的一般属性，另一方面因自身的“风险”，对公众安全也具有重要意义。因此生产缺陷药品行为的危害性主要表现在两个方面：一方面是作为商品本身，生产缺陷药品的行为违反了产品质量管理法规，不符合国家标准，扰乱了市场秩序；另一方面从公众安全的角度来看，如果生产者提供药品具有缺陷，那么将使危及人身、财产安全的可能性转化为损害的现实，对公众安全具有损害。基于对传统单一地依靠刑法进行的企业犯罪防控模式的反思，与一般行政法或刑法相比，直接当事公司的自身规定常常能够更好地适应现代经济社会的技术上和经济上的众多特殊性质，更加有利于协调经济发展与社会进步的需求。对于医药企业自身来说，一方面需要开发新的技术，另一方面又要保证用药的安全，通过对企业内部合规的审查，可以保证企业自我约束，也避免了刑法单方面粗暴的干预。目前，合规计划在很多国家的立法中得以体现，比如美国2002年的《萨班斯—奥克斯利法》，德国的《反洗钱法》《银行法》以及《证券交易法》，日本的《反垄断法适法计划辅导》，意大利的《231号法令》等都对合规计划进行了规定。可以说，合规计划已经形成了世界浪潮。

2　企业合规的刑法规范分析

刑法与合规是指“传统的国家所认可的刑事司法的任务在企业领域的扩张”，即企业受到国家的一定的规制，但国家也要尊重企业自身发展的需求。刑事合规希望通过以刑罚来强化更加严格的规范遵守。这就涉及如何影响刑法的问题。

2.1　企业实行合规制度是否等于企业负责人履行了注意义务?

对于药品生产企业来说，甲企业由于生产疏忽导致一批劣药流入市场，给消费者的生命安全造成了严重的损害，但是甲企业内部建立并实行了企业合规制度，合规制度明确指出本企业会严格控制药品质量，严格实施产品出厂核验制度，避免因药品问题等给消费者造成人身健康威胁。这是否构成过失犯罪?

我们认为，企业实行合规制度不足以说明企业负责人履行了注意义务。刑法上注意义务的内容包括结果预见义务和结果避免义务。结果预见义务，是指行为人在保持紧张意识、注意集中时，应当预见到行为可能产生危害社会结果的义务。在疏忽大意的过失犯罪中，行为人违反的是结果预见义务。结果避免义务，是指行为人在已经预见到危害结果可能发生的情况下，应当采取积极有效的措施，防止或避免危害结果的最终发生。在过于自信的过失犯罪中，行为人违反的就是结果避免义务。[1]

有学者认为合规制度可以评价认为已经为了防止预见可能的被害而采取了充分的结果避免措施，从而否定违反结果避免义务。如果这样仍然发生了结果的话，那么这种结果就是不可能预见或者不具有结果避免可能性的，而应当否定过失犯的成立。

合规制度是企业自主制定的内部行为规范，缺乏有效的监督和强制力的执行，因而存在企业疏忽管理或者为牟取暴利而随意践踏企业合规制度的问题，所以我们不认为企业合规制度属于“采取了充分的结果避免措施”，因而企业合规制度并非能起到“否定违反结果避免义务”的作用。

2.2　企业合规的违法阻却和责任阻却分析

企业致力于合规管理的重要动机都是减少刑事责任产生的风险，对此它们期待能够从国家获得一些回报。一般认为最重要的奖赏就是企业合规能够作为必要的处罚阻却事由，通过验证企业的合规程序和执行情况来作为法院评判的一点依据。[2]但是，对于企业合规是否可以做为违法阻却事由，在法律上并没有规定。对合规下企业的责任承担，我们认为应该具体问题具体分析。

首先，对于已经导入有效的合规体系的公司来说，如果发现企业内部的违反合规后，自发向国家机关申告或者积极协助国家机关，可以做出免除或适度减轻处罚的规定。原因在于，现代社会是一个风险社会，企业在生产经营过程中面临很多风险，一旦不小心违反合规，根据社会相当性说，要以社会生活之法律秩序的全体精神加以审查认定，我们认为企业及时自发申告或积极协助的行为能够避免发生更严重后果，因此这种行为并未超过社会生活的常规，根据情况，可以得到阻却违法或阻却责任。

其次，对于没有合规经营或者利用合规来逃避法律的企业来说，如果触犯法律就应该受到相应的处罚。原因在于刑法上的犯罪阻却事由不仅包括形式上违法性，更在于实质上的违法性。没有合规经营的企业自然不必说，对于利用合规来逃避犯罪或者转移犯罪的情况，当然也应该受到相应处罚。

另外，正如德国西门子行贿事例，对于已经建立合规体系的公司，如果明知故犯在量刑上也可以考虑对其适当加重处罚。

3 合规对医药企业刑事责任的影响

3.1 医药企业刑事责任的“公益反思”

医药制品面对的是广大的社会群体，与一般的商品相比，“是药就有三分毒”，从这个意义上来说，药品是一种不可避免的威胁公共安全的产品。特定药品对特定群体具有治疗的有效性，但却可能因副作用威胁特定病人的健康或甚至生命，会对不特定主体的生命安全造成威胁。

笔者在此选取药品企业的警示义务作为研究。笔者认为，从“生产行为”本身来看，生产警示缺陷药品的危害性并不在于“生产”本身，而是生产中的“风险”的突破。社会公众在此类案件中，自身往往缺乏预防的可能性，他们的安全感完全建立在生产者、供应者自身的严格注意义务上，[3]这时如果可以调动企业自身的内部控制，就可以有效发现犯罪、预防犯罪。这就使得“合规计划”的引入意义重大，尤其在公众的公共权利的享受乃至行使受到侵害的状态，[4]如有毒有害食品和不良药品引起的受害被称作食品公害、药品公害，交通阻塞和有缺陷的汽车造成的交通公害，以及引起大气、水、安静稳定等的自然环境遭到破坏乃至污染的都市公害、设施（基地）公害、农业公害、观光公害、开发公害等[5]。

从日本刑法对单位犯罪的处罚我们可以看出，在公害犯罪领域，日本学者也是积极主张对企业责任的“合规计划”引入。以具体的警示缺陷药品来说，日本刑法理论在探讨其刑法归责时，并没有将目光锁定在“生产行为”本身，而是将其锁定在“警示义务”上。在日本，有学者认为，鉴于药品作为合成化学物质，有内在的危险性，受害者常欠缺避免可能性，因此在人体摄取之过程中，对受害者身体具有重大的伤害性；而且被害者大都集中于社会经济上的弱者，受害的程度具共通性；商品大量生产、销售使得受害范围具广域性。因此药品受害的特征也符合了公害受害的特征。对警示缺陷药品而言，为了保障药物使用者的生命，制造者对药品实验时验证药品本身的安全性及适当的使用方法等，有确保安全的作为义务存在。如果制造厂商未依其专业之知识、技术，或因人为疏失而导致作为义务之违反，即有刑法上不作为犯之适用。[6]这种直接根据不作为犯认定正是考虑到企业本身“生产行为”的“合规”需求。

公害犯罪具有正当行为与危害行为的交叉性，因此必须考虑刑法介入的谦抑性，这就要求我们对警示缺陷药品生产行为的危害性进行抽丝剥缕的揭示，不能笼统按照传统刑法理论对“生产行为与人体健康危害”的因果关系进行简单判断，而必须认识到危害后果的来源，不是简单的生产者的生产行为，而是未履行警示义务的生产行为。因此，在对警示缺陷药品生产者归责时，我们必须充分认识到生产者“警示义务”的范畴以及判断，否则可能导致放纵犯罪或是过分苛责。举例来说，行为人甲生产的感冒药对孕妇具有不良影响，可能导致死亡，但甲在禁忌适用中未进行相关标注，那么是否就可以直接追究甲的刑事责任呢？这其中涉及如何判断“警示义务”的履行，包括履行内容、履行时间、履行对象等，这些因素都将影响对生产者责任的追究。

3.2 以警示缺陷说明注意义务的边界

一般而言，药品的警告主要是指药品生产者或销售者就药品在流通时所具有的内在风险、不合理使用的风险等向消费者做出如实告知，提请其对风险的合理注意和防范。这些要素主要包括药品的禁忌证、不良反应、注意事项等。在内容方面，要求生产者或销售者在做出警示时不仅要内容完备，还要真实客观。

对于警示义务的把握，必须要考虑生产行为的特性（危险性和社会功能性）、致害的程度以及责令行为人采取结果回避措施将为其带来的负担等具体情况，一定要将其在立场上与消费者相对立的特殊性作为最基本的出发点。[7]我们在保护消费者利益的同时，也要防止对企业责任的过分苛责造成技术发展的受挫。在防止企业被害的发生而进行的努力中，引人注目的是“compliance（合规）计划”的实践。“compliance”在日本被翻译为“遵守法令”，包含六个要素：第一，将确保安全性明确定位为企业的理念；第二，包括产品的开发、流通这一事前阶段和事故发生阶段两者在内，为确保安全性的实现而对公司的体制进行整备；第三，包括产品的开发、流通这一事前阶段和事故发生阶段两者在内，都以依据法例所确定的内容为前提，为确保安全性而制定必要的对应方针；第四，为了使已整备好的公司内部体制发挥功能，遵守已经制定好的对应方针，进行公司内的教育实践；第五，确认已整备好的公司内部体制是否发挥功能，已经制定好的对应方针是否能够得到具体的遵守，是否需要进一步充实；第六，在发生产品事故的时候，或者通过内部通报和抱怨等认识到有导致产品事故的可能性时，能够切实实践公司的体制及对应方针。[8]

笔者认为对于单位犯罪来说，企业并非自然人，在其主观方面的判断上必须客观审慎，这种合规计划的实践在认定对危害后果的预见可能和回避可能上较为客观规范，值得我国司法实践中予以借鉴。但需要注意的是，这种判断不是静态的一次性判断，而是在错误与纠正之间的螺旋上升，在这一动态的过程中要对企业责任进行合理的判断。如果在这一动态过程中，企业履行了客观的合规计划，就可以评价认为已经为了防止预见可能的被害而采取了充分的结果避免措施，不能再期待企业做出超乎其能力的行为。

参考文献

[1] 甲斐克則、田口守一．刑事コンプライアンスの国際動向．信山社．

[2] ［德］耶赛克．魏根特．德国刑法教科书（总论）［M］．徐久生译．北京：中国法制出版社，2001.

[3] 陈航．公害犯罪若干问题研究［J］．甘肃政法学院学报，2001.

[4] 赵秉志，王秀梅，杜澎．环境犯罪比较研究［M］．北京：法律出版社，2004.

[5] 原田尚彦．环境法［M］．于敏译．北京：法律出版社，1999.

[6] 黄翰义．论医疗行为之特殊性与刑法结构［J］．律师杂志，2004，298.
[7]［日］藤木英雄．公害犯罪与企业责任［M］．东京：弘文堂，1975：116.
[8] 金子憲康ほか．製品事故にみる企業コンプライアンス態勢の実践——改正消費生活用製品安全法の理念と実務』（2007、きんざい）27 頁。转引自冈部雅人．企业丑闻与过失犯的成立与否——以产品事故为中心．社会转型与法学发展暨纪念马克昌教授逝世一周年研讨会文集［A］．武汉大学，2012：116.

围绕历史事件推进《中国政治制度史》教学

郑旭涛

中国矿业大学（北京）文法学院，北京　100083

摘　要　本文先对中国政治制度史课程教学的现有研究现状进行总结，并指出现有的相关教学研究侧重于强调对具体政治制度的专题式教学，而忽视了政治制度所造成的历史影响，也不利于调动学生的学习积极性。在此基础上，本文认为，按照朝代顺序展开中国政治制度史的教学，并且在教学的过程中以若干历史事件为思考题引导学生参与课堂讨论，这样有利于调动学生的学习积极性，激发学生思考政治制度造成的实际影响，让学生掌握结合政治制度与历史环境分析和评价历史事件的能力。

关键词　中国政治制度史　历史事件　讨论式教学　学习兴趣

To Promote the Classroom Teaching of *History of Chinese Political System* Around Special Historical Events

Zheng Xutao

School of Law and Humanities, China University of Mining and Technology, Beijing　100083

Abstract　This article firstly summarizes the present research status about course teaching of history of Chinese political system. Recent relative teaching studies about this course have focused attention on developing specific topic teaching about different political institution, in which the continuous historical influences caused by some political system are always neglected and students' learning enthusiasm is unsuccessfully mobilized. On this basis, this article believes that teaching history of Chinese political system in accordance with the dynasties order can effectively compensate for the shortcoming. And more importantly, in the process of teaching according to time order, developing thinking questions and discussion questions around several representative historical e-

资助项目：中央高校基本科研业务经费专项资金（2016QW07）

作者简介：郑旭涛（1986—　），男，江西吉水人，博士，讲师，主要从事环境群体性事件、抗争政治和当代中国政治发展的研究。Tel:15210989545;E－mail:zxtom86@163.com vents can motivate the students' learning interest and provoke the students to think about the practical impact of the political system, which can finally help them get the ability of analysis and evaluation about historical events based on political system and historical environment both.

Key words history of chinese political system historical events discussion teaching learning interest

0 引言

中国政治制度史是历史学、政治学、行政管理学等专业的专业必修课或选修课。中国政治制度史这门课程要追溯中国早期国家的起源，并研究从夏朝至现代大约四千年的历史时期内主要政治制度的演变，涉及大量的历史知识。本课程的学习需要教师和学生花费大量时间阅读古籍和相关研究成果。而阅读古籍对于当下政治学与行政管理学专业的学生而言是一个不小的挑战。古文比现代白话文更难理解，容易让阅读者望而却步。很多行政管理学专业的学生也反映这门课程比较难学。

1 中国政治制度史课程教学研究现状与反思

目前有关中国政治制度史课程教学的研究论文很少，在中国知网上以“中国政治制度史课程教学”作为词组搜索“全文”，只搜索到十余篇文章真正与中国政治制度史课程教学有关。

不少学者主张按照专题、以具体的制度为纲展开中国政治制度史的教学。例如，盛奇秀主张“革除以历史朝代为单元的块块式旧体例，建立起以制度系列为单元的条条式新体例”，强调以具体的制度为核心的教学方式。[1]黄璐和池松军也持这种观点，强调打破以朝代为顺序讲授中国政治制度史的教学方式。[2]王晓霞针对历史学专业学生的特点，主张进行专题教学，把具体的某一政治制度放在整个中国通史的视野下分析制度的演变。[3]王晓霞的这种教学主张是在历史学专业的学生已经掌握相当程度的中国通史的知识背景下提出的，我们不应盲目照搬到政治学、行政管理学专业的教学中来，毕竟行政管理学专业的学生大多无法像历史学专业的学生那样掌握丰富的通识知识。按照制度为专题进行教学有利于归纳某一制度的历史沿革，有利于学生理解和记忆具体制度的变迁，但可能忽视该制度变迁的历史背景、制度在某一朝代产生的影响，而且更为重要的是这样的教学可能相对比较枯燥，很难吸引行政管理学和政治学专业的学生积极参与课堂讨论，难以调动学生的学习积极性。

还有些学者主张其他的教学方式。例如，徐江虹认为，要按照朝代发展顺序用比较法教学，把握政治制度发展的演变规律，采用理论和现实相结合的方式，运用启发式和讨论式教学方法。[4]左言东教授强调分析国家的本质，着重揭露和批判君主专制制度的本质，并且运用比较研究的方法在中外比较的基础上总结中国古代政治制度的特点。[5]周志以中学历史教育的经验为基础指出要用多维度视角关注中国历史上的制度变革，关注制度演变中传承下来不变的因素。[6]

目前已有的相关研究成果有值得借鉴之处，但几乎都忽视了运用历史事件来激发学生兴趣的教学方法。激发学生的学习兴趣或许是中国政治制度史教学的关键。许多学生对中国古代历史上的著名事件、故事比较熟悉甚至感兴趣，这正好可以成为我们深化中国政治制度史教学的突破口。大学生在进入高校之前就已经接受了12年的基础教育。在中小学阶段，秦始皇、岳飞、秦桧、宋高宗等历史人物是学生们耳熟能详的历史人物。秦朝的迅速灭亡、岳飞含冤而死、元朝灭宋既是重要的历史事件，也是从古至今无数人思考的问题。

因此，笔者在2015—2016学年的中国政治制度史的教学中采用了张鸣教授撰写的《中国政治制度史导论（第二版）》作为教材，在按照朝代顺序讲述中国政治制度史的基础上，提出若干个历史事件和历史问题让学生课后准备资料、思考问题，并且在下一次的课堂上发言、讨论，开展启发式教学和讨论式教学。在课堂上，不少同学踊跃地发表自己的观点，并且与其他同学的观点产生了争鸣，使得课堂气氛较为活跃，不少同学在课程结束之后表示收获较大。

下面，我们仅以秦朝迅速灭亡这一历史事件为例探讨中国政治制度史的教学。

2 秦朝政治制度与秦朝速亡

秦朝是中国历史上第一个大一统的王朝，在郡县制基础上建立了中央集权的君主专制制度。秦国之所以能够扫平各诸侯国而一统天下，说明其制度有一定的效率和竞争性，但为何秦朝建立后却只存续了14年时间，秦朝盛衰转变如此迅速可谓是千古谜题。在讲授秦朝政治制度这一节时，我给学生布置了一个思考题：从政治制度和其他因素分析秦朝速亡的原因。学生们在经过课后的准备之后，给出的答案大致如下：秦始皇、秦二世统治残暴，法律严苛，激起民愤；秦朝赋税、徭役繁重，统治者横征暴敛导致民不聊生；赵高等奸臣当道，指鹿为马，秦二世无能；自然灾害导致部分百姓生活艰难。

我逐条分析上述答案：秦朝的法律严苛确实是事实，容易引发民众的不满和反抗；徭役繁重也是陈胜吴广起义的导火索；赵高等奸臣当道确实恶化了官场氛围，党同伐异之后的官僚队伍品德和政治能力下降；而自然灾害似乎不是秦朝速亡的重要原因，尚无资料表明秦朝末期发生了大规模的严重自然灾害。接着，我引导学生思考为何在同样的法律下秦朝末年揭竿起义的主要是原来六国的人而非秦国的人？有些学生意识到，秦朝不同地方存在巨大差异，这种差异可能是导致秦朝速亡的重要原因。我又引导学生回想陈胜吴广起义时的一个重要理由是胡亥本来不该继承皇位，公子扶苏是更合适的继承者。接着，我分析皇位继承制度是秦朝速亡的一个关键原因。在同学们发言和我一系列引导之后，我总结了对秦朝迅速灭亡原因的思考。

首先必须认识到的是，一个政权的灭亡原因往往是多方面因素综合影响造成的，而政治制度往往是主要因素之一。王朝覆灭大致可从君位继承、权臣专政、天灾民穷、军事失利（如外族入侵）、统治与风俗相悖等方面寻找原因。秦朝的灭亡或许主要不在于最高统治者的能力与统治风格、法律的严苛。已有研究表明，秦朝的法律中实际也有儒家的因素，并非只有冷冰冰的法家思想。在云梦睡虎地秦简的法律条文中，有大量儒家思想的成分，并非完全是法家思想。[7]

秦始皇忽视君位继承制度建设，导致秦始皇突发疾病之时，皇位继承面临纷争。对于一个君主制国家而言，君主的继承制度是其核心环节之一，君王继承中的危机往往会引发严重的政治危机，甚至引发内战乃至朝代灭亡。按照《史记》的记载，李斯和赵高等人篡改诏书擅立胡亥，引发继承人合法性危机。秦始皇在位时并未重视储君制度建设，没有及早向天下明确储君人选，以至于在秦始皇暴毙之后引发新君合法性危机和政治危机。白钢先生也曾指出，秦始皇生前没有“采取预立太子的制度，以至死后有胡亥等的诈立之举，加速了秦朝的灭亡。”[8]这场政治危机的结果是秦朝王室内乱，扶苏等皇子被诛杀，削弱了秦朝最高统治集团的实力。

军事因素是改朝换代中不可忽视的关键因素之一。秦朝在兵力部署方面可谓是重边疆而轻腹地。[9]秦国在岭南的南海郡和象郡驻有数十万大军，而这些秦朝的军队在首都咸阳遭遇危险之时并未派兵回援，眼睁睁看着秦朝被灭。在秦朝的北部地区，公子扶苏和大将蒙恬被赐死，军队涣散，基本不听中央差遣。军事部署上的轻重失调导致中原地带和首都咸阳的军力空虚，起义军势如破竹般壮大。

分析秦朝速亡的原因还不能忽视秦朝之前的制度背景。从周朝初年至秦朝，封建制度已经实行八百年，各诸侯国的语言、风俗、法律等差异较大，而秦国本身就是偏居一隅的文化小国，在法律、习俗、语言、经济上与其他各国相差较大。秦国的法律一旦征服之后统一施行于天下，短期内难以让被征服地区的人们认可与信服。中央集权的体制下统一的法律难以在法制、习俗、语言差异较大的地方推行。统一的法制未必符合局部地区的风俗，可能引发当地人对法律与统治的排斥、抵抗。

中央与地方关系是政治学与中国政治制度史中的一个核心问题。秦朝地方的郡守和县令权力很大，当中央政府无法有效监督和约束地方官员时，拥有兵权的官员可能会演变为分裂势力。例如，南越武王赵佗起初是南海郡龙川县令，同时兼任任嚣的副手，掌握一定的兵权，在任嚣去世之后，大权独揽，自行其是，甚至自立称王。

另外，赵高等权臣专政弱化了秦王朝统治集团内部的凝聚力，加剧边疆地区和地方要员的离心倾向。繁重的徭役在比较严苛的法律和司法制度下会激起民众殊死反抗。在秦朝以前，改朝换代（革命）有先例可循。秦朝以武力统一天下，取代周朝和各诸侯国的统治地位，却缺乏民意支持和道德正当性。随后的起义者也自然不难找到理由反抗秦朝的统治。

通过分析秦朝君位继承制度、军事制度、中央与地方关系、法律与习俗冲突、权臣专政、徭役繁重等制度因素和政治状况，学生们更深入地理解了秦朝灭亡的原因，并且深化了对朝代更迭的认识。

3 以历史事件推进中国政治制度史课程教学的方法

笔者在教学实践中发现在《中国政治制度史》课程教学的过程中穿插若干起历史事件的分析，起到了激发学生学习兴趣、深化学生理解中国古代政治制度和公共事务管理的效果。历史事件有若干起。我们在选择历史事件时应该尽量考虑以下几个方面的问题：第一，事件的选取不要过于生僻，最好是学生之前有一定知识储备的、比较著名的事件，这样可以让大多数学生在课堂上能够有话说，尽可能调动大多数学生的学习积极性。第二，所选择的历史事件或问题要与至少一个具体的制度密切相关，所牵涉的政治制度越多越好，这能够在一个事件中折射出许多制度的相互作用，有利于学生思考政治制度的实际影响，并加深对该制度的记忆和理解，深化对政治制度和公共管理的认识。第三，历史事件的选取最好有一定的普遍性，而不只是局限于某一朝代的特殊历史、特殊制度。当然，在特殊的历史时期，有些历史事件背后有非常特殊的制度背景和其他时代因素，分析这样的历史事件也有一定的教学价值，但具有一定普遍性的历史事件、历史问题可能有利于学生举一反三地理解其他相似的历史事件、历史现象。例如，秦朝速亡与隋朝速亡、元朝灭亡具有高度的相似性。岳飞之死与胡惟庸案也有一定相似性，岳飞和胡惟庸都是君主意图加强君主专制制度背景下君臣权力博弈的牺牲品。

4 结语

对于行政管理学专业等非历史学专业的学生而言，调动学生的学习兴趣是《中国政治制度史》课程教学的关键，而在按朝代顺序讲述政治制度史的过程中以若干历史事件为问题启发学生思考、鼓励学生在课堂中讨论相关问题，能够取得较好的教学效果。政治制度史的教学如果离开了政治史，那就无异于纸上谈兵。著名历史学家严耕望先生也主张在讲授中国政治制度史时“从政事看制度，不专着眼于死的规章。”[10]学生学习政治制度史如果不能用于分析、评价历史事件和历史现象，则恐怕背离了这门课程的应有之义，无法达到应有的教学目标。

参 考 文 献

[1] 盛奇秀．满足求知欲——论中国政治制度史的课堂教学盛奇秀［J］．中国大学教学，2013（2）：48－50.

[2] 黄璐，池松军．高校行政管理专业理论教学创新初探——以“中国政治制度史”为例［J］．兰州教育学院学报，2014，30（3）：121－122.

[3] 王晓霞．历史学本科专业《中国政治制度史》课程教学探索［J］．吉林省教育学院学报（学科版），2010（4）：49－50.

[4] 徐江虹．《中国政治制度史》教学有感［J］．高教论坛，2005（4）：98－100.

[5] 左言东．浅论中国政治制度史的教学与研究［J］．档案学通讯，1994（6）：51－54.

[6] 周志．中国古代政治制度史教学中的“见”与“不见”［J］．江苏教育研究，2014（8）：41－43.

[7] 司培俊．睡虎地秦律中的儒家思想考析［D］．南京大学硕士学位论文，2012.

[8] 白钢．中国政治制度史［M］．天津：天津人民出版社，2002.

[9] 郭建．金戈铁马：兵制与军事［M］．长春：长春出版社，2004.

[10] 严耕望．中国政治制度史纲［M］．上海：上海古籍出版社，2013.

基于"互联网+"背景下高校思想政治理论课的思考

樊　凯

中国矿业大学（北京）思想政治教育学院，北京　100083

摘　要　在"互联网+"背景下，思想政治教育面临着很大的挑战和机遇。高校必须紧密结合"互联网+教育"现代信息技术，从思想政治理论课的教材建设、课程内容、教授方式和考核方式等方面进行有效改革。课堂不应该是传授知识的唯一场所，教师可以通过开发教学软件、建设教学资源数据库、在线知识问答、在线考核等方式实现教师和学生线上和线下的有效互动，促使大学生形成正确的世界观、人生观和价值观，为国家培养出合格的人才。

关键词　"互联网+"　思想政治理论课　大学生

Thinking of Ideological and Political Theory Course Based on "Internet +"

Fan Kai

School of Ideological and Political Education, China University of Mining and Technology, Beijing　100083

Abstract　Under the background of "Internet +", the ideological education is faced with great challenges and opportunities. Closely with "Internet + education", colleges and universities must reform from the teaching material construction, course content, professor of effective reform ways and the way of examination of ideological and political theory course. Class should not be the only workshop for the acquisition of knowledge, teachers can through the development of teaching software, construction of teaching resources database, knowledge quiz online, online assessment methods such as effective interaction between teachers and students' online and offline, which can encourage students to form correct world outlook, the outlook on life and values. College students can be cultivated to become qualified talents of the country.

资助项目：中央高校基本科研业务费专项资金（2009QW08）

作者简介：樊凯（1977—　），女，山西太原人，硕士，讲师，研究方向：思想政治教育。Tel：18611861828；E-mail：wolf7579@sohu.com

Key words "Internet +" ideological and political theory course college students

2015年，中共中央办公厅、国务院办公厅联合印发的《关于进一步加强和改进新形势下高校宣传思想工作的意见》中强调，要"切实推动中国特色社会主义理论体系进教材进课堂进头脑"。当前，中国教育正进入了一场基于互联网信息技术的变革中。据《中国互联网络发展状况统计报告》显示，截至2015年12月，中国网民规模已达6.88亿。在教育领域，"互联网+"的迅猛发展使教育内容持续更新、教育样式不断变化、教育评价日益多元，"互联网+课程"催生了大量网络课程，使课程内容更加信息化、生活化；"互联网+教学"形成了网络教学平台、网络教学系统等，使教师的课堂教学变得更为自如，手段更为多样；"互联网+学习"实现了移动学习，使即时随地、个性化学习成为可能；"互联网+评价"即"网评"，成为现代教育教学管理工作的重要手段，使学生学习过程评价、教师教学水平评价更加全面。总之，"互联网+"背景下高校思想政治理论课的改革面临一系列的机遇与挑战。作为高校必需课程的思想政治理论课，必须尽快适应"互联网+"的时代要求，为社会培养合格的高素质人才。

1 "互联网+"背景下高校思想政治理论课面临的机遇

1.1 "互联网+"丰富了高校思想政治理论课的教学资源

与传统媒体相比，网络满足了大学生精神文化的需求。网络具有极其丰富的信息量，大学生可以从网络上获取各种各样的信息资源，不用受到时间和空间的局限。网络信息传播和更新速度迅速，使大学生可以在第一时间了解最新的资讯，紧跟时代步伐，开阔视野。在掌握学生这一现状的基础上，思想政治理论课教师可以利用网络平台，从大学生对"喜闻乐见"热点事件和焦点现象进行挖掘、分析、整理和整合，对学生进行兴趣的激发和思维的引领，促进了大学生进行理性思考。同时，思想政治理论课教师可以通过微信公众平台、APP等网络技术进行信息资源的推送，让更多的大学生可以潜移默化地接受思想政治教育。

1.2 "互联网+"扩展了高校思想政治理论课的教育教学平台

网络给予大学生表达诉求的渠道。当代大学生具有较强的民主参与意识。网络独有的交互性特点使大学生可以积极参与网络话题的讨论，大胆、真实地反映自己的想法和看法。当前网络已经成为大学思想政治教育不可忽视的传播载体，已经成为高校思想政治教育的一个新的重要阵地。高校思想政治理论课的教学改革可以充分利用"互联网+"给我们带来的便利，组织专任教师通过建QQ群、微信群、论坛、开发APP手机应用、编辑微信公众号、录制网络精品视频公开课等对学生进行在线教育，把经过教师编辑的核心观点和重要内容通过线上教育的形式传播给学生，使学生能够突破课堂上的时空限制，在课堂以外的时间进一步学习和掌握自己错过或感兴趣的知识点。

1.3 "互联网+"增进了高校思想政治理论课教师与学生的交流

在传统课堂教学中，思想政治理论课教学方式习惯上采用以教师为主体，以知识传授为目的，单向式的教学模式。在这种教学模式中，教育者凭借其教师的权威地位，扮演的是主导者角色，学生则处于被动接受教育的从属地位，课堂气氛不活跃，思想政治教育效果难以体现。网络迎合了大学生追求平等、自由的个性。互联网具有虚拟性和开放性的特点。在网上，大学生可以用虚拟的身份在任何时间、任何地点登录网络，平等地享受网络资源；可以与任何人通过网络相互认识，在现实世界中开展人际交往。思想政治理论课教师应树立尊重学生个体差异的教学理念，从学生的角度去设计他们关心、感兴趣的话题。在教学活动实施中，思想政治理论课教师要充分利用网络这一特性，善于引导和帮助学生与其展开对话，进行交流。在这样的沟通环境中，大学生收获自尊和自信的情感体验，才能悉心接受思想政治教育者的建议和指导，最终实现思想政治教育的目的。

2 “互联网+”背景下高校思想政治理论课面临的挑战

2.1 “互联网+”使高校思想政治理论课所倡导的主流意识形态和核心价值观面临巨大冲击

当代大学生的价值观在整体上是积极健康的，大多具有坚定的理想，热爱祖国，关心国家大事，社会责任感强。由于大学生社会经历和阅历较浅，辨别和判断能力较弱，西方国家凭借其网络技术方面的优势，借助网络的开放性加紧对大学生进行西方文化和意识形态的渗透。美国前国务卿希拉里说过：“更重要的是让中国的年轻人学会用美国的价值观去思考、用美国的制度和规则去办事。”现在，互联网资源80%来自英文，中文信息只占4%。这使得当代大学生对社会主义、共产主义的政治信仰呈现日益弱化的趋势，部分大学生更加趋向于西方社会所提倡的“民主”“自由”以及“个人主义”价值观，甚至一些大学生出现了信仰的危机。如此，高校思想政治理论课就面临着这样一种窘境：一方面，高校思想政治理论课教师在对学生进行积极、正面的社会主义主流意识形态的教育和引导；另一方面，他们又时时通过“互联网+”平台接触着社会生活中的各种不良风气、腐败现象，很容易造成一些大学生道德行为失范、社会责任感淡薄。因而，如何更有效地履行高校思想政治理论课的基本职责，发挥正能量，引导大学生的行为符合社会主义的发展方向成为其面临的新挑战、新要求。

2.2 “互联网+”增加了高校思想政治理论课教师主体被弱化的风险

传统思想政治理论课课堂，教师作为教育主体，主导教学内容的传授，学生作为教育客体，在教育主体的影响下接受教育内容。在这种主客体关系中，主体具有一定的权威性。在“互联网+”环境下，思想政治理论课教学平台从课上延伸到课外，尤其是QQ群、微信群、论坛、APP和微信公众号等这些教学平台下，大学生思想政治教育对象的主动性增强，成了与教育者平等的积极参与者，甚至某些时候大学生对网络上的不良信息偏听偏信，对思想政治理论课教师产生怀疑和抵触情绪，致使教育者的主体权威性面临被弱化的风险。

2.3 “互联网+”使思想政治理论课教学的系统性遭到削弱

众所周知，思想政治理论是一套科学系统的世界观、方法论和认识论的思想体系，它帮助学生运用马克思主义理论和辩证的思维方法去分析和解决问题，增强其政治敏锐性和反思能力。然而“互联网+”平台在打破时空壁垒的同时也将知识严重地碎片化，长期对大脑及视觉、思想判断行为养成了直接的、非逻辑性的、既成事实性的结果，大学生在“短、平、快”的思维方式中人云亦云，缺少了独立思考的能力。当大学生习惯于通过搜索、提问或者交互来获得知识碎片时，他们正在丧失的是专注能力、逻辑思维能力和判断能力，不容易形成深度的、批判性的、理性化的、系统的知识体系。因而，“互联网+”

的信息碎片化在把大学生的专注和思考能力撕成碎片的同时，必然使高校思想政治理论课课所必需的反思性和思想性遭到削弱。

3 “互联网+”背景下高校思想政治理论课改革的路径选择

3.1 高校思想政治理论课应始终以社会主义核心价值观为引导

高校思想政治理论课是开展大学生思想政治教育，帮助和引导大学生树立正确的世界观、人生观和价值观，牢固树立社会主义核心价值观，培养社会主义建设所需要的创新型人才的主渠道。面对互联网的快速发展，高校思想政治理论课在开展思想政治教育活动中要充分利用网络这一新型载体，加快思想政治理论课向网络延伸。当前不可忽视的现状是由于网民素质参差不齐、网络评论良莠不齐，理性言论并不一定总是能够战胜非理性言论。对此，高校思想政治理论课教师要做好网络舆论的引导，积极防止负面信息对大学生思想的侵蚀，让大学生在潜移默化中受到社会主义核心价值观的熏陶和感染，有效地发挥思想政治教育的服务、引导和教育功能。

3.2 高校思想政治理论课要增强与学生的线上和线下的互动

要想让大学生认同社会主义核心价值观，帮助其树立高尚的理想情操和养成良好的道德品质，需要发挥学生客体的能动性。社会主义核心价值观教育重在立德育人。大学生是独立完整的社会人，拥有独立人格和自尊心。高校思想政治理论课教师如果仅仅把思想政治理论课作为知识讲授，忽视现实中的大学生个体差异，这样只会造成令人反感的政治灌输和道德说教。在“互联网+”背景下，思想政治理论课教师可以通过课程博客、飞信群、微博、微信等方式实现高校思想政治教育占领网络阵地。思想政治理论课教师应树立尊重学生个体差异的教学理念，从学生的角度去设计他们关心、感兴趣的话题，引导和帮助学生与其展开对话，进行交流；允许学生对话题阐述不同观点，通过与大学生充分的交流和沟通，形成价值理解，启发和引导大学生形成社会主义核心价值观的价值共识。

3.3 高校思想政治理论课要加强对“互联网+”的掌控与运用

当前，微信、微博、QQ等“互联网+”平台已经成为90后大学生主要依赖的社交媒体，大学生的心情、个性签名、对事物的观点和看法很多时候都会通过这些媒体表达出来。基于这样一种现实实际，高校思想政治理论课教师要结合学生的特点开发具有特色和品牌效应的APP手机应用、微信公众平台等，更加有效地传播正能量，进一步加强与学生的交流互动，从而能够更好地发挥思想政治理论课的教育引导功能，增强其教学实效性。

参 考 文 献

[1] 张树辉．思政课改革须适应移动互联新常态［N］．光明日报，2015-01-28.

[2] 龙斌．新媒体时代高校思政课教师如何有效传播正能量［J］．红旗文稿，2015，(17).

关于普通高校羽毛球实用教学训练方法的研究

方睿健

中国矿业大学（北京）理学院，北京　100083

摘　要　本文通过文献资料法查阅羽毛球教学相关论文、教学大纲、教学书籍，对从事羽毛球教学的教师和专家进行访谈，对高校教学的基本情况进行调查，对如何应对存在的问题进行分析，结合羽毛球专业理论以及技战术形成规律与特点对适合普通高校公体课的羽毛球教学方法进行分析和总结，不断创新羽毛球教学方法，使学生能够快乐学习，养成终身体育的习惯。

关键词　普通高校　羽毛球教学　训练方法

The Study of College Badminton Teaching and Practical Training Method

Fang Ruijian

School of Science China University Of Mining and Technology, Beijing　100083

Abstract　This article refers to the literature, the badminton thesis of teaching, schools' teaching outline, teaching books, the author interview some famous badminton teachers and expert, to investigate the present situation of college badminton teaching, and analysis how to deal with the problems that show to us, combine with the professional theory and characteristics of badminton to find out the most suitable teaching methods for public physical education badminton class. The badminton teaching methods were analyzed and summarized, so that the students can happy learning and develop their lifelong sports habit.

Key words　college　badminton teaching　practical training method

0　引言

众所周知，羽毛球运动以其智慧绅士的娱乐性、全面协调发展的健身性以及战意十

资助项目： 中央高校基本科研业务费专项资金（2016QS02）

作者简介： 方睿健（1990—　），男。Tel:18811585802; E－mail: fangruijian@foxmail.com

足、灵活多变的竞技性而深受广大群众的喜爱。在学校体育中也有越来越突出的优势体现，羽毛球的技术学习过程和专项身体素质的练习能够锻炼学生的意志，增强学生对身体的控制能力和全身的协调性，对培养终身体育的习惯及学习其他运动的正向迁移能力有很大的帮助，因此学校羽毛球教育的引导和基础教学巩固显得尤为重要。

1 普通高校羽毛球教学现状分析

1.1 普通高校羽毛球硬件设施现状

普通高校公体课羽毛球课程学生人数在 30 ~ 40 名，由于各个学校教学场馆的局限性，无法提供足够的教学场地，平均 6 ~ 8 人一片场地颇为拥挤，很难保证训练强度和练习密度，影响上课质量；部分学校的羽毛球场地在室外，受天气和地面硬度的影响较大，导致教学进度不能按时完成。

羽毛球课堂需要用到的器材（如羽毛球、羽毛球拍、羽毛球手柄胶）都是极易损耗的，没有足篮、排球使用寿命长，很多学校羽毛球课所用的器材都有不同程度的损坏，特别是学期中到学期末，羽毛球已经基本缺毛甚至碎裂，十分影响教学效果和学生的学习积极性，更多的学校则让学生自备羽毛球拍甚至是教学用球。

1.2 普通高校羽毛球课教学时间及学生技能掌握现状

高校学生每学期都可以在网上自由选择自己喜爱的体育项目，每学期每个班还是有大部分学生基础为零，因此每学期教学内容的考核标准基本是相同的，每学期体育课时数为 16 ~ 18 周，每周 2 个学时，除去理论课程、考核、天气等原因，每学期可保证 11 ~ 13 周（22 ~ 26 个学时）的教学时间，按照《高校体育工作标准》要求，每节体育课需要保证至少 30 min（90 min/节）的身体素质练习，那么每次的技术练习只有不到一小时的时间，在这么短的时间以及每周仅一次的练习密度下，学生想要掌握一个基础的技术动作如正手击高远球也是较难的，事实上，学生在羽毛球课上只能学到一些基本功而且学习和练习密度太小，单调的技术练习十分影响学生的积极性且技术掌握的很不稳定，在平时的羽毛球活动中几乎完全体现不出。

1.3 普通高校羽毛球课学生和上课内容分析

经高中紧张学习后进入大学的学生身体素质各不相同，很多学生并没有运动习惯，而羽毛球运动对身体协调性和端正的学习态度要求较高，学生掌握技术的水平不同，教学过程中教师很难因材施教，满足不同水平学生学习的需要；而普遍上课方式的练习内容单调枯燥，特别是无球的挥拍练习和重复一个动作不断的多球练习，很容易让学生产生惰性和厌恶感，不利于教学。

综上，在有限的条件下使学生很好地掌握羽毛球的基本技术是十分不容易的，一个适合高校羽毛球教学的训练方法是十分有必要的。

2 羽毛球训练方法分析

学习小球技术需要一定的拍感和球感积累，学习羽毛球技术的基础阶段更加需要循序渐进，技术动作的稳固需要经过静态的挥拍练习，长时间大数量的挥拍才让肌肉形成正确的记忆，在运用的时候才能更专注于击球，逐渐增加动态步法的配合，以此掌握羽毛球一些基本技术，加之教师在课堂上教授的理论知识和战术实践，使学生最终掌握一门体育技能，并养成锻炼的习惯，为终身体育奠定基础。因此学习技术、步法在羽毛球教学中是必不可少的，在学习过程中反复巩固正确动作、不断练习也是技术提高的唯一法门。结合高校的教学现状和羽毛球的教学特点，找出让学生乐于接受枯燥的练习并从中快速提高的教学方法十分重要。

2.1 讲解示范纠错法

传统的技术教学法采用教师讲解、示范，学生模仿练习，教师在此过程中不断纠错，学生反复模仿正确动作，形成一定动作结构和肌肉记忆并用多球训练法巩固动作技术，加强学生空间球感的感知和判断能力，同时学习步法，静态的击球技术有一定成果后，逐渐增加与步法的配合，培养协调性。期间可以让学生进行示范，更直观地纠错和使学生反思，形成对比、学习的竞争意识，提高学习动力。

2.2 分组教学法

公共体育课选课自由，学生自身对羽毛球的意识、基础积累不同，有些从小就接触过羽毛球运动，甚至经过正规学习，即使没有，在课上每个同学的兴趣和对羽毛球知识的接受能力、运动水平都有较大差异，教师可以选出其中的优秀生，组成小组进行分组练习，互相指导，以期获得最佳的学习效果。学生分组可以减轻教师负担，更能发挥优秀学生的积极性和技术优势，提高他们的团队协作能力，也能在课上、课下辅助技术和理解能力差的学生，使之共同进步。

2.3 表象学习法

表象训练是指在暗示语的指导下，在头脑中反复想象某种运动动作或运动情景，从而提高运动技能和情绪控制能力的方法。高校普修课的学习中，由于学生的数量较多，在理论知识的讲解和技术的示范上，枯燥的语言表述很难吸引学生的注意，学生的观察角度和模范转换的理解受到很大限制和影响，学生很难完整清晰的理解动作组成和细节，形成动作表象。表象训练法可以发挥学生的主体作用，学生通过观看技术的静态和动态图解，如握拍方式、发球动作和击高远球动作配合教师的讲解和示范，激发其学习兴趣，提高学习效率，加深印象，用动图和三维空间立体的动画来显示击球点、击球要点和击球后球的轨迹可以使学生更容易理解，此外可以挑选中外优秀运动员的相同动作和比赛视频来讲解战术，使学生更加信服。技术学习可以利用多媒体文件进行表象训练，理论学习时也可以运用多媒体直观的表达羽毛球的裁判知识及发接发换位、换发球权的相关知识。

2.4 辅助物练习法

羽毛球技术练习的纠错主要靠教师的发现和指导，受高校班级人数的制约，教练不可能对每个学生及时辅导，那么辅助练习可以让学习技术动作变得更加简单，设定目标的练习可以让学生迅速发现自己要掌握的知识，提高羽毛球教学的趣味性。尽可能采用身边就有的简单辅助物来适应高校的教学现状，辅助物训练方法见表1。

表1 辅助物训练方法

辅助物	辅助内容	方法
墙壁	击高远球时限制大臂外展；限制击球拍面	侧靠或正对墙壁进行高远球挥拍练习

表1（续）

辅 助 物	辅助内容	方 法
矿泉水瓶	增强手腕、手臂力量	做手腕外展、内收运动；前臂内旋运动等
负重羽毛球拍（将拍面糊住或增加拍自身重量）	增加阻力，加强肌肉群的感知，促进动作快速记忆	各个技术动作的挥拍练习
悬挂布条	高远球动作纠正	帮助高远球动作找到空中的击球点，纠正击球拍面
标志物（如羽毛球、羽毛球桶）	练习步法	折返跑推倒球、米子步触摸球等

2.5 专项体育游戏教学法

体育游戏是体育教学不可缺少的部分，它形式多样，竞赛和娱乐性强，能够培养学生的团结意识，充分调动学生上课的积极性，让游戏具有专项性，使学生既能在游戏中感到快乐又能提高学生的羽毛球素养和技能是关键。通过体育游戏和竞赛的方式使学生在快乐的气氛中加强练习。

结合羽毛球步法练习的体育游戏，常见的有“叫号接球”“喊数抱团”“龙尾边龙头”“接力跑”等，跑步游戏要求学生必须采用垫步、并步、交叉步、蹬跨步等各种学过的步法进行移动；也可采用“火车赛跑”的游戏，根据学生人数排成几列纵队，后面的同学双手搭在前人的肩上，采用双脚开合跳、前后跳、左右跳、交叉跳前进，以队尾通过重点线决定输赢；还可以用“胡摸脚踝”的游戏让学生学会移动中的低重心和蹬跨步等。在游戏的过程中教师一定要保证游戏的组织性和纪律性，如果有学生没有按照规则进行，就很容易混乱，在设计游戏的时候也要尽可能合理和具有娱乐性，这样才能真正培养学生的兴趣，又能增强学生对技术学习的意识。

2.6 教学比赛法

相比于认真的学习技术，羽毛球比赛才是学生们最喜欢的教学内容，通过组织比赛，甚至让他们自由比赛，能够提高课堂气氛，激发学生的主动性和积极性。但是通过调查发现，在只有少部分男生可以接到球，来回打到多拍，女生刚开始上课的时候没有一定球感，甚至碰不到球，因此课堂上可以尽可能少一点使用教学比赛法，鼓励学生课后练习，而在课上的教学比赛则更注重学生对羽毛球单打、双打竞赛规则和裁判知识的学习。在实践中掌握规则、裁判法以及羽毛球比赛最基本的礼仪也是十分重要的，有利于加深学生对羽毛球的理解，提高对羽毛球战术的思考以及羽毛球运动的娱乐性。

3 结论

为了更大程度地提高学生对羽毛球选项课的热爱，本文提出了实用的教学方法，目的是让选项课有更优质的教学质量，学生能够真正从课堂上学到提高羽毛球运动能力的技战术和裁判法。在有限的教学环境下，教师有必要通过更加丰富创新的教学方法和手段来提高教学效果，科学的利用身边的资源加上一些创新性思维，才能使学生在课堂上接受得更多、提高得更快，进而更加喜欢这项运动，培养终身体育的运动习惯。

参 考 文 献

[1] 马启伟，等．体育运动心理学［M］．杭州：浙江教育出版社，1998.
[2] 张钰鑫．普通高校羽毛球公共体育课教学方法探讨［J］．体育教育，2016（1）．
[3] 刘晓盼．高校羽毛球课程的教学方法与教学现状研究［J］．学校体育学，2014.
[4] 韩志刚．探究式教学法在普通高校羽毛球选项课中应用的研究［D］．长春：东北师范大学，2006.
[5] 于倩倩．体育游戏法在普通高校羽毛球选项课步法教学中的应用［D］．苏州：苏州大学，2011.

高校业余足球运动员专项力量素质训练对技术优化的影响研究

高　笛

中国矿业大学（北京）理学院，北京　100083

摘　要　近几年世界足球运动朝着高强度、高对抗、高速度方面发展。足球运动员在比赛中表现出更激烈的身体对抗趋势，这就对运动员身体素质提出了更高的要求。运动员必须具备满足比赛所需的专项力量素质，如快速起动能力、制动能力、反应能力、动作转化能力、神经肌肉间的协调能力以及良好的准确判断能力等，才能适应足球运动发展的需要。本文重点是在训练中抓住提高足球运动员比赛中所需的专项力量这一主要矛盾，结合我校足球代表队实际情况，设计出一套完整的训练体系，以提高我校足球队伍整体水平。

关键词　专项力量素质　足球

Amateur Football Player's Strength Quality Training in Colleges and Universities of Technology Optimization of Impact Study

Gao Di

School of Science, Department of Physical Education China University of Mining and Technology, Beijing　100083

Abstract　In recent years, the world of football towards high strength, high against, the high speed development. Football player in the game to show the trend of more intense physical confrontation. It puts forward higher requirements for athletes' physical qualities. Athletes must be able to meet the need of special strength diathesis, such as rapid starting, braking ability, ability to respond to, the transforming ability of action, between nerve muscle coordination ability and good ability to judge, to adapt to the needs of the development of football. This paper is in training to seize the special force required to

资助项目： 中央高校基本科研业务费专项资金（2015QS07）

作者简介： 高笛（1987—　）。Tel:15810295616; E-mail: gd1987hcg@126.com

improve the football player game this principal contradiction, in combination with the practical situation of our school football team, design a set of complete training system, in order to improve the overall level of our school football team.
Key words special strength football

0 引言

根据足球项目技战术特征，解析足球专项力量训练原则、负荷特征、方法、手段、周期安排等，为以后的研究者提供科学的力量训练理论支持。

通过一段时间的实验训练，让运动员能够掌握足球专项力量的训练方法，为以后的专项素质训练打下良好的基础。

通过训练研究为足球运动员专项力量的训练提供理论支持，并通过有针对性的、科学的训练手段提高力量训练的效率，有效提高我校足球运动员的专项水平。

1 研究对象与方法

1.1 研究对象

本文以我校业余足球运动员专项快速力量训练为研究对象，结合足球专项核心特点及技战术特征，设计并运用相应的训练手段，训练并实践，研究足球运动员快速力量训练。

1.2 研究方法

1. 文献资料法

本人通过国家图书馆、北京体育大学图书馆、中国知网、万方论文数据库等途径搜集足球专项快速力量方面的相关著作、期刊、论文，共搜集近100篇文献，了解关于足球快速力量理论及研究现状。

2. 专家访谈法

作者（2015年4~5月）有机会接触到国内知名足球教练员及科研人员，向他们咨询关于足球专项快速力量训练的相关问题，得到了他们悉心的指导。

3. 问卷调查法

1）问卷设计

根据本文研究的内容和目的，需要对反映足球专项快速力量的指标进行专家评定，从而确定实验对象的测试指标。因此需要对国内体能专家及一线足球教练员进行专家问卷调查。

2）问卷发放

向足球方面专家及足球教练员发放调查问卷40份，回收问卷37份，回收率92.5%，有效问卷36份。

3）问卷信度和效度检验

（1）问卷的内容结构效度检验采用专家判断法，向有关专家进行咨询，请他们对问卷的有效性进行检验，鉴定结果见表1。

表1　专家对问卷效度检验结果表

专家人数	非常满意	比较满意	满意	不太满意	不满意
10 人	2 人	5 人	3 人	0 人	0 人
百分比/%	20	50	30		

（2）问卷的信度检验采用重测信度法，对问卷信度进行检验，两周后重测，发放问卷40 份，回收问卷37 份，有效问卷36 份。问卷的重测信度系数 r 为 0.86 ~ 0.89，表明问卷具有较高的可靠度。

4. 实验法

根据足球运动员的实际情况，把实验时间分为 3 个阶段：第一个阶段为基础阶段，对全体运动员采用一样的训练方法，目的是针对整体的薄弱环节进行修补训练，为下一阶段的训练做好铺垫；第二个阶段为专项准备期，训练时间为 6 周，每周两次专项课，以提高队员一般快速力量和最大力量为主要内容，并为后期的专项快速力量训练打好基础；第三个阶段进行随机实验分组训练，两组分别采用不同训练方法，实验结果分别进行自身比较和对照比较，验证不同的训练方法对提升运动员专项快速力量的作用。

1）实验对象

实验对象主要是 2015 年中国矿业大学(北京)20 名队员，这些队员的主要情况见表 2。

表2　中国矿业大学（北京）足球队队员情况表

序号	身高/cm	体重/kg	年龄	训练年限/年
1	169	54	20	3
2	178	70	20	3
3	160	46	19	3
4	180	65	20	3
5	169	55	21	3
6	172	63	20	3
7	164	60	20	3
8	171	60	20	3
9	160	53	21	3
10	165	60	19	3
11	176	52	20	3
12	173	61	21	3
13	163	70	20	3
14	170	58	20	3
15	164	58	20	3
16	166	70	19	3
17	171	55	20	3
18	162	53	16	3
19	163	53	21	3
20	152	48	20	3

2）实验地点

实验地点在中国矿业大学（北京）足球场地。

3）实验时间

实验时间为2015年6~9月。

4）实验目的

通过运动员训练前后相关测量指标的比较，验证结合足球专项核心特点下快速力量训练方法对运动员专项能力的提高效果。

5）实验分组

本次实验共分3个阶段，时间为6月1日至9月1日，为期12周。训练前对20名足球运动员进行专项快速力量素质和其他专项身体素质进行测试，充分保证实验组和对照组训练前身体素质水平相当。第一阶段训练时间为期两周，主要进行准备期的基础力量训练，集训初期通过实地观察并与教练员交流沟通，一致认为这一阶段队员的基础力量普遍比较薄弱，因此第一阶段训练目的主要以提高队员基础体能为主，逐步增强负荷强度的耐受力，减少运动损伤风险。每周进行4次力量练习，每堂课90 min。准备活动30 min以灵敏协调跑和关节养护性训练为主。主体部分40 min，分为7个循环站，强度40% ~60%，次数10~15次，共完成3组。

第二阶段为专项准备期，训练时间为6周，每周两次专项课；以提高队员一般快速力量和最大力量为主要内容并为后期的专项快速力量打好基础。全体20名队员采取一致的训练内容。一般快速力量分为5个动作，强度60% ~80%，完成3~5组，每组动作5~6次，每组间歇3 min。最大力量分为6个动作，强度85% ~100%，完成3~6组，每组动作2~4次，每组间歇1~3 min。

第三个阶段为实验分组训练阶段，为期4周，每周进行两次训练，将20名队员随机分为实验组10名、对照组10名队员。实验组与对照组在准备活动和结束放松部分采取一致的训练方法，在主体部分则安排两组不同的训练方法，实验组采取结合足球特点的专项快速力量训练计划，而对照组采取传统的快速力量训练计划，这样能够突出专项快速力量训练对提升运动员专项能力的效果。通过前后评价指标的测试以及统计软件对数据结果的分析，对比训练效果。

6）实验控制

实验阶段测试由作者及另外两名助教一起实施和监控。为了保证训练阶段的效果，前后测试在实验对象身体状况基本相同的状态下进行。由于这一阶段是专项准备期向专项化过程转化的阶段，其中穿插着一些战术课和热身赛，训练实验时间根据主教练的主课时间而定。因此，实验训练时间并未选取固定时间，一般一周进行两次专项训练，为了避免运动员出现过度训练，两次训练课相隔大于2天以保证训练质量。

7）测试指标选取

刘丹在《足球体能训练（高水平足球体能训练理论与实证）》一书中将足球快速力量分为起动力、制动力、爆发力3种表现形式。本文选取的指标上主要从以上3方面入手，结合足球运动员的身心特点以及专项特征进行研究，通过向体能专家及多位足球一线教练员发放专家调查问卷，选取出评价足球专项快速力量的指标，足球专项快速力量评价参考方法，见表3。

表3 足球专项快速力量评价参考方法

序号	测试内容	测试目的
1	20 m×5 折返跑	制动力
2	三角折线跑	制动力
3	30 m 起动跑	起动力
4	原地纵跳摸高	爆发力
5	原地掷界外球（实心球 2 BL）	爆发力
6	一步助跑踢远	爆发力

5. 数理统计法

本文数据用 SPSS18.0 软件进行统计分析，计量资料用均数士标准差（Mean 士 SD）表示，同组前后比较用配对 t 检验，两组比较用独立样本 t 检验均是 $P>0.05$，具有统计学差异。

2 研究结果

2.1 对照组实验前与实验后数据对比分析

对照组实验前后数据对比分析见表 4。

表4 对照组实验前后数据对比分析表

指标	组别	N	M	SD	df	T	P
三角折线跑	前测	10	10.597	0.480	9	-0.573	0.581*
	后测	10	10.618	0.439			
一步助跑踢远	前测	10	33.860	2.706	9	-2.219	0.054**
	后测	10	34.590	2.599			
30 m 起动跑	前测	10	4.707	0.350	9	1.764	0.112**
	后测	10	4.602	0.268			
掷界外球	前测	10	8.568	0.815	9	-2.159	0.059**
	后测	10	8.689	0.752			
原地纵跳	前测	10	50.220	2.810	9	-1.985	0.078**
	后测	10	50.480	2.895			
5×20 m 折返跑	前测	10	24.919	0.589	9	0.671	0.519*
	后测	10	24.873	0.587			

注：* 表示 $P<0.05$，** 表示 $P<0.01$。

由表 4 可以看出，经过 6 周的分组训练，对照组各项成绩均没有显著的变化。但其中一步助跑踢远、30 m 起动跑、掷界外球、原地纵跳这四项成绩相比实验前确实有了一定程度的提高，虽然提高程度不具有显著性差异，但也说明对照组的训练方法对运动员专项爆发力、起动力方面是有效果的。三角折线跑和 5×20 m 折返跑相比实验前成绩几乎没有提升。

2.2 实验组实验前与实验后数据对比分析

实验组实验前与实验后数据对比分析见表5。

表5 实验组实验前后数据对比分析表

指标	组别	*N*	*M*	*SD*	*df*	*t*	*P*
三角折线跑	前测	10	10.643	0.600	9	8.215	0.000**
	后测	10	10.105	0.470			
一步助跑踢远	前测	10	29.710	4.136	9	-3.213	0.011*
	后测	10	31.200	3.830			
30 m起动跑	前测	10	4.988	0.246	9	6.514	0.000**
	后测	10	4.853	0.264			
掷界外球	前测	10	8.415	0.587	9	-7.686	0.000**
	后测	10	9.339	0.507			
原地纵跳	前测	10	49.640	5.072	9	-7.192	0.000**
	后测	10	56.610	7.441			
5×20 m折返跑	前测	10	24.839	0.427	9	4.761	0.001**
	后测	10	23.915	0.629			

注：*表示 $P<0.05$，**表示 $P<0.01$。

表5中实验组各项指标在实验后均出现了显著性差异，特别是三角折线跑、30 m起动跑、掷界外球、原地纵跳、5×20 m折返跑这五项相比实验前成绩有了明显的差异性。说明实验组在日常训练课中进行的专项快速力量训练方法对提高足球运动员制动力、起动力、爆发力方面效果明显，以上方面是足球运动员专项所需要的快速力量。一步助跑踢远指标相比其他五项指标显著性差异不是很明显。

2.3 实验组与对照组实验后数据对比分析

实验组与对照组实验后数据对比分析见表6。

表6 实验组与对照组实验后数据对比分析表

指标	组别	*N*	*M*	*SD*	*df*	*t*	*p*
三角折线跑	实验组	10	10.105	0.478	18	-2.501	0.022*
	对照组	10	10.618	0.439			
一步助跑踢远	实验组	10	31.200	3.830	18	-2.316	0.033*
	对照组	10	34.590	2.600			
30 m起动跑	实验组	10	4.853	0.264	18	2.113	0.049*
	对照组	10	4.602	0.268			
掷界外球	实验组	10	9.339	0.507	18	2.267	0.036*
	对照组	10	8.689	0.752			

表6（续）

指标	组别	N	M	SD	df	t	p
原地纵跳	实验组	10	56.610	7.441	18	2.428	0.026*
	对照组	10	50.480	2.895			
5×20 m 折返跑	实验组	10	23.915	0.629	18	-3.520	0.002**
	对照组	10	24.873	0.587			

注：*表示 $P<0.05$，**表示 $P<0.01$。

由表6可看出，实验组和对照组相比在三角折线跑、掷界外球、原地纵跳、5×20 m折返跑这四项中实验组相比对照组成绩更具有显著性提高，这说明实验组采取的训练方法对提高训练成绩有显著性帮助。对照组队员采取了对照组的训练方法后，一步助跑踢远和30 m起动跑成绩要好于实验组，说明对照组采用的训练方法能够提高一步助跑踢远和30 m起动跑这两个项目成绩。实验组在六项指标训练后测试成绩都显示出显著性差异并且提升幅度都大于对照组，可以认为实验组训练方法较对照组训练方法更有利于提高运动员在专项制动力、爆发力、起动力这三方面的能力。对照组虽然六项指标前后都不具有显著性差异但一步助跑、30 m起动跑、掷界外球、原地纵跳这四个项目训练后成绩有了一定增长趋势，认为对照组的训练方法对这四个项目成绩的提高也是存在一定帮助作用。

3 结论与建议

3.1 结论

针对足球运动员专项快速力量训练，训练内容应包括提高运动员踢球动作速率和场上跑动步法速度两方面。提高踢球动作速率重点解决髋、膝、踝关节和腰腹部的屈伸力。提高跑动步法速度主要以各种步法的起动、制动、变向速度为训练内容。

足球运动员专项快速力量训练中，提高踢球动作速率训练手段方面应符合足球动作结构的开链运动特点。训练手段包括非稳定平面上的单腿支撑屈髋、内收、外展、伸髋等抗阻练习。跑动步法练习手段应模仿赛场上的跑动状态以反应力量为主，包括连续单双脚跳、跳深、跳障碍物等。

足球运动员专项快速力量训练实践过程中，训练手段应以8次×5组、间歇1~3 min的结构进行快速度训练。负荷强度以30%~50%区间由低到高循序渐进完成。

3.2 建议

训练过程中教练员要充分认清运动员的阶段特点，科学把握各阶段特性，注重运动员基础体能训练，以正确掌握技术动作为根本，循序渐进的调控负荷节奏。

足球运动员专项快速力量训练前，要加强运动员重点关节的力量练习。提高运动员一般快速力量和最大力量素质时，应严格遵循力量训练中循序渐进的原则。

针对足球运动员专项快速力量训练时，应避免单一的大负重练习，训练手段应多样，以专项核心特点与技战术特点相结合的训练手段为主。

参 考 文 献

[1] 刘丹．球类运动训练理念批判［M］．北京：北京体育大学出版社，2006.
[2] 田麦久．运动训练学［M］．北京：高等教育出版社，2006.
[3] 帕沃·科米．体育运动中的力量与快速力量［M］．北京：人民体育出版社，2004.
[4] 刘丹．中国女子足球对速度、速度耐力训练及训练负荷强度的研究［J］．体育科学，1996.
[5] 何志林．现代足球［M］．北京：人民体育出版社，2000.
[6] 王卫星．体能训练理论与实践［M］．北京：高等教育出版社，2012.
[7] 万德光．现代力量训练方法［M］．北京：人民体育出版社，2003.
[8] 袁志新．足球运动员速度力量训练方法分析研究［J］．体育教学与研究考试周刊，2011.

离散玻尔兹曼方法模拟瑞利－泰勒不稳定性

林传栋[1]　李英骏[2]

1. 中国矿业大学（北京）力学与建筑工程学院，北京　100083

2. 中国矿业大学（北京）理学院，北京　100083

摘　要　本文构建了一个可用于模拟瑞利－泰勒不稳定性的二维离散玻尔兹曼模型。瑞利－泰勒不稳定性是当轻介质加速或在外力场中支撑重介质时发生的界面失稳现象。模型中有两套分布函数分别用于描述重介质和轻介质。在模拟非平衡复杂系统方面，离散玻尔兹曼模型比传统纳维叶－斯托克斯模型有更多优势。本文使用该模型研究了瑞利－泰勒不稳定性现象的演化过程。

关键词　离散玻尔兹曼方法　瑞利－泰勒不稳定性　非平衡效应

Discrete Boltzmann Method for Simulating Rayleigh－Taylor Instability

Lin Chuandong[1]　Li Yingjun[2]

1. School of Mechanics and Civil Engineering, China University of Mining and Technology, Beijing　100083

2. School of Science, China University of Mining and Technology, Beijing　100083

Abstract　A two－dimensional discrete Boltzmann model (DBM) is proposed to simulate Rayleigh－Taylor instability, which occurs when a heavy medium is accelerated or supported by a light one in a force field. The heavy medium is described by one set of distribution function, and the light one is described by another set. The DBM has many advantages over traditional Navier－Stokes model for simulating complex nonequilibrium fluid flows. In this work, this model has been used to investigate the evolution of Rayleigh－Taylor instability.

Key words　discrete Boltzmann method　Rayleigh－Taylor Instability　nonequilibri-

---

资助项目： 国家自然科学基金（11074300 和 41472130）；中央高校基本科研业务费专项资金（2010YS03）

作者简介： 林传栋（1985—　），男，山东临沂人，博士研究生，主要使用格子玻尔兹曼方法模拟研究流体的不稳定性问题和燃烧问题等。Tel: 15911138708; E－mail: chuandonglin@163.com um Effect

0 引言

当两种不同密度的流体处于外力场中并且加速度由重介质指向轻介质时，在其褶皱的接触界面发生的失稳现象就是瑞利－泰勒不稳定性（Rayleigh－Taylor Instability，RTI）[1-2]。该不稳定性现象广泛存在于大气物理和天体物理等诸多领域，具有重要的应用价值和研究意义。在RTI演化过程中宏观物理量的梯度始终存在，因此流体系统始终处于非平衡态，非平衡效应具有重要作用。对非平衡效应的描述和研究一直是难点。

近些年，离散玻尔兹曼（Discrete Boltzmann Method，DBM）在非平衡系统的应用方面取得了大量进展[3-9]。DBM又称作格子玻尔兹曼动理学模型（Lattice Boltzmann Kinetic Model，LBKM）[3-9]，秉承了玻尔兹曼方程描述非平衡热力学系统的属性[3-9]。作为一个物理模型，DBM等价于一个纳维叶－斯托克斯（Navier－Stokes，NS）模型外加一个描述热力学非平衡现象的粗粒化模型[3-9]。也就是说，在描述物理问题方面DBM具有比NS模型更多的功能。作为一种介观方法，DBM是联系微观和宏观的桥梁，具有承上启下的作用[3-9]。同时，DBM能够用于描述各种努森数（Knudsen Number，Kn）的流体，具有统领全局的作用[3-9]。

1 离散玻尔兹曼模型

首先介绍离散玻尔兹曼模型。该模型基于两套分布函数的演化方程为

$$\frac{\partial f_i^\sigma}{\partial t}+v_{ix}^\sigma\frac{\partial f_i^\sigma}{\partial x}+v_{iy}^\sigma\frac{\partial f_i^\sigma}{\partial y}=-\frac{1}{\tau}(f_i^\sigma-f_i^{\sigma eq})+G_i^\sigma \tag{1}$$

$$G_i^\sigma=\frac{m^\sigma}{T^\sigma}a_y(v_{iy}^\sigma-u_y^\sigma)f_i^{\sigma seq} \tag{2}$$

式中 $\tau=(n^A/\theta^A+n^B/\theta^B)^{-1}$——松弛时间(依赖于松弛参数 θ^σ 和粒子数密度 n^σ)；

$f_i^{\sigma seq}(n^\sigma, \boldsymbol{u}^\sigma, T^\sigma)$——依赖于$(n^\sigma, \boldsymbol{u}^\sigma, T^\sigma)$的局部平衡态离散速度分布函数；

$f_i^{\sigma eq}(n^\sigma, \boldsymbol{u}, T)$——依赖于$(n^\sigma, \boldsymbol{u}, T)$的局部平衡态离散速度分布函数；

f_i^σ——局部离散速度分布函数；

v_{ix}^σ、v_{iy}^σ——离散速度在 x 和 y 方向的分量；

σ——物质组分(重介质 $\sigma=A$，轻介质 $\sigma=B$)；

a_y——加速度在 y 方向的分量(加速度在 x 方向的分量为零)；

G_i^σ——外力项(描述了外力对分布函数的影响)；

m^σ——粒子质量。

物质 σ 的粒子数密度、质量密度和速度依次为

$$n^\sigma=\sum_i f_i^\sigma \tag{3}$$

$$\rho^\sigma=m^\sigma n^\sigma \tag{4}$$

$$\boldsymbol{u}^\sigma=\sum_i f_i^\sigma v_i^\sigma/n^\sigma \tag{5}$$

系统的粒子数密度、质量密度和速度为

$$n = \sum_{\sigma} n^{\sigma} \tag{6}$$

$$\rho = \sum_{\sigma} \rho^{\sigma} \tag{7}$$

$$\boldsymbol{u} = \frac{1}{\rho} \sum_{\sigma} \rho^{\sigma} \boldsymbol{u}^{\sigma} \tag{8}$$

物质 σ 单位体积的内能和系统单位体积的内能为

$$E^{\sigma} = \frac{1}{2} m^{\sigma} \sum_{i} f_i^{\sigma} (v_i^{\sigma} - \boldsymbol{u})^2 \tag{9}$$

$$E = \sum_{\sigma} E^{\sigma} \tag{10}$$

那么，物质 σ 和整个系统的温度分别为

$$T^{\sigma} = \frac{2}{D + I^{\sigma}} \frac{E^{\sigma}}{n^{\sigma}} \tag{11}$$

$$T = \frac{2E}{\sum_{\sigma} n^{\sigma} (D + I^{\sigma})} \tag{12}$$

$f_i^{\sigma eq}$ 需要满足以下 7 个矩关系：

$$\iint f^{\sigma eq} \mathrm{d}v \mathrm{d}\boldsymbol{\eta} = \sum_{i} f_i^{\sigma eq} \tag{13}$$

$$\iint f^{\sigma eq} v_{\alpha} \mathrm{d}v \mathrm{d}\boldsymbol{\eta} = \sum_{i} f_i^{\sigma eq} v_{i\alpha}^{\sigma} \tag{14}$$

$$\iint f^{\sigma eq} (v^2 + \boldsymbol{\eta}^2) \mathrm{d}v \mathrm{d}\boldsymbol{\eta} = \sum_{i} f_i^{\sigma eq} (v_i^{\sigma 2} + \boldsymbol{\eta}_i^{\sigma 2}) \tag{15}$$

$$\iint f^{\sigma eq} v_{\alpha} v_{\beta} \mathrm{d}v \mathrm{d}\boldsymbol{\eta} = \sum_{i} f_i^{\sigma eq} v_{i\alpha}^{\sigma} v_{i\beta}^{\sigma} \tag{16}$$

$$\iint f^{\sigma eq} (v^2 + \boldsymbol{\eta}^2) v_{\alpha} \mathrm{d}v \mathrm{d}\boldsymbol{\eta} = \sum_{i} f_i^{\sigma eq} (v_i^{\sigma 2} + \boldsymbol{\eta}_i^{\sigma 2}) v_{i\alpha}^{\sigma} \tag{17}$$

$$\iint f^{\sigma eq} v_{\alpha} v_{\beta} v_{\chi} \mathrm{d}v \mathrm{d}\boldsymbol{\eta} = \sum_{i} f_i^{\sigma eq} v_{i\alpha}^{\sigma} v_{i\beta}^{\sigma} v_{i\chi}^{\sigma} \tag{18}$$

$$\iint f^{\sigma eq} (v^2 + \boldsymbol{\eta}^2) v_{\alpha} v_{\beta} \mathrm{d}v \mathrm{d}\boldsymbol{\eta} = \sum_{i} f_i^{\sigma eq} (v_i^{\sigma 2} + \boldsymbol{\eta}_i^{\sigma 2}) v_{i\alpha}^{\sigma} v_{i\beta}^{\sigma} \tag{19}$$

上述公式左侧中的f^{eq}表示连续平衡态分布函数，其表达式为

$$f^{\sigma eq} = n^{\sigma} \left(\frac{m^{\sigma}}{2 \pi T} \right)^{D/2} \left(\frac{m^{\sigma}}{2 \pi I^{\sigma} T} \right)^{1/2} \exp\left[-\frac{m^{\sigma} (\boldsymbol{v} - \boldsymbol{u})^2}{2T} - \frac{m^{\sigma} \boldsymbol{\eta}^2}{2 I^{\sigma} T} \right] \tag{20}$$

而$f_i^{\sigma seq}$ 需要满足以下 7 个矩关系：

$$\iint f^{\sigma seq} \mathrm{d}\boldsymbol{v} \mathrm{d}\boldsymbol{\eta} = \sum_{i} f_i^{\sigma seq} \tag{21}$$

$$\iint f^{\sigma seq} v_{\alpha} \mathrm{d}\boldsymbol{v} \mathrm{d}\boldsymbol{\eta} = \sum_{i} f_i^{\sigma seq} v_{i\alpha}^{\sigma} \tag{22}$$

$$\iint f^{\sigma seq} (v^2 + \boldsymbol{\eta}^2) \mathrm{d}\boldsymbol{v} \mathrm{d}\boldsymbol{\eta} = \sum_{i} f_i^{\sigma seq} (v_i^{\sigma 2} + \boldsymbol{\eta}_i^{\sigma 2}) \tag{23}$$

$$\iint f^{\sigma seq} v_{\alpha} v_{\beta} \mathrm{d}\boldsymbol{v} \mathrm{d}\boldsymbol{\eta} = \sum_{i} f_i^{\sigma seq} v_{i\alpha}^{\sigma} v_{i\beta}^{\sigma} \tag{24}$$

$$\iint f^{\sigma seq} (v^2 + \boldsymbol{\eta}^2) v_{\alpha} \mathrm{d}\boldsymbol{v} \mathrm{d}\boldsymbol{\eta} = \sum_{i} f_i^{\sigma seq} (v_i^{\sigma 2} + \boldsymbol{\eta}_i^{\sigma 2}) v_{i\alpha}^{\sigma} \tag{25}$$

$$\iint f^{\sigma seq} v_\alpha v_\beta v_\chi \mathrm{d}\boldsymbol{v}\mathrm{d}\boldsymbol{\eta} = \sum_i f_i^{\sigma seq} v_{i\alpha}^\sigma v_{i\beta}^\sigma v_{i\chi}^\sigma \tag{26}$$

$$\iint f^{\sigma seq}(v^2 + \eta^2) v_\alpha v_\beta \mathrm{d}\boldsymbol{v}\mathrm{d}\boldsymbol{\eta} = \sum_i f_i^{\sigma seq}(v_i^{\sigma 2} + \eta_i^{\sigma 2}) v_{i\alpha}^\sigma v_{i\beta}^\sigma \tag{27}$$

上述公式左侧中的f^{seq}表示局部连续平衡态分布函数，其表达式为

$$f^{\sigma seq} = n^\sigma \left(\frac{m^\sigma}{2\pi T^\sigma}\right)^{D/2} \left(\frac{m^\sigma}{2\pi I^\sigma T^\sigma}\right)^{1/2} \exp\left[-\frac{m^\sigma (v-u^\sigma)^2}{2T^\sigma} - \frac{m^\sigma \eta^2}{2I^\sigma T^\sigma}\right] \tag{28}$$

本文使用的离散速度模型为 D2V16[4]，离散速度为

$$v_i^\sigma = \begin{cases} \text{cyc}:\ (\pm v_a^\sigma,\ 0) & \text{当 } 1 \leqslant i \leqslant 4 \text{ 时} \\ \text{cyc}:\ (\pm v_b^\sigma,\ \pm v_b^\sigma) & \text{当 } 5 \leqslant i \leqslant 8 \text{ 时} \\ \text{cyc}:\ (\pm v_c^\sigma,\ 0) & \text{当 } 9 \leqslant i \leqslant 12 \text{ 时} \\ \text{cyc}:\ (\pm v_d^\sigma,\ \pm v_d^\sigma) & \text{当 } 13 \leqslant i \leqslant 16 \text{ 时} \end{cases} \tag{29}$$

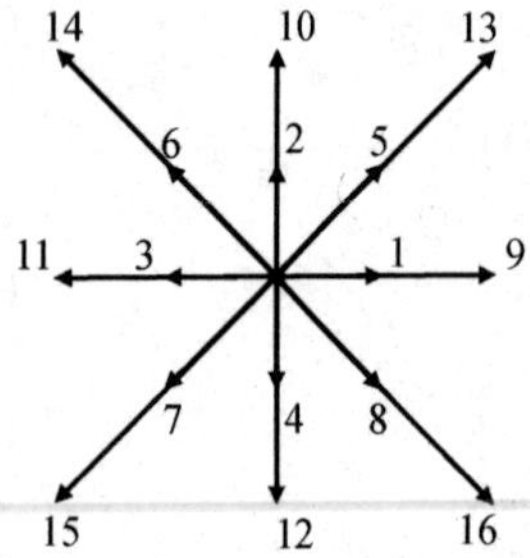

图 1　离散速度模型示意图

式中　cyc——循环排列；

$(v_a^\sigma,\ v_b^\sigma,\ v_c^\sigma,\ v_d^\sigma,\ \eta_a^\sigma)$——可调参数。

参数 η_i 是为了描述粒子额外自由度（旋转或振动）上的内能。当 $5 \leqslant i \leqslant 8$ 时 $\eta_i = \eta_a$，否则 $\eta_i = 0$。平衡态分布函数$f_i^{\sigma eq}$ 和$f_i^{\sigma seq}$ 的计算方式与文献[4]中平衡态分布函数的计算方式一致。图 1 给出了离散速度的示意图。

通过 Chapman－Enskog 分析法可知，本模型在连续性极限条件下可以恢复在外力场中的双组分流体系统的 NS 方程组：

$$\frac{\partial \rho^\sigma}{\partial t} + \frac{\partial}{\partial r_\alpha}(\rho^\sigma u_\alpha^\sigma) = 0 \tag{30}$$

$$\frac{\partial}{\partial t}(\rho^\sigma u_\alpha^\sigma) + \frac{\partial}{\partial r_\beta}(\delta_{\alpha\beta} p^\sigma + \rho^\sigma u_\alpha^\sigma u_\beta^\sigma) + \frac{\partial}{\partial r_\beta}(P_{\alpha\beta}^\sigma + U_{\alpha\beta}^\sigma + V_{\alpha\beta}^\sigma) = \rho^\sigma a_\alpha - \frac{\rho^\sigma}{\tau}(u_\alpha^\sigma - u_\alpha) \tag{31}$$

$$\begin{aligned} &\frac{\partial}{\partial t}\rho^\sigma \left(e^\sigma + \frac{1}{2}u^{\sigma 2}\right) + \frac{\partial}{\partial r_\alpha}\left[\rho^\sigma u_\alpha^\sigma \left(e^\sigma + \frac{1}{2}u^{\sigma 2}\right) + p^\sigma u_\alpha^\sigma\right] - \\ &\frac{\partial}{\partial r_\alpha}\left[\kappa^\sigma \frac{\partial}{\partial r_\alpha}\left(\frac{D + I^\sigma}{2}\frac{T^\sigma}{m^\sigma}\right) - u_\beta^\sigma P_{\alpha\beta}^\sigma + X_\alpha^\sigma + Y_\alpha^\sigma + Z_\alpha^\sigma\right] = \\ &\rho^\sigma u_\alpha^\sigma a_\alpha - \frac{\rho^\sigma}{\tau}\left(\frac{D + I^\sigma}{2}\frac{T^\sigma - T}{m^\sigma} + \frac{u^{\sigma 2} - u^2}{2}\right) \end{aligned} \tag{32}$$

其中

$$P_{\alpha\beta}^\sigma = -\mu^\sigma \left(\frac{\partial u_\alpha^\sigma}{\partial r_\beta} + \frac{\partial u_\beta^\sigma}{\partial r_\alpha} - \frac{2\delta_{\alpha\beta}}{D + I^\sigma}\frac{\partial u_\chi^\sigma}{\partial r_\chi}\right) \tag{33}$$

$$U_{\alpha\beta}^\sigma = -\rho^\sigma \left(\delta_{\alpha\beta}\frac{u^{\sigma 2} + u^2 - 2u_\chi^\sigma u_\chi}{D + I^\sigma} + u_\alpha u_\beta^\sigma + u_\alpha^\sigma u_\beta - u_\alpha^\sigma u_\beta^\sigma - u_\alpha u_\beta\right) \tag{34}$$

$$V_{\alpha\beta}^\sigma = \frac{\lambda^{\sigma'}}{\lambda^\sigma}\tau\, U_{\alpha\beta}^\sigma \tag{35}$$

$$X_\alpha^\sigma = \tau(D + I^\sigma + 2)\frac{\rho^\sigma (u_\alpha^\sigma - u_\alpha)}{m_\sigma}T' \tag{36}$$

$$Y_\alpha^\sigma = \frac{\rho^\sigma u_\alpha^\sigma}{D+I^\sigma}(u_\beta^\sigma - u_\beta)^2 - \rho^\sigma \frac{u_\alpha^\sigma - u_\alpha}{2}\left[\frac{D+I^\sigma+2}{m^\sigma}(T^\sigma - T) + u^{\sigma 2} - u^2\right] \tag{37}$$

$$Z_\alpha^\sigma = \frac{\lambda^{\sigma'}}{\lambda^\sigma}\tau Y_\alpha^\sigma \tag{38}$$

物质 σ 的压强为 $p^\sigma = \rho^\sigma T^\sigma / m^\sigma$，动力黏性系数 $\mu^\sigma = \tau p^\sigma$，热导率 $\kappa^\sigma = \gamma^\sigma \mu^\sigma$，单位质量的内能 $e^\sigma = (D+I^\sigma)T^\sigma/(2m^\sigma)$，比热比 $\gamma^\sigma = (D+I^\sigma+2)/(D+I^\sigma)$。

需要说明的是，该模型除了可以恢复 NS 模型之外，还可用于描述系统的非平衡行为，具体见文献[4]~[9]。对于公式给出的演化方程，其时间偏微分使用解析解算法，空间偏微分使用无波动、无自由参数的耗散格式（Non - oscillatory，containing No free parameters and Dissipative scheme）[10]处理。

2 数值模拟

下面模拟 RTI 现象。流场处于垂直向下的外力场中，加速度的大小为 a_y。在初始时刻流场处于力学静态，即压力梯度与外力场相等。为了满足以上条件，我们给出

$$\begin{cases} T(y) = T_u,\ n^A(y) = \dfrac{p_m}{T_u}\exp\left[\dfrac{m^A g}{T_u}(y_m - y)\right],\ n^B(y) = 0,\ y > y_m \\ T(y) = T_d,\ n^B(y) = \dfrac{p_m}{T_d}\exp\left[\dfrac{m^B g}{T_d}(y_m - y)\right],\ n^A(y) = 0,\ y < y_m \end{cases}$$

下标 u 和 d 分别代表上半部和下半部区域，m 代表接触界面。温度在上半部区域为 T_u，在下半部区域为 T_d。在整个区域，粒子数密度是 y 的函数。考虑到这两种流体的过渡层部分，在接触界面使用 tanh 函数描述，过渡层的宽度为 W。为了激发 RTI 的发展，沿 y 方向在接触界面施加了半个周期的正弦扰动。另外，在 x 方向使用对称边界条件，在 y 方向使用镜面反射边界条件。这里模拟的物理场处于高为 0.4、宽为 0.05 的长方形区域，使用的参数为 $T_u = T_d = 1.0$，$m^A = 3$，$m^B = 1$，$W = 4\Delta y$，$p_m = 4$，$a_y = 2$，$I^\sigma = 3$，$\theta^\sigma = 5\times10^{-4}$，$v_a^\sigma = 2.5$，$v_b^\sigma = 1.2$，$v_c^\sigma = 0.1$，$\eta_a^\sigma = 3.3$，$\Delta t = 10^{-5}$，$\Delta x = \Delta y = 5\times10^{-4}$。

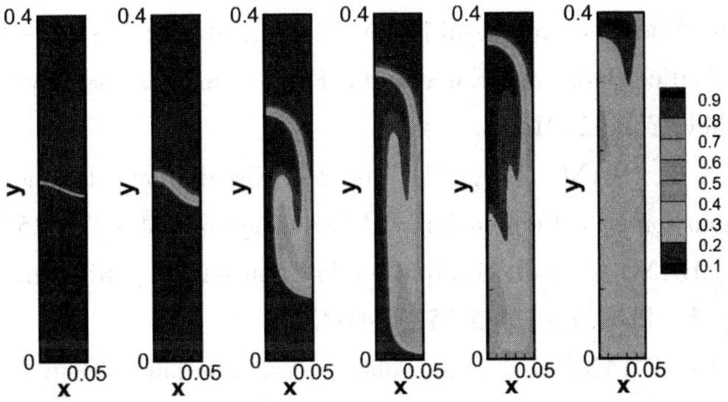

图2 从左向右依次给出了在 $t=0.00$、0.02、1.00、1.50、2.00、3.00 时摩尔分数 m^A 的分布图

图2 绘制了 RTI 现象的演化过程。从左向右依次对应时刻 $t=0.00$、0.02、1.00、1.50、2.00、3.00 摩尔分数 $m^A = n^A/n$ 的数值结果。在时刻 $t=0.00$ 可以看出初始物理场

分布：重介质在上，轻介质在下，两种流体的物理量在接触界面光滑过渡。需要说明的是，如果将计算区域的宽度增加一倍，使用一个周期的正弦扰动分布，同时沿 x 方向的边界使用周期边界条件，那么得到的数值结果将与这里半个周期物理场的演化结果一致。在重力场作用下，重介质将会下沉，轻介质会上浮。从图 2 可以看出，流体接触界面的形变过程，RTI 的演化依次经历了线性阶段、非线性阶段和混合阶段。从 $t=0.00$ 到 0.15 过程，接触界面一直被拉伸变长，扰动振幅一直在变大。不久，重介质将接触下表面，轻介质将接触上表面，扰动振幅将趋向于最大值（即模拟区域的高度）。之后，随着重介质继续下沉，轻介质接续上浮，接触界面的长度将会减小。在整个 RTI 演化过程中，由于分子扩散，在接触界面过渡层的宽度会越来越大。可以看出，RTI 对于流体的混合作用发挥着重要的推动作用。

3 结论

本文给出了二维系统下双分布函数离散玻尔兹曼模型。在离散玻尔兹曼方程的右侧添加的外力项描述了外力场对流场的作用。该模型可用于模拟重力场中的流体演化。通过 Chapman – Enskog 多尺度分析，易证在连续性极限条件下，该模型可以恢复外力场下的 Navier – Stokes 方程组。另外，该模型还具有描述和研究复杂非平衡现象的功能。使用该模型，本文模拟了 Rayleigh – Taylor 不稳定性现象的演化过程，其中重介质和轻介质分别使用不同的分布函数进行描述。

参 考 文 献

[1] RAYLEIGH L. Investigation of the character of the equilibrium of an incompressible heavy fluid of variable density [J]. Proceedings of the London Mathematical Society, 1882, s1 – 14 (1): 170 – 177.

[2] TAYLOR G. The instability of liquid surfaces when accelerated in a direction perpendicular to their planes. I [C]. Proceedings of the Royal Society of London A: Mathematical, Physical and Engineering Sciences. The Royal Society, 1950, 201(1065): 192 – 196.

[3] SUCCI S. The Lattice Boltzmann Equation for Fluid Dynamics and Beyond [M]. Oxford University Press, New York, 2001.

[4] LIN C D, XU A G, ZHANG G C, et al. Double – distribution – function discrete Boltzmann model for combustion [J]. Combustion and Flame, 2016, 164: 137 ~ 151.

[5] XU A, LIN C, ZHANG G, et al. Multiple – relaxation – time lattice Boltzmann kinetic model for combustion[J]. Phys. Rev. E 2015, 91: 043306.

[6] LIN C D, XU A G, ZHANG G C, et al. Polar – coordinate lattice Boltzmann modeling of compressible flows[J]. Physical Review E, 2014, 89(1): 013307.

[7] LIN C, XU A, G. ZHANG, et al. Polar coordinate lattice Boltzmann kinetic modeling of detonation phenomena[J]. Commun. Theor. Phys. 2014, 62: 737 ~ 748.

[8] YAN B, XU A G, ZHANG G C, et al. Lattice Boltzmann model for combustion and detonation [J]. Frontiers of Physics, 2013, 8(1): 94 – 110.

[9] 许爱国,张广财,应阳君.燃烧系统的离散 Boltzmann 建模与模拟研究进展[J].物理学报,2015,64(18):184701－184701.
[10]张涵信,沈孟育.计算流体力学——差分方法的原理和应用[M].北京:国防工业出版社,2003.

线性模型的两类检验方法比较

薛丽芳[1]　李再兴[1,2]

1. 中国矿业大学（北京）理学院，北京　100083

2. 中国矿业大学煤炭资源与安全开采国家重点实验室，北京　100083

摘　要　本文利用数据模拟对文献中两类模型检验方法（Adaptive Neyman 检验和基于经验过程的 T_n 和 Q_n 检验）在线性模型场合进行了分析比较。首先，考察了这两种检验方法中涉及的样本量 n 的函数 $\tilde{n}$ 和误差方差 σ^2 估计对检验的影响，发现 $\tilde{n}$ 的变动对 Adaptive Neyman 检验没有太大的影响，而对 T_n 和 Q_n 检验有影响；两种方法用 F－H（2001）中提出来的 σ^2 估计都会有更大的功效。其次，本文比较了这两种方法对线性模型检验的情况，分析得知，相比 Q_n 检验，T_n 和 Adaptive Neyman 检验更有优势。最后，本文对 T_n 临界值的寻找做一个说明，并对 Fan（1996）中首次提出的 Adaptive Neyman 检验进行了讨论。

关键词　线性模型检验　Adaptive Neyman 检验　经验过程

Comparison of Two Kinds of Methods for Lack－of－fit Test in Linear Model

Xue Lifang[1]　Li Zaixing[1,2]

1. School of Science, China University of Mining and Technology, Beijing　100083

2. State Key Laboratory of Coal Resources and Safe Mining, China University of Mining and Technology, Beijing　100083

Abstract　In the paper, two kinds of methods for lack－of－fit for linear models are analyzed and compared by simulations. First, the effects of the $\tilde{n}$ which is the function of the sample size n and the estimates of σ^2 on the performance of the tests are investigated: there are some influence for T_n and Q_n tests by change of $\tilde{n}$, and little for Adaptive

---

资助项目：中央高校基本科研业务费（2009QS02）；国家自然科学基金（11671398）；中国矿业大学煤炭资源与安全开采国家重点实验室开放课题（SKLCRSM16KFB03）

作者简介：薛丽芳，Tel：15650702918；E－mail：lzxgscas@126. com

Neyman test, and the power of both methods is improved by using the estimate of σ^2 proposed in FH(2001). Second, these tests are compared in the framework of linear models by simulations and it is found that the Adaptive Neyman test and T_n outperform than Q_n. Finally, some explanations for the critical value of T_n are given and some simulations about the adaptive Neyman test poropsed in Fan(1996) are also discussed.
Key words lack - of - fit tests for linear model Adaptive Neyman test empirical process

0 引言

模型检验一直是统计研究的重要课题，本文仔细探讨了文献中的两类检验。对于给定的一组数据（x_i，y_i）$i=1$，2，…，n，检验这组数据是否可以用线性模型来拟合的方法有很多，本文涉及的两种方法构造了不同的检验统计量，具体描述如下：

方法一：Adaptive Neyman 检验

1996 年，Jianqing Fan（简称 Fan 1996）考虑高斯白噪声模型 $X \sim N(\theta, I_n)$，检验问题是 H_0：$\theta=0$ vs H_1：$\theta=\theta_0$，

得到检验的功效为 $1-\Phi\left(\frac{Z_{1-\alpha}-\|\theta_0\|^2/\sqrt{2n}}{\sqrt{1+2\|\theta_0\|^2/n}}\right)\approx 1-\Phi(\|\theta_0\|^2/\sqrt{2n})$。当 θ_0 的大系数均集中在前 m 维时，这个检验是合理的，通过使功效最大来选择 m，当 T_{AN}^* 大时拒绝 H_0，其中，$T_{AN}^*=\max\limits_{1\leqslant m\leqslant n}\left\{(\sqrt{2m})^{-1}\sum\limits_{j=1}^{m}(X_j^2-1)\right\}$。

2001 年，Jianqing Fan 和 Li - Shan Huang［简称 F - H（2001）］利用 Fan（1996）中提出的方法，对参数回归模型进行检验，当参数模型是线性模型时，检验统计量为 $T=\max\limits_{1\leqslant m\leqslant \tilde{n}}\frac{1}{\sqrt{m\hat{\sigma}^2}}\sum\limits_{i=1}^{m}[(\varepsilon_i^*)^2-\hat{\sigma}^2]$。

其中，$\hat{\sigma}^2=\mathrm{var}(\varepsilon_i^2)$，$\varepsilon_i^*$ 是最小二乘估计 $\hat{\varepsilon}_i$ 的离散傅里叶变换。

在原假设下，$P(T<x)\to\exp[-\exp(-x)]$。

2010 年 Ronald Christensen 和 Siu Kei Sun［简称 C - S（2010）］，对 F - H（2001）提出的方法在理论上进行了改进。

方法二：基于经验过程的方法

1991 年，John Q. Su 和 L. J. Wei［简称 S - W（1991）］在没有给定备择特定分布下对广义线性模型进行了检验，利用条件期望，提出了过程 $W_n(t)=\frac{1}{\sqrt{n}}\sum\limits_{t=1}^{n}[Y_i-v(X_i^T\hat{\beta})]I(X_i\leqslant t)$。

其中，$v(X^T\beta)=h^{-1}(X^T\beta)$，$Y$ 是响应变量，具有密度函数 $f(y|\theta,\phi)=\exp\left\{\frac{[\theta y-\xi(\theta)]}{\phi+\zeta(y,\phi)}\right\}$。

$\xi(\cdot)$ 和 $\zeta(\cdot)$ 是给定的函数，θ 是感兴趣的参数，ϕ 是多余参数，X 是一个 $p\times1$ 的向量，X 与 θ 之间的联系用 Y 的均值 $\mu(\theta)$ 和一个连接函数 h 来体现，即 $h[\mu(\theta)]=X^T\beta$，

β 是一个固定的不知道的 $p \times 1$ 向量。

从而得到检验统计量 $G_n = \sup_{t \in R^p} |W_n(t)|$。当 G_n 大时拒绝原假设，模型假定错误。

2015 年，Ronald Christensen 和 Yong Lin［简称 C－L（2015）］对 S－W 提出的检验统计量在线性模型的情况下进行了改进，说明了其改进的优越性。改进的两个统计量分别是

$T_n = \frac{1}{\sqrt{\tilde{n}}} \max_{1 \leq m \leq \tilde{n}} \left| \sum_{i=1}^{m} \frac{y_i - x_i^T \hat{\beta}_n}{\hat{\sigma}_n} \right|$、$P_n = \max_{1 \leq m \leq \tilde{n}} \frac{1}{\sqrt{m}} \left| \sum_{i=1}^{m} \frac{y_i - x_i^T \hat{\beta}_n}{\hat{\sigma}_n} \right|$，线性模型为、$Y_n = X_n \beta + e_n$，$E(e_n) = 0$，$Cov(e_n) = \sigma^2 I_n$。

其中 Y_n 是一个 $n \times 1$ 的随机向量，X_n 是一个 $n \times p$ 的已知矩阵，β 是 $p \times 1$ 的未知向量参数，e_n 是 $n \times 1$ 的独立不可观测的误差向量。T_n 以及通过线性变化 P_n 得到的 Q_n 均有极限分布。

本文首先对这两种检验方法中涉及的 $\tilde{n}$ 以及需要提前进行估计的 σ^2 做出改变，通过模拟分析观察这种改变对检验的影响，可知 $\tilde{n}$ 的变动对 Adaptive Neyman 检验没有太大的影响，而对 T_n 和 Q_n 检验有影响，所以 Adaptive Neyman 检验中的 $\tilde{n}$ 还用 n 代替。两种方法的统计量用 F－H（2001）中提出来的 σ^2 的估计都会有更大的功效。比较两种方法的在进行线性模型的拟合检验中的表现时发现，T_n 和 Adaptive Neyman 检验更有优势，相比下 Q_n 检验要稍逊一筹。本文最后对 T_n 的临界值的寻找做一个说明，并对第一次提出 Adaptive Neyman 检验的 Fan（1996）进行讨论。

1　模拟比较

本文对两种检验方法用到的 $\tilde{n}$ 和 $\hat{\sigma}^2$ 进行改变并分析这种改变对检验的影响，找到适合方法的最好的参数条件，从而在优质条件下对两种方法进行比较。模拟的数据来源为 $x \sim U(-2, 2)$、$\varepsilon \sim N(0, 2)$、$y = 1 + \theta x^2 + \varepsilon$，显著性水平为 $\alpha = 0.05$，样本量 $n = 64$，模拟次数为 6000 次，用线性回归 $y = \beta_0 + x\beta_1 + \varepsilon$ 拟合数据并检验。

1.1　不同的 $\tilde{n}$ 对检验统计量的影响

C－L(2015)指出，残差的弱相关会影响文中检验统计量 T_n 和 Q_n 的收敛速率，而通过选择合适的 $\tilde{n}$ 可以改善这种影响，通过模拟，C－L(2015)选择 $\tilde{n} = |n/(\log\log n)^3|$，并说明当达到一个合理的收敛速度时选 T_n 使检验统计量的功效最好。所以，本文在计算统计量 T_n 和 Q_n 时，用 $\tilde{n} = |n/(\log\log n)^3|$。

F－H(2001)理论证明检验统计量 T 的极限分布时，使用 $\tilde{n} = |n/(\log\log n)^4|$，在模拟计算时使用 $\tilde{n} = n$，C－S(2010)提到当使用 C－S 提出的 $\tilde{n} = 2|(n/2(\log\log n)^3)| + 1$ 时，T 的检验效果会更好一些。所以 $\tilde{n}$ 取这 3 个值来观察 T 的检验效果，检验功效如图 1 所示。

可以看出，$\tilde{n}$ 选取 n 和理论推导中的 $\tilde{n} = |n/(\log\log n)^4|$，$T$ 的检验效果差不多，选取 C－S(2010)提出的 $\tilde{n} = 2\left|\left(\frac{n}{(\log\log n)^3/2}\right)\right| + 1$ 时，T 的检验效果也没有明显更好，所以本文在计算 T 时，取 $\tilde{n} = n$。

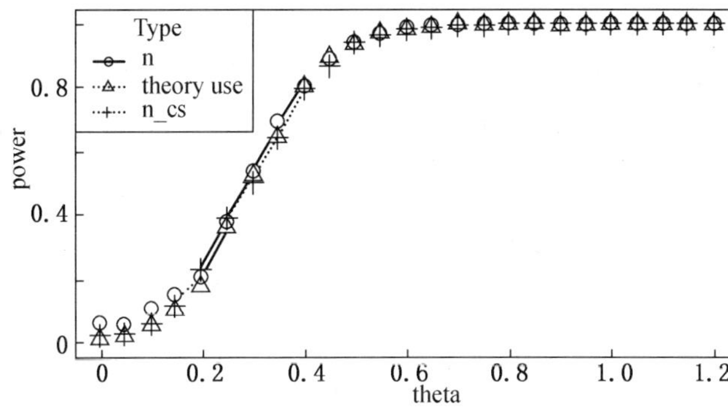

图1　不同 $\tilde{n}$ 时 Adaptive Neyman 检验的功效

1.2　不同的 σ^2 对检验的影响

在检验中需要提前对 σ^2 进行估计，本文选用了以下6种 σ^2 的估计，其中，$\hat{\sigma}_0^2$ 是 F－H(2001) 中提出的估计，$\hat{\sigma}_1^2$、$\hat{\sigma}_2^2$、$\hat{\sigma}_3^2$ 是文献[6]中提出的估计，这里用 ε_i^* 代替 ε_i，$\hat{\sigma}_{cs\_1}^2$，$\hat{\sigma}_{cs_2}^2$是 C－S(2010) 中提出的估计，通过模拟来观察不同的估计对检验的影响。6 种 σ^2 的估计分别为

$$\hat{\sigma}_0^2 = \frac{1}{n-I_n}\sum_{i=I_n+1}^{n}(\hat{\varepsilon}_i^*)^2 - \left\{\frac{1}{n-I_n}\sum_{i=I_n+1}^{n}\hat{\varepsilon}_i^*\right\}^2 \tag{1}$$

$$\hat{\sigma}_1^2 = \frac{1}{n-1}\sum_{i=1}^{n}(\varepsilon_i^* - \bar{\varepsilon}_i^*)^2 \tag{2}$$

$$\hat{\sigma}_2^2 = \frac{1}{2(n-1)}\sum_{i=1}^{n-1}(\varepsilon_{i+1}^* - \varepsilon_i^*)^2 \tag{3}$$

$$\hat{\sigma}_3^2 = \frac{1}{n-2}\sum_{i=2}^{n-1}(d_1\varepsilon_{i-1}^* + d_2\varepsilon_i^* + d_3\varepsilon_{i+1}^*)^2 \tag{4}$$

其中，$d_1 = (\sqrt{5}+1)/4$，$d_2 = -1/2$，$d_3 = -(\sqrt{5}-1)/4$。

$$\hat{\sigma}_{cs\_1}^2 = \frac{Y^T(I-M_{X,\Gamma_k})Y}{n-r(X)-r_k} \tag{5}$$

$$\hat{\sigma}_{cs\_2}^2 = \frac{Y^T[(I-M_X)-(M_k-M_{M_k}X)]Y}{n-r(X)-\tilde{r}_k} \tag{6}$$

式中 $M_A = A(A^TA)^{-1}A^T$，A 是矩阵；$r_k = \text{rank}[(I-M_X)\Gamma_k]$；$\tilde{r}_k = r[C(M_k - M_{M_k}X)]$；$C(A)$是矩阵 A 的列空间；Γ_k 是离散 Fourier 变换矩阵的第2列到第 k 列组成的矩阵。

σ^2 的不同估计下 Adaptive Neyman、T_n、Q_n 检验的功效分别如图2～图4所示。

从上述图中可以看出，Adaptive Neyman 检验在用其本身的 $\hat{\sigma}_0^2$ 时检验的功效最大，在用 C－S(2010)提出来的估计时功效最小，T_n 和 Q_n 检验在用 $\hat{\sigma}_0^2$ 时检验的功效也是最大的，所以本文在计算统计量时 $\hat{\sigma}_0^2$ 的估计使用 $\hat{\sigma}_0^2$。

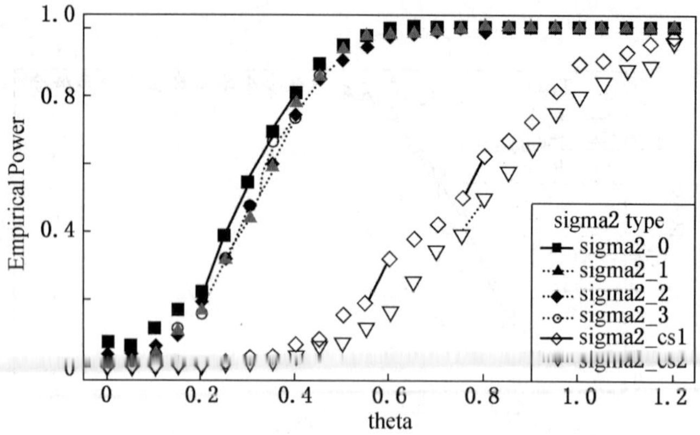

图 2　σ^2 的不同估计下 Adaptive Neyman 检验的功效

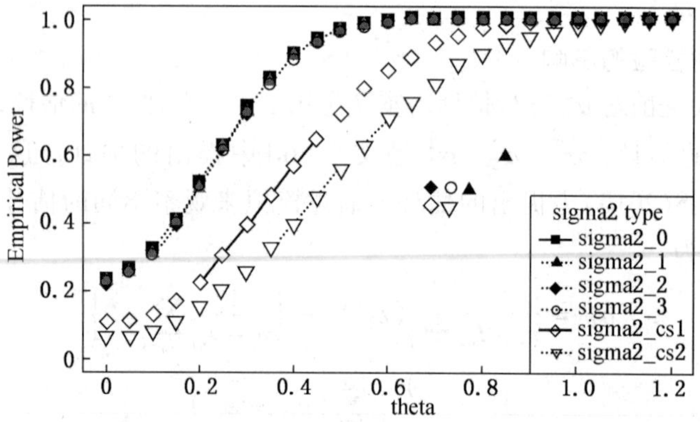

图 3　σ^2 的不同估计下 T_n 检验的功效

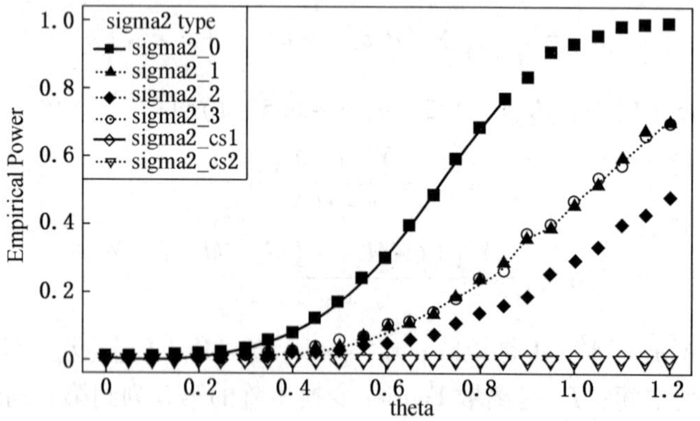

图 4　σ^2 的不同估计下 Q_n 检验的功效

1.3　比较两种方法

两种方法中统计量检验的功效比较如图 5 所示，从图中可以看出，在此次模拟中，T_n 和 Adaptive Neyman 检验方法相比 Q_n 的要好很多，而且 T_n 的功效增长更快些。

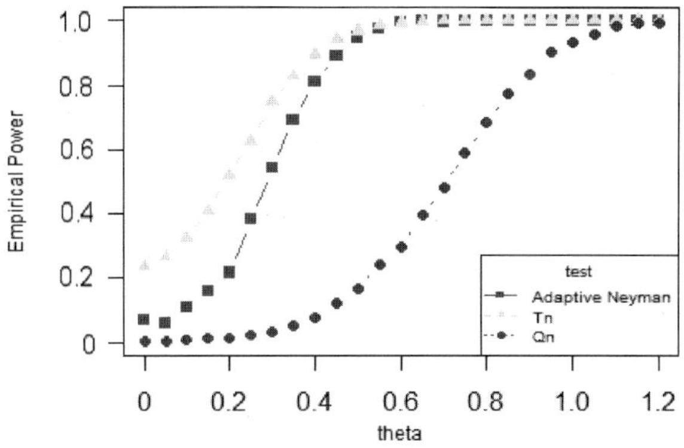

图 5　两种方法中统计量检验的功效比较

2　结论及说明

2.1　结论

本文通过模拟的方式讨论了两种检验方法涉及的 $\tilde{n}$ 以及需要提前进行估计的 σ^2 对检验的影响，并对两种方法做了比较。由分析可知，$\tilde{n}$ 的变动对 Adaptive Neyman 检验没有太大的影响，而对 T_n 和 Q_n 检验有影响，所以 Adaptive Neyman 检验中的 $\tilde{n}$ 还用 n 代替。两种方法的统计量用 F－H（2001）中提出来的 σ^2 的估计都会有更大的功效。比较两种方法在进行线性模型的拟合检验中的表现时发现，相比 Q_n，T_n 和 Adaptive Neyman 检验更有优势。

T_n 检验统计量的提出是在 S－W(1991)经验过程在线性模型下的应用，通过对经验过程的极限分布讨论得到的，在 C－L(2015)的模拟分析中，T_n 检验的结果要好于S－W(1991)提出的经验过程统计量，所以，T_n 检验在此次模拟中好于 Adaptive Neyman 检验的结果是合理的，当然，Adaptive Neyman 检验也是很好的检验，因为 C－S(2010)在理论上对 Adaptive Neyman 检验改进后并没有表现出明显优于 Adaptive Neyman 检验的结果，可见其优越性。

2.2　说明

针对前面的模拟结果，下面对 T_n 临界值的寻找做一个说明，并对第一次提出 Adaptive Neyman 检验的 Fan（1996）进行讨论。

统计量 T_n 依分布收敛于 T，T 的极限分布如下，记为 Ft

$$Pr(T<t)=\frac{\pi}{4}\sum_{m=0}^{\infty}\frac{(-1)^m}{2m+1}\exp[-(2m+1)^2\pi^2/8t^2]$$

取 $m=10$，则 Ft 的分布如图 6 所示，从而得到临界值为 1.022146。

Fan（1996）第一次提出 Adaptive Neyman 检验并进行数据模拟时，对检验在能量的不同分布时做了功效比较，得出当有先验表明大部分的能量集中在低频时，Adaptive Neyman 检验会更好一些（相比文中提出的另一种阈值检验）的结论。这里，我们不仅要对能量进行分布，还要观察能量的高低对 Adaptive Neyman 检验的影响。

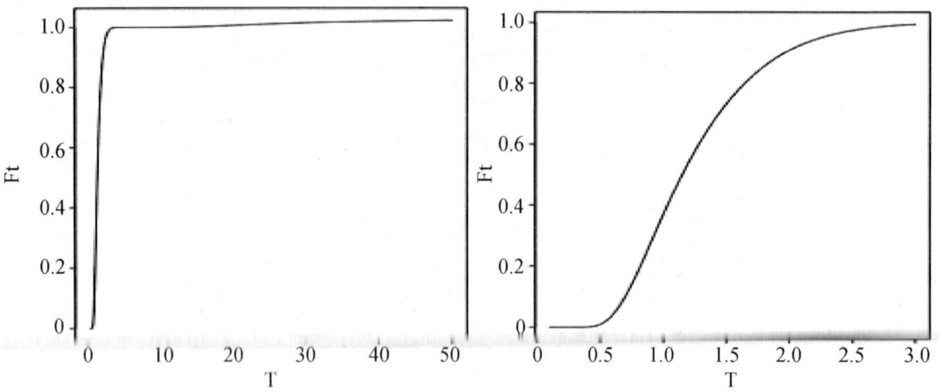

图6　$m=10$ 时 T_n 的分布函数

产生维数 $n=50$ 的多元正态分布 $X \sim N(\theta,\ I_n)$，备择序列是 H_k：$\theta_{k+j}=\eta_j$ *for* $j=0$，1，…，l_0-1 $\theta_j=0$otherwise，l_0 给定，η_j 是一个给定的序列。

$(a_1)l_0=10$ $\eta_j \sim U(0,\ 3)$只产生一次，$(a_2)l_0=10$ $\eta_j \sim U(0,\ 4)$只产生一次，(b_1) $l_0=16$ $\eta_0=2$，$\eta_{10}=5$，$\eta_{15}=2$，$(b_2)l_0=16$ $\eta_0=2$，$\eta_{10}=5$，$\eta_{15}=4$，$(c_1)l_0=n$ 产生 n 个标准正态随机数作为 η_j，$(c_2)l_0=n$ 产生 n 个 $N(0,\ 2)$随机数作为 η_j，$(d_1)l_0=n$ η_j 的偶数角标赋予标准正态随机数，奇数角标为 0，$(d_1)l_0=n$ η_j 的偶数角标赋予 $N(0,\ 2)$随机数，奇数角标为 0。

8 中情况下对 Adaptive Neyman 检验的有效性进行分析，其中（a_1）（a_2）是将能量集中在低频，并且（a_2）的能量更高一些；（b_1）（b_2）是将能量集中在一些不知道的未知，并且（b_2）能量更高一些；（c_1）（c_2）（c_3）（c_4）是在正态情况下的检验，能量均匀分布，并且（c_2）（d_2）能量要高一些。不同备择下 Adaptive Neyman 检验的功效如图 7 所示。

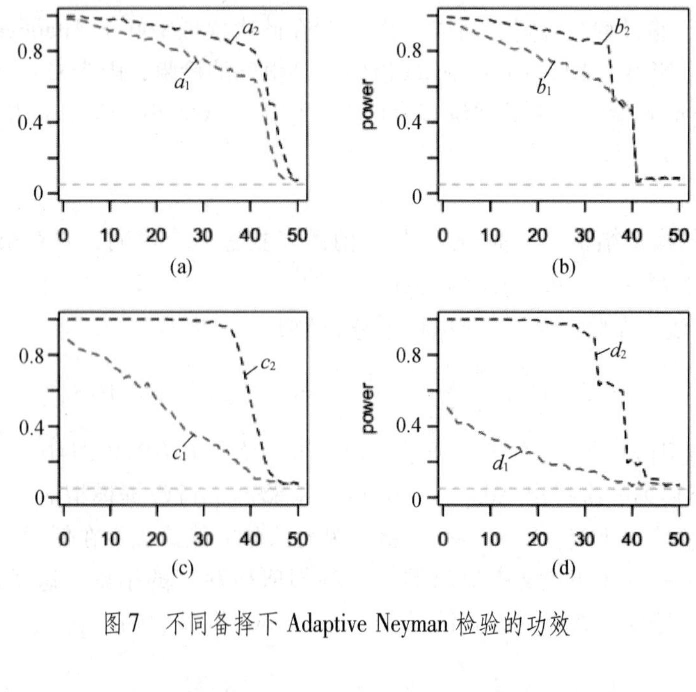

图7　不同备择下 Adaptive Neyman 检验的功效

Fan（1996）说明了当有先验表明大部分的能量集中在低频时，Adaptive Neyman 检验会更好一些（相比文中提出的另一种阈值检验），所以 F－H（2001）中利用傅里叶变换，可将能量集中在低频从而检验效果较好。从图中可知，集中在低频的能量越高 Adaptive Neyman 检验的效果越好，所以在模型拟合检验时，通过傅里叶变换，将能量都集中在低频，但由于 ε_i 本身的能量不高，所以 Adaptive Neyman 检验效果没有比 T_n 的好。

参 考 文 献

[1] John Q Su, L J Wei. A Lack－of－fit Test for the Mean Function in a Generalized Linear Model[J]. American Statistical Association, 1991, 86:414, 420－426.

[2] Jianqing Fan. Test of Significance Based on Wavelet Thresholding and Neyman's Truncation. American Statistical Association, 1996, 91:(434).

[3] Jianqing Fan and Li－Shan Huang. Goodness－of－Fit Tests for Parametric Regression Models[J]. American Statistical Association, 2001, 96:(454).

[4] Ronald Christensen, and Siu Kei Sun. Alternative Goodness－of－Fit Tests for Linear Models [J]. American Statistical Association, 2010, 105:(489).

[5] Ronald Christensen, Yong Lin.. Lack－of－fit Tests Based on Partial Sums of Residual[J]. Communication in Statistics, 2015, 44:2862－2880.

[6] Maragaha Kuchibhatla, Jeffrey D Hart. Smoothing－based Lack－of－fit Tests: variations on a theme[J]. Nonparametric Statistics, 1996, 7:1－22.

中央高校基本科研业务费
项目研究成果

论 文 集

2016

（下册）

中国矿业大学(北京)　编著

煤 炭 工 业 出 版 社

·北　京·

目　　录

上　　册

资源与安全工程学院

力建与建筑工程学院

管理学院

中　册

地球科学与测绘工程学院

文法学院及思想政治教育学院

理学院

下　　册

机电与信息工程学院

化学与环境工程学院

国家重点实验室

基于 MVP 模式的学科竞赛移动互联应用设计

徐　慧　刘凯欣

中国矿业大学（北京）机电与信息工程学院，北京　100083

摘　要　目前大学生获取学科竞赛的主要渠道是学校或者网页，随着智能手机的普及，从手机端获取学科竞赛信息成为最方便的渠道。面对经常变化的需求，如何设计出可持续扩展和维护、易测的移动互联应用是值得思考的问题。目前普遍使用的 MVC 模式由于 View 层中包含业务逻辑，导致更改 View 困难且所包含的业务逻辑部分无法复用，给系统维护及扩展带来困难。本文使用基于 MVP 模式的架构对学科竞赛移动互联应用进行设计，对 View 层与 model 层进行解耦，给出了 Android 端系统架构关键代码。实践证明系统的可扩展性强，性能高效稳定，有一定的实用推广价值。

关键词　应用设计　MVP　移动互联

The Architecture of Mobile Application based on MPV Pattern

Xu Hui　Liu Kaixin

School of Mechanical Electronic and Information Engineering,
China University of Mining and Technology, Beijing　100083

Abstract　Nowadays, students get academic competition information is mainly through schools or web page, as the widely used of smart phones, get academic competitions through mobile phone becoming one of the most convenient way. Faced with constantly changing needs, how to design a sustainable expansion, maintenance and testability application is a question worth considering. The MVC design pattern which widely used now due to the View layer hard to change because of the business contained in the View layer, and this business cannot be reused, which make it difficult to maintenance and expansion system. This article use MVP design pattern to design the academic competition

---

资助项目：中央高校基本科研业务费专项资金（2011YJ09）

作者简介：徐慧（1961—　），女，副教授，主要从事数据库与数据挖掘方面的研究。Tel:13683219356;E－mail:
xuh@ cumtb. edu. cn

application, decoupling the View layer and model layer, show the crucial code for Android. Practice shows that the system is scalable, highly efficient and stable performance, worth to popularize.
Key words　application design pattern　MVP　mobile development

0　引言

随着国家对学科竞赛的大力倡导，学生们越来越积极参与学科竞赛，然而获取学科竞赛的渠道却较为狭窄，组建参赛团队也较为困难，因此，一款在手机端就能获取学科竞赛信息并组建参赛团队的移动互联应用是必不可少的。

对于一个移动互联应用来说，可持续维护和扩展、易于测试，能适应不断变化的需求显得尤为重要，尤其是一款针对大学生的应用，系统的架构设计直接决定了该应用的生存期限。

本文提出基于 MVP 模式的学科竞赛移动应用架构设计，旨在解开视图层与实体层的耦合性，解决应用难以测试、维护和扩展的问题。添加了视图接口和实体层接口，使视图层和实体层在没有实现的时候也可以进行业务逻辑的编写，缩短了开发周期，将存在于视图层中的业务逻辑全部剥离。整个项目结构清晰，易于编写测试用例，可持续维护和扩展。

1　需求分析

通过调查，学科竞赛参赛率并不高的原因主要有以下两点：

（1）获取竞赛的渠道窄。学生获得竞赛信息的主要渠道是学校的通知以及海报宣传，此外还有网上星星点点的竞赛信息。学校的通知是层级下发的，传递过程中会出现遗漏，信息没有办法传达到每位学生那里，而且常常信息滞后，学校掌握的竞赛数量有限，宣传没有针对性。海报隔更换频率快，有的学生还没看到就已被更换，导致很多竞赛报名已经截止，学生才知道此项竞赛。虽然学生可以浏览网页搜集学科竞赛的信息，但是竞赛常常会更新一些公告，这就需要隔段时间上网查看，很不方便，学生常常遗忘，导致无法实时获取竞赛动态。相对于网站，手机客户端可以帮助学生方便获取竞赛信息，尤其在这个智能机不离手的时代。

（2）找不到合适的队友一同参加比赛。如果是学校组织的竞赛，团队常常是老师或班长将班内学生随机分组，导致团队形同虚设，往往只有一个人奋战，自然打击学生参赛积极性；如果是学校没组织的竞赛，学生自发组队，毕竟每个人的交际圈有限，茫茫人海想找到志同道合的人如同大海捞针。为了提高学生创新性，目前鼓励跨学科组队，对一些交际面窄的同学，就很难找到可以组合在一起的队友了。

针对以上两点，得到本应用的以下几点要求：

（1）浏览、查询各类学科竞赛。

（2）接收所关注学科竞赛的通知。

（3）创建或加入某一学科竞赛的团队。

（4）管理个人资料信息。

2　架构设计

2.1　MVC 模式

MVC 模式的全称是 Model View Controller，它是一种经典的软件架构模式。Model（模型）对象负责在数据库中存取数据；view（视图）用来呈现模型，通常直接从模型中取得它需要显示的状态与数据；Controller（控制器）位于视图和模型中间，负责接收用户的输入，将输入进行解析并反馈给模型[1]。MVC 模式结构图如图 1 所示。

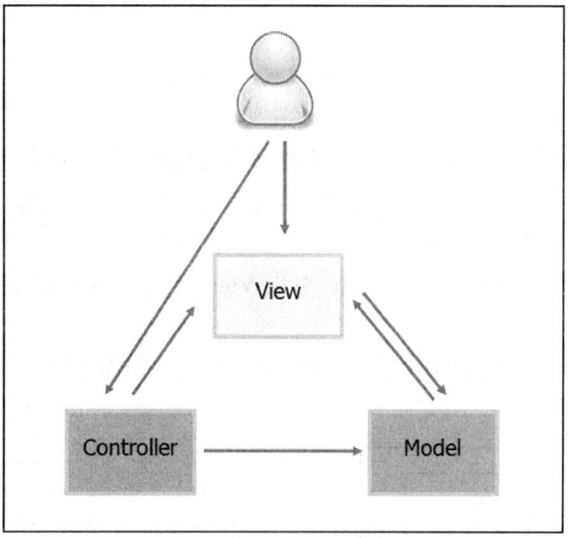

图 1　MVC 模式结构图

目前大多数应用都基于 MVC 模式，在传统的 MVC 模式中，View 在 Model 上将自己注册为数据的监听者，Model 的数据发生改变时通知 View 进行更新，或者 View 在它需要的时候调用 Model 来获取当前数据。这种 Model 与 View 之间的耦合，使 View 中嵌套了业务逻辑，无法灵活地更新 View，在 Android 项目中，理论上由 Activity 充当 Controller 的角色，xml 页面充当 View 的角色，但实际中，Activity 却既充当了 Controller，与 Model 和 View 通信，自己本身又充当了 View，导致随着项目的不断扩充，Activity 越来越臃肿，难以维护和测试。

2.2　MVC 模式的改进——MVP 模式

为了解决 MVC 模式中 Model 与 View 耦合性的问题，提出了 MVP 模式，MVP 模式的全称是 Model VIew Presenter，与 MVC 模式不同之处在于，MVP 模式的 View 与 Model 只能通过 Presenter 进行交互，所有的业务逻辑都交给 Presenter 去处理[1]。MVP 模式的结构如图 2 所示。

在 MVP 模式中，Model 与 View 通过 Presenter 进行通信，业务逻辑放置在 Presenter 里，Presenter 与具体的 View 之间又通过接口进行交互，这使得在变更 View 时，无须改动 Presenter，实现代码重用。甚至可以在 Model 和 View 还没有完成的时候，通过编写 Mock 对象，测试 Presenter 的业务逻辑。MVP 模式的使用使项目变得低耦合、高复用、易测试、

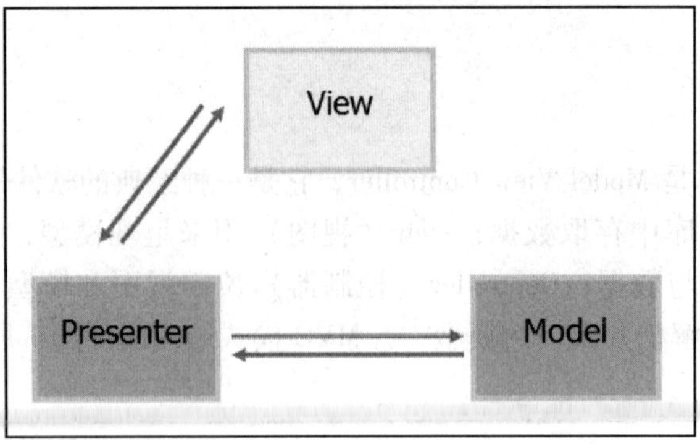

图2　MVP 模式结构图

好维护。在 Android 项目中，如果使用标准的 MVP 模式，需要每个 Activity 拥有一个 Fragment 做 View，对应一个 Presenter，主要负责控制生命周期，实例化 View、Model、Presenter，虽然结构清晰，易于测试和维护，但是会增加很多代码量，所以本文使用的架构设计方式是基于 MVP 模式，但是将 Activity 作为 View，负责展示却不处理数据和拥有业务逻辑。

因此，在本应用中，采取 MVP 模式做架构，架构设计如图 3 所示。

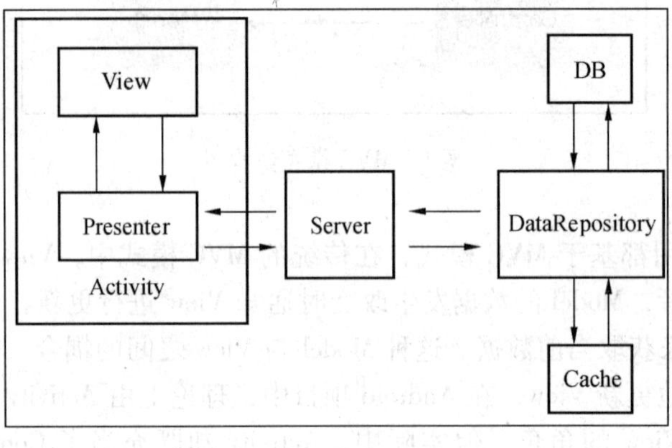

图3　架构设计图

3　竞赛联盟应用详细设计

3.1　模块设计

1. 竞赛模块

举办方新建竞赛，交给平台审核，如果审核未通过，则重新填写竞赛信息，如果审核通过，则发布竞赛，并推荐给关注过该比赛的学生。竞赛模块流程如图 4 所示。

2. 团队模块

学生新建团队，发布成功后根据团队需求推荐给相关学生。团队模块流程如图 5 所示。

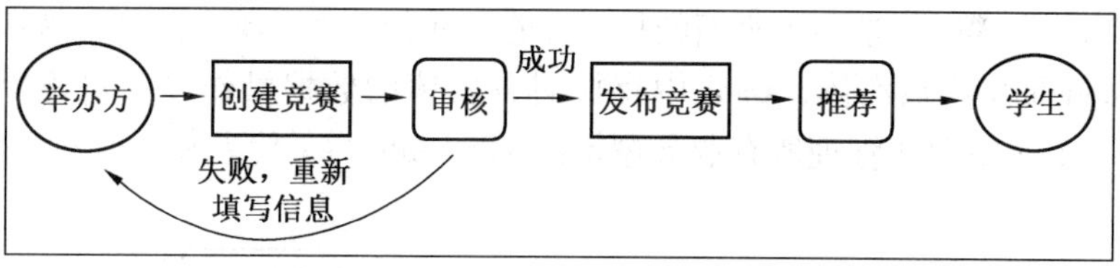

图4　竞赛模块流程图

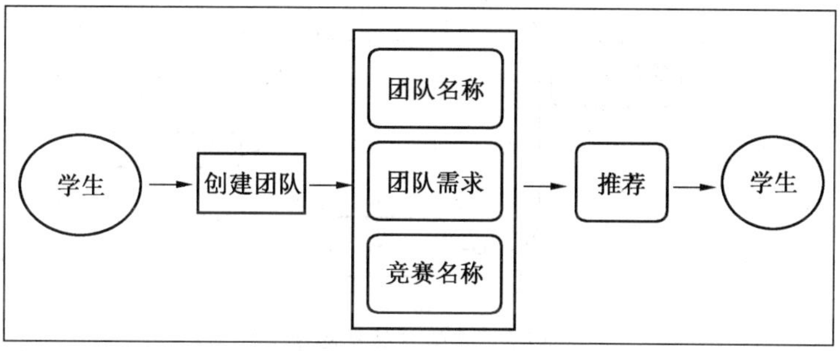

图5　团队模块流程图

3. 用户模块

该模块负责用户的注册、登录、更新用户信息。

4. 推荐通知模块

对于新发布的竞赛，根据竞赛类型推荐给关注过该竞赛的同学或者相应专业的同学。对于竞赛的最新公告通知给所有参加比赛的同学。对于新创建的团队，根据团队需求推荐给相关专业的同学。推荐通知模块流程如图6所示。

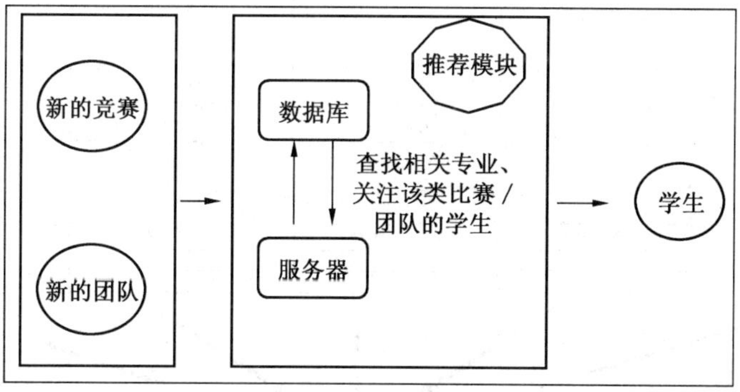

图6　推荐通知模块流程图

3.2　详细实现

系统采用三层架构把界面、业务、数据访问分离，各个层次各司其职，结构清晰。系统目录结构如图7所示，test中存放项目测试文件，main中存放项目开发代码，其中Activities 与 Fragments 中存放所有的 xActivity（x 代表具体模块的页面）与 xFragment（x 代表具体模块的页面），Views 是各个页面的接口，在 Activity 中实现该接口，从而与用户页面进行交互，Models 中存放实体，Daos 中存放对各实体的数据操作以及对外提供数据服务的接口，Presentesr 中存放管理所有业务逻辑的 xPresenter（x 代表某一业务逻辑）[2]。

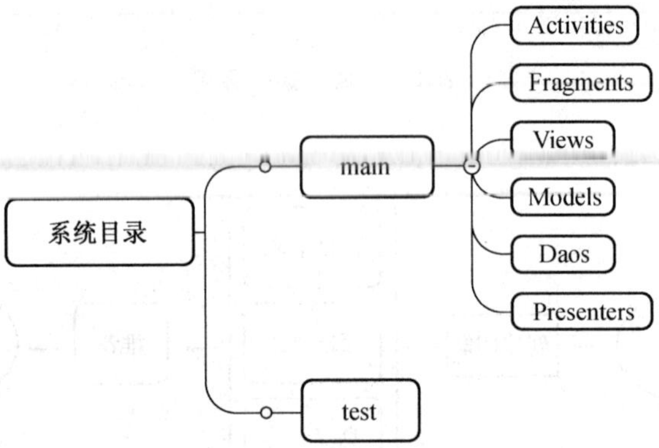

图7 系统目录结构图

3.2.1 数据访问层（Daos）

数据访问层用来操作数据，向服务器请求数据，为系统提供数据服务，具体结构如图 8 所示，UserDao、CompetitionDao、TeamDao、CourseDao、ResourceDao 均继承 BaseDao，在 BaseDao 中有与服务器交互的 url 路径，这样做的好处是减少了代码的冗余，如果服务器的地址等发生变化，可以以最小的改动维护代码，继承的同时分别实现 IUserDao、ICompetitionDao、ITeamDao、ICourseDao、IResourceDao 接口，接口的设计可以使项目组成员同时开发，提高开发效率，同时符合开闭原则。

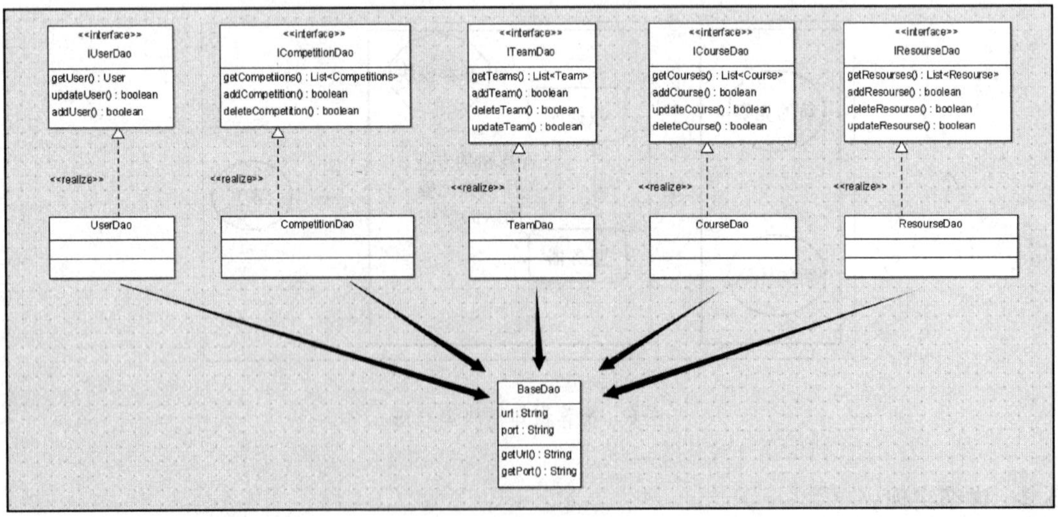

图8 数据访问层 UML 类图

3.2.2 视图接口层（Views）

在目前大多数的 Android 项目中，常常先进行 UI 设计，再交付开发人员进行开发，视图接口层的设计可以使开发人员与 UI 设计师同时工作，只需要调用接口，使用假数据便可以对业务逻辑进行测试，节省开发时间，同时作为接口也具有接口的其他优点，如可以灵活地替换 View。视图接口登录示例的 UML 如图 9 所示，图 9 给出登录页面的视图接口层设计，系统只需要从页面中获取用户名及密码，所以视图与外面模块的交互就是为外界提供用户名和密码，因此接口里有 getUserName（）和 getPasswrod（）方法，负责业务逻辑的 Presenter，只需要将接口作为成员变量使用，不用管具体的实现，这样就可以实现随意替换视图。

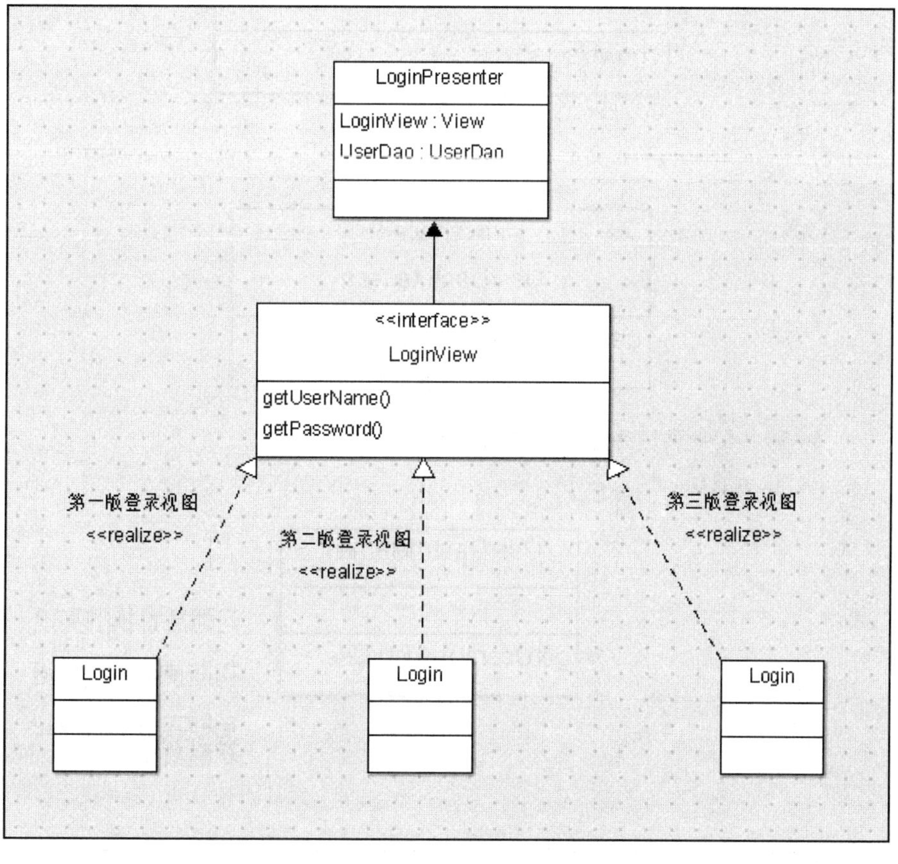

图 9　视图接口登录示例的 UML 图

3.2.3 业务逻辑层（Presenters）

该层是 MVP 模式的关键，负责 View 与 Model 的通信，在 Presenter 中，持有实例化的数据访问层与视图接口层，因此，可以在无需管 Model 和 View 是否实现的情况下实现所有的业务逻辑，可以使系统变得易于测试，增强可维护性，采用静态工厂方法替代 Presenter 的构造函数。下面以用户管理为例，要实现列出所有的用户功能，需要向服务器发出 getUsers（）请求，服务器返回 List〈User〉，在 Presenter 中，只要持有 UserDaoInterface 接口就可以编写业务逻辑，等服务器端能返回真实数据后再替换实现部分。数据访问接口显示用户列表的 UML 图，如图 10 所示。

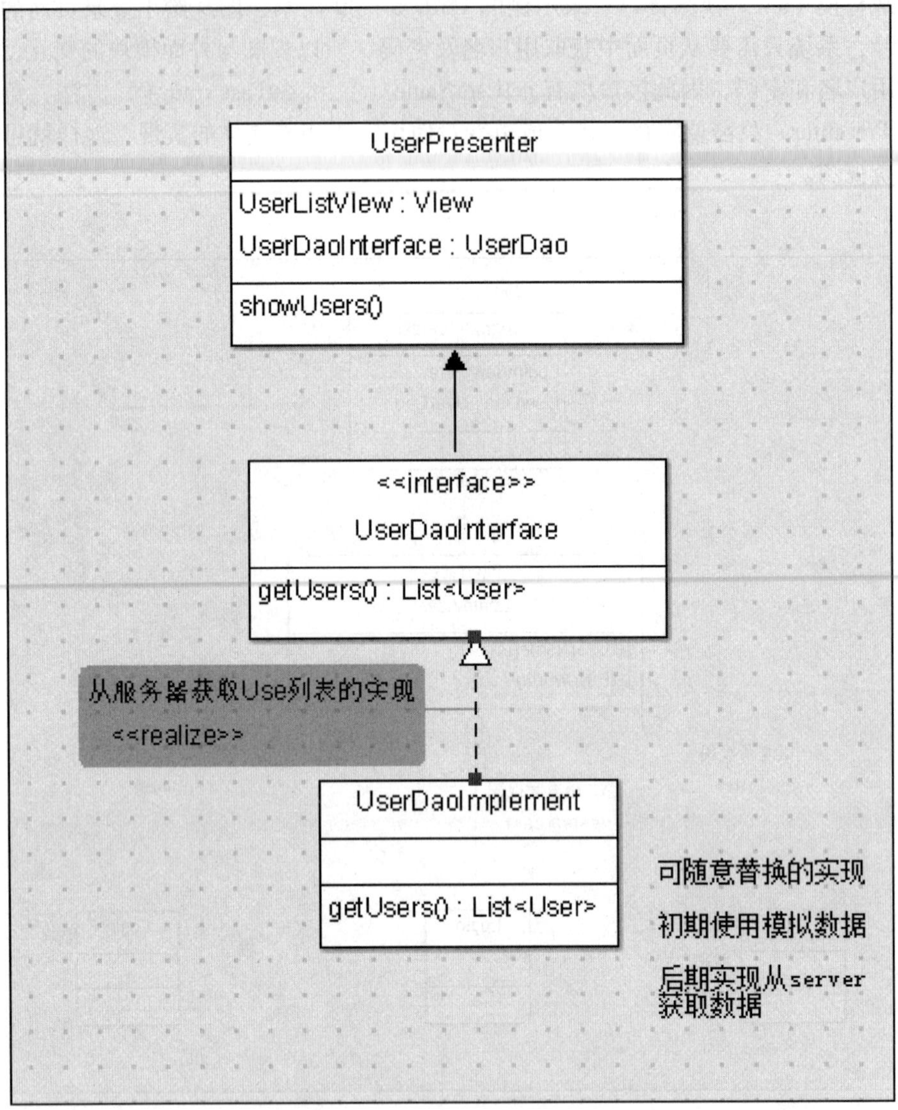

图 10　数据访问接口显示用户列表的 UML 图

3.2.4　Activity 的实现

在本项目的架构设计中，Activity 只负责显示，在 Activity 中，实现了视图接口，持有一个 Presenter，这样就大大简化了 Activity 中的代码量，增强了可读性。团队列表 Activity 的关键代码，如图 11 所示。

```
public class TeamsActivity extends Activity
    implements View.OnClickListener, ITeamsView, AbsListView.OnScrollListener {

    //....声明部分略

    @Override
    protected void onCreate(Bundle savedInstanceState) {
        super.onCreate(savedInstanceState);
        this.requestWindowFeature(Window.FEATURE_NO_TITLE);
        setContentView(R.layout.activity_teams);
        initViews();
        teamsPresenter.getTeams(
            TeamsActivity.this, "-createdAt",
            page, competitionsText.getText().toString().trim(), area, school);
    }

    //下面为视图接口的具体实现，只以显示加载为例
    @Override
    public void showLoading() {
        loadingText.setText("加载中......");
        teamList.setVisibility(View.GONE);
        loadingText.setVisibility(View.VISIBLE);
    }
}
```

图 11　团队列表 Activity 关键代码

4　结语

本文所设计的基于 MVP 模式的学科竞赛移动互联应用，功能上解决了学生获取学科竞赛信息和组建参赛团队困难的问题，技术上解决了应用难以维护、扩展、测试的问题。项目结构清晰，视图接口和数据访问接口的设计可以使项目组全部成员同时开发，开发效率大大提高，把业务逻辑完全从 Activity 中剥离，采用 Presenter 将 View 和 Model 深度解耦，程序的易测性、可读性、可扩展性、可维护性均得到提高。

参　考　文　献

[1] 张正龙，陈永政．浅谈 MVP 设计模式［J］．科学咨询：科技，管理，2014（28）：71－71.

[2] 夏丽青．基于 Android 平台的移动图书管理系统架构分析与设计［J］．科学创新导报，2015，12（31）：154－155.

面向高校学生的信息服务平台设计及手机客户端的开发

徐 慧 石笑天 杨 林

中国矿业大学（北京）机电与信息工程学院计算机系，北京 100083

摘 要 目前高等学校在保证教学质量的同时都会开展丰富多彩的课余活动，多种多样的学生活动应该以怎样的方式更好的去宣传，并且能有一个良好的宣传效果就成了一个突出的问题。学生群体大多是手机控，衣食住行方面大多会通过手机客户端解决，所以活动信息的获取也都希望通过这种方式来解决。本文讲述一种面向高校学生的信息服务平台设计方案，从而实现学生活动信息的线上宣传方式。利用 Bmob 云服务平台和 Google Volley 网络通信架构以及诸多当下流行的 UI 设计方案，来实现 App 的开发。

关键词 信息服务 Android App 高校活动

Android Client Design and Develop of University Information Server Platform

Xu Hui Shi Xiaotian Yang Lin

School of Mechanical Electronic and Information Engineering, China university of mining and technology, Beijing 100083

Abstract The present institutions of higher learning at the same time in the good guarantee the quality of teaching will be rich and colorful extracurricular activities, so in the school, a variety of student activities should be to how to promote better, and can have a good publicity has become a prominent problem. Student groups are mostly mobile control, food and clothing live line problem in life can through the mobile client form to solve, mostly for activity information acquisition are also hope that through this way to solve it. This paper introduces a design of information service platform for college students, so as to realize the student information online propaganda way. Using BMOB

资助项目： 中央高校基本科研业务费专项资金（2011YJ11）

作者简介： 徐慧（1961— ），女，副教授，主要从事数据库与数据挖掘方面的研究。Tel: 13683219356; E - mail: xuh@ cumtb. edu. cn cloud

Key words information serve Android App college activities

0 引言

以中国矿业大学（北京）为例，目前学生活动的宣传方式主要有两种，即学生公寓下的海报展板（以海报的形式宣传）、微信公众平台的宣传，但是这两种宣传方式都有各自的缺点。学生公寓楼下海报展板宣传的缺点：

（1）学生公寓海报展板的大小是有限的，导致活动的海报不能够长时间展示，一般来讲只能展示两天（活动开始前两天）而且需要顾及海报的尺寸。

（2）从内容上讲展板上的海报没有张贴的规律，基本都是杂乱无章的摆放，各种类型的海报都是随处摆放，所以学生不能直接锁定目标。

（3）作为一张海报，尺寸有限制，对活动的描述非常欠缺，由于种种限制，活动的策划及组织者不能完整的介绍活动的详细内容、特色特征，不够全面的海报信息还可能误导学生。

（4）大多数学生不会刻意停留在展板面前去仔细的阅览这些海报，多数人只是路过。

（5）海报方式很重要的一点是活动组织者和活动参与者或者参与者之间的交互性基本为零，也就是说，对于那些关注了想去参加同一个活动的同学们不能很好交流，更不可能有主办方和同学之间的交流。

微信公众平台宣传方式的缺陷：

与海报相比以微信公众平台推送的方式宣传则完善了很多，但是问题依旧明显且突出，这种方式的缺点具体体现在以下几方面：

（1）同学想要去接受一些活动消息的时候，需要关注相应活动主办方的微信公众号，如果想接受种类更多，活动方式更为多元化的活动消息的时候就要关注很多的微信公众号。然而每一个微信公众平台发布的内容并不一定是学生都喜欢的，同时一个公众号也并不是只发送活动类的具体消息，它们经常推送一些毫无相关的内容，有时甚至会推送一些广告，这些东西是大多数人不愿意接受的，对公众号来讲是必要的，但是对所有人就不一样了，这样一来就产生了所谓的“垃圾信息”。

（2）微信平台的信息发布也不能做到对发布内容的详细分类。

（3）再从交互性上来讲，虽然用户可以在发布的信息下面留言和评论，但是用户之间不能实现关注和相互间的交流，同时自己发表的评论也并不是直接就能在文章下面显示，需要公众号后台的操作才能显示出来，这个也极大影响了用户交互性的体验。

（4）作为活动的主办方，如果想要以微信公众号的形式发送文章，需要注册微信公众号，其发布和审核都很繁琐，并不是每一个用户都能很便捷的参与其中。

通过分析比较可知，传统方式的弊病是灵活性差，交互性不足。当下是一个互联网的时代，所有的生活符号都可以通过网络体现，那么设计一个面向高校学生的信息服务平台，用来保存学生用户信息并将活动信息提供给手机客户端，是一个需求很大并且很有现实意义的事情，同时利用该平台还可以实现多种需求的手机客户端开发。

1 信息服务平台搭建

本文中信息服务平台的设计以 BMOM 云服务平台为载体，BMOB 为开发者提供了最简洁的编程接口以及数据库底层的实现与优化，在熟知数据需求的情况下可以利用其可视化的操作界面实现信息服务平台的设计。

需要设计的项目数据按需求分为四大类：

(1) 活动详情数据。活动的详情数据实际就是活动信息，活动信息的细节内容包括活动标题、活动时间、活动具体描述、活动配图，还包括活动发布者的信息。

(2) 用户信息数据。用户信息也是一个平台重要的内容，具体内容包括域用户登录名（用户名）、用户登录密码、用户真实姓名、注册手机号码、注册邮箱。为了丰富用户相关个人信息还应该包括 App 姓名、个性签名、班级等。最后为了规范用户的行为，还有用户相应的权限数据。

(3) 用户关联数据。用户关联是指用户之间的关注，具体数据包括关注信息（关注者和被关注者）。

(4) 交互性数据。交互性是指用户之间的通信，包括评论消息数据、普通消息数据和管理员级别消息数据。

由此可知需要建立的数据实体包括用户、活动、消息。在所有的信息服务平台中，由于涉及用户的管理所以需要添加用户的权限，但是 BMOB 云平台为了保障底层数据的安全性对用户表有一种特殊的限制，当前用户不能修改用户表中其他用户的信息，所以对于超级管理员的设置有一个极大的限制，那么为了继续使用由权限对用户进行管理的方案，需要将用户权限从用户表中隔离，进而又产生了权限实体。最后通过实体间的关联关系可以得到 E－R 图（图 1）。

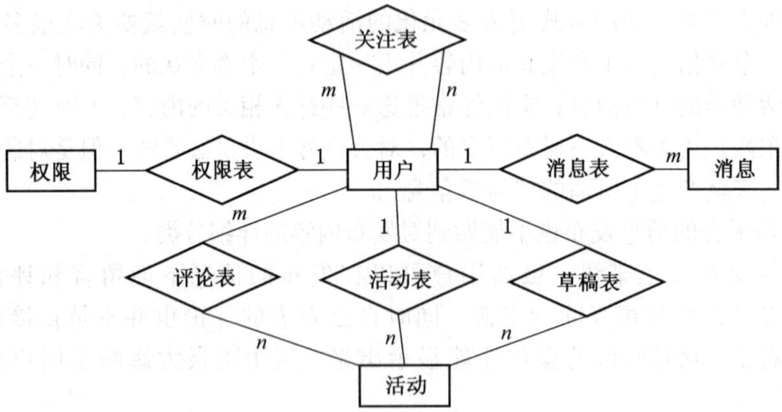

图 1　E－R 图

由 E－R 图可知，信息服务平台需要建立 7 个表，分别是用户信息表（表 1）、活动详情表（表 2）、活动草稿表（表 3）、用户权限表（表 4）、用户关注表（表 5）、消息表（表 6）、评论消息表（表 7）。由于评论消息[1]属于热数据并且数据量极大，因此为了操作方便，将评论消息单独作为一个表。由于活动的上传内容较多，从用户角度来看需要设置存草稿再次编辑的功能，但是作为活动信息，成功发布的活动数据是不能为空的，为了操作方便将不完整的活动信息作为一个表来呈现叫做活动草稿表。

表1 用 户 信 息 表

字段名称	备 注	字段名称	备 注
ObjectId	主键	Realname	
Username	候选码	Xueyuanbanji	
Passport		Gexing	
Mobilephonenumbervitified	手机验证	Manager	
Mobilephonenumber		Fabuquanxian	
Sex		Dengluquanxian	
Hobbies		Pinglunquanxian	
Quanname		Emailvertified	邮箱验证
updateAt		Email	
ACL		creatAt	

表2 活 动 详 情 表

字段名称	备 注	字段名称	备 注
ObjectId		Mainpic - angle	图片旋转角度
Articalindex		Pic1 - angle	图片旋转角度
Articallable		Pic2 - angle	图片旋转角度
Articaltext		Pic3 - angle	图片旋转角度
Articaltitle		passTAG	请求通过标记
Mainpic	图片文件	Huodongriqi	
Pic1	图片文件	creatAt	
Pic2	图片文件	updateAt	
Pic3	图片文件		

表3 活 动 草 稿 表

字段名称	备 注	字段名称	备 注
ObjectId	主键	Mainpic - angle	图片旋转角度
Articalindex	活动类别	Pic1 - angle	图片旋转角度
Articallable	活动标签	Pic2 - angle	图片旋转角度
Articaltext		Pic3 - angle	图片旋转角度
Articaltitle		Huodongriqi	
Mainpic	图片文件	creatAt	
Pic1	图片文件	updateAt	
Pic2	图片文件	Pic3	图片文件

表4 用 户 权 限 表

字段名称	备 注	字段名称	备 注
objectId	主键	Comment	
Limituser	外键	creatAt	
Login		updateAt	
Publish			

表5 用 户 关 注 表

字段名称	备 注	字段名称	备 注
objectId	主键	creatAt	
Guanzhu - user	外键	updateAt	
Beiguanzhu - user	外键		

表6 消 息 表

字段名称	备 注	字段名称	备 注
objectId	主键	Sender	外键
Msgtag		creatAt	
Msg		updateAt	
Receiver	外键		

表7 评 论 消 息 表

字段名称	备 注	字段名称	备 注
objectId	主键	Sender	外键
Artical		creatAt	
Msg		updateAt	
Receiver	主键		

有了上述信息服务平台的设计，利用 BMOB 云服务器的便捷服务接口就可以实现一个面向高校学生的灵活性高、交互性好的手机客户端。

2 手机客户端开发

2.1 功能设计

信息服务平台手机客户端，从信息平台的角度来看整体的功能需求分两大部分，用户功能模块和管理员功能模块。

用户功能模块分为用户登录前和用户登录后，如图 2 所示。用户登录前，在欢迎页面进行当前用户信息的检测和网络状态的检查，如果网络状态为链接状态并且已保存登录用户，在登录用户权限可续条件下直接跳转到 App 首页；如果不具备权限或者没有保存本地用户登录信息就跳转到用户登录界面，重新登录或者注册新用户。

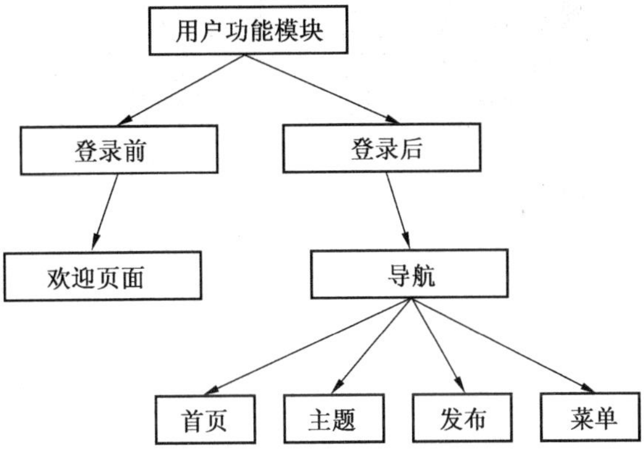

图2　用户功能模块图

用户登录之后，App 主体以底部导航形式出现，分为四大模块，即首页、主题页、发布页、菜单页。首页呈现所有的活动信息和日历分类信息，主题页面实现活动信息的分类查阅，发布页面实现活动信息的编辑保存和发布功能，菜单页面呈现用户个人信息，包括用户基础信息、关注关联信息、收到的消息、账户等。

点击活动列表中的一项进入活动详情页面，用户可以查看活动信息，对活动信息进行评论，同时还可以查看活动信息的发布者，关注该用户并且获得相关的附属功能（查看该用户的所有发布信息等）。

管理员功能模块的设计和用户功能模块相似，对用户和 App 的管理主要是通过三大用户权限实现的，分别是用户登录权限、用户发布权限、用户评论权限。当用户具有登录权限时才能登录 App，同理，只有在具备发布权限以及评论权限时才能发布活动信息和评论活动内容。管理员在活动详情页面查看活动发布者信息时可以对活动发布者的权限进行设置，也可以发送消息给用户进行相关交流。同时在管理员个人中心可以看已经被限制了权限的相关用户，对其权限进行修改。

普通用户发布的活动信息并不能够直接在公众视野中体现，首先需要被管理员审核才能正式发布，管理员在个人中心中可以看到正在请求通过的活动信息，通过审核内容可以正式通过该活动的发布请求也可以拒绝该请求，并且附带相关理由。

2.2　功能实现

本项目中的功能页面相对主流，基础控件的实现可以使用 Android 官方支持的控件，包括 viewpager、listview 等，功能首页、主题页面、用户菜单页面、发布页面分别如图 3 ~ 图 6 所示。

导航实现采用底部导航栏，利用 tabhost 控件[2] 实现。虽然现在谷歌官方已经不再支持这种导航模式，但是 tab 组件的添加会提高整个导航的稳定性，当然现在对于底部或者顶部导航的实现方式很多，也可以采用其他的方式实现。

图3　功能首页

图4　主题页面

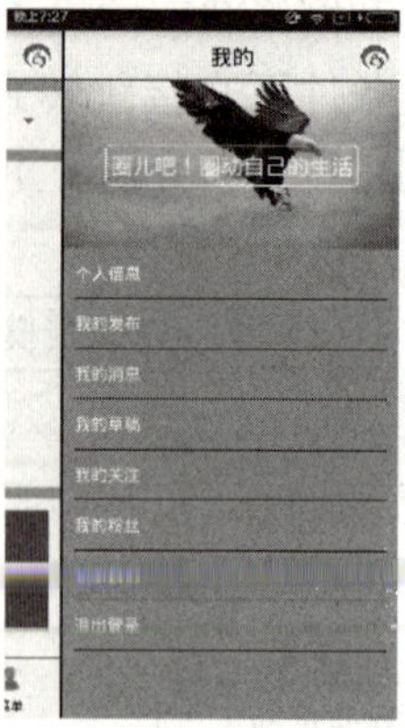

图5　用户菜单页面

图6　发布页面

菜单页面的实现采用主流的抽屉形式[3]，交互性更强，同时也很便捷。抽屉形式的实现也有很多种，但是因为动画效果相对复杂，所以不同实现方式的稳定性差距很大，有的注重轻量，有的注重用户体验，侧重点不同，但是现在主流的方式有一个通用的版本就是 slidingmenu，其实现方式在 github 上有详细的介绍，开发者只需要以三方库的形式引入就可以调用。

活动详情页如图 7 所示，呈现在发布页面中发布的所有活动信息，点击发布者进入发布者详情页，分为两个视角，普通用户以及管理员，发布者详情页如图 8 所示，管理员视角图 9 所示。在活动详情页面可以进入评论页面（图 10）。

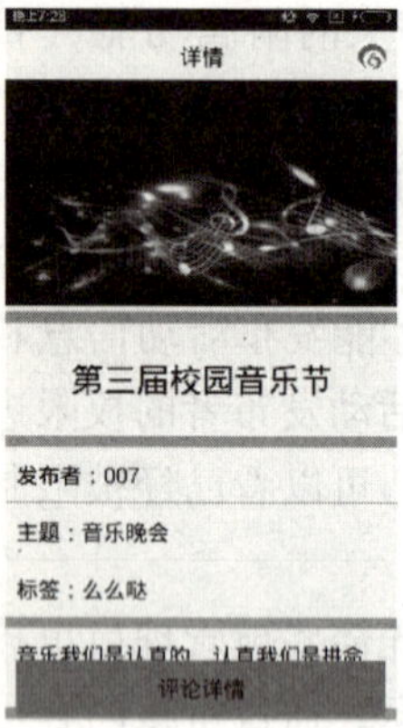

图7　活动详情页

图8　发布者详情页

图9　管理员视角

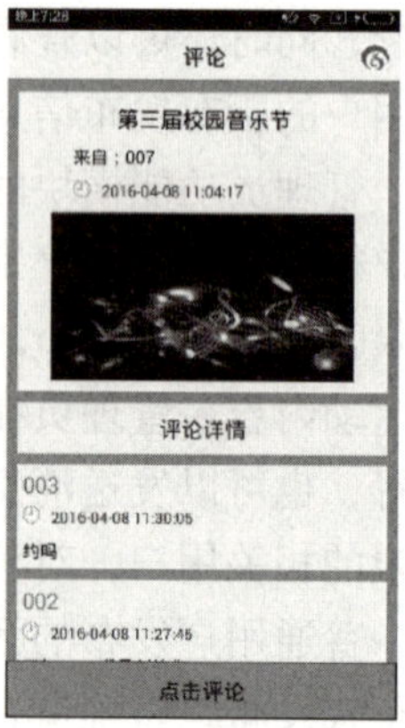

图10　评论页面

以上为基本功能界面的实现，相对基础。在实际的开发中最大的问题就是 OOM 程序崩溃现象，出现这个现象主要有两个原因，分别是主线程任务太多出现阻塞，内存不足；另一个是图片加载尺寸过大，分辨率太高。针对这个问题我们对网络请求图片资源的时候采用谷歌官方推荐的 volley 框架[4]，可以实现网络的异步请求和管理，同时也可以实现对图片资源的管理。由于没有异步管理的机制，有可能还会出现批量上传文件失败的现象，采用 volley 进行通信的话就会避免该现象的发生，提高网络通信的稳定性。

对于其他的开发难点，譬如 scrollview 嵌套 listview，滑动冲突可以利用 listview 添加 headview 来解决。

如果出现服务器端返回的图片无规则旋转 90°的整数倍的现象，说明图片在上传的时候已经被旋转了一定的角度，那么可以在上传的时候先测算出图片的旋转角，一并保存在服务器端，加载的时候逆向旋转改角度就可以解决这个问题。

3 结束语

该项目的实现相对简洁，没有太多复杂的设计，更加注重的是实用性。抛开软件开发，从软件设计的角度来看，UI 的设计是很重要的，很多现有的控件通过不断的修改和装饰都可以换成另外一种风格，因此，从界面上改进是很有空间的，不断的创意灌输也会成为今后提升的重点。回到信息服务平台的设计，在数据的存储和表单的设计上还有很高的冗余度，在结构的提升上也是今后改进的重点。

参 考 文 献

[1] 刘戟锋．大数据“热”的冷思考防止以目废心［N/OL］．(2015 - 11 - 05)〔2016 - 12 - 23〕. http：//www. cssn. cn/jsx/jsfsy - jsx/201511/t20151105 - 2559318. shtml.

[2] 夏杰．基于智能移动终端的自助租车系统的研究与实现［D］．北京：北京邮电大学，2014.

[3] 陈启伟．电机状态云检测系统的研究与实现［D］．杭州浙江大学，2016.

[4] 孟远．android 网络通信框架 volley 的解析和比较［J］．软件，2014，12.

基于 LeapMotion 的悬空手写字符识别方法研究

苏红旗　梁　讯　贾　彤　刘　运

中国矿业大学（北京）机电与信息工程学院，北京　100083

摘　要　作为一种体感设备，LeapMotion 为实现悬空手写字符识别研究提供了硬件条件，使得悬空手写字符识别研究成为可能。本文提出一种基于 LeapMotion 的悬空手写字符识别方法，该方法结合动态时间规整和 K 最近邻算法，实现了悬空手写字符识别。实验结果表明，识别准确率可达 80%。

关键词　LeapMotion　动态时间规整　K 最近邻　悬空手写　字符识别

Vacant Handwritten Characters Recognition Method Based On LeapMotion

Su Hongqi　Liang Xun　Jia Tong　Liu Yun

School of Mechanical Electronic and Information Engineering,
China University of Mining and Technology, Beijing　100083

Abstract　As a type of somatosensory equipment, LeapMotion makes it possible to recognise vacant handwritten characters. A new vacant handwritten characters recognition method based on LeapMotion is put forward in this paper, which combines the DTW and KNN algorithms and realize vacant handwritten characters recognition. Experimental results show that accuracy rate for characters recognition can be up to 80%.

Key words　LeapMotion　DTW　KNN　Vacant Handwritten　Characters Recognition

0　引言

悬空手写字符识别是一种结合体感技术和字符识别技术的新的模式识别技术。近年来，随着人机交互技术的发展，一种新的交互方式——“体感技术”逐渐发展起来。它

资助项目： 中央高校基本科研业务费专项资金（2011YJ04）

作者简介： 苏红旗（1963—　），男，博士，副教授，主要研究方向为计算机应用技术、图形图像处理、计算机监测与控制。Tel:13021137500；E-mail:shq@cumtb.edu.cn

让计算机感知人体的自然特征如手势、动作、语言等来控制硬件设备，使人们从鼠标、键盘等硬件输入设备的束缚中解放出来。与传统的接触式感知技术相比，体感技术具有更好的用户体验，同时可以弥补一些残障人士的自然缺陷，得到了世界各国科研机构和科技企业的积极响应，如 IEEE 召开的人脸与姿势自动检测年会以促进包括手势检测识别在内的技术交流与发展[1]，2010 年微软正式发布 Kinect 体感游戏外设，2013 年苹果公司完成了对以色列体感公司 PrimeSense 的收购。基于体感设备的人机交互研究因其具有较高的社会价值和商业价值，正日益引起世界各国的重视。

本文结合动态时间规整和 K 最近邻算法，提出一种基于 LeapMotion 体感设备的悬空手写字符识别方法并进行实验验证。

1 LeapMotion

LeapMotion 是体感控制器制造公司 Leap 于 2013 年发布的一款外形小巧的体感控制器，它可以探测人的手指以及手势动作。

LeapMotion 控制器的技术基础是飞行时间（Time of Flight，TOF）技术，即传感器发出经调制的近红外光，遇物体后反射，传感器通过计算光线发射和反射时间差或相位差来换算被拍摄景物的距离，以产生深度信息，此外再结合传统的相机拍摄，就能将物体的三维轮廓以不同颜色代表不同距离的地形图方式呈现出来[2]。

LeapMotion 控制器内置 2 个红外摄像头和 3 个红外线 LED 光源，可从不同角度感知被测物体，通过其特定算法重建手势在真实的三维空间中的运动信息，实现多个物体的追踪并识别手势[3]。

LeapMotion 可以将手指、手掌或手臂能作为一个整体对象来追踪捕捉[4]，并将采集的手掌、手指的位置和其他信息保存在一帧（Frame）当中，分配唯一 ID，算法通过检测帧中数据的连续性生成运动信息。这些位置信息作为下面实验的输入数据。

2 悬空手写字符识别技术

手写字符识别技术目前在接触式设备上已相对成熟，如手机、平板电脑等的输入法已经可以比较迅速并准确地识别人手指绘制的字符，但只能局限于手指或电子笔等专用设备与屏幕的直接接触，无法实现悬空手写，人的手仍然无法从设备的束缚中解放出来。随着 LeapMotion 等体感设备的研发，悬空手写字符识别已经具备硬件上的可能。国内的科技公司如锋时互动科技有限公司等也正在加紧研究悬空手写技术并打算加入下一代产品中。

基于图像和文档的字符识别已经有了一些研究成果，多层感知器（Multilayer Perceptron，MLP）[5]、径向基函数（Radial Basis Function，RBF）[6]、改进的二次分类器（Modified Quadratic Discriminant Function，MQDF）[7]、支持向量机（Support Vector Machine，SVM）[8]等是其中较为典型的分类器。基于各种传感器的悬空手写字符识别研究的还不是很多。2012 年严军[9]提出了一种利用 SVM 支持向量机的识别方法。2014 年周晓勇[10]提出了一种基于流形学习的识别方法，主要利用 BP 神经网络对轨迹识别。其两人的实验都显示出不错的效果，然而因为其选择的数据采集设备是 MEMS 加速度传感器，采集到的轨迹信息包含了温度、手抖等因素引入的各种噪声[9]，需要去噪、降维、特征提取等多种复杂的预处理手段，而且因为提取特征向量，事实上丢弃了轨迹的部分信息，需要特定的穿戴手套[10]等。黄晓林和董洪伟[11]于2015年提出了一种基于kinect体感设备的空中手写识别方法，这种方法基于随机森林的思想对数据进行分类、识别，但因kinect获取的运动轨迹为图像信号，手指的坐标提取必须经过复杂的图像处理与识别过程，不是直接由设备得到的，因此，其样本数据和训练数据都无法基于同一个准则，带有一定的主观性，难以保证快速、准确地估计手指坐标[12]。以上研究成果均因为硬件的缺陷造成了算法的效果大打折扣，不适合实际推广。

LeapMotion可以实时直接得到手指甚至指尖、指关节等的三维坐标且精度达到了0.1 mm，无需开发者计算并且不需要佩戴任何特定的穿戴设备，为悬空手写字符识别研究提供了很好的数据来源。即便如此，悬空手写字符识别仍具有很大的困难，如与触摸式手写识别相比，悬空书写时手部抬起动作的轨迹为冗余数据，目前的硬件技术还无法智能忽略，如何在识别研究时去除此部分数据的影响是难点。

3 基于LeapMotion的悬空手写字符识别方法

本文提出的悬空手写字符识别方法，在利用LeapMotion捕捉到手指的运动轨迹坐标后，主要利用动态时间规整算法（Dynamic Time Warping，DTW）和K最近邻分类算法（KNN，k－Nearest Neighbor，kNN）来进行识别。

模式匹配问题的本质可以简单分为两部分：相似性测量，即用何种度量表示两个样本间的相似性；结果分类，即用何种方法挑选待测样本的类别属性。本文在这两个关键问题上选择了DTW距离来表示相似性测量，用KNN分类算法对结果进行分类判别。

3.1 动态时间规整DTW

动态时间规整算法原本来自语音识别中解决模板匹配问题的算法。语音识别中发音长短不一造成准确匹配困难。DTW算法基于动态规划（DP）的思想，将整个过程分解为多个单阶段并逐个求解[13]，将时间规整和距离测度计算结合起来[14]，是语音识别方法中比较经典的一种算法。

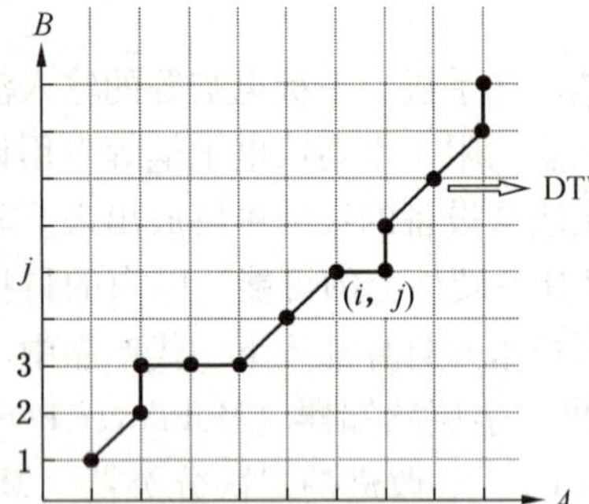

图1 DTW原理示意图

DTW原理如图1所示，假设$A[a_1, a_2, a_3, \cdots, a_m]$和$B[b_1, b_2, b_3, \cdots, b_n]$是两个矢量时序序列，$n$和$m$并不一定相等。把$A$和$B$标注在直角坐标系的横轴和纵轴上，形成一个网格。网格中的每一个交叉点$d_{i,j}$表示a_i和b_j两个点之间的距离（或相似度），称为局部匹配距离。DTW算法分两步走，一是计算各个交叉点所代表的两个序列中的元素之间的距离；二是在网格中寻找一条从零点到序列最后一个点的最佳路径，使得沿着这条路径所有的匹配点对之间的加权距离总和最小。

该路径需要遵守以下规则：可到达点(i, j)的前一个点只能是$(i-1, j-1)$、$(i-1, j)$、$(i, j-1)$。因此，(i, j)一定选择这3个点中距离其最近的点作为前序点。此时，路径的累加距离为

$$D_{i,j} = d_{i,j} + \min(D_{i-1,j-1}, D_{i-1,j}, D_{i,j-1}) \tag{1}$$

3.2 K最近邻分类算法

KNN算法最初由Cover[15]和Hart于1967年提出，是数据挖掘领域中一种比较经典的基于统计信息的监督学习的分类算法。它的基本思想是，分别计算待分类样本与训练样本的相似度，在训练样本集中找出与待分类样本最相似的 k 个样本，成为 k 个近邻，这 k 个近邻中最多的一类为待分类样本的归属[16]，KNN原理如图2所示。

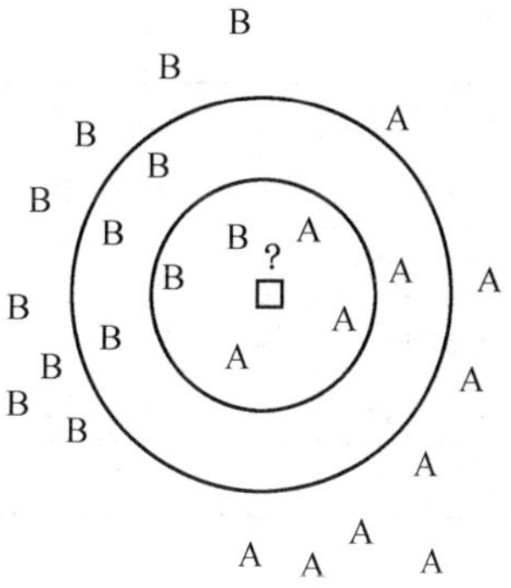

图2　KNN原理示意图

圆形中心的小方框为待分类的样本，此时数据集中的其他样本已经分类完成，如 A 类和 B 类，当 $k=5$ 时（小圆框所示），此时距离其最近的5个样本中，A 类有3个、B 类有2个，因此，小方框被认为是 A 类；当 $k=9$ 时（大圆框所示），距离其最近的9个样本中，A 类有4个、B 类有5个，因此，小方框被认为是 B 类。从上述可知，KNN采用“多数统治”的原则。

3.3 实验原理

在悬空手写字符识别问题中，由于人的手写习惯复杂多样，即使同一个人写同一个字符，每次写的路径、用的时间也都也不一样，而且两次手写轨迹通常也不存在线性对应关系，这和语音识别中的问题很相似，所以本文将DTW方法引入以期解决此问题。

为方便实验，实验程序设计两个窗口，一个控制窗口、一个显示轨迹窗口。轨迹窗口用于实时显示手指的轨迹，以便用户根据直观的轨迹显示来控制书写轨迹的正确性。

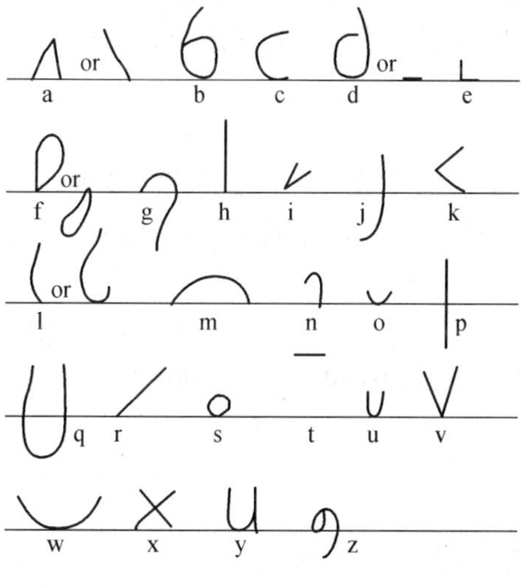

图3　实验字符对照图

在实验中，实验人员将中指伸开，在LeapMotion设备的检测范围内按照图3所示的内容绘制字符，根据轨迹窗口的结果判断自己的字符是否绘制正确，若正确，则进行保存。

训练过程中对每个字符绘制10次，将这些样本保存到文件中。识别过程中程序首先读取样本文件，然后按照以下步骤进行识别：

（1）将待识别的字符轨迹（二维坐标序列）与样本库中的每个样本计算相似度，即DTW距离。

（2）选取 k 个距离最小的样本。本文依据每类样本的实际数量取 $k=5$。

（3）对这 k 个样本进行分类投票，统计每类样本的数量；

（4）取数量最多的一种类别，判定为识别结果。

3.4 实验结果与分析

本文的部分实验结果见表1，将 k 值设为5时，统计多人多次对30个字符的实验平均结果（每个字符测20次，A1代表图3中字符A的第一种样式，A2代表第二张样式，其他字符同理）。

表1 部分实验结果

实验字符	A1	A2	B	C	D1	D2	E	F1	F2	G	H	I	J	K	L1
正确次数	20	16	20	20	20	20	17	20	20	20	20	20	20	20	16
错误结果		L					I								H
实验字符	L2	M	N	O	P	Q	R	S	T	U	V	W	X	Y	Z
正确次数	20	20	20	18	17	20	20	20	19	17	20	20	20	20	20
错误结果				U	J				D	O					

由实验结果可知，基于DTW算法和KNN算法的悬空手写字符识别方法全部正确识别的字符能达到80%，识别正确次数17次以下的只有两个字符。KNN算法实现分类精度最大化依赖于输入的训练样本的质量和 k 的取值[17]。本文实验的训练样本中，每个字符有10个样本，因此选择 $k=5$ 取得了较好的实验结果。从字符对照图来看，样本库有待改进，个别字符如h和p形状非常相似。

本文将DTW距离作为相似度的判断依据，具有较好的理论和实验依据。对KNN算法来说，如何确定最优的 k 值一直没有很好的方法，研究人员常常根据实际样本的数量和性质综合分析确定 k 值，本文基于样本数和大量实验结果，选择 $k=5$，使实验具有较好的识别效果。

虽然LeapMotion目前还无法智能忽略手臂抬起时检测到的冗余手指轨迹数据，但因LeapMotion的帧率固定，手臂抬起时的速度相比正式书写时要快得多，使得此时间段内获取到轨迹数据较少，而且这段轨迹只要同样本中的时序一样仍可得到正确识别结果。

4 结语

悬空手写字符识别是一种结合体感技术和字符识别技术的新的模式识别技术。在技术上，目前对悬空手写字符识别的研究尚处于起步阶段，但该技术具有较高的应用价值，正日益引起人们的重视。

本文基于LeapMotion平台，结合DTW算法和KNN算法，提出了一种悬空手写字符识别方法，实现了悬空手写字符的识别，取得了较好的识别效果。实验结果表明，手写字符识别的准确率可达80%。

参考文献

[1] Guan R. A computer vision - based gesture detection and recognition technique [J]. Computer Applications & Software, 2013, 30(1): 155 - 154.

[2] 周忠，周颐，肖江剑. 虚拟现实增强技术综述 [J]. 中国科学：信息科学，2015 (2)：157 - 180.

[3] 朱鸿展，宋汉辰，吴玲达. 基于方向链码的书空手势识别 [J]. 中国科技论文，2014，10：1155 - 1159.

[4] 黄俊，景红. 基于 Leap Motion 的手势控制技术初探 [J]. 计算机系统应用，2015

(10): 259 -263.
[5] D. E. Rumelhart, G. E. Hinton, R. J. Williams. Learning Internal Representations by Error Propagation[R]Inst. for Cognitive Science Report 8506, Univ. of California, 1985.
[6] C. M. Bishop. Neural Networks for Pattern Recognition[R]. Clarendon, 1995.
[7] F Kimura, K Takashina, S Tsuruoka, et al. Modified Quadratic Discriminant Functions and the Application to Chinese Character Recognition[J]. IEEE Trans. Pattern Analysis and Machine Intelligence, 1987, 9(1): 149 - 153.
[8] C J C Burges. A Tutorial on Support Vector Machines for Pattern Recognition[J]. Knowledge Discovery and Data Mining, 1998, 2(2): 143.
[9] 严军. 空间手写识别特征提取研究 [D]. 杭州: 浙江大学, 2012.
[10] 周晓勇. 流形学习算法研究与应用 [D]. 合肥: 安徽大学, 2014.
[11] Huang Xiaolin, Dong Hongwei. Depth - based real - time hand gesture recognition and virtual writing systems[J]. CEA, 2015, 51(15): 167 - 173.
[12] 胡弘, 晁建刚, 杨进, 等. Leap Motion 关键点模型手姿态估计方法 [J]. 计算机辅助设计与图形学学报, 2015 (7): 1211 -1216.
[13] 李永健. 基于 DTW 和 HMM 的语音识别算法仿真及软件设计 [D]. 哈尔滨: 哈尔滨工程大学, 2009.
[14] 曹陶科. 基于光流计算和 DTW 算法的动态手势识别研究与实现 [D]. 天津: 天津师范大学, 2009.
[15] Cover T M, Hart P E. Nearest neighbor pattern classification[J]. IEEE Transactions on Information Theory, 1967, 13(1): 21 - 27.
[16] Feng Guohe, Wu Jingxue. A Literature Review on the Improvement of KNN Algorithm [J]. Library and Information Service, 2012, 56(21): 97 - 100.
[17] Gao Yunlong, Gao Feng. Neurocomputing[J], 2010, 73(16): 3079 - 3088.

基于位平面匹配和 Kalman 运动滤波的电子稳像算法

吴　晓

中国矿业大学（北京）机电与信息工程学院，北京　100083

摘　要　电子稳像的目的是去除帧间全局运动量中的随机晃动量，保留符合摄像者主观意愿的主运动量，使图像序列清晰稳定。本文针对车载摄像机拍摄视频特点进行分析，提出基于 Kalman 运动滤波的电子稳像算法。该方法首先选用位平面匹配算法快速估计出相邻帧间的局部运动量，然后进行累加计算出当前帧相对于参考帧的全局运动量，并对其进行卡尔曼滤波，以去除由于摄像机晃动引起的图像随机抖动，从而得到反映全局运动趋势、符合拍摄主观意愿的主运动轨迹。通过实验证明，该方法可以有效去除高频的图像随机抖动，视频稳定效果良好。

关键词　电子稳像　位平面匹配　Kalman 滤波

Electronic Image Stabilization based on Bit - plane Registration and Kalman Motion Filter

Wu　Xiao

School of Mechanical Electronic and Information Engineering,
China University of Mining and Technology, Beijing　100083

Abstract　The purpose of electronic image stabilization is to remove the random motion of the inter frame motion and keep the subjective intention of the camera, so that the image sequence is clear and stable. Based on the analysis of the characteristics of the vehicle mounted video camera, an electronic image stabilization algorithm based on Kalman motion filter is proposed. First, we choose bit - plane registration to estimate the local motion between adjacent frames, and then we calculate the global motion of the current frame relative to the reference frame, and then Kalman motion filtering is chosen to remove the camera shake caused by image random jitter to reflect the trend of the global movement, in line with the shooting the subjective intention of the main motion trajecto-

---

资助项目：中央高校基本科研业务费专项资金（2015QJ06）

作者简介：吴晓（1983—　），男，硕士，工程师，主要从事视频图像处理方面的研究。13811425476；E - mail：wx1983@cumtb.edu.cn

ry. Experimental results show that the proposed method can effectively remove the random jitter of high frequency image, and the video stabilization effect is good.
Key words electronic image stabilization bit - plane registration Kalman filter

0 引言

不同的视频图像序列具有不同的特点，就车载或手持摄像系统而言，考虑到图像中包含运动目标的一般情况，图像序列往往具有以下特点：①一般情况下，都会使目标处于视场（图像）中心区域，目标的局部运动会造成背景的显现和遮挡；②由于摄像机的运动，在图像四周会出现新背景进入视场和旧背景退出视场的情况；③除去中心的目标区域和四周背景的变化区域，对于大部分背景区域来讲，由于摄像机的运动造成的背景运动应该是一个刚体运动，即取自这些区域的块的匹配位移或估计的运动参数应是一致的；④车体或手的运动速度相对视频拍摄频率通常很慢，因此图像序列中相邻帧间的变化较小。本文针对车载摄像机拍摄视频特点进行分析，提出一种基于 Kalman 运动滤波的电子稳像算法，首先用位平面匹配算法估计出当前帧相对于参考帧的全局运动量；然后对全局运动量进行卡尔曼（Kalman）滤波滤除高频噪声估计出主运动量；最后将当前帧的全局运动量和主运动量进行比较，差值即为运动补偿量，对帧序列进行补偿，得到稳定视频。

1 基于位平面匹配的全局运动估计法

全局运动估计是电子稳像的一项关键技术，帧间全局运动量的准确获得是主运动量估计和运动补偿的前提。位平面匹配法利用图像的灰度码和图像的位平面实现快速二值匹配来确定图像局部运动矢量，显著降低了图像处理的计算量，提高了系统的运行速度，从而提高了稳像效率。

1.1 位平面匹配算法原理

位平面匹配算法的主要思想是利用图像的灰度码和图像的位平面实现快速二值匹配来确定图像局部运动矢量。具有 2^m 级灰度的第 t 帧图像上的（x，y）处的像素灰度级表示为[1]：

$$f^t(x,\ y)=a_{k-1}2^{k-1}+a_{k-2}2^{k-2}+\cdots+a_1 2^1+a_0 2^0 \tag{1}$$

式中，$a_k(0<k<m-1)$的值是 0 或 1。第 k 个位图像用 $b_t^k(x,\ y)$表示，这个平面包括所有的第 k 个(a_k)bits，则 8 - bit 图像的 8 个位平面分别表示为 $b_0(x,\ y)\cdots b_7(x,\ y)$。图 1 所示为从一幅灰度图像分解出的 8 个位平面，可看出较高阶位（特别是前四位）包含了大多数视觉上很重要的信息，其他位平面包含了更多细节信息。

(x, y)

(a) 原始图像

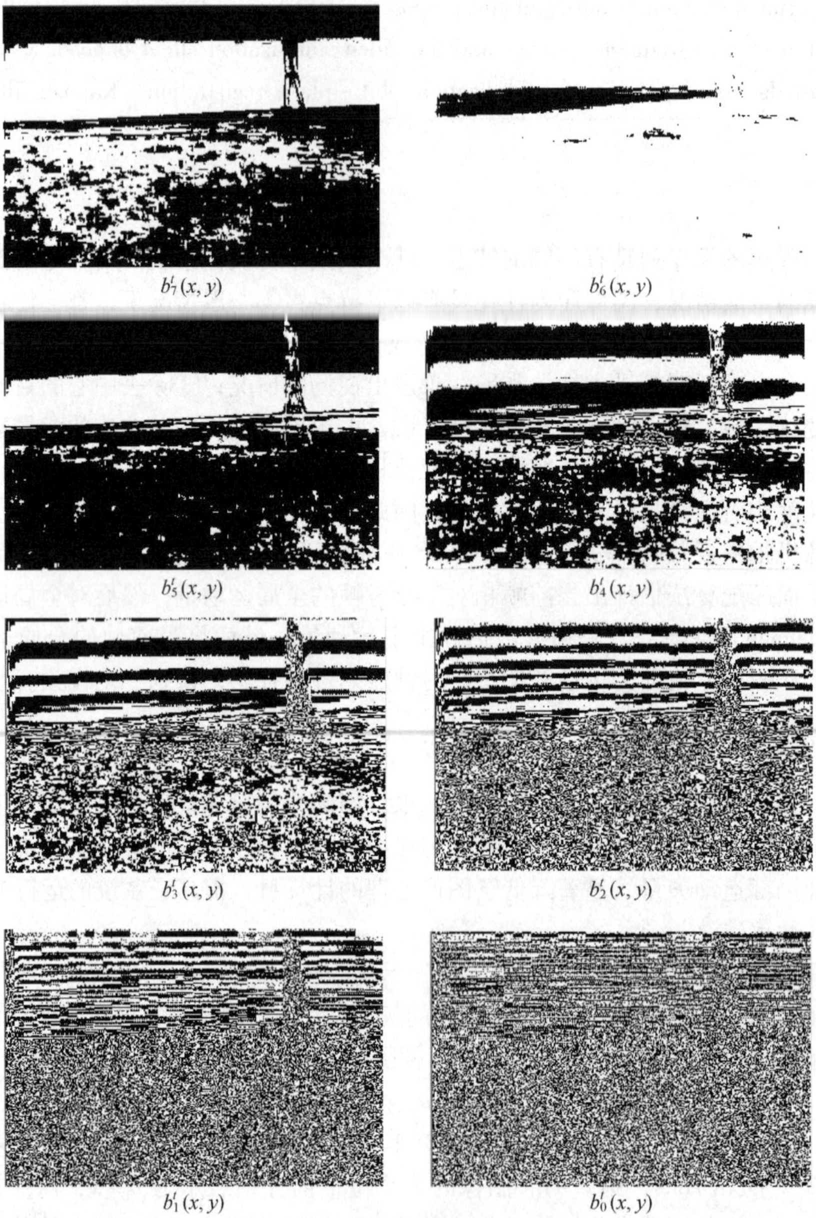

(b) 8幅位平面图像

图1 灰度图像的位平面图

式(2)为相邻帧之间第 k 个位平面内匹配运动矢量估计。令匹配模块大小为 $M \times N$，搜索窗口为$(M+2p)\times(N+2p)$，其中 p 为搜索最大位移，则相关测量方法[2]如下：

$$g_i = \begin{cases} a_i \oplus a_{i+1} & (0 \leqslant i \leqslant m-2) \\ a_i & (i = m-1) \end{cases} \tag{2}$$

$$C_j(m, n) = \frac{1}{MN} \sum_{x=0}^{M-1} \sum_{y=0}^{N-1} g_k^t(x, y) \oplus g_k^{t-1}(x+m, y+n) \tag{3}$$

式中　$g_k^t(x, y)$、$g_k^{t-1}(x, y)$——k 阶灰阶编码比特平面的当前帧和前一帧；

p——搜索窗内最大位移量。

在搜索窗口内每一个点(m, n)处，计算的大小 $C_j(m, n)$，$C_j(m, n)$代表当前比特平面与参考比特平面不匹配的点数。最小的 $C_j(m, n)$值对应的(m, n)即为最佳匹配位置，相应的运动矢量为帧间运动矢量：

$$V_j^t = \mathrm{argmin} C_j(m, n) \quad (-p \leqslant m, n \leqslant p) \tag{4}$$

1.2　菱形搜索策略

DS（Diamond Search，DS[3]）算法采用了两种搜索模板，分别是有 9 个检测点的大模板搜索模式（Large Diamond Search Pattern，LDSP）和有 5 个检测点的小模板搜索模式（Small Diamond Search Pattern，SDSP）。搜索时先用大模板计算，当最小块误差（Minimum Block Distortion，MBD）点出现在中心点时，将 LDSP 换为 SDSP，再进行匹配计算，这时 5 个点中的 MBD 即为最优匹配点，该点所在位置即对应最佳运动矢量。用菱形搜索策略进行配准时，大模板搜索和小模板搜索分别在第 5 个和第 6 个位平面进行，这样可以充分利用位平面的信息量做到粗、细匹配，最终快速精确地估计出局部运动量。

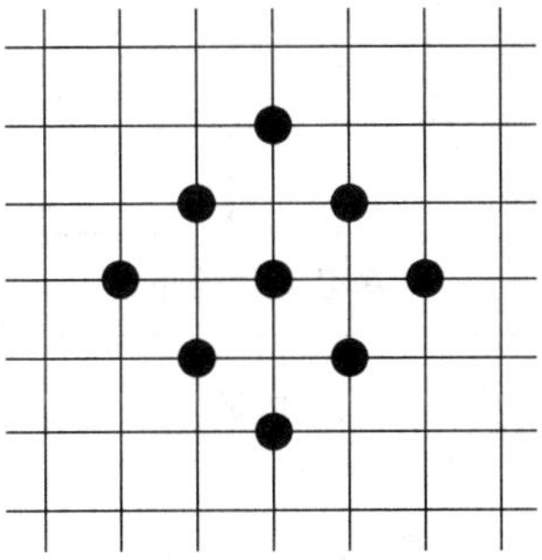

图 2　大钻石型搜索模式（LDSP）

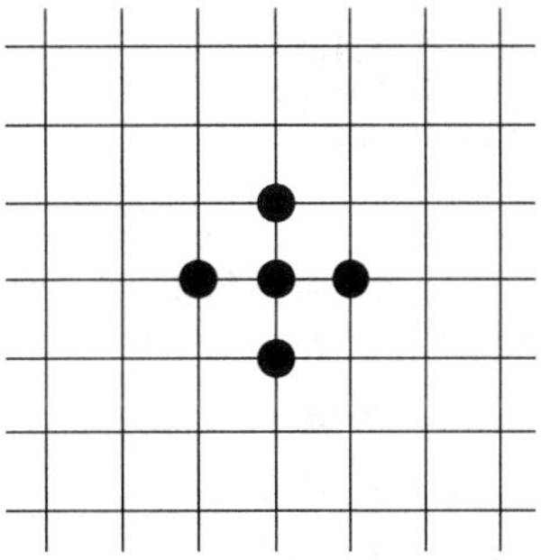

图 3　小钻石型搜索模式（SDSP）

2　基于帧位置平滑的 Kalman 运动滤波

帧位置平滑基于以下观察：期望的诸如相机全景扫描等全局运动是一种规则的运动，而抖动的特点则是随机的。表现在频域，规则运动主要占据频域的低频部分，抖动则主要位于频域的高频部分。因此，对估计的全局运动矢量低通滤波，能够保留有意识的运动成分，消除不需要的抖动。

Kalman 滤波器是一种高斯噪声下的最优估计器[4,5]，采用状态转移模型描述动态系统，它的输出只依赖于当前的输入和前一时刻的输出。在应用 Kalman 滤波估计理论时，必须首先建立关于所要解决问题对象的数学模型，即系统的状态方程和观测方程。对于一个离散线性系统，其状态方程和观测方程分别如下：

$$X_k = A_{k,k-1} X_{k-1} + W_{k-1} \tag{5}$$

$$Y_k = H_k X_k + V_k \tag{6}$$

式中　X_k——系统状态的 $n \times 1$ 维状态向量；

Y_k——观测到的系统状态的 $m \times 1$ 维向量；

$A_{k,k-1}$——从 $k-1$ 时刻到 k 时刻的 $n \times n$ 维状态转移矩阵，它包含了物体空间运动的信息；

H_k——k 时刻 $m \times n$ 维的观测矩阵；

W_{k-1}——$k-1$ 时刻状态的 $n \times 1$ 维的随机误差向量（白噪声）；

V_k——k 时刻 $m \times 1$ 维的观测误差向量。

系统状态噪声 W_k 和观测噪声 V_k 通常假设为两两互不相关的零均值的正态白噪声向量。令 Q_k 和 R_k 分别为系统状态噪声 W_k 和观测噪声 V_k 的协方差矩阵，它们的协方差阵为

$$E[W_k W_i^T] = \begin{cases} Q_k & (i=k) \\ 0 & (i \neq k) \end{cases} \tag{7}$$

$$E[V_k V_i^T] = \begin{cases} R_k & (i=k) \\ 0 & (i \neq k) \end{cases} \tag{8}$$

$$E[W_k V_i] = 0 \tag{9}$$

图 4 所示为 Kalman 滤波流程。

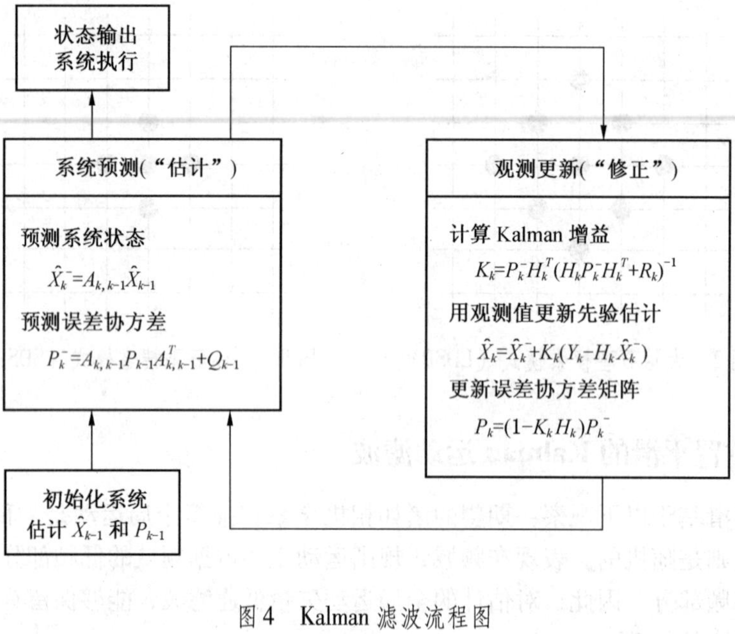

图 4　Kalman 滤波流程图

3　实验结果分析

所选视频为架设在越野车上的摄像机所拍摄的视频，由于路面不平导致视频图像序列在垂直方向上呈现上下起伏的扰动。

3.1　绝对帧位置的确定

针对平移运动参数模型，本文将全局运动估计阶段所确定的帧间全局运动参数进行累加，即分别累加水平方向（X）的帧间偏移量和垂直方向（Y）的帧间偏移量，得到 X、Y 方向的绝对帧位移曲线（图 5）。

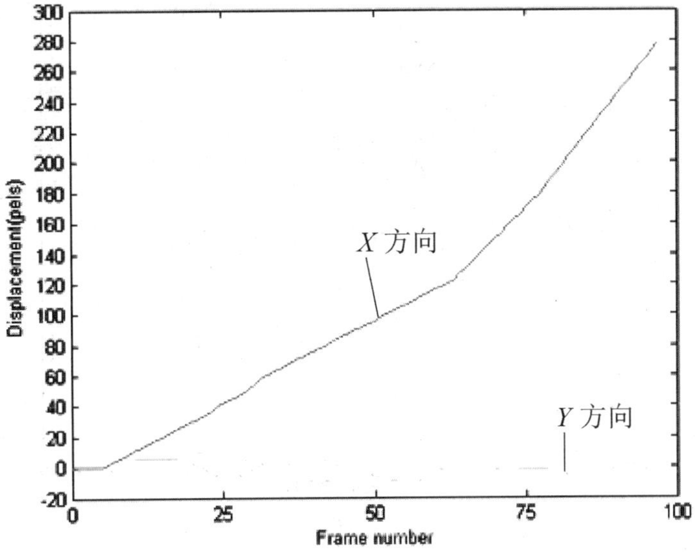

图 5　X、Y 方向的绝对帧位移曲线

由图 5 可以看出，水平方向的位移随着车载摄像机的扫描运动在稳步增大，在大约 40 帧和 60 帧处水平方向的绝对帧位移曲线的斜率发生了细微的变化，反映了摄像机载体的速度变化情况；而垂直方向绝对帧位移的不规则变化则反映了路面的起伏不平。

3.2　绝对帧位置的滤波

图 6 是基于摄像机的匀加速运动模型（CAMM）和匀速运动模型（CVMM），在状态噪声 Q = 0.1 和观测噪声 R = 100 的条件下经过 Kalman 运动滤波之后所得到的水平方向和垂直方向的绝对帧位移曲线。

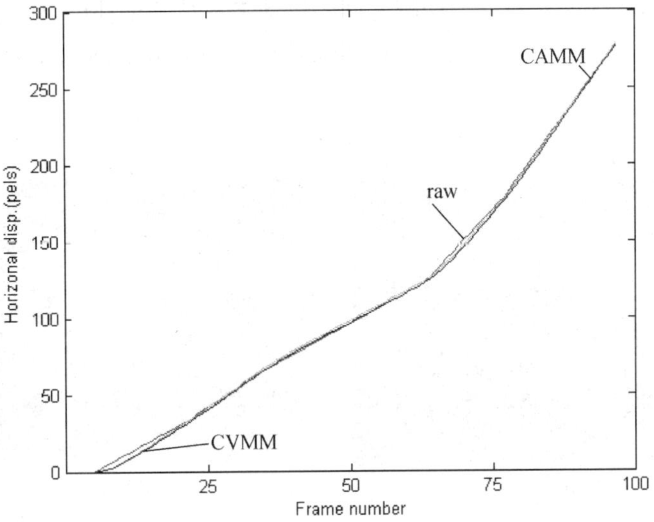

(a)

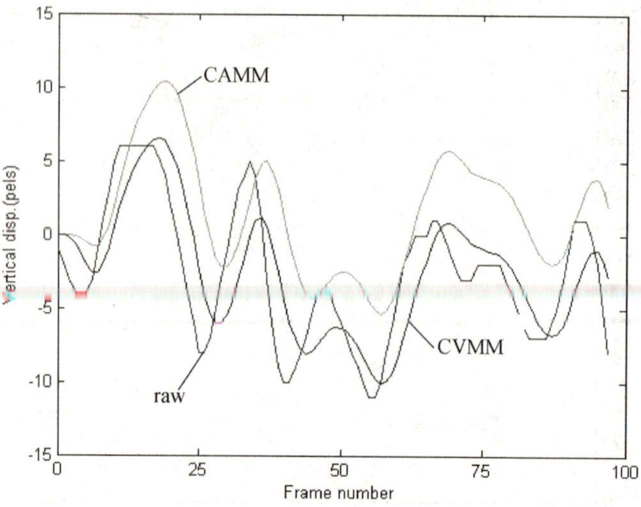

(b)

图 6　Kalman 运动滤波后 X、Y 两个方向的绝对帧位移曲线（$R=100$，$Q=0.1$）

通过分析我们可以看出，当过程噪声取 Q = 0.1 时，两种摄像机运动模型能够较好地跟踪原始帧位移曲线。我们可以发现匀速运动模型更适合稳像系统，尤其在较小的过程噪声条件下，因此，我们可以基本默认小过程噪声条件下的匀速运动模型，在监测到总体运动状态发生变化时适当增大过程噪声参数，以增强 Kalman 运动滤波的自适应性，进而达到改善稳像效果的目的。

3.3　稳像效果

图 7 所示为序列图像中的相邻两帧。图 8 所示为给出了基于 Kalman 运动滤波后的补偿参数进行补偿后的第 61 帧图像。图 9 所示为原始序列中第 60 帧和第 61 帧的差值图像及稳定后两帧差值图像的比较。当两帧之间的运动矢量被完全补偿时，它们的差值图像各点像素灰度值应为零，差值越小说明两帧图像越相似，对应的图像序列逼真度也就越高，序列也就越稳定。

(a) 第60帧　　(b) 第61帧

图 7　相邻的两帧图像

图 8　补偿后的第 61 帧

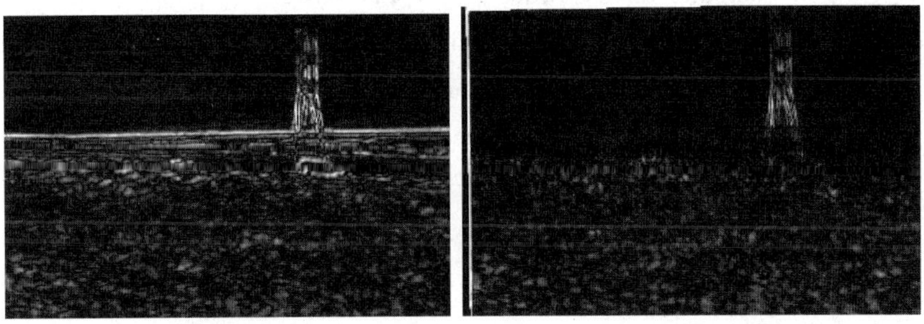

(a) 原始差值图像　　(b) 稳定差值图像

图 9　稳定前后差值图像比较

4　结语

针对稳定车载摄像视频的需求，介绍了一种基于局部求精的菱形搜索位平面匹配全局运动估计和 Kalman 运动滤波的电子稳像算法。位平面匹配法利用图像的灰度码和图像的位平面实现快速二值匹配来确定图像局部运动矢量，显著降低了图像处理的计算量，获得了近似最优的匹配精度。运用卡尔曼滤波算法保证了在去除平移抖动的同时保留帧间主运动轨迹。仿真实验表明，该算法简单、快速、有效，取得了良好的稳像效果。

参 考 文 献

[1] Sung - Jea Ko, Sung - Hee, Kyung - Hoon Lee. Digital image stabilizing algorithms based on bit - plane matching[J]. IEEE Transactions on Consumer Electronics, 1998, 44(3): 617 - 622.

[2] Sung - Jea Ko, Sung - Hee Lee, Seung - Won Jeon. Fast digital image stabilizer based on Gray - coded bit - plane matching [J]. IEEE Transactions on Consumer Electronics, 1999, 45(3): 593 - 603.

[3] S Zhu, K K Ma. A new diamond search algorithm for fast block - matching motion estimation [J]. IEEE Trans. Image Processing. 2000, 9(2): 287 - 290.

[4] HongCai, E Grivel, M Najim. A dual Kalman filter – based smoother for speech enhancement [J]. IEEE International Conference on Acoustics, Speech, and Signal Processing, 2003, 1: 912 – 915.

[5] 邢慧,颜景龙,张树江. 基于 Kalman 滤波的稳像技术研究[J]. 兵工学报,2007, 28(2):175 – 177.

[6] 张江山,朱先喜. 一种基于 Kalman 滤波的视频对象跟踪方法[J]. 中国图像图形学报, 2002,7(6):606 – 609.

[7] 张永丽,张太锰,毕建民. 基于自适应背景初始化的车流量检测算法[J]. 微电子学与计算机,2007,24(5):135 – 140.

[8] Joonki Paik. Video Stabilization using Kalman filter and phase correlation matching [J]. Lecture Notes in Computer Society, 2005, 3656: 141 – 148.

[9] Marius Tico, Markku Vehvilainen. Constraint motion filtering for video stabilization [C]// IEEE International Conference on Image Processing, 2005: 569 – 572.

基于知识点均衡的遗传算法组卷问题研究

李　郴　曹晓洒　肖崇星

中国矿业大学（北京）机电与信息工程学院，北京　100083

摘　要　知识点在一份试卷中是否均衡分布是评价试卷质量好坏的一个重要因素。通过分析当前组卷方案存在的问题和不足，本文提出了一种基于知识点均衡的改进遗传算法组卷策略，与基本遗传算法相比，基于改进遗传算法组出的试卷更能满足实际考试需求。为了验证改进算法在实际环境中的应用效果，本文将改进后的遗传算法用于自主开发的C语言组卷系统中，以解决组卷系统知识点分布不均衡的问题，通过实践证明改进算法的可行性和有效性。

关键词　知识点均衡　组卷系统　遗传算法

Research on Improvement of Genetic Algorithms in Test Paper based on Knowledge Points Equilibrium

Li Chen　Cao Xiaosa　Xiao Chongxing

School of Mechanical Electronic and Information Engineering,

China University of Mining and Technology, Beijing　100083

Abstract　It is an important factor to evaluate the quality of the test paper whether the knowledge point in a test paper is balanced. After analyzing the problems and deficiencies in the existing test paper that generating scheme, the paper proposed an improved genetic algorithm strategy based on knowledge points equilibrium, compared with the basic genetic algorithm, the paper generated by the improved genetic algorithms can better meet the actual needs of test. In order to verify the effect of the improved algorithm in the application of the physical environment, the improved genetic algorithm will be used to the C language test paper system, to solve the problem of unsolved distribution of the knowledge points, and proved the feasibility and effectiveness of the improved algorithm.

Key words　knowledge points equilibrium　test paper system　genetic algorithms

---

资助项目： 中央高校基本科研业务费专项资金（2011YJ03）

作者简介： 李郴（1963—　），女，北京人，硕士，副教授，主要从事计算机应用方面的研究。Tel:13661221228; E-mail:lichenk701@163.com

0 引言

在计算机网络技术迅速发展和普及的背景下，使用计算机智能组卷相对于当前人工组卷的优势日渐凸显，它逐渐成为高校教学的重要组成部分。智能组卷系统的核心是高效的从试题库中抽取出最优的试题组合，组成满足试题题型、题量、知识点、曝光率、掌握要求和难度系数等约束要求的试卷。组卷效率和组卷质量主要由试题库结构和组卷算法决定[1]。试题是试卷的组成部分，每道试题至少包含一个知识点，因此，知识点组合的优劣决定着试卷质量的高低。为了使智能组卷更加符合考试要求，不少学者提出了基于知识点的组卷方案，这些方案在组卷方面取得了一定的效果，但是仍存在一些问题和不足，主要包括以下几个方面：

（1）对知识点的划分不够清晰，没有明确区分元知识点和复合知识点，选题组卷时仅从元知识点入手，极易造成所选择的试题多数来自于同一章节的知识点，不符合实际的组卷要求。

（2）以章节的形式设置知识点，极大地降低了试题库的通用性，如果教材改版，需要教师按照章节重新录入试题或者批量手工修改试题的章节属性，造成了人力、时间的浪费。

（3）较少甚至没有涉及知识点出题数量的平衡策略，仅以章节所占分值比例或知识点个数衡量整套试卷的覆盖率，极易造成某一知识点的数量大于甚至数倍大于所限制的知识点数目。

针对上述问题，本文提出了以知识点内容划分不同等级知识点的方案，知识点从上到下逐级细化划分为三级，一级知识点为课程大纲中的“章名”，二级知识点为课程大纲中的“节名”，三级知识点为课程大纲中的具体知识点。在组卷之前录入相关参数信息，其中知识点是根据题型选取的，并输入对应知识点的分值或题量，采用这样的组卷方式可以保证需要被考察的知识点在相对应的题型以至整套试卷中都能够均衡分布。

常见的智能组卷算法有随机抽取算法、回溯试探算法和遗传算法等。随机抽取算法操作简单，但很难满足要求较高的试卷组卷。回溯试探算法是对随机抽取算法的一种改进算法，对小型试题库系统而言能有效提高组卷效率，而对大型题库来说，时间和空间复杂度较大。遗传算法是模拟生物界自然选择和遗传变异机制来求解复杂问题的随机搜索和优化算法，在组卷的过程中，将试卷中每一道试题独立进行编码，然后根据组卷的相关参数产生初始种群并计算种群个体适应度值，随后进行遗传操作，直至生成满足要求的试卷。遗传算法具有全局搜索能力、潜在的并行性和鲁棒性强等优点，在试题自动组卷中有着出色的表现[2]。鉴于上述优点，本文将在满足知识点均衡的基础上利用改进的遗传算法进行组卷。

1 知识树的构建

知识点是传递教学内容的基本单元。知识点分为元知识点和复合知识点，其中元知识点指在结构上不能再被分割的知识点，复合知识点指由若干个元知识点或复合知识点组合而成的知识点。知识树则是知识点及其关系的集合[3]。本文以 C 程序设计教材为例，按照知识点内容划分等级，C 程序设计知识树如图 1 所示。

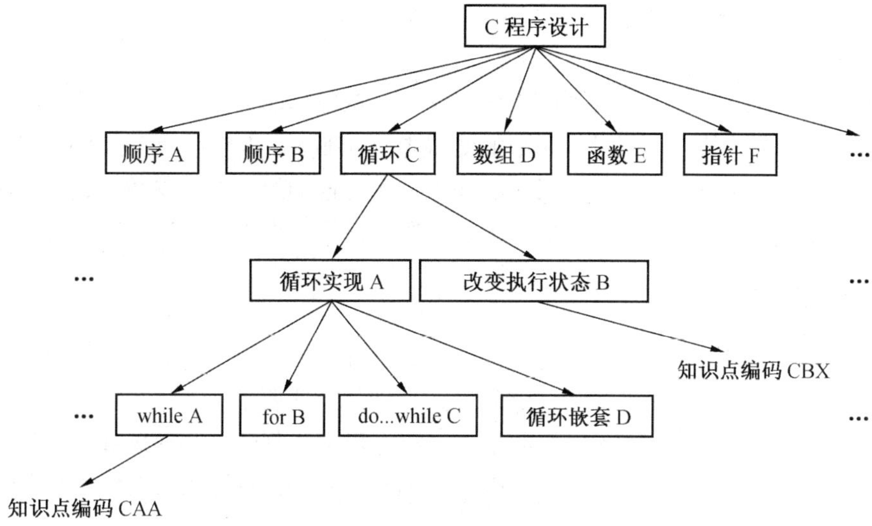

图1 C 程序设计知识树

知识树的根节点为课程名称，除根节点之外的所有知识点为各级知识点，本文以“C程序设计”课程为例，将知识点分为一、二、三级，假设每级最多包含 26 个知识点，用字母 A ~ Z 表示，为了保证编码格式的统一，当知识点编码不足三级时，后面用 X 补全。

2 智能组卷问题的描述

智能组卷问题可以看作是一个在多重目标约束条件下的组合优化问题，现从以下两个方面对组卷问题进行描述。

2.1 智能组卷数学模型

通常组成一份试卷需要考虑的因素有试题题型、题量、分值、知识点、难度系数、掌握要求、曝光率、出题日期和答题所需时间等。为了降低组卷算法的复杂度，提高组卷算法的效率，本文将提取以下指标作为生成试卷的约束条件，即题型、题量、知识点、难度系数、掌握要求和曝光率，并设定允许一定的误差范围[4]。试卷 S 的目标矩阵表示为

$$S=\begin{bmatrix} a_{11} & a_{12} & \cdots & a_{16} \\ a_{21} & a_{22} & \cdots & a_{26} \\ \vdots & \vdots & & \vdots \\ a_{m1} & a_{m2} & \cdots & a_{m6} \end{bmatrix} \tag{1}$$

式中 m——一份试卷中试题的数量；

a_{m1}——试题的题型；

a_{m2}——对应题型题量；

a_{m3}——试题知识点；

a_{m4}——试题的难度系数；

a_{m5}——试题的掌握要求；

a_{m6}——试题的曝光率。

2.2 智能组卷控制参数

组卷控制参数表征了一份试卷的组卷要求，由系统界面人机交互的方式获得。本文采用的组卷控制参数有题型、题量、题型的知识点（可选）、难度系数、选中知识点所对应的分值或题量等。其中设置题型所对应的知识点为可选的组卷控制参数，组卷人员可以根据组卷需要灵活指定知识树所对应的一级、二级、三级知识点或者它们之间的任意组合。

3 试题库表结构设计

本文的试题库表结构是根据遗传算法的特点设计的，需要满足遗传算法易操作和组卷效率高的要求，采用按照题型分类存储的方式来满足上述要求。

具体操作如下：将试题库表按照题型（选择、填空、判断、读程序和写程序，题型代号分别为1、2、3、4、5）分为5张试题库表，现以选择题试题库表为例具体形式见表1。

表1 选择题试题库表

题号	题型	主知识点	次要知识点	分值	难度系数	掌握要求	曝光率	内容	答案
1	1	ABX	AAX						
2	1	BCA	BCB						
3	1	AXX	AAX						

一般情况下，试题库中每道试题对应的知识点个数不少于1个，为了使知识点的定位更加精确，教师按照主知识点和次要知识点的方式进行试题的录入，其中，主知识点是从试题中归纳出来的最为重要的知识点且每道试题只包含一个主知识点，次要知识点可以包含0个或多个，采取这样的存储方式为解决知识点均衡问题提供了支撑。

4 基于知识点均衡的改进的遗传算法

4.1 染色体编码策略

本文研究的组卷系统采用分段实数编码方案。将试卷中的每一道试题映射为一个基因，用题号表示基因的值，每种题型在各自题型段内分别编码，编码长度由对应题型题量决定，所有题型的题号组合在一起就形成了一份试卷完整的染色体。现以选择题和填空题为例，具体的编码方式见表2。

表2 分段实数编码

题型	选择题	填空题
题量	6	6
编码	1 23 10 45 102 25	20 32 120 43 98 99

采取这样的编码策略能有效地解决编码过长的问题，减少编码和解码时间，提高算法效率。另外，不同题型的试题在对应题型表中独立进行编码，使得相关的遗传操作在相同

的基因段内进行，不会对其他基因段产生干扰，从而在一定程度上保证了组卷过程中各题型和题量的精确匹配。

为了加快算法的收敛速度和减少算法的迭代次数，试卷初始种群的生成是以题型为单位，在满足用户输入的对应题型的题量、分值和知识点等参数的约束条件下生成，采取这种策略，简化了算法的操作流程，减少了算法的运行时间，从而降低求解问题的复杂度，提高对问题解的搜索效率。

4.2 适应度函数的变换

根据设定的难度系数、掌握要求、曝光率、出题日期和答题所需时间等5方面的约束确定试卷的适应度函数，具体函数为

$$F = \sum_{i=1}^{6} \omega_i e^{-f_i} \tag{2}$$

$$\sum_{i=1}^{6} \omega_i = 1 \tag{3}$$

式中 F——整套试卷的误差加权和；

f_i——试卷第 i 个约束条件与用户要求的误差的绝对值。

从式（2）可以看出，f_i 值越小，试卷就越接近目标值，个体性能相应更优越。ω_i 代表第 i 个约束条件的权值，权值的大小根据约束条件的重要程度设定。

4.3 基因修正策略

本文染色体采用分段实数编码策略在一定程度上保证了题型和题量的精确匹配，然而在遗传操作过程中，不可避免地会出现基因重复现象，这样会造成染色体个体的消亡，甚至导致组卷失败。为避免上述情况的发生，本文在染色体个体进化过程中判断各个题型中是否包含重复基因，如果包含则应将重复基因自动替换成知识点相同的的其他正常基因，避免重复的异常基因成不良影响。

4.4 遗传算子的设置与改进

4.4.1 遗传概率

交叉概率 P_c 和变异概率 P_m 决定了遗传算法的收敛性，对遗传算法性能有着直接的影响。传统遗传算法采用固定的交叉和变异概率的方式无法满足群体的差异性特点，概率的固化会导致种群进化过程缓慢或进化方向出现偏差[5]。

本文根据种群的进化情况采用自适应函数动态的调整交叉概率 P_c 和变异概率 P_m。

$$P_c = \begin{cases} P_{c1} - \dfrac{(P_{c1} - P_{c2})(F_c - F_{avg})}{F_{max} - F_{avg}} & (F_c \geqslant F_{avg}) \\ P_{c1} & (F_c < F_{avg}) \end{cases} \tag{4}$$

式中 F_{max}——群体中最大的适应值；

F_{avg}——每代群体的平均适应度值；

F_c——待交叉的两个个体中的较大的适应度值。

$P_{c1} = 0.9$，$P_{c2} = 0.6$，P_{c1} 和 P_{c2} 取经验值。

$$P_m = \begin{cases} P_{m1} - \dfrac{(P_{m1} - P_{m2})(F_{max} - F_m)}{F_{max} - F_{avg}} & (F_m \geqslant F_{avg}) \\ P_{m1} & (F_m < F_{avg}) \end{cases} \tag{5}$$

式中　F_{max}——群体中最大的适应值；

F_{avg}——每代群体的平均适应度值；

F_m——待变异个体的适应度值。$P_{m1}=0.1$，$P_{m2}=0.01$，P_{m1}和P_{m2}取经验值。

应用自适应函数动态调整交叉和变异概率的进化，不仅可以加速算法收敛而且可以避免算法过早收敛，在很大程度上提高了算法的收敛速度。

4.4.2　改进交叉操作

本文采用分段单点交叉策略，因试题库包含5种题型，所以最多出现5个交叉点。

由于在初始种群生成的过程中种群个体已经满足知识点均衡问题，因此，在两个个体进行交叉的过程中，需要在维持种群个体知识点均衡的基础上完成个体的进化。具体操作如下：将一个群体中的个体任意两两配对，然后对每两个个体产生一个［0，1］的随机小数r，若$r<P_c$，则每个题型均随机产生一个交叉点，此时判断在此交叉点处的两个个体的知识点是否相同，如果相同则进行交叉操作，否则采用基因换位法，将具有同一知识点的试题换到交叉位置进行交叉；若$r \geqslant P_c$则不进行交叉。交叉后计算子代和父代个体的适应度值，根据适应度值的大小，保留两者间适应度值较大的个体，如果适应度值相同则保留父代个体，删除子代个体。

在上述交叉过程中，由于基因修正模块保证了基因朝着正确的方向进化，从而保证了交叉过程中的知识点均衡。

4.4.3　改进变异操作

本文采用分段随机变异的方式，具体操作如下：首先选取种群中的一个个体，然后对该个体随机产生一个［0，1］范围内的小数，若$r<P_m$，则对该个体随机产生一个变异点，然后判断此变异点处该个体的知识点，并从题库中抽出与该知识点相同的新试题来代替旧试题；若$r \geqslant P_m$则不进行变异。

在上述变异过程中，基因修正模块保证了基因朝着正确的方向进化，从而保证了变异过程中的知识点均衡。

4.5　改进遗传算法描述

第一步确定组卷参数。确定最大迭代次数MaxGen、群体规模PopSize并接收用户输入的参数，如各个题型试题数量和知识点等。

第二步执行核心算法，具体执行过程如下：

（1）根据第一步用户输入的组卷参数产生初始种群并记gen=1。

（2）计算群体中每个个体的适应度，并记录当前最优个体的适应度值F_{max}和适应度值的平均值F_{avg}。

（3）循环验证求解。

```
while（gen<MaxGen && 最好个体的目标值未达到最优）{
    执行选择操作
    if（r<Pc）{
    选择交叉父体
    执行分段单点交叉操作
    }
    if（r<Pm）{
```

```
    选择变异父体
    执行分段随机变异操作
    }
    计算新一代个体适应度值，根据最优保全策略保留最优个体
    gen ++
}
```

第三步算法结束，选取最优解，输出试卷。

5 结语

本文针对现有组卷方案存在的问题和不足提出了基于知识点均衡的改进遗传算法组卷方案，通过构建知识树、对试题库结构进行分题型设计和对传统的遗传算法进行改进等若干步骤，使 C 语言试题库系统能够组出满足知识点均衡及其他组卷要求的试卷。

参考文献

[1] 吴敏宁．基于知识点的改进性遗传组卷算法的研究［J］．电子设计工程，2012，20（23）：26－28.

[2] 张新诺．组卷算法研究［D］．吉林：吉林大学，2011.

[3] 周千明，朱欣娟．改进的基于知识点均衡的智能组卷方案［J］．技术与方法，2011，30（24）：58－61.

[4] 施俊，缪勇．基于遗传算法的自动组卷研究与应用［J］．电脑知识与技术．2014（34）：8160－8162.

[5] 郭剑．基于改进的自适应遗传算法在题库系统中的研究与应用［D］．长沙：中南大学，2013.

学生在线测评系统设计

吴雅琴　杨　硕

中国矿业大学（北京）机电与信息工程学院，北京　100083

摘　要　在当前高校教育环节中，许多高校逐渐引入在线测评系统对学生学习情况进行评测。然而许多系统普遍存在测评过程烦琐、系统过于庞杂、操作不简便、测评内容重复且单一的缺点。本文提出的在线评测系统具有易操作、测评内容随机高的优点，加入了对测评结果的数据分析与记录，在下次组卷过程中利用随机组卷算法并根据已记录的测评结果进行组卷，这种做法不但方便教师的教学并且能真实反映学生对知识的掌握情况，此外对手机端进行了适配，使用户在手机上也能流畅的浏览本系统。

关键词　在线测评　数据分析　随机算法

The Design of Online Evaluation System of Students

Wu Yaqin　Yang Shuo

School of Mechanical Electronic and Information Engineer,
China University of Mining and Technology, Beijing　100083

Abstract　In the current higher education sectors, many colleges and universities gradually introduce the online evaluation system to evaluate the students' learning situation. However, many systems exist the evaluation process cumbersome, the system is too complex operation is not simple and repeat the drawbacks of the single evaluation content. The online evaluation system proposed in this paper has the advantages of easy operation and high content of random evaluation. The system added to the evaluation results of the data analysis and recording, using randomized algorithms in the next test process and test results according to the evaluation recorded. Not only convenient for teachers' teaching and can reflect students' mastery of knowledge, and on the side of the mobile phone adapter, users in the mobile phone can also browse this system smoothly.

Key words　online evaluation　system data analysis　randomized algorithms

---

资助项目：中央高校基本科研业务费专项资金（2011YJ15）

作者简介：吴雅琴（1970—　），女，江苏南通人，硕士，副教授，主要从事模式识别、信息处理等方面的研究。Tel:13671282976;E-mail:wyqcumt@126.com

0　引言

在线教育与传统面对面教育最大的不同之处在于教学模式的变化。在线学习系统中，学习者直接面对的教育提供者不再是教师而是系统。学习者通过与在线学习系统的交互获得需要的教育内容和教育方式[1]。在信息快速发展的时代，传统的考试形式已不适应发展的要求，越来越多的教育单位选择网络考试。在线测评系统可根据老师预设的题库自动生成一套试卷，而且老师可直接在上面修改。这样考试的公平性、答案的安全性可得到有效保证。

早在20世纪90年代初，美国就已经开始使用在线测试系统进行教学。随着科学技术的快速发展，各个大学、研究所都研发出了在线测试系统，作为网络教学重要组成部分的在线考试系统也随之出现了。如北京大学的网络考试系统、北京师范大学的在线考试系统等[2]。但若有多门课程需要建设成在线开放学习平台，则需要根据每门课程分别建立多个资源子网站，学生访问不同的开放课程时需要不断切换链接，不同课程间的资源不便查找[3]。

本系统规模小、组卷效率高，较好地解决了普通在线测评系统的缺点，但对可靠性、易维护性、安全性、可操作性等性能也有较高的要求。可靠性——要求系统即使在输入不符合规则的字符、进行不适当的操作时也不会崩溃，而是提供良好的提示界面，告知使用者；易维护性——保证维护质量、提高维护效率、控制维护成本而进行的维护过程管理，要求对软件的每次“修改”均需经过申请、评估、批准、实施、验证等步骤；可操作性——本系统的操作人员是教师与学生而非专业的计算机从业人员，这就要求系统要操作简便、界面美观，方便使用者快速使用。

1　在线测评系统的总体设计

1.1　系统整体结构设计

本系统是基于SSH框架与B/S架构开发的在线测评系统，分为前台登录和后台管理两部分。前台登录是人性化的操作界面，学生在前台注册、登录、进行考试或习题练习；后台管理是提供给教师管理学生、考试、题库、习题的，可以方便快捷地使用整个系统。根据整个系统的架构按功能分为学生模块、教师模块、考试模块、习题模块、管理中心模块。学生可以注册、登录、考试、练习。教师可以在后台管理自己和学生的账号信息，布置试题、练习题，丰富题库，查看学生的考试情况。

1.2　系统功能架构设计

本系统前台可以实现5个功能，后台可实现8个功能，在线测评系统的功能架构如图1所示。

1.3　系统功能模块设计

1.3.1　学生功能模块的设计与实现

1. 学生登录模块

学生可以通过下拉菜单选择考试科目，没有注册过的学生点击注册按钮就可以用自己的身份证号码注册一个唯一的账号。在填写学号时验证学号的正误，相关代码在jquery. validate. min. js中实现。如果学号错误则提示学生输入有误，输入正确则验证该学号是否已经登录，已经登录过的学生不能再重复登录。

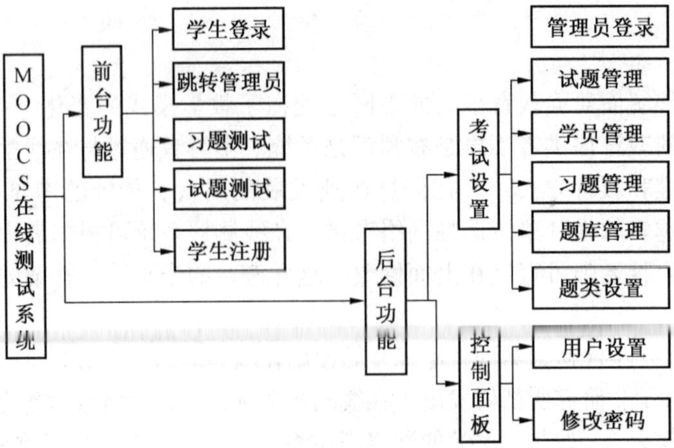

图1　在线测评系统的功能架构

2. 考试模块

进入考试界面开始进行答题操作，左边分界面里有学生信息，包括编号、姓名、性别、学校、专业以及本次考试的剩余时间；右侧则是考试题目，考生可以根据题目选择答案进行作答；下方还有一个试题导航，导航使整个试题的布局、结构变得简单明朗，便于考试过程中的各种操作。在完成答卷后点击提交试卷按钮，之后弹出提示窗口，学生在考虑成熟后做出交卷操作，防止考生误选。确定交卷之后，将学生考卷答案与答案库进行比对，迅速计算出本次考试的得分，根据学生得分提示学生是否通过了本次考核。

3. 习题模块

习题模块的首界面与学生登录的首界面布局大致相似，只不过省去了登录的环节。在右版面分布有两个按钮，分别是登录习题与返回考试。选择返回考试则返回到学生登录界面，选择登录习题则跳转到习题练习界面，与考试界面不同之处在于没有学生登录的功能，所以并不会显示学生的基本信息。同样的做题界面不一样的提交体验，交卷之后不仅会得出本次练习的成绩信息，做题情况也随之出现，学生可以通过习题结果看出平时掌握知识方面的不足之处及答题技巧的欠缺，吸取经验教训投入下一步的学生生活中，在学习上更上一层楼。

1.3.2　教师功能模块的设计与实现

1. 管理员登录模块

管理员登录时除了传统的账号密码验证登录，还增加了随机验证码，有效防止了误操作以及恶意访问。

2. 管理中心页面

管理中心首页界面干净整洁，在界面的左部分布着考试设置与控制面板这两个本系统最核心的功能。右上角的管理中心、系统首页、安全退出使教师在使用后台功能时，可以随时进行界面转换及退出系统。

1.3.3　考试设置模块

1. 试题管理模块

在试题管理界面中可以清楚看到添加、刷新、全选、批量删除的功能整齐地分布在页面上方，批次设置、考场实况、题目设置3项功能是整个考试模块的精髓。教师通过对这3个功能的操作完成了布置考试题目、安排本次考试的监考人员、考试地点与考试时间等内容。

2. 习题管理模块

习题管理模块可进行增加、删除、设置的操作，添加习题时只需要输入习题名称、习题总分、及格分数这3项即可。题目设置与考题一般无二，都是选择题型、输入题数、题型分数。添加的习题会立即显示在学生的习题界面上，供学生选择需要练习的习题。

3. 学员管理模块

学员管理模块中添加学生时需要选择学生账号的状态，输入学生的姓名、性别、学号、联系方式、学历、专业、就读学校。其中学号与练习方式都需要输入真实信息，不能随意输入任意数字，学号必须是18位，联系方式必须输入11位的手机号码且必须是13、15、17、18开头。

4. 题库管理模块

题库管理模块中有添加、刷新、导入、全选、批量删除、修改的功能。添加题目时，需要录入试题状态、所属类别、题型、题目、正确答案，需要时也可以添加图片。为了方便添加更多试题，在添加试题时可以批量导入在excel里编辑好的试题。比起一条一条的手工添加则更加方便快捷。

5. 题类设置模块

题类设置模块中增、删、改、查4项基本功能齐全。增加题类需要输入题类名称、标识，其中标识必须是纯数字。

1.4 数据库设计

完整的系统数据库E－R图设计如图2所示。

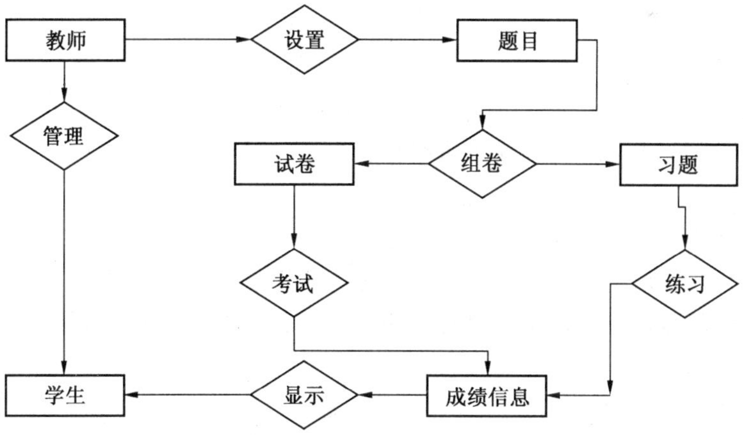

图2 完整的系统数据库E－R图设计

2 系统实现

2.1 随机组卷算法

2.1.1 算法描述

随机法是指依据已经确定的标准随机抽取试题最终组成试卷的算法。在组卷过程中根据要求在题库中不断随机抽取试题，直到符合用户需求或无法完成给出错误提示。用随机法进行组卷，其过程比较简单，但具有不可回溯性，是依据当前的试卷标准来选择试题的。随机算法虽然简单，但在一定的条件控制下，可以通过均匀选取方式体现试卷的公正性，更好地避免作弊[4]。

2.1.2　算法设计

运用线性同余算法生成的伪随机数是相互独立且在［0，1］区间上均匀分布、统计性质良好的随机数，具备了真随机数的性质，因此本文采用线性同余算法生成组卷所需的随机算法。

线性同余方法的一般递推公式如下：

$$\begin{cases} x_n = (ax_{n-1} + c)(\bmod M) \\ r_n = x_n / M \qquad\qquad (n = 1, 2\cdots) \\ \text{初值 } x_0 \end{cases} \tag{1}$$

式中　M——模数；

a——乘子（乘数）；

C——增量（加数）。

x_0、M、a、C 均为非负整数。

本文规定 $M = 2\verb|^|32$、$a = 1664525$、$C = 1013904223$，随机产生 n 个［0，1］的伪随机数，在组卷过成中以题型 Question_ type、题类 Item_ number、难度系数 Difficulty 作为约束条件，首先根据 Question_ type、Item_ number 筛选出适当的题型、题类。在数据库中根据 Difficulty 系数进行难易程度判别，生成待组卷表，在规定的题目数量 num 下随机产生 num 个随机数用于组卷的题目数量。

2.1.3　算法实现

算法的具体实现步骤如下：

（1）教师根据教学目标通过试题生成模块选择组卷要求。

（2）根据教师组卷要求在题库中进行条件判断，是否可以提供组卷，如不行给出错误提示。

（3）根据题类要求抽取出符合题类的所有题目。

（4）从题库中抽取所有符合第一种题型的题目 ID 并保存在数组中。

（5）生成随机数，查询数组中是否有重复，如没有则存入；否则继续调用生成随机数，直到数组满为止。

（6）重复第（4）~（6）步，将组卷要求完成。

（7）根据抽取出的题目 ID 抽取试题并组成试卷。

2.2　测评结果分析算法

2.2.1　算法描述

测评结果分析算法是为了分析学生测试结果，方便教师修改题目难度与题目内容的算法，其主要依据为该题的错误率与做题时间，错误率越高、做题时间越长对应的题目难度越高，反之题目难度则越小，在对测评结果进行分析后自动修改题目难度，在下次组卷时根据新的题目进行组卷。

2.2.2 算法设计

测评结果分析算法是基于方差的一种简单算法。方差描述的是随机变量对数学期望的偏离程度，方差越大，数据的波动越大；方差越小，数据的波动就越小。分析测评结果方差是一种既简单又实用的方法。

方差的基本公式如下：

$$S^2 = \frac{1}{n-1}\sum_{i=1}^{n}(x_i - \bar{x})^2 \tag{2}$$

本文采用分析方差加约束条件的方法进行结果分析，计算出错误率 Rate 的方差与做题时间 Time 结合产生难度系数 Difficulty。

算法公式如下：

$$Y = \frac{D(x) + a \times R}{b} \tag{3}$$

式中 Y——难度系数 Difficulty；

x——做题时间 Time；

R——错误率 Rate；

a、b——常数。

2.2.3 算法实现

算法的具体实现步骤如下：

（1）统计做题错误人数与做题总人数，算出题目错误率。

（2）统计一道题的做题用时，计算方差，方差越大证明题目多数人用时较长。

（3）取 $a=5$、$b=2$ 计算出该题的难度系数。

（4）重复第（2）~（3）步，计算每道题的难易程度。

（5）根据计算出的难易程度向下取整，并改变此道题目的难度系数。

2.3 系统在手机端适用

由于 PC 端与手机端的屏幕尺寸存在较大差异，因此用手机浏览时会出现很多问题，为了解决这一问题，普遍采用制作两版的模式即分别制作一版 PC 端网页与一版手机端网页，制作手机端网页时采用 html5 与 jQuery Mobile 结合的方式开发，除了更改已经制作好的 PC 端网页样式外还需要在网页头部加入从 CDN 引用的 jQuery Mobile 或从 jQuerymobile. com 下载后的引用，开发时利用 css 的@ media 标签设置适应不同手机大小的网页布局。

3 结语

本文设计的在线评测系统采用了 SSH 框架，成熟易用，系统的稳定性得到了极大提升。加入了随机算法组卷与结果分析，解决了普通测评系统生成试卷速率慢、对试卷结构不分析的问题，并且在适配电脑的同时加入了适配手机的网页，顺应了时代发展要求。但本系统仍存在一些不足，系统为了追求试卷组卷的速率在组卷算法的权衡下选择了随机组卷算法，因而在后期根据结果进行再次组卷时由于组卷算法的限制不能加入更多深度的数据分析。

参考文献

[1] 滕金国．具有资源共享支持的在线学习平台的设计与实现［D］．西安：陕西师范大学，2013.

[2] 江译中．基于 JSP 技术的在线考试系统设计与实现［D］．武汉：华中师范大学，2015.

[3] 温且兵，杨小国．浅谈在线辅助学习系统在教学中的实践与研究［J］．中小企业管理与科技，2016，(7)．

[4] 王瑞锋．简单随机组卷算法设计［J］．计算机世界，2013，(9)．

矿大学生事务管理系统移动端设计

于忠义[1]　晏严勇[1]　林晓智[1]　魏茂胜[1]
续校鸣[1]　刘　洋[1]　尹相煜[2]　高文超[1]

1. 中国矿业大学（北京）机电与信息工程学院，北京　100083
2. 中国矿业大学（北京）地球与测绘工程学院，北京　100083

摘　要　随着智能移动设备的快速发展，在移动办公领域出现了“3A 办公”的概念，工作人员可以在任何时间、任何地点处理任何与工作有关的事务。近年来，各大高校纷纷建立自己的事务系统，提高了工作效率，也减轻了工作人员的任务量。但系统的主要客户终端仍然是计算机，而计算机不方便携带、不能随时连接互联网导致依托计算机的办公自动化系统有一定的局限性。由于我校尚未在任何移动平台上拥有任何学生系统，因此本文设计一套基于移动平台的学生事务管理系统以打破现状，以求更好地为老师和学生提供服务。

关键词　移动开发　学生系统　办公自动化

Mobile Client of Student System for CUMTB

Yu Zhongyi[1]　Yan Yanyong[1]　Lin Xiaozhi[1]　Wei Maosheng[1]
Xu Xiaoming[1]　Liu Yang[1]　Yin Xiangyu[2]　Gao Wenchao[1]

1. School of Mechanical Electronic and Information Engineering, China University of Mining and Technology, Beijing　100083
2. College of Geoscience and Surveying Engineering, China University of Mining and Technology, Beijing　100083

Abstract　With the rapid development of smart mobile devices, the concept named“3A office”appeared in the field of mobile office. The staff can deal with any work at any time and at any place. In recent years, the major colleges and universities have set up their own transactional systems. This not only improves their work effect, but also reduces the amount of work. But due to the inconvenient to carry and can not connect to the Internet at any time, the office automation system rely on the computer has certain

---

资助项目： 中央高校基本科研业务费专项资金（2014QJ05）

作者简介： 于忠义（1993—　），男，机电与信息工程学院计算机科学与技术系学士，主要从事推荐算法研究。Tel:15652385197; E－mail:1197988245@qq.com limitations. In this paper design and develop a student system based on iOS platform to break this limitation and provide better services for teachers and students.

Key words mobile develop student system office automatic

0 引言

在过去二十年的时间内，随着互联网以及信息技术的高速发展，政府机关、企事业单位等已经逐渐摒弃了过去低效、烦琐的纸质化办公方式，采用了先进、高效的自动化办公模式。目前，办公自动化的主要客户终端仍然是计算机，由于计算机不方便携带、不能随时连接互联网，导致依托计算机的办公自动化系统有一定的局限性。随着智能手机的高度普及，在办公自动化领域出现了“3A 办公”的概念。“3A 办公”即在任何时间（Anytime）、任何地点（Anywhere），办公人员可以处理与业务相关的任何事情（Anything）。这种全新的移动办公模式，可以让办公人员摆脱时间和空间束缚，用信息化软件和移动终端，建立与电脑互联互通的应用系统。

这些年来，各大高校都十分重视校园网络信息系统的建设，利用网络技术来实现对校园事务的管理，既提高了工作效率也减轻了工作人员的任务量。但是，校园办公平台的搭建还是具有一定的局限性，都是基于传统的计算机，缺乏灵活移动的特性。智能手机普及后网络实现了移动化，目前主要应用在校园内的移动技术有手机短信、聊天设计和移动图书馆等。按目前网络信息技术的发展状况来看，移动办公平台是以后办公系统的主要趋势。

到目前为止，我校尚未在任何移动平台上拥有任何管理系统客户端，而纵观兄弟院校都已在近日发布官方客户端服务全校师生。随着时代的发展，办公移动化终将成为趋势。在此背景下，本文以学校学工处的事务系统为基础将其移动化，以更好的为全校师生提供便利。

1 系统设计

1.1 总体设计

学工处事物系统程序结构如图 1 所示，进入应用后，首先是载入界面，然后是欢迎界面。在欢迎界面，应用会进行初始化操作。初始化的主要目的是读取持久化数据，如果没有则从服务器请求数据。另外，在欢迎界面还会判断用户是否已经登录，如果没有登录则会弹出登录界面，如果已经登录则进入应用。应用的主体分三个模块，第一块是通知与公告，第二块是学生管理，第三块是个人中心。第一块为用户提供查看通知的功能，有权限的人也可以创建通知或公告。第二块是应用的核心功能，用户所要办理的所有业务都在此处。第三块是用户的个人板块，主要功能是个人资料的查询与修改以及一些其他的个人业务。

1.2 底层功能设计

本应用在底层采用大量的多线程、缓存与数据持久化技术以提高其性能及稳定性。

在应用的开发过程中，多线程被大量的应用。对于带有图形用户界面的应用程序，其主线程多用来渲染图形界面与处理用户交互，如果在此线程处理过于复杂的任务将会阻塞

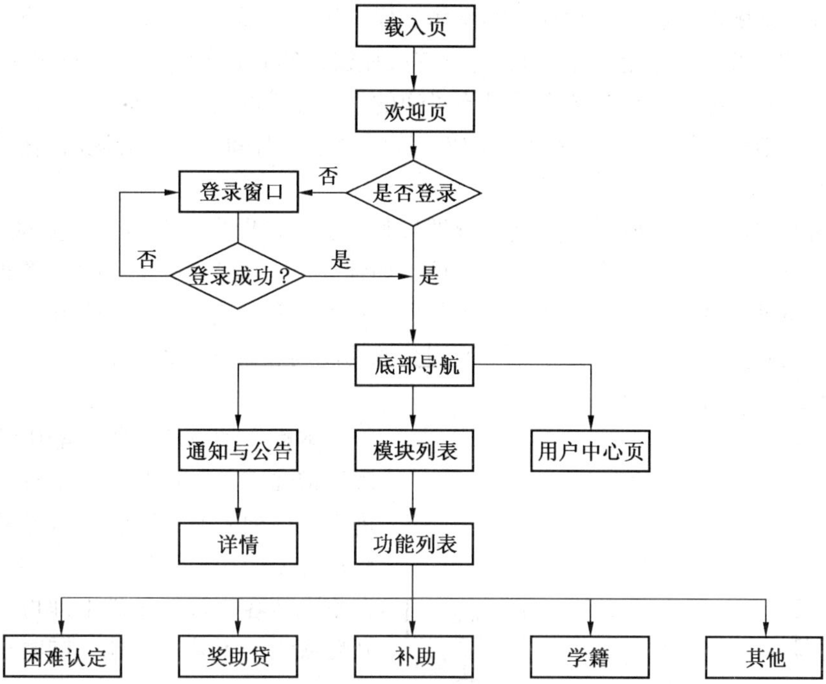

图1　学工处事物系统程序结构

交互以致界面假死。因此，应用在处理类似于从网络获取数据等任务时采用异步的方式进行。另外，应用在请求数据时不可避免地会发送重复的请求，对于一些数据量比较小的完全可以忽略，而数据量比较大的则需避免。在请求网络数据的层面将部分内容缓存到本地，能够大大减少因不必要的重复请求占用的资源，同时能够节省流量提升应用的响应速度。缓存只是将内容存储到内存中，并不能永久的保存。在应用退出或者内存占用过多时，系统会自动清理这部分资源。因此，对一些极少更改的内容采用数据持久化技术将其保存到本地能够进一步提高应用的性能。

1.3　后端与网络通信

后端及服务器端。应用获取数据的方式是向后端发送 HTTP 请求，后端在收到请求后做出响应，在响应中包含请求的数据。应用不会直接操作数据库，所以后端的主要任务是接收客户端发送的请求并处理请求，然后根据请求操作数据库并返回数据。

为了保护服务器不被恶意破坏，后端只接受带有用户标识的请求。因此，应用在向后端发送请求时会加上用户标识。后端做出的响应为 JSON 字符串。JSON 是一个轻量级的数据交换格式，因其易读且易解析而受到广大开发者的喜爱。JSON 由数组和字典组成，其中数组用方括号包裹并用逗号将每一项隔开，字典用大括号包裹用逗号将每一个键值对隔开，键值对用冒号隔开，左边是键右边是值。

1.4　详细设计

1. 用户登录

用户登录是使用该应用的基础。用户在安装成功后第一次打开应用程序时会自动跳转到登录界面。另外，如果用户长时间没有使用应用程序，程序会注销用户的登录状态并要求用户进行登录操作。和大多数程序的操作一样，用户只需要输入用户名和密码然后点击确定就能登录。密码首先用 crypt 函数进行首次加密，然后将加密后的字符串进行 MD5 二次编码。经过两次编码后得到的密码是不可逆的。后端接收到用户名和密码后会查询用户表，如果存在则返回用户 Id 并提示登录成功同时会记录时间，否则会返回错误信息。

2. 用户类型

本应用的用户可分为两类，分别是管理员和学生。管理员类型是一个统称，其下又可以添加各种子类。管理员子类型称之为角色，如辅导员、团支部书记和学生资助中心主任等都是一个角色。每一个用户只能是一个角色，每一个角色有其对应的权限。权限单独成表，角色 ID 和功能 ID 联合作为主键。应用获取功能列表时会查询该表生成功能列表。

3. 功能列表与用户权限

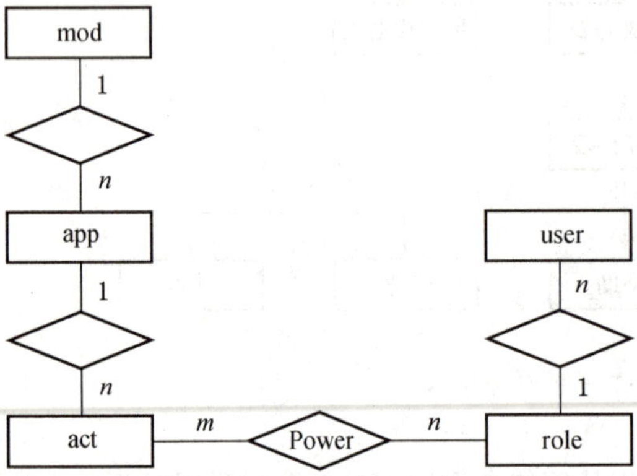

图2　程序的功能、用户与权限

本程序动态的从服务器中获取功能列表以增强其灵活性与可维护性。每次用户进入菜单列表时，都会从服务器中获取该用户类型所能够使用的功能列表。管理员在不更新客户端的基础上即可实时的限时开启或者关闭某一功能，同时也方便后端维护。

程序的功能、用户与权限如图 2 所示。本程序将所有的功能分为三级，分别是 MOD、APP、ACT。MOD 为顶级导航，点击 MOD 进入下一个界面展示二级导航列表 ACT，点击列表项会展开该列表项显示出三级导航列表。具体实现过程如下：

（1）用户在进入该页面时会向后端请求功能列表（act），请求参数为通用的用户 ID。

（2）后端在收到请求时做出以下处理：

①获取请求参数 user_id；

②从用户表中查找用户详细信息，如果存在则继续下一步，如果不存在则返回错误响应；

③获取该用户的角色 ID，根据角色 ID 查询 power 视图（为了方便查询数据，用 power、act、app、mod 表格建立一个视图，名为 view_power）；

④查询条件包括是否在移动端可用；

⑤根据查询结果返回 mod（index，name）列表、app（index，name，mod）列表、act（index，name，app）列表信息。

（3）前端在收到响应之后处理响应信息，动态生成列表，具体的功能列表示意如图 3 所示。

4. 学生端功能

学生端的功能比较简单，主要是查询信息和提出申请。通过查询功能可以获得自己的详细信息以及奖、助、贷、补的情况，同时也能查询申请的进度。提出申请功能主要是填写想要申请的业务表单，上传证明文件或者图片。学生端功能的典型用途是困难认定申请。在管理员打开该功能的时间段内，学生可以打开应用并登录，然后进入相关页面即可

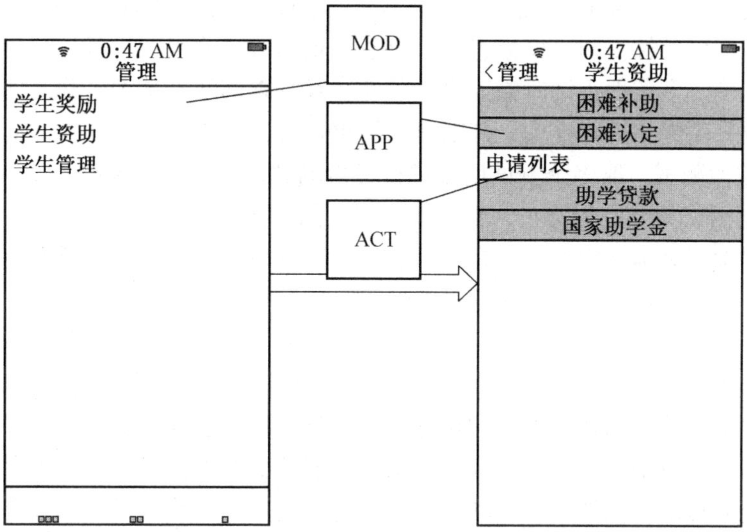

图3 功能列表示意图

提交申请。学生可以随时随地填写表单、上传材料。另外，表单的填写状态可以保存到云端与网页端共享，实现平台的无缝切换。在申请截止日期前可以修改表单。

5. 管理员端功能

管理员可以查询信息以及对学生提出的申请进行审核并提交结果。审核功能的业务逻辑比较简单，主要是阅读材料并反馈审核结果。查询包括各种子功能，如查询通讯录、学生的申请以及各种统计信息等。

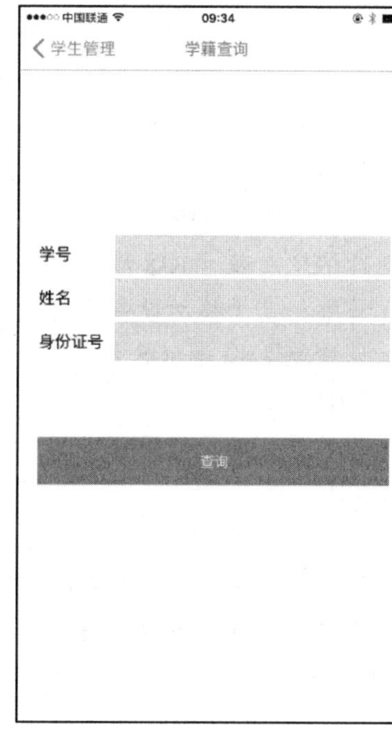

图4 学籍查询

2 测试

测试作为开发中的重要一环，其主要目的是为了增加程序的稳定性和可靠性，虽不能完全消除程序的漏洞，但是也要尽可能减少漏洞的数量。同时，测试也能检查我们开发的程序是否符合需求，也是对程序的验收。本应用的开发采用的是增量模型，在每一个模块开发结束后都会进行测试。在测试的过程中，首先测试功能是否符合需求，然后测试其稳定性与可靠性。以学籍查询为例，测试流程如下：

（1）用户界面验证。用户界面是用户对该模块的第一映像，所以将其放在第一位进行测试。测试的过程中首先要验证该界面是否能被正确引导，界面在各种尺寸屏幕下的布局是否正常。作者在该功能的测试过程中发现，在较小屏幕下的布局出现问题，部分界面元素超出了屏幕限制，而且键盘的出现挡住了输入框等。

（2）功能测试。学籍查询支持 3 种条件，分别是学号、姓名、身份证号。分别测试了单条件查询、多条件查询、模糊查询。单条件查询时只输入一个条件其余为空，判断查询结果是否正确。多条件查询时输入多个条件，判断查询结果是否正确。模糊查询时某一条件只输入部分关键字进行查询，判断查询结果是否正确。

（3）可靠性测试。取多个测试用例进行暴力测试，记录测试结果。

（4）根据测试结果进行修正，直至没有明显的漏洞。

在经过多次测试确保模块没问题之后进入下一个模块的开发。当开发到一定程度后对应用进行整体测试以检验模块之间的可靠性。

3 总结

随着智能手机等移动智能终端的快速发展，移动办公已经逐渐成为一种趋势被越来越多的企业和事业单位采用。对于学校，移动办公能够更好地为老师和学生提供帮助。学生事务管理系统的移动化能帮助老师和同学在任何时间、任何地点，只要拥有一台接入互联网的设备就能够完成相关的业务，大大提高了工作效率。移动应用的开发是一个缓慢的迭代过程，以后将会在此框架基础上添加更多功能，使该应用更加稳定与成熟。

参考文献

[1] 梅笑芳. 基于 Android 的企业社交通讯应用设计与实现[D]. 北京：北京交通大学，2014.

[2] 郑越. 基于 iOS 平台的电子漫画软件的设计与实现[D]. 北京：北京交通大学，2014.

[3] 邱玷广. 基于 iOS 移动网络应用研究与实现[D]. 北京：北京邮电大学，2015.

[4] 马腾. 基于移动设备的交互内容设计的研究与实现[D]. 北京：北京邮电大学，2015.

[5] 龙晓颖. 基于 iOS 的移动应用 UI 架构库的设计与实现[D]. 北京：北京邮电大学，2015.

[6] 郭敏智. 基于微信企业号的移动办公系统的设计与实现[D]. 北京：北京交通大学，2015.

[7] 胡凯. 基于 iOS 的移动竞拍客户端的设计与实现[D]. 武汉：华中师范大学，2015.

[8] 潘东飞. 基于 iOS 的智能交通系统的设计与实现[D]. 北京：北京邮电大学，2015.

[9] 李挺. 基于 iOS 平台科技新闻推荐系统的设计与实现[D]. 大连：大连理工大学，2015.

磁阀式可控电抗器的工作模式分析和系统仿真

谢芬芬　刘瑞东　王　聪

中国矿业大学（北京）机电与信息工程学院，北京　100083
北京三得普华科技有限责任公司

摘　要　本文阐述了磁阀式可控电抗器的基本结构，对其工作原理进行了简要说明并对其无功补偿工作状态进行了详细分析。通过对各种工作状态下的电路的求解，建立了磁阀式可控电抗器的数学模型。最后对磁阀式可控电抗器进行了Matlab仿真，经验证仿真结果与公式推导的结果一致。

关键词　磁阀式可控电抗器　无功补偿　Matlab仿真

Magnetic Valve Controllable Reactor Operating Mode Analysis and Simulation

Xie Fen fen　Liu Ruidong　Wang Cong

School of Mechanical Electronic and Information Engineering,
China University of Mining and Technology, Beijing　100083
Beijing Soundpower Technology Co., Ltd.

Abstract　The magnetic valve controllable reactor basic structure, a brief description of its operation, and its reactive power compensation working conditions are analyzed in paper, according to the circuit of the various working conditions solving established magnetic valve controllable reactor mathematical model. At last, magnetic valve controllable reactor were Matlab simulation to verify the simulation results are consistent with the formula derived.

Key words　MCR　reactive power compensation　Matlab simulation

资助项目：中央高校基本科研业务费专项资金（2010YJ03）

作者简介：谢芬芬（1992—　），女，福建仙游人，硕士研究生，主要从事电力电子与电力传动的研究。Tel：18911898209；E-mail：xiefenfen0123@163.com

0 引言

在提高电能质量、保障电网安全以及节能减排日益增长需求的推动下，无功功率补偿技术在工业中的应用越来越多。磁阀式可控电抗器（Magnetic valve Controllable reactor，MCR）（以下简称磁控电抗器）作为一种新型的、基于电力电子调节技术的无功补偿装置近年来受到广泛关注。MCR 具有制造工艺简单、成本比较低、可以承受高电压并且能对系统的无功功率进行无级调节等一系列优良特性。MCR 能承受的最大电压为 1150 kV，这是其他无功补偿装置所不具备的，这个特性对于提高高压电网的输电能力以及限制过电压具有一定的作用。在新能源并网发电的无功补偿系统中，MCR 型无功补偿装置与当前常用的其他无功补偿装置相比，也具有很多明显的优势。本文主要对 MCR 的建模与控制方式进行了较详细的分析与研究，这种分析与研究对磁阀式可控电抗器在复杂的电网环境中的稳定运行具有重要意义。

1 MCR 基本工作原理

磁控电抗器即电感值可调的电抗器，其原理是通过控制可控硅导通角来改变励磁电流的大小，控制电抗器铁芯的磁饱和程度，从而达到平滑连续地调节磁控电抗器感抗。其结构原理和电气图分别如图 1、图 2 所示，由图 1 可以看出，MCR 由两个铁芯柱组成，分别是Ⅰ、Ⅱ芯柱，其包括两个部分，即大截面段面积 A_b 的铁芯段和小截面段面积 A_{b1} 的铁芯段，每个铁芯上都有总匝数为 N 的绕组将其分为上下两个部分。直流励磁电流是通过一个抽头比为 $\varepsilon = N_2/N$ 的抽头经可控硅整流得到的，可控硅 T_1（T_2）的接法见图 1，两个铁芯上下绕组通过交叉连接后再并联到电网上[1]。

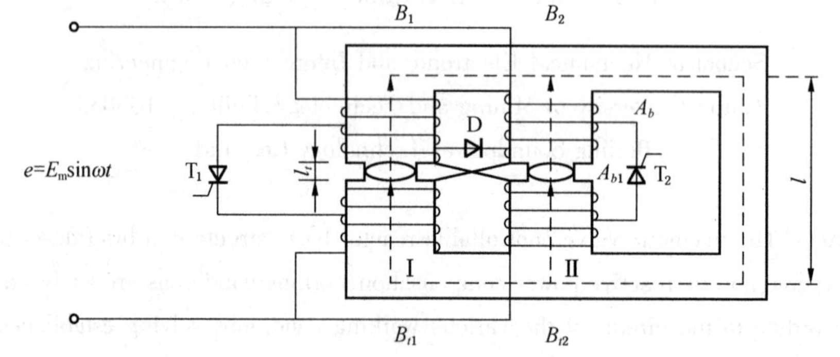

图 1 MCR 结构原理图

由图 2 可以看出，当晶闸管 T_1、T_2 都不导通时，磁控电抗器相当于空载变压器。当电源处于正半周期时，触发可控硅 T_1，由于其承受的电压为正向电压从而导通，所以此时 a 点电位就等于 b 点电位，经过可控硅 T_1 整流得到需要的直流励磁电流。由此可知当可控硅 T_1 导通时，MCR 的等效电路如图 3a 所示。同理由 MCR 的对称结构可知，当电源处于负半周期时，触发可控硅 T_2，此时 c、d 两点电位相同。同理推得 MCR 本体的等效电路如图 3b 所示。由图 3 可以得知，在整个电源周期内产生的直流励磁电流的方向是不变的[2]。

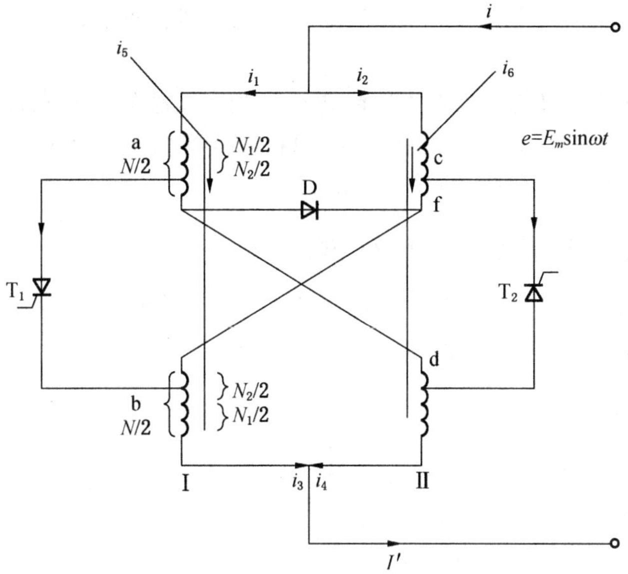

图2　MCR的电气图

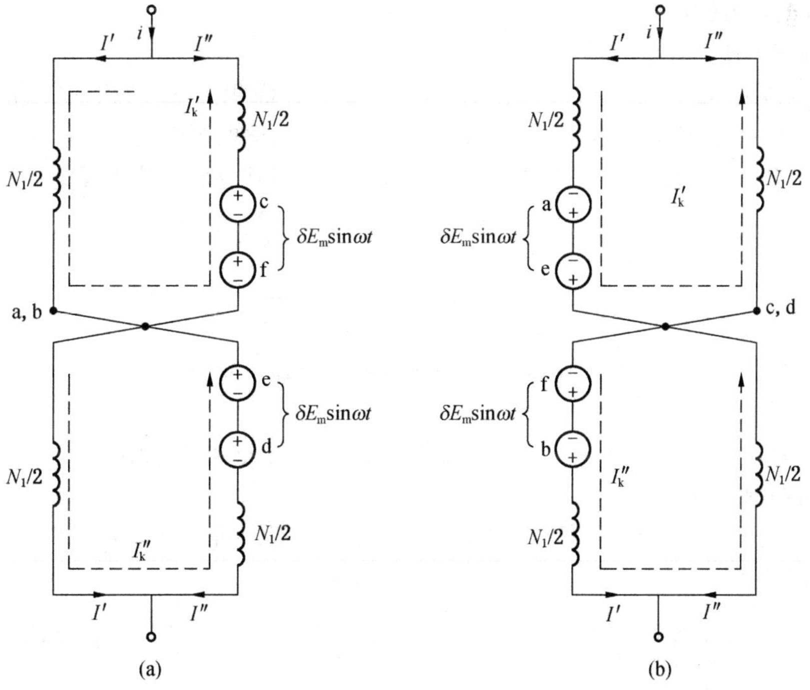

图3　等效电路图

通过上面的分析可知，改变可控硅 T_1、T_2 的导通角便可改变直流励磁电流 i'_k、i''_k。导通角 α 越大，直流励磁电流 i'_k、i''_k 就越大，铁芯越趋于饱和，磁阀式可控电抗器的电感值 L 就越小，由于电网电压固定不变，故补偿到电网系统上的感性电流就会越大，反之亦然。主控制器根据实时检测到的系统变量，计算出电网系统所需补偿的无功功率，然后向触发板发送触发命令，触发板收到触发命令后进行解析和查表并发出相应的触发角度，从而实现平滑调节 MCR 容量的目的。为了节省材料、降低制造成本、优化本体结构，

MCR 把控制绕组和工作绕组合并为一个，直流励磁电流是通过降压后再经可控硅整流获得的。

MCR 型无功补偿装置是根据直流偏磁原理来控制铁芯的磁饱和程度，从而实现连续平滑地调节电抗器的电抗值，与其他的可控饱和电抗器相比，MCR 无需外加直流励磁电源，结构简单、损耗较小、伏安特性比较理想[3]。

2 MCR 工作状态分析及其数学模型的建立

由于可控硅和续流二极管的开关时间与电网的工频周期不在一个数量级上，往往可以不考虑，认为这些开关器件都是理想的元件，根据三只管子所处的开关状态，MCR 无功补偿装置有以下 5 种工作模式：

（1）工作模式 1：T_2、D 关断，T_1 导通。

（2）工作模式 2：T_2 关断，T_1、D 导通。

（3）工作模式 3：T_2、T_1 关断，D 导通。

（4）工作模式 4：T_1、D 关断，T_2 导通。

（5）工作模式 5：T_1 关断，T_2、D 导通[4]。

2.1 数学模型的建立

为了描述方便，在分析前先规定以下变量：

铁芯柱磁场强度 $f(B_{1t})$、$f(B_{2t})$，磁动势 F_1、F_2，面积为 A_{b1} 的铁芯段的磁路等效长度 l_t，整个铁芯柱的磁路等效长度 l，每一个铁芯柱上电感的等效电阻设定为 R。

根据 MCR 型无功补偿装置的电气原理（图 2）可以建立磁动势方程组：

$$\begin{cases} F_1 \approx \dfrac{(1-\delta)N}{2}i_1 + \dfrac{(1-\delta)N}{2}i_3 + \dfrac{\delta N}{2}i_5 + \dfrac{\delta N}{2}i_7 \\ F_2 \approx \dfrac{(1-\delta)N}{2}i_2 + \dfrac{(1-\delta)N}{2}i_4 + \dfrac{\delta N}{2}i_6 + \dfrac{\delta N}{2}i_8 \end{cases} \tag{1}$$

下面分析下不同状态下，MCR 型无功补偿装置的数学模型。[5]

1. 工作模式 1

此工作模式下，可控硅 T_2、续流二极管 D 关断，可控硅 T_1 导通；得出 MCR 无功补偿装置的拓扑图（图 4）。

由拓扑结构可知，此电路适合用回路电流法来求解，回路电流 i'、i'_1、i'_2 已标注于图 4，所列方程如下：

$$\begin{cases} (1-\delta)NA_b\dfrac{dB_{1t}}{dt} + (1-\delta)Ri' + \dfrac{(1-\delta)Ri'_1}{2} + \dfrac{(1-\delta)Ri'_2}{2} = E_m\sin\omega t \\ \dfrac{(1-2\delta)NA_b}{2}\dfrac{dB_{1t}}{dt} - \dfrac{NA_b}{2}\dfrac{dB_{2t}}{dt} + \dfrac{(1-\delta)Ri'}{2} + Ri'_1 = 0 \\ \dfrac{(1-2\delta)NA_b}{2}\dfrac{dB_{1t}}{dt} - \dfrac{NA_b}{2}\dfrac{dB_{2t}}{dt} + \dfrac{(1-\delta)Ri'}{2} + Ri'_2 = 0 \\ (1-\delta)Ni' + \dfrac{(1-2\delta)Ni'_1}{2} + \dfrac{(1-2\delta)Ni'_2}{2} = F_1 \\ \dfrac{Ni'_1}{2} + \dfrac{Ni'_2}{2} = -F_2 \end{cases} \tag{2}$$

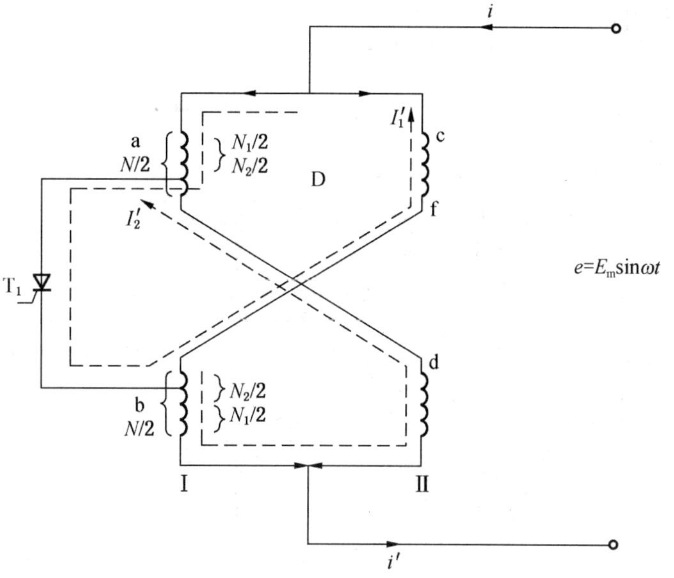

图4　工作模式1拓扑图

支路电流和回路电流的关系如下：

$$\begin{cases} i = i', \ i_1 = i'_1 + i', \ i_2 = -i'_1 = i_6 = i_7 \\ i_3 = i_2 + i', \ i_4 = -i'_2 = i_5 = i_8 \\ i_{k1} = i_1 - i_5 = i' + i'_1 - i'_2 \end{cases} \tag{3}$$

由方程组（2）和方程组（3）可得

$$\begin{cases} \left[\dfrac{E_m \sin\omega t}{(1-\delta)N} - \dfrac{Rf(B_{1t})l_t}{(1-\delta)N^2} + \dfrac{\delta Rf(B_{2t})l_t}{(1-\delta)N^2}\right] \Big/ \left[\mu_0 \dfrac{df(B_{1t})}{dB_{1t}}(A_b - A_{bt}) + A_{bt}\right] = \dfrac{dB_{1t}}{dt} \\ \left[\dfrac{(1-2\delta)E_m \sin\omega t}{(1-\delta)N} - \dfrac{\delta Rf(B_{1t})l_t}{(1-\delta)N^2} + \dfrac{Rf(B_{2t})l_t}{(1-\delta)N^2}\right] \Big/ \left[\mu_0 \dfrac{df(B_{2t})}{dB_{2t}}(A_b - A_{bt}) + A_{bt}\right] = \dfrac{dB_{2t}}{dt} \\ \dfrac{f(B_{1t})l_t}{(1-\delta)N} - \dfrac{(1-2\delta)f(B_{2t})l_t}{(1-\delta)N} = i \\ \dfrac{f(B_{1t})l_t}{(1-\delta)N} - \dfrac{\delta f(B_{2t})l_t}{(1-\delta)N} = i_1 = i_3 \\ i_2 = i_4 = i_5 = i_6 = i_7 = i_8 = \dfrac{f(B_{2t})l_t}{N} \\ \dfrac{f(B_{1t})l_t}{(1-\delta)N} - \dfrac{f(B_{2t})l_t}{(1-\delta)N} = i_{k1} \end{cases} \tag{4}$$

通过以上推导，再结合拟合的磁化曲线的数学模型，不难求出$\dfrac{df(B_{2t})}{dB_{2t}}$的解析表达式。

2. 工作模式2

此工作模式下，可控硅 T_2 关断，可控硅 T_1、续流二极管 D 导通；同理可得 MCR 无功补偿装置的拓扑图（图5）。设定的回路电流 i'、i'_1、i'_2、i'_3 见图中标注，根据回路电流法可列如下方程组：

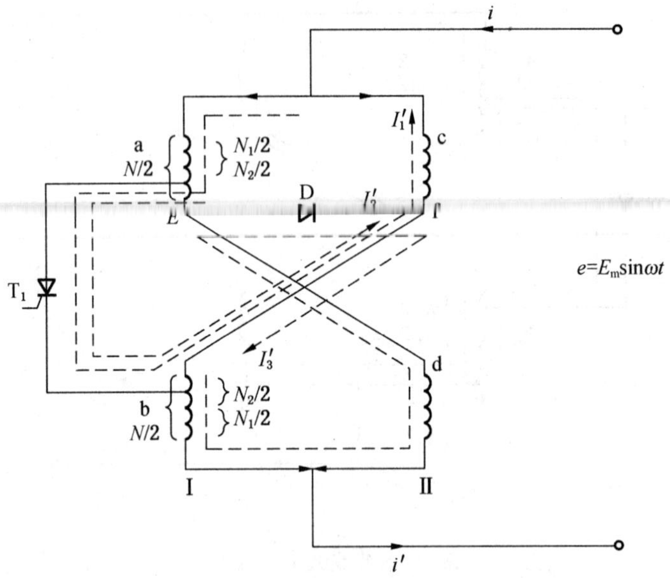

图5　工作模式2拓扑图

$$\begin{cases}(1-\delta)NA_b\dfrac{dB_{1t}}{dt}+(1-\delta)Ri'+\dfrac{(1-\delta)Ri'_1}{2}+\dfrac{(1-\delta)Ri'_3}{2}=E_m\sin\omega t\\ \dfrac{(1-2\delta)NA_b}{2}\dfrac{dB_{1t}}{dt}-\dfrac{NA_b}{2}\dfrac{dB_{2t}}{dt}+\dfrac{(1-\delta)Ri'}{2}+Ri'_1-\dfrac{\delta Ri'_2}{2}=0\\ \delta NA_b\dfrac{dB_{1t}}{dt}+\delta Ri'_2-\dfrac{\delta Ri'_1}{2}-\dfrac{\delta Ri'_3}{2}=0\\ \dfrac{(1-2\delta)}{2}\dfrac{dB_{1t}}{dt}-\dfrac{NA_b}{2}\dfrac{dB_{2t}}{dt}+\dfrac{(1-\delta)Ri'}{2}+Ri'_3-\dfrac{\delta Ri'_2}{2}=0\\ (1-\delta)Ni'+\dfrac{(1-2\delta)Ni'_1}{2}+\delta Ni'_2+\dfrac{(1-2\delta)Ni'_3}{2}=F_1\\ \dfrac{Ni'_1}{2}+\dfrac{Ni'_3}{2}=-F_2\end{cases}\tag{5}$$

通过下列方程组，可以清楚地看出回路电流、支路电流之间的关系：

$$\begin{cases}i=i',\ i_1=i'_1+i',\ i_2=-i'_1=i_6,\ i_3=i'_3+i'\\ i_7=-i'_1+i'_2,\ i_5=i'_2-i'_3,\ i_4=-i'_3=i_8\\ i_{k1}=i_1-i_5=i'+i'_1+i'_3-i'_2,\ i_{do}=i_5-i_8=i'_2\end{cases}\tag{6}$$

由方程组（5）和方程组（6）可得如下方程组：

$$
\begin{cases}
\left[\dfrac{E_{\mathrm{m}}\sin\omega t}{N}-\dfrac{Rf(B_{1t})l_t}{N^2}\right]\Big/\left[\mu_0\dfrac{\mathrm{d}f(B_{1t})}{\mathrm{d}B_{1t}}(A_b-A_{bt})+A_{bt}\right]=\dfrac{\mathrm{d}B_{1t}}{\mathrm{d}t}\\
\left[\dfrac{E_{\mathrm{m}}\sin\omega t}{N}-\dfrac{Rf(B_{2t})l_t}{N^2}\right]\Big/\left[\mu_0\dfrac{\mathrm{d}f(B_{2t})}{\mathrm{d}B_{2t}}(A_b-A_{bt})+A_{bt}\right]=\dfrac{\mathrm{d}B_{2t}}{\mathrm{d}t}\\
\dfrac{f(B_{1t})l_t}{N}+\dfrac{f(B_{2t})l_t}{N}+\dfrac{\delta E_{\mathrm{m}}\sin\omega t}{(1-\delta)R}=i\\
\dfrac{\delta E_{\mathrm{m}}\sin\omega t}{(1-\delta)R}+\dfrac{f(B_{1t})l_t}{N}=i_1=i_3\\
i_2=i_4=i_5=i_6=i_7=i_8=\dfrac{f(B_{2t})l_t}{N}\\
\dfrac{f(B_{1t})l_t}{N}-\dfrac{E_{\mathrm{m}}\sin\omega t}{R}=i_5=i_7\\
\dfrac{E_{\mathrm{m}}\sin\omega t}{(1-\delta)R}=i_{k1}\\
\dfrac{f(B_{1t})l_t}{N}-\dfrac{f(B_{2t})l_t}{N}-\dfrac{E_{\mathrm{m}}\sin\omega t}{R}=i_{\mathrm{d}0}
\end{cases}
\tag{7}
$$

3. 工作模式3

此工作模式下，可控硅 T_1、T_2 关断，D 处于续流状态时；同理可得 MCR 无功补偿装置的拓扑图（图6）。

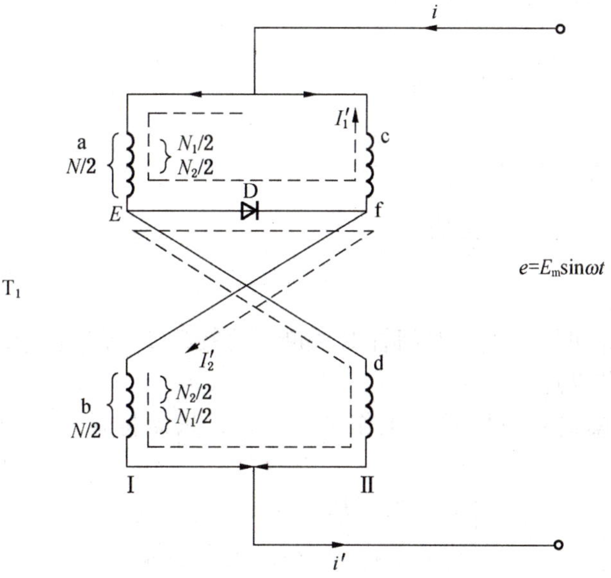

图6　工作模式3拓扑图

得到的回路电流见图中标注，列方程如下：

$$
\begin{cases}
NA_{\mathrm{b}}\dfrac{\mathrm{d}B_{1t}}{\mathrm{d}t}+Ri'+\dfrac{Ri'_1}{2}+\dfrac{Ri'_2}{2}=E_{\mathrm{m}}\sin\omega t \\
\dfrac{NA_{\mathrm{b}}}{2}\dfrac{\mathrm{d}B_{1t}}{\mathrm{d}t}-\dfrac{NA_{\mathrm{b}}}{2}\dfrac{\mathrm{d}B_{2t}}{\mathrm{d}t}+\dfrac{Ri'}{2}+Ri'_1=0 \\
\dfrac{NA_{\mathrm{b}}}{2}\dfrac{\mathrm{d}B_{1t}}{\mathrm{d}t}-\dfrac{NA_{\mathrm{b}}}{2}\dfrac{\mathrm{d}B_{2t}}{\mathrm{d}t}+\dfrac{Ri'_1}{2}+Ri'_2=0 \\
Ni'+\dfrac{Ni'_1}{2}+\dfrac{Ni'_2}{2}=F_1 \\
\dfrac{Ni'_1}{2}+\dfrac{Ni'_2}{2}=-F_2
\end{cases}
\tag{8}
$$

各电流之间的关系可通过下列方程组表示：

$$
\begin{cases}
i=i',\ i_1=i_5=i'_1+i',\ i_2=-i'_1=i_6 \\
i_3=i_7=i'_2+i',\ i_4=-i'_2=i_8 \\
i_{\mathrm{d}0}=i_5-i_8=i'+i'_1+i'_2
\end{cases}
\tag{9}
$$

由方程组（8）和方程组（9）可得

$$
\begin{cases}
\left[\dfrac{E_{\mathrm{m}}\sin\omega t}{N}-\dfrac{Rf(B_{1t})l_t}{N^2}\right]\Big/\left[\mu_0\dfrac{\mathrm{d}f(B_{1t})}{\mathrm{d}B_{1t}}(A_b-A_{bt})+A_{bt}\right]=\dfrac{\mathrm{d}B_{1t}}{\mathrm{d}t} \\
\left[\dfrac{E_{\mathrm{m}}\sin\omega t}{N}-\dfrac{Rf(B_{2t})l_t}{N^2}\right]\Big/\left[\mu_0\dfrac{\mathrm{d}f(B_{2t})}{\mathrm{d}B_{2t}}(A_b-A_{bt})+A_{bt}\right]=\dfrac{\mathrm{d}B_{2t}}{\mathrm{d}t} \\
\dfrac{f(B_{1t})l_t}{N}+\dfrac{f(B_{2t})l_t}{N}=i \\
\dfrac{f(B_{1t})l_t}{N}=i_1=i_3=i_5=i_7 \\
\dfrac{f(B_{2t})l_t}{N}=i_2=i_4=i_6=i_8 \\
\dfrac{f(B_{1t})l_t}{N}-\dfrac{f(B_{2t})l_t}{N}=i_{\mathrm{d}0}
\end{cases}
\tag{10}
$$

4. 工作模式4

此工作模式下，可控硅 T_1、晶闸管 D 关断，可控硅 T_2 导通；同理可得 MCR 无功补偿装置的拓扑图（图7）。

由对称性可知模式 4 与模式 1 工作过程一样，只需将式（4）中的变量做如下替换：

$$
\begin{cases}
B_{1t}\to B_{2t},\ B_{2t}\to B_{1t},\ i_{k1}\to -i_{k2} \\
i_1\to i_2,\ i_2\to i_1,\ i_3\to i_4,\ i_4\to i_3 \\
i_5\to i_6,\ i_6\to i_5,\ i_7\to i_8,\ i_8\to i_7
\end{cases}
\tag{11}
$$

可得

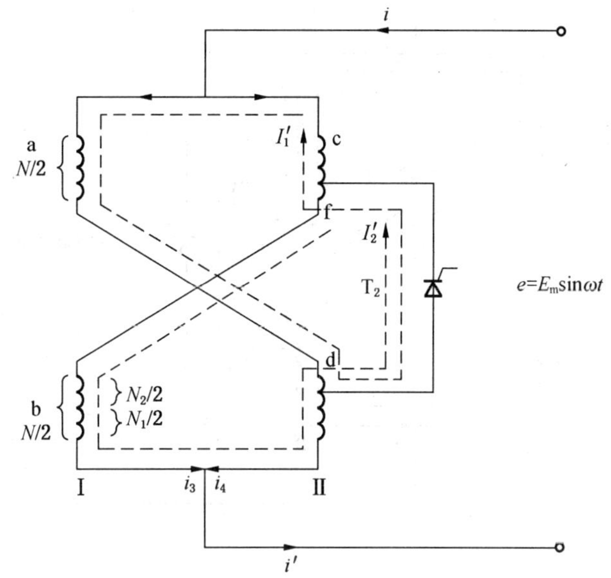

图7　工作模式4拓扑图

$$\begin{cases}\left[\dfrac{(1-2\delta)E_m\sin\omega t}{(1-\delta)N}-\dfrac{Rf(B_{1t})l_t}{N^2}+\dfrac{\delta Rf(B_{2t})l_t}{(1-\delta)N^2}\right]\Big/\left[\mu_0\dfrac{\mathrm{d}f(B_{1t})}{\mathrm{d}B_{1t}}(A_b-A_{bt})+A_{bt}\right]=\dfrac{\mathrm{d}B_{1t}}{\mathrm{d}t}\\ \left[\dfrac{E_m\sin\omega t}{(1-\delta)N}-\dfrac{\delta Rf(B_{1t})l_t}{(1-\delta)N^2}-\dfrac{Rf(B_{2t})l_t}{(1-\delta)N^2}\right]\Big/\left[\mu_0\dfrac{\mathrm{d}f(B_{2t})}{\mathrm{d}B_{2t}}(A_b-A_{bt})+A_{bt}\right]=\dfrac{\mathrm{d}B_{2t}}{\mathrm{d}t}\\ \dfrac{(1-2\delta)f(B_{1t})l_t}{(1-\delta)N}-\dfrac{f(B_{2t})l_t}{(1-\delta)N}=i\\ \dfrac{f(B_{1t})l_t}{N}=i_1=i_3=i_5=i_6=i_7=i_8\\ \dfrac{f(B_{2t})l_t}{(1-\delta)N}-\dfrac{\delta f(B_{1t})l_t}{(1-\delta)N}=i_2=i_4\\ \dfrac{f(B_{1t})l_t}{(1-\delta)N}-\dfrac{f(B_{2t})l_t}{(1-\delta)N}=i_{k1}\end{cases} \tag{12}$$

5. 工作模式5

此工作模式下，可控硅 T_1 关断，可控硅 T_2、二极管 D 导通；同理可得 MCR 无功补偿装置的拓扑图（图8）。

类似于工作模式4的推导过程，可得

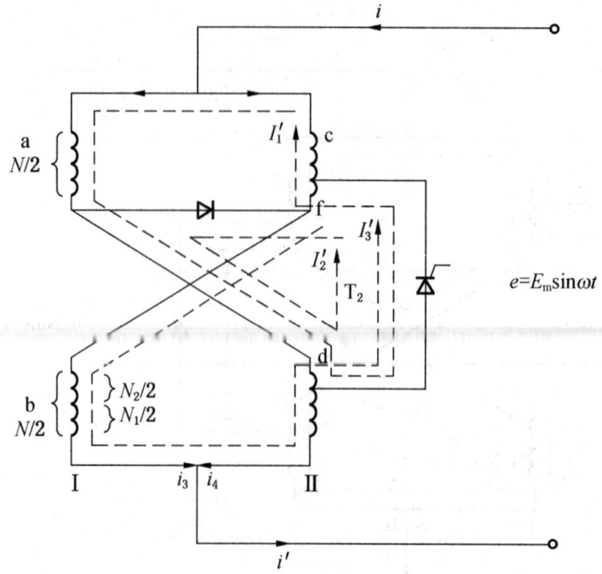

图 8 工作模式 5 拓扑图

$$
\begin{cases}
\left[\dfrac{E_m\sin\omega t}{N}-\dfrac{Rf(B_{1t})l_t}{N^2}\right]\Big/\left[\mu_0\dfrac{df(B_{1t})}{dB_{1t}}(A_b-A_{bt})+A_{bt}\right]=\dfrac{dB_{1t}}{dt}\\
\left[\dfrac{E_m\sin\omega t}{N}-\dfrac{Rf(B_{2t})l_t}{N^2}\right]\Big/\left[\mu_0\dfrac{df(B_{2t})}{dB_{2t}}(A_b-A_{bt})+A_{bt}\right]=\dfrac{dB_{2t}}{dt}\\
\dfrac{f(B_{1t})l_t}{N}+\dfrac{f(B_{2t})l_t}{N}+\dfrac{\delta E_m\sin\omega t}{(1-\delta)R}=i\\
\dfrac{f(B_{2t})l_t}{N}=i_1=i_3=i_5=i_7\\
\dfrac{f(B_{2t})l_t}{N}+\dfrac{\delta E_m\sin\omega t}{(1-\delta)R}=i_2=i_4\\
\dfrac{f(B_{2t})l_t}{N}-\dfrac{E_m\sin\omega t}{R}=i_6=i_8\\
-\dfrac{E_m\sin\omega t}{(1-\delta)R}=i_{k2}\\
\dfrac{f(B_{1t})l_t}{N}-\dfrac{f(B_{2t})l_t}{N}+\dfrac{E_m\sin\omega t}{R}=i_{d0}
\end{cases}
\tag{13}
$$

由于电路结构对称，MCR 无功补偿装置在负半周期的工作状态与正半周期的基本一样，故只需研究 MCR 无功补偿装置在正半周期的工作状态。由式（4）和式（7）可得

$$
\begin{cases}
\dfrac{dB_{1t}}{dt}+\dfrac{dB_{2t}}{dt}=\dfrac{2E_m\sin\omega t}{NA_b}-\dfrac{R(F_1+F_2)}{N^2A_b}\\
\dfrac{dB_{1t}}{dt}-\dfrac{dB_{2t}}{dt}=\dfrac{R(F_2-F_1)}{N^2A_b}
\end{cases}
\tag{14}
$$

求解得

$$\begin{cases} E_{\mathrm{m}}\sin\omega t = \dfrac{NA_b}{2}\left(\dfrac{\mathrm{d}B_{1t}}{\mathrm{d}t} + \dfrac{\mathrm{d}B_{2t}}{\mathrm{d}t}\right) + \dfrac{Ri_a}{2} \\ 0 = \dfrac{NA_b}{2}\left(\dfrac{\mathrm{d}B_{1t}}{\mathrm{d}t} - \dfrac{\mathrm{d}B_{2t}}{\mathrm{d}t}\right) + \dfrac{Ri_b}{2} \end{cases} \tag{15}$$

其中，$i_a = (F_1 + F_2)/N$，$i_b = (F_1 - F_2)/N$。

2.2 等效电路图

通过上面的推导过程得到 MCR 无功补偿装置的等效电路（图 9）[6]。

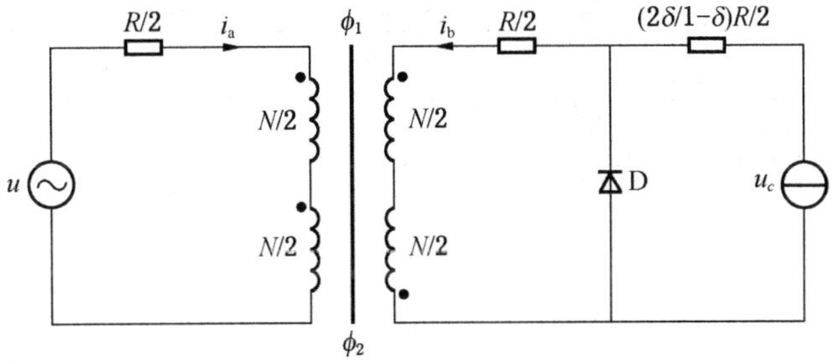

图 9　磁控电抗器的等效电路图

图 9 的右半部分为 MCR 无功补偿装置的等效控制回路，左半部分为其等效工作回路，当可控硅 T_1 导通时，通过控制回路可得需要的励磁电流并对铁芯励磁，平滑地改变电抗器的电感值，实现对电网系统无功补偿的连续调节[7]。可控硅 T_2 导通时的工作过程与 T_1 导通时完全相同，这里不再赘述。当可控硅 T_1、T_2 都不导通时，二极管 D 进行续流。综上所述，MCR 无功补偿装置的数学等效模型如下：

$$\begin{cases} \dfrac{\mathrm{d}B_{1t}}{\mathrm{d}t} + \dfrac{\mathrm{d}B_{2t}}{\mathrm{d}t} = \dfrac{2E_{\mathrm{m}}\sin\omega t}{NA_b} - \dfrac{Ri_a}{NA_b} \\ \dfrac{\mathrm{d}B_{1t}}{\mathrm{d}t} - \dfrac{\mathrm{d}B_{2t}}{\mathrm{d}t} = K(t)\left[\dfrac{2\delta E_{\mathrm{m}}\sin\omega t}{(1-\delta)NA_b}\right] - |K(t)|\dfrac{2\delta Ri_b}{(1-\delta)NA_b} - \dfrac{Ri_b}{NA_b} \end{cases} \tag{16}$$

其中开关函数为[7]

$$K(t) = \begin{cases} 1 & (T_1\text{ 导通，D、}T_2\text{ 截止}) \\ 0 & (\text{D 导通，}T_1\text{、}T_2\text{ 截止}) \\ -1 & (T_2\text{ 导通，D、}T_1\text{ 截止}) \end{cases} \tag{17}$$

3　普通励磁控制策略

本设计中的磁阀式可控电抗器的判据是各相电流，检测装置会适时检测电流的动态变化并会根据检测结果进行电纳补偿，同时补偿电网系统的无功功率。这就要求磁阀式可控电抗器需配备能够自动检测所有电量并且能够根据检测结果快速计算出各相瞬时无功功率和补偿装置当前发出的无功功率，将其进行比较，然后给出晶闸管触发延迟角控制命令，使 MCR 对需要输出的无功电流进行补偿。磁控电抗器的控制框图如图 10 所示。

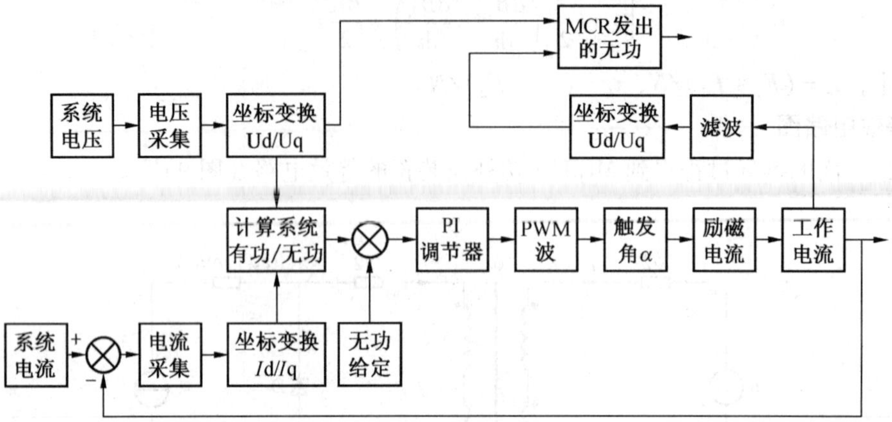

图 10　磁控电抗器的控制框图

由图 10 可知，首先要采集系统电压、系统电流和 MCR 装置电流。由于所采集的电量含有谐波，因此需要经过滤波电路对其滤波，再通过锁相和坐标变换得到各变量的瞬时值，从而计算出系统的有功功率和无功功率。把计算出的无功功率与给定无功功率进行比较，经过 PI 调节器产生 PWM 波，根据控制理论得到对应的可控硅触发角 α，将触发角发给触发单元，控制可控硅的导通角完成无功功率的准确补偿。

4　基于 Matlab 的 MCR 仿真模型建立

磁控电抗器的仿真模型如图 11 所示，图 11 中电网工作回路和励磁电流电路通过一两个串联的变压器连接起来。通过对 Matlab/Simulink 的研究，选择合适的器件，根据数学模型选择合适的参数搭建仿真模型。

磁控电抗器无功功率补偿仿真波形如图 12 所示，从图中可以看出，磁控电抗器的有功功率基本保持稳定不变，无功功率得到了补偿到。

5　总结

本文描述了磁阀式电抗器的基本电路结构，分析了磁阀式可控电抗器的工作原理，分别对 5 种工作状态建立了数学模型，绘制出其等效电路图并推导出回路方程。应用理论分析通过 Matlab 对磁阀式电抗器进行闭环控制仿真，得到的结果与理论分析的结果相符，因此，可以利用仿真模型对磁控电抗器的各项特性进行深入研究，有利于磁控电抗器在工程中的应用，为实际应用提供了理论基础，具有一定的指导意义。

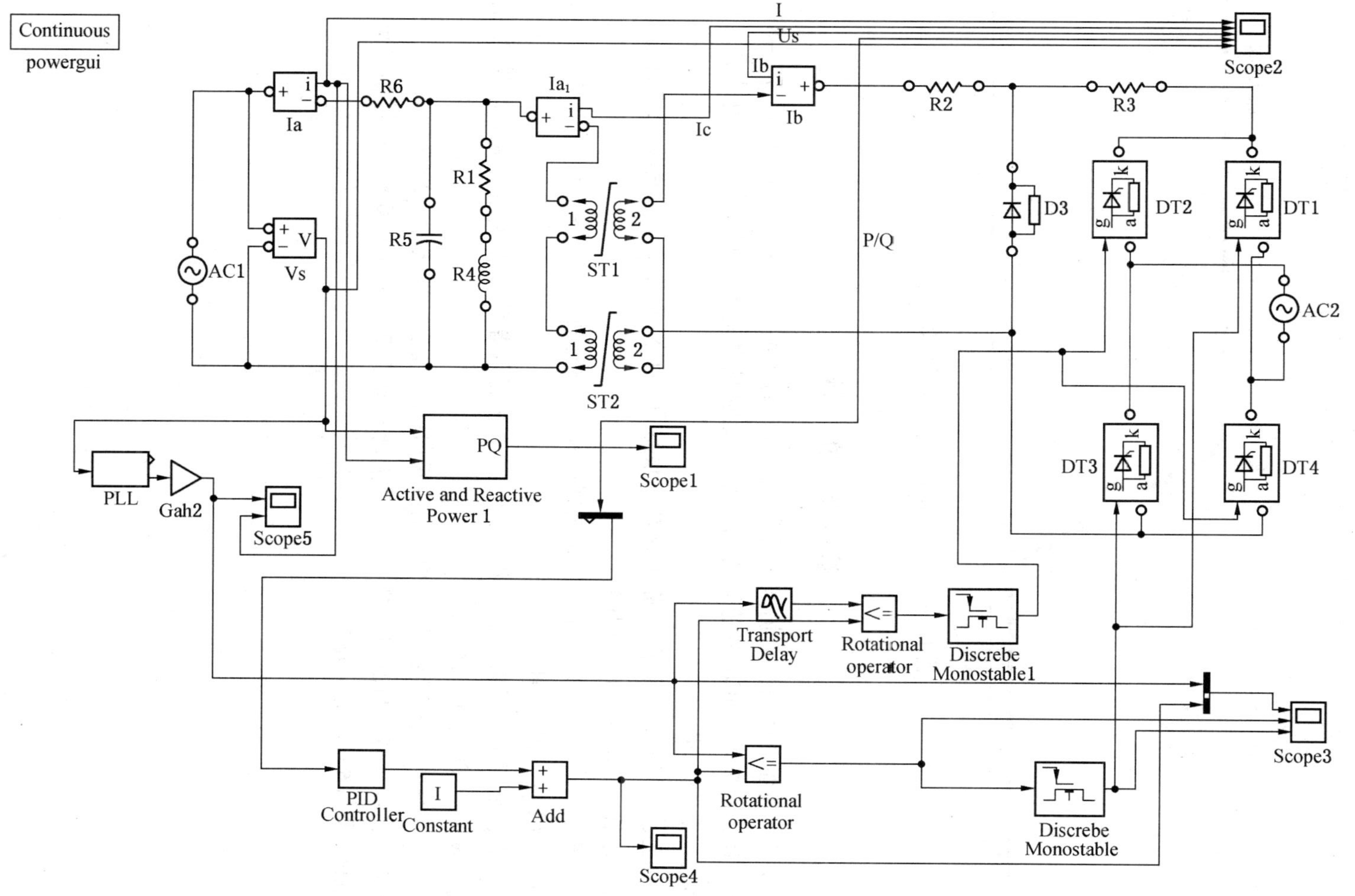

图 11　磁控电抗器的仿真模型

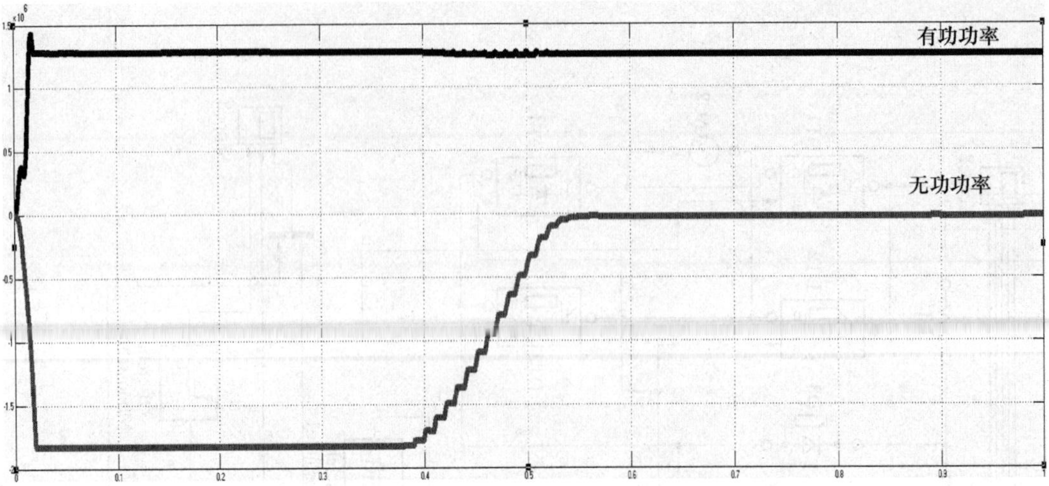

图12　磁控电抗器无功功率补偿仿真波形

参 考 文 献

[1] 余梦泽. 新型并联磁控电抗器发展及应用[J]. 高压电器, 2010, 46 (11): 77 -81.

[2] 成和祥, 丛庆地. MCR 型静止无功补偿装置在风电场的应用[J]. 吉林电力, 2010, 38 (3): 36 -38.

[3] 陈鹏良, 楼书氢, 刘世欣. 静止无功补偿器 (SVC) 及其工程应用发展前景[J]. 中国电力教育, 2010: 162 -164.

[4] 王兆安, 刘进军. 电力电子装置谐波抑制及无功补偿技术的进展[J]. 电力电子技术, 1997, (1): 100 -104.

[5] 田铭兴, 励庆孚, 王曙鸿. 磁饱和式可控电抗器的等效物理模型及其数学模型[J]. 电工技术, 2003, 18 (6) .

[6] 刘海涛. 磁控电抗器在无功补偿中的应用[D]. 济南: 山东大学, 2007.

[7] 金立军, 安世超, 廖黎明, 等. 国内外无功补偿研发现状与发展趋势[J]. 高压电器, 2008, 44 (5): 463 -465.

并联型 APF 的研究和仿真

周东东　程　红

中国矿业大学（北京）机电与信息工程学院，北京　100083

摘　要　有源电力滤波器（APF）是动态抑制谐波和补偿无功的新型电力电子装置，它能对频率和幅值都变化的谐波和无功进行补偿。本文以并联型三相三线制 APF 为基础，建立了 APF 的数学模型，并采用 p－q 法提取谐波、滞环控制跟踪指令电流，在 Matlab/Simulink 环境下建立其仿真模型。仿真结果验证了 APF 能够有效地补偿负载谐波电流，改善电能质量。

关键词　有源电力滤波器　瞬时无功功率理论　仿真

Study and Simulation on Shunt Active Power Filter

Zhou Dongdong　Cheng Hong

School of Mechanical Electronic and Information Engineering,
China University of Mining and Technology, Beijing　100083

Abstract　Active power filter is dynamic suppress harmonic and compensate reactive power of the new electronic devices, it is able to compensate harmonic and reactive with changeable frequency and amplitude. This paper based on the model of three－phase three－wire shunt active power filter, establish the mathematical model, and p－q method is used to extract harmonic and track the instruction current hysteresis control, set up the simulation in Matlab/Simulnk environment, the result of simulation verify the APF can compensate the load harmonic current effectively and improve power quality.

Key words　active power filter　the instantaneous power theory　simulation

0　引言

电能是一种清洁、高效的能源形式，是现代社会使用最为广泛的能源，是社会经济快速可持续发展的重要物质保证，是各种高新技术，尤其是信息与控制技术有效应用的前

资助项目：中央高校基本科研业务费专项资金（2009KJ02）

作者简介：周东东（1991—　），男，安徽安庆人，硕士研究生，主要从事电力电子与电力传动方面的研究。Tel：18810680556；E－mail：18810680556@163.com

提[1]。当代电力系统面临着前所未有的机遇与挑战。一方面电力电子设备的大量使用和非线性负载的不断增加向电网注入大量的谐波及无功电流，极大地恶化了电网电能质量；另一方面电力电子设备和各种负载正常、稳定以及高效的运行则需要电网提供高效优质的电能。

在众多电能质量治理设备中，有源电力滤波器（APF）近年来取得了越来越广泛的应用。APF 通过检测谐波源产生的谐波电流，利用逆变器产生与谐波电流等幅值、反相位的补偿电流，来抵消负载谐波电流。本文首先从 APF 的基本拓扑结构、数学模型、谐波电流的检测方法和指令电流跟踪方法等方面进行研究，然后在 Matlab/Simulink 环境下搭建仿真模型，验证了 APF 抑制电网谐波的能力。

1　三相三线制并联型 APF 原理

APF 的基本原理[2]是从补偿对象中检测出谐波电流，由补偿装置产生与该谐波电流大小相等而极性相反的补偿电流，从而使电网电流只含与电网电压同相的基波成分。三相三线制并联型 APF 的拓扑结构[4]如图 1 所示。并联型 APF 系统由谐波电流检测电路和补偿电流发生电路两部分组成。谐波电流检测电路检测出补偿对象电流中的谐波电流分量，以此作为补偿电流的指令电流。补偿电流发生电路的作用是根据已得出补偿电流的指令信号，产生实际的补偿电流。主电路目前均采用 PWM 变流器。

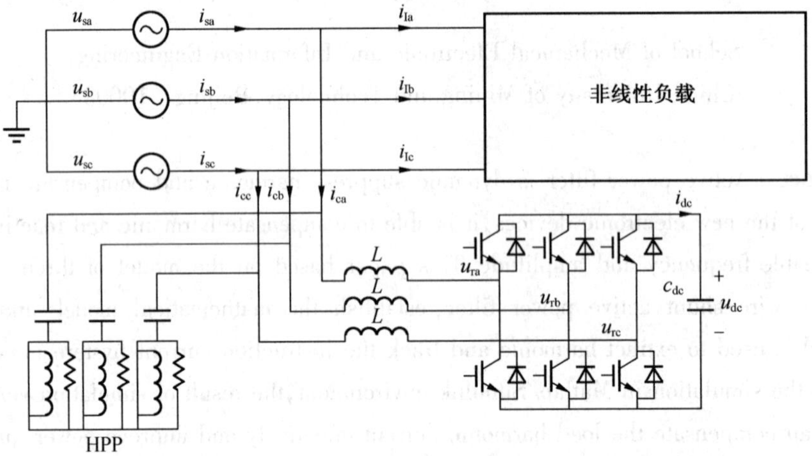

图 1　三相三线制并联型 APF 的拓扑结构图

可以用式（1）简单描述 APF 的工作原理：

$$\begin{cases} i_S = i_L + i_C \\ i_L = i_{LF} + i_{LH} \\ i_C = -i_{LH} \end{cases} \longrightarrow \quad i_S = i_L + i_C = i_{LF} \tag{1}$$

式中　i_S——电网电流；

i_L——负载电流；

i_{LF}——负载的基波电流；

i_{LH}——负载引起谐波的电流；

i_C——逆变器发出的补偿电流。

图1中，u_{sa}、u_{sb}、u_{sc}为三相电网电压；i_{sa}、i_{sb}、i_{sc}为系统侧三相电流；i_{ca}、i_{cb}、i_{cc}为APF产生的补偿电流；i_{La}、i_{Lb}、i_{Lc}为负载侧的电流。u_{ra}、u_{rb}、u_{rc}为逆变器的中点电压；V_N为中性点电压。按照图示中所定义的电压和电流方向，由图中电路的拓扑结构，根据基尔霍夫电压、电流定律，定义S_a、S_b、S_c为三相桥臂的开关函数（$S=1$，表示对应桥臂上管开通，下管关断；$S=0$，表示对应桥臂下管开通，上管关断）。C_{dc}为直流侧储能电容；u_{dc}、i_{dc}分别表示直流侧电容上的电压和电流；L表示逆变器每相对交流电网的输入电感；R表示包括电感电阻在内的每相线路阻抗（图中忽略）。

并联型APF的数学模型由式（2）给出

$$\begin{cases} L\dfrac{\mathrm{d}i_{ca}}{\mathrm{d}t}+Ri_{ca}=u_{sa}-S_a u_{dc}-\dfrac{1}{3}u_{dc}(S_a+S_b+S_c) \\ L\dfrac{\mathrm{d}i_{cb}}{\mathrm{d}t}+Ri_{cb}=u_{sb}-S_b u_{dc}-\dfrac{1}{3}u_{dc}(S_a+S_b+S_c) \\ L\dfrac{\mathrm{d}i_{cc}}{\mathrm{d}t}+Ri_{cc}=u_{sc}-S_c u_{dc}-\dfrac{1}{3}u_{dc}(S_a+S_b+S_c) \\ C\dfrac{\mathrm{d}u_{dc}}{\mathrm{d}t}=i_{ca}S_a+i_{cb}S_b+i_{cc}S_c \end{cases} \tag{2}$$

2 基于瞬时无功功率理论的p-q谐波电流检测算法

三相瞬时无功功率理论[3]首先于1983年由赤木泰文提出，该理论突破了传统的以平均值为基础的功率定义，系统地定义了瞬时无功功率、瞬时有功功率等瞬时功率量。

设三相三线制电路各相电压、电流的瞬时值分别为e_a、e_b、e_c和i_a、i_b、i_c。把三相电压及电流分别变换到两相正交的$\alpha-\beta$坐标系。

$$\begin{bmatrix} e_\alpha \\ e_\beta \end{bmatrix}=C_{\alpha\beta}\begin{bmatrix} e_\alpha \\ e_b \\ e_c \end{bmatrix} \tag{3}$$

$$\begin{bmatrix} i_\alpha \\ i_\beta \end{bmatrix}=C_{\alpha\beta}\begin{bmatrix} i_\alpha \\ i_b \\ i_c \end{bmatrix} \tag{4}$$

$$C_{\alpha\beta}=\sqrt{\frac{2}{3}}\begin{bmatrix} 1 & -\dfrac{1}{2} & -\dfrac{1}{2} \\ 0 & \sqrt{\dfrac{3}{2}} & -\sqrt{\dfrac{3}{2}} \end{bmatrix} \tag{5}$$

三相电压e_a、e_b、e_c及三相电流i_a、i_b、i_c变换至$\alpha-\beta$坐标系后，将e_α、e_β及i_α、i_β在$\alpha-\beta$平面上合成旋转电压矢量$\vec{e}$、$\vec{i}$，变换后的矢量图如图2所示。

图中，

$$\vec{i}=\vec{i_\alpha}+\vec{i_\beta} \qquad \vec{e}=\vec{e_\alpha}+\vec{e_\beta} \tag{6}$$

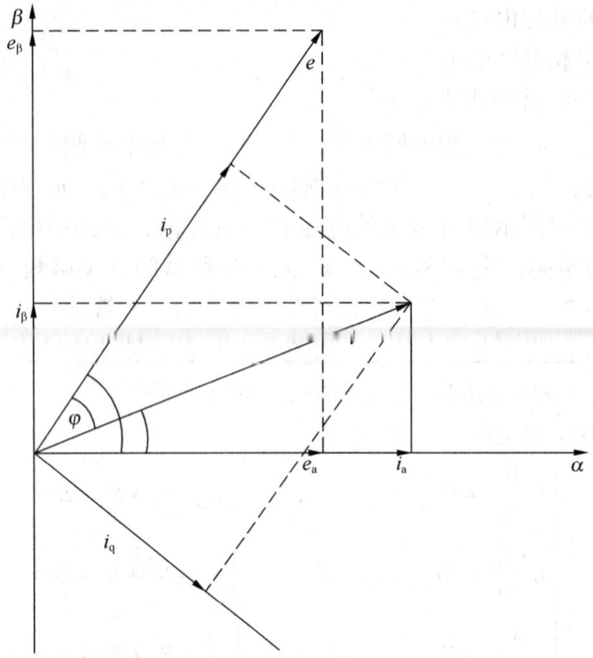

图2　$\alpha-\beta$ 坐标系下电流、电压矢量图

在 $\alpha-\beta$ 坐标系下将旋转电流矢量 $\vec{i}$ 分解为 i_p、i_q 分量，其中 i_p 分量与旋转电压矢量同方向而 i_q 分量与旋转电压矢量垂直且落后的角度为90°。有功电流及无功电流分量的标量值分别为

$$i_p = i\cos\varphi \tag{7}$$

$$i_q = i\sin\varphi \tag{8}$$

式中，$\varphi=\varphi_e-\varphi_i$，为坐标变换后旋转矢量 $\vec{i}$ 落后于旋转矢量 $\vec{e}$ 的角度。

仿照在向量意义上的有功功率 P 和无功功率 Q 的定义，分别定义瞬时有功功率 p 和瞬时无功功率 q：

$$p = ei_p \tag{9}$$

$$q = ei_q \tag{10}$$

可进一步表示成

$$p = e_\alpha i_\alpha + e_\beta i_\beta \tag{11}$$

$$q = e_\alpha i_\beta + e_\beta i_\alpha \tag{12}$$

化成矩阵形式有

$$\begin{bmatrix} p \\ q \end{bmatrix} = \begin{bmatrix} e_\alpha & e_\beta \\ e_\alpha & -e_\beta \end{bmatrix}\begin{bmatrix} i_\alpha \\ i_\beta \end{bmatrix} \tag{13}$$

以三相瞬时无功功率理论为基础的 p－q 检测法的原理框图如图3所示。

在稳态情况下，对于一个无损耗的有源电力滤波系统，电源提供的功率必须等于负载消耗的功率。因此，变流器直流电容的平均电压将保持为定值。有源滤波器由于电路损耗直流侧电压会下降，需要从系统注入一定的有功功率来补偿损失功率，维持直流侧电压恒定。损耗电流幅值由直流侧电容电压实际值与参考值比较并经过 PI 调节器后得到，损耗电流相位与系统电压相位相同。考虑电容电压波动下的谐波电流检测框图如图 4 所示。

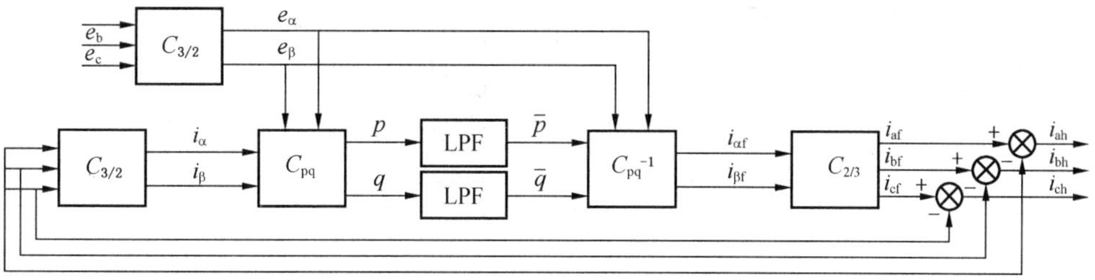

图 3　p－q 检测法的原理框图

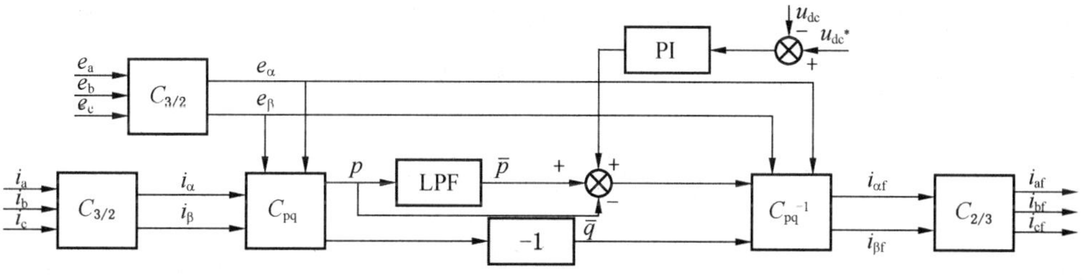

图 4　谐波电流检测框图

利用 Matlba 软件实现上述谐波检测算法，仿真系统如图 5 所示。

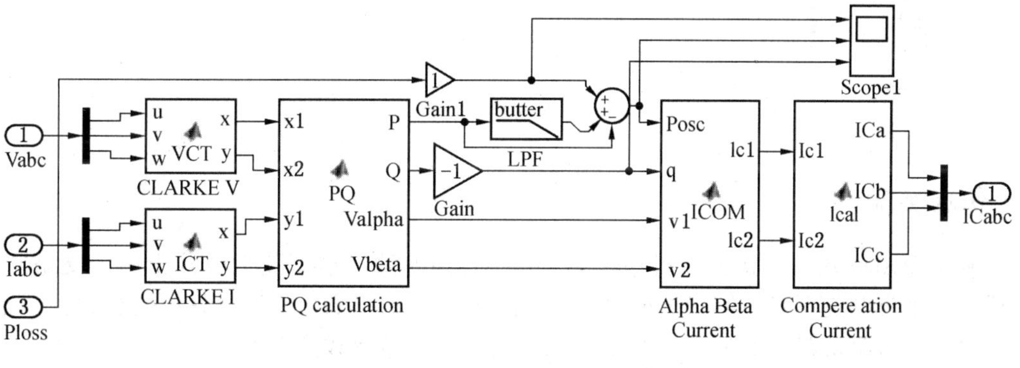

图 5　基于 p－q 法的谐波电流检测仿真图

3　补偿电流跟踪控制

滞环比较控制将指令信号与实际补偿电压（或电流）的差值输入具有滞环特性的比较器，通过比较形成方波脉冲信号，再得到 PWM 波控制信号来控制逆变器的开关器件，该控制具有开关损耗小、动态响应快等优点。

图 6 所示为滞环比较电流跟踪控制原理。在该方式中，补偿指令电流信号与实测电流

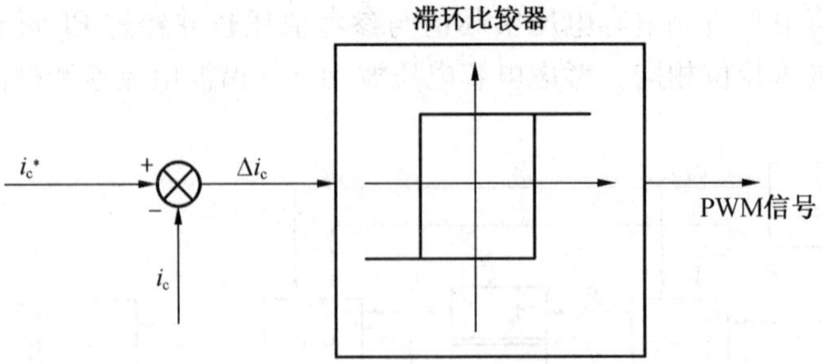

图 6　滞环比较电流跟踪控制原理

信号的偏差。作为滞环比较器的输入，通过滞环比较器产生控制变流器的 PWM 信号，以确定电能变换开关元件的开关时序，控制的结果是使被控制量围绕其给定值做锯齿形变化。电流互感器原边电流在 PWM 波控制下围绕指令信号波动，波动的幅度由滞环比较器的阈值决定，使其逼近指令信号。滞环控制仿真图如图 7 所示。

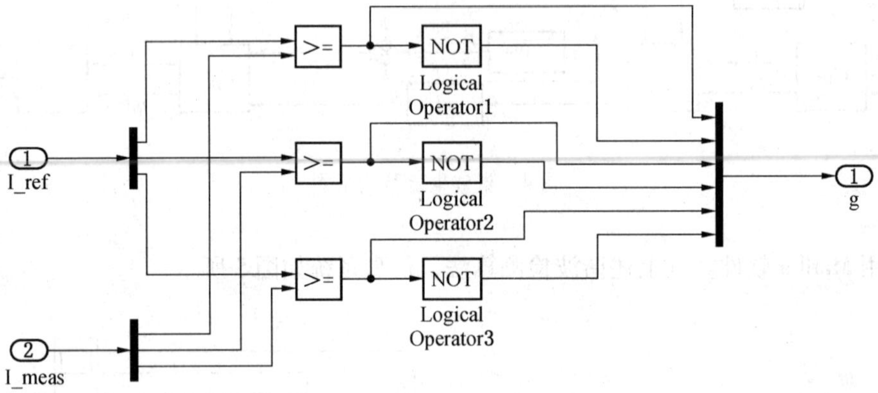

图 7　滞环控制仿真图

4　仿真实验

利用 Matlab 建立三相三线制并联型 APF[5]，谐波源（也就是负载）由两个支路并联而成，一个支路是不对称的三相负载，电阻依次为 2 Ω、4 Ω、6 Ω；另一个支路是不可控整流电路接电阻负载，电阻值为 10 Ω。仿真电路中其他参数见表 1。

表1　主　电　路　参　数

电网线电压/V	380	电网频率/Hz	50
直流侧电容/μF	20	直流侧电容电压/V	840
并网电抗器/mH	1.2	滤波器截止频率/Hz	3500

APF 模型如图 8 所示，将以上各模块封装做成子系统并按原理图连接后可得三相三线制并联 APF 仿真模型（图 9），前端是电网，后端是非线性负载，PCC 表示并网点，下端

是谐波补偿模块 APF。

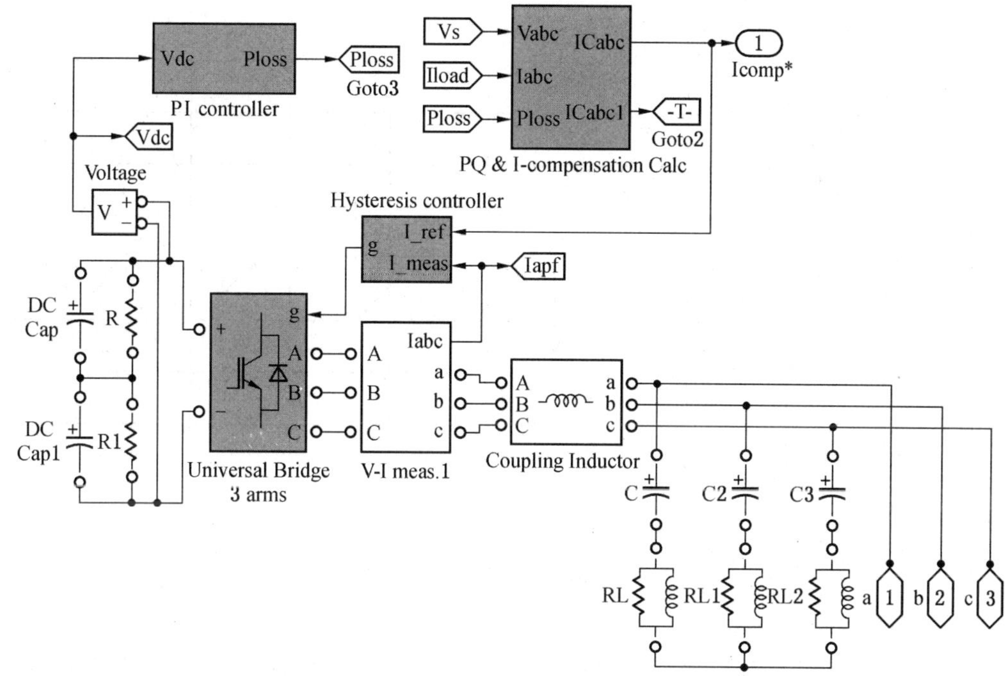

图 8　APF 模型

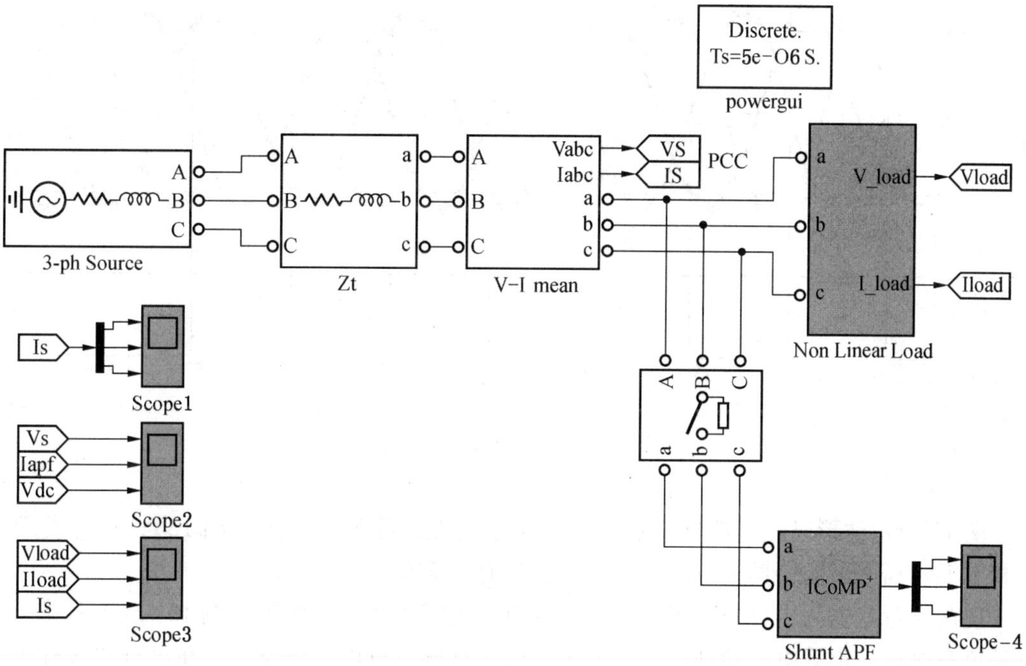

图 9　并联 APF 整体模型

在整体仿真模型下运行，0.01s 启动 APF，则可以得到并联型有源电力滤波器作用后的各电压电流波形，分别如图 10～图 11 所示。

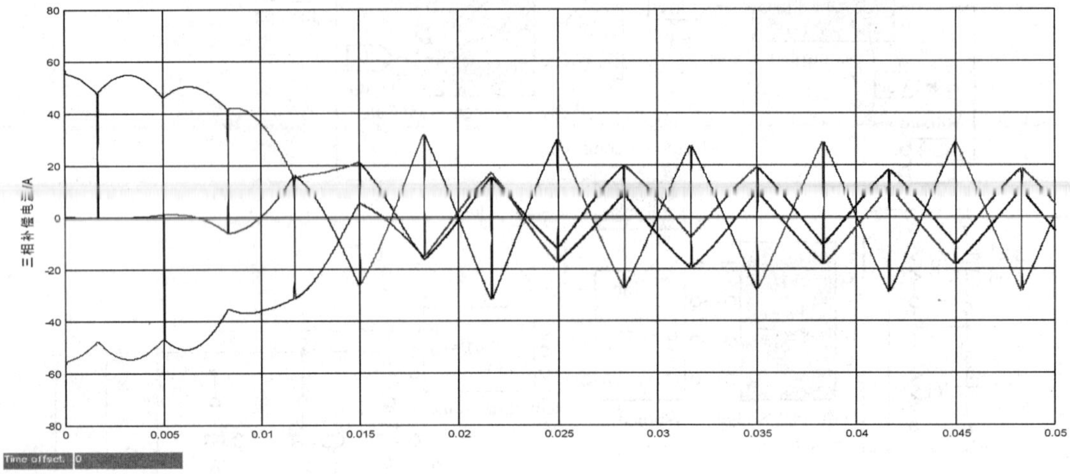

图 10　三相补偿电流

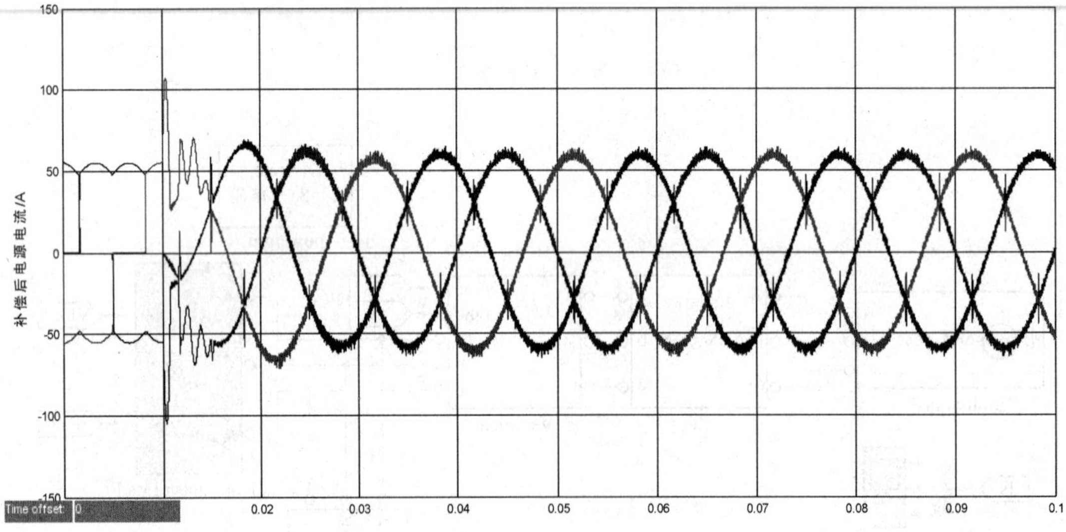

图 11　补偿后电源电流波形

图 11 所示波形已经很接近正弦波，对 A 相电流进行 FFT 变换（图 12），可以发现其中基本不含高次谐波分量，总的电压畸变率只有 4.34%。

现在将负载电压、负载电流和补偿后的电源电流放在一起比较（图 13），从上至下依次是负载电压、负载电流和补偿后的电源电流。观察后可以得出结论，在没有加入有源电力装滤波器时，电网电流受负载整流器影响，使负载电流存在明显的失真，含有大量的谐波分量。加入有源电力滤波器后，网侧电流波形得到明显改善，非常接近正弦波。

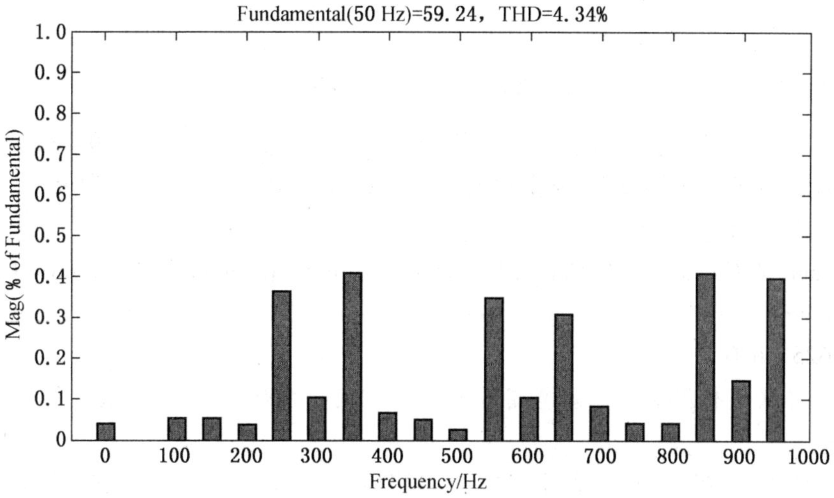

图 12　A 相电流的 FFT 变换

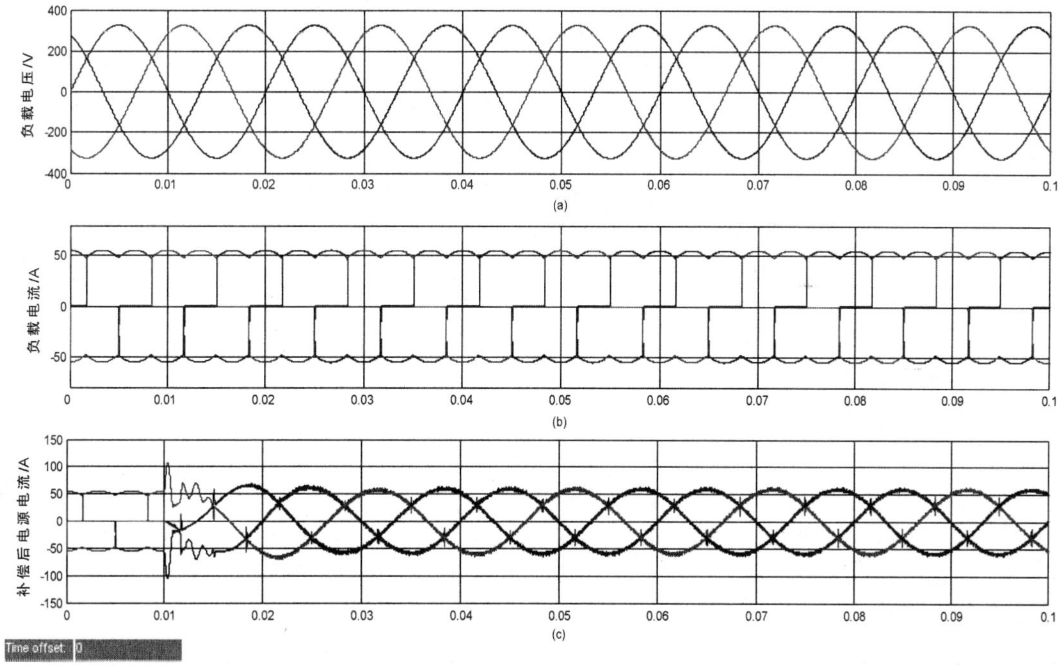

图 13　负载电压、负载电流和补偿后的电源电流波形

5　结论

本文利用 Matlab 软件建立了基于瞬时无功功率理论的有源电力滤波器仿真模型，仿真结果表明，p－q 谐波检测算法能够实时跟踪检测负载谐波电流，有源电力滤波器能够有效抑制电力系统谐波、提高电能质量，同时减少线路中的电能损耗，节约电能。

参 考 文 献

[1] 王召安，刘进军．电力电子技术[M]. 北京：机械工业出版社，2009：69 -70.

[2] 王兆安，杨君，刘进军．谐波抑制和无功功率补偿[M]. 北京：机械工业出版社，1998：40 -51.

[3] H Akagi, Y Kanazawa, A Nabae. Instantaneous reactive power compensators Comprising switehing devices without energy storage components [J]. IEEE Trans Ind APPI, 1984, IA -20, (3):625 -630.

[4] 谢斌．并联型有源电力滤波器谐波检测及控制技术研究[D]. 武汉：华中科技大学，2010.

[5] 林飞，杜欣．电力电子应用技术的 MATLAB 仿真[M]. 北京：中国电力出版社，2008.

基于 WiFi -Mesh 无线通信技术的远程遥控铲运机系统的设计

王晓芳　杨彦从

中国矿业大学（北京）机电与信息工程学院，北京　100083

摘　要　地下采矿环境复杂恶劣，为了提高效率、效益、安全生产，对铲运机的智能化和自动化技术的研究至关重要。本文设计了一套基于 WiFi - Mesh 无线通信技术的远程遥控铲运机系统，主要介绍了上位机和下位机两部分。下位机系统包括采集单元、车载控制单元、通信单元和远程遥控单元；基于 C/S 架构的矿用机车远程遥控人机交互系统的设计，实现了对矿用机车的监测监控、机车定位、操作管理和报表查询等功能。

关键词　WiFi - Mesh 无线通信　通信协议总则　远程遥控

The Design of Remote Control Scraper based on WiFi -Mesh Wireless Communication Technology

Wang Xiaofang　Yang Yancong

School of Mechanical Electronic and Information Engineering,
China University of Mining and Technology, Beijing　100083

Abstract　Underground mining complex and severe environment, in order to improve the effectiveness and efficiency of production safety, it is very important to study the LHD automation and intelligent technology. This paper designed a set of system of WiFi - Mesh wireless communication technology of remote control scraper。This article mainly introduced the two parts of the upper computer and lower machine. Lower machine system includes acquisition unit, control unit, communication unit and remote control unit. The design of the human - computer interaction system based on C/S architecture of mine locomotive remote control, Implement the monitoring, monitoring of mine locomotive location, operation management and report query, and other functions。

Key words　WiFi - Mesh wireless communication　general communication protocol

---

资助项目： 中央高校基本科研业务费专项资金（2009QJ09）

作者简介： 王晓芳（1989—　），女，硕士。Tel:17301217325;E - mail:wangxiaofang1819@126. com remote control

0 引言

井下开采属于高危工作，开采条件也越来越恶劣，急需先进的采矿设备和技术改善现状。随着计算机技术和自动化控制技术的飞速发展，人们希望未来能够在安全场所通过计算机的监测远程遥控。随着计算机技术的迅速发展、图形/视频/数据处理能力以及网络通讯速度的提高，智能采矿技术的自动化程度水平也在不断提高，远程视频遥控技术、自动导航技术以及无人开采技术发展飞速。基于 WiFi - Mesh 无线通信技术的远程遥控系统实现了对铲运机的远程遥控和自主导航。

1 系统概述

系统可实现对铲运机的远程控制，系统框架如图 1 所示。该系统主要包括 4 个单元：采集板单元、车载接收单元、遥控操作单元和上位机。

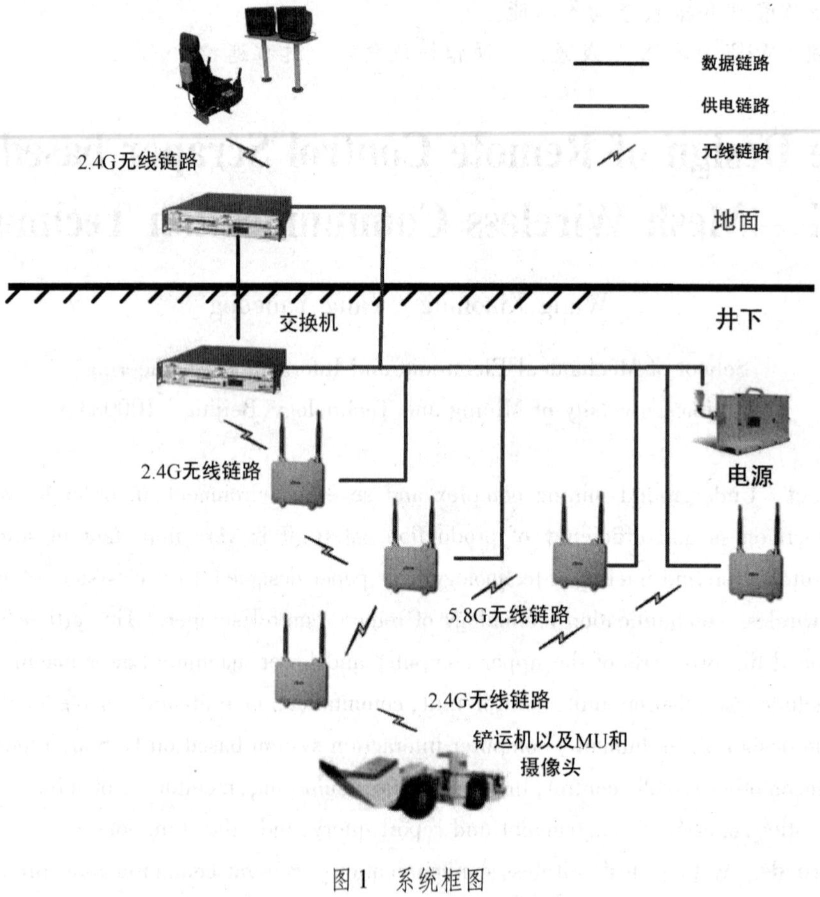

图 1 系统框图

采集板和 MU 控制单元安装在铲运机上，SU 遥控单元和上位机安装在室内。MU 与 WiFi 模块通过串口相连，WiFi 通过无线或者有线将数据传输到车载 Mesh 基站。WiFi 无线通信技术可实现井下和监测中心的双向数据通信。工作人员通过视频了解当前机车的工作状态和铲运机周边环境，使用SU遥控装置对机车进行远程操作。采集板单元的作用是将采集传感器的数据发送到MU控制单元。MU控制单元接收遥控指令，控制铲运机的运行并向SU遥控单元发送传感器数据信息和报警信息。遥控操作单元用于采集接收操作指令并发送指令到车载接收单元。此遥控系统稳定可靠，遥控信号实时性强。

1.1 系统模式

该系统有3种控制模式：遥控模式、学习模式和自主导航。

遥控模式是指操作用户通过机车前后两个摄像头传来的视频，在监测中心通过遥控SU设备对铲运机发送指令，铲运机车上的MU单元接收遥控指令后，输出相应的控制信号，完成铲运机车的前进/后退、左转/右转、装料/卸料等动作。

学习模式则是通过遥控铲运机车完成从起始地点到终止地点传感器参数的记录。在起始地点开始运行，每隔一段时间记录铲运机车的旋转编码器、转角传感器的值，通过计算得出铲运机车的运行速度和行车距离以及转角值，车拐弯时，记录转角传感器的值和RFID值，直到终点，记录旋转编码器的最大值。学习模式下遥控操作铲运机动作，同时，系统记录下铲运机行进过程中的一些传感器参数以及巷道本身的一些环境参数，以备铲运机自主导航模式参考。

自主导航模式下将实时采集的传感器参数和记录的传感器参数进行比较，判断当前铲运机的状态，根据激光扫描仪和RFID的提示判断铲运机车周围环境使铲运机能够自主完成直行、拐弯、装料卸料等动作。

1.2 采集板单元

自主导航模式需要保证铲运机车的安全行驶，周围的环境和铲运机行驶的状态至关重要。在铲运机主机上安装4种传感器通过RS485传输给采集单元，如图2所示。4种传感器配合，根据预设路线不断对铲运机车进行校正，从而实现机车的自主导航功能。

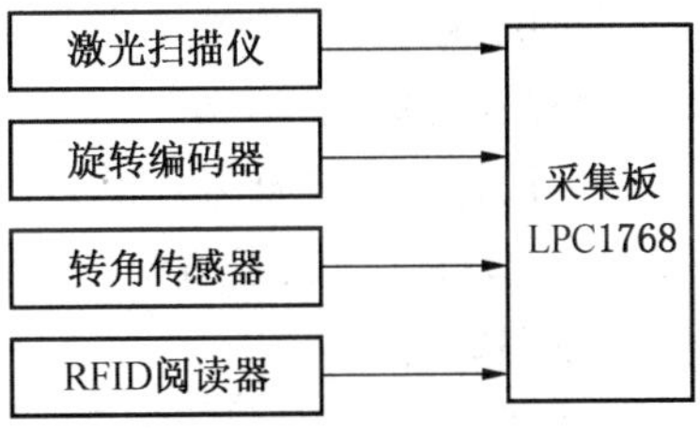

图2　采集板框图

本系统采用的是SICK LMS111激光扫描仪，在学习和遥控模式下，采集板单元不记录激光扫描仪的参数。自主导航模式下，采集板单元按等时间间隔或等距离间隔采集扫描仪的参数，用于巷道内检测前方障碍物以及障碍物的相对位置。

本文选用的转角传感器为MCGJ485B，测量转轴的绝对角度位置，即车头偏转的角度，判断铲运机的转向意图。转角传感器往一个方向转动时，计数增加；往相反的方向转动时，计数减少。直线行驶时，转角传感器的值变化范围比较小，理想情况下，应该是0°。转弯过程中，转角的值不断变化。学习过程中，应该间隔一定时间对转角传感器的值进行采样。

矿井用防爆绝对式绝对值旋转编码器测量的是铲运机车的转速，通过计算得到里程值和速度值。学习模式下，采集板单元按等时间间隔或等距离间隔采集里程计的参数，并根据RFID参数计算应该拐弯或应该停车点的最大里程值。自主导航模式下，采集板单元按等时间间隔或等距离间隔采集旋转编码器的参数，采集到的参数跟学习模式时计算的应该拐弯或应该停车的最大里程值点进行比较，进而对铲运进车进行状态调整，保证铲运机车按照学习模式记录的轨迹运行。

本文选用的是超高频一体式 RFID 阅读器，在铲运机开始、拐弯、结束等关键位置安装 RFID 信号标签，可以设置 RFID 的扫描半径，当铲运机运行到了范围内扫描到标签，可以判断铲运车的大致位置，配合其他参数，对铲运机车进行拐弯、停车等动作。导航模式和学习模式都要对 RFID 记忆扫描记录。

1.3 车载控制单元

硬件设计上，CPU 采用了基于 ARM Cortex – M3 内核的微控制器 LPC1768，无线传输采用 CO2128 WiFi 芯片，CO2128 芯片与 CPU 通过串口收发命令，通信速率为 115200 bps。

MU 控制单元的主要功能是接收到 SU 发送的命令包后，对包的内容进行逻辑分析，将接收到的控制信息转换成相应的信号输出去，有数字输出也有 PWM 输出，然后控制相应的阀门动作。学习模式基本上同遥控模式，在遥控的同时，MU 需要记录相应的动作、状态以及采集板的传感器信息。自主导航模式则根据采集板的传感器信息以及学习模式下记录的信息进行对比，之后进行自主导航运行。

1.4 网络通信单元

本系统采用的是 Strix 的 MWS100 – HSX10 Mesh 基站，MWS 能够为产运机车提供宽带数据接入和节点间的无缝漫游。MWS100 – HSX10 包含 1 块板卡、2 个 802.11 射频，一个是运行在 2.4 GHz 频段的 802.11 g 射频，该射频接口可被选作无线接入点（AP）；另外一个是运行在 5.8 GHz 频段，可做骨干网，用于数据的快速转发。

为了实现铲运机车的远程遥控控制，需要沿着矿山井下巷道铺设无线通信网络。无线网络由 Mesh 智能接入点、Mesh 骨干网、网络交换机和数据通信电缆构成。Mesh 智能接入点的作用是连接数字矿山无线局域网络中的无线和有线网络，起桥接作用。Mesh 基站之间的数据传输运行在 5.8 GHz 频段，MU 控制单元和 SU 遥控单元与 Mesh 基站之间的传输运行在 2.4 GHz 频段，搭建出一个无线局域网络。人机控制单元则放置在地上控制室中，设有操作面板和显示屏幕，工作人员通过显示屏幕了解当前机车的工作状态，使用操作面板对机车进行远程操作[1-4]。

1.5 远程遥控单元

硬件设计上，同样采用的是 LPC1768 无线通信采用的 CO2128 WiFi 芯片，CO2128 芯片与 CPU 通过串口收发命令，通信速率为 115200bps。SU 遥控单元对 WiFi 通信模块的设置同车载 MU 控制单元。

SU 遥控单元要实现的功能：向 MU 控制单元发送命令，控制铲运车的行走，包括铲运车的前进、后退、左转和右转；控制铲运车的动作，包括转料、卸料、大臂的上升和下降；铲运车的状态控制、前以及后灯控制、油门全开、油门半开和快慢挡；铲运机车的一些辅助功能，包括启动、熄火、驻车刹车、辅助刹车以及延迟关机；铲运机车模式的选择，包括遥控模式、学习模式和自主导航模式。

2 串口通信协议总则

本系统的协议规则基于问答机制。设备间通信的发送和响应帧的格式都相同，具体的通信协议格式如图 3 所示，采用网络序发送：协议帧包括 7 个字节的协议头，1 个字节操作码，n 个字节的数据信息，1 个字节的校验和。

协议头及校验和是为各设备间通信而定义的。协议头由起始字符（1 个字节）、包长度（2 个字节）、目的设备 ID（2 个字节）、源设备 ID（2 个字节）四部分组成。

图3　通信协议格式

规定发送类型通信协议头的起始字符都设定为 0×95，即包的开头都是 0×95，当发送的帧为响应类型时，数据净荷的长度为 0。

包长度为从下一字节开始到校验和之前的长度，包括目的设备 ID、源设备 ID、操作类型码和数据净荷。

操作类型码表示命令字，命令字列表见表 1。

校验和是指将协议头、操作类型码以及数据净荷（不包括校验和字段本身）所有字节累加，取低 8 位作为校验和。

表1　命令字列表

命令字	方　向	功　能
0x11	遥控→PC 机	主动向上位机上报数据
0x91	PC 机→遥控	PC 对上报数据的响应
0x92	PC 机→遥控	上位机设置激光扫描仪传感器参数
0x12	遥控→PC 机	遥控对激光扫描仪参数设置的响应
0x93	PC 机→遥控	上位机设置 RFID 的参数设置
0x13	遥控→PC 机	遥控对 RFID 参数设置的响应
0x94	PC 机→遥控	上位机向下位机校时
0x14	遥控→PC 机	遥控对校时的响应
0x20	PC 机→遥控	上位机向下位机测试帧格式
0xa0	遥控→PC 机	遥控响应测试数据

在遥控模式下，遥控将当前最新状态和控制信息进行打包，包括 MU 的一些状态检测（空挡报警、驻车报警、遥控选择状态报警，接收 SU 遥控的链接报警）信息，只有在自主导航模式和学习模式下才上传传感器的数据信息。

下位机上传给上位机的数据信息定义见表 2，包括机车控制、控制信息、报警信息以及 Mesh 基站的 ID 和距离值。此处 Mesh 基站的 RSSI 值是经过多次采样过滤掉最小值和最大值后求得的平均值，减少了计算误差。

在导航和学习模式下，下位机上传给上位机的数据信息定义，除了表 2 中 13 个字节的数据信息外，还要将传感器数据信息上传到上位机，传感器数据信息定义见表 3。里程值和速度值都是经过旋转编码器的数据和时间计算出来的。

表2 响应数据信息定义

字节	内　容
2	机车状态信息
8	机车控制信息
2	报警信息
6	Mesh 基站 ID 号以及 RSSI 值

表3 传感器信息定义

字节	内　容
2	里程值
2	速度值
1	RFID 的 ID 号
2	转角传感器的值

机车状态信息的两个字节定义见表4，当选择遥控模式时，Bit0 为1，Bit1 与 Bit2 均为0；若选择学习模式则 Bit1 为1，Bit0 和 Bit2 为0，若选择自主导航模式，则 Bit2 为1，Bit0、Bit1 为0。其他位值若为1则为开或亮，若为0则为关或灭。

表4 机车状态信息定义

位	内　容	位	内　容
Bit0	遥控模式	Bit10	快慢档
Bit1	学习模式	Bit11	油门全开
Bit2	自主导航模式	Bit12	油门半开
Bit3	喇叭	Bit13	驻车刹车
Bit4	后灯	Bit14	辅助刹车
Bit5	前灯	Bit15	引擎启动
Bit6	灭火方式	Bit16	倾斜开关
Bit7	延迟开关	Bit17	预留

机车控制信息的8个字节见表5。机车动作信息左转/右转、前进/后退、升臂/降臂、装料/卸料的值都是一对互斥的量，左转有数值时，右转的值为0，右转有数值时，左转的数值为0，数值范围为0～100。

表5 机车控制信息定义

字节	内　容	字节	内　容
1	左转	5	升臂
2	右转	6	降臂
3	前进	7	装料
4	后退	8	卸料

报警信息的2个字节信息见表6，遥控模式下，Bit8～Bit15 八位保留为0，不向上位机主动上报传感器故障信息。学习模式下，以下报警信息都要上报。导航模式下，遥控选择报警和 Link 报警四位均为0，不需要向上位机上报；01 为正常，10 为故障，00 因未定

义为无效。

Mesh 基站 ID 以及距离值的 6 个字节分别是一个字节的 ID、两个字节的值，一共是 3 个 Mesh 基站的 ID 和 RSSI 值。上位机对遥控上报数据的响应数据信息为一个字节；00 表示数据正确获得；01 表示数据出错，无法处理。

表6 报警信息定义

位	内 容	位	内 容
Bit0～1	遥控选择报警	Bit8～9	激光扫描仪故障报警
Bit2～3	空档报警	Bit10～11	旋转编码器故障报警
Bit4～5	驻车报警	Bit12～13	转角传感器故障报警
Bit6～7	Link 报警	Bit14～15	RFID 传感器故障报警

3 人机交互系统的设计

上位机系统软件采用 Visual Studio 2012 和 SQL Server2008 作为程序开发工具，系统主要用到了基于 Mesh 基站 RSSI 值的定位算法、GIS 地图显示和定位技术、Entity Framework 和 WPF 编程技术。

矿用机车远程遥控人机交互系统如图 4 所示，实现了从串口接收下位机数据包，依据自定义的通信协议原则解析数据包，将数据信息存储到数据库系统。系统能够实现实时显示和按时间查询历史铲运机状态、动作信息和报警信息并导出 excel 报表等功能。本系统结合 ArcGIS 技术实现了矿山地图显示功能，并根据 Mesh 基站 RSSI 值实时显示井下铲运机的位置。此外，本系统实现了用户管理、数据库管理以及用户操作记录信息查询等功能[5]。

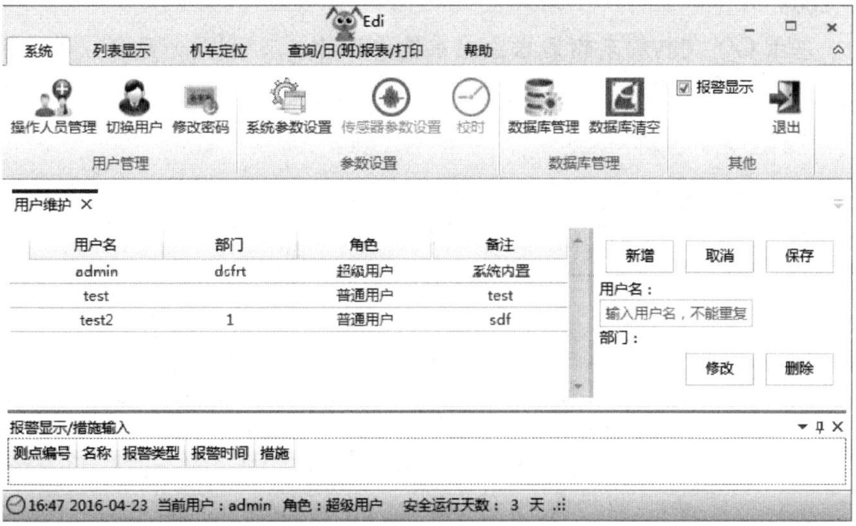

图 4 上位机人机交互系统

4 测试

串口通信测试。启用测试数据包的模块信息，设置好串口波特率和 COM 口，每次随机发送 N（随机数取值范围为 100 ~ 200）条测试数据，遥控单元正确获取数据后，需要发给 PC 上位机一个数据响应信息，上位机通过累加计数得到响应包的个数，测试串口接收数据的丢包率。串口丢包率 = （上位机发送的包 − 收到下位机发送的响应包）/上位机发送的包。

系统软件应用测试。编写软件测试文档，将下位机和上位机连接好，测试数据的准确性和即时性并记录。

5 结论

本文设计了一套基于 WiFi − Mesh 基站的远程遥控铲运机系统，实现了对铲运机的远程遥控。通过测试表明，串口通信率基本在 99% 以上，数据准确且及时。该系统可以降低开采成本、提高开采效率、改善生产环境、保证员工生命安全，进而增加企业效益。

参 考 文 献

[1] 景占杰，樊双雁．基于 Mesh 网络的地下矿山人员感知的研究与实现[J]. 金属矿山，2012（1）：124 − 127.

[2] 余海，曹蕾．基于 WiFi 的无线网状（Mesh）组网技术[J]. 现代电子技术，2011，34（10）：120 − 122.

[3] Zhang H. Design of Radio Remote Control System for Underground LHD Based on 802. 11b/g [J]. Journal of North China Institute of Science & Technology, 2010.

[4] Li W. Remote Control System of Underground Load − Haul − Dump Vehicles [J]. Metal Mine, 2008.

[5] 解丹．基于 C/S 架构的车辆远程监控系统的设计与实现[D]. 武汉：华中科技大学，2011.

电动汽车交流充电桩控制系统的设计

吴秋昊　魏幼平

中国矿业大学（北京）机电与信息工程学院，北京　100083

摘　要　本文简要介绍了电动汽车交流充电桩的系统结构和控制原理。根据交流充电桩的要求设计了基于STM32F107VCT6微控制器的控制系统。详细介绍了控制系统的硬件设计，阐述了串口通信电路和CAN总线接口电路。简单介绍了控制系统软件部分的设计。该系统具有人机交互、电能计量、IC卡付费、票据打印、充电控制、充电过程监测和保护等多种功能，并能够通过CAN总线将多个分散的充电桩互联组网，将充电信息存储和上传，满足后台对分布式交流充电桩集中管理的需要。经试验该设计可以满足电动汽车慢速充电的要求。

关键词　交流充电桩　STM32F107VCT6　控制导引

Design of Alternating Current Charging Spot Control System for Electric Vehicle

Wu Qiuhao　Wei Youping

School of Mechanical Electronic and Information Engineering,
China University of Mining and Technology, Beijing　100083

Abstract　A brief introduction to the system structure and working principles of alternative current (AC) charging spot. According to the requirement of the AC charging spot, a control system is designed based on the micro – controller STM32F107VCT6. The design of the hardware in the control system was introduced in detail, the circuits of serial port and CAN bus port were elaborated. A brief introduction to the design of software in the control system. The system provides a variety of functions, such as human – computer interaction, electric energy measurement, IC card payment, bill printing, charging control, charging process monitoring. it also can make many scattered AC charging spots

---

资助项目： 中央高校基本科研业务费专项资金（2011YJ07）

作者简介： 吴秋昊（1991—　），男，河南平顶山人，硕士研究生。Tel：15886703821；E – mail：342031559@qq. com

form a network by the CAN bus and charging information storage and uploading to meet the requirements of the centralized management of the distributed AC charging spot. By testing the design can meet the requirements of the electric car slow charging.
Key words AC charging spot STM32F107VCT6 control pilot

0 引言

随着我国经济及社会发展水平的不断提高，汽车保有量持续攀升。汽车给人们带来便利的同时，也加剧了全球的环境污染和能源危机。因此，大力发展电动汽车能够加快燃油替代，减少汽车尾气排放，促进节能减排，防治大气污染，有效解决汽油车带来的各种问题。而要大力推广电动汽车，就必须加强电动汽车充电基础设施的建设。电动汽车充电设施主要包括各类集中式充换电站和分散式充电桩。其中，交流充电桩因其占地面积小、一次性建设费用少、方便充电等优点被广泛应用[1]。在此背景下，本文提出了基于STM32F107VCT6微控制器的电动汽车交流充电桩控制系统设计方案，可基本满足电动汽车充电的要求。开发此产品具有广阔的市场前景，对于我国电动汽车的普及和充电基础设施的建设具有十分重要的意义和工程应用价值。

1 交流充电桩控制原理

根据《电动汽车传导充电系统第一部分：通用要求》（GB/T 18487.1—2015）中相关规定的要求，当电动汽车进行充电时，应使用控制导引电路进行充电连接装置的连接确认及额定电流参数的判断。交流充电桩控制导引电路如图1所示。

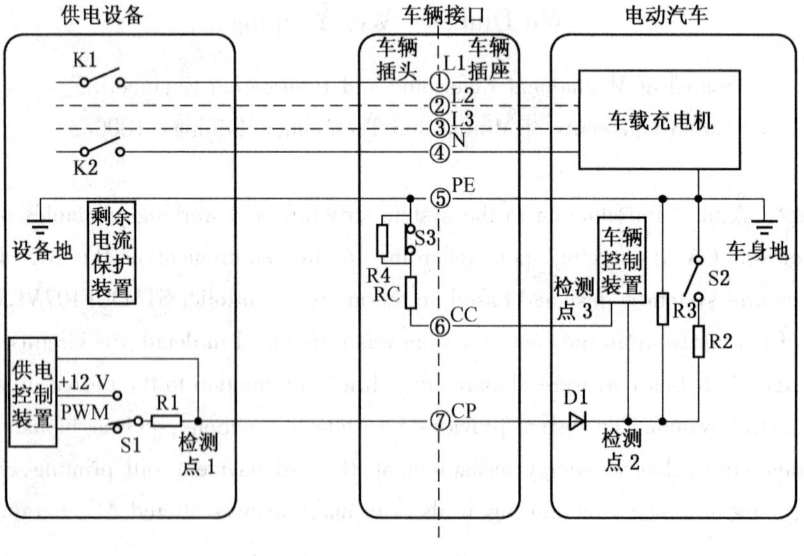

图1 交流充电桩控制导引电路

车辆控制装置通过测量检测点 3 与 PE 之间的电阻值来判断车辆插头与车辆插座是否完全连接。当插头与插座完全连接后，开关 S_1 从 +12 V 连接状态切换至 PWM 连接状态，供电控制装置发出 PWM 信号。此时，供电控制装置通过测量检测点 1 的电压值来判断充电连接装置是否完全连接，车辆控制装置通过测量检测点 2 的 PWM 信号来判断充电连接装置是否完全连接。

在车载充电机自检完成且没有故障的情况下且电池组处于可充电状态时，车辆控制装置闭合开关 S_2。供电装置再次通过测量检测点 1 的电压值来判断车辆是否准备就绪，如满足要求则供电控制装置通过闭合接触器 K_1 和 K_2 使交流供电回路导通。

当电动汽车和供电设备建立电气连接后，车辆控制装置通过判断检测点 2 的 PWM 信号占空比确认供电设备的最大供电能力并且通过判断检测点 3 与 PE 之间的电阻值来确认电缆的额定容量。车辆控制装置对供电设备当前提供的最大供电电流值、车载充电机的额定输入电流值及电缆的额定容量进行比较，将其最小值设置为车载充电机当前最大允许输入电流[2]。设置完成后车载充电机对电动汽车进行充电。

充电过程中，当达到设置的结束条件或操作人员实施了停止充电的指令时，车辆控制装置断开开关 S_2，供电控制装置将控制开关 S_1 切换到 +12 V 连接状态并断开接触器 K_1 和 K_2，切断交流供电回路，充电结束。

2　交流充电桩系统方案

本次设计的系统由 LCD 触摸屏、打印机、读卡器、具有 RS485 接口的电能表、漏电保护器、交流接触器、空气断路器、电涌保护器、熔断器、急停开关和 LED 灯等基本部分组成。交流充电桩硬件系统组成如图 2 所示。

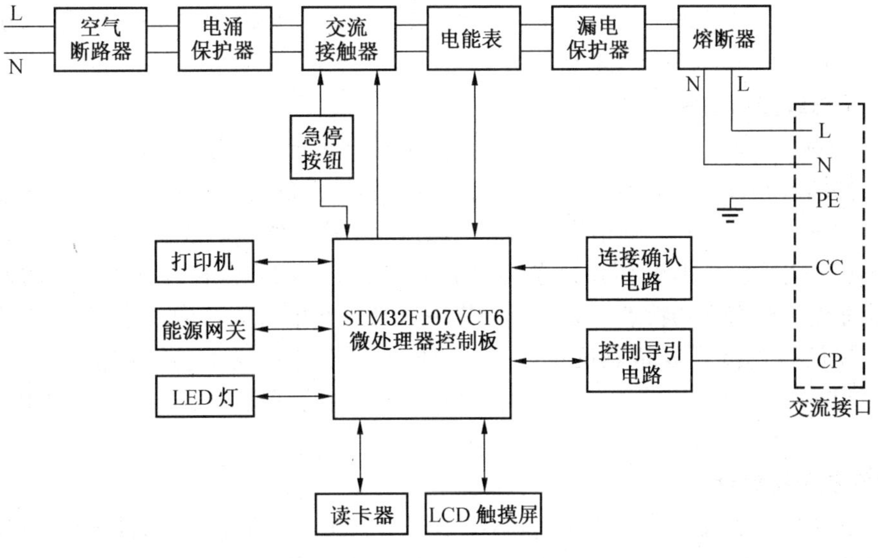

图 2　交流充电桩硬件系统组成图

LCD 触摸屏可以提供良好的人机操作界面，使客户能够选择不同的方式对电动汽车进行充电操作，并能显示当前充电状态、充电电量和充电费用等信息。热敏打印机可以提供对消费情况的票据打印的功能。读卡器可以使用户方便地进行信息认证和消费结算。电能表可以提供电量计量收费的功能。漏电保护器可保证在充电过程中发生漏电等紧急故障情况的充电操作。交流接触器实现对交流充电电能的控制。空气断路器、电涌保护器和断路器具有对电路进行保护的作用，当电路出现过流、过压和过载等故障时，能够及时断开主回路。急停开关用于发生意外状况时能够紧急停止充电。LED 等用于显示充电桩的实时状态。

3 硬件设计

3.1 主控制器的选择

该系统选择 STM32F107VCT6 微控制器为控制核心，该产品是意法半导体推出的全新 STM32 互连型（Connectivity）系列微控制器中的一款性能较强的产品，使用高性能的 ARM Cortex－M3 内核，最高工作频率 72MHz。此芯片集成了各种高性能工业标准接口，包括模数转换器、脉宽调制器和通用同步/异步收发器接口等外设资源，借助这些外设资源可以极大简化电路设计的复杂度且 STM32 不同型号产品在引脚和软件上具有完美的兼容性，可以轻松适应更多的应用。

3.2 串行接口电路

基于嵌入式处理器 STM32F107VCT6 的控制系统共使用了 4 个串行接口，分别与 LCD 触摸屏、热敏打印机、读卡器和电能表连接。LCD 触摸屏与 MCU 之间通过 RS485 总线连接，采用 Modbus RTU 通信协议进行通信。热敏打印机和 MCU 之间采用 RS232 总线连接，根据打印机模块提供的协议进行通信。读卡器和 MCU 之间采用 RS232 总线连接，采用读卡器模块提供的协议进行通信。充电计量的电能表采用多功能单相表，电表选用 2.0 等级的电能表[3]。电能表和 MCU 之间通过 RS485 总线连接，采用 Modbus RTU 通信协议进行通信。本次设计的 RS485 接口电路如图 3 所示。

3.3 CAN 总线接口电路

CAN 全称为 Controller Area Network，即控制器局域网，是由以研发和生产汽车电子产品著称的德国 BOSCH 公司开发的，是国际上应用最广泛的现场总线之一。CAN 总线因其具有实时性好、可靠性强、通信服务简便、通信速率快等优点而被广泛应用于电动汽车领域[4]。本次设计中，CAN 总线接口电路用于交流充电桩和后台管理系统之间的通信。考虑到交流充电桩分布式的特点，为了便于集中管理，充电桩集群内部采用 CAN 总线的方式连接，并最后连接到设备联网中心——能源网关。能源网关为现成的产品，支持以 GPRS、Wifi 和以太网的方式连入互联网，便于上位机的管理。CAN 总线接口电路如图 4 所示。

3.4 硬件抗干扰设计

可靠性及抗干扰设计是硬件设计必不可少的一部分，包括芯片/器件选择、去耦滤波、印刷电路板布线、通道隔离等[5]。本次设计中，采用在芯片附近放置瓷片电容的方式来消除电源对芯片的干扰。使用滤波器和光电耦合器来抑制噪声的传输。布线时避免直角走线的方式，这样可以遏制高频噪声。模拟电路和数字电路分开走线以避免它们之间的相互干扰。

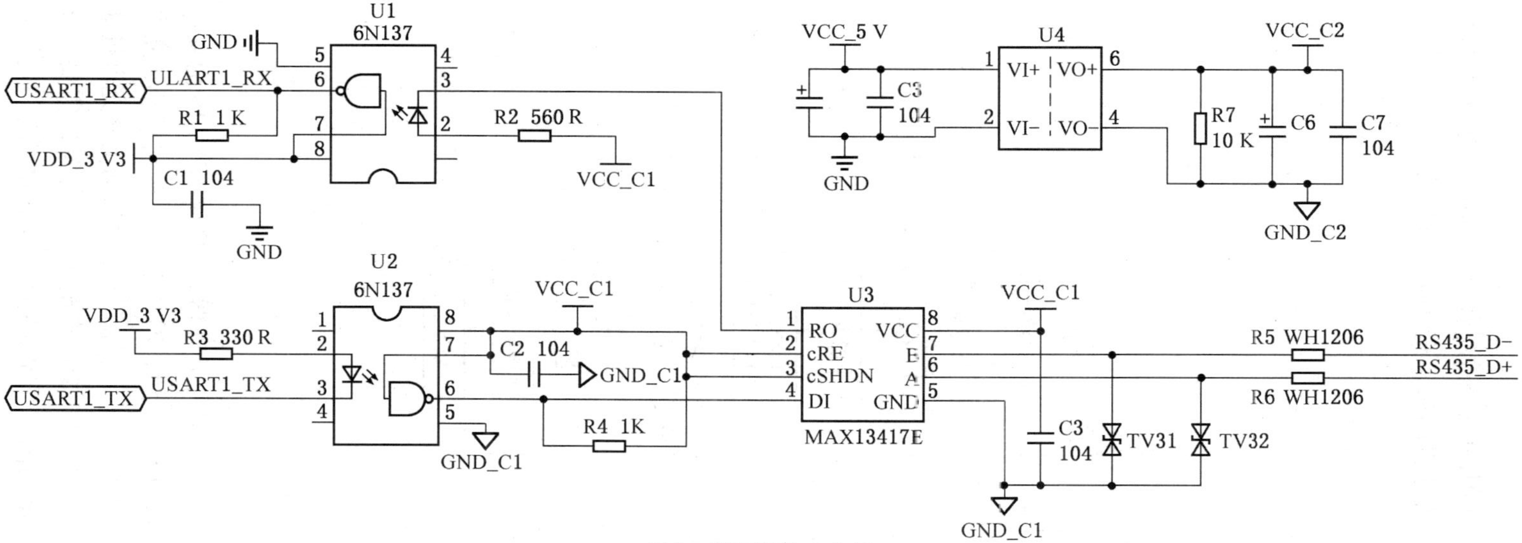

图 3　RS485 接口电路

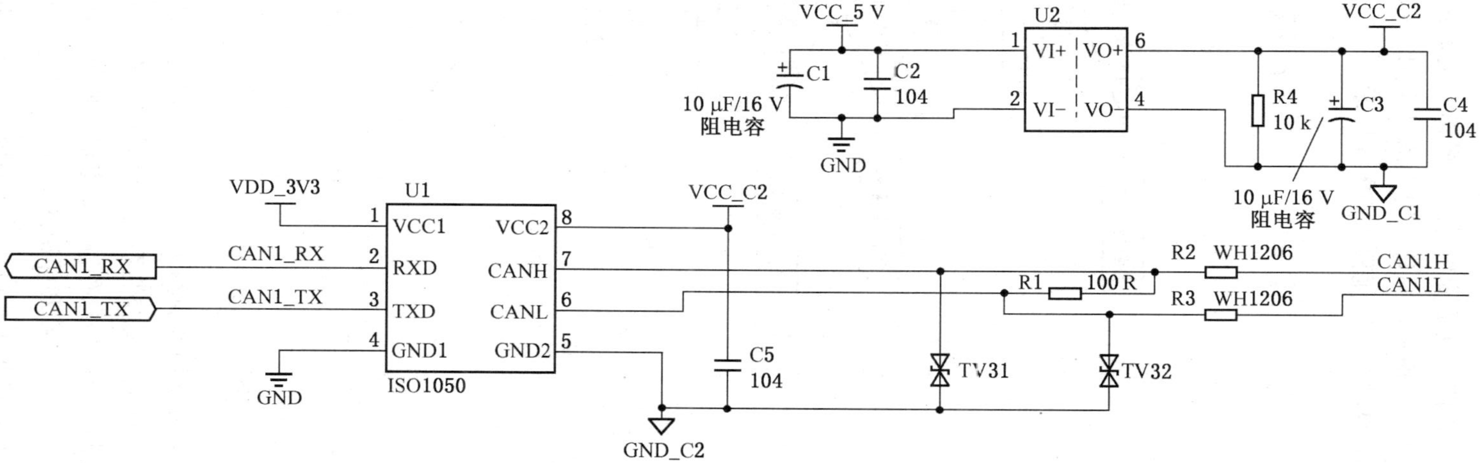

图 4　CAN 总线接口电路

4 软件设计

在使用交流充电桩时，操作人员通过 LCD 触摸屏实现控制操作。系统程序主要由系统开机自检和初始化、用户信息识别、充电装置连接确认、充电状态信息的监测与上传等部分组成。程序流程图如图 5 所示。

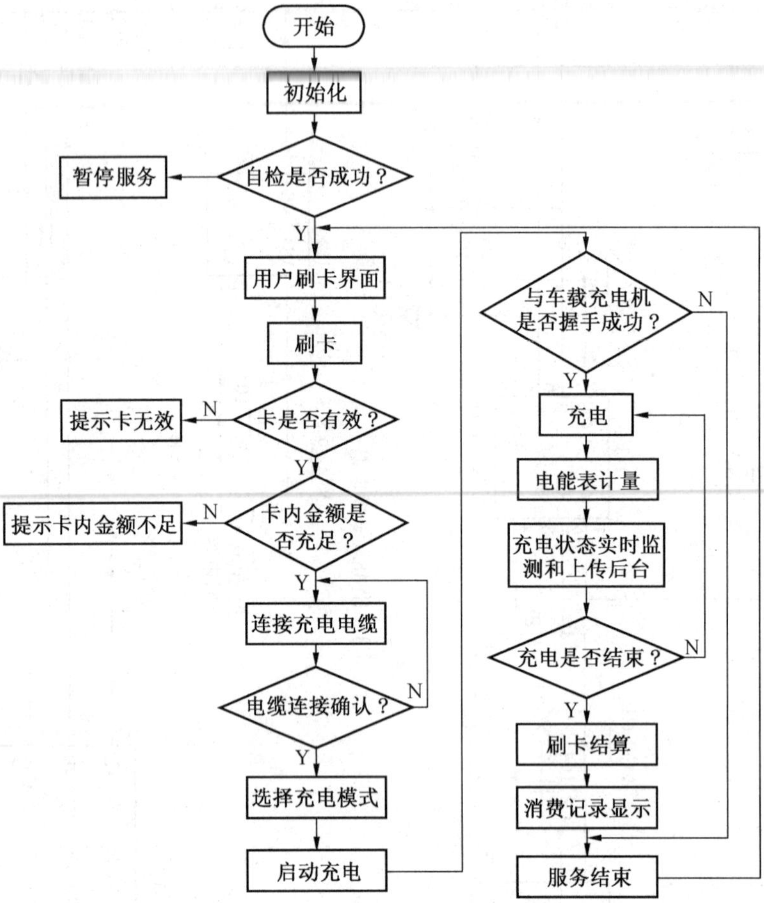

图 5　程序流程图

5 结论

本文简要介绍了交流充电桩的控制原理，设计了以微处理器 STM32F107VCT6 为核心的交流充电桩控制系统。该系统具有人机交互、电能计量、IC 卡付费、票据打印、充电控制、充电信息存储、充电过程监测和保护等多种功能。同时，多个分散的交流充电桩能通过 CAN 总线和能源网关将充电信息上传，满足分布式交流充电桩后台管理的需要。该设计能满足电动汽车一般的慢速充电要求，对电动汽车基础设施的研发和建设有一定的参考价值，对进一步推动电动车的普及具有重要的意义。

参 考 文 献

[1] 徐坤，周子昂，吴定允，等．电动汽车交流充电桩控制系统设计[J]. 河南科技大学学报（自然科学版），2016，37（3）：47－52.

[2] 魏国，商慧杰，朱春波，等．电动汽车交流充电桩系统设计[J]. 现代电子技术，2012，35（21）：124－126.

[3] 朱帅．基于CAN总线分布式电动汽车充电站控制系统研究[D]. 赣州：江西理工大学，2012.

[4] 侯攀峰．分布式交流充电桩控制与管理系统设计[D]. 北京：中国矿业大学，2015.

软件测试的必要性研究概论

刘 冰 刘一峰 刘 亮 郭慧玲

中国矿业大学（北京）机电与信息工程学院，北京 100083

摘 要 测试在软件开发中的地位不言而喻。软件测试工程师和软件开发工程师就像两兄弟，缺一不可。软件测试是一系列过程活动，贯穿软件项目的整个生命过程，很多软件项目的开发还停留在“作坊式”阶段，项目的成功往往取决于个别程序员。随着市场对软件质量要求的不断提高，软件测试将变得越来越重要。在软件业较发达的国家，软件测试不仅成为软件开发的一个有机组成部分而且在软件开发系统工程中占的比重也相当大。以美国的软件开发和生产的平均资金投入为例，通常是“需求分析”和“规划确定”各占3%，设计占5%，编程占7%，测试占15%，投产和维护占60% ~70%，由此可见软件测试的重要性。

关键字 软件测试 必要性 软件测试原则

The Necessity of Software Testing Research

Liu Bing Liu Yifeng Liu Liang Guo Huiling

School of Mechanical Electronic and Information Engineering,
China University of Mining and Technology, Beijing 100083

Abstract Software testing plays an important role in software development. Software test engineers and software development engineers like two brothers, None can be dispensed with. Software testing is a series of process activities, throughout the whole life of a software project process。A lot of software project development still stays in the“cottage”stage, the success of the project are often shaped by individual programmers. But as the market for the requirement of increasing the software quality, software testing will become more and more important. The software industry in the developed countries, software testing is not only become an integral part of software development, but also in the system engineering of software development occupies a considerable proportion. the aver-

资助项目：中央高校基本科研业务费专项资金（2010YJ17）

作者简介：刘冰（1990— ），女，黑龙江鹤岗人，硕士研究生，主要从事信号与信息处理方面的研究。Tel：18811417629；E－mail：rhett89@126.com age investment of software development and production in the United States, for example, is usually: "demand analysis" and "planning determine" for three percent, "design" accounted for five percent, programming for seven percent, test for fifteen percent, and put into operation and maintenance of 60 percentage. This shows the importance of software testing.

Key words software testing necessity the principle of software testing

0 引言

测试是为了发现错误而执行程序的过程，成功的测试是发现了至今尚未发现的错误。信息系统测试包括软件测试、硬件测试和系统测试。在开发软件的过程中，人们使用了许多保证软件质量的方法来分析、设计和实现软件，但难免在开发中犯错误。而在这些错误中，有些是致命的错误，如果不排除，就会导致生命或财产的重大损失。这种情况迫使人们必须认真计划，彻底地对软件进行测试。

为了保证软件的质量和可靠性，软件测试应尽早并不断地进行测试。而不是在应用系统开发完之后才进行。由于原始问题的复杂性、开发各阶段的多样性以及参加人员之间的协调等因素，使得开发的各个阶段都有可能出现错误。因此，软件测试应贯穿整个软件生命周期，对软件需求分析、设计规格说明和编码的最终审查，是软件质量保证的关键步骤。如果给软件测试下定义，可以说，软件测试是为了发现错误而执行程序的过程。或者说，软件测试是根据软件开发各阶段的规格说明和程序的内部结构而精心设计一批测试用例（即输入数据和预期的结果），利用这些测试用例去运行程序以发现错误的过程。

现在，软件开发机构将研发力量的40%以上投入到软件测试的案例越来越多。特殊情况下，对于性命攸关的软件如飞行控制、核反应堆监控软件等，其测试费用甚至是其他软件工程阶段费用总和的3～5倍。

1 软件测试分类

当前的软件测试主要分为动态测试、静态测试和单元测试。

静态测试是不运行被测程序本身而寻找程序中可能存在的错误或评估程序代码的过程。只对程序的语法、结构、接口等进行检查分析，主要通过人工测试或软件测试（test-bed）的方式来完成。

动态测试是运行被测试程序，输入相应的测试数据，检查运行结果与预期结果的差异，判定执行结果是否符合要求，从而检验程序的正确性、可靠性和有效性并分析系统运行效率等性能。此外还包括一些数据管理、文档编制、操作规程等辅助方面的工作。当前的软件测试中，动态测试为主要的测试方式。

单元测试（unit testing）是指对软件中的最小可测试单元进行检查和验证。软件测试在软件生存期中横跨两个阶段：通常在编写出每一个模块后就对它做必要的测试（称为单元测试），编码与单元测试属于软件生存期中的同一阶段。在结束上一阶段后，对软件系统还要进行各种综合测试，这是软件生存期的另一阶段，即测试阶段。

2 软件测试的目的和原则

基于不同的立场，软件测试存在着两个不同的测试目的，从用户的角度出发和从软件开发者的角度出发。而从软件开发者的角度出发则希望测试成为表明软件产品中不存在错误的过程，从而验证该软件已经正确的实现了用户的要求，确立用户对软件质量的信心。因此，他们会选择那些会引发程序失效率小的测试用例，而回避那些易于暴露程序错误的测试用例。与此同时，他们也不会去着重检测、排除程序中可能包含的副作用。显然，这样的测试对完善和提高软件的质量毫无价值。所以，测试工作应该避免由原开发软件的人或小组承担，而由专门的测试人员来进行，这样会更客观、更有效。

鉴于此，Grenford J. Myers 就软件测试的目的提出以下观点：

（1）测试是程序的执行过程，目的在于发现错误。

（2）一个好的测试用例能发现至今未发现的错误。

（3）一个成功的测试用例是发现了至今未发现的错误的用例。

测试的目标是以最短的时间和最少的人力找出软件中潜在的错误和缺陷。测试的附带收获是可以证明软件的功能和性能与软件需求相符。此外，测试过程中收集到的测试结果数据也为可靠性分析提供了依据[4-5]。基于这样的测试目的，软件测试的原则如下：

（1）Check early，check often。软件开发分为不同阶段，各个阶段的工作又具有多样性，同时，参加开发各种层次人员之间工作的配合都可能使开发的某个环节产生错误。所以软件测试不仅仅是软件开发的一个独立阶段，而应贯穿软件开发的各个阶段。坚持软件开发各个阶段的技术评审，这样才能在开发过程中尽早发现和预防错误，把出现的错误在早期克服，杜绝某些隐患，提高软件质量。

（2）测试用例的设计不仅要确定输入数据，而且要根据系统功能确定预期的输出结果，将实际输出结果与预期结果相比较，就能发现测试对象是否正确。测试前应当根据测试的要求选择在测试过程中使用的测试用例。如果对测试输入数据没有给出预期的输出结果，那么就缺少了检验实测结果的基准，就有可能把一个似是而非的错误结果当成正确结果。

（3）在设计测试用例时，应当包括正常输入和异常输入。正常的输入条件是指能验证程序正确的输入条件，而异常的输入条件是指错误的、可能引起问题异变的输入条件，同时还要有对边界的测试。因为，软件在投入运行后，用户的使用也许会不遵循事先的约定，使用了一些意外的输入，如果软件程序遇到这种情况时不能做出适当的反应，给出相应的信息，那么就容易产生故障。因此，系统软件处理异常命令的能力也必须在测试时受到检验。用不合理输入条件测试程序时，往往比用合理的输入条件进行测试能发现更多的错误。

（4）测试工作应该避免由原开发软件的人或小组承担。人们一般都会有一种不愿否定自己工作的心理，认为揭露自己程序中的问题、推翻自己之前的工作总不是一件愉快的事。这一心理状态就成为自己测试自己程序的障碍。另外，程序员对软件规格说明理解错误而引入的错误更难发现。如果由别人来测试程序员编写的程序，可能会更客观、更有效，并更容易取得成功。要注意的是，这点不能与程序的调试混淆。调试由程序员自己来做可能更有效[7-8]。

（5）严格按照测试计划进行，避免测试的随意性。测试计划应包括测试内容、进度安排、人员安排、测试环境、测试工具和测试资料等。严格的按照测试计划可以认证进度，使各方面都得以协调进行。对测试计划要明确规定，不要随意更改。

（6）充分注意测试中的群集现象。测试时不要以为找到了几个错误问题就已解决，不需要测试了。经验表明，某个模块测试出的缺陷越多，那么隐藏的缺陷也就可能越多。根据这个规律，应当对该模块的程序重点测试。

3 软件测试的必要性

软件测试的意义在于，保证发布出去的产品达到了一定的质量标准。软件测试工程师的工作就是利用测试工具按照测试方案和流程对产品进行功能和性能测试，甚至根据需要编写不同的测试工具，设计和维护测试系统，对测试方案可能出现的问题进行分析和评估。执行测试用例后需要跟踪故障，确保开发的产品适合需求。使用人工或者自动手段来运行或测试某个系统的过程，目的在于检验它是否满足规定的需求或弄清预期结果与实际结果之间的差别。它是帮助识别开发完的计算机软件的正确度（correctness）、完全度（completeness）和质量（quality）的过程，是 SQA（software quality assurance）的重要子域。

综上所述，软件测试是贯穿整个软件开发的重要环节，而事实也说明了软件测试的重要性。在业内，无论是专家还是软件开发的从业人员，都为软件的安全性、稳定性投入了大量的时间和精力。随着社会的发展，人们对软件测试的认识会越来越深入，软件测试的投入也会越来越多。

4 结语

在软件开发中，软件测试是贯穿整个开发的重要环节，一旦缺少了这个环节，所开发出的产品必然难以满足用户的要求。本文关于软件测试的必要性分析还存在很多不足之处，也希望各位研究者及测试人员能够对其进行补充和指正，以共同促进软件测试研究水平的提升。

参 考 文 献

[1] Jeffrey Richter. Windows 95 Windows NT3. 5 高级编程技术[M]. 郑全战，阿夏，译. 北京：清华大学出版社，1998.

[2] 郑人杰，殷人昆，陶永雷. 实用软件工程[M]. 2 版. 北京：清华大学出版社，1997.

[3] [美] Allen G. Taylor. SQL 使用指南[M]. 吴言，李东，等，译. 北京：电子工业出版社，1999，3.

[4] 李金靖. 有关软件工程内软件测试的必要性分析[J]. 软件透视，2013，1.

[5] 张新华，何永前. 软件测试方法概述[J]. 科技视界，2012，2（4）.

[6] Boris Beizer. Software Testing Techniques (Second Edition) [M]. International Thomson Computer Press, 1999.

[7] Brian Marick. The Craft of Software Testing—Subsystem Testing Including Object - based

and Object – oriented Testing [M]. New Jerse: PTR Prentice Hall, Englewood Cliffsy.
[8] Richard E Fairley. Static Analysis and Dynamic Testing of Computer Software [J]. Computer, 1978.

直流故障电弧检测技术研究

王　颖　卢其威

中国矿业大学（北京）机电与信息工程学院，北京　100083

摘　要　故障电弧是威胁低压配电系统安全的重要隐患，本文对故障电弧检测的相关文献进行了分析，对目前故障电弧的检测方法及适用范围进行了总结，得出了多种算法融合是故障电弧检测技术的研究方向的结论。为了实现故障电弧检测方法的通用性，提高检测方法的准确性和可靠性，本文在目前检测方法的基础上给出了一种综合利用电弧模型和电流时频特性的故障电弧检测方案。

关键词　直流故障电弧　电弧模型　时频特性　检测技术

Research on DC Arc Fault Detection Technology

Wang Ying　Lu Qiwei

School of Mechanical Electronic and Information Engineering,
China University of Mining and Technology, Beijing　100083

Abstract　Arc fault is an important factor that threatens the safety of low voltage distribution system, in this paper, the relevant literatures on the arc fault detection are analyzed, the current arc fault detection method and its application range are summarized, and it is concluded that the combination of multiple algorithms will be the research direction. In order to realize the universality of the arc fault detection method and improve the accuracy and reliability of the method, a new arc fault detection scheme based on the current detection method is presented, which is based on the comprehensive utilization of the arc model and current time frequency characteristics.

Key words　DC arc fault　arc model　time - frequency characteristics　detection technology

0　引言

电弧是跨越某种绝缘介质的两个电极之间的持续放电现象，经常伴随着电极的挥发，

资助项目： 中央高校基本科研业务费专项资金（2009QJ06）

作者简介： 王颖（1991—　），女，河北唐山人，硕士研究生，主要从事电力电子与电力传动方面的研究。Tel：18813093218；E - mail：wxyz9091@163.com

是非常复杂的电磁反应过程[1]。如果将电弧看作是电网网络中的一种元件，则电弧是一种随时间变化的非线性欧姆组件[2]。

电弧有多种分类方法，按电流种类可分为交流电弧和直流电弧[3]。根据电弧产生的方式及副作用可分为正常电弧和故障电弧[3]。通常情况下电器的正常开关、电机的旋转和插头插拔等操作引起的电弧属于正常电弧，它的特点是持续时间极短，不影响设备和线路的正常运行；而由连接松动、绝缘老化、短路等原因引起的电弧是故障电弧，故障电弧发生时产生的压力、辐射、弧根效应会严重损坏设备，同时高温、高压气体伴随电弧效应产生炽热的金属和非金属材料颗粒逸出，造成人身伤害，甚至引起火灾[4]。故障电弧又可分为串联电弧和并联电弧，串联电弧一般产生在单一的带电导体中，由于回路阻抗的增加，串联电弧电流小于正常的负载电流，保护装置难以识别，危及系统安全；并联电弧一般发生在两个带电导体之间，类似于一种短路故障，发生并联电弧后回路中的电流急剧增大，传统的过流保护装置能够起到一定的保护作用[5]。因此，串联故障电弧检测技术的研究对提高用电安全、减少人们的生命财产损失具有重要意义。

故障电弧由于其自身的随机性和不稳定性很难被有效地检测出来，目前故障电弧检测面临的困难有：①故障电弧特征的有效提取，电弧的影响因素有很多，串联电弧的燃烧具有不稳定性，对于同一台实验设备在不同时刻产生的故障电弧，其时域、频域特性都会有很大的差异[6]；②低压配电系统中存在大量的用电设备，一些设备在启动或正常运行时会产生类似于电弧的电流波形，而且低压配电系统中还存在大量的正常电弧，这些都对故障电弧的检测造成了干扰[7]；③电磁干扰问题；④故障电弧信号的屏蔽，负载以不同的形式接入电路有可能会掩盖故障电弧信号的特征[3]。

尽管面临诸多挑战，众多学者仍然提出了大量的故障电弧检测方法，大致可以归纳为三类：①基于故障电弧物理特征的检测方法[8]；②基于电弧模型的检测方法[9]；③基于电压、电流波形及频谱特性的检测方法[10]。

通过对故障电弧检测的相关文献进行分析，发现目前国内外故障电弧检测的理论虽然较为成熟，但检测方法还需要优化，概括来说还存在以下问题：①对电弧特性认识不够彻底，缺乏通用的电弧模型；②信号处理方法太过单一，电弧的特征参数识别度不高，容易受到干扰；③故障判别的阈值设定太过复杂，不能够实现自校正，普遍适用性较差。

为了进一步提高故障电弧检测方法的准确性和可靠性，本文对故障电弧的检测方法进行了总结和归纳，在此基础上给出了一种融合多种算法的故障电弧检测方案。

1 故障电弧检测方法分析

1.1 基于电弧物理现象的检测方法

由于电弧发生时弧光、弧声、电磁辐射等物理现象明显，许多学者针对这些物理现象进行研究，提出了一系列故障电弧检测方法。文献[8]通过多种光源的传感试验研究，确定了开关柜内部的故障电弧弧光特征，并以此特征作为故障电弧检测的判据。文献[11]以弧声为判据，建立了故障电弧预警机制，以燃弧伴生信号弧光为判据，建立了故障电弧报警机制，实验证明此方案对开关柜中的故障电弧起到了双重保护作用。文献[12]~[14]分别利用压力分区话筒（Pressure Zone Microphone，PZM）、红外线接收器及回路天线检测电弧放电时产生的噪声、热量以及电磁辐射等特性，设计了一种适用于配电柜的电弧检测装置。

基于电弧物理现象的检测方法对检测开关柜、配电柜内的故障电弧效果不错，但是测量传感器只能对特定位置进行检测，而实际线路或设备中故障电弧发生位置不确定，难以检测出来。因此，基于物理现象检测故障电弧的方法在实际应用中存在局限性。

1.2 基于电弧模型的检测方法

电弧模型是通过数学公式来描述各个参数之间的关系而建立起来的模型。电弧模型主要有两类，一类是基于能量平衡原理建立的电弧模型，描述了电弧的物理过程；另一类是基于电压、电流的关系建立的电弧模型，仅仅描述了电弧的外部特性。

第一类电弧模型主要的成果有 Cassie 模型[15]、Mayr 模型[16]。Cassie 在考虑模型时假设电弧具有圆柱形气体通道，截面温度均匀分布；电弧通道具有相当明确的界限，即直径，直径外的电导很小；如果电流变化，直径也同时变化，但认为电弧温度在时间和空间上保持不变；能量和能量散出的速度与弧柱截面的变化成正比，且不考虑电极散出的能量[15]。从能量平衡的原理出发，经公式推导就得到了 Cassie 电弧模型方程：

$$\frac{\mathrm{d}g}{g\mathrm{d}t}=\frac{1}{a_0}\left(\frac{ge^2}{E_0}-1\right) \tag{1}$$

式中 g——单位电弧电导；

e——弧柱中的电场强度；

a_0——Cassie 方程中定义的电弧时间常数；

E_0——电弧的电压梯度。

Mayr 模型假设电弧为长弧条件下，认为电弧电压等于弧柱压降；弧柱直径不变，温度随离开轴线距离的增大而降低；只考虑由传导和辐射散发的弧柱功率，不考虑对流，电弧间隙散发的能量是常数；不计沿轴线和从电极散发的热量[16]。经过一系列推导后得到了 Mayr 电弧模型方程：

$$\frac{\mathrm{d}g}{g\mathrm{d}t}=\frac{1}{a_{\mathrm{m}}}\left(\frac{ie}{P_{\mathrm{L}}}-1\right) \tag{2}$$

式中 i——电弧电流；

a_{m}、P_{L}——Mayr 方程中所定义的时间常数、耗散功率。

研究发现，Cassei 模型主要适用于电流过零前大电流燃弧期间，而 Mayr 模型用于电流过零时的小电流期间[17]。因此，Browne 主张在不同时刻利用不同的电弧方程，电流过零前用 Cassei 模型，电流过零后用 Mayr 模型，用 Cassei 方程决定 Mayr 方程的起始条件[18]。

由于电弧的随机性，电弧不可能用基于确定性参数建立的微分方程来描述，而需要用随机过程理论，特别是随机微分方程方面的理论来研究[17]。而随机微分方程的建立需要大量的参数，由于测量条件的限制使得很多电弧参数无法准确获得，导致这种方法一直无法被广泛应用，仅停留在仿真阶段。

Ayrton 提出了第一个表现电压、电流关系的方程式 Ayrton Equation[19]，即

$$V_{\mathrm{arc}}=A+BL+\frac{C+DL}{I_{\mathrm{arc}}^{n}} \tag{3}$$

式（3）模拟了稳定电弧的电气性能。

式中　　V_{arc}——电弧两端的电压；

I_{arc}——电弧电流；

常数 A——电极间的电压降落；

B——电压梯度；

L——电弧长度；

C、D——电弧的非线性特征。同时期的其他模型，如 Steinmetz 模型：

$$V_{arc} = A + \frac{B(C+L)}{I_{arc}^{0.5}} \tag{4}$$

Nottingham 模型[20]：

$$V_{arc} = A + \frac{B}{I_{arc}^{n}} \tag{5}$$

受制于当时的实验条件，H. Ayrton 等人的实验都是在较大功率下进行的，实验电流为数百安培，电压最高达 1000 V，而且这些模型侧重于电弧的静态特性，对电弧的瞬时特性关注较少[21]。

先进实验平台的建立以及计算机仿真技术的成熟，使得具有高精度的电弧模型的建立成为可能。利用串联电弧试验平台模拟低压配电系统中发生的故障电弧，对电弧电压和电流数据进行拟合，就可以得到该系统的电弧模型。在电弧长度 1～10 mm 范围内，铜电极材料下，电弧模型表达式如下：

$$V_{arc} = 27.5 + \frac{44}{I_{arc}^{0.67}} \tag{6}$$

实际上，电弧发生点不确定难以得到电弧电压 V_{arc}，但是在电源电压 U 和串联负载阻值 R 已知的条件下，测得电弧电流为 I_{arc}，根据欧姆定律可以求得电弧电压 V_{arc}：

$$V_{arc} = U - I_{arc}R \tag{7}$$

若电弧电压 V_{arc} 和电弧电流 I_{arc} 符合式（6），则可以初步判断该系统中有电弧发生。但是电弧模型的参数与许多因素有关，如电弧长度、电极材料、气体介质种类、压力和介质相对于电弧的运动速度等[2]，所以目前建立的电弧模型通用性较差并且电压和电流的变化受到多种因素的影响，因此电弧模型不能作为故障电弧检测的唯一判据。

1.3　基于电压、电流时域及频谱特性的检测方法

串联直流电弧发生的瞬间，电弧电压、电流存在明显的突变。将两个接触的电极拉开就得到了图 1 所示的电压、电流波形；使两个分开的电极接触就得到了图 2 所示的电压、电流波形。文献［22］、［23］都认为该突变可以作为电弧检测的判据，但是该突变与负载突变引起的电压、电流变化难以区分，所以不能单独使用。

电弧在燃烧的过程中电流幅值发生剧烈变化。电流变化波形如图 3 所示，20 ms 前后分别为有无电弧时滤除直流以后的电流波形。文献［8］认为，一定时间段内电流最大值与最小值的差值可作为一种简单有效的直流故障电弧检测方法，该方法没有考虑负载变化和电流波动带来的影响，容易误判。Naidu 等人利用电流瞬时变化率检测汽车系统中的故障电弧，但是在系统启停等过渡状态时极有可能造成误判[24]；由于电弧电压无法直接测量，文献［25］经过实验数据分析提出了基于电源输出变化率的方法来检测故障电弧，该方法在负载突变等暂态过程会发生误判，易受干扰，稳定性较差。文献［26］研究了飞机电力系统中的直流故障电弧，通过分析实验数据发现，电弧发生时电流变化率明显增加，因此利用电流变化率对故障电弧进行实时检测，同时，为了避免系统启停等暂态过程的影响，设计了高通滤波器将低频扰动信号滤除，虽然这种方法在一定程度上消除了许多干扰，但对于高频扰动信号仍然无法排除。文献［27］利用滤波器和统计的方法计算信号的混乱程度来判别故障电弧，但是在光伏系统中光照的变化和逆变器的工作状态也会引起电流的波动，所以该方法不适合用在光伏直流系统。

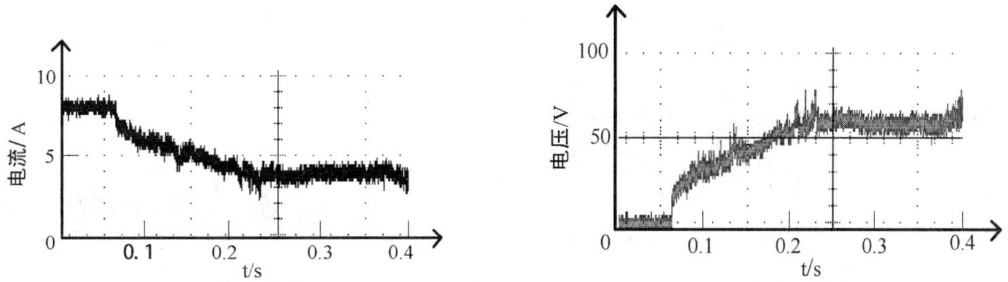

(a) 电流变化　　(b) 电压变化

图1　接触电极间电弧电压、电流波形

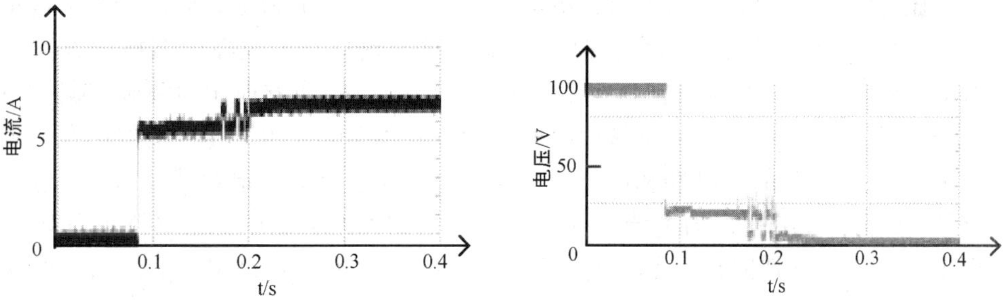

(a) 电流变化　　(b) 电压变化

图2　非接触电极间电弧电压、电流波形

为了解决上述问题，许多学者开始研究电弧的频域特性。电弧在频域上表现为宽频带特性，这种宽频带特性使电弧频谱包含整个无线电频段、微波频段甚至光波频段[27]。直流电弧电流频谱特性表现在高频电流幅值增加，Johnson[28]等人建议光伏直流电弧的检测频带为（1～100）kHz；Spyker R[29]等人对直流串联故障电弧进行研究，发现当发生电弧故障时电流的谐波含量在（10～100）kHz 频率范围内明显增多。特定的频带是由具体的数据分析得来的，因为频域特征会因系统配置而变化[30]。利用串联电弧试验平台采集电弧电流进行傅里叶变换，得到直流电弧电流频谱特性，如图4所示，可以看出该试验系统的电弧电流高频能量主要集中在（40～100）kHz。

基于电弧电流的频域特性，文献［31］提出了一种基于 FFT 及数学形态滤波的电流频谱特征提取方法，该方法选择的频带范围为（1～50）MHz，由于频带范围太宽，很难提取到有效的电弧电流频谱特征。文献［32］利用小波包技术对电流信号进行分解，计算了（7.8～62.5）kHz 频段的能量，进行故障电弧检测，该方法无法避免这一频段内的电磁信号干扰。文献［33］同样利用小波包技术将电流信号分解为4层，得到64个独立的频段，计算出每个频段的能量，与正常电流进行对比后，选出变化较大的频段作为故障电弧的特征频段，然后设定阈值进行故障电弧检测，该方法可以有效解决负载波动引起的误判问题，但是光伏系统中电弧特征频段受到逆变器开关频率影响较大且不同的逆变器开关频率并不相同，导致这种固定频带的检测方法通用性较差。

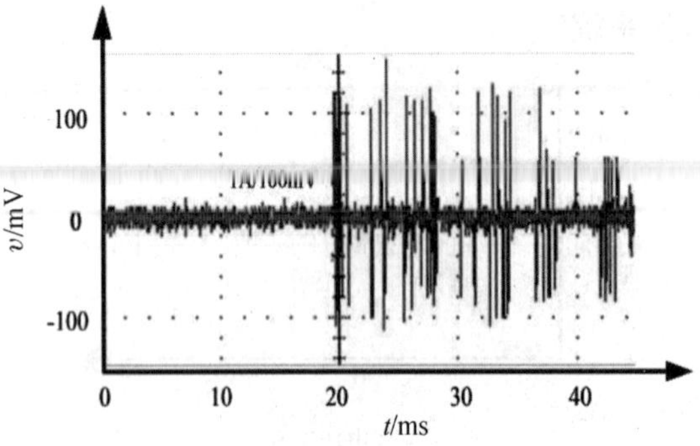

图3　电流变化波形图

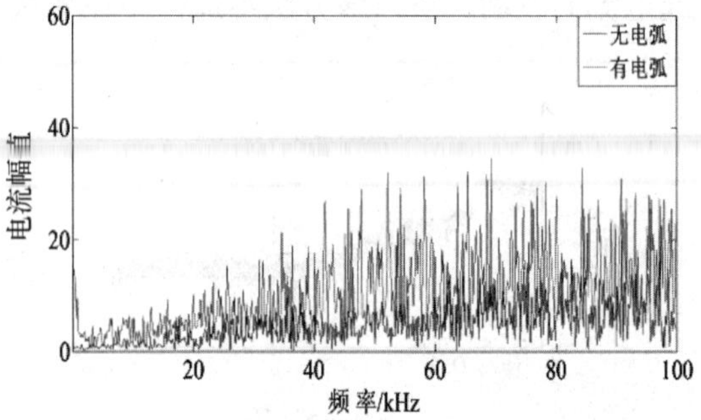

图4　直流电弧电流频谱特性图

以上利用单一判据进行故障电弧检测的方法都存在一定的缺陷，因此，有学者将故障电弧的时域特性和频域特性相结合，提出了基于时－频特性的故障电弧检测方法。文献［34］将电流变化率作为时域判据，将某一频段小波系数的均方根作为频域判据，当变化率和均方根同时且连续四次都大于阈值时就认为有故障电弧发生，尽管该方法在一定程度上提高了故障电弧检测的准确性和可靠性，但是仍然无法避免固定频带来的局限性，阈值设定也不具有普遍适用性，当电流大于 25 A 时，该检测方法的准确率严重下降。文献［35］提出了 3 个时域判据和 3 个频域判据，对这 6 个判据分别设定阈值，当其中同时有一个时域判据和一个频域判据大于阈值时，就判定为有故障电弧发生，该方法由于判据太多，增加了阈值设定的难度。

还有学者通过各种信号处理方法寻找故障电弧特征对故障电弧进行判别，如基于神经网络的聚类分析方法［36］、基于自回归参数模型的辨别方法［6］、采用小波熵的检测方法［37］等，尽管准确率有所提高，但是这些只是针对特定的负载，并且处理过程非常复杂，实时性差且实现难度大。

2　故障电弧检测技术的研究方向

基于电弧电流的时频特性进行故障电弧检测的方法是目前研究最多、应用最广的方法。通过对故障电弧检测方法的分析和总结，故障电弧检测技术的关键在于电弧模型的建立、故障电弧特征的提取、阈值的设定和检测算法的设计。

电弧检测首先应该从电弧模型出发，研究电弧的电气特性以及动态随机特性，利用数据拟合的方法建立电弧模型，通过实验提取出电弧模型中的关键参数。然后提取故障电弧特征，串联直流故障电弧的时域特性主要有电弧开始时电流突降和燃烧过程中电流波动程度大、电流幅值增加。频域特性主要表现在特殊频段能量大。运用数学统计与对比的方法找到两个能够分别代表时域特性和频域特性的特征参量作为故障电弧的检测判据，两个特征参量必须能够明确的将有无故障电弧区分开。

特征参量阈值设定的方法一般是将电弧检测装置安装在实际应用的位置进行实验，在不同的直流电压、不同负载电流等级下进行多组实验，比较电弧前后的特征值，阈值基本设置在无电弧时的最大特征值和有电弧时的最小特征值之间。为了避免大量的实验，也为了设定的阈值具有普遍适用性，应采用实时更新的方法设定阈值。阈值取决于电流水平，因此需要建立阈值与电流水平的关系，对没有电弧时的电流信号进行监测并记录，阈值就可以被实时地计算出来，从而减少了手动更改阈值的次数。

检测算法的设计就是如何将故障电弧的这些特性综合运用起来，做到快速准确地检测到故障电弧。而目前的故障电弧检测方法都只是适用于特定的范围，因此本文在目前故障电弧检测方法的基础上进行融合，给出了一种综合利用电弧模型、电流时频特性的串联直流故障电弧检测方案。假设时域特征参量为电流方差，记作 V，阈值为 T_1；频域特征参量为电流能量，记作 F，阈值为 T_2，则故障电弧检测流程如图 5 所示。

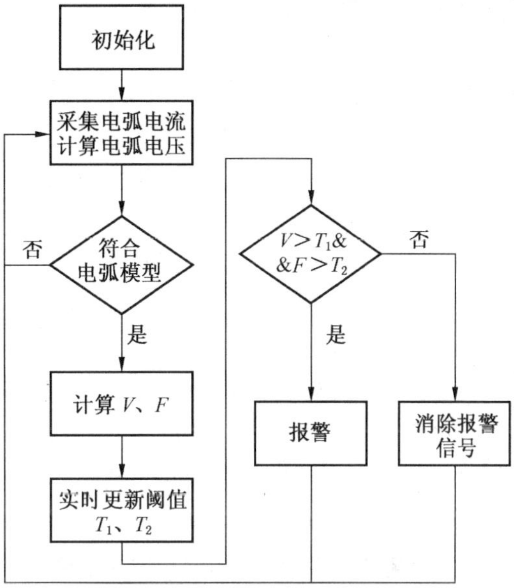

图 5　电弧检测流程图

3　总结

目前故障电弧的检测方法种类繁多，但是每种方法有特定的适用范围，难以实现多种条件下的故障电弧检测。本文通过分析故障电弧检测的相关文献，对现有检测方法存在的误判和漏判问题进行了总结，得出了多种算法的融合将是故障电弧检测技术研究方向的结论。为了实现检测方法的通用性，提高故障电弧检测的准确性和可靠性，应该对现有的检测方法进行综合利用。因此，本文给出了一种综合性的故障电弧检测方案，该方案充分利用了电弧模型和电流时频特性，未来将对该方案做进一步验证。

参 考 文 献

[1] George D, Gregory, Gary S. The Arc - Fault Interrupter: An Emerging Product [J]. IEEE Transactions on Industry Applications, 1998: 928 - 933.

[2] 王其平. 电器电弧理论[M]. 北京：机械工业出社，1982.

[3] 陈瑞瑞. 基于小波变换的电弧故障检测技术研究[D]. 杭州：杭州电子科技大学，2012.

[4] 王超. 电弧故障断路器的研究[D]. 沈阳：沈阳工业大学，2009.

[5] 陈德桂. 低压电弧故障断路器——一种新型低压保护电器[J]. 低压电器，2007 (3): 7 - 9.

[6] 雍静，桂小智，牛亮亮，等．基于自回归参数模型的低压系统串联电弧故障识别[J]. 电工技术学报，2011，26（8）：213－219.
[7] 施惠冬，潘东强，付华．电弧故障检测的分析和研究[J]. 低压电器，2013（6）：15－20.
[8] 蔡彬，陈德桂，吴锐，等．开关柜内部故障电弧的在线检测和保护装置[J]. 电工技术学报，2005，20（10）：83－87.
[9] 姜斌峰，王莉．低压交流电线故障电弧模型研究[J]. 电力系统及其自动化学报，2009，21（4）：20－24.
[10] Yao Xiu, Herrera L, Wang Jin. A Series DC Arc Fault Detection Method and Hardware Implementation[C]//Applied Power Electronics Conference and Exposition(APEC), 2013: 2444 – 2449.
[11] 杨建红，张认成，杜建华．基于多信息融合的故障电弧保护系统的应用研究[J]. 2007，43（3）：194－196.
[12] Sidhu T S, Singh G, Sachdev M S. A new technique for detection and location of arcing faults in power system apparatus[C]//1998 IEEE Canadian Conference on Electrical and Computer Engineering, 1998(1): 185 – 188.
[13] Sidhu T S, Singh G, Sachdev M S. Protection of power system apparatus against arcing faults [C]//1998 IEEE Region 10 International Conference on Global Conne ctivity in Energy, Computer. Communication and Control. 1998(2): 436 – 439.
[14] Sidhu T S, Sachdev M S, Sagoo G S. Detection and location of low – level arcing faults in metal – clad electrical apparatus[C]//2001, Seventh International Conference on Developments in Power System Protection, (IEE), 2001: 157 – 160.
[15] Cassie A M. A new theory of rupture and circuit severity[C]//CIGRE, 1939: 102.
[16] Mayr O. Beiträge zur Theorie des statischen und des dynamischen lichtbogens [J]. Archiv fur Elektrotechnik 1943, 37(12): 558 – 608.
[17] 王仁甫．电弧模型发展[J]. 高压电器，1991，4（12）：39－45.
[18] Browne T E. An approach to mathematical analysis of AC arc extinction in circuit breakers transactions of AIEE [J]. 1958, 77(3): 1508 – 1514.
[19] Ayrton H, The Electric Arc [M]. The Electrician, London, U K, 1902. Proceedings of the American Institute of Electrical Engineers, 1906, 25(11): 755 – 779.
[20] Nottingham W B. A new equation for the static characteristic of the normal electric arc [J]. Journal of the American Institute of Electrical Engineers, 1923, 42(1): 12 – 19.
[21] Ravel F, Ammerman, Tammy Gammon, et al. DC – Arc Models and Incident – Energy Calculations [J]. IEEE Transactions on Industry Applications. 2010, 46(5): 1810 – 1819.
[22] X Yao, L Herrera, Y Huang et al. The detection of dc arc fault: experimental study and fault recognition[C]//27th IEEE Applied Power Electronics Conference and Exposition, 2012: 1720 – 1727.
[23] Liu Yuan, Ji Shengchang, et al. Study on the Characteristic sand Detection of DC Arc Fault in Power Electronics System[C]//2012 International Conference on Condition Monitoring

and Diagnosis, Bali, IEEE, 2012: 1043 – 1048.
[24] Naidu M. Arc fault detection scheme for 42 – V automotive DC networks using current shunt [J]. IEEE Transactions on Power Electronics, 2006, 21(3): 633 – 639.
[25] 刘源，汲胜昌，祝令瑜，等．直流电源系统中直流电弧特性及其检测方法研究[J]. 高压电器，2015，51（2）：24 –29.
[26] Faifer M, Ottoboni R, Rossi M, et al. A method for the detection of series arc faults in DC aircraft power networks [C]. 2013 IEEE International Instrumentation and Measurement Technology Conference (I2MTC), 2013: 778 – 783.
[27] Fritz S. Recognition of Electric Arcing in the DC – wiring of Photovoltaic Systems[C]// 31st International Telecom – munications Energy Conference, 2009: 1 – 6.
[28] Johnson J, Kuszmaul S, Bower W, et al. Using PV Module and Line Frequency Response Data to Create Robust Arc Fault Detectors[C]//26th European Photovoltaic Solar Energy Conference and Exhibition Hamburg, Germany, 2011: 3745 – 3750.
[29] Spyker R, Schweickart D L, Horwath J C, et al. An evaluation of diagnostic techniques relevant to arcing fault current interrupters for direct current power systems in future aircraft [C]//Electrical Insulation Conference and Electrical Manufacturing Export Proceedings, 2005: 146 – 150.
[30] Minegishi S, Echigo H, Sato R. Frequency spectra of the arc current due to opening electric contracts in air [J]. IEEE Transactions on Electromagnetic Compatibility, 1989, 31(4): 342 – 345.
[31] 马征，张国钢，柯春俊．一种基于高频电流频谱分析的故障电弧检测方法[J]. 低压电器，2010（9）：10 –15.
[32] Yunmei G, W Li, Zhuoqi W, et al. Wavelet packet analysis applied in detection of low – voltage DC arc fault [C]. Industrial Electronics and Applications, 2009 4th IEEE Conference on Industrial Electronics and Applications, 2009: 4013 – 4016.
[33] J A Momoh. Design and analysis of aerospace DC arcing faults using fast fourier transformation and artificial neural network [C]. Power Engineering Society General Meeting, IEEE, 2003, 2: 793.
[34] Yao Xiu, Herrera L, Ji Shengchang, et al. Charac teristic Study and Time – Domain Discrete – Wavelet – Transform Based Hybrid Detection of Series DC Arc Faults [J]. IEEE Transactions on Power Electronics, 2014, 29(6): 3103 – 3115.
[35] Gao Yuan, Zhang Junjun, Lin Yandan, et al. An Innovative Photovoltaic DC Arc Fault Detection Method through Multiple Criteria Algorithm Based on a New Arc Initiation Method [C]//2014 IEEE 40th Photovoltaic Specialist Conference (PVSC), 2014: 3188 – 3192.
[36] 邹云峰，吴为麟，李智勇．基于自组织映射神经网络的低压故障电弧聚类分析[J]. 仪器仪表学报，2010，31（3）：571 –576.
[37] 孙鹏，郑志成，闫荣妮，等．采用小波熵的串联型故障电弧检测方法[J]. 中国电机工程学报，2010，30（S1）：232 –236.

基于71M6534H芯片的电动汽车充电桩设计

杨开智　甘　甜　佟丽娜

中国矿业大学（北京）机电与信息工程学院，北京　100083

摘　要　本文简要分析了充电桩的基本充电电路，设计了基于71M6534H电能计量专用芯片的电动汽车充电桩，给出了硬件和软件设计方案，并用SP3739串口扩展芯片实现了外围设备的扩展。软件采用模块化设计，包括人机交互、电能精确计量、故障报警等多种功能，满足充电要求。

关键词　充电桩　71M6534H　串口扩展　电能计量

Design of Electric Vehicle Charging Pile based on Chip 71M6534H

Yang Kai Zhi　Gan Tian　Tong Li Na

School of Mechanical Electronic and Information Engineering,
China University of Minging and Technology, Beijing　100083

Abstract　In this paper, the basic circuit of charging pile for electric vehicle was analyzed in brief. And the charging pile including hardware and software solution was designed based on chip 71M6534H, which was a specialized chip for electric energy measurement. Moreover, the charging pile was further extended with peripheral equipment based on SP3739 serial port expansion chip. The software was modularized designed, including multiple functions such as human - machine interaction, accurate measurement of electric energy, fault alarm, etc. So, the charging pile designed in this paper can satisfy the requirement of vehicle charging.

Key words　charging pile　71M6534H　serial port expansion　electric energy measurement

0　引言

随着环境问题与能源危机越来越严重，节能减排与绿色环保已经成为全球的新话题。

资助项目： 中央高校基本科研业务费专项资金（2014QJ04）

作者简介： 杨开智，男。Tel:15652297781;E - mail:15652297781@163.com

电动汽车作为绿色交通的代表，越来越受到政府、企业以及民众的关注。在相关政策引导下，我国新能源汽车研发推广、技术水平等取得明显成效。截至去年底，全国新能源汽车产销累计49.7万辆，成为全球保有量最大的国家，预计2020年新能源车市场规模将达145万辆。然而，截至2015年底，我国新能源车桩比不足10∶1，成为当前制约我国新能源汽车发展的瓶颈[1]。针对目前市场上电动汽车和充电设备接口不统一、功能、性能设计标准不统一、质量良莠不齐的现状，国家先后出台了一系列的规范和标准。电动汽车充电桩作为电动汽车充电的主要渠道，其性能、工艺水平和质量直接影响电动汽车的推广。最新研究成果表明，电动汽车充电时间最快可以达到200 s，充电率可以达到90%[2]。普遍的充电桩电能计量表的准确等级有0.5S级。电动汽车充电桩设计时，不仅要满足电动汽车充电的基本功能，还需要强化充电桩电气安全、数据安全设计和环境保护的设计。

1　基本充电电路

给电池快速充电的场所需要大功率的充电回路，常用的充电回路有3种：推挽式开关电源回路、半桥式开关电源回路和全桥式开关电源回路。全桥式逆变电路使用的开关变压器初级绕组比推挽式逆变电路少了将近一半，所以变压器效率比较高，可以达到1 kW以上的输出功率。这正是快充充电回路所需要的，所以就选用如图1所示的全桥式开关电源回路作为充电器的主电路[3]。

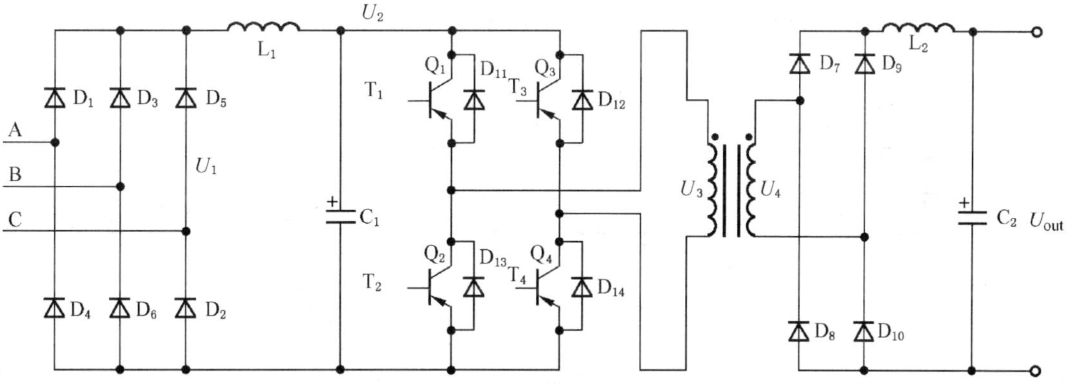

图1　充电器主电路

快充充电器用图1所示的电路提供的电能给电池供电，这个电路的作用是先把来自电网的三相电能进行整流滤波，再通过逆变电路中的Q_1、Q_2、Q_3、Q_4四个开关管的通断来控制输出电压值，然后通过二次整流滤波电路输出所需的直流电压达到给电池充电的目的。

整流滤波电路由三部分组成，第一部分是左边的整流滤波电路，第二部分是中间的逆变电路，最后是右边的二次整流电路。

从电网三相电压到输出U_2是整流滤波电路，当其中的一组二极管如D_1和D_6导通时，交流侧线电压中最大的一个就是此时输出的直流电压U_1，该线电压即会向电容C_1供电又同时向后续电路供电。当二极管处于不导通状态时，电容 C_1 向后续电路进行供电，直流电压 U_2 按照指数规律下降。6 个二极管按照一定的规律组成 6 种方式轮流导通，将原来的三相交流电整流成直流电。U_2 到 U_3 为逆变电路，由两个半桥电路组成了逆变电路的 4 个桥臂。把 Q_1、Q_4 看作一组，Q2、Q_3 看作另一组，一般情况下同一组的开关管是同时打开和关闭的，两组交替打开 180°。经过逆变电路以后通过变压器与电网隔离，再经过二次整流滤波电路输出的就是充电电路所需的输出电压和电流。二次整流滤波电路的基本原理与第一次整流滤波电路的基本原理相同，不同之处在于第一次是三相整流滤波电路，二次整流滤波电路是单相整流滤波电路。

2 硬件设计

本设计交流充电桩使用的是 71M6534H 电能计量专用芯片，这是一款高集成度的 SoC（系统级芯片），包括 MPU（微处理器）核、PTC（热敏电阻）、FLASH 和 LED 驱动器等。这款芯片还有一个 22 位的 delta - sigmaADC（模拟数字转换器）、七个模拟输入、数字温度补偿、精密参考电压和 32 位的电能计算引擎（CE）[4]。电动汽车充电桩复杂程度高，组成构件较多，包括主控板、IC 卡读卡器、触摸屏、指示灯等，具体的硬件组成如图 2 所示。

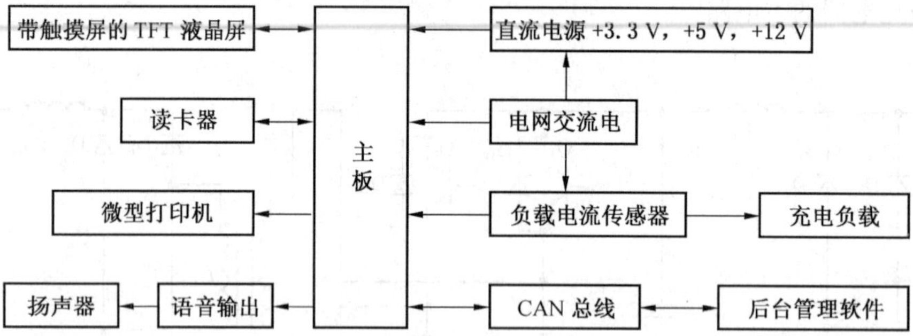

图2 充电桩硬件组成图

电网的交流电压一方面通过交流充电桩主板上的电源电路给该芯片提供 3.3 V 的电压，同时这个交流电压经过电压、电流信号调理电路将电网上大电压、大电流信号转变成适合电能计量芯片的引脚信号，电能计量芯片采集电压、电流信号后，芯片内部的 22 位的 ADC 转换器将采集到的模拟信号转换成数字信号，然后再经过内部专用电能计算引擎与 MPU 对转化后的数字信号进行处理，最终实现电能的精确计量计费。这里要特别注意的是，电网的交流电流要经过互感器隔离才能转送到电能计量芯片的输入端。

CAN 总线用于交流充电桩与后台管理机之间的通信，以便后台管理系统对充电桩上传的数据进行分析、处理、存储和管理。触摸屏、读卡器、微型打印机以及语音组成人机交互接口，实现充电桩与用户之间的友好信息互动。

由于 71M6534H 芯片串口资源有限，在交流充电桩开发中，使用了 SP3739 串口扩展芯片对 71M6534H 串口进行了扩展，SP3739 串口扩展电路示意如图 3 所示。

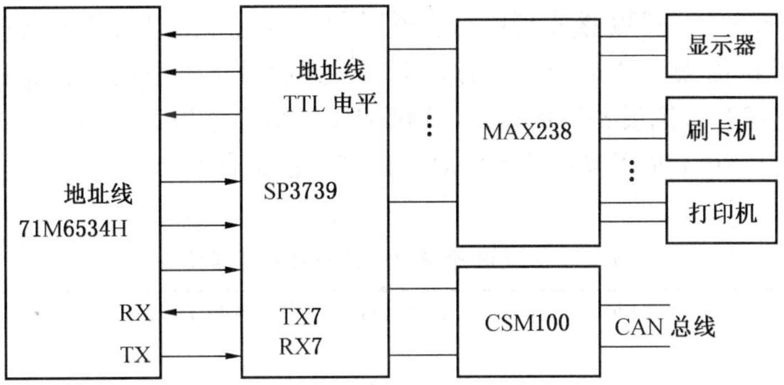

图 3　SP3739 串口扩展示意图

SP3739 采用全新构架可以将处理器原有的通用异步收发器扩展为 7 个完全独立使用的串口，而且每个串口的波特率、奇偶校验方式、数据帧长度都可以独立设置，每个串口的通信速率都可以达到 9600bps。SP3739 可以让普通单串口单片机轻松实现标准 7 串口单片机的所有功能[5]。使用这个芯片进行串口扩展电路的开发，具有接口简单、占用资源少等优点，可节省宝贵的 I/O 口资源，仅仅用到 71M6534H 其中的 6 条 I/O 接口。

SP3739 引脚如图 4 所示。引脚 1、2 是时钟输入、输出引脚，一般接 16 ~ 22 pF 的高稳定性电容。收发数据的引脚是母串口的 RX7 和 TX7。子串口的收发数据引脚是 RX0、TX0 ~ RX6、TX6。子串口的接收数据引脚空闲时是悬空的状态。引脚 ADRO0 ~ ADRO2 是地址输出，连接主 CPU 输入；ADRI0 ~ ADRI2 位地址输入，连接主 CPU 输出。SP3739 的工作流程：当 71M6534H 有信息要通过 SP3739 的某一个子串口给指定的外设时，该外设所对应的子串口地址会由电能计量芯片发送给 SP3739，然后电能计量芯片会将要发送的信

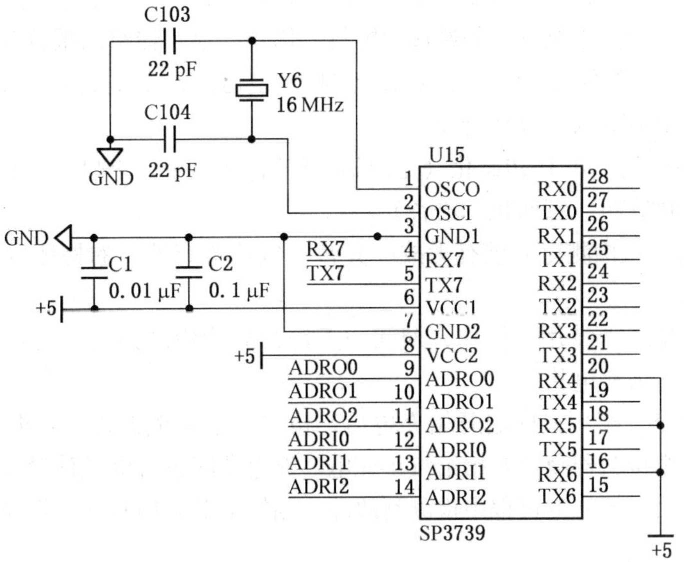

图 4　SP3739 引脚图

息直接发给 SP3739。SP3739 接收到信息后根据之前的地址信息将数据通过指定子串口对应的 TXi 引脚发送出去。71M6534H 通过 SP3739 接收外设信息的工作流程：在程序设计中采用中断方式接收外围设备的信息，71M6534H 解析出子串口的地址，然后从这个地址接收外设的信息。SP3739 子串口地址与对应外围设备见表 1。

表 1　SP3739 子串口地址与对应外围设备

ADRI/O2	ADRI/O1	ADRI/O0	子串口收发引脚	对应外围设备
0	0	0	RX0/TX0	触摸屏打印机
0	0	1	RX1/TX1	打印机
0	1	0	RX2/TX2	读卡器
0	1	1	RX3/TX3	CAN 总线接口

3　软件设计

交流充电桩程序没有操作系统，因此，整个程序的基本结构就是主循环和中断并行运行。主循环是一个无限循环，在程序中不断轮询各事件是否发生，各个任务如果具备运行条件，则处理相应的事件或执行对应的任务。

软件采用模块化设计方法，主要包括人机交互、电能计量、CAN 总线通信和故障报警四大模块。充电桩程序主循环如图 5 所示，其中人机交互又包括显示器、语音、POS 机和打印机 4 个子模块；电能计量模块是指 MCU 对 CE 计量引擎得到的数据进行二次处理，最终给出准确的电压、电流、电量等值；CAN 总线通信模块指的是后台管理系统通过 CAN 总线通信管理下位机各交流充电桩，交流充电桩将充电信息和充电桩相关信息通过 CAN 总线传至后台数据库记录存储；故障报警指的是交流充电桩实时检测自身故障，一旦检测到故障，立即停止充电，并通过故障灯、语音、显示器给出报警信息。

交流充电桩软件部分的主体内容包括系统初始化、运行、结束，具体的实现过程如下[6]：

（1）开始：物理连接，系统上电。

（2）系统初始化：MCU 初始化（定时器、CE 计量引擎、串口、RTC、I/O），外设初始化（显示器、POS 机、打印机、语音）。

（3）系统自检：检测充电桩有无故障异常，包括所有外设的检测以及系统电压、电流、温度的检测。

（4）待机状态：等待用户操作，期间一直进行故障检测并与后台管理系统通信；若有用户充电，则进入充电状态。

（5）充电状态：当用户确定开始充电后，检测充电电缆连接，若电缆连接正常且无其他故障异常，则接触器吸合开始给汽车充电。充电期间进行电能计量、故障检测以及与后台管理系统通信，若充电过程中检测到故障，则接触器立即断开，暂停对汽车充电，保护充电桩与电动汽车。

（6）结束充电并再次进入待机状态：待完成设定充电任务后，系统会自动停止充电，用户也可以操作触摸显示屏，提前停止充电。停止充电后，用户可以选择打印小票，之后断开充电电缆连接，系统重新回到待机状态。

交流充电桩程序流程如图 6 所示。

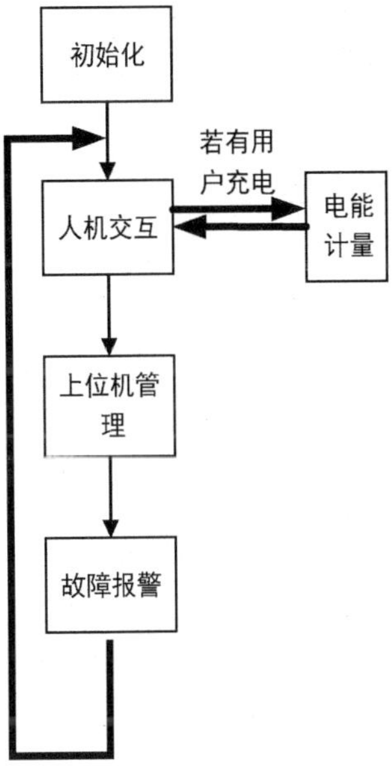

图5 充电桩程序主循环

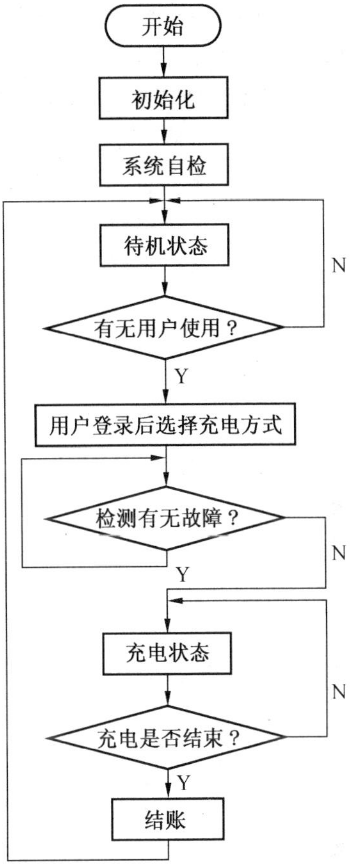

图6 交流充电桩程序流程图

4 结论

本文分析了电动汽车充电桩的基本充电电路以及充电原理并在硬件设计中采用了 71M6534H 电能计量专用芯片，使电能计量更加精确；在外围设备扩展方面使用了 SP3739 作为串口扩展芯片，为触摸屏打印机、读卡器以及 CAN 总线接口等外围设备设计了子串口地址，节省了宝贵的 I/O 口资源；基于专用电能计量芯片设计了交流充电桩，围绕芯片设计了外围扩展电路。人机交互使用的是触摸屏显示器和引导灯，实现了交流充电桩与操作人员的信息交互。从安全性考虑设计了相关的防护系统，选用 CAN 总线进行通信，符合国标的通信协议。

参 考 文 献

[1] 李文姬．《新能源汽车蓝皮书：中国新能源汽车产业发展报告（2016)》[EB/OL]. ht-

tp://tech. sina. com. cn/it/2016－08－05/doc－ifxutfpf1305231. shtml. 2016,8.
［2］王博．中国汽车材料网［EB/OL］. http://www. yuncaijing. com/news/id5407549. html. 2016,7.
［3］朱帅．基于CAN总线分布式电动汽车充电站控制系统研究［D］. 赣州：江西理工大学，2012.
［4］71M6521D/71M6521F Energy Meter IC PRELIMINARY DATA Sheet. TERIDIAN Semiconductor Corporation,2006.
［5］刘鑫爽．电动汽车充电桩的设计及其控制方法研究［D］. 柳州：广西科技大学，2013.
［6］赵瑞．电动汽车交流充电桩的设计与研究［D］. 苏州：苏州大学，2013.

一类混合型模糊控制的研究与应用

蒋小平　汪文帅　吕重重

中国矿业大学（北京）机电与信息工程学院，北京　100083

摘　要　针对基本模糊控制和传统 PID 控制各自的优缺点，提出了一种将模糊控制与传统 PID 控制结合起来的混合型模糊控制新方法。首先通过阶跃响应辨识法建立了工业气相色谱仪柱箱温度控制系统的数学模型，并利用提出的混合型模糊控制方法建立柱箱温度控制系统的仿真模型。仿真结果表明，混合型模糊控制在减小超调方面要优于传统 PID 控制，在提高稳态精度方面优于基本模糊控制。通过在实际的色谱仪温度控制系统中的应用，证明了该方法的有效性。

关键词　色谱仪　数学模型　模糊控制　PID 控制　混合控制　Matlab 仿真

The Research and Application of a Kind of Hybrid Fuzzy Control

Jiang Xiaoping　Wang Wenshuai　Lv Zhongzhong

School of Mechanical Electronic and Information Engineering, China University of Mining and Technology, Beijing　100083

Abstract　In view of the advantages and disadvantages of fuzzy control and traditional PID control, a kind of hybrid fuzzy control method which combines fuzzy control with traditional PID control is proposed. First, the mathematical model of the temperature control system of the industrial gas chromatograph is established by step response identification method, and the simulation model of the column box temperature control system is established by matlab/Simulink. The simulation results show that the hybrid fuzzy control is better than the traditional PID control in reducing the overshoot and better than the fuzzy control in the elimination of steady state error. The validity of the method is demonstrated by the application of the temperature control system in the actual system.

Key words　gas chromatograph　mathematical model　fuzzy control　PID control

---

资助项目：中央高校基本科研业务费专项资金（2010YJ20）

作者简介：蒋小平，男，江西南丰人，副教授，主要从事控制工程与控制理论、测量技术等方向的研究。Tel：13901324565

hybrid fuzzy control　Matlab simulation

0　引言

气相色谱仪是实现气相色谱分析的重要工具，其所采用的气相色谱法是近代重要的分析工具之一，它具有分离效率高、分析速度快、样品用量少、检测灵敏度高、选择性好等特点，在石油炼制、化工、环境检测、气体分析、食品、医药等多个领域得到了广泛应用。在工业气相色谱仪控制系统中，色谱柱是整个气相色谱系统的核心，柱箱温度控制系统是提高样品分离效率的重要环节。气相色谱仪的加热设备为典型的电加热炉结构，是具有滞后性、非线性、时变性的复杂系统，采用常规的控制策略系统难以维持正常运行。

基本模糊控制器不需要依赖精确的数学模型，具有良好的瞬态响应和较强的鲁棒性，尤其适用于非线性、滞后性、时变性等复杂的控制系统。但是实际上基本模糊控制器相当于 PD 环节，导致控制系统的稳态精度较差。PID 控制器具有结构简单、易操作、稳态精度高等特点，广泛应用于工程控制系统。常规 PID 控制器的缺点是需要依赖精确的数学模型，对非线性、滞后性等复杂控制系统的控制效果往往不理想。二者具有很好的互补性，将二者结合起来构成混合型模糊控制器，可以提高系统的响应速度和稳态精度。

1　工作原理

色谱仪柱箱是一个长宽高分别为 250 mm、250 mm、180 mm 的长方体箱体。加热丝的供电电压为交流 220 V，加热功率为 1300 W（主温 1000 W，辅温 300 W），负责给色谱仪柱箱内的色谱柱加热。为了使色谱柱受热均匀，在加热丝正前方安装了风扇，从而使加热丝产生的热量在柱箱内部均匀分布。柱箱还设计了后开门,用来控制散热量。整个柱箱的温度控制在 20 ~ 350 ℃,控制精度为 ±0. 1 ℃。色谱仪柱箱的结构如图 1 所示。

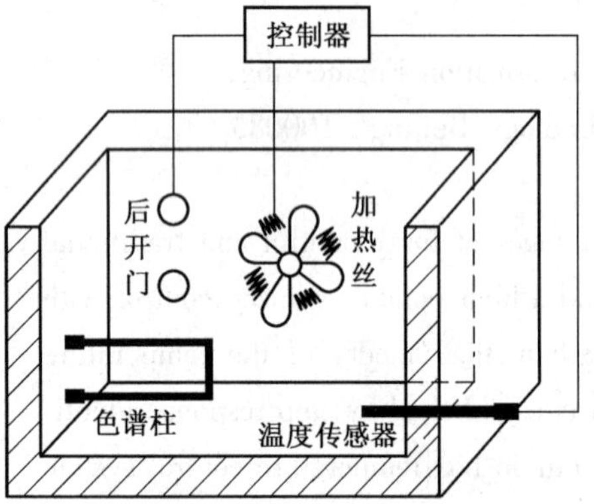

图 1　色谱仪柱箱结构图

柱箱温度控制系统主要由铂电阻温度传感器、放大电路、MSP430 单片机、计算机、可控硅调压电路、加热设备 6 个模块组成。炉温信号由 PT100 温度传感器进行采集，并经过检测电路转变为电压信号，电压信号再经过放大电路以及 A/D 转换电路送至单片机系统，通过将设定温度值与实际温度值进行比较，将温度误差以及温度误差的变化率作为控制器的输入，经过计算机控制算法处理后得到 PWM 脉宽调制的占空比，通过控制双相可控硅的导通角来调节加热炉的供电功率，从而实现对温度的高精度控制。

2　数学模型的建立

一般认为工业电加热炉受控对象的传递函数为一阶惯性加滞后环节，其数学模型为

$$G(s)=\frac{K}{Ts+1}e^{-\tau s} \tag{1}$$

为求出式（1）数学模型中的3个参数，本文采用阶跃响应测试法。通过对工业气相色谱仪柱箱温度控制系统注入100%阶跃信号，得到柱箱温度控制系统的全功率升温曲线和自然降温曲线，如图2所示，根据图2中的实测数据，采用阶跃响应测试法可以得到柱箱温度控制系统的传递函数，即

$$G(s)=\frac{2}{26.4s+1}e^{-1.82s} \tag{2}$$

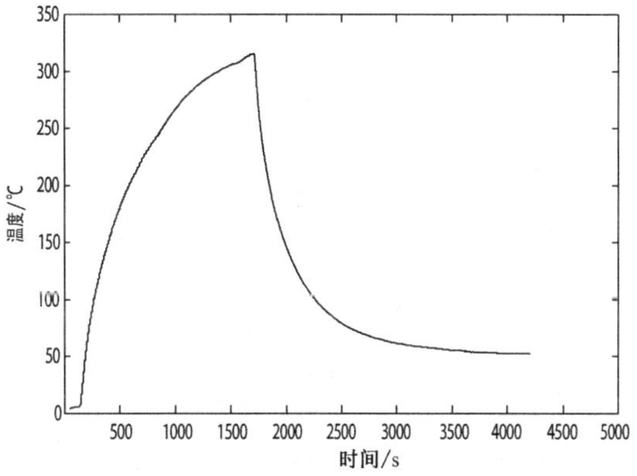

图2　色谱仪柱箱全功率升温和自然降温曲线

3　基本模糊控制器

3.1　基本模糊控制器的设计

模糊控制是一种基于专家知识和丰富的操作经验归纳总结出来的控制规则，它不需要依赖精确的数学模型，需要积累对生产设备进行操作控制的丰富经验和数据。模糊控制器的设计首先是设计控制器的结构，即确定模糊控制器的输入语言变量和输出语言变量。由于一维模糊控制器的输入变量只有一个，动态性能控制效果不好；三维及以上模糊控制器控制效果较佳，但是模糊规则和控制算法都相当复杂。因此综合考虑动态性能和控制算法的复杂程度，本文选用二维模糊控制器。图3所示为基本二维模糊控制器的结构框图。

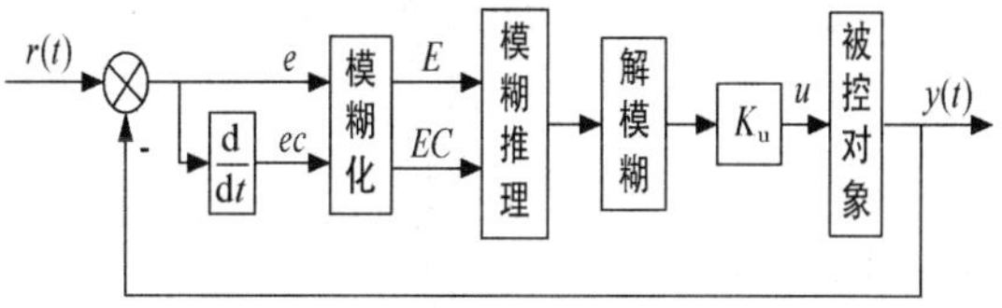

图3　基本二维模糊控制器结构框图

模糊控制器以温度误差 e 和误差的变化率 ec 作为输入变量，输出变量为 u（晶闸管的导通角）。温度误差 e 和误差的变化率 ec 经模糊化后转换为模糊量，其模糊语言变量分别为 E 和 EC，输出变量 u 的模糊语言变量为 U，定义它们3个的论域均为｛−6，−5，−4，−3，−2，−1，0，1，2，3，4，5，6｝。综合考虑模糊控制的精度要求以及复杂程度，将 E、EC、U 的论域均划分为7档，即｛PB，PM，PS，ZO，NS，NM，NB｝，对应的模糊词集为｛正大，正中，正小，零，负小，负中，负大｝。隶属函数均采用高斯型隶属函数 K_e、K_{ec}、K_u 分别为温度误差量化因子、误差变化

率量化因子以及输出比例因子，根据控制精度要求，选取 $e(t)\in(-4,\ 4)$、$ec(t)\in(-0.3,\ 0.3)$，因此可得量化因子 $K_e=1.5$、$K_{ec}=20$，控制器的输出增量 $u\in(-6,\ 6)$，可得输出因子 $K_u=1$。

模糊控制规则是模糊控制策略中极其关键的一步，恰当的控制规则能保证系统的稳定性和反应速度，从而获得良好的控制效果。模糊控制规则采用一系列模糊条件语句组成，即

If E is A and EC is B then U is C.

据此建立的模糊控制规则见表1。

表1 模糊控制规则

EC	E						
	NB	NM	NS	ZO	PS	PM	PB
NB	NB	NB	NB	NB	NM	ZO	ZO
NM	NB	NB	NB	NB	NM	ZO	ZO
NS	NM	NM	NM	NM	ZO	PS	PS
ZO	NM	NM	NS	ZO	PS	PM	PM
PS	NS	NS	ZO	PM	PM	PM	PM
PM	ZO	ZO	PM	PB	PB	PB	PB
PB	ZO	ZO	PM	PB	PB	PB	PB

3.2 常规 PID 和模糊控制比较

为了比较常规 PID 控制系统与基本模糊控制系统的控制性能，本文利用 Matlab 工具箱搭建了色谱仪柱箱温度控制系统的仿真模型，运行之后，得到图 4 所示的响应曲线。图 4 中，虚线表示常规 PID 控制作用下系统的响应，实线表示基本模糊控制器作用下系统的响应。从图 4 可以看出，常规 PID 控制器作用下系统响应超调大，但是响应速度快而且可以消除稳态误差。基本模糊控制作用下系统响应也比较快，没有超调，但是稳态精度不高。

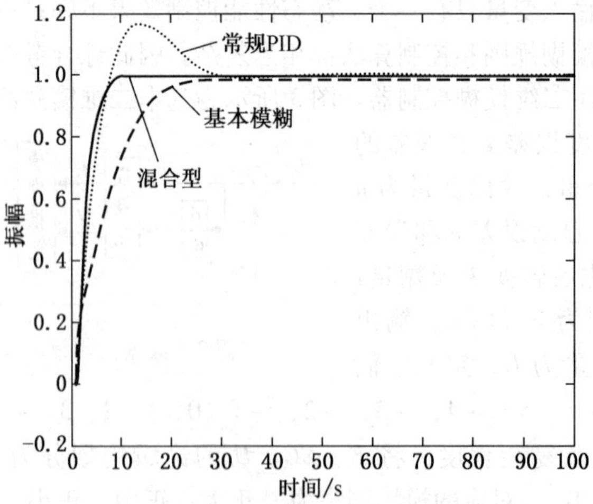

图4 常规 PID 和模糊控制响应比较

4 混合型模糊控制器的设计

通过上面的分析可以看出，常规 PID 控制器对大滞后、非线性的系统控制效果不佳，超调量较大；在基本模糊控制器控制策略下，系统的动态性能比较理想，但是由于其相当于 PD 型控制器，因此导致系统稳态精度不高。混合型模糊控制器的原理就是结合 PID 控制器无稳态误差以及模糊控制器动态性能良好的特点，将常规 PID 控制器和模糊控制器并联构成的一个混合型模糊控制器。混合型模糊控制器的结构框图如图 5 所示，常规 PI 控制器和基本模糊控制器两者共同作用于被控对象。

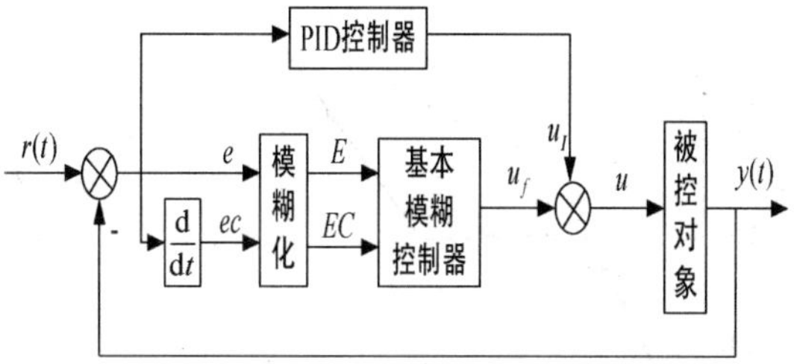

图 5　混合型模糊控制器结构框图

3 种控制器作用下系统响应曲线如图 6 所示，其中混合型模糊控制器中 PID 控制器的 3 个参数分别为 $K_p=3$、$K_i=0.5$、$K_d=0$，从图中可以看出混合型模糊控制作用下，系统的响应无论是在超调、响应速度，还是在动态性能和稳态精度方面都优于其他两种控制器。

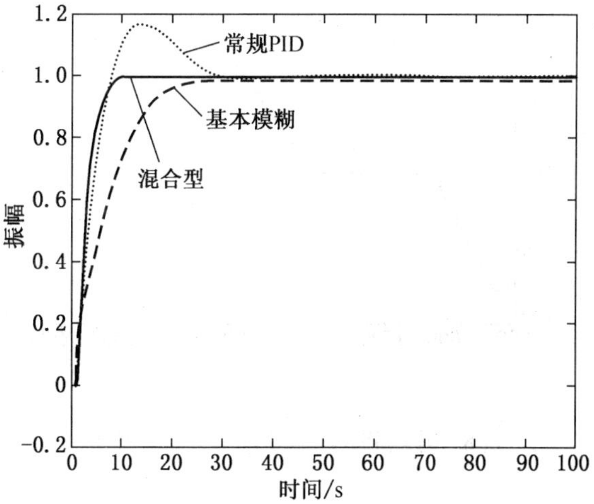

图 6　3 种控制器作用下系统响应曲线

5 控制系统运行结果分析

使用该混合型模糊控制算法控制气相色谱仪箱体电加热炉，加热功率为 1300 W，加热 250 mm × 250 mm × 180 mm 的立体空间。在加热炉的腔与壁之间有 50 mm 的保温装置，由珍珠盐和毛毯组成。控制周期和采样周期分别为0.1 s 和10 ms。图7 所示为基于混合型模糊控制的系统运行图，图8 所示为基于常规 PID 控制的系统运行图。比较图7 和图8 可以看出，混合型模糊控制作用下，系统的超调量、稳态误差、响应速度等指标都得到了明显的提高。在图8 中，通过给定曲线和运行曲线可以看出，系统的超调量为1.4 ℃，稳态精度为0.6 ℃。图7 中混合型模糊控制策略下系统的性能得到了很大改善，系统的超调量为0.3 ℃，稳态精度为0.1 ℃，能够很好地根据系统的预定曲线运行，符合设计要求。

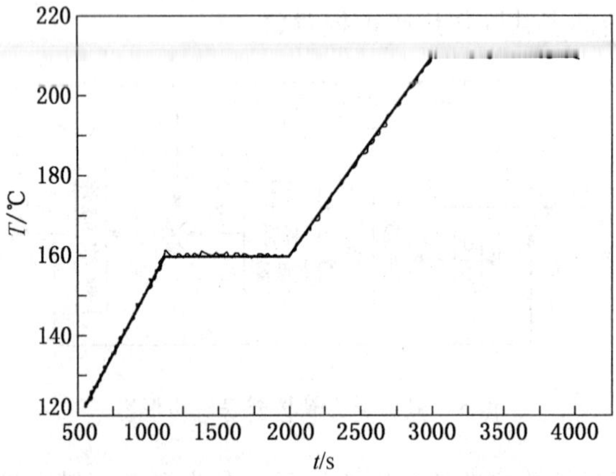

图7　混合型模糊控制策略下系统运行图

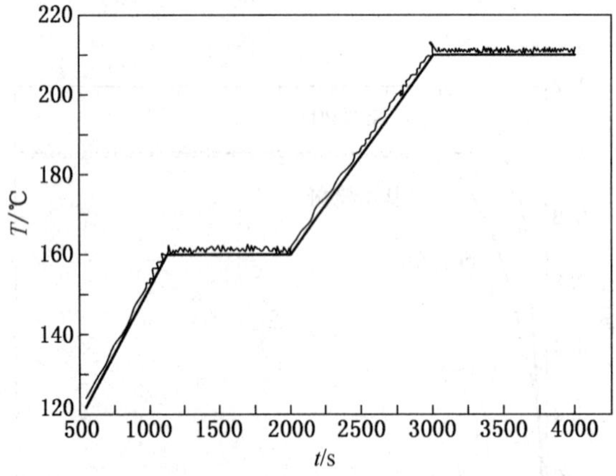

图8　常规 PID 控制策略下系统运行图

6　结束语

从上面的仿真可以看出，混合型模糊控制具有理想的稳态性能和动态性能。与基本模糊控制相比，混合型模糊控制具有消除稳态误差的特点，可见 PID 控制在混合型模糊控制中起到了提高稳态精度的作用。与常规 PID 控制相比，混合型模糊控制没有出现超调。因此，混合型模糊控制具有无超调量、无稳态误差、响应速度快、鲁棒性好等特点，能够较好地控制气相色谱仪柱箱温度控制系统。通过对实际色谱仪温度曲线进行验证，证明了该控制方法的有效性，取得了理想的效果，符合工业气相色谱仪对温度的控制要求。

参 考 文 献

[1] 陈家伟，陈杰，陈冉，等. 变速风力发电机组自适应模糊控制技术[J]. 中国电机工程学报，2011，21 (21)：93 - 101.

[2] 钱稷，周娟，张广华，等. 基于模糊控制的温室内土壤湿度智能监控系统设计[J]. 华中农业大学学报，2015，34 (5)：121 - 126.

[3] 陆晶晶. 基于 PLC 控制的仓库温度调节系统优化设计[J]. 电力与能源，2015，36 (4)：593 - 596.

[4] Jiang Xiaoping, Li Jinlu. Design of the batch predictive - PID controller based on the nonlinear electric heating model [J]. German: Lecture Notes in Electrical Engineering, 2012, 129: 293 - 298.

[5] 李文华，刘江红. PLC 模糊 PID 控制系统在培养基发酵温度控制中的应用[J]. 科技导报，2014，32 (32)：41 - 45.

[6] 罗庆，黄民翔，郭雨涵. 基于模糊 PID 主动控制的仿真及应用[J]. 电气传动，2015，45 (8)：36 - 40.

[7] 孙茂一，赵亮，沈晓曼，等. 一种风冷电加热水温模糊控制系统的设计[J]. 自动化与仪器仪表，2015，9：19 - 20 + 23.

[8] 蒋小平，田元，刘建，等. 基于非线性模型的电加热温度控制系统的设计[J]. 自动化与仪表，2010，(3)：29 - 32.

[9] 戴月. 基于模糊 PID 的电锅炉温度控制研究[J]. 2014，33 (24)：27 - 30.

[10] 赵波. 模糊控制系统在宽带钢数字化加热炉的应用[J]. 自动化应用，2013，12：27 - 28.

[11] Shiuh - Jer Huang, Hung - YiChen. Un - symmetric input temperature control by using fuzzy sliding mode controller with gain auto - tuning [J]. International Journal of Control, Automation and Systems, 2014, 12(2): 422 - 430.

[12] 孙自强，丁小冬. 基于 PCS7 的加热炉燃烧控制策略及仿真研究[J]. 控制工程，2012，19 (1)：48 - 52.

[13] 郭鹏. 模糊前馈与模糊 PID 结合的风力发电机组变桨距控制[J]. 中国电机工程学报，2010，30 (8)：123 - 127.

[14] Maciej Neugebauer, Piotr Solowiej, Janusz Piechocki. Fuzzy control for the process of heat removal during the composting of agricultural waste [J]. Journal of Material Cycles and Waste Management, 2014, 16(2): 291 - 297.

[15] Morteza Esfandyari, Mohammad Ali Fanaei, Hadi Zohreie. Adaptive fuzzy tuning of PID controllers [J]. Neural Computing and Applications, 2013, 23(1): 19 - 28.

铁路不断电过分相方案对电分相及机车的适用性研究

田　旭　邱少坡

中国矿业大学（北京）机电与信息工程学院，北京　100083

摘　要　要避免电力机车在过分相出现的过电压及过电流问题，就必须满足两个条件：一是机车进入电分相前，电分相的电压等于起始供电臂的电压；二是机车在电分相中始终带电，并且在受电弓离开电分相进入目标供电臂时，电分相的电压与目标供电臂的电压完全相同。作者在先前的研究中提出过一种新型不断电过分相方案，能够使机车通过电分相期间不动作主断路器、无过电压和过电流、无牵引力损失和速度降落地通过电分相。本文在上述研究基础上，按照短分相与长分相、单台机车与双列重联机车的不同组合，研究了不断电过分相方案工作时序，分析了过分相方案中关键阈值的选择方法并且计算了所需电分相长度。

关键词　不断电过分相　电分相形式　机车形式　阈值选择　电分相长度

Applicability Study of Novel Railway Uninterruptible Phase - separation Passing Scheme to Various Phase - separation and Locomotive Types

Tian Xu　Qiu Shaopo

School of Mechanical Electronic and Information Engineering, China University of Mining and Technology, Beijing　100083

Abstract　In order to avoid the overvoltage and overcurrent problem during locomotive passing phase - separation, two requirements must be satisfied. The first requirement is to make sure the voltage of phase - separation equals to that of traction feeder before the pantograph connects both phase - separation and traction feeder. The second requirement is to guarantee the locomotive has power supply in the phase - separation. The voltage of phase - separation must be same as the voltage of traction feeder before panto-

资助项目：中央高校基本科研业务费专项资金项目（2016QJ06）；大学生创新训练项目（K201604061）

作者简介：田旭（1984—　），男，讲师。Tel：13811148894；E - mail：tianxu516@163. com

graph leaves phase - separation. A novel phase - separation passing scheme has been proposed, which can make the locomotive pass phase - separation without the operation of main breaker, no over - voltage and over - current problem and no loss of traction force and speed. In this paper, different working sequences are studied In accordance with the combinations of short or long supply section, single or double pantographs. The selection of critical criterion is analyzed and the length requirement of phase - separation is calculated.
Key words Uninterruptible phase - separation passing Phase - separation type Locomotive type Criterion selection Phase - separation length

0 引言

为了减小负序电流注入，电气化铁路采用分段受流、轮换相序的方式接入电力系统中，因而存在电分相环节。现有车载断电过分相及地面开关切换过分相方案使得机车在通过电分相时必须经历一个供电死区[1,2]，而断电 - 复电的过程会使牵引供电系统及机车出现过电压和过电流问题，牵引力和速度的损失会延长机车的行驶时间。因此，研究能够真正消除过分相时的供电死区、避免机车断电 - 复电操作的新型电气化铁路不断电过分相技术具有十分重要的意义。

为了解决过分相时的过电压、过电流问题，许多文献提出了各种方法，如真空断路器上并联电阻[3]，用晶闸管串联阀组代替真空断路器[4,5]，这些方法都无法避免断电 - 复电的操作，因此，也无法根本消除过压过流的问题。文献［6］提出一种机车在过分相期间牵引变压器的辅助绕组给辅助系统供电的方案，但机车主断路器仍然断开，因此仍然有功率和速度损失。文献［7］提出了一种不断电过分相装置，虽能够实现机车不断电过分相，但缺点主要在于该装置要求机车在进入电分相之前必须减载至惰行状态，所以尽管机车在通过电分相时始终带电，但牵引力和速度仍然有所损失。还有文献提出了同相供电方案[8,9]，该方案可使新建线路避免出现电分相的问题，但已有线路的问题无法解决。同相供电方案中各个牵引变电站在电力系统与牵引接触网之间形成的多点连接容易构成环路，造成电网潮流环流。

作者在先前的研究[10]中提出一种新型不断电过分相方案，利用变频移相技术能够使机车通过电分相期间无需分合主断路器、机车主及辅助供电系统均不断电地通过电分相。本文在此基础上，研究了各种电分相及机车形式下装置的工作时序，分析了过分相方案中的有效值计算及阈值选择方法并且计算了所需电分相长度。

1 不断电过分相方案的系统配置及工作原理[10]

电气化铁路不断电过分相方案系统结构如图 1 中的虚线框所示，它由单相变流器 VSC_α 和 VSC_β 通过共用直流侧形成背靠背连接，VSC_α 两个交流端子分别通过连接电感接入电分相和钢轨，VSC_β 两个交流端子通过连接电感连接到 β 相供电臂和钢轨，两个位置传感器分别位于两供电臂下方地面，用于检测机车所处的位置。

不断电过分相方案的功能是，当机车因为由起始牵引供电臂进入电分相而失去供电电源后，该装置在电分相上产生一个电压为机车供电。该电压的初始幅值、频率及相位与机车失电前完全相同，然后利用变频移相技术使得电分相电压的相位由起始牵引供电臂电压的相位变为目标牵引供电臂电压的相位。设 α 与 β 相供电臂电压的频率为f_0，有效值分别为U_α、U_β，相位分别为φ_α、φ_β。以电力机车由 α 相向 β 相移动为例，设移相过程中电分相电压的频率为$f_{\alpha\beta}$，经过T_Δ时间后，电分相电压由与 α 相电压同相位变为与 β 相电压同相位，幅值由U_α变为U_β，则移相过程中，电分相电压的频率及瞬时值应为

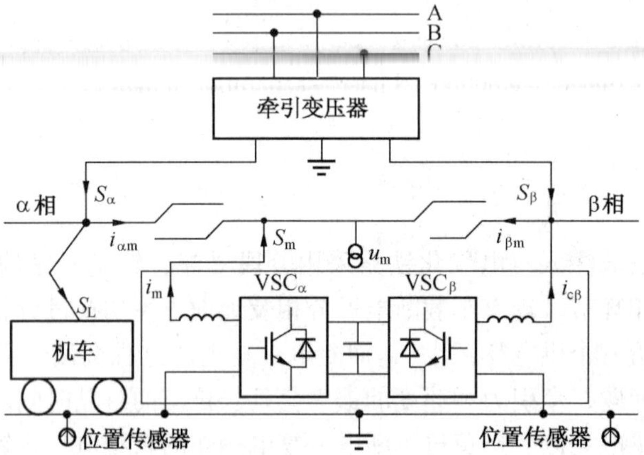

图 1　不断电过分相方案的系统配置图

$$f_1 = f_0 + \frac{\varphi_\beta - \varphi_\alpha}{T_\Delta} \tag{1}$$

$$u_m = \sqrt{2}\left(U_\alpha + \frac{U_\beta - U_\alpha}{T_\Delta}t\right)\sin\left[2\pi\left(f_0 + \frac{\varphi_\beta - \varphi_\alpha}{T_\Delta}\right) + \phi_\alpha\right] \tag{2}$$

2　各种电分相形式及机车类型下受电弓距离与电分相长度关系分析

2.1　电力机车受电弓间距

按照动力来源数量的不同，电力机车又可分为集中动力型和分散动力型（又称为动车组）。每台机车有两个受电弓，分别称为前弓和后弓。为了避免前后受电弓将两个牵引供电臂短路，单台机车在通过电分相时禁止升双弓，只能单弓运行。为了提高运输能力，电气化铁路通常将两列机车重联运行。对于集中动力型机车，重联运行时是将两个车头分别置于机车始端与末端且由于车内前后弓距离较小，所以无论前后车采用何种升弓方式，其间距约等于机车总长度。而双列重联动车组不同的升弓模式会导致前后车受电弓距离的不同，具体数据可见文献［11］给出的 CRH 系列动车组不同升弓模式时前后受电弓的间距，在 200 ~ 215 m。

2.2　电分相长度

我国现有的电分相环节可以分为两类，分别是器件式电分相及锚段关节式电分相。铁道部 2009 年 10 月开始施行的《铁路客运专线技术管理办法》中规定：“时速在 200 km/h 至 250 km/h 的电气化铁路客运专线电分相全部采用绝缘锚段关节形式，并且整个电分相长度应小于 200 m 或无电区长度大于 220 m”，所以应用于客运专线的锚段关节式电分相

可以分为两种模式，短分相模式和长分相模式[12]。通过与双列重联机车受电弓间距对比可知，短分相模式要求整个电分相长度小于重联机车两受电弓间距离，而长分相模式则要求仅电分相内的无电区的长度必须大于双列重联机车受电弓间距，这两种模式分别如图 2a、图 2b 所示。

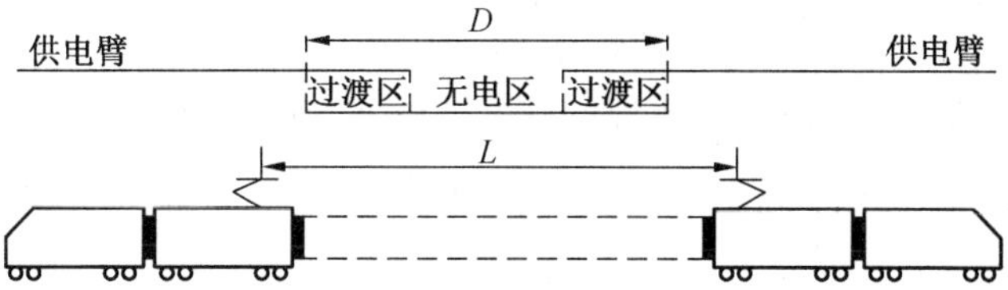

(a) 短分相模式

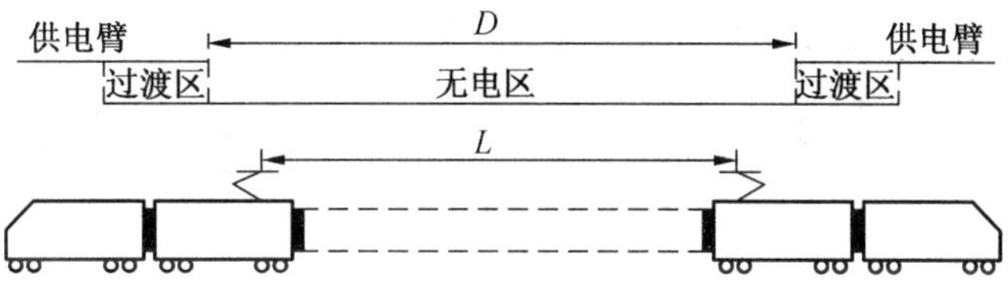

(b) 长分相模式

图 2 双列重联机车受电弓距离与电分相长度关系的示意图

3 各种电分相形式及机车类型时的不断电过分相工作时序

3.1 电分相为短分相

3.1.1 机车为单台机车时的工作时序

图 3 所示为机车 α 相驶向 β 相时，不断电过分相方案的工作时序图。正常工作时，若无机车通过电分相，VSC_β 空载并网，使直流侧电压保持为恒定值。

当机车通过 A 点时，位置传感器 1 检测到有机车从 α 相进入电分相，此时，控制系统使得 VSC_α 输出 α 相供电臂电压，此时有

$$\begin{cases} S_\beta = S_m = 0 \\ S_\alpha = S_L \end{cases} \tag{3}$$

当机车到达 B 点时，受电弓将 α 相供电臂与电分相短路。由于 VSC_α 输出电压不可能完全等于参考电压 u_α，故此时 α 相供电臂与电分相之间的电流 $i_{\alpha m}$ 将会由零大幅增加。设 $i_{\alpha m}$ 有效值为 $I_{\alpha m}$，有效值阈值为 I_{th}，则机车到达 B 点的判据可表示为

$$I_{\alpha m} > I_{th} \tag{4}$$

由于机车到达 B 点时，电分相电压 u_m 已基本与 u_α 相等，故此刻电分相电压无振荡过压。但为了避免装置过流，VSC_α 脉冲封锁。

当机车离开 C 点处时，电分相电压 u_m 出现跌落，设 u_m 有效值为 U_m，有效值阈值为 U_{th}，则机车离开 C 点的判据可表示为

$$U_m < U_{th} \tag{5}$$

令 VSC_α 输出 α 相供电臂电压为机车供电，此时

$$\begin{cases} S_\alpha = 0 \\ S_\beta = S_m = S_L \end{cases} \tag{6}$$

然后令电分相电压按照式（2）进行变化，最终保证机车未到达 D 点时，电分相电压已完成移相，变为 u_β。

当机车到达 D 点后，由于变流器输出电压不可能完全等于 u_β，故 β 相供电臂与电分相之间的电流 $i_{\beta m}$将会由零大幅增加。设 $i_{\beta m}$有效值为 $I_{\beta m}$，则机车到达 D 点的判据可表示为

$$I_{\beta m} > I_{th} \tag{7}$$

此时，由于机车已由 β 相供电臂直接供电，VSC_α 脉冲封锁。装置恢复至初始状态。

在机车通过电分相的过程中，不断电过分相装置传输的最大功率为 S_L，因此，变流器 VSC_α 和 VSC_β 的容量应都等于 S_L。

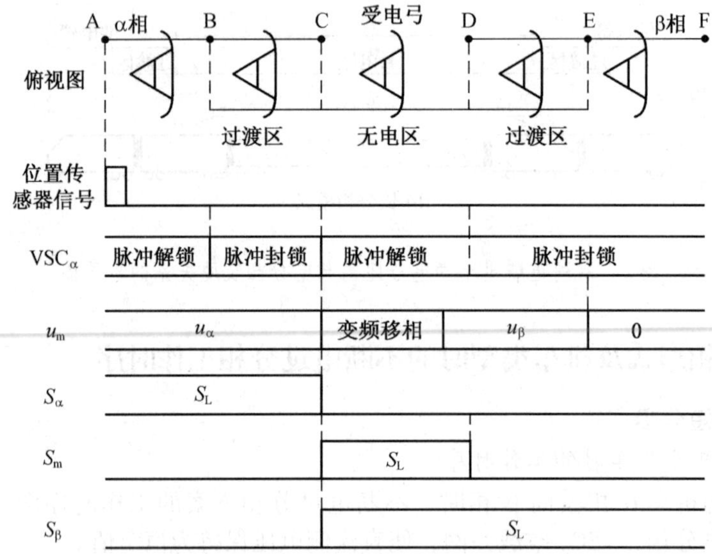

图 3　单台机车通过短分相时的装置工作时序

3.1.2　机车为双列重联机车时的工作时序

由于短分相的总长度小于重联的两列机车前后受电弓之间的距离，因此，不会出现前后两车的受电弓同时处于电分相内的情况。因此，双列重联机车通过电分相的过程可分为前车受电弓与后车受电弓分别通过电分相的过程，因而不断电过分相装置的工作过程与两列单台电力机车依次通过电分相相似，但略有不同。下面对其工作时序及所需的装置容量进行分析。

双列重联机车通过短分相时的装置工作时序如图 4 所示，其中①和②分别表示前车与后车的受电弓。图 4a 是前车受电弓通过电分相时，不断电过分相方案的工作时序，它与图 3 所示的时序在受电弓到达 E 点之前相同，不同的是，当前车受电弓到达 E 点后，VSC_α 不再脉冲封锁，而是输出 u_α，为后车受电弓通过电分相做准备。后车受电弓通过电分相时不断电过分相方案的运行时序如图 4b 所示。从图中可以看出，双列重联机车通过电分相过程中，不断电过分相装置由 β 相转移到电分相的最大功率为单列机车的功率 S_L，因此，变流器 VSC_α 与 VSC_β 的容量均为 S_L。

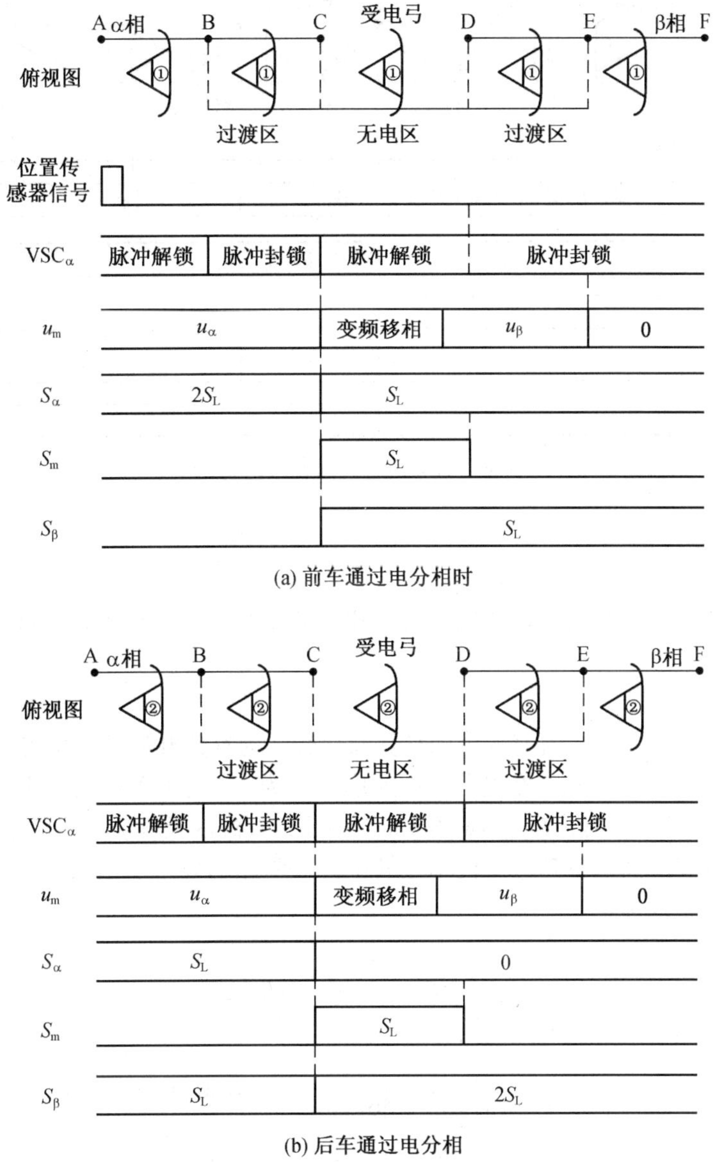

图4　双列重联机车通过短分相时的装置工作时序

3.2　长分相

单台电力机车通过长分相时，不断电过分相方案的工作时序与机车通过短分相的时序完全相同。变流器 VSC_α 和 VSC_β 的容量均为 S_L。双列重联机车通过时，由于长分相中无电区的长度大于双列重联机车前后车受电弓之间的距离，所以前后受电弓会同时处于无电区之内。因此，可将前后车的受电弓等效为一个，进而与单台电力机车通过电分相时的情况相同，双列重联机车通过长分相时的装置工作时序如图 5 所示。不同之处在于，机车位于无电区时，不断电过分相装置提供的功率应为两列机车功率，因此，变流器 VSC_α 和 VSC_β 的容量都应该是 $2S_L$。

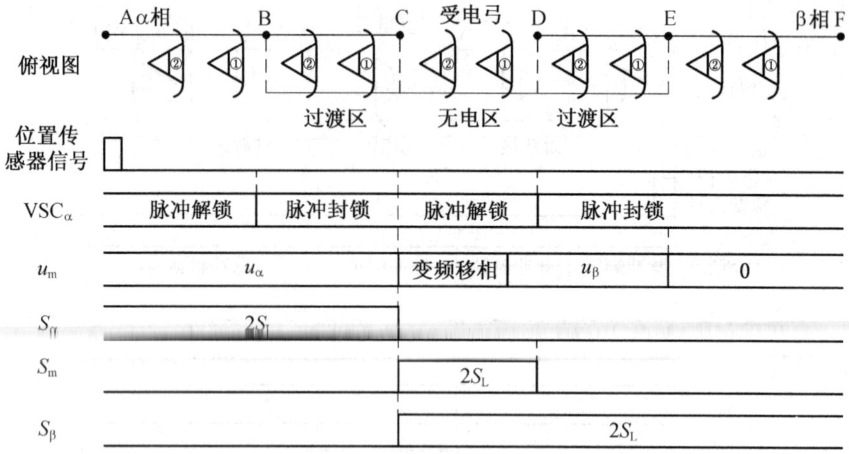

图5　双列重联机车通过长分相时的装置工作时序

4　电分相长度计算

电分相主要由三段组成，即两段过渡区和一段无电区。下面就对它们的长度要求进行分析。

4.1　短分相

装置在过渡区内完成电流有效值的计算及比较，为补偿开始及结束提供依据。设所需的时间不超过 5 ms。假定机车在电分相内速度保持为 v，则机车行驶的距离 $L_1=0.005\,v$。当机车速度为 350 km/h 时，$L_{1\max}=0.486$ m。因此，过渡区长度应至少大于 0.486 m。

无电区的长度应满足整列电力机车在其中完成移相的要求。由式（1）可得移相时间与频率差和相位差的关系为

$$T_{\Delta}=\frac{|\varphi_{\beta}-\varphi_{\alpha}|}{360\,|f_1-f_0|}=\frac{|\psi|}{360\,|\Delta f|} \tag{8}$$

故机车在这段时间行驶的距离为

$$L_2=vT_{\Delta}=\frac{v\,|\psi|}{360\,|\Delta f|}=\begin{cases}\dfrac{v}{6\,|\Delta f|} & (\psi=60°)\\[2ex] \dfrac{v}{4\,|\Delta f|} & (\psi=90°)\end{cases} \tag{9}$$

按照国家标准的规定，供电电压的频率偏差应在 1% 以内，所以 $|\Delta f|\leqslant 0.5$。设机车通过电分相时的速度范围为 0 ~ 350 km/h，则机车行驶距离与行驶速度及频率差之间的关系如图 6 所示。从中可以看出，若电分相电压以最快的速度移相（即频率差为 0.5 Hz），则当机车以 350 km/h 的速度行驶时，无电区的长度应大于

$$L_{2\max}=\begin{cases}32.4\ \text{m} & (\psi=60°)\\ 48.6\ \text{m} & (\psi=90°)\end{cases} \tag{10}$$

4.2　长分相

长分相中过渡区的长度，除了包含 $L_{1\max}$ 之外，还应包含双列重联机车前后受电弓之间的距离，这里取 200 m。所以，长分相过渡区的长度应大于 $L_{3\max}=200.486$ m。同理，对于无电区，除了式（10）给出的机车行驶距离外，也应包含双列重联机车前后受电弓之

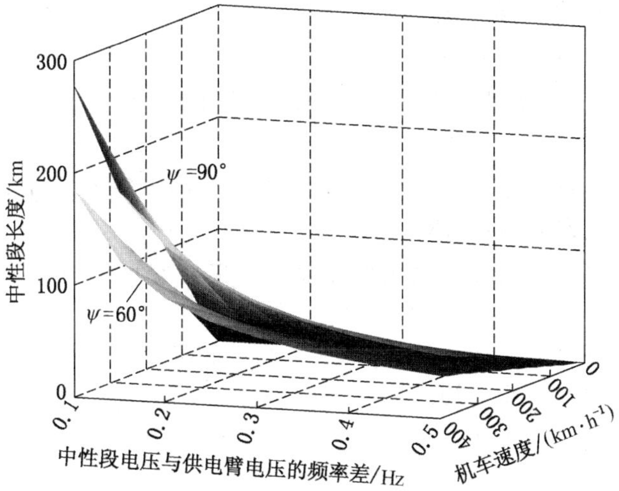

图6　机车在电分相行驶的距离与速度及电压频率差的关系图

间的距离。因此，有双列重联机车通过时，长分相无电区的长度应大于

$$L_{4\max}=\begin{cases}432.4\ \mathrm{m} & (\psi=60^\circ)\\ 448.6\ \mathrm{m} & (\psi=90^\circ)\end{cases} \tag{11}$$

5　结论

本文在分析电气化铁路现有自动过分相方案存在的问题的基础上，提出了一种新的不断电过分相方案，能够实现机车无断电、满功率通过电分相。按照短分相与长分相、单台电力机车与双列重联机车的不同组合，设计了新型不断电过分相方案的工作时序。对过分相方案中的有效值计算及阈值选择进行了分析并且计算了新型不断电过分相方案所需的电分相长度。

参　考　文　献

[1] 罗文骥. 用于地面带电自动过分相的智能选相真空断路器的研究[J]. 铁道机车车辆，2007，27（4）：62－66.

[2] 吴学明. 和谐机车车载自动过分相监测系统的研究[D]. 北京：北京交通大学，2009.

[3] 魏晓娟，王洪涛，吴羽生. 开关并联电阻地面自动过分相方案研究[J]. 电气化铁道，2011，1（2）：5－8.

[4] 刘冰，冉旺，李雄，等. 电子开关实现带电自动过分相的研究[J]. 电力电子，2011，11（3）：26－29.

[5] 董志杰. 地面自动过分相技术及方案研究[D]. 成都：西南交通大学，2004.

[6] 杜玉亮，郑琼林，冉旺，等. 电力机车过分相区时牵引变压器辅助绕组不间断供电技术方案研究[J]. 铁道学报，2014（11）：29－34.

[7] 王术合. 高速动车组不断电自动过分相的研究[D]. 北京：北京交通大学，2012.

[8] 夏焰坤，李群湛，解绍锋，等．电气化铁道贯通同相供电变电所控制策略研究[J]. 铁道学报，2014 (8)：25－31.
[9] 周福林，李群湛，邱大强．基于混合补偿的同相牵引供电系统[J]. 铁道学报，2012 (1)：19－23.
[10] 田旭，姜齐荣，魏应冬．电气化铁路无断电过分相方案研究[J]. 电力系统保护与控制，2012，40 (21)：14－18.
[11] 范海江，张曼华，侯震宇．高速铁路接触网电分相设计[J]. 铁道标准设计，2011 (9)：99－101.
[12] 梁艳明，赵晓娜，刘京童，等．客运专线电分相锚段关节形式的比较分析[J]. 电气化铁道，2010 (4)：17－20.

基于 VIENNA 整流器的大功率充电电源的研究

邹　甲

中国矿业大学（北京）机电与信息工程学院，北京　100083

摘　要　本文提出了一种应用于电动汽车充电桩的大功率充电电源模块新颖拓扑结构，整流级采用三相 VIENNA 整流电路，直流变换级采用串联全桥 LLC 谐振变换器。该拓扑结构结合了 VIENNA 电路结构简单、输入电流谐波低、开关管电压应力小、输入单位功率因数等优点。详细分析了三相 VIENNA 整流电路的工作原理，设计基于单周期的控制器，无需使用乘法器也无需采样输入电源电压，控制简单、容易实现数字化控制。仿真验证了所提出的单周期控制策略对于整流器输出电压及输入电流控制的有效性。此 VIENNA 结合 LLC 变换器拓扑具有高效率和高功率密度、动态效应快等优点，在大功率充电电源领域可广泛应用。

关键词　VIENNA 整流　LLC 谐振变换器　单周期控制

A Large Power Charging Power Supply based on VIENNA Rectifiers

Zou　Jia

School of Mechanical Electronic and Information Engineering,
China University of Mining and Technology, Beijing　100083

Abstract　The paper presents a novel topological structure of the large power charging power supply that is applied in the electric vehicle charging stations, rectifier stage adopts three – phase VIENNA rectifiers, dc – dc transform adopts the series LLC resonant full bridge converter. The VIENNA rectifiers has some advantages, simple structure, low input current harmonics, small switch tube voltage stress, input unit power factor, etc. Analyzes in detail the working principle of the three – phase VIENNA rectifiers, designs the one cycle controller, without using multiplier and sampling the input power

---

资助项目：中国高校基本科研业务费专项资金（2015QJ11）

作者简介：邹甲（1984—　），男，江西吉安人，工程师，研究方向为电力电子技术。Tel:13683677117;E – mail:zjia@ cumtb. edu. cn supply voltage, that is simple and easy to the digital control. The simulation verified that the rectifier output voltage and input current control can be controlled by the one cycle control strategy for the VIENNA rectifiers. The VIENNA rectifiers combined LLC converter topology with high efficiency and high power density, the advantages of quick dynamic effect, can be widely used in the charging power supply.

Key words VIENNA rectifiers LLC resonant inverter one cycle control

0 引言

人类过度向自然索取，致使环境污染严重，能源安全得不到保障。电动汽车作为节能无污染的交通工具，长远看具有很大的优越性，越来越多的地区及政府加大了对电动汽车的支持力度，促进了电动汽车的快速发展。电动汽车的充电技术也在不断发展，目前主要有两种充电方案，一是通过车载充电机慢充，车载充电机一般是单相交流输入，功率几千瓦；另一种是通过外置的大功率直流充电桩对电池快速充电，一般是三相输入，功率达到几十千瓦[1]。

电动汽车充电技术示意如图1所示，直流充电桩的核心是大功率充电电源，主要包括整流级和直流变换器级，整流级的主要功能是将三相交流电整流成直流电，同时要满足电

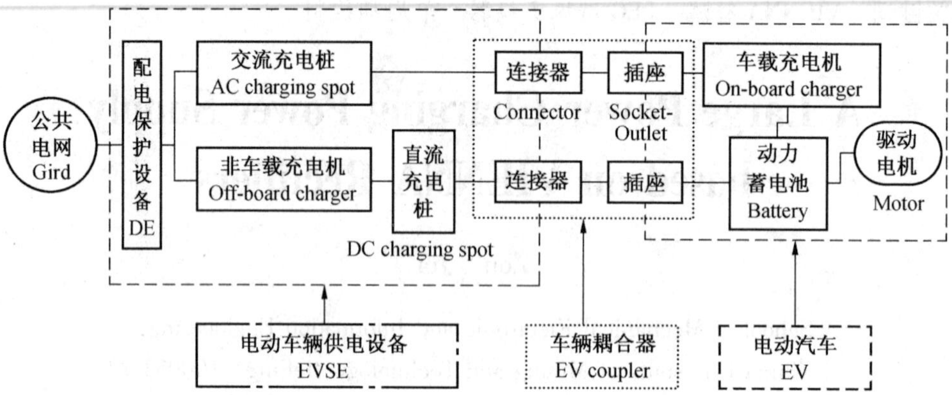

(a) 电气汽车供配电示意图

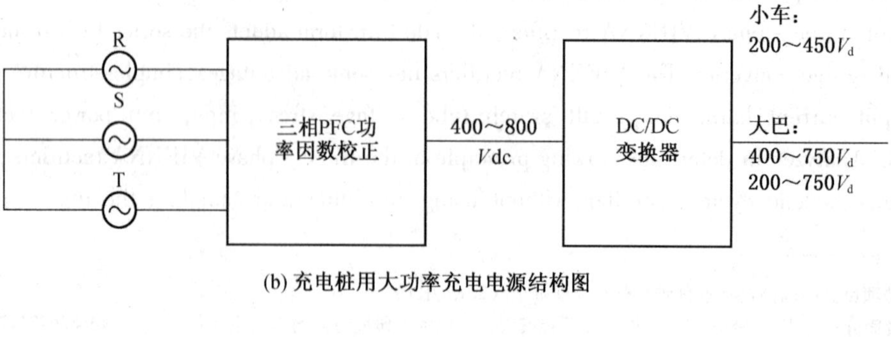

(b) 充电桩用大功率充电电源结构图

图1 电动汽车充电技术示意图

能质量的要求，即三相输入电流的谐波小（接近正弦），输入的功率因数接近 1，这就要求不能用普通的二极管整流，需要采用具有功率因数校正的三相整流变换器；直流变换器级的主要功能是将整流级输出直流电变换成给电池充电的直流电，直流变换器级的输出要求是输出电压可调而且纹波小，同时具有恒流及恒压输出自动调节模式，以满足最佳的电池充电曲线。本文研究的重点是大功率充电电源的整体拓扑设计以及整流级的详细硬件及控制器的设计。

PWM 整流器可以减少输入电流的 THD，改善装置 EMI 问题。VIENNA 整流器是由 Kolar 教授 1994 年提出的一个比较优秀的三电平 PWM 整流器拓扑，和其他变换器相比，由于 VIENNA 整流器需要的开关器件更少，输入电感更小，进一步提升了效率，降低了硬件成本，因此，在一些对电能质量和功率密度要求较高的场合得到了普通应用[2]。

本文首先针对充电桩用大功率充电电源的设计要求，提出一种 VIENNA 整流器 + LLC 谐振变换器拓扑方案，并详细推导三相 VIENNA 整流器的工作原理及等效模型。针对单周期控制的 PFC 变换器无须产生输入电流基准，因而不需要使用乘法器和采样输入电压，简化了控制结构，降低了经济成本。其次研究了基于单周期控制的三相 VIENNA 整流器控制方案，大大改善了充电电源整流级的输入功率因数。最后通过系统仿真验证理论分析的正确性。

1 大功率充电电源拓扑设计

充电桩用大功率充电电源的主要技术参数指标有：输入交流电压，380 V；输出电压，250 ~ 750 V；输入功率因数，大于 0.9；THD < 5%；输出功率> 15 kW。

提出一种 VIENNA 整流器 + LLC 谐振变换器拓扑方案，具体的拓扑结构如图 2 所示。整流级采用 Vienna 整流电路，输入电压为三相 380 VAC，输出电压为 800 V，效率大于 98%。可使用阻断电压 600 V 的 MOSFET，MOSFET 的利用率显著提高，在相关相电流的正半周和负半周每个 MOSFET 都导通。直流变换级采用全桥 LLC 谐振变换拓扑，一次侧是两个全桥 LLC，二次侧采用半桥二极管整流并联技术，输出电压范围为 250 ~ 750 V，初级可选 400 V 耐压低的 MOSFET。

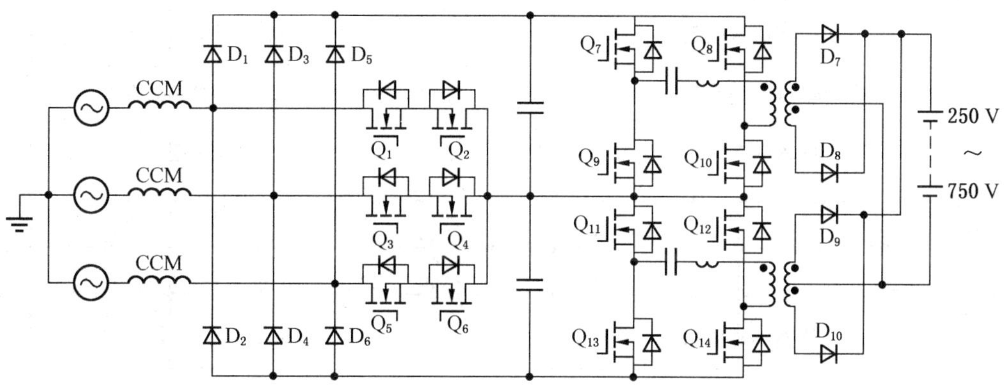

图 2 大功率充电电源拓扑结构示意图

2 三相 VIENNA 整流器的工作原理

VIENNA 整流器拓扑结构原理等效图如图 3 所示，主电路由 3 个双向功率开关、3 个电感、6 个快速二极管和两个输出电容构成。通过控制 3 个双向功率开关开通关断，达到直流输出稳定的电压及调节输入电流波形的目的[4]。

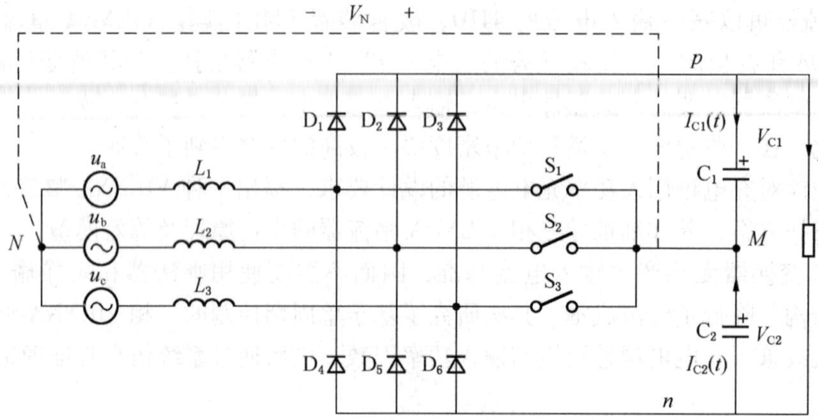

图 3　VIENNA 整流器拓扑结构原理等效图

将每个工频周期划分为 6 个扇区，以扇区 2（$U_a>0$，$U_b<0$，$U_c<0$）为例，每个功率开关存在导通和关断两个状态，用“1”表示开关导通、“0”表示开关关断，变换器在每个开关状态组合下的工作情况如图 4 所示。

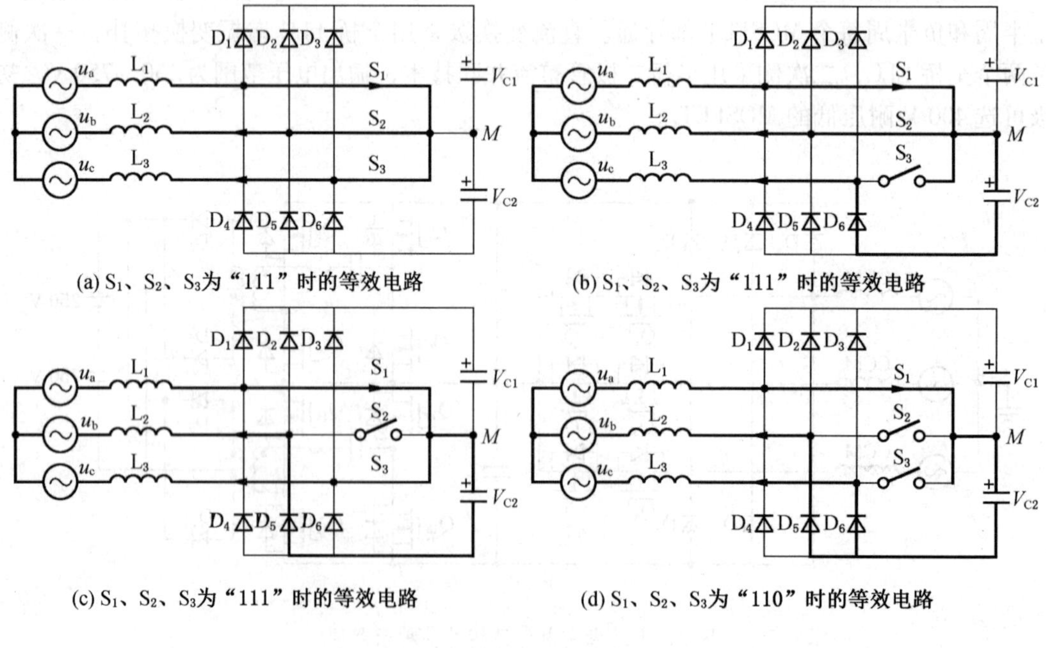

(a) S_1、S_2、S_3为“111”时的等效电路

(b) S_1、S_2、S_3为“111”时的等效电路

(c) S_1、S_2、S_3为“111”时的等效电路

(d) S_1、S_2、S_3为“110”时的等效电路

图 4　扇区 2 工作过程

其他扇区的工作原理类似，通过对开关管的控制，对输入电感的电流进行快速调节，使其跟随给定目标，同时完成对电容电压的稳定控制。可以用可控电压源电路来解释，受控电压源等效结构如图5所示，其中受控电压源 V_{S1} 由功率开关 $S_i(i=1, 2, 3)$ 的状态决定，其取值为 U_c、0、$-U_c$ 三种电平，形成了三电平结构。稳态时，$U_{c1}=U_{c2}$。

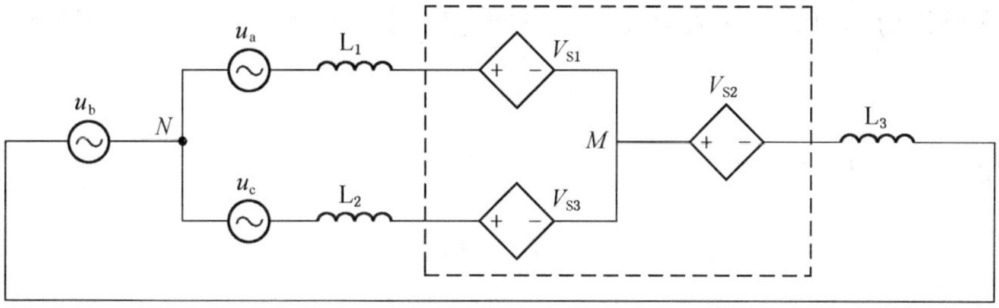

图5　受控电压源等效结构

3　单周期控制理论及控制器的设计

先研究三相 VIENNA 整流器的 A 相单周期控制工作原理。假定变换器电感电流工作在连续导通模式（CCM），一个开关周期内功率开关 S 导通时间为 DT_s。单周期单相 VIENNA 整流器的控制结构及 PWM 产生如图6所示。

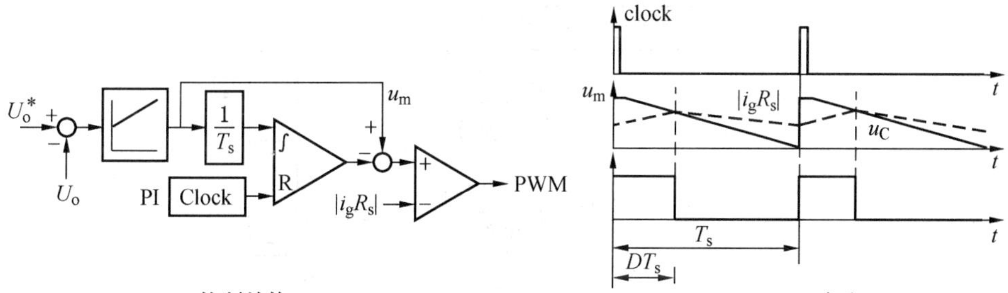

(a) 控制结构　　(b) PWM 产生

图6　单周期单相 VIENNA 整流器

S 导通时，电感 L 两端电压为电网电压 U_g。S 关断时，若电网处于正半周，电感 L 两端电压为 U_g-U_{c1}；若电网处于负半周，电感 L 两端电压为 U_g+U_{c2}。其中，U_{c1}、U_{c2} 分别为输出端电容 C_1、C_2 上的电压。由伏秒平衡可得

$$U_g=(1-D)U_{c1} \qquad -U_g=(1-D)U_{c2} \tag{1}$$

当电路处于稳定运行状态时，电容 C_1 和 C_2 上的电压应均衡，即 $U_{c1}=U_{c2}=0.5U_o$，其中，U_o 为输出电压。由式（1）可得

$$|U_g|=0.5(1-D)U_o \tag{2}$$

忽略开关电流纹波，即认为开关管关断时刻电感电流瞬时值等同于开关周期内的平均值，可以得到开关占空比，即

$$D = 1 - |i_g R_s| / U_m \tag{3}$$

式中 R_s——输入电流采样系数；

U_m——输出电压外环 PI 调节器的输出值。

将式（2）代入式（3）得

$$|U_g| = 0.5U_o |i_g R_s| / U_m \tag{4}$$

为实现单位功率因数，输入电流应与电网电压同频同相，对式（4）进行化简得

$$U_g = \frac{U_o R_s}{2U_m} i_g \tag{5}$$

稳态下，U_o 和 U_m 保持恒定，R_s 为常数，记

$$\frac{U_o R_s}{2U_m} = R_e \tag{6}$$

将式（5）代入式（6）得 $U_g = R_e i_g$，表明采用上述单周期控制方案可以使变换器的输入特性呈纯阻性，即 R_e 等效为输入阻抗，实现了单位功率因数整流[5]。

此控制结构可方便扩展三相单周期控制结构，如图 7 所示。输出电压的外闭环产生 U_m 后，经过积分及周期复位电路产生三角载波，再跟踪三相输入交流电流[6]。

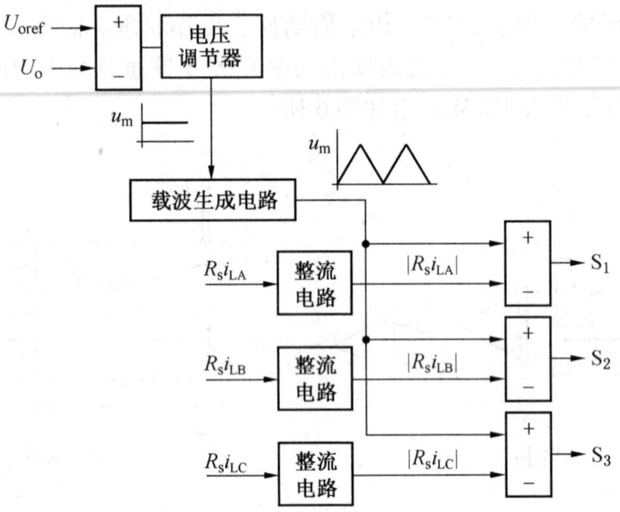

图7 三相 VIENNA 整流器单周期控制结构图

4 仿真验证

针对上述分析，对三相三电平 VIENNA 整流器输出中点电位波动及其控制进行了仿真。电路具体实验参数：三相输入电压对称，均为 380 VAC/50 Hz；输出直流电压为 800 V；输出功率为 16 kW；开关频率 25 kHz；三相输入滤波电感为 2 mH；上下两个输出滤波电容均为1000 μF。采用传统单周期控制策略，三相输入电流仿真波形如图 8a 所示，整流器输出电容电压如图 8b 所示。仿真结果表明，三相输入电流功率因数接近 1，输出电压在 800 V 上下，偏差 0.5 V。

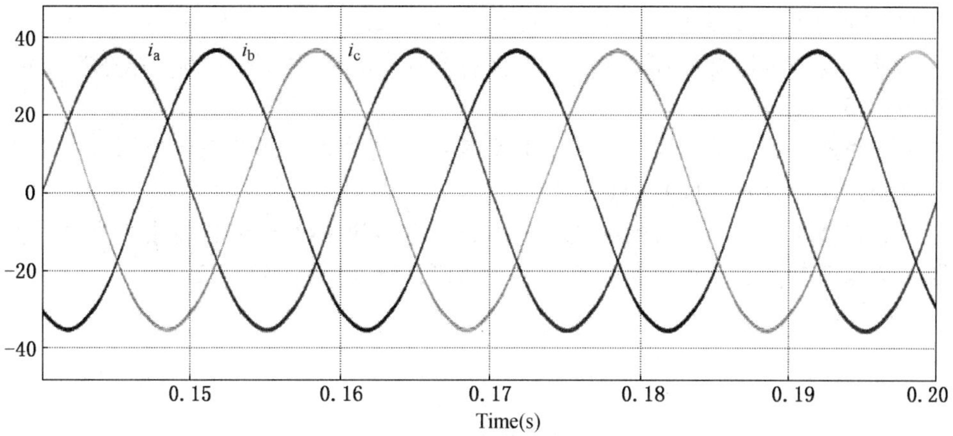

(a) 三相输入电流

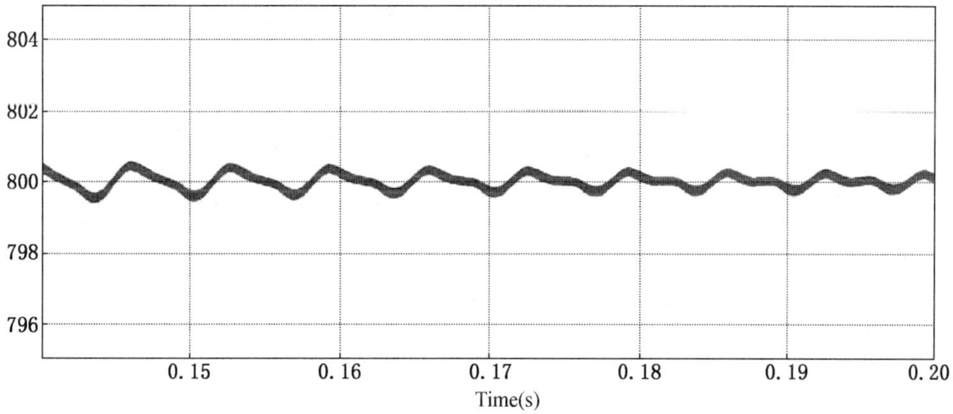

(b) 电容输出电压

图 8　三相 VIENNA 整流器单周期控制仿真波形图

5　结论

电动汽车充电桩用大功率充电电源对电能质量要求很高，需要保证输入电流的波形及功率因数，采用 VIENNA 整流电路需要的功率开关器件少、输入电感小、效率高。采用单周期控制的三相 VIENNA 整流器控制方案不需要使用乘法器和采样输入电压，简化了控制结构，对输入电流和输出电压的调节控制有效。

参 考 文 献

[1] 李明．大功率充电电源及其并联均流技术的研究[D]. 北京：北京交通大学，2009：11－13.

[2] 张厚升．单周控制的三相三开关高功率因数整流器[J]. 电工技术学报，2007，(4)：113－117.

[3] 刘森森，李宾，杭丽君，等．一种新型电网三相不平衡时 VIENNA 整流器的控制方

法[J]. 中国电机工程学报，2012，(21)：54 -62.
[4] 张东升. 高功率因数 VIENNA 整流器控制策略的研究[D]. 哈尔滨：哈尔滨工业大学，2009：13 -15.
[5] 江涛，毛鹏，谢少军. 单周期控制 PFC 变换器的输入电流畸变研究[J]. 中国电机工程学报，2011，31 (12)：51 -54.
[6] 韦徵，陈新，樊轶. 单周期控制的三相三电平 VIENNA 整流器输出中点电位分析及控制方法研究[J]. 中国电机工程学报，2013，33 (15)：30 -32.

托辊旋转阻力测试台的设计研究

罗　柔　孔迎涛　安　琪　王　艺　林福严　胡翰篇　杨小双

中国矿业大学（北京）机电与信息工程学院，北京　100083

摘　要　通过对现有托辊旋转阻力测试方法的分析发现，这些测试存在或难以对被测托辊进行加载或难以有效地调节被测托辊转速的问题，甚至某些测试装置难以排除外界阻力对被测托辊的干扰，导致测试结果存在较大的偏差。为解决上述问题并考虑到便捷性与经济性，设计了一种采用刃口支撑方式的托辊旋转阻力测试台。该装置主要由托辊加载装置、摩擦轮、刃口支撑装置、降重心平衡装置、压力传感器组成，测试原理简单，操作方便。

关键词　托辊旋转阻力　测试装置　刃口支撑　力学分析

The Design of Test Rig for Roller Rotation Resistance

Luo Rou　Kong Yingtao　An Qi　Wang Yi
Lin Fuyan　Hu Hanpian　Yang Xiaoshuang

School of Mechanical, Electronic and Information Engineering,
China University of Mining and Technology, Beijing　100083

Abstract　According to the analysis of various kinds of available test rig for roller rotation resistance, a design of test rig for roller rotation resistance, using a so called knife - edge to support the experiment idler, has been set up in this paper, in that some of methods at present cannot be tested in various loads especially large loads or different rotating speeds, some have poor stability or cannot guarantee the test precision. This device can make up those kind of defects. The components of the rig were idler fixtures, two pressure sensors with different accuracies, the "knife - edge support", a load beam, a friction wheel, and a motor. This paper gives the simple illustration to the device and shows the diagrammatic drawing.

资助项目：中央高校基本科研业务费专项资金（2010YJ10）

作者简介：罗柔（1990—　），女，湖南益阳人，硕士，主要从事带式输送机中托辊旋转阻力的研究。Tel: 15201308635; E - mail: luora_luo@163.com

Key words roller rotation resistance test rig knife - edge support

0 引言

带式输送机作为矿山机械最常用的运输设备，其运行阻力是带式输送机设计中需要考虑的问题，也是带式输送机节能减排需要关注的重要问题。托辊作为带式输送机最重要的组成部分，其运行阻力是带式输送机运行阻力的主要来源，而托辊的运行阻力主要由托辊对胶带的压陷阻力[1]和托辊自身的旋转阻力组成，本文主要对托辊旋转阻力的测试进行分析研究。

托辊旋转阻力是指托辊在一定转速和载荷作用下为克服轴承、密封件以及润滑脂在旋转过程中产生的摩擦阻力而需要的力，一般可等效为托辊外圆上的切向力[2]，是衡量托辊质量的一项重要指标。托辊旋转阻力在带式输送机总运行阻力中可以占到一定比例且随着带式输送机输送距离的延长而增大[2]。《煤矿井下用带式输送机托辊技术条件》（MT 821—2006）中对托辊技术性能有明确规定：托辊强化使用寿命折算到托辊实际使用寿命不得少于 20000 h。托辊旋转阻力对托辊的维修和更换有着重要的影响，输送机的能源效率和运行维护费用与托辊的质量和可靠性息息相关。过大的托辊旋转阻力会大大增加输送机的能耗，严重情况下可能引发火灾等安全事故。因此，必须有效降低托辊旋转阻力，提高托辊加工装配质量。

要想降低托辊旋转阻力，需要较为准确地测量此阻力，分析影响此力的主要因素，从而达到提高托辊质量的目的。

目前，国内外有许多学者对托辊旋转阻力的测试进行了大量的研究[1-9]，提出了许多不同的测试方法，按照运动方式可分为惯性测试法、稳定匀速测试法两类；按照驱动方式可分为外圆驱动法和内轴驱动法两类[7]。

惯性测试法是将托辊加速旋转到一定的速度后去除驱动力，此时由于托辊只受托辊旋转阻力，在此阻力的作用下，托辊及其附属质量的惯性动能将逐渐耗散最终变为零，因此通过测试托辊速度从设定值变到零的时间就可以计算出托辊的旋转阻力。惯性法具有装置简单、操作简单的优点，但是不能测试负载对托辊旋转阻力的影响，也难以准确测量托辊旋转速度对旋转阻力的影响，由于摆动过程中存在空气阻力对摆锤热量有消耗，所以最终的测量结果明显存在误差与不足。

内轴驱动法是通过托辊轴的旋转来实现托辊的相对转动的，负载施加到托辊外圆上，如果两个负载 W_1 和 W_2 相等，那么传感器上的拉力 F_t 就是托辊的旋转阻力。田如臣和张伟民在 1995 年的研究中使用了这种方法[3]，林福严、孙瑞轩等人也在 2014 年的研究中采用了基于普通车床的内轴驱动法[6]，他们采用夹具加载的方式对被测托辊进行加载，但此方法没要求夹具两边螺栓加载力相等，实际试验中也难以保证，所以存在一定误差。内轴驱动法运动平稳、测试原理简单，缺点是在负载（砝码）较大的时候不适合对小直径托辊进行测试。

稳定匀速测试法中的外圆驱动法是实际应用中使用最多的方法，使用摩擦轮驱动被测托辊旋转，通过安装在托辊轴上的力臂杆对压力传感器的作用来检测托辊的旋转阻力，《煤矿井下用带式输送机托辊技术条件》（MT 821—2006）和《带式输送机》（GB/T

10595—2009）法都是采用外圆驱动方式。实际生产中常用的是煤炭行业标准法，这种方法操作方便，能在一定程度上测出托辊旋转阻力，但是由于被测托辊靠两个小支撑托辊支撑，若外界对被测托辊进行加载，最终等效于外加载力全部作用于支撑托辊上而非被测托辊上，导致无法测出实际工况中对被测托辊进行加载情况下的实际旋转阻力。

1　测试原理

本文的测试原理与《带式输送机》标准中的测试方法及欧洲 DIN 标准规定的托辊旋转阻力测试方法一致，设计出一套完整的试验台，其既能实现在托辊不同转速下进行测试又能实现在不同加载情况下的测试。托辊旋转阻力测试原理如图 1 所示。

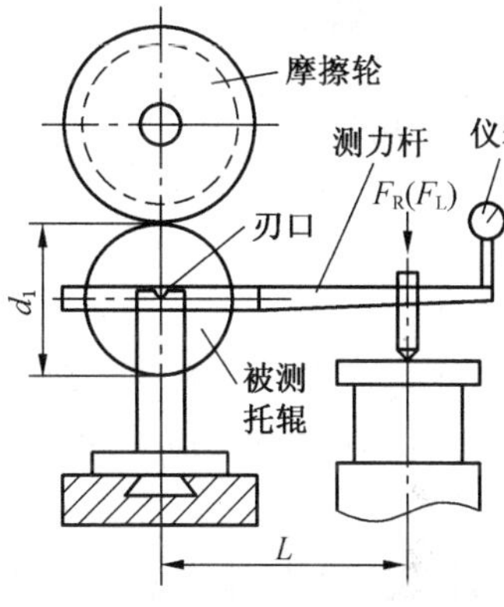

图 1　托辊旋转阻力测试原理

摩擦轮的旋转带动被测托辊旋转。首先使摩擦轮正向转动，当速度达到一定值稳定后，读取测力杆对应的力传感器上的数据 F_R，停机，改变摩擦轮旋转方向，使被测托辊逆向旋转，记录力传感器上的数据 F_L，若被测托辊直径为 d_1，被测托辊中心到测力杆尖端与力传感器接触点作用线的距离为 L，根据力矩平衡原理得出托辊旋转阻力 F_{drag}：

$$M_{drag} = F_{drag} \frac{d_1}{2} = F_R L \tag{1}$$

$$M_{drag} = F_{drag} \frac{d_1}{2} = F_L L \tag{2}$$

由式（1）、式（2）得

$$F_{drag} = \frac{(F_R + F_L) \cdot L}{d_1} \tag{3}$$

使托辊正反转是为了减小单向旋转带来的误差。

2　测试装置的设计

2.1　测试装置的整体结构

测试装置整体结构如图 2 所示，此试验台主要由传动部分和测试部分组成，传动部分采用电动机带动 V 带，V 带带动摩擦轮，摩擦轮带动被测托辊转动的方式，左端加载螺栓的加载力可由力传感器 S_1 测得。将加载螺栓调节到一定程度，从加载力传感器中读取数据，则被测托辊的外加载力为力传感器 S_1 读数的两倍。

2.2　测试部件的设计

刃口支撑结构装配如图 3 所示，刃口支撑结构为本设计的测试部件。被测托辊两端与三爪卡盘相连，三爪卡盘与卡盘尾座用 3 个螺钉连接，刃口被压紧滑块与卡盘尾座用螺钉相连紧紧压在卡盘尾座上，压紧滑块通过控制两边滑块的高度来保证刀刃刃口与托辊轴心线重合。刀刃座对刀刃起到支撑作用。

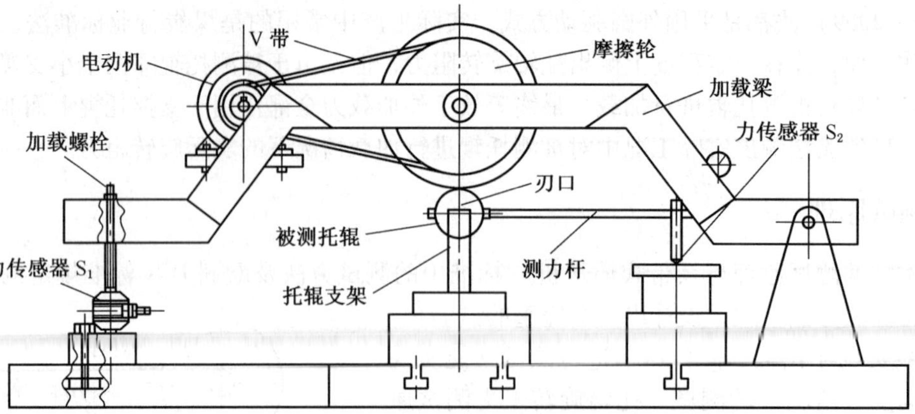

图 2　测试装置整体结构图

为使此装置保持平衡，需在俩卡盘尾座上连接降重心装置，降重心装置由一块钢板和其上两根 M12 的螺杆组成，测力杆与降重心装置和卡盘尾座同时用螺钉与三爪卡盘紧固连接。

被测托辊在摩擦轮的带动下旋转，由于存在旋转阻力，托辊轴将绕两端刃口所在直线在刀刃座的支撑下发生轻微旋转，导致与卡盘尾座相连的测力杆随之发生偏转，进而对它尖端下方的压力传感器 S_2 产生压力。

由于刀刃及刀刃座是最终加载力的承受者，需要较高的硬度，本文选择 W18Cr4V 高速钢，这种钢在 500 ℃及 600 ℃时硬度分别保持在 HRC57 ~ 58 及 HRC52 ~ 53，为使最终受力接近于与卡盘底座圆心同轴的直线且能保持平稳，选用半径为 0.1 mm、长度为30 mm 的刀刃弧即可满足要求。测力杆由厚度为 1 mm 的普通碳钢制成，测力杆尖端竖直向下，且与托辊轴中心线在同一水平线上。

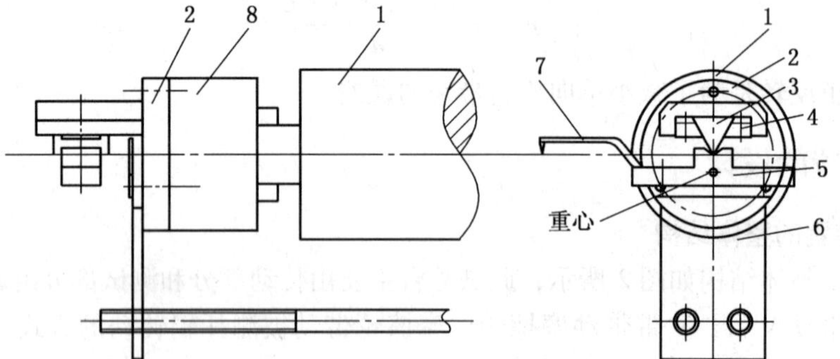

1—被测托辊；2—卡盘尾座；3—刀刃；4—压紧滑块；
5—刀刃座；6—降重心装置；7—测力杆；8—三爪卡盘

图 3　刃口支撑结构装配示意图

图 4 所示为刃口支撑部件与被测托辊的三维安装图。运用 Solidworks 可算出当被测托辊与其两端的三爪卡盘及卡盘尾座、刀刃、压紧滑块、降重心装置及测力杆连为一体时的

重心位置。如图 4 所示，以右边卡盘底座中心为原点的相对重心坐标（单位为 mm）为 $x=0.00$、$y=2.59$、$z=-314.63$（在图 3 左视图中重心位置已给出）。其中重心坐标关键在于 y 轴取值，当朝下为 y 轴正方向时，重心 y 坐标为 2.59 mm（在被测托辊轴中心下方），有效保证了被测托辊在实验时的稳定性。

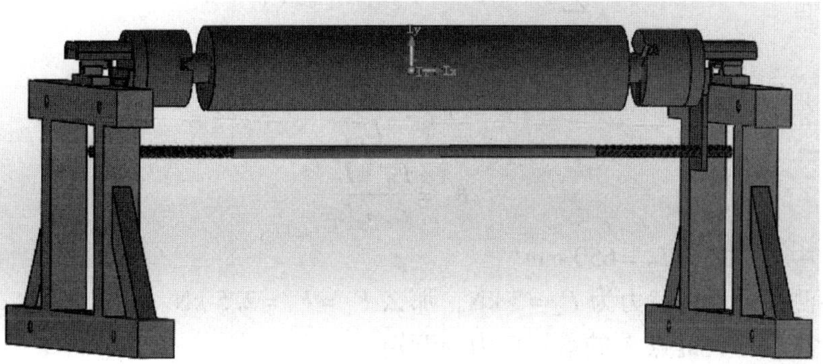

图 4　刃口支撑三维图

3　加载梁的受力分析

为了加大摩擦轮对被测托辊施加载荷时的平稳度，将加载梁设计成图 5 所示中间分支的形状，由于摩擦轮两侧都需要用轴承与加载梁连接，采用图 5 所示的结构，将摩擦轮置于加载梁两分支之间，相当于两分支杆同时对摩擦轮施加压力，增强了加压时的平稳度。外加载右边伸出的钢板用作支撑电动机。由于此实验被测托辊转速最高为 650 r/min，通过一系列计算，需要额定功率为 2～3 kW、额定转速为 2500～3000 r/min 的电动机即可。本文选择 SEW 电动机 DT90L2，其质量仅为 18 kg，远低于外加载力 10 kN 的要求，对加载梁及托辊施加力的影响不大，可忽略不计，所以可以直接安置在伸长板上。

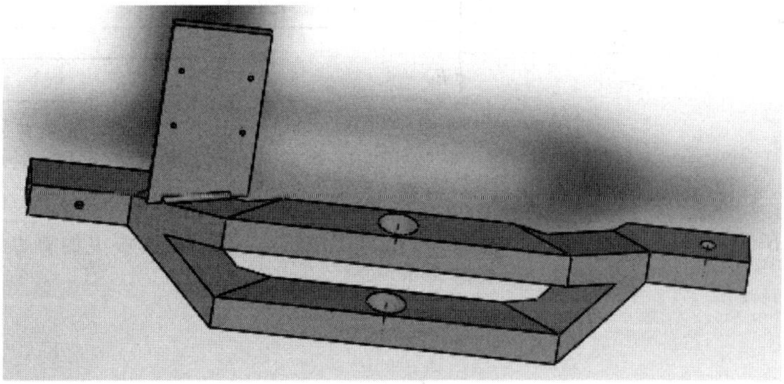

图 5　加载梁三维图

根据加载梁的结构设计，加载梁的力学分析模型可等效为图 6 所示的力学模型。

图6中 F_1 为左端螺栓加载力，F_2 为被测托辊对加载梁的支撑力（即需要测试的对托辊的外加载力），F_3 为右端铰链对加载梁的压力。

根据力和力矩平衡原理可得

$$\sum M = 0 \qquad F_1L_1 - F_3L_2 = 0 \tag{4}$$

$$\sum F = 0 \qquad F_2 - F_1 - F_3 = 0 \tag{5}$$

所以

$$F_3 = \frac{F_1L_1}{L_2} \tag{6}$$

$$F_1 = \frac{F_2 \cdot L_2}{L_1 + L_2} \tag{7}$$

此设计中，取 $L_1 = L_2 = 650$ mm。

若需要测试的外加载力为 $F_2 = 5$ kN，那么 $F_1 = F_3 = 2.5$ kN。

通过计算可得关键点A的剪切应力与弯矩：

（1）当 $0 < x < L_2$（x 在B点取0，往左越大）时，

$$F_a = F_3 = -\frac{L_1}{L_2}F_1 = -2.5\ \text{kN} \qquad M = -F_3x = -2.5x\ \text{N} \cdot \text{m} \tag{8}$$

（2）当 $L_2 \leqslant x \leqslant L$（$x$ 在B点取0，往左越大）时，

$$F_a = F_1 = 2.5\ \text{kN} \qquad M = -F_1(L - x) = -2.5 \times (1.300 - x)\ \text{N} \cdot \text{m} \tag{9}$$

（3）当 $x = L_2 = 650$ mm时，弯矩 M 取最大值，$M_{max} = -2.5 \times 0.650 = -1.625$ N·m。加载梁的剪力弯矩如图7所示。

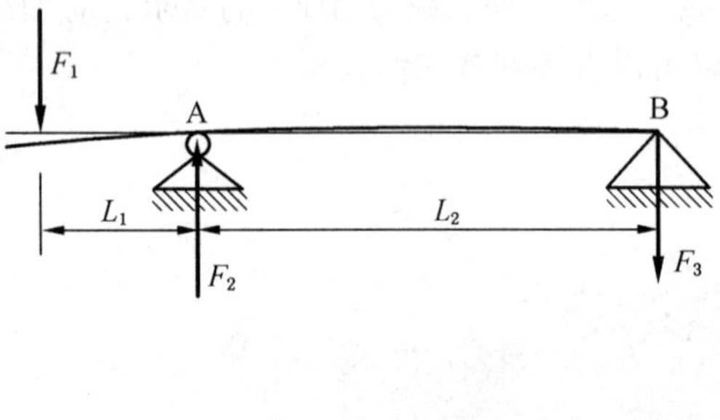

图6　加载梁力学模型

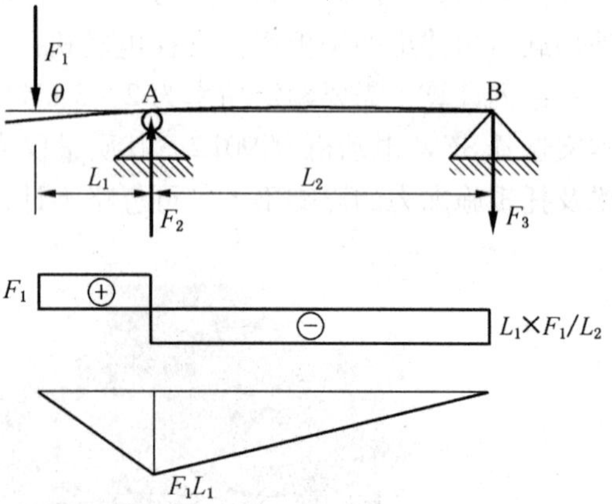

图7　加载梁的剪力弯矩

4　结论

目前存在的托辊旋转阻力测试方法中，关键问题在于无法对被测托辊进行加载且无法给出准确的测量数值，也没有相关文献对其测试进度进行具体分析。

本文采用刃口支撑测试法设计了一种改进后的测试装置，该装置系统清晰地设计了刃口的工作结构及加载结构，有效解决了加载问题和测试过程中托辊稳定性的问题。

参 考 文 献

[1] 宋伟刚，赵琛．带式输送机阻力随带速变化规律性的实验研究[J]．煤矿机械，2001，(3)：16 -18.

[2] 吴明龙，付纪耀．托辊旋转阻力特性研究[J]．煤炭科学技术，1995：21 -24.

[3] 田如臣，张伟民．胶带运行基本阻力的测试[J]．山东矿业学院学报，1995，14 (4)：400 -404.

[4] Craig A. Wheeler. Rotating Resistance of Belt Conveyor Idler Rolls [J]. Journal of Manufacturing Science and Engineering,2015,12.

[5] 张桐．带式输送机托辊旋转阻力试验研究和测试[D]．北京：中国矿业大学（北京），2012.

[6] 屈年锁．带式输送机托辊旋转阻力实验研究[D]．北京：中国矿业大学（北京），2013.

[7] 林福严，孙瑞轩．基于普通车床的托辊旋转阻力测试装置的研究[J]．煤矿机械，2014，(12)：105 -108.

[8] H T Gencsoy. Method for Determing Drag and Seal Effectiveness of Idler Used in Conveyor Belt Systems. An ASME Publication,1975.

[9] 陈国平．单托辊阻力系数测试台的研制[J]．起重运输机械，1998，(1)：25 -26.

广义 Maxwell 模型应力函数型本构关系

安　琪　林福严　刘旭涛　孔迎涛　王　艺　罗　柔　杨小双

中国矿业大学（北京）机电与信息工程学院，北京　100083

摘　要　目前，较为常见的黏弹性本构方程是用弹簧和黏壶组合构成黏弹性材料的机械模型表示的，通过对其归纳分析，得到较为通用的黏弹性材料的应力函数型本构关系。此关系适用于黏弹性材料的广义 Maxwell 模型，阐述了黏弹性材料应力、应变及应变率之间的关系，以便对黏弹性材料的压陷阻力进行更好的研究和处理。此外，还运用黏弹性材料拉式空间下的松弛函数关系对应力函数型本构关系的正确性进行了验证，保证了此本构关系的正确性。

关键词　广义 Maxwell 模型　本构方程　应力松弛函数

The Stress Function Constitutive Relationship of Generalized Maxwell Model

An Qi　Lin Fuyan　Liu Xutao　Kong Yingtao
Wang Yi　Luo Rou　Yang Xiaoshuang

School of Mechanical Electronic and Information Engineer,
China University of Mining and Thcchnology, Beijing　100083

Abstract　Currently more common viscoelastic constitutive equation is a combination of a spring and a dashpot viscoelastic material constituting a mechanical model to represent, we summed up by its analysis, a more general stress function viscoelastic material constitutive relation. This relationship adapts to generalized Maxwell viscoelastic material model describes viscoelastic material stress, strain and strain rate relationship between the pressure of great which convenient to the viscoelastic material Resistance of further research and treatment. In addition, the use of the relaxation function of a viscoelastic material pull – out space under the constitutive relation of correctness was verified to ensure the correctness of this constitutive relation.

资助项目：中央高校基本科研业务费专项资金（2015QJ12）

作者简介：安琪（1991—　），男，山东龙口人，硕士，主要从事输送带压陷阻力的研究。Tel: 15650703308; E-mail: kuangdaanqi@163.com

Key words generalized Maxwell model constitutive equation stress relaxation function

0 引言

许多物质或材料往往兼具弹性和黏性两种不同的特性，综合地呈现弹性固体和黏性流体两者的力学行为，物质（或材料）的这种性能称为黏弹性[1]。关于材料的黏弹性性质的研究历史悠久。近几十年来，新型复合材料、功能材料、生物材料、建筑材料、航空航天材料等材料科学的发展，越来越深入地涉及材料的黏弹性性质。

黏弹性材料的机械模型即弹簧和黏壶组成的模型，对不同模型进行应力应变分析可以得到模型的本构方程，这种模型因其能够简单直观的体现黏弹性材料的应力随应变及应变率的变化关系，在理论分析中被广泛使用[2]。但是对于较为复杂的广义 Maxwell 模型来说，目前还没有准确的本构方程能够表述，原因在于应力应变关系推导较为复杂，不便于计算，为了解决这个难题，我们利用数学上的线性微分方程对其进行解析，加以推导可以得到广义 Maxwell 模型的应力函数型本构关系。为确保本构关系的正确性，我们运用拉氏空间的应力松弛函数对应力函数型本构关系进行推导验证，最终得到广义 Maxwell 模型的应力函数型本构关系，此关系可以更加准确地反映材料的应力松弛规律，为后续黏弹性材料的研究提供方便。

1 黏弹性模型及其本构方程与变换关系

1.1 黏弹性模型

大多数材料都同时具有两种性质，弹性和黏性。弹性即材料受到外力形变后恢复到原来状态。对于理想弹性元件（弹簧）来说，应力与应变成线性关系，线性关系的斜率可以用弹性模量 E 表示。黏性是指材料（流体）的流动变形阻力与流动变形速度成正比的特性，其变形应力和应变率成正比，比例系数为黏性系数 η。弹性和黏性的具体表达形式如下：

弹簧： $$\sigma = E\varepsilon \tag{1}$$

黏壶： $$\sigma = \eta\dot{\varepsilon} \tag{2}$$

1.2 常用的黏弹性模型及其本构方程

黏弹性材料的机械模型可以看作是弹性元件与黏性元件的组合，比较基础的模型主要有 Voigt 模型和 Maxwell 模型以及由这两种模型相互组合演化形成的多种复合模型[3]。常用的黏弹性模型及其本构方程见表 1[4]。

表 1 常用的黏弹性模型及其本构方程

名 称	模 型	本构方程
Vogit 模型	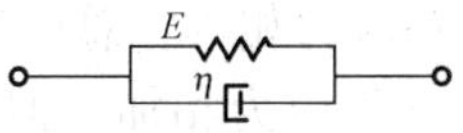	$\sigma = E_0\varepsilon + \eta\dot{\varepsilon}$

表1（续）

名　称	模　　型	本构方程
Maxwell 模型		$\sigma + \frac{\eta_M}{E_M}\dot{\sigma} = \eta_M\ \dot{\varepsilon}$
并串联模型	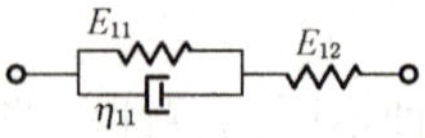	$\sigma + \frac{\eta_{11}}{E_{11}+E_{12}}\dot{\sigma} = \frac{E_{11}E_{12}}{E_{11}+E_{12}}\varepsilon + \frac{\eta_{11}E_{12}}{E_{11}+E_{12}}\dot{\varepsilon}$
三原件 Maxwell 模型	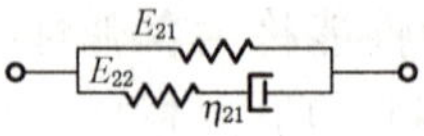	$\sigma + \frac{\eta_{21}}{E_{22}}\dot{\sigma} = E_{21}\varepsilon + \frac{E_{21}+E_{22}}{E_{22}}\eta\ \dot{\varepsilon}$

注：σ—应力；$\dot{\sigma}$—应力率；ε—应变；$\dot{\varepsilon}$—应变率；E、η—材料的拉压弹性模量和弹性系数。

研究表明，Vogit 模型能够较为准确地描述黏弹性材料的蠕变特性，但不能确切地描述黏弹性材料的松弛特性及黏性系数 η、弹性模量 E 随频率 ω 的变化关系；Maxwell 模型能够较为准确地描述黏弹性材料的松弛特性及弹性模量 E 随频率 ω 的变化趋势，但却不能确地描述黏弹性材料的蠕变特性及损耗因子 η 随频率 ω 的变化趋势；三原件模型（三原件固态模型）能够结合前两种简单模型的优点，能够很好地描述黏弹性固体的瞬态响应、蠕变和松弛等黏弹性质[5]。将三原件 Maxwell 模型与一个 Maxwell 模型进行并联，得到的固态模型更加接近于黏弹性固体，可以反映黏弹性固体的瞬时弹性响应，趋近于某极限的蠕变和松弛，由此可见，对于广义的 Maxwell 模型来说，能够更好地反映黏弹性固体材料性能，对于实际黏弹性材料的试验研究具有重要意义。

2　广义 Maxwell 模型及其应力函数

2.1　广义 Maxwell 模型

一般认为广义 Maxwell 模型可以更加准确地反映材料的应力松弛规律[6]。广义 Maxwell 模型又称弹簧黏壶组合的 $2n+1$ 元件模型，它的物理模型是由一个弹簧与 N 个由弹簧与黏壶串联的 Maxwell 模型并联在一起的，广义 Maxwell 模型如图1所示。每个 Maxwell 模型单元包括一个弹性模量 E_i 的弹簧和一个黏性系数 η_i 的黏壶串联组成。

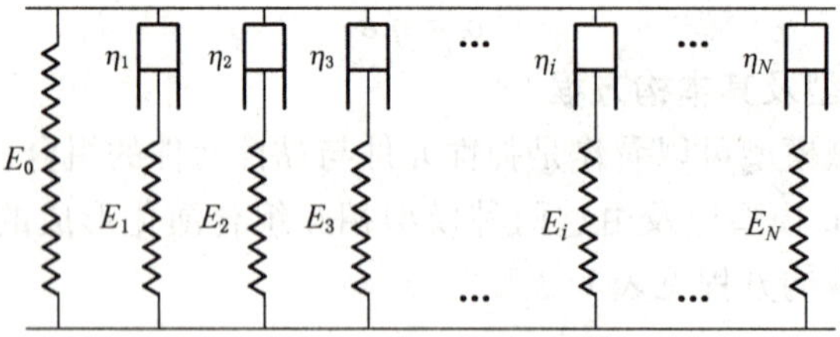

图1　广义 Maxwell 模型

2.2　广义 Maxwell 模型应力函数的应力加和计算法

根据力学原理：串联模型总应力与各支路应力相等，总应变为各支路应变相加；并联模型总应变与各支路应变相等，总应力为各支路应力相加。据此我们提出了广义 Maxwell 模型应力函数的应力加和计算法：

$$\sigma = \sum_{i=0}^{N} \sigma_i \tag{3}$$

σ_i 是 i 支路的应力。其中第一个支路是一个弹簧，其应力可以表述为 $\sigma_0 = E_0\varepsilon$，其他各路的 Maxwell 模型的应力应变关系如下：

$$\sigma_i + \frac{\eta_i}{E_i}\dot{\sigma}_i = \eta_i \dot{\varepsilon} \tag{4}$$

求解这个一阶线性微分方程可以推导出

$$\sigma_i = \eta_i \dot{\varepsilon}\left(1 - e^{-\frac{E_i \varepsilon}{\eta_i \dot{\varepsilon}}}\right) \tag{5}$$

于是，我们可以得到广义 Maxwell 模型的应力函数型本构关系：

$$\sigma_n = E_0\varepsilon + \sum_{i=1}^{n} \eta_i \dot{\varepsilon}\left(1 - e^{-\frac{E_i \varepsilon}{\eta_i \dot{\varepsilon}}}\right) \tag{6}$$

作为特例，对于三原件 Maxwell 模型，其应力函数型本构关系为

$$\sigma_1 = E_0\varepsilon + \eta_1 \dot{\varepsilon}\left(1 - e^{-\frac{E_1 \varepsilon}{\eta_1 \dot{\varepsilon}}}\right) \tag{7}$$

3 应力松弛函数求解法

3.1 应力松弛函数

应力松弛是指在恒定的温度和变形不变的情况下，聚合物应力随着时间的增长而逐渐衰减的现象。应变、应力关系分别如图 2、图 3 所示。

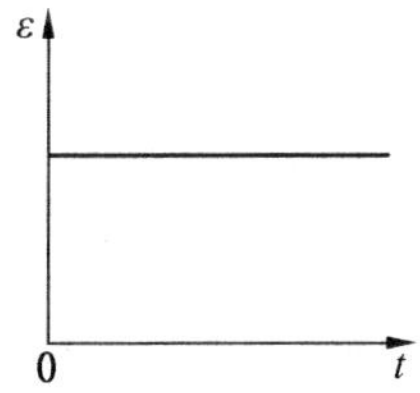

图 2 应变关系示意图

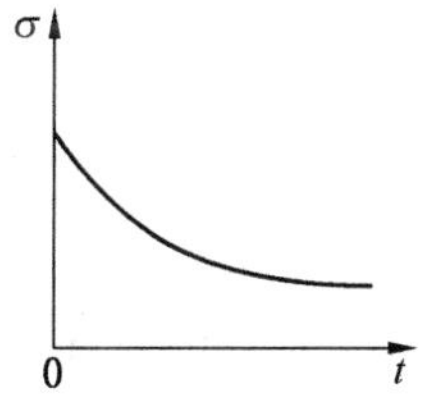

图 3 应力关系示意图

在拉氏象空间中，对于在突加恒应变 $\varepsilon(t) = \varepsilon_0 H(t)$ 的作用下，其应力随时间松弛表达式为

$$\sigma(t) = \psi(t)\varepsilon(0) \tag{8}$$

式中 $\sigma(t)$——应力；

$\psi(t)$——松弛模量；

$\varepsilon(0)$——初始应变，以下式中同理。

对式（8）进行拉氏变换，可得 $\bar{\sigma}(s) = \bar{\psi}(s)\varepsilon(0)$，将 $\varepsilon(t) = \varepsilon_0 H(t)$ 的拉氏变换——$\varepsilon_0 = \bar{\varepsilon}(s)s$ 代入上式，可得 $\bar{\sigma}(s) = \bar{\psi}(s)s\,\bar{\varepsilon}(s)$，这就是拉氏象空间下黏弹性松弛的本构方程。再对上式进行拉氏逆变换，便可以得到应力松弛函数 $\psi(t)$。

应力松弛函数是建立在应力松弛试验上的，而松弛试验是进行黏弹性材料性能研究中的一种标准试验，世界各国对松弛试验也都定有相应的标准。试验得出的松弛曲线也可以

完整地刻画被试验材料的黏弹性性质。而用有限个弹簧和黏壶的材料常数（弹簧的弹性模量和黏壶的黏性系数）描述材料的黏弹性性质，在数学上相当于用有限个参数构造一条曲线来近似材料真实的松弛曲线[7]。

3.2 应力松弛函数求解应力函数型本构方程

对于线性黏弹性材料和一维的应力状态，在规定的应变历史状态下应力松弛关系由下式确定[8]：

$$\sigma = \psi(t)\varepsilon(0^+) + \int_0^t \psi(t-s)\,\dot{\varepsilon}(s)\,ds \tag{9}$$

式中　$\psi(t)$——应力松弛函数；

$\dot{\varepsilon} = d\varepsilon/dt$——应变率；

$\sigma(t)$——在某一时间点 t 的应力。

在时间 $t=0$ 时刻，应变为0，即 $\varepsilon(0^+)=0$。

广义 Maxwell 模型应力松弛函数以 Pony 级数的形式[9]表示如下：

$$\psi(t) = E_0 + \sum_{i=1}^{n} E_i e^{-\frac{t}{\tau_i}} \tag{10}$$

式中，力学模型的各耗散元件的特征周期[10]（松弛时间）$\tau_i = \dfrac{\eta_i}{E_i}$，某一时刻的时间可以用 $t = \dfrac{\varepsilon(t)}{\dot{\varepsilon}(t)}$ 来表示。

将式（10）代入式（9），由初始条件

$$\int_0^t e^{-\frac{t-s}{\tau_i}} d\,\varepsilon(\dot{s}) = 0 \tag{11}$$

可以得到下式

$$\sigma = E_0\varepsilon(t) + \sum_{i=1}^{n} E_i \cdot \tau_i\,\dot{\varepsilon}(t) \cdot (1 - e^{-\frac{t}{\tau_i}}) \tag{12}$$

将松弛时间 τ_i 与某一时刻的时间 t 代入式（12），经过进一步简化可以得到广义 Maxwell 模型的应力函数型本构方程，即

$$\sigma_n = E_0\varepsilon + \sum_{i=1}^{n} \eta_i\,\dot{\varepsilon}(1 - e^{-\frac{E_i\varepsilon}{\eta_i\dot{\varepsilon}}}) \tag{13}$$

由此可以得到采用一阶线性微分方程直接求解本构方程的推论是正确的，通过推导得出的广义 Maxwell 模型的应力函数型本构关系具有很好的通用性，为黏弹性材料分析过程中提供了有力的理论依据。

4 结论

对常见的黏弹性材料的机械模型和本构关系进行了较为详细的介绍，对各模型的优点及不足进行了对比分析。

采用应力加和计算法与一阶线性微分方程直接求解广义 Maxwell 模型的本构方程，得到广义 Maxwell 模型的应力函数型本构关系，此关系具有较好的实用性，为后续的黏弹性材料分析过程中提供了理论依据。

阐述了在拉氏变换下得到应力松弛函数的过程，介绍了应力松弛函数与黏弹性材料本

构方程之间的关系。利用应力松弛函数求解出广义 Maxwell 模型的应力函数型本构关系，验证应力函数型本构关系的正确性。

参 考 文 献

[1] 杨挺青，罗文波，徐平，危银涛，刚芹果．黏弹性理论与应用[M]．北京：科学出版社，2004：108－124.

[2] 张义同．热黏弹性理论[M]．天津：天津大学出版社，2004.

[3] 蔡峨．黏弹性力学基础[M]．北京：北京航空航天大学出版社，1989.

[4] 张荣鹏，林福严．黏弹性模型的参数换算研究[J]．四川大学学报，2004，51：126－130.

[5] 徐赵东，周云．华南建设学院学报[J]．1999，7（2）：1－7.

[6] 帅词俊，段吉安，王炯．关于黏弹性材料的广义 Maxwell 模型[J]．力学学报，2006，38：4.

[7] Thomas J Rudolphi. Viscoelastic indentation and resistance to motion of conveyor belts using a generalized Maxwell model of the backing material [J]. Rubber Chemistry and Technology,2006,79:2.

[8] A S Weinman, K R Rajagopal. Mechanical Response of Polymers: An Introduction [M]. Cambridge University Press, Cambridge, UK, 2000.

[9] J D Ferry. Viscoelastic Properties of Polymers [J]. Wiley, New York, 1980:3.

[10] G Lodewijks. The Rolling Resistance of conveyor Belts [J]. Bulk solids handing, 1995, 1: 15－22.

基于 ANSYS Workbench 煤矿立式深井抢险排水管路的有限元分析

李 伟 郑晓雯

中国矿业大学（北京）机电与信息工程学院，北京 100083

摘 要 目前，大部分浅层煤矿基本枯竭，千米以上的深井非常普遍。随着矿井深度的不断增加，水灾事故发生的概率也越来越大。本文就自行设计的立式深部矿井排水抢险系统的排水管路进行研究，立式深部矿井抢险排水系统采用吊装工艺安装，管路承受整个系统的载荷，随着矿井深度的增加管路受力明显增大。为了保障立式抢险排水系统安全可靠，利用静力学分析理论和模态分析理论结合有限元分析软件 ANSYS Workbench 对排水管路进行静载荷分析和模态分析。研究结果表明其管路动静态参数均在合理范围内，验证了管路设计的可靠性，为排水管路的设计制造提供一定的理论依据。

关键词 排水管路 ANSYS Workbench 静载荷分析 模态分析

Finite Element Analysis of the Vertical Deep Well Rescue and Drainage Pipeline for Coal Mine Based on ANSYS Workbench

Li Wei Zheng Xiaowen

School of Mechanical Electronic and Information Engineering,
China University of Mining and Technology, Beijing 100083

Abstract Most shallow coal mines have basically dried up and the deep coal mines above a kilometer are very common along with the large – scale production of mines in the last decades. The risk of flooding accidents is becoming more and more serious with increasing depth of mines. In this paper the drain line in vertical mine rescue and drain system is designed and researched. The vertical deep mine rescue and drain system is

资助项目： 中央高校基本科研业务费专项资金（2010YJ09）

作者简介： 李伟（1990— ），男，山东枣庄人，硕士研究生，主要从事机械电子工程、矿井排水抢险系统方面的研究。Tel：18962607492；E – mail：liweicumtb@ 163. com installed by lifting technology and the drain line bears the load of the overall system. With the increase of the depth of the mines, the stress of drains increases significantly. In order to ensure the safety of vertical rescue and drain system, the static load analysis and modal analysis of the drainage pipeline were carried out using the theory of static analysis and modal analysis theory combined with finite element analysis software ANASYS Workbench. The drains' static and dynamic characteristic parameters are in reasonable range, so it verifies the rationality of the drains design and it provides reliable theoretical basis for designing and manufacturing the pipeline.

Key words drain line ANASYS Workbench static load analysis modal analysis

0 引言

煤炭在我国能源结构中占据重要位置，虽然目前国家在大力倡导使用新型能源，但是新型能源作为一种未来能源不能总揽全局。随着矿井开采深度的不断增加，矿井水灾事故发生的概率加大，能够实现快速抢险救灾便成了重点。

本文针对立式深井抢险排水系统中的排水管路进行分析，管路承受整个系统的载荷，管路在整个抢险排水系统中起着非常重要的作用。管路在实际工作过程中受到的重力有水泵重力、管路自身重力、水的重力，同时在水泵电机的振动下有可能导致管路的结构变形甚至断裂等。以上各种载荷都会降低整个系统运行的可靠性，恶化工作环境，导致管道结合部渗漏，严重时会使管路断裂导致整个排水系统失效，造成更大的矿井事故。本文应用ANSYS Workbench 软件对管道进行工况下的静力分析、管路在约束条件下的模态分析，为立式深井排水管路的设计提供了有效的指导依据，保证了管路的安全可靠。

1 立井抢险排水系统及其管路结构

以自行设计的立井抢险排水系统的排水管路为研究对象。选用的救灾泵的额定扬程为810 m，单级叶轮额定扬程为 90 m，共 18 级，叶轮采用双吸对称布置，流量为1000/h，功率为3200 kW，采用立式安装。采用的三相异步潜水电机的同步转速为 1500 r/min，异步转速为 1450 r/min。水泵的性能曲线如图 1 所示。

该系统的管路结构及螺栓、螺母模型如图 2 所示。管路直径 325 mm，壁厚为 14 mm，长度为 10 m，材料为 Q345。螺栓选用公称直径为 36 mm 的六角头全螺纹螺栓，螺母采用公称直径为 36 mm 的六角头厚螺母，材料均采用 40Cr。

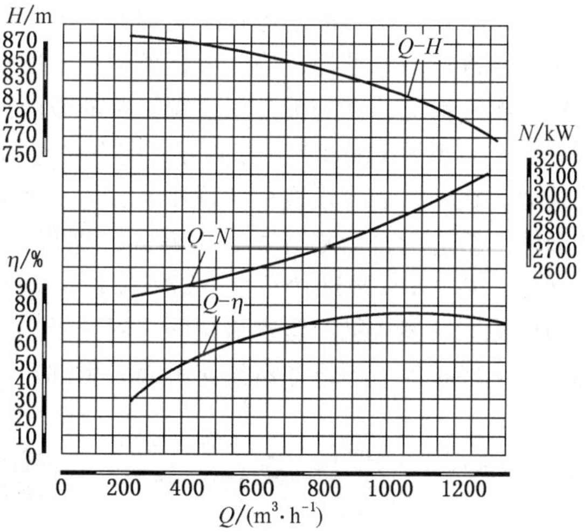

图 1 水泵的性能曲线

图2 管路、螺栓及螺母的模型

2 排水管路静态特性分析

2.1 线性静力学分析理论

结构静力学用于计算在固定不变的载荷作用下结构的效应，不考虑惯性和阻尼的影响。

由经典力学理论可知，物体的静力分析通用方程为

$$[K]\{x\}=\{F(t)\} \tag{1}$$

式中 $[K]$——度矩阵；

$\{x\}$——位移矢量；

$\{F(t)\}$——静力矢量。

在实际工程中，该结构除了承受永久性载荷外还受动载荷的影响，当载荷变化缓慢、变化周期远大于结构的自振周期时，其动力响应很小，可作为静载荷处理，反之则作为动载荷处理[1]。

2.2 模型的分析设置

静力分析主要是强度和刚度的计算。管路采用 Q345 的结构钢，屈服强度 $\sigma_S=345$ MPa，螺栓、螺母采用 40 Cr 合金结构钢，调质处理，屈服强度 $\sigma_S=900$ MPa。材料属性见表1。

表1 材 料 属 性

材料	杨氏模量/GPa	泊松比	密度/kg
Q345	206	0.28	7850
40Cr	210	0.3	7820

施加约束和载荷时应尽量按实际工况进行，这样才能保证计算结果更加准确。810 m 排水管路在实际工作中最上边管路受到的静力最大，所以选取最上边两节管路作为研究对象并对管路进行一些处理，静力分析模型图 3 所示。

根据实际情况，在分析模型上端管路的截面加载固定约束，在模型下端截面加载受到的所有力，大小为 1.894 N，方向竖直向下，包括下端管路的重力、管路中水的重力及水泵的重力。在网格划分设置中关联中心设置为密网格，设置单元尺寸为 2 mm 并采用默认的四面体网格进行自由划分[2]，对螺栓、螺母进行局部网格划分，单元尺寸为 0.5 mm，细化网格，共有 1670034 个单元、2792631 个节点，有限元网络如图 4 所示。螺帽与管道接触面模拟为摩擦接触，假定接触面之间处于小滑动状态，满足库仑定理中有关小滑动状态的切向摩擦条件，螺母和螺纹接触面采用绑定接触，更好地模拟管路的受力情况[3]。

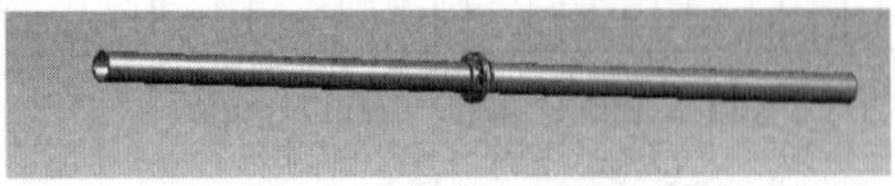

图3 静力分析模型

图4 有限元网格

管路系统有限元静力分析结果如图 5 所示，从图 5a 可以看出，管路系统的最大等效应力为 187 MPa，最小等效应力为 256. 98 Pa，Q345 合金钢的屈服强度为 345 MPa，求得安全系数为 1. 84，40Cr 合金结构钢的屈服强度为 900 MPa，求得安全系数为 4. 8。为了保证结构的安全性，考虑应力集中的情况，根据第四强度理论，管路、螺栓及螺母的强度满足要求，此管路系统安全[4]。从图 5b 可以看出，管路系统的最大等效应变为 6. 25 mm，满足材料的刚度要求。

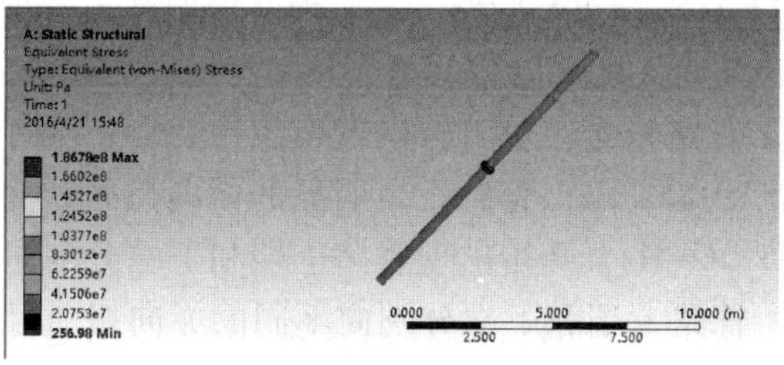

(a) 等效应力

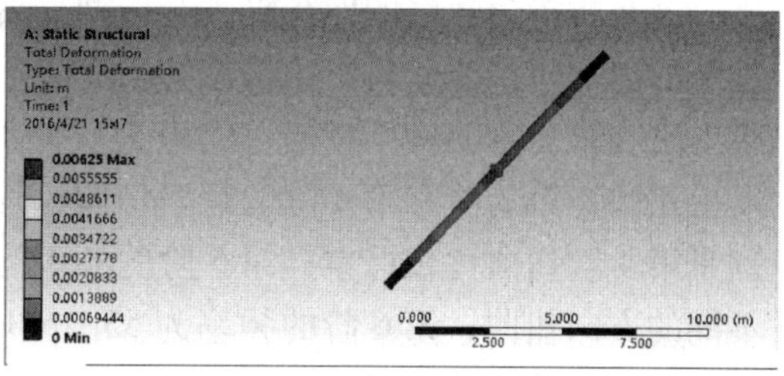

(h) 等效应变

图 5　管路系统有限元静力分析结果

3　管路的模态分析

3.1　模态分析理论

模态分析时研究结构动力特性的一种近似方法，振动模态是弹性结构固有的、整体的特性，通过模态分析可以搞清楚管路系统在易受影响的频率范围内的各阶主要模态的特性，可以预言管路在此频段内在内部或外部各种振源作用下产生的实际振动响应，模态分析是管路动态设计及设备故障诊断的重要方法，通过模态分析可以确定管路的固有频率和振型，从而使结构设计避免共振，并且可以预测在不同载荷作用下的管路振动形式。

根据有限元理论，管路的动力学方程为

$$[M]\{\ddot{x}(t)\}+[C]\{\dot{x}(t)\}+[K]\{x(t)\}=\{F(t)\} \tag{2}$$

式中　$[M]$——管路质量矩阵；

$[K]$——管路刚度矩阵；

$[C]$——管路阻尼矩阵；

$\{x(t)\}$、$\{\dot{x}(t)\}$、$\{\ddot{x}(t)\}$——节点的位移、速度和加速度向量；

$\{F(t)\}$——节点所受外力向量。固有频率只与系统本身的特性如质量、刚度和阻尼有关，模态分析就是求解振动系统的固有频率及振型。

3.2　模态分析

为了更精确地求解管道在实际工况约束下的模态，取一节管路，在管路的上端采取固定约束，计算方法采用 Workbench 默认的 Block lanczos 法，该方法求解结果比较精确，计算速度快，收敛较快。由于低阶固有振型比高阶固有振型对管道的振动影响大，越是低的影响越大，因此，低阶振型对管道的动态特性起决定性作用，故在进行管道的模态分析时取前 6 阶低阶模态，管路固有频率见表 2。

表2 管路固有频率

阶数	固有频率/Hz	阶数	固有频率/Hz
1	3.1508	5	55.266
2	3.1508	6	55.267
3	19.852		

图6所示为管路的前6阶固有振型。由图6计算结果和管路的各阶模态振型可知，在管路的前6阶模态分析中，最低的频率为3.1508 Hz，随着阶数的增大频率有增大的趋势。第1阶和第2阶的频率相同，均为3.1508 Hz，管路只是在竖直方向发生线性变形，没有发生扭曲；第3阶和第4阶的频率相同，均为19.852 Hz，管路发生明显的横向扭曲，特别是第4阶扭曲比较严重；第5阶的频率为55.266 Hz，开始出现管路上端和下端分别向不同的方向扭曲；第6阶的频率为55.267Hz，管路上端和下端分别向不同的方向扭曲且扭曲比较严重，造成管路变形。

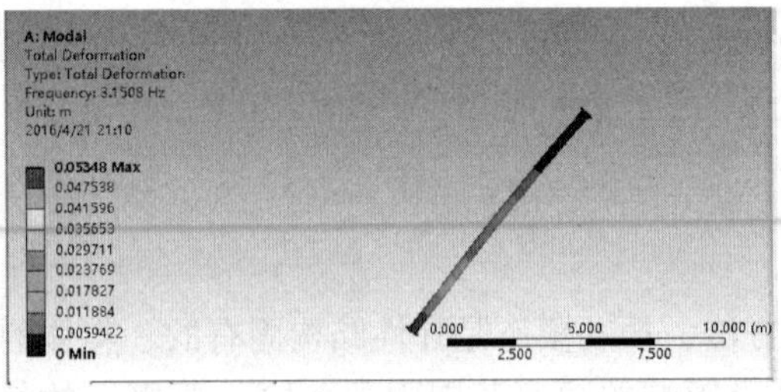

(a) 1阶振型

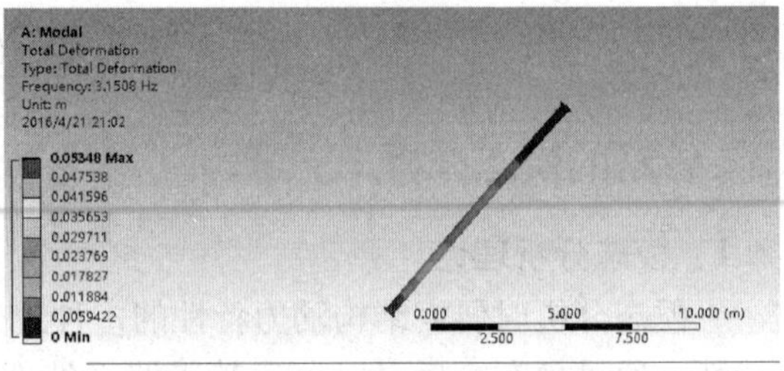

(b) 2阶振型

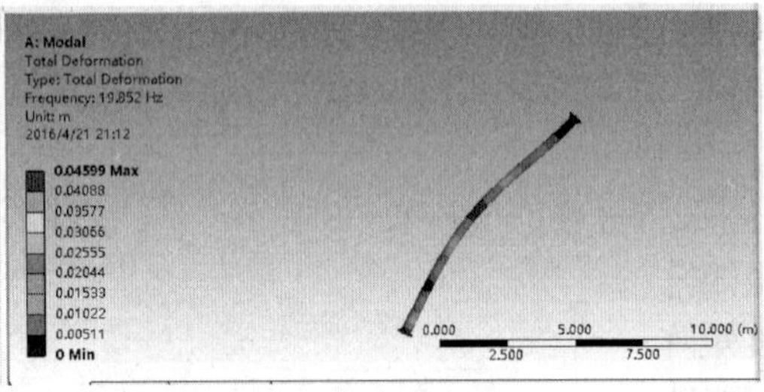

(c) 3阶振型

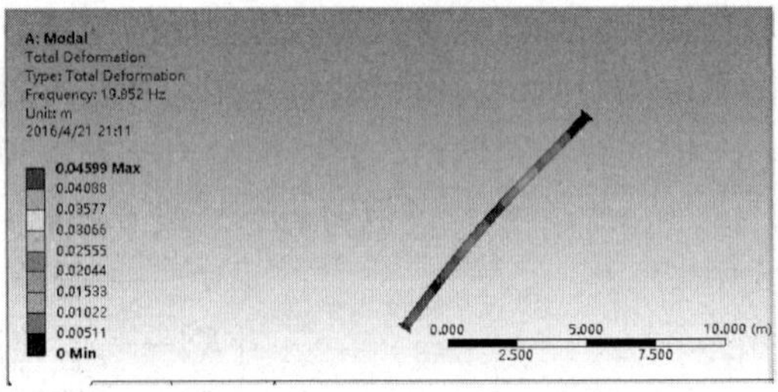

(d) 4阶振型

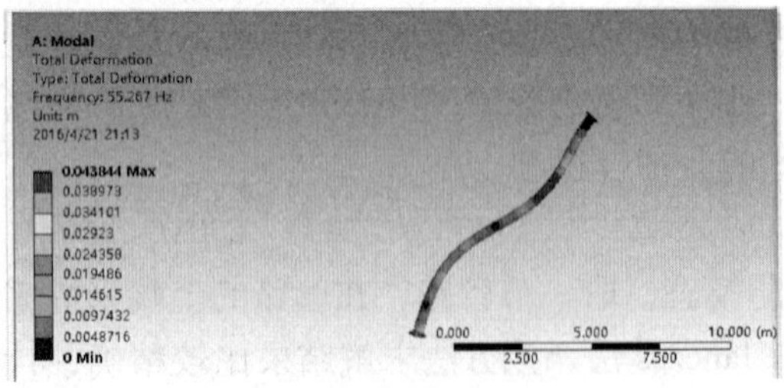

(e) 5阶振型

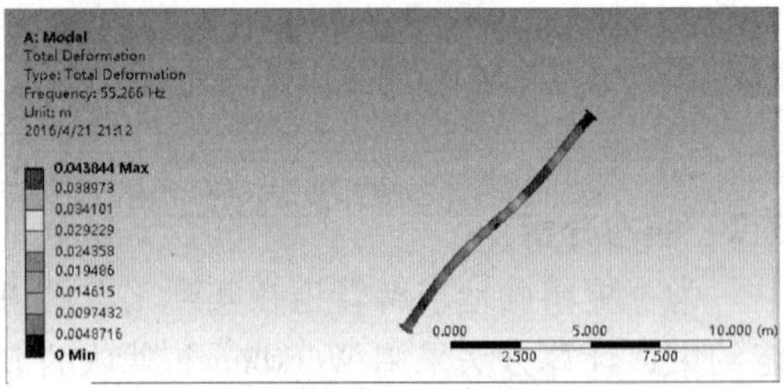

(f) 6阶振型

图6 管路的前6阶固有振型

采用的三相异步潜水电机的同步转速为 1500 r/min，异步转速为 1450 r/min，则在工况状态下电机的振动频率为 24.17 Hz，从上面求得的管路的固有频率可知，管路的固有频率与振源频率没有相同的，避开了共振频率。因此，可以得知管路在振源的激励下是安全的，该管路设计安全可靠[5]。

4 结论

本文借助 SolidWorks 软件建立了排水管路的三维有限元模型，对管路进行适当的简化以便模拟真实的管路，借助 ANSYS Workbench 软件的静力分析模块、模态分析模块对立式深井抢险排水系统的排水管路进行仿真分析，得到了管路的静力和动力学特性。

通过对静力分析得到了排水管路的应力和应变状态。结果表明，应力集中在管路与法兰盘的交界处，管路的强度满足设计和在正常工作状况下的要求。

对管路进行模态分析，得到了管路的前 6 阶固有频率振型，结果表明，管路不会与管路振源发生共振，表明管路的动态特性稳定，为管路的设计提供了指导依据，同时也为管路的进一步优化设计提供了参考。

参考文献

[1] 高长银，李万全. ANSYS Workbench 14.5 建模与仿真从入门到精通[M]. 北京：电子工业出版社，2014.

[2] 谭峰，殷国富，方辉，等. 基于 ANSYS Workbench 的微型数控车床主轴动静态性能分析[J]. 组合机床与自动化加工技术，2015，(4)：29-32.

[3] 石秀勇，李国祥，白书战，等. 柴油机高强度缸盖螺栓强度校核方法研究[J]. 柴油机，2006，28 (3)：31-34.

[4] 方鹏，李健，韦辽. 基于 ANSYS Workbench 机床主轴有限元分析[J]. 装备制造技术，2013，(4)：28-30.

[5] 黄硕. 发动机曲轴静态性能和模态分析[J]. 发动机技术，2014，(6)：30-33.

油气悬挂系统非线性阻尼特性的研究

张　鹏　李鹏珍　李永超

中国矿业大学（北京）机电与信息工程学院，北京　100083

摘　要　本文建立了矿用车油气悬挂系统非线性数学模型，应用 Matlab/Simulink 软件对油气悬挂系统阻尼特性进行了仿真分析。通过仿真分析了参数变化对系统阻尼特性的影响，说明了油气悬架具有非线性阻尼特性，为参数设计提供了依据。

关键词　油气悬挂系统　阻尼孔　单向阀　阻尼特性

Study on Non - linear Damping Characteristics of Hydro - pneumatic Suspension System

Zhang Peng　Li Pengzhen　Li Yongchao

School of Mechanical Electronic and Information Engineering,
China University of Mining and Technology, Beijing　100083

Abstract　The nonlinear mathematical model of hydro - pneumatic suspension system of mine truck has established in this paper and the computer simulation was compiled by using MATLAB/Simulink software. It can be seen that the hydro pneumatic suspension has the nonlinear damping characteristics through the simulation of the parameter change on the system damping characteristics. This paper provides the basis for parameter design.

Key words　hydro - pneumatic suspension system　damping hole　one - way valve　damping characteristics

0　引言

油气悬架的位移特性和速度特性是描述油气悬架的性能的主要特性，位移特性和速度特性除了与油气悬架的激励信号有关外，还与其本身的结构参数有关。油气悬架的不同结构参数对其性能的影响反映在很多方面，主要包括刚度特性，阻尼特性等。研究油气悬架

资助项目： 中央高校基本科研业务费专项资金（2009QJ01）

作者简介： 张鹏（1978—　），女，山东省平度市人，工学博士，讲师，主要从事车辆动力学仿真研究。Tel：13641080788；E - mail：zhangpeng@ cumtb. edu. cn

的不同的结构参数对阻尼特性的影响对油气悬挂缸的合理设计具有重要意义[1-4]。影响油气悬架性能的参数主要包括两类：第一类是悬架缸本身的结构参数，如活塞杆直径、阻尼孔直径、缸筒直径等；第二类是外部因素，主要包括油液的品质、温度变化等。本文主要对油气悬挂系统阻尼特性进行研究。

1 油气悬挂系统的工作原理

某单气室油气悬挂系统结构如图1所示。

整个油气悬挂缸内部形成3个腔，即缸筒部件内壁与活塞部件杆体外壁围成的环形腔、活塞部件内腔（又称中心腔）和缸筒部件内部无杆腔。活塞部件壁上设有单向阀和阻尼孔，使环形腔和中心腔相通，中心腔和缸筒部件内部无杆腔始终相通。油气悬挂缸在工作过程中，环形腔和中心腔始终充满油液，缸筒部件内部无杆腔下部为油液，在油面上方的空间为高压气室，其中充满了高压氮气，气体和油液间没有设置任何隔离装置。

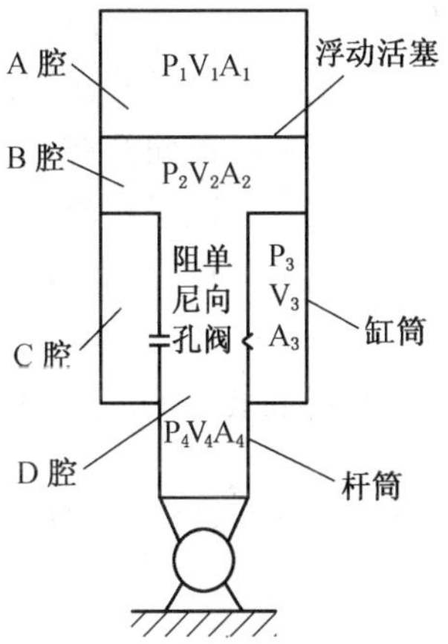

图1 油气悬挂缸结构图

油气悬挂系统的工作原理：在油气悬挂系统的压缩行程中，中心腔油压升高，气体体积减小，环形腔容积增大。这样油液通过阻尼孔从中心腔流入环形腔，同时随着中心腔与环形腔之间压差的增大，单向阀被打开又使一部分油液从中心腔流入环形腔。在此过程中，由于单向阀和阻尼孔同时连通中心腔和环形腔，油液的过流断面较大，流速较低，产生的油液阻尼力较小；在压缩行程，油气悬挂系统主要通过弹性作用减小路面冲击。在油气悬挂系统的伸张行程中，高压气室容积增大，环形腔容积减小，气体压力和中心腔油液压力都减小。由于环形腔油液压力比中心腔压力大，单向阀关闭，环形腔中的油液只能通过阻尼孔流入中心腔，因此增大了伸张行程的阻尼力；在伸张行程，油气悬挂系统通过其较大的阻尼力实现减振作用[4,5]。

2 油气悬挂系统数学模型

在油气悬架系统中，阻尼主要来自两部分：第一部分是活塞杆上的节流孔（阻尼孔和单向阀）引起的阻尼作用，这是油气悬架系统的主要阻尼；第二部分是油气悬架的密封圈摩擦力，包括活塞密封摩擦力和活塞杆密封摩擦力。由于悬挂缸经常处于震动状态且润滑良好，故库仑摩擦力和黏性摩擦力值很小，为了抓住主要矛盾，因而忽略密封圈摩擦力，主要就节流孔引起的阻尼作用进行分析。

下面根据图1所示的油气悬架物理模型建立阻尼力数学模型。

油气悬架活塞杆的输出力方程为

$$F = P_3A_3 - P_2A_2 \tag{1}$$

式中 F——活塞杆的输出力；

P_2——B腔（不包括D腔）油液压力；

A_2——B腔（不包括D腔）截面积；

P_3——C腔油液压力；

A_3——C 腔截面积。

环形腔（C 腔）和 D 腔的压力差 ΔP 为

$$\Delta P = P_3 - P_2 \tag{2}$$

式中 P_2——B 腔（不包括 D 腔）油液压力；

P_3——C 腔油液压力。

环形腔和中心腔之间的油液流量可用下式表示（设油液从环形腔流入中心腔为正）：

$$q = \left\{ C_z \times A_z + C_d \times A_d \times \left[\frac{1}{2} - \frac{1}{2}\mathrm{sign}(\dot{x}) \right] \right\} \sqrt{\frac{2}{\rho}\Delta P} \tag{3}$$

式中 A_3——C 腔截面积；

A_z——阻尼孔面积；

A_d——单向阀有效过流面积；

C_z——阻尼孔流量系数；

C_d——单向阀流量系数；

ρ——液压油密度。

环形腔和中心腔之间的油液流量又可表示为

$$q = A_3 \times \dot{x} \tag{4}$$

式中 A_3——C 腔截面积。

阻尼力为

$$F_z = \Delta P \times A_3 \tag{5}$$

式中 ΔP——环形腔（C 腔）和 D 腔压差；

A_3——C 腔截面积。

由上面各式得阻尼力 F_z 为

$$F_z = \frac{A_3^3 \dot{x}^2 \rho \cdot \mathrm{sign}(\dot{x})}{2\left\{ C_z A_z + C_d A_d \left[\frac{1}{2} - \frac{1}{2}\mathrm{sign}(\dot{x}) \right] \right\}^2} \tag{6}$$

式中 A_3——C 腔截面积，

A_z——阻尼孔面积；

A_d——单向阀有效过流面积；

C_z——阻尼孔流量系数；

C_d——单向阀流量系数；

ρ——液压油密度。

由式（6）可以看出，油气悬架的阻尼力与活塞杆相对缸筒运动速度的平方成正比，呈现出明显的非线性；影响油气悬架阻尼力的另一个重要因素是油液的品质，阻尼力同油液的密度 ρ 成正比；影响油气悬架阻尼力的结构因素有 3 个，分别是环形腔的面积 A_3、阻尼孔和单向阀的有效过流面积。

3 油气悬挂阻尼特性分析

3.1 仿真模型

根据式（3）~式（5）建立的油气悬架系统的复杂非线性数学模型，应用 Matlab/

Simulink 软件搭建了油气悬挂系统的阻尼仿真模型，如图 2 所示。

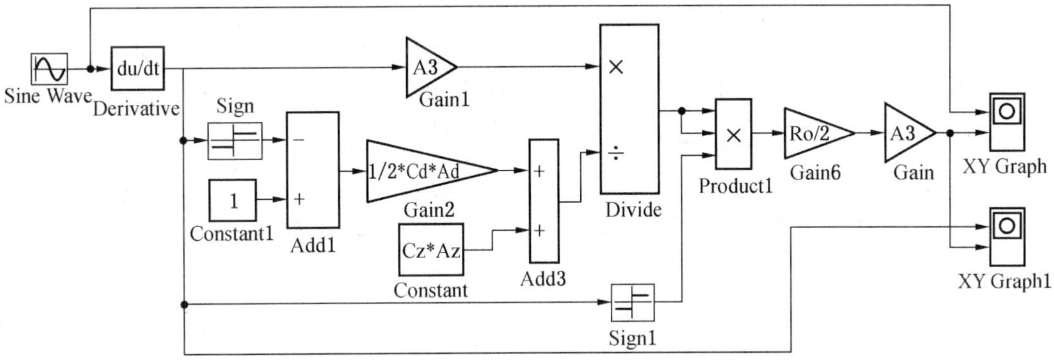

图 2　油气悬挂系统的阻尼仿真模型

3.2　仿真结果分析

通常用减振器的外特性来描述减振器的阻尼特性。减振器的外特性是指阻尼力与减振器的行程或阻尼力与减振器的相对振动速度关系的通称。阻尼力与减振器行程的关系曲线称为示功图，阻尼力与减振器相对振动速度的关系曲线称为速度特性。

图 3 ~ 图 5 分别为 3 种不同正弦波激励作为输入信号得到的油气悬架的示功图和速度特性图。

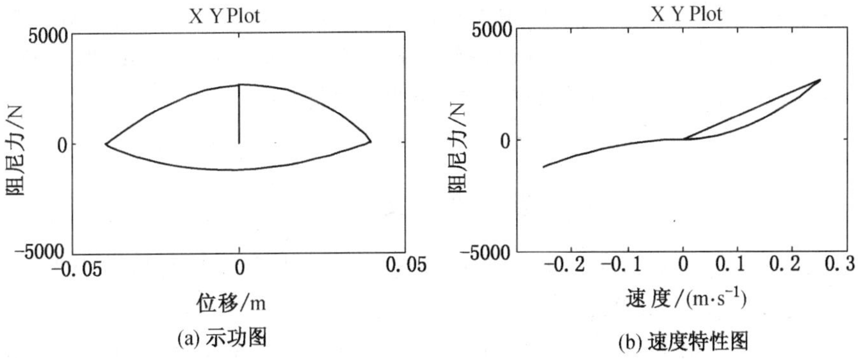

图 3　油气悬挂系统的阻尼仿真结果（f = 1 Hz，A = 0.040 m）

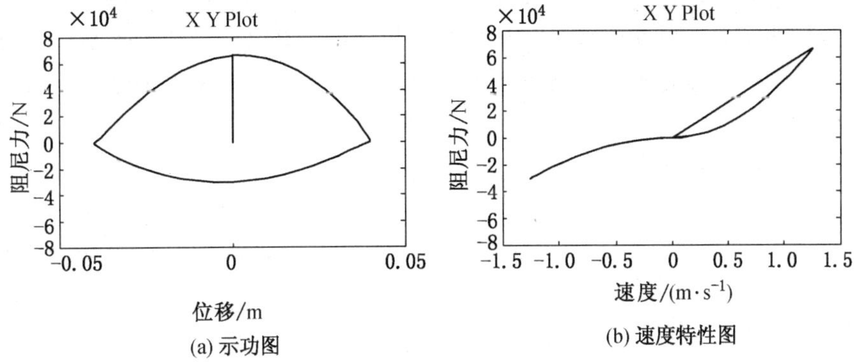

图 4　油气悬挂系统的阻尼仿真结果（f = 5 Hz，A = 0.040 m）

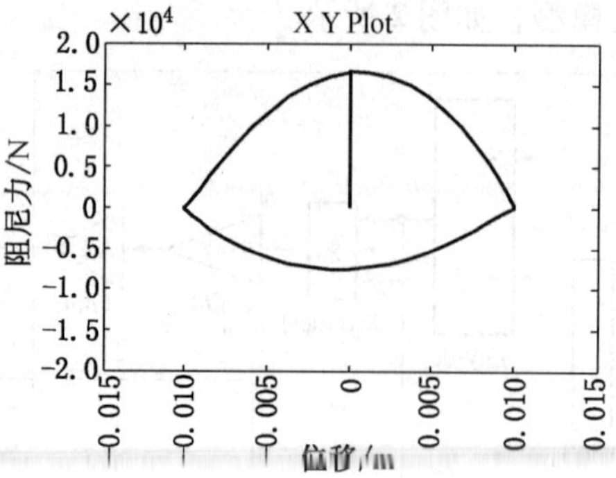

(a) 示功图

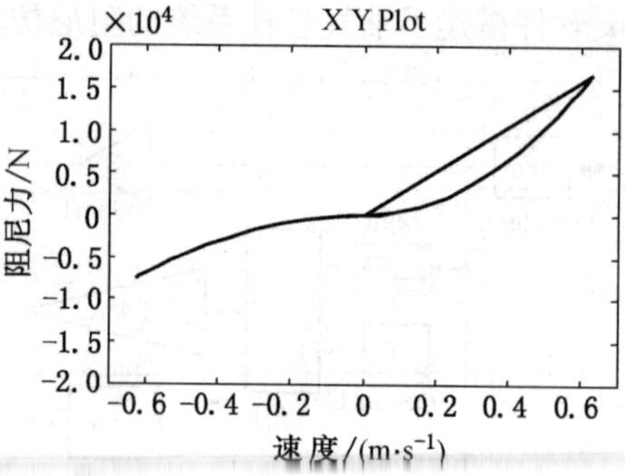

(b) 速度特性图

图5 油气悬挂系统的阻尼仿真结果（f=10 Hz，A=0.010 m）

从图中可以看出，阻尼力随着随着速度的增加而显著增加，并且曲线在伸张行程和压缩行程表现出明显的不对称性，在相同速度下伸张行程阻尼力是压缩行程的尼力的2～3倍。此结果说明油气悬挂系统阻尼特性符合减震器的性能要求，即伸张行程的阻尼力要大，以便迅速衰减震动，压缩行程的阻尼要小，以便充分发挥弹性组件的缓冲作用。

4 结论

本文建立了油气悬架系统的数学模型；通过对油气悬架阻尼特性的分析，指出影响油气悬架阻尼力结构的参数有3个，分别是环形腔的面积、阻尼孔的面积和单向阀的有效过流面积；最后通过仿真分析了油气悬架的非线性阻尼特性。

参 考 文 献

[1] 马国清，檀润华，吴仁智．油气悬挂系统非线性数学模型的建立及其计算机仿真[J]. 机械工程学报，2002，5.

[2] 张义，徐茂峰，江晓红．单气室油气悬架的建模、仿真及试验研究[J]. 工程机械，2004，10.

[3] 董怀力．油气悬挂建模分析及非线性特性研究［D］．长沙：湖南大学，2009.

[4] 甄龙信，张文明．单气室油气悬架的仿真与试验研究[J]. 机械工程学报，2009，5.

[5] 李俊仁．油气悬挂技术在矿用胶轮车上的应用[J]. 设计研究，2012，2.

ZTA颗粒增强铁基复合材料的制备及显微组织研究

李海存　陈华辉　王　悦

中国矿业大学（北京）机电与信息工程学院，北京　100083

摘　要　将粒径为2～3 mm的氧化锆增韧氧化铝陶瓷（ZTA）颗粒与Fe45自熔性合金粉末均匀混合，利用粉末冶金的方法制备出不同体积分数的颗粒增强金属基复合材料，测试了硬度和密度，研究了其组织结构和界面结合。结果表明，复合材料中陶瓷颗粒的体积分数为20%～50%，颗粒分布均匀，与基体结合致密，基体硬度达到48HRC。

关键词　ZTA　铁基　粉末冶金　复合材料

Preparation and Microstructure of ZTA Particle Reinforced Fe Matrix Composite

Li Haicun　Chen Huahui　Wang Yue

School of Mechanical Electronic and Information Engineering,
China University of Mining and Technology, Beijing　100083

Abstract　Mixing the diameter 2～3mm of zirconia toughened alumina ceramic particles with Fe45 self－fluxing alloy powder, powder metallurgy method was used to prepare the different volume fraction of particle reinforced metal matrix composites. Hardness and density were measured, and the organizational structure and interface bonding of the composite were studied. The results showed that the volume fraction of ceramic particles in the composites was 20% ～50%、uniform distribution of particles and densification bonding with the substrate; The hardness of matrix reached 48 HRC.

Key words　ZTA　iron matrix　powder metallurgy　composite

资助项目：中央高校基本科研业务费专项资金（2010YJ07）

作者简介：李海存（1989—　），男，河南周口人，硕士研究生，主要从事颗粒增强金属基复合材料等方面的研究。Tel:13070116229; E－mail:lihaicun2016@126.com

0 引言

颗粒增强金属基复合材料因具有良好的可设计性[1]和工艺性、良好的物理机械性能而得到较多应用。陶瓷颗粒的高硬度、高耐磨性使其作为增强颗粒在摩擦磨损领域有着更广阔的应用前景[2]。作为陶瓷－金属复合材料，其目的在于把陶瓷的高硬度、耐高温、良好的耐磨性与金属的韧性和可塑性相结合，有效发挥两者的优势[3]。近年来国内外研究者们通过将高硬度的陶瓷颗粒和金属材料相结合来制备复合材料的技术取得了一系列成果。K Konopka 等采用铸渗多孔陶瓷预制体的方法制备出 Al_2O_3 增强铁基复合材料[4]。德国蒂森钢铁公司生产了 TiC 体积分数为 45% 的 Ferro－Titantit 复合材料，用它制成的模具寿命比用莱氏体铬钢的提高 5～10 倍。西安交通大学的成小乐等[5]选取 0.076～0.1 mm 的 WC 颗粒为增强相制备的复合材料，其耐磨性分别是 15Cr 高铬铸铁的 2.9 倍、20Cr 高铬铸铁的 2.6 倍。王一三等[6]制备的 VC 陶瓷颗粒增强铁基复合材料同样具有良好的耐磨性能。目前，多数研究都是采用 1000 μm 以下的陶瓷颗粒作为复合材料的增强相[7,8]且复合层厚度较小。

本文采用的增强颗粒为氧化锆增韧氧化铝（ZTA），向具有高硬度和高耐磨性的 Al_2O_3 中加入 ZrO_2，利用氧化锆的相变增韧、微裂纹增韧等增韧机制可显著改善氧化铝的韧性，提高其抵抗冲击的能力，从而克服了 Al_2O_3 陶瓷的脆性[9,10]，制得的复合材料具有更高的抵抗冲击磨损性能。

1 实验材料及制备方法

1.1 ZTA 陶瓷的成分

实验所用 ZTA 颗粒是以氧化铝和氧化锆为原材料、在 1900 ℃的温度下利用电弧熔炼制备工艺制成的。该产品显微结构由初晶氧化铝以及氧化铝－氧化锆共晶共同组成，这种特殊的显微结构使其具有很高的耐磨及抗破碎性能，显微硬度可达 1200 HV。ZTA 陶瓷成分见表 1，ZTA 颗粒背散射组织形貌如图 1 所示。

表1 ZTA 陶瓷成分表　　*ωt*%

Al_2O_3	ZrO_2	TiO_2	SiO_2	Fe_2O_3	Na_2O	CaO	MgO
74.5	25.0	0.08	0.10	0.15	0.05	0.15	0.02

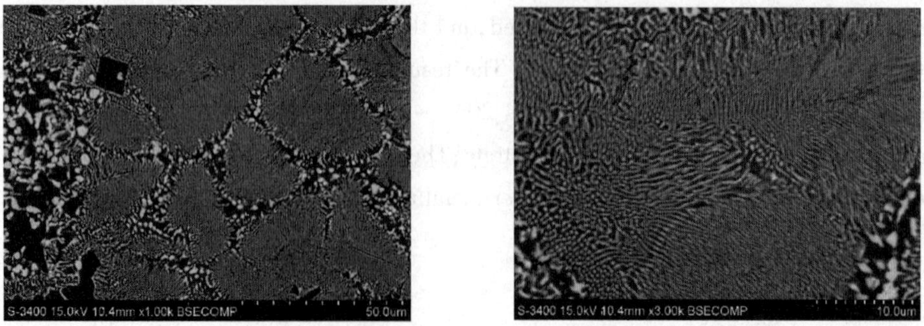

(a)BSE 1000x　　(b)BSE 3000x

图1 ZTA 颗粒背散射组织形貌

1.2 基体材料的成分

基体材料采用硬度适中的 Fe45 自熔性合金粉末，其硬度可达 42 ~ 48 HRC，真密度为 7.5 g/cm^3，粉末的自熔性和润湿性能好，具有优良的耐磨性和韧性以及良好的抵抗冲击的能力。Fe45 成分见表 2。

表 2 Fe45 成分表 $\omega t\%$

C	Si	B	Cr	Ni	Fe
0.6 ~ 0.9	3 ~ 4	3 ~ 4	16 ~ 18	12 ~ 14	余量

1.3 复合材料的制备

本文采用粉末冶金法制备 ZTA 陶瓷颗粒增强金属基复合材料，制备步骤如下：

（1）对基体粉末进行球磨后，与粒径为 2 ~ 3 mm 的 ZTA 颗粒均匀混合，然后加入一定量的黏结剂，将混合后的实验材料用压片机冷压成型。

（2）将冷压成型件放入烧结炉内真空烧结，控制升温速度和保温时间，保证试样内外温差相差不大以及黏结剂充分挥发，达到最高烧结温度 1000 ~ 1300 ℃时进行长时间保温，保证试样总体温度均衡，然后随炉冷却即可获得 ZTA 颗粒增强金属基耐磨复合材料。

2 实验结果与讨论

2.1 复合材料结构分析

经过烧结制备出的复合材料的形貌如图 2 所示，陶瓷颗粒在基体中分布均匀。当基体材料受磨损而下凹时，具有较高硬度和耐磨性的增强颗粒会凸出承受磨损，从而对基体起到“阴影效应”的保护作用，另外由于基体材料的韧性较好，陶瓷颗粒又受到基体的“支撑效应”，在受到较高冲击作用下产生折断和剥落的机会不大，进而提高复合材料的总体耐磨性和抗冲击性。

(a) 试样总体形貌

(b) 颗粒形貌

图 2 烧结后的形貌

2.2 复合材料的密度和孔隙率测试

根据组成复合材料的基体和颗粒的密度，计算出含有不同体积分数增强颗粒时复合材

料各组分的质量，然后用排水法测试复合材料的密度，再根据理论密度计算材料的孔隙率。复合材料的理论密度可由下式求得

$$\rho = \alpha\rho_{\mathrm{p}} + (1-\alpha)\rho_{\mathrm{m}} \tag{1}$$

式中 ρ——复合材料的密度；

ρ_{p}——增强颗粒的密度；

ρ_{m}——金属基体的密度；

α——陶瓷颗粒所占的体积分数。

图3所示为增强颗粒所占不同体积分数时复合材料的密度。

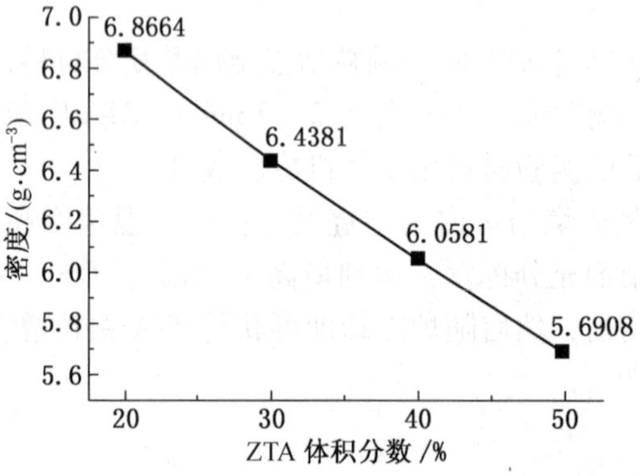

图3 复合材料的密度

2.3 复合材料组织分析

图4所示为基体在100倍和500倍光镜下的组织形貌，从图4中可以看出，基体材料在经过烧结成型后，沿晶界析出了较多枝条状的硬质相，硬质相的存在使基体材料具有更高的硬度和耐磨性。

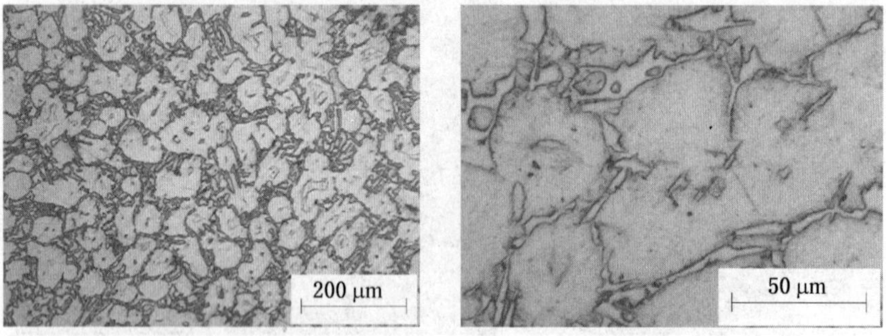

(a) 100倍　　(b) 500倍

图4 光学显微组织

2.4 复合材料界面结合分析

图5两图中左侧黑色部分均为增强颗粒，右侧为金属基体，所使用扫描电镜的型号为

Hitachi（日立）S－3400 N。为研究其界面结合，分别对界面区域放大1000倍和5000倍观察，颗粒与基体之间的界面结合很好，结合部位未发现明显的缝隙，这是由于金属材料的热膨胀系数（约 $10.8\times10^{-6}/℃$）大于陶瓷颗粒的热膨胀系数（约 $7.8\times10^{-6}/℃$），冷却过程中，陶瓷颗粒受压应力，金属基体受拉应力，二者紧密地结合在一起。

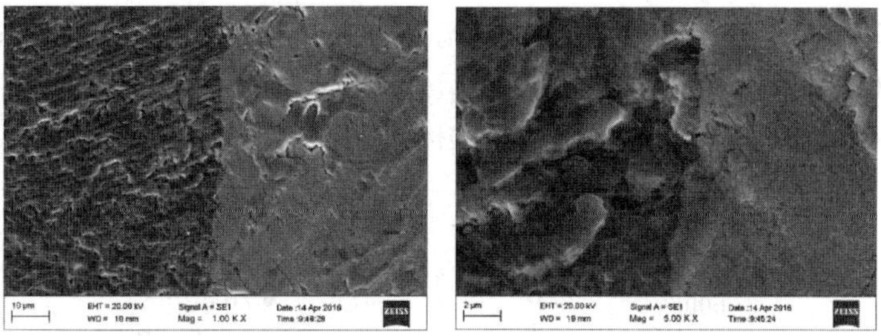

(a) SEM 1000x　　(b) SEM 5000x

图5　复合材料的界面

有研究发现，某些陶瓷与金属之间在一定温度下也会发生化学反应，如 Al_2O_3 与金属的反应一般生成该金属的氧化物、铝化物甚至三元化物；ZrO_2 与金属的反应一般生成该金属的氧化物和锆化物[11]。为验证本实验所用的陶瓷颗粒是否与基体材料之间发生了冶金反应，对实验材料的界面区域进行线扫描分析。分析结果如图6所示。

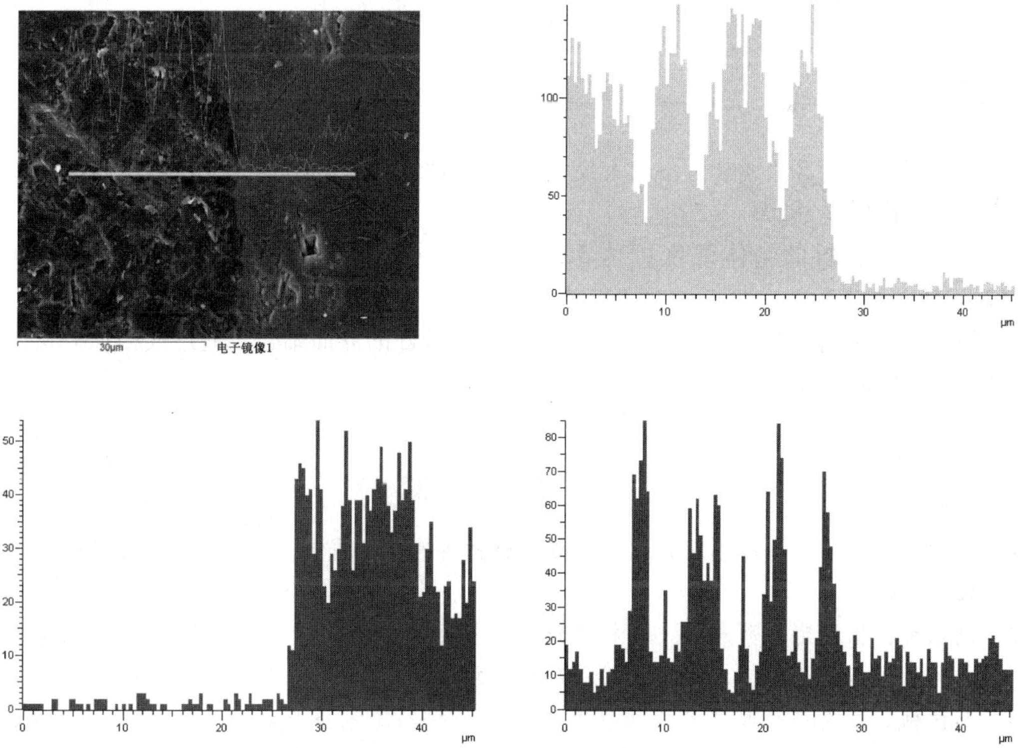

图6　复合材料界面线扫描

通过图可以看出，Zr在颗粒内部含量较多，当扫描进入基体材料内部时，其含量没有出现比较明显的过渡，而Fe、Al元素突变表现得更为明显，这说明增强颗粒与基体材料之间并未发生相应的反应，二者的结合仍属于机械结合。

2.5 复合材料物相分析

采用日本理学公司生产D/max－2500PC射线衍射仪对铁基复合材料的相结构进行分析，所用衍射仪工作电压为40 kV，工作电流为40 mA，使用CuKα，扫描速度4°/min，扫描范围20°～100°，物相分析结果如图7所示。基体的主要成分为Cr－Fe，而B的加入可显著提高基体材料的耐磨性，Ni则可增加基体的韧性。

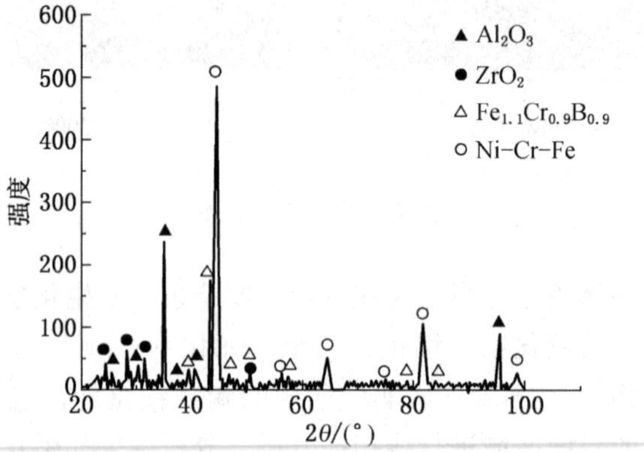

图7　复合材料物相分析

3 结论

（1）用粉末冶金法成功制备出大尺寸ZTA颗粒增强铁基耐磨复合材料，制件颗粒分布均匀，体积分数为20%～50%。

（2）复合材料的基体硬度可达51.2 HRC和601.9 HV，增强颗粒的显微硬度为1042.3 HV。

（3）Fe45基体材料与ZTA陶瓷颗粒之间具有较好的界面结合，通过线扫描分析，这种结合属于机械结合。

参考文献

[1] 熊拥军，李溪滨，赵福安．钢结硬质合金材料的研究进展[J].硬质合金，2005（2）：121－124.

[2] 湛永钟，张国定，蔡宏伟．颗粒增强金属基复合材料的干摩擦性能与磨损机理[J].材料科学与工程学报，2003（5）：748－752.

[3] 赵散梅．陶瓷颗粒增强高铬铸铁基表层复合材料的制备与磨损性能研究[D].长沙：中南大学，2012.

[4] Konopka K, Olszówka－Myalska A, Szafran M. Ceramic－metal composites with an interpen-

etrating network [J]. Materials Chemistry andPhysics,2003,81:329 –332.
[5] 成小乐，高义民，邢建东，等. WC/45 钢复合材料的温压烧结工艺及其磨损性能[J]. 西安交通大学学报，2005 (1)：53 –56.
[6] 丁义超，王一三，王静，等. 粉末冶金合成 VC 铁基复合材料的耐磨性研究[J]. 热加工工艺，2007 (14)：15 –17.
[7] Kambakas K,Tsakiropoulos P. Solidification of high – Cr white cast iron – WC particle reinforced composites [J]. Materials Science and Engineering,2005,413:538 –544.
[8] Opris C D,Liu R,Yao M X,et al. Development of Stellite alloy composites with sintering – HIPing technique for wear – resistant applications [J]. Materials and Design,2007,28:581 –591.
[9] 武志红，薛群虎，曹怡，等. ZrO_2/Al_2O_3 复相陶瓷的复合机理、制备、应用及展望[J]. 材料科学与工艺，2009 (1)：137 –140.
[10] 吴伶俐. ZTA 材料性能的研究[J]. 山东陶瓷，2012 (2)：3 –6.
[11] 刘会杰，冯吉才，李广，等. 陶瓷与金属扩散连接的研究现状[J]. 焊接，2000 (9)：7 –12.

基于电磁激励的角焊缝红外热像无损检测数值仿真

刘　婷　位会娟　付数艺　朱丽丽　周明浩　李国华

中国矿业大学（北京）机电与信息工程学院，北京　100083

摘　要　为了降低红外热像仪的使用成本，检测前的仿真研究是很有意义的。本文通过 ANSYS 对基于电磁激励红外热像角焊缝的无损检测进行了仿真，以最大温差和可检测持续时间为评判指标，全面系统地研究了 3 种不同内部裂纹的裂纹尺寸（轴向长度）、位置（轴向位置）等因素对可探测性的影响。结果表明，该研究对角焊缝的红外热像无损检测具有一定的参考价值。

关键词　红外热像　内部裂纹　角焊缝　数值仿真

Numerical Simulation on Testing for Fillet Weld Seam based on Electromagnetic Infrared Thermography

Liu Ting　Wei Huijuan　Fu Shuyi　Zhu Lili
Zhou Minghao　Li Guohua

School of Mechanical Electronic and Information Engineering,
China University of Miningand Technology, Beijing　100083

Abstract　Numerical simulation before detection is very meaningful to reduce the cost of the infrared thermographical instrument. In the paper, ANSYS was applied to simulate the non – destructive test (NDT) for the fillet weld seam based on electromagnetic infrared thermography, the maximum temperature difference and the detectable duration of were taken as the judgmental index. The influence of crack size (axial length), position (axial position) of three different internal cracks on the detectability of crack were stud-

---

资助项目：国家自然科学基金（51075388）；中央高校基本科研业务费专项资金（2009KJ05）；大学生创新训练项目经费（201511413）

作者简介：刘婷（1989—　），女，安徽淮北人，硕士研究生，主要从事无损检测方面研究。Tel：18811363257；E – mail：liuting8929@163.com ied comprehensively and systematically. The results had some references for infrared thermographical NDT of fillet weld seam.

Key words infrared thermography inner cracks fillet weld seam numerical simulation

0 引言

目前，焊接结构广泛应用于锅炉、管道、容器等领域。然而，在焊接过程中，焊接接头处会因残余应力的存在而出现一定数量的缺陷，导致焊接结构破坏，因此，工程上对质检技术的要求越来越高[1-5]。主动式电磁激励红外无损检测作为近些年国际上出现的一种新型技术，其优点在于感应加热源均匀、稳定，红外检测非接触、直观、检测速度快等[6]。但检测装置的开发尚不完善，使用有限元分析软件进行数值模拟分析，可以探究影响电磁激励红外热像检测的一般规律，为实际检测过程提供理论指导，具有重要的现实意义[7-10]。

本文运用仿真软件 ANSYS 对电磁激励红外热像检测角焊缝的过程进行模拟[11-13]。考虑到不同形状的裂纹及裂纹与探头的相对大小和位置关系，为全面研究，每个实验都设置多组对比实验。

1 角焊缝模型及参数

本文假定被检测试样为角焊缝，材料为铸钢，试样几何尺寸如图 1 所示。设置探头为外径 10 mm、内径 7 mm，弧度 86°，轴向长度 D = 60 mm，提离高度为 3 mm。

为了更好的模拟实际中常见的裂纹，根据截面形状不同，设置了 3 种裂纹，3 种不同裂纹各个参数如图 2 所示。

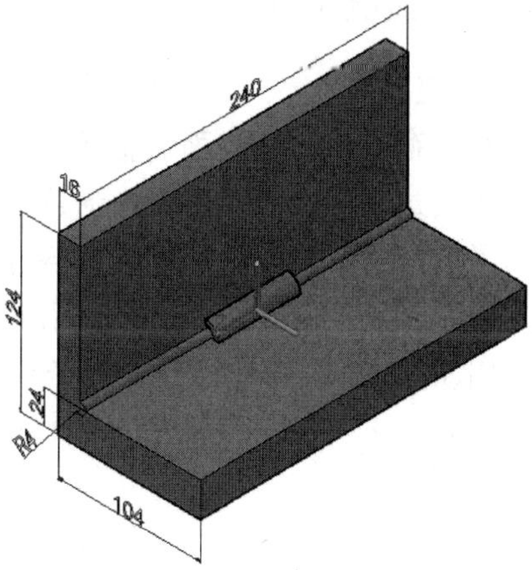

图 1 角焊缝尺寸

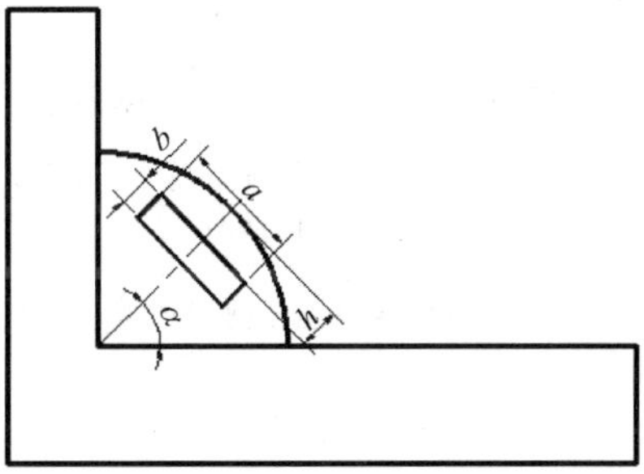

(a) 含矩形截面条形裂纹的左视图

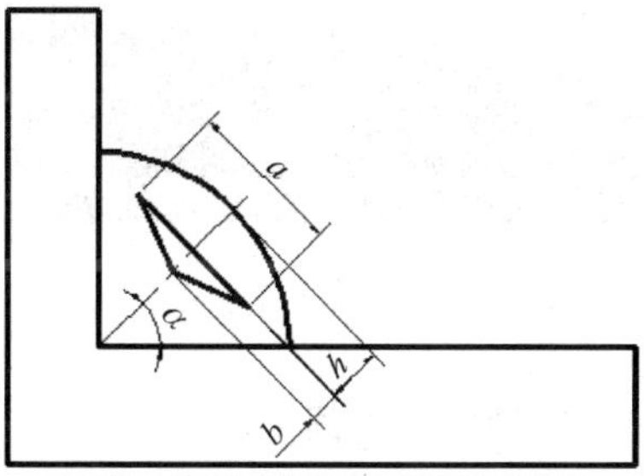

(b) 含三角形截面条形裂纹的左视图

图 2 裂纹与试样示意图

为与实际环境相接近，建立空气模型将试件及线圈包围。在磁分析中采用 SOLID236 网格单元，热分析时采用 SOLID90 单元。空气的相对磁导率为 1，激励线圈电阻率为 $1.724\times10^{-8}\ \Omega\cdot m$。铸钢的物理参数见表 1[14]。

表1　铸钢的物理参数

比热容/($J\cdot kg^{-1}\cdot k^{-1}$)	电阻率/($\Omega\cdot m$)	密度/($kg\cdot m^{-3}$)	最大相对磁导率/($H\cdot m^{-1}$)
460	8.8×10^{-7}	7800	200

2　数值仿真条件

实验设置激励电流为 180 A，激励频率为 50 kHz，初始条件为环境初始温度 300 K，边界条件为对流传热，对流系数为 15 W/($m^2\cdot K$)。激励时间设定为 3 s，散热时间为 3 s。根据实际应用中的红外热像仪的精度，本文选择热灵敏度 0. 1K 作为标准。

3　缺陷可检测指标

3.1　最大温差

裂纹的存在使试样表面有温度的变化，而裂纹能否被检测出，取决于温差是否足够大，在仿真过程中，温差参考点的选取十分重要。

为了消除随机性，轴向和周向各选取 1 个参考点作温差点，聚纹表面温度云图如图 3 所示。设置裂纹中心点为点 A，取沿裂纹轴向方向离中心点 0. 06 m 远的 B 点，和裂纹中心处周向路径上 90°的 C 点作为参考点。A、B 两点温差与 A、C 两点温差随检测时间 t 的变化曲线如图 4 所示。当温差的最大值大于红外热像仪的检测灵敏度时，认为裂纹可被检测到。

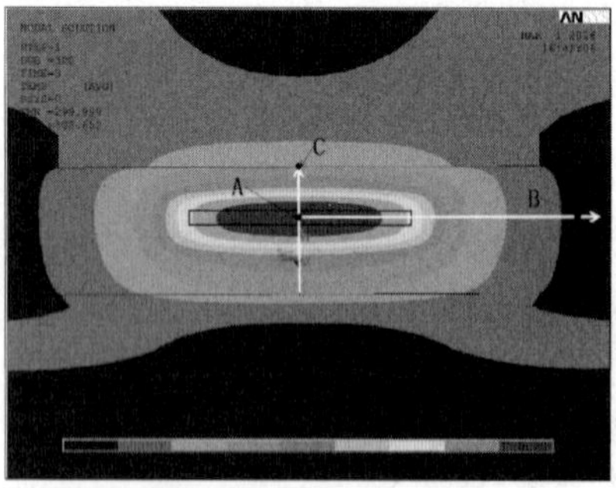

图3　裂纹表面温度云图

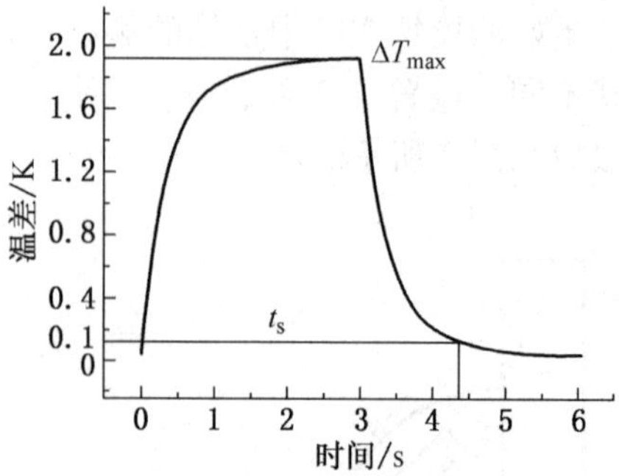

图4　检测过程中温差随时间变化曲线

3.2　裂纹可检测持续时间

温差大于红外热像仪的检测灵敏度所持续的时间 t_s 为可检测时间（见图 4，温差大于试验中设定的检测灵敏度 0. 1 K 的时间）。只有当温差大于红外热像仪的检测灵敏度并且响应时间大于 1/60 s 以上，裂纹才可被有效检测出来。

4 仿真结果及分析

4.1 裂纹长度变化对可检测性的影响

4.1.1 矩形截面条形裂纹（垂直径向）长度的影响

实验中设定裂纹的尺寸：$a_1 = 1.4$ mm，$b_1 = 0.5$ mm，$h_1 = 0.4$ mm，$\alpha_1 = 45°$，$l_1 = 0$ mm。通过改变轴向长度 d_1，探究可检测性规律，得到裂纹长度变化对可检测性的影响（图5）。

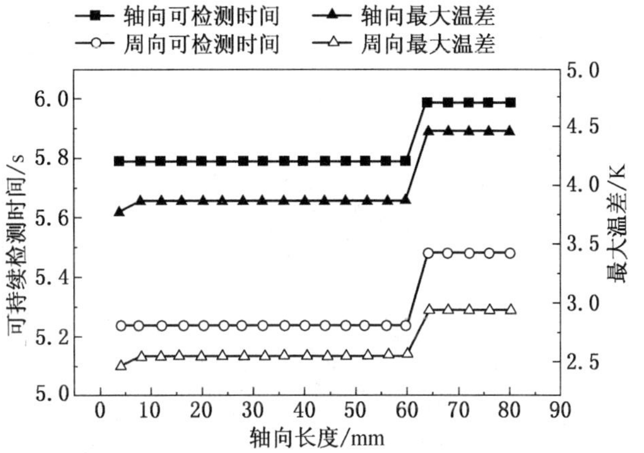

图5 矩形截面条形裂纹（垂直径向）轴向长度变化的影响

从图5中可以得出，随着裂纹长度的增大，可检测持续时间与最大温差都先保持平稳发展，但都在裂纹长度为60 mm 时突然增大，到64 mm 后又保持平稳态势。这可能是裂纹对涡流的阻碍作用与裂纹长度引起的热扩散作用相对平稳且探头两端处于不连续状态，从而引起更强的热效应，影响了焊缝表面整体温度的分布。

4.1.2 矩形截面条形裂纹（平行径向）长度的影响

实验中设定裂纹的尺寸：$a_2 = 0.14$ mm，$b_2 = 2.5$ mm，$h_2 = 0.4$ mm，$\alpha_2 = 45°$，$l_2 = 0$ mm。通过改变轴向长度 d_2，探究可检测性规律，得到裂纹长度变化对可检测性的影响（图6）。

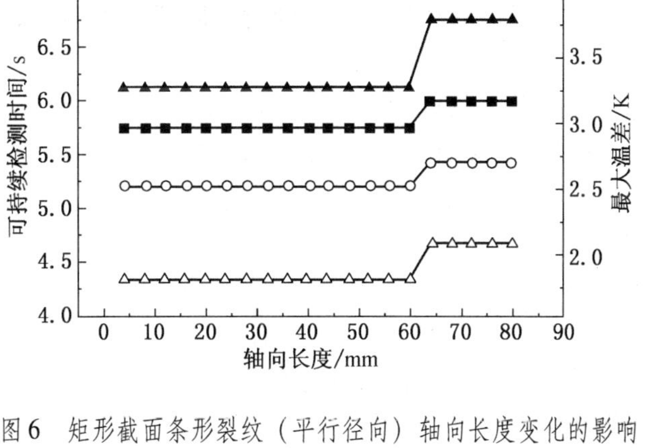

图6 矩形截面条形裂纹（平行径向）轴向长度变化的影响

从图6中可以得出，随着裂纹长度的增大，可检测持续时间与最大温差都先保持平稳发展，后突然增大，最终再保持平衡态势。发生这种变化趋势的原因同矩形截面条形裂纹（垂直径向）存在时可检测性的可能原因一致。

4.1.3　三角形截面条形裂纹长度的影响

试验中设定裂纹的尺寸：$a_3=2.6$ mm，$b_3=0.5$ mm，$h_3=0.4$ mm，$\alpha_3=45°$，$l_3=0$ mm。通过改变轴向长度 d_3，探究可检测性规律，得到不同长度三角形截面条形裂纹对可检测性的影响（图7）。

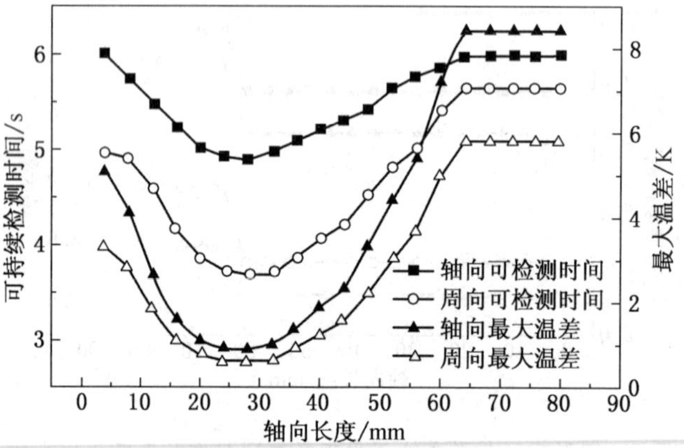

图7　三角形截面条形裂纹轴向长度变化的影响

由图7可以看出，两种方向上的可检测性都是先减小，后增加，最终保持平稳。这可能是三角形的尖角对涡流的阻碍作用和裂纹长度增加引起热扩散作用共同影响的结果，加上探头两端的不连续性，引起了异常热效应，最终裂纹长度增加引起的涡流阻碍作用与热扩散的综合效应达到相对平稳的状态，使可检测性保持稳定。

4.2　裂纹轴向位置变化对可检测性的影响

4.2.1　矩形截面条形裂纹（径向）轴向位置的影响

试验中设定裂纹的尺寸：$a_1=1.4$ mm，$b_1=0.5$ mm，$h_1=0.4$ mm，$\alpha_1=45°$，$d_1=12$ mm。通过改变轴向位置 l_1，探究可检测性规律，得到对不同位置矩形截面条形裂纹（垂直径向）对可检测性的影响（图8）。

由图8可以看出，可检测性均先以较快的速度降低，然后增加，再又降低，最终变平缓。这可能是因为探头覆盖的区域中，中心位置涡流密度最大，向两端延伸，涡流密度逐渐减小且在与探头两端相对应位置出现异常，有所增加，再延伸，涡流密度减小，最终达到稳态。

4.2.2　矩形截面条形裂纹（平行径向）轴向位置的影响

试验中设定裂纹的尺寸：$a_2=0.14$ mm，$b_2=2.5$ mm，$h_2=0.4$ mm，$\alpha_2=45°$，$d_2=12$ mm。通过改变轴向位置 l_2，探究可检测性规律，得到不同位置矩形截面条形裂纹（平行径向）对可检测性的影响（图9）。

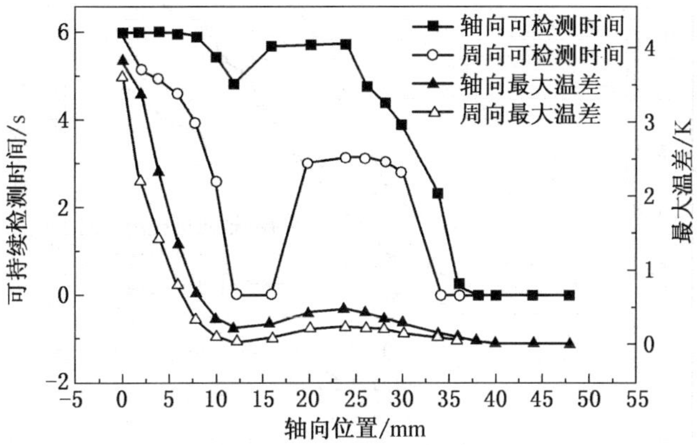

图8　矩形截面条形裂纹（垂直径向）轴向位置变化的影响

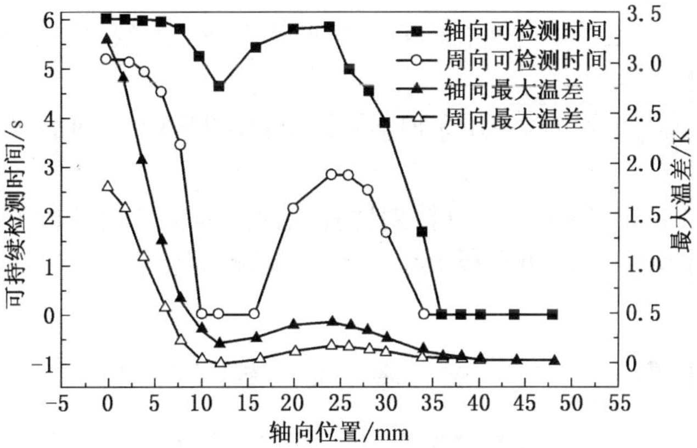

图9　矩形截面条形裂纹（平行径向）轴向位置变化的影响

由图9可以看出，随着轴向位置的改变，两种方向上的可检测性变化趋势与矩形截面条形裂纹（垂直径向）轴向位置变化趋势契合。其可能原因与矩形截面条形裂纹（垂直径向）可检测性变化趋势原因一致。

4.2.3　三角形截面条形裂纹轴向位置的影响

试验中设定裂纹的尺寸：$a_3=2.6$ mm，$b_3=0.5$ mm，$h_3=0.4$ mm，$\alpha_3=45°$，$d_3=12$ mm。通过改变轴向位置 l_3，探究可检测性规律，得到不同位置三角形截面条形裂纹对可检测性的影响（图10）。

由图10可以看出，随着轴向位置的增大，最大温差及轴向可检测时间都增加，而轴向可检测时间则变化不大。由此可以得出，三角形截面条形裂纹从探头覆盖区域至离开覆盖区域一段距离，其可检测性整体增加。两个方向上的检测指标都能够得到有效的数据信息。

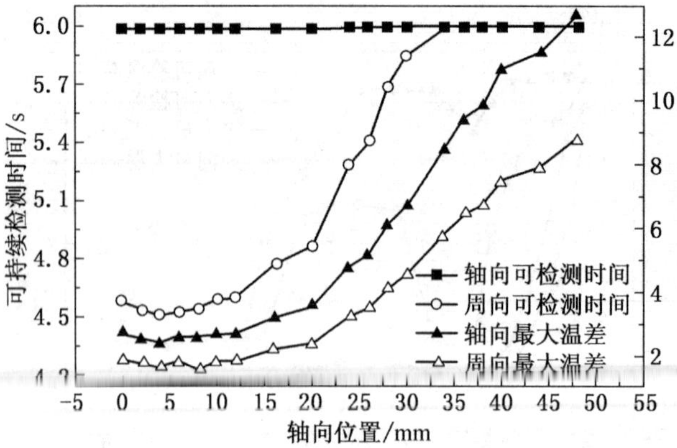

图10　三角形截面条形裂纹轴向位置变化的影响

5　结论

（1）矩形截面条形裂纹（垂直径向）与矩形截面条形裂纹（平行径向）的可检测性变化有很高的一致性。

（2）随裂纹长度、位置的变化，3种不同类型裂纹的两个方向上的最大温差变化规律类似。

（3）对3种不同类型的裂纹，可检测性在轴向方向比周向方向的可检测性更明显，表现幅度更大，即沿轴向方向更有利于红外热像仪捕捉信息。

参　考　文　献

[1] 李国华，吴淼. 现代无损检测与评价[M]. 北京：化学工业出版社，2009.

[2] Ruizhen Yang, Yunze He. Logarithmic analysis of eddy current thermography based on longitudinal heat conduction for subsurface defect evaluation [J]. Infrared Physics & Technology, 2014, 67: 467 - 472.

[3] Rachael C Tighe, Janice M Dulieu - Barton. Identification of kissing defects in adhesive bonds using infrared thermography [J]. International Journal of Adhesion & Adhesives. 2016, 64: 168 - 178.

[4] Patrik Broberg. Surface crack detection in welds using thermography [J]. NDT&E International, 2013, 57: 69 - 73.

[5] Fu G, Lourenco M I, Duan M, et al. Influence of the welding sequence on residual stress and distortion of fillet welded structures [J]. Marine Structures, 2016, 46: 30 - 55.

[6] 石东平，吴超，李孜军，等. 红外热像技术在安全领域的研究进展[J]. 红外技术，2015（6）：528 - 535.

[7] 刘凯. 锅炉水冷壁管角焊缝裂纹成因分析及预防措施[J]. 质量技术监督研究，2016（2）.

[8] Eroglu U, Tufekci E. Exact solution based finite element formulation of cracked beams for

crack detection [J]. International Journal of Solids & Structures,2016.

[9] Liu F,Yang S,Leng C,et al. Simulation on quantitative analysis of crack inspection by using eddy current stimulated thermography[C]//Nondestructive Evaluation/testing: New Technology & Application. 2013:59 – 64.

[10] Fu G,Gu J,Lourenco M I,et al. Parameter determination of double – ellipsoidal heat source model and its application in the multi – pass welding process [J]. Ships & Offshore Structures,2014,10(2):204 – 217.

[11] Engelhardt M,Behne D,Grittner N,et al. Non – destructive Testing of Longitudinal and Charge Weld Seams in Extruded Aluminum and Magnesium Profiles [J]. Materials Today Proceedings,2015,2(10):4866 – 4873.

[12] 冷建成，周国强，吴海涛，等．交流电磁场技术在储油罐角焊缝无损检测中的应用[J]. 压力容器，2014 (4)：70 – 74.

[13] 唐权龙．油气管管汇角焊缝检测评价的研究[D]. 西安：西安石油大学，2014.

[14] 李立碑，孙玉福．金属材料物理性能手册[M]. 北京：机械工业出版社，2011.

In_2O_3/ZnO 复合纳米线的光电性能研究

马向东　谷少松

中国矿业大学（北京）机电与信息工程学院，北京　100083

摘　要　一维纳米结构的高性能半导体氧化物是一类重要的、新兴的、有潜力的光电材料，近期已引起巨大关注。由于单一材料存在一些弱点不能满足实际应用的需要，而将两种或两种以上功能不同的纳米材料整合成一种纳米复合材料时，其综合性能优于单一纳米材料的性能。本文阐述了对 In_2O_3/ZnO 复合纳米线的光电性能的研究并对单根纳米线和纳米线阵列进行了对比。

关键词　纳米线　In_2O_3/ZnO　光电探测器

Study on the Photoelectric Properties of In_2O_3/ZnO Composite Nanowires

Ma Xiangdong　Gu Shaosong

School of Mechanical Electronic and Information Engineering, China University of Mining and Technology, Beijing　100083

Abstract　1D nanostructures of high - performance semiconductors and oxides are emerging as an important class of potential optoelectronic materials, and have been the focus of much recent interest. Due to the single material exists some weaknesses cannot meet the needs of practical application, and two or more than two kinds of different functional nano materials to integrate into a nano composite material, its comprehensive performance is better than that of single nano material performance. In this paper, the photoelectric detection performance of the In_2O_3/ZnO composite nano line, and the single nano nanowires and nanowire arrays are compared.

Key words　nanowires　In_2O_3/ZnO　photoelectric detector

资助项目：中央高校基本科研业务费专项资金（2010YJ12）

作者简介：马向东（1960—　），男，河北献县，教授，博士，博导，从事材料科学方面的教学和科研工作。Tel：13611391679；E - mail：mxd@ cumtb. edu. cn

0 引言

近些年，信息化已经成为全球发展的主题，由于光通信具有保密性高、防自然干扰、环境适应性强、非视距方式传输信号、全方位全天候等特点，成为一种极具发展潜力的通信手段，而光电探测器是实现光通信最基本的器件之一。一维无机纳米结构具有大的比表面积、高的长宽比、完美的结晶度、易于表面修饰等特点，展现出了对光优越的敏感性[1]，因此，将一维纳米结构应用到光电探测器中，依靠纳米结构本身的优势来提高光电探测器的性能，已经是全世界科技工作者们为之奋斗的目标。

ZnO 室温下的禁带宽度为 3.37eV，作为紫外光探测器具有较高的灵敏度[2]。In_2O_3 也是一种理想的紫外发光材料[3]。本文将 ZnO 和 In_2O_3 整合成纳米复合材料，制备 In_2O_3/ZnO 复合纳米线并对其进行 SEM、EDS 等一系列的表征，通过半导体微加工工艺制备成一维纳米结构光电探测器并对其性能进行了对比研究。

1 纳米线生长机理

本实验 In_2O_3/ZnO 生长机理为 VLS 机理：催化剂与体系中的组分一起在较低的温度下形成低共熔点的触媒液滴，从而在气相反应物和基片之间形成对气体具有较高容纳系数的气 - 液界面层，该界面层不断吸纳气象中的反应物分子。在界面层吸收的反应物浓度达到适合晶须生长的过饱和度后，通过液 - 固界面在基片表面析出晶体形成晶核，随着界面层不断吸纳气相中的反应物分子和在晶核上进一步析出晶体，晶须不断向上生长并将低共融液滴向上抬高。共融液滴最后在降温过程中凝固在纳米线的顶端[4]。

2 实验

2.1 In_2O_3/ZnO 纳米线制备及表征

实验所用反应装置是管式加热炉及控制仪器，包括氮气接入装置，使用的原料是 In 粒和 Zn 粉。

实验时把 In 颗粒和 Zn 粉按 $n(In):n(Zn)=1:5$ 的比例均匀混合放入陶瓷舟中，在陶瓷舟中盖上一片硅基片，陶瓷舟放入加热炉内，确保混合物所在位置对准热电偶。升温 30 min 至 900 ℃时通入 N_2（200 sccm），保温 1 h 至反应结束，持续通入 N_2，使 Si 基片在 N_2 气氛中自然冷却，降至室温。反应结束后在硅基片上看到白色的物质。取出硅基片进行 SEM、EDS 分析。

图 1a 所示为 In_2O_3/ZnO 纳米线的低倍 SEM 照片，可以看到 Si 基片上是大量的单一纳米线材料，长度多在几十微米左右。图 1b 所示为高倍 SEM 照片，纳米线表面平直光滑，没有分叉现象，直径约为几十纳米到上百纳米。图 2 是能谱分析结果，通过综合分析可知，In_2O_3/ZnO 纳米线是由 In、Zn、O、三种元素组成，比例接近 1:18:14，没有检测到其他元素的存在证明了 In_2O_3/ZnO 纳米线的纯度。纳米线都具有大于 500 的高的长径比，是高品质的 In_2O_3/ZnO 复合纳米线。

为了进一步确定纳米线的组成，我们对图 2 插图中谱图 12 所示区域的 In_2O_3/ZnO 纳米线 X 射线能谱分析。In_2O_3/ZnO 纳米线的 EDS 谱如图 2 右下角小图所示。

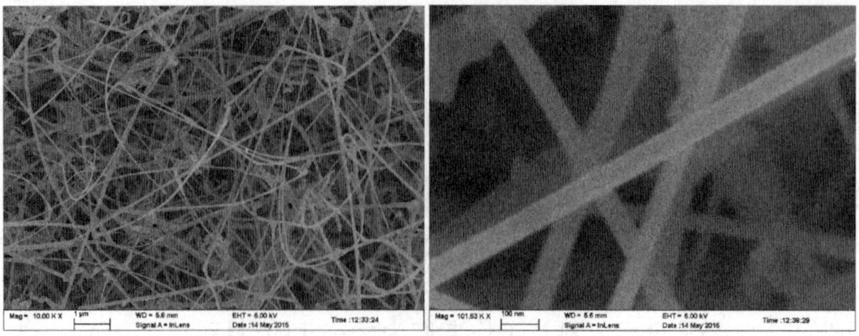

(a) 低倍　　(b) 高倍

图 1　In_2O_3/ZnO 纳米线 SEM 照片

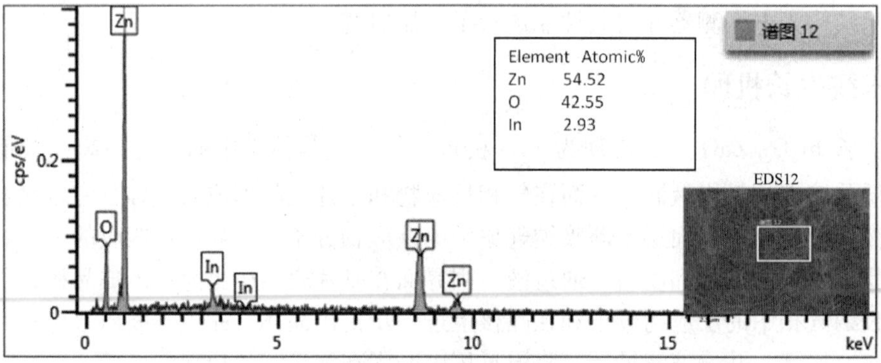

图 2　In_2O_3/ZnO 纳米线 EDS 谱

2.2　In_2O_3/ZnO 纳米线光电探测器的制备及性能测试

纳米线光电探测器经过纳米线的转移、甩胶、光刻、显影、镀电极、剥离等步骤制备而成。

单根纳米线器件在波长为 350 nm 的不同单位面积光强的单色光的照射下的 I－V 曲线如图 3a 所示。

由图 3a 可知，光电流比暗电流大得多且在相同的电压下，电流随单位面积光强的增大而增大。当电压为 2 V、光强为 0.53 Mw/cm^2 时，光电流约为 3.94×10^{-7} A，而暗电流只有 2.29×10^{-8} A。光响应为

$$R_\lambda = \Delta I/PS$$

式中　R_λ——光响应，A/mW；

ΔI——光电流与暗电流之差，A；

P——单位面积的光强，mW/cm^2；

S——纳米线面积，cm^2。

电压为 2 V 时，暗电流为 22.93×10^{-9} A，光电流为 394.31×10^{-9} A，单位面积光强为 0.53 mW/cm^2，纳米线面积约为 8×10^{-10} cm^2，则由上式可得光响应为 8.76×10^5 A/W，从根本上证明了单根 In_2O_3/ZnO 纳米线对光敏感的特性。

图 3b 所示为 2V 偏压下，光强为 0. 53 mW/cm^2、波长为 350 nm 单色光照射下测试了光电流随时间的变化。由图中可看出，光照后电流迅速增加，上升时间约为 16. 61 s；遮光后电流迅速减小，下降时间约为 47. 82 s。

为了对比，我们测试了纳米线阵列在波长 350 nm 时不同单位面积光强的单色光照射下的 I－V 曲线和 I－T 曲线，如图 4 所示。

由图 4a 可看出，当电压 2 V、单位面积的光强为 0. 53 Mw/cm^2 时，光电流约为 3. 94 × 10^{-7} A，约为相同条件下单根纳米线电流的 10 倍。

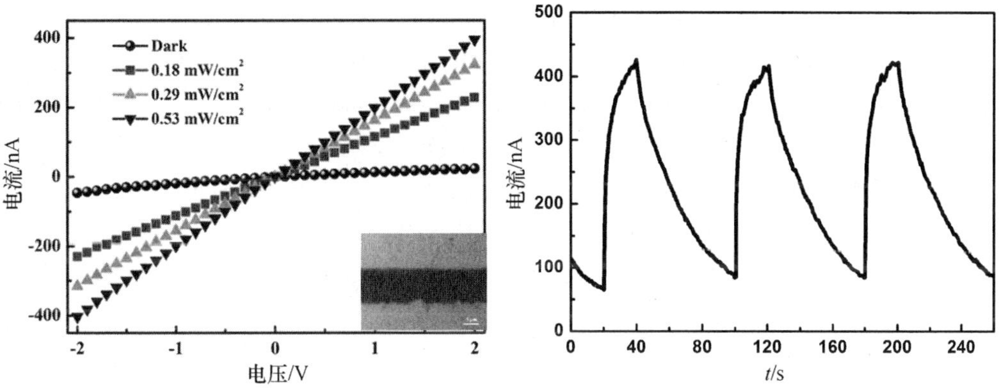

(a) I−V图 (b) I−T图

图 3 In_2O_3/ZnO 线单根纳米线光电探测器在不同光强波长为 350 nm 的单色光照射下的性能曲线

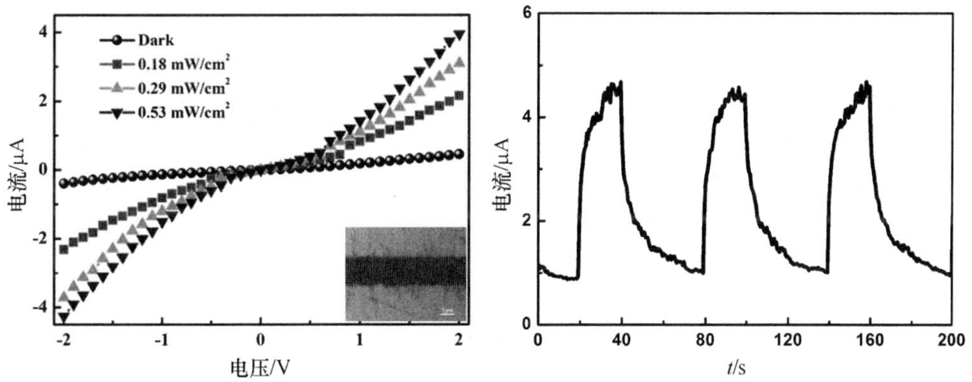

(a) I−V图 (b) I−T图

图 4 In_2O_3/ZnO 纳米线阵列光电探测器在不同光强波长为 350 nm 的单色光照射下的性能曲线

由图 4b 可看出，纳米线阵列在 2 V 偏压下 350 nm 光照时上升时间约为 16. 21 s，下降时间约为 31. 20 s，响应时间较快，稳定性和重现性较好。

3 结论

通过 CVD 法成功制备了 In_2O_3/ZnO 复合纳米线，利用半导体微加工工艺制成单根纳米线光电探测器及纳米线有序阵列光电探测器，实现了纳米线的集成。虽然 In_2O_3/ZnO 复合纳米线具有较好的光响应性、稳定性和重现性且纳米线阵列的光电流比单根纳米线的高，成功的提高了光电流，更接近实际应用，但对光电探测器整体性能的提高仍然是一个挑战。因此，发展新的有效途径制备光电探测器，在降低成本的同时提高综合性能是未来的发展趋势。

参 考 文 献

[1] T Y Zhai, L Li, X Wang, et al. Recent developments in one - dimensional inorganic nanostructures for photodetectors [J]. Adv Funct Mater, 2010, 20:4233 - 4248.

[2] X Yan, K Zhang. Ultrafast nonlinear optical properties and optical Kerr effect of In - doped ZnO nanowires [J]. Materials letters, 2016, 176:49 - 51.

[3] A Ilin, M Martyshov. UV effect on NO_2 sensing properties of nanocrystalline In_2O_3 [J]. Sensors and actuators B - chemical, 2016, 231:491 - 496.

[4] 张跃. 一维氧化锌纳米材料[M]. 北京：科学出版社，2010.

气体微反应器的粉末注射成型工艺研究

解志强　刘　琳

中国矿业大学（北京）机电与信息工程学院，北京　100083

摘　要　粉末微注射型技术是应用于微型零部件制造的新型粉末冶金近净成型技术，在现代化生产中越来越受到国内外企业的广泛关注并得以快速发展。本文以亚微米级的 3Y－ZrO_2 陶瓷粉末为原料，与热塑性黏结剂均匀混合，通过粉末微注射成型技术制备陶瓷气体微反应器，研究了不同的注射压力和注射速度对气体微反应器注塑件质量的影响并通过合理的脱脂和烧结工艺，最终获得各方面性能良好的气体微反应器。

关键词　粉末微注射成型　气体微反应器　注射压力　注射速度

Study on Powder Injection Molding Process of Gas Micro Reactor

Xie Zhiqiang　Liu Lin

School of Mechanical Electronic and Information Engineering,
China University of Mining and Technology, Beijing　100083

Abstract　Powder micro injection molding technology is a new type of powder metallurgy near net forming technology, and It is used in the manufacture of micro parts. It has received more and more attention from domestic and foreign enterprises and has been developing rapidly in modern production. In this paper, ceramic gas micro reactors was prepared by powder micro injection molding technology based on the sub micron 3Y－ZrO_2 ceramic powder as raw material and the uniform mixing of the thermoplastic binder. The effects of different injection pressure and injection rate on the quality of the injection parts of the gas micro reactor are studied. Through reasonable debinding and sintering process, the gas micro reactor with good performance is obtained.

Key words　powder micro injection molding　gas micro reactor　injection pressure

---

资助项目：中央高校基本科研业务费专项基金（2009QJ03）

作者简介：解志强（1991—　），男，山西运城人，硕士研究生，主要从事气体微反应器的粉末微注射成型工艺研究。Tel:18813093088; E－mail:18813093088@163.com injection rate

0　引言

目前，微反应器中主要采用硅体微加工（干/湿法刻蚀）、LIGA 工艺和超精密加工的方式制造微型通道。其中，LIGA 不仅工艺生产成本高，而且与硅体微加工一样均受到材料的限制，主要适用于硅、玻璃和聚合物。超精密加工主要包括微细放电加工以及高能束加工，其中微细放电加工的零件局限于导电材料，如金属等，而高能束加工生产设备复杂且成本高。因此，亟待寻求新的制造方法，使用具有良好的耐蚀、耐热性能以及优良综合力学性能的陶瓷材料来制备高性能的气体微反应器[1-4]。

粉末微注射成形技术就是将粉末注射成形技术有机地运用到外形尺寸达到微米级的零部件制备中并能满足高性价比的要求，从而成为制备微型元器件最具潜力的新技术[5-6]。粉末微注射成形技术能够批量生产成分、组织均匀的具有复杂三维形状的微型零部件，不仅简化了加工工艺而且提高了生产效率[7-9]，还可以制备用于严苛工作条件下使用的陶瓷气体微反应器。

1　实验

1.1　实验材料

本实验使用 ZrO_2 陶瓷粉末进行粉末微注射成型实验。ZrO_2 陶瓷粉末选用亚微米级氧化锆（OZ－3Y－7）复合粉（广东东方锆业科技股份有限公司），其中包含了 3 mol% Y_2O_3。该粉末粒径小，粒度分布广，比表面积大，可以实现较高的粉装量。图 1 所示为 $D_{50}=0.20$ μm 粉末的粒度分布，粒度分布由 Master Sizer2000 激光粒度分布仪获得。

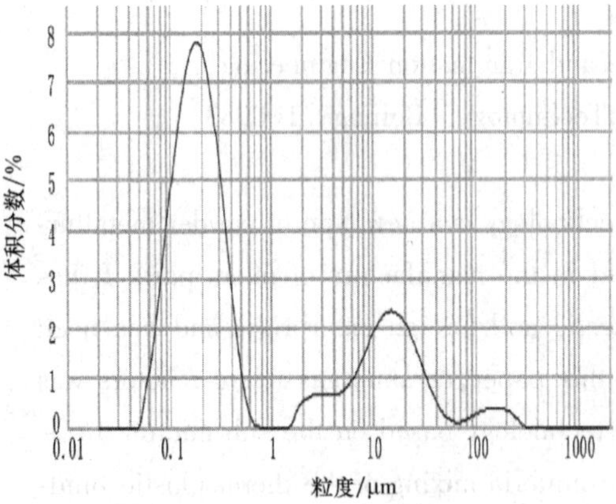

图 1　$D_{50}=0.8$ μm 粉末的粒度分布

本实验采用的是热塑性黏结剂，黏结剂组分包括高密度聚乙烯（High－density Polyethylene，HDPE）、乙烯－醋酸乙烯共聚物（Polyethylene Vinyl Acetates，EVA）、石蜡（Paraffin Wax，PW）和硬脂酸（Stearic Acid，SA）。所采用的黏结剂比例为 50% 的 HDPE、15% 的 EVA、30% 的 PW、5% 的 SA。黏结剂各组分性能见表 3。

1.2　实验方法

1.2.1　混料破碎制粒

在混料时，黏结剂与 ZrO_2 陶瓷粉末的混合发生在具有两片 Z 形桨叶的 ZH－1 捏合机（南京索恩机电设备有限公司）中。考虑到混合时的温度必须使所有黏结剂熔化并且不能使黏结剂任何一个组分分解，所以混合温度应该高于黏结剂组分中的最高熔点并且要比黏结剂组分中的最低分解温度低，所以混合温度取 160 ℃，混合时间为 1h，粉装量为 48%。

混合完成后，取出混料室中的喂料，利用 TLP－150A 型破碎机（北京天利恒诚科技有限公司）破碎后制得小颗粒状喂料。

1.2.2　注射成形

破碎后制得的喂料在海天粉末微注射成形机注射成形。

第一组注塑实验分 2 组，验证在 30 bar 的注射压力下，注射速度对注塑件表面质量的影响，注射速度分别为 40 mm/s 和 50 mm/s，其余注射条件均相同，具体注射参数见表 1。

表 1　第二组注塑实验的注射成形参数

注射条件	注射参数	注射条件	注射参数
注射压力	30 bar	注射温度	170 ℃
注射速度	40 mm/s，50 mm/s	模具温度	80 ℃

第二组注塑实验分为 4 组，验证不同注射压力对注塑件表面质量的影响，注射压力依次为 30 bar、50 bar、70 bar、90 bar，其余注射条件均相同，具体注射参数见表 2。

表 2　第一组注塑实验的注射成形参数

注射条件	注射参数	注射条件	注射参数
注射压力	30 bar，50 bar，70 bar，90 bar	注射温度	170 ℃
注射速度	50 mm/s	模具温度	80 ℃

1.2.3　脱脂

注塑件脱脂采用热脱脂方式，脱脂过程在开启式真空低温管式炉 OTF－1200X（合肥科晶材料技术有限公司）中进行，脱脂温度为 25～600 ℃，脱脂时间 36 h，热脱脂过程中通氮气，及时带走热塑性黏结剂中组分的热分解产物，使得热脱脂时，在注塑件的周围形成一个含有低浓度热分解产物的气氛，加速了热脱脂过程并且可以使热塑性黏结剂组分分解得更彻底。

1.2.4　烧结

烧结过程在真空管式高温烧结炉 GSL1700X（合肥科晶材料技术有限公司）中进行，烧结温度为 1550 ℃，烧结时间 2 h，烧结是为了让脱脂后的注塑件致密。

1.3　表征方法

表面形貌观察使用体式显微镜 K400 和扫描电镜 Hitachi S－3400N，烧结件的密度用排水法测得。

2　实验结果及分析

2.1　注射速度对注塑件表面质量的影响

第一组注塑件表面形貌观察使用体式显微镜观察，注射压力 30 bar，不同注塑速度下注塑件表面质量如图2所示，从图中可以看出注塑件表面均有明显的裂纹与凹陷。微通道内裂纹明显，长度长、宽度大，微通道内部裂纹左端都起始于远离浇口的圆柱形孔，从远浇口到近浇口过程中，两个微通道内的裂纹分别向生坯中央靠拢，在微通道的边缘处与表面裂纹连接，使得注塑件表面产生更大裂纹。注塑件中央表面凹陷大，表面不平整，粗糙度大。经研究发现，在 $P = 30$ bar 的低注射压力下，注射速度的提高对注塑件表面质量改善没有作用，说明在这个实验中，影响注塑件表面质量的主要因素是注射压力，低的注射压力使得注射成形的生坯不完整，出现欠注情况，注塑件内部疏松，整体强度低，在脱模顶出的过程中，很容易产生裂纹，最终使注塑件表面产生凹陷、裂纹，表面不平整，粗糙度大。

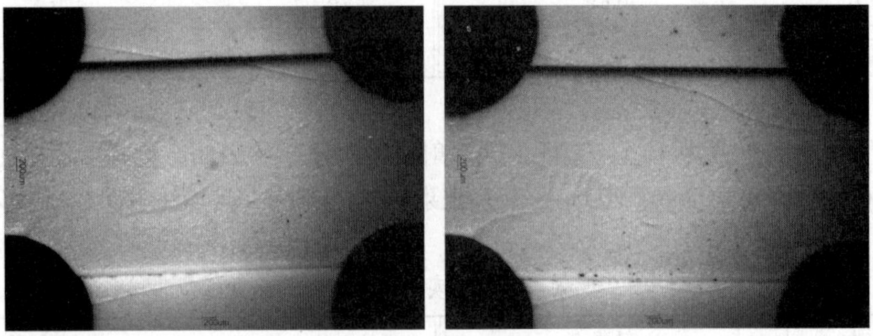

图2　注射压力30 bar，不同注射速度下的注塑件表面质量

2.2　注射压力对注塑件表面质量的影响

第一组注塑件表面形貌观察使用体式显微镜观察，不同压力下注塑件表面质量如图3所示。注射速度为50 mm/s时，注塑件表面主要问题在于气体微反应器的微通道中存在裂纹。在较低的注射压力时，微通道中的裂纹明显可见，长度长、宽度大，从右端近浇口圆柱形孔到左端远浇口圆柱形孔，贯穿于整个微通道，形成贯穿裂纹；但随着压力增大，微通道中的贯穿裂纹逐渐不明显，长度变短、宽度变小，由贯穿裂纹变成非贯穿裂纹。由实验可知，该裂纹的形成主要与注射压力有关，在较低的注射压力下形成的注塑件由于强度较低，导致微通道中出现明显裂纹；随着注射压力的提高，注塑件强度提高，裂纹逐渐减小。根据实验可知，注射压力对气体微反应器注塑件表面成形质量有很大影响，在注塑压力为30 bar时，注塑件表面质量最差，当注塑压力升高为90 bar时，注塑件表面质量最好。

2.3　脱脂和烧结

对注射参数为90 bar、注射速度40 mm/s的注塑件进行脱脂和烧结。

热脱脂方案根据热塑性黏结剂各组分的熔化温度和分解温度确定，因此，采用分阶段热脱脂，脱脂温度为25～600 ℃，脱脂时间36 h。具体方案如下：先从25 ℃升高到70 ℃，保温1 h；升温至120 ℃，保温1 h；升温至220 ℃，保温1.5 h；升温至370 ℃，保温1.5 h；最后升温至600 ℃，保温1 h。脱脂各个阶段都有氮气作为保护气氛。

烧结过程可以使脱脂后的注塑件致密化，由于烧结过程是在高温下进行的，借助原子

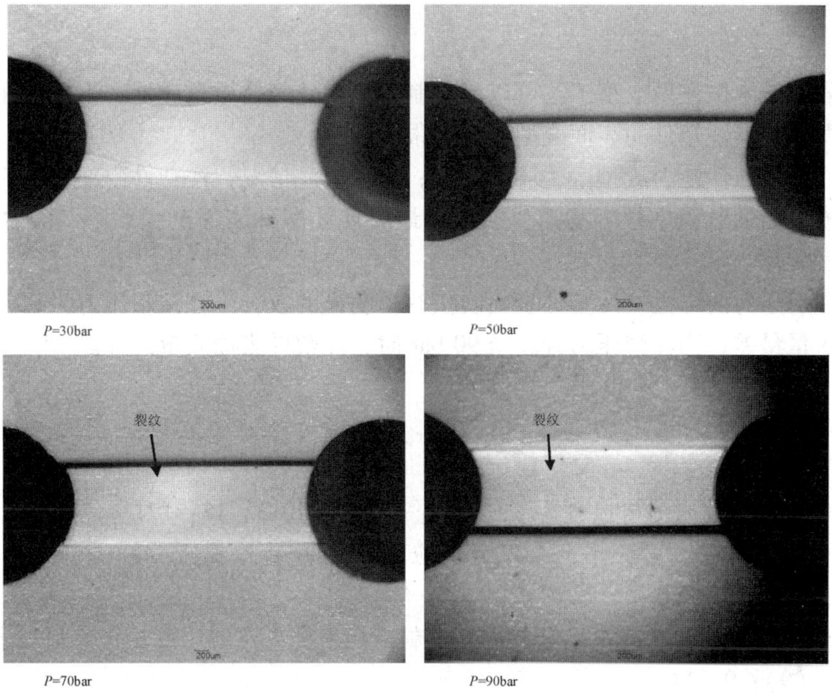

图3　不同压力下注塑件表面质量

热扩散运动，粉末颗粒运动趋向减少表面能，粉末颗粒粒径越小单位体积的表面能越大，越能够促进烧结，减少烧结时间。实验所用的0.2 μm的亚微米陶瓷粉末完全满足了这样的烧结过程。具体方案：先从室温升温至1000 ℃，保温1 h；再升温至烧结温度1550 ℃，烧结2 h。

脱脂烧结后可以得到良好的样品，排水法测得烧结后的相对密度为95.86%。烧结后样品表面用扫描电镜观察，扫描结果如图4所示。

图4　烧结后样品表面

3 结论

使用陶瓷微末微注射成型工艺可以成功制备出陶瓷气体微反应器，不同的注射成型参数对气体微反应器注塑件的表面成型质量有很大影响。

低的注射压力使注射成型的生坯不完整，出现欠注情况，注塑件内部疏松，整体强度低，在脱模顶出的过程中很容易产生裂纹，最终使注塑件表面产生凹陷、裂纹表面不平整，粗糙度大。

随着注射压力的增大，注塑件表面质量有了明显的改善。在注塑压力为 30 bar 时，注塑件表面质量最差，当注塑压力升高至 90 bar 时，注塑件表面质量最好。

参 考 文 献

[1] 潘豪. 微成形技术的研究概述 [J]. 电子世界, 2013, 18: 171 - 172.

[2] 姚华堂, 于新海, 王正东, 等. 微反应器中的微制作技术 [J]. 微细加工技术, 2006, (2): 54 - 60.

[3] 袁义坤, 赵增辉, 王育平, 等. 微机械制造技术发展及其应用现状 [J]. 煤矿机械, 2006, (9): 9 - 11.

[4] 李荣, 罗庆生. 微型机械加工技术、应用途径和发展方向的研究 [J]. 现代机械, 2000, (2): 15 - 19.

[5] 罗铁钢, 蔡一湘. 粉末微注射成型的现状与展望 [J]. 粉末冶金工业, 2013, (4): 54 - 64.

[6] 尹海清, 贾成厂, 曲选辉. 粉末微注射成型技术现状 [J]. 粉末冶金技术, 2007, (5): 382 - 386.

[7] 孔祥吉, 郝权, 曹勇家. 金属粉末微注射成型技术的发展 [J]. 粉末冶金工业, 2012, (5): 53 - 62.

[8] 贺毅强, 陈振华, 陈志钢, 等. 金属粉末注射成型的原理与发展趋势 [J]. 材料科学与工程学报, 2013, (2): 317 - 322.

[9] Micro powder injection molding—large scale production technology for micro - sized components[J]. Science in China(Series E:Technological Sciences),2008,(2):121 - 126.

合成双相磷酸钙用牛松质骨的制备及表征

许晨阳[1] 解亚娟[1] 张伊骁[1,2] 田献振[1] 张大江[1] 宋绍旗[1] 唐天龙[1]

1. 中国矿业大学（北京）机电与信息工程学院，北京 100083
2. 天新福（北京）医疗器材股份有限公司，北京 102299

摘 要 本文以新鲜成年牛股骨为原料，采用氢氧化钠、双氧水、无水乙醇对牛骨进行脱脂脱蛋白处理，在鼓风干燥箱中 50 ℃干燥 12 h，获得牛松质骨（BCB）材料。采用光学显微镜及冷场发射扫描电镜对 BCB 的表面形貌进行观察，结合显微分析法及排水法测量牛松质骨孔隙率，通过干燥失重法及残渣法对牛松质骨的成分进行测定。结果表明，对牛骨的处理过程是有效的，骨干区的孔隙率在 50% ~70%，骨骺区的孔隙率在 30% ~40%，水及有机相两相占比为（36.08 ± 0.41)%，与人自然骨的成分较为接近。

关键词 煅烧牛骨 牛松质骨 性能表征

Preparation and Characterization of Bovine Cancellous Bone used in Synthesis of Biphasic Calcium Phosphate

Xu Chenyang[1] Xie Yajuan[1] Zhang Yixiao[1,2] Tian Xianzhen[1]
Zhang Dajiang[1] Song Shaoqi[1] Tang Tianlong[1]

1. School of Mechanical Electronic and Information Engineering, China University of Mining and Technology, Beijing 100083
2. TianXinFu Medical Appliance Co. ,Ltd, Beijing 102299

Abstract Fresh adult bovine, as raw materials, were defatted protein thorough the treatment of Sodium hydroxide, hydrogen peroxide and ethanol. Then dry the bovine bone 12 hours in blast oven in the temperature of 50 ℃ and obtain bovine cancellous bone(BCB) material. Surface topography of BCB was observed by use of optical microscope and cold field emission scanning electron microscope, and Porosity of bovine can-

---

资助项目：中央高校基本科研业务费专项资金（2009QJ17）

作者简介：许晨阳（1972— ），女，辽宁鞍山人，博士，副教授，主要从事镁铝合金表面改性研究。Tel: 13693508058; E - mail: xuchenyang@163.com

cellous bone was measured by means of microscopic analysis method and drainage method, and ingredient of bovine cancellous bone were determined by means of loss on drying method and residues method. the results show that the pretreatment of bovine cancellous bone was effective, and porosity of backbone area and epiphyseal area were respectively 50% to 70% and 30% to 40%, and proportion of water and organic phase was 36.08% ±0.41, which was similar to human natural bone composition.
Key words sintering bovine bovine cancellous bone Characterization

0 引言

随着科学技术的不断发展，人体内越来越多的疾病、缺陷、伤残问题可以通过人造生物材料来解决，而随着各种材料在临床方面的反馈，一定的力学性能、生物相容性、生物降解性、诱导骨再生性是理想的骨修复材料应该具备的特点[1]。具有适当可降解性和骨诱导性的多孔双向磷酸钙（BCP）材料在植入人体后，可以达到降解和成骨的动态平衡，最终和组织融为一体[2]，这种特性使其得到了广泛关注。人工合成 HA 或 β－TCP 再制备多孔 BCP 的方法价格昂贵，而采用煅烧动物骨的方法，过程简单，成本低廉，同时与人骨结构类似的孔结构可以赋予材料更强的骨诱导性，促进骨重塑过程[3]。牛松质骨主相具有良好的生物相容性和骨传导性，又保持着天然骨骼多孔三维立体结构、良好的孔隙率及孔连通性，是合成多孔双向磷酸钙的理想材料。已有大量动物实验及临床试验表明，煅烧牛骨在植入鼠、兔、人体后都在其结构内发生骨整合，甚至有新骨生成[4-6]。同时 Matsuda M 等[7]还发现，煅烧骨得到的多孔 HA 相比人工合成的多孔 HA 材料，在植入鼠顶骨后，新骨长入更明显、更快速。这说明煅烧骨保留了原骨的结构，促进了整个骨重塑过程。因此，采用煅烧动物骨制备多孔 BCP 材料用于骨修复材料或组织工程支架材料具有实用的意义。牛骨最外面一层为较硬的皮质骨，里面为有血有肉的松质骨，因此，对牛骨进行前处理，去除血管、脂肪、结缔组织，获得干净、合适孔隙率及有机相含量的牛松质骨是成功合成理想多孔双向磷酸钙的前提。

本实验对原材料牛骨进行煅烧，制备出牛松质骨 BCB 材料，并研究其成分及孔隙结构，对材料性能进行初步了解，为煅烧牛骨制备多孔双相磷酸钙及煅烧后制得材料的安全性提供保障，为牛骨转化双相磷酸钙生物陶瓷材料的制备提供基础。

1 实验

1.1 牛松质骨的制备

取新鲜成年牛股骨，切削成片，分离皮质骨、松质骨，按孔径大小将松质骨分为骨干组和骨骺组，切削过程中应注意：保持块体的平行度，便于力学性能实验的选材；切削速度要快，避免破坏松质骨的孔结构。流水冲洗后在 60 ℃ 水浴锅环境下 1 mol/L 的氢氧化钠溶液中浸泡 8 h，后置于 30% 双氧水中浸泡 12 h，最终在无水乙醇中浸泡 1 h，鼓风干燥箱中 50 ℃ 干燥 12 h，制得牛松质骨（BCB）材料。在浸泡过程中要每半小时摇晃一次样品，每四小时换一次溶液。

1.2 牛松质骨形貌观察及孔径大小测量

为了从视觉上检测是否将有机相及细胞相全部去除，采用光学显微镜及冷场发射扫描电镜对 BCB 表面形貌进行观察，利用图像处理软件设定好图片的放大倍数及物镜到样品的距离后，测量图中孔径的大小，得到牛松质骨的孔径分布情况。

1.3 牛松质骨孔隙率的测量

本实验结合显微分析法及排水法测量牛松质骨孔隙率。在显微分析法的测量中，本文采用体视显微镜与扫描电子显微镜对材料进行观察，在观察之前，对材料用砂纸进行仔细的磨削，力求达到观察面平整且上下两面平行度高。在排水法测量孔隙率实验的实施过程中，我们不断改变选取多孔体的大小、量筒的大小，力求减小实验误差。

1.4 牛松质骨成分测定

牛骨中间区域为骨干区域，两端区域为骨骺区域。为了研究整个牛骨的成分，取骨干、骨骺区城制备得的牛松质骨各 3 组。每组松质骨的初始重量计为 m_1，在干燥箱中110 ℃环境下干燥 24 h，重量计为 m_2，将松质骨在马弗炉中 10 ℃/min 升至 800 ℃ 并持续煅烧 2 h，炉冷后重量计为 m_3。可得松质骨中水的含量为 $m_1 - m_2$，有机相的含量为 $m_2 - m_3$，无机相的含量为 m_3，换算成百分比，需要说明的是，组号与孔径大小无关。

2 结果与讨论

2.1 牛松质骨观察

采用 moticam2306 型数码体视显微镜对不同部位牛骨制备出牛松质骨的表面形貌及孔隙情况进行观察，观察结果如图 1 所示。

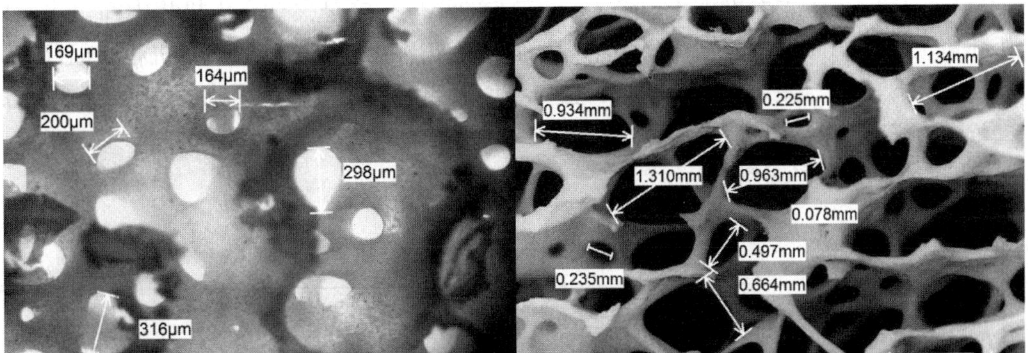

(a) 骨骺区域牛松质骨放大50倍　　(b) 骨骺区域牛松质骨放大25倍

图1　牛松质骨体视显微镜结果

图 1a 中是采自骨骺区域牛骨制备得到的牛松质骨样品，图片放大倍数为 50 倍，可以看到牛松质骨中含有互相连通的圆形孔，尺寸在 300 ~ 700 μm，同时在扁平的骨小梁上还存在着 100 ~ 200 μm 的圆形通孔，牛骨整体结构没有受到破坏。图 1b 中是采自骨干区域的牛骨制备得到的牛松质骨样品，图片放大倍数为 25 倍，可以看到在骨结构中孔隙的连通性很好，相比骨骺区域，骨干区域的牛骨依然保持着圆形或椭圆形的孔隙结构，但孔径

更大，尺寸在500～1500 μm，同时在扁平的骨小梁上或两孔隙之间还存在着100～350 μm的圆形通孔，牛骨整体结构依然没有受到破坏。

采用JSM－6701F型冷场发射扫描电镜对经过不同前处理方法得到的牛松质骨的形貌进行观察，观察结果如图2所示。

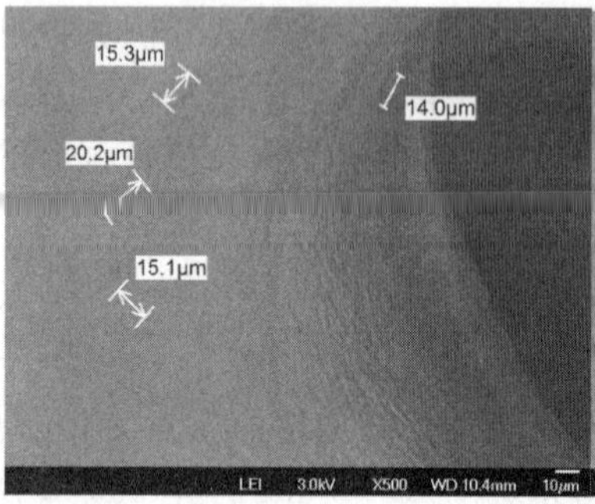

(a)

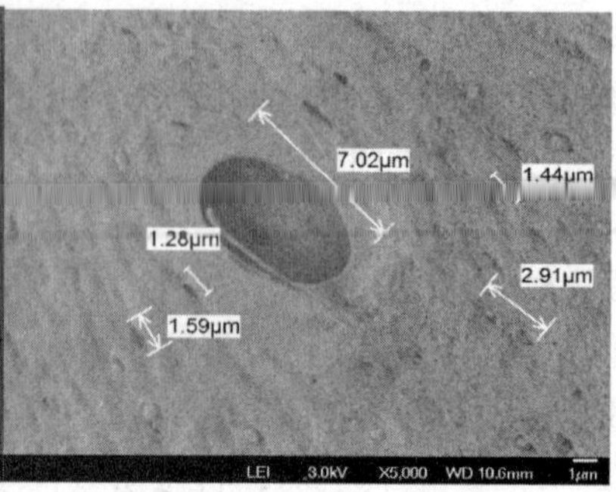

(b)

图2　牛松质骨SEM结果

采用氢氧化钠、双氧水、无水乙醇，经过不同处理时间、温度、顺序对牛骨进行脱脂脱蛋白处理，对所采用前处理方法的有效性进行评价。图2是出自同一个样品不同倍数的对比。图2a中骨小梁表面光洁、平滑，骨表面的有机物几乎被去除干净了，在表面分布着几个10 μm左右的小坑，此种结构在骨小梁表面常富集有机相的骨陷窝。图2b以一个骨陷窝为中心，对材料放大5000倍进行观察，首先发现在骨陷窝中已经出现了一条条状的无机相，同时在骨表面出现了一些2 μm左右的小坑，这是夹杂在无机相中间被去除的有机相留下的空间。虽然仔细观察骨小梁表面还存在着些许纵横交错的有机相，但已有无机相暴露在骨表面，如果进一步脱脂脱蛋白可能会影响到无机相。因此我们认为，选取的骨前处理方法是有效并且恰当的。

2.2　牛松质骨孔隙率结果

表1　牛松质骨孔隙率情况　　%

编　号	1	2	3	4
排水法	70.32	56.38	42.35	39.25
显微分析法	68.26	50.24	41.93	33.71

取不同位置的牛松质骨采用排水法及显微分析法测量其孔隙率，表1为4组具有代表性的牛松质骨孔隙率测试结果，观察得到显微分析法对孔隙率数据的测量值偏小，同时牛松质骨的孔隙率分布范围很广。由于骨干区、骨骺区并没有确切的范围界定，作者按照孔隙率情况将其大致分类，其中骨干区的孔隙率在50%～70%，骨骺区的孔隙率在30%～40%。由于牛松质骨的孔隙率是按着距离外层皮质骨的远近服从非线性梯度分布的，经过单一方向横向切割并去除皮质骨及皮质骨附近小部分松质骨后，得到的松质骨的孔隙率并不服从梯度分布。

2.3 牛松质骨成分测定

表2 牛松质骨成分测定数据 g

组号	1	2	3	4	5	6
m_1	18.70	19.23	19.30	20.22	21.13	21.54
m_2	17.47	18.04	18.08	18.96	19.75	20.21
m_3	11.99	12.33	12.25	12.92	13.40	13.89
m_1-m_2	1.23	1.19	1.22	1.26	1.38	1.33
m_2-m_3	5.48	5.71	5.83	6.04	6.35	6.32

表3 牛松质骨成分测定结果 %

组号及平均值标准差	1	2	3	4	5	6	$\overline{X} \pm s$
水	6.58	6.19	6.32	6.23	6.53	6.18	6.34 ±0.18
有机相	29.30	29.69	30.21	29.87	30.06	29.34	29.75 ±0.37
无机相	64.12	64.12	63.47	63.90	63.41	64.48	63.92 ±0.41

表2为所测的牛松质骨成分数据，对其进行处理，得到各组BCB材料中水、有机相、无机相的占比，对6组数据进行平均数、标准差计算得到牛松质骨中水、有机相、无机相分别占总质量的（6.34 ±0.18)%、(29.75 ±0.37)%、(63.92 ±0.41)%。查阅文献，有学者也对牛松质骨或其他动物骨的成分进行了测定。杨耀武等[8]对制备的牛松质骨进行了成分测定，得到有机相占总质量的37.50%左右。本文中，这一数值对应的是水及有机相含量的占比，对数据进行处理后得到本实验中牛松质骨材料中这两相占比为（36.08 ±0.41)%，与上述数据相近。这表明本实验选用的三根牛股骨成分稳定，可以忽略其年龄、疾病、性别等因素对后续实验造成的不利影响。同时与其他试验中相近的成分比例说明本实验选用的前处理方法适当合理，没有过分破坏材料的无机相构成。

胡晓波等[9]采用灰重法对一段成年女性的胫骨骨干进行测量，得到其中有机相约占38.40%，无机相约占61.60%。樊晓霞等[10]对患者术后捐赠的成年腿骨进行测量，得出其中有机相占（41.75 ±0.27)%。结合试验中对牛松质骨成分的检测数据，我们采用的牛骨原材料的有机无机成分比与人自然骨的成分比很接近，这从一定程度上说明采用同为哺乳类动物的动物骨作为人工骨的原材料是可行的，同时更可能制备出结构、组分相似的人工骨材料。

3 结论

本文采用1mol/LNaOH溶液60 ℃浸泡8 h，30%双氧水浸泡12 h，无水乙醇浸泡1 h，鼓风干燥箱中50 ℃干燥12 h的流程，成功去除牛松质骨间的有机相并没有破坏牛松质骨结构，通过排水法与显微分析法对其孔隙率进行了测量，通过SEM及体视显微镜对材料的表面形貌及孔径大小进行了观察和测量，通过干燥失重法及残渣法对牛松质骨的成分进行了测定。主要结论如下：

（1）牛骨脱脂脱蛋白后得到的牛松质骨，其孔隙率从20%覆盖至70%，孔径大小也从100 μm分布至1500 μm。其中，可用于进行煅烧骨制备的分为骨骺与骨干两个区域，骨干区松质骨的孔隙率在50%～70%，分布着连通的球形孔，孔径大小为500～1500 μm，同时在骨小梁上存在着100～350 μm的圆形通孔。骨骺区松质骨的孔隙率在30%～40%，分布着连通的球形孔，孔径大小为300～700 μm，在骨小梁上还有100～200 μm的圆形通孔。

（2）牛松质骨中的无机相沿着骨小梁的方向排列，在骨小梁表面有许多长度在10 μm左右的骨陷窝，还有许多尺寸在1 μm左右脱离骨小梁的小颗粒。

（3）牛松质骨中水、有机相、无机相分别占总质量的（6.34±0.18）%、（29.75±0.37）%、（63.92±0.41）%，与其他文献中的牛松质骨成分吻合，证明实验采用的牛骨可以排除疾病、年龄等因素的干扰。同时牛骨成分比例与人骨比例相近，用本方法制备人工骨是可行的。

参 考 文 献

[1] Isabelle Denry, Liisa T, Kuhn. Design and characterization of calcium phosphate ceramic scaffolds for bone tissue engineering[J]. Dental Materials. 2016,32:43－53.

[2] 孟磊，甄平，梁晓燕，等．结构特征对磷酸钙陶瓷骨诱导活性的影响［J］．中国组织工程研究，2015，19（43）：7010－7016.

[3] 陆伟，陶凯，毛天球，等．骨髓基质成骨细胞与煅烧骨联合培养的实验研究［J］．中国临床康复，2003，7（2）：214－215.

[4] Katoh T, Sato K, Kawamura M, et al. Osteogenesis in sintered bone combined with bovine bone morphogenetic protein[J]. Clin Orthop, 1993, 287:266－275.

[5] Werber KD, Brauer RB, Weiss W, et al. Osseous integration of bovine hydroxyapatite ceramic in metaphyseal bone defects of the distal radius[J]. J Hand Surg, 2000, 25(5):833－841.

[6] Matsuda M, Kita S, Takekawa M, et al. Scanning electron and light microscopic observations on the healing process after sintered bone implantation in rats[J]. Histol Histopathol, 1995, 10(3):673－679.

[7] Matsuda M, Kita S, Takekawa M, et al. Scanning electron and light microscopic observations on the healing process after sintered bone implantation in rats[J]. Histol Histopathol, 1995, 10(3):673－679.

[8] 杨耀武．鸵鸟骨转化多相钙磷陶瓷制备及用于骨组织工程支架材料基础研究［D］．西安：第四军医大学，2004.

[9] 胡晓波，吴多能．猪生物骨载体成分分析和对比研究［J］．生物医学工程学杂志，1996，13（2）：187－188.

[10] 樊晓霞，任浩浩，陈抒天，等．不同来源天然骨磷灰石的材料学性能比较研究[J].生物医学工程学杂志，2014，31（2）：352－356.

固相合成 $MgAl_2O_4$ 的热力学及动力学研究

范　磊　王晓陆　屈　铭　吴希平　马向东

中国矿业大学（北京）机电与信息工程学院，北京　100083

摘　要　镁铝尖晶石（$MgAl_2O_4$）具有良好的耐磨性、耐蚀性及化学稳定性等多种优良的性能，研究其合成机理具有重要的意义。本文通过固相反应法制备出 $MgAl_2O_4$ 材料，利用 X 射线衍射仪、扫描电子显微镜现代材料分析方法对其进行测定，并通过反应热力学和动力学模型对其形成机理进行研究。结果表明，Al_2O_3 和 MgO 按摩尔比 1∶1 加入少量添加剂的条件下，可以制备出高纯度 $MgAl_2O_4$ 陶瓷材料，晶粒尺寸为 1.22～7.38 nm；通过相图分析和热力学计算，1450 ℃下合成 $MgAl_2O_4$ 时，$\Delta G<0$，反应可以进行；利用动力学模型对其进行研究，表明通过离子扩散、反应、晶核形成、长大 4 个过程最终形成 $MgAl_2O_4$，其中，$MgAl_2O_4$ 形成初期由反应过程控制，随着界面层的不断变厚，$MgAl_2O_4$ 的形成过程转由扩散过程控制。

关键词　镁铝尖晶石　固相反应　热力学　动力学模型

Thermodynamic and Dynamic Studies on Solid Phase Synthesis of $MgAl_2O_4$

Fan Lei　Wang Xiaolu　Qu Ming　Wu Xiping　Ma Xiangdong

School of Mechanical Electronic and Information Engineering,
China University of Mining and Technology, Beijing　100083

Abstract　Magnesium aluminate spinel ($MgAl_2O_4$) has many excellent properties as good wear resistance, corrosion resistance and chemical stability. The synthesis mechanism research has important significance. In this paper, $MgAl_2O_4$ were prepared by the method of solid phase reaction, analyzed by using X ray diffraction, scanning electron microscope, and researched formation mechanism through the thermodynamic and kinetic model. The results show that Al_2O_3 and MgO mixed as the molar ratio of 1∶1 with a

---

资助项目：中央高校基本科研业务费专项资金（2015QJ09）；大学生创新训练项目（C201504061）

作者简介：范磊（1985—　），男，河北邢台人，硕士，工程师，主要从事摩擦磨损原理及先进耐磨材料研究。Tel：13811536197；Email：flcumtb@163.com small amount of additives can prepare high purity of $MgAl_2O_4$ with the grain size 1.22 – 7.38nm; through the phase diagram analysis and thermodynamic calculation, the reaction can be happened as ΔG of the reaction is negative at 1450 ℃. Using the dynamic model of the study showed that the formation of $MgAl_2O_4$ has four processes by ion diffusion, reaction, nucleation, growth, of which the formation of $MgAl_2O_4$ is controlled by reaction process firstly, when the interface layer thicker and thicker, the formation of $MgAl_2O_4$ turned to be controlled by the process of diffusion.

Key words $MgAl_2O_4$ spinel solid phase reaction thermodynamics dynamic model

0 引言

镁铝尖晶石（$MgAl_2O_4$）的饱和结构使其具有较高的热稳定性，它的晶体结构可以在高温下保持不变[1]。$MgAl_2O_4$ 具有一般陶瓷的优点，如熔点高（2135 ℃）、强度高、热膨胀系数低、导热性好、化学稳定性好、耐磨损、抗冲击、高硬度等[2-4]。因此，镁铝尖晶石不仅在耐火材料及其他陶瓷传统工业得到了广泛应用，并且在航空航天和军工等领域也有着广阔的应用前景，如可用于制造导弹头罩、透明装甲、电子元器件的绝缘骨架、半导体材料、红外波段窗口材料[5,6]等。目前，制备镁铝尖晶石最常用方法是固相反应合成法，即以氧化物、氢氧化物或碳酸盐为原料，将原料混合压坯后在高温下反应制备尖晶石。研究学者从制备工艺和显微结构等方面对 $MgAl_2O_4$ 进行了大量研究[7-10]。而制备过程中的现象和机理、热力学分析和动力学控制对 $MgAl_2O_4$ 研究也有着十分重要的实际意义，本文利用热力学原理与动力学模型对固相反应制备 $MgAl_2O_4$ 机理进行探究。

1 实验部分

1.1 样品的制备

利用 AEL – 200 型电子天平以 Al_2O_3 和 MgO（轻质）按摩尔比 1∶1 配料称取 Al_2O_3、MgO。原料采用化学分析纯试剂。将称好的原料倒入球磨罐中，加入钢玉磨球 30 个，水玻璃 0.4 mL，利用 QM – 3A 高速摆振球磨机对原料进行球磨混合，球磨时间 100 s。使用 769YP – 15A 粉末压片机，进行三级压制，即加压至 15 MP 保压 2 min；17.5 MP 保压 2 min，20 MP 保压 10 min。将压制好的样品放置在高温炉中，进行分级加热：经 120 min 高温炉温度从室温升到 1200 ℃；经 60 min 高温炉温度从 1200 ℃升到 1450 ℃；在 1450 ℃保温 150 min；保温结束后随炉冷却至室温，取出试样，实验样品如图 1 所示。

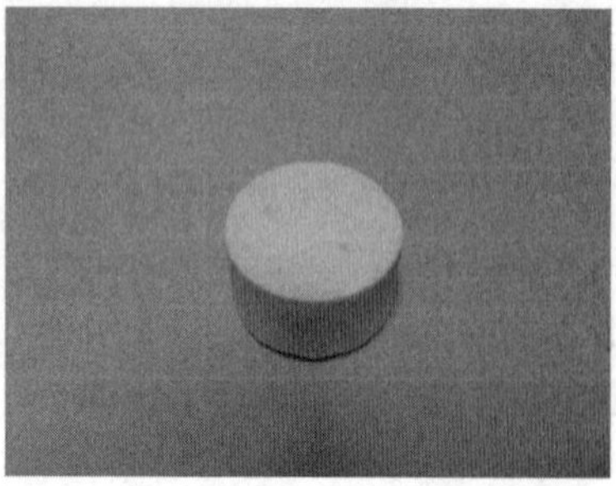

图 1 实验样品

1.2 样品的表征

采用日本 Rigaku 公司 D/max – 2500 minPC 全自动 X 射线衍射仪对制备的样品进行物相分析，实验条件：Cu 靶，管压为 40 kV，管流为 100 mA，扫描步幅为 0.02°，狭缝系统 DS = SS = 1°，RS = 0.3 mm，扫描速度为 2°/min。

利用日本 HITACHI 公司 S－3400 型扫描电子显微镜对样品的晶体结构进行观察，实验条件为工作电压 15 kV，采集二次电子图像。

2 实验结果与讨论

2.1 $MgAl_2O_4$ 物相表征与显微组织观察

$MgAl_2O_4$ 陶瓷 XRD 衍射图谱如图 2 所示，由图 2 可知，试样的结晶相只有镁铝尖晶石，没有游离的 MgO 和 Al_2O_3，说明原料中的 MgO 和 Al_2O_3 已经充分反应生成了 $MgAl_2O_4$。依据 1450 ℃焙烧样品的 XRD 图谱，由谢乐公式计算出晶粒的尺寸 d，$MgAl_2O_4$ 微晶晶粒尺寸范围为 1.22 ~ 7.38 nm。

图 3 所示为 $MgAl_2O_4$ 的显微结构照片，从中可以看出一些晶粒团聚体尺寸在 2 μm 以上，这种大颗粒的存在是导致固相反应速率缓慢的主要原因。

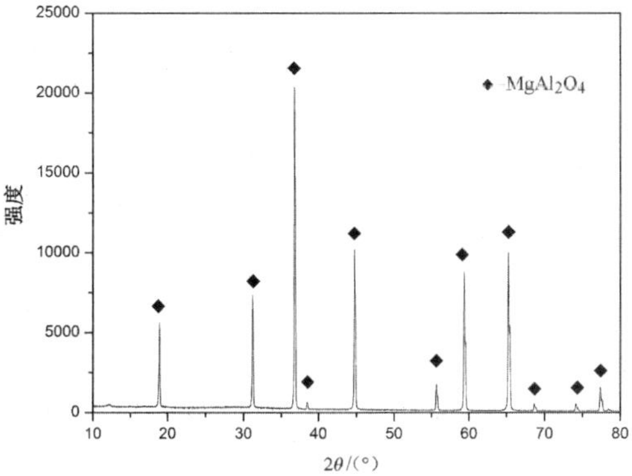

图 2 $MgAl_2O_4$ 陶瓷 XRD 衍射图谱

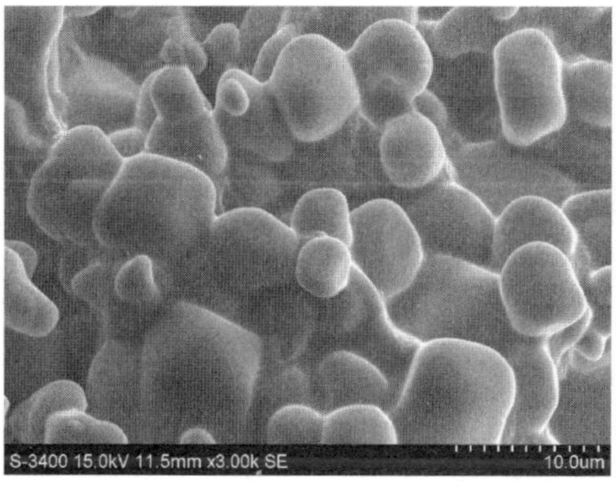

图 3 $MgAl_2O_4$ 显微结构照片

2.2 $MgAl_2O_4$ 的形成机理及热力学分析

图 4 所示为 FactSage 计算得到的 MgO－Al_2O_3 二元相图。从相图中可看到，MgO－Al_2O_3 二元系只有镁铝尖晶石一种稳定的中间产物且当 MgO 与 Al_2O_3 的摩尔比为 1∶1 时，$MgAl_2O_4$ 具有最大的形成温度区间。

MgO 与 Al_2O_3 固相反应反应如下：

$$Al_2O_3(s) + MgO(s) \rightarrow MgAl_2O_4(s)$$

对镁铝尖晶石的形成机制进行热力学分析，MgO 和 Al_2O_3 在固相烧结过程中，通过 HSC 软件计算，$MgAl_2O_4$ 生成吉布斯函数变随温度变化曲线如图 5 所示，反应的自由能为 $\Delta G = -2.739 \sim -3.921$ kcal（0 ~ 1500 ℃），该自由能在此温度范围内均为负值，从热力学角度讲，该反应在常温下就可进行，而升高温度在一定程度上是为了满足动力学条件。对于纯固相间的化学反应，此时，反应自由能 ΔG 将完全由参与物质生成的自由能决定。

2.3 $MgAl_2O_4$ 的动力学模型研究

固相反应与气相反应、液相反应相比，在反应机理和反应速度等方面有其自身的特点。固相反应属于非均相反应，反应物的扩散传质往往是反应速度的关键，因此参与反应的固相物质之间良好接触是顺利发生化学反应的先决条件。本实验中对固体粉料都在较高

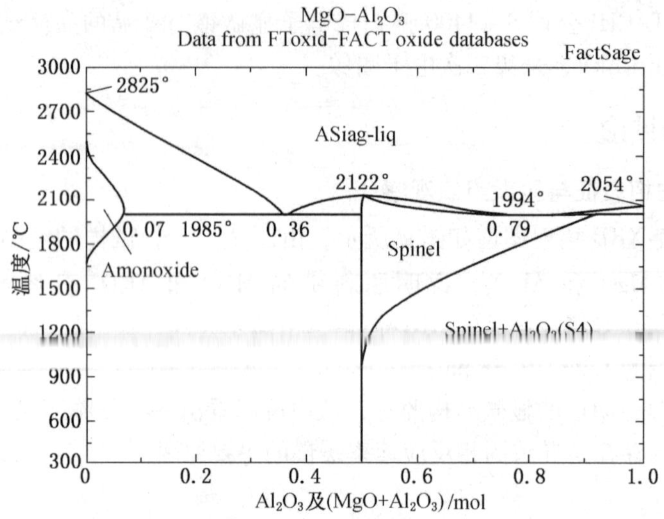

图4　$MgO-Al_2O_3$ 二元相图

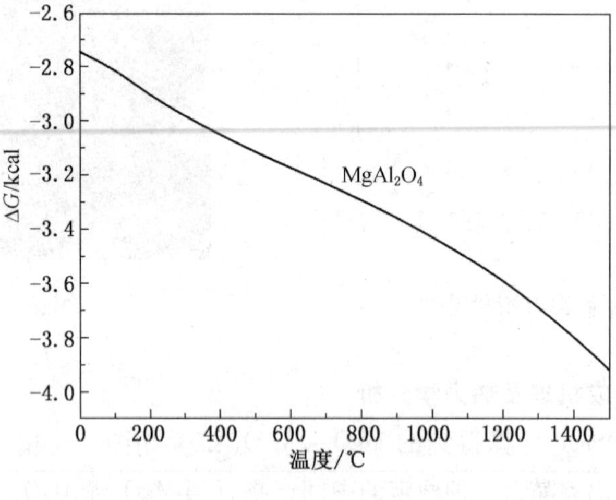

图5　$MgAl_2O_4$ 生成吉布斯函数变 ΔG 随温度变化图

的压力下进行了模压成型，以保证反应物原料颗粒之间都具有紧密的接触。对固相反应而言，反应要尽可能在高温下进行，因为在高温下反应物颗粒之间的扩散传质速度较快。

尖晶石的合成反应属于加成反应，反应通式可以写为 $AO + B_2O_3 = AB_2O_4$。通常，固相反应的显著扩散温度接近于反应物泰曼（Tammn）温度的0.5～0.8倍[1]，取 Al_2O_3 的Tm＝2050 ℃、MgO 的 Tm＝2800 ℃为参照，实验所及尖晶石的生成温度应在1400～1640 ℃较为理想，根据图5可以看出，在 $MgAl_2O_4$ 生成的温度区间内。据此，本文选择的合成终温度1450 ℃是合理的。

烧结的目的是把粉末状物料转变为致密体。这种烧结致密体是一种多晶材料，其显微结构由晶体、玻璃体和气孔组成。烧结过程直接影响显微结构中的晶粒尺寸和分布、气孔尺寸和分布以及晶界体积分数等。

在图4所示 $MgO-Al_2O_3$ 二元相图中，MgO 和 Al_2O_3 只有（$MgO \cdot Al_2O_3$）尖晶石一种稳定的中间产物。因此，在（$MgO \cdot Al_2O_3$）尖晶石的生成区域存在 MgO/（$MgO \cdot Al_2O_3$）边界和（$MgO \cdot Al_2O_3$）/Al_2O_3 边界。$MgAl_2O_4$ 尖晶石的形成和反应机理如图6所示。

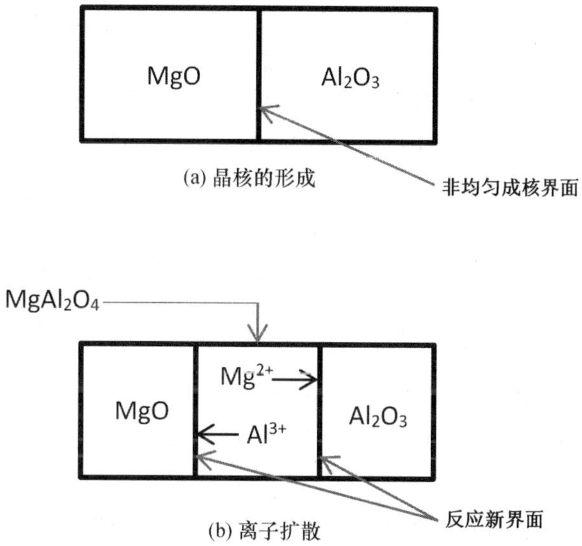

图6　$MgAl_2O_4$ 尖晶石的形成和反应机理

在扩散过程中，氧元素基本上在原处进行结构调整，并不发生扩撒。提高加热温度能够增加 Mg^{2+} 和 Al^{3+} 的扩散能力，从而提高尖晶石的形成速度。Mg^{2+} 是四配位，离子半径是0.057 nm，Al^{3+} 是六配位，离子半径是0.054 nm[11]。由于 Mg^{2+} 和 Al^{3+} 离子半径比较接近，所以扩散速度取决于原料粉体的性能和混合的均匀度。因此，分析采用纯 Al_2O_3 为原料，受热后活性提高，并使之与 MgO 均匀混合，有利于固相反应的完成。

在反应初期，首先由界面上 MgO 和 Al_2O_3 两相进行反应，如图6a所示，此时固相反应主要由化学反应速率控制；界面层不断增厚，反应物必须扩散到 $MgO-MgAl_2O_4$ 或 $Al_2O_3-MgAl_2O_4$ 界面后方可在界面上进行反应，继续形成 $MgAl_2O_4$ 层，如图6b所示。在固相反应体系中，化学反应速率一般要大于扩散速率，所以，此时 $MgAl_2O_4$ 的形成速度由开始时的化学反应速率逐渐转变为扩散速度。

杨德尔方程：
$$F(G)=[1-(1-G)^{\frac{1}{3}}]^2=\frac{K}{R_0^2}t=K_Jt \tag{1}$$

金斯特林格方程：
$$F_k(G)=1-\frac{2}{3}G-(1-G)^{\frac{2}{3}}=\frac{2D\mu C_0}{R_0^2\rho_n}t=K_kt \tag{2}$$

式中 R_0——反应物等径球颗料半径；

G——转化率；

K_k——反应速率常数；

t——时间；

D——扩散系数；

n——分子数；

C_0——初始气体浓度；

μ——分子量；

ρ——产物密度。

在杨德尔与金斯特林格动力学方程式中，反应速率常数 K 反比于颗粒半径 R_0 的平方，这是因为颗粒尺寸越小反应体系比表面积越大，反应界面和扩散截面也增加，因而反应速率增大。颗粒大小以平方关系影响着固相反应速率，颗粒尺寸分布越是集中对反应速率越有利，少数大颗粒反应物的存在往往使反应难以进行彻底。

3 结论

（1）经过 XRD 和 SEM 分析，MgO 与 Al_2O_3 的摩尔比为 1∶1 时，反应充分，生成了较纯的 $MgAl_2O_4$，晶粒尺寸为 1.22 ~ 7.38 nm；晶粒团聚体尺寸在 2 μm 以上，这种大颗粒的存在是导致固相反应速率缓慢的主要原因。

（2）通过 MgO－Al_2O_3 二元相图分析和热力学计算，只有（MgO · Al_2O_3）尖晶石一种稳定的中间产物。在 1450 ℃下，Al_2O_3 和 MgO 反应生成 $MgAl_2O_4$ 的过程 ΔG 小于 0，$MgAl_2O_4$ 可以合成。

（3）根据动力学模型研究，$MgAl_2O_4$ 的形成通过 Mg^{2+} 和 Al^{3+} 扩散、反应、形核、长大 4 个过程。其中，$MgAl_2O_4$ 形成初期由反应过程所控制，随着界面层的不断变厚，$MgAl_2O_4$ 的形成过程转由扩散过程控制。

参 考 文 献

[1] 甘霖. 镁铝尖晶石及其多孔材料的熔盐法合成制备［D］. 武汉：武汉科技大学，2010.

[2] 张思宇，$MgAl_2O_4$ 陶瓷材料的烧结研究［D］. 西安：西安建筑科技大学，2004.

[3] Hosseini S M. Structural, electronic and optical properties of spinel $MgAl_2O_4$ Oxide [J]. Phys Stat Sol: B, 2008, 245(12): 2800 – 2807.

[4] Yoshimura E M, Yukihara E G. Optically stimulated luminescence of magnesium aluminate ($MgAl_2O_4$) spinel [J]. Radiate meas, 2006, 41: 163 – 169.

[5] Thomas M, Lee M G, Andrew D G, et al. Nano – structured, infrared – transparent magnesium aluminate spinel with superior mechanical properties [J]. Int J Appl Ceram Technol, 2012, 9(1): 83 – 90.

[6] Ferreira V M, Baptista J L. Preparation and microwave dielectric properties of pure and doped magnesium titanate ceramics [J]. Materials research bulletin, 1994, 29(10): 1017 – 1023.

[7] Dericioglu A F, Kagawa Y. Effect of grain boundary micro cracking on the light transmittance of sintered transparent $MgAl_2O_4$[J]. J Eur ceram Soc, 2003, 23: 951 – 959.

[8] 潘牧，罗志平，南策文. $MgAl_2O_4$ 尖晶石涂层的显微结构［J］. 材料研究学报，

2010，14：122－126.
[9] 王中明，$MgAl_2O_4$ 基复合陶瓷材料的微波烧结制备研究［D］，徐州：中国矿业大学硕士学位论文 2014，32－33.
[10] 付萍，许永，吕文中，等．$MgAl_2O_4$ 透明陶瓷微观组织和光学性能的研究［J］．华中科技大学学报（自然科学版），2013，41（10）：1－5.
[11] 曹冬鸽．高纯镁铝尖晶石粉体的制备与研究［D］．大连：大连交通大学，2007.

预钙化溶液浓度对镁合金表面 HA 涂层的影响

王　琪　许晨阳

中国矿业大学（北京）机电与信息工程学院，北京　100083

摘　要　利用不同浓度 EDTA－Na_2Ca 和 $K_2HPO_4 \cdot 3H_2O$ 混合溶液的一步预钙化作用，在镁合金 AZ91D 表面获得了羟基磷灰石（HA）的前驱体，在改性模拟体液（m－SBF）中仿生矿化浸泡 2 d 后，羟基磷灰石涂层逐渐在镁合金表面析出。采用扫描电镜（SEM）、能谱（EDS）、X 射线衍射（XRD）表征涂层的组织形貌、化学成分及物相组成，测试仿生矿化后镁合金试样的溶血性能。进一步分析预钙化机理，探讨预处理溶液浓度对羟基磷灰石涂层的影响。结果表明，EDTA－Na_2Ca 为镁合金表面提供了活性官能团，吸引 HPO_4^{2-} 形成羟基磷灰石前驱体；100 mmol/L的 EDTA－Na_2Ca 和 $K_2HPO_4 \cdot 3H_2O$ 预处理溶液能够迅速形成前驱体，继而在 m－SBF 溶液中仿生矿化获得多孔的羟基磷灰石涂层且涂层无溶血性。

关键词　镁合金　羟基磷灰石　一步预钙化　仿生矿化法

Effect of pre－calcification solution concentration on Hydroxyapatite coating of Magnesium－alloy

Wang Qi　Xu Chenyang

School of Mechanical Electronic and Information Engineering,
China University of Ming and Technology, Beijing　100083

Abstract　Hydroxyapatite (HA) coating were obtained on Mg－alloy AZ91D by soaking in modified solution (m－SBF) for 2 days after one－step pre－calcification treatment. Scanning electron microscope (SEM), energy disperse spectroscopy (EDS) and X－ray diffraction instrument (XRD) were applied to analyze the mechanism of deposition as well as effect of pre－treatment; Furthermore, physiological characters of HA

资助项目： 中央高校基本科研业务费专项资金（2015QJ08）

作者简介： 王琪（1984—　），女，山西阳泉人，硕士，工程师。Tel:13811536197;E－mail:9i9iasw@163.com

coating were detected. The result showed EDTA – Na_2Ca prepared functional groups for Mg – alloy which could attract HPO_4^{2-} to perform the precursor of HA; Precursor deposited in 100 mmol/L EDTA – Na_2Ca and $K_2HPO_4 \cdot 3H_2O$ solution could induce a porous HA coating in m – SBF, and the deposition product of biomineralization showed no hemolytic.
Key words magnesium alloy hydroxyapatite one – step pre – calcification biomineralization

0 引言

镁及镁合金作为潜在的硬组织替换材料，与目前已投入使用的医用金属材料相比，具有与人体骨骼更为相近的弹性模量、较高的比强度[1-3]以及良好的生物相容性[4-6]，但镁合金的耐蚀性问题也在一定程度上限制了其在医用材料方面的应用。采用热 - 自组装[7]、预钙化[8]、热处理 - 有机覆膜[9]、自组装 - 预钙化[10,11]等预处理工艺，结合仿生矿化法[12,13]能在更加接近人体的环境下，为镁合金制备羟基磷灰石［$Ca_{10}(PO_4)_6(OH)_2$，HA］涂层[8,10]，有效改善镁合金的耐蚀性能并赋予其良好的生物活性[14,15]。但预处理工艺及仿生矿化过程对羟基磷灰石性能的影响，尤其是对涂层生长机理方面的研究还不够深入。

本文采用一步预钙化的方法对镁合金 AZ91D 实施预处理，为镁合金表面提供 HA 生长的前驱体，为提高羟基磷灰石的析出效率，配置改性模拟体液（m - SBF）[11]，将预处理后的试样在 m - SBF 溶液中进行 2 d 仿生矿化浸泡，制备羟基磷灰石涂层，通过羟基磷灰石涂层形貌、成分以及物相等表征结果，讨论磷灰石前驱体形成机理以及预处理溶液浓度对羟基磷灰石涂层的成分及性能的影响。

1 实验方法

1.1 镁合金基体的制备

将镁合金 AZ91D 线切割为 10 mm × 10 mm × 8 mm 的试样，采用 1000 号 SiC 水砂纸将表面打磨，置于丙酮、去离子水中超声清洗并干燥。

1.2 一步预钙化

为讨论预处理溶液 Ca^{2+}、HPO_4^{2-} 浓度对磷灰石生长的影响，分别配置不同浓度的乙二胺四乙酸二钠钙（EDTA - Na_2Ca）和 $K_2HPO_4 \cdot 3H_2O$ 溶液，pH 为 8.9，温度 95 ℃，一步预钙化预处理溶液浓度见表 1。将前处理过的镁合金试样分别在几种预处理溶液中浸泡 4 h，然后取出，用去离子水清洗，干燥。

1.3 仿生矿化

配置改性模拟体液 m - SBF[11]，与模拟体液 SBF[16]和人体血浆的离子浓度对照（表 1），用三羟甲基氨基甲烷（Tris）将溶液 pH 调节至 6.4，将一步预钙化试样置于 500 mL m - SBF 溶液中 2 d，温度 37.5 ℃。实验结束后，将试样置于去离子水中超声清洗并干燥。

表1　一步预钙化预处理溶液浓度　　mmol/L

溶　液		EDTA－Na_2Ca	$K_2HPO_4 \cdot 3H_2O$
样品	P1	500	500
	P2	250	250
	P3	100	100
	P4	50	50

表2　人体血浆、SBF和改性模拟体液m－SBF的溶液浓度　　mmol/L

液体名称	Na^+	K^+	Ca^{2+}	Mg^{2+}	HCO_3^-	Cl^-	HPO_4^{2-}	SO_4^{2-}
人体血浆 Blood plasma	142.0	5.0	2.5	1.5	27.0	103.0	1.0	0.5
模拟体液 SBF	142.0	5.0	2.5	1.5	4.2	147.8	1.0	0.5
改性模拟体液 m－SBF	81.0	5.0	12.5	1.5	4.2	147.8	5.0	0.5

1.4　表征方法

采用扫描电子显微镜（Scanning electron microscope，SEM）观测沉积层的表面形貌，利用能谱仪（Energy disperse spectroscopy，EDS）检测涂层的化学成分，并使用X射线衍射仪（X－ray diffraction instrument，XRD）分析该涂层的物相组成。

溶血实验[17]分为三组：实验组、阴性对照组和阳性对照组。在三组试管中分别加入仿生矿化镁合金样品和10 mL生理盐水、10 mL生理盐水、10 mL蒸馏水，将所有试管放入37 ℃恒温水浴箱中30 min；取ACD全血8 mL，加入10 mL生理盐水得到稀释血液，向三组试管中分别加入0.2 mL稀释血液，在37°水浴箱中恒温60 min。随即以3000 r/min离心10 min，分别吸取试管中的上清液，用分光光度计在545 nm波长处测吸光度（OD值），每组三个平行样本，计算平均值。

溶血率（*HR*）计算公式如下：

$$HR = \frac{D_t - D_{nt}}{D_{pt} - D_{nt}} \times 100\% \quad (1)$$

式中　D_t——样品吸光度；

D_{pt}——阴性对照吸光度；

D_{nt}——阳性对照吸光度。

2　实验结果与讨论

2.1　一步预钙化及仿生矿化涂层的SEM形貌

一步预钙化2 h后P3表面形成致密的圆顶状[18]钙磷盐涂层（图1a），根据EDS可知Ca/P原子比0.82远小于羟基磷灰石理论比1.667，这层钙磷盐作为前驱体，在仿生矿化过程中诱导羟基磷灰石沉积于表面；4 h后涂层长出细小的片状（图1b）。

预处理后镁合金试样在m－SBF溶液中仿生矿化2 d的表面形貌如图2所示。除试样P3形成短棒状涂层外，涂层形态均为片状，表层较大片层依附于底部细密涂层生长。EDS结果显示，下层（A）Ca/P原子比高于上层（B）（表3），可见随着涂层生长，溶液中的离子随之消耗，充足的离子供给是磷灰石生长的必要保证。对 P3 样品的微观形貌观察可以发现，短棒由更细密的丝状网络构成，这些短棒相互交错构成更多均匀孔隙。此外，在 P3 的短棒之间也长出了少量片状磷灰石。

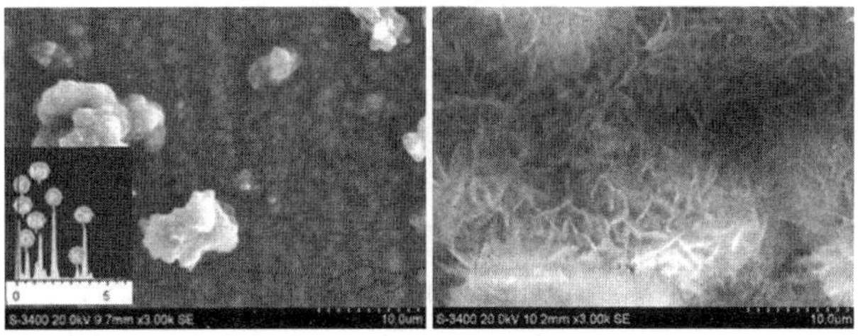

(a) 2h　　(b) 4h

图 1　一步与钙化试样 P3 的表面形貌图（a，2h；b，4h）

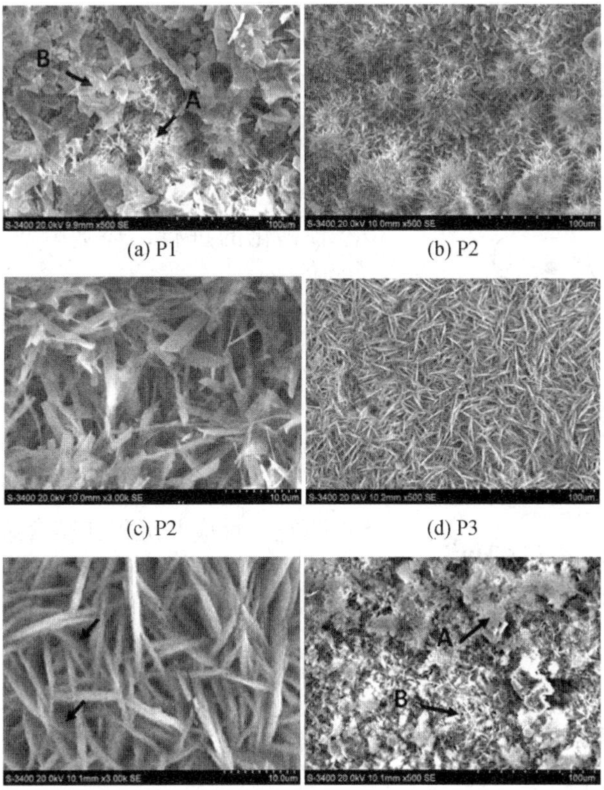

(a) P1　　(b) P2

(c) P2　　(d) P3

(e) P3　　(f) P4

图 2　一步预钙化试样经 m－SBF 溶液仿生矿化两天的表面形貌图

2.2　一步预钙化机理

在 pH 8.9 的 EDTA－Na_2Ca 和 $K_2HPO_4 \cdot 3H_2O$ 混合溶液中，镁合金 AZ91D 表面存在不完整的氧化膜，主要遵循以下反应[19－21]：

（1）阳极：$Mg \rightarrow Mg^{+} + e^{-}$

$Mg^{+} + H_2O \rightarrow Mg^{2+} + OH^{-} + 1/2H_2$（中性和碱性溶液中）

（2）阴极：$2H_2O + 2e^{-} \rightarrow H_2 + 2OH^{-}$

EDTA－Na_2Ca 的分子结构式如图 3 所示。

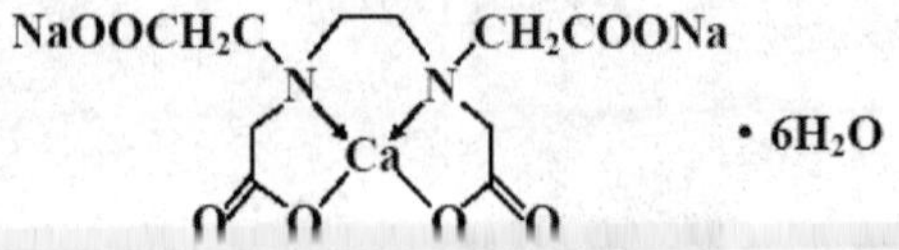

图 3　EDTA－Na_2Ca 分子结构式

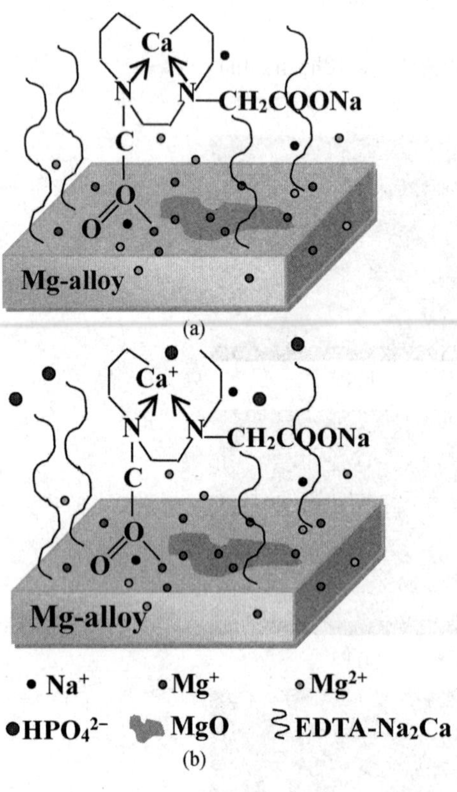

图 4　一步预钙化示意图

镁合金的一步预钙化过程如图 4 所示，溶液中的 EDTA－Na_2Ca 电离大部分的 Na^{+}，所产生的羧基（－COO－）受到 Mg^{+} 吸引，吸附于镁合金表面（图 4a）；EDTA－Na_2Ca 分子中以离子键结合的（Ca－O）键部分断开，形成活性官能团［≡N→Ca］$^{+}$；溶液中的 HPO_4^{2-} 与分子正电荷相互作用，接近镁合金表面进而与［≡N→Ca］$^{+}$ 形成钙磷盐（图 4b），随着一步预钙化的进行，羟基磷灰石的前驱体逐步形成。

表 3 比较了几种预钙化镁合金试样仿生矿化后涂层的 Ca/P 原子比。P1 到 P3 样品中，随着预处理溶液浓度的降低，仿生矿化后涂层的 Ca/P 原子比逐渐提高，P3 样品的 Ca/P 原子比最为接近羟基磷灰石。预处理溶液中的 Ca^{2+}、HPO_4^{2-} 反应并沉积在镁合金表面，才能作为羟基磷灰石的前驱体，若溶液浓度不断升高，会让大量远离镁合金基体的离子自发反应，生成的钙磷盐悬浮于溶液中，成为离子迁移的壁垒，从而制约了前驱体在镁合金表面析出，仿生矿化过程中羟基磷灰石的生长因而受到影响。可以推测，P4 样品的预处理溶液浓度不足以形成足够的前驱体。

表 3　镁合金表面涂层的 Ca/P 原子百分比

样品	A	B	面扫描
P1	1.267	0.996	1.194
P2	—	—	1.372
P3	—	—	1.524
P4	1.234	1.226	1.301

2.3 仿生矿化涂层的XRD分析

图5所示为预处理镁合金在m－SBF溶液中仿生矿化2 d后的XRD。P3样品的基体特征峰Mg相对P1、P2、P4非常微弱，(002)、(211)、(112)晶面的HA衍射峰强度更高。这表明镁合金表面经预钙化析出的前驱体，在仿生矿化过程中，能够继续诱导m－SBF溶液中的离子形成羟基磷灰石涂层。尽管P1、P2、P4样品表面均检测到磷灰石的前驱体 $CaHPO_4 \cdot 2H_2O$，但经过2 d仿生矿化并没有显著形成HA，更新m－SBF溶液延长浸泡时间可以促进磷灰石的完善。

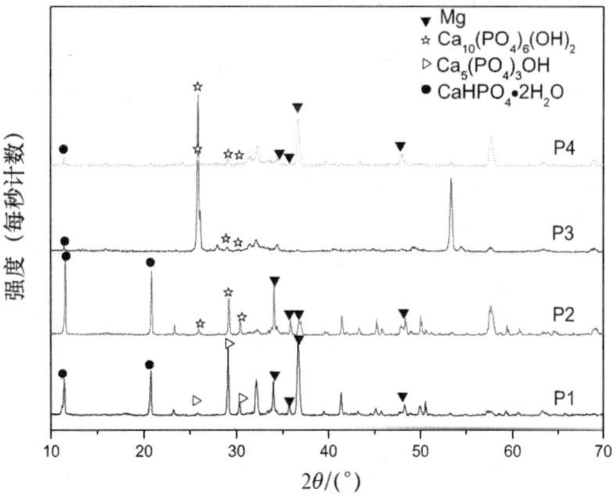

图5　预处理镁合金在m－SBF溶液中仿生矿化2d后的XRD

2.4 羟基磷灰石涂层的溶血率

溶血测试结果（表4）表明，一步预钙化镁合金试样在m－SBF溶液中形成的羟基磷灰石涂层，其溶血率显著低于5%[22]，说明羟基磷灰石涂层能够有效阻止基体溶解，保持红细胞内外渗透压，防止细胞破坏，因此涂层不具有溶血性。未经处理的镁合金试样则显示了较高的溶血率。

表4　溶血测试结果

样　品	吸光度（$X \pm S$）	溶血率/%
阳性对照	0.94433 ±0.03636	—
阴性对照	0.00333 ±0.00153	—
P1	0.02133 ±0.00252	1.916
P2	0.01833 ±0.00153	1.597
P3	0.02200 ±0.00200	1.987
P4	0.02467 ±0.00252	2.270
空白样品	0.09667 ±0.00643	9.921

3 结论

本文采用pH 9.8，95 ℃下不同浓度的EDTA－Na_2Ca和$K_2HPO_4 \cdot 3H_2O$混合溶液，对镁合金AZ91D实施一步预钙化处理，随后在m－SBF溶液中仿生矿化制备羟基磷灰石涂层，通过对涂层结构表征及性能测试，得到以下结论：

（1）一步预钙化溶液中EDTA－Na_2Ca为镁合金表面提供活性官能团［≡N→Ca］$^+$，吸引HPO_4^{2-}形成羟基磷灰石前驱体，前驱体的钙磷盐由圆顶状逐渐转变为片状涂层。

（2）预处理溶液浓度过高，不利于羟基磷灰石前驱体沉积，经100 mmol/L的EDTA－Na_2Ca和$K_2HPO_4 \cdot 3H_2O$溶液预处理的镁合金在m－SBF溶液中仿生矿化后得到多孔的短棒状羟基磷灰石涂层。

（3）经一步预钙化处理的镁合金 AZ91D 在 m－SBF 溶液中形成的羟基磷灰石涂层不具溶血性。

参 考 文 献

[1] Mark P Staiger, Alexis M Pietak, Jerawala Huadmai, et al. Magnesium and its alloys as orthopedic biomaterials: A review [J]. Biomaterials, 2006(27): 1728－1734.

[2] Shaylin Shadanbaz, George J Dias. Calcium phosphate coatings on magnesium alloys for biomedical applications: A review [J]. Acta Biomaterialia, 2012(8): 20－30.

[3] Zijian Li, Xunan Gu, Siquan Lou, et al. The development of binary Mg－Ca alloys for use as biodegradable materials within bone [J]. Biomaterials, 2008, (29): 1329－1344.

[4] Shaoxiang Zhang, Xiaonong Zhang, Changli Zhao, et al. Research on an Mg－Zn alloy as a degradable biomaterial [J]. Acta Biomaterialia, 2010(6): 626－640.

[5] F Witte, V Kaese, H Haferkamp, et al. In vivo corrosion of four magnesium alloys and the associated bone response [J]. Biomaterials, 2005(26): 3557－3563.

[6] 郭磊，刘魁，张世亮，等．CA－P/AZ31B 镁合金的生物相容性研究［J］．稀有金属材料与工程，2009（38）：99－103.

[7] 高家诚，乔丽英，王勇，等．热－自组装单分子膜表面改性镁的生物相容性［J］．功能材料，2009（40）：250－255.

[8] J Hu, C Wang, W C Ren, et al. Microstructure evolution and corrosion mechanism of dicalcium phosphate dihydrate coating on magnesium alloy in simulated body ? uid [J]. Materials Chemistry and Physics, 2010(119): 294－298.

[9] Gao Jia－cheng, Qiao Li－ying, Li Long－chuan, et al. Hemolysis effect and calcium－phosphate precipitation of heat－organic－film treated magnesium [J]. Trans. Nonferrous Met. SOC. China, 2006(16): 539－544.

[10] Sachiko Hiromoto, Masanari Tomozawa. Hydroxyapatite coating of AZ31 magnesium alloy by a solution treatment and its corrosion behavior in NaCl solution [J]. Surface & Coatings Technology, 2011(205): 4711－4719.

[11] Chenyang Xu, Qi Wang, Hongyu Ban, et al. Rapid deposition of hydroxyapatite on Mg－alloy by biomineralization method [J]. Advanced Materials Research, 2010(413): 160－165.

[12] Yu Fen Chou, Wen An Chiou, Yuhuan Xu, et al. The effect of pH on the structural evolution of accelerated biomimetic apatite [J]. Biomaterials, 2004(25): 5323－5331.

[13] Kokubo Tadashi, Hiroaki Takadama. How useful is SBF in predicting in vivo bone bioactivity[J]. Biomaterials, 2006(27): 2907－2915.

[14] Carla Lorenz, Johannes G Brunner, Philip Kollmannsberger, et al. Effect of surface pre－treatments on biocompatibility of magnesium [J]. Acta Biomaterialia, 2009(5): 2783－2789.

[15] Shaylin Shadanbaz, George J Dias. Calcium phosphate coatings on magnesium alloys for bio-

medical applications: A review [J]. Acta Biomaterialia,2012(8): 20 -30.

[16] Kokubo T,Kushitani H,Sakka S,et al. Solutions able to reproduce in vivo surface - structure changes in bioactive glass - ceramic A - W3 [J]. J Biomed Mater Res,24(6):721 - 734.

[17] 王勇平，何耀华，朱兆金，等. Mg - Nd - Zn - Zr 镁合金体外降解行为及生物相容性 [J]. 科学通报，2012 (57): 3109 -3116.

[18] Masanari Tomozawa, Sachiko Hiromotoa. Growth mechanism of hydroxyapatite - coatings formed on pure magnesium and corrosion behavior of the coated magnesium [J]. Applied Surface Science,2011(257): 8253 -8257.

[19] Song G L,Atrens A. The electrochemical corrosion of pure magnesium in 1 N NaCl [J]. Corrosion Science,1997(39): 855 -875.

[20] 宋光铃. 镁合金腐蚀与防护 [M]. 北京：化学工业出版社，2006，42 -55，203 - 209.

[21] 李再春. 镁作为可降解硬组织植入材料腐蚀行为的研究 [D]. 天津：天津大学，2007.

[22] 郭磊，刘魁，张世亮，等. 氧化镁膜 AZ31B 镁合金材料的细胞毒性研究 [J]. 稀有金属材料与工程，2008 (37): 1207 -1031.

可调频激振法小提琴音板质量检测仪的设计

宋　涛　马　飞　贾瑞清　高小峰

中国矿业大学（北京）机电与信息工程学院，北京　100083

摘　要　本文设计一种为小提琴制琴师在小提琴合琴前提供修正音板形状参考信息的仪器。利用三组可调频激振器使置于激振器之上的音板在激振器作用下发生共振现象，引起洒在音板上的粉末形成一定形状的图形，经过对比标准克拉德尼图形，反映出当前音板存在的不足，再对音板形状进行修正。反复进行这一过程，直到音板形成的图形与标准图形接近，从而达到为制琴师提供修正音板形状信息的目的。

关键词　小提琴制作　音板　克拉德尼图　小提琴声学

Design on Frequency Modulation and Vibration Method of Violin Soundboards Quality Inspection Instrument

Song Tao　Ma Fei　Jia Ruiqing　Gao Xiaofeng

School of Mechanical Electronic and Information Engineering, China University of Mining and Technology, Beijing　100083

Abstract　This paper aims to design a kind of instrument that help luthiers correct soundboards before the violin spliced. The soundboard on the three groups of adjustable frequency amplifiers is resonated. And the powder on the soundboard is formed a pattern by a certain rule when the resonance phenomenon happened. Luthiers can correct the soundboard according to contrasting the partten with Chladni patterns. By repeat this process, the pattern shaped by the soundboard will be more similar to Chladni patterns.

Key words　violin making　soundboard　Chladni patterns　violin acoustics

0　引言

小提琴制作已有三百多年的历史，作为一件木质部件的组合品，小提琴在结构上看简

资助项目：中央高校基本科研业务费专项资金（2011YJ02）

作者简介：宋涛（1994—　），男，内蒙古呼伦贝尔人，硕士，主要从事模块化机器人研究。Tel:13126781865；E－mail:songtaosteve@outlook.com

单，但在声学的作用方式上却极其复杂。小提琴的振动方式是弦和板之间耦合产生板振动,再由音板激发整个音箱的振动和共鸣，使弦上振动的能量通过板的振动扩大并辐射到空气中去。此过程表明小提琴音质与音板本身的固有频率和它对弦振动的反应密切相关[1]。音板的弧度和厚度的分布、木材的密度以及质量等决定了音板的固有频率。在此之前，小提琴音板定音的方法有两种：一种是敲击定音，即用小锤敲击自由音板来激发基频或者也可以拉动琴弓摩擦自由音板边缘引起振动；另一种是弯曲定音，即向音板施加特定的应力并测量相关的应变并以此为依据调整刚度。定音这个问题既复杂又有争议，虽然有大量论述这一问题的著作，但都是高技术的、具有科学性的，与许多小提琴制作师所采用的比较直接的方法有些不相称[2]。本文提出一种测试仪器，利用音板共振形成图形的原理，简单直接反映出音板存在的问题，为制琴师提供了十分有价值的参考信息。

1 仪器设计

小提琴的发音不允许有任何杂音，乐音要求干净、圆润。杂音是由许多正弦波合成的，它的波形图线是很复杂的非周期性曲线，没有明显的调及音高，一般听起来使人感到不舒服[3]。小提琴发出理想优美的音时，其振动波形应是简单的正弦波曲线。

1.1 仪器原理

一根普通长方木条，从每一端起在其长度的 1/5 处找两个点，把这两个点用东西支住，敲击中心就找到了它振动的正常模式。这两个点叫作波节，基本固定不动，而木条的中间和两端在振动，振动部分称为波腹。如果木条足够长，就可通过移动支撑点和敲击部位的方式找出其他正常振动模式。这些振动模式的频率随木条厚度变化；如果长度、宽度和材料都一样，那么木条越薄频率越低[4-7]。不过，小提琴弧形结构的面板和背板，其正常振动模式要比木琴条复杂得多。最初的小提琴音板振动模态的测试方法：用海绵支撑小提琴音板的某些点，使其水平，在板里撒上细粉末，用弓拉音板边缘，用这种方法就可以看见这些正常的振动模式。小提琴音板共振时，粉末就聚集在不振动的波节部位。这项技术是由恩斯特·克拉德尼（Ernst Chladni）引荐并经费利克斯·萨瓦尔（Felix Savart）与其他人在早期研究中使用过的。前文提到小提琴发出理想优美的音时其振动波形应该是简单的正弦波曲线，由此考虑到可以用一台提供可变正弦波发生器，使其与一只台式扬声器相连的频率计数器相连[8]。其中，正弦波发生器为测试音板提供理想激振源，为了将声波传播出来，将扬声器与它连接，实验时，如果小提琴音板的波节点放置在柔软的泡沫塑料垫上，波腹部位处于扬声器上方（此种方式无须机械连接，测量结果更加精确），板里撒上细粉末，就可以改变频率，直到音板以其一种或多种正常振动模式发生共振为止。同时，细粉末向上弹跳的高度还可以显示出音板相对应的振幅。通过这样简单的设备就可以通过调节振动频率获得小提琴自由音板振动的模态图。

1970 年，卡利恩·哈钦斯利用全息干涉测量法（Hologram Interferometry，HI）发现小提琴音板正常振动模式可以用非常实用的方法呈现出来。全息干涉测量法利用激光显示出干涉条纹，或者相对于振动体的静止状态而言，这些条纹勾勒出振动体在什么部位弯曲[9]。到目前为止，哈钦斯博士和其他人已经能够通过改进模式Ⅰ、模式Ⅱ和模式Ⅴ的图形（图 1）以及改变这几种模式所产生的频率，创造出具有良好演奏品质、发音出色的

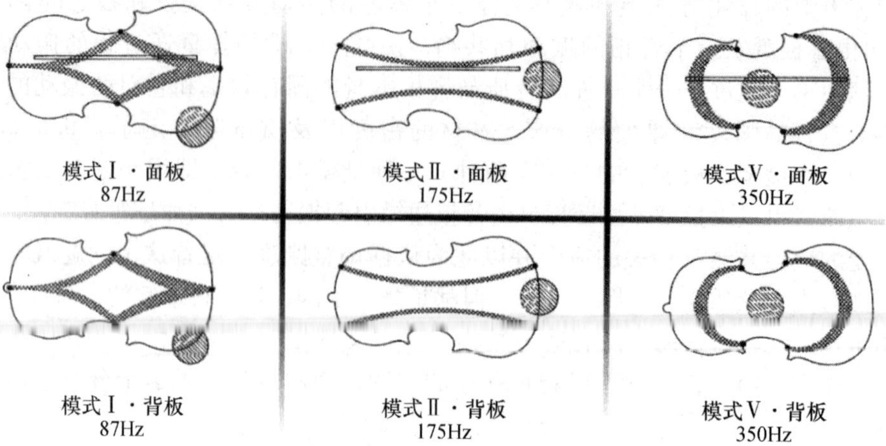

图1　小提琴音板克拉德尼图形

小提琴。

1.2　仪器各部分功能

仪器由正弦波发生器、功率放大板、扬声器、支撑柱、外壳几部分组成。其中，正弦波发生器用于产生不同频率的正弦波；功率放大板用于放大正弦信号，驱动扬声器发声；扬声器作为仪器的输出部分，输出特定频率正弦波能量，通过空气介质将能量传递给音板，引起音板振动；正弦波发生器、功率放大板、扬声器共同组成了激振器；外壳除了起容纳各部分组件的作用外，在外壳顶部还有音板外围轮廓线、支撑柱刻线以及标准克拉德尼图形，方便使用者确定音板的正确位置，对比标准克拉德尼图形（见图1）。仪器结构如图2所示。

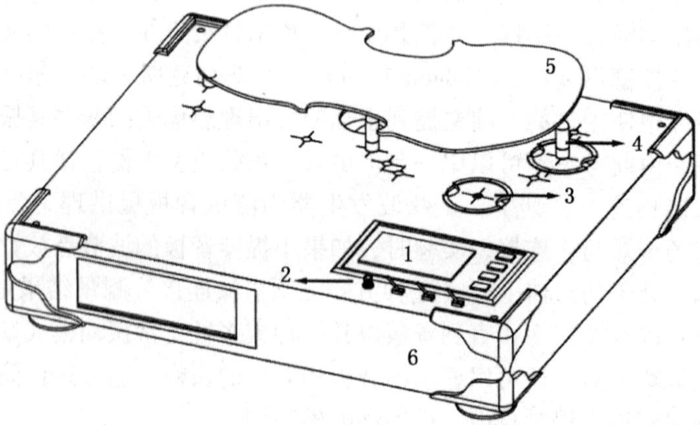

1—正弦波发生器；2—功率放大板；3—扬声器；4—支撑柱；5—音板；6—壳体

图2　仪器结构图

下面详细介绍下仪器结构：

（1）正弦波发生器。将一个频率发生器作为正弦波发生器，是仪器的输入部分，为扬声器提供信号源，频率发生器可以根据不同模态下的频率要求设置相应频率。

（2）功率放大板。功率放大板是频率发生器与扬声器连接的桥梁，它将频率发生器产生的信号经过自身将其放大，以驱动扬声器工作，同时它还具有调节信号功率的作用，这在音板模态测试中，也是一个十分重要的功能（音板在某一频率下，产生对应模态图形，若需要的频率功率越小，说明音板更容易在这个频率下做出响应）。

（3）扬声器。3 个扬声器作为仪器的输出部分，其工作状态由正弦波发生器下的 3 个开关控制，其位置对应了不同模态下音板振动的波腹位置，起到了激振音板的作用。

（4）支撑柱。支撑柱由海绵、支柱、磁铁三部分组成，海绵用于支撑音板，磁铁位于支撑柱底面用于与仪器面板定位。考虑到音板制作风格的不同，不同制琴师最后制作出的音板尺寸都会略有不同，因此，支撑音板的支柱在水平方向上应能进行位置调整，以适应不同尺寸音板的定位需求。

1.3 仪器壳体设计及合理性分析

仪器壳体设计考虑了以下几点：根据音板尺寸确定合适的外壳尺寸，在外壳顶板添加定位辅助线，便于音板准确定位。

（1）工作情况下壳体共振分析：由于需要得到音板在不同工作频率下生成的模态图形，为保证仪器壳体不会在工作频率下共振而影响音板模态图形进度，因此，需要进行壳体的共振分析。对仪器壳体进行 SolidWorks Simulation 频率分析。

（2）分析过程：将壳体简化，仅保留壳体顶板、前后左右板以及底板，模拟实际工作情况，对顶板 4 个边、前后左右板以及底板进行固定后进行共振分析，得到频率分析结果（表 1）。

在频率 358.2 Hz 下的变形情况如图 3 所示。

表1　频率分析结果

模式号	频率/Hz
1	358.2
2	590.9
3	815.3

图 3　358.2 Hz 下壳体变形情况

（3）结论：由 SolidWorks Simulation 进行频率分析可以得出，在壳体的共振频率高于仪器工作频率时，仪器在工作期间并不会过度变形，进而不会影响音板形成的图形精度。

2　仪器工作流程

仪器接通电源后，放置好音板，将细小粉末均匀洒在音板上，打开频率发生器，按照标准克拉德尼图形设定频率，打开对应喇叭开关，用旋钮调整喇叭功率大小。此时细小粉末会在音板上形成相对稳定的图形，对比标准图形，制琴师即可根据对比结果，对音板形状进行修正。修正后，再将音板置于仪器上。反复进行这一过程，直到满意为止。仪器工作流程如图 4 所示。

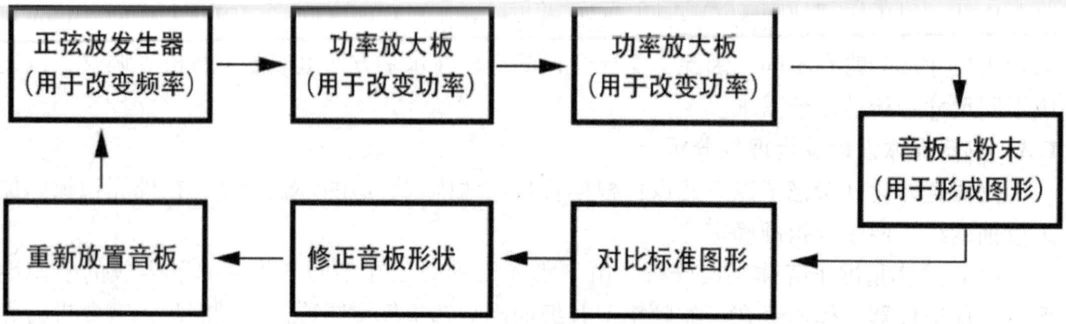

图4　仪器工作流程

3　仪器试验结果

在与制琴师高小峰先生的合作下，经过试验可知，仪器可以很好地为制琴师提供修正音板的信息。音板图形的形成效果一方面与音板本身形状有关，另一方面用于形成图形的细小粉末同样对图形的形成有较大影响。在试用的几种细小粉末中，茶叶末形成的图形效果较好。

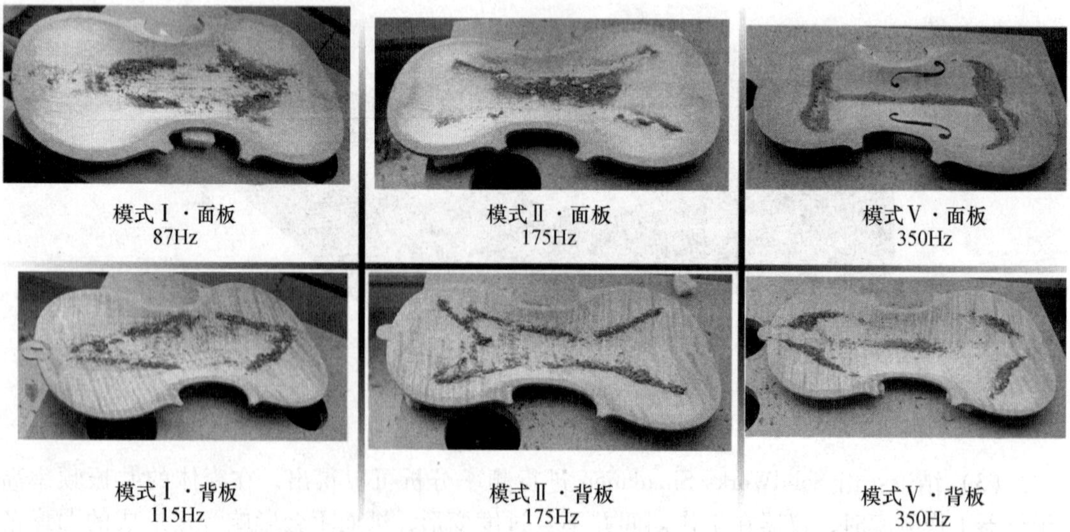

图5　不同频率下音板形成的图形

4 结论与展望

通过总结试验结果可以得出，仪器试验机已经达到了所期望的效果，可以很好地为制琴师提供修改音板的信息。

同样在试验过程中发现的问题，如撒在音板表面的粉末容易受外部环境影响，不易长时间保持实际图形。

未来改进方案：

（1）为实验仪器添加罩子，将透明塑料罩罩在音板工作位置，这样既保护了粉末组成的模态图形，又能适当减小仪器工作的噪声。

（2）为实验仪器添加图像识别系统，在仪器上方添加一套图像识别系统，连接计算机，这样可以及时且更准确地分析实验图形。

（3）选用更适合的材料作为形成图形的细小粉末。

在此特别感谢小峰提琴工作室为本次仪器试验提供的帮助与支持。

参 考 文 献

[1] 王丹．提琴音板制作物理学的研究［D］．北京：中国矿业大学（北京），2016.

[2] 王妍力．论提琴音板弧度对声学品质的影响［J］．艺海，2013，(8)：63 -64.

[3] 小提琴作坊．小提琴出现杂音不要惊慌仔细排查帮你解决(2015 -6 -12)[EB/OL]. http：//www. xtqzf. com/10534. html.

[4] O E Rodger. Effect on plate frequencies of local wood removal from violin plates supported at the eadges[J]. Catgut Acoust(Series II),(8).

[5] E Jansson. Acoustics for Violin and Guitar Makers[EB/OL]. 2002, www. kth. com, Part5: 1 -32.

[6] E Jansson. Timbre and properties of a violin[EB/OL]. 1993, STL - QPSR 4.

[7] E Jansson. Violin timbre and the ticket fence[EB/OL]. 1990, STL - QPSR 4: 89 -95.

[8] Johnson C, Courtnall R. 小提琴制作艺术[M]. 北京:人民音乐出版社,2003:139 -145.

[9] 张爱林，贾瑞清，李直高，等．小提琴自由琴板振型分析系统及音柱对振型影响的实验研究（上）［J］．乐器，2009，(3)：16 -19.

基于变分模态分解的综放工作面煤岩性状特征指标提取

焦亚博　薛光辉　姜志宪

中国矿业大学（北京）机电与信息工程学院，北京　100083

摘　要　综放开采中顶煤放落程度（煤岩性状）由煤矿工人凭直觉判断易导致“欠放”或“过放”现象，针对这一问题，提出了一种基于变分模态分解的煤岩性状特征指标提取方法。开展煤矿井下综放工作面顶煤垮落实验，获取了煤矿井下综放工作面顶煤垮落和矸石垮落两种工况冲击液压支架后尾梁的振动信号，然后通过确定模态函数个数 k 对信号进行了变分模态分解。经过对比分析发现，两种不同工况下的模态函数能量百分比在频率分布上存在明显差异，顶煤垮落时模态函数的能量主要分布在 0～1500 Hz 段，占总能量的 50% 左右；矸石垮落时模态函数的能量主要分布在 3000～5000 Hz，占总能量的 50% 以上并且模态函数的能量在 0～1500 Hz 段所占百分比很小，在 10% 以下。因此，模态函数能量百分比可以作为综放工作面煤岩性状识别的特征指标。

关键词　煤岩性状识别　变分模态分解　特征提取　综放工作面　振动信号

CharacteristicExtraction of Coal and Gangue at Fully Mechanized Caving Mining Face based on Variational Mode Decomposition

Jiao Yabo　Xue Guanghui　Jiang Zhixian

School of Mechanical Electronic and Information Engineering, China University of Mining and Technology, Beijing　100083

Abstract　At fully mechanized caving mining face, the degree of coal falling is mainly controlled by worker's experience, which can easily lead to the problem of "over caving" or "under caving". In this case, this paper put forward a method of characteristic extraction of coal and rock based on variational mode decomposition. The top coal caving

资助项目：央高校基本科研业务费专项资金（2009QJ16）

作者简介：焦亚博（1991—　），男，河南人。Tel:13126793676; E－mail: jiaoyabo1992@163. com experiment was carried out and the vibration signal at the hydraulic support tail beam was obtained under the different working conditions of coal caving and gangue caving. The signal was analyzed with the method of variational mode decomposition after the number of Intrinsic Mode was confirmed. Through comparative analysis, we found that there are a lot of differences in modal function energy percentage among different work conditions. When coal caving, modal function energy is mainly distributed in 0 ~ 1500hz, which accounts for about 50% of the total energy; When gangue caving, Modal function energy is mainly distributed in 3000 ~ 5000 hz, which accounts for more than 50% of the total energy, and Modal function energy percentage in 0 ~ 1500 hz is very small, which accounts for less than 10% of the total energy. So the energy percentage of modal function can be used as the characteristic index for the coal and rock character recognition at fully mechanized caving mining face.

Key words Coal and rock character recognition Variational mode decomposition characteristic extraction fully mechanized caving mining face vibration signal

0 引言

综合机械化放顶煤开采方法由于具有高产高效、低耗、安全、经济效益好等优点在我国厚煤层开采中得到普遍应用，是厚煤层开采的主要方法[1-3]，目前综放工作面放煤过程中放煤口的关闭时机是靠放煤工通过直觉与经验判断煤炭是否存在夹矸及含矸量的多少决定的。综放工作面环境恶劣、粉尘多、照明差，煤矿工人通过肉眼观察很难看清放煤口的煤岩性状，凭直觉和经验不可避免地会造成“过放”与“欠放”状况[4]。因对煤岩界面描述方法的缺失、研究仪器的缺乏和研究手段的不足，该问题至今没有有效的解决方法。因此，研究顶煤放落过程中煤岩性状识别方法、探索顶煤放落的控制策略、实现放煤口自动控制、提高放顶煤工艺的自动化和智能化是综放开采亟待解决的难题[5]。

采集煤矿井下综放工作面顶煤垮落、矸石垮落撞击液压支架后尾梁产生的振动信号，通过确定相关参数对信号进行变分模态分解分析，得到了带有不同中心频率的模态函数。通过计算和对比分析发现，顶煤垮落信号和矸石垮落信号经过变分模态分解后得到的各模态函数的能量百分比在频率分布上存在很大差异，因此，将模态函数能量百分比这一指标作为综放工作面煤岩性状识别的特征指标，为研究综放工作面煤岩性状识别奠定基础。

1 变分模态分解

变分模态分解（Variational Mode Decomposition，VMD）是一种新的信号分解估计方法，其整体框架是变分问题，使得每个模态的估计带宽之和最小，其中假设每个“模态”是具有不同中心频率的有限带宽，为解决这一变分问题，采用了交替方向乘子法，不断更新各模态及其中心频率，逐步将各模态解调到相应的基频带，最终各个模态及相应的中心频率被一同提取出来[6-8]。VMD 算法中，本征模态函数被重新定义为一个调幅 - 调频信号，形式如下：

$$u_k(t) = A_k(t)\cos[\phi_k(t)] \tag{1}$$

式中　$A_k(t) \geqslant 0$——瞬时幅值；

　　$\phi_k(t)$——相位，$\phi'_k(t) \geqslant 0$。

$A_k(t)$瞬时频率为$\omega_k(t) = \phi'_k(t)$。$A_k(t)$和$\omega_k(t)$相对于相位来说是缓变的，即在$[t-\delta,\ t+\delta]$、$\delta \approx 2\pi/\phi'_k(t)$的间隔范围内，$u_k(t)$可以看成幅值为$A_k(t)$、瞬时频率为$\omega_k(t)$的谐波信号。

1.1　变分问题的构造

假设每个“模态”是具有中心频率的有限带宽，变分问题描述为寻求 k 个模态函数 $u_k(t)$，使得每个模态的估计带宽之和最小，约束条件为各模态之和等于输入信号 f，具体构造步骤如下：

通过 Hilbert 变换，得到每个模态函数 $u_k(t)$ 的解析信号

$$\left[\delta(t) + \frac{j}{\pi t}\right] * u_k(t) \tag{2}$$

对各模态解析信号混合一预估的中心频率 $e^{-j\omega_k t}$，将每个模态的频谱调制到相应的基频带，并计算解调信号梯度的平方 L^2 范数，估计出各模态信号带宽，受约束的变分问题为

$$\begin{cases} \min\limits_{\{u_k\},\{\omega_k\}} \left\{ \sum\limits_k \left\| \left[\left(\delta(t) + \dfrac{j}{\pi t} \right) * u_k(t) \right] e^{-j\omega_k t} \right\|^2 \right\} \\ s.t.\ \sum\limits_k u_k = f \end{cases} \tag{3}$$

式中，$\{u_k\} = \{u_1,\ u_2,\ \cdots,\ u_k\}$；$\{\omega_k\} = \{\omega_1,\ \omega_2,\ \cdots,\ \omega_k\}$；$\sum\limits_k = \sum\limits_{k=1}^{K}$。

1.2　变分问题的求解

引入二次惩罚因子 α 和拉格朗日乘法算子 $\lambda(t)$，将约束性变分问题变为非约束性变分问题，其中，二次惩罚因子可在高斯噪声存在的情况下保证信号的重构精度，拉格朗日算子使约束条件保持严格性。扩展的拉格朗日表达式如下：

$$L(\{u_k\},\ \{\omega_k\},\ \lambda) =$$

$$\alpha \sum_k \left\| \partial_t \left[\left(\delta(t) + \frac{j}{\pi t} \right) * u_k(t) \right] e^{-j\omega_k t} \right\|^2 + \left\| f(t) - \sum_k u_k(t) \right\|_2^2 + \left[\lambda(t), f(t) - \sum_k u_k(t) \right] \tag{4}$$

VMD 中采用了乘法算子交替方向法（Alternate Direction Method of Multipliers, ADMM）解决上述变分问题，通过交替更新 u_k^{n+1}、ω_k^{n+1} 和 λ^{n+1} 寻求扩展拉格朗日表达式的“鞍点”。其中 u_k^{n+1} 的取值问题可表述为

$$u_k^{n+1} = \underset{u_k \in X}{\operatorname{argmin}} \left\{ \alpha \left\| \partial_t \left[\left(\delta(t) + \frac{j}{\pi t} \right) * u_k(t) \right] e^{-j\omega_k t} \right\|_2^2 + \left\| f(t) - \sum_i u_i(t) + \frac{\lambda(t)}{2} \right\|_2^2 \right\} \tag{5}$$

式中，ω_k^{n+1} 等同于 ω_k^{n+1}；$\sum\limits_i u_k(t)$ 等同于 $\sum\limits_{i=k} u_i(t)^{n+1}$。

利用 Parseval/Plancherel 傅里叶等距变换，从时域转变到频域，可以求得二次优化问题的解和中心频率的解：

$$\begin{cases} \hat{u}_k^{n+1}(\omega) = \dfrac{\hat{f}(\omega) - \sum\limits_i u_i(\omega) + \dfrac{\hat{\lambda}(\omega)}{2}}{1 + 2\alpha(\omega - \omega_k)^2} \\ \omega_k^{n+1} = \dfrac{\int_0^\infty \omega \mid \hat{u}_k(\omega) \mid^2 d\omega}{\int_0^\infty \mid \hat{u}_k(\omega) \mid^2 d\omega} \end{cases} \tag{6}$$

式中，$\hat{u}_k^{n+1}(\omega)$相当于当前剩余量$\hat{f}(\omega) - \sum\limits_{i=k} u_i(\omega)$的维纳滤波；$\omega_k^{n+1}$为当前模态函数功率谱的重心。对$\hat{u}_k(\omega)$进行傅里叶逆变换，得到结果的实部为$\{u_k(t)\}$。

2 综放工作面顶煤垮落试验

试验测试在山西朔州东坡煤矿922综放工作面进行。该工作面煤层为中等硬度，煤厚为13.8 m，夹矸为泥岩，顶板为中砂岩，工作面长度为300 m，液压支架类型为FY12000/20/37型两柱掩护式放顶煤液压支架，后部刮板输送机型号为SGZ1200/2000型，采用一采一放双轮顺序放煤方式。工作面设备布置图如图1所示。测试选在143号液压支架处，测点布置在液压支架后尾梁内侧（图2）。

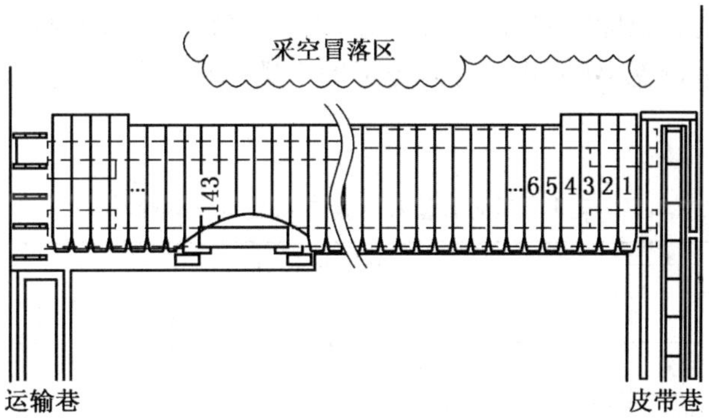

图1　工作面设备布置图

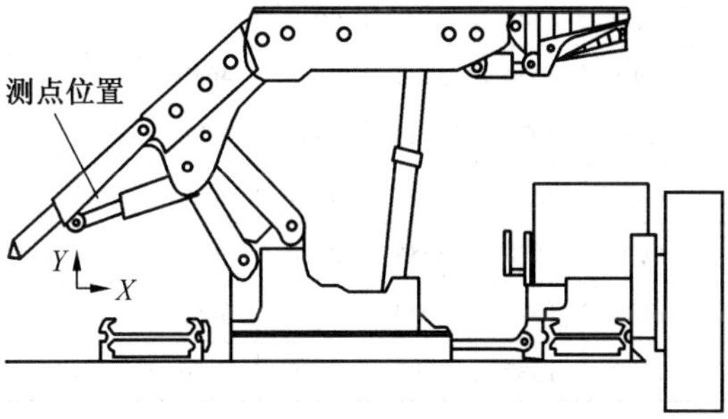

图2　测点位置图

顶煤垮落试验采集了放顶煤液压支架工作时顶煤和矸石垮落撞击液压支架后尾梁产生

的振动信号，振动信号对应的时域波形图如图 3 所示。

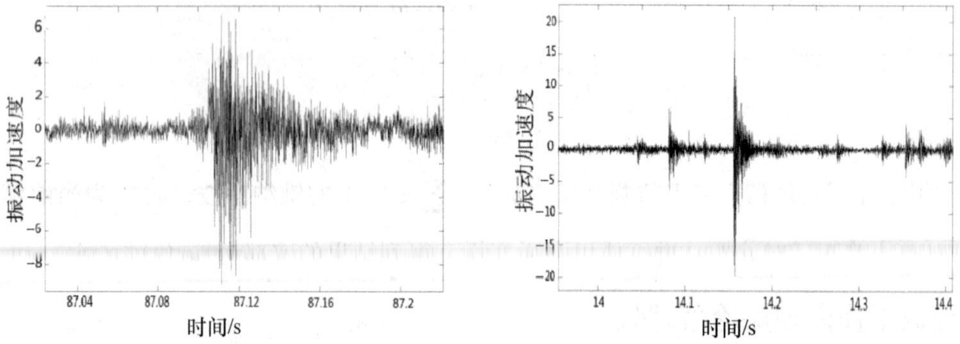

(a) 顶煤垮落　　(b) 矸石垮落

图 3　试验获取的液压支架后尾梁不同工况下振动信号时域波形图

3　数据分析

拾取试验中的顶煤垮落信号数据和矸石垮落信号数据，分别对其进行变分模态分解分析。变分模态分解的参数即需要分解的模态函数的个数需要提前设定，因此随机选择一组数据设定不同 k 值进行 VMD 分析，分解出不同个数的模态函数。不同 k 值对应模态函数的中心频率见表 1。

表 1　不同 k 值对应模态函数的中心频率

k	中心频率/Hz												
2	590	2089											
3	590	2088	3451										
4	590	1406	2089	4292									
5	588	1135	2089	4290	4630								
6	291	599	2071	3451	4298	4630							
7	290	587	2061	2433	3438	4301	4630						
8	288	580	1136	2081	2434	3434	4305	4630					
9	287	586	1135	1569	2077	2428	3442	4296	4630				
10	286	590	807	1133	1579	2081	2431	3449	4291	4630			
11	286	585	812	1140	1570	2085	2426	3084	3436	4290	4630		
12	286	582	810	1135	1577	2080	2426	3084	3436	3802	4292	4630	
13	286	582	806	1132	1582	2092	2150	2426	3084	3436	3802	4287	4630

从表 1 可以看出，当设定模态函数的个数 $k=13$ 时，出现了两个中心频率相近的模态函数，本文默认为变分模态分解出现了过分解[9]，因此设定需要分解的模态函数的个数 $k=12$。

对顶煤垮落和矸石垮落信号数据分别进行 VMD 分析，每一组都分解出12 个带着有中心频率的模态函数，具体数值见表2。

表2　顶煤垮落和矸石垮落时模态函数的中心频率

类别	模态函数中心频率/Hz											
顶煤垮落	286	582	810	1135	1577	2080	2426	3084	3436	3802	4292	4630
矸石垮落	151	591	1276	1724	2065	2357	2582	3076	3449	3651	4197	4613

为提取出特征指标，利用式（7）分别计算顶煤垮落数据和矸石垮落数据中分解出来的每一个模态函数的能量值，具体计算结果见表3。然后利用式（8）计算每一个中心频率的能量值占全部中心频率能量值的百分比，计算结果见表4。

$$E = \lim_{T\to\infty}\int_{-T}^{T}|x(t)|^2 dt \tag{7}$$

$$p_i = E_i / \sum_{i=1}^{12} E_i \tag{8}$$

式中，E_i 为第 i 个中心频率对应的模态函数的能量值；p_i 为第 i 个中心频率对应的能量值占总能量值的百分比。

表3　顶煤垮落和矸石垮落时模态函数能量值

类别	模态函数能量值/J											
顶煤垮落	1863. 1	3025. 8	4462. 3	1004. 6	1865. 6	960. 4	599. 0	5275. 8	6433. 2	654. 7	862. 6	795. 4
矸石垮落	113. 32	107. 39	248. 36	314. 68	422. 69	537. 96	1793. 8	1086. 0	2967. 4	1520. 2	2119. 2	1702. 1

表4　顶煤垮落和矸石垮落时模态函数能量百分比

类别	模态函数中心频率/Hz											
顶煤垮落	0. 141	0. 228	0. 034	0. 076	0. 141	0. 072	0. 045	0. 040	0. 049	0. 049	0. 065	0. 060
矸石垮落	0. 009	0. 008	0. 019	0. 024	0. 033	0. 042	0. 139	0. 084	0. 229	0. 118	0. 164	0. 132

由表4 可以看出，顶煤垮落信号经过 VMD 分析后得到的模态函数的能量值主要分布在前几个中心频率处，其余中心频率分布比较均匀；而矸石垮落信号经过 VMD 分析后得到的模态函数的能量值主要分布在中间及后面的中心频率处，前几个中心频率所占总能量值的百分比非常小。为了便于说明问题，现将 0 ~ 1500 Hz 设为低频段、1500 ~ 3000 Hz 设为中频段、3000 ~ 5000 Hz 设为高频段，则表4 可以转变为表5。

从表4 和表5 可以明显看出，顶煤垮落信号经过 VMD 分析得到模态函数的能量主要分布在低频段，占总能量的 50% 左右；矸石垮落信号经过 VMD 分析得到模态函数的能量主要分布在高频段，占总能量的 50% 以上，并且模态函数的能量在低频段所占百分比很小，在 10% 以下。因此，对综放工作面垮落振动信号进行 VMD 分析后得到的各模态函数能量百分比可以作为特征指标进行综放工作面煤岩性状识别。

表5　顶煤垮落和矸石垮落时各模态函数能量百分比　　%

类别	低频段	中频段	高频段
顶煤垮落	47.9	25.8	26.3
矸石垮落	6.0	21.4	72.6

4　结论

针对综放开采中顶煤放落程度（煤岩性状）由煤矿工人凭直觉判断易导致“欠放”或“过放”现象的问题，研究了基于变分模态分解的综放工作面煤岩性状特征指标提取方法，取得的主要成果和结论如下：

（1）确定了 VMD 参数即需要分解的模态函数个数 $k=12$，对在井下获取的顶煤垮落信号和矸石垮落信号进行了 VMD 分析并提取出了带有中心频率的模态函数。

（2）计算了顶煤垮落和矸石垮落信号经过 VMD 分析后得到的各个模态函数的能量值及其所占百分比，通过对比分析发现顶煤垮落时模态函数的能量主要分布在 0～1500 Hz 段，占总能量的50%左右；而矸石垮落信号时模态函数的能量主要分布在 3000～5000 Hz 段，占总能量的50%以上，并且模态函数的能量在 0～1500 Hz 段所占百分很小，在 10%以下。因此，经过 VMD 分析后得到的模态函数能量百分比可以作为特征指标进行综放工作面煤岩性状识别。

参　考　文　献

[1] 杨金尧. 放顶煤开采的合理选择［J］. 煤炭技术，2009（5）：82－83.
[2] 张新，王正祥，武晨光，等. 煤岩界面识别技术研究［J］. 煤矿机械，2011，42（6）：160－162.
[3] 张宁波，鲁岩，刘长友，等. 综放开采煤矸自动识别基础研究［J］. 采矿与安全工程学报，2014，31（4）：532－536.
[4] 张艳丽，张守祥，矫林岳，等. 独立分量分析法在综采煤岩界面识别中的应用［J］. 煤炭科学术，2007（8）：22－24.
[5] 缪协兴，钱鸣高. 中国煤炭资源绿色开采研究现状与展望［J］. 采矿与安全工程学报，2009（1）：1－14.
[6] 刘长良，武英杰，甄成刚. 基于变分模态分解和模糊 C 均值聚类的滚动轴承故障诊断［J］. 中国电机工程学报，2015，13：3358－3365.
[7] 陈立军，张海勇，韩东. 基于 VMD 和 HSA 的水声跳频信号时频分析方法［J］. 科学技术与工程，2015，28：165－169.
[8] 段家银，段天友，刘豪，蒋腾飞，等. 变模态分解在微地震信号去噪中的应用［J］. 石化技术，2015，（7）：217.
[9] 陈立军，张海勇，韩东. 基于 VMD 和 HSA 的水声跳频信号时频分析方法［J］. 科学技术与工程，2015，28：165－169.

浅谈谐振式陀螺的发展

李　艳　张运九

中国矿业大学（北京）机电与信息工程学院，北京　100083

摘　要　陀螺是利用科氏加速度效应测量惯性旋转角速度的传感装置。自从傅科1852年给陀螺命名并利用它测量地球自转以后，对陀螺的研究就成了热点。陀螺的应用背景广泛，主要包括自动化安全与控制、惯性导航系统、GPS、玩具和生物医学。谐振式陀螺是随着结构形式与加工工艺的发展，在传统陀螺的基础上发展起来的一种性能优化的直接输出频率陀螺。本文介绍了谐振式陀螺的起源与发展并分析了谐振式陀螺的发展趋势。

关键词　传统机械陀螺　微机械陀螺　直接输出频率　谐振式陀螺

The Development of the Resonant Gyroscope

Li Yan　Zhang Yunjiu

School of Mechanical Electronic and Information Engineering,
China University of Mining and Technology, Beijing　100083

Abstract　Gyroscope is sensing devices that use the Coriolis acceleration effect to detect inertial angular rotation. Since Foucault named his gyroscope in 1852 while using it as a tool to study the earth's rotation, gyroscope is one of the essential analysis directions. Many people interact with micromachined gyroscopes in daily life, perhaps without being aware of it. Applications include such diverse fields as automotive safety and control, inertial navigation systems, GPS, toys and biomedical applications. In this paper, the principle, development and characteristics of the traditional mechanic gyro, piezoelectric gyro, hemispherical resonant gyro, micro - machine gyro, and direct output frequency resonant gyro are introduced. The development directions of above gyros are analyzed. Their applications are described.

Key words　Traditional mechanic gyro　piezoelectric gyro　hemispherical resonant gyro　micro - machine gyro　direct output frequency resonant gyro

---

资助项目： 中央高校基本科研业务专项资金（2016QJ03）

作者简介： 李艳（1983—　），女，湖北荆州人，博士，讲师，从事仪器科学技术的教学与科研工作。Tel：15210996482；E - mail：yanli. 83@ 163. com

0 引言

陀螺是一种测量物体相对于惯性空间角度或角速率的传感装置。早在 1852 年，法国科学家傅科就创造了“陀螺”这个词并制作了一个巨大的单摆式陀螺，成功地演示了地球的自转现象。在这个意义上，陀螺的功能类似指南针，但不同的是陀螺可以确定任意的方向，而指南针仅仅能确定南北方向，而且陀螺的定向并不需要磁力线的帮助。由于陀螺在任何环境下都具有自主导航的能力，自问世以来，就在航空、航天、航海以及军事等领域有着广泛的应用，一直是各国重点发展的技术[1]。

从检测原理上讲，从最早的高速旋转到现在的平面检测。从结构方式上讲，从最早的机械工艺到现在的微机电一体化工艺。从检测方式来讲，从普遍的幅值检测到后来的谐振式频率检测。随着微惯性器件结构尺寸的不断缩小，仪表的灵敏度和分辨率大大降低，达到了检测的极限状态。检测输出信号的信噪比非常低，信号检测电路和处理电路极为复杂，不利于小型化和集成化。多年来，人们一直在探索新的检测方式。谐振式陀螺的设想将陀螺仪敏感角速率产生的科氏力的变化转换成谐振器谐振频率的变化，从而有效避免了电容检测中噪声干扰的影响。频率信号的输出使谐振式陀螺仪容易与数字信号处理器件接口，必将成为新的研究热点，因此，有必要对谐振式陀螺展开深入的研究。本文针对谐振式陀螺的发展做一个简单介绍。

1 发展历程

谈到陀螺的发展首先要从傅科摆谈起，傅科摆(Foucault Pendulum)指仅受引力和吊线张力作用在惯性空间固定平面内运动的摆。傅科 Leon Foucault（1819—1868）是一位 19 世纪法国的科学家，为了证明地球的自转于 1851 年在巴黎国葬院的大厅里做了一次成功的摆动实验，从而有力地证明了地球是在自转，傅科摆由此得名。摆的运动可以超然于地球的自转，但悬挂摆的支架一般却要带动它参与地球的自转。为解决这一问题，傅科采取了一种简单而巧妙的装置——万向节，从而使摆动平面超然于地球的自转。傅科摆实验的第二年即 1852 年，他制造出了万向节陀螺仪（图 1）——现代航空、军事领域使用的惯性制导装置的前身。万向节陀螺仪采用万向节结构支撑转子，使高速旋转的转子的方向在惯性坐标系中保持不变，因此惯性坐标系相对于转动坐标系的转角就等于转子的角动量矢量相对于转动空间的转角。

图 1　万向节（傅科式陀螺仪）陀螺仪

传统陀螺有高速转子，如滚珠轴承式、浮动式框架陀螺及挠性陀螺等。但是无论是早期的滚珠轴承式陀螺还是后来发展起来的液浮陀螺、挠性陀螺和静电陀螺，这些机械陀螺都有一个共同的特点，就是采用高速转子。由于高速转子容易产生质量不平衡问题，容易受到加速度的影响而且需要一段预热时间转速才能达到稳定，同时高速转子的磨损较快令其使用寿命有限。随后这种陀螺向固态化发展，利用一定的检测方式来检测相对惯性空间的转速，它无转械转子，从而实现了固态化。

从20世纪60年代开始人们发展了一些简易结构的振动陀螺，主要是石英晶体陀螺[2,3]。利用石英的压电效应驱动音叉以恒定频率做等幅振动，当压电陀螺旋转时，部分能量从驱动方向转移到垂直的检测方向，检测方向的振幅与转动角速度成正比。压电陀螺有振弦，音叉、音片有H形、方框形、圆环形、杯形、圆片形等结构形式。压电陀螺的分辨率不如旋转式万向节陀螺和光学陀螺，但也相当高。陀螺的分辨率可达10°/h。压电晶体的体积非常小。由于没有任何转动部件，压电晶体陀螺的寿命、可靠性比以前的陀螺有很大提高。压电振动陀螺1998年的市场规模估计超过1300万个，其中，用于摄像机类的约占72%，用于汽车导航的约占12%，用于普通相机和汽车底盘等的约占16%。在摄像机和汽车导航两个市场的牵引下，压电振动陀螺的市场规模还将有所扩大。

从20世纪70年代后期美国开始研制半球谐振陀螺（图2）。因为这种陀螺工作精度高、结构简单、承受过载能力大且体积质量小，此后，半球谐振陀螺成为大力发展的一种新型无转子和活动部件的陀螺，其工作原理以英国科学家G H Bryan于1890年提出的理论为基础[4,5]，振荡的轴对称壳体绕中心轴旋转时，环向振型不再相对静止，而是相对壳体运动。目前，这种陀螺的角度随机漂移达到0.00006°/h，陀螺体积可做到6～9 cm^3。

图2 半球谐振陀螺

自20世纪80年代开始，以IC工艺为基础的微机械加工技术开始应用于传感器的制造，此技术的诞生极大地推动了微机械陀螺的发展，人们开始研制硅微型机械陀螺仪。微机械陀螺的工作原理与振动式压电晶体陀螺相同，但加工方法、器件特性和应用前景等方面与压电晶体陀螺有着显著区别。微机械陀螺是在单晶硅或石英晶体上借助半导体加工工艺制作的并把相关的电子线路也集成在同一芯片上，具体结构如图3所示。这种微电子与微机械的结合满足了汽车、控制、消费电子等廉价、低精度陀螺的需求。硅微型机械陀螺与传统机械式陀螺相比主要有以下优点[6,7]：微型化、集成化；可靠性高、寿命长；能耗低，易于数字化、智能化；动态性能好。综上可知，硅微机械陀螺仪的优异特性决定了其

图3 微机械陀螺结构

具有广泛的商业应用前景和军事价值，因而受到各国的高度重视，纷纷投巨资研究其在众多领域的应用。

图4　封装好的微机械陀螺芯片

陀螺作为微惯性测量单元的核心部件，由于动态特性较微加速度计复杂，检测信号更为微弱，信号检测电路更加复杂，迄今为止仍没有高性能的微机械陀螺仪产品出现。近年来，研究人员为提高微机械陀螺的性能，采用了结构优化、真空封装等方法，封装好的微机械陀螺芯片如图4所示。虽然结构优化可以提高陀螺检测方向的灵敏度，但是结构优化不能改变基本工作原理且有些结构的机械耦合会造成陀螺性能的下降，特别是工艺精度不高的情况下，工艺偏差使机械耦合更加严重。此外，真空封装虽然可以提高陀螺系统的品质，但是增加工艺难度和制作成本的同时也降低了器件长期工作的稳定性。还有一部分研究人员从检测装置上优化来提高陀螺性能，这样虽然能抑制一定的信号噪声、提高检测精度，但还是不能从根本上解决问题。因为从检测原理上讲，目前硅微机械陀螺仪普遍采用电容检测方式。电容检测具有温漂小、灵敏度高、可靠性好和稳定性较好等优点。但随着微惯性器件结构尺寸的不断缩小，仪表的灵敏度和分辨率大大降低，达到了检测的极限状态。直接输出频率谐振式陀螺（图5）利用谐振原理作为陀螺检测机理。这种陀螺利用直接检测谐振器的谐振频率变化来检测角速度，因为频率信号是数字信号，抗干扰能力强且

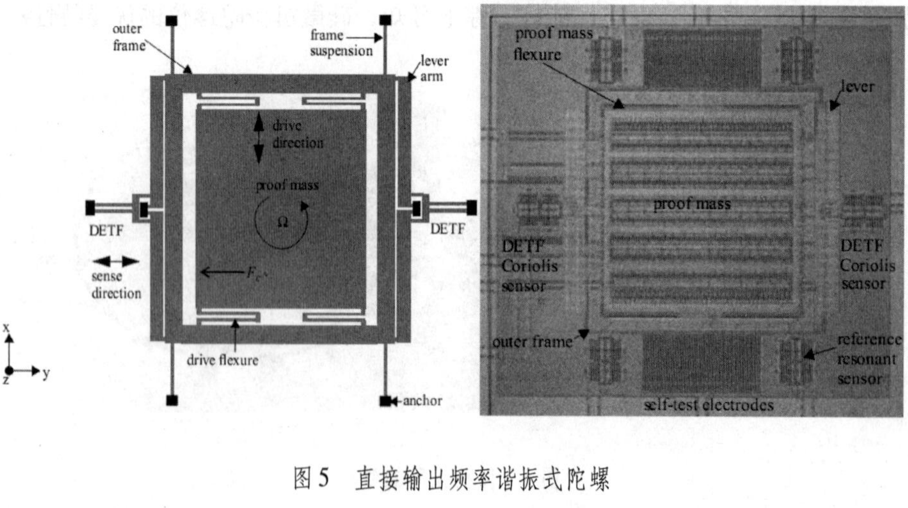

图5　直接输出频率谐振式陀螺

信号处理方便，不用接 A/D 转换器，解决了上面提到的自身抗干扰、测量精度的问题。因此，现阶段对直接输出频率谐振式陀螺的研究成为高性能陀螺研究的一个热点。2002年，A A Seshia 等人提出了硅微机械谐振式陀螺的设想，但是自此后也没有相关后续报道，导致直接输出频率谐振式陀螺成了一个新颖但发展困难的热点。如果能够研究此类陀螺的特性，改善此类陀螺性能指标，将会给此类陀螺的应用带来非常广阔的前景，也会对惯性导航领域的技术发展做出突出的贡献。

2 发展趋势

2000 年至今，无论是谐振式陀螺还是其他机械陀螺，陀螺的检测原理与结构形态已基本定型，发展已由前一阶段的结构创新进入到性能优化阶段，主要存在以下几种发展趋势：

（1）基于振动模型和陀螺原理形成参数激励作为输入的思想是近些年的热门。参数激励特性本是谐振式陀螺检测模态的一个动态特性问题，现阶段也有将这一动态特性应用到非谐振式陀螺的设计中，以期望提高陀螺性能。我们所研究的参数激励系统实际上就是包含变系数的微分方程，其最大的优势就是应用到陀螺的驱动系统中，即使驱动频率与系统固有频率相距甚远也能获得很大的响应，增大灵敏度。

（2）为了提高陀螺性能，现在有很大一批研究人员针对不同的设计研究不同的加工工艺和制造方法[8]，以期减少加工误差，提高陀螺性能。

（3）因为陀螺的性能很大一部分取决于结构的制作，即使设计性能良好，受结构尺寸微小和加工工艺的制约，有缺陷是无法避免的。正是因为这些制造缺陷，检测信号就有可能出现较大的误差，这就要求一系列的补偿方法。现阶段有很多研究人员都试图将控制的理念应用到驱动和检测电路中。控制方面设计理念主要有以下优势：让驱动或者检测方式在自己需要的状态下工作；提升动态响应时间和动态输入范围；实时估计未知参数；补偿加工缺陷；补偿时变效应如温度效应。

（4）另外一个研究方向就是结合材料与化学，探索比硅更合适更能体现陀螺性能的新型材料与加工手段。新加坡国立大学提出一种石墨硒材料，它的杨氏模量达到 1 TPa，抗拉强度达到 130 GPa，远高于硅的杨氏模量 165 GPa、抗拉强度 5 ~9 GPa。由频率的计算公式很容易得出石墨硒比硅具有更高的谐振频率和可靠性的结论，不过这些都还处于理论推想阶段。

参 考 文 献

[1] N. Barbour and G. Schmidt. Inertial sensor technology trends[J]. IEEE Sensors Journal, 2001,1(4).

[2] 樊尚春编著. 传感器技术及应用［M］. 北京：北京航空航天出版社，2004.

[3] David M Rozelle. The Hemispherical Resonator Gyro: From Wineglass to the Planets[C]. AAS/AIAA 19th Space Flight Mechanics Meeting. Savannah,2009: 1157 -1178.

[4] Seshia,A A,Howe R T,Montague S. An integrated microelectromechanical resonant output gyroscope[C]. The Fifteenth IEEE Int. Conf. on Micro Electro Mechanical System(MEMS

2002), Las Vegas, 2002: 722 – 726.

[5] S E Alper, K Azgin, T Akin. A High – Performance Silicon – On – Insulator MEMS Gyroscope Operating at Atmospheric Pressure [J]. Sensors and Actuators, Physical, 2007, 135 (1): 34 – 42.

[6] Adam R Schofield, Alexander A Trusov, Andrei M Shkel, Effects of Operational Frequency Scaling in Multi – Degree of Freedom MEMS Gyroscopes [J]. IEEE SENSORS JOURNAL, 2008, 8(10): 1672 – 1680.

[7] M H Salah, M L McIntyre, D M Dawson, et al. Sensing of the time – varying angular rate for MEMS Z – axis gyroscopes [J]. Mechatronics 2010, 20: 720 – 727.

[8] Laura A Oropeza – Ramos, Christopher B Burgner, Kimberly L Turner. Robust micro – rate sensor actuated by parametric resonance [J]. Sensors and Actuators, 2009, 152: 80 – 87.

基于数据融合的火灾探测技术研究

王思奥　杨　硕　纪伟亮

中国矿业大学（北京）机电与信息工程学院，北京　100083

摘　要　研究防火安防系统首先要了解火灾探测的特征，然后对提取的特征进行分析。目前对特征进行分析的方法有很多，这里主要对多传感器数据融合技术进行了分析和研究。

关键词　火灾探测　传感器　数据融合

Research on the Automatic Fire Alarm Design

Wang Si ao　Yang Shuo　Ji Weiliang

School of Mechanical Electronic and Information Engineer, China University of Mining and Technology, Beijing　100083

Abstract　Research on fire prevention security system, first of all to understand the characteristics of fire detection, then analyze the extracted features. At present there are many ways to analyze the characteristics of fire mainly to many sensors data fusion technology was analyzed and studied.

Key words　Fire detection　sensor　data fusion

0　引言

火灾的发生和发展是一个非常复杂的非平稳过程，除了自身的物理化学变化以外还会受到许多外界的干扰，火灾一旦产生便以接触式（物质流）和非接触式（能量流）的形式向外释放能量。接触式形式包括可燃气体、燃烧气体和烟雾、气溶胶等。非接触式如声音、辐射等。火灾探测技术利用敏感元件将火灾中出现的物理化学特征转换为另外一种易于处理的物理量。本文主要对火灾探测基本特征进行了分析并介绍了多传感器融合技术的基本原理，通过对基本原理的研究，掌握了多传感器数据融合方法，对几种数据融合方法进行了比较[1]。

资助项目：中央高校基本科研业务费专项资金（2011YJ15）

作者简介：王思奥（1993—　），男，安徽淮南，硕士生，主要从事火灾探测方面的研究。Tel:15650716146; E-mail:598317819@qq.com

1　火灾探测相关技术研究

1.1　火灾探测的基本特征

物质在燃烧过程中会产生燃烧气体、烟、热、火焰等，火灾探测主要是探测物质燃烧过程中产生的各种物理量。

为了准确地预报火警，建立一个有效的火灾对象模型十分必要。但是，由于燃烧物质的不同，特别是燃烧环境的差异，对应燃烧过程产生的各种物理现象大相径庭。由传感器采集的火灾参数是事先未知的或不能确定的信号，它不仅随火灾特征变化，其他环境变化和电子噪声等都可能引起它的变化。这种变化往往与火灾参数变化特征基本相似。在探测器的安装位置和人的活动以及环境影响事先无法确定的情况下，无论采用什么样的固定算法都是不能完全满足要求的。

所以火灾探测是一种非线性结构问题，用经典的数学建模方法很难精确描述它。火灾探测与其他典型的信号检测相比是一种十分困难的信号检测，它要求信号处理算法能够适用于难以建模的非线性结构，适应各种环境的变化，自动调整参数以达到既能快速探测火灾又有很低的误报警率[2]的目的。

1.2　火灾信号的探测算法

传统的火灾探测算法的主要有三大类，分别是直观算法、系统算法和统计检测算法。传统的火灾探测算法存在两大主要的缺点：①对环境的适应性和抗干扰能力较差，如果环境变化了算法不能自行做出有效调整；②对虚假火灾的识别能力较差，经常引起误报。随着火灾自动探测系统应用的扩大，经典逻辑的输出已不能满足应用要求，非火灾的复杂情况也使得固定的一种算法不能满足要求，需要具有学习功能的算法，如人工智能火灾探测算法、神经网络算法、模糊理论算法、视觉理论算法等。

1. 人工智能火灾探测算法

火灾探测是一种特殊类型的信号检测，由传感器采集的火灾参数是事先未知的或不能确定的信号，它随火灾特征而变化，其他环境变化和电子噪声等都有可能引起它的变化。火灾探测与其他典型的信号检测相比是一种十分困难的信号检测，它要求信号处理算法能够适应各种环境情况的变化，自动调整参数以达到既能快速探测火灾又有很低的误报警率的目的。真正的智能系统应该能够根据现场环境自动调整运行参数，即具有自学习功能和自适应能力。

2. 神经网络算法

对于火灾探测这种非线性结构问题，人的识别能力最强，而人的判断是由大脑的神经网络完成的，因此联想到采用类似人的神经网络的处理方法实现火灾探测也就十分自然了。人工神经网络是由一些简单的处理单元（神经元）组织的大规模并行网络，它具有大规模并行模拟处理、连续时间动力学和网络全局作用等特点，信息的存储方式体现在神经元之间连接的分布上，存储区与操作区合二为一。神经网络具有很强的自适应性以及很强的学习能力、容错能力、并行处理能力，使信号处理过程更接近于人类思维活动。

3. 模糊理论算法

由于火灾信号的不确定性或者获得的信息不完整，出现了基于模糊理论的探测方法。将探测器探测的火灾参数变成模糊变量即将其模糊化，形成前提模糊变量，作为模糊推理的输入，为模糊判断做准备。将模糊推理得到的结论模糊变量变成确定量输出，即将模糊推理得到的这一结论模糊变量变成真实火警这一确定量输出。

4. 视觉理论算法

人们得知火灾的发生毫无例外是通过视觉的观察，大火、浓烟等现象本身就告知人们火灾发生了。而一般的燃烧现象，如在室内生起一堆火或烟头不小心引燃堆放的物品而引起阴燃发烟，基本上都是看到后才得知有火或烟。即使有时是先闻到烟的气味，然后才找到阴燃点，如果有一双眼睛始终监视着起火点上方，一定还是视觉为先，首先觉察烟的升起扩散。视觉识别火灾分层模型如图1所示。

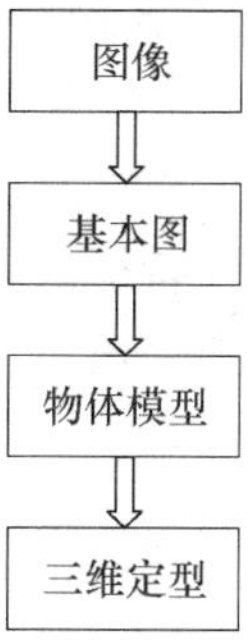

图1 视觉识别火灾分层模型图

2 多传感器融合技术研究

2.1 信息融合基本原理和级别比较

信息融合的并不是一个新的概念，是人类和其他生物系统中普遍存在的一种基本功能。人类本能地具有将身体上各种器官（眼、耳、鼻和四肢等）所探测的信息（景物、声音、气味和触觉等）与先验知识进行综合的能力，以便对周围的环境和正在发生的事件做出评估。多传感器信息融合实际上是对人脑综合处理复杂问题的一种功能模拟[3,4]。

多传感器信息融合充分利用传感器信息，将各种传感器在空间和时间上的互补与冗余信息依据某种优化准则组合起来，产生对观测环境的一致性解释和描述。信息融合的目标基于各传感器分离观测的信息，通过对信息的优化组合导出更多有效信息，提高整个传感器系统的有效性，这是最佳协同作用的结果。

信息融合是对原始数据不同程度地抽象化。按信息抽象程度不同，融合可分数据层融合（Data－level Fusion）、特征层融合（Feature－level Fusion）和决策层融合（Decision－level Fusion）3个层次。信息融合的层次越高，抽象程度越高，对原始细节的要求就越低。

3个融合层次优缺点比较见表1。

表1 3个融合层次优缺点比较

比较项	数据级融合	特征级融合	决策级融合
信息处理量	最大	中等	最小
信息量损失	最小	中等	最大
抗干扰性能	最差	中等	最好
容错性能	最差	中等	最好
算法难度	最难	中等	最易
融合前处理	最小	中等	最大
融合性能	最好	中等	最差
对传感器依赖程度	最大	中等	最小

2.2 信息融合系统的结构比较

在数据层融合方法中，直接融合来自同类传感器的数据，然后是特征提取和来自融合数据的属性判决。

在特征层融合结构中，每个传感器观测一个目标并且为了产生来自每个传感器的特征向量要完成特征提取，然后融合这些特征向量并基于联合特征向量做出属性判决。

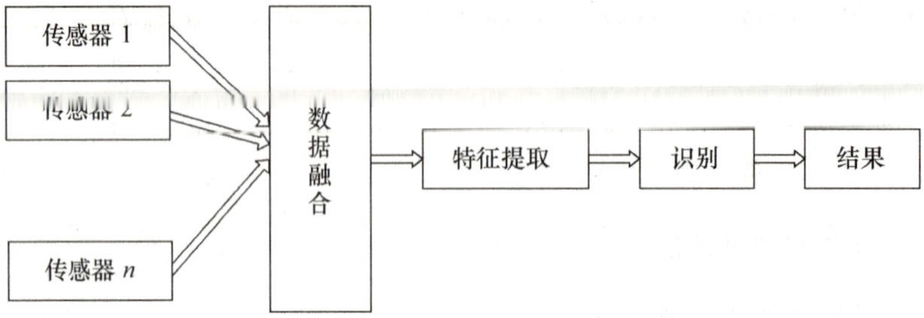

图2　数据层结构表示

在决策层融合结构中，每个传感器为了获得一个独立的属性判决要完成一个变换，然后顺序融合来自每个传感器的属性判决。

在实际的工业监测控制系统中，信息融合的完成除了需要适当融合算法，还要有必要的领域知识，这些领域知识就构成了专家知识库并且需要建立各种数据的数据库。因此，有时候数据融合的结构除了以上几个部分外，还包括数据库和专家知识库等。

2.3 多传感器融合方法

作为多传感器融合的研究热点之一，融合方法一直受到人们的重视，这方面国外已经做了大量研究并且提出了许多融合方法。目前，多传感器数据融合常用的方法可大致分为两大类，分别为随机和人工智能方法。信息融合的不同层次对应不同的算法，下面列举了国内外常用的多传感器融合的一般算法[5]。

1. 加权平均融合

加权平均是一种最简单和直观的方法，该方法将多个传感器提供的冗余信息进行加权平均之后作为融合值，是一种能够直接对动态原始传感器数据进行处理的方法，但设定加权系数具有一定的主观性，对加权系数法的改进可以采用模糊贴近方法。

2. 卡尔曼滤波法

卡尔曼滤波主要用于实时融合动态冗余数据。对于线性系统，当系统噪声和传感器噪声可以用高斯白噪声建模时，卡尔曼滤波器能提供唯一统计意义上的最优融合值。它的递归本质保证了滤波过程不需要大量存储空间，可以实时处理。

3. Bayes 估计

Bayes 方法用在多传感器融合时，先将多传感器提供的各种不确定性信息表示为概率。将相互独立的决策看作一个样本空间的划分，使用 Bayes 条件概率公式对它们进行处理，最后系统的决策可用某些规则给出。但这方法存在一定的不足，所以用 Bayes 方法解决多传感器信息融合问题时有一定的局限性，但在一定场合，仍不失为一种行之有效的方法。

4. 统计决策理论

利用统计决策理论提出了一个通用的多传感器冗余信息两步融合算法，即先将多传感器数据经过一个鲁棒假设测试以验证其一致性，再通过测试的数据，利用一组鲁棒最大最小决策规则进行融合。

5. 概率论方法

概率论方法较早应用于信息融合。这种方法首先对各种传感器信息做相容性分析，删除可信度很低的错误信息，在假设已知相应的先验概率的前提下，对有用的信息进行 Bayes 估计求得最优的融合信息。

6. 模糊逻辑推理

逻辑推理包括概率推理、证据推理、模糊推理和产生式规则等。它们都属于不确定性推理，是人工智能研究中最为活跃的研究领域。他们将多传感器融合的不确定性直接反映在推理过程中的算法已被广泛应用于多传感器融合。

7. 人工神经网络法

神经网络具有良好的容错性、层次性、可塑性、自适应性以及联想记忆和并行处理能力。利用神经网络的信号处理能力和自动推理功能实现了多传感器数据融合，在多传感器融合中有很多的应用领域。

常用的数据融合方法比较见表 2。

表 2　常用的数据融合方法比较

融合方法	融合层次	运行环境	信息类型	信息表示	不确定性	优　点
加权平均	低层	动态	冗余	原始读数	—	简单、直观
卡尔曼滤波	低层	动态	冗余	概率分布	高斯噪声	数据存储计算量小
贝叶斯估计	低层	静态	冗余	概率分布	高斯噪声	适合多个假设情况
证据推理	高层	静态	冗余/互补	命题	—	不需要先验概率
统计决策理论	高层	静态	冗余	概念分布	高斯噪声	融合有噪声的数据
模糊推理	高层	静态	冗余/互补	命题	隶属度	允许推理存在不确定表示
神经网络	低/高层	动/静态	冗余/互补	神经元输入	学习误差	处理不确定信息

本文采用模糊推理、神经网络及模糊神经网络对多传感器数据进行信息融合。

3　总结

本文通过对火灾探测基本特征的研究，将发现火灾的过程变成了物质燃烧产生的气体、烟雾、温度及火焰等信息的研究。目前火灾探测的方法有很多，但为了提高可靠性，不仅要在硬件上改进还要在软件上有所突破。技术上关键点是开发新型传感器、多传感器的复合应用和研究探测信号处理算法。本文主要介绍了多传感器融合技术的基本原理，通过对基本原理的研究，掌握多传感器数据融合方法，最后对几种数据融合方法进行了分析比较。

参 考 文 献

[1] 马明建. 数据采集与处理技术 [M]. 西安：西安交通大学出版社，2014.
[2] 王殊，窦征. 火灾探测及其信号处理 [M]. 武汉：华中理工大学出版社，2015.
[3] 王殊. 火灾自动探测的复合特定趋势算法 [J]. 火灾科学，2013，5 (1)：8－13.
[4] 曾庆茂，丁正生. 多传感器信息融合技术综述 [J]. 赣南师范学院学报，2014 (6)：20－23.
[5] 杨万海. 多传感器数据融合及其应用 [M]. 西安：西安电子科技大学出版社，2012.

SnO_2 - MWCNTs 复合物的制备与电化学性能研究

苏伟明　赵世娇　刘瑞平　赵会友

中国矿业大学（北京）机电与信息工程学院，北京　100083

摘　要　采用水热法制备了 SnO_2 - MWCNTs 复合物。在不同 F/Sn 摩尔比（NaF 与 $SnCl_4 \cdot 5H_2O$ 的摩尔比）条件下获得了 SnO_2@MWCNTs 复合中空微球。采用 X 射线衍射仪（XRD）、扫描电子显微镜（SEM）、电化学性能测试系统等手段对产物进行了表征。研究结果表明，材料在 78 mA/g 电流密度下、50 次循环后比容量为 272，库伦效率在第 4 次循环后均保持在 90% 以上且倍率性能好。

关键词　锂离子电池　氧化锡　碳纳米管　负极材料　电化学性能

Preparation and Electrochemical Properties of SnO_2 - MWCNTs Composite

Su Weiming　Zhao Shijiao　Liu Ruiping　Zhao Huiyou

School of Mechanical electronic and Information Engineering,
China University of Mining and Technology, Beijing　100083

Abstract　The SnO_2 - MWCNTs composite were synthesized by using hydrothermal method under different molar ratio of F/Sn (molar ratio of NaF/$SnCl_4 \cdot 5H_2O$) conditions. The morphologies and electrochemical performance were tested by means of X - ray diffraction (XRD), scanning electron microscopy (SEM), electrochemical performance test systems and etc. The results show that the specific capacity of SnO_2@WMCNTs hollow spheres is 272 $mAhg^{-1}$ after 50 cycles at a current density of 78mA/g with higher than 90% of coulomb efficiencies.

Key words　Lithium - ion batteries　Tin oxide　Carbon nanotube　Anode material　Electrochemical properties

---

资助项目：中央高校基本科研业务费专项资金（2014QJ02）

作者简介：苏伟明，男，硕士研究生。Tel: 18515991816; E - mail: jimgrange@sina.com

0 引言

可持续发展的清洁能源是目前世界能源开发的重要内容。化学电源是进行能量转化与储存的装置，与能源的关系十分密切。化学电源有一次电池和二次电池，当前，主要的二次电池有四类，分别为铅酸电池、镉镍电池、金属氢化物镍电池和锂离子电池[1]。

锂离子电池由于其高能量密度、高功率密度、无记忆效应和环境友好性等优点受到了越来越多的青睐。其中，负极材料是锂离子电池的关键组成部分，其结构与性能对电池整体的使用寿命具有重要影响。目前，商业化的锂离子电池负极多采用石墨类材料，但其存在理论容量低且安全性差等问题，因此，研究具有更好的电化学性能的新型负极材料成为发展锂离子电池急需解决的问题。

氧化锡（SnO_2）作为最具前景的锂离子电池负极材料之一，可有效提高锂离子电池的能量密度，同时其安全性好、资源储备量丰富，是具有发展潜力的可代替石墨的负极材料。然而目前阻碍其实际应用的主要问题是其在循环充放电过程中会有较大的体积变化，使其结构不稳定而易破坏，导致循环性能较差，此外，这类金属氧化物还存在一个共性的问题就是导电性差，这也是影响其实际应用的一个重要因素。为了解决 SnO_2 本身存在的问题，学者们进行了许多探索，主要改善方向有两个：一是将氧化物与有效材料复合，在缓冲材料体积效应的同时，提高整体的导电性；二是制备具有各种形貌的纳米材料，如中空结构[2,3]、多孔结构[4,5]、纳米线阵列[6,7]、薄膜[8,9]等。

本文基于奥斯特瓦尔德熟化机制制备 SnO_2 - MWCNTs 复合物，以 $SnCl_4 \cdot 5H_2O$ 作为锡源，研究制备了 SnO_2@ MWCNTs 复合微球，将其作为锂离子电池的负极材料。引入多壁碳纳米管（MWCNTs）形成三维网络骨架，提高负极材料的导电性，同时缓冲 SnO_2 在充放电时的体积效应，从而提高材料的比容量，获得更好的循环性能和倍率性能。

1 实验方案

1.1 SnO_2@MWCNTs 复合中空微球的制备

实验所用多壁碳纳米管（MWCNTs）长度为 10 ~ 30 μm，直径小于 8 nm。首先对 MWCNTs 进行改性预处理，将其于 400 ℃马弗炉中煅烧 60 min，目的是使其长度变短，提高其在溶液中的分散性，更易于与中空微球复合。之后称取 0.06 g 煅烧后的 MWCNTs 分散于 60 mL 去离子水中，加入一定量的 P123 表面活性剂，利于提高其分散性，超声 30 min使 MWCNTs 充分分散，超声后取 2.00 g $SnCl_4 \cdot 5H_2O$ 和 1.14 g NaF（F/Sn 摩尔比为 4.77）加入上述分散有 MWCNTs 的去离子水中，磁力搅拌 30 min 使其充分溶解，之后将混合液转移至 90 mL 反应釜中，于 180 ℃水热反应 24 h，反应后待反应釜随炉冷却至 30 ℃左右，取出产物用乙醇和去离子水交替洗涤两次，60 ℃干燥 6 h 后获得粉末试样。

1.2 表征

采用德国布鲁克（Bruker）D8 Advance（靶材为 Cu 靶，Cu - Kα 射线）X 射线衍射仪、德国蔡司 MERLIN Compact 场发射扫描电子显微镜和能谱仪等方法对产物的物相、形貌结构、元素组成进行表征。

1.3 电化学性能测试

首先制备 2032 型纽扣式锂离子电池。将制得的产物（活性材料）、炭黑（导电剂）

和聚四氟乙烯（黏合剂）按照80:10:10的质量比混合均匀，加入溶剂1-甲基-2-吡咯烷酮调至适当黏度，均匀地涂覆在铜箔上，在烘箱中加热充分干燥。再以此为工作电极，金属锂片为对电极，PE-PP聚合物多孔膜为隔膜，含有1.0 mol/L LiPF6的碳酸乙烯酯（EC）和碳酸二甲酯（DMC）的混合溶液（体积比1:1）为电解液，进行电池组装。电池在上海辰华CHI660E-B14512电化学工作站和蓝电CT2001A电池测试系统上进行电化学性能测试。

2 结果与讨论

2.1 SnO_2-MWCNTs复合物的物相分析

采用XRD对加入表面活性剂P123的SnO_2-MWCNTs复合中空微球试样进行了物相分析，结果如图1所示。由图1可知，MWCNTs衍射峰尖而高，表明样品的结晶度高，在26.2°处的最高衍射峰对应石墨六方结构（002）晶面，43.1°对应MWCNTs的（100）晶面；SnO_2为四方金红石相，衍射峰尖而高，说明产物中SnO_2的纯度高、结晶度好。碳纳米管的最高特征峰难以追踪是由于其特征峰是位于26.2°的（002）石墨六方结构，与SnO_2的最高特征峰重叠，而在43.1°处的衍射峰则可表明MWCNTs的存在。由X射线衍射结果，进一步计算SnO_2晶粒的平均尺寸。根据谢乐公式以及SnO_2在26.6°的最高衍射峰（110），可计算得SnO_2的平均晶粒尺寸为30 nm。

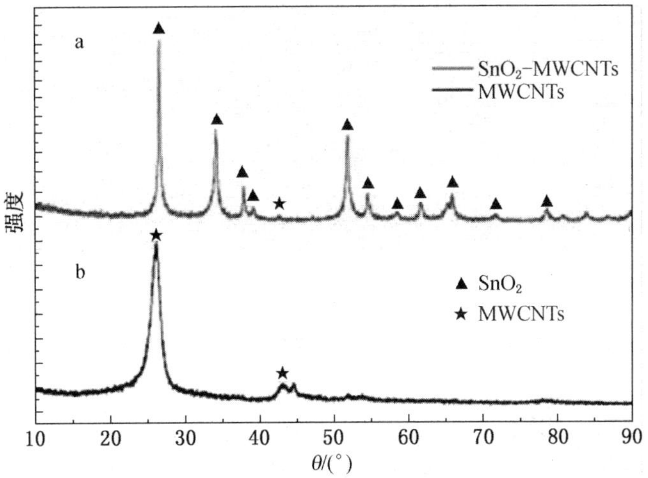

图1 样品的X射线衍射图像

2.2 SnO_2-MWCNTs复合物的形貌分析

煅烧能够使MWCNTs长度变短，从而使其与SnO_2微球具有更好的复合效果。煅烧后的MWCNTs变短，缠结程度减小，进而在溶液中具有更好的分散性，不呈团絮状。图2所示为加入不同量P123后在180 ℃水热反应24 h后的产物形貌，图2a和图2b对应的产物中表面活性剂的加入量为0.1 g，其微球直径分布在500 nm左右且多个微球相互连接形成“葡萄状”形貌，粗糙表面为鳞片状晶体自组装构成的多级孔结构。由图2b可清晰地看出，MWCNTs 与 SnO_2 微球的复合效果良好，碳纳米管能够很好地环绕于微球外侧且部分插入微球壳层内部，能够形成良好的导电性骨架并且能够很好地缓冲 SnO_2 微球在循环过程中的体积效应。图 2c 和图 2d 试样中 P123 的量分别为 0.05 g 和 0.15 g，两种情况下微球直径均在 1 μm 左右，相比于 P123 含量为 0.1 g 的试样，这两种条件下产物中 MWCNTs 与 SnO_2 微球的复合效果较差。

(a) P123=0.1g (b) P123=0.1g

(c) P123=0.05g (d) P123=0.15g

图 2 不同 P123 含量下 SnO_2@MWCNTs 复合中空微球产物形貌

2.3 电化学性能分析与比较

2.3.1 循环伏安特性分析

图 3 所示为 SnO_2@MWCNTs 复合物的循环伏安曲线，测试采用 0.5 mV/s 的扫描速度，电位区间在 0～2 V（vs Li/Li^+）。首次负扫时，在 0.67 V 处有明显的还原峰，这一还原峰代表 SEI 膜的生成，这是因为电解质 $LiPF_6$ 与水在常温下反应生成 HF，HF 进一步腐蚀或溶解电极最终会在电解质和电极界面形成一层钝化膜，这层膜就是 SEI 膜。因为工作电极为尺寸在纳米级别的 SnO_2@MWCNTs 复合中空微球，会形成较大的 SEI 膜从而消耗较多的锂且这一过程是不可逆的，所以造成较大的不可逆容量，且在第二、三、四次循环过程中这一位置的还原峰消失，这也是造成首次不可逆容量较大的原因。在第三、四次循环负扫中，有两个明显的还原峰，分别在 1.0 V 和 0.2 V 左右，在 1.0 V 处对应于氧化锡还原为金属锡，同时有氧化锂的生成。在第一次循环时这一还原峰不明显，这是因为开始

循环时电极材料需要一个活化过程，而首次充放电过程中电极材料还未完全活化。在第二、三、四次循环过程中这一还原峰的高度明显增加，说明电极材料已活化，反应充分进行。在0.20 V左右处的还原峰对应的是合金化过程以及部分锂嵌入到类石墨层表面稳定位点或碳纳米管内的过程。同样地，在首次循环中0.2 V左右的峰值不明显，是因为首次充放电过程中电极材料还未完全活化。第二、三、四次循环过程的伏安特性曲线具有很好的重复性，尤其是从第三次循环开始，伏安循环曲线就基本重合，表明电极材料具有很好的循环稳定性。

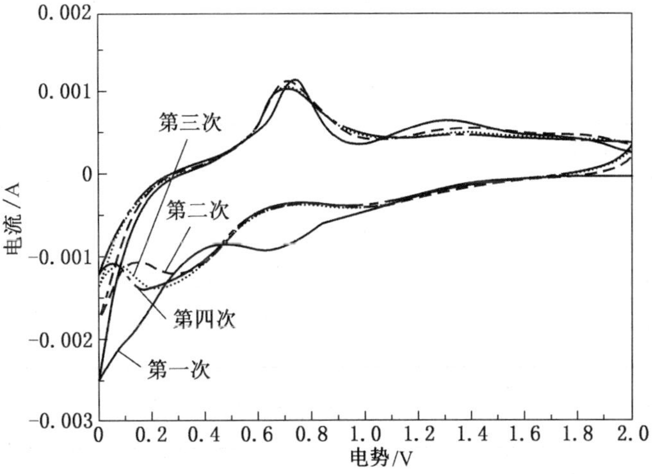

图3 SnO_2 - MWCNTs复合物的循环伏安曲线

2.3.2 循环性能分析

图4所示为SnO_2@MWCNTs复合物的循环充放电曲线。由图4可知，对于SnO_2@MWCNTs复合中空微球。材料的首次放电容量为1093 mAh/g，相应的库伦效率为62.8%，不可逆容量损失为407 mAh/g。这是由于SnO_2的还原表现为部分不可逆，会消耗锂离子，同时在首次循环时SEI膜的生成也会不可逆地消耗锂离子。此外，在第二次循环的比容量分别为722 mAh/g和753 mAh/g，50次循环后的容量分别保持在272 mAh/g和321 mAh/g，自第四次循环开始两种结构的库伦效率均保持在90%以上，表明其具有很好的循环稳定性和可逆性。

2.3.3 倍率性能分析

除循环性能外，倍率性能也是锂离子电池的一个重要评价指标，它是指电池在多种不同倍率充放电电流下表现出的容量大小、保持率和恢复能力。SnO_2 - MWCNTs复合物的倍率曲线如图5所示，SnO_2@MWCNTs复合中空微球依次在78 mA/g(0.1C)、156 mA/g(0.2C)、390 mA/g(0.5C)、780 mA/g(1C)、1560 mA/g(2C)、3900 mA/g(5C)和78 mA/g(0.1C)的电流密度下进行倍率性能测试，每个倍率下循环次数为10次。由图5可知，电池在78 mA/g (0.1C)、156 mA/g(0.2C)、390 mA/g(0.5C)、780 mA/g(1C)、1560 mA/g(2C)、3900 mA/g(5C)电流密度下的平均比容量值(除去首次比容量)分别为517.6 mAh/g、415.2 mAh/g、310.5 mAh/g、200.7 mAh/g、91.0 mAh/g和7.5 mAh/g。当电流密度再次

回到 0.1C 倍率时，比容量恢复到 317.7 mAh/g。材料在不同倍率下的库伦效率分别为 95%、98%、97%、98%、100% 和 101%，再次恢复到小电流密度时库伦效率为 97%，也表现了较高的水平，其中有的效率高于 100%，初步认为是由于材料在循环过程中逐渐被活化，活性物质量增加，与电解液的接触面积增大，从而反应更加充分，容量提高。

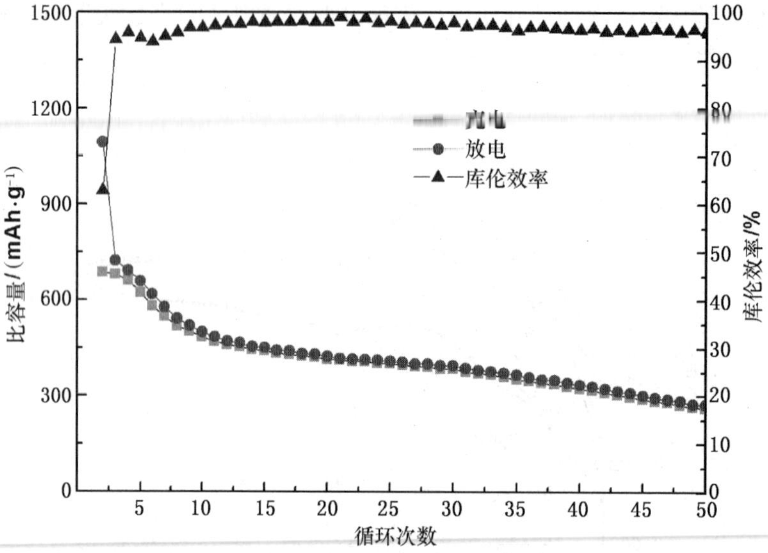

图 4　SnO_2 - MWCNTs 复合物的循环充放电曲线

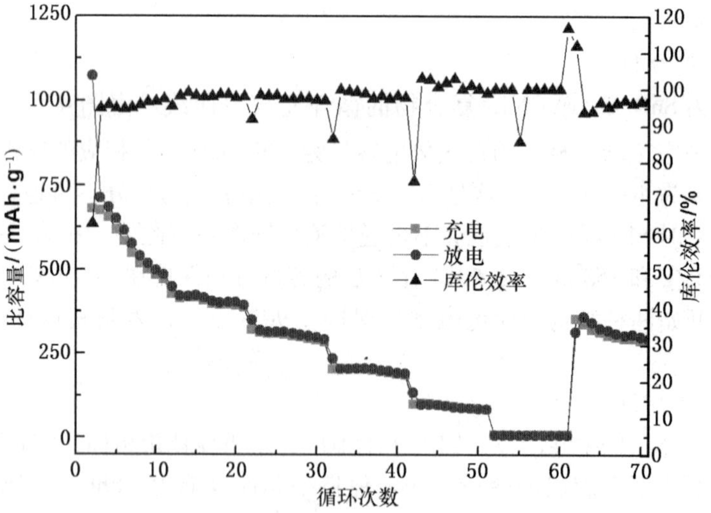

图 5　SnO_2 - MWCNTs 复合物的倍率曲线

3　结论

本文以 $SnCl_4 \cdot 5H_2O$ 作为锡源，NaF 作为形貌控制助剂，采用水热法制备了 SnO_2 中空微球，同时引入了碳纳米管与之进行复合。当 F/Sn 摩尔比为 4.77 时，获得的产物为 SnO_2@ MWCNTs 复合中空微球，此时 SnO_2 的成球性最好，改性后的 MWCNTs 在这一条件下能够与微球很好地复合，MWCNTs 包覆与 SnO_2 微球外侧形成三维的网络骨架，其优点主要表现在两个方面：①大大提高了材料的导电性；②缓冲了 SnO_2 在循环过程中较大的体积变化。材料在 0.1 C 下、50 次循环后的比容量为 272 mAh/g，自第四次循环开始两种结构的库伦效率均保持在 90% 以上，表明其具有很好的循环稳定性和可逆性，由于 MWCNTs 的引入，其倍率性能也相当好，当倍率从 5 C 恢复到 0.1 C 时，比容量仍在 300 mAh/g 以上。

参 考 文 献

[1] 谭春晖. 新型纳米结构锡基锂离子电池负极材料的制备及性能研究［D］. 济南：山东大学，2013.

[2] Wang X, Wu X L, Guo Y G, et al. Synthesis and Lithium Storage Properties of Co3O4, Nanosheet – Assembled Multishelled Hollow Spheres[J]. Advanced Functional Materials, 2010,20(10):1680 – 1686.

[3] Wang B, Chen J S, Wu H B, et al. Quasiemulsion – templated formation of α – Fe2O3 hollow spheres with enhanced lithium storage properties[J]. Journal of the American Chemical Society, 2011,133(43):6 – 8.

[4] Li Y, Li J. Carbon – Coated Macroporous $Sn_2P_2O_7$ as Anode Materials for Li – Ion Battery [J]. Journal of Physical Chemistry C, 2008,112(36):14135 – 14139.

[5] Wang H, Wu Y, Bai Y, et al. The self – assembly of porous microspheres of tin dioxide octahedral nanoparticles for high performance lithium ion battery anode materials [J]. J. mater. chem, 2011,21(27):10189 – 10194.

[6] Li Y, Tan B, Wu Y. Mesoporous Co_3O_4 nanowire arrays for lithium ion batteries with high capacity and rate capability. [J]. Nano Letters, 2008,8(1):265 – 270.

[7] Li Y, Tan B, Wu Y. Freestanding Mesoporous Quasi – Single – Crystalline Co_3O_4 Nanowire Arrays[J]. Journal of the American Chemical Society, 2006,128(44):8 – 9.

[8] Sun Y, Feng X Y, Chen C H. Hollow Co_3O_4 thin films as high performance anodes for lithium – ion batteries[J]. Journal of Power Sources, 2011,196(2):784 – 787.

[9] Liu H C, Yen S K. Characterization of electrolytic Co_3O_4 thin films as anodes for lithium – ion batteries[J]. Journal of Power Sources, 2007,166(2):478 – 484.

[10] Wang H, Fu F, Zhang F, et al. Hydrothermal synthesis of hierarchical SnO_2 microspheres for gas sensing and lithium – ion batteries applications: Fluoride – mediated formation of solid and hollow structures[J]. Journal of Materials Chemistry, 2012,22(5):2140 – 2148.

双层二维平面材料层间纳米摩擦性质的第一性原理研究

吴苗苗　陈玉红　院凌翔　刘世强　明　飞　曾庆文　马向东

中国矿业大学（北京）机电与信息工程学院，北京　100083

摘　要　本文基于密度泛函理论的第一性原理计算方法研究了纳米尺度下双层二维平面材料层间摩擦现象，从电子层次探讨了二硫化钼/二硫化钼体系在零载荷及载荷作用下的层间摩擦问题。研究发现，他们的摩擦因数会随着载荷的改变而变化，不再遵循 Amotons 定律。随着正压力的增大，摩擦因数变化曲线分为三个阶段，MoS_2/MoS_2 体系 1 ~ 7 nN 的摩擦因数为 0.025 ~ 0.15，本文为进一步开展二维异质结构的研究提供了理论依据和指导。

关键词　纳米摩擦　第一性原理　二维层状材料　摩擦因数　势能面

Ab Initio Studies on the Interlayer Nanotribology of Planar Bilayer

Wu Miaomiao　Chen Yuhong　Yuan Lingxiang　Liu Shiqiang
Ming Fei　Zeng Qingwen　Ma Xiangdong

School of Mechanical Electronic and Information Engineering,
China University of Mining and Technology, Beijing　100083

Abstract　The nano – scale interlayer friction of the planar bilayer is investigated using first – principles calculations based on density functional theory (DFT). We discussed the interlayer friction of molybdenum disulfide/molybdenum disulfide (MoS_2/MoS_2) system with and without normal force. It is found that the friction coefficient of MoS_2/MoS_2 systems varies with normal force, it dosen't follow the Amontons Law anymore. Relationship between the load and the friction coefficient can be divided into three phases, the friction coefficient for MoS_2/MoS_2 is. 025 ~ 0. 15 during 1 ~ 7nN.

Key words　nanotribology　fist – principle　2D materials　friction coefficient　po-

---

资助项目：国家自然科学基金资助（11404395）；中央高校基本科研业务费专项资金（2013QJ01）

作者简介：吴苗苗（1985—　），女，河北石家庄人，博士，讲师，主要从事计算材料学方面的教学与科研工作。Tel: 13811649995; E – mail: miaomwu@cumtb.edu.cn tential energy surface

0 引言

摩擦是具有重要现实意义的物理学问题，随着现代科学技术的进步，尤其是纳米材料、微型机械和高密度磁记录技术的高速发展，纳米摩擦学的研究日益为人们所重视。由于纳米环境下传统的润滑油会变黏而不起作用，所以纳米摩擦学的首要任务是设计出在原子尺度能够表现低摩擦的新材料[1]。纳米摩擦研究方法在实验上主要依赖于摩擦力显微镜和原子力显微镜，随着计算机技术的进步，计算模拟也在科学研究中占有一席之地。对于纳米摩擦的计算模拟，经验分子动力学方法是最常用的，相对于此，第一性原理计算结果更加准确，从界面能量的角度研究电子摩擦。但目前第一性原理方法对于纳米摩擦的研究还很有限。

二维（2D）层状材料因其在很多应用中作为固体润滑剂的出色表现而吸引了大量的关注，这类层状材料因其层与层之间微弱的范德华力连接而使他们具有较低的摩擦因数且具有优良的光电性能，所以它们是纳米机电系统中最有前途的材料。石墨是应用最广泛的固体润滑剂之一，呈六角层状结构，层内碳原子之间由很强的 sp2 杂化结合，层间作用为很弱的范德瓦尔斯力。

硫化物固体润滑剂因其具有三明治一样的层状结构成为最常用且效果最好的固体润滑剂，MoS_2 层内是很强的共价键结合，层与层之间通过较弱的范德瓦尔斯力相互作用，因此极容易滑移，表现出较低的摩擦因数；且 S 原子与金属原子有着极强的亲和力，使其能很好地附着在金属表面始终发挥润滑功能。Martin 等[2]利用高分辨率透射电子显微镜观察 MoS_2 涂层磨损物，发现 MoS_2 超低摩擦归因于晶体原子的各向异性，尤其是片层之间的旋转无序化，对于此理论研究也有相同的结果。Onodera 等[3,4]利用杂化的量子化学/经典分子动力学方法研究了 MoS_2 层间界面原子的相互作用以及层间摩擦的各向异性，发现其润滑作用主要是两个带负电的 S 原子之间的库伦作用，旋转无序化对获得超低摩擦很重要。T Liang 等[5]利用 DFT 第一性原理方法研究了 MoS_2(001)/MoO_3(001)面和 MoS_2/MoO_3 界面滑动的静态势能面，发现最低能量路径是在 MoS_2 滑动界面上 S 原子组成的通道方向，MoO_3（001）层间的滑动最难，这解释了 MoS_2 为什么在空气中摩擦性质退化。以上几种典型的研究从原子角度对其摩擦机理进行了理论研究，提出了一些调制摩擦的思路。

异质结构是近几年兴起的二维材料特性调控手段，通过将不同的二维材料用不同的方法统一结合起来，能集合各组分的优良性并能获得各组分没有的新奇性能，它将是继石墨烯之后又一大研究热点[6]。而异质结构中固有的晶格错配使其具有永久的不相称性，为获得超低摩擦提供了思路。基于以上研究基础，本文拟运用密度泛函理论对二维双层二硫化钼体系的纳米摩擦特性开展系统的对比研究，为今后探讨石墨烯/二硫化钼异质结构的纳米摩擦特性提供理论指导和依据。

1 研究方法与内容

本文采用基于密度泛函理论的第一性原理 VASP 软件包，用 Perdew – Burke – Ernzerhof

(PBE) 形式的广义梯度近似 (GGA) 描述交换 - 关联相互作用，用投影缀加平面波 (PAW) 方法描述原子实和价电子的相互作用，电子波函数平面波基矢的截断能为 500 eV。G/G 和 MoS_2/MoS_2 体系中范德瓦尔斯力非常重要，但是流行的局域和半局域密度泛函理论不能处理这种长程色散作用，本文采用 Grimme 等人发展的一种半经验 DFT - D2 方法对体系中的范德瓦尔斯作用进行修正。对于 S 原子和 Mo 原子，散射因子 C6 取标准值，分别为 5.57、24.67；范德瓦尔斯修半径分别 1.683、1.639。计算采取 1 ×1 的原胞；倒空间中布里渊区的 K 点由 Monkhorst - Pack 方法以 Gamma 点为中心产生，布里渊区 K 点取样为 12 ×12 ×1；电子结构计算时总能的收敛标准为 10^{-4} eV。几何结构优化时，采用共轭梯度 (CG) 的方法弛豫所有原子，每个原子受到的最大力的弛豫标准为 0.02 eV/Å。为避免 z 方向周期性结构的影响，我们在垂直于表面沿着 z 方向都设置了 20 Å 的真空层。

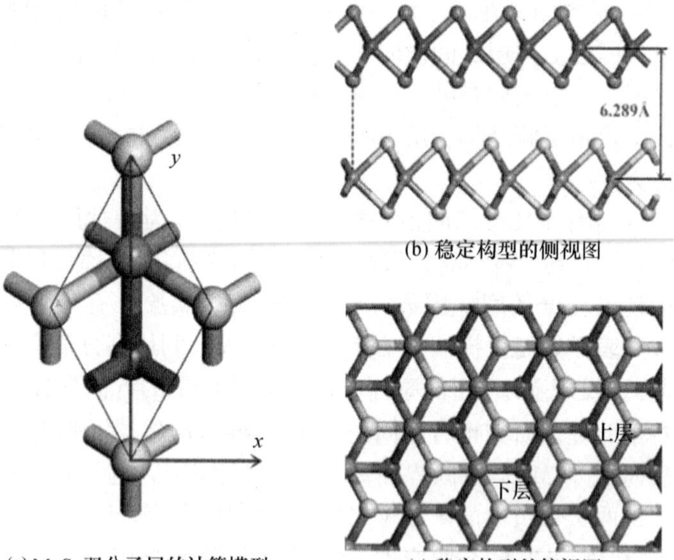

(b) 稳定构型的侧视图

(a) MoS_2 双分子层的计算模型　　(c) 稳定构型的俯视图

图 1　优化后的二硫化钼双分子层结构

首先建立单层 MoS_2 及双层 MoS_2 模型，对模型进行几何优化，弛豫结果显示 MoS_2 的晶格常数 $a = 3.166$ Å，键长为 2.42 Å，键角为 82°与理论实验值符合得很好；稳定构型的层间距 (Mo—Mo 原子间距) 为 6.289 Å，与 MoS_2 理论计算层间距 6.27 Å[7]、6.25 Å[8] 符合得很好，该验证结果说明，我们选取的研究方法及计算参数是可靠的。

优化后的二硫化钼双分子层结构如图 1 所示，根据各计算单元长短对角线的长度确定取样点。优化滑动过程中的每一个点，每个原子的 z 坐标是自由的，$x - y$ 坐标是固定的，即法向载荷近似于零的情况，这样能把相对片层的位移以最逼真的方式模拟出来。晶格完全优化后就可以进行静态计算，得到上层相对于下层滑动过程中的经验体系能量，然后由体系总能量与体系最低能量之差建立势能面 (PES)，以此分析原子尺度下不同体系的摩擦情况并预测体系上层滑动过程应采取的最有利路径和对应的摩擦性能。

2 研究结果与分析

2.1 零载荷下 MoS_2/MoS_2 体系的层间纳米摩擦研究

计算所得各体系的层间距、吸附能、最大能垒、最小剪切强度及沿着 y 方向的剪切强度计算结果见表 1。MoS_2 上层在 $x-y$ 平面滑动的势能面如图 2 所示。图 2aMoS_2/MoS_2 体系上层相对下层在 $x-y$ 平面滑动的二维 PES 图，箭头所指路径为最小能量路径，黑色线条所标为一个单胞，图 2b 为 MoS_2/MoS_2 体系沿着左图箭头所指方向滑动的能量变化曲线。二硫化钼稳定构性的层间距和结合能分别为 6. 289 Å 和 146. 89 mev/cell。当上层相对于下层滑动时，体系的能量升高，在上层 S 原子与下层 S 原子相对、上层 Mo 原子与下层 Mo 原子相对时，层间距增加到 6. 885 Å，PES 达到能垒峰值 9. 43 meV/atom。当上相对于下层在 y 方向滑动时，体系会趋向于箭头指示的路径，沿着路径的能量波动（最大与最小能量的差值）大约为 2. 48 meV/atom，与理论计算值 2. 17 meV/atom[9]、2. 71 meV/atom[8] 符合较好。这个值比 PES 峰值 9. 43 meV/atom 低了约 73. 8%，表明沿着箭头所指方向滑动比沿着 y 方向滑动容易得多。

表 1 计 算 结 果

	平衡层间距 d/Å	结合能 E/(meV · atom^{-1})	能垒 ΔE/(meV · atom^{-1})	沿着 y 方向的剪切强度 τ_y/GPa	沿着最小能量路径的剪切强度 τ_{MEP}/GPa
MoS_2	AB：6. 289 AA：6. 885	24. 48	9. 43	0. 76	0. 3
文献参考值	AB：6. 27[8] AA：6. 87[8]	23. 33 ±3. 67	9. 04[8]9. 00[10]	0. 65[8]	0. 5[8]0. 47[9]

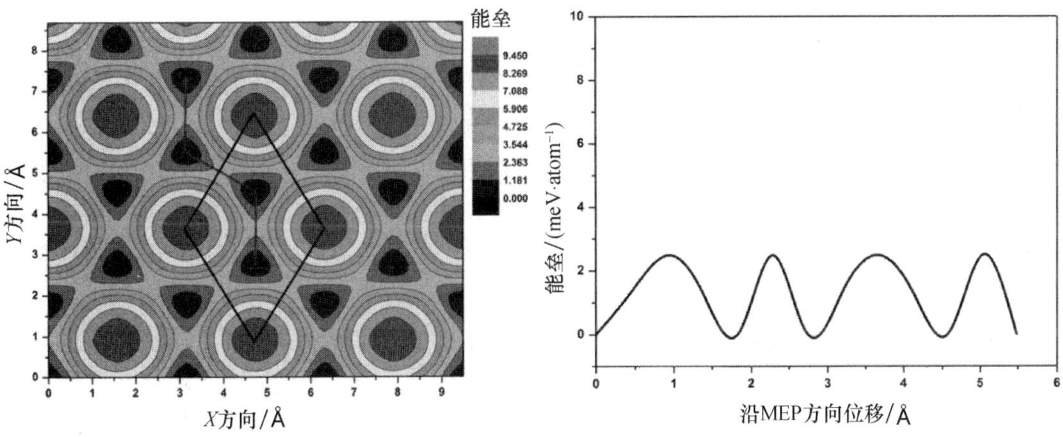

(a) (b)

图 2 MoS_2 上层在 $x-y$ 平面滑动的势能面

静横向力是沿滑动路径能量关于位移的导数，用式（1）表示，其中 D 是位移。

$$f = \frac{dE}{dD} \tag{1}$$

我们假设估算出的与摩擦性能直接相关的静横向力的最负值可以看作是滑动的最大阻力。沿着选择路径的剪切强度由式（2）获得，其中 f_m 是最大的静横向力，A 是计算单元在 $x-y$ 平面的面积。

$$\tau = \left|\frac{f_m}{A}\right| \tag{2}$$

我们计算了 MoS_2 沿着 y 方向和沿着 MEP 方向滑动的最大静横向力和剪切强度。MoS_2 沿着最小能量路径的最大静横向力为每个原子 2.72 meV/Å，沿着 y 方向的最大静横向力为每个原子 6.90 meV/Å。MoS_2 计算单元的面积为 8.68Å^2，计算得到沿着 MEP 和 y 方向的剪切强度分别为 0.3 GPa 和 0.76 GPa。Wang 等计算结果为沿着 MEP 剪切强度为 0.47 GPa[9]；He 等计算结果为沿着 MEP 剪切强度为 0.16 GPa[7]。由此可见我们的计算结果与其他理论计算值相符。与石墨烯相比，MoS_2 剪切强度比石墨烯大许多，说明零载荷作用下 MoS_2 双分子层之间的滑动阻力大于石墨烯双分子层间滑动阻力。

2.2 载荷作用下 MoS_2 /MoS_2体系的层间纳米摩擦

我们通过手动压缩层间距模拟正压力的方法，在沿滑动路径 y 选定的各点处以 0.05 Å 为步长逐渐压缩层间距，G/G 体系从 3.60 Å 压缩至 1.50 Å，MoS_2/MoS_2 体系从 7.00 Å 压缩至 4.50 Å。静态计算压缩过程中每一步的层间相互作用。层间相互作用主要用结合能来表示：

$$E = E_t - 2E_{single} \tag{3}$$

式中　　E——结合能；

　　　　E_t——体系总能量；

　　　E_{single}——孤立或二硫化钼能量。

计算后的层间结合能结合能如图 3 所示。MoS_2/MoS_2 体系滑动路径上不同位置处的结合能随层间距的变化，1～7 表示滑动路径上均匀选取的 7 个位置，其中 1 为起始位置(平衡构型—空位)，2 为桥位，5 为叠位。

整体来看，结合能随着层间距的压缩逐渐增大，相互作用中排斥力增大，表现出排斥作用。由结合能可以得到层间平衡吸附高度，二硫化钼在 6.75 Å 附近斥力与引力平衡，吸附能趋于零。不同构型结合能的大小随着层间距的减小而增加，相同层间距下压力较小时，从空位到叠位结合能逐渐增大，空位结合能最小，因为空位相互作用的原子数目少；叠位的结合能最大，因为叠位相互作用的原子最多且两层原子之间的距离最近，同时表明叠位处层间距不易压缩。

通过相互作用能对层间距求导数，可以计算出作用在相对滑动的两个体系的正压力：

$$f_N = \frac{\partial E(x,\ y,\ z)}{\partial z} \tag{4}$$

计算得到的层间距随压力变化的函数关系曲线如图 4 所示。图中 0 nN 表示零载荷的平衡层间距。

从图 4 中可以看出 MoS_2/MoS_2 在相同正压力下，0～7 nN 沿滑动路径层间距的变化趋势都一样，叠位的层间距最大，空位的层间距最小，是因为叠位排斥力较大，不易压缩。当载荷大于5 nN时，层间距的变化趋势没有小载荷下的剧烈。

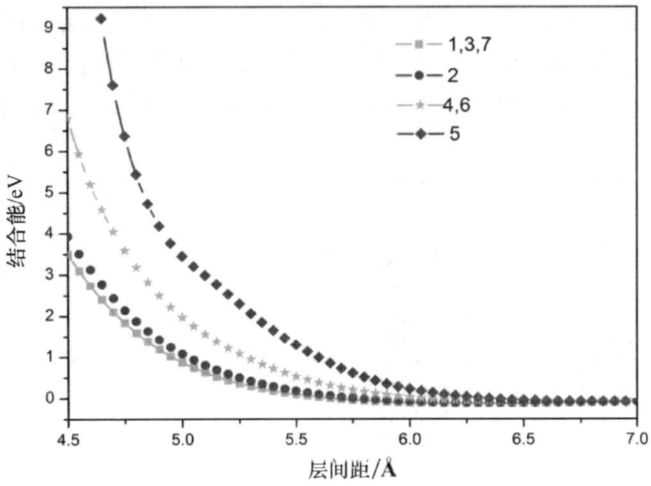

图3　计算后的层间结合能

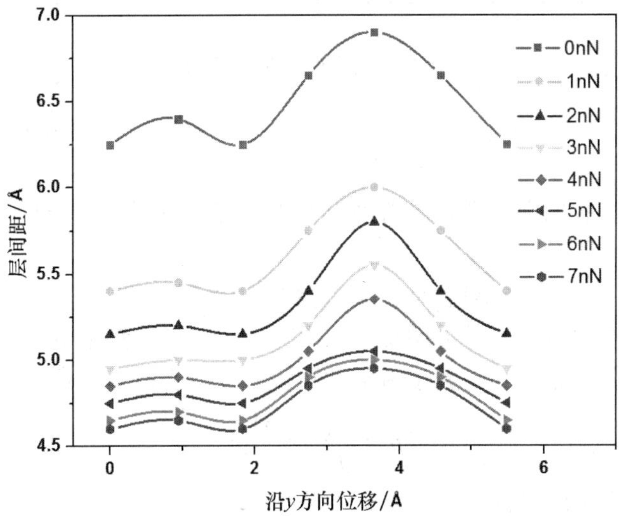

图4　层间距随压力变化的函数关系曲线

在相同正压力的情况下，沿着某一方向上相对滑动的体系在沿着这一方向上的势能可以由下式给出

$$V(x, f_N) = E[x, z(x, f_N)] + f_N z(x, f_N) - V_0(f_N) \tag{5}$$

式中　$V(x, f_N)$——滑动路径上不同位置不同压力下的势能；

$E[x, z(x, f_N)]$——沿滑动路径不同位置处在外力作用下的吸附能；

$f_N z(x, f_N)$——正压力在压力方向上对系统所做的功；

V_0 (f_N)——滑动路径上的最小势能（一般定义为零势能）。

计算得到的势能为相对滑动势能，即滑动势垒，MoS_2/MoS_2 体系沿滑动路径不同压力下的势垒曲线如图5所示。从图中可以看出，当正压力增大时，能垒沿滑动路径的大致变化趋势是一样的，但从5 nN之后变化不再集中。但在同一构型下，桥位对应的能垒在小载荷下增加，2 nN后又逐渐减小；而叠位在1～3 nN之间缓慢增加，4～5 nN剧烈增加，在5 nN时达到最大后又开始减小。叠位和桥位都在6 nN之后又开始增加。

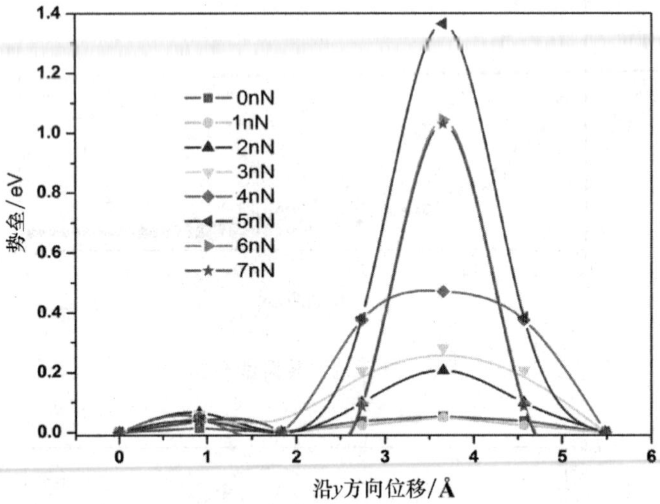

图5 MoS_2/MoS_2 体系沿滑动路径不同压力下的势垒曲线

对于滑动摩擦，我们必须考虑沿滑动方向上的能量损耗。令 ΔV_{max} (f_N) 取滑动路径上的最大势垒

$$\Delta V_{max}(f_N) = V_{max}(f_N) - V_{min}(f_N) \tag{6}$$

系统若要发生相对滑动，外力做功必须要克服这一最大势垒 ΔV_{max} (f_N)。最后对摩擦力做功求平均值，除以正压力得到了沿滑动路径的平均摩擦因数：

$$\mu = \frac{\langle f_x \rangle}{f_N} = \frac{\Delta V_{max}}{f_N \Delta x} \tag{7}$$

式中 $\langle f_x \rangle$——平均摩擦力；

Δx——最大势能与最小势能之间的距离。

据此我们计算得到 MoS_2/MoS_2 体系的摩擦因数随正压力的变化关系如图6所示。1～7 nN二硫化钼双分子层之间的摩擦因数为0.025～0.15。实验测得的二硫化钼摩擦因数在0.002～0.15[2,11]，中空无机富勒烯类二硫化钼在超高真空中的摩擦因数为0.02[12]。我们的计算结果在此范围内。与石墨烯相比，二硫化钼双分子层的摩擦因数较低，说明载荷作用下二硫化钼的润滑性能更好。

在宏观上，摩擦因数由材料的固有性质决定，与正压力无关。而如图6所示，原子尺度下 MoS_2/MoS_2 体系的摩擦因数随着正压力而变化，并分为三个阶段，不再遵循宏观摩擦定律。MoS_2/MoS_2 体系在3 nN小压力下，摩擦因数变化很小，几乎不随正压力的变化而

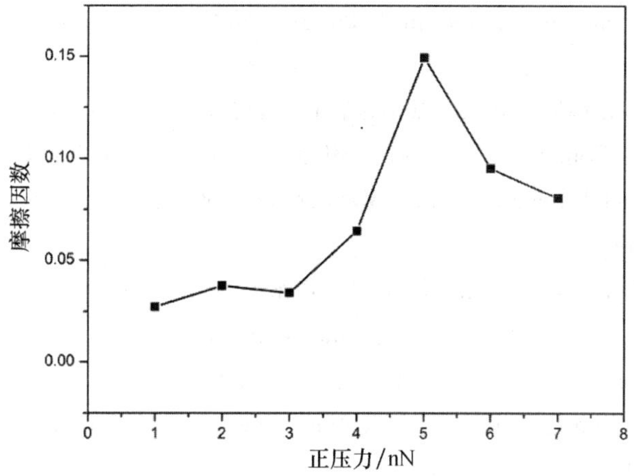

图6 MoS_2/MoS_2 体系的摩擦因数随载荷的变化关系

变化，符合 Amotons 定律，在 3 ~5 nN 摩擦因数随着正压力的增加剧烈增加，5 nN 之后又开始下降。摩擦因数随正压力的变化归因于不同压力下体系内相互作用的差别。

3 结论

本文研究表明，零载荷下二硫化钼的剪切强度大于石墨烯，表明无外加载荷时石墨烯的润滑性能优于二硫化钼。载荷作用下 MoS_2/MoS_2 体系的摩擦因数会随着载荷的改变而变化，不再遵循 Amotons 定律，随着正压力的增大，摩擦因数变化曲线分为 3 个阶段，MoS_2/MoS_2 体系 1 ~7 nN 的摩擦因数为 0. 025 ~0. 15，二硫化钼双分子层的层间摩擦因数低于石墨烯，表明在载荷作用下二硫化钼润滑性能更好。这些结果为在纳米尺度下设计新的低摩擦材料提供了思路，并对了解纳米摩擦机制和从微观上调制摩擦提供了新的认识。

参 考 文 献

[1] Blumberg A, Keshet U, Zaltsman I, et al. Interlayer Registry to Determine the Sliding Potential of Layered Metal Dichalcogenides: The Case of 2H – MoS_2 [J]. Journal of Chemical Physics Letters, 2012, 3: 1936 – 1940.

[2] Martin J M, Donnet C, Lemogne T, et al. Superlubricity of molybdenum disulfide [J]. Physical Review B, 1993, 48: 10583 – 10586.

[3] Tasuku O, Yusuke M, Suzuki A, et al. A Computational Chemistry Study on Friction of h – MoS_2. Part I. Mechanism of Single Sheet Lubrication [J]. Journal of Physical Chemistry B 2009, 113: 16526 – 16536.

[4] Tasuku O, Yusuke M, Suzuki A, et al. A Computational Chemistry Study on Friction of h – MoS_2. Part II. Friction Anisotropy [J]. Journal of Physical Chemistry B 2010, 114: 15832 – 15838.

[5] Liang T, Sawyer W G, Perry S S, et al. First – principles determination of static potential en-

ergy surfaces for atomic friction in MoS_2 and MoO_3 [J]. Physical Review B, 2008, 77: 104105.

[6] Geim K, Grigorieva LIV. Van der Waals heterostructures[J]. Nature, 2013, 499: 419 – 425.

[7] He J, Hummer K, Franchini C. Stacking effects on the electronic and optical properties of bilayer transition metal dichalcogenides MoS_2, $MoSe_2$, WS_2, and WSe_2[J]. Physical Review B, 2014, 89: 075409.

[8] Wang L, Ma T, Hu Y, et al. Superlubricity of two – dimensional fluorographene/MoS_2 heterostructure: a first – principles study[J]. Nanotechnology, 2014, 25: 385701.

[9] Juan P O, Santosh K C, Ning L, et al. In Situ TEM Characterization of Shear – Stress – Induced Interlayer Sliding in the Cross Section View of Molybdenum Disulfide[J]. Acs Nano, 2015, 9: 1543 – 1551.

[10] Liu Z, Zhang S M, Yang J R, et al. Interlayer shear strength of single crystalline graphite [J]. Acta Mechanica Sinica, 2012, 28: 978 – 982.

[11] Matsushita K, Matsukawa H, Sasaki N. Atomic scale friction between clean graphite surfaces [J]. Solid State Communications, 2005, 136: 51 – 55.

[12] Ruan J A, Bhushan B. Frictional behavior of highly oriented pyrolytic graphite[J]. Journal of Applied Physics, 1994, 76: 8117 – 8120.

基于特定谐波消除的三相整流器解耦控制

杨克虎　邝小青　袁志宝

中国矿业大学（北京）机电与信息工程学院，北京　100083

摘　要　本文针对低开关频率下 PWM 整流器的低次谐波电流问题，设计并实现了基于特定谐波消除的三相整流器电压电流双闭环解耦控制系统。在此基础上对比了特定谐波消除与空间矢量调制在开关频率为 300 Hz 时的谐波性能，仿真和实验结果均表明采用特定谐波消除的低次谐波电流明显小于空间矢量调制的谐波电流，比较适合大功率 PWM 整流器的应用。

关键词　PWM 整流器　特定谐波消除　解耦控制

Decoupled Control for VSR – PWM Rectifier with Selective Harmonic Elimination

Yang Kehu　Kuang Xiaoqing　Yuan Zhibao

School of Mechanical Electronic and Information Engineering,
China University of Mining and Technology, Beijing　100083

Abstract　According to the PWM rectifier's low order harmonic problems with low switching frequency, designing and implementing the voltage and current double closed loop control system of three – phase rectifier based on specific harmonic elimination. On this basis, comparing the harmonic performance of the selected harmonic elimination and space vector modulation in switching frequency at 300 Hz, simulation and experimental results show that the low harmonic current using selective harmonic elimination is significantly less than the space vector modulation, which is suitable for the application of high power PWM rectifier.

Key words　PWM rectifier　selected harmonic elimination　decoupled control

0　引言

传统的二极管桥式整流器功率因数低且会产生大量的谐波电流注入电网[1]，降低了

资助项目：中央高校基本科研业务费专项资金（2009QJ12）

作者简介：杨克虎（1982—　），男，副教授，博士，从事自动控制、新能源、智能机器人等方向的研究。Tel：18612380124；E – mail：ykh@ cumtb. edu. cn

电网的电能质量并影响用电设备的正常运行[2]。近年来，PWM 整流器由于具有谐波电流小且能单位功率因素运行的优点而得到了广泛应用。然而在大功率的应用场合，由于受到开关损耗和电磁干扰等因素的限制，功率管的开关频率一般都很低，通常为几百赫兹，在如此低开关频率下，常用的载波脉宽调制[3-6]（SPWM）和空间矢量调制[7-8]（SVPWM）会产生大量的低次谐波。

特定谐波消除（Selective Harmonic Elimination，SHE）脉宽调制技术由于具有开关频率低、可以完全消除低次谐波等优点，在逆变器、静止无功发生器等领域得到了广泛应用。然而，SHE 应用于整流的研究较少，文献［9］将 SHE 调制策略应用于大功率电流型 PWM 整流系统中，不仅实现了低开关频率而且补偿了电网背景谐波，文献［10］和文献［11］采用 SHE 调制策略来减少电流型 PWM 整流器的低次谐波。

本文采用 SHEPWM 调制策略和解耦控制策略来减少大功率 VSR 上的低次谐波。当运行在开关频率为 300Hz 时，SVPWM 调制策略产生了大量的低次电流谐波，而使用 SHEPWM 调制策略却可以消除 19 次以下的低次电流谐波，说明 SHEPWM 调制策略在大功率低开关频率的应用场合具有明显的优越性。

1　基于 SHEPWM 调制策略的解耦控制

由于系统的强耦合和非线性，通常将两相静止坐标系中三相 VSR 的数学模型变换到两相同步旋转 $d-q$ 坐标系中，化简整理得

$$\begin{cases} L\dfrac{\mathrm{d}i_q}{\mathrm{d}t}+\omega Li_d+Ri_q=e_q-v_q \\ L\dfrac{\mathrm{d}i_d}{\mathrm{d}t}-\omega Li_q+Ri_d=e_d-v_d \end{cases} \tag{1}$$

式中　　R——交流母线上的等效电阻；

e_q、e_d、i_q、i_d——网侧的电压和电流在 $d-q$ 坐标系的值。

虽然方程（1）是线性方程，但和之间仍存在强耦合现象，不利于电流控制器的设计。为了简化控制器的设计，采用前馈解耦控制策略，当电流控制器采用 PI 调节器时，可得在 $d-q$ 旋转坐标系下的电流控制方程，即

$$\begin{cases} v_q=e_q-\omega Li_d-\left(K_{iP}+\dfrac{K_{iI}}{s}\right)(i_q^*-i_q) \\ v_d=e_d+\omega Li_q-\left(K_{iP}+\dfrac{K_{iI}}{s}\right)(i_d^*-i_d) \end{cases} \tag{2}$$

式中　K_{iP}、K_{iI}——比例环节和积分环节系数；

i_q^*、i_d^*——电流参考值。将式（2）代入式（1）并化简整理得到如下方程：

$$\begin{cases} \dfrac{\mathrm{d}i_d}{\mathrm{d}t}=-\dfrac{R+\left(K_{iP}+\dfrac{K_{iI}}{s}\right)}{L}i_d+\dfrac{\left(K_{iP}+\dfrac{K_{iI}}{s}\right)}{L}i_d^* \\ \dfrac{\mathrm{d}i_q}{\mathrm{d}t}=-\dfrac{R+\left(K_{iP}+\dfrac{K_{iI}}{s}\right)}{L}i_q+\dfrac{\left(K_{iP}+\dfrac{K_{iI}}{s}\right)}{L}i_q^* \end{cases} \tag{3}$$

式（3）表明，基于前馈解耦控制策略使电流内环，实现了解耦控制，$d-q$ 坐标系下

的解耦控制结构框图，如图 1 所示。

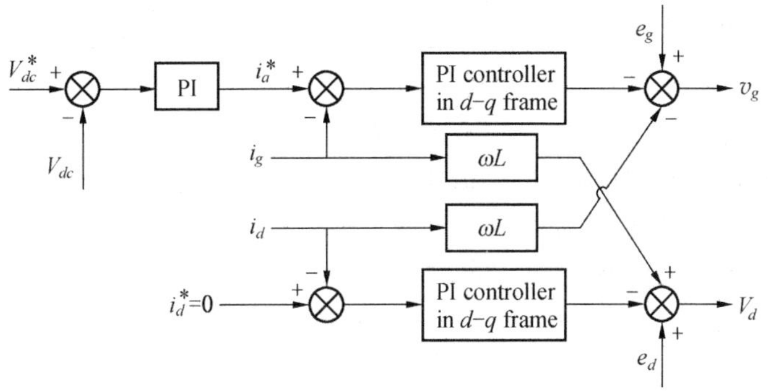

图 1　$d-q$ 坐标系下的解耦控制结构框图

根据文献［12］、文献［13］可知，v_q 和 v_d 相当于三相 VSR 交流侧输出电压在 $d-q$ 坐标系中的电压值，所以，如果将 v_q、v_d 反变换到三相静止参考坐标系中，得到三相 VSR 静止坐标系下交流侧输出电压 v_a、v_b、v_c。实际上 v_a、v_b、v_c，就是采用 SHEPWM 调制策略输出相电压的基波分量。

正如文献［14］中提到的，SHE 调制技术的基本原理是对变换器输出电压（或电流）的 PWM 波形进行傅里叶级数展开，对 1/4 周期对称的两电平 PWM 波形，它的傅里叶级数表达式如下：

$$u(t) = \sum_{n=1}^{\infty} b_n \sin(n\omega t) \tag{4}$$

式中　b_n——基波电压和各次谐波电压的幅值。b_n 的表达式如下：

$$b_n = \frac{2E}{n\pi}\left[1 + 2\sum_{i=1}^{N}(-1)^i \cos(n\alpha_i)\right] \tag{5}$$

式中　n——谐波次数；

E——直流侧电压；

N——开关角度的个数；

α_i——1/4 周期内的开关角度。

当 $n=1$ 时，b_1 表示基波幅值，$b_1\sin\omega t$ 表示 v_a。如果能够计算得到 v_a 的幅值和相位，就可以通过控制开关角度来控制 VSR 交流侧输出电压波形的幅值和相位。SHE 控制框图如图 2 所示。

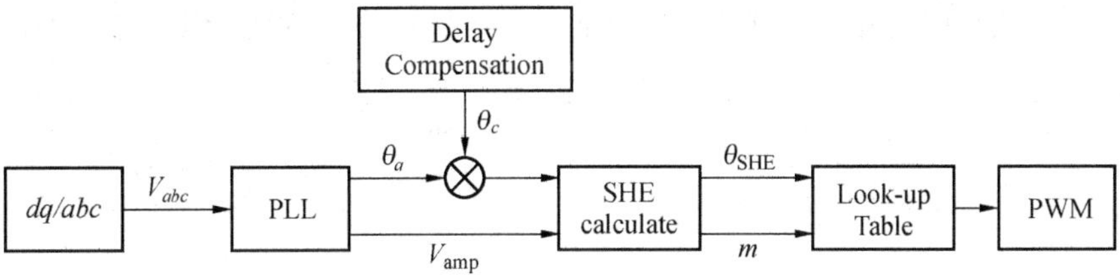

图 2　SHE 控制框图

图2中 v_a 的幅值 v_{amp} 和相角 θ_a 可以通过锁相环（Phase Lock Loop，PLL）给出，得出SHEPWM波形的初始相角 θ_{SHE} 和调制比 m 的表达式如下：

$$\begin{cases}\theta_{SHE} = \theta_a + \theta_c \\ m = \dfrac{b_1 \pi}{2E}\end{cases} \tag{6}$$

式中　$b_1 = v_{amp}$——SHEPWM波形的基波幅值；

θ_c——系统延迟的补偿角。

有了基波相角 θ_{SHE} 和调制比 m，同时将离线计算好的开关角度存储在数据表中，那么就可通过查表的方式给出控制功率开关管的SHEPWM波形，从而控制整流器。

2　调制策略仿真对比

本文基于MATLAB/Simulink仿真平台搭建了三相电压型PWM整流系统仿真模型，对比SVPWM和SHEPWM调制策略在低开关频率下的电流谐波消除效果。仿真电路的参数见表1，开关频率为300 Hz。

表1　仿真电路参数

开关频率	300 Hz	直流侧电容	330 μF
直流输入电压	50 V	直流电压	112 V
升压电感	3.3 mH	负载	50

开关角度求解采用文献［15］、文献［16］提出的基于Groebner基的代数求解方法，调制比 $m = 0.7$，算出1/4周期内的开关角度为［11.331，15.040，66.919，71.141，82.977，86.801］。SVPWM和SHEPWM的门极控制驱动信号分别如图3a、图3b所示，SVPWM和SHEPWM的交流侧电流和稳态工作时的FFT分别如图4a、图4b所示。此时，5次、7次、11次、13次和17次谐波已被消除。

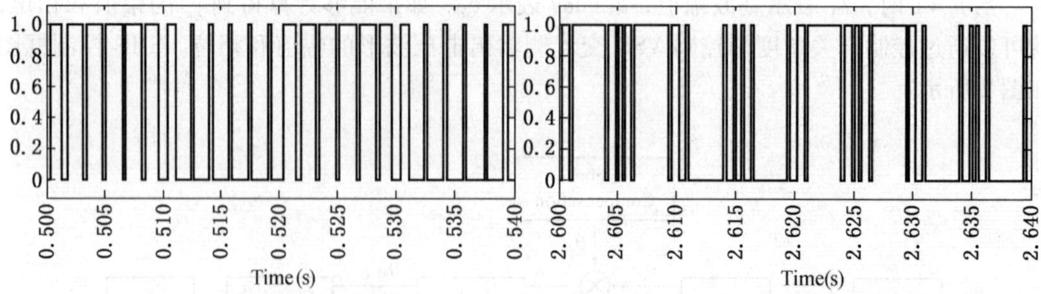

(a) SVM输出的PWM波形　　(b) SHE输出的PWM波形

图3　PWM输出波形

从图 4 中可以看出，采用 SVPWM 调制技术的电压型 PWM 整流器的交流侧有大量的低次电流谐波，而使用 SHEPWM 调制技术则可消除 19 次以下的低次电流谐波，同时计算了 SVPWM 和 SHEPWM 调制策略在 30 次谐波以下的总谐波失真（Total Harmonic Distortions，THDs）分别为 64.04% 和 43.12%，说明了在低开关频率下 SHEPWM 调制策略较 SVPWM 调制策略在消除低次电流谐波上具有明显的优势。

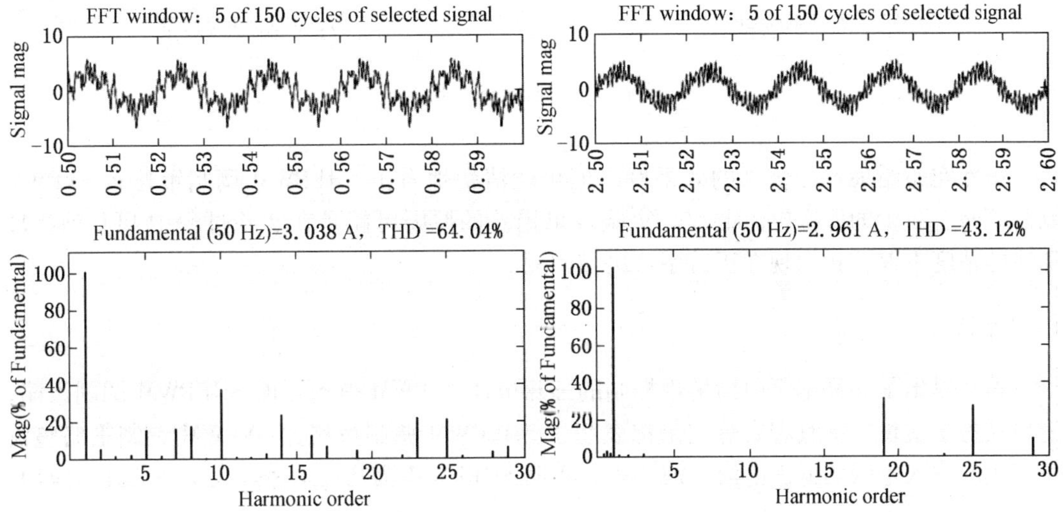

(a) SVM 交流侧电流和 FFT　　(b) SHE 交流侧电流和 FFT

图 4　交流侧相电流和 FFT

3　实验结果

为了验证所提方法的可行性，在小功率三相两电平电压型 PWM 整流器上做了实验。功率级设计采用 FDD8424H（40V/20V）作为开关设备，ADuM3221 作为门极驱动和隔离，微控制器采用 TMS320F28335 产生 PWM 门极驱动信号。开关角度用来控制整流器的开通和关断。SVPWM 和 SHEPWM 调制策略的 PWM 门极驱动信号分别如图 5a、图 5b 所示，它们的交流侧电流和系统稳态运行时的 FFT 分别如图 6a、图 6b 所示。

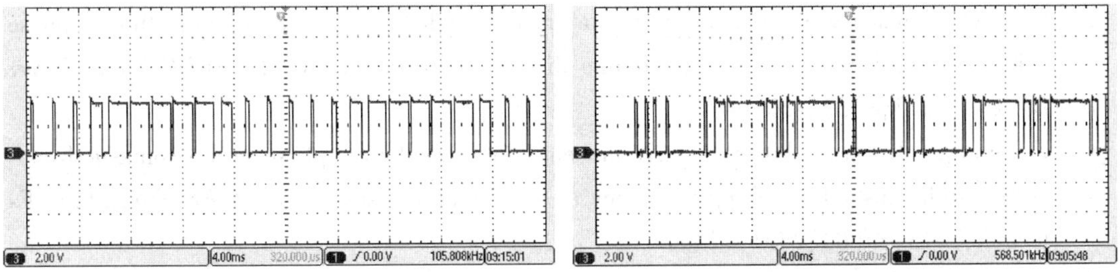

(a) SVM的PWM门极驱动波形　　(b) SHE的PWM门极驱动波形

图 5　PWM 门极驱动波形

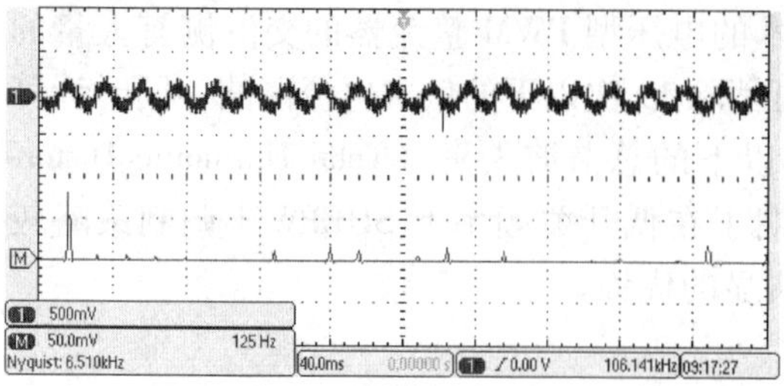

(a) SVM交流侧电流和FFT

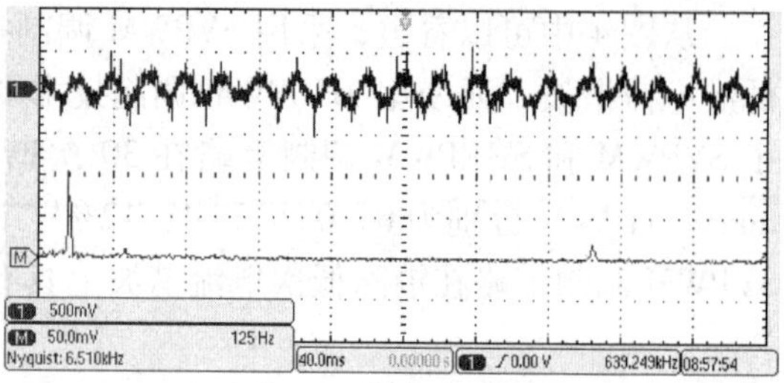

(b) SHE交流侧电流和FFT

图 6　交流侧电流和 FFT

虽然实验结果不如仿真的效果好，但仍能清楚地看出 SHEPWM 调制策略较 SVPWM 调制策略有更少的低次电流谐波。实验效果稍差的原因可能是在实验过程中 PLL 锁相环算法的精度不够，我们现在正着手解决该问题。

4　结论

本文提出了一种基于前馈解耦控制的三相电压型 PWM 整流器的 SHEPWM 调制策略，简单又易于实现。仿真和实验结果都表明了 SHEPWM 调制策略比 SVPWM 调制策略整流所产生的注入电网的低次电流谐波要少，表明 SHEPWM 调制技术适合大功率低开关应用。

参 考 文 献

[1] A. Prasad, P. Ziogas, and S. Manias. An active power factor correction technique for three - phase diode rectifiers [J]. *IEEE Trans. Power Electron*, 1991, 6(1): 83 - 92.

[2] 王兆安，刘进军. 电力电子技术 [M]. 北京：机械工业出版社，2009，67 - 68，182 - 183.

[3] 高莹，谢吉华，陈浩. SPWM 的调制及谐波分析 [J]. 微特电机，2006，7：10 - 25.

[4] A Bouafia, J P Gaubert, F Krim. Predictive power control of three - phase pulse width modulation (PWM) rectifier using space - vector modulation (SVM) [J]. *IEEE Trans. Power Electron*, 2010, 25(1): 228 - 236.

[5] C L Xia, M Wang, Z F Song, T Liu. Robust model predictive current control of three - phase voltage source PWM rectifier with online disturbance observation [J]. *IEEE Trans. Power Electron*, 2012, 8(3): 459 - 471.

[6] Z F Song, C L Xia, T Liu. Predictive current control of three - phase grid - connected converters with constant switching frequency of wind energy systems [J]. *IEEE Trans.* Ind. Electron, 2013, 60(6): 2451 - 2464.

[7] 张雪原. SVPWM 调制下逆变器输出电压谐波分析 [J]. 电气传动，2011，41 (7)：30 - 33.

[8] 张超，于岩，张义君，等. SVPWM 逆变器输出电压谐波分析 [J]. 煤矿机械，

2011, 32 (6): 115 – 118.

[9] R S Ni, Y W Li, Z Y Cheng, et al. Virtual impedance – based selective harmonic compensation(VI – SHC) PWM for current source rectifiers[J]. IEEE Trans. , Power Electron, 2014, 29(7): 3346 – 3356.

[10] Y Zhang, Y W Li, R Z Navid, et al. Improved selective harmonics elimination scheme with online harmonic compensation for high – power PWM converters [J]. *IEEE Trans. Power Electron*, 30(7): 3508 – 3517.

[11] R S Ni, Y W Li, Z Y Cheng, et al. Virtual impedance – based selective harmonic compensation(VI – SHC) PWM for current source rectifiers [J]. *IEEE Trans. Power Electron*, 29 (7): 3346 – 3356.

[12] X Zhang, C W Zhang. PWM rectifier and control [M]. Beijing China Machine Press, 2012.

[13] Y Ye, M Kazerani, V H Quintana. A novel modeling and control method for three – phase PWM converter [J]. *Power Electronics Specialists Conference* 2001. *PESC*. 2001 *IEEE* 32*nd Annual*, 2002, 1: 102 – 107.

[14] S P Hasmukh, G H Richard. Generalized techniques of harmonic elimination and voltage control in thyristor inverters, part 1: harmonic elimination [J]. *IEEE Trans. Ind. Appl*, 1973, IA – 9(3): 310 – 317.

[15] K H Yang, Z B Yuan, R Y Yuan, et al. A groebner bases theory – based method for selective harmonic elimination [J]. *IEEE Trans.* Power Electron, 2015, 30(12): 6581 – 6592.

[16] K H Yang, Q Zhang, R Y Yuan, et al. Selective harmonic elimination with groebner bases and symmetric polynomials [J]. *IEEE Trans.* Power Electron, 2016, 31(4): 2742 – 2752.

分布式电源对配电网电流保护的影响研究

刘　静　刘　梦

中国矿业大学（北京）机电与信息工程学院，北京　100083

摘　要　随着配电网络中分布式电源的广泛接入，对含分布式电源配电网电流保护的研究得到了越来越多的关注。本文介绍了逆变型分布式电源的控制方式和变流器保护，定性分析了含分布式电源的配电网故障时，逆变型分布式电源的保护和接入容量的改变对配电网电流保护的影响。最后，利用 Matlab/Simulink 对一个含有分布式电源的 10.5 kV 配电网进行仿真，验证了上述理论分析的正确性。

关键词　分布式电源　配电网　电流保护　变流器保护

Research on the Impact of Distributed Generation on the Distribution Network Current Protection

Liu Jing　Liu Meng

School of Mechanical Electronic and Information Engineering,
China University of Mine and Technology, Beijing　100083

Abstract　With the wide access of distributed generation on distribution network, the study of distribution network current protection with distributed generation has got more and more attention, this paper introduces the inverter control model of inverter interfaced distributed generation and protection of the converter, and qualitatively analyses the influence of the distribution network current protection when inverter interfaced distributed generation protection moves and its access capacity changes. Finally, using MATLAB/Simulink to a 10.5 kV distribution network containing distributed generation simulation, the correctness of the theoretical analysis is verified.

Key words　distributed generation　distribution network　current protection　converter protection

---

资助项目： 中央高校基本科研业务费专项资金（2013QJ04）

作者简介： 刘静（1986—　），女，博士，讲师，机电学院电气系，研究方向为电力系统节能减排优化调度。Tel：13552567656；E－mail：jingqisandra@163.com

0 引言

随着社会经济的发展，化石能源的消耗日益增加，生态环境不断恶化，为了保护人类赖以生存的地球生态环境，必须采取措施减少化石能源的使用，大力发展干净、清洁的新能源和可再生能源。分布式电源（Distributed Generation，DG）作为一种高效、环保的发电方式得到了越来越多的关注。分布式电源与大电网结合可有效提高系统的安全性，满足电力用户的要求，在一定程度上弥补现有电网的不足。但是，分布式电源接入配电网后，会改变配电网的拓扑结构和潮流方向，影响系统的安全稳定运行，使原有继电保护不再适用。

目前，针对 DG 对配电网继电保护的影响分析，许多学者进行了大量研究。文献［1］论述了分布式电源对配电网继电保护的影响。文献［2－4］分析了分布式电源的容量、类型和接入点的差异对配电网短路电流和电流保护的影响。文献［5］理论分析了含多个 DG 的配电网对保护装置配合的影响，提出给保护加装方向元件来解决电流流向发生改变的问题。文献［6］针对分布式光伏电源的变流器限流环节对配电网短路电流的影响进行了研究，但没有考虑变流器低电压保护对配电网短路电流的影响。文献［7］给出了逆变型分布式电源的短路电流特性。文献［8］认为配电网一旦发生故障，逆变型分布式电源的限流环节将起作用，定性地将逆变型分布式电源等效为恒流源，未考虑 DG 并网点电压和 DG 容量等因素的影响。文献［9］综合考虑了逆变型分布式电源的并网控制策略和低电压穿越控制的影响，对逆变型分布式电源的故障特性进行了分析。

本文对逆变型分布电源进行了仿真模型的等效，仿真分析配电网发生短路故障时，分布式电源本身的低电压保护、限流功能和接入容量的改变对配电网短路电流和电流保护的影响。

1 逆变型分布式电源

按照运行方式，分布式电源可分为传统发电机型和 DC－AC 逆变型两类。目前，小容量的分布式电源多为逆变型分布式电源（Inverter Interfaced Distributed Generation，IIDG）。相较于传统发电机型分布式电源，IIDG 是通过一个直流电容器与逆变器连接后再接入配电网的[10]。

1.1 逆变器控制方式

对于 IIDG，其逆变器的控制方式可分为电压型控制和电流型控制[11]。电压型控制通常应用于孤岛运行，电流型控制通常应用于 DG 并网运行。电流控制方式可衍生 P－Q 控制方式、无功－电压控制方式等。在 P－Q 控制方式下，逆变器交流侧电压完全由电网决定，使逆变器输出恒定的有功功率和无功功率，控制器只调节 DG 输出电流的大小。

1.2 变流器保护

配电网发生短路故障时会威胁 IIDG 的安全运行。为了避免较大的故障电流流过分布式电源，分布式电源本身就装有保护装置。通常保护装置利用监测末端电压的方法检测故障。IEEE P1547 标准规定：当分布式电源端电压 $U_{PCC} \leq 0.5U_N$ 时，跳闸时间不超过 0.16 s；当分布式电源端电压 $0.5U_N < U_{PCC} \leq 0.88U_N$ 时，跳闸时间不超过 2 s。其中 U_{PCC} 为 DG 公共接入点（Point of Common Coupling，PCC）电压，U_N 为配电网系统平均电压。

除了低电压保护，DG的逆变器也有限流环节，通过保护装置内部调节，保证配电网故障时DG的输出电流限制在一定范围内，一般为1.2~1.5倍额定电流。

1.3 IIDG模型的等效

由于直流侧存在大电容，直流侧电压基本保持恒定，IIDG对电网故障的响应主要取决于逆变器的控制方式[12]。文献［13］的研究表明，对于采用P－Q控制的IIDG，配电网正常运行时，IIDG可等值为受参考功率控制的电流源模型；配电网发生故障后，IIDG等值为受PCC电压控制的电流源模型。

考虑到IIDG的低电压保护和限流功能，本文将接入配电网的IIDG等效为带低电压保护的恒功率受控电流源模型，即正常运行时，由潮流确定其电压和电流值；发生故障时，PCC电压降低，如果该电压在DG低电压保护范围之外，分布式电源供出的故障电流将增大，与电压值成反比，故障电流达到限定值后，输出限定值，如果该电压低于系统平均电压的0.5倍，则分布式电源在0.16 s内退出电网。

2 DG对配电网电流保护的影响分析

2.1 配电网及其电流保护

目前，我国中低压配电网的网架结构主要是单侧电源辐射型供电网络，其继电保护的配置都是基于该网络结构配置的。

配电网的馈线保护大多采用传统的三段式电流保护，即瞬时电流速断保护、限时电流速断保护和定时限过电流保护，分别记为Ⅰ段保护、Ⅱ段保护和Ⅲ段保护。

2.2 DG对配电网电流保护的影响分析

当配电网发生短路故障时，分布式电源对配电网电流保护的影响可用图1来说明。含DG的配电网络结构如图1所示，图1中DG在馈线1母线C处接入配电网，f_1点位于DG并网点，f_2点位于线路CD段末端，f_3点位于线路DE段靠近保护1处。

当f_1点发生短路故障时，线路AB和BC变为双侧电源供电线路，DG会向故障点提供电流，增大流过故障点的电流。由于母线C处电压骤降，DG的低电压保护装置动作，DG会在电流保护动作之前脱离电网，此时原有的电流保护将不受DG的影响。

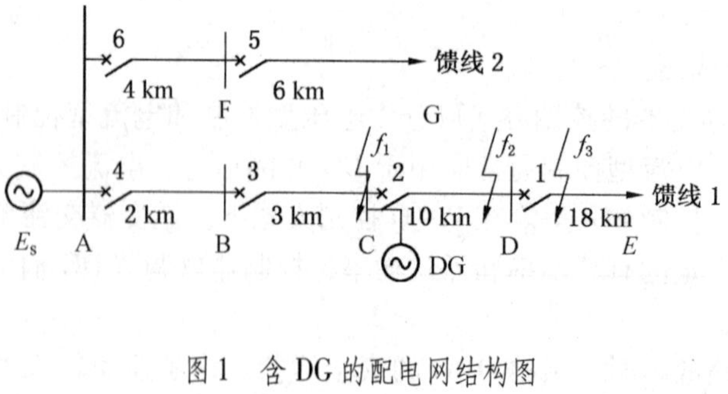

图1　含DG的配电网结构图

当f_2点发生短路故障时，DG会对流过保护2的故障电流起助增作用，会延长保护2的Ⅰ段保护范围。如果延伸到DE段线路，将会失去与保护1的配合，无法保证选择性，同时，DG会对流过保护3和保护4的电流起到一定的削弱作用，使保护3、4的Ⅱ段保护灵敏度降低。

当 DG 容量增大时，由于 DG 的支撑作用，接入点电压也会相应地增加，但相对于容量的增幅较小。因此，分布式电源输出的电流会随着容量的增加而相应增加，随容量的减小而减小。如果f_3点发生故障，随着 DG 容量的不断增加，流过保护 2 的故障电流将不断增大。当 DG 容量增大到一定值时，流过保护 2 的电流将大于 I 段保护的整定值，保护 2 将先于保护 1 动作跳闸，扩大事故面积，使保护 2 和保护 1 失去选择性。

3 仿真分析

3.1 仿真模型及其参数

含 DG 的配电网 MATLAB 模型如图 2 所示。其中，系统基准电压为 10.5 kV，基准容量为 100 MV·A，频率为 50 Hz；分布式电源在馈线 1 母线 C 处接入配电网，接入容量为 1 MV·A，额定电流为 54.99 A；馈线末端为容量 5 MV·A 的负荷，负荷的功率因数为 0.85。在系统最大运行方式和最小运行方式下，系统电源的阻抗分别为 j0.09106 Ω 和 j0.1256 Ω。馈线 1 的 AB、BC 两段分别为 2 km 和 3 km 的架空线路，CD、DE 段分别为 10 km和 18 km 电缆线路。馈线 2 由若干条正常运行的馈线并联等效而成，AF 和 FG 段分别为 4 km 和 6 km 的电缆线路。架空线路的阻抗参数 $Z=(0.27+j0.347)\ \Omega/km$，电缆线路的阻抗参数 $Z=(0.259+j0.093)\Omega/km$[14]。正常运行时，流过馈线 1 的最大负荷电流为 203.8 A。

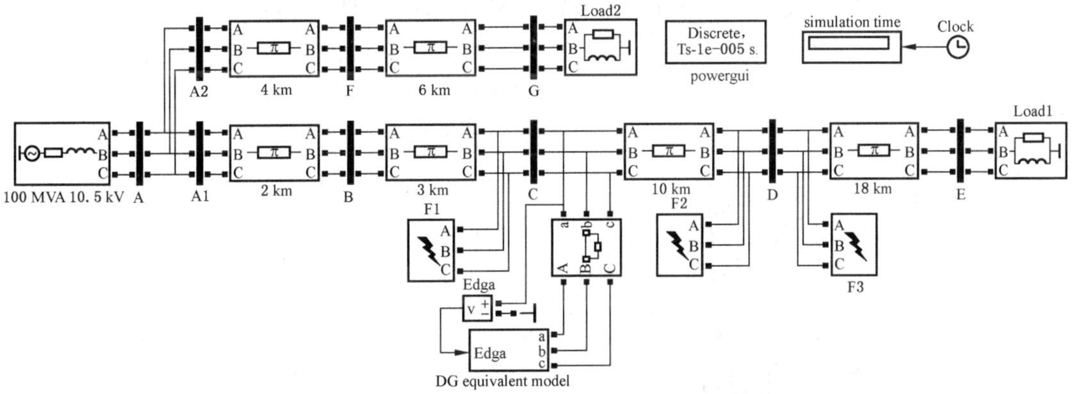

图 2 含 DG 的配电网 MATLAB 模型

3.2 仿真结果分析

3.2.1 三段式电流保护的整定

通过 Matlab/Simulink 仿真计算出各保护的整定值及灵敏度，具体结果见表 1。

三段式电流保护的动作时限采用阶段式配置方式：I 段保护动作时限为 0 s；Ⅱ段保护比 I 段保护高出 0.5 s 的时间级差；作为后备保护，Ⅲ段保护要和Ⅱ段保护配合，保护 2 ~4 的动作时限分别为 0.6 s、1.0 s 和 1.1 s。

3.2.2 DG 对配电网电流保护的影响仿真

1. DG 低电压保护对配电网电流保护的影响

表1　各保护的整定值及灵敏度

保护	Ⅰ段保护整定值/A	Ⅰ段最小保护范围/%	Ⅱ段保护整定值/A	Ⅱ段灵敏度	Ⅲ段保护整定值/A
1	750	45.5	—	—	283
2	1509	49.9	825	1.33	311
3	3195	51.6	1660	1.40	342
4	7628	66.7	3515	1.53	376

系统最大运行方式下，当图1中f_1点发生三相短路故障时，通过Matlab仿真得到无DG接入配电网和有DG接入配电网两种情况下的故障电流和PCC处电压波形，分别如图3和图4所示，DG允许过电流倍数为1.3，当PCC处电压低于0.5倍系统平均电压时，在0.16 s后切除DG。

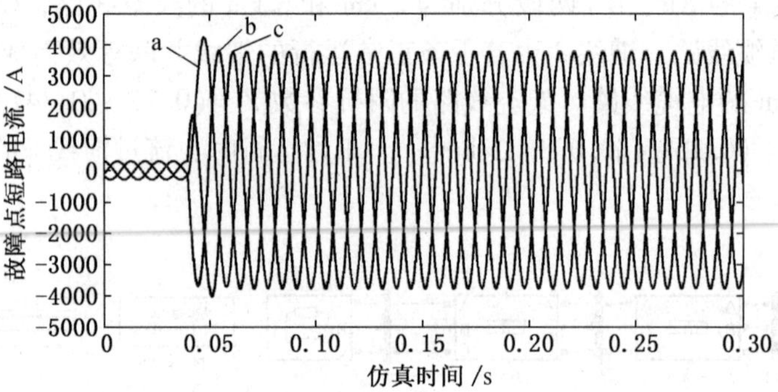

(a) 故障点短路电流

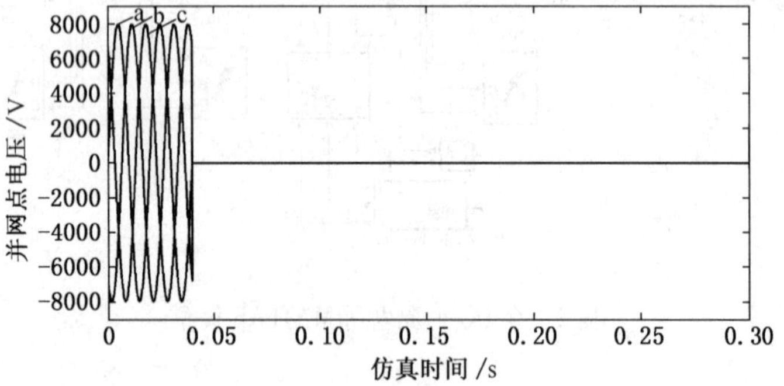

(b) DG并网点电压

图3　不含DG时故障点短路电流

三相短路故障发生在0.04 s，仿真时间为0.3 s。由图4c和图4d可知，当f_1点发生故障时，PCC处电压急剧减小，几乎为零，在低电压保护未动作前，其供出的电流限制在1.3倍额定电流，故障发生后0.16 s分布式电源在电流保护动作之前脱离电网，此时原有的电流保护将不受分布式电源的影响。

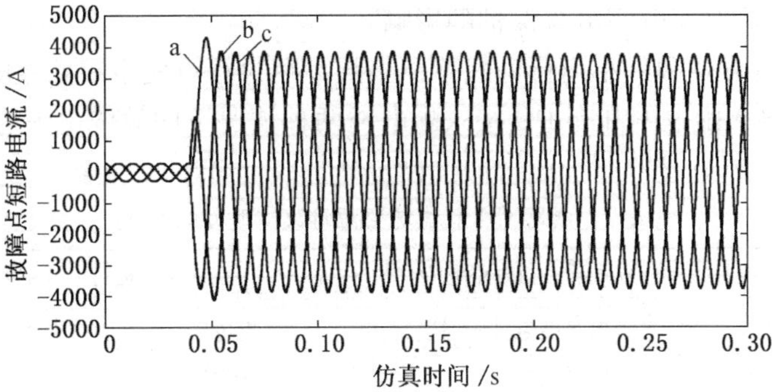

(a) 故障点短路电流

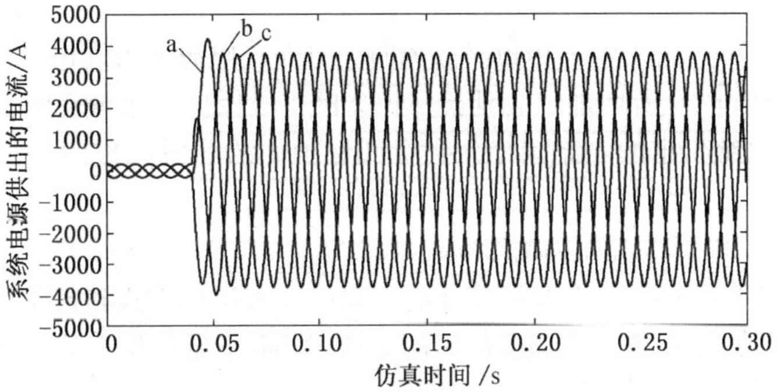

(b) 系统电源供出的电流

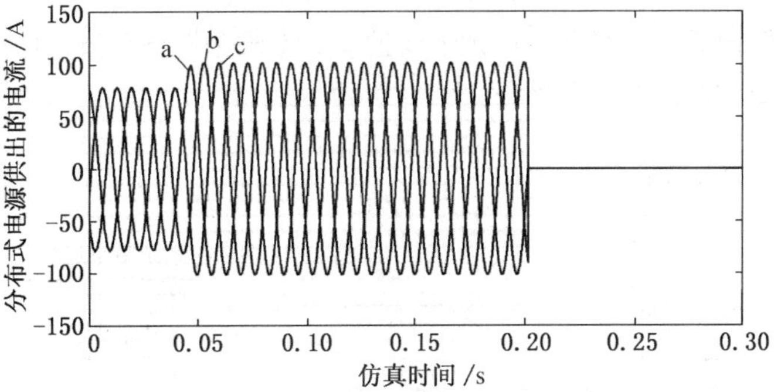

(c) DG 供出的电流

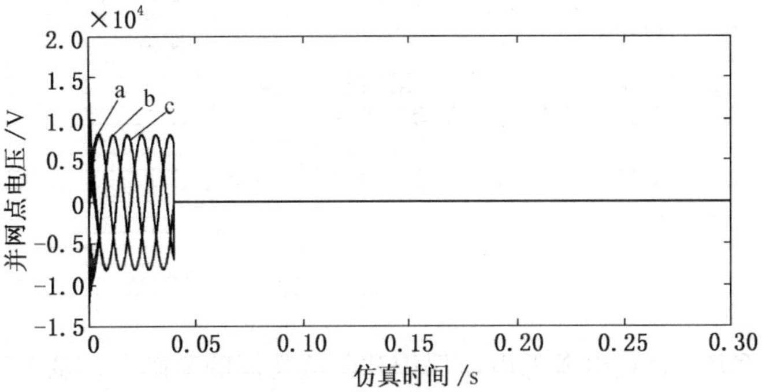

(d) DG 并网点电压

图4　含 DG 时故障点短路电流和 PCC 处电压

2. DG限流功能对配电网电流保护的影响

系统最大运行方式和最小运行方式下，当图1中的f_2点发生短路故障时，通过Matlab仿真得到无DG接入配电网和有DG接入配电网两种情况下的故障电流有效值，具体数据见表2。

表2　线路CD末端发生短路故障时短路电流

DG运行工况	系统最大运行方式下三相短路电流/A			系统最小运行方式下两相短路电流/A		
	短路点	系统电源供出	DG供出	短路点	系统电源供出	DG供出
不接入	1257	1257	—	1097	1097	—
接入	1286	1216	71	1121	1055	67

由表2可知，当f_2点发生三相短路故障时，分布式电源接入配电网后，流过保护2的故障电流较不含DG时有所增加，会延长保护2的Ⅰ段保护的保护范围，最小保护范围增为53%，而由于系统供出的电流减小，会降低保护3的Ⅱ段保护的灵敏度，灵敏系数降为1.39。

3. DG容量对配电网电流保护的影响

当DG容量在0～15 MV·A范围变化时，系统最大运行方式和最小运行方式下，通过Matlab仿真得到图1中f_3点发生短路故障时，流过DG下游保护2的故障电流，具体图形如图5所示。

当分布式电源的容量大于8.5 MV·A时，在系统最大运行方式下，如果在f_3点发生短路故障，流过保护2的短路电流将大于保护2的Ⅰ段保护整定值，保护2将误动作，扩大事故面积，失去与保护1的选择性。

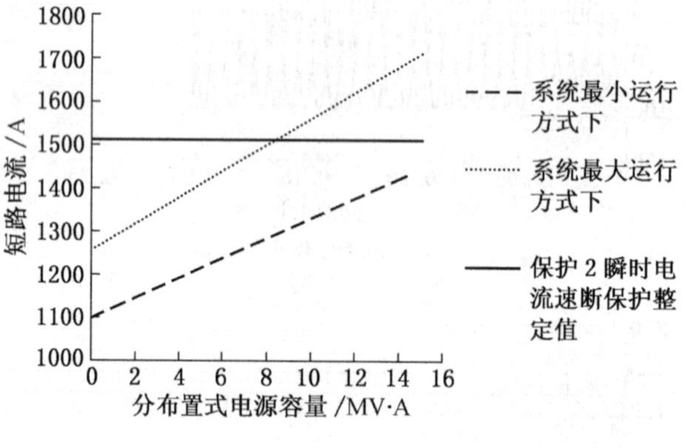

图5　不同DG容量下流过保护2的短路电流

4　结论

本文在综合考虑分布式电源低电压保护和限流功能的基础上，从定性和定量角度研究了在配电网发生短路故障后，分布式电源对配电网短路电流和电流保护的影响，得到以下结论：

（1）当分布式电源并网点发生短路故障时，系统供出的故障电流不变，故障点短路电流增加，由于分布式电源本身的低电压保护，分布式电源在电流保护动作之前就脱离电网，原有的电流保护将不受分布式电源的影响。

（2）当分布式电源下游发生短路故障时，分布式电源对流过下游保护的故障电流起助增作用，延长下游保护的瞬时电流速断保护范围，对流过上游保护的故障电流起削弱作用，降低上游保护的限时电流速断保护的灵敏度。

（3）当分布式电源下游发生故障时，流过下游保护的故障电流会随着分布式电源容量的增加而增加，当分布式电源的容量增到一定值，下游保护间将失去选择性。

参 考 文 献

[1] 胡成志，卢继平，胡利华，等．分布式电源对配电网继电保护影响的分析［J］．重庆大学学报（自然科学版），2006，29（8）：36 – 39.

[2] 冯希科，邰能灵，宋凯，等．DG 容量对配电网电流保护的影响及对策研究［J］．电力系统保护与控制，2010，38（22）：156 – 160.

[3] 谭会征，李永丽，陈晓龙，等．带低电压穿越特性的逆变型分布式电源对配电网短路电流的影响［J］．电力自动化设备，2015，35（8）：31 – 37.

[4] 付文秀，范春菊，杨炼，等．配电网中分布式电源的选址定容和电流保护策略［J］．电力系统自动化，2014，38（10）：78 – 84.

[5] Adly Girgis, Sukumar Brahma. Effect of Distributed Generation on Protective Device Coordination in Distribution System [C]. Proceedings of 2001 IEEE PES Summer meeting, July 2001.

[6] 刘森，林涛，同向前，等．分布式光伏电源对配电网短路电流影响的仿真分析［J］．电网技术，2013，37（8）：2080 – 2085.

[7] 刘健，董新洲，陈星莺，等．配电网故障定位与供电恢复［M］．北京：中国电力出版社，2013：162 – 192.

[8] Brucoli M, Green TC, Mcdonald JDF. Modelling and analysis of fault behavior of inverter microgrids to aid future fault detection[C]. IEEE International Conference on System of Systems Engineering. San Antonio, USA: IEEE, 2007: 85 – 90.

[9] 毕天姝，刘素梅，薛安成，等．逆变型新能源电源故障暂态特性分析［J］．中国电机工程学报，2013，33（13）：165 – 171.

[10] Elmarkabi I. M.. Control and protection of distribution networks with distributed generators [D]. Raleigh: North Carolina State University, 2004.

[11] S. Charkraborty, B. Kroposki, W. Kramer. Advanced power electronic interfaces for distributed energy systems[R]. 2008, NREL/TP – 550 – 44313.

[12] Mesut E. Baran, Ismail El – Markaby. Fault analysis on distribution feeders with distributed generators [J]. IEEE Transactions on Power Systems, 2005, 20(4): 1757 – 1764.

[13] 潘国清，曾德辉，王钢，等．含 PQ 控制逆变型分布式电源的配电网故障分析方法［J］．中国电机工程学报，2014，34（4）：555 – 561.

[14] 刘森．含分布式电源的配电网保护研究［D］．天津：天津大学，2007.

煤矿安全生产管理三维可视化动态系统研建

赵学军　吕晓丽

中国矿业大学（北京）机电与信息工程学院，北京　100083

摘　要　煤矿的生产与安全是矿山开采过程中永恒的两大主题。根据煤矿开采特点，矿井信息的三维可视化动态监测技术研究对煤矿的科学有效规划和安全高效生产具有重要意义，也是实现数字矿山、矿山综合自动化及其升华——感知矿山的关键技术之一。依托"赛蒙特尔煤矿三维矿井安全生产可视化系统"项目，面向煤矿安全高效生产和科学有效规划及可持续发展，以最先进的三维可视化及地质建模技术，结合当今成熟的数据库和网络技术，研建具有真三维、实时特点的煤矿安全生产管理三维可视化动态系统，有助于矿区规划、资源管理、安全生产及辅助决策等，同时也是感知矿山系统建设工作的主要研究部分，为其他煤矿安全生产管理提供参考示范。

关键词　煤矿　安全生产　三维可视化　感知矿山

The Study of 3D System at Coal Mine's Management and Safety Production

Zhao Xuejun　Lv Xiaoli

School of Mechanical Electronic and Information Engineering,
China University of Mining and Technology, Beijing　100083

Abstract　The coal mine's production and safety are two main themes of the eternal process. According to the characteristics of coal mining, visualization Dynamic Monitoring of mine of information technology for effective planning and scientific and efficient production of coal mine's safety is important, but also the digital mine, mine integrated automation and sublimation - perceived one of the key technologies of mine. Relying on "3D Coal Mine's Safety Production and Visualization System" project, for the efficient production of coal mine's safety and scientific and effective planning and sustainable development, with the most advanced three - dimensional visualization and geological

---

资助项目：中央高校基本科研业务费专项资金（2011YJ14）

作者简介：赵学军（1962—　），女，教授。Tel:13901019670; E - mail: zhxj20120219@163. com modeling technology, combined with today's sophisticated database and network technology, coal mine production safety management system of dynamic visualization research has really built a three - dimensional, real - time features, help mine planning, resource management, safety in production and decision support, etc. , but also the main part of the mine perception system construction work, other mine safety production management to provide reference demonstration.

Key words coal mine production and safety 3D visualization perception mine

0 引言

煤的生产过程有以下几个重要特点：①大部分重要工作场所在地下，地面人员只能通过非常有限的通信手段或亲自下井去了解实际生产状况，由于工作场地面积大，即使下井也只能了解局部信息；②整个矿井生产活动是随时空动态变化的，生产场地不断建设和废弃，甚至采区外部环境也在不断变化，导致生产过程变数很多，给生产带来影响且管理困难；③生产活动多，包括地质、水文、勘探、测量、设计、掘进、回采、运输、提升、洗选、通风、支护、监控等，这些活动都是煤矿生产必不可少的部分，具有紧密的内在联系且需要互相配合。如何简单并快速了解和掌握各项活动当前的实际情况，以便为生产决策提供信息支持，确实是一个难题；④瓦斯、水患、火灾、粉尘、矿压等危险因素时刻威胁矿井安全生产和矿工的宝贵生命。因此，根据三维可视化技术特点，开展矿井安全生产管理三维可视化技术研究势在必行。

1 国内外研究现状

国内外学者在三维可视化技术方面做了许多研究工作。国外研究较早，三维可视化系统一般都集中在解决露天采矿的一系列地质工程、生产和工艺等问题。这些矿山系统主要有 Micromine、MINESCAPE、Datamine、Surpac2000、Lynx 和 VULCAN 等，主要应用在对各种基于 GIS 的数据集成三维地质建模、采矿工艺流程设计、采矿生产管理、各种地质图及专题图制作、地质储量评估、钻孔数据管理和生产进度管理等方面。虽然，Micromine 和 Datamine 等系统也可以应用于地下开采，但系统的功能与我国矿井生产实际需求有一定差距[1]。

国内矿山三维可视化系统研究大致分为三类。第一类是地测系统公司研发的，主打产品都是地测系统，三维是后来开发的。该系统主要开发精力放在地质体、巷道的建模算法、剖切算法方面，特点是三维地测技术比较实用，而三维图形技术则相对较弱。该系统运行速度慢，不能支持大场景，三维可视化效果较差，实时数据接入点不能太多，设备动画基本没有。这类公司有龙软、西安集灵、山东蓝光等公司。第二类是综合自动化公司研发的，由于其致力于自动化研究方面，其主要功能集中于设备监控自动化的集成与展示，但大多不能构建煤层、岩层、断层等地质体，没有地质研究所需相关功能或功能很弱。原因是开发人员对地测、安全领域不太了解，整个系统做得较肤浅，不能适应工作面、设备搬迁，系统缺乏实用性，未解决大场景问题并对电脑要求比较高，客户无法大面积安装。这类公司有天大天科、罗克佳华、常州自动化所、东华合创等公司。第三类是采用 3dmax

二次开发的厂家，目前只有三维吉斯。由于采用脚本语言二次开发，系统运行速度最慢，对电脑要求非常高，不支持大场景。购买3dmax的成本很高，不能大面积安装且没有解决巷道交叉点建模算法，不能进入巷道内部漫游，操作复杂。

随着煤炭开采的持续，安全生产至关重要，不仅关系到煤矿的经济效益而且严重威胁着矿工生命。本文依托“赛蒙特尔煤矿三维矿井安全生产可视化系统”项目，从实用角度出发，以最先进的三维可视化、地质建模、数据库和网络技术，研究出一套面向矿井安全高效生产的三维可视化动态系统，对保证煤炭安全生产和煤炭工业的可持续发展具有重要意义。这套系统有助于矿区规划、资源管理、安全生产及辅助决策，同时也是感知矿山系统建设工作的主要手段，为其他煤矿安全生产管理提供参考示范。

2 系统设计

2.1 系统设计目标

系统开发的目标是将“矿井安全生产三维可视化动态系统”作为现代化矿井安全和生产管理的必备管理软件，用最先进的三维可视化技术结合当今成熟的数据库技术和网络技术，解决复杂的矿井安全生产管理难题。它可以用于矿井筹建、生产、废弃的整个过程，集中管理地测、设计、掘进、采煤及通风、供电、排水、运输系统运行路线、自动化数据查询、安全监测、救灾等矿井生产环节。

2.2 系统总体设计

矿井生产安全管理三维动态系统建设是一个集多项高新技术于一体的工程体系，对试验矿井进行需求分析，制定系统的详细设计方案：

（1）建立基于统一空间坐标系统的矿井生产与安全管理基础数据集，通过多源数据采集，建立赛蒙特尔井田空间基础数据集。实现基础数据的统一管理和规划，包括矿区边界数据、地质勘探的钻孔及测井资料、断层信息、柱状图、三维地震的解释成果数据库、各主副井及风井、巷道、硐室的数字摄像资料、采区的采掘接续规划，回采工作面的资料等。

（2）利用三维地质建模技术，提取矿井生产与安全管理有关的三维目标要素，实现三维矿井目标的综合建模。

（3）建立流程化和标准化的信息处理流程。

（4）通过开发三维可视化（模型、显示与动态管理）技术，提高井田开发与井下生产动态管理的可视化水平。

（5）实现矿井生产与安全信息及场景的三维可视化以及全矿区生产安全全过程的动态监测。

系统总体设计分为数据层、模型层和功能层3个主要层次，具体内容如图1所示。

2.3 系统功能设计

为了实现矿井生产环境的快速三维建模和矿井安全生产综合信息的快捷查询，开发以下功能模块。

2.3.1 *矿井安全生产总体状态查询*

1. 当前或任意时期矿井采掘工程总体状态

用户可快速从视窗中通过三维视图直观了解当前或任意时期矿井采掘工程状态，即各

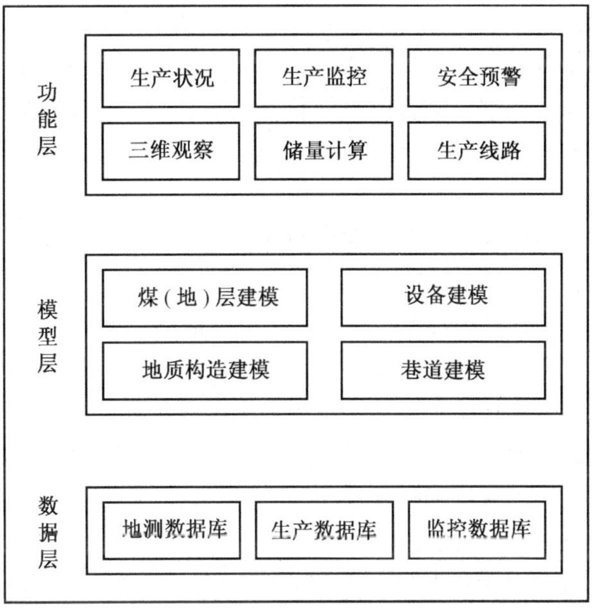

图1 系统总体设计三个主要层次

井巷的位置、各回采工作面的位置、各掘进工作面的位置、煤层的开采情况、井上下位置关系等。

2. 生产系统的查询

可以选择“通风、运输、安全路线、排水、压风”等系统进行查询。选择某一系统后，显示出当前所选系统的运行线路布置状况，如通风系统的进风、回风方向及路线。还可动画演示生产系统的运行。

2.3.2 岩（煤）层三维可视化

岩（煤）层制作：根据地测系统的岩（煤）层综合数据，自动生成煤（岩）层三维体；也可以手工输入煤（岩）层三维控制点，生成煤（岩）层三维体。可以圈定无煤区域（烧蚀区、陷落柱、冲刷区等），将其从煤层中挖除。

2.3.3 回采工作面三维可视化

可以记录、查询任意有记录一天的工作面的推进距离、工作面所在的位置、回采工作面在某一位置上的采高、煤层倾角、工作面已采储量及剩余储量和回收率。这些值根据生产地质条件计算，避免人为因素的影响。推进数据可从生产调度系统获取，也可以打开生产调度系统按采煤日、月、年报表获取。

2.3.4 掘进工程三维可视化

查询和显示任意工程有记录一天的掘进施工位置、开挖方向、日进尺、累计进尺和剩余工程量等；可从生产调度系统获取进尺数据，也可以打开生产调度系统按掘进日、月、年报表获取。

2.3.5 井巷建模

支持交互式井巷建模，支持单条巷道多种断面类型，可以设置巷道的各种属性，系统能计算该巷道各个区段的长度、断面面积、工程量等数据。

2.3.6 自动生成巷道

矿井的巷道导向线数据也可以直接从已有的地测信息系统中读取，无须在三维可视化系统再次录入巷道导向线数据。结合已有的巷道区段信息，可以自动生成巷道三维模型并自动处理交叉点接合。

2.3.7 巷道断面信息

可以新建、删除、修改和查询各种巷道断面，自动形成断面报表。

2.3.8 实时安全监测与自动化三维可视化

（1）三维可视化系统可以与综合自动化系统、瓦斯监测系统、人员定位系统联网，提供实时监测数据，并在三维场景中展示出来。数据互联接口采用 OPC、ODBC 等国际标准。一个客户端可以同时连接多个自动控制服务器，支持服务器集群。三维可视化系统通常非常消耗计算机资源，而对于综合自动化这样的大型自动化项目，拥有上万个数据监测点，如果三维可视化系统不采用 OPC 高效率的工控数据集成标准，要做到实时安全监测自动化与三维可视化是根本不可能的。

（2）可以用浮动在屏幕上的数字标签显示实时监测数据。浮动标签始终显示在最上层，不会被其他场景对象遮盖，无论场景怎样旋转、移动，无论设备运动到什么位置，浮动标签始终固定在该设备的空间位置上，始终正面朝上并面向操作者以便观察。标签的显示内容可以定制，还可以打开或关闭浮动标签的显示。

（3）可以在三维场景中以动画的方式显示设备的运行状态，如罐笼在副井上下移动，原煤在皮带输送机上流动、采煤机沿工作面行走、风机叶片的旋转等，可通过实时监测数据控制这些动画的运行样式。

（4）可以在三维场景显示井下人员的实时位置，查看相关人员的详细信息，如下井时间等。

（5）当实时监测数据出现报警时，该设备的浮动标签以红色显示，该设备在三维场景中闪耀显示；如果出现重要报警时可以对报警设备进行跟踪定位。

（6）当用户选择三维场景中的设备时，该设备的全部监测数据均以表格的方式展示给用户。如果其中有报警，则该报警数据以红色显示。表格中的数据会自动刷新，以便及时反映该设备的当前状况。

（7）为了控制数据量及更清晰地展示生产监测状况，三维系统采用分子系统显示的模式。

2.3.9 设备设置与管理

各种设备（如采煤机、风门、液压支架和安全监测分站等）图形自动生成，对设备任意绑定监测点，划分设备子系统。

2.3.10 生产线路设置

该模块的主要功能是展现和模拟矿井生产中具有流动特征的生产活动，如通风、排水、运输、避灾等，可以在三维场景中以动画的方式显示这些生产系统的运行方式。可以随意查询、修改和动画展示已经设置好的线路，也可以与通风设施如风门、风桥、风机等图标一起构成立体通风示意图。

2.3.11 储量计算

本系统所采用的储量计算方法是积分计算的。计算中考虑了划定区域中每个网格体的厚度和倾角，较目前矿山所采用的计算方法精确。支持同时计算多个区域，支持指定任意数量的储量扣除区域（无煤区、保留区等）。计算后系统会自动将计算区域与扣除区域按不同颜色区分。

2.3.12 工作面视图制作

“工作面视图制作”模块的特点是由形成的回采上巷、下巷、开切眼和停采线快速生成回采工作面的三维图形，作图简单快捷。

在使用之前必须制作好工作面回采巷道的视图，即上巷（或回风巷）、下巷（或运输巷）和开切眼图形。此外，还必须有停采线，因为它确定了工作面走向的长度，停采线可以是线型线段。制图时只需用鼠标分别点击上巷（或回风巷）、下巷（或运输巷）和开切眼、停采线以及三维煤层体视图，即可自动生成三维回采工作面视图，同时计算出回采工作面的主要参数，如回采工作面长度、平均采高、工作面走向长度、在工作面阶段的煤层倾角和可采储量等。

2.3.13 三维视图工具

（1）“切换观察点”功能可实现不同区域观察点的快速切换，如不同采区观察点之间的切换，从而得到局部清晰视图。“对象跟踪视图”功能可通过巷道名称选择，使该巷道视图立即显示在视窗的中心，极大地方便了视图对象的查询。

（2）巷道透视与沿巷道内部视察功能：可打开巷道三维实体图的外表，查看巷道内部，如可沿巷道路径移动视察巷道内部的结构或设备配置情况；查询某巷道时，可播放使用数码摄像机对巷道内部拍摄的录像。

（3）可以对各种三维视图进行旋转、平移、缩放等操作，也可以在三维场景自由的漫游，随意查看场景内容。

2.3.14 剖切体与透视

可对三维场景中的各种岩层、煤层进行剖切，采用立方体为剖切工具，剖切出具有一定厚度的剖切体，对巷道布置、回采面过断层方案的制定有重要作用。

2.3.15 淹井模拟

模拟矿井发生透水时水位不断上升，可以查询任意水位巷道的淹没情况，为救灾方案的制定提供迅速、直观的决策支持。

2.3.16 地面工业广场三维可视化

建立地面工业广场的三维模型并与井下模型结合成一个完整的矿井模型。

2.3.17 视频监控

可以将监控摄像头模型布置在场景中，当用户右键选择一个摄像头时，可以显示该摄像头的实时视频。

2.3.18 安全操作规程培训

可以模拟矿井的生产过程，在模拟状态下培训员工安全意识，结合语音解说，达到让员工熟练掌握安全操作规范的目的。

2.3.19 应急预案模拟

通过三维动画的方式，模拟所有应急预案的执行过程，直观展示整个应急预案的执行过程。

3 系统开发

以从试验矿区前期工作获取并使其标准化的数据为基础，利用三维地质建模技术，提取矿井生产与安全管理有关的三维目标要素，实现三维矿井目标的综合建模。建立流程化和标准化的信息处理流程，遵循软件工程思想，利用 VC ++ 等软件开发工具、三维可视化（模型、显示与动态管理）技术及数据库技术等开展工作。

图 2 ~ 图 10 为本系统的主界面和几个子模块用户界面示意图。

图2 矿井总揽与地面工业广场

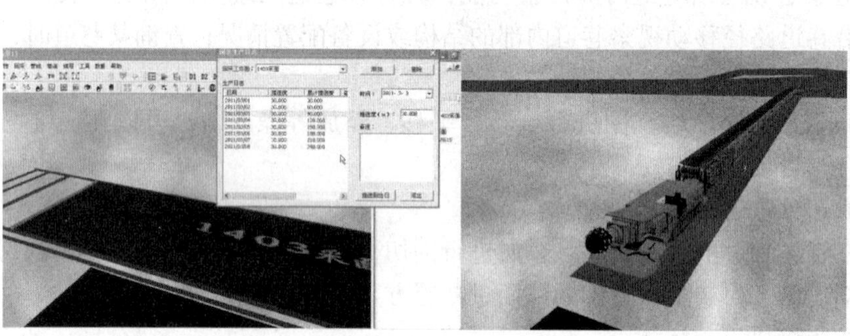

图3 回采工作面与掘进工作面

图4 水泵房内部视图与立体通风示意图

图5　煤层建模与巷道建模

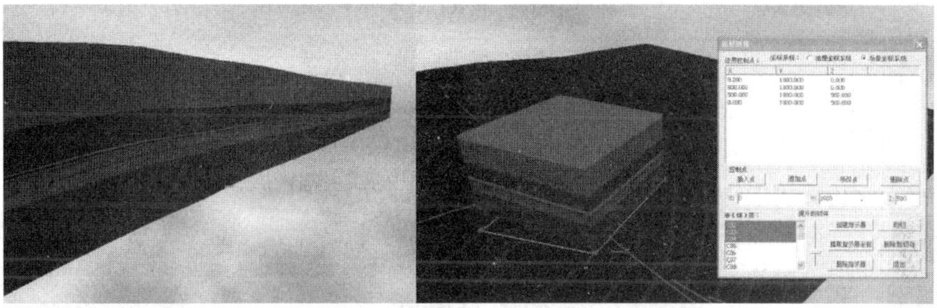

图6　岩层建模与剖切

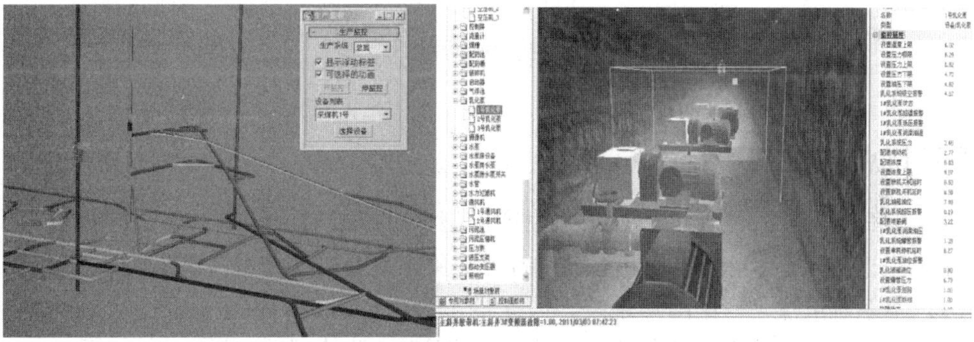

图7　提升设备监控与设备报警

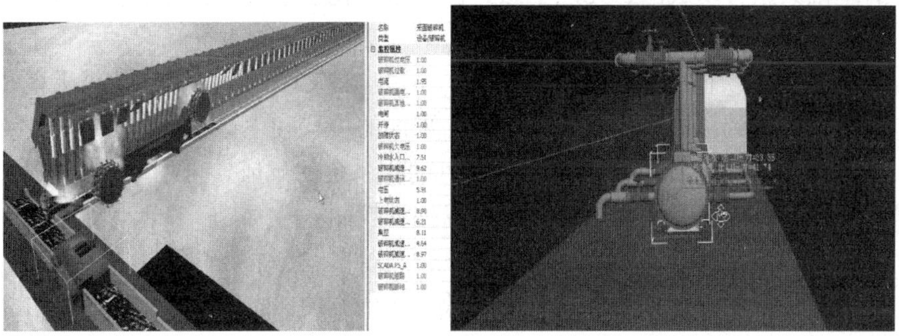

图8　采面设备监控与水泵房监控

图 9　视频监控与回采动画

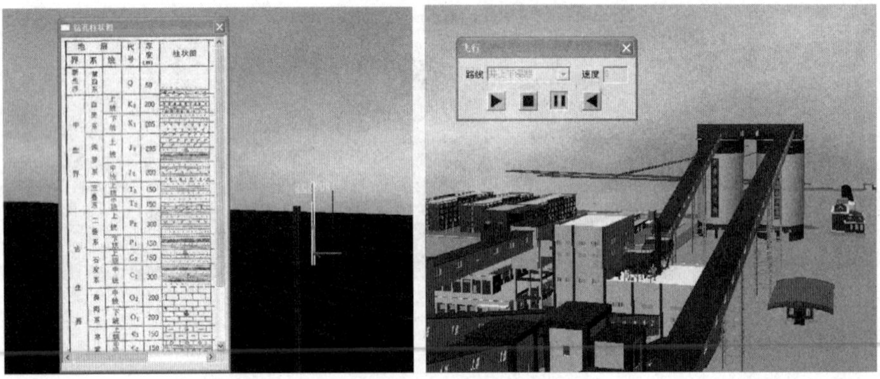

图 10　钻孔柱状图与飞行

4　系统特点

（1）以三维的方式逼真地表现矿井生产模型，可以旋转、平移、缩放和在场景中漫游，可以通过鼠标选择场景中的巷道、设备等对象，察看对象的属性以及动画展示。

（2）本系统虽然是一个图形系统，但立足于为生产管理提供服务，主要目的是综合各生产活动的信息，辅助管理决策，而不是仅仅用于地测绘图和建模型。

（3）煤（岩）层、地质构造、巷道、工作面、采空区、生产设备等三维模型均可以根据录入的基础数据自动成图，无须手绘，极大地简化了系统的操作，便于学习、应用和推广。

（4）能直观地反映矿井生产的动态过程。矿井的巷道、采面可以随每天的生产情况自动延伸，可以回退到历史看当时各个巷道、采面的位置和生产数据。

（5）实现了与各种监控系统以及全矿井自动化系统的集成，采用 OPC、ODBC 等国际通用数据访问标准可以查看实时数据，也可以远程控制。

（6）系统的自含性好，无须另外购买第三方软件，在每个矿可以随意安装，不受安装数量和连接数量限制，客户总体持有成本低，使用方便。

（7）高性能，系统采用 C + + 语言开发，支持上百万面的大场景、支持同时接入上万监测点。

（8）可通过互联网远程查看三维场景、监控数据和视频。

5 结束语

矿井安全生产管理三维可视化动态系统的研发，以赛蒙特尔煤矿为试验区，从矿井高效安全生产的实际出发，将全矿井的生产环境情况以三维动态模型的方式表现出来，为矿井生产的指挥决策和实时分析提供支持，逼真模拟出复杂的地质和工程条件，宏观上为决策管理的科学化提供了实现平台，为实现感知矿山系统建设打下坚实基础。

参考文献

［1］王梅，张建民，王宇飞．矿井三维信息管理模式与CoalMiner3D系统开发［J］．煤矿开采，2005（6）．

［2］北京国土资源遥感公司．矿井三维可视化信息系统研究报告［R］．北京：北京国土资源遥感公司，2004.

［3］北京国土资源遥感公司．矿井三维可视化信息系统设计说明书［R］．北京：北京国土资源遥感公司，2003.

［4］神华集团神东公司．神东公司大柳塔煤矿地质勘探报告［R］．北京：神华集团神东公司，2001.

［5］吴立新．矿业GIS基础软件Titan2MGIS总体设计［R］．北京：中国矿业大学（北京）．

［6］张申．物联网与感知矿山专题讲座之二——感知矿山与数字矿山、矿山综合自动化［J］．工矿自动化，2010（11）．

重金属与水分胁迫对紫花苜蓿和黑麦草种子发芽的影响研究

王　璐　黄占斌　刘　颖

中国矿业大学（北京）化学与环境工程学院，北京　100083

摘　要　本文利用水培发芽试验，以紫花苜蓿（Medicago sativa L.）和黑麦草（Lolium perenne L.）为受试植物，研究了不同浓度重金属 Pb、Cd、Zn 和水分胁迫强度（-0.1、-0.2 MPa）下对植物发芽效应的影响。结果表明：重金属 Pb、Cd、Zn 对两种植物的种子发芽率、发芽势、发芽指数影响均为低浓度促进和高浓度抑制；在相同重金属浓度下，水分胁迫对紫花苜蓿发芽指标的抑制影响表现为 -0.2 MPa＞-0.1 MPa＞0，轻度水分胁迫对根长有促进作用；重金属对植物根的抑制作用大于芽，且随重金属浓度增加而抑制作用增强。方差分析表明，水分与重金属交互作用对种子发芽影响不显著。

关键词　水分胁迫　重金属　紫苜蓿　黑麦草　种子发芽

The Effects of Heavy Metal and Water Stress on the Seed Germination of Alfalfa and Ryegrass

Wang Lu　Huang Zhanbin　Liu Ying

School of Chemical and Environmental Engineering, China University of Mining and Technology, Beijing　100083

Abstract　In order to understand the effects of heavy metal stress and water stress on seed germination, it was used solution culture method to test the heavy metal Pb, Cd, Zn stress and the water stress(0 MPa, -0.1 MPa and -0.2 MPa) on seed germination of Alfalfa(Medicago sativa L.)and ryegrass (Lolium perenne L.). The results showed that the general trend of the germination index, germination rate and germination vigor of two kinds of plants s at low concentration of heavy metals Pb, Cd, Zn was light increase, and at the high concentration decrease . At the same concentration of heavy metals Pb, Cd,

---

资助项目： 国家"支撑计划"课题（2015BAD05B03）；中央高校基本科研业务费专项资金（2010YH04）

作者简介： 王璐（1991—　），男，硕士研究生，主要从事土壤重金属污染和环境材料方面的研究。E-mail：1171876671@qq.com

Zn, the inhibiting order of water stress on seed germination indicators of Alfalfa was followings: -0.2 MPa > -0.1 MPa > 0, light water stress can increase the root length. Heavy metals has stronger inhibition on root than on plumule, and the inhibiting effect is enforced with the increasing of heavy metals concentration. The results of a two - way ANOVA showed that water and heavy metal interaction not significantly affected the seed germination.

Key words water stress heavy metal medicago sativa L. lolium perenne L. germination

随着矿产资源开发规模的不断扩大以及全球水资源的日益匮乏，干旱地区的土壤重金属污染问题日趋严重[1]。干旱缺水已成为我国干旱、半干旱地区，特别是西北地区农业生产的主要限制因素。Chaves et al.[2]指出，干旱对植物造成的损失在所有的非生物胁迫中占首位，仅次于生物胁迫病虫害造成的损失。工矿企业的点状分布使土壤环境中重金属污染程度极不均匀，在局部地区土壤重金属污染相当严重，而重金属是土壤环境中一类具有潜在危害的污染物，土壤一旦受到污染，就难以在短时间内除去，且重金属被植物吸收后，通过食物链进入人体并富集，最终可以达到有害的程度[3]。

由水分胁迫引起的干旱对植物发芽的影响研究资料甚多，但不同种类和浓度的重金属污染胁迫与水分胁迫对植物发芽的影响研究甚少。据此，本文以重金属铅（Pb）、镉（Cd）、锌（Zn）以及水分胁迫为因子，以紫花苜蓿、黑麦草为实验材料，研究不同重金属和水分胁迫条件下对两种植物种子发芽的影响差异，旨在为深入探讨重金属和水分胁迫交互对植物发芽的影响机制，为农业生产和环境治理提供参考。

1 材料与方法

1.1 供试材料

供试种子为：紫花苜蓿（Medicago sativa L.）、黑麦草（Lolium perenne L.），由北京金土地农业技术研究所提供。

重金属铅、镉、锌分别采用分析纯 $Pb(NO_3)_2$、$CdCl_2 \cdot 2.5H_2O$、$ZnSO_4 \cdot 7H_2O$ 配制成不同浓度备用。水分胁迫采用化学纯聚乙二醇（PEG - 6000）配置模拟。

1.2 实验方法与设计

实验采用模拟水分胁迫培养方法，采用 PEG - 6000 模拟水分胁迫浓度梯度为 0、-0.1、-0.2MPa。重金属铅、镉、锌浓度梯度分别为 Pb^{2+} 50 mg/L、100 mg/L、200 mg/L、400 mg/L、600 mg/L、800 mg/L；Cd^{2+} 0.5 mg/L、1 mg/L、5 mg/L、10 mg/L、20 mg/L、50 mg/L；Zn^{2+} 10 mg/L、20 mg/L、50 mg/L、100 mg/L、200 mg/L、400 mg/L，溶液用去离子水配制。每组重金属胁迫浓度均做 3 个水分胁迫的交叉处理，分组见表 1。

表1 实验分组

作物	铅与水分胁迫	镉与水分胁迫	锌与水分胁迫
紫花苜蓿	A1	B1	C1
黑麦草	A2	B2	C2

1.3 测定指标与方法

精选大小一致无破损种子，经0.5%高锰酸钾表面消毒，再用蒸馏水反复冲洗数次，置于铺有两层滤纸的培养皿中（直径为9 cm），每皿10粒种子。分别滴入胁迫溶液直至饱和（第一次多加5 ml用于种子吸水阶段，之后每日加溶液至滤纸饱和），每隔一天换一次滤纸。每组3个重复，置于25 ℃左右的室温萌发。紫花苜蓿、黑麦草分为两组，采用同样胁迫处理同时进行实验。每天记录种子发芽个数，以胚根长度大于0.3 cm作为发芽标准。根据《农作物种子检验规程》，紫花苜蓿于第4天观察发芽势，第10天观察发芽率；黑麦草于第5天观察发芽势，第14天观察发芽率。发芽结束后计算发芽势、发芽率、发芽指数，用直尺测定胚根和胚芽长度。公式如下：

发芽率(%)=(发芽终期全部正常发芽的种子数/供试种子数)×100%

发芽势(%)=(前7天内正常发芽的种子数/供试种子数)×100%

发芽指数 = $\sum (Gt/Dt)$；其中 Gt 为 t 天内的发芽率，Dt 为相应的发芽天数[4]。

2 结果与分析

2.1 重金属与水分复合胁迫对植物发芽率的影响

种子发芽势、发芽率、发芽指数近似地反映植物的发芽速度、出苗率和对环境的适应能力，也反映污染物对种子胚的损害程度及萌发时的活力，常作为评价种子发芽的指标[5]。由表2可知，铅、镉、锌分别在0、−0.1 MPa、−0.2 MPa水分胁迫浓度下对发芽率有不同程度的抑制。总体上，重金属浓度较低时，不同水分胁迫下的紫花苜蓿各指标均呈上升趋势，在铅浓度为200 mg/L、镉浓度为5 mg/L和锌浓度50 mg/L左右分别达到最大，之后，随着重金属浓度的增加，各指标逐渐降低，其中−0.2 MPa组略高，且随铅浓度增加，不同水分胁迫组差值变大。重金属对黑麦草发芽的影响表现为随重金属浓度的增加各指标依次降低，水分胁迫为0时各指标明显高于其他水分胁迫处理。

对每组实验数据分别进行双因素方差分析，结果表明（表3）各组实验中重金属不同胁迫浓度之间发芽势、发芽率和发芽指数存在差异显著（$P<0.05$）；B1、C1两组水分不同胁迫浓度发芽势和发芽指数以及C1组发芽率差异不显著（$P>0.05$），其他各组不同水分胁迫浓度各指标差异显著。水分和重金属胁迫的交互作用表现为：对紫苜蓿发芽率、发芽势和发芽指数交互影响不显著；对黑麦草发芽势交互影响显著，A2、B2组发芽率和发芽指数差异不显著，可能由于发芽早期对水分和重金属反应敏感。

表2 Pb、Cd、Zn和水分复合胁迫对紫花苜蓿和黑麦草发芽率的影响

重金属	浓度/(mg·L^{-1})	紫花苜蓿/%			黑麦草/%		
		0 MPa	−0.1 MPa	−0.2 MPa	0 MPa	−0.1 MPa	−0.2 MPa
铅	50	73.33±15.28	73.33±5.77	70.00±10.00	66.67±15.28	40.00±17.32	30.00±0.00
	100	66.67±5.77	66.67±11.55	73.33±15.28	60.00±26.46	33.33±25.17	36.67±15.28
	200	80.00±26.46	80.00±10.00	86.67±15.28	33.33±15.28	23.33±15.28	20.00±0.00
	400	60.00±10.00	53.33±20.82	63.33±5.77	20.00±26.46	3.00±5.77	0.00±0.00
	600	36.67±11.55	36.67±5.77	60.00±5.77	0.00±0.00	0.00±0.00	0.00±0.00
	800	7.00±5.77	20.00±26.46	46.67±23.09			

表2（续）

重金属	浓度/（mg·L⁻¹）	紫花苜蓿/%			黑麦草/%		
		0 MPa	-0.1 MPa	-0.2 MPa	0 MPa	-0.1 MPa	-0.2 MPa
镉	0.5	66.67 ±15.28	73.33 ±5.77	76.67 ±25.17	63.33 ±25.17	46.67 ±20.82	56.67 ±5.77
	1	83.33 ±5.77	80.00 ±17.32	80.00 ±10.00	60.00 ±17.32	46.67 ±5.77	53.33 ±11.55
	5	76.67 ±15.28	82.00 ±17.32	90.00 ±10.00	60.00 ±17.32	33.33 ±15.28	36.67 ±11.55
	10	70.00 ±25.17	76.67 ±20.82	76.67 ±11.55	30.00 ±0.00	26.67 ±20.82	33.33 ±11.55
	20	73.33 ±15.28	53.33 ±20.82	6.67 ±20.82	10.00 ±10.00	7.00 ±5.77	7.00 ±5.77
	50	23.33 ±23.09	30.00 ±17.32	13.33 ±5.77			
锌	10	76.67 ±5.77	76.67 ±5.77	83.33 ±11.55	60.00 ±17.32	40.00 ±26.46	43.33 ±5.77
	20	63.33 ±25.17	76.67 ±25.17	86.67 ±5.77	56.67 ±11.55	26.67 ±15.28	16.67 ±15.28
	50	90.00 ±0.00	76.67 ±20.82	80.00 ±0.00	50.00 ±20.00	56.67 ±5.77	16.67 ±15.28
	100	73.33 ±5.77	83.33 ±20.82	76.67 ±0.00	13.33 ±23.09	23.33 ±5.77	36.67 ±15.28
	200	56.67 ±15.28	73.33 ±5.77	83.33 ±11.55	16.67 ±5.77	16.67 ±11.55	10.00 ±10.00
	400	36.67 ±5.77	36.67 ±15.28	36.67 ±5.77			

2.2 重金属与水分复合胁迫对胚根长的影响

根作为高等植物吸水的主要器官，根系的发达程度可以反映吸收水分和矿物质的能力，发达的根系对植物苗期抗旱有利[6]；另外种子吸胀萌动时胚根快速吸水伸长并最先突破种皮，根可以反映发芽阶段受到污染物的早期影响。由图1可知，重金属与水分复合胁迫对黑麦草根长的影响比对紫花苜蓿更明显。铅、镉、锌分别在浓度为100 mg/L、5 mg/L、50 mg/L时对紫花苜蓿根长出现明显抑制作用，当浓度大于该浓度后，紫花苜蓿的根长缓慢下降，且同一重金属浓度时，高浓度水分胁迫根长较长，可能是由于干旱条件下植物需要根吸收水分，这与李文娆等研究结果相近[7]。

铅、镉、锌分别在浓度为100 mg/L、10 mg/L、20 mg/L时对黑麦草的根长出现明显抑制，当铅浓度为200 mg/L、镉浓度为20 mg/L、锌浓度为50 mg/L时黑麦草基本无根生长，水分胁迫浓度较大的-0.2 MPa组的根长均比-0.1 MPa和0组的较长，其中镉在低浓度组时，高浓度水分胁迫根长较短。

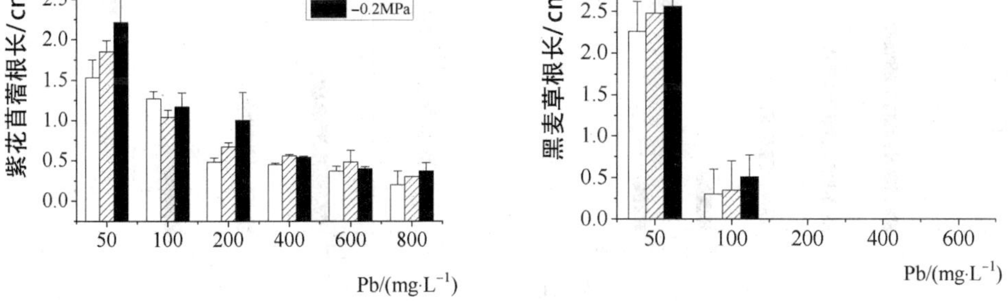

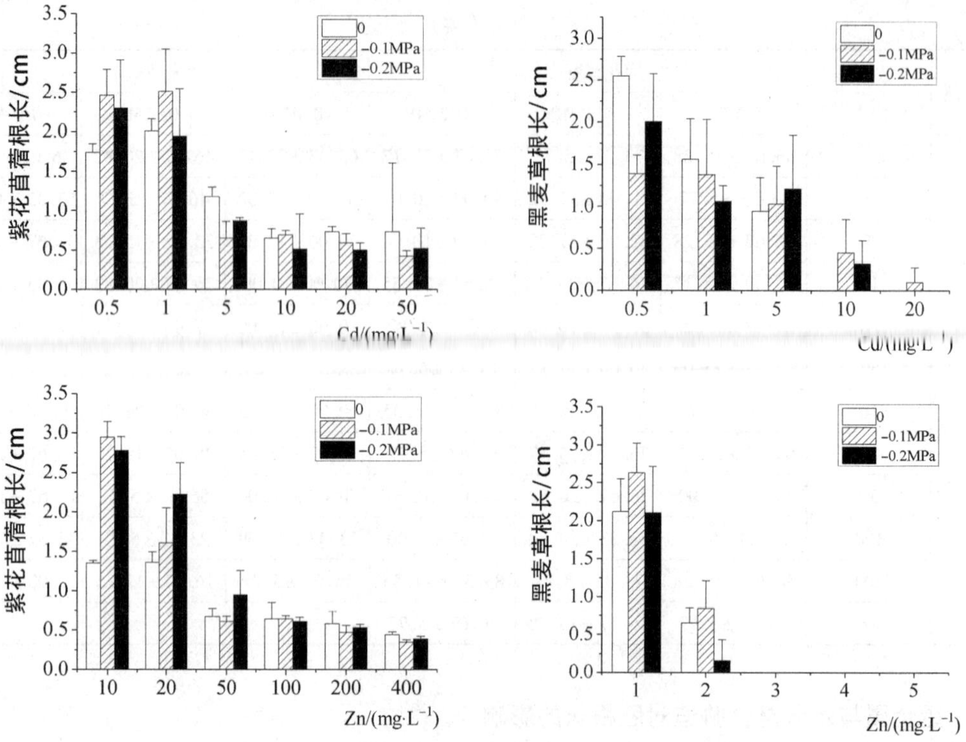

图1　重金属与水分复合胁迫对根长的影响

通过方差分析表明（表3），重金属不同胁迫浓度之间根长存在差异显著（$P<0.05$）；A1、C1、C2三组，水分不同胁迫浓度根长差异显著（$P<0.05$）；水分和重金属胁迫交互作用C1、B2两组根长差异显著，其余各组均不显著（$P>0.05$）。

2.3　重金属与水分复合胁迫对胚芽长的影响

植物幼苗的芽长可以作为指示植株受重金属毒害的一个重要生理指标。由图2可知，重金属与水分复合胁迫对紫花苜蓿和黑麦草芽长的影响是随重金属浓度的增加芽长逐渐减小，且在0组的芽长均比−0.1 MPa和−0.2 MPa组的较长，这与对根的影响恰恰相反，可能由于发芽过程对环境水分状况最为敏感，在此阶段水分胁迫可使芽的含水率下降，并伴随有蒸腾作用的发生，使得芽的生长受到抑制。

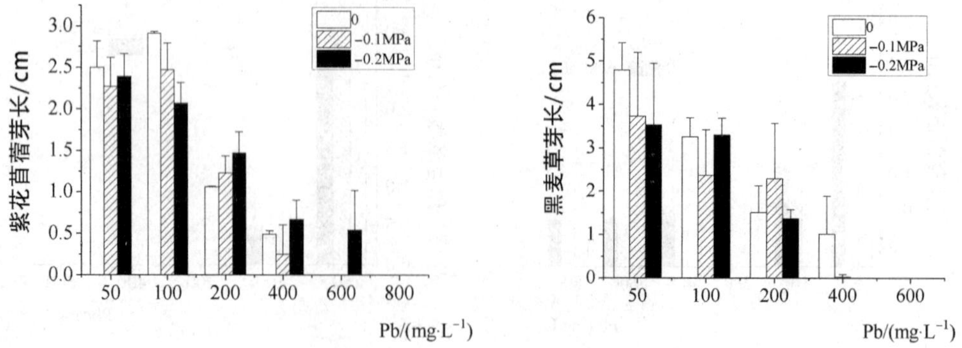

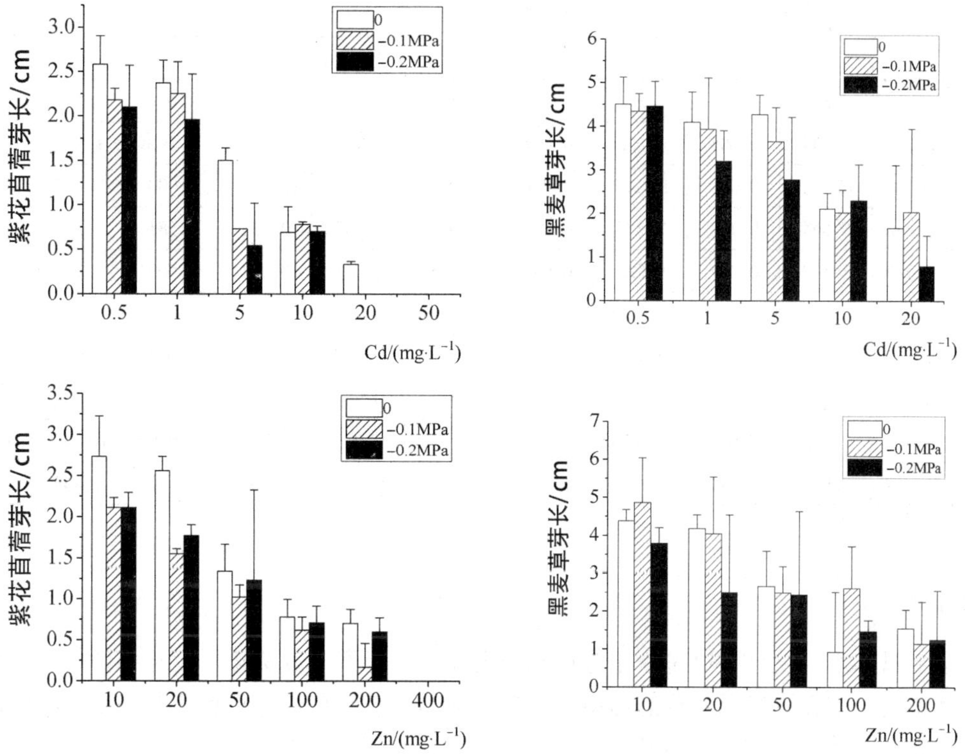

图2　重金属与水分复合胁迫对芽长的影响

通过方差分析表明（表3），6组实验中，重金属不同胁迫浓度之间芽长存在差异显著（$P<0.05$）；水分不同胁迫浓度之间，黑麦草芽长差异不显著（$P>0.05$），紫花苜蓿B1、C1两组芽长差异显著（$P<0.05$）；水分和重金属胁迫交互作用各组芽长差异均不显著（$P>0.05$）。

表3　各指标的双因素方差分析

组别	重金属	发芽率		发芽势		发芽指数		根长		芽长	
		F	*P*	*F*	*P*	*F*	*P*	*F*	*P*	*F*	*P*
A1	水分	4.230	0.022	3.330	0.047	3.278	0.049	5.171	0.011	0.037	0.963
	铅	18.709	0.000	14.467	0.000	18.932	0.000	66.333	0.000	71.507	0.000
	水分*铅	0.985	0.474	1.352	0.241	1.886	0.080	1.692	0.121	1.640	0.135
B1	水分	15.702	0.000	0.367	0.695	0.618	0.545	0.451	0.640	9.920	0.000
	镉	0.086	0.918	12.628	0.000	9.745	0.000	43.013	0.000	141.455	0.000
	水分*镉	0.555	0.839	1.257	0.291	2.265	0.036	1.614	0.142	1.900	0.078
C1	水分	1.857	0.171	0.028	0.972	1.546	0.227	21.679	0.000	9.920	0.000
	锌	15.288	0.000	7.820	0.000	19.240	0.000	158.864	0.000	141.455	0.000
	水分*锌	1.079	0.403	1.203	0.322	2.010	0.062	12.567	0.000	1.900	0.078

表3（续）

组别	重金属	发芽率		发芽势		发芽指数		根长		芽长	
		F	P	F	P	F	P	F	P	F	P
A2	水分	6.434	0.005	4.633	0.018	7.235	0.003	0.524	0.598	1.748	0.191
	铅	16.702	0.000	11.333	0.000	15.878	0.000	139.205	0.000	44.487	0.000
	水分*铅	0.664	0.718	2.383	0.040	1.362	0.253	0.233	0.981	1.231	0.315
B2	水分	3.159	0.057	9.029	0.001	5.238	0.011	0.504	0.609	1.794	0.184
	镉	17.491	0.000	11.426	0.000	21.668	0.000	39.897	0.000	14.832	0.000
	水分*镉	0.537	0.819	3.882	0.003	1.670	0.147	2.335	0.044	0.571	0.793
C2	水分	3.604	0.040	13.583	0.000	6.620	0.004	3.515	0.043	1.459	0.248
	锌	7.005	0.000	43.875	0.000	14.173	0.000	138.159	0.000	10.193	0.000
	水分*锌	2.973	0.014	4.625	0.001	3.468	0.006	1.666	0.148	0.663	0.719

3 结论

重金属和水分复合胁迫对紫花苜蓿和黑麦草的发芽率、发芽势、发芽指数有不同程度的抑制作用，重金属对黑麦草的抑制较紫花苜蓿明显。紫苜蓿是豆科牧草，豆科植物能生长于污染土壤并进行有效的固氮作用，使土壤中的氮的积累大幅度提高，生长速率快，更容易发芽。3 种重金属对发芽率的影响表现为低浓度、促进高浓度抑制，在同样的重金属胁迫下，紫花苜蓿发芽率 -0.2 MPa > -0.1 MPa > 0 MPa，可能原因是紫花苜蓿在轻度水分缺失时，具有补偿与超补偿生长效应[8]，补偿生长是指植物受到胁迫后自身调节恢复正常生长[9]。

3 种重金属对根长的影响为分别在铅 200 mg/L、镉 5 mg/L、锌 50 mg/L 明显抑制根长生长，其中镉对黑麦草根长的抑制作用小于铅和锌。在同样重金属浓度下，高浓度水分胁迫根长较长，原因可能是干旱胁迫下，种子营养物质优先供给胚根，促进幼苗成活和生长，以适应外界不良环境。

3 种重金属对根长的影响比芽长更明显。可能是由于胚根吸收土壤中的重金属，进入根系的重金属被根系细胞壁中的交换位点固定，使得根在重金属的积累量上和胁迫的时间进程上大于芽，从而根受害更深[10]；另外，重金属在根系中主要以沉淀形式存在，在植物汁液中则以离子态和络合态形式存在，由于吸持、钝化或沉淀作用，使得根系吸收的铅难以向地上部运输，进入细胞的重金属还会增加细胞膜透性、降低细胞呼吸作用，抑制细胞的生长，从而在宏观上表现为对根伸长的抑制，呈现一定的重金属中毒症状[11]，从而导致对根的抑制作用比芽明显[12,13]。

参 考 文 献

[1] 张青，王进鑫，邹朋，等．水分和铅交互胁迫对国槐幼苗生理生化特性的影响 [J]．农业环境科学学报，2012，31 (3)：476 -483.

[2] Chaves M M, Pereira J S, Maroco J, et al. How plants cope with water stress in the field, photosynthesis and growth [J]. Annals of Botany, 2002, 89: 907 - 916.

[3] 任玉芬. 矿区土壤重金属污染及迁移转化规律研究 [D]. 郑州: 河南理工大学, 2004.

[4] 高菲菲. Cu、Zn、Cd、Pb 对三种豆科植物生长的影响及其吸附性能的研究 [D]. 东北大学, 2008.

[5] 顾增辉, 徐本美, 郑光华. 测定种子活力方法之探讨 (Ⅱ) 发芽的生理测定方法 [J]. 种子, 1982, 1 (3): 11 - 14.

[6] 胡晓艳, 呼天明, 李红星. 草坪草马蹄金与结缕草种子萌发期抗旱性比较 [J]. 草业科学, 2006, 23 (1): 89 - 92.

[7] 李文娆, 张岁岐, 山仑. 水分胁迫下紫花苜蓿和高粱种子萌发特性及幼苗耐旱性 [J]. 生态学报, 2009, 29 (6): 3066 - 3074.

[8] 周磊, 甘毅, 欧晓彬, 等. 作物缺水补偿节水的分子生理机制研究进展 [J]. 中国生态农业学报, 2011, 19 (1): 217 - 225.

[9] Sudhaker C, Syamalabai L, Veeranjaneyulu K. Lead tolerance of certain legume species grown on led ore tailings [J]. Agri. Ecosy. Environ, 1992, 41: 253 - 261.

[10] 马文丽, 金小弟, 王转花. 铅胁迫对乌麦种子萌发及幼苗生长的影响 [J]. 山西大学学报 (自然科学版), 2004, 7 (2): 202 - 204.

[11] Kazantzis G. Mutagenic and carcinogenic effects of cadmium [J]. Toxicol Environ. Chem., 1984, 8(2): 267 - 78.

[12] AT Matos, MPF Fontes, CP Jordao. Mobility and rentention of Cd, Zn, Cu and Pb in a Braizilian Oxisol profile. In: Macfadyen, DK & Jroenendael GA. eds. XV world congress of soil science, Acapulco [C]. New York: Transactions, 1994, 36: 193 - 194.

[13] KO Bringezu, Lichtenberger, Leopold I. Heavy metal tolerance of Silene vulgaris [J]. Journal of Plant Physiology, 1999, 154: 536 - 546.

煤化工废水排污节点及脱酚后废水 DOM 的紫外－可见光谱分析

章丽萍[1]　赵淑霞[2]　马晖[1]　魏含宇[1]　陈逸帆[1]

1. 中国矿业大学（北京）化学与环境工程学院，北京　100083

2. 北京市环境保护科学研究院，北京　100037

摘　要　煤化工废水具有有机物含量高、可生化性差等特点。本文选取煤气化和煤液化两种工艺分析了废水排污节点，并采集脱酚后废水，采用树脂分离方法对废水中的 DOM 进行 6 组分（HoA、HoB、HoN、HiA、HiB、HiN）分离，通过紫外－可见光谱分析了废水 DOM 的水质特征。实验结果表明煤气化废水中 HoA、HoN 组分占比为 43.21% 和 33.65%，含有较多非饱和结构的芳香族化合物；废水各组分的 E_{300}/E_{400} 数值都较低，介于 2.88～5 之间，说明废水的腐殖化程度很高，主要为难生化降解的苯环结构物质。煤直接液化废水 DOM 中 HoA 组分 UV_{254} 占比高达 67.98%，含有大量的单环芳香族化合物与少量的多环芳烃和杂环化合物；HoN 组分的 E_{300}/E_{400} 数值最小，为 2.57，说明废水的 HoN 组分的腐殖化程度最高。

关键词　煤化工废水　排污节点　DOM　树脂分离　紫外－可见光谱分析

The Analysis of Discharge Node and Ultraviolet－visible Spectroscopy of Wastewater from CoalChemical Industry

Zhang Liping[1]　Zhao Shuxia[2]　Ma Hui[1]　Wei Hanyu[1]　Chen Yifan[1]

1. School of Chemical and Environmental Engineering, China University of Mining and Technology, Beijing　100083

2. Beijing Municipal Research Institute of Environmental Protection　100037

Abstract　The quality characteristics of coal gasification wastewater are high phenol

资助项目：国家环保部标准项目（2015—5）；国家大学生创新训练项目（C201503048）；中央高校基本科研业务费专项资金（2009QH10）

作者简介：章丽萍（1977—　），女，江西省新余市人，副教授，工学博士，从事矿区环境保护研究。Tel：15110250498；E－mail：haozimei77@163.com

concentration and low biochemical degradation. Two production processes as coal gasification and direct coal liquefaction were selected to analyze the discharge node. Dephenolized wastewater was sampled to separate 6 components (HoA, HoB, HoN, HiA, HiB, HiN) from DOM with resin separation method. The wastewater quality characteristics were tested by ultraviolet - visible spectrum. The experimental results showed that the proportion of HoA and HoN components in DOM of coal gasification wastewater were up to 43.21% and 33.65% respectively which meant there were many aromatic compounds with unsaturated structure in the wastewater. The E_{300}/E_{400} of 6 components in dephenolized wastewater were among 2.88 ~ 5, the low value of E_{300}/E_{400} showed the high humification degree of wastewater and the main refractory organics with benzene ring structure. The proportion of HoA in DOM of direct coal liquefaction wastewater was high to 67.98% that meant there were many single ring and polycyclic aromatic compounds and heterocyclic benzenoid. The E_{300}/E_{400} of HoN was only 2.57 which was the lowest among the 6 components and showed the highest humification degree of wastewater.
Key words coal chemical industry wastewater discharge node DOM resin separation ultraviolet - visible spectroscopy analysis

我国富煤、贫油、少气的能源结构决定了煤化工产业的迅速发展，尤其是新型煤化工产业[1]。传统煤化工泛指煤的气化、液化、焦化及焦油加工、电石乙炔化工等，也包括以煤为原料制取碳素材料和煤基高分子材料等。新型煤化工以煤气化为龙头，包括煤制甲醇、乙酸、二甲醚等。然而在煤化工行业发展的同时，也伴随着大量废水的产生，且废水组成成分十分复杂[2]。我国是一个缺水国家，将工业废水及时处理并回收利用，不仅可以缓解水资源的紧缺，还可以减少对环境的污染，有利于煤化工行业的长远发展。煤化工废水处理是目前研究的重点和焦点，国内外学者对此进行了大量的研究，但结合光谱学对煤化工废水中溶解性有机物特性的研究较少，本文选取了国内某煤气化生产尿素企业和某直接液化企业的废水为研究对象，通过具体分析废水相关排污节点，再采用大孔树脂分离技术，结合紫外 - 可见光谱分析方法，对煤气化和直接液化脱酚后废水 DOM 的紫外 - 可见光谱特征进行了分析，为后续废水处理技术的选择提供一定的参考依据。

1 煤化工废水的来源

1.1 煤气化制尿素项目排污节点分析

煤气化废水采自于某企业年产 30 万 t 合成氨和 52 万 t 尿素项目，其原料为平庄矿区元宝山露天煤矿的品质较低、含硫量较高的褐煤资源。煤气化工艺采用的鲁奇炉碎煤加压气化技术。粗煤气经变换调节 H_2/C 比，经冷却后，进入低温甲醇洗脱除硫和碳，采用低压合成工艺合成氨，采用二氧化碳气提工艺生产大颗粒尿素。

项目遵循“清污分流、一水多用、循环使用”的原则，生活生产排污水量为 20 m^3/h，与脱酚水 147.67 t/h，共计 167.67 t/h，进入厂内废水处理系统，处理后排入中水处理系统进行废水的脱盐。该企业废水的排污节点如图 1 所示。

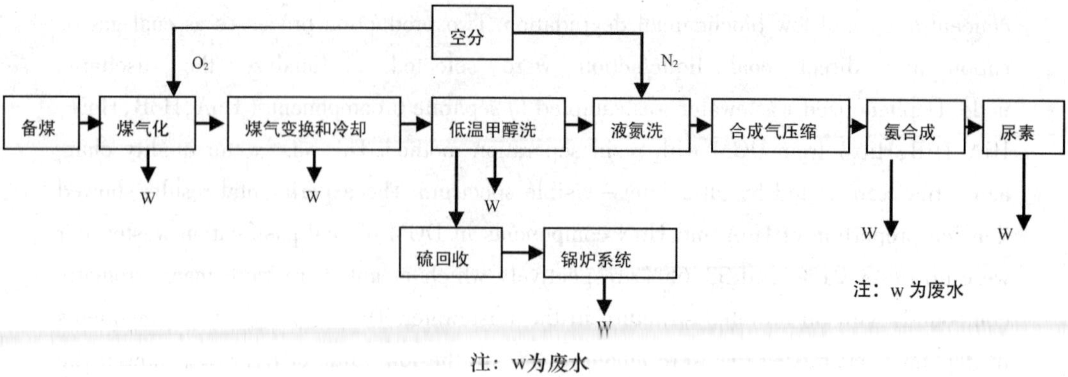

图1　某煤气化企业生产工艺流程及排污节点

1.2　煤直接液化项目排污节点分析

脱酚后废水取自于某厂煤直接液化项目，以神华集团所属的神东公司上湾煤为原料，将煤加工成满足国家质量标准的车用柴油及液化石油气、石脑油等。该项目是世界上第一套煤直接液化工业化装置，先期建设一条生产线（先期工程），每年可转化约3.5 Mt煤，生产柴油、液化石油气、石脑油等产品1.08 Mt。

根据煤直接液化先期工程排水水质情况和所在地的水资源状况，结合"清污分流、清污分治、一水多用以提高水的重复利用率"的原则，该企业生产废水的排污节点如图2所示。

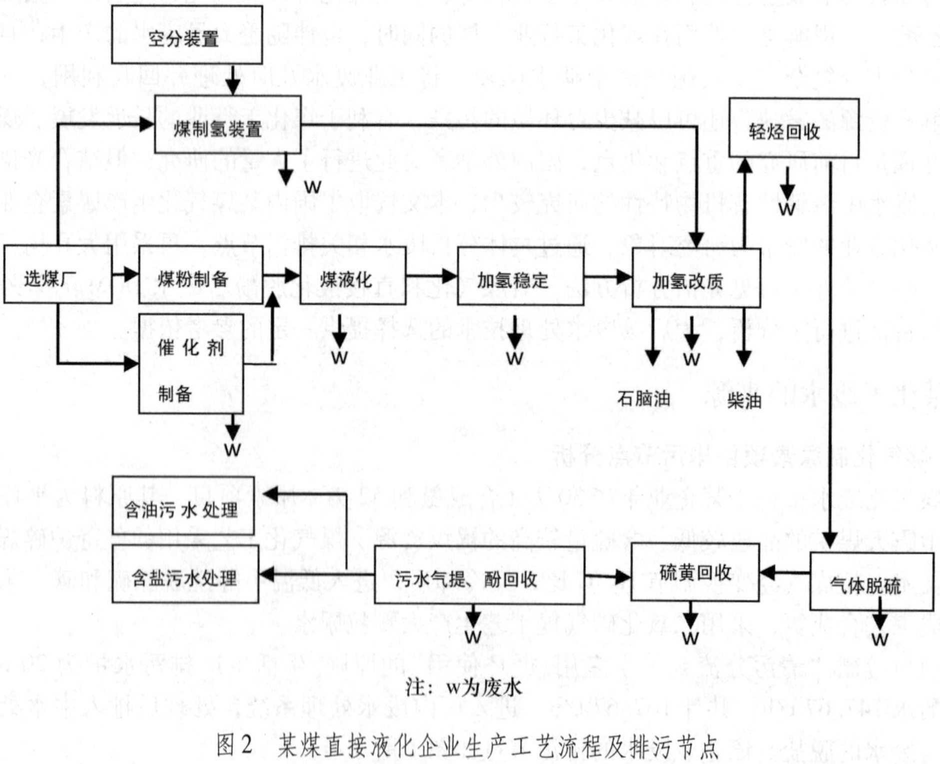

图2　某煤直接液化企业生产工艺流程及排污节点

2 材料与方法

2.1 水样的采集

两种水样取自某煤气化年产 52 万 t 尿素企业和某煤直接液化企业脱酚氨后的废水，取样后立即经中速定性滤纸过滤，水样 pH 调至 2 左右并储存于 4 ℃冰箱中，于 24 h 内测定各水质指标。

2.2 废水中溶解性有机物（DOM）组分分离

采用大孔树脂 XAD－8→阳离子交换树脂→阴离子交换树脂[3-5]吸附分离，将水样中的 DOM 分为 6 类：疏水性酸（HoA）、疏水性碱（HoB）、疏水性中性（HoN）、亲水性酸（HiA）、亲水性碱(HiB)、亲水性中性（HiN）。其分离流程为：未酸化的水样经 XAD－8 吸附后，用 0.1mol/LHCL 反洗得 HoA；流出液酸化至 pH 为 2 经 XAD－8 吸附，用 0.1mol/L 的 NaOH 反洗得 HoB；XAD－8 树脂在空气中干燥后用甲醇浸取得 HoN。XAD－8 的流出液经氢型阳离子交换树脂吸附，用 0.1mol/L 的氨水洗脱得 HiB；流出液再经阴离子交换树脂用 3mol/L 的氨水洗脱得 HiA；最后流出液为 HiN。其中，HoN 组分分析前先利用旋转蒸发仪去除甲醇。

2.3 分析方法

紫外－可见光谱的测定：使用 UV－2800 紫外可见分光光度计进行全波段扫描，波长范围为 200～600 nm，扫描间隔为 0.5 nm。

3 结果与讨论

3.1 煤气化废水紫外－可见光谱分析

UV_{254}能够反映包括芳香族化合物在内的具有不饱和 C＝C 结构的一类物质，其值的大小与水体的色度、COD、TOC 等基本水质指标相关，是间接反映水体污染状况的一个重要参数。煤气化脱酚废水中 DOM 分离后 6 组分的 UV_{254}值占废水总 DOM 的 UV_{254}值的比例如图 3 所示。

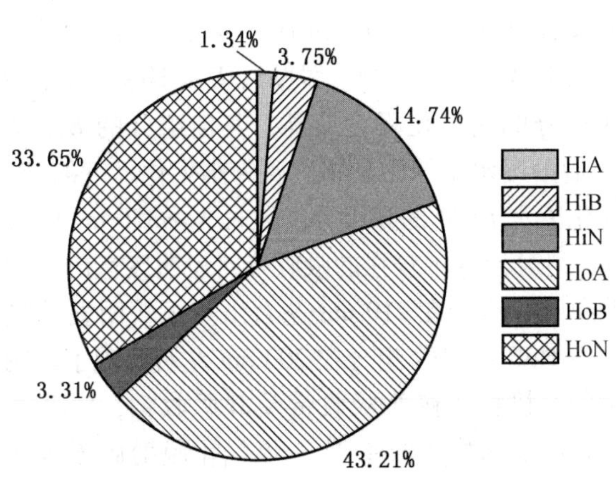

图 3　脱酚后废水 6 组分 UV_{254}占比

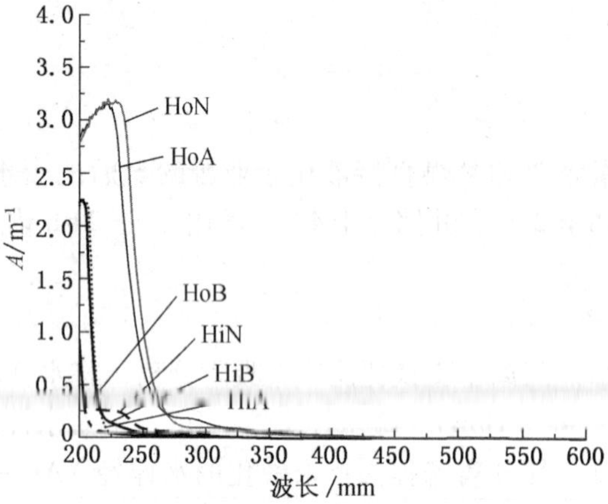

图4　脱酚后废水6组分紫外-可见吸收光谱（汽化）

由图3可知，煤气化脱酚后废水中的HoA和HoN两个组分的UV_{254}占比最多，其占比分别为43.21%和33.65%，HiN次之，占比为14.74%，说明这3个组分是煤气化脱酚后废水中芳香性物质的主要贡献者。

紫外-可见光谱能够表征物质的芳香性等特性，光谱的波长分布是由产生谱带的跃迁能级间的能量差所决定，反映出分子内部能级分布状况和分子结构中发色团和助色团的特征。吸光系数比值E_{254}/E_{365}可反映废水中DOM分子大小的比例，E_{254}/E_{365}的值越大，则水样中小分子有机物的比例越高[6,7]。吸光系数比值E_{300}/E_{400}能表征组分的腐殖化程度，比值越小说明腐殖化程度越高，而有机质腐殖化程度越高，组分中苯环结构含量就越多[8,9]。煤气化废水脱酚后6组分紫外-可见吸收光谱参数见表1和图4。

表1　脱酚后废水紫外-可见吸收光谱参数（汽化）

	HiB	HiA	HiN	HoB	HoA	HoN
脱酚后 UV_{254}/nm	0.04	0.02	0.07	0.01	0.51	0.69
脱酚后 E_{254}/E_{365}	5.20	5.00	9.36	4.94	8.22	10.74
脱酚后 E_{300}/E_{400}	4.10	2.88	4.47	3.90	5.23	4.00

由表1可知，脱酚后HoN和HoA组分的UV_{254}数值最大，分别为0.69和0.51，说明这2个组分中含芳香族化合物在内的具有不饱和C=C结构的一类物质较多；脱酚后废水HoN的E_{254}/E_{365}数值最大，为10.74，HiN和HoA次之，其数值分别为9.36和8.22，说明小分子有机物主要存在于这3种组分中；脱酚后废水HiA的E_{300}/E_{400}的数值最小，仅为2.88，说明废水的HiA组分的腐殖化程度最高，其他组分的E_{300}/E_{400}数值都较低，介于3~5之间，说明煤气化脱酚废水中的污染物主要为难生化降解的苯环结构物质。

由图4可知，煤气化废水DOM的6组分在波长λ＞350 nm时吸光度趋近于零，而在225 nm左右HoA和HoN组分出现了较强的吸收峰，说明废水的这两种组分中含有大量单环芳香族化合物。HiA和HiB组分在210 nm左右出现了较明显的吸收峰，说明含有大量的共轭双键类化合物，而HoB和HiN组分在200 nm左右出现了较明显的吸收峰。在紫外光区具有环状共轭体系的有机物存在E吸收带及B吸收带，E吸收带为芳香族化合物的特征吸收带，B吸收带为精细结构吸收带[10]。煤气化脱酚后废水在200~250 nm区间有强烈吸收峰，表明废水中含有单环芳香族化合物或共轭双键类化合物。这与其他学者检测的实际煤气化废水主要污染物为苯酚类、含氮及杂环类、吡啶、多环芳烃、有机酸类等物质具有一致性[11-13]。

3.2 煤直接液化废水紫外－可见光谱分析

煤直接液化脱酚后废水6组分UV_{254}值占废水总DOM的UV_{254}值的比例分布如图5所示。

由图5可知，煤液化脱酚后废水中HoA组分UV_{254}所占的比例最多，为67.98%，其余5组分所占比例相当，说明煤液化脱酚废水中HoA组分是芳香性物质的最主要贡献者。

煤液化脱酚后废水6组分的紫外－可见吸收光谱参数见表2和图6。由图6可知，6组分的样品在波长$\lambda>400$ nm时吸光度趋近于零，HoN、HiN、HoB、HiA、HiB呈现出相似的形状，其中HoA组分整体的吸光强度最大，其强度依次顺序为HoA > HoN > HiN > HiB > HiN > HoB。HoA组分在波长200～250 nm和250～300 nm之间有明显的吸收峰，根据紫外可见吸收光谱的判断准则可知，废水中含有大量的单环芳香族化合物与少量的多环芳烃和杂环化合物[14]。

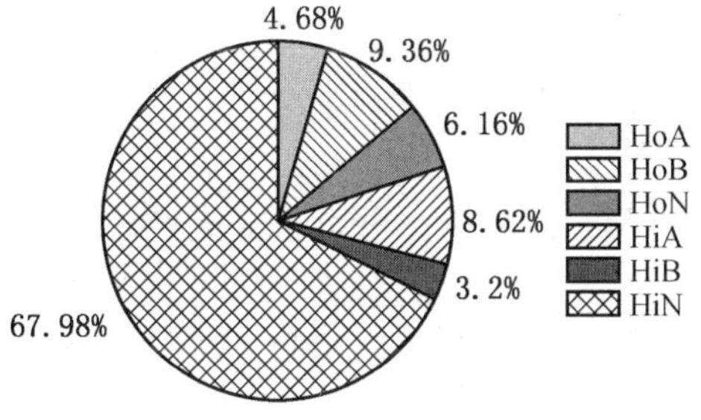

图5 脱酚后废水6组分UV_{254}占比（液化）

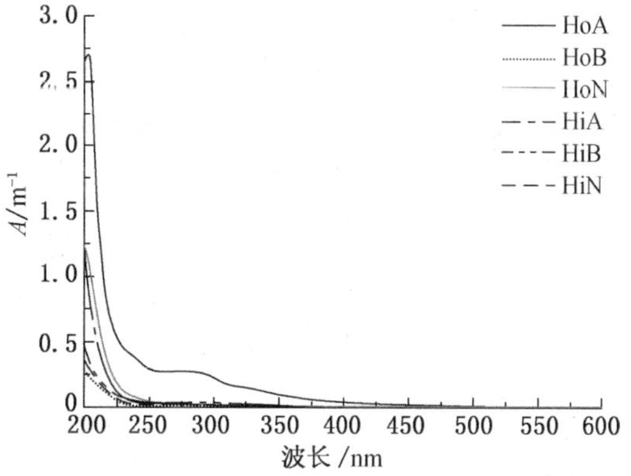

图6 脱酚后废水6组分紫外－可见吸收光谱（液化）

由表2可知，HoA组分的UV_{254}数值最大为0.276，可知HoA组分含有较多的含芳香族化合物在内的具有不饱和C＝C结构的一类物质。HoB组分的E_{254}/E_{365}数值最大，其次是HiN，说明这两个组分中含有较多的小分子有机物。对于E_{300}/E_{400}，HoN组分数值最小，为2.57，说明废水的HoN组分的腐殖化程度最高，其他组分的E_{300}/E_{400}数值都较低，介于3～6之间，说明煤直接液化脱酚废水中的污染物主要为难生化降解的苯环结构物质。

表2 脱酚后废水紫外－可见吸收光谱参数（液化）

	HiB	HiA	HiN	HoB	HoA	HoN
脱酚后UV_{254}/nm	0.038	0.025	0.019	0.013	0.276	0.035
脱酚后E_{254}/E_{365}	2.92	2.50	4.75	6.50	3.83	3.5
脱酚后E_{300}/E_{400}	4.00	3.16	4.33	4.00	5.14	2.57

4 结论

论文对典型的煤气化和煤直接液化废水的产污节点进行具体分析，并采用树脂分离技术将煤化工废水中 DOM 分离富集了 6 种极性不同的组分并通过紫外 - 可见光谱技术进行分析，得出：

（1）煤气化脱酚后废水中的 HoA 和 HoN 两个组分的 UV_{254} 占比最多，其占比分别为 43.21% 和 33.65%，HiN 次之，占比为 14.74%，废水中含有较多非饱和结构的芳香族化合物。废水中 HoN 的 E_{254}/E_{365} 数值最大，为 10.74，主要由小分子有机物组成。脱酚后废水 HiAE_{300}/E_{400} 的数值最小，仅为 2.88，说明废水的 HiA 组分的腐殖化程度最高，其他组分的 E_{300}/E_{400} 数值都较低，介于 3 ~ 5 之间，说明煤气化脱酚氨废水中的污染物主要为难生化降解的苯环结构物质。

（2）煤液化脱酚废水中 HoA 组分的 UV_{254} 占比最多，为 67.98%，其余 5 组分所占比例相当，废水中含有大量的单环芳香族化合物与少量的多环芳烃和杂环化合物。HoB 组分的 E_{254}/E_{365} 数值最大，其次是 HiN，说明这两个组分中含有较多的小分子有机物。HoN 组分的 E_{300}/E_{400} 数值最小，为 2.57，说明废水的 HoN 组分的腐殖化程度最高。

参 考 文 献

[1] 金嘉璐，俞珠峰，王永刚．新型煤化工技术［M］．徐州：中国矿业大学出版社，2008.

[2] 雷少成，张继明．煤制油产业环境影响分析［J］．神华科技，2009，7（3）：84 - 88.

[3] 王立英．应用 XAD 系列树脂分离和富集天然水体中溶解有机质的研究进展［J］．地球与环境，2006，34（1）：90 - 96.

[4] 贺润升，徐荣华，韦朝海．焦化废水生物出水溶解性有机物特性光谱表征［J］．环境化学，2015，34（1）：129 - 136.

[5] Yang W, Li X, Pan B, et al. Effective removal of effluent organic matter(Ef OM) from bio - treated coking wastewater by a recyclableaminated hyper - cross - linked polymer [J]. Water Research, 2013, 47(13) : 4730 - 4738.

[6] Helms J R, Stubbins A, Ritchie J D, et al. Absorption spectral slopes and slope ratios as indicators of molecular weight, source, and photo bleaching of chromophoric dissolved organic matter[J]. Limnology and Oceanography, 2008, 53(3): 955 - 969.

[7] Wen Chen, Paul Westerhoff. Fluorescence Excitation - Emission Matrix Regional Integration-to Quantify Spectrafor Dissolved Organic Matter[J]. Environ. Sci. Technol., 2003, 37: 5701 - 5710.

[8] 张万辉，韦朝海，晏波，等．焦化废水中溶解性有机物组分的特征分析［J］．环境化学，2012，31（5）：702 - 707.

[9] 贾陈忠，王焰新，张彩香，等．垃圾渗滤液中溶解性有机物组分的三维荧光特性［J］．光谱学与光谱分析，2012，32（6）：1575 - 1579.

［10］张世森．环境监测技术［M］．北京：高等教育出版社，1992.
［11］赵嫱，孙体昌，李雪梅，等．煤气化废水处理工艺的现状及发展方向［J］．工业用水与废水，2012，4：1－6.
［12］王兰，乔瑞平，俞彬，等．O_3/H_2O_2 深度处理煤气化废水的实验研究［J］．工业水处理，2015，35（8）：26－30.
［13］李若征，杨宏，靳昕，等．活性焦对典型煤气化废水的吸附及其影响因素［J］．环境污染与防治，2016，1：19－22.
［14］黄君礼，鲍治宇．紫外吸收光谱法及其应用［M］．北京：科学出版社，1992.

煤化工区有害元素人体健康风险评价研究进展综述

贾建丽　么琳颖　郑嘉兴　吴　迪

中国矿业大学（北京）化学与环境工程学院，北京　100083

摘　要　煤化工工业是我国煤炭资源开发利用的重要产业，而煤化工生产过程中产生的有害元素经一系列的迁移转化会对环境和人体健康造成损害，因而，对有害元素进行人体健康风险评价很有必要。本文梳理了健康风险评价的发展历程和趋势，简要介绍了人体健康风险评价的经典“四步法”，并对健康风险评价的发展前景进行展望。

关键词　煤化工区　人体健康风险评价　四步法　有害元素　土壤

Review on the Research Progress of Human Health Risk Assessment of Hazardous Elements in Coal Chemical Industry

Jia Jianli　Yao Linying　Zheng Jiaxing　Wu Di

School of Chemical and Environmental Engineering, China University of Mining and Technology, Beijing　100083

Abstract　coal chemical industry is an important industry for the development and utilization of coal resources, coal chemical production and produce harmful elements in the process of migration through a series of transformation will cause damage to the environment and human health, therefore, the harmful elements of human health risk assessment is necessary. This paper sorts out the development course and trend of health risk assessment, and briefly introduces the classic “four steps” of human health risk assessment, and the development prospects of health risk assessment are discussed.

Key words　coal chemical industry area　human health risk assessment　four step

---

资助项目：中央高校基本科研业务费专项资金（2009QH09）；国家大学生创新训练项目

作者简介：贾建丽（1977—　），河北省行唐人，教授，博士，主要研究方向为污染场地修复与环境管理。Tel：010－62339289；E－mail：jiajianli77@126.com method　harmful elements　soil

0 引言

煤炭是我国的基础能源，在一次能源构成中占 70% 。我国目前还是一个发展中国家，在发展过程中不可避免要面对一些严峻的环境污染问题以及自身特有的环境事件，这种环境污染和环境事件还会随着我国经济发展速度的变快而日益明显。而近年来由于我国发展需要而大量开采使用煤炭，其利用过程中产生的各类有害物质已经成为我国环境污染物的主要来源之一。由于我国煤化工技术发展较晚，技术相对落后[1]，因此在煤炭的开发利用和加工过程中产生的有害元素经地球化学循环迁移转化到土壤、地下水、空气等环境介质中，造成严重的环境污染，甚至损害工作人员和煤炭加工区域附近居民的人体健康。由此看来，提高煤炭开采效率，利用效率，升级煤炭利用方式，缓解因煤炭利用造成的各类环境污染问题，加强绿色、环保、洁净的煤炭利用技术应用，提高煤炭能源转化效率迫在眉睫。

有研究表明世界大多数癌症是由化学致癌物引发[2]，环境破坏污染已经成为威胁人类生命安全的四大主要因素之一，然而现今我们生活中化学物质的使用已经相当的普遍，那么为了提前判断和估算化学物质可能产生的危害，一般采取人体健康风险评估的办法。因此，对煤化工区域的有害元素进行人体健康风险评价，研究元素在不同暴露途径对被污染环境中的人群造成的人体健康危害的风险，以便确定环境风险类型与等级，预测污染影响范围及危害程度，为环境风险管理提供科学依据与技术支持。

健康风险评价就是在已知的各种条件下（如暴露水平）推测污染物可能对人体健康造成的危害类型，并且在这个基础之上来演算特种危害发生的概率，也就是产生这类风险的风险度[3]。最后人体健康风险评价还可以讨论、计算目标污染物在水体、大气、土壤等介质中含量的可接受浓度的建议值。国际上的环境健康风险评价模式大多以美国国家科学院（NAS）提出的四步法为参考[4]，包括：危害鉴别（hazard assessment）；剂量 - 反应评估（does - effect assessment）；暴露评估（exposure assessment）指定或定性评估或计算暴露量、暴露频率、暴露期和暴露方式；风险表征（risk character），包括风险估算、不确定性分析和风险概述三方面内容。目前我国开展的相关研究多采用国外成熟的评价模型，尚未建立适合我国人群的评价模型[5]。本文就国内外污染场地的环境健康风险评价研究进展以及人体健康风险评价方法进行综述。

1 国内外环境人体健康风险评价的研究进展

目前，国外已经建立起来健康风险评估的理论框架与方法，并已应用于实际的风险管理。健康风险评价最早出现于 20 世纪 30 年代。20 世纪 60 年代以后，关于致癌物有无阈值以及致癌物的危险评定方法成为研究者们关注的课题，一些学者提出实际安全剂量来估计致癌物的实际危险度。1976 年美国国家环保局（USEPA）首先公布了可疑致癌物的风险评估准则，提出了有毒化学品的致癌风险评估方法，这个方法为很多环境立法机构所接受，同时也引起了学术界更广泛深入的研究和讨论，使风险评估的方法日渐普遍和成熟。1983 年，美国国家科学院出版《联邦政府的风险评价：管理程序》提出了健康风险评价的定义与框架，以及危害判定、剂量—效应关系评估、暴露评估和风险表征的风险评估四步法，被许多国家健康风险评估程序所采用。随后，美国环境保护署（USEPA）颁布了一系列技术性文件、导则和指南，来系统介绍环境健康风险评估方法、技术，如《健康风险评估导则》《暴露风险评估指南》《超级基金场地健康风险评价指南》等。荷兰、英国等欧洲国家的风险评估体系也相继建立起来。欧洲环境署（EEA）于1999年颁布了环境风险评估的技术性文件，系统介绍健康风险评估的方法与内容。目前，风险评估方法已被中国、日本、法国、荷兰等许多国家和经济发展与合作组织（DECD）、欧洲经济共同体（EEC）等所采用，并且已经广泛应用于人体健康风险评估。

我国风险评价的研究起步于20世纪80年代，而有关人体健康的风险评价则始于20世纪90年代，并且大多是采用美国国家科学院提出的经典“四步法”。1989年，薛征寿等完成了历时17年的“农药杀虫脒对人致癌的危险度评定”的所有工作，证实杀虫脒为致癌农药。1990年起，潘自强院士领导一个调查小组在核工业系统内展开放射性污染物、致癌化学物和非致癌化学物的环境健康影响综合评价的研究。1997年，国家科学技术委员会将研究燃煤大气污染对健康危害列入国家攻关计划。2006年，陈鸿汉等[6]对收集数据、暴露评估、毒性评估、风险表征的评价方法进行了探讨，提出了“叠加风险”和“多暴露途径同种污染物累计健康风险”的概念和计算方法。2009年，陈华[7]指出健康风险评价框架和技术路线基本形成，但在具体实践过程中还存在很多不足，提出将环境健康风险评价加入到环境影响评价中。贾建丽等[8]对我国西北某煤化工区土壤中砷元素进行人体健康风险评价，得出砷的安全阈值。Zheng等[9]对葫芦岛某一冶炼厂周边居民在蔬菜摄入暴露方式下的As的健康风险进行了评价，并在该地区认为儿童风险明显高于成人。YK等[10]在对我国As的含量、分布以及赋存状态的研究基础之上评价了其对我国环境造成的危害。2014年环保部颁布最新的《污染场地风险评估技术导则》[11]，提出了污染场地风险评估工作内容包括危害识别、暴露评估、毒性评估、风险表征以及土壤和地下水风险控制值的计算。

尽管近年来我国在健康风险评价上开展了一些研究，也得到了一些初步成果，但在这过程中也发现了很多的问题。关于暴露评估、剂量效应关系、毒理学参数还没有建立起像美国及欧洲国家一样比较健全的研究体系，关于暴露人群的基础参数、污染物毒理学参数等均不完善，这必将给研究结果带来很大的误差。

2 人体健康风险评价方法

目前，关于健康风险评价，国内外学者开发了一系列的评价模型，如HERA[12]、RBCA[13-16]、Toolkit、ROME、RISC-Human、Sniffer、CLEA[14-17]、RISC等，但其主要是针对国外的场地和人体特点开发的。本文结合上述模型方法，以国家环保部2014年发布的《污染场地风险评估技术导则》为依据，综合国内污染场地的特点，对人体健康风险进行评价。本文描述的评价方法主要分为4个步骤：①危害鉴别；②剂量-反应评估；③暴露评估；④风险表征。

2.1 危害鉴别

2.1.1 危害鉴别的一般步骤

进行危害识别，首先应收集被评价物质的有关资料，包括该有毒有害物质的理化性质、人群暴露途径与方式、构效关系、毒理学作用、短期实验学实验、长期动物致癌实验及人群流行病学调查等方面资料；其次对收集资料进行分析、整理和综合，主要是对数据的质量、实用性及可靠程度进行评价；最后再对受试物质对人的毒性做出判别，判别的过程实质上是按毒性证据的有无及确凿程度，给受试物质根据相关标准划分等级的过程。

2.1.2 危害鉴别常用的方法及程序

目前常用的危害鉴别方法有病例收集、结构毒理学、短期简易测试系统（如 Ames 实验、微核实验等）、长期动物实验以及流行病学调查等。一般来说，程序上可先进行筛选性研究（如急性毒性研究），然后做预测性测试（包括慢性实验、“三致”实验和致敏作用测试等），进而进行确定性测试（包括现场研究或围观研究等）以及最后测试性研究（以确保在实际条件下的安全性）[18]。此外，若从环保的角度来看，还需要考虑受试物质能否引起或已经引起自然生态系统的改变，甚至破坏等。因此，危害鉴别是风险度的定性评定。

2.2 剂量－反应评估

剂量－反应评估是对有害元素暴露水平与暴露人群中不良健康效应发生率间关系进行定量估算的过程，它也是污染物质是否能够引起人群不良健康反应的证据。一般来说，剂量－反应评估最终应提供有害因子引起人体不良健康反应的最低剂量和暴露于此剂量水平的有害因子引起的超额风险[12]。由于在多数情况下，很难得到比较完整的与效应相对应的人群暴露资料，因此动物实验就成为剂量－反应关系评定的主要手段，再利用一定的模式外推到人群，得出近似的人群剂量－反应关系。

不同的化学物质对人体产生的危害效果不同，可以分为对人体的致癌和非致癌毒性，同时毒性评估也包括致癌评估和非致癌评估。目前在定量癌风险评价中，基本还是采用毒理学传统的剂量反应关系外推模型，从高剂量向低剂量外推时，可选用的模型有很多，但大部分都还不成熟，仍处于被比较和研究中。目前 Multistage 模型即多阶段模型是管理部门，特别是美国环保局（EPA）使用得较多[19]的模型，即以暴露于一定剂量的致癌物相应引起的超额发生率或癌死亡率来表示。

2.3 暴露评估

土壤环境中的污染物主要暴露途径包括：大气颗粒物经呼吸吸入、经口摄入尘土、皮肤接触尘土、摄食该区域种植蔬菜。[11,20]煤化工区域一般为工业用地，属于非敏感场地，暴露因子参数不考虑儿童暴露，只选择成人作为受体，且一般不会进行蔬菜种植，因此只考虑前 3 种暴露途径，通过各暴露途径的暴露量计算方程见表 1，参数含义见表 2。

表 1　3 种暴露途径下的土壤暴露量计算方程

暴露途径	公式说明	暴露量公式表达式
经口摄入	致癌风险	$OISER_{ca} = \frac{OSIR_a \times ED_a \times EF_a \times ABS_0}{BW_a \times AT_{ca}} \times 10^{-6}$
	非致癌风险	$OISER_{nc} = \frac{OSIR_a \times ED_a \times EF_a \times ABS_0}{BW_a \times AT_{nc}} \times 10^{-6}$

表1（续）

暴露途径	公式说明	暴露量公式表达式
皮肤接触	致癌风险	$DCSER_{ca}=\frac{SAE_a\times SSAR_a\times EF_a\times ED_a\times E_V\times ABS_d}{BW_a\times AT_{ca}}\times 10^{-6}$
	非致癌风险	$DCSER_{nc}=\frac{SAE_a\times SSAR_a\times EF_a\times ED_a\times E_V\times ABS_d}{BW_a\times AT_{nc}}\times 10^{-6}$
吸入土壤颗粒	致癌风险	$PISER_{oa}=\frac{PM_{10}\times DAIR_a\times ED_a\times PIAF\times\ (fspo\times EFO_a+f_{spi}\times EFI_a)}{BW_a\times AT_{ca}}\times 10^{-6}$
	非致癌风险	$PISER_{nc}=\frac{PM_{10}\times DAIR_a\times ED_a\times PIAF\times\ (fspo\times EFO_a+f_{spi}\times EFI_a)}{BW_a\times AT_{nc}}\times 10^{-6}$

表2 暴露量计算模型公式中各参数的含义

参数	含　义	单位
$OSIRa$	成人每日摄入土壤量	mg/d
ED_a	成人暴露期	a
EF_a	成人暴露频率	d/a
BW_a	成人体重	kg
ABS_0	经口摄入吸收效率因子	—
AT_{ca}	致癌效应平均时间	d
AT_{nc}	非致癌效应平均时间	d
SAE_a	成人暴露皮肤表面积	cm^2
$SSAR_a$	成人皮肤表面土壤黏附系数	mg/cm^2
ABS_d	皮肤接触吸收效率因子	—
E_v	每日皮肤接触事件频率	次/d
PM_{10}	空气中可吸入悬浮颗粒物含量	m^3/d
$DAIR_a$	成人每日空气吸入量	m^3/d
$PIAF$	吸入土壤颗粒物在体内滞留比例	—
f_{spi}	室内空气中来自土壤的颗粒物所占比例	—
f_{spo}	室外空气中来自土壤的颗粒物所占比例	—
EFI_a	成人的室内暴露频率	d/a
EFO_a	成人的室外暴露频率	d/a
C_{sur}	表层土壤中污染物的浓度	mg/kg
SF_0	经口摄入致癌斜率因子	$(mg/kg/d)^{-1}$
SF_d	皮肤接触致癌斜率系数	$(mg/kg/d)^{-1}$
SF_i	呼吸吸入致癌斜率因子	$(mg/kg/d)^{-1}$
SAF	暴露于土壤的参考剂量分配系数	—
RfD_0	经口摄入参考剂量	mg/kg/d
RfD_d	皮肤接触参考剂量	mg/kg/d
RfD_i	呼吸吸入参考剂量	mg/kg/d

此外，也有研究者[21]利用人体摄入量与污染物生物可给性的方法，通过体外模拟装置模拟人体消化系统，分别取胃和小肠阶段反应液样本，经离心过滤后检测其污染物含量并计算生物可给性，根据污染物的生物可给量进行健康风险评价。

2.4 风险表征

风险表征就是将前面数据收集与分析、暴露评估以及风险评估过程所得的信息进行综合分析，将某种污染对人体产生的危害程度和这种危害发生的概率进行量化，为环境管理者或者环境治理者提供风险管理的科学依据以及环境治理时的指导。

2.4.1 致癌风险与危害商

在不同暴露途径下暴露量的参数取值与计算的基础上，通过表3所列公式计算有害元素在不同暴露途径下的致癌风险和危害商。煤化工区多暴露途径下有害元素的综合人体健康风险的计算方式采用单途径人体致癌风险和危害商叠加的方法[10]。将各样品点计算所得风险水平与人体致癌风险可接受水平和可接受危害商[11,22]相比较，可以分析不同元素的人体健康风险。

表3 3种暴露途径下致癌风险及危害商的计算推荐模型

暴露途径	公式说明	公式表达式
经口摄入	致癌风险	$CR_{ois} = OISER_{ca} \times C_{sur} \times SF_o$
	危害商	$HQ_{ois} = \dfrac{OISER_{nc} \times C_{sur}}{RfD_o \times SAF}$
皮肤接触	致癌风险	$CR_{dcs} = DCSER_{ca} \times C_{sur} \times SF_d$
	危害商	$HQ_{dcs} = \dfrac{DCSER_{nc} \times C_{sur}}{RfD_d \times SAF}$
吸入土壤颗粒	致癌风险	$CR_{pis} = PISER_{ca} \times C_{sur} \times SF_i$
	危害商	$HQ_{pis} = \dfrac{PISER_{nc} \times C_{sur}}{RfD_i \times SAF}$

表3中，CR_{ois}为经口摄入途径的致癌风险，无量纲；CR_{dcs}为皮肤接触途径的致癌风险，无量纲；CR_{pis}为吸入土壤颗粒途径的致癌风险，无量纲；HQ_{ois}为经口摄入途径的危害商，无量纲；HQ_{dcs}为皮肤接触途径的危害商，无量纲；HQ_{pis}为吸入土壤颗粒途径的危害商，无量纲。

基于总致癌风险水平，分别核算经口摄入、皮肤接触、吸入土壤颗粒3种暴露途径下的致癌风险贡献率式（1），分析确定主要贡献途径，为后续风险预防和控制提供依据。

$$R_i = \frac{CR_i}{\sum CR_i} \times 100\% \tag{1}$$

式中 R_i——某暴露途径的致癌风险贡献率或危害商贡献率,%；

CR_i——某暴露途径的致癌风险或危害商水平，无量纲；

$\sum CR_i$——总致癌风险或总危害商。

2.4.2 风险控制值

当污染物的致癌风险水平或危害商超过可接受水平时，应计算其在相应暴露途径下的风险控制值，见表4。

表4 不同暴露途径下风险控制值计算公式

暴露途径	公式说明	风险控制值计算公式
经口摄入	致癌风险	$RCVS_{ois}=\dfrac{ACR}{OISER_{ca}\times SF_{o}}$
	危害商	$HCVS_{ois}=\dfrac{RfD_{0}\times SAF\times AHQ}{OISER_{nc}}$
皮肤接触	致癌风险	$RCVS_{dca}=\dfrac{ACR}{DCSER_{ca}\times SF_{d}}$
	危害商	$HCVS_{dcs}=\dfrac{RfD_{d}\times SAF\times AHQ}{DCSER_{nc}}$
吸入土壤颗粒	致癌风险	$RCVS_{pis}=\dfrac{ACR}{PISER_{ca}\times SF_{i}}$
	危害商	$HCVS_{pis}=\dfrac{RfD_{i}\times SAF\times AHQ}{PISER_{nc}}$

表中，RCV_{Sois}为基于经口摄入途径致癌效应的土壤风险控制值，mg/kg；ACR为可接受致癌风险，无量纲，取值为10^{-6}；AHQ为可接受危害商，无量纲，取值为1；$RCVS_{dcs}$为基于皮肤接触途径致癌效应的土壤风险控制值，mg/kg；$RCVS_{pis}$为基于吸入土壤颗粒途径致癌效应的土壤风险控制值，mg/kg。

基于不同暴露途径下有害元素致癌风险控制值的计算，按照从严进行风险控制的基本原则，结合煤化工区域所处的地理气候区域特点，考虑非煤化工区背景值表土中所评估元素的含量水平，可确定该种元素的土壤环境安全阈值。

2.4.3 不确定性分析

在健康风险评价中，由于存在参数选择、污染物毒性效应及复合污染、外界环境影响等诸多不确定因素，可能会使风险后果产生不确定性，因此有必要对健康风险评价进行不确定性分析。不确定性分析包括风险鉴别阶段的不确定性、暴露评估过程参数模拟的不确定性、参数值的不确定性、数据的不确定性、风险加和带来的不确定性[19,23]。

3 展望

上述的NAS四步法是目前应用较多的健康风险评价方法，但这四个阶段并非缺一不可，在具体进行风险评价时，应根据具体情况而定，对有害因子的污染状况作出全面准确的评估，提高评估效率，降低评价成本，为污染的治理提供可靠依据。在风险评价领域中，造成评价结果不确定性的因素本身也被认为是不确定的，健康风险评价起源于欧美发达国家，而且由于国外环境保护工作起步较早，对污染土壤的风险评估做了大量工作，取得了很大的成就，而我国环境风险评价开展时间较短，仍有众多问题及困难需解决，因此，科研人员必须从基础数据的收集和积累做起，对每个环节的不确定性都要进行认真分析，谨慎对待，实事求是地加以说明，以便使管理部门掌握评价结果的可靠程度，从而根据实际情况进行必要的决策，这对于风险评价结果的正确运用十分重要。此外，再借鉴学习了国外的关于人体健康风险评价的方法和模型后，还应积极开发适合于我国环境本土评价模型，模型的合适与否很大程度上关系着评价结果的准确性，我国应加快健康风险评价技术标准、导则的制定工作，完善健康风险评价研究。

参 考 文 献

[1] 王辅臣，于广锁，龚欣，等．大型煤气化技术的研究与发展［J］．化工进展，2009，28（2）：173－180.

[2] 王进军，刘占旗．环境致癌物的健康风险评价方法［J］．国外医学卫生学分册，2011，36（1）．

[3] US EPA. Guidance on cumulative risk assessment Part 1. Planning and scoping[R]. Washington DC: US EPA,1997.

[4] 谌宏伟．污染场地健康风险评价［D］．北京：中国地质大学（北京），2006.

[5] 杨彦，陆晓松，李定龙．我国环境健康风险评价研究进展［J］．环境与健康杂志，2014，31（4）．

[6] 陈鸿汉，谌宏伟，何江涛，等．污染场地健康风险评价的理论和方法［J］．地学前缘，2006，01：216－223.

[7] 陈华．环境健康风险评价方法探讨［J］．科技资讯，2009，34：113－114.

[8] 贾建丽，李小军，杨乐，等．中国西北某煤化工区土壤中砷的人体健康风险及其安全阈值［J］．地学前缘，2016，03：124－132.

[9] Zheng N,Wang Q C,Zheng D M. Health risk of Hg,Pb,Cd,Zn and Cu to the inhabitants around Huludao zinc plant in China via consumption of vegetables[J]. Science of the Total Environment,2007,383:81－89.

[10] Y K,G L,CL C,et al. Arsenic in Chinese coals:distribution,modes of occurrence,and environmental effects[J]. Science of the Total Environment,2011,412－413:1－13.

[11] 中华人民共和国国家环境保护标准：《污染场地风险评估技术导则》（HJ25.3－2014）．

[12] 陈梦舫，骆永明，宋静，等．污染场地土壤通用评估基准建立的理论和常用模型［J］．环境监测管理与技术，2011，23（3）：19－25.

[13] 吴以中，唐小亮，葛滢，等．RBCA 和 Csoil 模型在挥发性有机物污染场地健康风险评价中的应用比较［J］．农业环境科学学报，2011，30（12）：2458－2466.

[14] 烈焰，曹云者，张景来，等．RBCA 和 CLEA 模型在某重金属污染场地环境风险评价中的应用比较［J］．环境科学研究，2009，22（2）：241－247.

[15] Lawrence D. Lemke, Bahrou A S. Partitioned multiobjective risk modeling of carcinogenic compounds in groundwater[J]. Stochastic Environmental Research & Risk Assessment,

2009,23(1):27 – 39.

[16] JC F. Risk – based assessment of multimetallic soil pollution in the industrialized peri – urban area of Huelva, Spain[J]. Environmental Geochemistry & Health, 2012, 34(1):123 – 139.

[17] 张敏，蔡五田，孙琳，等 . CLEA 模型及其在中国应用典型案例剖析 [J] . 中国科学院大学学报，2013，30 (6)：779 – 785.

[18] 汪晶，阎雷生 . 健康风险评价的基本程序与方法 [J] . 环境科学研究，1993，6 (5) .

[19] 张应华，刘志全，李广贺，等 . 基于不确定性分析的健康环境风险评价 [J] . 环境科学，2007，28 (7)：1409 – 1415.

[20] 徐友宁，张江华，柯海玲，等 . 某金矿区农田土壤重金属污染的人体健康风险 [J]. 地质通报，2014，(8)：1239 – 1252.

[21] 崔岩山，陈晓晨 . 土壤中镉的生物可给性及其对人体的健康风险评估 [J] . 环境科学，2010，02：403 – 408.

[22] USEPA(2005) Guidelines for carcinogen risk assessment.

[23] 贾建丽，于妍，等 . 环境土壤学 [M] . 北京：化学工业出版社，2016.

从 PM2.5 污染控制看我国煤炭能源

竹　涛　李　祥　刘晓敏

中国矿业大学（北京）化学与环境工程学院，北京　100083

摘　要　随着改革开放 30 多年经济的迅速发展，我国成为全球最大的能源消费国，煤炭消费占全球煤炭消费的 50% 左右，占我国能源消费结构 70% 左右。从世界能源发展来看，煤炭的地位不可或缺，从替代能源的角度来看，可再生能源和新能源的发展存在周期性。研究表明，通过控制煤炭消费总量，深化洁净煤技术，制定更为严格的行业排放标准，完善法律法规，可以做好重点区域 PM2.5 污染联合防控。

关键词　PM2.5　煤炭　洁净煤技术　能源　总量控制

Viewpoint of China Coal Energy from PM2.5 Pollution Control

Zhu Tao　Li Xiang　Liu Xiaomin

School of Chemical and Environmental Engineering, China University of Mining and Technology, Beijing　100083

Abstract　With more than 30 years of reform and opening - up, and with the rapid development of economy, our country is becoming the world's largest energy consumer. Chinese coal consumption accounted for around 50% of global coal consumption, and accounted for about 70% in China energy consumption structure. From the viewpoint of the world's energy development, the status of the coal is very important. From the viewpoint of alternative energy sources, renewable energy and new energy development in cycles study shows that we can control PM2.5 effectively by controlling the total coal consumption and deepen the clean coal technology, and making stricter emissions standards of the industry, and improving the legal laws and regulations, and doing a good job in key areas joint prevention and control measures, and so on.

资助项目：新世纪优秀人才支持计划（NCET120967）；北京市优秀人才培养资助（2012ZG81）；中央高校基本科研业务费专项资金（2009QH03）。

作者简介：竹涛，博士，教授，博导，中国矿业大学（北京），研究方向为大气污染控制。E - mail：bamboozt@cumtb.edu.cn

Key words PM2. 5 coal clean coal technology energy total control

面对目前频发的 PM2. 5 污染，人们开始拷问我国以煤炭为主的能源结构，然而是不是去煤炭化就可以有效控制 PM2. 5 还待确定。长久以来煤炭支撑了我国经济的快速发展，因噎废食地去煤炭化，不是应有的做法，必须立足世情、国情来看待煤炭资源在能源中的地位和角色，探讨如何调控煤炭能源。

1 从世界能源发展来看，煤炭的地位不可或缺

人类经历了 3 次能源革命，这 3 次分别是钻木取火时代，人类在能量转化方面第一次革命，使得人类开始了以柴薪作为主要能源；瓦特发明的蒸汽机引起了第二次能源革命，人类从此以机械动力大规模代替人力和畜力；第三次能源革命以核能为代表，后来开始了清洁能源革命时代。从世界能源历史的角度来看以美国、英国、德国的能源转型历程为例，煤炭一直扮演着十分重要的角色。

1997—2004 年，美国煤炭工业整体处于稳定发展状态，7 年间煤炭产量基本维持在 10 亿 t 左右；随着新能源的开发，尤其是页岩气的开采与利用，自 2008 年以来，煤炭在一次能源消费中所占比例有所下降，占到 18% 以上。

1952 年英国发生了著名的硫酸型烟雾事件，为此，英国开始减煤运动。自 2001—2008 年，英国的煤炭产量由 19. 6（百万吨油当量）下降到 10. 3（百万吨油当量），煤炭的消费量保持在 36 ~ 37（百万吨油当量）；2008 年至今，煤炭产量稳定在 11. 0（百万吨油当量）左右，消费量下降至 30. 0 左右（百万吨油当量）；2000 年至 2011 年，煤炭在一次能源消费中的比例仍保持在 16% ~ 19% 。

德国是世界第五大能源市场，拥有储量丰富的无烟煤。40 多年来，德国煤炭消费量呈现明显的下降趋势。1990 年煤炭占一次能源消费的 37% ，2008 年下降到 26% 。弃核之后，德国制定了宏伟的可再生能源发展目标，尽管德国力争到 2022 年全部使用绿色能源，但 2013 年德国煤炭发电量还是达到了 1990 年以来的最高水平，而烟煤和褐煤占德国 2013 年能源消费总量的 45. 5% 。

2 从替代能源的角度来看，煤炭在一段时期内仍将扮演重要角色

目前因为技术等方面原因，风能和太阳能发电成本依然较煤炭高，短期内难以支撑中国能源的高消费，依然需要依靠煤炭来支撑。发展替代能源是国家安全之必需，目前，替代能源的发展始终在工业经济的层面上讨论，没能从能源安全的高度来认识，没能确立替代能源在能源安全中的重要地位，这是制约我国替代能源发展的主要原因，另外对于替代能源的发展规划缺乏统一性、协调性，缺乏科学的发展目标，任何一种高新技术产品的发展大致要依次经过研发、中期示范、初步产业化与大规模产业化 4 个阶段，必须循序渐进，不可逾越。像生物质替代燃料，目前有盲目发展的势头，企业对技术把握不准，在产业化条件不成熟的情况下硬性推进，就会白白浪费投资。面对替代能源的发展趋势，当务之急是要把替代能源放到一个战略位置，要用战略的眼光来发展它。

3　合理调控煤炭能源

3.1　煤炭总量控制

我国的 GDP 在不断增加，能源需求也在以一定的速度上升，如果不对煤炭加以控制，PM2.5 污染就会日益严重，因此本文提出在现有排放标准的约束下，实行煤炭总量的控制研究。对此，将 2020 年非化石燃料 15% 的比例作为发展目标，对规划约束下未来几年我国一次能源消费结构进行修正模拟，到 2020 年，天然气消费比例将增加到 10%，煤炭消费在一次能源中的比例会下降到 62% 左右。在以上分析模拟条件下，预计在 2020—2030 年期间将会出现的煤炭的生产峰值，而 47 亿 t 的总量控制也是较为合理的。

在煤炭总量控制中，应做好区域规划。目前，从地区分布来看，东部地区单位国土面积耗煤量最高，为全国平均水平的 3.65 倍，中部地区是全国平均水平的 1.54 倍，而西部地区不到全国平均水平的 1/2。可见，我国东、中、西部地区单位面积的耗煤量差异较大，东部地区的煤炭消耗总量应严格限制；中部地区应分区控制煤炭消耗总量；西部地区应增加煤炭的消耗量，建设煤电基地，实施“西电东输”，这样既可解决东部地区的缺电问题，又可缓解西部地区的“窝电”局面，优化我国电源布局，同时减少煤炭运输的环境污染和能源消耗。合理分配区域煤炭使用，西部地区应加大煤炭消耗量，中部地区应分区控制煤炭消耗总量，北京、天津、河北、山东以及长三角、珠三角都已经开始制定煤炭总量控制方案。陕西省要求 2017 年后，煤炭年消费不超过 1.35 亿 t。煤炭的总量得到控制，下调在一次能源消费中比例，不仅对 PM2.5 的减排产生巨大作用，而且对于应对气候变化方面，减少温室气体 CO_2 排放也将产生显著作用，中国 2013 年排放的二氧化碳大约是 95.24 亿 t。

3.2　清洁高效的煤炭利用技术

在煤炭总量控制的背景下，利用有限的煤炭资源中生产出更加高效清洁的能源。我国的“洁净煤技术”是在借鉴 1986 年美国“洁净煤技术示范计划（CCTP）”实施后开始，自成为我国能源技术领域的重要内容后，该技术有了长足的进步，特别是水煤浆技术、新型水煤浆气化炉等取得突破性进展，当然目前还存在一些问题，主要是洁净在理论技术层面已经有较好的发展，但就产业化层面而言，尚有不足，政策体系有待进一步完善。从目前行业发展来看，煤炭企业仅仅通过粗放式发展模式已经不可能占领市场的最高点，控制也必将成为今后的发展方向，以科技研发为依托，充分挖掘煤炭潜力，在减少污染物排放的同时，实现煤炭的清洁高效利用。

提高煤炭洗选率。煤炭洗选加工是实现煤炭清洁利用、节能减排和可持续健康发展的基础和前提，我国煤炭选洗还有相当大的发展空间。我国原煤入洗率 2012 年为 56.2%，如果到 2017 年，原煤入选率达到 70% 以上甚至更高，则可以逐步达到发达国家的洗选水平。

调整行业用煤比例。提高煤炭在火力发电行业中的利用比例，降低工业锅炉、炼焦炉和建材窑炉中煤炭的消费比例，既可以提高煤炭的燃烧利用效率，又可以降低煤炭污染物的排放。目前我国电力行业煤炭消费量仅占全国煤炭消费总量的 50% 左右，远低于美国 90% 的水平及日本和澳大利亚等国，大量的煤炭消费集中于工业锅炉、炼焦炉和建材窑炉，这就造成了结构分散、构成复杂、体系庞大的排放源，使得我国成为减排难度最大的国家，在一定程度上也加剧了城市煤烟型污染。煤炭发电中应当有继续深入的技术研发推广，包括低 NO_2 燃烧排放、循环流化床技术、超临界机组与循环系统等。

3.3 严格的煤炭行业排放标准

面对我国雾霾天气的严峻形势，企业的追利性，我国政府部门，尤其是环保部门，必须从民众的根本利益出发，从人们的健康出发，加强法制建设，制定相关标准，在煤炭利用中必须实施更为严阁的排放标准。煤炭燃烧的烟气净化技术保证了清洁高效的煤炭消费，控制了大气中 PM2.5 的来源，由于前端排放源的复杂分散，减排实施必然面临多样化、技术参数参差不齐，这就必然要求提高烟气脱硝脱硫技术、细颗粒物控制技术、汞等重金属控制技术等。

针对煤炭行业，重点区域可以继续扩大和实施重点区域联合防控。以京津冀地区、长三角地区、珠三角地区、辽宁中部、山东、武汉及其周边、长株潭、成渝、海峡两岸、山西中北部、山西关中、甘宁、新疆乌鲁木齐城市群为主体，突破现有各自的行政管理制度，建设区域联合防控 PM2.5 机制。在发达国家中，欧共体协同治理酸雨和大气污染，美国南加州联防联控遏制光化学大气污染都是成功的例子，我国 2008 年北京奥运会期间、2014 年北京 APEC 会议期间，京津冀地区的区域联防联控措施也有较为成功的经验，所以这种成功经验可以更大范围、更长时间地进行。另外，我国煤炭资源现有的开发规模开始逐步向西北转移，近几年转移速度呈现加快趋势，转移中需结合区域联防联控，优化区域布局，统筹煤炭运输与输电输气等多样化运输，降低能源消耗，减少污染物排放。

总之，控制 PM2.5 污染，需要煤炭能源总量调控政策、洁净煤技术支撑、制定并执行严格的法律法规，重点区域实行全民动员区域联合防控，我们相信在不久的将来，会有共同的一片蓝天。

褐煤微波热解特性试验研究

张彦军　牛茂斐　张尚军　谭晓霞　刘淑琴

中国矿业大学（北京）化学与环境工程学院，北京　100083

摘　要　本文以乌兰察布褐煤为对象，研究了褐煤和4种微波吸收剂在微波辐射条件下的升温特性和在不同微波辐射时间下的热解特性。结果表明，乌兰察布褐煤吸波能力较差；活性炭吸波能力优于SiC、CuO、Fe_2O_3，是褐煤微波热解较优的吸收促进剂；在活性炭促进作用下，微波功率800W、辐射时间12 min、活性炭添加比例1∶10的热解条件下，半焦收率可达58%，液体产物（煤焦油+热解水）收率可达18.4%，热解气体中可燃气体（H_2、CO、CH_4）体积分数达80%以上。

关键词　褐煤　微波热解　半焦　官能团

Study on Microwave Assisted Pyrolysis of Lignite

Zhang Yanjun　Niu Maofei　Zhang Shangjun
Tan Xiaoxia　Liu Shuqin

School of Chemical and Environmental Engineering, China
University of Mining and Technology, Beijing　100083

Abstract　Taking Wulanchabu lignite as an example, the heating characteristics of lignite and 4 kinds of microwave (MW) absorbers under MW irradiation are studied. The results indicate that Wulanchabu lignite show relatively low MW absorption, and the activated carbon can be used with lignite to increase its MW absorption capacity, which MW absorption capacity is better than SiC, CuO, Fe_2O_3. The yields of the semi-coke and liquid products (coal tar and pyrolysis water) from MW pyrolysis products are up to 58% and 18.4% respectively, and the valuable components content of gas ($CO + CH_4 + H_2$) is up to 80% when the optimal process conditions with the MW power of 800W, pyrolysis time of 12 min, and activated carbon added ratio of 1∶10 are selected.

Key words　lignite　microwave pyrolysis　semi-coke　functional group

---

资助项目：中央高校基本科研业务费专项资金资助（2009QH13）

作者简介：张彦军（1986—　），男，山东省菏泽市人，博士研究生，研究方向：低阶煤热解。Tel:15701205034；E-mail:MRZYJUN@163.com

褐煤是世界上重要的煤炭资源之一，约占煤炭总储量的50%，但其水分含量高，易风化和自然，导致不易长期储存与长途运输，发热量和燃烧效率低[1]。大规模开发利用褐煤的关键是对其进行有效提质[2,3]。微波加热技术是一种新型加热方式，能够有效解决煤传统热解技术的不足。该技术是一种环境友好型技术，热解过程中不需要热载体，能够大大降低能耗，简化工艺过程，降低成本[4]。

但煤本身介电常数较低[5,6]，吸收微波能力较弱[7-9]，如果不添加微波吸收剂，即使很高的微波功率，部分煤样仍不能进行热解或者达到足够的温度[6]。常使用的微波吸收剂有焦炭类吸收剂、石墨吸收剂、金属氧化物及碱基吸收剂[7]。

本文借助小型微波实验炉，分析了褐煤和不同微波吸收剂微波加热的升温特性，并研究了不同微波辐射时间下的褐煤热解产物规律。

1　实验部分

1.1　实验煤样

本文煤样选取乌兰察布褐煤，该煤种为典型褐煤，含有较高的水分、灰分和挥发分，固定碳含量相对较低，属于低硫煤，其工业分析和元素分析见表1。煤样经筛分、破碎至≤1mm。

1.2　微波吸收剂

微波吸收剂选用SiC、活性炭、Fe_2O_3、CuO，其参数见表2。

表1　煤的工业分析和元素分析

工业分析/%				元素分析/%				
M_{ad}	A_d	V_d	FC_d	C_{ad}	H_{ad}	O_{ad}	N_{ad}	$S_{t,ad}$
11.50	32.88	32.17	34.70	43.70	3.11	11.59	0.57	0.65

表2　微波吸收剂的相关参数

药品名称	化学式	纯度/%	性　状	厂　　家
碳化硅	SiC	≥98.50	绿色至蓝黑色结晶	国药集团化学试剂有限公司
活性炭	C	≥99.00	黑色固体颗粒	北京化玻站
氧化铜	CuO	≥99.00	黑色粉末	国药集团化学试剂有限公司
三氧化二铁	Fe_2O_3	≥99.49	深红色粉末	天津市致远化学试剂有限公司

1.3　微波热解实验

微波热解实验装置如图1所示。定制实验微波炉频率为（2450±50）MHz，最大功率为1600 W，主要由电源、磁控管、高压变压器、变频器、高压整流电路、炉腔及操作系统组成。

根据实验要求，实验前称取30 g样品（褐煤、微波吸收剂或两者混合样）置于石英舟中，装入内径60 mm、长950 mm的石英管反应器中。根据图1连接实验系统，微波功

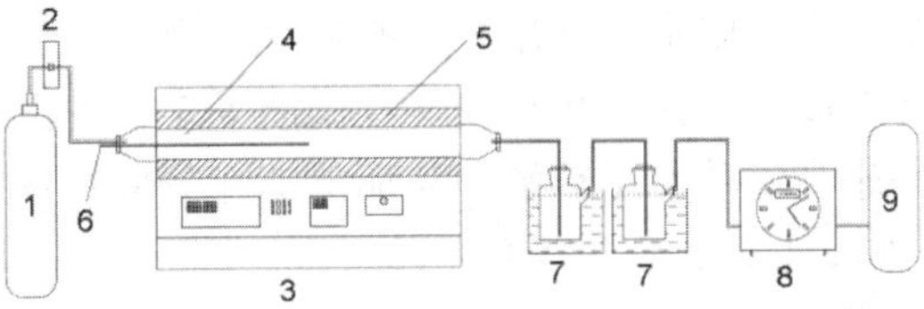

1—CO_2 气瓶；2—转子流量计；3—微波炉；4—石英管；
5—陶瓷纤维保温套；6—铠甲热电偶；7—冷却瓶；8—湿式流量计；9—集气袋

图1　微波热解实验装置

率调节至800 W，使用纯 N_2 作为载气，流量为0.15 L/min，分别进行褐煤、微波吸收剂及两者混合（质量比10∶1）微波加热和活性炭促进作用下的褐煤热解实验。热解反应后，根据公式（1）~式（3）计算半焦收率、液体收率及原煤失重率。参照GB/T 212—2001及GB/T 3715—2007的规定，对褐煤和半焦进行工业分析和元素分析；半焦和煤气中各组分气体分别采用NICOLET iS10型傅里叶变换红外光谱仪和SHIMADZUGC－2014C型气相色谱仪分析表征。

$$\eta_1 = \frac{w_1 - w_2}{w_0} \times 100\% \tag{1}$$

$$\eta_2 = \frac{w_3}{w_0} \times 100\% \tag{2}$$

$$\alpha = 1 - \eta \tag{3}$$

式中　η_1——半焦收率,%；

η_2——液体收率,%；

α——失重率,%；

w_0——褐煤质量，g；

w_1——热解结束后石英舟和半焦产品的质量，g；

w_2——石英舟的质量，g；

w_3——液体产物的质量，g。

2　结果与讨论

2.1　不同微波吸收剂对褐煤升温特性的影响

2.1.1　褐煤在微波场中的升温特性

图2为乌兰察布褐煤在微波辐射条件下的升温特性曲线。可以看出，煤样从室温升至700 ℃耗时18.5 min，升温速度比较慢。煤样从室温升至100 ℃，耗时2 min，升温速度较快，这是由于煤中的水分吸收微波的能力较强，煤样主要靠其中所含的水分将微波能转化成热能；100 ℃左右，水分大量蒸发，吸收大量的热，随着水分的析出煤样的升温速率显著变慢。5 min时，温度升至130 ℃，水分基本蒸发完毕，升温速率有所增大。9 min时，温度升至300 ℃左右，升温速率有所增大，到12 min温度约为500 ℃时，升温速率略有下降。这是由于热解过程中，当温度超过300 ℃时，煤的介电常数会随温度的升高而增大，微波吸收能力增强[10]。

微波加热煤的过程取决于煤中水分含量和一些对微波有响应的矿物质含量，单靠煤的吸波能力，它的升温速度很慢。因此，想要使煤在微波场中快速热解就需要加入一定量的微波吸收剂，使物料能快速升温并发生热解，从而能够充分发挥煤炭微波热解的优越性。

2.1.2　微波吸收剂对褐煤微波加热的促进作用

图3为褐煤添加不同微波吸收剂（质量比10∶1）后在微波辐射条件下从室温至700 ℃的升温特性曲线。

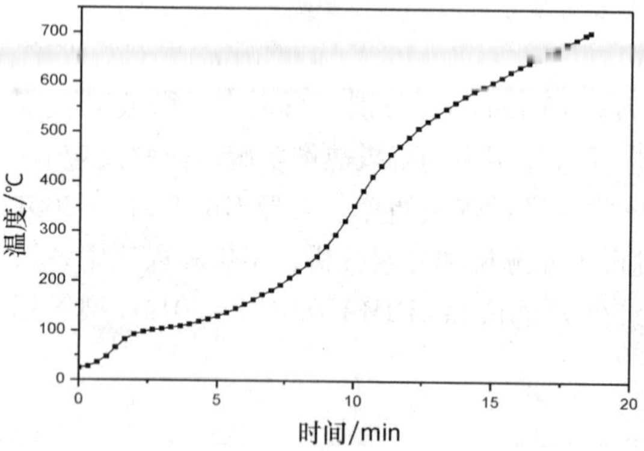

图2　褐煤微波加热升温特性曲线

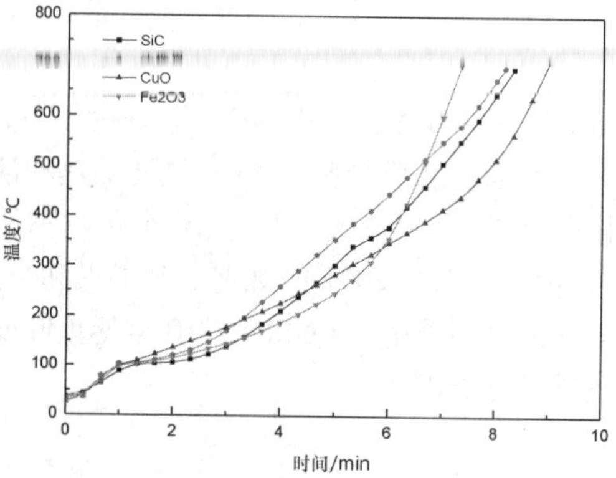

图3　褐煤添加不同吸收剂的升温曲线

由图3可知，褐煤分别添加SiC、活性炭、CuO、Fe_2O_3，从室温升至700 ℃所用时间分别为8.34 min、8.25 min、8.96 min、7.40 min，平均升温速率约为80.94 ℃/min、81.82 ℃/min、75.33 ℃/min、91.22 ℃/min，与图2对比，原煤单独微波加热平均升温速率约为36.49 ℃/min，升温速率提高2倍以上，效果良好。但是CuO、Fe_2O_3仍然有结渣现象，推测可能是由于局部热点温度过高，且其中部分金属氧化物被碳单质、CO、H_2等还原为金属单质，影响半焦质量；粉末状SiC与半焦产品分离困难。相对来说，添加颗粒状活性炭后的升温速率比添加其他3种吸收剂后的更稳定，且均匀，所以选择活性炭进行下一步微波辐射时间影响的研究。

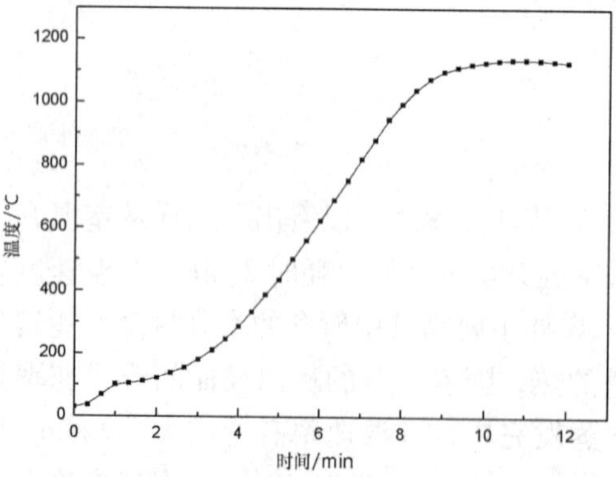

图4　辐射时间对褐煤升温特性的影响

2.2　活性炭促进作用下褐煤微波热解特性

2.2.1　微波热解升温特性

图4为活性炭（质量比1∶10）促进作用下微波持续辐射的褐煤升温特性曲线。

由图4可知，热解温度随辐射时间的增加而升高，0~1 min从室温升至101 ℃，升温速率较快；1~3 min升温速率变慢；3~9 min从180 ℃升至1100 ℃，平均升温速率约为153.33 ℃/min，明显变快；9 min以后升温曲线平缓，温度几乎不再升高。

微波辐射1 min以前主要依靠活性炭和褐煤中水分将微波能转化为热能，升温速率较快，在1 min时温度达到100 ℃，褐煤中水分大量蒸发，吸收热量，升温速率变得缓慢。到3 min时200 ℃左右，煤中水分已基本蒸发完毕，原煤+活性炭的升温速率开始变快。3~9 min即200~1100 ℃，升温速率达到最大，除活性炭促进作用外，还由于随着热解温度的升高，褐煤热解程度加深，芳香环化合物有序性增强[11]，电导率变大，介电损耗增加[10]，从而在微波场中具有较好的升温效果。9~12 min升温曲线变得平缓，温度达到1100 ℃左右。

2.2.2 热解半焦分析

活性炭促进作用下分别微波辐射3 min、6 min、9 min、12 min条件下所得褐煤半焦的工业分析、元素分析及热解产物产率见表3和表4。

表3 半焦的工业分析和元素分析

辐射时间/min	工业分析/%				元素分析/%				
	M_{ad}	A_d	V_d	FC_d	C_{ad}	H_{ad}	O_{ad}	N_{ad}	$S_{t,ad}$
3	5.48	27.35	30.85	41.80	51.72	3.31	43.46	0.77	0.74
6	4.25	29.69	25.21	45.10	53.56	2.96	41.94	0.81	0.73
9	3.51	32.12	19.01	48.87	55.62	2.52	40.39	0.81	0.66
12	1.48	37.53	6.71	55.76	60.23	1.10	37.32	0.70	0.65

表4 不同微波辐射时间液体收率、半焦收率和失重率

辐射时间/min	3	6	9	12
液体收率/%	15.07	17.83	17.90	18.40
半焦收率/%	83.67	76.00	68.67	58.00
失重率/%	16.33	24.00	31.33	42.00

对比表1原煤煤质分析，由表3可知，随微波辐射时间的增长，挥发分不断降低，灰分和固定碳不断升高，氢、氧元素不断降低，其中9~12 min阶段最为明显，说明9~12 min主要是一些比较稳定的含氧官能团分解阶段。

由表4可知，随微波辐射时间的增长，煤热解愈加充分，液体收率、失重率不断增加，半焦收率不断降低。

2.2.3 热解气产品成分分析

图5和图6为活性炭促进作用下的微波热解褐煤煤气产量及各组分体积分数。

由图5可知，随微波辐射时间的增加，可燃气体（H_2、CO、CH_4）产量逐渐增大。H_2的析出量随时间变化最为显著，辐射12 min产量为4.32L；CH_4和CO析出趋势相似，辐射12 min产量分别为1.85 L、1.37 L。

由图6可知，随微波辐射时间的增加，CH_4和CO的体积分数有所提高，H_2有所降低，可燃气体（H_2、CO、CH_4）总体积分数变化不大，都在80%以上。

微波辐射6 min（600 ℃左右）阶段H_2主要是由于煤的大分子结构断裂，氢自由基之间缩聚结合生成；辐射5~10 min（400~1100 ℃）阶段H_2析出速率达到最大，由于随热解程度的加深，半焦结构中环数较小的芳环继续芳构化，从而造成大量H_2的析出[12]。辐

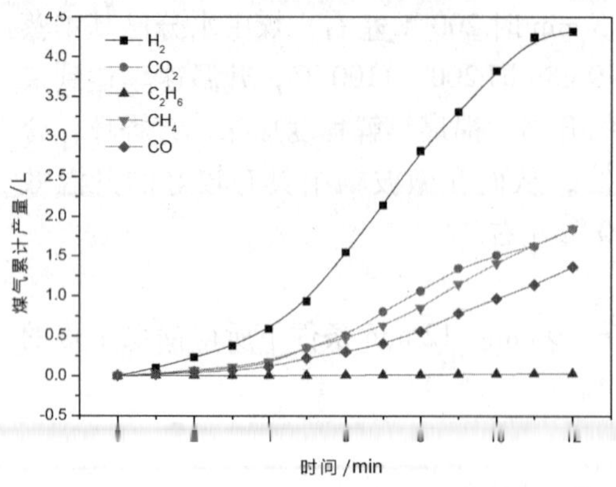

图5　辐射时间对各组分气体产量的影响

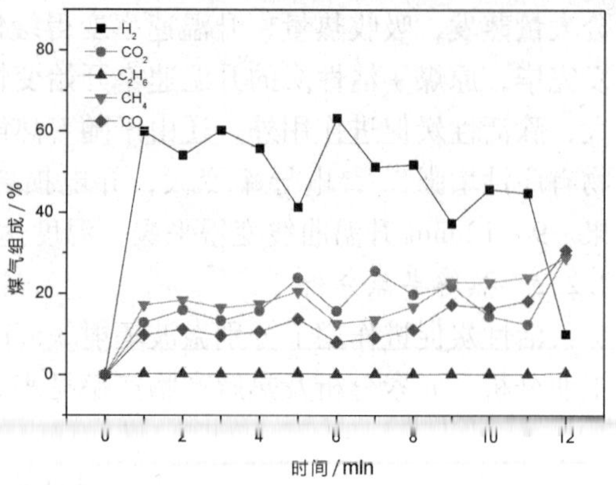

图6　辐射时间对煤气组分比例的影响

射时间<6 min（600 ℃以下）CH_4 主要由脂肪侧链断裂生成，部分挥发烃类的分解；辐射时间>9 min（1100 ℃以上）主要由热解生成的活泼半焦与缩聚反应生成的 H_2 的气化反应生成。这解释了随辐射时间的增加，H_2 体积分数减小，CH_4 体积分数增加的现象。CO 和 CO_2 主要来自煤中各种含氧官能团，辐射时间<6 min（600 ℃以下）主要是由于含氧羰基官能团断裂，一部分以 CO 形式释放，一部分与煤中 O 结合以 CO_2 形式释放；辐射时间>6 min（600 ℃以上）CO_2 主要来自煤中比较稳定的醚、醌、含氧杂环的分解，CO 主要来自羰基、醚键、羟基、含氧杂环的断裂、分解[13]，这些含氧官能团分解温度较高，所以在 9 ~ 12 min（1100 ℃左右）时体积分数突然增大。

3　结论

（1）在微波功率 800W 辐射条件下，乌兰察布褐煤吸波能力较差，升温速率相对较慢；添加活性炭比分别添加 SiC、CuO、Fe_2O_3 的褐煤微波加热的升温速率更快，曲线更均匀，活性炭是褐煤微波热解较优的吸收促进剂。

（2）使用活性炭作为吸收剂，随微波辐射时间的增加，半焦收率逐渐降低，液体产物收率逐渐增加，褐煤热解煤气中可燃气体（H_2、CO、CH_4）产量逐渐增大，且占煤气组成的 80% 以上，其中 H_2 析出量最大。

参　考　文　献

[1] 初茉，高晶晶．褐煤低温热解提质试验研究［J］．煤炭科学技术，2012，40（10）：95－99.

[2] 兰新哲，裴建军，宋永辉，等．一种低变质程度微波热解过程分析［J］．煤炭转化，2010，33（3）：15－18.

[3] 周军，杨哲，吴雷，等．CO_2 气氛中低变质煤微波热解研究［J］．煤炭学报，2015，40（10）：2465－2471.

[4] Monsef－Mirzai P, Mythili R, William R, et al, Rapid Microwave Pyrolysis of Coal Methodology and Examination of the Residual and Volatile Phases[J]. Fuel, 1995, 74(1):20－27.

[5] Meéndez JA, Arenillas A, Fidalgo B, Fernández Y, Zubizarreta L, Calvo EG, et al. Microwave heating processes involving carbon materials[J]. Fuel Process Technol 2010, 91: 1 – 8.
[6] Marland S, Han B, Merchant A, Rowson N. Effect of microwave radiation on coal grindability [J]. Fuel 2000, 79: 1283 – 1288.
[7] Kingman SW, Jackson K, Cumbane A, Bradshaw SM, Rowson NA, Greenwood R. Recent developments in microwave – assisted comminution[J]. Int J Miner Process 2004, 74: 71 – 83.
[8] Marland S, Merchant A, Rowson N. Dielectric properties of coal[J]. Fuel 2001, 80: 1839 – 1849.
[9] Chatterjee I, Misra M. Dielectric properties of various ranks of coal[J]. Microwave Power Electromagn Energy 1990, 25(4): 224 – 229.
[10] 王晴东，王光华，陈彪，等．东胜褐煤与 Yallourn 褐煤热解过程中微波吸收特性［J］．煤炭学报，2016，41（6）：1540 – 1545.
[11] 钱卫．低阶烟煤中低温热解及热解产物研究［D］．北京：中国矿业大学，2012.
[12] 降文萍．煤热解动力学及其挥发分析出规律的研究［D］．山西：太原理工大学，2004.
[13] 王娜．提质低阶煤热解特性及机理研究［D］．北京：中国矿业大学，2010.

过硫酸盐活化技术处理有机污染物研究进展

马　妍　王　盾　董彬彬　陈家琪　门著铭　阮子渊　王子源

中国矿业大学（北京）化学与环境工程学院，北京　100083

摘　要　过硫酸盐活化后产生强氧化性的硫酸根自由基（$SO^{\cdot -}$）可以高效去除土壤和地下水中的有机污染物，被广泛应用于地下水和土壤的环境修复。本文介绍了活化过硫酸盐去除有机物的机理，重点讨论了过硫酸盐的活化技术，包括热活化、碱活化、铁活化、矿物活化和超声波活化等，分析了各种活化技术对不同种类有机物的去除效果，并指出了各活化技术的优点和缺点，为实际应用中过硫酸盐最佳活化方法提供了参考和借鉴。

关键词　过硫酸盐　活化技术　硫酸根自由基　有机污染物

Advances in Organic Contaminants Persulfate Activation Process Technology

Ma Yan　Wang Dun　Dong Binbin　Chen Jiaqi
Men Zhuming　Ruan Ziyuan　Wang Ziyuan

School of Chemical and Environmental Engineering, China University of Mining and Technology, Beijing　100083

Abstract　Generating strong oxidizing sulfate free radicals activated persulfate ($SO_4^{\cdot -}$) can efficiently remove organic soil and groundwater contamination, it is widely used in environmental remediation of soil and groundwater. This article describes the removal of organic matter persulfate activation mechanism, focused on persulfate activation technology, including thermal activation, alkali activation, activation iron, minerals and ultrasonic activation activation, activation analyzes various techniques for different types of organic matter removal, and pointed out the various advantages and disadvantages of activation technology, provided certain reference for practical application persulfate best activation method.

资助项目：中央高校基本科研业务费专项资金（2016QH02）

作者简介：马妍（1983—　），女，安徽砀山人，博士研究生，主要从事土壤环境化学方面的研究。Tel：15810128622；E－mail：mayan2202@163.com

Key words Persulfate activation technology sulfate radical organic contaminant removal

0 引言

过硫酸盐活化技术已被研究和应用于原位修复受有机污染的土壤和地下水，目前的研究发现，过硫酸盐有多种活化方式，例如热活化、碱活化、金属离子活化等。过硫酸盐未活化前对有机物的氧化效果一般，活化后的硫酸根自由基的氧化能力比过硫酸盐本身强得多，近年来发展起来基于活化过硫酸盐的高级氧化技术是处理难降解有机污染物的新技术。过去几年已有人研究了过硫酸盐对难降解有机物的处理能力。活化后产生高氧化性的硫酸根自由基（$SO_4^{\cdot-}$）具有较高的氧化电位（$E^{\circ}=2.60V$），对有机污染物有很强的降解作用[1]。活化过硫酸盐不仅能用于地下水的原位修复，由于某些过硫酸盐还可施入渗透性较低的土壤地下环境，还可对污染土壤进行原位修复。基于活化过硫酸盐的新型高级氧化技术在国内外已经迅速成为地下水和土壤有机污染物修复的研究热点。

本文回顾了不同活化过硫酸盐技术的研究进展，介绍了活化技术对不同种类有机物的去除效果，介绍了活化过硫酸盐对有机物典型的降解机理，并指出了现阶段研究的不足之处，以期为过硫酸盐氧化技术的理论与应用研究提供参考。

1 活化过硫酸盐技术降解有机物研究进展

1.1 热活化

加热是活化过硫酸盐最常用的方法之一[2]。荣亚运等[3]发现热活化过硫酸盐氧化降解木质素产物效果显著，香草醛、4－羟基苯甲醛、香草酸、4－羟基苯甲酸和紫丁香酸的去除率在1 h 内均达到100%，紫丁香醛的去除率在2 h 内也达到100%。Waldemer 等[4]在20 ℃的条件下用过硫酸盐降解地下水中的三氯乙烯（TCE），反应6h后，只有很少的TCE被降解；当温度控制在60 ℃时，反应1 h后TCE几乎全部被去除。但活化过硫酸盐的温度并不是越高越好，H. Hori 等[5]在用过硫酸盐降解全氟辛（PFOA）时发现，在150 ℃的条件下比在80 ℃时的降解率低。Huang 等[6]用过硫酸盐处理挥发性有机物（VOCs）时发现，在整个72 h实验中，40 ℃下VOCs降解超过90%，比20 ℃下的降解效果好得多，但有22种VOCs在30 ℃时的降解率反而比40 ℃时的好。因此，在热活化过硫酸盐的过程中，一定要注意温度的选择，并不一定越高越好。选择合适的温度对于热活化过硫酸盐技术非常重要。

1.2 碱活化

碱活化过硫酸盐是在原位修复中最常用的技术之一，一般通过加入氢氧化钠或氢氧化钾，提高pH值至11和12之间以实现碱活化。过硫酸盐分子水解，形成过氧化氢中间体（HO^{2-}），中间体经进一步反应产生$SO_4^{\cdot-}$，在碱性环境$SO_4^{\cdot-}$与体系中的OH^-离子反应生成·OH，这两种基团对有机污染物都具有较强的氧化降解能力。

Block 等[7]通过碱活化过硫酸盐技术混合有机污染物显示，随着活化过程中KOH比例增加，有机污染物的降解效率随之提高。Romero 等[8]发现，虽然碱活化过硫酸盐会产生$SO_4^{\cdot-}$，但在碱性环境下$SO_4^{\cdot-}$会迅速与OH^-反应生成·OH，因而碱活化过硫酸盐技术条件下降解有机污染物主要由·OH作用。在pH值>12时·OH起主要降解有机污染物的作用，·OH可能在碱活化过硫酸盐的大部分反应性中发挥作用。在实际的应用中因为水体和土壤中含有一些物质有天然的缓冲能力，使过硫酸盐活化需要添加更多的碱，但提高碱的用量可能会改变土壤性质和重金属浓度，增加污染物种类，降低污染物的处理效果。尽管碱活化过硫酸盐广泛应用在地下水和土壤的原位修复，但关于其机理的研究数量有限。碱活化有时活化效果并不好，相对于其他的过硫酸盐体系不太有效。Zhao等[9]用热活化、铁活化、碱活化、强氧化剂活化等方式活化过硫酸盐处理北京焦化厂多环芳烃（PAHs）污染土壤发现，相对于其他的活化方式，碱活化的过硫酸盐对PAHs的去除率是最低的。

1.3 铁活化

铁是过硫酸盐一种相对高效、无毒和环境友好的活化剂，且比其他的金属离子更经济。但铁活化存在一个问题，不足的铁活化剂对过硫酸盐活化效果不好，而过量的Fe^{2+}也会跟硫酸根自由基反应，从而降低对污染物的处理效果[10]。而这个问题可以通过向反应体系中序批式加入少量的Fe^{2+}或者加入络合剂或螯合剂的方法来解决。Jiang等[11]用相同总量的Fe^{2+}，通过不同的添加方式处理双酚A（bisphenol A）时发现，把Fe^{2+}分成几个等份按一定的时间间隔添加时的处理效果比一次性加入的效果要好得多。螯合剂被普遍认为是控制Fe^{2+}连续释放活化过硫酸盐的方法，常见的螯合剂有乙二胺四乙酸（EDTA）、硫代硫酸钠（$Na_2S_2O_3$）、氮三乙酸（NTA）、柠檬酸等。

1.4 矿物活化

磁铁矿（Fe_3O_4）、纳米磁铁矿（Fe_3O_4）和针铁矿（α-FeO（OH））、水钠锰矿等矿物可用于过硫酸盐的活化。但自然界中的天然矿物活化效果不佳，可能是天然存在于土壤中的矿物质浓度不足以有效激活过硫酸盐[12]。Liu等[13]发现对于某些矿物，例如Fe_3^+和Mn_4^+氧化矿物等含水率超过2%的矿物，增加它们的使用量能显著增加过硫酸盐的活化效率。

1.5 活性炭活化

活性炭本身在污染物去除领域使用广泛，其含有大量微孔，具有很高的比表面积，通过吸附作用可以除臭、脱色等，对水体中的污染物有较佳的去除效果。活性炭不仅可作为一种吸附材料，也可以作为过硫酸盐的一种活化剂[14]。活性炭是一种电子传递剂活化剂，可以活化过硫酸盐产生$SO_4^{\cdot-}$，从而降解有机污染物。Yang等[15]研究了活性炭活化过硫酸盐的机理，发现硫酸根自由基和羟基自由基产生于活性炭表面的孔结构中，液相态中没有发生降解过程，活性炭与过硫酸盐的体系对有机污染物的降解效果要明显好于单一的过硫酸盐和活性炭，活性炭与过硫酸盐的体系在降解过程中表现出明显的协同促进作用。

1.6 强氧化剂活化

Block等[7]提出过硫酸盐和过氧化氢混合使用的效果比单独用过硫酸盐好，过氧化氢活化过硫酸盐后生成$SO_4^{\cdot-}$能促进·OH的生成，而·OH生成后又能反过来促进$SO_4^{\cdot-}$的生成，$SO_4^{\cdot-}$和·OH相互作用形成氧化性更强的体系。Hoag等[16]用MnO_4^-活化过硫酸盐降解土壤VOCs的研究发现，通过混合投加或连续投加两种强氧化剂都能有效降解VOCs。强氧化剂活化过硫酸盐能达成协同效应，形成高效的强氧化性体系。

1.7 超声波活化

超声波也被研究用来活化过硫酸盐。Memarian 等[17]发现用超声波活化过硫酸盐降解二氢嘧啶（DHPMs）类物质有较好效果。Hou 等[18]用超声强化 $Fe_3O_4/Na_2S_2O_8$ 非均相体系对四环素进行降解，结果表明在 Fe_3O_4 投加质量浓度为 1.0 g/L、过硫酸盐浓度为 200 mmol/L、四环素初始质量浓度为 100 mg/L、超声功率为 80 W 时，四环素的去除率达到 89.0% 。

2 结束语

相对于其他氧化剂，过硫酸盐凭借着自己在去除有机污染物领域性价比高等优势，吸引了很多对其不同活化方式和相关机理的研究。活化后的过硫酸盐对大部分有机污染物质有较好去除效果，但由于 $SO_4^{\cdot-}$ 的强氧化性具有选择性，对部分污染物质无法有效去除，而且对于不同的污染物质去除的程度也有所区别。在使用一些活化方法时，可能还面临着引进新污染物质的局面。例如，过度金属离子活化过硫酸盐时也会生成新的金属离子，引进新的物质。在目前所研究的各种过硫酸盐活化方式中，不同的活化方式都有各自的优点和缺点，在实际应用过程中，如何放大活化作用中的优势，最大限度地活化过硫酸盐是相关研究的一大难点。

参 考 文 献

[1] EBERSON L. Electron transfer reactions in organic chemistry[M]. Springer Science & Business Media,2012.

[2] JI Y,DONG C,KONG D,et al. Heat - activated persulfate oxidation of atrazine:Implications for remediation of groundwater contaminated by herbicides[J]. Chemical Engineering Journal,2015,263:45 - 54.

[3] 荣亚运，师林丽，张晨，等．热活化过硫酸盐氧化去除木质素降解产物［J］．化工学报，2016，67（6）．

[4] WALDEMER R H,TRATNYEK P G,JOHNSON R L,et al. Oxidation of chlorinated ethenes by heat - activated persulfate:kinetics and products[J]. Environmental Science & Technology,2007,41(3):1010 - 1015.

[5] HORI H,YAMAMOTO A,KOIKE K,et al. Persulfate - induced photochemical decomposition of a fluorotelomer unsaturated carboxylic acid in water[J]. Water research,2007,41(13):2962 - 2968.

[6] HUANG K,ZHAO Z,HOAG G E,et al. Degradation of volatile organic compounds with thermally activated persulfate oxidation[J]. Chemosphere,2005,61(4):551 - 560.

[7] BLOCK P A,BROWN R A,ROBINSON D. Novel activation technologies for sodium persulfate in situ chemical oxidation[C]. Columbus,OH:Battelle Press,2004:24 - 27.

[8] ROMERO A,SANTOS A,VICENTE F,et al. Diuron abatement using activated persulphate:effect of pH,Fe (II) and oxidant dosage[J]. Chemical Engineering Journal,2010,162(1):257 - 265.

[9] ZHAO D, LIAO X, YAN X, et al. Effect and mechanism of persulfate activated by different methods for PAHs removal in soil[J]. Journal of hazardous materials, 2013, 254:228 – 235.
[10] VICENTE F, SANTOS A, ROMERO A, et al. Kinetic study of diuron oxidation and mineralization by persulphate: effects of temperature, oxidant concentration and iron dosage method [J]. Chemical engineering journal, 2011, 170(1):127 – 135.
[11] JIANG X, WU Y, WANG P, et al. Degradation of bisphenol A in aqueous solution by persulfate activated with ferrous ion[J]. Environmental Science and Pollution Research, 2013, 20(7):4947 – 4953.
[12] AHMAD M, TEEL A L, WATTS R J. Persulfate activation by subsurface minerals [J]. Journal of contaminant hydrology, 2010, 115(1):34 – 45.
[13] LIU H, BRUTON T A, DOYLE F M, et al. In situ chemical oxidation of contaminated groundwater by persulfate: decomposition by Fe (III) – and Mn (IV) – containing oxides and aquifer materials [J]. Environmental science & technology, 2014, 48 (17): 10330 – 10336.
[14] LIANG C, LIN Y T, SHIH W H. Treatment of Trichloroethylene by Adsorption and Persulfate Oxidation in Batch Studies[J]. Ind. eng. chem. res, 2009, 48(18):8373 – 8380.
[15] YANG S, YANG X, SHAO X, et al. Activated carbon catalyzed persulfate oxidation of Azo dye acid orange 7 at ambient temperature. [J]. Journal of Hazardous Materials, 2011, 186 (1):659 – 666.
[16] HOAG G E, CHHEDA P V, WOODY B A, et al. Chemical oxidation of volatile organic compounds.
[17] MEMARIAN H R, FARHADI A. Sono – thermal oxidation of dihydropyrimidinones [J]. Ultrasonics Sonochemistry, 2008, 15(6):1015 – 1018.
[18] HOU L, HUI Z, XUE X. Ultrasound enhanced heterogeneous activation of peroxydisulfate by magnetite catalyst for the degradation of tetracycline in water[J]. Separation & Purification Technology, 2012, 84(2):147 – 152.

深层致密砂岩气成藏研究进展

杨　杰[1,2]　李贤庆[1,2]　徐红卫[1,2]　祁　帅[1,2]　张　伟[1,2]
王　哲[1,2]　樊志伟[1,2]　周宝刚[1,2]　陈金明[1,2]　高文杰[1,2]

1. 中国矿业大学（北京）煤炭资源与安全开采国家重点实验室，北京　100083
2. 中国矿业大学（北京）地球科学与测绘工程学院，北京　100083

摘　要　深层致密砂岩气是我国非常规天然气勘探开发的重要领域，分布广，埋藏深，资源潜力大。深层致密砂岩气主要地质特征为低孔隙度低渗透率、地层压力异常和气水关系复杂，其成藏特征主要表现为非达西渗流运移、动力圈闭和多期成藏。根据储层致密化时间和烃源岩生烃排烃高峰期之间的关系，深层致密砂岩气成藏分为“先成型”和“后成型”两类成藏过程。优质烃源岩广覆式发育、持续生烃，有效储层大范围、叠置型、连续型分布，源储紧邻、近源运移成藏，以及稳定古构造背景是深层致密砂岩气富集成藏的主控因素。

关键词　非常规天然气　深层致密砂岩气　地质特征　成藏过程　主控因素

Research Progress on Accumulation of Deep Tight Sandstone Gas

Yang Jie[1,2]　Li Xianqing[1,2]　Xu Hongwei[1,2]　Qi Shuai[1,2]
ZhangWei[1,2]　Wang Zhe[1,2]　Fan Zhiwei[1,2]　Zhou Baogang[1,2]
Chen Jinming[1,2]　Gao Wenjie[1,2]

1. State Key Laboratory of Coal Resources and Safe Mining, China University of Mining and Technology, Beijing　100083
2. College of Geoscience and Surveying Engineering, China University of Mining and Technology, Beijing　100083

Abstract　Deep tight sandstone gas is an important field of unconventional natural gas exploration and development in China. It has a wide distribution, deep buried and large resource potential. The main geological characteristics of deep tight sandstone gas in-

---

资助项目： 国家科技重大专项课题（2016ZX05007－003）；中央高校基本科研业务费专项资金（2010YM01）
作者简介： 杨杰（1990—　），男，河南新乡人，硕士研究生，从事非常规油气地质研究。Tel：13161293342；E－mail：674329976@qq.com

clude low porosity and permeability, abnormal formation pressure, and complex gas and water relations. The chief accumulation feature of deep tight sandstone gas shows non Darcy flow migration mode, dynamic trap, and multi - stage reservoir forming. According to the relationship between reservoir densification time and hydrocarbon generation peak, the reservoir - forming process of deep tight sandstone gas is divided into 2 kinds, i. e. "first forming" and "post forming". The main controlling factors of deep tight sandstone gas enrichments are high quality hydrocarbon source rocks in the development and continuous hydrocarbon generation, effective reservoir of wide range, superimposed type, continuous type distribution, source - reservoir combination of adjacent to and near source migration, and stable ancient structure background.

Key words unconventional natural gas deep tight sandstone gas geological characteristics accumulation process main controlling factors

0 引言

随着全球天然气工业的发展，天然气勘探目的层逐渐由中浅层向深层和超深层、资源类型由常规向非常规快速延伸。深层将是天然气工业未来最重要的发展领域之一[1-3]，国内外学者开展过有关深层天然气藏地质特征和成藏规律方面的研究工作[4-6]。致密砂岩气已发展成为非常规天然气勘探开发的重点领域。随着世界对天然气需求量的增加以及中-浅层致密砂岩气藏的大规模开发，深层致密砂岩气藏在世界范围内已受到了广泛的关注[5-8]。

深层致密砂岩储层具有分布面积广、埋藏深度大、储层物性差、非均质性强、成岩演化作用复杂，不完全受制于达西定律和浮力驱动的运聚特点，且单井产能较低[9]。我国发育多种沉积盆地，历经多期构造作用，地质条件复杂，但是，随着近年来天然气地质理论和勘探开发技术的发展，使深层致密砂岩气成为近期我国天然气勘探开发的重要优先方向[10]。本文在对国内外大量文献调研分析的基础上，总结了深层致密砂岩气的分布、类型、地质特征、成藏特征、成藏过程和富集主控因素，旨在为我国深层致密砂岩气的勘探提供参考。

1 深层致密砂岩气的分布、类型和地质特征

1.1 深层致密砂岩气的分布

对于深层的埋深界限，国内外尚未取得统一认识：美国地质调查局（USGS）[11]和中国国土资源部[12]认为，深层系指埋深超过4500m的地层；国内也有学者把埋深超过3500m的地层界定为深层。致密砂岩气藏的定义或储层的划分标准也有多种[13-20]。中国致密砂岩气的行业标准（SY/T6832—2011）[13]是：孔隙度＜10%，原地渗透率＜$0.1\times10^{-3}\ \mu m^2$或空气渗透率＜$1\times10^{-3}\ \mu m^2$、孔喉半径＜1 μm、含气饱和度＜60%。据不完全统计，全球已发现致密砂岩气盆地70个，主要分布在北美、欧洲和亚太地区。北美地区是全球致密砂岩气发展最快的地区，美国致密砂岩气开发的盆地主要是落基山地区的大绿河盆地、圣胡安盆地等几大盆地[21,22]，加拿大致密砂岩气主要储集在阿尔伯达盆地[21]。

中国深层致密砂岩气藏发现较早，勘探前景广阔。塔里木盆地库车坳陷、四川盆地、准噶尔盆地为3大现实勘探地区，松辽盆地、渤海湾盆地、吐哈盆地也具有勘探潜力[23]。四川盆地上三叠统须家河组（T_3x）、松辽盆地下白垩统（K_1）、渤海湾盆地古近系沙河街组沙三段和沙四段（E_{s3-4}）、吐哈盆地侏罗系（J）、塔里木盆地侏罗系和白垩系（J+K）、准噶尔盆地南缘侏罗系（J_{1-2}）和二叠系（P_1）埋深主要分布于3500 m以下，多属于深层致密砂岩气。

对全球发现的中浅层与深层致密砂岩气藏统计分析发现，中浅层致密砂岩气藏主要分布在克拉通盆地、大陆裂谷盆地和前陆盆地，其次为被动裂谷盆地；深层致密砂岩气藏主要分布在前陆盆地和被动裂谷盆地中，其次为大陆裂谷盆地，克拉通盆地发现的深层气藏少[24]。美国致密砂岩气以盆地中心气为主，主要分布于拗陷区，纵向层系跨度小[25]。中国致密砂岩气藏主要分布在斜坡区和山前构造带，纵向上层位跨度大，不同盆地横向分布规律差异较大。中国深层致密砂岩气藏埋深大，渤海湾盆地深层致密砂岩气主要分布在4500～5000 m以下，准噶尔、塔里木、吐哈等盆地埋深一般在3800～7000 m，库车坳陷埋深可达8000 m[26]。

1.2 深层致密砂岩气类型

国内外不同学者对致密砂岩气藏有不同的分类方案（表1），分类方案同样适用于深层致密砂岩气藏。可以看出，致密砂岩气藏类型划分的依据包括储层物性、成岩作用、成藏期次和构造部位（构造背景）。

表1 国内外不同学者提出的致密砂岩气藏分类

作者	分类依据	致密砂岩气藏类型划分	年份/年	文献来源
关德师	储层特征	好（致密）、中（很致密）、差（超致密）	1995	[22]
Law	烃源岩有机质类型	直接型、间接型	2002	[19]
姜振学	成藏期与储层致密先后顺序	先成型、后成型	2006	[28]
董晓霞	成藏与构造演化关系特征及不同成藏规律	改造型、原生型	2007	[29]
Davis	烃类充注与储层致密化时间的配套关系	先充注后致密型、先致密后充注型	2011	[20]
郭秋麟	聚集模式	连续带、过渡带	2012	[27]
戴金星	储层特征、储量大小和区域构造位置高低	连续型、圈闭型	2012	[30]
李建忠	盆地所处构造部位	斜坡型、背斜构造型、深部凹陷型	2012	[14]

根据气藏经历的构造演化复杂程度，将深层致密砂岩气分为平缓构造型和复杂构造型两类。川西深层致密砂岩气藏属于平缓构造型[9]，塔里木盆地库车坳陷深层致密砂岩气藏属于复杂构造型[24]。

1.3 深层致密砂岩气地质特征

1.3.1 低孔隙度低渗透率

深层储层的孔隙度和渗透率较之中浅层低得多。埋深超过4500 m的储层孔隙度分布在5%～15%，最低可达2.0%以下；渗透率分布在1～2000 mD，最低0.1 mD以下。随着埋深增大，含气盆地地层孔隙度和渗透率减少，减少幅度随地质条件不同而不同[24]。

然而，由于构造变动和流体改造作用，深层储层也可以形成较多的次生孔隙和裂缝，孔隙度和渗透率变好[31,32]。渤海湾盆地深层碎屑岩次生孔隙发育带，易于形成有效储层，随着成岩作用的增强，压实、胶结、溶蚀等作用交替进行，形成多个次生孔隙发育带，如黄骅、辽河、冀中拗陷的深层均发现了2～3个次生孔隙发育带[21]。

1.3.2 地层压力变化异常

深层致密砂岩气成因机制比较复杂，表现出多种压力特征，既有异常高压，也有正常压力，还有异常低压。庞雄奇[24]等研究指出，深层气藏的压力特征通常是由气藏的成因机制和演化过程决定。低孔渗介质中的局限流体动力场内形成的非常规气藏通常最终为负压，但在其聚集成藏过程中表现为高压[11]。

塔里木盆地库车坳陷深层致密砂岩气在喜马拉雅晚期强烈的构造挤压作用和上覆古近系巨厚的膏盐岩的封堵作用下形成了异常高压[33,34]。渤海湾盆地深层普遍发育异常高压，有利于深层天然气的运移和聚集，异常高压带的压实、胶结作用缓慢，可以有效地保留一部分原生孔隙，从而可能发育为储集物性甜点区。可见，深层致密砂岩气藏的地层压力变化异常，与气藏规模关系不大，在不同的压力环境下有可能发现大型致密砂岩气藏。

1.3.3 气水关系复杂

深层致密砂岩气藏缺乏气水分异，气水关系复杂，无统一气水界面，常出现气水倒置现象。我国致密砂岩气储层气水关系受强烈的储层非均质性和构造作用等因素影响，表现出气水倒置、气水间互和气水界面不明的多样性与复杂性[25]。如图1所示，塔里木盆地库车坳陷、准噶尔盆地新光地区、渤海湾盆地东濮坳陷深层致密砂岩气藏均表现出复杂的气水关系[30,35-36]。

2 深层致密砂岩气成藏特征和成藏过程

2.1 成藏特征

根据深层致密砂岩气藏的生储盖特征、成藏期、生烃源岩与储层关系、断裂作用等方面的特征，结合相关成藏物理模拟实验，分析了我国深层致密砂岩气藏的成藏特征（表2）。深层致密砂岩气运移聚集以非达西渗流、扩散方式为主，浮力作用受限，具有多期多阶段成藏的特点[21]。

2.1.1 非达西渗流、扩散运移

致密砂岩储层由于孔喉细小、孔隙结构复杂、毛细管力和贾敏效应等原因，使深层致密气在超微孔喉中渗透不仅受到流体间剪切应力的作用，还受到与岩壁间的摩擦等阻力，导致渗流速度很慢，且流速与压力梯度不呈线性关系，属于低速非达西流[37]。

常规气藏运聚的主要动力是浮力，但浮力在致密砂岩中克服不了毛管阻力，因此浮力很难成为致密砂岩气藏运聚的主要动力。超压是深层致密砂岩气藏的主要运聚动力。扩散作用在压力充注无法实现时，就成为天然气的主要运移方式，因此扩散作用在致密砂岩中显得更加重要[38]。

2.1.2 动力圈闭聚集

物理模拟实验结果表明，致密砂岩气聚集成藏的动力是外部毛细管力高于内部的2倍以上[24]。深层致密砂岩气以超压充注为主，气藏聚集的范围和大小完全随超压梯度的大小和岩石物性的非均质而变，因此气藏没有一定的圈闭形态。由于超压的排驱作用，结果

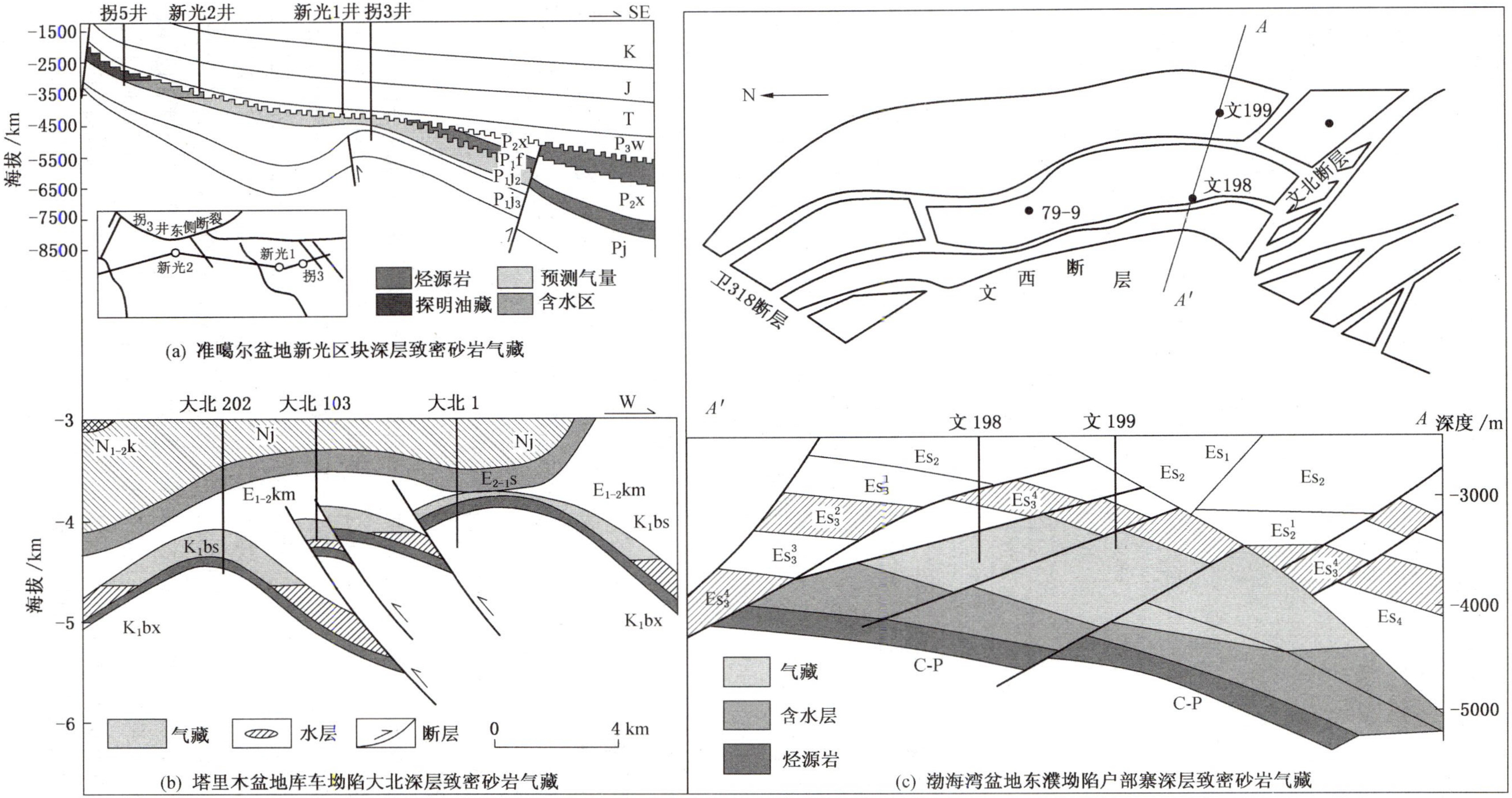

(a) 准噶尔盆地新光区块深层致密砂岩气藏

(b) 塔里木盆地库车坳陷大北深层致密砂岩气藏

(c) 渤海湾盆地东濮坳陷户部寨深层致密砂岩气藏

图1　不同地区深层致密砂岩气藏气水关系

表2　不同地区深层致密砂岩气成藏特征

要素	塔里木库车	川西	准噶尔	吐哈	渤海湾	松辽
分布特征	构造斜坡带	平缓斜坡带	构造斜坡带或坳陷深处	构造斜坡带	深部坳陷	深部断陷区
储层特征	致密储层	致密储层	致密储层	致密储层	致密储层	致密储层
烃源岩	三叠系、侏罗系煤系烃源岩	三叠系煤系烃源岩	二叠系和侏罗系煤系烃源岩	侏罗系煤系烃源岩	古近系沙河街组	白垩系沙河子组暗色泥岩
圈闭类型	复杂构造圈闭	岩性圈闭	复杂构造圈闭	复杂构造圈闭	构造圈闭	岩性圈闭
源储组合关系	源储共生	源储共生	邻源或近源	源储互层接触	邻源或近源	邻源或近源
气水分布	气水界面模糊	气水倒置	气水倒置	气水倒置	气水界面模糊	气水关系复杂
压力特征	异常高压	异常高压	异常高压	异常高压	异常高压	异常高压
成藏动力	异常压力	异常压力	异常压力	异常压力	异常压力	异常压力
渗流特征	非达西渗流	非达西渗流	非达西渗流	非达西渗流	非达西渗流	非达西渗流
源储分布	广覆性接触	广覆性接触	广覆性接触	广覆性接触	广覆性接触	广覆性接触
成藏过程	多期成藏	多期成藏	多期成藏	多期成藏	多期成藏	多期成藏
成藏模式	复杂构造型	平缓构造型	复杂构造型	复杂构造型	复杂构造型	平缓构造型

可以形成气水倒置或气水混杂的不规则的动态界面。李明诚[37]等把这种运移充注的方式称为“动力圈闭”。实际上，“动力圈闭”既是深层致密砂岩气藏最重要的一种成藏作用，也是天然气滞留在致密储层中的一个三维空间。

2.1.3　多期多阶段成藏

深层致密砂岩气的运移和聚集是一个积累的过程。姜福杰等[39]按照出气孔出水速率的变化特征将致密砂岩气成藏分为3个阶段：①充注前期，此阶段天然气处于能力积累阶段，并不能进入致密储层；②充注期，此阶段天然气呈幕式充注成藏，主要依靠气体的膨胀力排驱水，并呈指状向上运移；③充注后期，即气藏保存阶段，整个致密砂体内形成统一的天然气聚集。塔里木盆地库车坳陷多期次的构造活动期与烃源岩生排烃期的匹配决定了该区具有多期成藏、晚期成藏为主的特点[40]。

2.2　成藏过程

国内外学者[28,31,37,39]从不同角度研究过致密砂岩气藏的成藏过程。姜振学[28]根据致密砂岩气藏储层致密化时间与烃源岩生排烃高峰期之间的关系，将致密砂岩气藏划分为两种：“先成型”致密砂岩气藏和“后成型”致密砂岩气藏，表现出不同的成藏过程。

“先成型”致密砂岩气藏的成藏过程：①在烃源岩大量生烃之前，储层已经致密化，此时的天然气无法进入致密砂体的孔隙内，当充注能量积累到足以突破毛细管力作用时，天然气才开始充注；②在此阶段由于气体的膨胀力排驱孔隙水的作用，天然气在致密砂体内大量充注；③为气藏保存阶段，天然气的分布范围保持稳定，使整个气藏内形成统一的天然气聚集。塔里木盆地库车坳陷迪北气田深部的侏罗系－三叠系地层中，煤系烃源岩与致密砂岩呈互层状，烃源岩生成的天然气在源－储压力下，不断向邻近的致密砂岩层中运移，形成“先成型”致密砂岩气藏[40]。

“后成型”致密砂岩气藏的成藏过程：①原生常规储层天然气聚集阶段，烃源岩处于生排烃的高峰期，但是储层的物性良好，气藏按常规气藏聚集；②储层致密化改造阶段，生排烃高峰期结束，在构造等因素的作用下，储层逐渐致密化，天然气没有发生大规模的运移；③复式成藏阶段，现今天然气分布和圈闭特征是由复式成藏特征决定，各种气藏形成因素之间相互叠加、复合形式成藏的局面。川西坳陷须家河组致密砂岩气藏晚侏罗世开始大量生烃，而气藏中须四段储层自沉积埋藏后到早侏罗世末期，储层孔隙度普遍高于30%，为高孔渗常规储层；自中侏罗世开始到白垩纪末，储层由于压实、胶结等作用影响，物性逐渐变差；白垩纪后，自生矿物对储层喉道进一步破坏，使得渗透率大大降低，储层变成致密储层。因此，川西坳陷须四段气藏属于“后成型”致密砂岩气藏[42]。

3 深层致密砂岩气富集成藏的主控因素

3.1 优质烃源岩广覆式发育、持续生烃

大范围、广覆式持续生烃的优质烃源岩为大面积成藏提供丰富的资源基础[21]。持续、相对晚期排烃为致密砂岩气藏的形成奠定了良好的基础[41]。塔里木盆地库车坳陷三叠系、侏罗系煤系烃源岩具有厚度大、生烃强度大、持续生烃、晚期快速大量生气等特点，为深层致密砂岩气藏的形成奠定了烃源条件[40]。渤海湾盆地深层的沙河街组三段－孔店组地层烃源岩厚度达到1000 m以上，黄骅、冀中、辽河三大坳陷深层也不断发现新的优质烃源岩，良好且丰富的烃源岩为渤海湾盆地深层致密砂岩气的形成提供了先决条件[21]。

3.2 有效储层大范围、叠置型、连续型分布

有效储层大范围、叠置型、连续型分布是致密砂岩气聚集成藏的关键条件[21]。大范围的致密砂岩储层的发育主要受沉积相、岩石相和成岩相的控制。储层的发育进一步控制着天然气富集的部位和规模[14]。渤海湾盆地的深层沙河街组－孔店组多期次沉积砂体垂向叠置、横向连片，易于形成致密砂岩气藏。

3.3 源储紧邻、近源运移成藏

致密砂岩气具有源储紧密相邻、“三明治”式紧密接触、近源垂向运移成藏的显著特点[5－7,38－40]。储层与源紧邻使得储集砂体具有近水楼台的成藏优势，二次运移距离非常小，大面积成藏成为可能。渤海湾盆地深层沙河街组－孔店组的烃源岩与储层具备“三明治”结构，烃源岩与储层的组合是天然气近源短距离运移的有利条件。在广覆式生烃与大面积储集砂体的有效配置下，伴随着生烃增压，天然气以压差驱动作用为动力、近距离垂向运移成藏[14]。

3.4 稳定古构造背景

致密砂岩气藏形成于区域性古构造背景，原始沉积时构造稳定。塔里木盆地库车坳陷为白垩系—古近系的陆相前陆盆地[33－34,40]以及我国东部白垩系—古近系的断陷盆地等聚煤环境[17]，这些地区稳定的古构造背景和沉积环境为深层致密砂岩气藏的形成提供了有利条件。

4 结论

（1）深层致密砂岩气是我国非常规天然气的重要勘探领域，分布广，埋藏深，资源潜力大，其地质特征为低孔隙度低渗透率、储层压力异常、气水关系复杂，其成藏特征主

要表现为非达西渗流运移、动力圈闭和多期多阶段成藏。

（2）根据储层致密化时间和天然气生排烃高峰期之间的先后关系，将深层致密砂岩气分为“先成型”和“后成型”两类成藏过程。

（3）深层致密砂岩气藏富集的主控因素是优质烃源岩广覆式发育、持续生烃，有效储层大范围、叠置型、连续型分布，源储紧邻、近源运移成藏，以及稳定古构造背景。

参 考 文 献

[1] 贾承造，庞雄奇．深层油气地质理论研究进展与主要发展方向［J］．石油学报，2015，36（12）：1457－1469.

[2] 邹才能，张光亚，陶士振，等．全球油气勘探领域地质特征、重大发现及非常规石油地质［J］．石油勘探与开发，2010，37（2）：129－145.

[3] 孙龙德，邹才能，朱如凯，等．中国深层油气形成、分布与潜力分析［J］．石油勘探与开发，2013，40（6）：641－649.

[4] DYMAN T S, CROVELLI R A, BARTBERHER C E, et al. Worldwide estimates of deep natural gas resources based on the US Geological Survey World Petroleum Assessment 2000 [J]. Natural Resources Research, 2002, 11(6): 207 －218.

[5] 魏国齐，张福东，李君，等．中国致密砂岩气成藏理论进展［J］．天然气地球科学，2016，27（2）：199－210.

[6] 戴金星，倪云燕，胡国艺，等．中国致密砂岩大气田的稳定碳同位素组成特征[J]．中国科学：地球科学，2014，44（4）：563－576.

[7] 庞雄奇．中国西部叠合盆地深部油气勘探面临的重大挑战及其研究方法与意义[J]．石油与天然气地质，2010，31（5）：517－534.

[8] 朱光有，张水昌．中国深层油气成藏条件和勘探潜力［J］．石油学报，2009，30（6）：793－802.

[9] 蔡希源．深层致密砂岩气藏天然气富集规律与勘探关键技术——以四川盆地川西坳陷须家河组天然气勘探为例［J］．石油与天然气地质，2010，31（6）：707－714.

[10] 李健，吴智勇，曾大乾，等．深层致密砂岩气藏勘探开发技术［M］．北京：石油工业出版社，2002.

[11] DYMAN T, SCHMOKER J, ROOT D. 深部未发现天然气资源——美国地质调查局对本土的评价［J］．天然气地球科学，2001，12（4/5）：40－47.

[12] 国土资源部油气资源战略研究中心．全国石油天然气资源评价（上册）［M］．北京：中国大地出版社，2010.

[13] 国家能源局．SY/T 6832—2011 致密砂岩气地质评价方法［S］．北京：石油工业出版社，2011.

[14] 李建忠，郭彬程，郑民，等．中国致密砂岩气主要类型、地质特征与资源潜力［J］．天然气地球科学，2012，23（4）：607－614.

[15] HOLDITCH S A. Tight gas sandstones[J]. Journal of Petroleum Technology, 2006, 58(6): 86－93.

[16] FEDERAL ENERGY REGULATORY COMMISSION. Natural gas policy act of 1978 [M]. Michigand: American Enterprise Institute for Public Policy Research, 1980: 340 - 346.
[17] 袁政文. 东濮凹陷低渗致密砂岩成因与深层气勘探 [J]. 石油与天然气地质, 1993, 14 (1): 14 - 22.
[18] 杨晓宁, 张惠良, 朱国华. 致密砂岩的形成机制及其地质意义——以塔里木盆地英南2井为例 [J]. 石油与天然气地质, 2005, 10 (1): 31 - 35.
[19] LAW B. Basin centered gas system [J]. AAPG Bulletin, 2002, 86(11): 1891 - 1919.
[20] DAVIS J. Modeling Gas Migration, Distribution and Saturation in a Structurally and Pathologically Evolving Tight Gas Reservoir [R]. Bangkok Thailand: International Petroleum Technology Conference, 2011.
[21] 邹才能. 非常规油气地质 [M]. 北京: 地质出版社, 2011.
[22] 关德师, 牛嘉玉, 郭丽娜, 等. 中国非常规油气地质 [M]. 北京: 石油工业出版社, 1995.
[23] 贾承造, 郑民, 张永峰. 中国非常规油气资源与勘探开发前景 [J]. 石油勘探与开发, 2012, 39 (2): 129 - 136.
[24] 庞雄奇, 汪文洋, 汪英勋, 等. 含油气盆地深层与中浅层油气成藏条件和特征差异性比较 [J]. 石油学报, 2015, 36 (10): 1167 - 1187.
[25] 童晓光, 郭彬程, 李建忠, 等. 中美致密砂岩气成藏分布异同点比较研究与意义 [J]. 中国工程科学, 2012, 14 (6): 9 - 15.
[26] 张国生, 赵文智, 杨涛, 等. 我国致密砂岩气资源潜力、分布与未来发展地位 [J]. 中国工程科学, 2012, 14 (6): 87 - 93.
[27] 郭秋麟, 陈宁生, 胡俊文, 等. 致密砂岩气聚集模型与定量模拟探讨 [J]. 天然气地球科学, 2012, 23 (2): 199 - 207.
[28] 姜振学, 林世国, 庞雄奇, 等. 两种类型致密砂岩气藏对比 [J]. 石油实验地质, 2006, 28 (3): 210 - 215.
[29] 董晓霞, 梅廉夫, 全永旺. 致密砂岩气藏的类型和勘探前景 [J]. 天然气地球科学, 2007, 18 (3): 351 - 355.
[30] 戴金星, 倪云燕, 吴小奇. 中国致密砂岩气及在勘探开发上的重要意义 [J]. 石油勘探与开发, 2012, 39 (3): 257 - 265.
[31] BLOCH S, LANDER R H, BONNEL L. Anomalously high porosity and permeability in deeply buried sand stone reservoirs: Origin and predictability [J]. AAPG Bulletin, 2002, 86 (2): 301 - 328.
[32] 朱光有, 张水昌, 王欢欢, 等. 塔里木盆地北部深层风化壳储层的形成与分布 [J]. 岩石学报, 2009, 25 (10): 2384 - 2398.
[33] 王红军, 胡见义. 库车坳陷白垩系含油气系统与高压气藏的形成 [J]. 天然气工业, 2002, 22 (1): 5 - 8.
[34] 张凤奇, 王震亮, 赵雪娇, 等. 库车坳陷迪那2气田异常高压成因机制及其与油气成藏的关系 [J]. 石油学报, 2012, 33 (5): 739 - 747.
[35] 杨克明, 庞雄奇. 致密砂岩气藏形成机制与预测方法——以川西坳陷为例 [M].

北京：科学出版社，2012.

［36］王屿涛，吕纯钢，姚爱国，等．准噶尔盆地致密砂岩气资源潜力及勘探前景［J］．天然气地球科学，2015，26（5）：855－860.

［37］李明诚，李剑．“动力圈闭”——低渗透致密储层中油气充注成藏的主要作用［J］．石油学报，2010，31（5）：718－722.

［38］李剑，魏国齐，谢增业，等．中国致密砂岩大气田成藏机理与主控因素——以鄂尔多斯盆地和四川盆地为例［J］．石油学报，2013，34（增刊1）：14－28.

［39］姜福杰，庞雄奇，姜振学，等．致密砂岩气藏成藏过程的物理模拟实验［J］．地质论评，2007，53（6）：844－849.

［40］赵孟军，王招明，张水昌，等．库车前陆盆地天然气成藏过程及聚集特征［J］．地质学报，2005，79（3）：414－422.

［41］邹才能，朱如凯，吴松涛，等．常规与非常规油气聚集类型、特征、机理及展望——以中国致密油和致密气为例［J］．石油学报，2012，33（2）：173－186.

［42］刘四兵，沈忠民，吕正祥，等．四川盆地致密碎屑岩天然气成藏地球化学特征与富集规律［M］．北京：科学出版社，2015.

基于DDA及强度折减法的边坡稳定性分析

司宇峰[1,2]　谢　天[2]　彭瑞东[1]

1. 中国矿业大学（北京）煤炭资源与安全开采国家重点实验室，北京　100083

2. 中国矿业大学（北京）力学与建筑工程学院，北京　100083

摘　要　非连续变形分析方法（DDA）能够较好地求解块体的大位移与大变形问题，在分析裂隙岩质边坡稳定性问题时具有明显优势。本文利用改进后的DDA程序，建立两种不同节理倾角的边坡模型。利用强度折减法，根据最大节点位移与折减系数关系曲线来确定边坡安全系数。通过设定不同的抗剪强度初始c、φ值以及不同外部载荷大小，分析研究了影响裂隙岩体边坡稳定性的关键因素，探讨了裂隙形态、岩体强度、外部载荷对边坡稳定性的影响规律。数值模拟结果表明：在黏聚力较小时其初值对安全系数几乎没有影响，但内摩擦角对边坡稳定性的影响十分显著；而且顺节理边坡要比逆节理边坡更容易发生失稳破坏；另外边坡表面竖向载荷会使边坡稳定性降低，但在某些情况下随着坡面载荷大小的增大边坡的稳定性会有所增强恢复。

关键词　非连续变形分析　边坡稳定　安全系数　强度折减　抗剪强度

Analysis of Slope Stability by Strength Reduction Method Based on DDA

Si Yufeng[1,2]　Xie Tian[2]　Peng Ruidong[1]

1. State Key Laboratory of Coal Resources and Safe Mining, China University of Mining and Technology, Beijing　100083

2. School of Mechanics and Civil Engineering, China University of Mining and Technology, Beijing　100083

Abstract　Discontinuous deformation analysis (DDA) is efficacious to compute large displacement and large deformation of blocks. It has obvious advantage when analysis

资助项目：中央高校基本科研业务费专项资金（2009QM03）；教育部新世纪优秀人才支持计划（NCET－12－0966）

作者简介：司宇峰（1992—　），男，硕士研究生，主要从事岩石力学与工程方面的数值模拟研究。E－mail：siyf-mailbox@163.com stability of rock slopes with many joint fractures. An improved DDA program was adopted to build two slope models with different joint angle. By means of strength reduction method, the safety factor of the slopes was determined according to the curve of maximum node displacement and reduction factor. Different initial values of shear strength c and φ and different external loads were investigated in order to evaluate the influence of joints angle, rock strength and external load on slope stability. The numerical simulation results demonstrated that the cohesion has no effect on safety factors if it is too small while friction angle affects slope stability more obviously. The slopes with reverse joints become unstable more easily than those with consequent joints. The vertical load can weaken the slope stability, but sometimes more large vertical loads is helpful to improve and restore the stability.

Key words DDA slope stability safety factor strength reduction shear strength

0 引言

当前，国内外岩体工程发展迅速，越来越多的能源、交通、矿山、水利和国防工程建造在岩石地区，岩质边坡的稳定问题是工程界和岩石力学领域的一个重要课题。其工程设计、施工、稳定性评价和岩体加固等直接依赖于对岩体的强度、变形、渗透性及破坏规律等特征的研究。岩体是赋存于一定地质环境（地应力、地下水及地温等）中，经过地质构造作用，由岩石材料和各种宏观地质结构面组成的复杂地质体[1]。传统的有限元数值模拟方法不能很好地模拟这种非连续介质，因此在一定程度上限制了岩体力学响应的精准数值模拟和分析。

非连续变形分析（DDA）方法是近年来发展的能分析裂隙岩体的一种较好的计算方法[2]，可以对复杂地质体进行很好的分析。它用一种不同于有限元的块体元来模拟被裂隙切割成各种形状的块体系统，在这个系统中块体是通过裂隙结构面的接触连成整体的。这种方法的计算网格与岩体的物理网络相一致，每一个计算网格覆盖一块被裂隙切割的块体，各块体相互独立，计算上是不连续的。因此，用这种方法来模拟岩体可以反映岩体的连续或不连续的具体部位。

许多学者利用 DDA 方法对岩体的力学响应进行了模拟和分析，这也包括岩体边坡的稳定性分析。为了定量评价边坡的稳定性，强度折减法是一种有效的手段，它弥补了传统的极限平衡法的一些不足[3-5]。因此一些学者将 DDA 方法与强度折减法结合起来，通过不同的判别准则计算出了边坡的安全系数：张润峰等人[6]将 DDA 方法与费伦纽斯经验方法相结合，通过强度折减法分别求出各条滑动面的安全系数后，绘制曲线找最小值确定边坡的安全系数；黄盛铨等人[7]以边坡位移与强度折减系数曲线的最大曲率所对应的折减系数作为边坡的安全系数；张国新等人[8]采用位移收敛准则和加速度趋于0 的准则来计算安全系数。由于 DDA 比较容易求得块体的位移量，因此本文将在位移突变准则的基础上，利用改进的 DDA 程序[9]，结合强度折减法，采用最大节点位移与折减系数关系曲线来确定边坡安全系数，并初步探讨抗剪强度初始 c、φ 值、节理倾角以及外部荷载大小对边坡稳定性的影响规律。

1 DDA 强度折减法的基本原理

非连续变形分析方法（DDA）在已知块体系统中每个块体的空间几何形状、边界条件、块件本身力学参数和外力作用载荷，以及块体间的接触面摩擦角、黏聚力（c、φ）和阻尼特性后，就可以采用正分析理论计算出系统中每个块体的位移、应变及应力，从而确定块体间相对移动，正分析理论根据最小势能原理建立起总刚方程并以求解这个方程为实现目的。

1.1 块体单元的位移模式

设每个块体处于常应力、常应变，块体的运动及变形由 6 个独立的变形参数确定：

$$[D_i]=(u_0,\ v_0,\ \gamma_0,\ \varepsilon_x,\ \varepsilon_y,\ \gamma_{xy})^T \tag{1}$$

考虑块体平移（u_0，v_0）、转动（γ_0）、正应变（ε_x，ε_y）和剪应变（γ_{xy}）变形的情况下，取块体系统的全一阶位移模式[10]，块体内任意一点的位移均可写为：

$$\begin{pmatrix} u \\ v \end{pmatrix} = [T_i][D_i] = \begin{bmatrix} \sum_{j-6}^{6} t_{1j}d_j \\ \sum_{j-1}^{6} t_{2j}d_j \end{bmatrix} \tag{2}$$

其中 i 表示系统中的第 i 个块体，且有块体单元位移转换矩阵：

$$[T_i] = \begin{bmatrix} 1 & 0 & -(y-y_0) & (x-x_0) & 0 & \dfrac{(y-y_0)}{2} \\ 0 & 1 & (x-x_0) & 0 & (y-y_0) & \dfrac{(x-x_0)}{2} \end{bmatrix} \tag{3}$$

由于线性位移函数的使用，当块体发生大的刚体转动时，容易发生体积膨胀，为了消除这个误差，每个时步计算完成后，所有块体位移利用式（4）重新修正：

$$\begin{pmatrix} u \\ v \end{pmatrix} = \begin{bmatrix} \sum_{j-1}^{6} t_{1j}d_j \\ \sum_{j-1}^{6} t_{1j}d_j \end{bmatrix} + \begin{bmatrix} \cos\gamma_0 - 1 & -\sin\gamma_0 \\ \sin\gamma_0 & \cos\gamma_0 - 1 \end{bmatrix} \begin{bmatrix} x - x_0 \\ y - y_0 \end{bmatrix} \tag{4}$$

1.2 总体平衡方程

块体系统的总势能包括块体单元的应变能、初始应力的势能、点荷载和线荷载作用下的势能、体荷载势能、锚杆链接的势能、惯性力势能和黏性力势能等。由最小势能原理，在势能泛函取最小值时系统达到平衡。

块体系统的总势能可写成一般形式：

$$\Pi = \frac{1}{2}[D]^T[K][D] - [D]^T[F] \tag{5}$$

Π 取极值的条件为 $\partial\Pi/\partial[D]=0$（$\partial\Pi/\partial[D]$ 表示对 $[D]$ 内的每一分量分别求偏导），即得支配方程：

$$[K][D]=[F] \tag{6}$$

如果系统包括 n 个块体，则可以写成：

$$\begin{bmatrix} K_{11} & K_{12} & K_{13} & \cdots & K_{1n} \\ K_{21} & K_{22} & K_{23} & \cdots & K_{2n} \\ \vdots & \vdots & \vdots & & \vdots \\ K_{n1} & K_{n2} & K_{n3} & \cdots & K_{nn} \end{bmatrix} \begin{bmatrix} D_1 \\ D_2 \\ \vdots \\ D_n \end{bmatrix} = \begin{bmatrix} F_1 \\ F_2 \\ \vdots \\ F_n \end{bmatrix} \tag{7}$$

因为每个块体单元有6个自由度，所以式（7）的系数矩阵中，每个元素 K_{ij} ×6阶子矩阵，D_i 和 F_i 是6×1阶子矩阵，D_i 代表块体单元 i 的变形变量，F_i 是块体单元 i 分配到6个变形变量的荷载。子矩阵［K_{ii}］与块体 i 的材料特性有关，［K_{ij}］则由块体 i 和块体 j 之间的接触和约束条件约定。

引入边界条件和块体系统的运动学条件，即可对上述方程求解，得到每一个块体的位移和变形状态。

1.3 强度折减法的基本原理

Duncan[3]提出边坡安全系数的定义，即边坡安全系数可以定义为使边坡刚好达到临界破坏状态时，对土的剪切强度进行折减的程度。通过逐步减小抗剪强度指标，将 c、φ 值同时除以折减系数 F_{sr} 得到一组新的强度指标 c'、φ' 再进行计算分析，反复进行折减计算分析直至边坡达到临界破坏状态，此时的强度折减系数即为该边坡的安全系数 F_s[11]。公式表示如下：

$$F_s = \frac{\int_0^l \tau_f \mathrm{d}l}{\int_0^l \tau\, \mathrm{d}l} = \frac{\int_0^l (c + \sigma\tan\varphi)\,\mathrm{d}l}{\int_0^l \tau\, \mathrm{d}l} \tag{8}$$

将上式等号两边同时除以 F_{sr}，则上式为：

$$1 = \frac{\int_0^l \left(\frac{(c + \sigma\tan\varphi)}{F_{sr}}\right)}{\int_0^l \tau\, \mathrm{d}l} = \frac{\int_0^l (c' + \sigma\tan\varphi')\,\mathrm{d}l}{\int_0^l \tau\, \mathrm{d}l} \tag{9}$$

其中：

$$c' = c/F_{sr} \tag{10}$$

$$\varphi' = \arctan(\tan\varphi/F_{sr}) \tag{11}$$

式中，c' 和 φ' 是折减后的抗剪强度指标；F_{sr} 是每一次的折减系数，临界状态的折减系数；F_s 是边坡的安全系数。

2 边坡DDA模型及参数

为研究不同节理构成时的边坡破坏情况，本文建立了两类边坡模型：顺节理模型和逆节理模型。采用最大结点位移与折减系数关系曲线来判断边坡安全系数的判别方法，对不同的边坡模型进行分析。

边坡模型如图1所示，左侧和下侧的块体为约束块体，将弹性模量 E 与边界抗剪强度 c、φ 设置的比较大，在左部、底部和右边部分进行固定约束，其中标号2的线条即为约束线。标号为1的线条为材料线，设置的目的是保证左侧和底侧的块体是同一种材料，设置参数时较方便。线条3、4分别表示不同节理，其中类型3的节理数目有5条，倾角为30°，类型4有节理2条，倾角60°，边坡倾角同为60°。边坡尺寸也在图中标出。

边坡受重力 G 和均布压力 p 作用。均布压力用来模拟泄洪水流或降雨对边坡表面的冲击作用。

在DDA材料参数设置中设置模型的力学参数与各节理抗剪强度，其中顺节理模型和逆节理模型岩块的弹性力学参数是相同设置，表1是两种材料的力学参数，表中A和B

分别代表约束块体和边坡。

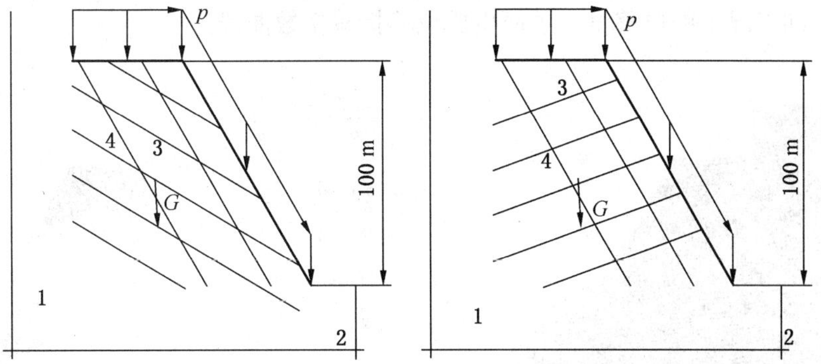

(a) 顺节理边坡模型　　　(b) 逆节理边坡模型

图1　边坡模型图

表1　模 型 参 数 设 置

	弹性模量 E/MPa	泊松比 μ	岩石密度 ρ/(kg · m^{-3})	岩石容重 γ/(N · m^{-3})
A	200000	0.35	2700	27000
B	5000	0.35	2700	27000

本文设定两类不同倾角节理的 c、φ 值相同，同时从相同的初值进行折减，并改变初值，其中顺节理模型设定七组不同的抗剪强度（c、φ）初值，而逆节理模型只从一个 c、φ 初值进行折减，见表2。

表2　各组 c 、φ 初 值 设 置

	工　况	内摩擦角 φ/°	黏聚力 c/MPa
顺节理模型	Ⅰ	40	0.1
	Ⅱ	40	0.05
	Ⅲ	40	0.04
	Ⅳ	40	0.03
	Ⅴ	40	1
	Ⅵ	36	1
	Ⅶ	35	1
逆节理模型	Ⅷ	40	1

3　边坡稳定性计算与分析

3.1　不同节理强度下边坡的稳定性

首先固定均布压力为 2 MPa 来研究节理强度对边坡稳定性的影响。结合表2，折减系

数从 1 开始，增量为 0.01，每折减一次，记录下相对应的最大结点位移，最后生成位移－折减系数关系曲线，利用位移突变准则来判断安全系数。根据 DDA 程序进行计算，可以得到不同工况下的位移量，进而生成位移折减系数曲线。

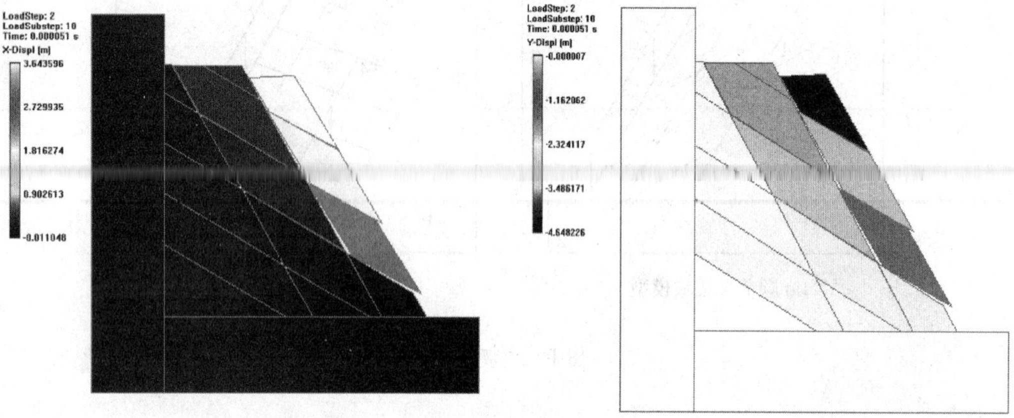

(a) X 位移云图　　(b) Y 位移云图

图 2　工况Ⅰ条件下边坡位移云图

图 2a、图 2b 分别是工况Ⅰ条件下边坡 X 与 Y 方向位移云图。可见位移主要集中在边坡表面。针对每种工况，可得到不同折减系数下的最大位移变化曲线，图 3 所示为工况Ⅰ和工况Ⅷ的两种典型曲线。图 3a 显示在折减系数达到 1.16 之后，位移有显著的上升趋势，之后位移便急剧上升，表明折减系数 1.16 可以作为 $\varphi=40°$、$c=0.1$ MPa 初值状态下的安全系数。而从图 3b 可以清楚地看到位移基本稳定在固定值，随着折减系数的增加，没有变化的趋势，所以认为这个模型在这个节理抗剪强度 $\varphi=40°$、$c=1$ MPa 时十分稳定，不会发生失稳破坏。

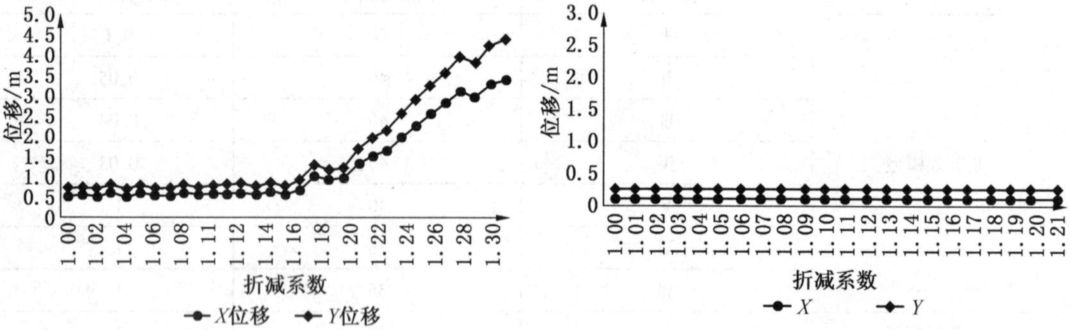

(a)工况Ⅰ　　(b)工况Ⅷ

图 3　最大位移—折减系数关系曲线图

与上述分析相同，可以得到其他抗剪强度初值下的安全系数，见表 3。由表 2 和表 3 可以看出，在黏聚力 c 较小时（Ⅰ－Ⅳ），安全系数是一样的，说明此时的黏聚力 c 对于边坡的稳定性分析几乎没有影响，而在边坡节理黏聚力达到 1 MPa 时，通过Ⅰ与Ⅴ比较，黏聚力大的安全系数大，即在黏聚力较大时则必须要考虑其影响。比较Ⅴ和Ⅶ可以看出，随着内摩擦角 φ 地减小，安全系数在很明显地减小，可见内摩擦角对于边坡稳定性的影响十分显著。通过Ⅴ和Ⅷ比较可以看出，顺节理边坡更容易失稳。

表3　顺节理模型各组安全系数

工况	Ⅰ	Ⅱ	Ⅲ	Ⅳ	Ⅴ	Ⅵ	Ⅶ
安全系数	1.16	1.16	1.16	1.16	1.29	1.17	1.11

3.2　不同压力作用下边坡稳定性分析

为了研究不同压力作用对边坡稳定性的影响，本文选择了以工况Ⅴ（$\varphi=40°$ $c=0.03$ MPa）为例，改变作用在模型上均布荷载值的大小，分别折减，作最大位移—折减系数曲线图，求解安全系数，进行比较分析。受均布压力分别为 0、2 MPa、5 MPa、10 MPa 四种受力状态下的安全系数，见表 4。从表 4 中可以看出，边坡稳定安全系数随其作用均布载荷大小变化而变化，即载荷作用对边坡稳定性分析有影响，研究时应该予以考虑。

表4　不同均布载荷对应的安全系数

抗剪强度初值			$\varphi=40°$，$c=1$ MPa		
均布荷载 p/MPa	0	2	5	10	100
安全系数	>1.4	1.29	1.33	1.35	>1.4

在给定的边坡节理强度和类型情况下，在没有水压载荷（$p=0$）时，边坡安全系数为 1.4 以上，这时边坡基本是安全的。但在承受坡面均布载荷作用后，边坡安全系数有所下降，稳定性降低。

通过比较均布水压力为 2 MPa、5 MPa、10 MPa 的安全系数可知，安全系数随着均布荷载值的增加而略有增加，即边坡更不容易失稳。当均布水压力较大（假定为 100 MPa）时，边坡稳定安全系数也达到 1.4 以上，与没有水压下的情况下是一致的。可见，竖直向下作用的均布荷载不一定是降低边坡的稳定性，也有可能增强恢复边坡的稳定性，因为竖直向下的力不止能分解出沿坡面向下使滑块滑动的分力，还有使块体之间接触力增加的压力分力。但需要指出的是，这一模拟结果是在不考虑边坡块体的塑性变形和表面破坏情况下得出的，仅仅对于完整岩质边坡具有借鉴意义，其他工况下的稳定性分析还需要考虑到块体的塑性变形和开裂等复杂情况。

4　结论

（1）利用改进后的 DDA 程序与强度折减法进行结合，根据边坡块体最大位移与折减系数的关系曲线来判断临界折减系数，从而可以确定边坡的安全系数。

（2）对于同一模型设置不同的节理抗剪强度进行折减，得到了不同的安全系数。数值模拟结果表明，黏聚力较小时，黏聚力对边坡稳定性的影响很小；只有当黏聚力较大时，安全系数才会发生变化。而内摩擦角对边坡稳定性的影响则非常显著。通过对两种不同节理倾角模型进行比较可以发现，顺节理边坡更容易失稳。

（3）简化边坡所受外部载荷为均布载荷，改变载荷大小，分别求得不同载荷作用下边坡稳定的安全系数。数值模拟结果表明，竖直向下的载荷会使边坡稳定性降低，但同时有些情况下也会增强恢复其稳定性，这与坡面作用力的方向和坡面强度有关。

参考文献

[1] 周维垣．高等岩石力学［M］．北京：水利电力出版社，1990.

[2] Shi Gen－hua. Discontinuous Deformation Analysis: A New Numerical Model for the Statics a Dynamics of Block Systems. Ph. D. thesis, Dept of Civil Engrg, U C Berkeley, 1988.

[3] Duncan J M. State of the art: Limit equilibrium and finite element analysis of slopes [J]. Journal of Geotechnical Engineering, ASCE, 1996, 122(7): 577－596.

[4] 郑颖人，赵尚毅，宋雅坤．有限元强度折减法研究进展［J］．后勤工程学院学报，2005，21（3）：1－6.

[5] 陈国庆，黄润秋，石豫川，等．基于动态和整体强度折减法的边坡稳定性分析[J]．岩石力学与工程学报，2014，33（2）：243－256.

[6] 张润峰，张献民，陈国明．基于DDA的强度折减法求土坡安全系数［J］．中国民航大学学报，2007，25（3）：45－48.

[7] 黄盛铨，刘君，孔宪京．强度折减法及其在边坡稳定分析中的应用［J］．岩石力学与工程学报，2008，27（1）：2799－2806.

[8] 张国新，李海枫，黄涛．三维不连续变形分析理论及其在岩质边坡工程中的应用［J］．岩石力学与工程学报，2010，29（10）：2116－2126.

[9] Peng, R. D., Yeung, M. R., Mok, C. M. W., Aw, E.－S., Yang, T., Wright, R. Analysis of dam abutment erosion by overtopping water using DDA. 49th US Rock Mechanics/ Geomechanics Symposium 2015, 2: 1305－1316, 2015.

[10] 刘君．三维非连续变形分析与有限元耦合算法研究［D］．大连：大连理工大学，2001.

[11] Griffiths D V, Lane P A. Slope stability analysis by finite elements [J]. Geotechnique, 1999, 49(3): 387－403.

一种提高 GPR 道路地下病害检测精度的改进算法

许献磊　王郁森

中国矿业大学（北京）煤炭资源与安全开采国家重点实验室，北京　100083

摘　要　道路地下空洞等病害是导致城市道路路面坍塌事故频发的主要原因，探地雷达（GPR）以其无损、快捷及浅层高分辨率的优势被广泛应用于道路地下病害的检测中。针对目前在 GPR 道路病害检测中存在的检测精度低的问题，本文提出了一种提高 GPR 道路地下病害检测精度的改进算法。首先利用对数功率谱，选取高斯函数作为时间窗的窗口函数进行滚动谱剖面的构造，利用空洞病害对电磁波的频谱响应具有较高灵敏度的特性提高了对病害的识别能力；然后通过控制滚动扫描频率的滚动倍数来进行二次采样，并进行滑动滤波处理，从而减小了干扰信号的影响，提高病害的检测精度。应用该方法进行应用实验，结果表明：该改进的道路病害检测算法可有效提高病害的检测精度，该方法可为保障城市道路和交通安全提供技术支撑。

关键词　探地雷达　道路病害　检测算法　精度

An Improved Algorithm to Improve the Roadbed Disease Detection Accuracy Based on GPR

Xu Xianlei　Wang Yusen

State Key Laboratory of Coal Resources and Safe Mining, China University of Mining and Technology, Beijing　100083

Abstract　Roadbed diseases (void *etc.*) are the main causes of the pavement subsidence accident in urban area, and Ground penetrating radar (GPR) is widely used in roadbed disease detection because of the advantages of non – destructive, quick, and with high resolution. To solve the low accuracy problem in the roadbed disease detection

---

资助项目：中央高校基本科研业务费专项资金（2016QM01）；国家自然科学基金（41504112）

作者简介：许献磊（1982—　），副研究员。研究方向：探地雷达技术及应用。E – mail：xul@ cumtb. edu. cn by using GPR, an improved identification algorithm is put forward in this paper to improve the detection accuracy. Firstly, scroll spectral profile is configured by using the logarithmic power spectrum and the window function, which take the Gaussian function as the time window. Therefore, the disease identification ability is improved according to the higher sensitivity characteristic of the electromagnetic spectrum response by the diseases. The resampling is performed by controlling the Scroll multiples of the scanning frequency and with sliding filter, the influence of interference signals is reduced, improving the disease detection accuracy. The applied experimental results show that the improved road disease detection algorithm can effectively improve the roadbed disease detection accuracy, and the method may provide technical support for the protection of urban roads and traffic safety.

Key words ground penetrating radar roadbed disease detection algorithm accuracy

近年来，城市地下工程规模不断扩大，大中型城市地铁修建、地下管线铺设进入高速发展阶段，地下工程施工造成道路路面坍塌事故频繁发生，道路塌陷事故尤其在大城市呈高发趋势。探地雷达（GPR）是一种快速无损的地球物理检测技术，以其分辨率高，操作方便，无损检测等特点正逐渐成为道路地下病害检测等工程的一种有力工具[1,2]。当前，在 GPR 数据处理和解释的过程中，还存在下面两个问题：①雷达数据资料的解释仅依赖于时间剖面，识别结果存在不确定性；②道路地上干扰源在雷达图像上往往形成与地下病害相同或相似的图像特征，很大程度上影响数据的信噪比和分辨率，容易造成真实地下病害的漏判或误判，对数据解译造成很大困难。

电磁波在地层传播中，道路地下病害与地质雷达接收到的频率信号是密切相关的，利用路基病害对电磁波频率响应变化，通过对数运算，可以将谱值信息转化为地层和雷子波的频率响应变换，进而实现对地下病害的识别目的。但是常规的基于谱剖面技术的方法存在检测精度低的问题，在资料处理分析的基础上，本文提出了一种提高 GPR 道路地下病害检测精度的改进算法。该改进的道路病害检测算法可有效提高病害的检测精度，同时可有效加快计算的速度，可为保障城市道路和交通安全提供技术支撑。

1 GPR 病害检测原理

探地雷达法是一种采用窄脉冲宽带高频电磁波信号检测地下介质分布的方法。该方法通过发射天线向地下发射高频电磁波，电磁波在地下传播时遇到存在电性差异的介质界面时，会发生反射、透射和折射。反射的电磁波被接收天线接收，反射回的电磁波的运动特征被雷达主机记录，从而获得地下介质的断面扫描图像，通过对扫描图像进行处理和解译，识别地下介质的空间位置，结构等[3-5]，其工作原理如图 1a 所示。本文用到的车载雷达检测示意图如图 1b 所示[6]。

雷达反射信号的强度主要取决于地下上、下层介质的电性差异[2]，电性差异越大，反射信号越强。雷达波的穿透深度主要取决于地下介质的电性和中心频率。导电率越高，穿透深度越小；中心频率越高，穿透深度越小。介质的电性决定了电磁波的传播方式，介质的电性主要有电导率 μ 和介电常数 ε，前者影响电磁波的穿深，在电导率适中的情况下，

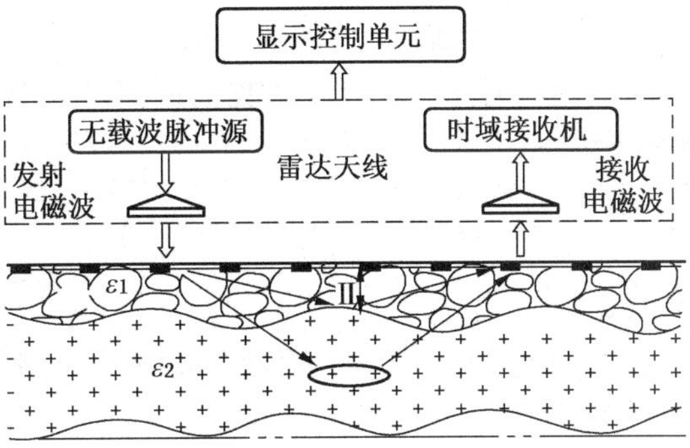

(a)

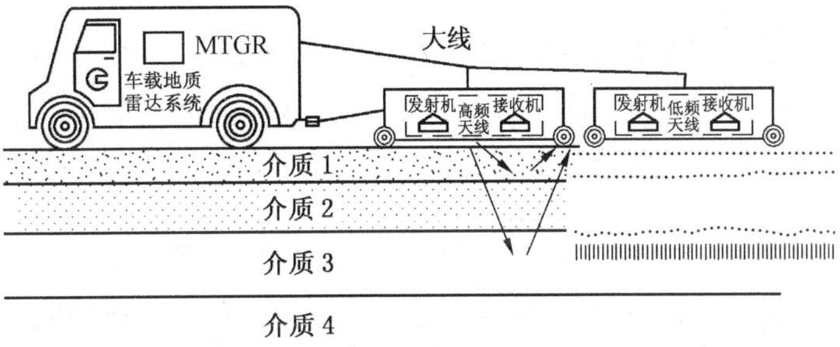

(b)

图 1　探地雷达工作原理示意图

后者决定电磁波的传播速度，因此，所谓电性介面也就是电磁波传播的速度介面。不同的地质体具有不同的电性，在不同电性的地质体的分界面上会产生回波[7]。电磁在传播过程中，信号呈指数衰减。

2　检测算法的改进

本文的检测算法首先利用对数功率谱，选取高斯函数作为时间窗的窗口函数进行滚动谱剖面的构造，利用空洞病害对电磁波的频谱响应具有较高灵敏度的特性提高了病害的识别能力；然后通过控制滚动扫描频率的滚动倍数来进行二次采样，并进行滑动滤波处理，从而减小干扰信号的影响，提高病害的检测精度[8-11]。具体步骤如下：

（1）计算对数功率谱。

假设 t 为时间，ω 为角频率，对于一个给定的 $x(t)$（信号），$P(\omega)$（谱密度）非负且偶对称，$|P(\omega)|^2$（功率谱）可以突出 $|P(\omega)|>1$ 的成分，压制 $|P(\omega)|<1$ 的次要成分。当需要识别多个大小不同的特征时，可以用对数功率谱，定义为：

$$L_x(\omega) = |\lg P_x(\omega)|^2 \tag{1}$$

（2）选取时间窗。

在雷达剖面上研究道路基础病害时，为分析基础局部段的时间信号对应的频谱局部化特征，可以在雷达时间剖面上加上时间窗[8]。具有窗口特性的函数满足

$$\omega\,\hat{G}(\omega),\ tg(t) \in L^2(R) \tag{2}$$

其中，函数 $g(t)$ 定义为窗口函数，$\hat{G}(\omega)$ 由 $g(t)$ 傅里叶变化得到。对于 $g(t)$，其窗口面积应满足：

$$4\Delta g(t)\Delta \overline{G}(\omega) \geqslant 2 \tag{3}$$

当且仅当$g(t)$为高斯函数时等号成立，可见高斯窗是局部分析的最佳窗口[8]。设a为常数，则高斯窗口函数定义为：

$$g_a(x) = \frac{1}{2\sqrt{\pi a}} e^{-\frac{x^2}{4a}} \quad (a > 0) \tag{4}$$

（3）构造滚动谱剖面。

探地雷达获取的是谱值对称的实信号，因此取频率的正半轴部分进行分析。将时间窗的起点时间定义为雷达剖面的反射时间，由此，探地雷达每一道都存在如下映射关系：

$$x(t_0) \Rightarrow W(t_0 + \Delta T) \Rightarrow \left| \lg\left\{\tfrac{1}{N} \left| P(n\Delta\omega) \right|\right\}_{n=0}^{N-1} \right| \Rightarrow Q(t_0) \tag{5}$$

式中，$x(t_0)$是时间剖面对应t_0的信息；$W(t_0+\Delta T)$是在t_0—$t_0+\Delta T$之间选定的时间窗；$\left|\lg\left\{\tfrac{1}{N}\left|P(n\Delta\omega)\right|\right\}_{n=0}^{N-1}\right|$是时间剖面在$t_0 - t_0 + \Delta T$内的离散谱，$\Delta\omega$为频率间隔；$Q(t_0)$是$N$个离散谱值对应的谱均值，其中

$$Q(t_0) = \sum_{n=0}^{N} \left(\left| \lg\left\{\tfrac{1}{N} \left| P(n\Delta\omega) \right|\right\} \right| \times n\Delta\omega \right) \tag{6}$$

式（6）表示把时间剖面t_0反射能量转换为已给定时间窗的谱均值$Q(t_0)$。

若把ΔT作为时间间隔，自起点沿时间深度向下滚动，对每个时间深度点都对应式（6）的滚动谱的均值，其形成的滚动剖面为

$$G(m) = \left(\sum_{t=0}^{T_m} Q(t) \right)(m)m = 1\text{~样点数} \tag{7}$$

其中：T_m是采样时间窗。

（4）控制滚动倍数并进行二次采样。

首先，给定滚动扫描频率的滚动倍数N，通过控制N的大小来进行快速计算：若原采样点数为512，则每一道要进行512次谱均值计算；若N取8，则只需进行64次计算，计算效率提高8倍。式（7）通过滚动倍数变为：

$$G(m) = \left(\sum_{t=iN\Delta T}^{t<=T_m} Q(t + Ni) \right)(m) \tag{8}$$

i表示道数信息。通过式（8）二次采样恢复样点数量：

$$\bar{G}(m) = \sum_{t=0}^{T_m} G(m) \frac{\sin\left[(t-m)\frac{\pi}{T_s}\right]}{(t-m)\frac{\pi}{T_s}} \quad (m = 1 \sim \text{样点数}) \tag{9}$$

最后，对二次采样的结果进行滑动滤波处理，见式（10）。

$$\hat{G}(m) = \sum_{n=-N}^{N} \sum_{m=-M}^{M} \bar{G}_{mn} \tag{10}$$

式中n和m分别表示道数和样点数信息。

3 应用实例

3.1 实验区概况

本次实验地点位于郑州市中牟县滨河路和新圃街，滨河路检测起点位于新圃街路口西

侧斑马线，终点位于清源大桥东侧；新圃街检测起点位于滨河路口南侧斑马线，终点位于商都大道路口北侧斑马线，检测位置如图 2 所示。

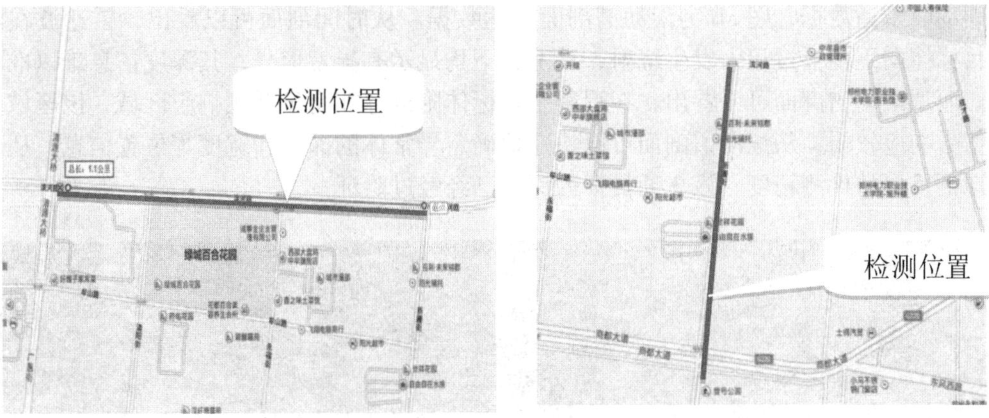

图 2　检测位置示意图

3.2　仪器及参数设置

本应用实例中用的仪器为中国矿业大学（北京）研发的 MTGR－4Y 型四通道地质雷达。雷达数据采集的相关参数设置如下：①天线中心频率为 200 MHz 和 400 MHz；②采样时窗分别为 120 ns 和 40 ns；③采样点数为 1024 点。

雷达检测过程中，以道路中线位置上的里程桩号标识进行距离标定，同时在后期数据处理时进行距离归一化。

3.3　病害划分方案

探测区域内，目标物的地球物理特征决定了电磁波在目标物中传播的形态，电磁波的反射、折射及透射随不同的传播媒介呈现出不同的形态，因此探测区域的地球物理特征是地质雷达检测成果解释的重要依据。根据现场普查分析和雷达详查，在分析综合资料的基础上，充分考虑探测结果的内在联系与可能存在的干扰因素，本文将异常属性划分为 6 个类别：轻微疏松、中等疏松、严重疏松、空洞、一般富水、严重富水，各土体病害属性及其雷达图谱特征见表 1[12]。

表 1　异常属性划分评定标准

分类	土体病害属性	雷达图谱特征
1	轻微疏松	反射信号能量有变化，同相轴较不连续，波形结构较为杂乱、不规则
2	中等疏松	反射信号能量变化较大，同相轴较不连续，波形较为杂乱、不规则
3	严重疏松	反射信号能量变化大，同相轴不连续，波形杂乱、不规则
4	空洞	反射信号能量强，反射信号的频率、振幅、相位变化异常明显，下部多次反射波明显，边界可能伴随绕射现象
5	一般富水	顶面反射信号能量较强，下部信号衰减较明显；同相轴较连续，频率变低
6	严重富水	顶面反射信号能量强，下部信号衰减明显；同相轴较连续，频率变低

3.4 结果分析

应用改进的检测算法对采集的雷达数据进行处理，选取其中一段 16 m 测线的雷达图像进行处理，该测线道路地下有 3 个明显的混凝土筑的异常目标体，如图 3 所示。图 3a 为时间剖面雷达数据，图 3b 为滚动谱剖面雷达数据。从时间剖面可以看出，雷达波在混凝土目标体向下传播过程中发生绕射，从上到下均显示有异常信号，其深度信息难以准确确定。而从滚动谱剖面可以看出，在混凝土目标体附近存在明显低频响应区域，该区域内高频信号响应较弱，从滚动谱剖面可以快速地确定异常体的深度和宽度等位置信息，从而提高地下目标的检测精度。该 3 处目标的深度已经经过验证。

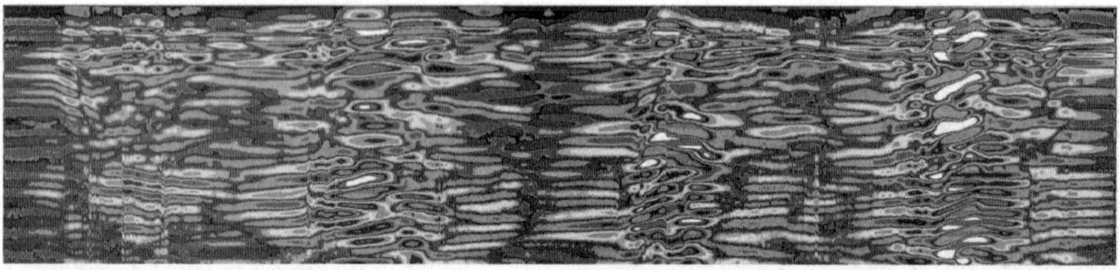

(a) 时间剖面

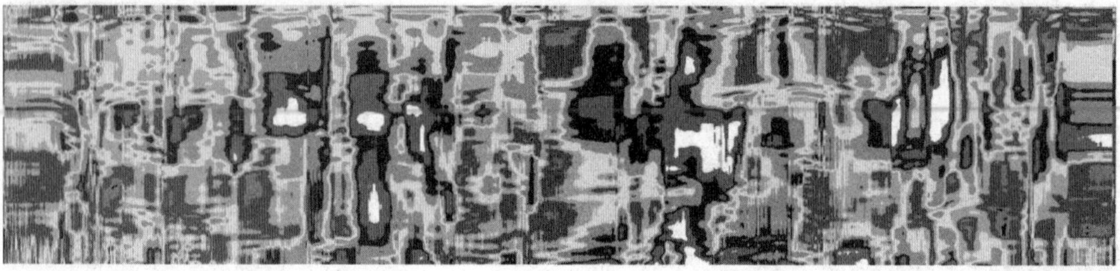

(b) 滚动谱剖面

图3　雷达数据处理结果图像

通过对 GPR 数据的时间剖面和滚动谱剖面的对比分析，初步判定本次检测滨河路段共检测出土体疏松区域 2 处；新圃街共检测出土体缺陷 2 处，检测结果见表 2。典型道路病害图像如图 4 所示。

表2　探地雷达检测结果

异常编号	缺陷影响范围位置描述及长度	深度/m	异常描述	备注
1	滨河路北半幅行车道(距起点约 805 m)，长 3 m	2.4 ~ 4.8	中等疏松	图 4a
2	滨河路南半幅行车道(距起点位置约 820 m)，长 6 m	0.6 ~ 1.6	中等疏松	图 4b
3	新圃街西半幅超车道(距起点约 174 m)，长 12 m	0.5 ~ 1.5	中等疏松	图 4c
4	新圃街西半幅超车道(距起点约 530 m)，长 13 m	0.6 ~ 1.3	轻微疏松	图 4d

4 结论

目前探地雷达在道路病害检测中存在的检测精度低的问题是制约探地雷达应用的一个

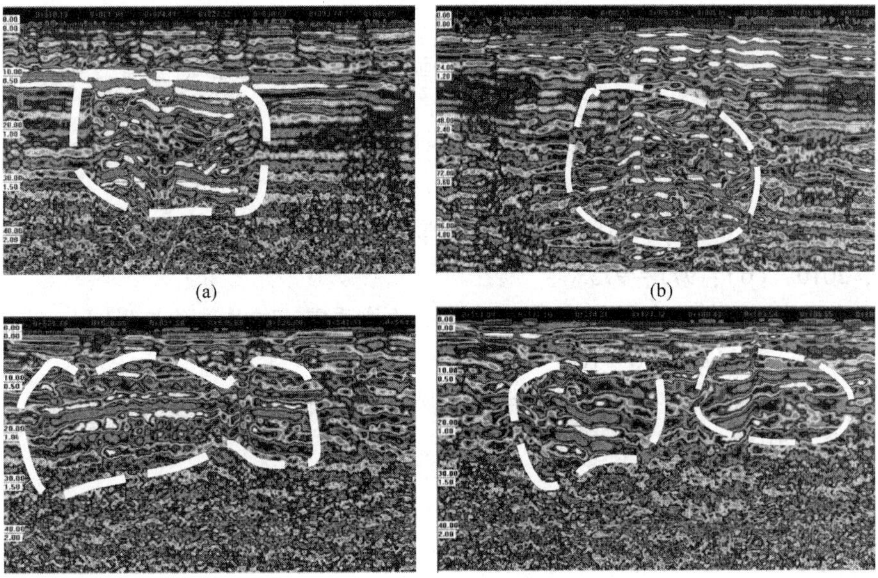

图4　典型道路病害图像

重要因素。针对该问题，本文提出了一种提高 GPR 道路地下病害检测精度的改进算法。通过构造滚动谱剖面，利用空洞病害对电磁波的频谱响应具有较高灵敏度的特性提高了对病害的识别能力；二次采样和滑动滤波处理，减小了干扰信号的影响。通过对 GPR 数据的时间剖面和滚动谱剖面的对比分析，提高病害的检测精度。利用该方法进行应用实验，结果表明：该改进的道路病害检测算法可有效提高病害的检测精度。下一步还需要进行的工作如下：①算法的进一步优化，提高其检测的精度；②开展更多的探测应用试验，对算法结果进行验证。

参 考 文 献

[1] 李大心．探地雷达方法与应用[M]．北京：地质出版社，2006.

[2] 李华，焦彦杰，杨俊波．浅析地质雷达技术在我国的发展及应用[J]．物探化探计算技术，2010，32(3)：292－299.

[3] 冯德山，戴前伟．高速公路路面厚度探地雷达检测[J]．地球物理学进展，2008，23(1)：289－294.

[4] 蔡毅．探地雷达检测的原理方法及在水利工程中的应用[J]．河南水利与南水北调，2010，(8)：72－73.

[5] 张红．探地雷达的简述及在各领域中的应用[J]．城市道桥与防洪，2012，(7)：355－357，29.

[6] 许猷磊．车载探地雷达系统的开发及其应用实验研究[D]．北京：中国矿业大学(北京)，2013.

[7] 戴前伟，吕绍林，肖彬．地质雷达的应用条件探讨[J]．物探与化探，2000，24(2)：

157－160.
[8] 杨峰，彭苏萍，冯正和，等．基于谱剖面技术的路基病害地质雷达探测方法研究[J]. 公路交通科技，2007，24(5)：6－9.
[9] 邓春为，李大洪．地质雷达资料解释方法综述[J]. 矿业安全与环保，2004，31(6)：23－24，33.
[10] 杨天春，周勇，李好．超前探测中探地雷达应用与结果的处理分析[J]. 工程地质学报，2010，(6)：971－975.
[11] 张华，魏孔朋，刘松．二维小波变换在矿井地质雷达信号中的应用[J]. 煤炭科学技术，2008，36(11)：96－104.
[12] 许献磊，杨峰，夏云海，等．矿井超深探测地质雷达天线的开发及应用[J]. 煤炭科学技术，2016，44(4)：124－129.

寺河东五盘顶底板岩性反演方法研究

谷剑英　师素珍　郭家成

中国矿业大学（北京）煤炭资源与安全开采国家重点实验室，北京　100083

摘　要　煤层顶底板岩性对于煤层气富集具有重要意义。为预测煤层顶底板岩性，通过地震资料和测井数据分析，基于纵波阻抗反演、拟声波阻抗反演技术和多属性反演的方法获得煤层顶底板位置和灰岩、泥岩和砂岩的分布图，为后续的煤层气开发提供重要的依据。首先由于煤层纵波阻抗值很低，可在纵波阻抗反演剖面中准确获得煤层顶底板位置；其次在划分出煤层顶板位置的基础上，由于灰岩视电阻率表现出高值，泥岩和砂岩表现为低值，多属性反演得到视电阻率数据体，可通过数据分析得到灰岩值域范围，划分出灰岩分布；再次在划分出灰岩的基础上，基于自然伽马曲线上泥岩为高值、砂岩为低值的特性，进行拟声波阻抗反演，从而获得泥岩和砂岩的分布范围；最后获得顶底板各岩性分布图。实际表明，这种方法能够有效区分多种岩性的顶底板。

关键词　煤层顶底板　纵波阻抗反演　拟声波反演　多属性反演

Study on the Method of Roof and Floor Lithology Inversion of SiHe DongWuPan

Gu Jianying　Shi Suzhen　Guo Jiacheng

State Key Laboratory of Coal Resources and Safe Mining, China University of Mining and Technology, Beijing　100083

Abstract　Seam roof and floor lithologic for coalbed methane enrichment of great significance. For predicting coal seam lithology, seismic data and log data analysis, based on the P - wave impedance inversion, pseudo - acoustic impedance inversion and multi - attribute inversion method to obtain the distribution of coal seam position and limestone, mudstone and sandstone Fig law, provide an important basis for the subsequent development of coalbed methane. First, as the longitudinal seam impedance value is very low, in

---

资助项目：中央高校基本科研业务费专项资金资助（2015QM01）

作者简介：谷剑英（1993—　），男，河北省人，在读硕士研究生，地球探测与信息技术专业，中国矿业大学（北京）煤炭资源与安全开采国家重点实验室。E - mail:1067925156@ qq. com

P - wave impedance inversion profile of accurate seam roof and floor position; secondly divided on the basis of the position of the seam roof, since the limestone exhibit high apparent resistivity values, mudstone and sandstone performance a low value, multi - attribute inversion of apparent resistivity data volume can be obtained through data analysis range over limestone, carved out of limestone distribution; then divided on the basis of limestone, based on natural gamma curve mudstone high value, low sandstone of acoustic impedance characteristics intended to obtain a distribution of mudstone and sandstone. Finally, get the top floor of each lithology distribution. The actual show that this method can effectively distinguish various lithology roof and floor.

Key words coal roof and floor P - wave impedance inversion pseudo - acoustic inversion multi - attribute inversion

煤层气是煤层自生自储式的非常规天然气，作为一种新型清洁能源，受到人们的重视。由于煤层气具有离散型大、高吸附等特点，顶底板对于煤层气的封藏和富集起到重要作用[1-2]。因此对煤层顶底板岩性的研究，可以为煤层气富集区域的圈定提供重要依据。

在煤层顶底板的岩性预测方法研究上，高敏等[3]利用测井资料，以实际煤样及分析化验煤芯含气量为依据，采用岩性比封盖性检测方法确定了煤层顶底板岩性。刘之的等[4]利用测井资料计算泥质体积分数来解释顶底板岩性。这些方法以测井资料为依据，得到的解释成果只反映井点处的岩性变化，对区域性岩性的解释误差较大。彭苏萍等[5]采用测井约束波阻抗反演探测顶底板岩性，之后朱红娟也进行了模型反演在煤层顶底板岩性上的研究[6]。这种方法是利用实际地震资料，以地质钻井和测井信息为约束条件，对地质构造和储层物性进行求解的过程。郑四连等[7]构建伽马拟声波曲线反演波阻抗，进行砂体描述和储层预测。贾建亮等[8]验证了曲线重构技术，提高了反演的精度和分辨率。魏文希等[9]也验证了自然伽马曲线拟声波反演对于岩性的区分。汪洋[10]利用地震多属性测井多参数反演预测了煤层顶底板岩石赋水性。杨振峰等[11]采用多属性线性回归和概率神经网络重构拟电阻率曲线来识别油层。由于一种反演数据体只能分辨出两种不同岩性，但实际应用中顶底板岩性往往有多种，因此本文采用 3 种不同的反演方法分别将煤层顶底板位置、灰岩、泥岩和砂岩划分出来，达到精确预测顶板岩性的目的。

1 原理方法

1.1 波阻抗反演

基于模型反演有一定的假设前提，如假定相邻层之间纵波反射系数 R 之间的差别很小，即

$$R_N \approx \frac{1}{2}\Delta \ln I_N = \frac{1}{2}(\ln I_{N+1} - \ln I_N) \tag{1}$$

式中，I_N 为第 N 层的波阻抗。

对于一个包含 N 个反射系数的反射系数序列，在假设处理过程中已经将噪声去除完全的前提下，有

$$\begin{bmatrix} R_1 \\ R_2 \\ \vdots \\ R_N \end{bmatrix} = \frac{1}{2}\begin{bmatrix} -1 & 1 & 0 & \cdots \\ 0 & -1 & 1 & \cdots \\ 0 & 0 & -1 & \cdots \\ \vdots & \vdots & \vdots & \cdots \end{bmatrix}\begin{bmatrix} L_1 \\ L_2 \\ \vdots \\ L_N \end{bmatrix} \tag{2}$$

其中对于任意第 N 层，有 $L_N = \ln(I_N)$。

地震记录相当于大地反射系数序列与地震子波进行褶积，而后再加噪声，如果假定地震记录是无噪的，那么它可以写成：

$$\begin{bmatrix} S_1 \\ S_2 \\ \vdots \\ S_N \end{bmatrix} = \begin{bmatrix} w_1 & 0 & 0 & \cdots \\ w_2 & w_1 & 0 & \cdots \\ w_3 & w_2 & w_1 & \cdots \\ \vdots & \vdots & \vdots & \cdots \end{bmatrix}\begin{bmatrix} R_1 \\ R_2 \\ \vdots \\ R_N \end{bmatrix} \tag{3}$$

地震记录中的第 N 个采样点可以用 S_N 表示；w_N 则可以代表提取子波中对应的第 N 项。

由公式（2）与公式（3）可以得到一个完整的地震道的表达形式：

$$\begin{bmatrix} S_1 \\ S_2 \\ \vdots \\ S_N \end{bmatrix} = \frac{1}{2}\begin{bmatrix} w_1 & 0 & 0 & \cdots \\ w_2 & w_1 & 0 & \cdots \\ w_3 & w_2 & w_1 & \cdots \\ \vdots & \vdots & \vdots & \cdots \end{bmatrix}\begin{bmatrix} -1 & 1 & 0 & \cdots \\ 0 & -1 & 1 & \cdots \\ 0 & 0 & -1 & \cdots \\ \vdots & \vdots & \vdots & \cdots \end{bmatrix}\begin{bmatrix} L_1 \\ L_2 \\ \vdots \\ L_N \end{bmatrix} \tag{4}$$

公式（4）可以简写为公式（5），式中 S 代表整个地震道；W 代表子波矩阵；D 代表微分矩阵；L 是由一系列 L_N 构成的矩阵。

$$S = \frac{1}{2}WDL \tag{5}$$

在地震道和地震子波已知的前提下，可以通过矩阵反演方法计算 L，进而得到每一层的波阻抗 I_N。但直接进行矩阵反演既耗时，又不稳定，并且通过此方法并不能得到关于波阻抗的低频成分，而低频成分对于反演来说是尤为重要的，缺失了低频成分只能得到相对的波阻抗值（图 1）。

为此，在进行反演时，通常不直接进行矩阵反演，而是构建一个初始模型 L_0，然后对模型进行不断更新，采用共轭梯度法一步步逼近准确解。为了对 L 的可能解进行约束，设定上下边界为 L_l 和 L_u，L 的最终解应满足 $L_l \leqslant L \leqslant L_u$。

反演过程可以大致分为以下几步：

（1）首先对测井得到的波阻抗进行方波化，方波化尺寸代表了模型中每一层的厚度，该层厚度一般等于或大于地震数据的采样率。

（2）将子波和方波化后的模型进行褶积，以获得合成地震道。合成地震道与原始地震道之间存在一定差异，原因有两个：一是二者反射系数序列不尽相同；二是原始地震道中包含噪音成分，而合成地震道中没有。

（3）接下来，通过采用最小平方优化方法（也叫最小二乘法）不断更新模型波阻抗数据，以使合成地震道与原始地震道之间的差别最小，在这过程中，常通过改变方波化尺寸和振幅大小，以使误差尽可能小。

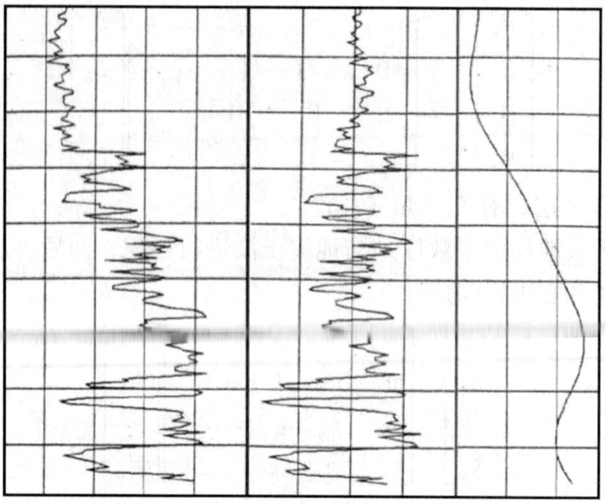

图1 不同频段的波阻抗曲线（据 Chopra 和 Marfurt）

（4）重复上述步骤，直至合成道与原始道之间的差别达到最小。

1.2 视电阻率多属性反演

多元线性回归算法。在多元线性回归算法中，可以用以下的线性方程表示：

$$
\begin{cases}
L_1 = w_0 + w_1A_{11} + w_2A_{21} + w_3A_{31} \\
L_2 = w_0 + w_1A_{12} + w_2A_{22} + w_3A_{32} \\
L_3 = w_0 + w_1A_{13} + w_2A_{23} + w_3A_{33} \\
\vdots \\
L_N = w_0 + w_1A_{1N} + w_2A_{2N} + w_3A_{3N}
\end{cases}
\tag{6}
$$

式中，L 为目标曲线；w_0、w_1、w_2、w_3 为权值；A 是地震属性；N 是曲线上的第 N 个采样点。式（6）也可用以下行列式表示：

$$
\begin{bmatrix} L_1 \\ L_2 \\ \vdots \\ L_N \end{bmatrix} = \begin{bmatrix} 1 & A_{11} & A_{21} & A_{31} \\ 1 & A_{21} & A_{22} & A_{32} \\ \vdots & \vdots & \vdots & \vdots \\ 1 & A_{1N} & A_{2N} & A_{3N} \end{bmatrix} \begin{bmatrix} w_0 \\ w_1 \\ w_2 \\ w_3 \end{bmatrix}
\tag{7}
$$

所有点预测误差为：

$$
E^2 \frac{1}{N}\sum_{i=1}^{\mathrm{N}} (L_i - w_0 - w_1A_{1i} - w_2A_{2i} - w_3A_{3i})^2
\tag{8}
$$

权值 w 可以通过最小二乘法求得：

$$
\begin{bmatrix} w_0 \\ w_1 \\ w_2 \\ w_3 \end{bmatrix} = \begin{bmatrix} N & \sum A_{1i} & \sum A_{2i} & \sum A_{3i} \\ \sum A_{1i} & \sum A_{1i}^2 & \sum A_{1i}A_{2i} & \sum A_{1i}A_{3i} \\ \sum A_{2i} & \sum A_{1i}A_{2i} & \sum A_{2i}^2 & \sum A_{2i}A_{3i} \\ \sum A_{3i} & \sum A_{1i}A_{3i} & \sum A_{3i}^2 & \sum A_{3i}^2 \end{bmatrix} \begin{bmatrix} \sum L_i \\ \sum A_{1i}L_i \\ \sum A_{2i}L_i \\ \sum A_{3i}L_i \end{bmatrix}
\tag{9}
$$

地震多属性反演流程是：首先输入井的视电阻率曲线以及地震数据体；选取井旁地震道并计算地震属性，寻找目标曲线与地震属性之间的关系；通过逐步回归分析确定最优化的属性顺序；通过交互验证确定最优化的属性个数；用所选的最佳属性组合对三维数据体进行反演。

1.3 拟声波曲线反演

拟声波阻抗反演是基于声波测井曲线，有效地综合各种信息，利用信息融合技术把它们统一到同一个模型上，实现各种信息的有机融合和有效控制，从而把反映地层岩性变化比较敏感的自然伽马等测井曲线转换具有声波量纲的拟声波曲线，使其具备自然伽马等测井曲线高频信息，同时结合声波低频信息，合成拟声波曲线，使它既能反映地层速度和波阻抗的变化，又能反映地层岩性等的细微差别。

实现步骤：

（1）找出能够反映地层岩性变化比较敏感的测井曲线；

（2）将非声波的源曲线与井声波曲线创建成具有声波量纲的新曲线；

（3）从原始声波曲线中提取能够反映地层背景速度的低频成分；

（4）将已产生的具有声波量纲的新曲线和从原始声波曲线中提取的低频成分进行“调制”，最后合成拟声波曲线。

2 煤层顶板岩性测井响应特征及分析

寺河东五盘主力煤层 3 号煤较厚，横向变化小，厚度 5.25 ~ 6.96 m，全区均有分布，平均厚度 6.09 m。3 号煤层直接顶以泥岩和砂岩为主，其中泥岩居多。泥岩厚 0.63 ~ 20.64 m，平均厚度 4.67 m。砂岩平均厚度 1.48 m。

本文以 3 号煤层顶板岩性研究为例，对全区内的 24 口井的密度、视电阻率和自然伽马属性进行了拾取，并分别做了密度 - 视电阻率曲线交会图（图 2）和密度 - 自然伽马交会图（图 3）。从密度和视电阻率交会图中我们可以看出，密度< 1.5 g/cm^3 且视电阻率< 180 Ω · m 的为煤层。而密度> 2 g/cm^3 且视电阻率> 200 Ω · m 的为灰岩。从密度—自然伽马交会图中我们可以看出，煤层的密度小于 1.5 g/cm^3，验证了前面的结果，而自然伽马值大于 3500 pA/kg 的为泥岩。

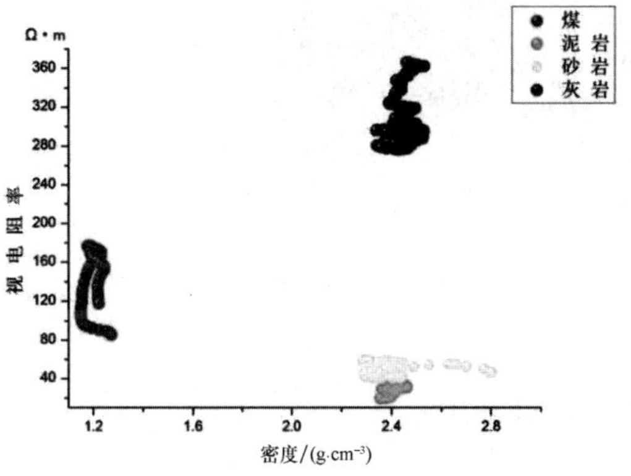

图 2　2011zx_cc_03 井密度——视电阻率曲线交会图

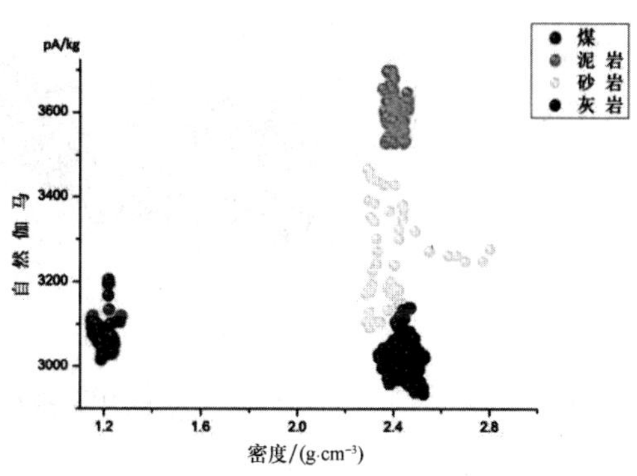

图 3　2011zx_cc_03 井密度——自然伽马交会图

据此，本文构建了岩性的判别过程：

（1）确定煤层顶板位置。由于煤层的密度值较其他岩层低，因此在通过密度曲线反演得到的波阻抗体中，波阻抗值小于6500（m/s）*（g/cc）（即密度小于1.5（g/cm^3））为煤层，大于6500（m/s）*（g/cc）为其他岩性，从而确定了煤层的顶底板位置。但是由于其他3种岩性波阻抗值叠置严重，不能在波阻抗体中区分。

（2）确定灰岩分布。在确定了煤层顶底板位置的基础上，对视电阻率数据进行多属性反演。通过对多属性反演数据体和测井资料分析，在煤层顶板中确定当视电阻率值大于200（Ω·m）为灰岩。但是泥岩和砂岩的视电阻率都表现为低值，不能通过视电阻率区分砂泥岩。

（3）确定泥岩分布。在确定了顶底板灰岩分布的基础上，对拟声波曲线进行波阻抗反演。通过对得到的拟声波曲线反演波阻抗数据体和测井资料分析泥岩的拟声波阻抗值，确定在顶板切片中，大于7000（m/s）*（g/cc），即自然伽马值大于3500（pA/kg）的为泥岩。

（4）确定砂岩分布。由测井资料可知，本区域的岩层只可能有煤层、灰岩、砂岩、泥岩存在，因此通过上面三步把工区内的煤层区、灰岩区和泥岩区分开后，剩下的就为砂岩。

3 岩性反演结果

3.1 波阻抗反演结果

通过测井约束波阻抗的方法进行了精细反演，得到研究区段3号煤系地层的纵波阻抗反演剖面（图4），由上面的分析可知，图中的A部分阻抗值小于6500（m/s）*（g/cc），因此判定A部分为煤层。通过切片处理，发现当沿层向上切片为10 ms时（图5），A部分的煤层消失，并且此时整体波阻抗值大于6500（m/s）*（g/cc），因此判定当向上10 ms时为3号煤层的顶板。从切片中可以看出，整体呈现两侧波阻抗值较高，中间波阻抗值较低的趋势。

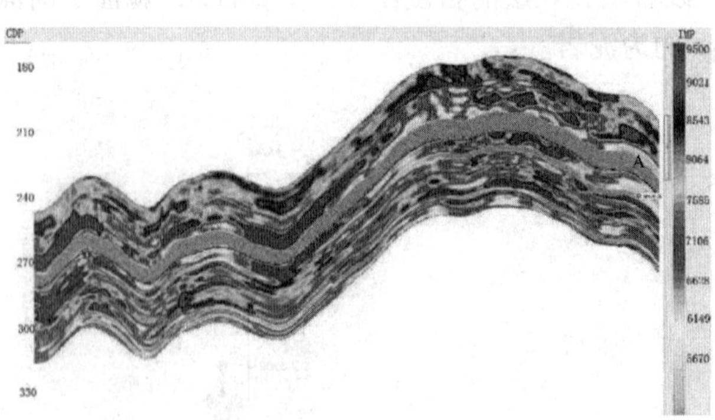

图4　3号煤层纵波阻抗反演剖面图

3.2 视电阻率多属性反演结果

在划分出煤层顶板位置的基础上，为区分3号煤层顶底板中可能含有的灰岩、泥岩和

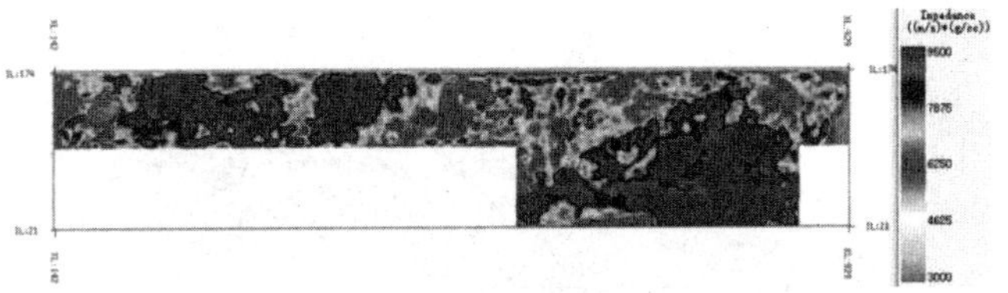

图5　3号煤层纵波阻抗沿层向上10 ms切片图

砂岩，进行了视电阻率多属性反演研究。图6为3号煤层视电阻率多属性反演剖面图。根据纵波阻抗反演研究中划定的煤层顶板位置，制作视电阻率多属性反演3号煤层沿层向上10 ms切片图（图7），图中所示即为3号煤层顶板视电阻率值。从视电阻率切片中可以看到，3号煤层顶板整体呈现视电阻率为低值，而切片中没有大于200 Ω·m的岩性区域，因此说明3号煤层顶板缺少灰岩分布。

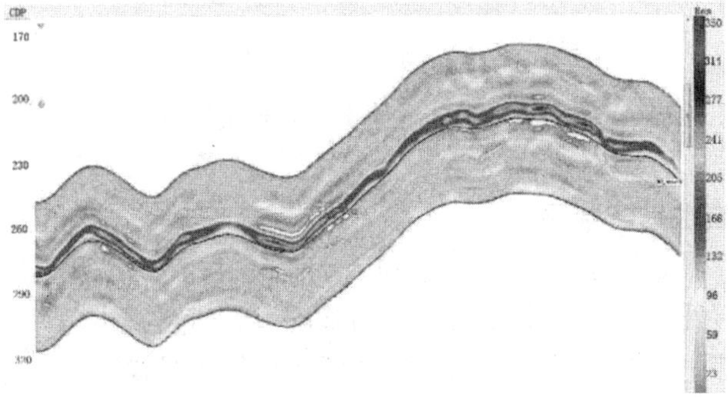

图6　3号煤层视电阻率多属性反演剖面图

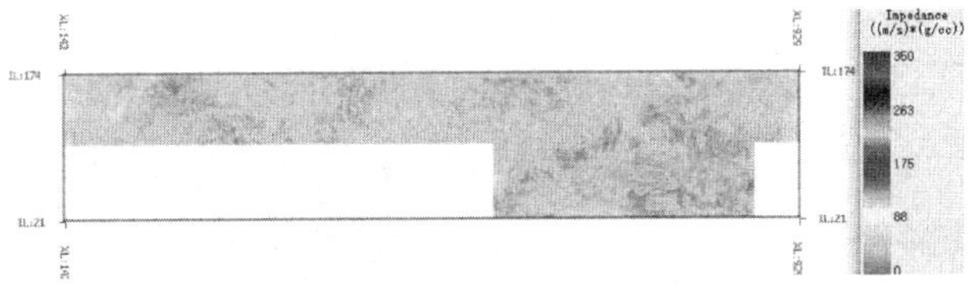

图7　视电阻率多属性反演3号煤层向上10 ms切片图

3.3　自然伽马拟声波反演结果

在划分了灰岩分布范围的基础上，为区分3号煤层顶板中的砂泥岩，进行了自然伽马拟声波反演研究。图8为3号煤层拟声波阻抗反演剖面图。制作3号煤层沿层向上10 ms自然伽马拟声波反演切片，如图9所示。由测井响应研究可知，当拟声波阻抗值大于7000（m/s）*（g/cc），即自然伽马值大于3500（pA/kg）时，顶板岩性为泥岩；拟声波阻抗值小于7000（m/s）*（g/cc），即自然伽马值小于3500（pA/kg）的区域为砂岩分布区域。

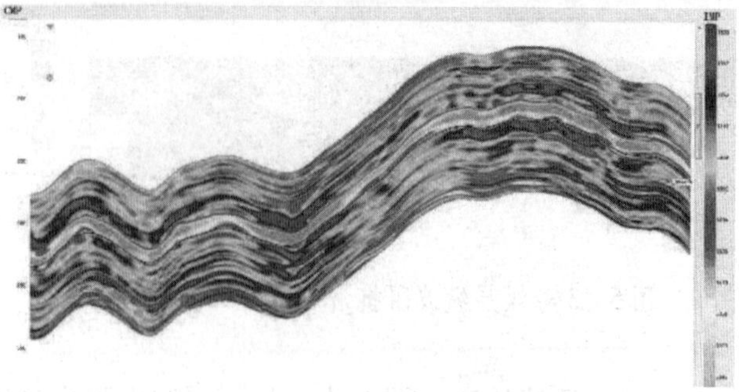

图8　3号煤层拟声波阻抗反演剖面图

图9　自然伽马拟声波反演3号煤层向上10 ms切片图

3.4　3号煤层顶板岩性反演结果

通过纵波阻抗反演确定了煤层顶底板位置，但是由于工区顶板岩性波阻抗值叠置严重，不能区分顶板岩性。在划分了煤层顶板的基础上，进行视电阻率多属性反演，但是由于顶板中视电阻率都呈现低值，结合测井响应研究可知3号煤层顶板中不含有灰岩。在划分了顶板灰岩范围的基础上，进行自然伽马拟声波反演，根据泥岩自然伽马表现为高值，砂岩自然伽马表现为低值的特性，得到了砂泥岩分布范围。由于3号煤层顶板只含有泥岩和砂岩，因此顶板岩性反演最终分布结果如图10所示。

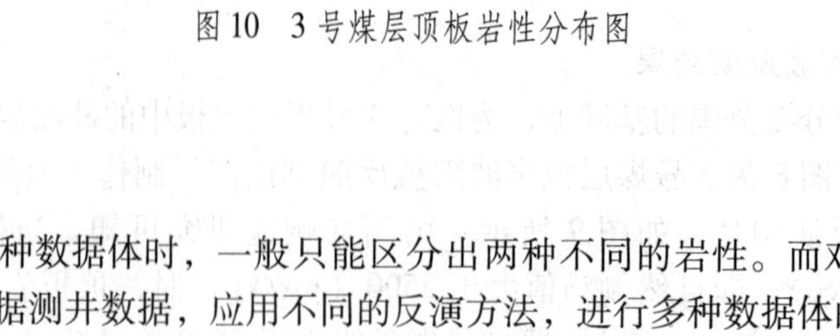

图10　3号煤层顶板岩性分布图

4　结论

（1）当只有一种数据体时，一般只能区分出两种不同的岩性。而对于顶底板岩性多样的区域，需要根据测井数据，应用不同的反演方法，进行多种数据体的反演，区分多岩性的顶底板。

（2）在纵波阻抗反演剖面上，煤层的纵波阻抗值低，因此纵波阻抗反演可以在确定煤层位置的基础上确定顶底板位置；在视电阻率多属性反演数据体中，灰岩的视电阻率值高，其他岩性的视电阻率值低，视电阻率多属性反演技术可以在确定其值域范围后区分灰岩。在自然伽马拟声波反演数据体中，泥岩的自然伽马值高，其他岩性的自然伽马值低，拟声波反演技术可以在顶底板中区分出泥岩。

（3）多种反演方法综合应用进行多种数据体反演，可以得到比单一数据体反演更加精准的顶底板岩性分布。这种方法为煤层气富集区预测提供一定的参考依据。但是由于地震资料存在多解性以及区域岩性的复杂性，在实际应用中要加以分析和变通。

参 考 文 献

[1] 桑树勋，范炳恒，秦勇．煤层气的封存与富集条件［J］．石油与天然气地质，1999，20（2）：104－107.

[2] 洪峰，宋岩，赵孟君，等．沁水盆地盖层对煤层气富集的影响［J］．天然气工业，2005，25（12）：34－37.

[3] 高敏，蔡文渊，罗安银，等．用测井资料评价煤储层顶底板封盖性的方法［J］．中国煤层气，2012，9（5）：29－33.

[4] 刘之的，杨秀春，张继坤，等．利用测井资料定量评价煤层顶底板的封闭性［J］．中南大学学报，2015，46（3）：1100－1109.

[5] 彭苏萍，杜文凤，殷裁云，等．高丰度煤层气富集区地球物理识别［J］．煤炭学报，2014，39（8）：1398－1403.

[6] 朱红娟．模型反演方法在煤层顶板岩性预测中的应用［J］．煤炭技术，2015，34（1）：102－103.

[7] 郑四连，刘百红，张秀容，等．伽马拟声波曲线构建技术在储层预测中的应用［J］．石油物探，2006，45（4）：256－261.

[8] 贾建亮，刘招君，陈永成，等．测井－地震多属性密度曲线重构反演技术及应用［J］．吉林大学学报（地球科学版），2010，40（3）：699－706.

[9] 魏文希，师素珍，孙超，等．拟声波反演技术在识别煤层顶底板砂泥岩中的应用［J］．物探与化探，2016，40（1）：220－224.

[10] 汪洋．地震多属性拟测井多参数反演预测煤层顶底板岩石赋水性研究［J］．中国煤炭地质，2012，24（4）：56－61.

[11] 杨振峰，田仁飞，如肖学，等．拟电阻率重构在岩性油藏油层识别中的应用［J］．科学技术与工程，2014，26（5）：58－62.

红砂岩单轴压缩过程的细观CT试验研究

孙倩文[1]　王　涛[1]　毛灵涛[2]

1. 中国矿业大学（北京）力学与建筑工程学院，北京　100083
2. 中国矿业大学（北京）煤炭资源与安全开采国家重点实验室，北京　100083

摘　要　利用X射线工业CT对红砂岩单轴压缩过程进行原位扫描，得到不同载荷条件下试件的CT图像。通过对CT图像统计分析，获得了灰度均值、灰度方差、孔隙结构参数随载荷变化的规律。结果表明试件内部不同尺度裂隙的发展引起灰度均值、灰度方差和孔隙结构参数发生相应的变化。通过灰度统计与孔隙结构变化分析可以揭示试件内部细观结构变化的特征。

关键词　红砂岩　单轴压缩　CT扫描　细观结构

Meso – experimental Research on Red Sandstone Under Uniaxial Compression by using CT

Sun Qianwen[1]　Wang Tao[1]　Mao Lingtao[2]

1. School of Mechanics and Civil Engineering, China University of Mining and Technology, Beijing　100083
2. State Key Laboratory of Coal Resources and Safe Mining, China University of Mining and Technology, Beijing　100083

Abstract　A red sandstone specimen under uniaxial compression was scanned by X – ray Industrial Computed Tomography (CT) in situ. The CT images under different loadings were acquired. By analyzing the CT images under different loads, the variation of mean gray value, variance, pore structure parameters with the increasing load were obtained. The results show that the development of different scale cracks in the specimen results in varications of the mean gray value, gray variance, the pore structure parameters and fractal dimension. Based on gray value and pore sructure statistical analysis, cracteristics of the internal structural changes in specimen microstructure can be revealed.

资助项目： 中央高校其本科研业务费专项资金（2009QMO2）；基于CT孔隙岩石三维变形及应变场的数字图像相关法研究（51374221）

作者简介： 孙倩文（1989—　），女，山东济南人，硕士研究生

Key words red sandstone uniaxial compression CT scan microstructure

0 引言

采用实验手段研究岩石类材料变形破坏过程是岩石力学研究的重要内容。光弹性贴片法、激光散斑法[1]、数字图像相关法、声发射等实验方法被广泛用于岩石变形破坏的实验研究中。CT 是一种通过 X 射线对试件扫描并获得试件断面图像的无损检测方法，物质物理密度的不同反映为 CT 图像的灰度值不同，根据 CT 图像可以捕捉到试件内部裂纹的萌生、发展及贯通的全过程[2-8]。

红砂岩是一种陆相沉积岩系，其组成成分有丰富的氧化物，外形为红色、深红色和褐色等。红砂岩作为一种内部复杂的非均质材料，受应力作用时，岩石内部微裂隙的萌生、发展以及贯通等连通的方式对岩石的宏观裂纹的形成有着决定性作用。本文以红砂岩为研究对象，采用工业 CT 获取单轴加载过程中各个阶段的 CT 图像，并对图像进行处理，统计了图像灰度均值和灰度方差，分析了单轴压缩过程中红砂岩内部孔隙参数的变化规律。

1 红砂岩微观结构分析

为了揭示红砂岩单内部微细观结构特征，通过扫描电子显微镜（SEM）[9]及压汞试验，对红砂岩试件细观结构进行观测分析，并对红砂岩内部孔隙尺寸的分布进行分析。

电镜试验采用日本新型的 JSM－5410LV 扫描电子显微镜进行观察，观察时分别采用 50 倍、100 倍、200 倍、500 倍、1000 倍、1500 倍放大率对红砂岩试样进行观察。

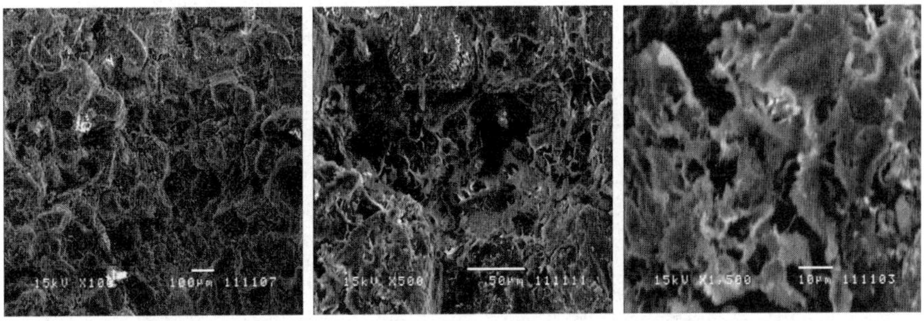

(a) 100倍　(b) 500倍　(c) 1500倍

图 1　不同倍率下红砂岩电镜扫描图

图 1 为在 100 倍、500 倍和 1500 倍下观察时得到图像，可以看出，红砂岩内部结构中有较多的松散颗粒存在，孔隙之间连通方式较为单一，含有一定的絮凝、凝胶状胶结物质。高倍率下观察更明显，骨架单元主要是由胶结物质的作用而黏结在一起，较为单一，且明显看到骨架单元之间有一定的空隙间隔，这表明红砂岩的初始孔隙较大且排列较为均匀。

由压汞试验测得此批次红砂岩试件的平均孔隙率为 15.1%，其中孔径小于 80 μm 的孔占总孔隙的 80% 以上。孔隙分布情况统计见表 1。

表1　红砂岩孔隙分布情况表

样品编号	孔径所占百分比/%				
	<0.02 μm	0.02～2 μm	2～80 μm	80～200 μm	>200 μm
1	15.1	39.6	34.5	7.2	3.6
2	15.2	39.5	34.8	6.2	4.3
3	15.1	39.3	34.9	6.7	4.0

2　红砂岩单轴压缩原位 CT 扫描试验

考虑到要获取高精度的 CT 图像和 CT 配套的单轴加载装置的限制，试件尺寸不宜太大，本次试验选用直径 25 mm、高 50 mm 的圆柱体红砂岩试件。试验采用中国矿业大学（北京）煤炭资源与安全开采国家重点实验室的 ACTIS320/225 的工业 CT 系统，用课题组研制的单轴加载装置对圆柱体红砂岩试件进行静力单轴压缩试验。在不同加载阶段对试件进行原位扫描，共扫描 8 次，应力分别为 0、2.04 MPa、4.08 MPa、6.11 MPa、8.15 MPa、10.19 MPa、11.21 MPa 及破坏后。应力应变曲线如图 2 所示。

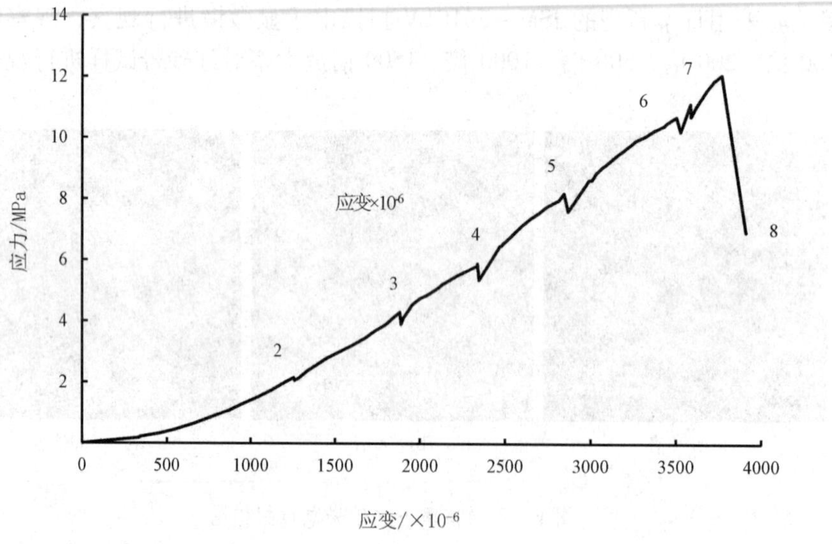

图2　应力应变曲线

每一阶段共获取 900 幅图像，图 3 所示为不同阶段第 500 层截面的 CT 图像。粒状结构颜色较亮，相应灰度值较大，其范围在 4000～6000；孔隙颜色最暗，灰度值范围处于 3000～4000。在载荷为 11.21 MPa 时，试件内部出现宏观裂隙，在这之前很难从灰度图像上直接看出试件内部的变化。

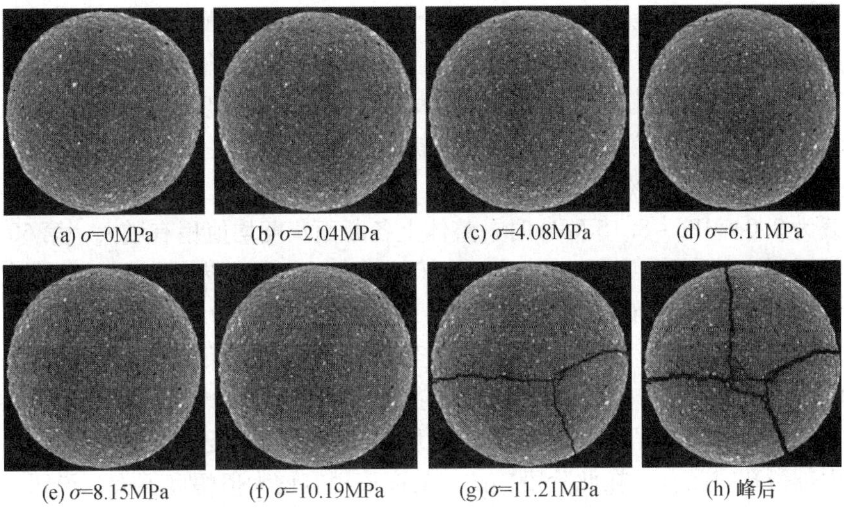

图 3　第 500 层各个荷载下的 CT 图像

3　红砂岩细观破裂过程分析

分别取第 50、200、350、500、650 和 800 层 CT 图像作为研究对象，统计选定其灰度均值和均方差，分别绘制试件整体及从所选各层 CT 图像的灰度均值与均方差随轴向应变的变化曲线，如图 4 所示。

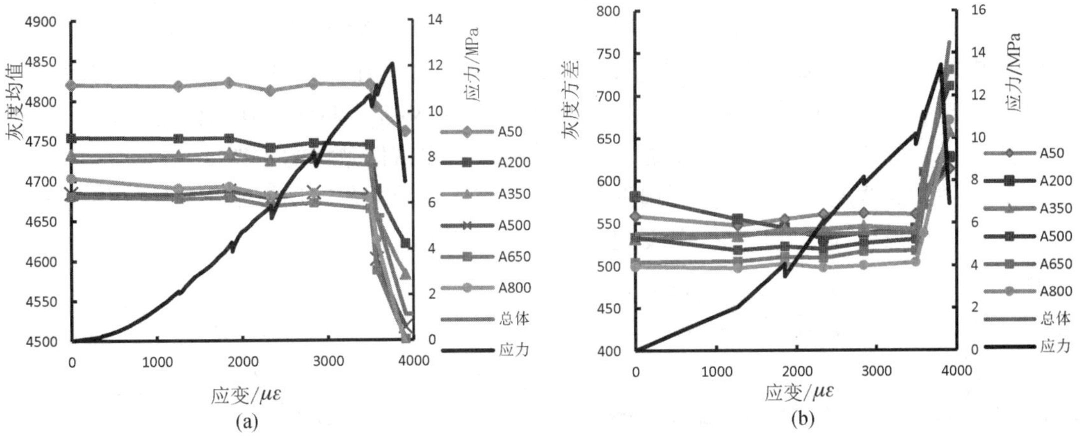

图 4　灰度均值和均方差与应变关系曲线

由图分析可知，试件第 50 层断面灰度均值大于第 200 层，说明第 50 层密度较高；对比第 200 层和第 350 层断面，200 层断面高出约 0. 45%；而第 350 层断面的密度比第 500 层断面低约 1. 03%；第 650 层断面灰度均值最小，密度低于第 500 层断面的 0. 09%，比第 800 层断面密度低约 2. 40%。

初始状态下，试件各层的灰度值和均方差均存在差异，说明试件内部结构并不均匀，当荷载达到2.04 MPa时，第50、200、350、500和650层断面的灰度均值稍有增大，但试件均方差整体上呈小幅下降趋势。结合应力应变曲线，此阶段为红砂岩试件的压密阶段，其内部微裂隙和初始孔隙受到压缩作用发生缓慢闭合，密度稍有增加，即灰度均值也有所增加。计算得出，从第50~800层，各断面的压密百分比分别为0.033%、0.023%、0.025%、0.038%、0.060%及2.140%。

当荷载为2.04 MPa~8.15 MPa时，整体上各断面灰度均值稍有增大，第50层断面的密度较初始时增大0.042%，第200、350、500、650和800层断面较初始状态密度都在增大，其值分别为0.078%、0.010%、0.043%、0.030%和0.075%。此阶段处于应力应变关系曲线的弹性变形阶段。当荷载逐渐增加至8.15 MPa，即第5步，此时试件的轴向应变为2840×10^{-6}，各断面灰度值及整体灰度都随着荷载缓慢增大，整体灰度由原来4715增长到4722，可看出红砂岩试件整体密度在增加，其原因主要是试件在外荷载作用下被压缩，其内部微孔隙闭合。在此阶段，试件灰度值稍有增大但幅度不大，说明发生闭合的微孔隙的尺寸较小，没有达到CT尺度（$45\times45\times45\mu m^3$），即小于CT尺度，系统检测不出来。此阶段，灰度均方差由初始的538减少至537，略有减小，各断面的均方差变化情况存在差异，反映出红砂岩试件的非均质性。

在8.15 MPa之后，由图可看出各扫描断面灰度均值明显减小而灰度均方差开始增大，各断面密度都降低，比弹性阶段分别减少0.59%、1.42%、1.61%、1.78%、1.95%和1.46%。此时，红砂岩土内部萌生了新的裂纹并且微裂纹有扩张的趋势，密度减小，内部密度变得更加不均匀。8.15 MPa~11.21 MPa，此阶段为塑性变形阶段，荷载达到11.21 MPa（第7步，轴向应变为3.570×10^{-3}）时，试件整体灰度均值为4655，均方差为611.6，此时各断面图中可肉眼观测到产生的宏观裂隙。

当荷载为11.21 MPa~峰后（6.9 MPa）时，各断面灰度急剧下降，灰度方差直线上升。其中断面50的密度比塑性变形阶段降低了0.64%，断面200降低1.45%，断面350降低1.57%，断面500降低4.01%，断面650降低1.88%，断面800降低了2.83%。此阶段裂隙迅速延伸、发展，最后贯通，形成致使红砂岩试件破坏的主裂纹。

根据各断面灰度均值，计算得出红砂岩试件破坏前后的灰度均值变化曲线，如图5所示；按破坏阶段统计灰度均值，其变化情况如图6所示。

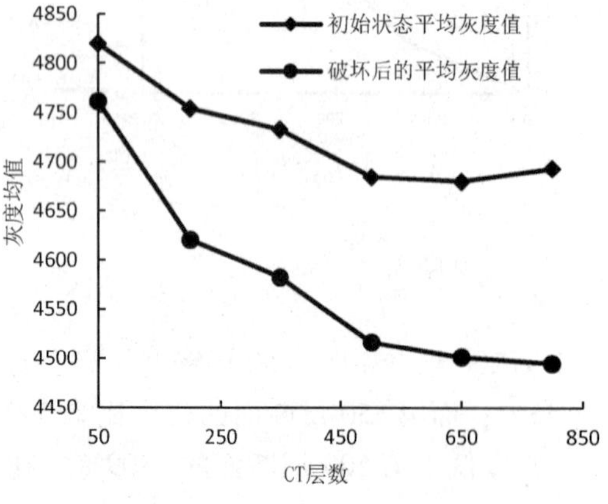

图5 试件破坏前和破坏后的灰度均值曲线

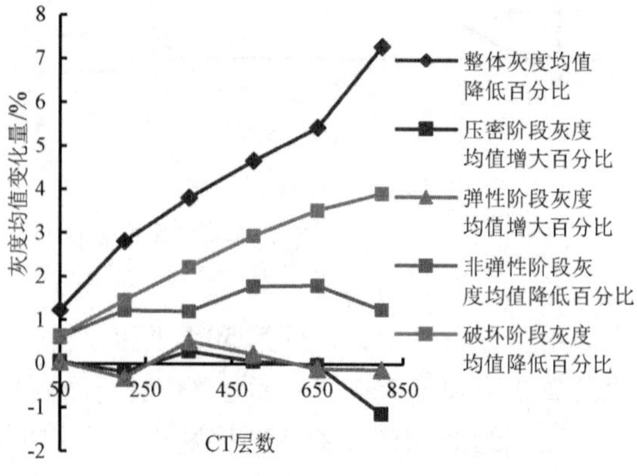

图6 不同加载阶段灰度均值

分析图5，初始状态红砂岩层数灰度均值逐渐变小，试件上部破坏较小，试件下部灰度均值变化明显，破坏较大，说明试件下部萌生裂纹较多，破坏位置在试件下部。

图6反映了加载各个阶段灰度值的变化状况，前两个阶段，从试件上部到下部灰度均值的增大百分比逐渐增大，推断出断面密度越小可压缩程度越大，密度增大越快；后两个阶段，灰度均值降低百分比从上到下有微幅增大，可知裂纹容易在密度小的断面产生。

以压汞实验所得实际平均孔隙率15.1%为基础，结合CT识别尺度（$45\times45\times45\ \mu m^3$），得到由CT图像检测所得孔隙率应为1.95%，由此确定孔隙分割的阈值，对不同阶段试件的CT图像进行分割，由ImageJ重构生成了试件的孔隙三维图像，如图7所示。

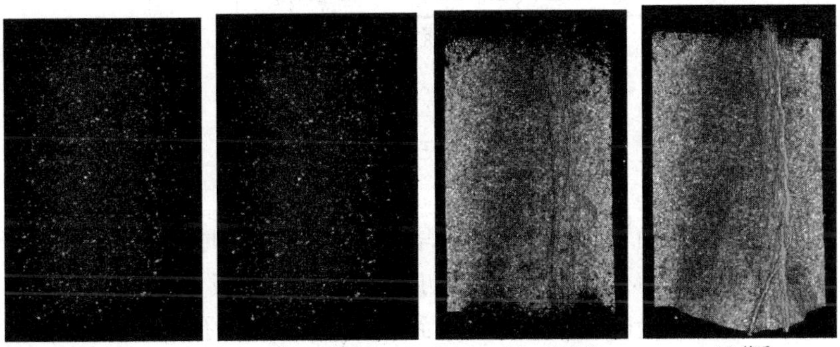

(a) σ=0　(b) σ=6.11MPa　(c) σ=11.21MPa　(d) 峰后

图7　裂隙三维图

各应力作用下红砂岩试件的孔隙三维结构参数统计结果见表2。

表2　不同载荷下孔隙三维结构参数统计表

项　目	0	2.04 MPa	4.08 MPa	6.11 MPa	8.15 MPa	10.19 MPa	11.21 MPa	峰后
孔隙总体积/ $\times10^6$ pixel^3	2.9353	2.9009	2.8994	2.9089	2.9358	3.0129	6.4422	12.9732
孔隙个数/ $\times10^5$	2.7852	2.7604	2.7630	2.7621	2.7846	2.8273	2.8863	2.8213
孔隙总表面积/ $\times10^7$ pixel^2	1.0234	1.0116	1.0113	1.0142	1.0239	1.0500	1.4468	1.9669
孔隙平均体积/ $\times10$ pixel^3	1.0539	1.0509	1.0494	1.0530	1.0543	1.0657	2.2320	4.5984
孔隙平均表面积/ $\times10$ pixel^2	3.6745	3.6650	3.6603	3.6720	3.6769	3.7130	5.0127	6.9719
平均形状系数	0.6390	0.6389	0.6388	0.6388	0.6386	0.6383	0.6376	0.6367
形状系数均方差	0.1045	0.1043	0.1042	0.1044	0.1045	0.1050	0.1062	0.1072

从表2和图8可以看出，0～6.11 MPa，孔隙总体积、孔隙个数、孔隙总表面积、孔隙平均体积以及孔隙平均表面积表征孔隙颗粒的参数值都是缓慢减小，随着荷载的增加，红砂岩试件被压密，原有初始孔隙慢慢闭合；荷载6.11～8.15 MPa时，其值稍有增加，随着荷载增大到11.21 MPa，孔隙总体积、孔隙总表面积、孔隙平均体积以及孔隙平均表面积迅速增大，而孔隙个数增加不明显，说明此时试件已经压坏，产生了贯穿的长裂纹。

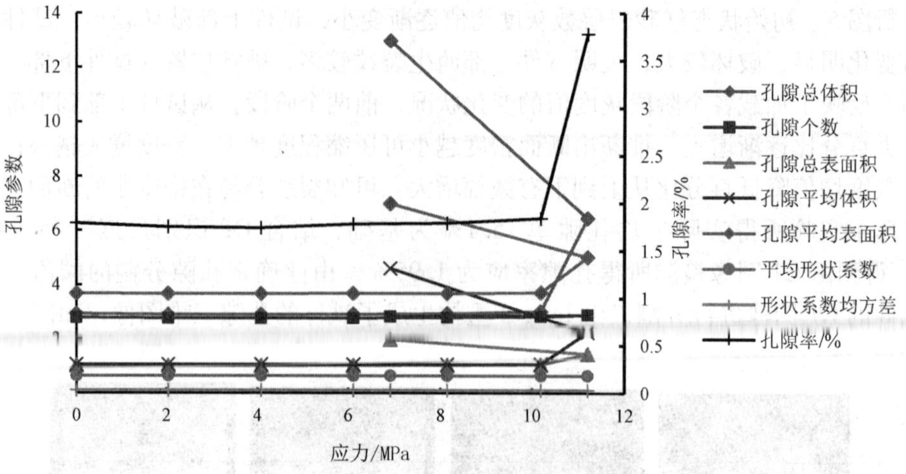

图8　不同载荷下三维孔隙结构参数图

孔隙率随荷载的增大而增大。由零荷载增加至4.08 MPa时，轴向应变为1851×10^{-6}，稍有减小，减小值为0.17%，红砂岩试件初始微裂纹在荷载作用下闭合，试件被压实，此阶段可看成试件积累能量的阶段。荷载达到8.15 MPa时，孔隙率稍有增加，增加量是2.87%，前阶段积累的能量促使新的微裂纹萌生。因为此时图像的裂隙灰度值大于CT尺度，被识别为裂隙，导致了孔隙率稍有增加。随着应力不断增大，试件内部能量积蓄到一定程度后，一部分供给内部微裂纹延伸，一部分作为储备能量。荷载继续增加，至10.19 MPa时，孔隙率加量不大，为2.7%，这时红砂岩试件内部已出现了大于CT尺度的裂隙。当荷载继续增大到峰值荷载时，积累的能量用于裂隙的发展及贯通，试件迅速破坏，孔隙率瞬间增加。由此可知，孔隙率随应力的变化过程在一定程度上反映出红砂岩试件内部损伤的发展趋势。

4　结论

（1）采用扫描电镜观察了红砂岩内部细观孔隙结构，由压汞试验数据分析了红砂岩内部初始孔隙的大小及分布特征，其中孔径小于80 μm的孔占总孔隙的80%以上，由CT检测到的孔隙所得相应的孔隙率应为1.95%。

（2）由CT图像灰度值统计分析可知：图像整体与各断面灰度均值都随应力的增大先增大后减小，反映出红砂岩经历了由压密到塑性膨胀的过程。

（3）使用合理的阈值对CT图像进行孔隙提取，通过研究红砂岩孔隙结构参数，包括孔隙总体积、孔隙个数、孔隙总表面积、孔隙平均体积、孔隙平均表面积、平均形状系数等并分析了孔隙结构变化规律，定量描述了红砂岩单轴压缩过程孔隙随荷载的变化规律。

参 考 文 献

[1] Meinlschmidt P, Hinsch K. D, Sirohi R S. Selected Papers on Electronic Speckle Pattern Interferometry: Principles and Practice. SPIE, Milestone Series MS132/HC[M]. Washington,

DC:SPIE Optical Engineering Press,1996.
[2] Laurent Louis,Teng - Fong Wong,Patrick Baud. Imaging strain localization by X - ray radiography and digital image correlation:Deformation bands in Rothbach sandstone[J]. Journal of Structural Geology 29 (2007) 129 - 140.
[3] Roberto Moreno - Atanasio,Richard A. Williams,Xiaodong Jia. Combining X - ray microtomography with computer simulation for analysis of granular and porous materials [J]. Particuology 8 (2010) 81 - 99.
[4] 陈厚群，丁卫华，蒲毅彬．单轴压缩条件下混凝土细观破裂过程的X射线CT实时观测［J］．水利学报.2006，(9)：1044 -1050.
[5] 毛灵涛，安里千，王志刚，石鹏，等．煤样力学特性与内部裂隙演化关系CT实验研究［J］．辽宁工程技术大学学报（自然科学版），2010，3（29），408 -411.
[6] 朱红光，谢和平，易成，等．岩石材料微裂隙演化的CT识别［J］．岩石力学与工程学报，2011，6（30）：1230 -1238.
[7] 刘京红，姜耀东，赵毅鑫，等．煤岩破裂过程CT图像的分形描述［J］．北京理工大学学报，2012，12（32）：1219 -1222.
[8] 毛灵涛，李磊，连秀云，等．路面底基层材料单轴加载细观破裂过程的ICT观测［J］．公路，2014，1：74 -79.
[9] 张绍槐，李琪．保护储集层的控制及模拟技术［J］．石油钻采工艺，1994，(5)：60 -65.

应力强度因子的有限元分析和光弹性测定

赵 熙[1] 鞠 杨[2,3] 郑泽民[1]

1. 中国矿业大学（北京）力学与建筑工程学院，北京 100083
2. 中国矿业大学（北京）煤炭资源与安全开采国家重点实验室，北京 100083
3. 中国矿业大学深部岩土力学与地下工程国家重点实验室，徐州 221116

摘 要 计算裂纹尖端应力强度因子值，对于分析受力结构的起裂条件和破坏模式具有重要意义。本文采用有限元分析受力构件的应力场和位移场，通过M－积分方法计算了三点弯曲试件裂纹尖端的混合型应力强度因子；并通过3D打印方法制备了含预置裂纹的三点弯曲光弹性物理模型，考虑奇异场和非奇异场对裂纹尖端区域应力场的影响，采用光弹性多参数法，计算了Ⅰ－Ⅱ混合型应力强度因子值。结果表明：有限元分析结果与光弹性实验值相吻合，有限元计算不受几何结构的限制，是一种便捷的计算应力强度因子的方法，而实验值可以校验有限元分析的可靠性，两者相结合可以完善地地解决实际工程难题。

关键词 有限元法 M－积分 光弹性法 混合型应力强度因子

Finite Element Analysis and Photoelastic Measurement of Stress Intensity Factors

Zhao Xi[1] Ju Yang[2,3] Zheng Zemin[1]

1. School of Mechanics and Civil Engineering, China University of Mining and Technology, Beijing 100083
2. State Key Laboratory of Coal Resources and Safe Mining, China University of Mining and Technology, Beijing 100083
3. State Key Laboratory for Geomechanics and Deep Underground Engineering, China University of Mining and Technology, Xuzhou 221116

Abstract Precise calculation of the stress intensity factors (SIFs) at crack tip is of great significance in accurate analysis of structure's crack initiation and fracture

---

资助项目：中央高校基本科研业务费专项资金（2011YL02）

作者简介：赵熙（1988— ），男，博士研究生，从事应力强度因子数值计算和实验分析。Tel:15901023360；E－mail:zhaoxi－0112@163.com

mode. In this paper, finite element method is applied to analyze the stress and strain of the loading component and M－integral is adopted to calculate the mixed mode stress intensity factors around the crack tip in the three－point bending test. 3D printing technique is adopted to manufacture a three－point bending photoelastic physical model which contains a pre－crack. Comprehensively considering the singular and non－singular stresses at near crack tip region, multiple parameter of photoelastic method is applied to analyze the mixed mode stress intensity factors. Results show: the finite element result is consistent with the photoelastic test. The numerical analysis is unlimited by its geometry, which is a convenient way to calculated the SIFs. The photoelastic method can verify the reliability of the finite element analysis, the combination of them provides us reference to solve the practical engineering issues.
Key words　finite element method　M－integral　photoelastic method　mixed mode stress intensity factors

0　引言

固体材料的失效断裂问题广泛存在于土木、机械、航空航天以及地下工程等领域[1-4]。相关结构或构件的强度、刚度和稳定性的分析为评价这些工程问题提供了依据。然而，固体裂纹扩展行为受裂纹尖端附近区域应力场的影响和控制[5]，带有初始裂纹的结构，不能再使用这些破坏准则，需要寻求新的断裂判据，即能反映裂纹尖端邻域内应力场强度的参量——应力强度因子（stress intensity factor，SIF）作为含裂纹结构的断裂判据[6]。确定含裂纹结构的应力强度因子也成为了解决众多工程问题的基础和关键所在。

理论分析方法求解 SIF 对几何结构有特定的要求，许多实际工程结构往往有着复杂的几何结构和载荷条件，求解这些问题时会遇到很大困难。光弹性法求解裂纹尖端应力强度因子不受工程构件复杂的几何结构和边界条件的约束，是一种有效计算具有复杂几何结构裂纹尖端应力强度因子的实验方法，但是制备模型和加工过程往往耗时耗力。数值分析方法是一种广泛应用的求解方法，但其对几何结构或边界条件的简化，使得计算结果的准确性还有待进一步的验证[7]，但是与实验方法相互验证，其优越性和准确性是其他方法无法比拟的。因此，开展应力强度因子的精确计算研究，必须发展一种快捷有效的数值计算方法，并且通过实验验证其准确性和有效性。

本文采用有限元计算分析平台 ANSYS 对受力构件进行应力场和位移场的分析，构建了带有预制裂缝的三点弯曲试件数值模型，通过 M－积分计算得到了裂纹尖端混合型应力强度因子值；并采用 3D 打印技术制备了含初始裂缝的三点弯曲光弹性物理模型，提出裂纹尖端附近区域应力场是由表征奇异性的应力强度因子和表征非奇异性的 3 个远场应力常量组成，得到了 I－II 混合型裂纹尖端应力强度因子值，并与数值模拟解对比验证，可为精确计算应力强度因子的数值分析方法和光弹性实验法的研究提供借鉴。

1 有限元分析方法

1.1 模型构建

文中构建的三点弯曲数值模型的几何结构如图 1a 所示，预置初始裂缝宽度为 0.5 mm，采用偏心加载方式，在模型中部距离 l 处施加载荷，$l=7.5$ mm；P 为载荷大小；a 为裂纹长度，$a=12$ mm；s 为底部两支座间距，$s=120$ mm；w 为试件高度，$w=30$ mm；d 为试件厚度，$d=5$ mm。图 1b 为数值模型的网格划分结果，为了精确计算裂纹尖端的 SIF，在尖端附近进行了网格细化。数值分析中基本力学参数来自文献[8]，弹性模量 $E=3.1$ GPa，泊松比 $\mu=0.38$。

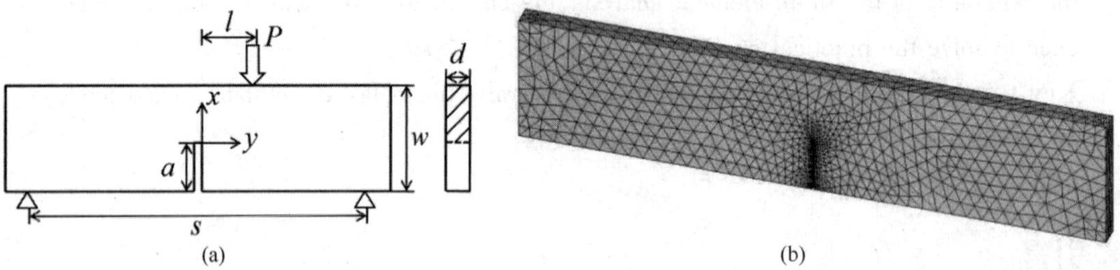

图 1 数值模型几何结构和网格图

1.2 M－积分方法

文中采用 M－积分方法[9]来计算裂纹尖端的应力强度因子值，与传统的 J－积分方法相比，M－积分可给出各项同性和一般各项异性材料中 K_{I} 和 K_{II} 的值，而 J－积分只适用于纯 I 型断裂问题，M－积分比 J－积分通用性更强，其表达式为：

$$M=\int_A\left(\sigma_{ij}^{(1)}\frac{\partial u_i^{(2)}}{\partial X_1}+\sigma_{ij}^{(2)}\frac{\partial u_i^{(1)}}{\partial X_1}-W^{(1,2)}\delta_{1j}\right)\frac{\partial q_1}{\partial X_j}\mathrm{d}s \tag{1}$$

其中，σ 为应力分量；u 为位移分量；$W^{(1,2)}=\sigma_{ij}^{(1)}\varepsilon_{ij}^{(2)}$；$\varepsilon$ 为应变分量；δ 为克罗内克符号；q 为等参单元定义量；A 为积分域；ds 表示沿着积分域内积分。

计算裂纹尖端应力强度因子的大小，必须考虑其奇异性，为了表征其奇异性的强弱，采用 1/4 节点的奇异性单元，即 15 节点的楔形单元，来精确计算裂缝尖端应力强度因子值，如图 2 所示。

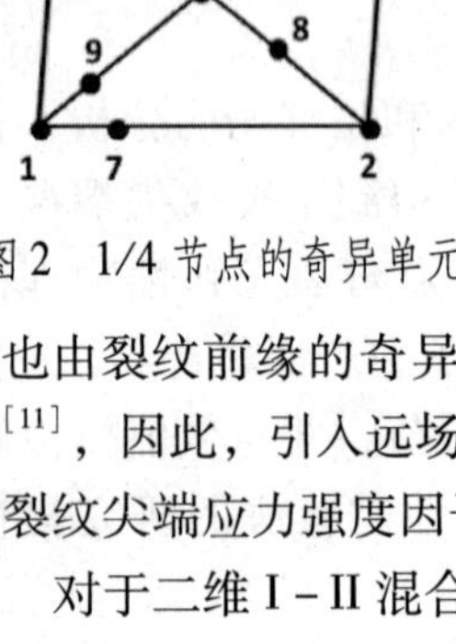

图 2 1/4 节点的奇异单元

2 光弹性计算方法

自从 Wells 和 Post[10]首次运用光弹性法研究裂纹尖端区域的应力场分布以来，许多研究者做了大量相关工作，数据收集的区域也由裂纹前缘的奇异区扩大到非奇异区，应力场的非奇异部分不止沿裂纹的一个方向[11]，因此，引入远场边界控制的 3 个常数项应力，运用光弹性多参数法，求出更准确的裂纹尖端应力强度因子值。

对于二维 I－II 混合型断裂问题，其应力场的解析解由 Westergaard 应力函数[12]表示如下：

$$\sigma_x = \frac{K_I}{\sqrt{2\pi r}}\cos\frac{\theta}{2}\left(1-\sin\frac{\theta}{2}\sin\frac{3\theta}{2}\right) - \frac{K_{II}}{\sqrt{2\pi r}}\sin\frac{\theta}{2}\left(2+\cos\frac{\theta}{2}\cos\frac{3\theta}{2}\right) + \sigma_{ox}$$

$$\sigma_y = \frac{K_I}{\sqrt{2\pi r}}\cos\frac{\theta}{2}\left(1+\sin\frac{\theta}{2}\sin\frac{3\theta}{2}\right) + \frac{K_{II}}{\sqrt{2\pi r}}\sin\frac{\theta}{2}\cos\frac{\theta}{2}\cos\frac{3\theta}{2} + \sigma_{oy} \qquad (2)$$

$$\tau_{xy} = \frac{K_I}{\sqrt{2\pi r}}\cos\frac{\theta}{2}\sin\frac{\theta}{2}\cos\frac{3\theta}{2} + \frac{K_{II}}{\sqrt{2\pi r}}\cos\frac{\theta}{2}\left(1-\sin\frac{\theta}{2}\sin\frac{3\theta}{2}\right) + \tau_{oxy}$$

其中，r 和 θ 为裂纹尖端附近的极坐标；σ_{ox}、σ_{oy} 和 τ_{oxy} 为非奇异项应力常数。

光弹性法中，同一级等差条纹处以同一亮度显示，因此，根据应力－光学定律[13]可以测得裂纹尖端附近应力场的主应力差：

$$\sigma_1 - \sigma_2 = \frac{n \cdot f_o}{d} \qquad (3)$$

其中，σ_1 和 σ_2 为光弹性平面表征的次主应力；n 为光弹性条纹级数；f_o 为应力条纹值（$f_0 = 33.8\ N/mm$）；d 为模型厚度；次主应力与平面应力分量的关系[13]为

$$\left.\begin{matrix}\sigma_1\\ \sigma_2\end{matrix}\right\} = \frac{\sigma_x+\sigma_y}{2} \pm \frac{1}{2}\sqrt{(\sigma_x-\sigma_y)^2 + 4\tau_{xy}^2} \qquad (4)$$

因此，平面应力分量与等差条纹之间的关系为：

$$\sqrt{(\sigma_x-\sigma_y)^2 + 4\tau_{xy}^2} = \frac{n \cdot f_o}{d} \qquad (5)$$

将式（2）代入式（5），可得Ⅰ－Ⅱ混合型应力强度因子、非奇异应力项与等差条纹之间的关系：

$$\sqrt{\begin{aligned}&\left[\frac{-2K_I}{\sqrt{2\pi r}}\cos\frac{\theta}{2}\sin\frac{\theta}{2}\sin\frac{3\theta}{2} + \frac{-2K_{II}}{\sqrt{2\pi r}}\left(\sin\frac{\theta}{2}+\sin\frac{\theta}{2}\cos\frac{\theta}{2}\cos\frac{3\theta}{2}\right) + \sigma_{ox} - \sigma_{oy}\right]^2 + \\ &4\left[\frac{K_I}{\sqrt{2\pi r}}\cos\frac{\theta}{2}\sin\frac{\theta}{2}\cos\frac{3\theta}{2} + \frac{K_{II}}{\sqrt{2\pi r}}\cos\frac{\theta}{2}\left(1-\sin\frac{\theta}{2}\sin\frac{3\theta}{2}\right) + \tau_{oxy}\right]^2\end{aligned}} = \frac{n \cdot f_o}{d} \qquad (6)$$

式（6）中有 K_I、K_{II}、σ_{ox}、σ_{oy} 和 τ_{oxy} 5 个参数，采用若干组条纹级数 n 和 r，结合最小二乘法，即可求得 K_I 和 K_{II}。

3 结果及分析

数值分析结果建立在有限元计算裂纹尖端位移场和应力场的基础上，不同载荷下的应力场分布如图 3 所示。通过 M－积分算法，不同载荷作用下（分别为 150 N、250 N 和 350 N）裂纹尖端Ⅰ－Ⅱ混合型应力强度因子值见表 1。

物理模型光弹性试验的几何结构和边界条件与数值模型一致，采用光弹性测试与三点弯曲试验相结合，光源通过正交圆偏振光场，最终在带有滤波片的成像相机上形成整数级等差条纹图像。以图 4a 为例，载荷为 150N 作用下，以裂纹尖端附近条纹密集处为分析对象，以 $\theta = 2/\pi$ 方向上坐标（$n_1 = 4$，$r_1 = 1.538$ mm）、（$n_2 = 3$，$r_2 = 4.115$ mm）和（$n_3 = 2$，$r_3 = 12.923$ mm），以及 $\theta = 0$ 方向上坐标（$n_4 = 2$，$r_4 = 9.808$ mm）和（$n_5 = 3$，

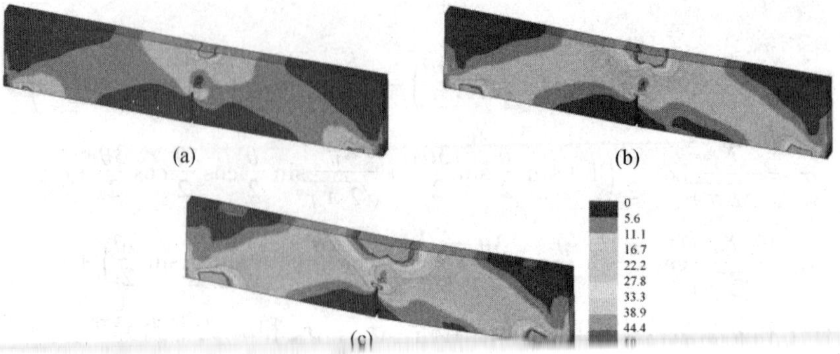

图3 有限元法计算得到的不同载荷下的应力场分布（stress intensity/ MPa）

$r_5 = 14.038$ mm）为已知值，可求得 $K_I = 75.9811$ MPa · mm$^{1/2}$，$K_{II} = 4.0925$ MPa · mm$^{1/2}$。采用上述方法，通过多工况计算，利用 Wolfram Mathematical 计算软件，得到了不同载荷作用下 I－II 混合型应力强度因子值 K_I 和 K_{II}，见表 1。

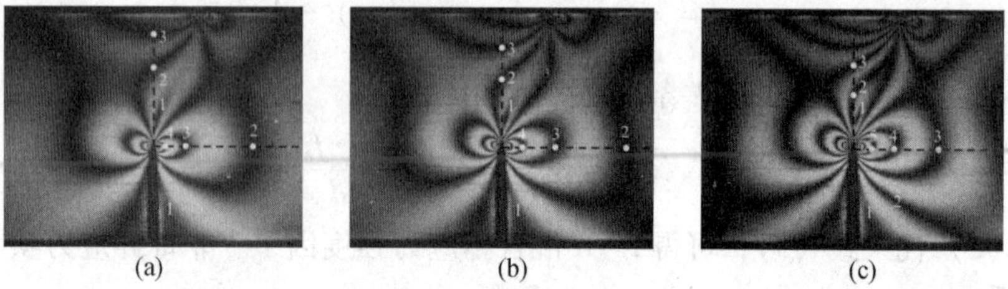

图4 三点弯曲测试裂纹尖端光弹性条纹图[(a)(b)和(c)载荷分别为150 N、250 N和350 N]

表1 I－II 混合型 K_I、K_{II}有限元计算结果和光弹实验结果对比 MPa · mm$^{1/2}$

载荷大小 P/N	150	250	350
有限元解 K_I 值	78.6579	129.0965	182.5352
有限元解 K_{II}值	4.3604	7.0340	10.2076
光弹性解 K_I 值	75.9811	123.9281	175.3943
光弹性解 K_{II}值	4.0925	6.6569	9.6092
K_I 值的平均偏差		3.9%	
K_{II}值的平均偏差		6.1%	

从光弹性实验结果和与有限元计算结果的对比来看，对于 I 型应力强度因子，计算结果的平均偏差为 3.9%，对于 II 型应力强度因子，计算结果的平均偏差为 6.1%。通过对比发现，有限元计算值与实验测取值偏差较小，相互对比验证了方法的可靠性和准确性。文中偏差定义为［（有限元解－光弹性解）/光弹性解］×100%。

误差产生的原因主要有以下两个方面：①计算方法误差，平面应力分量与应力强度因子关系式中忽略了高阶项，而用一个常数项代替，天然地造成了误差的出现；②实验测量误差，试件在三点弯曲测试中产生的变形以及等差条纹中心线的选定都会对计算模型中确定该级条纹的坐标值（r 和 θ）产生一定的影响，造成应力强度因子的计算误差。

4 结论

本文采用3D 打印技术获得了不含残余应力的平板模型，高精度打印预置裂纹避免了传统加工过程产生残余应力的缺点，保证了利用该材料进行光弹性实验的准确性。考虑奇异场和非奇异场对裂纹尖端区域应力场的影响，引入远场边界控制的3 个常数项应力，计算了不同载荷下 I－II 混合型应力强度因子值。运用有限元结合断裂力学的方法，分析了 I－II 混合型裂纹尖端附近区域的应力场和位移场，引入 M－分算法，得到了在不同载荷作用下，裂纹尖端的混合型应力强度因子值，与实验测试值一致，证明了有限元计算分析的可靠性和准确性，可为精确计算复杂结构问题的应力强度因子的有限元分析和光弹性实验法的研究提供借鉴。

参 考 文 献

[1] 罗超文，李海波，刘亚群. 深埋巷道地应力测量及围岩应力分布特征研究 [J]. 岩石力学与工程学报，2010，29（07）：1418－1423.

[2] 王腾，Daniele PERISSIN，Fabio ROCCA，等. 基于时间序列 SAR 影像分析方法的三峡大坝稳定性监测 [J]. 中国科学：地球科学，2011，41（1）：110－123.

[3] 赵萍，何清华，杨治国. 航空发动机叶片疲劳断裂研究领域与方法概述 [J]. 航空发动机，2009，35（3）：58－61.

[4] 阳友奎，肖长富. 岩盐水力压裂的变形破裂准则 [J]. 科学通报，1993，(9)：826－828.

[5] LivneA, Bouchbinder E, Svetlizky I, et al. The near－tip fields of fast cracks. [J]. Science, 2010, 327(5971): 1359－1363.

[6] Murakami Y. Analysis of stress intensity factors of modes I, II and III for inclined surface cracks of arbitrary shape[J]. Engineering Fracture Mechanics, 1985, 22(1): 101－114.

[7] Yan X. Numerical analysis of the stress intensity factor for two kinds of mixed－mode crack specimens[J]. Journal of Strain Analysis for Engineering Design, 2006, 41(1): 9－18.

[8] 鞠杨，谢和平，郑泽民，等. 基于3D 打印技术的岩体复杂结构与应力场的可视化方法 [J]. 科学通报，2014，(32)：3109－3119.

[9] Banks Sills L, Hershkovitz I, Wawrzynek P A, et al. Methods for calculating stress intensity factors in anisotropic materials: Part I— z =0 is a symmetric plane[J]. Engineering Fracture Mechanics, 2005, 72(15): 2328－2358.

[10] Wells A. and Post D. The Dynamic Stress Distribution Surrounding a Running Crack—A Photoelastic Analysis. Proc. SESA, 1958, 16 (1): 69－92.

[11] 贾有权，杜家吉. 光弹性求解混合型应力强度因子的研究 [J]. 天津大学学报：自然科学与工程技术版，1981，4：28－43.

[12] 庄茁. 工程断裂与损伤 [M]. 北京：机械工业出版社，2004.

[13] 雷振坤. 结构分析数字光测力学 [M]. 大连：大连理工大学出版社，2012.

煤层厚度对 AVO 响应的影响研究

甘元创　高　翔　刘浩然　刘笑颜　龙　波

中国矿业大学（北京）煤炭资源与安全开采国家重点
实验室，北京　100083

摘　要　为了研究煤层厚度对 AVO 响应的影响，基于 Zoeppritz 方程对煤层进行 AVO 正演，得到煤层 AVO 响应曲线。煤层顶界面 AVO 响应总体表现为地震振幅绝对值随偏移距增加而减小，当入射角在 15°～45°变化时，地震振幅随偏移距的变化最明显。不同煤层厚度 AVO 截距变化明显，当煤层厚度小于 1/4 波长时，AVO 截距绝对值随着煤层厚度的减小逐渐减小；当煤层厚度介于 1/4 波长与 1/2 波长之间，AVO 截距绝对值随着煤层厚度的增加逐渐减小，当煤层厚度大于 1/2 波长时，随着煤层厚度的增大，AVO 响应截距基本保持不变，不再随煤层厚度变化而变化。

关键词　AVO　煤层　厚度　响应

The Effect of Coal Thickness on AVO Response

Gan Yuanchuang Gao Xiang Liu Haoran Liu Xiaoyan Long Bo

Stae Key Laboratory of Coal Resources and Safe Mining
China University of Mining and Technology, Beijing　100083

Abstract　in order to study the influence of coal seam thickness on the AVO response, the Zoeppritz equation AVO on coal seam modeling based on AVO from coal seam roof interface response curve, the overall performance of the AVO response of seismic amplitude versus offset absolute value decreases when the incident angle is between 15 to 45 degrees changes, changes in seismic amplitude versus offset from the most obvious. The different thickness of coal seam AVO intercept changes obviously, when the coal seam thickness is less than 1/4 wavelength, AVO intercept absolute value decreases gradually with the decrease of the coal thickness, when the coal seam thickness is between 1/4 wavelength and 1/2 wavelength, AVO intercept absolute value decreased gradually with

---

资助项目：中央高校基本科研业务费专项资金（2010YM03）

作者简介：甘元创（1994—　），男，四川广安人，地球物理学专业本科生。Tel：18811763463；E - mail：1053371358@qq.com

increase of the thickness of the coal seam, when coal layer thickness is greater than the wavelength of 1/2, with the increase of coal seam thickness in response, AVO intercept remained unchanged, no longer with the coal seam thickness change.
Key words AVO coal seam thickness response

0 引言

AVO 表示振幅随偏移距变化（英文 Amplitude Variation with Offset 或 Amplitude Versus Offset 的缩写），是通过分析地震反射振幅随偏移距的变化特征来识别岩性和预测油气的重要手段。近年来，关于 AVO 技术在煤层气方面的研究开展了大量的工作，彭苏萍等[1-3]对 AVO 探测煤层瓦斯富集的理论进行了探讨和初步实践，研究了基于 AVO 反演技术进行煤层含气量预测；邓小娟等研究了薄煤层转换波 AVO 正演；张爱敏等[4]对不同厚度煤层 AVO 特征及模型进行了研究；杜文凤等[5]对瓦斯突出煤和非突出煤 AVO 响应进行了比较，这为 AVO 技术在煤层气和煤田中的深入应用奠定了坚实的基础。煤层厚度变化对于采矿设计和煤炭开采都具有直接影响，因此研究煤层厚度对 AVO 响应的影响，对于 AVO 技术的广泛应用具有重要的意义。

1 AVO 基本方法

AVO 技术的理论基础是 Zoeppritz 方程，当纵波倾斜入射到两种各向同性介质水平分界面时，要产生反射波和折射波，在界面上，根据应力和位移的连续性，并引入反射系数和透射系数进行整理，可以得到 Zoeppritz 方程：

$$\begin{bmatrix} \sin\theta_1 & -\cos\phi_1 & -\sin\theta_2 & -\cos\phi\gamma_2 \\ -\cos\theta_1 & \sin\phi_1 & -\cos\theta_2 & \sin\phi_2 \\ \sin2\theta_1 & -\dfrac{v_{p1}}{v_{s1}}\cos2\phi_1 & \dfrac{\rho_2 v_{s2}^2 v_{p1}}{\rho_1 v_{s1}^2 v_{p2}}\sin2\theta_2 & \dfrac{\rho_2 v_{s2} v_{p1}}{\rho_1 v_{s1}^2}\cos2\phi_2 \\ \cos2\phi_1 & \dfrac{v_{s1}}{v_{p1}}\sin2\phi_1 & -\dfrac{\rho_2 v_{p2}}{\rho_1 v_{p2}}\cos2\phi_2 & \dfrac{\rho_2 v_{s2}}{\rho_1 v_{p1}}\sin2\phi_2 \end{bmatrix} \begin{bmatrix} R_{pp} \\ R_{ps} \\ T_{pp} \\ T_{ps} \end{bmatrix} = \begin{bmatrix} -\sin\theta_1 \\ -\cos\theta_1 \\ \sin2\theta_1 \\ -\cos2\phi_1 \end{bmatrix} \tag{1}$$

式中 R_{pp}——P 波反射系数；

R_{ps}——S 波反射系数；

T_{pp}——P 波透射系数；

T_{ps}——S 波透射系数；

ρ_1——反射界面上部介质密度；

ρ_2——反射界面下部介质密度；

θ_1——P 波入射角；

θ_2——P 波透射角；

ϕ_1——S 波反射角；

ϕ_2——S 波透射角；

V_{P1}——上半空间介质 P 波速度；

V_{P2}——下半空间介质 P 波速度；

V_{S1}——上半空间介质 S 波速度；

V_{S2}——下半空间介质 S 波速度。

Zoeppritz 方程由于其数学上的复杂性和物理上的非直观性，不能解出反射波、透射波的振幅与介质纵横波速度、密度之间明确的函数关系，因此，在应用时通常使用其简化公式，目前使用比较广泛的是 Shuey 简化公式：

$$R_{pp}(\theta) \approx R_0 + \left(A_0 R_0 + \frac{\Delta\sigma}{(1-\sigma)^2}\right)\sin^2\theta + \frac{1}{2}\frac{\Delta v_p}{v_p}(\tan^2\theta - \sin^2\theta) \tag{2}$$

式中，R_0 为截距（垂直入射时的纵波反射系数）；A_0 为纵波反射系数。

实际应用中，当入射角较小时，常忽略公式中的第三项，则有：

$$R_{pp} \approx P + G\sin^2\theta \tag{3}$$

其中，$P = R_0$ 为截距；$G = A_0 R_{p0} + \frac{\Delta\sigma}{(1-\sigma)^2}$为梯度。

2　煤层 AVO 正演模拟

2.1　煤层地质模型的建立

根据实际测井和地质资料，建立了三层地质模型，其中煤层位于中间，煤层顶底板均为砂岩，煤层顶界面深度为 500 m，煤层设计厚度为 50 m（图 1），底界面深度随煤层厚度而变化，模型的物性参数见表 1。

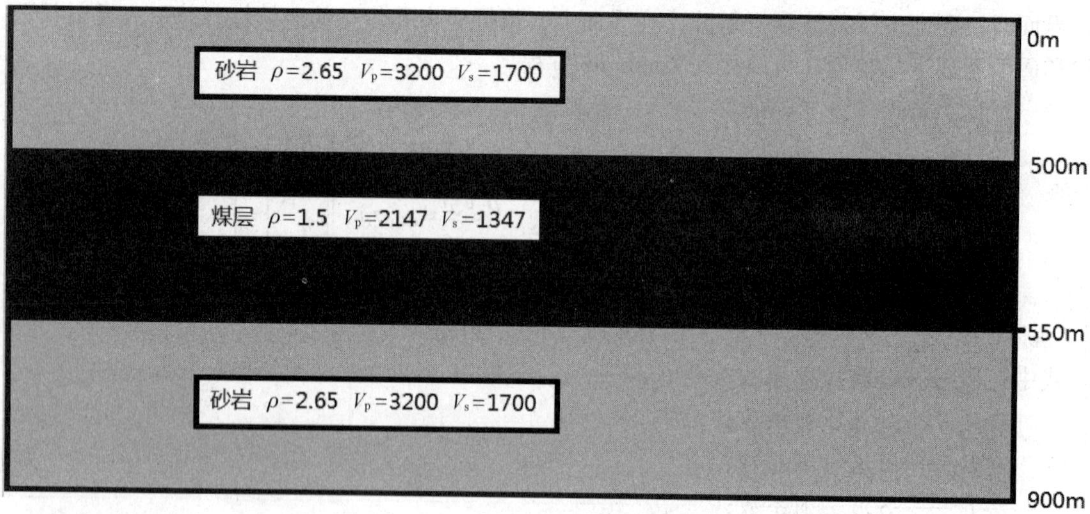

图1　煤层地质模型

表1　模型的物性参数

岩性	纵波速度 v_p/(m·s^{-1})	横波速度 v_s/(m·s^{-1})	密度 ρ/(g·cm^{-3})
砂岩	3200	1700	2.65
煤	2147	1347	1.5
砂岩	3200	1700	2.65

2.2 煤层 AVO 响应特征

通常煤层底界面易发生全反射，对 AVO 分析不利，所以针对煤层顶界面的 AVO 响应进行研究。根据上述煤层地质模型，利用 Zoeppritz 方程简化公式，选择频率为 50 Hz 的零相位雷克子波，对煤层进行正演模拟，得到偏移距间隔为 100 m 的煤层合成记录，如图 2a 所示，通过拾取煤层顶界面同相轴，可获得煤层顶界面的 AVO 曲线，如图 2b 所示。由图 2 可见，煤层顶界面地震振幅绝对值随偏移距增加而减小，当入射角在 15°～45°之间变化时，地震振幅随偏移距的变化最明显。

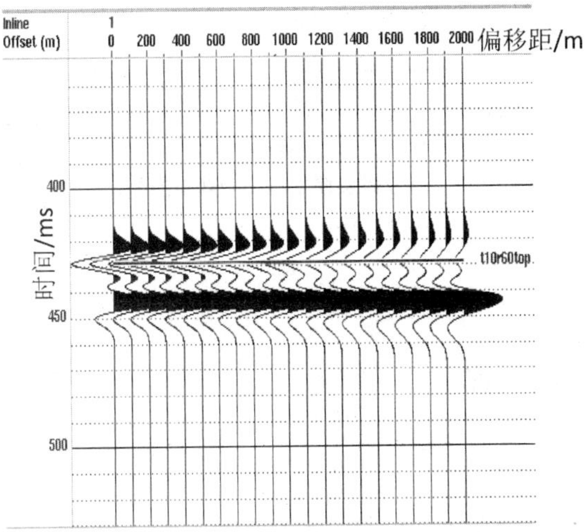

(a) 煤层的合成记录

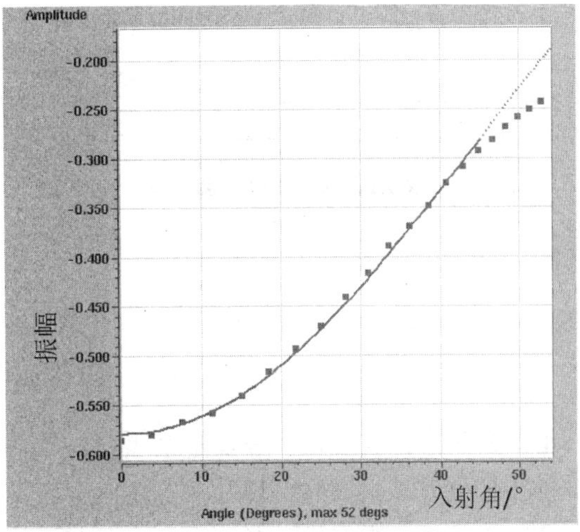

(b) 煤层顶界面的AVO曲线

图 2 煤层 AVO 响应

3 煤层厚度对 AVO 响应的影响分析

不同厚度煤层顶界面振幅随偏移距变化曲线如图 3a 所示，由图可见，不同厚度煤层顶界面反射振幅绝对值都是随着炮检距的增加而减小的，AVO 截距（即零炮检距的反射振幅）因煤层厚度变化有明显变化。图 3b 为煤层厚度与 AVO 截距的关系曲线，当煤层厚度小于 1/4 波长（约 10.74 m）时，AVO 截距绝对值随着煤层厚度的减小逐渐减小；当煤层厚度介于 1/4 波长与 1/2 波长（约 21.47 m）之间，AVO 截距绝对值随着煤层厚度的增加逐渐减小；当煤层厚度大于 1/2 波长时，随着煤层厚度的增大，煤层的 AVO 响应的截距基本保持不变，不再随煤层厚度变化而变化。

4 结论

通过上述研究发现：煤层厚度变化对 AVO 曲线会产生影响，AVO 截距受煤层厚度的影响较大。当煤层厚度小于 1/4 波长时，AVO 截距绝对值随煤层厚度减小逐渐减小；当煤层厚度介于 1/4 波长与 1/2 波长之间，AVO 截距绝对值随着煤层厚度增加逐渐减小；当煤层厚度大于 1/2 波长时，随着煤层厚度增大，AVO 截距基本保持不变，不再随煤层厚度变化而变化。

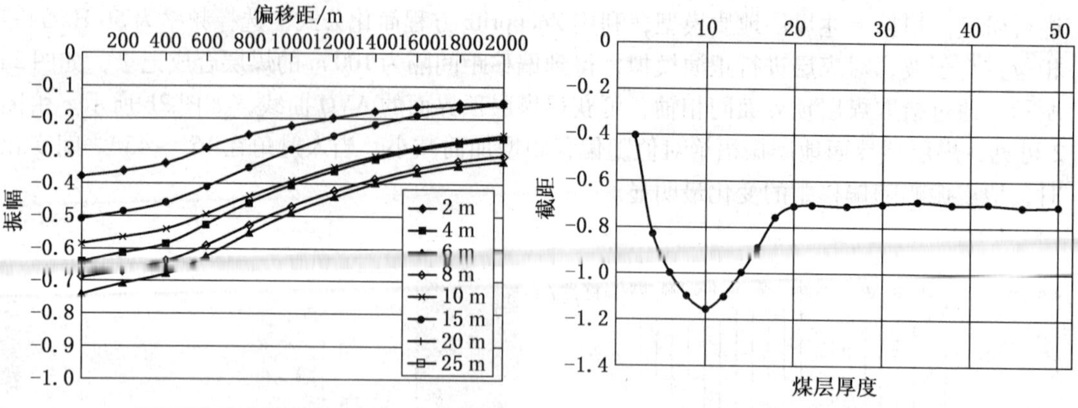

(a) 煤层振幅随偏移距变化曲线　　(b) 煤层厚度与AVO截距的关系

图3　煤层厚度与 AVO 的关系

参 考 文 献

[1] 彭苏萍，高云峰．含煤地层振幅随偏移距变化正演模型研究［J］．科学通报，2005，50（增1）：131－137.

[2] 彭苏萍，高云峰，杨瑞召，等．AVO 探测煤层瓦斯富集的理论探讨和初步实践——以淮南煤田为例［J］．地球物理学报，2005，48（6）：1475－1486.

[3] 彭苏萍，杜文凤，殷裁云，等．基于 AVO 反演技术的煤层含气量预测［J］．煤炭学报，2014，39（9）：1792－1796.

[4] 张爱敏，汪洋，赵世尊．不同厚度煤层 AVO 特征及模型研究［J］．中国矿业大学学报，1997，26（3）：36－41.

[5] 杜文凤，彭苏萍，王珂，等．瓦斯突出煤和非突出煤 AVO 响应的比较［J］．中国煤炭地质，2010，22（6）：45－48，58.

煤层地震响应特征及其影响因素分析

郭银玲 鲍继超 方文潇 李 帅

中国矿业大学（北京）煤炭资源与安全开采国家重点实验室，北京 100083

摘 要 针对煤田地震资料解释精度不断提高的实际需求，通过地震正演获得煤层的响应特征，分析研究煤层厚度和地层倾角等地质因素对煤层解释的影响。首先根据已知的地质资料设计煤层的地质模型，基于射线追踪原理，开展地震正演模拟，获得地震记录，在此基础上分析煤层厚度、地层倾角和子波频率变化对煤层地震响应特征的影响。研究结果表明，煤层具有强反射特征。当煤层厚度小于1/4波长时，地震记录中难以分辨出煤层顶底界面，随着煤层厚度的增大，顶底板界面逐渐分开，煤层厚度大于1/4波长，可以分辨出煤层顶底界面；随着子波频率增大，煤层分辨率增强；倾角越大，地震波同相轴斜率越大。基于地震正演模拟获得的煤层地震响应特征，可以作为地震资料精细解释的重要参考依据。

关键词 煤层 正演模拟 地震响应

Seismic Response Characteristics of Coal Seam and its Influencing Factors Analysis

Guo Yinling Bao Jichao Fang Wenxiao Li Shuai

State Key Laboratory of Coal Resources and Safe Mining, China University of Mining and Technology, Beijing 100083

Abstract According to the actual demand of the improving accuracy of coal seismic data interpretation, the response characteristics of coal seam are obtained through seismic modeling and the coal seam interpretation influence of geological factors such as thickness of coal seam and strata dip angle is analyzed. Firstly, based on ray tracing theory, the geological model of coal seam is designed according to the known geological data, carrying out seismic forward modeling, then the influence of coal thickness, the dip

---

资助项目： 中央高校基本科研业务费专项资金（2010YM03）

作者简介： 郭银玲（1996— ），女，吉林松原人，地球物理学专业本科生。Tel: 13124758282, E-mail: 597965973@qq.com angle and the frequency of wavelet transform on seismic response of coal seam will be analyzed. The results show that the coal seam has strong reflection characteristics. When the coal seam thickness is less than 1/4 of the wavelength, it is difficult to distinguish the top and bottom interface of the coal seam by seismic records, with the increase of the thickness of the coal seam, the top and bottom interface become gradually separated, when the thickness is more than 1/4 wavelength, we can distinguish the top and bottom interface of coal seam; with the increase of wavelet frequency, the resolution of the coal seam is enhanced; the greater the dip angle, the greater the slope of the seismic wave e-vent. Seismic response characteristics of coal seam, based on seismic forward modeling, can be used as an important reference for detailed interpretation of seismic data.

Key words　coal seam　forward modeling　Seismic response

0　引言

随着大型、超大型矿井的建设，对煤田地质工作提出了更高的要求，即除了查明采区内的构造信息外，还要尽可能提供煤层厚度变化的情况。我国东部煤矿区由于采用分煤层开采，煤层的缺失、剥失、分叉、合并等厚度变化问题会给煤矿生产带来很大的影响。地震波正演模拟[1]是对特定的地质、地球物理问题作适当的简化，形成一个简化的数学模型或物理模型，采用数值计算方法获取地震响应的过程，是理解地震波在地下介质中传播特点和帮助解释观测数据的有效手段。通过对地震波的正演模拟研究，可以对地震波场特征进行理论分析，并指导野外数据采集工作，而且作为地震勘探中非常重要的一环，正演模拟是反演过程的理论基础，能够帮助地震解释工作者有效快速地认识地震资料。

1　地震数值模拟方法

1.1　射线追踪原理

射线追踪法[2]是在费马原理的基础上建立起来的。由几何光学理论知识可知，光波的频率增大时，光的能量将逐渐聚集，当频率增大到某一个量值时，光的能量会聚焦为一条射线，即光沿着这条射线进行传播。

射线追踪法将光波的传播理论引入到地震波的传播中，认为频率增大到某一量值时，地震波会沿着射线轨迹进行传播[3]。基于这种近似，可以重新建立地震波的传播路径，最终利用数学方法将射线的旅行时间计算出来。

射线追踪法的计算采用的是数学上的微分方法。众所周知，地震波的射线路径是连续的，为了便于计算，首先将这条射线离散成若干段微小的部分，其次运用方程分别计算出每一段轨迹的旅行时，然后将每段轨迹的计算结果进行累加，就可以得出整条射线的轨迹和旅行时。

射线追踪正演模拟的优势在于拥有比较明确的概念，在相对简单的模型的模拟中，应用广泛，计算简单，运算快捷，显示直观。

1.2　地震数值模拟的基本方法

已知模型各层的密度和速度可以得到波阻抗，进而能求出反射系数，由地震子波与模型各层的反射系数的褶积可以合成地震记录。反射波振幅是单个反射系数和子波褶积叠加结果，每个时刻的振幅是由很多反射系数相互作用而形成的，每一个相位内的信息是互相叠置的[4]。

2 煤层地震响应特征

2.1 地质模型

建立煤层的地质模型，上层为砂岩，中间为煤层，下层为砂岩，砂岩的速度为3000 m/s，密度为2.65 g/cm^3；煤层的速度为2200 m/s，密度为1.5 g/cm^3，煤层厚度为50 m。模型的物性参数见表1。

表1 模型的物性参数

层 位	煤层顶（砂岩）	煤 层	煤层底（砂岩）
速度/(m·s^{-1})	3000	2200	3000
密度/(g·cm^{-3})	2.65	1.5	2.65

2.2 子波选取

当子波频率增大时，子波的峰值频率增大（图1），子波的周期减小（图2）。分别采用30 Hz、40 Hz、50 Hz、60 Hz频率子波，对模型进行射线追踪法正演模拟，并根据自激自收地震记录进行研究。将不同频率下所得到的地震记录中的调谐厚度分别求出后，得到表2。

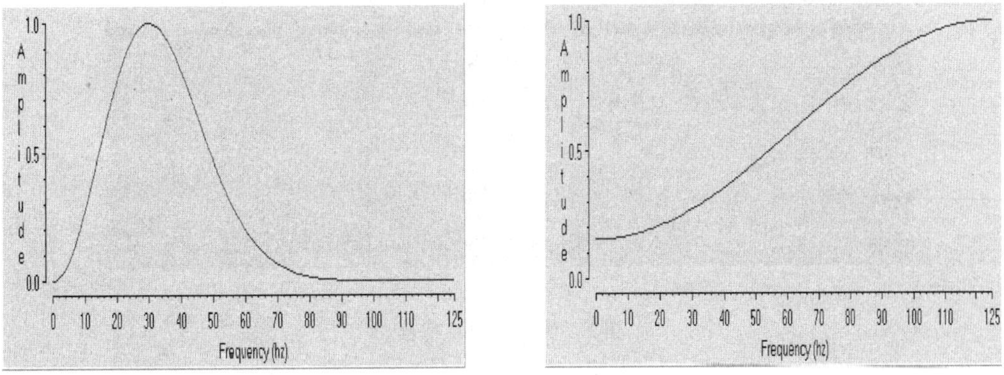

(a) 30Hz 雷克子波频谱图　　(b) 120Hz 雷克子波频谱图

图1 子波频率与子波峰值频率的关系

2.3 地震道的形成

给定一定频率的雷克子波，通过褶积就可以形成地震道。图3为煤层的地震响应，可以看到，煤层和围岩之间波阻抗差异大，在地震剖面表现为强反射特征。

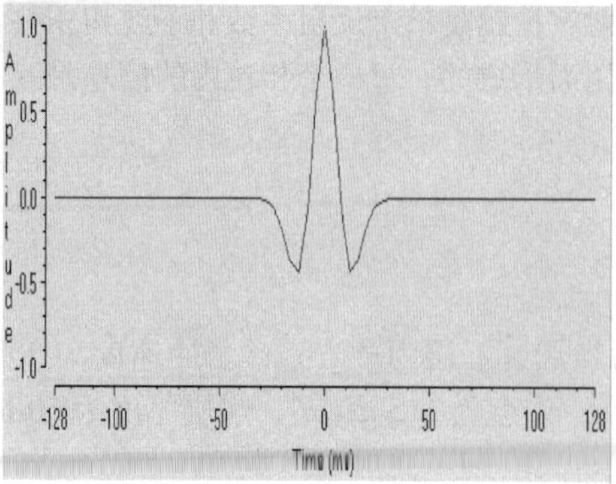

(a) 30Hz 雷克子波波谱图

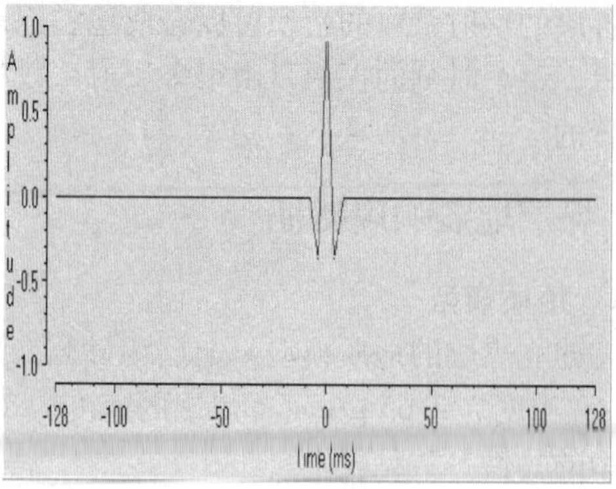

(b) 120Hz 雷克子波波谱图

图 2　子波频率与子波周期的关系

表 2　调谐厚度随子波频率变化表

子波频率/Hz	30	40	50	60
调谐厚度/m	29	23	20	17

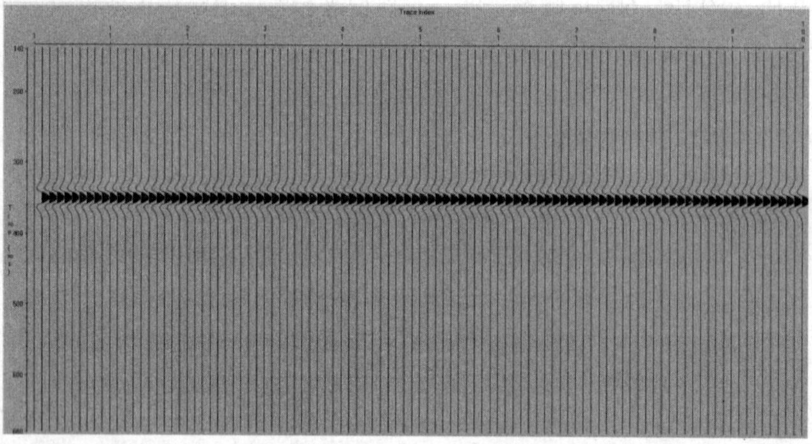

图 3　煤层的地震响应

3　煤层地震响应的影响因素

基于煤层地震响应，探讨煤层厚度变化对地震响应的影响、子波频率对地震响应的影响以及煤层倾角对地震响应的影响。

3.1　煤层厚度对地震响应的影响

用楔形模型来研究厚度变化对煤层的影响，如图 4 所示，煤层顶板埋深 300 m，下界面倾斜，煤层厚度从 0 增加到 150 m。

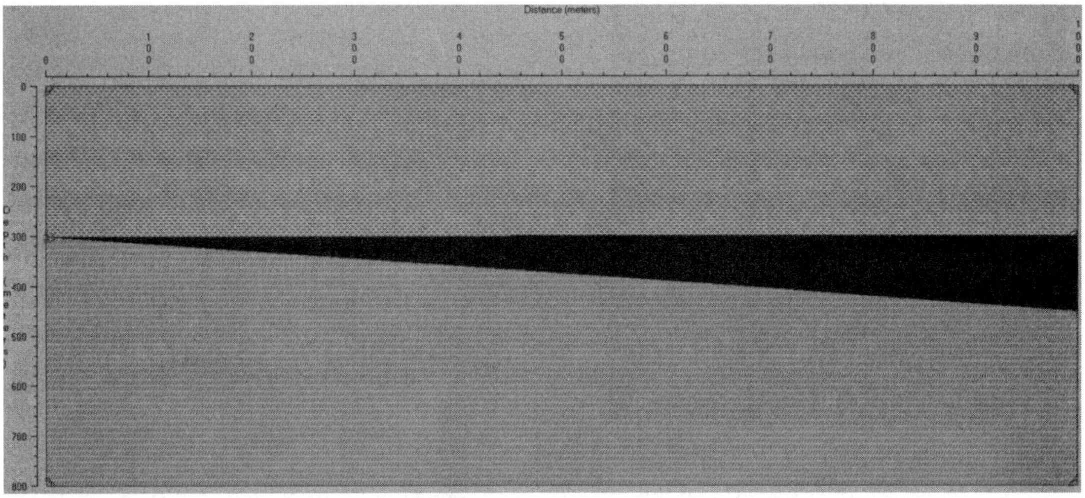

图4　楔形煤层模型

用自激自收的方法，共放100炮，炮间距10 m，用30 Hz雷克子波得到图5所示的地震记录。

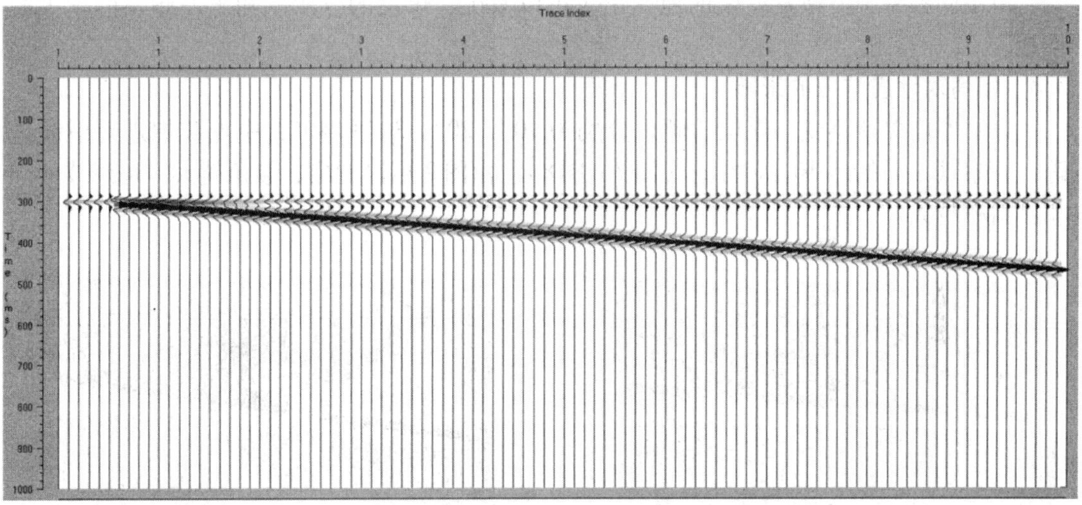

图5　楔形模型煤层的地震记录

由地震记录可以看出，楔形厚度小于楔形地震波波长的1/4时，顶界面反射波波形随着楔形厚度的增大而逐渐与底界面波形分开，不仅有顶底干涉，还有楔形内部的层间多次波干涉，这是引起地震振幅属性变化的原因，振幅属性与楔形厚度主要是负相关的关系[5]。楔形厚度大于楔形地震波波长的1/4时，煤层顶底板界面的反射波波形完全分开。

3.2　子波频率对地震响应的影响

用50 m厚煤层模型来研究子波频率对正演的影响，如图6所示，煤层顶板深度为200 m，厚度为50 m，激发采用雷克子波，子波频率分别为30 Hz、40 Hz、50 Hz、60 Hz，自激自收射线追踪过程中，道距为10 m，得到地震记录后，通过分析地震记录来研究地震子波的影响。

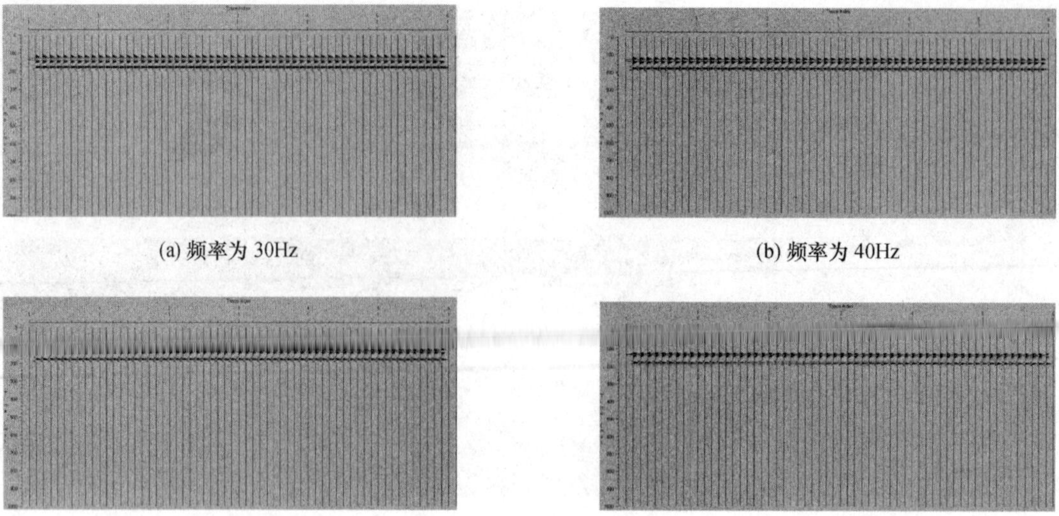

(a) 频率为 30Hz　(b) 频率为 40Hz

(c) 频率为 50Hz　(d) 频率为 60Hz

图 6　不同子波频率对地震响应的影响

由不同频率子波激发产生的地震记录可以看出，煤层的分辨率随子波频率的增大而增强。

3.3　倾角对地震响应的影响

煤层厚度保持不变，煤层的倾角分别为 10°、20°、30°和 40°，中点放炮进行射线追踪，观察其不同的地震响应特征（图 7 ~ 图 8）。由图 8 可以看出，倾角越大，地震波的同相轴斜率越大。

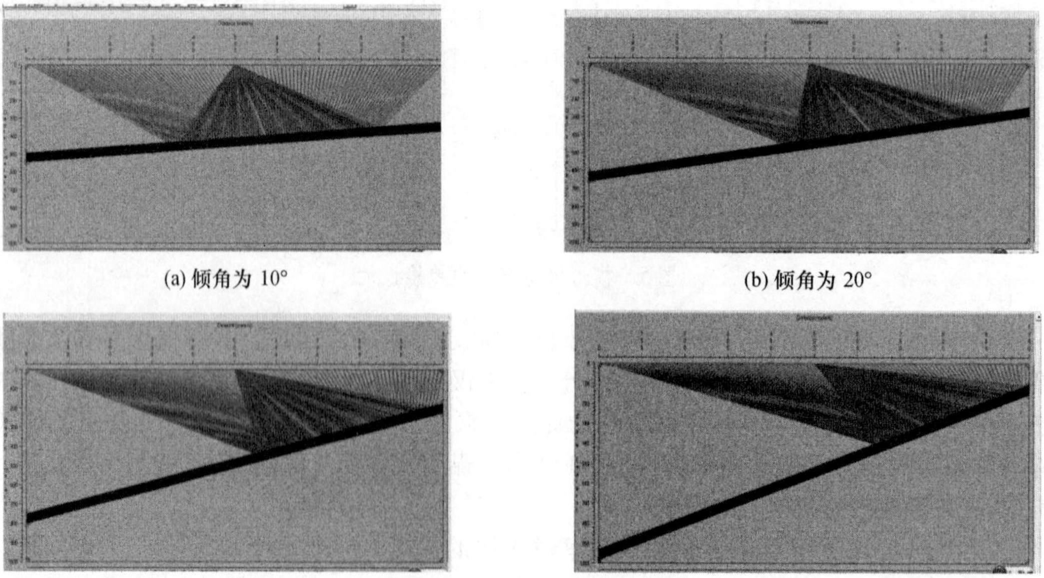

(a) 倾角为 10°　(b) 倾角为 20°

(c) 倾角为 30°　(d) 倾角为 40°

图 7　不同倾角模型的射线追踪

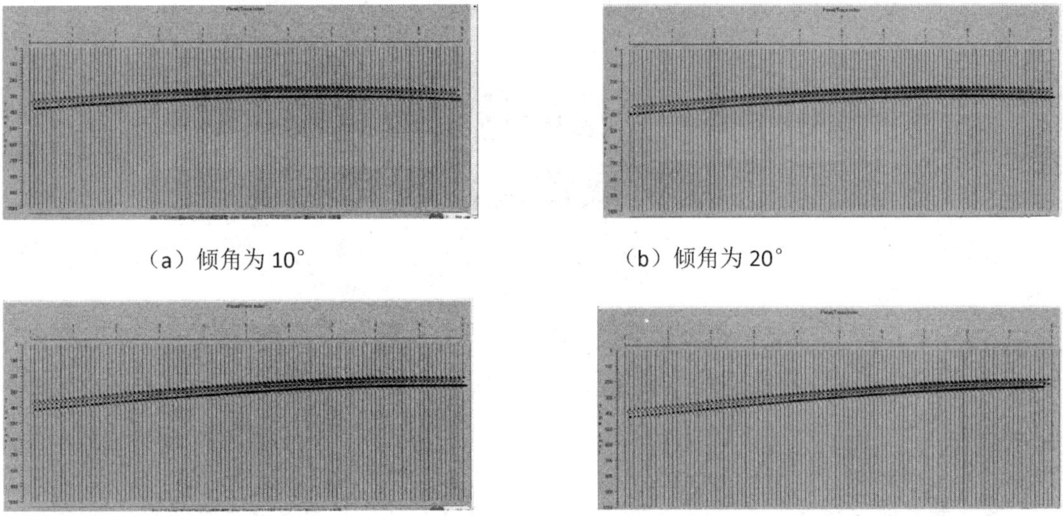

（a）倾角为 10°　　（b）倾角为 20°

（c） 倾角为 30°　　（d） 倾角为 40°

图 8　倾角变化的地震记录

4　结论

通过煤层地震正演模拟可以发现：煤层具有强反射特征，当煤层厚度小于 1/4 波长时，地震记录中难以分辨出煤层顶底界面，随着煤层厚度的增大，顶底板界面逐渐开始分开，厚度大于 1/4 波长，可以分辨出煤层顶底界面；随着子波频率增大，煤层分辨率增强；倾角越大，地震波同相轴斜率越大。

参 考 文 献

[1] 裴正林，牟永光．地震波传播数值模拟 [J]．地球物理学进展，2004，19 (4)：933 –941.

[2] 张钋，刘洪，李幼铭．射线追踪方法的发展现状 [J]．地球物理学进展，2000，15 (1)：36 –45.

[3] 陆基孟．地震勘探原理 [M]．北京：石油大学出版社，2009.

[4] 李世杰．基于射线追踪方法的煤层地震响应特征 [J]．物探与化探，2016，40 (1)：209 –213.

[5] 张建中，陈世军，余大祥．最短路径射线追踪方法及其改进 [J]．地球物理学进展，2003，18 (1)：146 –150.

[6] 王向前，王昀．射线追踪数值模拟方法研究及效果分析 [J]．断块油气田，2008，15 (4)：44 –47.

基于 ART 算法的透射雷达波走时层析成像反演研究

崔　凡[1]　李思远[2]

1. 中国矿业大学（北京）煤炭资源与安全开采国家重点实验室
2. 中国矿业大学（北京）地球科学与测绘工程学院

摘　要　随着煤炭开采的技术和效率的不断提升，通过探测发现矿井中隐伏灾害源显得尤为重要。探测以构造为主的隐伏灾害源，可为煤矿安全生产提供科学的地质保障，确保井下人员安全。本研究以透射雷达波走时层析技术为基础，对比后选择效果较好的 ART 算法进行走时层析成像。在对实际采集的数据进行处理成像之前，先利用数值模拟对正演模型进行成像，验证反演算法的可行性。在层析成像时，首先将测区离散化，后采用射线追踪的方法遍历每一个网格，获取射线在网格中的路径，求取反演系数矩阵。通过对走时数据反演得出的速度等值线图，可以显示出实际探测区域内速度差异明显的异常构造存在和物性参数，并在实际探测过程中获得了验证。

关键词　矿井　探地雷达　射线追踪　ART 算法

Research of Radar Wave Travel Time Tomography Inversion Based on ART Algorithm

Cui Fan[1]　Li Siyuan[2]

1. State Key Laboratory of Coal Resources and Safe Mining, China University of Mining and Technology, Beijing　100083
2. College of Geoscience and Surveying Engineering, China University of Mining and Technology, Beijing　100083

Abstract　With the coal mining technology and efficiency continues to improve, It is veryimportant to detect the hidden hazards in the mine. Prediction of potential hazards,

---

资助项目： 中央高校基本科研业务费专项资金（2013QM01）

作者简介： 崔凡（1984—　），男，安徽淮南人，博士，副教授，主要从事应用地球物理领域相关的研究工作。Tel:010－62331203/13911570965; E－mail: cuifan@ cumtb. edu. cn can provide a scientific geological guarantee for coal mine safety production, to ensure the safety of underground personnel. The research is mainly focus on transmission GPR travel time tomography technology. Selecting the ART algorithm with better effect of travel time tomography. Before to deal with actual collected by imaging, using the numerical simulation to image the forward model to verify the feasibility of the inversion algorithm Simulate imaging to the forward model, to verify the feasibility of the inversion algorithm . In tomographic imaging, the first work will be surveyed area discretization, than adopted the method of ray tracing after traversing each grid, access the path of rays in every grid, calculate the inverse matrix. The velocity contour map derived from the inversion of travel time data can show the existence and physical parameters of the abnormal structure of the velocity difference in the actual detection area, and it is verified in the actual detection process.

Key words coal mine GPR Ray Tracing ART Algorithm

0 引言

我国煤矿开采的地质条件复杂，矿井地质中隐伏的小构造异常体等灾害源会使开采过程件随重大安全隐患。本研究针对矿井小构造灾害源体积小、分布复杂的特点，应用具有精准、全面反映速度异常、准确识别观测区域灾害源信息等优点的代数重建算法（Algebraic Reconstruction Technique，ART）算法研究透射雷达波走时层析成像反演，为矿井构造灾害源探测提供新的快速、无损、高分辨率的地球物理勘探技术，保障开采工作的安全、持续进行。

近年来国内外学者对于透射雷达探测和层析反演算法的研究都取得了一定的成果。刘四新（2006）等利用钻孔雷达探测地下含水裂缝；黄光明等（2012）用透射雷达理论勘察不良地质体；Asakawa 等人提出计算效率高的线性走时插值法[1]；秦宁与刘玲君等则针对线性走时插值法进行了改进，进一步提高了其计算精度和计算效率[2-3]。

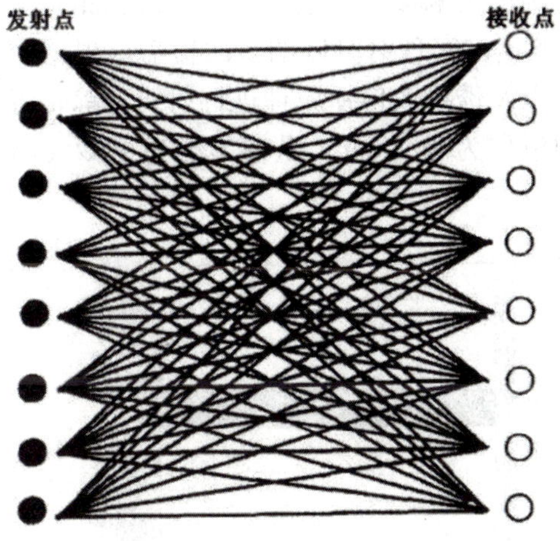

图 1 透射雷达探测观测系统

1 透射雷达测定原理

根据斯奈尔定律，当电磁波入射角等于临界角时，电磁波会产生透射效果。CT（Computed Tomography）透射探测雷达是在介质一侧发射电磁波，另一侧接收。接收天线接收的波即为电磁波穿过介质所产生的透射波。在矿井探测中，因受井下空间局限，反射式雷达的探测深度受限，而透射雷达从理论上可有效提升雷达的探测距离[4]。透射雷达探测观测系统如图 1 所示。

2 算法原理

2.1 直射线追踪算法

射线追踪方法作为一种快速有效的波场近似算法，不仅对于地震波理论研究有重要意义，而且也已直接应用于地震波反演及偏移成像过程。高频电磁波可用一定频率的雷克子波近似模拟。在进行射线追踪之前，离散化整个观测区域，假设将每个网格内的介质视为均匀各向同性介质，可将求取整个观测区域的波速分布转化为求取各个网格的介质波速。在进行直射线追踪的过程中，对所有射线逐条进行计算[5]。

2.2 ART 算法原理

ART 算法是在给定慢度解向量初值的基础上，逐条计算每一个网格的射线对其慢度修正值的一类迭代算法[6]。对于每一个网格，逐条遍历经过该网格的射线，修正该网格慢度值，并根据当前慢度反演结果计算新的走时，检验是否达到迭代停止条件。实现 ART 算法程序时，给定基本信息后设定算法迭代次数以及初始速度，当给定速度越接近实际值时，迭代所需要的时间越小。

常规迭代算法的终止条件一般可设为最大均方根误差、最大迭代次数，将迭代算法具体到 ART 算法时，可选择相对走时残差变化值、慢度解向量中任意元素两次迭代变化值、最大迭代次数等作为迭代终止条件。本研究以任意两次迭代变化值大小作为迭代终止条件，即后一代的解与前一代的解变化不大时算法终止。

3 基于两种算法的小构造正演模拟

在进行实际测量之前，需要做透射雷达的正演模拟，初步预测所呈现的效果。本次模拟基于上述方法建立模型进行运算，模拟野外矿井采集的真实情况。

拟建立测区是长为 100 m、厚度为 10 m 的煤层构造，异常体为半径 2 m 的球状异常，分布于煤层正中。背景介质为煤，介电常数为 6；含水异常介电常数为 30。选取 50 MHz 分体式天线，发射天线置于一侧，接收天线置于另一侧。在坐标零点处固定发射天线，接收天线在零点处沿测线每隔 1 m 接收一次信号，实现多偏移距测量。当接收天线测完整条测线时，将发射天线沿测线向前移动 1 m，重复测量，实现对测区的多次覆盖。根据介电常数不同、透射波在不同介质中的传播速度不同以及透射波传播原理进行射线追踪，得到测区长度与时间的图像（射线响应图像），横轴单位为米（m），纵轴单位为纳秒（ns），模拟构造如图 2 ~ 图 3 所示。

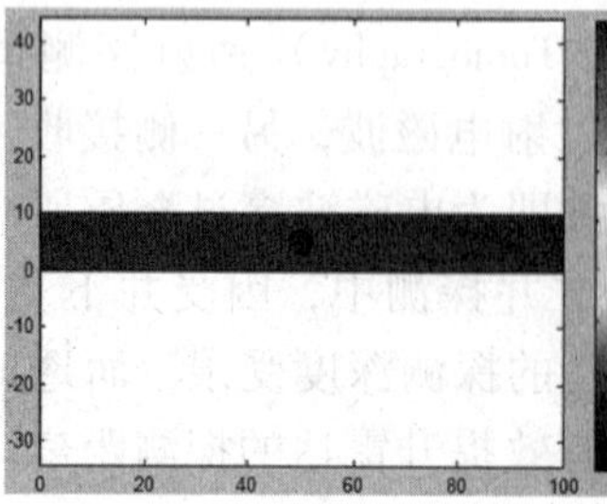

图 2 球状小构造异常介电常数模型图

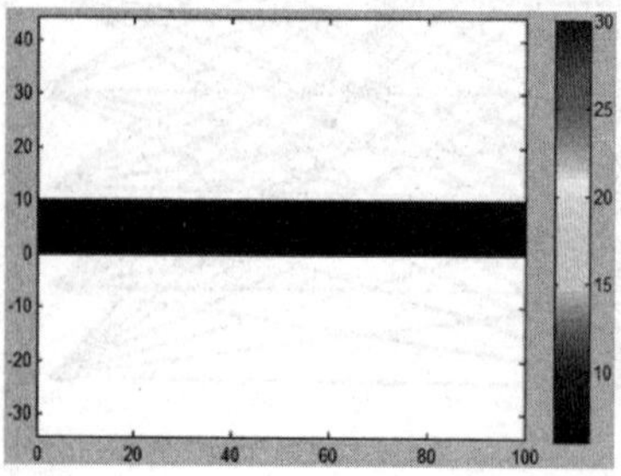

图 3 球状小构造异常射线速度模型图

根据以往的实验表明，射线与透射方向的角度同走时数据准确性呈一定的相关性，大角度射线会导致接收天线接收到的信号的信噪比降低，进而干扰走时层析成像效果，选择一定度数范围（30°~40°）内的射线，比使用全部射线的走时数据反演效果会更好。所以提取走时数据后，为进一步提升成像效果，截取中间 80 组数据进行反演成像，绘制速度等值线图，如图 4 所示。

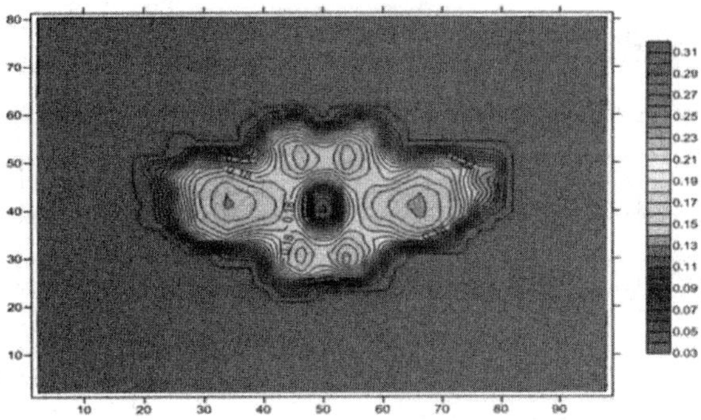

图 4　球状构造反演等值线图

由图 4 可以看出，通过反演得到的速度等值线图可以大致反映正演模型的真实情况，中间球形小构造异常为低速体，周围介质为相对高速体。正演模拟的结果验证了将 ART 算法和直射线追踪算法相结合进而进行反演成像是可行的，为后续应用到实际探测中提供了理论依据。

4　实际探测区情况及测线布置

本次实验探测的地点为河北省邢台市临城县，该区域依托科技部重大仪器专项构建了井巷地球物理模型实验平台。实验区巷道物理模型按照矿井实际开采尺寸 1∶1~1∶3 规模建立，模型整体尺寸为 100 m×50 m×6.3 m。巷道物理模型共分为 6 个区域。本次实验使用中国矿业大学（北京）煤炭资源与安全开采实验室自主研发的 GR 系列 CT 透射地质雷达及 CT 透射低频组合系统，对存在挖空区的 A2 区域进行探测。

测区长 26 m，宽 23.2 m。沿两条坑道布置两条平行测线，一条测线上布置发射天线，另一条布置接收天线。在接收端布置 13 个采样点，点间距为 2 m，编号 1~13，坐标为（1，0）、（2，0）、（3，0）……（13，0），发射天线从 0 处开始沿测线匀速移动，每 2 m 打一个标。测线高度 1 m。将天线垂直于地面，沿测线移动，时窗设为 700 ns，每测完一次，接收天线移动到下一个采样点，重复测量。A2 区域观测系统如图 5 所示。

在实际探测时（图 6），将主机与接收天线通过光缆进行连接，跨工作面的发射天线与接收天线之间依靠无线网络进行同步通信。

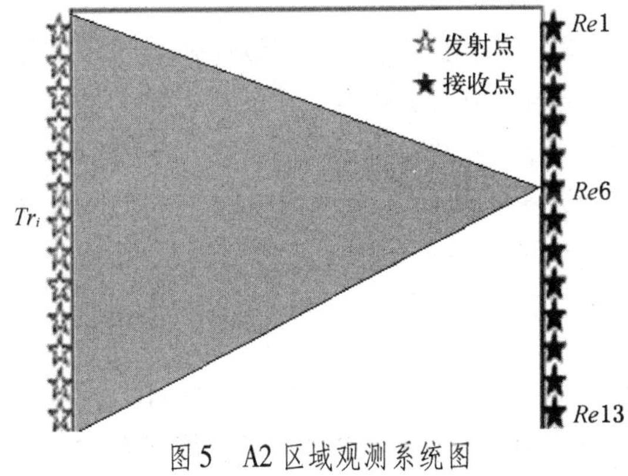

图 5　A2 区域观测系统图

图 6　实际探测工作照

5 数据处理流程

雷达数据采集完后，需对其进行简单处理和提取走时信息。CT 透射雷达剖面数据处理的方式和流程与常规反射探测数据处理有很大不同，常规反射探测数据处理会做增益、一维滤波、背景去噪等工作，而 CT 透射雷达数据处理需要逐点追踪，提取初至时间。具体处理流程如图 7 所示。

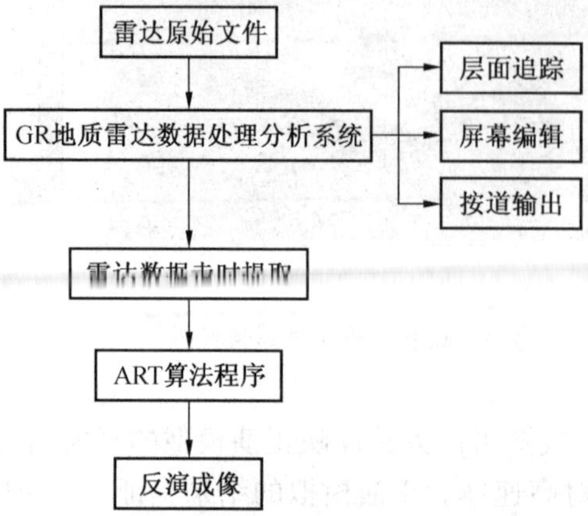

图7 数据处理流程图

6 成像过程与结果分析

将提取的走时数据按照正演模拟的步骤进行导入成像，得到如图 8 所示的速度等值线图。图中可以清晰地显示出位于横坐标 10 ~ 15 m 范围、纵坐标 3 ~ 8 m 的位置出现一片高速异常。

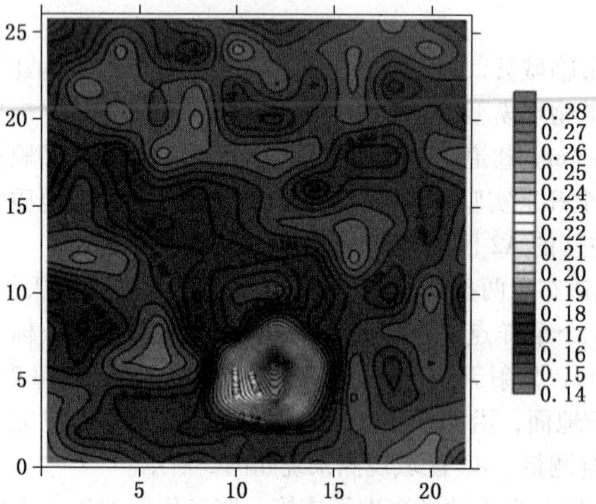

图8 速度等值线图

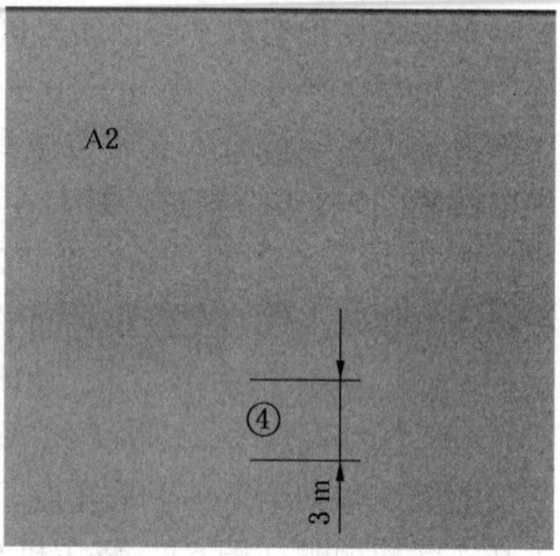

图9 实际测区示意图

根据实际测区的病害模型示意图（图 9）发现，该速度异常可以大致反映测区介质分布的真实情况，在测区内出现速度突变，即在低速测区内出现相对高速的异常体，且相对速度差异较大。该速度异常直接反映出测区内存在构造类型的隐伏灾害，与正演模拟的结果相对应，更有力地支撑了预先的构想，即用 ART 算法进行层析成像反映地下小构造异常的效果较好，对后续开采起到了指导作用。

7 结论

从实测数据的处理可以看出，将 ART 算法与射线追踪算法相结合时，对测区进行网格剖分，不断修正网格内每条射线慢度，直至反演方程组趋于稳定时，可以得到大量走时数据。通过对走时数据进行反演得出的速度等值线图可以大致显示出测区内异常构造的存在状态和物性参数，从而验证了 ART 算法对于层析反演成像技术的有效性。这对探测采区内小构造异常，预测矿井构造隐伏灾害源，降低开采风险，保证人员生命安全起着重要意义。

参 考 文 献

[1] Asakawa E, Kawanka T. Seismic ray tracing using linear travel time interpolation [J]. Geophysical Prospecting, 1993, 41(1): 99 – 111.

[2] 秦宁，李振春，桑运云，等．初至波走时层析速度建模方法研究［J］．地球物理学进展，2014，29（1）：255 – 260.

[3] 刘玲君，谢中华，杨萃．基于边界线性走时插值的射线追踪算法［J］．华南理工大学学报（自然科学版），2014，42（5）：23 – 28，35.

[4] 曾昭发，等．地质雷达原理与应用［M］．北京：电子工业出版社，2010.

[5] 王飞．跨孔雷达走时层析成像反演方法的研究［D］．吉林：吉林大学，2014.

[6] Herman GT. Fundamentals of computerized tomography: image reconstruction from projections[M]. Springer, 2009.

露天矿人工诱发滑坡监测预警系统的现场试验研究

陶志刚[1,2]　吕　谦[1,2]　郝振立[1,2]　张海江[1,2]

1. 中国矿业大学（北京）深部岩土力学与地下工程国家重点实验室，北京　100083
2. 中国矿业大学（北京）力学与建筑工程学院，北京　100083

摘　要　滑动力远程监测系统是一种适应于露天矿山复杂边坡环境的滑坡监测预警系统，能够对滑坡、裂缝、崩塌等灾害进行超前预警，据此对边坡稳定状态进行动态评估和危险性区划，为采矿工程师和高层管理者采取正确的决策措施提供科学依据，全面保障矿山的安全可持续开采。本文基于“滑动力远程监测预警系统”，在南芬露天铁矿采场下盘开展了“人工开挖诱发滑坡全过程监测的现场物理模拟试验研究”，研究结果证明该系统能够对滑坡全过程进行超前预警，监测曲线预警特征点与现场破坏特征十分吻合，均提前3～4个小时发出预警信号。

关键词　滑坡监测　恒阻大变形锚索　物理模型试验　深部滑动力监测

Physical Simulation Experiment Research on Artificial Induced Landslide in Open－pit Mines

Tao Zhigang[1,2]　Lv Qian[1,2]　Hao Zhenli[1,2]　Zhang Haijiang[1,2]

1. State Key Laboratory for Geomechanics and Deep Underground Engineering, China University of Minmg and Technology, Beijing　100083
2. School of Mechanics and Civil Engineering, China University of Mining and Technology, Beijing　100083

Abstract　Monitoring results show that the sliding force remote monitoring system is a kind ofadapted to the complexity of landslide condition monitoring and warning system in open－pit mine and can take advance warning for landslides, cracks, collapses and other disasters. According to the stability of slope in dynamic evaluating and the hazard zoning, it can provide the scientific basis for mining engineers and senior managers to take

---

资助项目：中央高校基本科研业务费专项资金（2015QB02）

作者简介：陶志刚（1981—　），男，河北邯郸人，博士，岩土工程专业，中国矿业大学（北京）讲师，主要从事岩石力学和矿山灾害控制方面的研究。Tel:15810687582; E－mail: taozhigang1981@163.com the right decisions measures and fully guarantee the safety and sustainable exploitation of mine. In this paper," sliding force remote monitoring and warning system" has been applied in NaFen open – pit iron mine stope footwall to carry out the" artificial excavation induced the landslide whole process monitoring of field physical simulation experiment research". The results show that the system can carry out the whole process of landslide advance warning, the monitoring curve of warning feature points is quite coincident with the characteristics of field failure, the warning signal can be emit 3 to 4 hours in advance.

Key words landslide monitoring large deformation with constant resistance cable (abbreviated CRLD cable) physical modeling experiment sliding force monitoring deeply

0 引言

在过去的一百年中，在滑坡的众多监测项目中，位移监测模型占重要地位[1-3]。然而，经过大量地表位移监测技术的研究和应用，岩土工程师发现仅仅依靠地表位移监测，不能超前捕捉滑坡体演变特征，提供超前的预警信息。他们熟知力是运动的根源，但是由于边坡滑动力属于天然力学系统范畴，无法直接测量。因此，力学信息如何测量已成为滑坡灾害超前预警的瓶颈，多年来制约着滑坡监测技术的发展。

早期由于装备条件的限制，国内外滑坡监测主要是根据人工观测地表变化特征、地下水水位变化来推断确定其发生的可能性[4-5]。之后，随着时代发展和科技进步，表面位移监测法的一些常规仪器，包括全站仪、经纬仪、水准仪、钻孔倾斜仪以及新近发展的 GPS 手机监测等，也逐渐得到应用。如 B. A. Reeves[6]利用 In – SAR 技术，对露天矿岩石边坡进行监测，以此判断边坡的稳定状态。RikiOhbayashi[7]提出应用“感知节点网络系统”对滑坡体变形进行监测，该系统具有自我恢复、自动控制和高效数据传输功能，避免自然灾害对传感装置的破坏。许利凯等[1]基于遥测技术和 GSM 通信网络研发出“滑坡体无人值守监测设备（KLA – 1)”，该系统是测量滑坡体地表相对位移的监测仪器。G. Puglisi[8]等人基于 GPS 和卫星大地测量技术，研发出“地表变形监测系统”，该系统具有连续测量地表变形及无线传输监测数据的功能。在滑坡实际监测过程中，上述方法为滑坡灾害监测、预警提供了许多新思路和新技术，取得众多研究成果。但是，由于表面位移和滑面位移的不一致性，预测预报准确度十分有限。

2006 年，何满潮院士提出边坡系统作为一个天然的力学系统[9]，滑坡发生与否决定于潜在滑动面上的“下滑力”和“抗滑力”之间的平衡状态变化，而边坡失稳过程是一个由量变到质变、由渐变增加到最终破坏的过程，借助边坡岩体深部滑动力变化参量的实时监测可以准确超前预报出滑坡灾害的发生时间和发生地点。基于此观点，推导出滑动力监测力学模型，研发出一整套滑动力远程监测预警系统[10]。然而，该系统无法对大变形滑坡全过程进行监测预警，究其原因是承担力学传输的普通锚索属小变形材料，当边坡岩体发生大变形而未失稳破坏时，普通锚索已被拉断，整个监测系统失效。2010 年，何满潮针对上述问题研发出一种具有能量吸收特性的滑坡专用恒阻大变形锚索，在外荷载作用下保证2000 mm变形恒阻不断[11]。这种技术的先进之处是抓住了边坡失稳破坏的本质特征，通过对NPR锚索上扰动力的实时监测，计算出滑坡体潜在滑动面上下滑力大小，实现从“现象监测”到“本质监测”的飞跃。

1 NPR锚索工作原理

1.1 NPR锚索的结构组成

2010年，何满潮针对常规小变形锚索无法承受露天矿山边坡岩体大变形破坏而发生拉断失效的问题，研发出了一种具有能量吸收特性的恒阻大变形锚索（NPR），锚索结构简图如图1所示[10]。

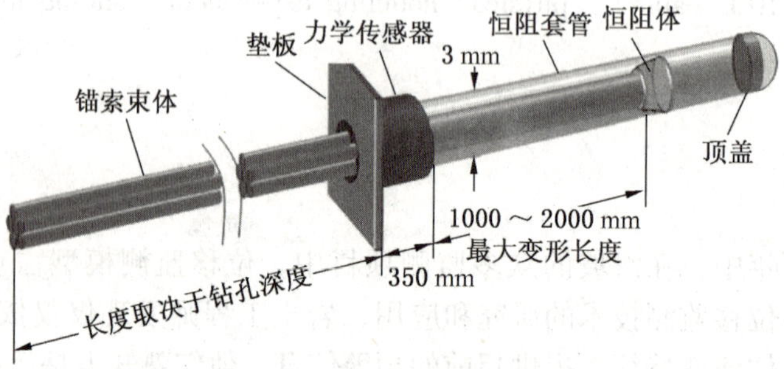

图1 恒阻大变形锚索结构简图

新型能量吸收锚索在普通锚索的基础上增加了恒阻器，利用6组锥形夹片将恒阻器和普通锚索束体连接。恒阻器使得普通锚索具有了一定的恒阻大变形功能，恒阻器的恒阻值按照锚索束体屈服强度的90% ~92%进行设计。

1.2 能量吸收原理

NPR锚索的负泊松比结构带来的好处主要有两个方面。一是将锚索材料变形的绝大部分转化为“结构变形”，即恒阻体与恒阻套管间的相对位移，这样只要在设计中使锚索的恒阻力 P_0 小于杆体的弹性极限，理论上，锚索变形即可以设计成任意长。二是在静载条件下，NPR锚索的工作恒阻力与外载荷无关，仅与恒阻体的结构参数与套管的弹性参数有关。NPR锚索的力学模型见式（1）：

$$P_0 = 2\pi f I_s I_c \tag{1}$$

式中，P_0 为恒阻值，kN；f 为静摩擦系数；I_s 为恒阻套管弹性常数，由式（2）求得：

$$I_s = \frac{E(b^2 - a^2)\tan a}{a[a^2 + b^2 - \mu(b^2 - a^2)]} \tag{2}$$

I_c 为恒阻体的几何常数，由式（3）求得：

$$I_c = \frac{ah^2}{2}\cos a + \frac{h^3}{3}\sin a \tag{3}$$

1.3 监测系统的安装及工作原理

NPR锚索是通过以下方法实现对作用在深部滑动面上滑动力的传导功能，如图2所示。

（1）在被监测部位按照一定角度钻孔，当钻孔穿过潜在滑动面后继续钻进6 ~10 m，确保钻孔末端周围岩体稳定；

（2）放入常规锚索束体，确保孔口外长度 $L \geqslant 2$ m，对锚索锚固段进行注浆锚固；

（3）在孔口处制作锚墩，确保锚墩外表面与钻孔轴线垂直；

（4）安装恒阻器和高精度力学传感器，确保力学传感器牢牢固定在锚墩表面，恒阻器与传感器同轴，并压在传感器应变环上；

（5）在恒阻器外端施加预应力，确保预应力值 $P \approx 0.4P_0$。

当边坡失稳破坏过程中，滑体对 NPR 锚索产生作用力，由于锚索具有预应力，安装在锚索末端的高精度力学传感器可以快速感知并测量出锚索轴向拉力，然后通过滑动力计算力学模型和数学表达[9]，结合边坡破坏模式，计算出潜在滑动面上的滑动力大小。

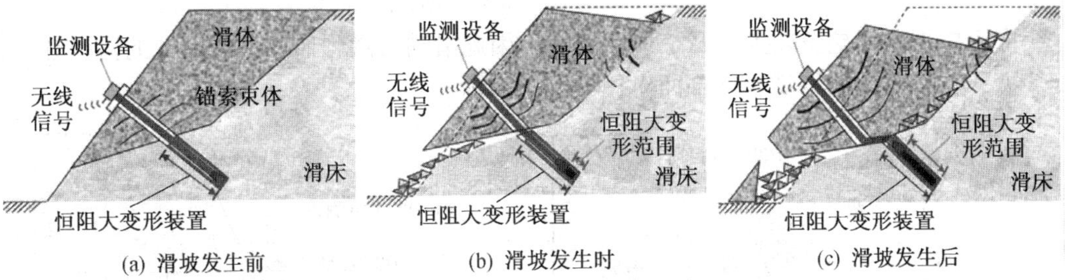

图2　矿山滑坡全过程监测—预警—控制原理

2　人工诱发滑坡现场物理模拟试验

2.1　场地选取

2010 年 6 月，通过现场工程地质调查，决定选取采场下盘 370 m 台阶中部顺层岩质边坡作为开挖试验场地，为了不干扰正常的采剥工程进度，计划在 2010 年 7 月前完成现场监测设备的安装与调试工作，2010 年 7 月 5 日开始对 370 m 台阶进行人工开挖试验，直到边坡失稳破坏为止。

2.2　试验方案

1. 监测设备现场安装及调试

370 m 台阶监测点位于采场下帮 370 m 台阶北部，监测区长 50 m，宽 8 m。根据试验场地走向长度和监测设备的有效范围，共设计 1 个滑动力监测点。2010 年 6 月 15—27 日，在 370 m 台阶顶部钻孔、预埋 NPR 锚索、注浆、锚固、安装力学传感器、施加预应力、安装数据采集装置。钻孔深度为 80 m，钻孔方位角 270°，钻孔与水平面夹角 25°，如图 3 所示。

图3　370 台阶滑动力监测点安装

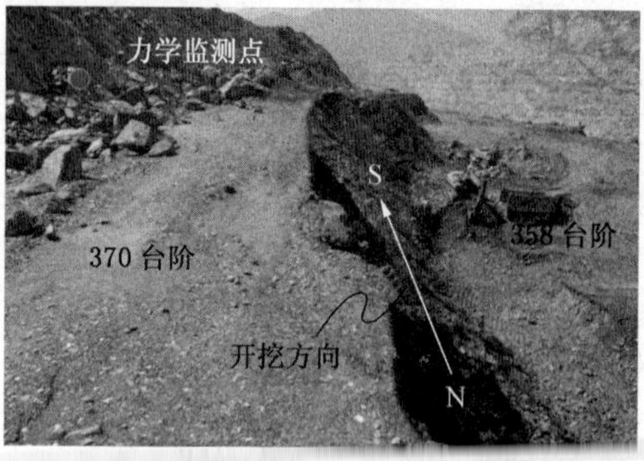

图4　358 台阶人工开挖示意图

2. 监测区坡脚现场开挖

2010 年 6 月 28 日，滑动力远程监测系统安装完毕后，经过一周的现场调试及试运行，确定监测设备工作正常，监测曲线平稳，初始预应力 630 kN。考虑到开挖试验涉及的土石方工程量较大，并且避免人工开挖的危险性，本次试验采用挖掘机进行开挖。挖掘机沿着 370 m 台阶坡脚，在 358 m 台阶上由北向南开挖，直到边坡失稳破坏为止，如图 4 所示。

由于挖掘机开挖量较大，开挖速度较快，因此滑动力远程监测系统设置的监测频率为 $f=2$ 次/h。开挖前后，试验区剖面对比如图 5 所示。

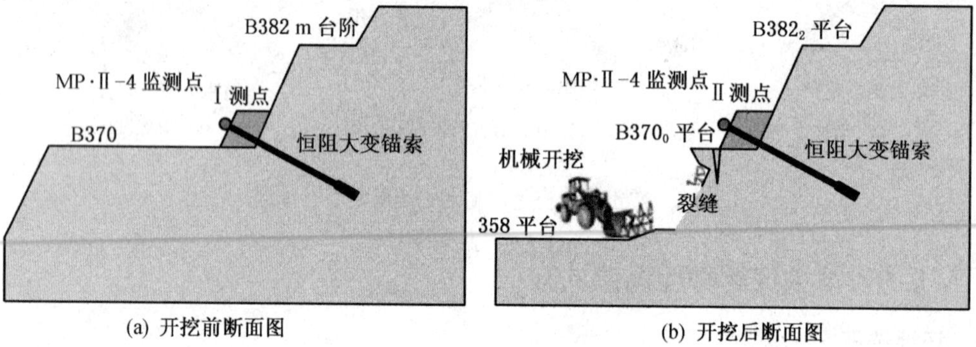

图5　358 m 台阶开挖前后剖面对比图

2.3　试验结果分析

2010 年 7 月 5 日，对南芬露天铁矿 358 m 台阶坡面进行开挖，并对边坡岩体作用力演变特征进行实时监测，直到边坡破坏为止。整个开挖过程为 2010 年 7 月 8 日至 15 日，持续近 7 天，期间滑动力监测曲线如图 6 所示。滑动力监测曲线变化特征及现场物理现象对应描述如下：

（1）2010 - 07 - 08，滑动力监测曲线突降，滑动力降低约 120 kN，系统第一次预警。按照“突升裂缝，突降滑移”的规律[10]，第一次突降表明边坡内部或表面出现局部滑移。经过现场勘查，地表无显著变形，说明 370 m 台阶岩体内部微裂隙贯通，产生了局部微小滑移，但不会对开挖机械和操作人员构成威胁，开挖试验继续实施。

（2）2010 - 07 - 13，滑动力监测曲线再次突降，滑动力降低约 500 kN，系统第二次预警。现场勘查结果显示，370 m 台阶顶部出现多条宏观裂缝，并出现显著的滑移错台。为了保证开挖机械和人员的安全，决定采用长臂挖掘机继续开挖，并设置安全观察员密切注意滚石和裂缝的演变。

（3）2010 - 07 - 14，监测曲线出现第三次突降，滑动力降低 80 kN，系统第三次预警，试验小组和施工机械迅速撤离试验区。3 h 后，边坡坡面出现大面积岩石崩塌，脱离母体的岩石沿 370 m 台阶坡面向 358 m 台阶滚落。

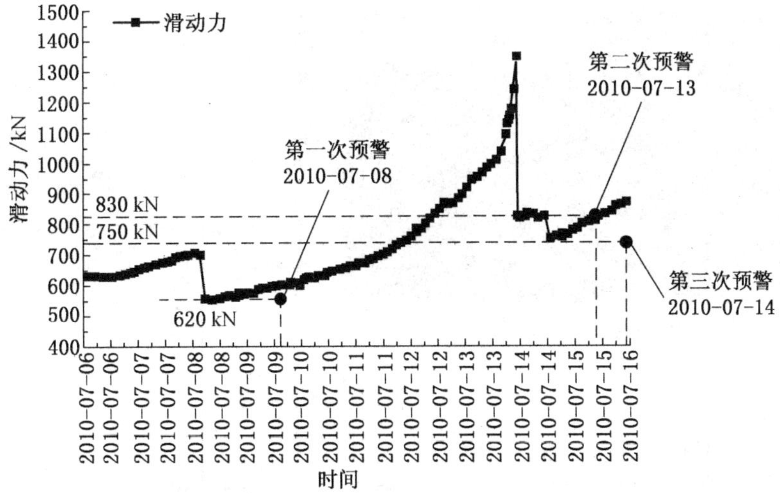

图6　监测预警曲线

（4）2010－07－15，370 m 台阶开挖试验段南侧又发生局部滑塌，滑塌体长约 17 m，垂直高差约 12 m，滑体厚度约 3 m，滑体体积约 700 m^3（图 7）。

图7　开挖前后 370 m 台阶破坏特征对比

3　现场工程应用

3.1　监测点分布设计

2010 年 8 月，利用该技术在南芬露天铁矿采场下盘（334～662 m 台阶）安装了 28 个滑动力监测点、2 个 GPS 地表位移监测点。在相对稳定的采场上盘（距离滑坡体直线距离 1.4 km）安装 1 个 GPRS 中继站、1 个 BeiDou 中继站、1 个降雨量监测点，全部满足通视条件，如图 8 所示。

3.2　监测结果分析

经过近 15 个月的监测，获得了上万条珍贵的监测数据。2011 年 10 月，该系统成功对发生在 MP334－4 监测点附近的“2011－1005 滑坡”提前 5 天预警。依据预警准则，监测曲线逐次按照黄色、橙色和红色发出预警信号[11－13]。另外，监测预警系统集滑动力、采矿量和降雨量于一体，得到耦合分析曲线，如图 9 所示。图 9 显示了利用滑动力远程监测预警系统对“2011－1005 滑坡”进行超前预警的全过程，详见表 1。

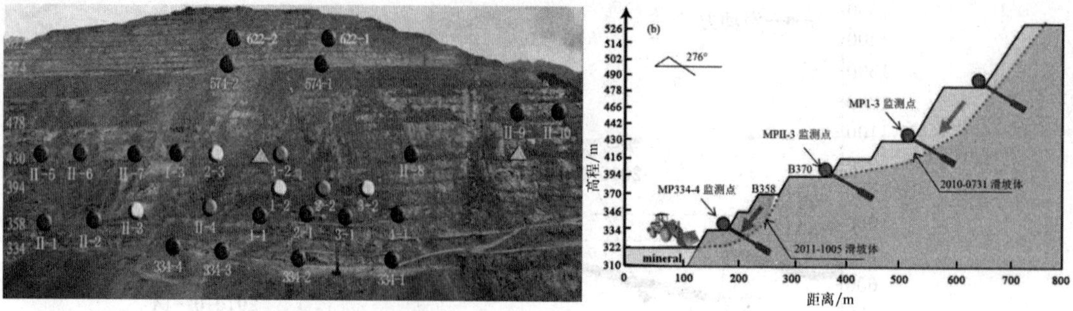

(a) 滑动力监测点平面分布特征　　　(b) 监测区A—A'断面图

图8　监测点分布及其断面特征

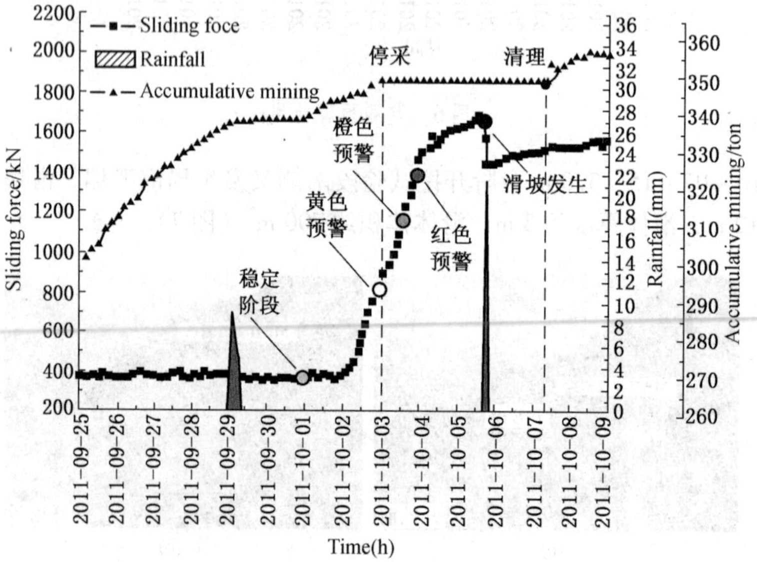

图9　耦合监测曲线

表1　滑坡监测预警全过程描述

序号	日　期	监测曲线变化特征	现场破坏特征
1	2011-09-30	MP334-4监测点滑动力变化幅度非常小，在误差允许范围内，监测曲线趋于水平	无显著变形，边坡处于相对稳定状态
2	2011-10-01	MP334-4滑动力监测曲线出现显著上升趋势	现场未发现明显裂缝和滑移
3	2011-10-02	MP334-4滑动力监测曲线上升速率增加，增量约300 kN	采场下盘322~334 m台阶坡面微裂隙发育，裂缝宽15~40 cm，长1.5~5 m
4	2011-10-03 2：14	MP334-4滑动力曲线上升速率持续增加，增量已达400 kN，根据预警准则，监测系统自动发出黄色次稳预警，危险区内人员和设备积极避险响应，及时撤离，所有采矿作业停止	下盘322 m台阶上一台电铲正在采掘作业，作业点距离MP334-4监测点直线距离约20 m，并且322~334 m台阶坡面微裂缝逐渐扩展、贯通，裂缝宽25~120 cm，长3~9 m，深度不详

表1（续）

序号	日 期	监测曲线变化特征	现场破坏特征
5	2011－10－03 14：20	MP334－4 滑动力增量已达 800 kN，监测系统自动发出橙色近滑预警	无显著变形特征
6	2011－10－04	MP334－4 监测曲线持续上升，上升速率相对减缓，但滑动力增量已达 1000 kN，监测系统自动发出红色临滑预警	采场下盘 322～334 m 台阶坡面岩体沿裂缝被挤压破碎，大量脱离母体的滚石沿着坡面堆积到 322 m 平台，形成松散堆积体
7	2011－10－05 20：00	MP334－4 监测曲线发生突降，滑动力值从 1700 kN 突变到 1400 kN	现场出现集中强降雨（18－20 时）天气，3 h 累积降雨量达 31.8 mm 2011－1005 滑坡发生，滑体高 36 m，南北长约 50 m

由于“2011－1005 滑坡”预警信息发布及时，采取避险响应措施果断，没有造成任何人员伤亡和财产损失。

4 结语

随着露天矿山开采规模和开采深度的日益增加，滑坡监测和预警已经越来越得到采矿工程师的重视和认可，监测与加固相比，具有成本低廉、避险效果显著的特点，可以保证滑坡灾害发生前及时撤离人员和设备，降低或避免人员伤亡率。本文通过人工开挖诱发滑坡现场物理模拟试验和“2011－1005 滑坡”成功预测预报的研究和实践成果，证明“基于恒阻大变形锚索材料的滑动力远程监测预警系统”是一种适应于露天矿山复杂边坡环境的滑坡监测预警系统，监测结果真实可信，能够对滑坡、裂缝、崩塌等灾害进行超前预警，据此对边坡稳定状态进行动态评估和危险性区划，为采矿工程师和高层管理者采取正确的决策措施提供科学依据，全面保障矿山的安全可持续开采。

参 考 文 献

[1] 许利凯，李世海，刘晓宇，等．三峡库区奉节天池滑坡实时遥测技术应用实例[J]．岩石力学与工程学报，2007，26（增2）：4477－4484.

[2] Toshitaka Kamai. Monitoring the process of ground failure in repeated landslides and associated stability assessments[J]. Engineering Geology,1998,(50):71－84.

[3] Saito M,Uezawa H. Failure of soil due to creep[C]. In:Proceeding of the 5th international conference on soil mechanics and foundation engineering,1961.

[4] Lulseged Ayalew,Hiromitsu Yamagishi,Hideaki Marui,Takami Kanno. Landslides in sado island of japan: Part I. Case studies monitoring techniques and environmental considerations. Engineering Geology,2005,(81):419－431.

[5] 夏伯如，张燕，虞立红．我国滑坡地质灾害监测治理技术［J］．探矿工程（岩土钻

掘工程)，2001，(增)：87－90.
[6] B. A. Reevea, G. F. Stickley, D. A. Noon, I. D. Longstaff. Developments in monitoring mine slope stability using radar interferometry. Geoscience and remote sensing symposium, 2000. Proceedings. IGARSS 2000. IEEE International, 2000, 5: 2325－2327.
[7] Riki Ohbayashi, Yasutaka Nakajima, Hideto Nishikado and Shigeru Takayama. Monitoring system for landslide disaster by wireless Sensing node network[J]. SICE Annual Conference 2008 IEEE International, 2008: 1704－1710.
[8] G. Puglisi, A. Bonaccorso, M. Mattia. New integrated geodetic monitoring system at Stromboli volcano (Italy)[J]. Engineering Geology, 2005, 79: 13－31.
[9] 何满潮．滑坡地质灾害远程监测预报系统及工程应用［J］．岩石力学与工程学报，2009，28（6）：1081－1090.
[10] HE Man－chao, TAO Zhi－gang, ZHANG Bin. Application of remote monitoring technology in landslides in the Luoshan mining area[J]. Mining Science and Technology, 2009, 19(5): 609－614.
[11] He Manchao, Gong Weili, Wangjiong, et al. Development of novel energy－absorbing bolt with extraordinarily large elongation and constant resistance[J]. International Journal of Rock Mechanics & Mining Sciences, 2014, 67: 29－42.
[12] 何满潮，王炯，孙晓明，等．负泊松比效应锚索的力学特性及其在冲击地压防治中的应用研究［J］．煤炭学报，2014，39（2）：214－221.
[13] 孙殿兴，陶志刚，范立军，等．南芬露天铁矿边坡稳定性评价及敏感性分析［J］．金属矿山，2011，(5)：57－60.

砂岩冲击岩爆实验碎屑块度特征分析

张晓云[1,2]　刘冬桥[1,2]　汪承超[3]

1. 中国矿业大学（北京）深部岩土力学与地下工程国家重点实验室，北京　100083
2. 中国矿业大学（北京）力学与建筑工程学院，北京　100083
3. 武汉生态城碧桂园投资有限公司，武汉　430070

摘　要　选用中心为圆柱形贯穿孔的砂岩样品，通过真三轴静载和轴向动载组合加载的方式来模拟冲击岩爆过程，进而获得冲击岩爆碎屑，另外还选取了砂岩单轴压缩实验后的碎屑来进行对比。测量每块碎屑的质量、长度、宽度和厚度，并对粗粒、中粒、细粒以及微粒等不同粒径范围内的碎屑数量、质量及粒度分布进行分析，得到碎屑的尺度特征。碎屑分形维数的计算可以通过粒度—数量方法得到，结果表明冲击岩爆碎屑破碎程度更高，片状特征明显；碎屑质量百分比表明，冲击岩爆产生的岩石碎屑，细粒、微粒所占比重比单轴压缩实验的高；冲击岩爆微粒碎屑较多，说明其破坏时需要消耗的能量要多于单轴破坏。

关键词　冲击岩爆实验　岩爆碎屑　碎屑特征　分形维数

Fragmentation Characteristics Analysis of Sandstone fragments from Impact Rockburst Test

Zhang Xiaoyun [1,2]　Liu Dongqiao[1,2]　Wang Chengchao[3]

1. State Key Laboratory for Geomechanics and Deep Underground Engineering, China University of Ming and Technology, Beijing　100083
2. School of Mechanics and Civil Engineering, China University of Ming and Technology, Beijing　100083
3. Wuhan Eco – City Country Garden Investment Co. LTD. , Wuhan　430070

Abstract　Impact rockburst test is carried out on sandstone sample with a central orifice under true triaxial static loads and vertical dynamic load condition. And the fragments after test were collected. Meanwhile, the fragments of sandstone generated from u-

---

资助项目：中央高校基本科研业务费专项资金（2015QB01）

作者简介：张晓云（1988—　），女，河南灵宝人，硕士研究生，主要从事岩力学试验研究方面的工作。E－mail：zhxy1204@163.com niaxial compression test were collected too. And the fragments′ mass were weighed and each piece of fragments´ length, width and thickness have been measured respectively. The fragments quantities with coarse, medium, fine and micro grains in different size ranges, mass and particles distribution are also analyzed. Then, the fragments fractal dimensions are calculated by the methods of granularity – quantity. It can be obtained that the degree of crushing level of impact rockburst fragments is higher and blocky characteristic of fragment shape is more obvious. The mass percentage of small grains, including fine and micro grains, in impact rockburst test is higher than those in uniaxial compression test. More energy dissipated from impact rockburst tests is more than that from uniaxial compression test, as the quantity of micro grains generated does

Key words impact rockburst test rockburst fragments fragmentation characteristics fracal dimension

0 引 言

岩体工程进入深部以后，呈现出高地应力、高水压、高地温条件，再加上工程的扰动，导致工程灾害日趋增多[1,2]。在这些灾害中，由于高地应力引起的岩爆灾害，具有突发性、猛烈性，破坏时弹射出的岩石碎块携带着大量的能量，对设备和人员安全造成极大威胁，甚至危及生命。

冲击岩爆是深部岩体受静荷载和冲击动荷载共同作用所致[3]。在近一个世纪的研究过程中，国内外学者从能量理论[4]、刚度理论[5]、断裂损伤理论[6]、动力扰动理论[7]及灾变理论[8]等角度对岩爆发生机理进行了大量研究。此外，一些学者还发现岩爆碎屑形状及破坏程度在一定程度上反映了其破坏机制，对岩爆碎屑进行了相关研究。何满潮等[9]将应变岩爆实验后碎屑分为粗粒、中粒、细粒和微粒 4 组并提出了不同的研究方法。李德建等[10]分析了花岗岩应变岩爆实验碎屑的分形特征，表明花岗岩应变岩爆碎屑破碎程度较高，片状特征明显。苗金丽[11]对应变岩爆碎屑耗能特征分析表明，应变岩爆较单轴、三轴等常规压缩实验所需能量更多。聂雯[12]研究了砂岩应变岩爆碎屑的体积特征，发现主要呈长方形。刘冬桥等[13]对砂岩冲击岩爆碎屑的破碎特征进行了初步的研究，发现碎屑片状特征明显。目前，对冲击岩爆碎屑特征的研究仅仅开始，还需要进一步深入研究。

本文利用深部岩土力学与地下工程国家重点实验室自主研究的冲击岩爆实验系统，选用砂岩样品，进行了改变静载和改变动载波幅两种不同类型的冲击岩爆实验，获得了在实验室条件下的冲击岩爆碎屑，并与单轴压缩实验碎屑的形状及块度分形特征进行了对比分析。

1 冲击岩爆实验

冲击岩爆实验系统具有三向独立加载、单向或多向动态扰动的功能，可以模拟深部岩体巷道在三向不同应力作用下，由于工程巷道爆破开挖、顶板垮落以及断层滑动等产生冲击扰动，进而诱发岩爆破坏的工程现象。

该系统由主机、液压源、测控装置和图像采集系统4部分组成，如图1所示。利用美国NI公司伺服控制器实现了在施加静荷载的基础上施加16种波形的动荷载，包括斜坡波、噪声波、简谐波、脉冲波及其组合波，这些扰动波在位移控制方式下波幅范围为0～1 mm，频率范围为0～1 Hz，并对实验过程中力和位移的全过程进行实时采集，获得较为完整的变化曲线。

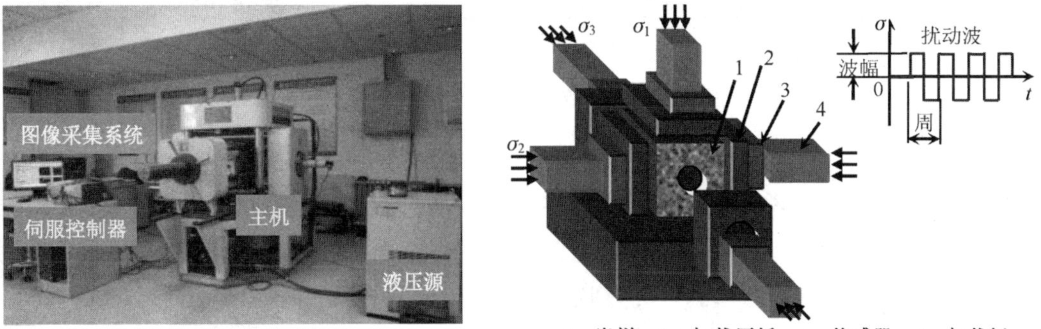

1—岩样；2—加载压板；3—传感器；4—加载杆

(a) 冲击岩爆实验系统组成　　(b) 实验系统原理图

图1　冲击岩爆实验系统

冲击岩爆实验采用中心为圆柱形贯穿孔的立方体试件，先对试件三向六面加载至预定静应力水平，然后单向或多向施加扰动，在扰动过程中就会发生岩爆破坏现象。本文针对冲击岩爆现象发生的影响因素设计两种不同应力路径下砂岩冲击岩爆的实验方法，为简化起见，选取平面应变问题研究，假设水平向应力 σ_S 是由于另外两向应力的泊松效应引起的，实验模型如图2所示。

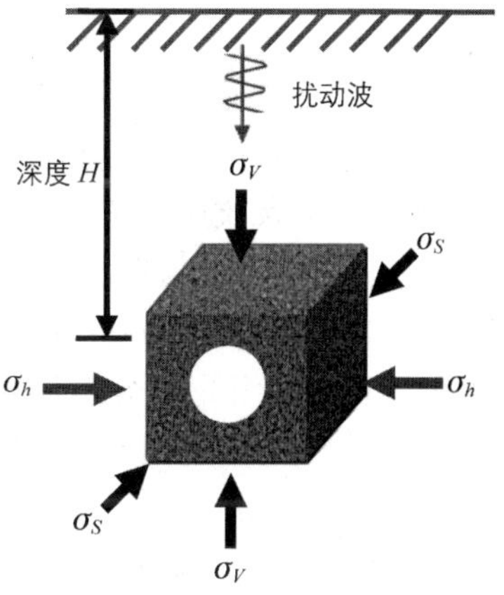

图2　冲击岩爆实验模型

图3表示改变动载波幅的冲击岩爆实验应力路径图及其破坏现象，即首先两向（σ_V 和 σ_h 方向）加载至某一深度初始应力水平，然后竖直向（σ_V 方向）施加扰动荷载，如果没有发生岩爆现象，则增加扰动荷载幅值，以此类推，直至岩爆发生。图4表示改变静载的冲击岩爆实验应力路径图及其破坏现象，即首先两向（σ_V 和 σ_h 方向）加载至某一深度初始应力水平，然后竖直向（σ_V 方向）施加扰动荷载，如果没有发生岩爆现象，停止动载并增加静载大小至下一深度初始应力水平，接着竖直向施加相同动载，以此类推，直至岩爆发生。

2　碎屑特征分析

为了更加充分地分析冲击岩爆碎屑特征，本文将两种实验方法得到的砂岩冲击岩爆碎屑与单轴压缩破坏碎屑进行了对比，测量其3个方向的最大尺寸。为了统一测定标准，本文测量的是碎屑长、宽及厚度方向上的最大尺寸，并且称量出对应的每块碎屑的质量，对

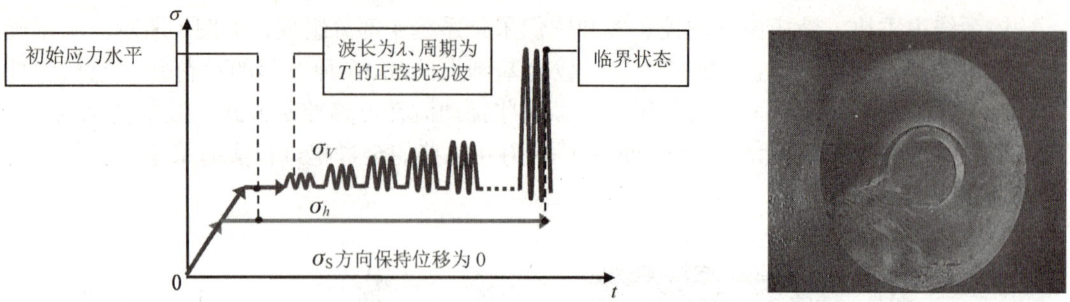

图3　初始应力固定下冲击岩爆应力路径图及其破坏现象

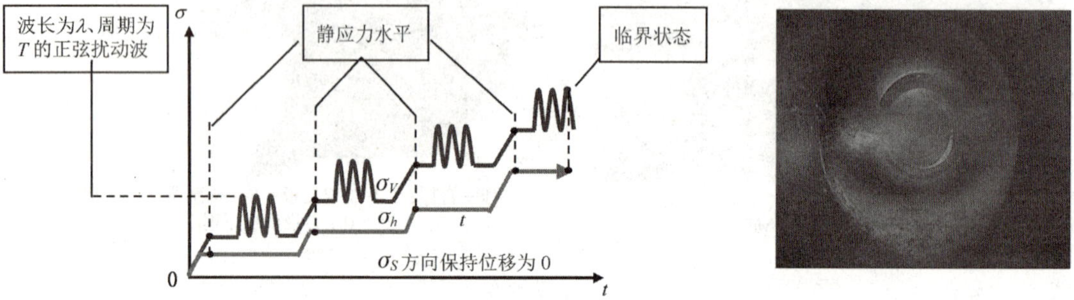

图4　扰动强度固定下冲击爆应力中径图及其破坏现象

碎屑块度（尺寸）、质量等信息进行了统计分析，采用碎屑的粒度—数量关系，进行分形维数计算，分析冲击岩爆碎屑能量耗散特征。

2.1　碎屑分类及质量分布

首先分别对冲击岩爆、单轴两种实验产生的砂岩碎屑进行筛分，筛径分为0.075 mm、0.25 mm、0.50 mm、1.00 mm、2.00 mm、5.00 mm和10.00 mm七个等级，然后称量出每个等级（各粒径组）筛分出的岩石碎屑的质量。对于粒径>5 mm的岩石碎屑进行编号，用游标卡尺测量其最大长度、宽度和厚度3个方向的尺寸，并称量出每块碎屑的质量。

根据何满潮等[9]提出的岩爆碎屑分类方法，将冲击岩爆和单轴压缩碎屑按粒径大小分为粗粒碎屑（>30 mm）、中粒碎屑（5～30 mm）、细粒碎屑（0.075～5 mm）和微粒碎屑（<0.075 mm）4个粒组。图5、图6分别为两类砂岩冲击岩爆实验碎屑照片其中4号砂岩为改变动载冲击岩爆实验试件，5号砂岩为改变静载冲击岩爆实验试件，图7为砂岩单轴压缩实验破坏后的碎屑照片。

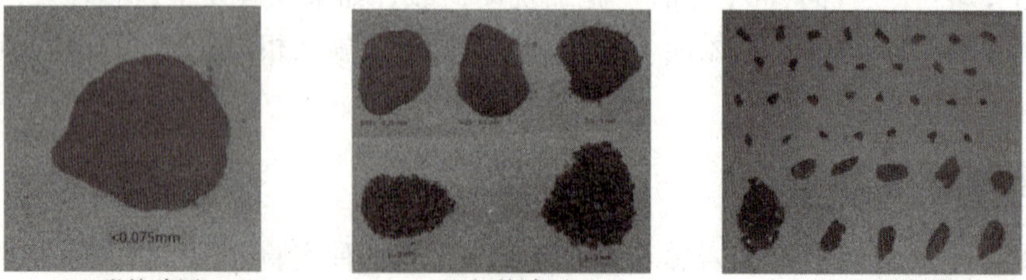

(a) 微粒碎屑　(b) 细粒碎屑　(c) 中粒碎屑

图5　4号砂岩冲击岩爆实验后的碎屑照片

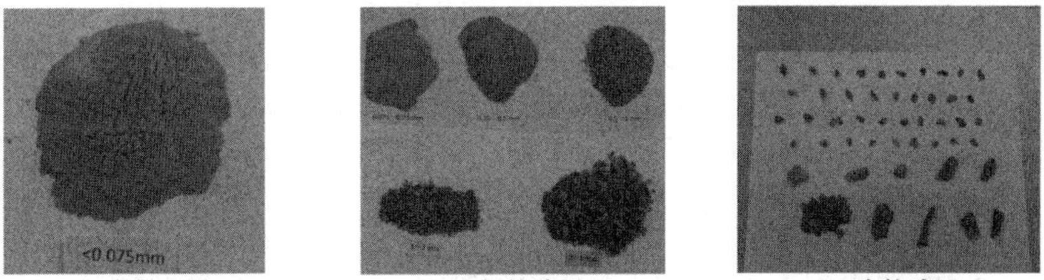

(a) 微粒碎屑　　(b) 细粒碎屑　　(c) 中粒碎屑

图6　5号砂岩冲击岩爆实验后的碎屑分类

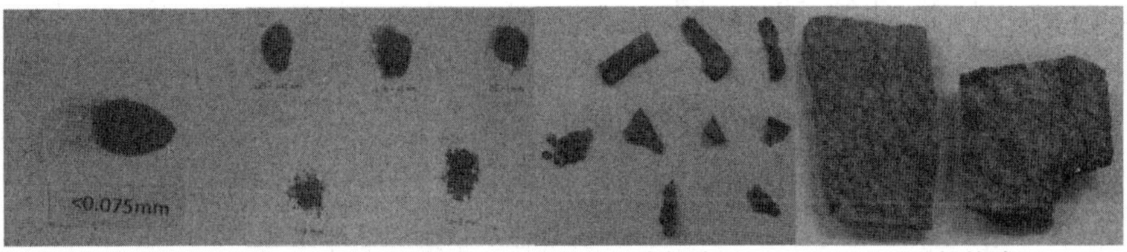

(a) 微粒碎屑　　(b) 细粒碎屑　　(c) 中粒碎屑　　(d) 粗粒碎屑

图7　砂岩单轴压缩实验后的碎屑分类

将以上两种类型冲击岩爆实验和单轴压缩实验后的碎屑按不同粒径分组的质量及占碎屑总质量的百分比汇总，得到表1，并绘制质量百分比分布图，如图8所示。

表1　不同粒组碎屑质量及质量百分比

碎屑分类		4号冲击岩爆		5号冲击岩爆		单轴压缩	
		质量/g	质量百分比/%	质量/g	质量百分比/%	质量/g	质量百分比/%
微粒碎屑（<0.075 mm）		5.87	3.24	6.02	3.38	0.11	0.05
细粒碎屑（0.075～5 mm）		59.84	33.04	60.23	33.78	5.17	2.31
中粒碎屑	5～10 mm	32.93	18.19	32.05	17.98	32.10	0.94
	10～30 mm	82.46	45.53	79.99	44.86	143.93	64.22
粗粒碎屑（>30 mm）		0	0	0	0	72.78	32.48
合计		181.10	100	178.29	100	224.09	100

图8a是利用表1数据绘制的冲击岩爆以及单轴实验砂岩碎屑质量百分比分布图，其中纵坐标采用对数坐标，图8b是细粒组碎屑质量百分比分布图。由图8可以看出和单轴破坏相比，冲击岩爆破坏过程中产生的粒径较小的碎屑所占比重更大，破碎程度更高。由于颗粒越小，其总表面积越大，进而消耗的能量越大，说明冲击岩爆破坏中，积聚在试件内部并最终引起试件以一定速度抛出碎屑从而剧烈破坏的能量远远高于单轴压缩试件张拉劈裂破坏释放的能量，同时冲击岩爆碎屑颗粒粒径区间宽，级配均匀，而单轴破坏碎屑分布在很窄的粒径范围，主要集中在中粗粒碎屑中，两种不同实验方法进行的砂岩冲击岩爆实验，产生的各个粒组碎屑质量百分比很相似，说明动静荷载的组合形式不会影响岩爆的破碎程度。

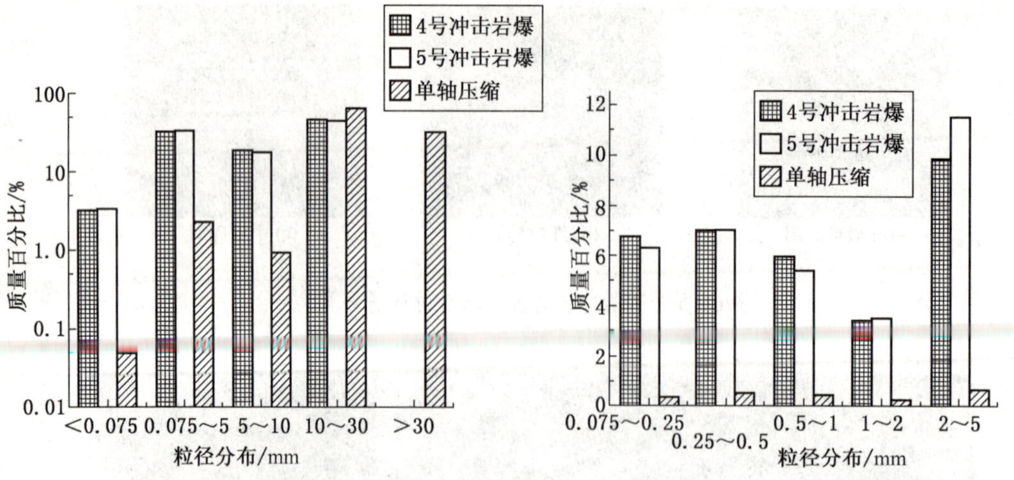

(a) 各粒组区间碎屑质量百分比

(b) 细粒组粒径区间碎屑质量百分比

图8　碎屑质量百分比

2.2　碎屑形状特征

为了分析岩石碎屑的尺度特征，利用测量的碎屑长度、宽度及厚度数据，计算出了岩石碎屑的长厚比、长宽比和宽厚比，这3个尺度的比值分布如图9所示，其范围值及平均值见表2。

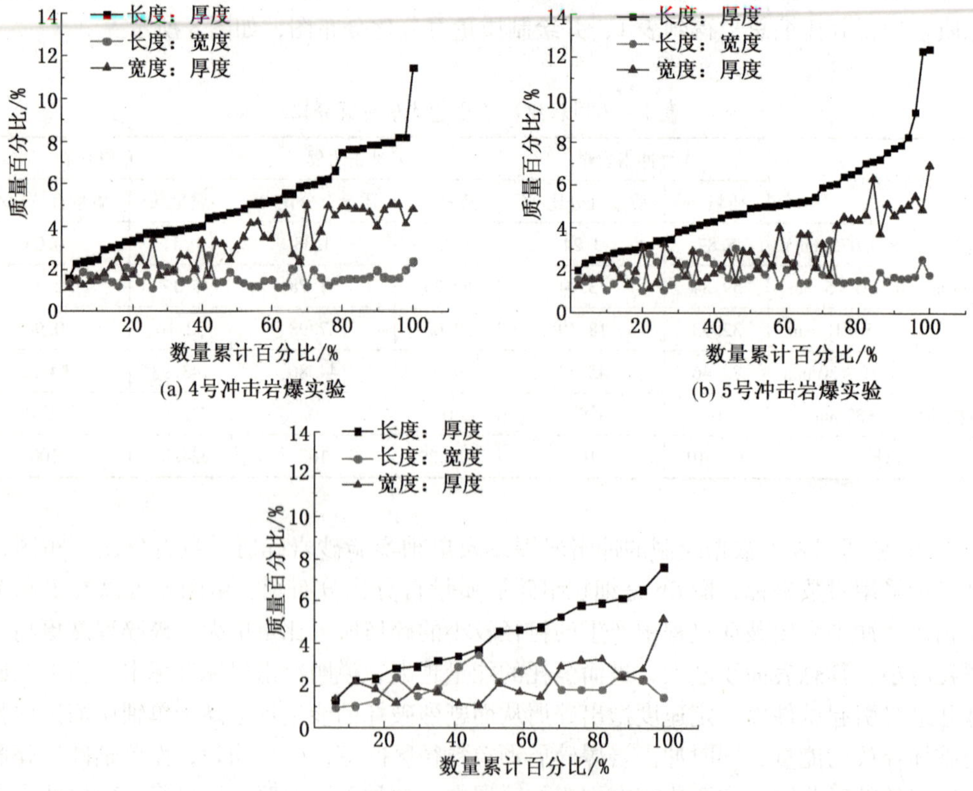

(a) 4号冲击岩爆实验

(b) 5号冲击岩爆实验

(c) 单轴压缩实验

图9　砂岩碎屑尺度比分布

表2 碎屑尺度比值

实验类型	抽样统计数量	长厚比	长宽比	宽厚比
4 号冲击岩爆	50	1.59 ~ 11.48（5.12）	1.09 ~ 2.65（1.64）	1.12 ~ 5.07（3.22）
5 号冲击岩爆	50	1.98 ~ 12.39（5.17）	1.03 ~ 3.42（1.83）	1.15 ~ 6.92（3.01）
单轴压缩	17	1.31 ~ 7.63（4.31）	1.00 ~ 3.47（2.08）	1.07 ~ 5.16（2.20）

图 9a、图 9b 为冲击岩爆碎屑尺度比值分布图，长宽比平均值分别为 1.64 和 1.83，说明冲击岩爆碎屑长、宽两个方向变化范围较单轴的窄，长厚比变化范围比单轴的大，分别为 1.59 ~ 11.48 和 1.98 ~ 12.39，平均值分别为 5.12 和 5.17，其中长厚比>6 的片状碎屑均约占抽样总数的 30%，大于单轴的，说明冲击岩爆碎屑片状形状特征较单轴的更为明显，其代表性尺寸可定位长：宽：厚分别为 5.12 ：3.22 ：1.00 和 5.17 ：3.01 ：1，同时可以看出两种实验方法产生的冲击岩爆碎屑具有相似的尺度特征。

图 9c 为单轴碎屑尺度比值分布图，长厚比变化范围为 1.31 ~ 7.63，平均值为 4.31，其中长厚比>6 片状碎屑仅占总数的 17.7%，碎屑的代表性尺寸为 4.31 ：2.20 ：1.00。

3 碎屑分形计算

分形理论可以对材料断裂表面等各种复杂的形貌进行定量描述。对于岩石破坏后的碎块，可以采用不同信息数据进行研究。本文采用粒度—数量对冲击岩爆碎屑进行分形特征分析。

对于可以测量的中、粗粒碎屑，根据所测的长、宽、厚度值相乘再换算成正方体的等效边长 L_{eq}，对于难于测量的细粒及微粒颗粒，进行颗粒筛分，以颗粒粒径作为等效边长值，采用抽样统计方法进行颗粒数量统计。按下式计算分维值：

$$N = N_0 (L_{eq}/L_{eq\,max})^{-D}$$

式中，N 为特征粒度等效边长 $\geqslant L_{eq}$ 的碎屑数量；N_0 为具有最大特征尺度 $L_{eq\,max}$ 的碎屑数量；D 为分形维数。

绘制 $\lg N - \lg(L_{eqmax}/L_{eq})$ 关系曲线时，线性回归得到的直线斜率，其绝对值即为块度分布的分形维数[14]。计算结果如图 10 所示。

分维值越大，表明破坏需要的能量越多。从计算结果可以看出，冲击岩爆碎屑的分维值明显高于单轴，说明形成岩爆碎屑消耗的能量远大于单轴破坏的。

4 结论

（1）碎屑尺度特征分析表明，冲击岩爆产生的岩石碎屑与单轴压缩相比较片状特征更明显。

（2）碎屑质量百分比分布图表明，冲击岩爆产生的岩石碎屑，微粒、细粒所占比重更大，破碎程度更加剧烈，并且从分维特征来看，冲击岩爆的分维数也较大，说明冲击岩爆产生碎屑消耗的能量也较单轴压缩破坏多。

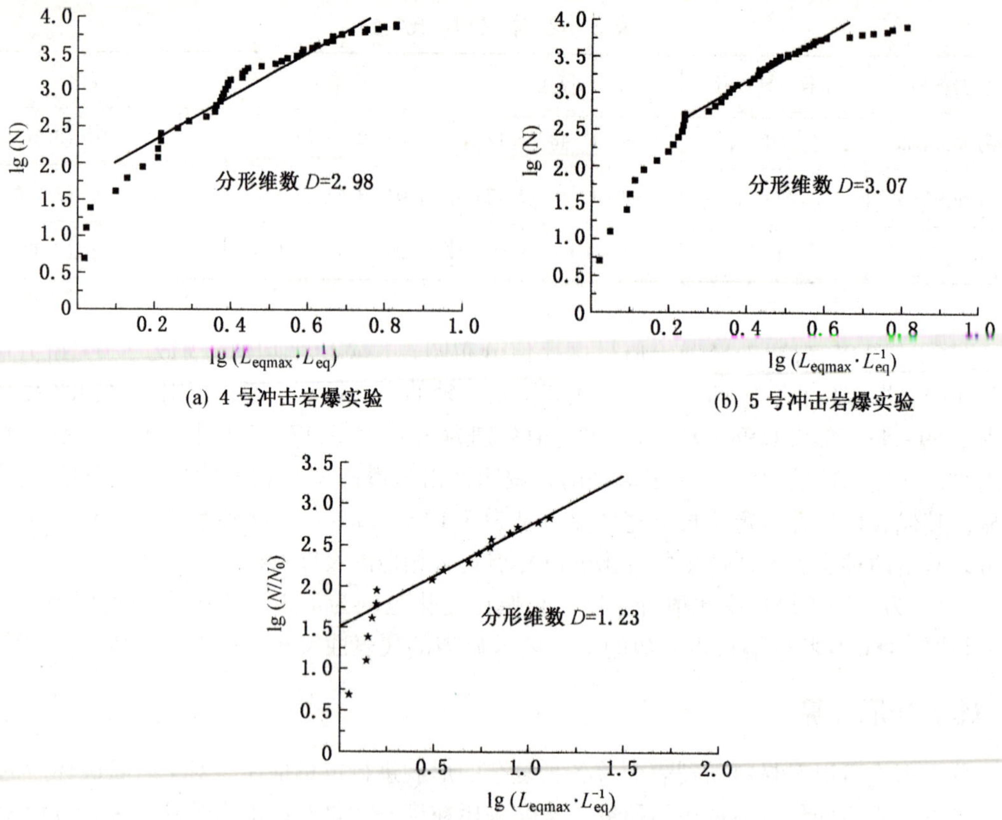

图 10　按粒度—数量确定分形维数

参　考　文　献

[1] 何满潮，谢和平，彭苏萍，等．深部开采岩体力学研究［J］．岩石力学与工程学报，2005，24（16）：2803－2813.

[2] 何满潮，钱七虎，等．深部岩体力学基础［M］．北京：科学出版社，2010.

[3] Manchao He, Hongman Xia, et al. Studies on classification, criteria and control of rockbursts [J]. Journal of Rock Mechanics and Geotechnical Engineering. 2012, 4(2): 97－114.

[4] COOK N G W, PRETORIOUS H E, ORTLEPP J P G, et al. Rock mechanics applied to the study of rockbursts [J]. Journal of the South African Institute of Mining and Metallurgy, 1966, 66(10): 435－528.

[5] COOK N G W. The failure of rock [J]. International Journal of Rock Mechanics and Mining Science and Geomechanics Abstracts, 1965, 2(4): 389－403.

[6] 潘一山，徐秉业．考虑损伤的圆形洞室岩爆分析［J］．岩石力学与工程学报，1999，18（2）：152－156.

[7] 王贤能，黄润秋．动力扰动对岩爆的影响分析［J］．山地研究，1998，16(3)：188－192.

［8］唐春安．岩石破裂过程中的灾变［M］．北京：煤炭工业出版社，1993.
［9］何满潮，杨国兴，等．岩爆实验碎屑分类及其研究方法［J］．岩石力学与工程学报，2009，28（8）：1521－1529.
［10］李德建，贾雪娜，等．花岗岩岩爆试验碎屑分形特征分析［J］．岩石力学与工程学报，2009，29（1）：3280－3289.
［11］苗金丽．岩爆的能量特征实验分析［D］．北京：中国矿业大学，2009.
［12］聂雯．层状砂岩岩爆特性实验研究［D］．北京：中国矿业大学，2011.
［13］Dongqiao Liu, Dejian Li, Fei Zhao, et al. Fragmentation characteristics analysis of sandstone fragments based on impact rockburst test[J]. Journal of Rock Mechanics and Geotechnical Engineering, 2014, 6(3): 251－256.
［14］单晓云，李占金．分形理论和岩石破碎的分形研究［J］．河北理工学院学报，2003，25（2）：11－17.

花岗岩岩爆声发射三维定位实验

赵国庆[1,2]　信治国[1,2]　肖　航[1,2]　李德建[1,2]

1. 中国矿业大学（北京）力学与建筑工程学院，北京　100083
2. 中国矿业大学（北京）深部岩土力学与地下工程国家重点实验室，北京　100083

摘　要　采用多通道声发射数据采集系统，通过声发射定位研究在加卸载破裂过程中岩石内部裂纹孕育、产生、扩展、贯通的过程及空间定位。声发射三维定位模型的动态定位过程表明，在裂纹扩展至贯通形成宏观裂纹后至岩石失稳破坏前，会出现声发射空白区，对预防岩爆灾害的发生具有参考意义。

关键词　声发射定位　岩爆　裂纹扩展过程

Three Dimensional Positioning Feature of Granite Rock Burst

Zhao Guoqing[1,2]　Xin Zhiguo[1,2]　Xiao Hang[1,2]　Li Dejian[1,2]

1. School of Mechanics and Civil Engineering, China University of Mining and Technology, Beijing　100083
2. State Key Laboratory for Geomechanics and Deep Underground Engeering, China University of Mining and Technology, Beijing　100083

Abstract　The multi - channel acoustic emission location system and 3D positioning model, through the sound emission plane localization of rock in compression fracture of rock in the process of crack generation, born, development, expansion, through the development process and spatial orientation. The dynamic localization process of acoustic emission 3D location model shows that there is a gap between acoustic emission and acoustic emission before the crack is extended to the formation of macroscopic crack. It is of great significance to prevent the occurrence of rock burst disasters.

资助项目：中央高校基本科研业务费专项资金（2010YL14）

作者简介：赵国庆（1992—　），男，安徽芜湖人，硕士研究生，主要从事岩爆的研究工作。Tel:15911150234；E - mail:zgqcumtb@163.com

Key words Acoustic Emission Location rockburst crack propagation process

0 引言

岩爆灾害具有非常大的危害性，且很难做有效的预测和预防。岩爆的发生会严重阻碍工程正常进行，威胁工作人员生命安全，并造成巨大的设备财产损失[1-3]。岩爆的发生是岩石内部积聚的能量突然释放的过程，伴随有声发射产生的现象，可以利用声发射传感器采集到岩石破坏过程中裂纹产生时的声发射信号。岩爆的过程本质上是岩石原有裂隙闭合或扩展，微小裂纹产生并发育，随着能量的释放，裂纹不断扩展最终贯通的过程。通过声发射系统的实时监测功能，可以实时显示岩爆实验过程中声发射信号的空间位置信息，可以用于裂纹扩展定位进而预测岩石破坏，对于有效控制和预测岩爆灾害的发生具有很高的参考价值[4]。声发射特征曲线分析及三维定位技术在岩石力学中得到广泛应用，在岩爆实验中对岩石裂纹发育和定位也有大量的研究。

本文利用实验室自主研发的深部岩爆过程模拟实验系统[5]，考虑工程实际的应力条件，进行花岗岩的应变岩爆模拟实验[6]，实验过程中采用多通道声发射定位系统采集花岗岩在应变岩爆实验过程中的裂纹孕育、扩展、贯通的过程，研究分析了花岗岩应变岩爆实验过程中试件中裂纹发育过程和岩石破坏的特征。

1 实验方法

实验采用的声发射系统不仅能对声波信号完成采集、空间定位、波形处理及确定发生时间，还能对在此阶段发生的声发射事件总数进行统计分析，并对岩石样本破裂后内部裂纹的排列位置进行记录。主要作用原理是统计分析不同位置的传感器传输的 P(S) 波到达时间差，通过 Geiger 算法得出源位置，而得到岩石破裂源，以此实现对声发射事件的定位。

对花岗岩试件（YB-2、YB-6）进行加载岩爆实验，分三级进行阶梯加载，每级间隔 5 min，以 0.1 MPa/s 的加载速率将 σ_1、σ_2、σ_3 加载至实验设计值，保持三向应力稳定 10 min。快速卸载 σ_3 方向并保持其他两面应力稳定。卸载完成后，以 0.5 MPa/s 的加载速度持续加载 σ_1 至岩爆发生，停止加载。实验三向加卸载应力过程如图 1 所示。

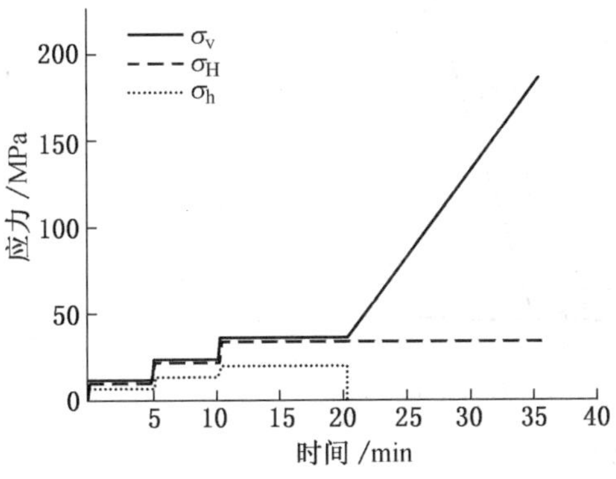

图 1 应力-时间曲线设计方案

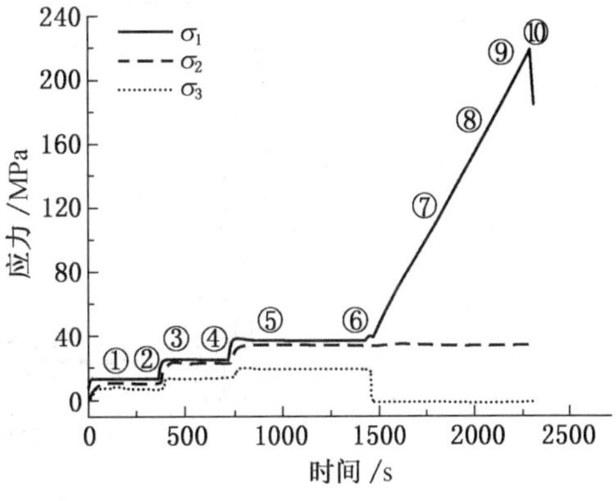

图 2 YB-2 应力-时间曲线

实验完成后对岩爆碎屑进行整理，对破坏后的岩爆试件拍照，保存各项数据。截取关键时刻的声发射三维定位结果，结合应力曲线对比分析，找出不同应力阶段的声发射信息特征，得出不同应力阶段的岩石裂纹发展规律。

YB－2 试件的应力－时间曲线如图 2 所示，定位结果如图 3 所示。

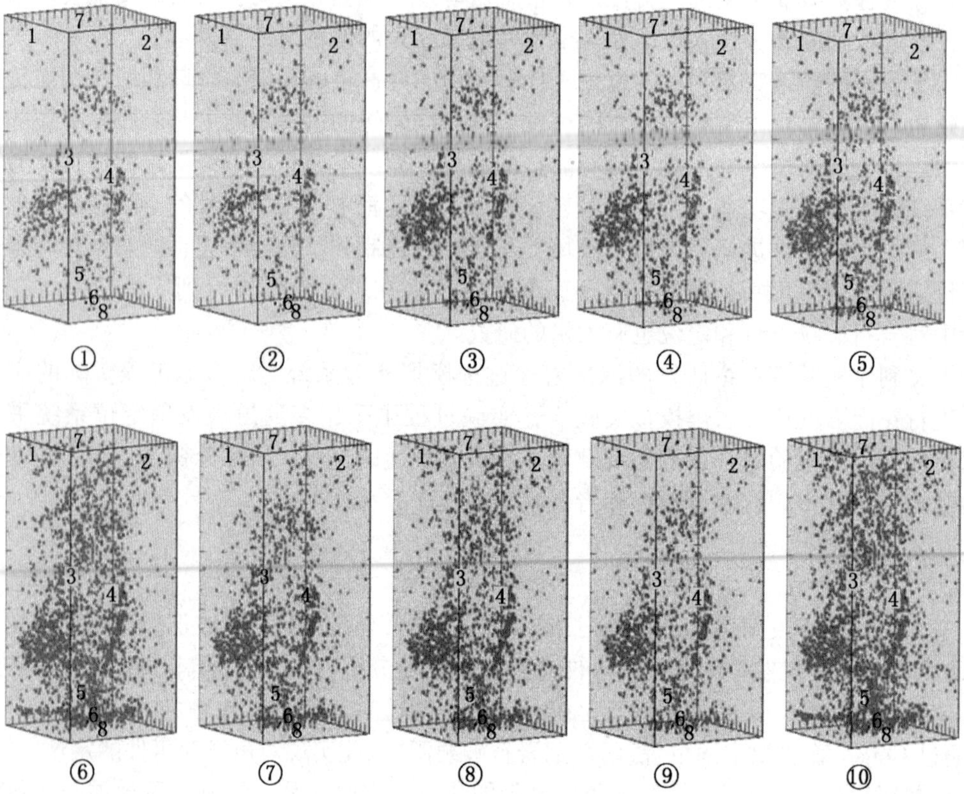

图 3　YB－2 声发射三维定位结果

YB－6 的应力－时间曲线如图 4 所示，定位结果如图 5 所示。

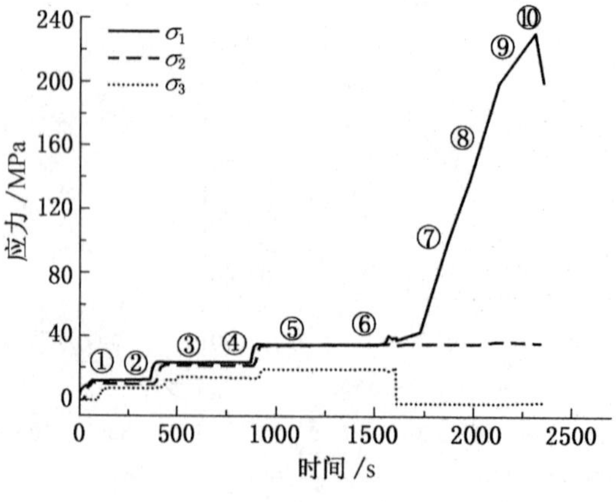

图 4　YB－6 的应力－时间曲线

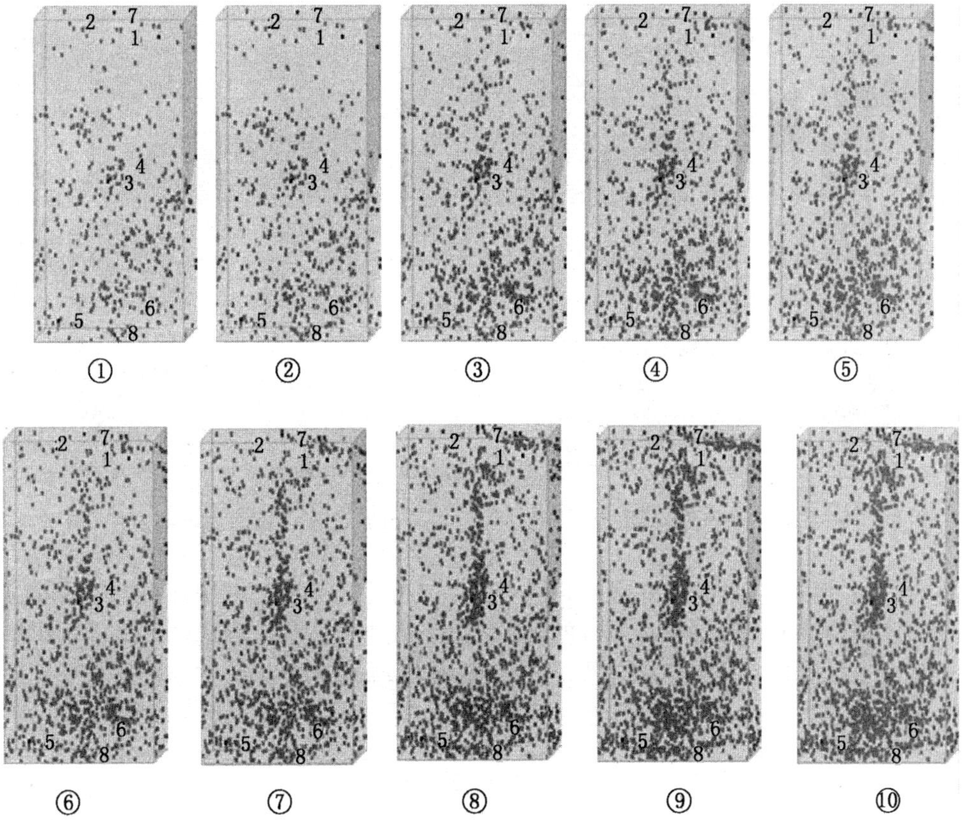

图5　YB－6 声发射三维定位结果

2　实验结果分析

对实验得到的岩爆试件实际裂纹与声发射定位裂纹对比分析：

（1）YB－2 岩样实际破坏结果与声发射定位模型结果如图 6 所示。由试件破坏照片可以看出，YB－2 试件发生岩爆破坏，两条主裂纹呈 X 型交叉，自右上角至左下角的裂纹较长，且前后贯通，另一条自左上角斜向右下角至交叉处。对照声发射三维定位结果，声发射三维定位⑥的定位事件密集分布面显示出的破坏模式的初始形态与试件最终破坏形态相一致，声发射事件形成的两密集面，其分布位置与方向与试件实际破坏位置基本对应，即声发射三维定位⑥～⑩实现了对试件裂纹发展的动态跟踪和破坏模式的提前预测定位。

（2）YB－6 岩样实际破坏结果与声发射定位模型结果如图 7 所示。由试件破坏照片可以看出，YB－6 试件发生岩爆破坏后，可由两侧面观察到主裂纹为垂直向下的整体裂纹，长度约为试件的 1/2。声发射三维定位模型有定位事件密集条带出现，且开裂模式与位置均与实际破坏对应良好，实现了对裂纹模式和位置的定位。

3　结论

本文进行花岗岩应变岩爆实验，利用多通道声发射系统对岩石破裂过程中的裂纹发育

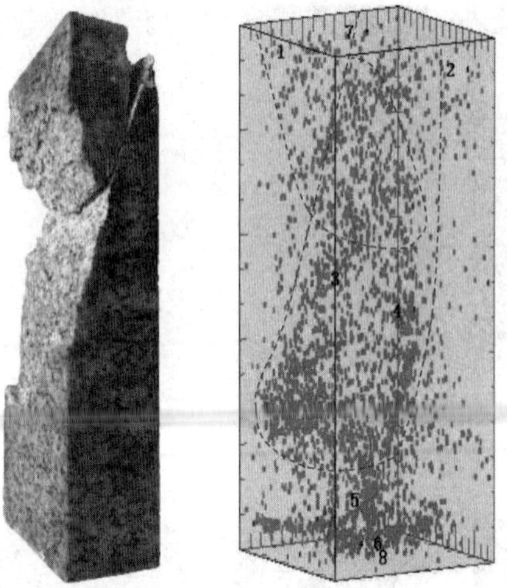

图6　YB－2破坏与声发射定位结果

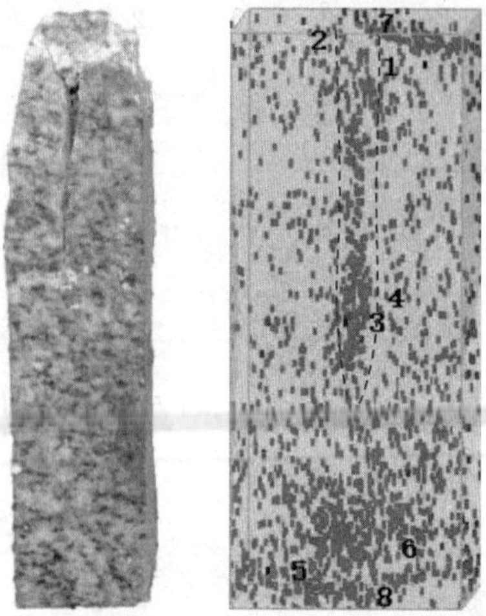

图7　YB－6实际破坏与声发射定位结果

及扩展进行三维定位、跟踪，对裂纹扩展定位结果进行了分析，结果表明本文采用的方法能够基本实现应变岩爆最终破坏裂纹的破坏模式和发生位置的三维定位，对岩样破坏的主裂纹的生成、扩展过程进行跟踪定位，这对预防岩爆灾害的发生具有参考价值。

参　考　文　献

[1] 邹成杰. 地下工程中岩爆灾害发生规律与岩爆预测问题的研究［J］. 中国地质灾害与防治学报，1992，3（4）：48－53.

[2] 蔡嗣经，张禄华，周文略. 深井硬岩矿山岩爆灾害预测研究［J］. 中国安全生产科学技术，2006，1（5）：17－20.

[3] 杨健，武雄. 岩爆综合预测评价方法［J］. 岩石力学与工程学报，2005，24（3）：411－416.

[4] 余斐. 单轴压缩条件下岩石的声发射实验研究［D］. 北京：中国地质大学，2012.

[5] 何满潮，苗金丽，李德建，等. 深部花岗岩试样岩爆过程实验研究［J］. 岩石力学与工程学报，2007，16－19.

[6] 李德建，贾雪娜，苗金丽，等. 花岗岩岩爆实验碎屑分形特征分析［J］. 岩石力学与工程学报（增刊），2010，29（Supp.1）：3280－3289.

浅埋大采高工作面切顶卸压自动成巷围岩运动变形机理研究

杨晓杰[1,2]　王二雨[1,2]　王嘉敏[1,2]　胡超文[1,2]　张　民[1,2]　韩　明[1,2]

1. 中国矿业大学（北京）力学与建筑工程学院，北京　100083

2. 中国矿业大学（北京）深部岩土力学与地下工程国家重点实验室，北京　100083

摘　要　以柠条塔煤矿浅埋大采高工作面预裂切顶沿空留巷为工程背景，采用离散元与有限元数值模拟方法分析预裂切顶对沿空留巷围岩运移变形与应力分布的影响。介绍了沿空留巷支护和爆破施工参数，根据围岩位移、恒阻锚索受力监测数据，分析了从开始留巷到变形稳定的矿压显现规律。现场试验表明，切顶卸压自动成巷技术能够切断采动应力传递路径，明显降低了浅埋大采高工作面沿空留巷围岩受到的动压扰动，有效抑制了巷道围岩变形，成巷断面尺寸满足生产要求。

关键词　浅埋大采高　数值模拟　切顶卸压　矿压监测

Research on Mechanism of Rock Movement and Deformation of Gob－side Entry Retaining Formed By Roof Cut And Pressure Releasing In shallow Buried And Large Mining Height Working Surface

Yang Xiaojie[1,2]　Wang Eryu[1,2]　Wang Jiamin[1,2]
Hu Chaowen[1,2]　Zhang Min[1,2]　Han Ming[1,2]

1. School of Mechanics and Civil Engineering, China University of Mining and Technology, Beijing　100083

2. State Key Laboratory for Geomechanics and Deep Underground Engineering, China University of Mining and Technology, Beijing　100083

资助项目： 中央高校基本科研业务费专项资金资助（2010YL08）

作者简介： 杨晓杰（1968—　），男，山西万荣人，博士，教授，博导，主要从事工程地质力学与岩土工程方面的教学与研究工作。Tel:010－62339107;E－mail:yxjcumt@163.com

Abstract With the engineering background of gob – side entry retaining of shallow buried and large mining height working surface in Ningtiaota Coal Mine by roof pre – splitting, the discrete element and finite element method were used to analyze the influence of roof pre – splitting to the movement deformation and stress distribution of surrounding rock during gob – side entry retaining. In this paper, the parameters of supporting and blasting construction are introduced. According to the displacement of surrounding rock and the stress monitoring data of the constant resistance anchorage cable, the law of surrounding rock pressure appearance from the beginning to the deformation stability is analyzed. Field test shows that the entry retaining formed by roof cut and pressure releasing technique can cut off the mining stress transfer path, significantly reducing the dynamic pressure disturbance on the gob – side entry retaining surrounding rock of shallow buried and large mining height working surface, can effectively restrain the deformation of surrounding rock, roadway section size meet the requirements of production.

Key words shallow buried and large mining height numerical simulation roof splitting and pressure relief mine pressure monitoring

0 引言

大采高工作面是指采厚大于 3.5 m 的采煤工作面。由于采高较大，矿压显现剧烈，巷道变形严重。浅埋煤层是以埋深浅(一般在 150 m 以内)、基岩薄(一般小于 50 m)、上覆厚松散砂土为赋存特征的煤层，由于埋深较浅，砂层较厚，顶板不易形成关键层，因此基本顶破断时不易形成稳定结构，裂隙发育直达地表，来压有明显动载现象等。我国分布广泛的大采高浅埋煤层主要有神府东胜煤田、陕北榆神煤田、宁夏灵武煤田及新疆哈密煤田等[1-3]。

柠条塔井田位于陕西省神木县西北部，为神府东胜矿区的一部分（神南矿区），进行切顶卸压沿空自动成巷无煤柱开采试验的工作面为典型的浅埋深大采高综采工作面。长壁开采是该矿区普遍采用的采煤方法，长壁开采一般需要留设煤柱，特别是随着工作面走向长度的增加，残留煤柱的留设会造成大量的资源损失[4-6]。以柠条塔煤矿为例，该矿年生产能力 1800 万 t，综采工作面顺槽隔离煤柱宽度为 20 m 左右（煤层平均厚度为 4 m），每年回采工作面推采总长度为 9000 m 左右，每年顺槽隔离煤柱损失煤量约 93 万 t，价值约 1.488 亿元（按 160 元/t）。在现在的煤炭经济形势下，降本增效、提高回收率受到了极大的重视，在神南矿区大力发展无煤柱开采技术，对提高煤炭回收率，缓解煤炭经济下行压力及该矿区的可持续发展势必有重大意义。同时，该项目为全国首个厚煤层开采 110 工法试验项目，项目的实施可填补国内厚煤层开采 110 工法技术应用的空白，不仅有巨大的经济效益，而且有很高的科研价值。

1 切顶卸压沿空留巷技术应用

1.1 切顶卸压沿空留巷技术原理

切顶卸压自动成巷无煤柱开采技术，是在将要形成回采巷道的采空区侧顶板定向预裂爆破，切断顶板采动应力传递路径，留巷巷道顶板形成短悬臂梁，减弱采空区侧煤体回采后动压的影响，同时回采后沿空侧采空区顶板率先垮落形成对上覆岩层的支撑结构，减弱上覆岩层的回转下沉变形。工作面回采后，顶板沿预裂位置滑落形成巷帮，该巷道作为下个回采工作面的运输或者回风顺槽，且其受采空区顶板作用力大大减少，能保证巷道使用期间的稳定性[7-8]。

1.2 切顶卸压沿空留巷工艺

该技术的关键步骤是采用恒阻大变形锚索加固顶板、双向聚能张拉爆破预裂顶板、沿空挡矸巷旁巷内高强密集单体支柱支护顶板[9-11]。S1201 工作面胶运沿空留巷参数如图 1 所示。

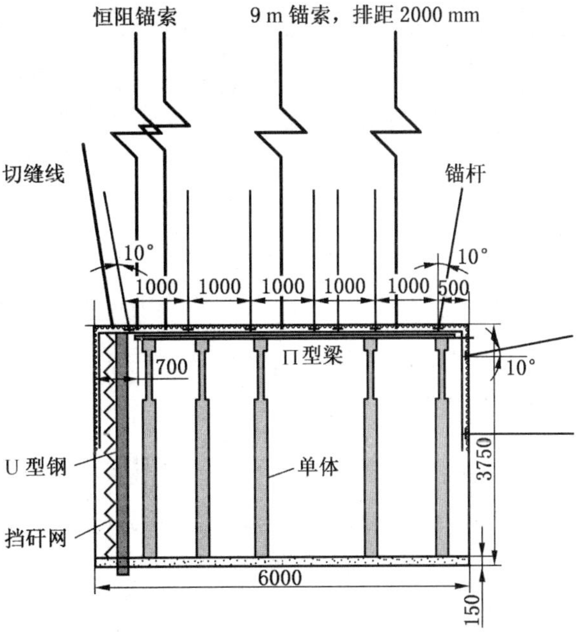

图 1　切顶卸压自动成巷支护示意图

（1）切缝爆破参数。①在工作面运输巷煤壁侧距煤壁 0.3 m 处沿巷道走向布置 1 排聚能爆破孔，炮孔间距 0.6 m，炮孔深 9 m，倾向采空区 10°。②单孔装 5 根聚能管，每根聚能管长 1.5 m，聚能管装药结构为“3 + 3 + 3 + 3 + 2”卷，药卷为二级乳化炸药，规炸药规格为 Φ32 mm × 200 mm/卷。③聚能管外径 42 mm，内径 36.5 mm，管长 1500 mm，管壁厚 2.5 mm。④采用黄泥封孔，单孔封堵长度为 1.5 m，正向串联起爆。⑤单孔采用锚杆钻机成孔，成孔直径 50 mm。⑥装填聚能管时要求聚能方向要沿着切缝方向，保证钻孔布设和聚能方向成一条线。

（2）锚索加强支护参数。①锚索长 10.5 m，直径 21.8 mm，恒阻器长 500 mm，外径 72 mm，恒阻值 35 t，预紧力 28 t。②靠近采空区侧布置一排恒阻锚索，排距 1 m，距煤壁 700 mm。

（3）动压加强支护参数。架后 200 m 全部采用单体液压支柱进行临时加强支护，单体排距 0.8 m，采用“一梁五柱”式，每排单体上方架设一根Π型梁，长度 4.5 m，通过巷旁高强密集支柱的切顶阻力在动压作用下沿切缝线切落采空区顶板，巷内单体支柱提供支护阻力减弱动压作用下留巷顶板的回转下沉变形。挡矸支护先用 14 号铁丝网将钢筋网和顶网连接，网片尺寸 3.8 m × 1.1 m，网格尺寸 80 mm × 80 mm，在钢筋网外围架设 U 型钢。挡矸所用 U 型钢型号为 25 U，U 型钢间距为 0.4 m。

2 切顶卸压自动成巷数值分析

为了用数值方法分析切顶卸压自动成巷矿压显现规律，运用 UDEC 建立计算模型，对无切缝和有切缝模型垂直位移与顶板垮落情况进行数值计算，得出计算结果如图 2 ~ 3 所示。使用 FLAC 建立计算模型，分别对无切缝和有切缝模型垂直应力进行数值计算，得出计算结果如图 4 所示。

图2　无切缝时上覆岩层垂直位移分布图

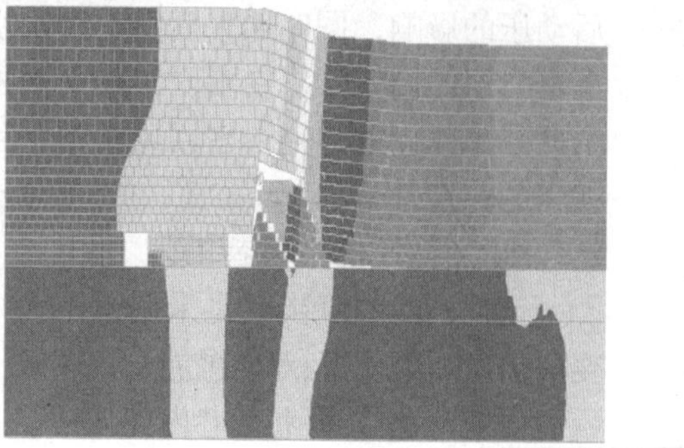

图3　切缝9 m－角度10°时上覆岩层垂直位移分布图

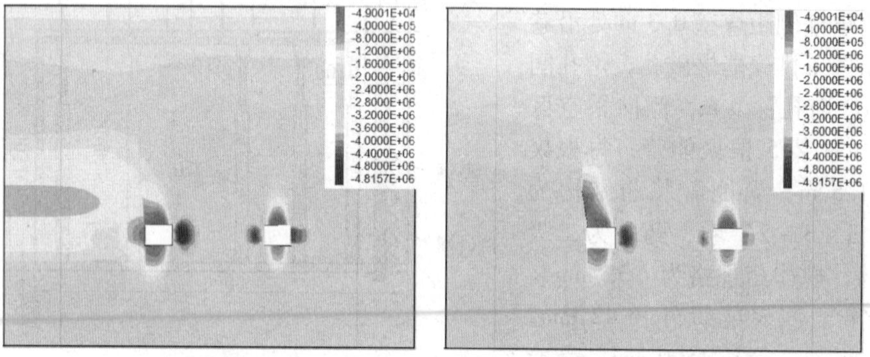

(a) 无切缝　　(b) 切缝9 m−角度10°

图4　无切缝和有切缝时垂直应力分布图

由图2可知，不切顶时，煤层回采后，在上覆岩层挤压作用下，坚硬顶板自身难以破断，导致沿空巷道直接顶沿煤帮内部断裂，形成一端铰接的长悬臂梁，该长悬臂梁在上覆岩层挤压作用下发生较大回转和下沉变形，挤压实体煤帮，引起煤帮片帮并向巷道内鼓出变形。图2中不切顶时由于直接顶不能及时垮落并充填采空区，老顶触矸点距巷帮20 m，老顶回转和下沉变形存在较大空间，巷道顶板受采空区上方岩层垮落影响较大，变形量在采空区侧较大，在实体煤侧较小，平衡时最终顶板最大下沉量48 cm，煤帮片帮深度24 cm，并发生21 cm的鼓出变形。

由图3可知，煤层回采后，侧向顶板在上覆岩层挤压下及时沿切缝结构面滑落，形成短悬臂梁，并且切落矸石碎胀后，能及时充填采空区支撑老顶岩梁，并将老顶触矸支撑点前移至距巷帮4. 2 m，因此减小了老顶下沉与回转变形压力，同时切缝以一定角度进入老顶一定深度时，又可诱使老顶沿切缝结构面断裂并发生倒台阶滑落，可减弱采空区老顶铰接岩梁向沿空巷道围岩的荷载传递，进而减小围岩变形量。根据图3中垂直位移分布图，平衡时最终顶板垂直位移最大下沉97 mm，而无明显底鼓和帮侧鼓出变形，远小于无切缝时顶板垂直位移最大值480 mm，表明切缝能够有效地切断巷道及采空区顶板之间的应力传递，使得巷道顶板变形量得到有效控制。

根据图4a中的垂直应力分布云图，无切缝时工作面开挖后，沿空留巷实体煤帮内部产生明显的应力集中区，垂直应力最大值4.8 MPa，且应力集中区距离巷帮较近，约1 m，容易导致煤壁片帮等不利现象；巷道及工作面上方一定范围内仍存在较高的垂直应力，平均1 MPa，容易导致巷道围岩变形，不利于巷道稳定。

根据图4b中切缝时垂直应力分布云图，工作面开挖后，沿空留巷实体煤帮内部应力集中范围较小，垂直应力最大值约4 MPa，且应力集中区距离巷帮较远，为2~3 m；巷道上方一定范围内存在明显的卸压区，垂直应力平均值约为0.4 MPa，对巷道维护及围岩稳定性起到积极作用。

通过对比图2~4可以得出如下结论：

（1）切顶卸压自动成巷技术能够有效切断巷道及采空区顶板之间应力传播途径，从而减弱实体煤帮内部应力集中现象，不仅大大降低了应力峰值，而且使得应力集中区远离巷帮，转移到实体煤帮深部位置。

（2）顶板预裂切缝能够有效降低巷道顶板一定范围内的应力，形成卸压区，有利于巷道顶板稳定。

（3）由于切缝的存在，巷道及采空区顶板的连续性被切断，使其具有独立的变形特征，巷道顶板形成短臂梁结构，其变形不再受采空区顶板垮落下沉影响，回转变形减小，因而使得巷道顶板变形得到有效的控制。

3 现场监测及成巷效果分析

3.1 现场监测结果分析（图5、图6）

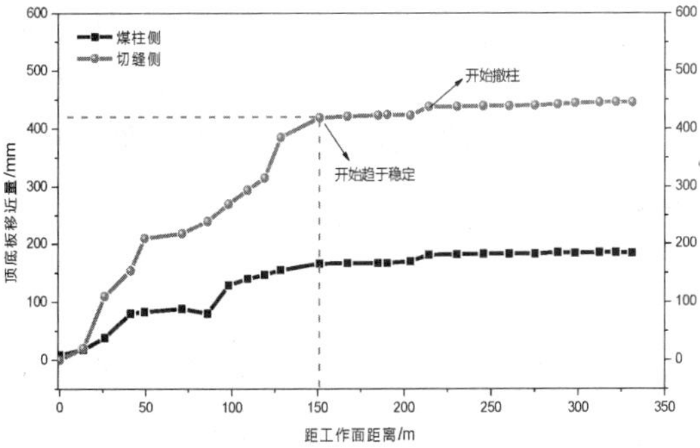

图5 切缝侧和煤柱侧顶底板移近量变化

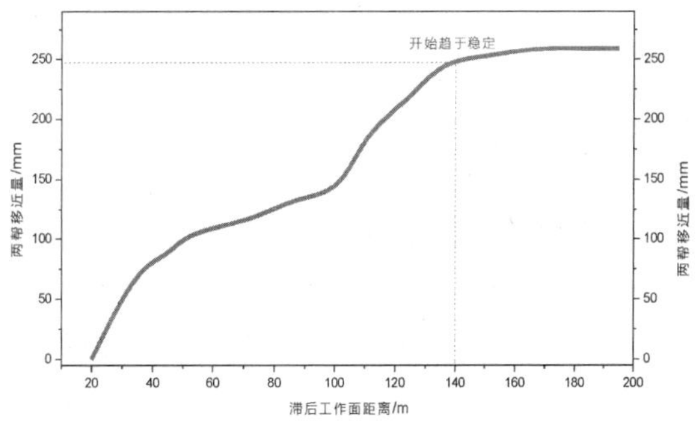

图6 两帮移近量变化

通过对顶底板移近量变化情况进行分析发现以下规律：

顶底板移近大致可分为3个阶段：第一个阶段为架后50 m之内，此段巷段距工作面较近，受采动影响，老顶回转下沉，尤其在端头架后40~60 m顶底板会有明显移近，说明顶板已经有一次大的来压作用；第二阶段为架后60~150 m，此阶段顶板仍没有完全稳定，仍受到矸石压实过程中的动压影响，但增长速度较第一阶段有所放缓；第三阶段为架后150 m之后，此阶段所留巷道巷旁的矸石已压实，主动支护、被动支护与顶板压力达到一个区域平衡的状态，顶板有微量下沉，下沉速度也明显减少，不同位置及地质条件可能会稍有差别。以每天下沉量不超过5 mm为巷段趋于稳定的评判标准，对巷道稳定距离进行统计发现，巷段在架后150~160 m位置顶底板移近变化已经很少，巷段在架后180 m趋于稳定，200 m 之内基本达到稳定状态，因此从顶底板移近量这一因素整体考虑，初步判断柠条塔矿浅埋大采高切顶成巷架后 200 m 位置为保守稳定区，200 m 后可回撤临时支护设备。

通过对切缝侧和煤柱侧顶底板移近量进行对比发现，前期切缝侧顶板下沉明显多于非切缝侧，说明切顶后在碎矸的摩擦下坠作用及老顶的回转下沉作用下，切顶短壁岩梁发生回转，切缝侧最终下沉量在 400 ~ 450 mm，煤柱侧下沉量在 200 ~ 250 mm。

对巷段两帮移近情况进行统计，可以发现以下规律：与顶板移近变化趋势类似，距端头架尾 40 m 位置处有较大移近，说明受到来压影响，之后两帮移近会趋于平缓过渡状态，至 140 m 位置左右两帮移近趋于稳定，说明已经达到稳定状态，两帮最大移近 250 mm 左右，临时支护回撤后两帮移近量无明显增加。两帮稳定的时间比顶底板运动稳定时间要早，因此为了防漏风，可在回撤单体支柱之前进行喷浆或防漏风作业。

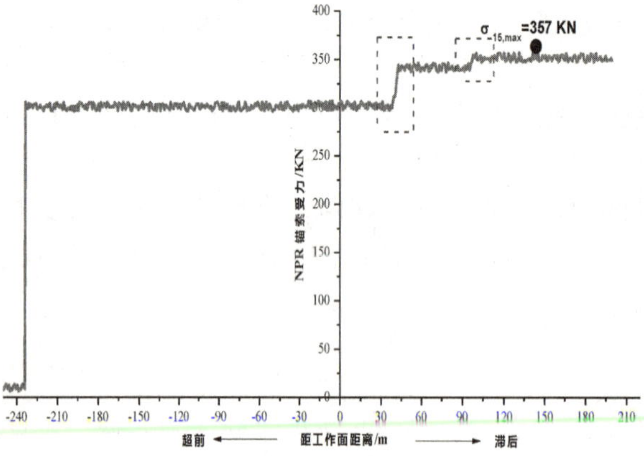

图 7　锚索应力计（正常巷段）锚索应力值变化曲线

恒阻锚索压力明显升高主要有两个位置（图 7）：一是滞后工作满 38 ~ 50 m 位置，恒阻锚索出现明显的受力升高现象，说明工作面老顶岩层对恒阻锚索已产生明显作用，因此滞后工作面 50 m 左右应重点注意支护；二是滞后工作面 100 ~ 120 m位置，恒阻锚索受力会出现另一波增大，推断为采空区碎涨矸石被上覆岩层压实造成顶板回转下沉变形。锚索最大拉力为 357 kN，预测测点锚索已达到恒阻状态。通过对恒阻锚索受力趋势分析发现，恒阻锚索受力滞后工作面一段距离突然增加，对于这种受力突变，推断为恒阻锚索刚好受到来压影响，受顶板岩层断裂影响受力瞬间增大。

3.2　切顶卸压自成巷效果分析

通过对浅埋大采高切顶卸压关键参数进行理论分析、数值模拟及现场工业性试验，确定了适合于柠条塔矿区浅埋大采高工作面的最佳施工及设计参数，并提出了大采高切顶成巷的巷道围岩控制体系，最终参数留巷效果良好。图 8 为采取最佳施工及设计参数后的留巷效果图，从下一个工作面的设备配套及使用要求发现，所留巷道满足使用要求。

(a) 支护体未回撤时成巷效果　　(b) 支护体回撤稳定后成巷效果

图 8　柠条塔煤矿 S1201 工作面成巷效果

4 结论

（1）使用数值模拟方法对厚煤层切顶卸压沿空留巷工作面回采前后的应力场、位移场、顶板岩层运移规律进行了数值模拟研究，并与不切顶沿空围岩运移规律进行了对比分析，预裂切缝可以有效减小留巷顶板围岩回转变形，并且冒落顶板碎胀后可以有效支撑上覆岩层，减小沉降，切断采空区采动应力传递路径，在留巷附近，围岩附近形成卸压低应力区。

（2）通过在留巷巷道安设远程监控系统，对恒阻锚索受力、顶底板移近量进行实时在线监测，通过采集分析数据结果对巷道矿压显现规律进行了研究，为检验支护结构、设计参数及施工工艺的合理性，修改优化支护参数提供科学依据。

（3）进行了浅埋大采高工作面沿空留巷永久支护、临时支护、切缝、爆破、临时支护回撤等工艺设计，将之应用到现场，取得良好的应用效果。研究表明，所确定的浅埋大采高切顶卸压沿空留巷各项关键技术工艺，可以实现综采面开采高产高效的目标，实现无煤柱开采，从根本上解决高突矿井因为留设煤柱带来的瓦斯突出、煤柱自然发火、应力集中引起的下顺槽巷道难维护等技术难题。

参 考 文 献

［1］石平五，侯忠杰．神府浅埋煤层顶板破断运动规律［J］．西安矿业学院学报，1996，16（3）：204－207.

［2］杨晓杰，郭志飚，等．矿山工程地质学［M］．徐州：中国矿业大学出版社，2015.

［3］黄庆享．浅埋煤层的矿压特征与浅埋煤层定义［J］．岩石力学与工程学报，2002，21（8）：1174－1177.

［4］李化敏．沿空留巷顶板岩层控制设计［J］．岩石力学与工程学报，2000，19（5）：651－654.

［5］孙恒虎，赵炳利．沿空留巷的理论与实践［M］．北京：煤炭工业出版社，1993.

［6］华心祝，马俊枫，许庭教．沿空留巷巷旁锚索加强支护与参数优化［J］．煤炭科学技术，2004，32（8）：60－64.

［7］孙晓明，刘鑫，梁广峰．薄煤层切顶卸压沿空留巷关键参数研究［J］．岩石力学与工程学报．2014，33，（7）：1449－1456.

［8］蒋金泉．采场围岩应力与运动［M］．北京：煤炭工业版社，1993.

［9］杨晓杰，庞杰文，张保童，等．回风巷软岩巷道变形破坏机理及其支护对策［J］．煤炭学报，2014，39（6）：1000－1008.

［10］张国锋，许有青，葛鹏涛．唐山沟矿厚层砂岩顶板切缝沿空成巷试验研究［J］．岩石力学与工程学报，2016，35（7）：1397－1406.

［11］杨晓杰，庞杰文，娄浩鹏．亭南煤矿强膨胀性软岩巷道底鼓变形力学机制［J］．煤炭学报，2015，40（8）：1761－1767.

恒阻大变形锚杆拉伸冲击动力学响应特性分析

牛慧雅[1,2]　宫伟力[1]　何满潮[1]

1. 中国矿业大学（北京）深部岩土力学与地下工程国家重点实验室，北京　100083

2. 中国矿业大学（北京）力学与建筑工程学院，北京　100083

摘　要　针对在冲击载荷作用下恒阻大变形锚杆的动力学响应，进行了恒阻大变形锚杆理论模型简化，建立恒阻体简化模型。基于一维应力波理论，利用 LS - DYNA 模拟不同冲击载荷作用下恒阻大变形锚杆的动力学响应。分析简化模型和恒阻大变形锚杆霍普金森冲击拉伸的数值模拟结果可知，恒阻套管与杆体之间的摩擦力变化满足理论粘滑模型，锚杆能在极短时间内（10ms）对冲击载荷做出响应以抵抗破坏。

关键词　恒阻大变形锚杆　霍普金森冲击拉伸　恒阻体简化模型　LS - DYNA 建模　动力学响应

Analysis of Impacting and Elongation Dynamic Mechaical Characteristics of NPR bolt

Niu Huiya[1,2]　Gong Weili[1]　He Manchao[1]

1. State Key Laboratory for Geomechanics and Deep Underground Engineering, China University of Minig and Techaology, Beijing　100083

2. School of Mechanics and Civil Engineering, China University of Mining and Technology, Beijing　100083

Abstract　This thesis research around the response characteristics of NPR bolt in the dynamic impact. Based on the theoretical model of the NPR bolt, the simplified model could be concluded. The simplified model of the NPR bolt would be established. And based on the One - dimensional stress wave theory and ANSYS/LS - DYNA, analysis

---

资助项目：中央高校基本科研业务费专项资金（2010YL12）

作者简介：牛慧雅（1993—　），女，湖北襄阳人，博士，中国矿业大学（北京）岩土工程专业，主要从事岩石力学研究。Tel:13716452945；E - mail:niuhuiyg@126.com

the dynamic response of the NPR bolt's simulation. Analysis the results of simulation, it can be concluded that the friction change between shank bar and sleeve to meet the Stick - slip model and the bolt can resist the impact damage in a very short time.
Key words NPR bolt hopkinson impact tensile test the simplified model of the constant resist cone simulation with LS - DYNA dynamic response

0 引言

锚杆支护作为巷道支护的主要方式之一[1]，显著提高了巷道围岩的结构稳定性。传统锚杆在支护过程中允许的巷道变形量一般在 200 mm 以下，而近年来，随着地表及浅层资源减少，开采深度和难度增加，传统锚杆无法抵抗深部巷道中的非线性大变形以及冲击地压的破坏。传统锚杆、锚索、U 型钢等支护材料都是传统泊松比材料，当外界产生的冲击载荷或大变形破坏超过锚杆材料的屈服强度时，锚杆材料丧失承载能力导致支护失效[2]。

基于何满潮院士提出的负泊松比结构/材料的概念与负泊松比的力学行为的科学问题，以深部岩土力学与地下工程国家重点实验室（北京）何满潮院士为首的科研团队先后提出了恒阻大变形理论及恒阻大变形锚杆设计框架，并于 2009 年成功研制恒阻大变形锚杆（索）。该新型支护材料在实现大变形、大伸长量的前提下，可保持支护阻力基本稳定。可以承受超长的拉伸滑移变形，以此来抵抗围岩大变形，在保证冲击能量安全释放的同时保持恒定的支护阻力，达到安全支护的目的[3,4]。

目前，对该新型恒阻大变形锚杆已进行了众多室内外静力学拉伸实验和现场实验工程应用研究。研究表明，这种新型锚杆具有较高的支护阻力、大变形量，拉伸过程中不会出现颈缩现象、能量吸收率高，验证了具有负泊松比效应的恒阻大变形锚杆相对于传统锚杆的优越性[3-5]。

与静态和准静态不同，冲击荷载作用下，结构和惯性效应将主要影响材料的动态响应特性[6]。即在冲击作用下，恒阻大变形锚杆能否呈现出由结构变形导致的负泊松比效应仍是未知。本文采用锚杆模型理论简化、恒阻大变形锚杆冲击拉伸试验、LS - DYNA 数值模拟相结合的方法，从锚杆伸长量、膨胀量、冲击力、运动参量等方面，分析锚杆在冲击拉伸作用下的动态力学性能，验证该类型锚杆的负泊松比效应。

1 恒阻大变形锚杆恒阻体简化模型

基于何满潮提出的恒阻大变形锚杆设计思想[6]，现对恒阻大变形锚杆的恒阻体部分进行理论简化，通过载荷等效，将锥体部分简化为受等效载荷作用的等截面恒阻体（图 1）。具体简化过程如下：

$$P_0 = 2\pi I_s I_c f$$

$$P'_0 = 2\pi I_s I_c f'$$

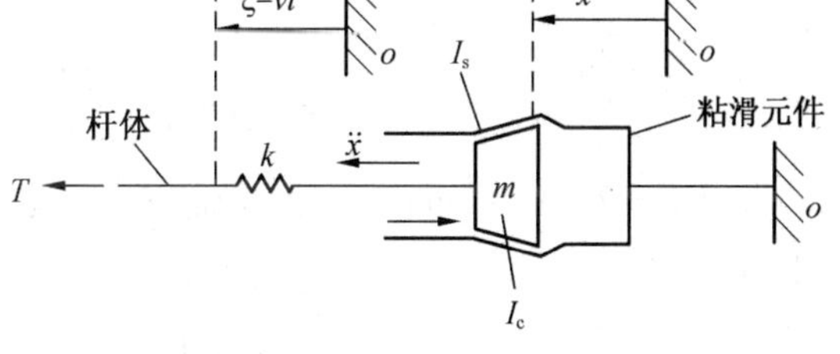

x—杆体的位移；$\ddot{x}$—杆体运动加速度；k—杆体的刚度系数，$k = EA/l$；v—静态外载荷的速度；m—质量

图 1 锥形体部分几何示意图[6]

$$f' = f - 2\omega\ (f - f_d)$$

$$\omega = \sqrt{k/m}$$

$$\Delta x = \frac{4\pi\ \omega I_s I_c (f - f_d)}{k}$$

式中　I_s——套管常数；

I_c——锥体常数；

f——静摩擦系数；

f_d——动摩擦系数；

ξ——杆体的初始位移；

Δx——粘滑过程中，杆体的周期性位移。

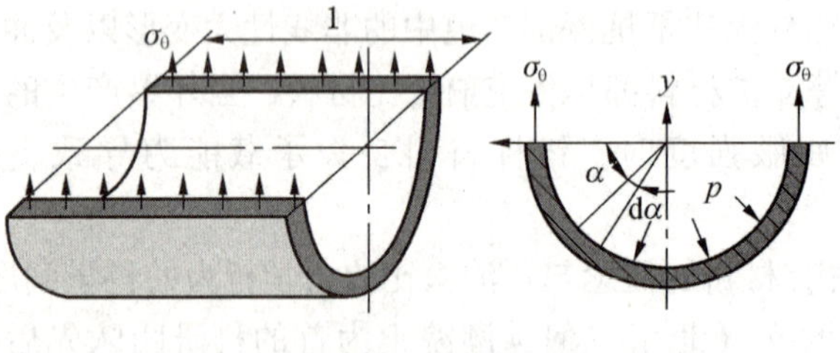

图2　单位长度薄壁套管内力图

套管内径约 30 mm，壁厚约 4.8 mm，内径远大于壁厚，故套管部分可视为薄壁圆筒。设薄壁圆筒内径为 D，壁厚为 t，筒内壁受线性载荷 p，如图 2 所示，沿薄壁圆筒轴向取任意单位长度为对象，由于套管视为薄壁圆筒，故 σ_p 忽略不计。

沿 y 方向，受力平衡：

$$\int_0^{\pi} p\,\frac{D}{2}\sin a\mathrm{d}a = 2t\sigma_\theta \tag{1}$$

解得：

$$\sigma_\theta = \frac{pD}{2t} \tag{2}$$

套管采用 20 号钢，查表 20 号钢的屈服强度为 245 MPa，抗拉强度为 410 MPa，故套管可承受的最大内压力为

$$p = \frac{2t\sigma_\theta}{D} \tag{3}$$

代入数据得：

$$p = \frac{2450}{D} \tag{4}$$

作用于锥形体表面上的均布压力 p' 与 p 相当于作用力与反作用力，大小相等，方向相反，即

$$p' = -p = \frac{2450}{2\ (a + z\tan a)} = \frac{1225}{a + z\tan a} \tag{5}$$

直径 $D = 2\ (a + z\tan\alpha)$，沿 Z 轴方向，取长度为 dz 段进行受力分析，所受压力 dp' 大小为

$$\mathrm{d}p' = -\mathrm{d}p = \frac{1225}{(a + z\tan a)^2}\tan a\ \mathrm{d}z \tag{6}$$

沿 Z 方向积分：

$$P' = \int_0^h \mathrm{d}p' = -\int_0^h \mathrm{d}p = \int_0^h \frac{1225}{(a + z\tan a)^2}\tan a \, \mathrm{d}z \tag{7}$$

令 $x = a + z\tan\alpha$，则

$$\frac{x-a}{\tan a} = z \qquad \mathrm{d}z = \frac{1}{\tan a}\mathrm{d}x$$

故

$$\int \frac{1225}{(a + z\tan a)^2}\tan a \, \mathrm{d}z = 1225\int \frac{1}{x^2}\mathrm{d}x = \frac{1225}{x} \tag{8}$$

所以，锥形体表面的合外力为

$$P' = -\frac{1225}{a + z\tan a}\bigg|_0^h = -\left(\frac{1225}{a + h\cdot\tan a} - \frac{1225}{a}\right) \tag{9}$$

其中锥形体长度 $h = 30$ mm，内径 $a = 30$ mm，锥形体大端直径为 30.8 mm，小端直径为 29.8 mm，故

$$\tan a = \frac{\frac{1}{2}\times(30.8 - 29.8)}{30} = 0.0167 \tag{10}$$

代入数据解公式（9）得

$$P' = 0.67 \times 10^6 \text{ N/m} \tag{11}$$

所以简化后，作用在等截面套管上的均布载荷为

$$P' = \frac{P'}{h} = 22.33 \text{ MPa}$$

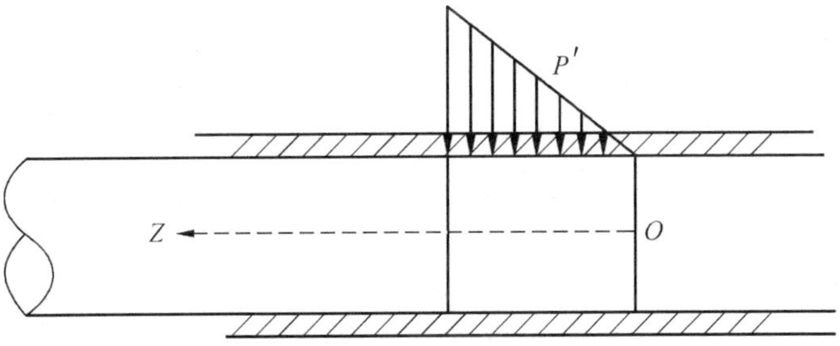

图3　简化后模型示意图

由于原模型中，锥形体在受拉过程中，小端受力大于大端受力，所以在对合力进行重分布时，采用如图3所示的线性分布。

设最大分布力为 F，分布斜率为 k，建立如图3所示局部坐标系 OZ。沿 Z 方向，有

$$F(z) = \frac{F}{0.3}z \tag{12}$$

F（z）沿 z 轴积分得到的合力即为原模型所受的合力，即：

$$\int_0^{0.3} \frac{F}{0.3}z\,\mathrm{d}z = 0.67 \times 10^6 \tag{13}$$

解得最大分布力

$$F = 4.47 \times 10^6\ \mathrm{N/m} \tag{14}$$

所以，简化后模型的等效分布力表达式为

$$F(z) = \frac{4.47 \times 10^6}{0.3} z \tag{15}$$

2 恒阻大变形锚杆霍普金森冲击拉伸实验

2.1 恒阻大变形锚杆

恒阻大变形锚杆由活塞状的锥体、安装在锥体上的杆体、套管、托盘和紧固螺母组成，如图4所示。

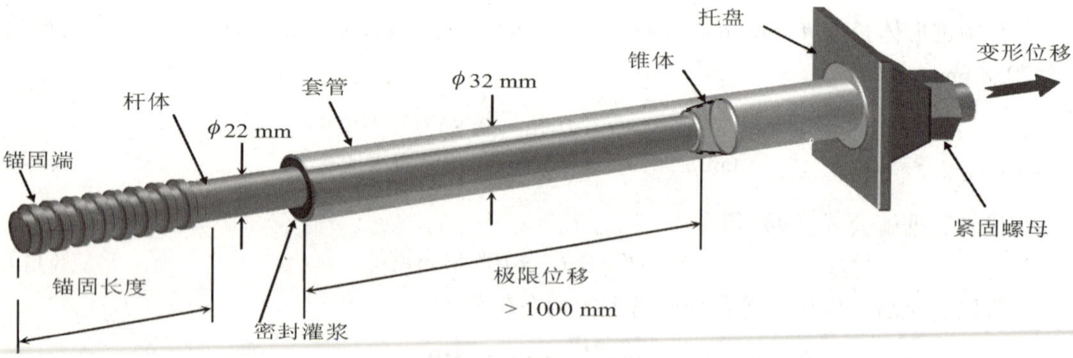

图4　恒阻大变形锚杆三维原理图[6]

锥体安装在套管中；杆体安装在锥体上，杆体锚固端直径略小于杆体直径，以便可以插进炮眼；当轴向外载荷（拉力）作用在恒阻大变形锚杆的自由端时，套管将产生与锚固端相反方向的位移，此位移即是锚杆的变形，而套管的运动相当于锥体与套管内壁的相对运动。锥体的小端直径略小于套管的内径，大端直径略大于套管的内径，这样，锥体比较容易进入套管，且在套管内滑移时产生摩擦阻力（即恒阻大变形锚杆的工作阻力），套管会产生径向膨胀变形，从而产生负泊松比（恒阻大变形）结构效应。为防止地下水侵蚀，锚杆自由杆段都会有防锈涂层，且从套管口处注入松香等材料密封，以保证锚杆的工作年限。

恒阻套管：20号钢，密度$\rho = 7800\ \mathrm{kg/m^3}$，泊松比$v = 0.3$，弹性模量$E = 206$ GPa；杆体：45号钢，密度$\rho = 7850\ \mathrm{kg/m^3}$，泊松比$v = 0.269$，弹性模量$E = 210$ GPa。

2.2 实验系统

恒阻大变形锚杆冲击拉伸实验系统主要分为霍普金森动力加载系统（加载系统、自动控制系统、杆件系统、光电测速系统）、锚杆冲击拉伸系统（冲击钢管、导向架、托盘、螺栓、试样、试样固定座、缓冲装置、高速摄像机）和数据采集系统（数据采集仪、电荷放大器、数据测试分析软件、传感器组件）（图5）。

其中，单根锚杆冲击拉伸系统如图6所示，由冲击钢管、导向架、托盘（复合式承载盘）、螺栓、试样、试样固定座、缓冲装置和高速摄像机等组成。

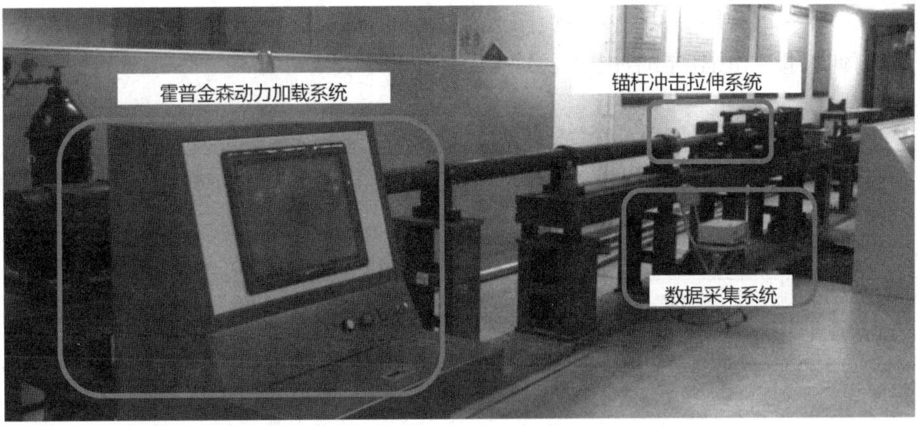

图5　恒阻大变形锚杆冲击拉伸实验系统

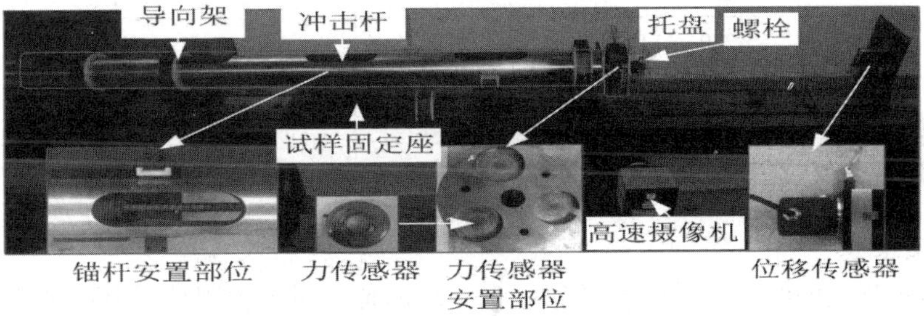

图6　单根锚杆冲击拉伸系统

在该组件中，冲击钢管的长度为2000 mm，直径为140 mm，壁厚为33 mm。左侧封闭以确保与霍普金森杆件系统撞击时端部贴合；右侧开孔以确保恒阻大变形锚杆试样与复合式承载盘相连。

2.3　实验试件基本参数

本次实验采用的是编号为 MG－15－1 和 MG－15－4 的恒阻大变形锚杆，全长平均为515 mm，恒阻套管外螺纹凸处和凹处平均直径分别为32.48 mm和29.45 mm，恒阻套管内螺纹凸处和凹处平均直径分别为28 mm和25 mm，锚杆外螺纹凸处壁厚4.48 mm，外螺纹凹处壁厚4.45 mm。锚杆参数见表1。

表1　实验锚杆试样基本物理参数　　mm

编号	锚杆全长	套管全长	套管直径	杆体直径
MG－15－1	515	451	32.4	22
MG－15－4	515	450	32.6	22

2.4　实验过程

实验过程设计主要包括安装锚杆、安装托盘并设置零位置、按加载方案循环加载。

测试内容主要是通过对恒阻大变形锚杆霍普金森拉杆动力冲击拉伸动力学实验，测试编号为 MG－15－1、MG－15－4 的恒阻大变形锚杆相关性能指标，主要包括锚杆径向膨胀量、轴向伸长量、恒阻体的冲击阻力。实验记录见表2～表3。

表2 MG－15－1 实验记录表

冲击次数	气源压强/MPa	冲击力平均值/kg	冲击力峰值/mm	实测锚杆伸长量/mm
20	1.0	340.25	767.68	73
20	1.5	358.89	775.23	95
20	2.0	320.97	815.38	124
20	2.5	349.52	828.71	86

表3 MG－15－4 实验记录表

冲击次数	气源压强/MPa	冲击力平均值/kg	冲击力峰值/mm	实测锚杆伸长量/mm
1	1.0	82	223	1
10	2.0	171	361	14.7
121	3.0	220	594	268
9	3.8	104	407	37

2.5 实验结果

根据实验测试的结果，从锚杆的膨胀量、轴向伸长量及恒阻体受到的冲击阻力3个方面进行分析。

2.5.1 膨胀量分析

表4 锚杆试样膨胀量变化表

mm

编号	实验前凸处平均直径	实验后凸处平均直径	凸处直径变化量	实验前凹处平均直径	实验后凹处平均直径	凹处直径变化量
MG－15－1	32.4	33.15	0.65	29.6	31.1	1.5
MG－15－4	32.6	33.1	0.5	29.3	31.0	1.7
平均值	32.5	33.125	0.625	29.45	31.05	1.6

上述表4实验数据表明，恒阻大变形锚杆在受到冲击力作用后，宏观上表现出凸处和凹处均膨胀变粗。由于恒阻套管内部恒阻体的接触和受力作用不同，螺纹凸处壁厚增加量等同于膨胀量，而螺纹凹处壁厚虽然变薄，但仍表现出膨胀现象。

2.5.2 伸长量分析

表5 锚杆试样伸长量关系表

编号	恒阻装置长度/mm	恒阻套管长度/mm	伸长量/mm	伸长率/%
MG－15－1	515	451	450	87.37
MG－15－4	515	450	451	87.57
平均值	515	450.5	450.5	87.47

上述（表5）实验数据表明，恒阻大变形锚杆在受到冲击力作用后，宏观表现为杆体和恒阻套管的相对位移增大，即恒阻装置受拉伸长。当达到一定冲击次数后，杆体从恒阻套管中冲出，此时的杆体长度即为最终锚杆伸长量。

2.5.3 冲击力分析

锚杆在各次冲击作用后，将采集到的数据绘制成冲击力和位移随时间变化曲线。以MG－15－4锚杆在3.0MPa下第一次冲击为例，绘制图7。

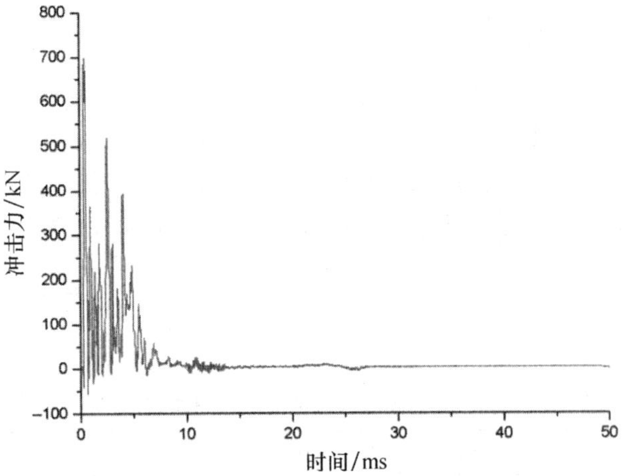

图7 MG－15－4锚杆霍普金森冲击拉伸冲击力－时间曲线

从图7中可以看出，在受到冲击拉伸后，锚杆所受冲击力瞬间增大，在0.5 ms时达到峰值695.86 kN，在5 ms左右达到二次波峰，之后在波动过程中减小至0左右稳定。

3 恒阻大变形锚杆霍普金森冲击拉伸有限元分析

3.1 几何建模

依照实验系统真实尺寸等比例建立恒阻大变形锚杆霍普金森冲击拉伸实验系统的几何模型，如图8所示，具体几何尺寸见表6。

表6 恒阻体模型几何参数 mm

编号	组件	内径	外径	长度
1	托盘	—	200	50
2	套管	25	33	450
3	杆体	—	25	460
4	冲击杆	（130）	135	1500
5	子弹	—	75	800

子弹以一定的初始速度撞击冲击钢管，使冲击杆获得能量撞向托盘，托盘带动与其固连的恒阻套管向右开始移动；杆体左端固定，模拟实际应用中的锚固，套管再向右滑动的过程中与杆体之间产生摩擦力，阻碍套管的相对运动。

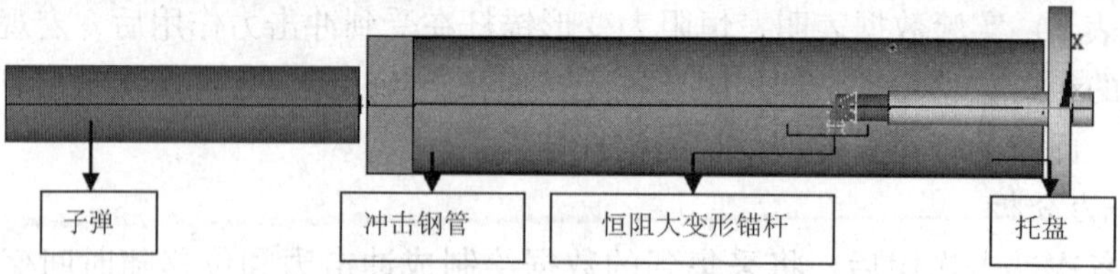

图8　霍普金森冲击拉伸系统几何模型

3.2　有限元前处理

恒阻大变形锚杆霍普金森冲击拉伸实验系统的数值模型共包括5个部分：子弹、冲击杆、托盘、恒阻套管、杆体。由于托盘在实验过程中起缓冲和传递运动的作用，所以选择线弹性材料。根据实验结果分析可知，在实验过程中，恒组套管沿轴向只有弹性变形，故材料属性选择为线弹性。子弹、冲击杆、杆体在实验过程中不涉及力与变形，只是作为运动形式和能量的传递工具，所以将其材料属性定义为刚体。

（1）单元和材料的定义（表7）。

表7　冲击系统模型单元及材料参数

编号	组件	单元类型	材料属性	密度/($kg \cdot m^{-3}$)	弹模/GPa	泊松比
1	托盘	Solid 164	线弹性	7800	200	0.3
2	套管	Solid 164	线弹性	7800	206	0.3
3	杆体	Solid 164	刚性	7850	210	0.269
4	冲击杆	Solid 164	刚性	7800	200	0.3
5	子弹	Solid 164	刚性	7800	200	0.3

（2）均匀的六面体映射网格。

（3）杆体左侧端面需加全方位约束（即ALL FOR）。

（4）恒阻套管与托盘间的接触为面面固态连接；套管与杆体之间的接触为自动面接触。接触面的动摩擦系数为0.18。其他部分相邻面之间的接触设定为自动面接触。

（5）初始速度设定。子弹的初始速度是通过霍普金森动力加载系统控制气源强度而间接控制的。根据经验统计数据，设定模型中子弹的初始速度。表8即为当子弹长度为800 mm时霍普金森实验系统气压—子弹速度的实测关系表。

表8　霍普金森实验系统气压—子弹速度的实测关系表

氮气气压/MPa	0.4	0.5	0.6	0.7	0.8	0.9	1.0	1.1	1.2
子弹速度/($m \cdot s^{-1}$)	4.11	5.42	6.65	7.65	8.4	8.76	9.44	9.76	10.83

由实际测得的气压与子弹速度，拟合得到理想关系曲线，如图9所示。图9中，拟合曲线的$v = 8.757P + 1.06$，拟合曲线的确定性系数为0.959，可靠性较高，可以用来确定实验过程的子弹速度。表9是由拟合曲线实验及数值模拟过程中涉及的子弹速度与气源强

度关系。子弹的初试速度分别设定为8.4 m/s、9.4 m/s、11.6 m/s、14.2 m/s、18.6 m/s、23 m/s、27.3 m/s。

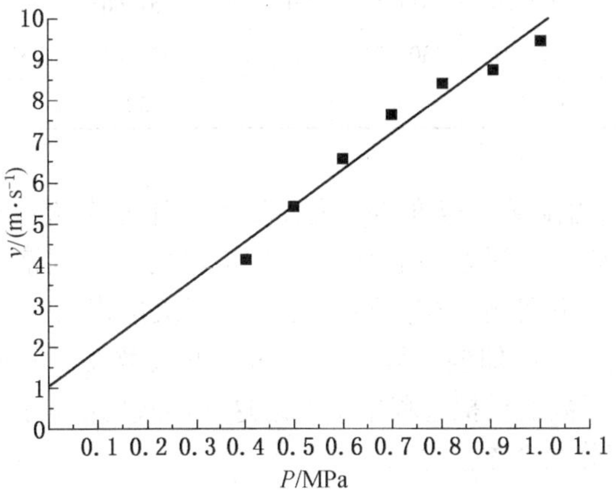

图9　气压－子弹速度理想关系

表9　子弹速度与气源强度关系

气源强度/MPa	0.8	1	1.2	1.5	2	2.5	3
子弹速度/($m \cdot s^{-1}$)	8.4	9.4	11.6	14.2	18.6	23	27.3

3.3　结果分析

建模过程是以托盘为起点，沿 Z 轴正方向排列冲击系统的各部分，所以子弹的初始速度是沿 Z 轴负方向。在以下的各项输出结果中，应力、位移等因变量的数值均为负数。本文主要从冲击力、冲击系统各部分运动参量、恒阻套管的动力学响应特性3个方面对恒阻大变形锚杆霍普金森冲击拉伸实验的数值模拟结果进行分析。

（1）冲击力分析。

由子弹在各速度下，托盘上与冲击杆接触部分某单元的轴向应力时程曲线可以看出，轴向应力峰值见表10。

表10　子弹在各个速度下对应的托盘受冲击部分应力峰值

子弹速度/($m \cdot s^{-1}$)	8.4	9.4	11.6	14.2	18.6	23	27.3
应力峰值/MPa	33	49.7	57.3	87.1	76.6	114	115

冲击过程中，冲击杆和托盘的直接接触面积为

$$S = \pi(R^2 - r^2) = 6401.78\ mm^2 \tag{16}$$

冲击力是由应力与冲击作用面积决定：

$$F = \sigma_{max} S \tag{17}$$

所以，综合实验条件和数值模拟条件下的子弹在各个速度下对应的冲击力峰值见表11。

表 11　子弹在各个速度下对应的冲击力峰值

子弹速度/($m \cdot s^{-1}$)		8.4	9.4	11.6	14.2	18.6	23	27.3
冲击力峰值/kN	数值模拟	211.26	318.17	366.82	557.60	490.38	729.80	736.20
	实验值	197.21	302.94	341.69	423.02	535.48	592.14	707.75
误差/%		7	5	7	32	8	23	4

由表 11 可知，冲击力随子弹速度的增大而增大。比较实验数据和数值模拟数据，数值模拟数据一般大于实验值，误差一般维持在 10% 以内，个别情况误差偏大。分析造成误差的原因，可能存在如下问题：在实验过程中，两次撞击（子弹撞击冲击杆、冲击杆撞击托盘）会有能量损失，比如能量以声音、热等形式散发以及撞击杆与导向支座之间摩擦造成的能量损失，而数值模拟过程中不考虑这些形式的能量损失。

（2）冲击系统各部分运动参量分析。

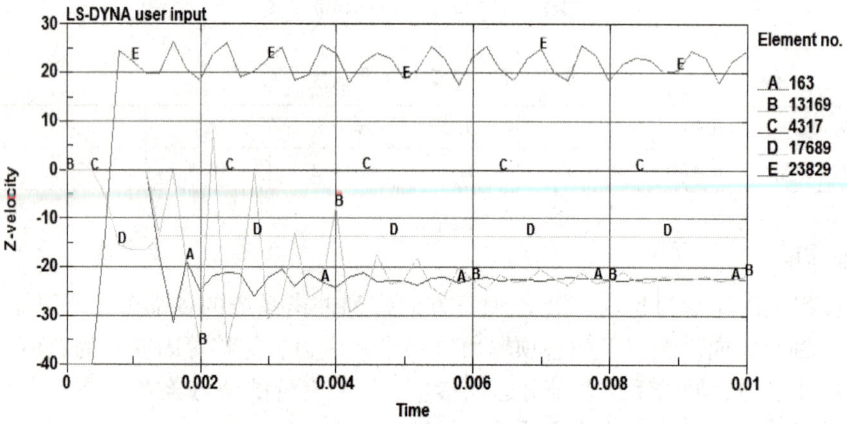

图 10　冲击系统各部分上任一点的速度时程曲线

图 10 是初速度为 40 m/s 时的冲击系统各部分上任一点的速度时程曲线。从图中可以看出，子弹（曲线 E）在维持初始速度 −40 m/s 运动一段时间后，在 0.0004 s 左右时速度撞击冲击杆后反弹，又因为弹性波的反射，波速在 20 m/s 上下波动。紧接着冲击杆（曲线 D）的速度开始由 0 迅速增大到峰值（16 m/s 左右），后减小到 14 m/s 左右保持不变。几乎在冲击杆速度开始减小的同时，托盘和恒阻套管的速度开始由 0 迅速增大到峰值，随后开始振荡变化，在变化的过程中，峰值逐渐减小。而对于左端“锚固”的杆体，相对其他组成部分，速度变化可以忽略不计。

（3）恒阻套管的动力学响应分析。

在恒阻大变形锚杆的静力拉伸实验中，从锚杆的位移时程曲线能明显看出，在静拉力作用下，锚杆的位移随时间呈阶梯状增加。在冲击载荷左右下，锚杆的位移时程曲线如图 11 所示。图中曲线近似直线上升，但从局部放大图中可以看出，位移仍处于阶段性上升的状态，只是相对静力作用下的位移变化来说，“黏性阶段”的时间缩短。

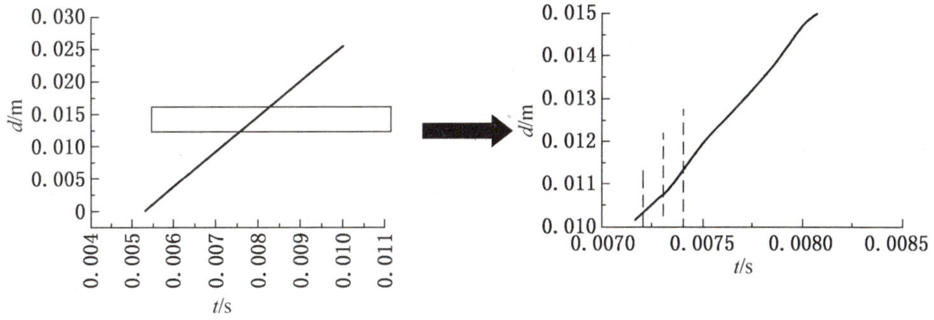

图11　恒阻套管上任一单元的位移时程曲线

4　结论

本文采用模型简化、理论推导分析、室内动力学冲击拉伸实验和有限元分析相结合的方法，对动态冲击作用下恒阻大变形锚杆的动力学力学特性和机理进行研究，主要结论如下：

（1）恒阻大变形锚杆在受到冲击力作用后，宏观上表现出凸处和凹处均膨胀变粗；杆体与恒阻套管之间产生相对位移，即恒阻装置受拉伸长，很好地表现出了负泊松比的结构特性；锚杆在动态载荷作用下，在极短的时间内冲击力达到峰值，恒阻装置也在短时间内迅速发挥作用产生结构变形，即恒阻体与恒阻套管的摩擦滑移，随后受力迅速归零，有效地抵抗了冲击力的破坏。

（2）恒阻大变形锚杆的“粘滑运动”可将恒阻大变形锚杆视作理想弹塑性两元件，给出了恒阻大变形锚杆的力学模型与解析解，从理论上证明了恒阻大变形锚杆的本构关系是理想弹塑性本构关系。基于上述理论基础，将锥形恒阻体简化为受等效载荷作用的等截面恒阻体。

（3）分析等效恒阻体模型的数值模拟结果可知，恒阻大变形锚杆的杆体和恒阻套管之间摩擦阻力方向并不单纯沿同一方向，整个相对运动过程类似阻尼振动，与恒阻大变形锚杆的粘滑理论模型[6]基本一致。

（4）分析霍普金森冲击拉伸实验的数值模拟结果可知，冲击力与实验得到的结果基本吻合，说明数值模拟的假设和模型基本合理，数值模拟方法可行。锚杆在受到轴向冲击载荷作用时，能做出瞬时响应抵抗破坏。

参　考　文　献

［1］何满潮．深部岩体力学基础［M］．北京：科学出版社，2010.
［2］何蕴增，邹广平，潘信吉，等．扭转冷作硬化的试验研究及分析［J］．实验力学，1994，(3)：262－269.
［3］何满潮，王炯，孙晓明，等．负泊松比效应锚索的力学特性及其在冲击地压防治中的应用研究［J］．煤炭学报，2014，(2)：214－221.
［4］何满潮，郭志飚．恒阻大变形锚杆力学特性及其工程应用［J］．岩石力学与工程学

报，2014，(7)：1297－1308.

[5] 孙晓明，王冬，王聪，等. 恒阻大变形锚杆拉伸力学性能及其应用研究［J］. 岩石力学与工程学报，2014，(9)：1765－1771.

[6] He M，Gong W，Wang J，et al. Development of a novel energy－absorbing bolt with extraordinarily large elongation and constant resistance［J］. International Journal of Rock Mechanics & Mining Sciences，2014，67（67）：29－42.